DAXING RANMEI JIZU
CHAOJIEJING PAIFANG JISHU

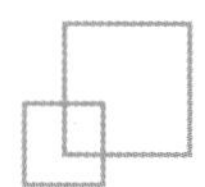

大型燃煤机组超洁净排放技术

谭厚章　编著

·北京·

内容提要

本书共七章，主要介绍了燃煤机组污染物排放及对环境的影响、NO_x 超低排放与控制技术，细颗粒物超洁净排放技术，SO_x 超低排放技术，燃煤机组重金属超低排放技术，CO_2 减排技术，燃煤机组废水零排放技术。

本书理论与工程应用结合，具有较强的技术应用性和针对性，可供燃煤及电力行业技术人员、工程人员和管理人员参考，也可供高等学校环境科学与工程、热能与动力工程及相关专业的师生参阅。

图书在版编目(CIP)数据

大型燃煤机组超洁净排放技术/谭厚章编著. —北京：化学工业出版社，2019.8
ISBN 978-7-122-35096-1

Ⅰ.①大… Ⅱ.①谭… Ⅲ.①燃煤机组-烟气排放-污染控制 Ⅳ.①X773.017

中国版本图书馆 CIP 数据核字（2019）第 184338 号

责任编辑：刘　婧　陈　丽　　　文字编辑：汲永臻
责任校对：宋　夏　　　装帧设计：韩　飞

出版发行：化学工业出版社（北京市东城区青年湖南街 13 号　邮政编码 100011）
印　　装：凯德印刷（天津）有限公司
787mm×1092mm　1/16　印张 30　彩插 1　字数 748 千字　　2021 年 1 月北京第 1 版第 1 次印刷

购书咨询：010-64518888　　　售后服务：010-64518899
网　　址：http://www.cip.com.cn
凡购买本书，如有缺损质量问题，本社销售中心负责调换。

定　　价：198.00 元

前　言

近三十年来在国民经济高速发展的同时，也产生了严重的环境污染问题。空气污染、水污染、土壤污染等已经严重影响了人们的健康，且正在严重制约着国家的可持续发展。环境污染治理已刻不容缓。

我国一次能源中，煤炭占绝大部分（65%～70%），而其中大型燃煤锅炉消耗煤炭超过总消耗量的1/2，燃煤排放污染物（SO_x、NO_x、微细粉尘、SO_3、NH_3、重金属等）是造成大气污染的主要原因之一。所以，国家从战略角度出发，针对大型火电厂燃煤量大、设备集中、最有条件处理等各方面因素，要求大型燃煤锅炉优先实现超低排放。

在政府的强力推动下，各大电厂都在积极制订超低排放技术路线并进行改造实施。但目前开发的超低排放技术和设备推广应用较快，有些还没有经过足够的运行实践检验，针对不同区域、不同煤种、不同燃烧方式锅炉排放污染物处理技术还没有足够的时间验证，一些进口的技术和设备也没有考虑到国内煤质的复杂性等，导致有些技术和设备投运后带来一系列问题。在此大环境下，非常有必要进行各种技术路线的交流，互相对照，问题分析，以便更好地改进技术。

在此大背景下，本书在总结整理燃煤机组常规 NO_x、SO_x、细颗粒物超低排放处理技术的基础上，还特别增加了氨逃逸、SO_3、汞及其他重金属等污染物排放、CO_2、燃煤机组废水零排放等技术和应用。结合笔者在微细颗粒物脱除——湿式相变凝聚技术、深度减排和深度节水技术，NO_x 超低排放——劣质煤低氮燃烧器改造技术与SCR流场优化等方面的工作，努力完善燃煤机组的超洁净处理最新技术。同时本书还收集汇总了近几年全国各大电厂超低排放改造技术路线及方案资料，全面介绍了大型锅炉烟气主要污染物控制技术及工程应用，基本包含了国内目前效果较好的超低排放先进技术。另外，感谢王文慧女士在材料整理过程中所做的工作和付出的巨大努力。

本书理论与工程应用结合，具有较强的技术应用性和针对性，各大型燃煤机组可从本书中选择最适合自己的技术路线；对已经完成了超低排放改造的电厂，也可借鉴国内其他更先进的技术，解决现有设备可能存在的问题。本书可供燃煤、电力行业技术人员、工程人员和管理人员参考，也可供高等学校环境科学与工程、热能与动力工程等相关专业的师生参阅。

限于编著者水平和编著时间，书中难免有不足或疏漏之处，敬请读者批评指正。

编著者

2019 年 10 月

目　录

第一章

绪论

第一节　燃煤机组污染物排放及对环境的影响

中国能源结构呈现“富煤、贫油、少气”的特征，截至2018年年底，我国煤炭探明储量占世界第三位。我国每年约生产40亿吨原煤，其中50%左右用于燃烧发电，煤炭在未来数十年内仍会在我国能源结构中占据主导地位。

截至2018年年底，全国全口径发电装机容量18.9967亿千瓦。其中，水电发电装机容量3.5226亿千瓦；火电发电装机容量11.4367亿千瓦；核电发电装机容量0.4466亿千瓦；风电发电装机容量1.8426亿千瓦；太阳能发电装机容量1.7463亿千瓦。图1-1为2012～2018年动力煤消费量，占全球煤炭消耗的50%左右。

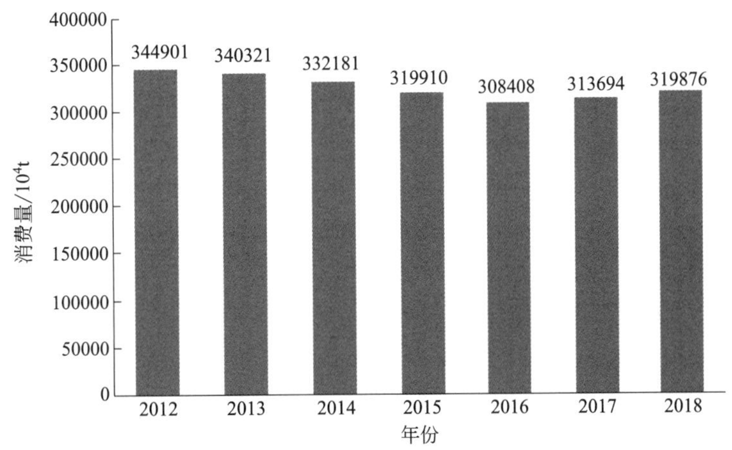

图1-1　2012～2018年动力煤消费量

在未来相当一段长的时间里，我国以燃煤发电为主的电力供应格局不会发生根本改变。但是，燃煤锅炉是我国大气中各种污染物的重要排放源之一。

燃煤污染物不仅包括传统认知上的总悬浮颗粒物（TSP）、SO_2、NO_x，还包括以细颗粒物（PM_1、$PM_{2.5}$、PM_{10}）、污染气体（O_3、SO_3、NH_3、Cl_2、VOCs）、Hg等痕量有毒重金属以及可凝结颗粒物等，其形成的复合型大气污染，特别自2013年以来，全国范围内多次大范围雾霾事件引起了国内外广泛关注，如何实现燃煤机组超洁净排放成为当前我国能源与环境领域面对的重要课题。一般燃煤机组排放的污染物主要包括颗粒物、NO_x、SO_x、汞及其他重金属、CO_2、脱硫废水。

一、颗粒物

大气中的颗粒物通常是指动力学直径为 0.01～100μm 的颗粒态粒子，不同粒径颗粒物的来源与理化特征存在明显差异。按粒径大小可以将大气颗粒物分为以下几类。

① 总悬浮颗粒物（total suspended particulate，TSP）：粒径在 100μm 以下，可以长时间悬浮在空气中。

② 可吸入颗粒物（inhalable particles，PM_{10}）：粒径小于等于 10μm，也称为可入胸颗粒物。

③ 细颗粒物（ fine particles，$PM_{2.5}$）：粒径小于 2.5μm，也称为可入肺颗粒物。$PM_{2.5}$ 也是目前衡量我国空气质量的重要指标之一。

④ 细颗粒物（fine particles，PM_1）：粒径小于 1.0μm，也称为可进入血液颗粒物。

⑤ 可凝结颗粒物（condensable particulate matter，CPM）：在烟道条件下为气态，但是从烟囱排放后降温并稀释到大气中时发生凝结和/或反应而立即变为固态或液态颗粒物的物质。此类物质通常以冷凝核的形式存在，空气动力学直径小于 1μm，以气溶胶的形式存在于环境空气中。

粒径较小的细颗粒物主要包括燃烧过程中排放的固体颗粒、气态物质凝集形成的粒子及气-粒转化形成的物质，而粒径较大的粗颗粒通常由机械过程形成，如破碎、土壤尘、道路和建筑扬尘等。

1. 大气颗粒物的来源及污染现状

大气中颗粒物的来源按其形成方式可以分为自然源和人为源：自然源主要有自然灾害如火山喷发、沙尘暴、森林大火等爆发式产生的大量颗粒物，还有土壤扬尘、海盐、植物花粉、孢子、细菌等，自然源由自然界缓慢持续产生，无法彻底根除；人为源主要是人类生产、生活如燃煤发电、建筑、城市道路和露天堆场扬尘、各类交通工具排放尾气等。

上述污染源直接排放颗粒态的污染物，同时大气中存在着一系列复杂的化学反应，可实现由气体到粒子的相态转换。大气高层中的雨滴、冰晶蒸发后的凝结核由下沉气流带到大气的低层，使细颗粒物悬浮在大气中。对于一些国家和地区而言，颗粒物还可能从其他邻近国家和地区经大气长距离输送而来。

国内学者对大气颗粒物的来源进行了解析。受能源结构影响，煤烟尘对我国城市 PM_{10} 浓度有重要贡献，研究结果显示我国绝大多数城市煤烟尘对 PM_{10} 的年均贡献在 15%～30%之间，中小城市的贡献尤为突出；煤烟尘污染呈现明显的冬高夏低的季节变化，采暖期和非采暖期煤烟尘占 PM_{10} 的比例分别为 5%～30%和 20%～45%[1]，如表 1-1 所列。

表 1-1　中国城市 PM_{10} 源解析结果

来源		代表城市	贡献百分比/%
燃煤	冬天	北京、沈阳等	20～45
	夏天	北京、沈阳等	5～30
扬尘	土壤与道路	北京、济南等北方城市	30～50
		广州、厦门等南方城市	5～34
	水泥与建筑	北京、济南等北方城市	3～13
		广州、厦门等南方城市	≤22

续表

来 源	代表城市	贡献百分比/%
工业排放	鞍山、攀枝花	≤20
机动车排放	北京、广州等	5～20
生物质燃烧	北京、广州等	10
二次颗粒物	北京、长江三角洲、珠江三角洲	20～40
	济南、成都、南京	≤20

随着我国火力发电机组爆炸式的增长，粉煤灰产生量也急剧增加。从2001年的1.54亿吨增加到2013年的5.8亿吨，增长了约2.8倍。煤炭直接燃烧产生的飞灰粒子、重金属化合物、黑炭等是颗粒物的直接来源，现有燃煤机组的静电除尘、湿式除尘等的除尘效率普遍高达99%以上，但是对细颗粒物的捕获率较低，约有1%的细颗粒物进入大气成为构成大气气溶胶的主要部分。这部分细颗粒物以粒径小于2.5μm甚至亚微米级超细颗粒为主，其数量可达细颗粒物总数的90%以上。同时燃煤产生的NO_x、SO_2等在空气中发生化学转化形成硝酸盐、硫酸盐等构成大气中微细颗粒物的重要来源。

2. 颗粒物的理化组成与污染特征

大气颗粒物主要化学组成包括含碳物质（有机碳、黑炭）、硫酸盐、硝酸盐、铵盐以及悬浮在空气中有机和无机的固体和液体复杂混合物，细颗粒物可以在大气中滞留几天到几周甚至更长时间。颗粒物直接影响人类身体健康，相较于粗颗粒，细颗粒物的比表面积更大，表面富集了更多的重金属元素（如Pb、Cr等）、PAHs（多环芳烃）、细菌以及病毒等。细颗粒物能通过呼吸系统直接进入气管、支气管、肺泡，极易引发呼吸道疾病和心脑血管疾病，粒径更小的颗粒还可以通过支气管和肺泡进入血液，其中的有害气体、重金属等溶解在血液中，对人体健康的伤害更大。同时，$PM_{2.5}$还可成为病毒和细菌的载体，促进呼吸道传染病的传播。

细颗粒物通过散射和吸收太阳光辐射直接影响气候变化，可以作为云凝结核影响气候变化和水循环。同时大气中的颗粒物也会导致城市大气能见度下降，形成灰霾天气，研究表明，灰霾天气时，$PM_{2.5}$的浓度明显高于平时，$PM_{2.5}$的浓度越高，能见度越低[2]。

二、氮氧化物

氮元素有多种氧化物，包括氧化亚氮（N_2O）、一氧化氮（NO）、二氧化氮（NO_2）、四氧化二氮（N_2O_4）、三氧化氮（NO_3）和五氧化二氮（N_2O_5）等[3]，在环境科学与环保工程领域，氮氧化物主要是指一氧化氮、二氧化氮与氧化亚氮，总称为NO_x，目前全球性的环境问题如温室效应（CO_2、CH_4、N_2O）、酸雨（SO_2、SO_3、NO_x）、臭氧层破坏（CCIF、NO_x）、雾霾（燃煤粉尘、SO_2、NO_x）等，其中都能看到NO_x的身影，足见其危害性。

1. 氮氧化物来源及污染现状

大气中NO_x按来源可分为自然源和人为源。

自然源的NO_x数量较稳定，主要来自微生物活动、生物体氧化分解、火山喷发、林火、雷电、平流层光化学过程、土壤和海洋中的光解释放等。其中火电和雷电过程可产生大量 NO 和 NO_2，而土壤细菌分解的产物则多为 N_2O，据估计，全球自然源 NO_x 的排放量巨大，约为 150 亿吨（以氮计），但自然界有一定的自净化能力，其氮元素的源和汇基本是平衡的。

人为源的 NO_x 来自人类生活和生产活动，主要可以将人为源分为以下几个方面：a. 化石燃料燃烧，利用化石燃料产生能量与动力的过程——燃煤发电、各类交通工具等，其中现代火力发电厂燃煤发电及交通运输是最大的固定 NO_x 排放源，此外工业炉窑、民用炉灶等也是 NO_x 的固定排放源；b. 工业产品制取，如硝酸生产、冶炼、加工等，其中硝酸生产是最主要的非燃烧性发生源，硝酸生产中由于吸收不完全和设备泄漏产生 NO_x 的排放；c. 废弃物处理，如垃圾焚烧、微生物降解等。

2. 氮氧化物对人体健康及生态环境危害

氮在自然界主要以双原子分子的形式存在于大气中（79%），人为排放的 NO_x 会对人类身体健康与生态环境产生危害，其中 NO 与 CO 一样是血液性毒物，与血红蛋白有强的结合力，可以将血红蛋白转变为变性血红蛋白。无氧条件下 NO 对血红蛋白的亲和力是 CO 的 1400 倍，相当于氧的 30 万倍，所以 NO 可使机体迅速处于缺氧窒息状态，引起大脑受损。NO 在大气中可氧化为 NO_2，NO_2 比较稳定，其毒性为 NO 的 4～5 倍。NO_2 可溶于水生成硝酸和亚硝酸，遇碱性物质生成硝酸盐和亚硝酸盐，人体摄入和积聚此类物质就有可能引发肝脏和食道癌症。另外 NO_2 的毒性主要表现在对眼睛的刺激和对呼吸系统的影响，刺激和灼伤肺组织；NO_2 对人体的危害随人体暴露在 NO_2 环境中的程度而不同。

NO_2 参与光化学烟雾的形成，NO_2 在光照下产生 O_3，O_3 是氧化剂的主要成分，难溶于水，强烈刺激眼睛和呼吸道黏膜，同时在大气光化学过程中，烃类化合物的反应产物大多为醛类物质，被吸收到人体内产生一系列呼吸系统疾病。光化学烟雾形成的亚微粒气溶胶不但可以进入人体肺部，而且严重影响能见度，危害公众健康和生态环境。

同时氮氧化物对生态环境也会产生危害，首要的是酸雨问题，NO_x 对酸雨的贡献也呈上升趋势，我国酸雨已由硫酸型向硫酸、硝酸复合型转变[4]。一般认为酸雨对森林和作物生长的影响是破坏作物和树根系统的营养循环，虽然硝酸型酸雨也给土壤增添了有益的氮元素，但这种利远小于弊，因其可能加速地表水体富营养化，破坏水生和陆地生态系统，同时酸雾与臭氧结合会损害植物的细胞膜，破坏光合作用，引起农作物和森林树木枯黄，农作物产量降低、品质变差，树木在生长季节结束后，由于酸雾使树木从大气中接受的氮更多，从而降低其抗严寒和抗干旱的能力。

N_2O 和 CO_2 一样也会引起温室效应，从而使地球气温上升，造成全球气候异常；N_2O 还会导致臭氧层的破坏，N_2O 在大气中的存留时间长，并可输送到平流层，导致臭氧层破坏，使较多的紫外线辐射到地球表面。研究表明，皮肤癌、免疫系统的抑制，暴雨、水中和陆上生物系统的损害以及聚合物的破坏均可能与臭氧层的破坏相关。

三、硫氧化物

硫是地球上广布而丰富的元素之一，硫以化合物形式存在于各种矿物和化石燃料中，亦有少量单质形式的硫黄，地球上富硫矿物的硫含量在 25%以上，化石燃料含硫 0.1%～6%。

大气硫污染物包括 SO_x、H_2S、亚硫酸盐、硫酸盐、硫酸烟雾、含硫的有机化合物等。其中最重要的当属 SO_x，其次为 H_2S 和硫酸盐类，SO_x 中主要是 SO_2。硫进入大气的主要形式是 SO_2 和 H_2S，也有部分以硫酸及硫酸盐微粒的形式进入，SO_2 是具有强烈刺激性的无色气体，容易与水结合形成亚硫酸，具有一定的腐蚀性，亚硫酸还可以与空气中的氧缓慢结合形成腐蚀性和刺激性更强的硫酸，若有铁等催化剂存在，这一反应速率更快。燃料在富氧条件下燃烧，还可能生成一定量的 SO_3，而 SO_3 在大气中存在寿命较短，并且遇到水蒸气即迅速转化为硫酸，遇尘粒则转化为硫酸盐。

大气硫污染物中 H_2S 占有一定的比例，H_2S 是无色、有臭鸡蛋气味的气体，易溶于水，在空气中特别是在光照下极易被氧化为 SO_2。H_2S 的毒性较大，可使催化剂中毒，设备损坏。而有机硫化物大多为恶臭气体，在大气中进行一系列的氧化反应。

1. 硫氧化物来源

大气硫污染物与其他污染物一样来源于自然界和人类活动两个方面（表 1-2)。其中 SO_2 主要来自人类生活、生产活动和火山喷发；H_2S 主要来自火山喷发、生物体微生物分解、天然油气田和地热释放、矿泉水释放；硫酸盐和硫酸主要来自大气中 SO_2 等的转化。

表 1-2 大气硫污染物的主要来源　　单位：Mt/a

自然源	火山喷发	SO_2	1～2
	海水溅射	SO_4^{2-}	13
	有机物分解	陆地：H_2S	100
		海洋：H_2S	60～400
		$(CH_3)_2S$	30～200
	合计(以 S 计)	159～487.5	
人为源	1970 年	75	
	2000 年	165	

在大气硫污染物中污染最严重的当属 SO_x，在 SO_x 中主要是 SO_2、SO_3。人为排放的 SO_2、SO_3 经扩散后浓度与氧化速率降低，但 SO_3 只要遇到水蒸气即迅速转化为硫酸，遇尘粒则迅速转化为硫酸盐。另外，空气中飘浮的微粒物（重金属盐类和烃类化合物的光氧化中间产物）对 SO_2 具有催化作用，SO_2 氧化速率也很快。大气中的 SO_2 通过两种途径转化为硫酸盐，一种途径是 SO_2 被氧化为 SO_3 后与水蒸气结合形成硫酸，再与碱性物质作用生成硫酸盐：

$$SO_2 \rightarrow SO_3 \rightarrow H_2SO_4 \rightarrow MSO_4 \tag{1-1}$$

另一种途径是 SO_2 先与碱性物质生成亚硫酸盐，然后被氧化为硫酸盐：

$$SO_2 \rightarrow MSO_3 \rightarrow MSO_4 \tag{1-2}$$

上述反应为复杂的光化学过程，无论 H_2S 还是 SO_2，单纯的化学反应速率缓慢，而在有云雾和微尘的存在下反应较快。

在大气硫污染中，自然源的贡献率难以准确估算，而人为源可以通过计算和统计获得准确数字，据统计 SO_2 主要来自燃料的燃烧，燃料燃烧提供热电过程中，90%的硫分转化成 SO_2 排入大气，我国以燃煤发电为主，因此人为排放的 SO_2 有 1/2 以上来自燃煤机组。随着燃煤机组脱硫装置的投入和超低排放的实现，燃煤排放到烟气中的 SO_2 有 99%以上得到脱除，没有进入大气。

2. 硫氧化物的组成与污染特征

作为大气硫污染的主要成分，SO_2 的污染具有低浓度、大范围、长期作用的特点，大气中的 SO_2 对身体健康、生态环境、建筑材料等多方面造成危害。

空气中的 SO_2 被吸入人体后，可直接作用于呼吸道黏膜，引发或加重呼吸系统疾病，当空气中 SO_2 浓度达到 1144mg/m^3 时，人呼吸困难，可窒息死亡。目前认为 SO_2 中毒主要是由于 SO_2 在黏膜上生成亚硫酸和硫酸，强烈刺激黏膜引起支气管和肺血管的反射性收缩，也可以引起局部炎症反应，甚至腐蚀组织而致坏死。

大气中的 SO_2 转化成硫酸雾或硫酸盐气溶胶，不但散射阳光，影响能见度，而且会给人体带来严重危害，降低人体免疫功能和抗病能力。SO_2 与飘尘的协同作用比其单独危害更大，飘尘、气溶胶微粒能把 SO_2 带到肺叶深处，使毒性增加 3～4 倍；一部分随血液运行至全身器官，并与血液中的维生素 B_1 结合，破坏维生素 B_1 与维生素 C 的正常结合，使体内维生素 C 平衡失调，影响新陈代谢；抑制、破坏或激活某些酶的活性，使糖和蛋白质的代谢紊乱，对青少年的生长发育有不良影响；另一部分沉积在肺泡内或黏附在肺泡壁上，导致肺水肿。

SO_2 对生态环境也会产生危害，SO_2 通过叶面气孔进入植物体，若 SO_2 浓度持续超过本身的阈值浓度，就会破坏植物正常的生理功能，降低植物光合作用，影响植物体内酶的活性和物质代谢，进而出现枯黄、枯死等现象，植物长期生长在含 SO_2 的大气中，会生长缓慢或停滞，尤其在夏季白天阳光强度大，温度高时受害严重。

大气中的 SO_2（NO_x）可以转化为酸性降水，pH 值低于 5.6，主要有硫酸型酸雨和硝酸型酸雨，其中 SO_2 是硫酸型酸雨的根源。酸雨对人体健康的危害是间接性和潜在性的，酸雨进入土壤和水体后，被动植物吸收，然后使动植物体内的 Al、Cu 等金属元素活化，当人食用这种作物、鱼类后也会损坏健康。SO_2 酸雾和酸雨对各种建筑材料具有腐蚀作用。特别给文物保护工作增加了难度，在空气潮湿的南方地区，SO_2 对建筑材料的破坏高于北方干燥地区。

四、汞及其他重金属

1. 汞及其化合物

大气中汞依据物理化学形态主要分为气态单质汞（Hg^0）、活性气态汞［$Hg(OH)_2$、$HgCl_2$、$HgBr_2$、有机汞等］和颗粒态汞。

汞在自然界以金属汞、无机汞和有机汞的形式存在，其中无机汞有一价和二价化合物，而有机汞主要包括甲基汞、二甲基汞、苯基汞和甲氧基乙基汞等。不同化学形态的汞具有不同的物理化学特性和环境迁徙能力。

其中单质汞 Hg^0 易挥发且难溶于水，在大气中的平均停留时间长达 0.5～2 年，可以在大气中被长距离运输而形成大范围汞污染。在 Hg^+ 和 Hg^{2+} 两种离子态中，二价汞比较稳定，并且许多二价态的汞可以溶于水。汞的有机化合物（如一甲基汞、二甲基汞）不易降解，在生物体内外环境中易积蓄，是汞最具毒性的形态，通过食物链直接危害人体健康。

大气中汞污染主要来源于汞冶炼、有色金属冶炼和化石燃料燃烧等。有统计显示全球每年向大气中排放约 5000t 汞，其中 4000t 为人为源，汞排放的人为源主要有汞矿和其他金属的冶炼、氯碱工业和电器工业中应用以及矿物燃料燃烧等几个方面。燃料燃烧是大气中汞污染的重要来源之一。据报道，煤和石油中汞含量平均不低于 1000ng/g，高于汞的克拉克值 12.5 倍。世界各国对燃煤汞的排放都进行了研究，有学者对全球各国燃煤汞排放量进行研究结果表明，全球燃煤汞排放量占总排放量的 65.0%，中国、美国、欧盟燃煤汞排放量居前列。中国煤中平均汞含量为 0.15～0.25mg/kg，高于世界范围内平均汞含量 0.13mg/kg，由电站燃煤产生的汞约占汞总量的 33%且逐年增加，中国燃煤汞排放趋势见图 1-2[5]。

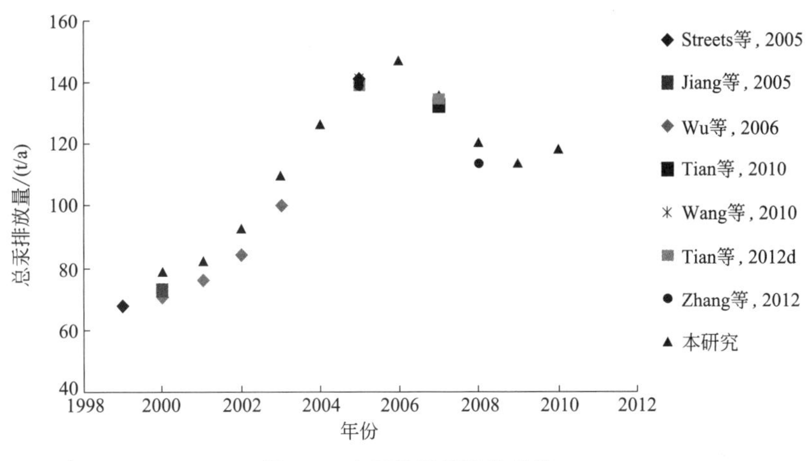

图 1-2 中国燃煤汞排放趋势

我国于 2011 年颁布的《火电厂大气污染物排放标准》(GB 13223—2011) 中明确规定自 2015 年 1 月 1 日起电厂汞及其化合物浓度排放限值为 0.03mg/m^3。美国大规模的汞排放控制始于 20 世纪 90 年代，主要针对的是医药废物焚化炉及城市垃圾焚烧炉。如今美国最大的汞排放源为燃煤发电厂，1999 年克林顿政府计划到 2007 年使汞排放控制率达到 90%，后来布什政府废除了该计划并于 2005 年 3 月发布了《清洁空气汞排放控制法规》(Clean Air Mercury Rule，CAMR)，该法规计划从 2010 年到 2017 年控制汞的排放量从 48t/a 降低到 34t/a，减排率为 29%，2018 年最终达到 70%的汞排放控制率。2008 年，美国联邦上诉法庭判决取消《清洁空气汞排放控制法规》，并责成环保署制定更严格的汞排放控制法规，要求针对燃煤电厂汞排放控制标准的制定必须采用最大可实现控制技术，即根据汞排放最少的 12%的电厂的总平均值为基础来制定。之后美国没有出台统一的汞排放控制法规，各州根据自身情况制定了更为严格的汞减排规定。在这之后，美国环保署对新源排放标准进行修订，规定了自 2004 年 1 月 30 日以后新建的燃煤电站锅炉汞排放限值为：烟煤为 9kg/(TW·h)，约为 0.007mg/m^3；降水量>635mm/a 的次烟煤为 30kg/(TW·h)，约为 0.020mg/m^3；降水量≤635mm/a 的次烟煤为 44kg/(TW·h)，约为 0.035mg/m^3；褐煤为 80kg/(TW·h)，约为 0.060mg/m^3；煤矸石为 7.3kg/(TW·h)，约为 0.006mg/m^3。

燃烧后煤中的汞以单质汞的形式挥发进入气相，单质汞在烟气中部分与其他组分反应生成其他形态的汞，而现有机组烟气净化装置中的 SCR、除尘器、湿法脱硫对烟气中的汞有一定的脱除能力。SCR 催化剂可以促使单质汞氧化形成二价汞化合物。而二价汞化合物可以被颗粒吸附，吸附汞的颗粒则可以被除尘装置捕获。而气态的二价汞化合物易溶于水，能被湿法烟气脱硫系统的循环浆液吸收，湿式除尘器也会捕获溶于水的二价汞化合物及颗粒态汞。因此电厂现有环保设备具有协同脱除汞的能力。

在协同脱汞的技术基础上不能满足汞排放要求的情况下，需要采用专门的脱汞技术，其中活性炭粉末喷射脱汞是较为成熟的脱汞技术，一般在空预器和除尘器之间喷入粉状活性炭，活性炭颗粒吸附汞后与飞灰一起被除尘器收集，但活性炭脱汞成本较高，因此对SCR催化剂进行改性或者采用新的物质作为催化剂以增加对汞单质的氧化作用也成为一种备受关注的方法。

2. 其他重金属

煤是一种十分复杂的由多种有机化合物和无机矿物质混合成的固体烃类燃料，其中包括多种重金属元素。重金属元素主要指生物毒性显著的Hg、Cd、Pb、Cr和类金属As、Se等，其本身密度大于5g/cm^3，具有一定毒性的重金属还包括Zn、Cu、Co、Ni、Sn等。重金属元素及其化合物即使在较低浓度下也具有很大的毒性，且其化学性质稳定，不能被微生物降解，通常只发生迁徙或在生物体内沉淀，转化成毒性更大的金属化合物，对生态环境及人体健康造成严重危害。煤燃烧后许多重金属元素富集在亚微米级颗粒物表面，一部分重金属元素随着烟气排入大气中；另一部分随灰渣排入土壤及河流造成污染。燃煤机组作为主要的重金属元素排放源，研究其排放现状及控制技术具有重要意义。

（1）砷（As）

所有可溶性的砷化合物都是有毒的，砷和砷化合物随存在形态不同而毒性不同，砷化合物的毒性依下列顺序而递减：砷化氢＞氧化亚砷＞亚砷酸（无机物）＞砷酸＞砷的化合物（四个有机基团带正电荷的砷）＞单质砷。砷中毒可以使人体内的酶失去活性，影响细胞正常代谢，导致细胞死亡，引起中毒性神经衰弱症，多发性神经炎，皮肤癌、畸形。砷污染对生态环境的破坏是不可逆的，即使停止排放后，环境中的砷也不会自行消减，煤燃烧、垃圾焚烧和金属冶炼等都会产生含砷废气污染环境，燃煤是大气中砷的主要来源。

（2）铅（Pb）

铅既是环境毒素又是危险的神经毒物，铅通过人体的呼吸系统进入人的血液，严重危害人的身体健康。当铅进入人体血液以后，主要危害心血管系统，通过影响血液的正常合成而造成贫血等疾病。铅对儿童的危害更为严重，其会影响儿童的神经系统和发育等方面，使儿童发育迟缓并损害儿童的智力发展。此外，美国环保署通过相关实验研究认为，铅会使人类致癌。

（3）硒（Se）

1975年美国科学家Schucor首次证实了硒是动物体内必需的微量元素，硒是谷胱肽氧化酶的活性中心，具有抗脂质过氧化、保护生物膜的作用。研究表明适量的硒具有防癌抗癌，预防和治疗心血管疾病、克山病和大节骨病，防衰老，抗辐射及增强机体免疫力等多种功能，但高硒又会造成硒中毒，引起脱发、脱指甲、偏瘫等病症，可见硒的摄入量必须控制在一个很窄的范围内，含量过多或过少都能引起疾病和中毒。

有统计表明，煤炭燃烧是包括As、Se、Cd、Co、Cr、Hg、Mn、Pb等在内的有害重金属元素的主要或部分排放源（表1-3）。

目前我国对燃煤机组重金属的控制方法主要是利用常规大气污染物控制技术协同控制。洗选煤技术对重金属元素的脱除是基于煤粉中有机物与无机物密度不同的物理清选技术。重金属多附着于亚微米颗粒物，因此高效除尘技术可以实现重金属的有效脱除。目前较为有效的方法是吸附脱除，其原理与吸附脱汞原理相似。

表 1-3 中国燃煤电站有害微量元素 2000～2010 年释放量[5] 单位：t/a

有害微量元素	2000 年	2001 年	2002 年	2003 年	2004 年	2005 年	2006 年	2007 年	2008 年	2009 年	2010 年
Hg	79.00	82.14	92.94	110.08	126.91	141.34	146.81	135.29	120.66	114.12	118.54
Hg^0	41.95	43.62	49.48	58.70	68.40	76.72	86.40	88.88	85.35	83.23	86.64
Hg^{2+}	35.65	37.05	41.83	49.42	56.27	64.48	58.07	44.69	34.01	29.70	30.66
Hg^+	1.39	1.48	1.63	1.96	2.25	2.43	2.34	1.73	1.29	1.19	1.23
As	354.01	371.98	408.45	480.25	540.19	593.39	615.70	523.11	424.23	369.14	335.45
Se	451.85	474.93	525.26	599.95	676.89	760.14	818.26	737.54	618.24	514.80	459.40
Pb	820.00	860.00	952.00	1074.74	1170.00	1190.48	1189.10	1019.38	860.40	760.93	705.45
Cd	23.47	22.73	22.85	26.28	29.94	31.64	30.56	24.85	18.04	15.97	13.34
Cr	650.00	680.00	740.00	822.97	916.57	955.35	965.21	806.83	674.68	571.55	505.03
Ni	480.29	501.59	544.42	633.09	709.82	775.23	794.43	677.68	545.29	477.34	446.42
Sb	96.75	104.10	111.76	131.03	145.63	158.82	166.35	150.50	122.80	99.39	82.33

五、二氧化碳

随着全球能源消耗增多，CO_2 大量排放形成的温室效应日益严峻，自 1870 年以来全球碳排放量快速增加（图 1-3）。CO_2 等气体过量排放引起的气候变化已成为全球性的环境问题，为社会和经济发展带来严重的负面影响。19 世纪末以来，全球海平面升高了 10～25cm，平均气温上升了 0.3～0.6℃。若以此速度继续增长，到 21 世纪末期，全球平均气温将升高约 3℃，海平面将升高 65cm[6]。现今大气中 CO_2 的浓度已经由工业时代前的 280mg/m^3 增加至 397mg/m^3（2014 年）。从 2015 年国际能源机构（IEA）的报告可以看出，全球 2/3 的 CO_2 排放主要来自十个国家，中国与美国的 CO_2 排放量分别占到 28%与 16%，总和达到 14.1 亿吨（图 1-4）。

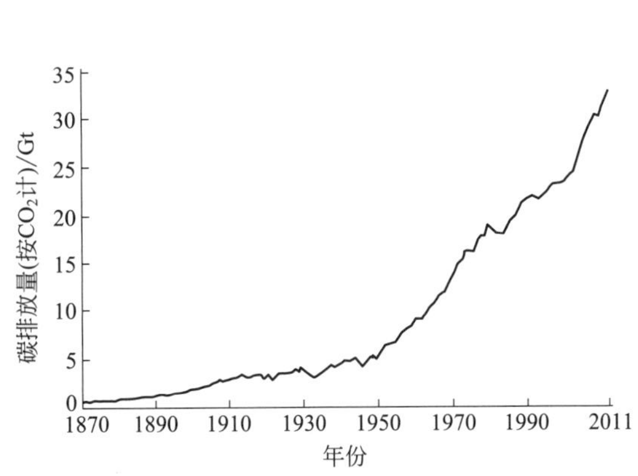

图 1-3 1870～2011 年全球碳排放总和趋势[7]

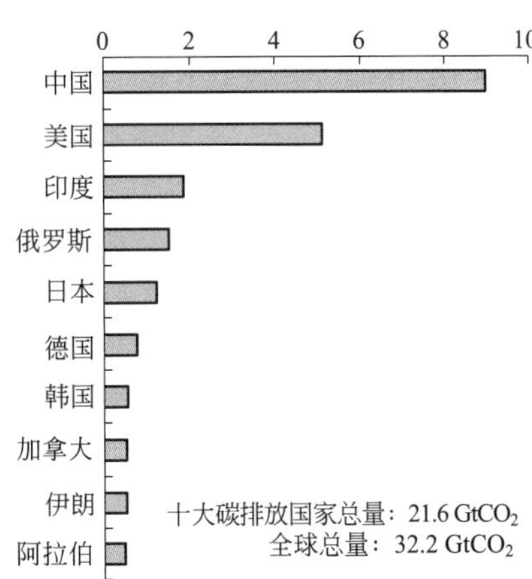

图 1-4 全球十大碳排放国家和地区[8]

温室气体引起的气候变化并不是简单地导致全球气温升高，而是在气候变暖的基础上引起后续一系列的经常性气候异常，如气候变暖引起海平面上升影响全球水循环，引起区域性的水蒸发和降水异常，导致极端天气事件频发。气候变化相应也会对农业、水资源、生态环境、人类健康、工业、人居环境和社会造成重要影响。

1. 对农业的影响

随着大气 CO_2 浓度升高，植物细胞内外 CO_2 浓度差增加，光合作用速率提高，作物产量也呈增加趋势，但有研究结果显示 CO_2 浓度升高也影响植物的呼吸速率，并且 CO_2 浓度升高对作物产量的影响还存在很多制约因素，尤其与温度和降水量的变化有关。在全球气候变化研究中温度升高，土壤水分蒸发加剧，影响供给植物的水分变化，并影响植物的生长速率，进而也会对产量产生影响。气候变暖所带来的大气 CO_2 浓度增加、温度升高以及降水量的变化均会对农业产生影响，影响程度与区域、时期和作物品种有关。例如由于干旱等原因，2004～2006 年澳大利亚小麦产量下降 52%，美国粮食产量下降 13%。大气中 CO_2 含量直接影响各国的粮食产量。

2. 对生态系统的影响

物种的生存需要一定的温度和降水，而气候变化会影响温度和降水量，进而影响物种的分布。随着气候变暖，符合物种生存气候条件的地区向极地和高海拔方向发展，邻近区域的物种可能会越过边界并成为生物群的新成员，也可能导致不需要的外来物种入侵等。

3. 对人类健康的影响

全球气候变化会影响地球环境系统和生态系统，从各个方面影响人体健康，近些年主要表现为热浪与高温天气、干旱洪灾等极端天气以及传染病事件的增加。

特定地域的人的生活有其最优化温度，在此温度下死亡率最小，当温度超过舒适范围后，死亡率上升。而干旱、洪灾等极端天气直接增加了死亡率，尤其是在洪灾之后，传染病高发，过量的降水使更多的病菌和杂质进入人类生活用水和饮用水中。对身体健康危害极大。

六、燃煤机组耗水及废水

水是宝贵的自然资源，是人类赖以生存的必要条件。随着经济快速增长，人类社会对水资源的需求量越来越大，水资源的供需矛盾也越来越突出，世界各国都十分重视节水及废水处理技术研究和应用。我国自改革开放以来，国民经济迅速发展，随之而来的水环境污染问题亦十分严重。如何充分、合理地利用水资源，减少工业废水和生活污水对水体环境的影响是当前面临的主要问题之一。

2015 年 4 月，国务院印发了《水污染防治行动计划》，2016 年 11 月，国家发改委、国家能源局召开新闻发布会，对外正式发布《电力发展“十三五”规划》，明确提出火电厂废水排放达标率实现 100%。2016 年 11 月，国务院办公厅印发《控制污染物排放许可制实施方案》，对工业企业节水和控制污染物外排提出更严格的要求：2017 年 6 月底，完成火电行业排污许可证发放工作，必须按期持证排污、按证排污，不得无证排污。山东、天津、北京地区增加了对外排水含盐量的要求，内蒙古包头地区要求实现废水零排放，其余地区也纷纷开始废水零排放试点。2017 年 1 月，环境保护部（现生态环境部）发布《火电厂污染防治技术政策》公告，要求防治火电厂排放废水造成的污染，明确火电厂水污染防治应遵循分类处理、一水多用原则，鼓励火电厂实现废水循环使用不外排。国家发改委、水利部、住建部联合印发《节水型社会建设“十三五”规划》，明确“十三五”期间全国用水总量控制在6700亿立方米以内，万元工业增加值用水量降低20%。推动火电、钢铁、造纸等高耗水行业沿江、沿海布局，促使已有高耗水项目转移搬迁。

脱硫废水处理是一个世界性难题，由于其高氯盐含量，无法通过絮凝沉淀、膜处理等常规手段实现废水零排放，目前只有通过蒸发工艺蒸发，只能在消耗大量热源的前提下得到固体盐，而这些蒸发得到的盐也是固废，很难处理。虽然最近也发展一些简易的将脱硫废水通入烟道进行高温烟气蒸发，蒸发后固体盐大部分通过静电除尘器收集的方法，但也存在废水量过大引起烟道积灰、烟道腐蚀、静电除尘器腐蚀、锅炉效率下降、粉煤灰品质下降等问题。燃煤机组是我国工业耗水大户，据统计，工业耗水中30%以上用于燃煤机组，燃煤机组每年排水约占全国工业企业排放量的10%。随着环保要求不断提高，燃煤机组实行废水零排放势在必行，寻求处理效果更好、工艺稳定性更强、运行费用更低的水处理工艺，实现废水零排放，已成为产业发展的需求。

第二节 国内外燃煤机组污染物排放现状

一、我国环保政策及面临形势

火电厂燃煤锅炉主要排放烟尘、二氧化硫和氮氧化物、汞及其他重金属等大气污染物。2011年7月，环境保护部（现生态环境部）批准并正式发布了《火电厂大气污染物排放标准》(GB 13223—2011)，在此标准中首次将汞及其化合物正式纳入控制范围，要求标态下汞及其化合物排放浓度不得高于0.03mg/m^3，2012年1月1日后新建燃煤电厂标态下烟尘、SO_2、NO_x 的排放量分别不得超过30mg/m^3、100mg/m^3、100mg/m^3。

2012年10月国务院发布《关于重点区域大气污染防治“十二五”规划》，规划目标：到2015年，重点区域二氧化硫、氮氧化物、工业烟粉尘排放量分别下降12%、13%、10%，挥发性有机物污染防治工作全面展开，环境空气质量有所改善，可吸入颗粒物、二氧化硫、二氧化氮、细颗粒物年均浓度分别下降10%、10%、7%、5%，臭氧污染得到初步控制，酸雨污染有所减轻，建立区域大气污染联防联控机制，区域大气环境管理能力明显提高。京津冀、长江三角洲、珠江三角洲区域将细颗粒物纳入考核指标，细颗粒物年均浓度下降6%。

2013年9月，国务院发布《大气污染防治行动计划》（国发〔2013〕37号），具体指标：到2017年，全国地级以上城市可吸入颗粒物浓度比2012年下降10%以上，优良天数逐年提高；京津冀、长江三角洲、珠江三角洲等区域细颗粒物浓度分别下降25%、20%、15%左右，其中北京市细颗粒物年均浓度控制在60μg/m^3 左右。

2014年9月国家发改委、环境保护部、国家能源局三部委联合发布《煤电节能减排升级与改造行动计划（2014—2020年）》（发改能源〔2014〕2093号），指出要严控大气污染物排放，新建燃煤发电机组（含在建项目和已纳入国家火电建设规划的机组）应同步建设先进高效脱硫、脱硝和除尘设施，不得设置烟气旁路通道。东部地区（辽宁、北京、天津、河北、山东、上海、江苏、浙江、福建、广东、海南 11 省市）新建燃煤发电机组大气污染物排放浓度基本达到燃气轮机组排放限值（即在基准氧含量 6%、标态条件下，烟尘、二氧化硫、氮氧化物排放浓度分别不高于 $10mg/m^3$、$35mg/m^3$、$50mg/m^3$），支持同步开展大气污染物联合协同脱除，减少三氧化硫、汞、砷等污染物排放。同时加快现役机组改造升级，重点推进现役燃煤发电机组大气污染物达标排放环保改造，燃煤发电机组必须安装高效脱硫、脱硝和除尘设施。稳步推进东部地区现役 30 万千瓦及以上公用燃煤发电机组和有条件的 30 万千瓦以下公用燃煤发电机组实施大气污染物排放浓度基本达到燃气轮机组排放限值的环保改造。

2015 年 12 月 11 日环境保护部、国家发改委、国家能源局三部委联合发布的《全面实施燃煤电厂超低排放和节能改造的工作方案》（环发〔2015〕164 号）提出：到 2020 年，全国所有具备改造条件的燃煤电厂力争实现超低排放（即在基准氧含量 6%标态条件下，烟尘、SO_2、NO_x 排放浓度分别不高于 $10mg/m^3$、$35mg/m^3$、$50mg/m^3$）。全国有条件的新建燃煤发电机组达到超低排放水平。加快现役燃煤发电机组超低排放改造步伐，将东部地区原计划 2020 年前完成的超低排放改造任务提前至 2017 年前总体完成；将对东部地区的要求逐步扩展至全国有条件地区，其中，中部地区力争在 2018 年前基本完成，西部地区在 2020 年前完成。全国新建燃煤发电项目原则上要采用 60 万千瓦及以上超超临界机组，平均供电煤耗（按标煤计）低于 300g/(kW·h)，到 2020 年，现役燃煤发电机组改造后平均供电煤耗低于 310g/(kW·h)。

2018 年浙江杭州发布《锅炉大气污染物排放标准》（征求意见稿），征求意见稿对三氧化硫的排放提出了具体要求。自标准实施之日起新建燃煤热电锅炉及 65t 以上燃煤锅炉执行（标态）颗粒物 $5mg/m^3$、二氧化硫 $35mg/m^3$、三氧化硫 $5mg/m^3$、氮氧化物 $50mg/m^3$、氨 $2.5mg/m^3$。现有锅炉自 2020 年 7 月 1 日起也执行上述标准。2018 年，天津、河北、徐州还出台烟气凝水脱出污染物标准，标准草案中要求：燃煤发电锅炉应采取相应技术降低烟气排放温度和含湿量，通过收集烟气中过饱和水蒸气中水分的方式，减少污染物排放。烟气排放温度夏天低于 48℃，冬天低于 45℃，并鼓励实现消白烟。国内“2＋26”个城市也逐步出台政策，鼓励燃煤锅炉烟囱消白烟。

二、超低排放标准

燃煤机组排放达到或基本达到燃气轮机组排放标准限值的被业内称为超低排放，超低排放的定义为：在燃用煤质较为适宜的情况下、采用技术经济可行的烟气污染治理技术，使得烟尘、SO_2、NO_x 在标态下排放分别小于 $10mg/m^3$、$35mg/m^3$、$50mg/m^3$ 的煤电机组，称为超低排放煤电机组。

表 1-4 为世界主要国家燃煤电厂污染物排放标准和我国不同地区、发电集团超净排放指标汇总。由表 1-4 可看出美国 2011 年 5 月 3 日及以后新建与扩建投运的煤电机组执行的标准较为严格，折算后颗粒物（我国标准中为烟尘，烟尘是颗粒物中的一部分）、SO_2、NO_x 排放标准限值（标态）分别为 $12mg/m^3$、$130mg/m^3$、$91mg/m^3$，相比美国、日本、欧盟等发达国家及地区的燃煤电厂污染物排放标准，我国实行的污染物排放标准（标态）更加严格（$5mg/m^3$、$35mg/m^3$、

50mg/m^3），我国超低排放已达到世界最严。

表 1-4　主要燃煤国家煤电大气污染物排放标准限值（标态）[9]　　单位：mg/m^3

国家		烟尘	二氧化硫	氮氧化物
中国	超低排放（折算氧量 6%）	5	35	50
美国	2005 年 2 月 28 日～2011 年 5 月 3 日	0.015lb/MMBtu（耗煤量热值排放）	0.15lb/MMBtu（耗煤量热值排放）	0.11lb/MMBtu（耗煤量热值排放）
	折算结果	20	184	135
	2011 年 5 月 3 日及以后新建、扩建	0.090lb/(MW·h)（发电排放，最高除尘效率 99.9%）	1.0lb/(MW·h)（发电排放，最高脱硫效率 97%）	0.70lb/(MW·h)（发电排放）
	折算结果	12	130	91
欧盟		30	200	200
日本		40	172	200
澳大利亚		100	200	460

注：1. 日本对二氧化硫的排放实行 K 值控制，在 120 个特别地区以及其他非特别地区中，K 值在 3.0～17.5 范围内分成 16 个级别，相当于 172～3575mg/m^3。

2. 美国标准中烟尘指的是颗粒物（PM）。

三、燃煤机组污染物控制技术

“十一五”以来，电力常规大气污染物排放相继达到峰值。1980～2014 年中国电力污染物排放情况如图 1-5 所示。从 2014 年开始，火电厂大气污染物排放量快速下降，实现了“十一五”以来的最大降幅。其中，电力烟尘排放量由 1979 年左右的峰值（年排放量约 600 万吨）降至 2014 年的 98 万吨，单位火电发电量烟尘排放量为 0.23g/(kW·h)；煤电烟气脱硫装机比重由 2005 年的 14%提高到 2014 年的 91.4%，电力二氧化硫排放量由 2006 年的峰值（年排放量约 1350 万吨）降至 2014 年的 620 万吨，与 1995 年的排放量相当，单位火电发电量二氧化硫排放量为 1.47g/(kW·h)；煤电烟气脱硝比重快速提高至 2014 年的 82.7%，电力氮氧化物排放量由 2011 年的峰值（年排放量约 1000 万吨）降至 2014 年的 620 万吨，单位火电发电量氮氧化物排放量为 1.47g/(kW·h)（注：上述数据来自中国电力企业联合会）。

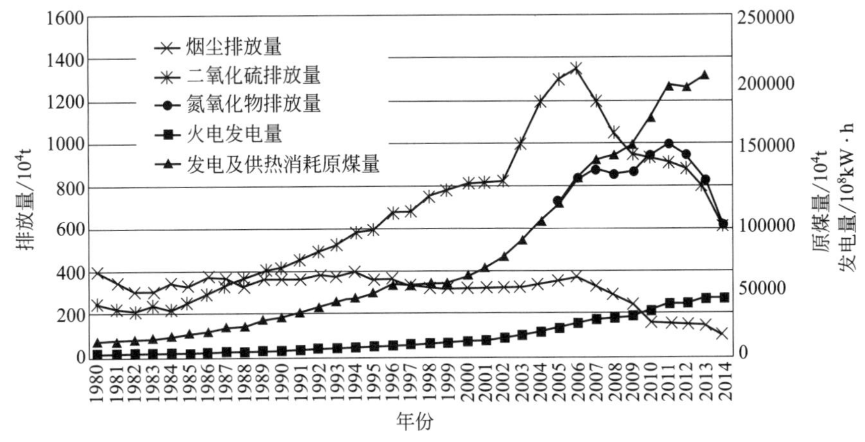

图 1-5　1980～2014 年中国电力污染物排放情况

1. 颗粒物控制技术

$PM_{2.5}$ 是判断环境质量优劣的主要指标之一，其浓度值是反映我国经济绿色发展的重要标尺，而目前我国已成为全球 $PM_{2.5}$ 污染最为严重的地区之一，尤以京津冀、长江三角洲、珠江三角洲、汾渭平原等地区最为严重。国家发改委、环境保护部、能源局于 2014 年联合发布了新的燃煤电厂大气污染物排放标准，要求粉尘的排放浓度（标况）不得超过 10mg/m^3，个别省市的标准更为严格，排放限值（标况）为 5mg/m^3。各级政府都面临粉尘尤其是细颗粒物减排的艰巨任务，因此研究粉尘排放大户燃煤电厂细颗粒物的脱除对粉尘的超低排放具有重要意义。

传统的烟尘控制技术有静电除尘器和布袋除尘器，其中静电除尘器的除尘效率可达到 99.6%。2000 年以后，由于燃煤灰分中的 SiO_2、Al_2O_3 成分比重增加，高比电阻煤种增多，静电除尘器对这些煤种敏感，烟尘排放变大，因此开始引入布袋除尘器。2010 年后我国环境持续恶化，出于对湿法脱硫石膏雨的控制，我国开始研究湿式电除尘技术。2012 年我国燃煤机组开始使用湿式电除尘器，烟尘排放浓度低于 10mg/m^3。同时开展低低温电除尘技术应用，在静电除尘器前增设低温省煤器以使除尘器入口处烟气温度降至酸露点以下（ 90℃），提高静电除尘器的除尘效率。

2. 氮氧化物控制技术

控制原理：对于热力型 NO_x，通过降低燃烧区的燃烧温度、降低氧气浓度或缩短燃料在高温区的停留时间来进行控制；对于燃料型 NO_x，通过在燃烧区形成还原性气氛、及时着火进行控制。

燃烧过程中，控制 NO_x 的技术有烟气再循环、低 NO_x 燃烧器、分级燃烧（空气分级或燃料分级），这些技术的优点为成本低、不需催化剂、运行维护费用低，脱硝效率中等，为 50%～80%；缺点为对炉内燃烧需进行合理组织，以避免结焦及燃烧效率降低等问题。

一般情况下低 NO_x 燃烧技术最多只能降低 50%的 NO_x 排放量，当要求锅炉的 NO_x 降低率超过 90%才能满足排放标准时，就必须考虑烟气脱硝技术，烟气脱硝技术主要有干式和湿式两种：干式技术有采用催化剂促进 NO_x 还原反应的选择性催化脱硝法（SCR）和非选择性催化脱硝法（SNCR）、电子束照射法和同时脱硫脱硝法等；湿式技术目前主要是液相吸收剂或利用烟气脱硫系统在脱硫的同时实现脱硝。但无论哪一种烟气脱硝技术都存在运行费用高的问题。

目前，燃煤机组形成了低氮燃烧与烟气脱硝相结合的技术路线。

（1）低氮燃烧

技术比较成熟、投资和运行费用低，是控制 NO_x 最经济的手段。主要通过降低燃烧温度、减少烟气中氧量等方式减少 NO_x 的生成量。但对于贫煤、劣质烟煤，目前的低氮燃烧技术还有待改善，低氮燃烧改造应以不降低或少降低锅炉效率为前提。

（2）SCR

技术最成熟、应用最广泛的烟气脱硝技术，是控制 NO_x 最根本的措施。其原理是在催化剂存在的情况下，通过向反应器内喷入脱硝还原剂氨，将 NO_x 还原为 N_2。此工艺反应温度在 300～450℃之间，脱硝效率通过调整催化剂层数能稳定达到 60%～93%。与低氮燃烧相结合可实现 100mg/m^3 及更低的排放要求。其主要问题是如何实现进入 SCR 前的流场均匀、氨浓度场均匀、氨逃逸小等，否则会导致后面的空预器堵塞。

（3）SNCR

在高温条件下（850～1050℃），由尿素/氨作为还原剂，将 NO_x 还原成 N_2 和水，脱硝效率为 25%～60%，主要应用在流化床锅炉，氨逃逸率较高，且随着锅炉容量的增大，其脱硝效率呈下降趋势。

3. 二氧化硫控制技术

2000 年以后我国开始治理 SO_2，我国绝大部分脱硫系统采用石灰石-石膏湿法脱硫。也有采用炉内喷钙、流化床添加石灰石进行炉内脱硫，采用半干法及干法进行烟气脱硫，也有采用氨法、活性炭/活性焦进行烟气脱硫。

流化床炉内喷钙或者添加石灰石脱硫的主要原理是利用石灰石分解产生的氧化钙与烟气中的二氧化硫反应生成亚硫酸钙和硫酸钙。石灰石-石膏湿法脱硫是烟气进入吸收塔后与吸收浆液接触混合，最后产物为固化二氧化硫的石膏副产品。而氨法脱硫是二氧化硫与氨反应生成硫酸铵，硫酸铵为无色结晶或者白色颗粒，主要用作肥料。活性焦/活性炭脱硫是利用活性焦/活性炭的吸附作用干法去除烟气中的二氧化硫。炉内喷钙及石灰石添加脱硫，系统简单，运行经济性好，但脱硫效率偏低。石灰石半干法及干法脱硫效率偏低，一般只适合 SO_2 不超过 1500mg/m^3 的烟气，最好是 SO_2 低于 1000mg/m^3 的烟气。石灰石-石膏湿法脱硫效率高、工艺成熟，已成为国内外主流的脱硫技术。氨法脱硫技术成熟，也有不少机组使用，但存在副产物销售市场问题，氨逃逸、硫酸氢铵气溶胶逃逸等导致排放细颗粒物难以达到超低排放标准问题。

4. 新技术研发

随着环保要求的进一步提高，各种新的技术得到研发和示范。

① 低温 SCR 技术：其原理与传统的 SCR 工艺基本相同，两者的最大区别是高温 SCR 法布置在省煤器和空气预热器之间高温（300～450℃）、高尘（20～50g/m^3）端，而低温 SCR 法布置在锅炉尾部除尘器后或引风机后、FGD 前的低温（100～200℃）、低尘（<100mg/m^3）端，可大大减小反应器的体积，改善催化剂运行环境，具有明显的技术经济优势，是可与传统 SCR 竞争的技术。

② 炭基催化剂（活性焦）吸附技术：炭基催化剂（活性焦）具有比表面积大、孔结构好、表面基团丰富、原位脱氧能力高且具有负载性能和还原性能等特点，既可作载体制得高分散的催化体系，又可作还原剂参与反应。在 NH_3 存在的条件下，用炭基催化剂（活性焦）材料作载体催化还原剂可将 NO_x 还原为 N_2。

③ 脱硫脱硝一体化技术：在石灰石-石膏湿法工艺的基础上，耦合研究开发的脱硝液、抑制剂、稳定剂等，在不影响脱硫效率的前提下，可实现 NO_x 的联合控制。

④ 湿式相变凝聚“双深”技术[10,11]：在脱硫塔后面烟道中加装烟气冷凝装置，通过对饱和烟气冷凝，实现四大功能：a.“深度”回收大量烟气中所含的水；b. 实现对微细粉尘、重金属、SO_3、可溶性硫酸盐等多污染物的“深度”协同脱除；c. 回收烟气中大量的汽化潜热，烟气余热回收后可用于加热除盐水或通过热泵升温给用户供暖；d. 降低了烟气中绝对含湿量，有利于烟气消白。

⑤ 细颗粒物化学团聚技术[12]：指使用固体吸附剂捕获超细颗粒物的除尘方法，主要通过物理吸附和化学反应相结合的机理来实现。在煤燃烧高温条件下能够稳定存在的吸附剂，不仅

和超细颗粒物反应生成较大粒径的颗粒，还能为气化态物质提供凝结面。根据化学团聚剂加入位置的不同，可分为燃烧中化学团聚和燃烧后化学团聚。

参考文献

[1] 胡敏，唐倩，彭剑飞，等．我国大气颗粒物来源及特征分析．环境与可持续发展，2011：15-19.

[2] 傅敏宁，郑有飞，徐星生，等．$PM_{2.5}$监测及评价研究进展．气象与减灾研究，2011：1-6.

[3] 北京师范大学无机化学教研室．无机化学．下册．4版．北京：高等教育出版社，2003.

[4] 唐孝炎，张远航，邵敏．大气环境化学．2版．北京：高等教育出版社，2006.

[5] H. Tian，K. Liu，J. Zhou，et al. Atmospheric emission inventory of hazardous trace elements from China's coal-fired power plants—temporal trends and spatial variation characteristics. Environmental Science & Technology，2014，48：3575.

[6] 李春鞠，顾国维．温室效应与二氧化碳的控制．环境保护科学，2000，26：13-15.

[7] D. G. Streets，K. Jiang，X. Hu，et al. Recent Reductions in China's Greenhouse Gas Emissions. Science，2001，294：1835-1837.

[8] I. E. Agency. CO_2 emissions from fuel combustion highlights 2015.

[9] 朱法华，王临清．煤电超低排放的技术经济与环境效益分析．环境保护，2014：28-33.

[10] 谭厚章，毛双华，刘亮亮，等．新型湿式相变凝聚除尘、节水及烟气余热回收一体化系统性能．热力发电，2018（6）：16-22.

[11] 谭厚章，熊英莹，王毅斌，等．湿式相变凝聚技术协同湿式电除尘器脱除微细颗粒物研究．中国电力，2017，50（2）：128-134.

[12] 郭沂权，赵永椿，李高磊，等．300MW燃煤电站化学团聚强化飞灰细颗粒物排放控制的研究．中国电机工程学报，2019，39（3）：754-763.

第二章

NO_x 超低排放与控制技术

第一节 煤燃烧 NO_x 生成机理

煤燃烧过程中产生的 NO_x 主要来自燃料本身含有的氮以及燃烧空气中的氮。在煤燃烧过程中 NO_x 的生成和排放与煤燃烧方式，特别是燃烧温度和过量空气系数等燃烧条件密切相关。以煤粉燃烧为例，在不加控制时，液态排渣炉的 NO_x 排放值要比固态排渣炉高得多，即使是固态排渣炉，燃烧器布置方式不同，NO_x 排放值也不相同。

NO_x 主要是一氧化氮（NO）和二氧化氮（NO_2），这二者统称为 NO_x；此外燃烧还有少量的氧化二氮（N_2O）产生。在常规燃烧温度下，煤燃烧生成的 NO_x 中，95%左右为 NO，NO_2 占 4%～5%，而 N_2O 只占 0.5%～1%。流化床锅炉的 N_2O 释放量比煤粉炉大得多，近年来随着流化床锅炉的发展，N_2O 排放也逐渐受到重视。

煤燃烧过程中 NO_x 的生成途径有 3 种。

① 热力型 NO_x：燃烧空气中的氮气在高温下被氧化生成 NO_x。

② 燃料型 NO_x：燃料中的氮在燃烧过程中热分解并被氧化生成 NO_x。

③ 快速型 NO_x：燃烧时空气中的氮和燃料产生的碳氢离子团反应生成 NO_x。

N_2O 和燃料型 NO_x 一样，也是从燃料氮转化生成，它的生成过程和燃料型 NO_x 的生成和破坏密切相关。

图 2-1 是煤粉炉中三种类型 NO_x 的生成量范围与炉膛温度的关系。煤燃烧产生的 NO_x 中，燃料型 NO_x 占 60%～80%；热力型 NO_x 的生成与燃烧温度密切相关，温度足够高，热力型 NO_x 的生成量比例可达到 20%～30%；快速型 NO_x 的生成量很小。

一、热力型 NO_x

热力型 NO_x 是燃烧时空气中的氮（N_2）和氧（O_2）在高温下生成的 NO 和 NO_2 的总和，其生成机理可用捷里多维奇（Zeldovich）的不分支链锁反应式来表达，具体反应见式(2-1)～式(2-3)：

$$O_2 \longrightarrow 2O \tag{2-1}$$

$$N_2+O \longrightarrow NO+N \tag{2-2}$$

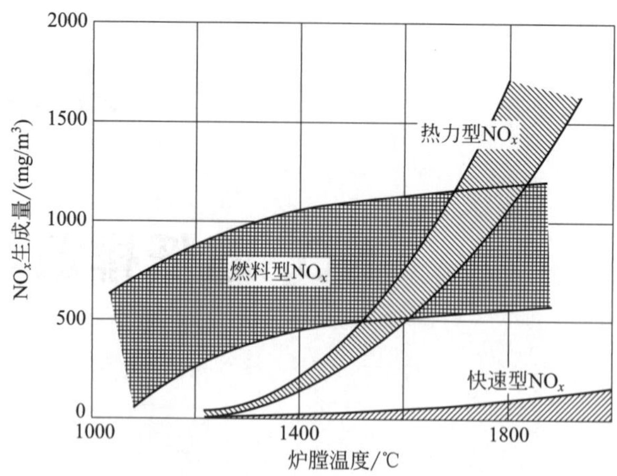

图 2-1　三种类型的 NO_x 生成量与炉膛温度的关系

$$N+O_2 \longrightarrow NO+O \tag{2-3}$$

1971 年，Fenimore 发现在富燃料火焰中下列反应的作用会超过反应式(2-1)：

$$N+OH \longrightarrow NO+H \tag{2-4}$$

所以反应式(2-1)～式(2-4) 被认为是热力型 NO 生成的机理，其中反应式(2-2) 是控制步骤，因为它需要高的活化能。原子氧（O）和氮分子（N_2）反应的活化能很大，而原子氧和燃料中可燃成分反应的活化能很小，它们之间的反应更容易进行，即 NO 在火焰的下游区域生成。

除以上反应外，还有 NO_2、N_2O 等的生成反应，由于这些反应都是独立的，对 NO 的生成过程几乎不产生影响。在假设氮原子浓度达到稳定状态以及反应 $O+OH \rightleftharpoons O_2+H$ 处于平衡的前提下，Bowman 在 1975 年给出了 NO 生成速率的表达式：

$$\frac{d[NO]}{dt}=2k_1[O][N_2]\times\left\{\frac{1-[NO]^2/K[O][N_2]}{1+k_{-1}[NO]/k_2[O]+k_3[OH]}\right\} \tag{2-5}$$

$$K=(k_1/k_{-1})(k_2/k_{-2}) \tag{2-6}$$

式中　[]——浓度；

k_1、k_{-1}、k_2、k_{-2}、k_3——反应速率常数；

K——反应 $N_2+O_2 \rightleftharpoons 2NO$ 的平衡常数。

表 2-1 中给出了上述各反应的速率常数及温度范围。

表 2-1　热力型 NO_x 有关反应的反应速率常数及温度范围

k 的下标	反应式	反应速率常数/[cm^3/(mol·s)]	温度范围/K
1	$O+N_2 \longrightarrow NO+N$	$7.6\times10^{13}\exp[-38000/T]$	2000～5000
−1	$N+NO \longrightarrow N_2+O$	1.6×10^{13}	300～5000
2	$N+O_2 \longrightarrow NO+O$	$6.4\times10^{9}T\exp[-3150/T]$	300～3000
−2	$O+NO \longrightarrow O_2+N$	$1.5\times10^{9}T\exp[-19500/T]$	1000～3000
3	$N+OH \longrightarrow NO+H$	1.0×10^{14}	300～2500
−3	$H+NO \longrightarrow OH+N$	$2.0\times10^{14}\exp[-23650/T]$	2200～4500

式(2-5）可表示为

$$\frac{d[NO]}{dt}=6\times10^{16}T_{平衡}^{-1/2}\exp(-69090/T_{平衡})\times[O_2]_{平衡}^{-1/2}[N_2]_{平衡} \tag{2-7}$$

或

$$[NO]=\int_0^t\{6\times10^{16}T_{平衡}^{-1/2}\exp(-69090/T_{平衡})\times[O_2]_{平衡}^{-1/2}[N_2]_{平衡}\}dt \tag{2-8}$$

由式(2-7）和式(2-8）可以看出，热力型 NO 的生成速率和温度的关系是按照阿累尼乌斯定律，依赖于反应温度 T，与 T 呈指数关系，同时正比于 N_2 浓度和 O_2 浓度的平方根以及停留时间。在燃烧温度低于 1500℃时，几乎观测不到热力型 NO 的生成反应，热力型 NO 生成很少；只有当温度高于 1500℃时，NO 的生成反应才变得明显起来。计算表明，当温度高于 2000℃时，在不到 0.1s 的时间内可能生成大量的 NO。实验表明，当温度达到 1500℃时，温度每提高 100℃，NO 生成的反应速率将增加 6～7 倍。以煤粉炉为例，在燃烧温度为 1350℃时炉膛内几乎 100％是燃料型 NO_x，但当温度为 1600℃时热力型 NO_x 占炉内 NO_x 总量的 25％～30％。

除了反应温度对热力型 NO_x 的生成浓度有决定性的影响外，NO_x 的生成浓度还和 N_2 浓度和 O_2 浓度的平方根以及停留时间有关，即燃烧设备的过量空气系数和烟气停留时间对 NO_x 的生成浓度有影响。图 2-2 是理论燃烧温度时，NO 的生成浓度和过量空气系数及烟气停留时间的关系。过量空气系数为 1.0，当烟气在炉膛内高温区内的停留时间为 0.1s 时，NO 浓度的计算值约为 500×10^{-6}，若停留时间为 1s，则 NO 浓度的计算值达到 1300×10^{-6}；过量空气系数为 1.4，则停留时间为 1s 时的 NO 浓度计算值仅为 500×10^{-6}。因此，要控制热力型 NO_x 的生成，一般采用降低燃烧温度，避免产生局部高温区，缩短烟气在炉内高温区的停留时间，降低烟气中氧浓度和使燃烧在偏离理论空气量（$\alpha=1$）的条件下进行等方法。

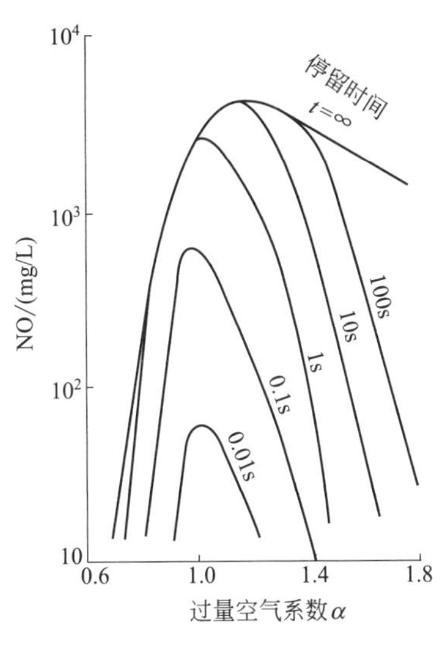

图 2-2　热力型 NO 生成浓度和过量空气系数及烟气停留时间的关系

二、燃料型 NO_x

煤中氮含量一般在 0.5％～2.5％之间，其中氮原子主要与碳原子、氢原子结合，以含氮环状化合物形式存在，其赋存形态主要以吡啶、吡咯、喹啉（C_5H_5N）和芳香胺（$C_6H_5NH_2$）等含氮结构存在。煤中含氮有机化合物的 C—N 结合键能［$(25.3\sim63)\times10^7$J/mol］比空气中氮分子的 N≡N 键能（94.5×10^7J/mol）小得多，在燃烧时极易分解释放。因此，从氮氧化物生成的角度看，氧更容易首先破坏 C—N 键与氮原子生成 NO。这种燃料中的含氮化合物经热分解和氧化反应而生成的 NO，称为燃料型 NO_x。事实上，当燃料中氮的含量超过 0.1％时，完全反应所生成的 NO 在烟气中的浓度将会超过 130×10^{-6}。煤燃烧时 75％～90％的 NO_x 是燃料型 NO_x，因此，燃料型 NO_x 是煤燃烧过程中 NO_x 生成的主要来源。研究燃料型 NO_x 的生成机理，对于有效控制燃烧过程中 NO_x 的排放具有重要意义。

燃料型 NO_x 的生成机理非常复杂，总结近年来的研究工作，燃料型 NO_x 的生成具有以下规律。

① 在一般的燃烧条件下，燃料中含氮的有机化合物首先被热分解成氰化氢（HCN）、氨（NH_3）和氰基等中间产物，它们随挥发分一起从燃料中析出，称为挥发分 N。挥发分 N 析出后仍残留在焦炭中的氮，称为焦炭 N。图 2-3 是燃料中燃料氮分解为挥发分 N 和焦炭 N 的示意。在煤的受热过程中，燃料氮将在煤焦与挥发分之间进行分配，其分配比取决于热解温度、热解气氛以及煤的种类。在实验条件下，焦中的含氮量比原煤低，且与热解温度成反比。

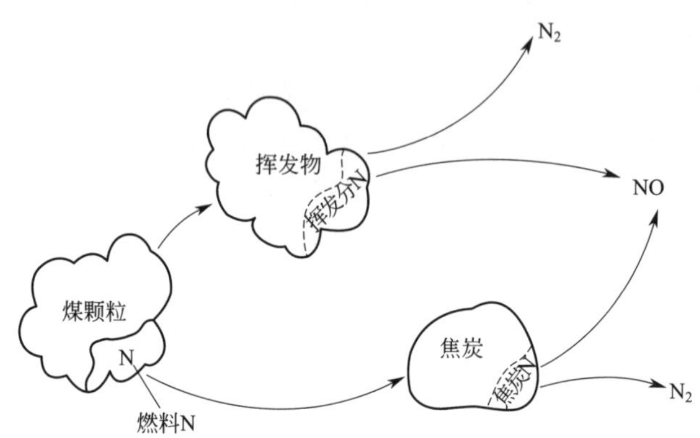

图 2-3 燃料氮分解为挥发分 N 和焦炭 N 示意

② 挥发分 N 中最主要的含氮化合物是 HCN 和 NH_3。挥发分 N 中 HCN 和 NH_3 所占的比例不仅取决于煤种及其挥发分的性质，而且与氮和煤的烃类化合物的结合状态等化学性质有关，同时还与燃烧条件如温度等有关。其规律大致为：a. 对于烟煤，HCN 在挥发分 N 中的比例比 NH_3 大；劣质煤的挥发分 N 则以 NH_3 为主；无烟煤的挥发分 N 中 HCN 和 NH_3 均较少。b. 在煤中当燃料 N 与芳香环结合时，HCN 是主要的热分解初始产物；当燃料 N 以胺的形式存在时，NH_3 是主要的热分解初始产物。c. 在挥发分 N 中 HCN 和 NH_3 的量随温度的升高而增加，但在温度超过 1000℃时，NH_3 的含量达到饱和。d. 随着温度上升，燃料 N 转化成 HCN 的比例大于转化成 NH_3 的比例。

在常规煤燃烧温度下，燃料型 NO_x 主要来自挥发分 N。煤粉燃烧时挥发分 N 生成的 NO_x 占燃料型 NO_x 的 60%～80%，由焦炭 N 所生成的 NO_x 占 20%～40%。在氧化性气氛中，随着过量空气增加，挥发分 NO_x 迅速增加，而焦炭 NO_x 的增加则较少。也有研究发现，在强还原性气氛下，随着温度升高，燃料 N 由于得不到氧原子，反而会更多转化为 N_2。

三、快速型 NO_x

快速型 NO_x 是 1971 年 Fenimore 通过实验发现的，烃类燃料燃烧在燃料过浓时，在反应区附近会快速生成 NO_x，他指出快速型 NO 是先通过燃料产生的 CH 原子团撞击 N_2 分子，生成 CN 类化合物，再进一步被氧化生成 NO。

Miller 等在 1989 年指出，快速型 NO 的形成与以下 3 个因素有关：a. CH 原子团的浓度及其形成过程；b. N_2 分子反应生成氮化物的速率；c. 氮化物间相互转化率。他们还发现反应式

(2-9) 是控制 NO、氰化氢 (HCN) 和其他氮化物生成速率的重要反应。

$$CH+N_2 \longrightarrow HCN+N \tag{2-9}$$

快速型 NO 形成的主要反应途径如下：

$$N_2 \xrightarrow{+CH} HCN \xrightarrow{+O} NCO \xrightarrow{+H} NH \xrightarrow{+H} N \xrightarrow{+HO} N_2$$

$$N \xrightarrow{+HO、+O} NO \xrightarrow{+C} CH \xrightarrow{+H} HCN$$

对烃类燃料燃烧综合机理的计算表明，在温度低于 2000K 时，NO 的形成主要通过 $CH\text{-}N_2$ 反应，即快速 NO 途径。当温度升高，热力型 NO 比重增加，温度在 2500K 以上时，NO 的生成主要由在 [O] 与 [OH] 超平衡加速下的 Zeldovich 机理控制。通常情况下，在不含氮的烃类燃料低温燃烧时才重点考虑快速型 NO。快速型 NO 的生成对温度的依赖性很弱，与热力型 NO 和燃料型 NO 相比，它的生成要少得多。

第二节　低氮燃烧技术

一、炉内整体低氮燃烧技术

1. 低过量空气系数燃烧

煤粉燃烧过程中 NO_x 排放随着过量空气系数降低而降低，因此工程上通过控制炉内低过量空气系数来控制 NO_x 排放。低过量空气系数燃烧一般不需要对锅炉燃烧设备进行结构调整，运行过程中通过控制入炉空气量，合理组织燃烧，降低炉膛出口烟气中氧气浓度，使煤粉送入后尽可能在接近理论空气量下燃烧，该技术一般可降低 NO_x 10%～20%。由于炉内整体空气量减少，锅炉在较低的过量空气系数下运行，如果燃烧组织不好，着火与燃尽恶化，尾部烟气中的 CO 和飞灰含碳量将增加，导致燃烧效率降低。此外，低氧浓度会使炉膛内的某些区域，尤其是水冷壁附近，形成较强烈还原性气氛，从而引起炉壁结渣和腐蚀。因此如果在运行过程中实施低氧燃烧，必须综合考虑燃烧效率和 NO_x 排放及安全性等因素来确定运行过程中的最佳氧量。

2. 空气分级燃烧

空气分级燃烧技术是目前世界上采用最为广泛的低 NO_x 燃烧技术之一。空气分级燃烧的基本原理是将燃烧过程分成一次燃烧区域和二次燃烧区域两段进行。它通过将燃烧所需的空气分级送入炉内，降低锅炉一次燃烧区域的氧气浓度，控制燃料在富燃料的还原性气氛下燃烧，火焰中心的燃烧速度和温度水平相应降低，从而降低主燃烧区 NO_x 的生成量；而完全燃烧所需的其余空气，则由燃烧中心以外的其他部位引入。例如沿炉膛高度方向空气分级，就是将一部分空气在主燃烧区上部送入炉内，与主燃烧区产生的烟气混合实现完全燃烧。燃料的燃烧过程在炉内分级进行，从而控制燃烧过程中 NO_x 的生成反应，降低炉膛出口 NO_x 排放浓度。

沿炉膛高度方向空气分级燃烧是在主燃烧器上方间隔一定位置布置 3～4 层燃尽风喷口 (SOFA)，将入炉总风量的约 30%的空气送入炉内，使整个燃烧过程沿炉膛高度分阶段燃烧，如图 2-4 所示。携带煤粉的一次风通过煤粉燃烧器进入炉膛，煤粉着火初期为还原性气氛，有利于抑制燃料型 NO_x 的产生；剩余空气从分离燃尽风喷口送入后与主燃烧区域产生烟气混合，提供烟气中可燃物质燃尽所需氧量。根据煤质及炉型合理确定分离燃尽风高度及比例是实现高效空气分级低氮煤粉燃烧的关键。

3. 燃料分级

烃类物质喷入含 NO 的烟气中能够使大量的 NO 还原成 N_2，从而降低 NO_x 排放。Wendt 等[1] 于 1973 年首次提出“再燃”这一概念，在主燃烧火焰下游喷入天然气之后，NO 排放降低 50%。主要的形式如图 2-5 所示。

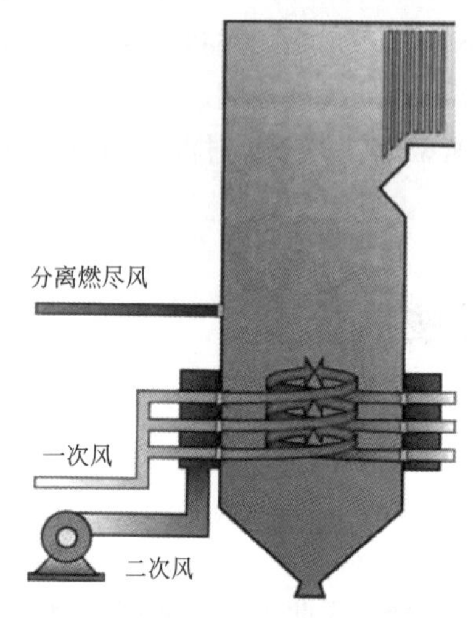

图 2-4　空气分级示意

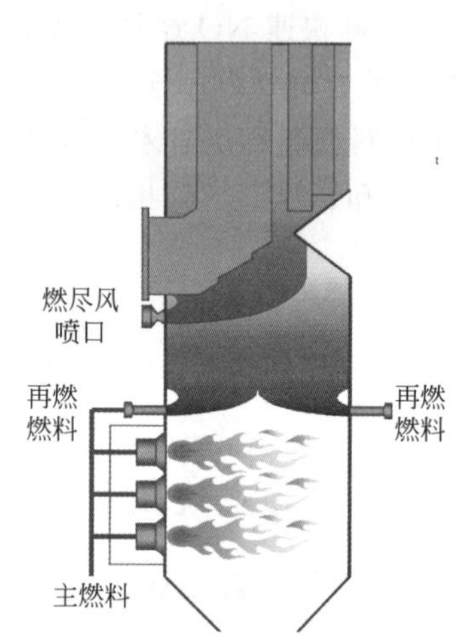

图 2-5　燃料分级技术形式示意

燃料分级燃烧通常沿炉膛高度自下而上分为主燃区、再燃区和燃尽区 3 个区域。在主燃区投入燃料占锅炉总输入热量的 75%～90%，该区域的过量空气系数通常大于 1，生成 NO_x；在再燃区投入占锅炉总输入热量的 10%～25%，该区域的过量空气系数小于 1，在还原性气氛下再燃燃料释放的烃根（CH_i）将主燃区生成的 NO_x 还原为 N_2；在再燃区上部布置有 SOFA 喷口从而形成燃尽区，对在再燃区中产生的未燃尽产物进一步燃尽，该区域的过量空气系数大于 1。1983 年日本三菱重工将天然气再燃技术应用于电站锅炉，取得了 50%的炉内脱硝效果。

在燃料分级燃烧过程中，氮氧化物主要是通过以下途径被还原的：

$$NO+NH_i \longrightarrow N_2+\text{其他产物} \qquad i=0,1,2 \tag{2-10}$$

$$NO+CH_i \longrightarrow HCN+\text{其他产物} \qquad i=0,1,2 \tag{2-11}$$

由以上 NO 破坏路径可见，燃料中烃根（CH_i）含量与中间产物 NH_i 含量对 NO 的还原过程有较大影响。

4. 烟气再循环

烟气再循环是在锅炉的尾部烟道（如省煤器出口位置）抽取一部分燃烧后的烟气直接送入炉内或与一、二次风混合后送入炉内，这样既可以降低燃烧温度，又可以降低氧气浓度，从而降低 NO_x 的生成。图 2-6 为某电厂烟气再循环系统示意。用于再循环的烟气与不采用再循环时总烟气量的比值称为再循环率。通常烟气再循环率越高，降低 NO_x 的效果越明显。但是，过多的再循环烟气可能导致火焰的不稳定及蒸汽超温等现象，因此在采用烟气再循环时，再循

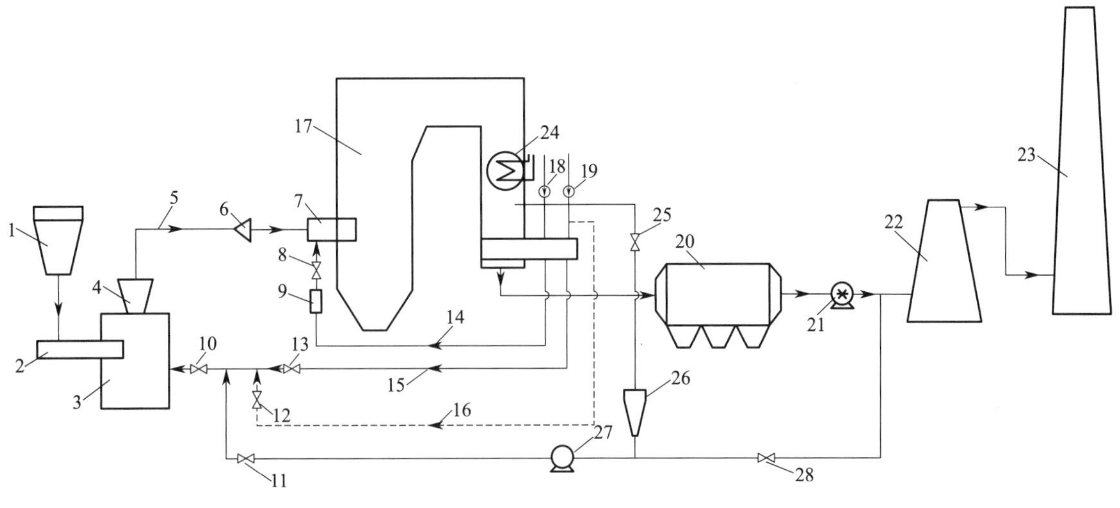

图 2-6　某电厂烟气再循环系统示意

1—原煤仓；2—给煤机；3—磨煤机；4—煤粉分离器；5—煤粉管道；6—一次风箱；7—燃烧器；8，10，11，13，25—调节阀；9—二次风箱；12—冷风门；14—热二次风；15—热风管道；16—冷风管道；17—锅炉；18—二次风机；19—冷一次风机；20—除尘器；21—引风机；22—脱硫塔；23—烟囱；24—换热器；26—分离器；27—烟气再循环风机；28—调节挡板

环率一般不宜超过 20%。在燃煤锅炉上单独利用烟气再循环措施，得到的 NO_x 脱除率通常在 25%以内，一般都与其他低 NO_x 燃烧技术联合使用。

日本三菱公司在直流煤粉燃烧器上应用烟气再循环技术开发了 SGR 型烟气再循环燃烧器，如图 2-7 所示。再循环的烟气不与空气混合，而是直接送至燃烧器，在一次风煤粉空气混合喷

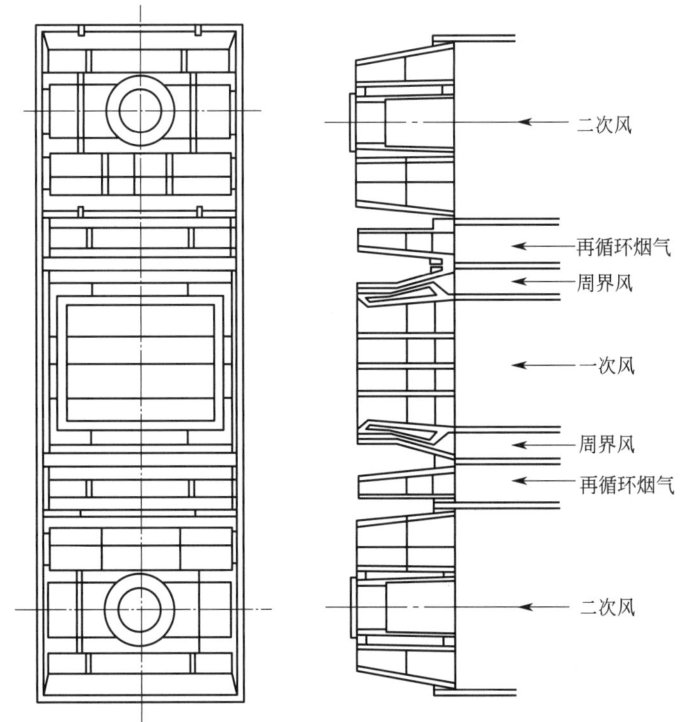

图 2-7　SGR 型烟气再循环燃烧器示意[2]

口上、下各装有再循环烟气喷口，因烟气吸热和氧的稀释，在一次风喷口附近形成还原性气氛，使燃烧速度和燃烧区温度降低，抑制了 NO_x 的生成。对运行机组采用烟气再循环技术需要加装再循环风机和循环烟气管道，对锅炉场地条件有一定限制；同时系统复杂度增加，投资增大。

二、直流低氮燃烧器技术

燃烧器是锅炉设备的重要组成部分。一方面，它对锅炉的可靠性和经济性起着决定性的作用；另一方面，从 NO_x 的生成机理来看，燃料型 NO_x 占据煤粉锅炉 NO_x 生成量的绝大部分，是在煤粉着火阶段产生的。因此，通过对燃烧器进行特殊设计，改变燃烧器风煤比，适当降低燃烧器出口的氧浓度和温度，能够抑制燃烧初期 NO_x 的生成。当然，低 NO_x 燃烧器首先要满足煤粉着火和燃尽的需求，在此基础上有效地抑制 NO_x 的生成。20 世纪 50 年代以后，低 NO_x 燃烧器相继被研制出来，在此基础上进行的研究取得了长足的发展。世界各大锅炉公司发展了不同类型的低 NO_x 燃烧器，一般可降低 NO_x 排放 30%～60%[3]。

切圆锅炉的炉膛四角一般布置直流煤粉燃烧器，通过主燃烧器送入炉膛的一、二次风占入炉总风量的 70%～80%，以维持主燃烧器区域过量空气系数小于 1，其余风量通过主燃烧器区上部布置的分离燃尽风喷口送入提供燃尽所需氧量。以下介绍典型的直流煤粉低氮燃烧器。

1. WR 型煤粉燃烧器

WR 型（wide range）煤粉燃烧器又名宽调节比燃烧器，是 ABB-CE 公司为改善燃煤锅炉低负荷运行时的着火稳定性能而研制出来的一款四角切圆直流燃烧器。其主要结构如图 2-8 所示，它主要由入口弯管、水平隔板、V 形稳燃钝体以及摆动式喷嘴等组成。一次风煤粉混合物流经弯头时，由于煤粉和空气惯性力不同，通过弯头后产生浓淡偏差的两相，喷嘴体内设置的水平隔板可以隔离两相保持浓淡偏差，这样进入炉膛的射流在喷口外形成上下浓淡偏差燃烧。在喷嘴处布置有 V 形稳燃钝体以形成稳定的回流区促进低负荷运行或劣质煤燃烧的着火稳定性。通过调节一次风周围设置的周界风可以适应煤种的变化，同时也有利于防止结渣和高温腐蚀。

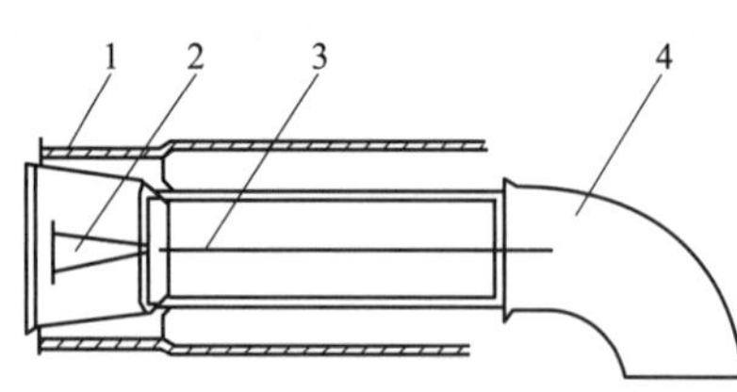

图 2-8　WR 型煤粉燃烧器示意

1—摆动式喷嘴；2—V 形稳燃钝体；3—水平隔板；4—90°弯管

2. PM 型煤粉燃烧器

日本三菱重工 PM（pollution minimum）型直流燃烧器如图 2-9 所示，其关键部件是煤粉分配部件，它由一次风弯头、浓煤粉喷口以及淡煤粉喷口组成，一次风煤粉气流流经弯头时在惯性力的作用下进行分离，浓煤粉进入布置在上部的浓相喷口，淡煤粉进入布置在下部的淡相喷口，从而在进入炉膛后实现上下浓淡偏差燃烧。PM 型燃烧器 NO_x 生成规律与普通燃烧器的比较如图 2-10 所示。淡相煤粉燃烧时空气/煤粉化学当量比较高，由于空气相对较多，喷口附近火焰温度较低，有利于着火稳定性以及热力型 NO_x 的抑制；浓相煤粉燃烧时空气/煤粉化学当量比较低，喷口附近形成的强还原性气氛有利于抑制燃料型 NO_x。

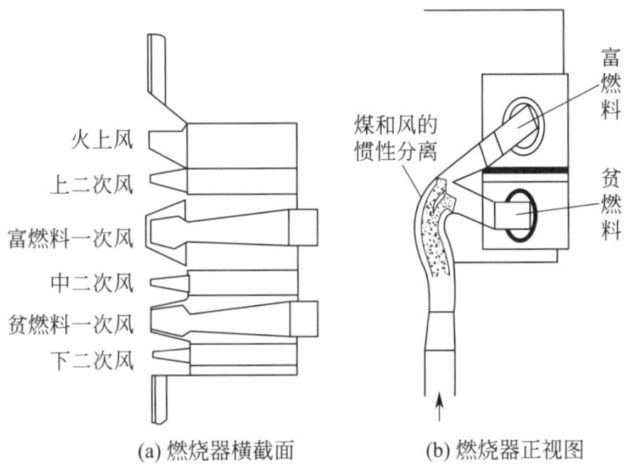

(a) 燃烧器横截面　　(b) 燃烧器正视图

图 2-9　PM 型直流燃烧器示意

3. 百叶窗水平浓淡煤粉燃烧器

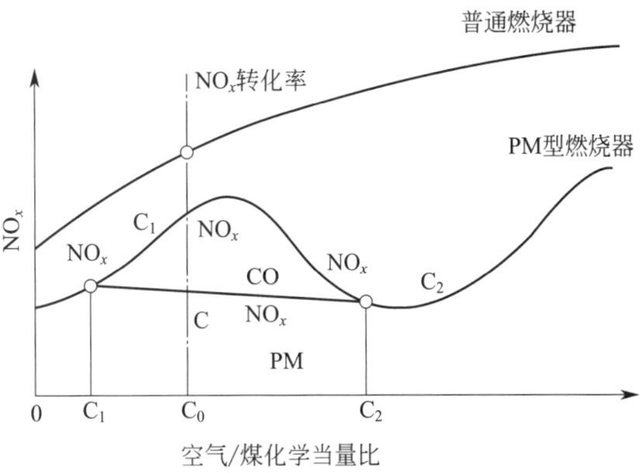

图 2-10　PM 型燃烧器与普通燃烧器 NO_x 生成控制原理比较

百叶窗水平浓淡煤粉燃烧器及其结构[4]如图 2-11 所示。百叶窗水平浓淡煤粉燃烧器利用管道中布置的百叶窗导流挡板控制喷口左右侧煤粉浓度，在进入炉膛后在喷口附近实现一次风水平浓淡燃烧。浓淡燃烧的基本思想通常是将一次风分成浓淡两股气流，浓煤粉气流是富燃料燃烧，挥发分析出速度加快，造成挥发分析出区缺氧，使已形成的 NO_x 还原为氮分子。淡煤粉气流为贫燃料燃烧，会生成一部分燃料型 NO_x，但是由于温度不高，所占份额不多。浓淡两股气流均偏离各自的燃烧最佳化学当量比，既确保了燃烧初期的高温还原性火焰不过早与二次风接触，使火焰内的 NO_x 的还原反应得以充分进行，同时挥发分的快速着火使火焰温度能维持在较高的水平，又防止了不必要的燃烧推迟，从而保证煤粉颗粒的燃尽。

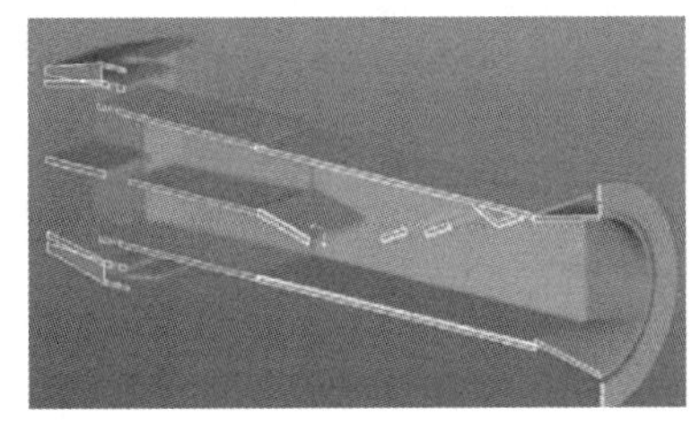

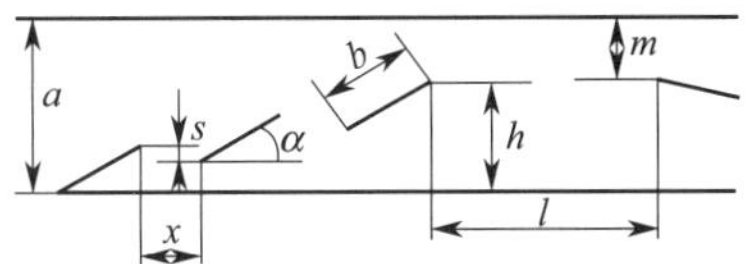

a—浓缩器宽度；b—叶片长度；α—叶片倾角；x—叶片间距；s—叶片遮盖高度；l—分体长度；m—挡板开度；h—阻塞高度

图 2-11　百叶窗水平浓淡煤粉燃烧器及其结构示意

三、旋流低氮燃烧器技术

旋流煤粉燃烧器往往应用于前墙布置和前后墙对冲布置锅炉。以下介绍典型的旋流煤粉低氮燃烧器。

1. DRB 型旋流煤粉燃烧器

美国 B&W 公司自 1971 年起研发了一系列的 DRB 型旋流煤粉燃烧器，DRB-4Z 型旋流煤粉燃烧器结构可见图 2-12。其二次风采用内外两个调风器，又称为双调风低 NO_x 燃烧器。在传统的双调风燃烧器的基础上增加了一个直流风通道，通过一次风喷口周围送入。其煤粉气流为不旋转的直流射流，一次风管四周与内二次风混合形成浓煤粉着火燃烧区域，有利于降低燃料型 NO_x 的生成。由于外二次风旋流强度较低，比例较大，可以降低火焰温度，对采用该燃烧器的火焰温度测量结果显示，在距离喷口 1.2m 处火焰温度降低至 1400℃，有利于抑制热力型 NO_x 生成。同时，大量的外二次风有利于保护水冷壁，防止结渣、腐蚀。

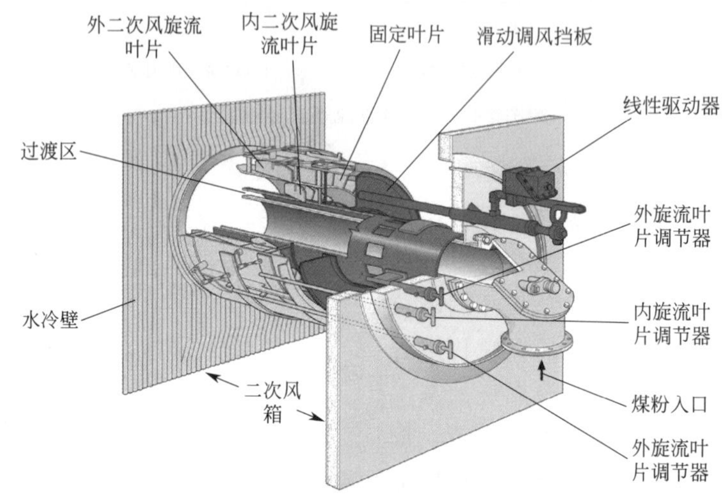

图 2-12　DRB-4Z 型旋流煤粉燃烧器结构

2. SF 型旋流煤粉燃烧器

CF/SF（控制流量/分离火焰）型旋流煤粉燃烧器是美国 FW 公司于 1979 年推出的，主要特点是将一次风分为四股，扩大煤粉气流与高温烟气的接触面积。在优化了空气/燃料输送系统后，FW 公司推出了 VF/SF 型旋流煤粉燃烧器，其结构如图 2-13 所示。该型燃烧器煤种适用范围较广，从无烟煤到褐煤皆有应用经验。通过布置内外双调风结构可以实现燃烧器空气分级。而分离火焰喷口能够强化着火并起到燃料分级的作用。

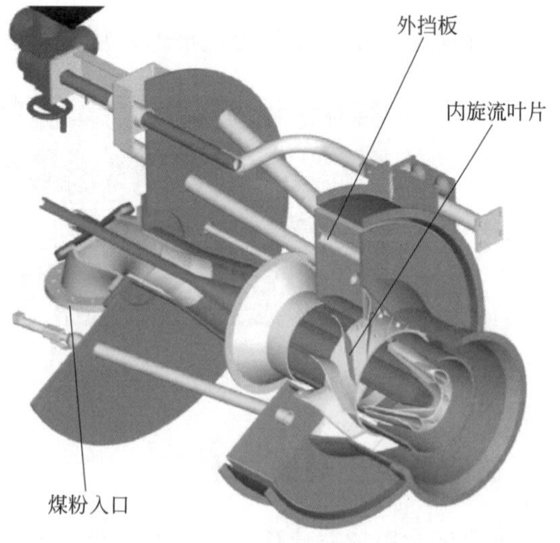

图 2-13　VF/SF 型旋流煤粉燃烧器

3. DS 型旋流煤粉燃烧器

德国 Bobcock 公司推出 DS 型旋流煤粉燃烧器，其结构如图 2-14 所示。采用截面积较大的中心风管，减缓了中心风速，保证回流区的稳定；增大一次风射流的周界长度和一次风煤粉气流同高温烟气的接触面积，提高了煤粉的着火稳定性；在一次风道内安装了旋流导向叶片，使一次风产生旋流，并将喷口设计成外扩型；煤粉喷口加装了齿环形稳燃器；在外二次风的通道中则采用各自的扩张形喷口，以使内、外二次风不会提前混合；内、外二次风道为切向进风蜗壳式结构，保证燃烧器出口断面空气分布均匀，增加了优化燃烧所具备的旋流强度。

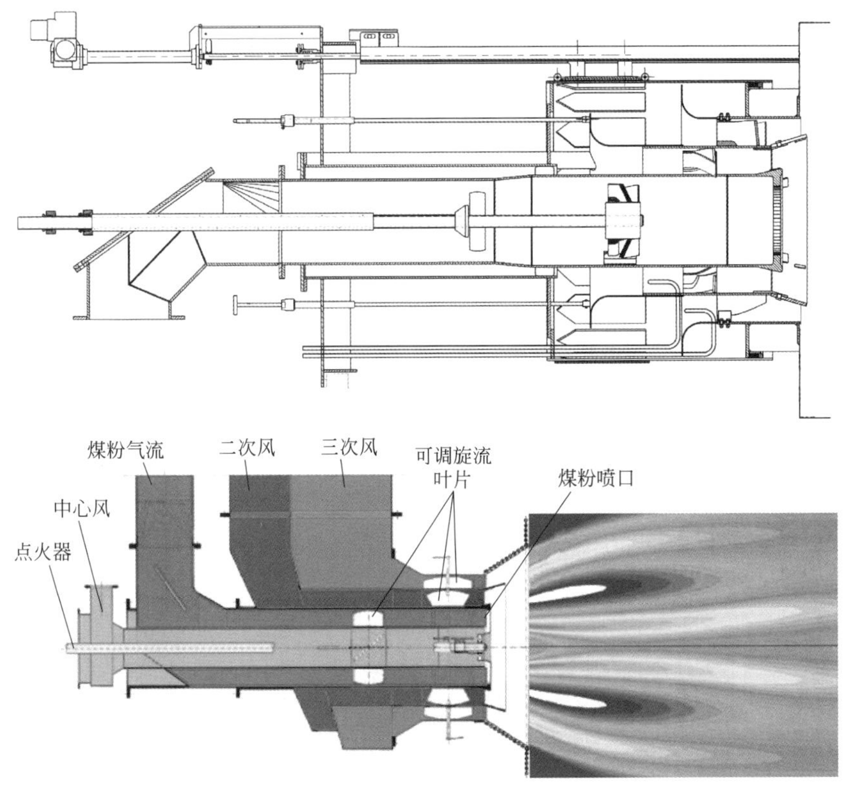

图 2-14 DS 型旋流煤粉燃烧器

4. HT-NR 型旋流煤粉燃烧器

日本巴布科克-日立公司在 DRB 型双调风旋流煤粉燃烧器的基础上研发了 HT-NR 型旋流煤粉燃烧器。图 2-15 为 HT-NR 型低氮煤粉燃烧器 1～4 代结构示意及降氮效果示意。HT-NR 型低氮煤粉燃烧器为单喷口分级燃烧方式，一次风喷口附近外浓内淡的煤粉分布形式有利于 NO_x 还原区的形成，NO_x 具有能够快速转变成气相的特点，火焰内 NO_x 还原被加速，从而有助于降低炉内燃料型 NO_x 排放。

5. OPTI-FLOW 型旋流煤粉燃烧器

美国 ABT（先进燃烧技术）公司于 20 世纪 90 年代提出带梅花型一次风喷口的 OPTI-FLOW 型旋流煤粉燃烧器。该型燃烧器通过采用梅花型一次风喷口强化着火，提高煤粉着火初期加热速率，提升高温缺氧气氛下煤粉挥发分释放比例，在大幅降低燃料型 NO_x 生成量的同时，提升低氮燃烧模式下火焰燃烧稳定性。燃烧器结构如图 2-16 所示。

6. Airjet 型旋流煤粉燃烧器

Airjet 型旋流煤粉燃烧器是 B&W 公司提出的旋流煤粉燃烧器，为解决传统双调风低氮旋流燃烧器推迟着火设计导致的燃尽性差的问题而提出。该型燃烧器煤粉气流内、外

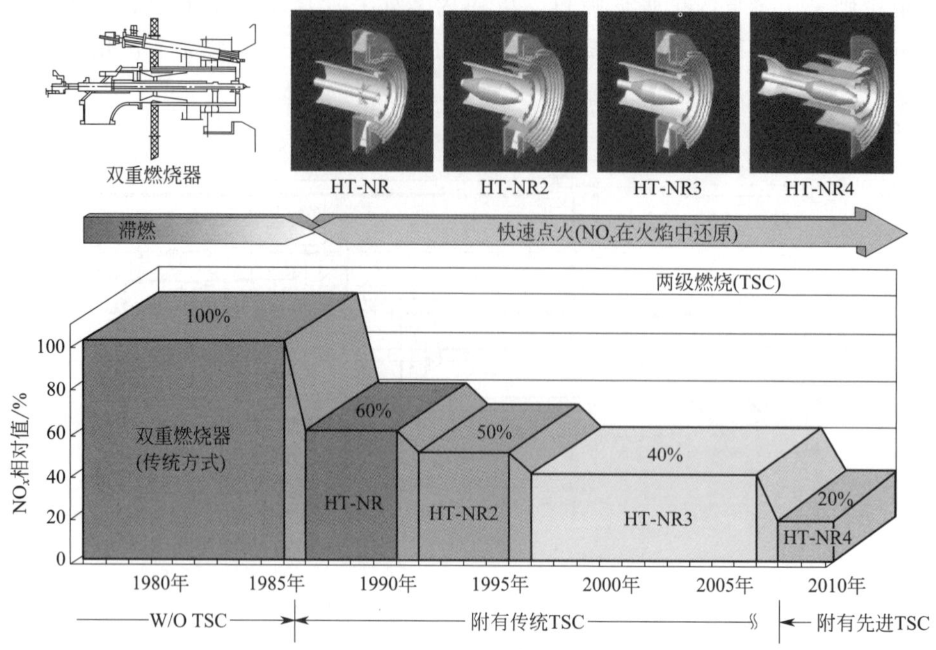

图 2-15　HT-NR 型旋流煤粉燃烧器结构及降氮效果比较

图 2-16　OPTI-FLOW 型旋流煤粉燃烧器

两侧皆有二次风，使得煤粉燃烧形成稳定、强烈火焰，加速燃烧初期挥发分的释放。燃烧器出口形成富燃料气氛强化燃烧是该型燃烧器实现高效低氮燃烧的关键。燃烧器结构示意见图 2-17。

从全国投运的前后对冲低氮旋流煤粉燃烧器调查结果看：目前引进技术的旋流煤粉燃烧器主要适合燃烧烟煤。对于贫煤、劣质烟煤等高灰分煤，这些燃烧器都或多或少存在煤粉着火不及时，燃尽率差的问题，而且炉膛两侧墙都存在较严重的高温腐蚀问题。这说明，这些引进技术旋流煤粉燃烧器并不是很适合燃烧国内低挥发分、高灰分、低热值煤种。还非常有必要开发适合国内劣质煤的强卷吸低温低氮旋流煤粉燃烧器，并依据煤质的变化量体裁衣设计。

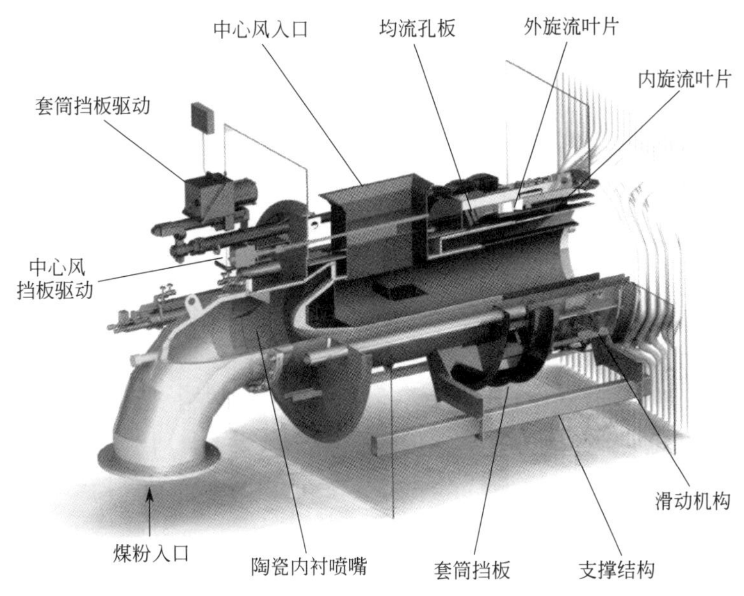

图 2-17　Airjet 型旋流煤粉燃烧器结构示意

四、W 型火焰低氮燃烧技术

为满足低挥发分煤（V_{daf}<13%）着火及燃尽需求，W 型火焰炉被提出。W 型火焰煤粉气流的着火主要依靠煤粉气流自身形成的高温火焰的对流加热，煤粉气流由上往下喷射形成火焰，然后再折返向上运动，呈 W 型火焰，其经历的行程较长，当火焰运动至喷口处时，火焰温度较高，这一高温火焰被一次风卷吸、汇合后便使煤粉气流得到快速加热、着火。尽管 W 型火焰锅炉对于低挥发分煤着火与燃尽有较大优势，但是 W 型火焰燃烧方式因炉膛火焰集中，又敷有卫燃带以提高炉温，因此其 NO_x 排放水平明显高于具有降低 NO_x 措施的常规煤粉燃烧方式（四角燃烧和墙式燃烧），部分 W 型火焰锅炉实测的干烟气中 NO_x 含量达到 1100～1500mg/m^3（换算到 6%氧量、标态）[5]。

美国 FW 公司在 W 型火焰锅炉上采用旋风分离式旋流燃烧器实现浓淡燃烧，结构示意见图 2-18。煤粉气流经过分配器后分为两路各进入一个旋风子，来自磨煤机的煤粉气流进入旋风分离器后形成高浓度的风粉流和低浓度的风粉流，高浓度风粉流经过喷嘴呈旋涡状低速向下

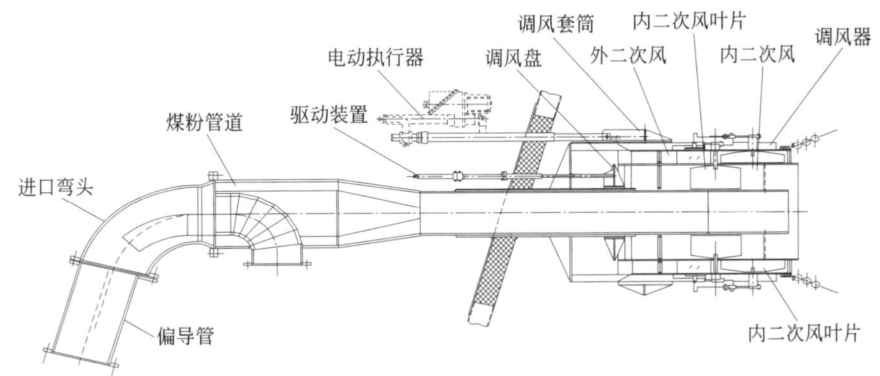

图 2-18　FW 公司的旋风分离式旋流燃烧器结构

进入炉膛着火燃烧，从旋风子上部引出的低浓度煤粉气流由空气喷嘴喷入炉膛燃烧。低浓度煤粉气流靠高浓度火焰点燃并维持燃烧，而 W 型火焰有利于引燃高浓度火焰根部，提高着火稳定性。对燃用无烟煤的 W 型炉膛，需提高煤粉浓度以加强燃烧。

五、流化床低氮燃烧技术

循环流化床燃烧技术是 20 世纪 70 年代末开始出现的清洁煤燃烧技术，结构示意见图 2-19。循环流化床燃烧在 800～900℃条件下进行，由于其中温燃烧、炉内存在大量还原性物料等特点，相较于煤粉锅炉具有天然的 NO_x 低排放优势，一般可以达到 200mg/m^3 以下[6]。循环流化床中，燃烧室、分离器及返料器组成主循环通路。燃料燃烧产生的灰分及脱硫石灰石在系统中累积，在燃烧室下部形成鼓泡床或湍流床，上部形成快速床。下部的大量热物料为燃料着火提供足够的热源，因此对燃料要求比较宽松。流化过程气固混合强烈，降低了燃烧或脱硫化学反应的传质阻力，加快了反应速率。在 800～900℃条件下，燃烧比较稳定，加入石灰石颗粒，石灰石中的碳酸钙可以分解成高孔隙率的氧化钙，进而吸收燃烧产生的二氧化硫；此温度下氮氧化物的生成量显著下降，另外，低温燃烧形成的多孔灰颗粒对重金属有很强的吸附能力，烟气中重金属排放低。循环流化床是适应劣质煤的低成本污染控制的洁净燃烧技术。

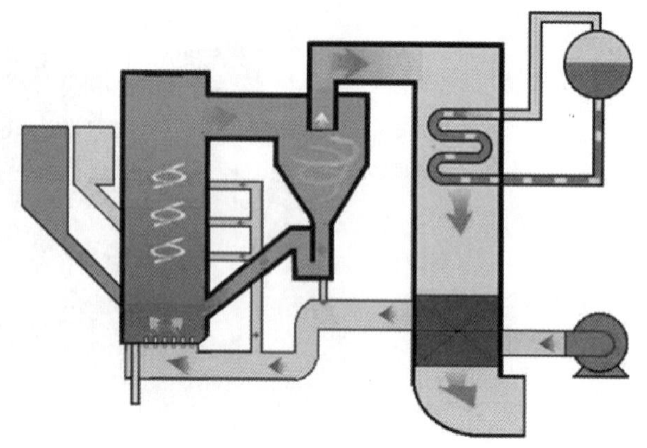

图 2-19　循环流化床锅炉结构示意

第三节　炉后烟气 SCR 脱硝技术

一、SCR 脱硝技术原理

选择性催化还原烟气脱硝技术是目前应用最为广泛、发展最为成熟的烟气脱硝技术。其原理是在金属催化剂作用下，还原剂将烟气中的 NO_x 还原成 N_2 和 H_2O，还原剂通常以 NH_3 为主。SCR 消除 NO_x 的过程如图 2-20 所示。

SCR 的化学反应机理比较复杂，但主要的反应是 NH_3 在一定的温度和催化剂的作用下，有选择地将烟气中的 NO_x 还原为 N_2。

$$4NH_3+4NO+O_2 \longrightarrow 4N_2+6H_2O \tag{2-12}$$

$$4NH_3+2NO_2+O_2 \longrightarrow 3N_2+6H_2O \tag{2-13}$$

反应式(2-12) 是主要的 NO_x 还原反应，烟气中 NO_x 主要是以 NO 的形式存在。在没有催化剂的情况下，上述化学反应只在很窄的温度范围内（980℃左右）进行，即选择性非催化还原（SNCR）。选择合适的催化剂，可以降低反应温度，并且可以扩展到适合燃煤机组实际使用的 290～430℃温度范围。

催化剂有贵金属催化剂和普通金属催化剂之分。由于贵金属催化剂和硫反应，并且价格昂

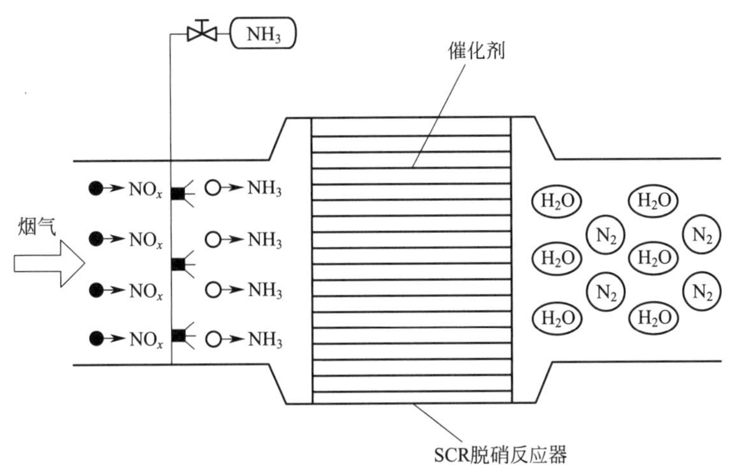

图 2-20　SCR 脱硝工艺反应过程[7]

贵，成本较高，实际应用中不予采用，最常用的普通金属基催化剂含有氧化矾、氧化钛，需要适合的催化反应温度（300～400℃）。

反应条件改变，还可能发生以下副反应：

$$4NH_3+3O_2 \longrightarrow 2N_2+6H_2O+1267.1kJ \tag{2-14}$$

$$2NH_3 \longrightarrow N_2+3H_2-91.9kJ \tag{2-15}$$

$$4NH_3+5O_2 \longrightarrow 4NO+6H_2O+907.3kJ \tag{2-16}$$

NH_3 分解的反应［式(2-15)］和 NH_3 氧化为 NO 的反应［式(2-16)］都在 350℃以上才开始。在一般的选择性催化还原工艺中，反应温度常控制在 380℃以下，这时主要是 NH_3 氧化为 N_2［式(2-14)］。

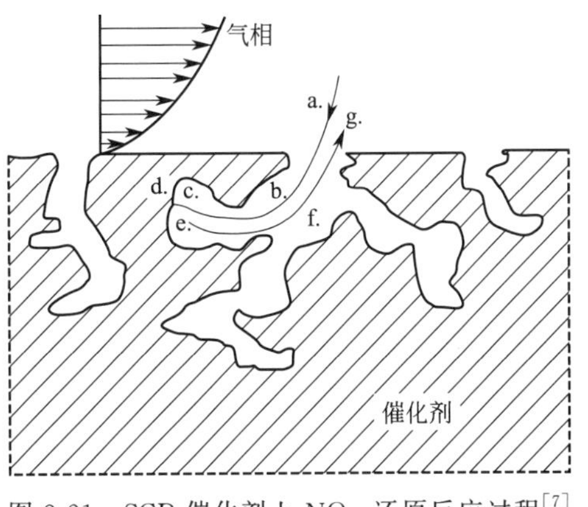

图 2-21　SCR 催化剂上 NO_x 还原反应过程[7]

图 2-21 为 NH_3 和 NO_x 在催化剂上的反应机理，其主要过程为：a. NH_3 通过气相扩散到催化剂表面；b. NH_3 由外表面向催化剂孔内扩散；c. NH_3 吸附在活性中心上；d. NO_x 从气相扩散到吸附态 NH_3 表面；e. NH_3 与 NO_x 反应生成 N_2 和 H_2O；f. N_2 和 H_2O 通过微孔扩散到催化剂表面；g. N_2 和 H_2O 扩散到气相主体。

二、SCR 系统组成及设计

（一）SCR 反应器布置方式

SCR 反应器布置于锅炉炉膛后，其布置位置根据烟气性质可以有所选择，图 2-22 给出了 3 种布置方式。

高粉尘布置［图 2-22(a)］的优点是进入反应器的烟气温度为 300～500℃，多数催化

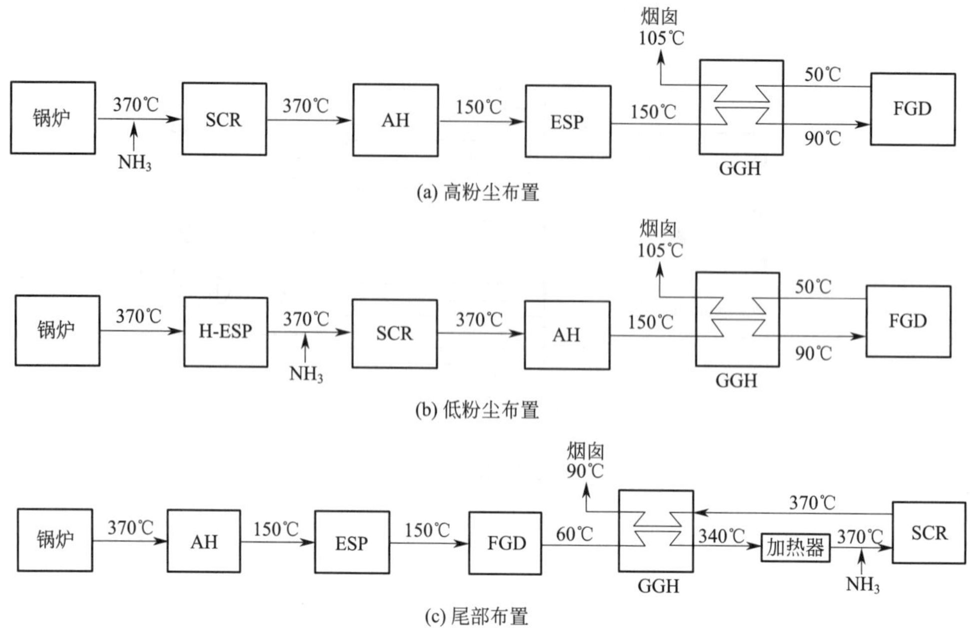

图 2-22 SCR 工艺流程布置示意

AH—空气预热器；ESP—静电除尘装置；FGD—烟气脱硫装置；GGH—烟气加热器

剂在此温度范围内有足够的活性，烟气不需加热可获得良好的 NO_x 还原效果。但催化剂处于高尘烟气中，寿命会受粉尘影响。低粉尘布置［图 2-22(b)］的优点是催化剂不受飞灰的影响。若 SCR 反应器置于湿式 FGD 系统之后［图 2-22(c)］，催化剂不会受 SO_2 等气态有毒物质的影响，但由于经湿法脱硫后的烟气温度较低，一般需用气气换热器或采用燃料气燃烧的方法将烟气温度提高到催化还原反应的适宜温度。工业应用中常常采用高粉尘布置。

（二）SCR 系统设计

SCR 脱硝系统一般由烟气系统、还原剂（氨或者尿素等）储存系统、还原剂与空气混合系统、还原剂喷入系统、反应器系统、省煤器旁路、检测控制系统等组成。

烟气流经 SCR 反应器的流程为：省煤器出口→SCR 反应器入口烟道→喷氨格栅→烟气/氨气混合器→均流板→SCR 反应器→SCR 反应器出口烟道→空气预热器。控制系统一般根据反应器入口 NO_x 的浓度调整喷氨量，进而对整个 SCR 运行进行调整以达到最佳的 NO_x 脱除效果。图 2-23 为典型 SCR 脱硝工艺流程。

1. SCR 脱硝系统主要性能指标

以液氨还原剂为例对 SCR 反应器进行介绍。SCR 在燃煤电站锅炉中的性能指标包括体现催化剂活性的脱硝效率、SO_2/SO_3 转化率、NH_3 逃逸率及压降等综合性能指标。这些指标一般在催化剂成品完成后需要在实验室实际烟气工况下进行检测。

（1）脱硝效率

脱硝效率是指反应器前、后烟气中 NO_x 的浓度差除以反应器进口的 NO_x 浓度（浓度均换算到同一氧量下）。一般情况下，在 SCR 系统设计之初就会进行初期脱硝率和远期脱硝率的

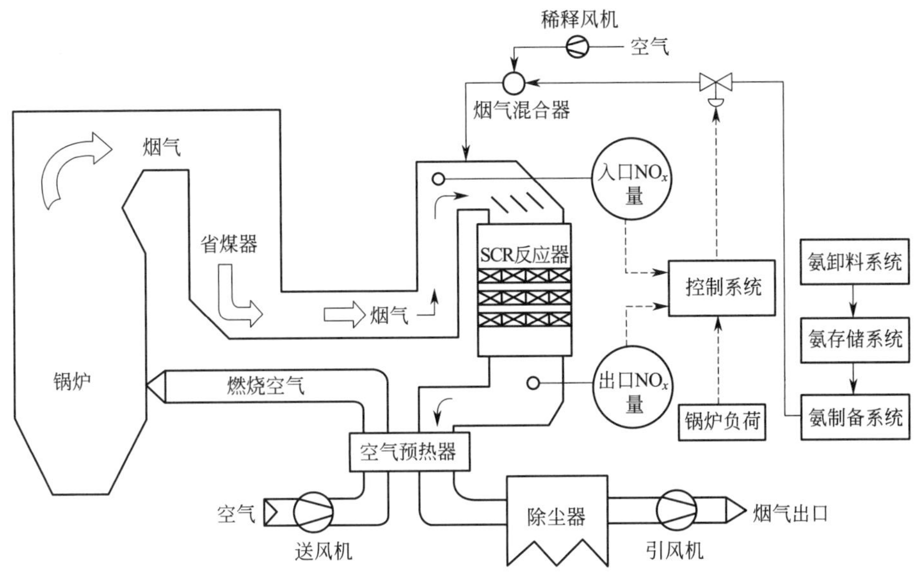

图 2-23　典型 SCR 脱硝工艺流程

设计，通过初置和预留若干催化剂层，后续逐层添加来满足未来可能日益严格的排放要求。SCR 脱硝效率一般要求大于 80%。

(2) SO_2/SO_3 转化率

SO_2/SO_3 转化率是指经过 SCR 反应器后烟气中 SO_2 转化成 SO_3 的比例。催化剂活性越好，所需要催化剂量越少，SO_2/SO_3 转化率越高，但转化率过高，烟气中的 SO_3 会导致空气预热器堵灰、后续设备腐蚀及催化剂中毒等问题。因此，一般要求 SO_2/SO_3 转化率小于 1%。

$K[SO_2/SO_3]$=(反应器出口 SO_3 平均浓度－反应器入口 SO_3 平均浓度)/反应器入口 SO_2 平均浓度

(3) NH_3 逃逸率

NH_3 逃逸率是指反应器出口烟气中 NH_3 的体积分数，反映了未参加 NO_x 还原反应的 NH_3 量。NH_3 逃逸率高，造成脱硝成本增加，NH_3 与烟气中的 SO_3 反应生成 NH_4HSO_4 和 $(NH_4)_2SO_4$ 等物质，会堵塞、腐蚀下游设备，增大系统阻力。因此一般要求 SCR 系统氨逃逸量在 3×10^{-6} 以下。

(4) 催化剂层压降

催化剂层压降是指烟气经过催化剂层后的压力损失。整个脱硝系统的压降由催化剂压降及反应器和烟道压降等组成，理论上催化剂层压降越小越好，否则会直接影响锅炉主体和引风机的安全运行。在催化剂设计中合理选择催化剂孔径和结构形式是降低催化剂本身压降的重要手段。

(5) 催化剂入口速度场及 NH_3/NO_x 分布均匀性

该特性取决于喷氨格栅处的流速和 NO_x 浓度分布以及喷氨格栅、混合器特性等。氨氮比越均匀，出口氨逃逸率越小，越有利于充分利用催化剂的活性，降低 SCR 运行成本。

(6) 催化剂入口烟气温度及温度分布均匀性

过大的温度分布不均会导致局部温度过高，造成局部氨盐沉积或 SO_3 浓度过高。最低运行温度由催化剂特性和 SO_3 浓度决定，为防止氨盐沉积于催化剂，低于允许的最低温度时应停止喷氨。

（7）其他

除了以上物理、化学和工艺性能指标外，各特定 SCR 脱硝项目工程所采用的催化剂还有体积、尺寸等指标。

2. 各系统设计要点

（1）烟气系统

燃煤电站 SCR 烟气系统设计要点之一是烟道拐弯处的导流叶片设计，导流叶片的设计主要考虑叶片的形状、位置和数量。当导流叶片发生改变时，还需要考虑加固和支撑问题，以及导流叶片和拐弯处的防磨问题。导流叶片的设计原则是以阻力最小和流场均匀为综合优化目标，选择对制造、安装误差不敏感的布置方式，扩口转向设计灵活选用最适宜的形式和参数。一般都需要进行详细的三维数值模拟或直接加工相似物模测试等确定导流叶片的布置方式。

（2）喷氨系统

喷氨系统包括稀释风机、氨控制阀、氨气/空气混合器、喷氨格栅以及相应的辅助设备（图 2-24）。为保证氨喷入烟道的绝对安全以及混合均匀，用稀释风机和氨气流量控制器控制氨和空气的混合比例，一般将气化氨和稀释空气混合稀释至安全浓度（<5%，体积浓度）。稀

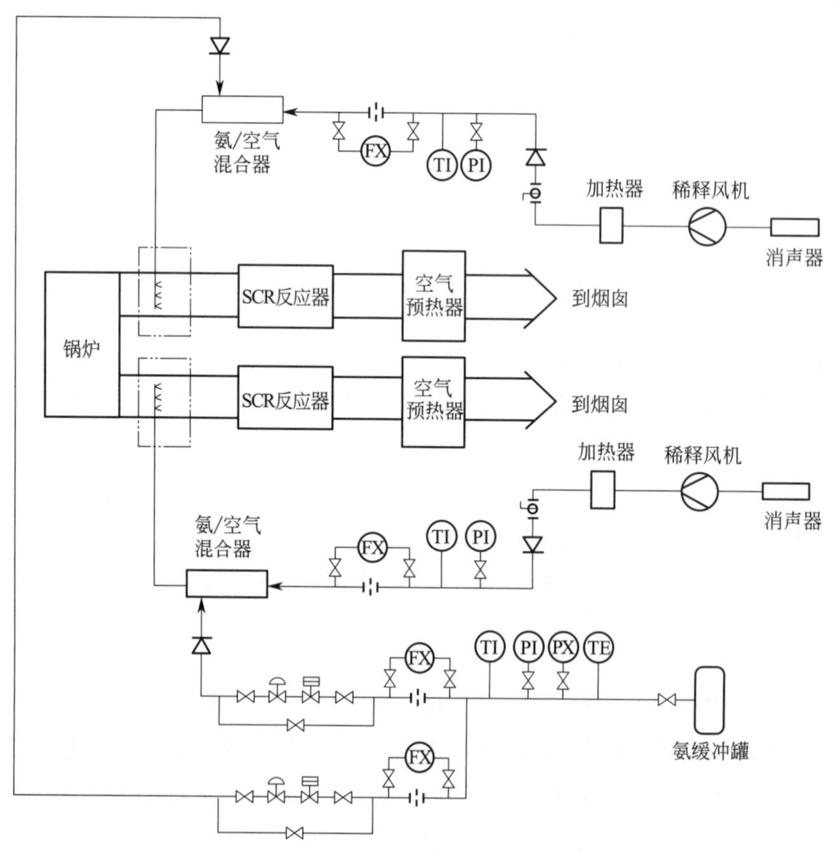

图 2-24　常规 SCR 氨喷射系统

释后的氨一般用喷射格栅将其喷入烟气，喷射系统由一个给料总管和许多连接管组成，每一个连接管给一个分配管供料。分配管给配有多个喷嘴的喷管供料。连接管有一个简单的流量测量和手动调节阀，用来调整氨/空气在不同连接管中的分配情况。随着喷氨精细化、自动化要求，智能喷氨系统逐步得到开发。

而氨/空气在连接管中的分配由烟道中局部流量和 NO_x 分布而定。对于烟气及 NO_x 分布不均匀的锅炉，宜采用分区独立控制喷氨量。氨气喷入烟气后，为使氨气与烟气混合均匀，通常在 SCR 反应器入口烟道设置一套静态混合器。静态混合器一般布置于喷嘴下游，根据工况每台炉设置 2 套或 1 套。

从喷氨截面至催化剂表层的距离称为混合距离，混合距离和混合强度直接影响喷氨点的数量。如图 2-25 所示，在同等混合强度下，混合距离越小，需要的喷氨点越多。在实际工程设计时，混合距离根据 SCR 装置的可用空间、烟道结构等确定。氨与空气的混合气体的分布状况可根据烟道出口 NO_x 检测浓度判断，进而调节喷入的氨在烟道截面上的分配量，使喷入的氨与其覆盖区域的 NO_x 浓度匹配。控制系统通过 SCR 进出口 NO_x 分析仪测量值计算 NH_3 的需要量，并将计算结果反馈给氨流量调节阀以控制氨的供给量。

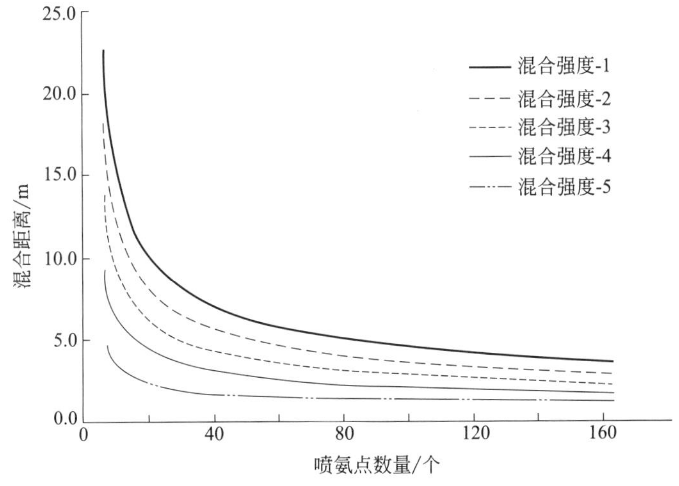

图 2-25　喷氨点数量与混合距离、混合强度的关系

（3）除灰系统

由于 SCR 布置在烟道中，不可避免会受到飞灰的影响，为防止飞灰沉积造成催化剂堵塞，必须除去烟气中硬且直径较大的飞灰颗粒，因此，SCR 反应器每层催化剂上方设有耙式蒸汽吹灰器（吹扫介质为过热蒸汽）或声波吹灰器（吹扫介质为压缩空气），图 2-26 为 2 种吹灰装置的布置情况。

声波吹灰对已沉积在催化剂表面的灰几乎没有太大作用，它主要作用是防止积灰。而蒸汽吹灰是目前普遍使用的吹灰方式，运行时根据反应器催化剂层的压降变化情况，可调整吹灰频率，一般为 1～3 次/d。部分 SCR 系统还在 SCR 反应器之后的出口烟道上设有灰斗和振打装置，由于烟气流经 SCR 反应器时流速降低，烟气中飞灰会在 SCR 装置内和 SCR 装置出口处沉积，一部分自然落入灰斗；另一部分经由振打装置振打后落入灰斗。

（4）SCR 催化剂

还原剂与烟气的混合气体在 SCR 催化剂表面进行 NO_x 还原反应。催化剂在一定温度范围内活性最高，当运行温度高于催化剂的最高温度限值时，催化剂烧结失活，当运行温度低于催

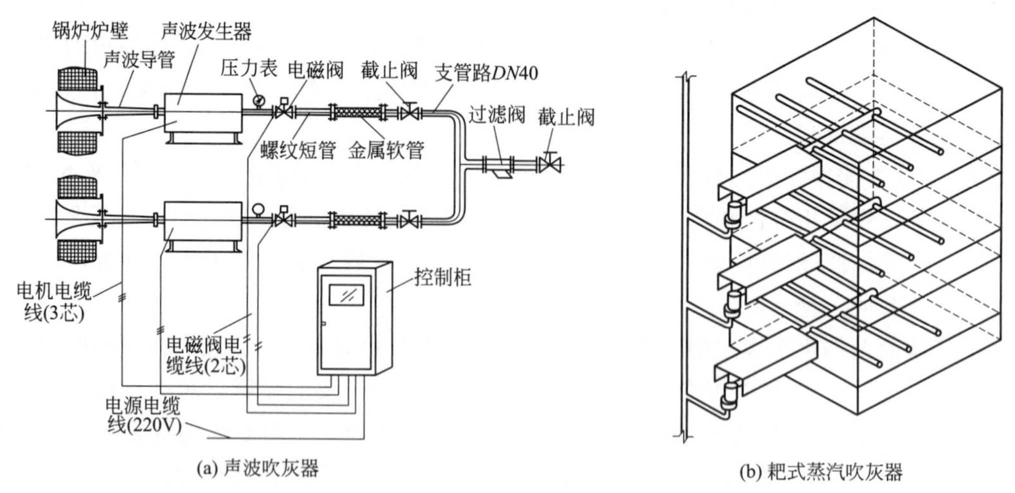

图 2-26　SCR 吹灰器布置情况[7]

化剂的最低温度限值时，氨逃逸增加。生成 NH_4HSO_4，NH_4HSO_4 附着在催化剂表面堵塞催化剂孔，导致催化剂活性降低，影响脱硝效率。催化剂的最低温度不仅与催化剂组成有关，还与烟气中 NH_3 和 SO_3 的浓度有关，两者浓度越高，催化剂的最低温度限值就越高。SCR 最低运行温度必须高于催化剂的最低温度限值，否则应停止喷氨，停运 SCR。

（5）氨的运输与储存系统

以液氨制备还原剂（气氨）为例。氨供应系统包括液氨卸料压缩机、液氨储罐、液氨泵、液氨蒸发槽、缓冲罐、稀释槽、废水泵、废水池等。液氨的供应由液氨罐车运送至现场，通过卸料压缩机将液氨由罐车输入储罐内储存。液氨储罐内的液氨通过重力或液氨泵输送到液氨蒸发槽内蒸发为气氨，经压力控制阀控制一定的压力后进入缓冲罐，然后经脱硝自动控制系统控制其流量后与稀释空气在混合器中混合均匀，再送入脱硝装置。氨气系统紧急排放的氨排入氨气稀释罐，由水吸收后排入废水池送入废水处理厂。

三、SCR 催化剂

催化剂是燃煤电站 SCR 系统的核心部分，SCR 中催化剂促进氮氧化物的还原反应，燃煤机组一般采用固体催化剂，SCR 反应器中发生非均相气固反应。催化剂的化学成分、结构、寿命及相关参数直接影响 SCR 系统的脱硝效率及运行状况。催化剂的初投资成本占系统投资的 40%～60%，催化剂的寿命决定着 SCR 系统的运行成本。在相同条件下 SCR 反应器中催化剂的体积越大，NO_x 的脱除率越高，氨的逃逸量越少。

（一）催化剂类型

SCR 催化剂有不同的种类，可以按照催化剂的原料、结构、使用温度范围等对催化剂进行分类。

1. 按原料

用于 SCR 系统的商业催化剂有贵金属催化剂、金属氧化物催化剂、离子交换的沸石分子筛型催化剂及活性炭催化剂 4 种。每一种催化剂都有各自不同的化学反应选择特性。

（1）贵金属催化剂

主要是 Pt-Rh 和 Pd 等贵金属，通常以氧化铝等整体式陶瓷为载体，早期设计安装的 SCR 系统中多采用这种催化剂，贵金属催化剂低温催化活性优良，但对 NH_3 也有一定的氧化作用，20 世纪 80～90 年代以后逐渐被金属氧化物型催化剂取代，目前仅应用于低温条件下及天然气燃烧后尾气中 NO_x 的脱除。

（2）金属氧化物催化剂

目前在火电厂脱硝中应用最多的是氧化钛基 V_2O_5-WO_3（MoO_3）/TiO_2 系列催化剂，TiO_2 具有大的比表面积和微孔结构，是主要的活性成分和其他成分载体。通常还会加入 WO_3 或 MoO_3、SiO_2、Al_2O_3、CaO、MgO、BaO、Na_2O、K_2O、P_2O_5 等物质，助催化剂 WO_3/MoO_3 的加入是为了增加催化剂的活性和热稳定性，防止 TiO_2 的烧结和比表面积的丧失，WO_3 或 MoO_3 的比例为 5%～10%，V_2O_5 占 1%～5%，TiO_2 占绝大部分。氧化铁基催化剂在某些 SCR 反应器中也有应用，以 Fe_2O_3 为基础，添加 CrO_x、Al_2O_3、ZrO_2、SiO_2 及微量的 MnO_x、CaO 等，这种催化剂活性较氧化钛基催化剂活性要低约 40%。金属氧化物催化剂抗二氧化硫的侵蚀能力强、温度适中、应用广泛，但该催化剂在低温条件下活性较低。目前市场上的主流催化剂为氧化钛基催化剂。

（3）沸石分子筛型催化剂

一种陶瓷基催化剂，由带碱性离子的水和硅酸铝的一种多孔晶体物质制成丸状或蜂窝状，通常采用烃类化合物作为还原剂。沸石分子筛催化剂具有分子筛的作用，只有穿过沸石微孔进入催化剂孔穴内的分子才有机会参与化学反应过程，具有较好的稳定性和高温活性，活性温度最高可达 600℃。Cu-ZSM-5 和 Fe-ZSM-5 是常用的沸石分子筛催化剂，但该类型催化剂的低温活性不高，水抑制及硫中毒问题阻碍了其工业应用。沸石分子筛类催化剂是目前国外学者研究的重点，在德国应用较多。

（4）活性炭催化剂

活性炭具有丰富的比表面积，既可作为催化剂也可以作为吸附剂使用，活性炭单独作为催化剂时活性低，且与氧接触时有较高的可燃性，国内外学者尝试以各种炭材料及其改性材料为载体，负载金属氧化物制备炭基催化剂用于低温选择性催化还原。例如以活性炭为载体，Mn_2O_3、V_2O_5 作为活性组分的催化剂最佳反应温度在 100～200℃，NO_x 的最高转化率能达到 90%以上。

2. 按结构

市场上主流的氧化钛基催化剂有蜂窝式、板式与波纹板式 3 种（图 2-27）。

(a) 蜂窝式

(b) 板式

(c) 波纹板式

图 2-27　工业 SCR 催化剂结构

(1) 蜂窝式 SCR 催化剂

蜂窝式 SCR 催化剂为均质催化剂，以 TiO_2、V_2O_5 和 WO_3 为主要组分，以 TiO_2 为基材，活性物质与成型剂混合后挤压成型，经过烘干、焙烧制得，约占市场份额的 70%。蜂窝式 SCR 催化剂端面为蜂窝状，蜂窝孔道贯穿单体长度方向；蜂窝式 SCR 催化剂的比表面积一般在 427～860m^2/m^3 之间，催化剂模块采用标准化设计。由于蜂窝式 SCR 催化剂本体全部为催化剂材料，因此表面遭磨损后仍然可以维持原有催化性能，催化剂回收利用率高。但防堵灰能力差，不适用于灰分太高的烟气环境。

(2) 板式 SCR 催化剂

板式 SCR 催化剂为非均质催化剂，以玻璃纤维和 TiO_2 为载体，涂敷 V_2O_5 和 WO_3 等活性物质焙烧成型，市场占有率 25%～30%。板式 SCR 催化剂元件为最小构成单元，数十片元件组成催化剂单元，催化剂单元再组成催化剂模块；板式 SCR 催化剂的比表面积一般在 250～500m^2/m^3，最突出的优点是具有很强的防堵灰能力，适应烟气的高尘环境。但因其非均质的特性，催化剂表面遭到烟尘磨损后也不能维持原有的催化性能，催化剂难以再生。

(3) 波纹板式 SCR 催化剂

波纹板式 SCR 催化剂为非均质催化剂，波纹板式 SCR 催化剂采用玻璃纤维板或陶瓷板作为基材，涂敷或浸泡 V_2O_5 和 WO_3 等活性物质焙烧而成。波纹板式催化剂由直板与波纹板交替叠加组成，催化剂单元由钢壳包装。其特点是比表面积比较大、压降比较小，与板式 SCR 催化剂一样，经磨损后催化剂难以再生。

在 3 种催化剂中蜂窝式 SCR 催化剂以其比表面积大、活性高、体积小、可再生和回收等突出优点被越来越多地应用于烟气脱硝工程中。大部分燃煤发电厂采用蜂窝式和板式 SCR 催化剂。目前已投运的 SCR 中，70%采用蜂窝式 SCR 催化剂。

3. 按使用温度范围

催化剂可分为高温、中温、低温催化剂，其中使用温度高于 400℃的为高温催化剂，而中温指 300～400℃，低温指低于 300℃。中温催化剂主要是金属氧化物催化剂，包括氧化钛基催化剂（300～400℃）及氧化铁基催化剂（380～430℃）；低温催化剂主要为活性炭/活性焦催化剂（100～150℃）和贵金属催化剂（180～290℃），低温催化剂已用于燃油、燃气电厂，燃煤电厂多采用中温金属氧化物催化剂。

（二）催化剂活性及其影响因素

催化剂原料不同，活性和物理性能存在差异。一般来说，对于选定的催化剂，表面积越大，催化剂活性越高，氨与 NO_x 反应越剧烈，在一定结构反应器中采用的还原剂（氨）的剂量越少，即 $n(NH_3)/n(NO_x)$ 比值就越小；同样，在相同的 $n(NH_3)/n(NO_x)$ 比值下，采用活化性高的催化剂有利于小尺寸反应器内 NO_x 还原反应的进行。总体来说，在 $n(NH_3)/n(NO_x)$ 比值和反应器尺寸一定的条件下，催化剂活性越高，降低 NO_x 生成量的可能性就越大。

催化剂活性 K 与时间 t 的关系为：

$$K=K_0 e^{(t/\tau)} \tag{2-17}$$

式中 K_0——催化剂的初始活性，主要由其化学成分及结构决定；

τ——催化剂运行寿命的时间常数。

随着催化剂活性降低，NO_x 的还原反应速率也会降低，NO_x 脱除量降低，通常需要增加还原剂氨的量来保持 NO_x 的脱除率，造成氨逃逸水平升高。当氨逃逸达到最大值或者允许水平时，就必须更换催化剂或者增加催化剂。

催化剂活性受很多因素影响，其中催化剂成分和结构、扩散速率、传质速率、反应温度（烟气温度）及烟气成分等都影响催化剂的整体效果。

1. 催化剂化学成分

SCR 系统采用的固态催化剂，由活性成分、助催化剂和载体三个主要部分组成。活性成分又称活性主体，能单独对化学反应起催化作用，缩短反应时间；助催化剂单独存在时并没有催化活性，然而它的少量加入却能明显提高活性成分的催化能力；载体是承载活性成分和助催化剂的部分，主要作用在于提供大的比表面积，提高活性成分和助催化剂的分散度，以节约活性成分。在国际市场上，无论是板式、蜂窝式还是波纹板式 SCR 催化剂，均是成熟的产品。它们所利用的活性成分基本都是一致的，只是其载体或载体的制作工艺有所不同。

其中，金属氧化物催化剂尤其是钛基催化剂［V_2O_5-WO_3(MoO_3)/TiO_2］以其高性能和合适的价格，在燃煤电站 SCR 工程中得到广泛应用。实际工程中根据具体项目中烟气的温度、入口 NO_x 浓度、硫的含量、灰分、烟气中的粉尘浓度及粒径以及 Ca、Mg、As 等元素含量，来确定催化剂中的主要成分 V_2O_5、WO_3、MoO_3、TiO_2 等的量。

2. 烟气温度

不同的催化剂具有不同的适用温度范围。当反应温度低于催化剂的适用温度范围时，在催化剂表面会发生副反应，NH_3 与 SO_3 和 H_2O 反应生成 $(NH_4)_2SO_4$ 或 NH_4HSO_4，铵盐附着在催化剂表面，堵塞催化剂通道和微孔，降低催化剂活性。若反应温度高于催化剂的适用温度，催化剂通道和微孔发生变形，造成有效通道和面积减少，使催化剂失活。温度越高，催化剂失活越快。因此，催化剂的有效活性温度区间是衡量催化剂性能的重要指标。图 2-28 为某种催化剂的温度特征曲线。对于特定的催化剂，在一定的温度范围内催化剂有着较高活性，能有效保证 NO_x 的脱除效率。

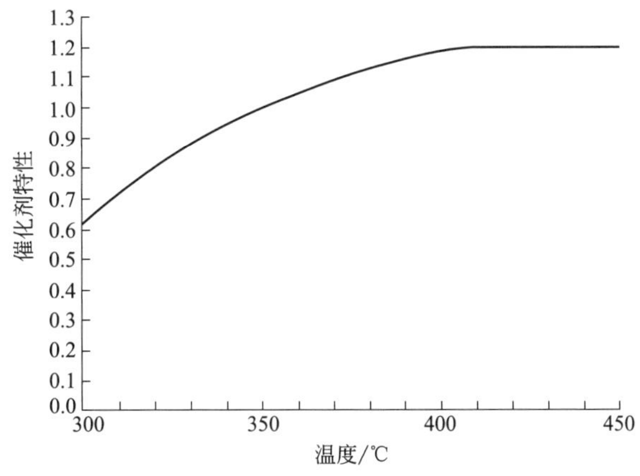

图 2-28　某种催化剂的温度特征曲线[8]

3. 烟气成分

(1) 烟气含水率对催化剂活性的影响

一般来讲，烟气中含水率越高对催化剂活性越不利。大多数学者认为，水是 SCR 反应的产物，在催化剂的表面 H_2O 和 NH_3 争夺活性位，进而抑制 NO_x 还原反应的发生，当然，这种作用并不显著。尽管在 SCR 反应中水的存在是不利的，但有趣的是，水的存在通常能够提高 SCR 反应的选择性，例如降低钒类催化剂作用下 N_2O 的生成量等。烟气中含水率对催化剂活性的影响曲线见图 2-29。

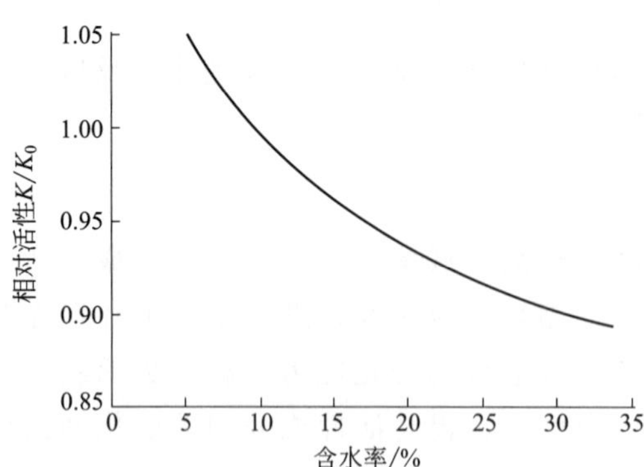

图 2-29 烟气中含水率对催化剂活性的影响[10]

(2) 氧浓度对氮氧化物脱除的影响

一般来讲，烟气中的含氧量增大，有利于 NO_x 的还原。根据经验，烟气中含氧量大于 3% 后，烟气中的氧含量增加对 SCR 系统的 NO_x 脱除效率提高没有进一步的影响。

(3) SO_2/SO_3 对氮氧化物脱除的影响

SO_2 会在高温或者催化剂的作用下被氧化成 SO_3，这一反应对于 SCR 脱硝反应非常不利，因为 SO_3 可以与烟气中的水及 NH_3 反应，生成 $(NH_4)_2SO_4$ 和 NH_4HSO_4。这些硫酸盐［尤其是 $(NH_4)_2SO_4$］会造成下游设备空气预热器堵塞，为防止这一现象的发生，对于采用钒钛金属催化剂的 SCR 反应温度至少要高于 300℃。对于 V_2O_5 类商用催化剂，钒的担载量不能太高，通常在 1%左右以防止 SO_2 的氧化。

一般来说，烟气中 SO_3 浓度越大，系统最低操作温度越高（图 2-30）。SCR 最低运行温度由 SO_3 浓度决定，为防止氨盐沉积于催化剂表面堵塞下游空预器，低于允许的最低操作温度时应停止喷氨。

(4) 烟尘浓度及组分对催化剂活性的影响

SCR 系统中催化剂随运行时间增加逐渐失活，主要原因之一是烟气中粉尘含量较高。烟气中飞灰浓度、飞灰组成（SiO_2、Al_2O_3、CaO、As 等）、飞灰性质（黏度、腐蚀性）等影响催化剂的孔径、孔数和壁厚等物理结构，进而影响催化剂的活性。

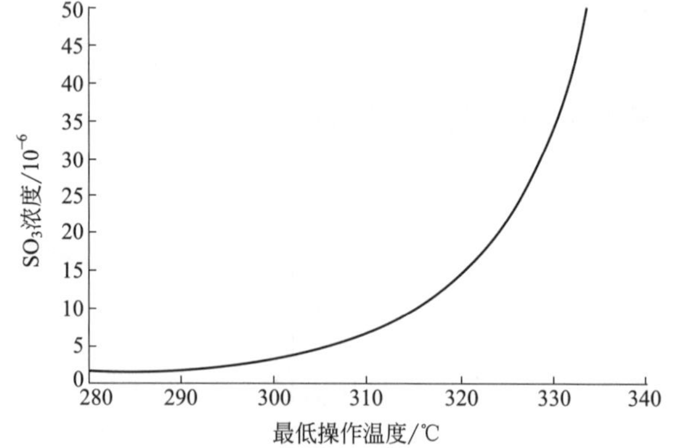

图 2-30 最低操作温度与 SO_3 浓度关系[10]

(5) NH_3/NO_x

理想情况下 $NH_3/NO_x=1$，但实际运行过程中，随着机组运行情况不同，氨气注入量需随时调节。在 $NH_3/NO_x<1$ 时，SCR 脱硝性能随着 NH_3/NO_x 的增加而增加；但 NH_3 投入量过高，超过需求量，NH_3 氧化等副反应速率将增大，降低 NO_x 的脱除率，同时烟气中未转化的 NH_3 的逃逸率也增加，造成二次污染。脱硝效率与 NH_3/NO_x 的关系如图 2-31 所示。要控制氨逃逸 $<3\times10^{-6}$，就应该控制 NH_3/NO_x 摩尔比小于 0.95。

（三）SCR 脱硝催化剂设计

1. 催化剂设计要素

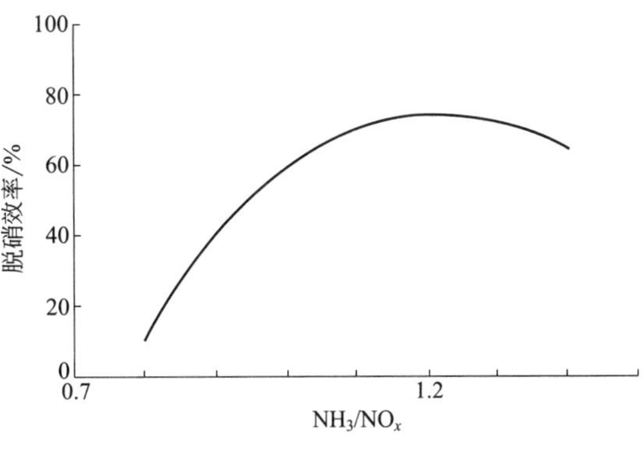

图 2-31 脱硝效率与 NH_3/NO_x 关系曲线

催化剂作为火电厂 SCR 脱硝反应的核心，其质量和性能直接关系着脱硝效率的高低。一般来说，SCR 催化剂的设计是根据燃煤机组烟气成分、特性及燃煤机组要求确定，催化剂的性能（活性、选择性、稳定性、再生性）无法直接量化，只能综合体现在一些参数即催化剂的性能指标上，主要有催化剂的活性温度、几何特性参数、机械强度参数等。

（1）活性温度

催化剂的活性温度是最重要的性能指标，不仅决定化学反应的反应速率，而且决定催化剂的反应活性。催化剂的活性温度与催化剂的化学组成有关，根据具体工程中烟气温度、硫的含量、灰分的大小以及飞灰中 Ca、As 等元素含量选择催化剂的主要成分 V_2O_5、WO_3、TiO_3 等的含量。如 V_2O_5-WO_3/TiO_2 催化剂，反应温度大多设计为 280～420℃。催化剂主要成分中的 V_2O_5 活性最高，但是其抗高温抗烧结能力最低。WO_3 活性相对而言比较低，但是却具有良好的抗中毒和抗烧结能力。因此，催化剂的设计温度可以在一定程度上通过改变配方改变。例如，在催化剂配方中可以适量减少 V_2O_5，增加 WO_3 或 MoO_3 的含量，有效提高催化剂对温度的耐受性。但配方改变会降低催化剂活性，要满足相同的性能要求，就要采用较大的体积，由此会带来催化剂及相应的反应器、钢结构等的成本增加。

（2）几何特性参数

① 催化剂体积：催化剂体积是指催化剂所占的空间体积。在 SCR 系统中催化剂的体积选择依据如下。

a. 燃煤机组实际运行参数，包括烟气流量、烟气温度及压力损失等烟气参数。

b. 需达到的性能指标，包括脱硝效率、SO_2/SO_3 转化率、NH_3 逃逸率等。

c. 催化剂的活性以及氨/氮的摩尔比和温度分布状况等。

一般催化剂体积越大，NO_x 的脱除率越高，氨逃逸量越少，但成本也越高。

② 节距/间距：无论是蜂窝式、板式还是波纹板式 SCR 催化剂都需要合理设计各板间的间距，通常催化剂的节距以 P 表示，其大小影响催化剂的压降和反应停留时间，同时还直接关系到催化剂孔道是否会发生堵塞而影响 SCR 系统的安全稳定运行。催化剂基本结构参数见图 2-32。对于典型蜂窝式催化剂，其节距 P 与蜂窝孔宽度（孔径）d、催化剂的内壁厚度 t_i 关系为：

$$节距(P)=孔径(d)+内壁厚度(t_i)$$

对于平板和波纹板式催化剂，间距是指催化剂相邻两壁中心层之间的距离或者层间宽度与内壁壁厚之和，如板与板之间宽度为 d，板的厚度为 t，则间距：

$$P=d+t$$

SCR 装置一般安装在空气预热器之前，烟气含尘量较高，高粉尘含量时应选择大节距的结构，避免催化剂被粉尘堵塞。如果催化剂间隙过小，就会造成飞灰堵塞，催化剂效率下降。

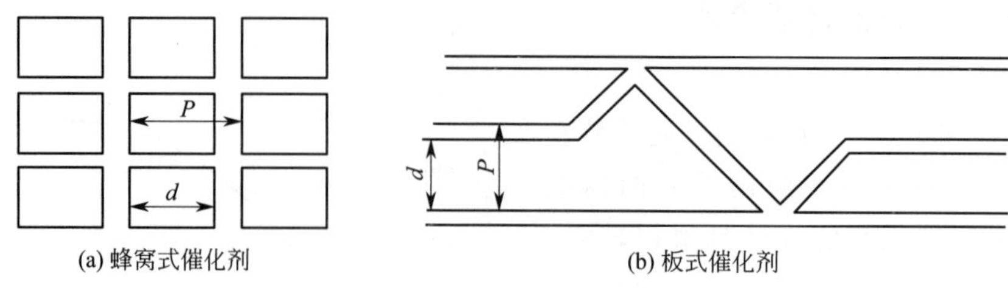

图 2-32　催化剂基本结构参数示意[8]

一般情况下，蜂窝式催化剂堵灰要比板式催化剂严重些，需要适当地加大孔径。燃煤电站SCR脱硝工程中的蜂窝式催化剂节距一般在6.3～9.2mm，同等条件下，板式催化剂间距可以比蜂窝式催化剂稍小些。表2-2给出了不同烟尘浓度下可选择的催化剂节距设计参数。

表 2-2　不同烟尘浓度下可选择的催化剂节距设计参数

粉尘浓度(干,标态)/(g/m^3)	蜂窝式催化剂	板式催化剂
>40	孔数≤18 节距≥8.2mm 壁厚≥0.8mm	板间距≥6.7mm 板厚≥0.7mm
20～40	孔数≤20 节距≥7.4mm 壁厚≥0.7mm	板间距≥6.0mm 板厚≥0.7mm
<20	孔数≤22 节距≥6.9mm 壁厚≥0.6mm	板间距≥5.6mm 板厚≥0.6mm

③ 比表面积和空间速率：比表面积是指单位质量催化剂所暴露的总表面积，也可用单位体积催化剂所拥有的表面积来表示。由于脱硝反应是非均相催化反应，且发生在固体催化剂的表面，所以催化剂表面积的大小直接影响催化活性的高低，将催化剂制成高度分散的多孔颗粒可以为反应提供巨大的表面积。蜂窝式催化剂的比表面积比板式的要大得多。蜂窝状催化剂的比表面积一般为427～860m^2/m^3；板式催化剂的比表面积一般为250～500m^2/m^3。

空间速率是表示烟气在催化剂容积内滞留时间的尺度，它在数值上等于烟气流量（标准温度和压力下、湿烟气）与催化剂体积的商。氮氧化物脱除效率越高，空间速率应该越低，即烟气在催化剂中的滞留时间越长。

除上述参数外，孔隙率、平均孔径和孔径分布、催化剂布置层数等均需要根据机组实际要求进行设计。一般催化剂活性随孔隙率的增大而提高，但机械强度会随之下降；催化剂中的孔径分布很重要，反应物在微孔中扩散时，如果各处孔径分布不同，则会表现出差异很大的活性，只有大部分孔径接近平均孔径时效果才最佳；SCR反应器中催化剂一般为2～4层，例如三层催化剂采用2用1备的方式安装，通常垂向布置（平行于烟气通过的方向）。

(3) 机械强度参数

机械强度参数主要体现催化剂抵抗气流冲击、摩擦、耐受上层催化剂负荷作用、温度变化作用及相变应力作用的能力。机械强度参数共有3个指标，即轴向机械强度、横向机械强度和磨耗率。轴向机械强度和横向机械强度分别是指单位面积催化剂在轴向和横向可承受的质量。磨耗率则是用一定的实验仪器和方法测定得到的单位质量催化剂在特定条件下的损耗值，用于比较不同催化剂的抗磨损能力。

2. 催化剂设计的主要流程

SCR 催化剂的设计较为复杂，需要充分了解烟气条件对 SCR 的影响，考虑锅炉类型、SCR 布置方式、所要达到脱硝效率、燃料和灰渣成分、灰渣量、催化剂入口工况、催化剂钝化机理及其对下游设备的影响等因素后，才进行催化剂的设计，设计流程如图 2-33 所示。

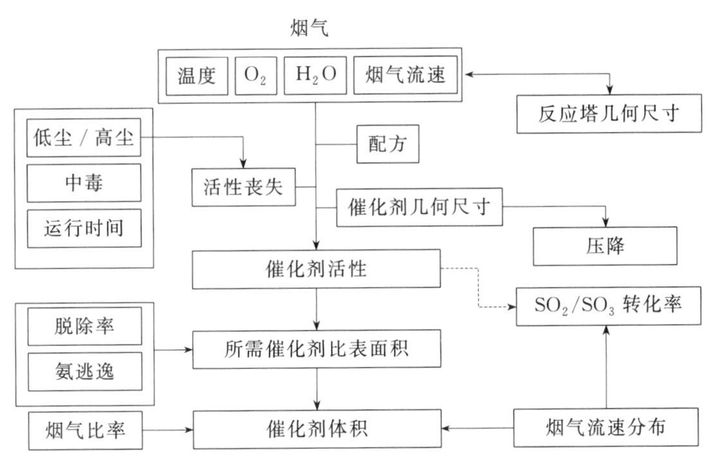

图 2-33 SCR 系统催化剂设计流程[10]

（四）催化剂的钝化、中毒及对应措施

在理想情况下，催化剂可以在无限长的时间里对 NO_x 的还原反应起催化作用，但在实际 SCR 运行过程中，烟气中的碱金属、碱土金属、砷等易引起催化剂中毒，催化剂的烧结、堵塞、磨蚀以及水蒸气的凝结和硫酸盐等对催化剂的性能都会产生不利影响，造成催化剂活性下降。因此在进行催化剂设计之初需要考虑燃料的灰渣组成及机组的运行特征。

1. 催化剂烧结

长时间暴露于 450℃以上的高温环境中，催化剂的活性位置会发生烧结，导致催化剂颗粒增大，比表面积减小，催化剂活性降低。采用钨（W）退火处理可最大限度减少催化剂的烧结。

2. 催化剂碱金属/碱土金属中毒

煤中含有的部分碱金属钠、钾等在燃烧后进入烟气，烟气中的碱金属化合物碱性强于 NH_3，与催化剂活性成分反应，降低了催化剂活性，催化剂碱金属中毒的原理如图 2-34 所示。对于大多数反应来说，避免水蒸气的凝结可以排除这类危险的发生。由潮湿和干燥状态下碱金属对催化剂（相对活性 K/K_0=实际活性/初始活性）影响的性能曲线（图 2-35）可以看出，在潮湿环境下，碱金属对催化剂的影响更严重，因此在实际工程中应防止水蒸气在催化剂表面凝结，避免因碱金属引起催化剂中毒。

对于燃油锅炉和燃用生物质燃料的锅炉，因为这些燃料中水溶性碱金属含量较高，燃烧烟气中的碱金属量也较大，碱金属中毒也比较严重。

飞灰中的 CaO 以及与 SO_3 反应后形成的 $CaSO_4$ 在催化剂表面沉积造成催化剂微孔堵塞，

$CaSO_4$ 造成的催化剂微孔堵塞是催化剂性能下降的主要原因，$CaSO_4$ 沉积在催化剂表面阻止反应物向催化剂表面扩散及进入催化剂内部。另外，由于 CaO 本身是碱性物质，与使用的 V_2O_5 催化剂中的活性位（含有 Lis 酸位或 Bd 酸位的物质）发生反应，中和催化剂表面的酸位，阻断催化反应的发生。

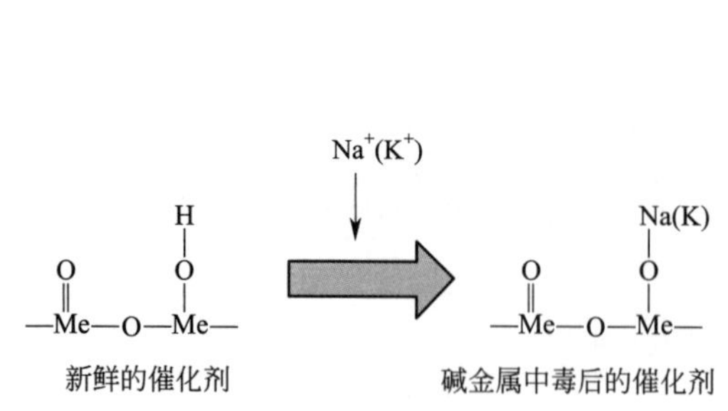

图 2-34　催化剂碱金属中毒原理

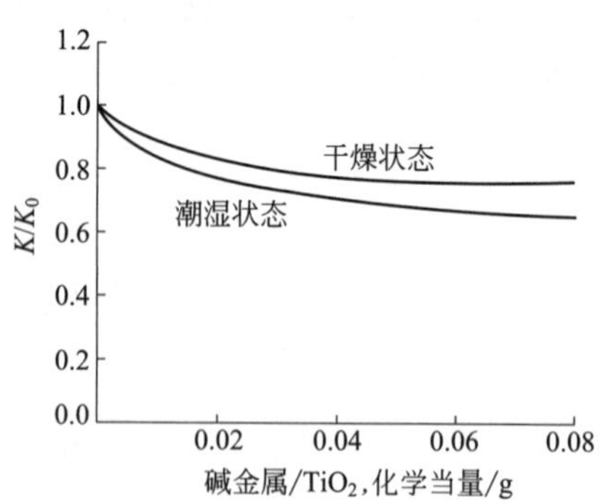

图 2-35　潮湿和干燥状态下碱金属对催化剂性能的影响[11]

催化剂的 CaO 中毒在所难免，为了延长催化剂的使用寿命，可以采用如下技术手段：

① 在条件许可的情况下在 SCR 工艺中设置预除尘装置和灰斗，降低进入催化剂区域烟气的飞灰量。

② 加强吹灰频率，降低飞灰在催化剂表面的沉积。

③ 对于高 CaO 含量的飞灰选用合适的催化剂。

④ 通过适当的制备工艺，增加催化剂表面的光滑度，减缓飞灰在催化剂表面的沉积。

3. 催化剂砷中毒

催化剂砷中毒是由燃煤烟气中的气态 As_2O_3 引起的，其原理见图 2-36。As_2O_3 扩散进入

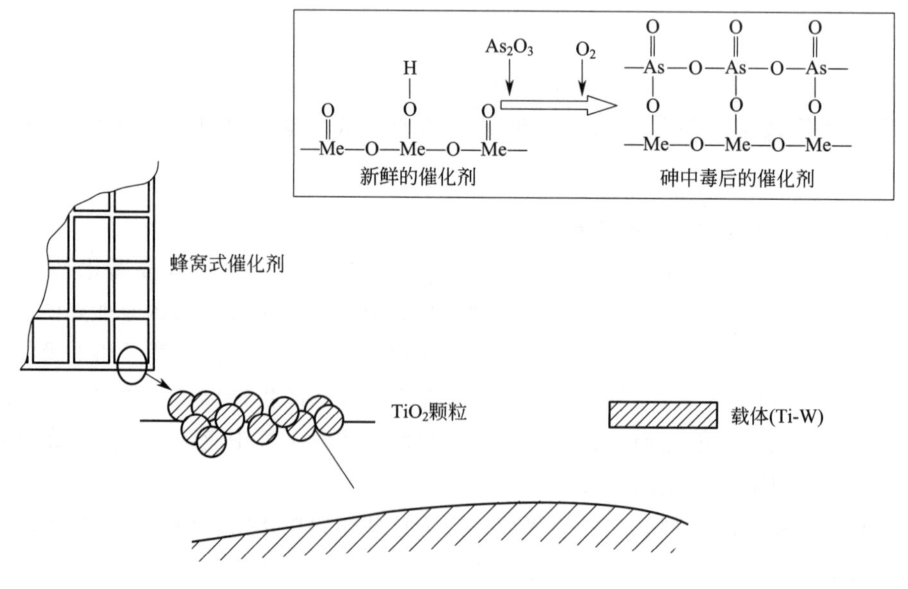

图 2-36　砷在催化剂表面的堆积[10]

催化剂表面及堆积在催化剂小孔中，在催化剂的活性位置与其他物质发生反应，降低了催化剂的活性。

目前针对催化剂砷中毒的解决办法如下。

① 对催化剂的孔结构进行优化，使体积相对较小的反应物分子可以进入，而体积较大的 As_2O_3 则不能进入。

② 通过对催化剂表面的酸性控制，使催化剂表面对砷不具有活性，催化剂表面不吸附 As_2O_3。

③ 改进活性位，通过高温煅烧获得稳定的催化剂表面，主要采用 V 和 Mo 的混合氧化物形式，使砷吸附的位置不影响 SCR 反应的活性位，例如以 $V_9Mo_6O_{40}$ 作为前驱物制得的 TiO_2-V_2O_5-MoO_3 催化剂具有较强的抗砷中毒能力。

④ 使用燃料添加剂，燃料中添加石灰石等，通过物理和化学吸附控制气态 As 元素的排放量。

4. 催化剂堵塞

我国煤质丰富多样，燃煤机组实际燃用的煤种往往偏离设计煤种，并且在大范围内波动。燃煤机组实际燃烧烟气含灰量大，目前高尘环境布置的 SCR 系统的堵塞问题仍然较为严重。

催化剂的堵塞主要是因为铵盐及飞灰中的小颗粒沉积在催化剂的小孔中，使烟气不能顺利流通，阻碍 NO_x、NH_3、O_2 到达催化剂活性表面，引起催化剂钝化。严重的堵灰，除了使催化剂钝化，催化剂内烟气流速大大增加以外，还会使催化剂磨蚀加剧以及烟气阻力升高，不仅影响脱硝性能，而且对锅炉烟风系统的正常运行也会带来不利影响。

理论上讲，对于任何形式、任何规格的催化剂而言，只要燃煤中的灰分在10%以上，灰颗粒在催化剂表面的聚集就不可避免，如图 2-37 所示。采用烟气的自吹灰能力不能解决问题，因此，在脱硝装置运行时，需要根据设计条件，考虑防止催化剂堵灰的措施。一般通过调节气流分布，设置合适的吹灰装置，选择合理的催化剂间距和单元空间，使 SCR 反应器内的烟气温度维持在铵盐沉积温度之上等措施降低催化剂堵塞，保证催化剂通道的通畅，确保脱硝系统的性能。

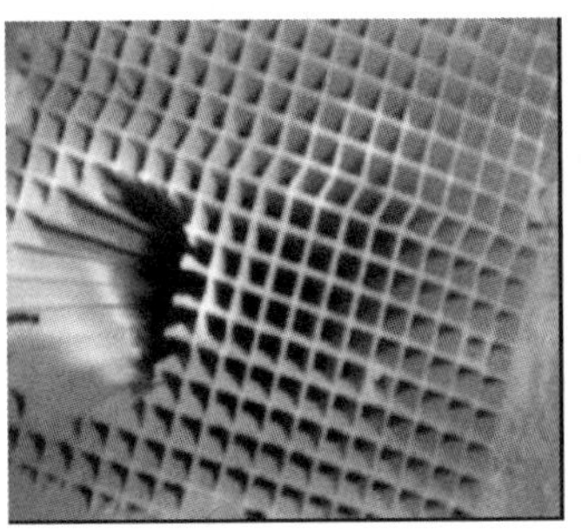

图 2-37 催化剂堵塞和吹损情况

5. 催化剂磨损

催化剂的磨损主要是由于飞灰撞击催化剂表面，磨损程度与气流速度、飞灰特性、撞击角度及催化剂本身特性有关。通过采用耐磨催化剂材料，提高边缘硬度（图 2-38），利用 CFD 流动模型优化气流分布，在垂直催化剂床层安装气流调节装置等措施能够降低磨损。

（五）催化剂管理

1. 催化剂的检修与维护

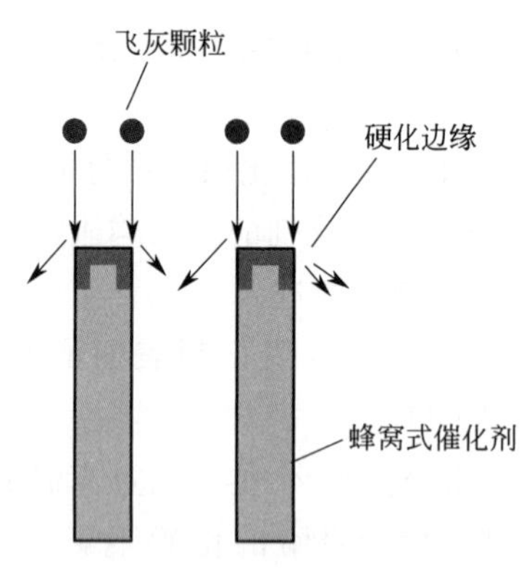

图 2-38　蜂窝式催化剂边缘硬化防磨示意

根据国外运行机组及工程公司的经验，催化剂的维护主要从以下几个方面展开：a. 在停机之前使用吹灰器或者真空吸尘器立即清洁催化剂；b. 在 SCR 反应器低于最低操作温度之前，关闭氨喷射；c. 通过热电偶测量上游温度，确保所有催化剂在冷却周期内温度都高于最低温度；d. 防止催化剂暴露于锅炉洗涤水、雨水或其他湿气气氛中；e. 停用期间检查催化剂，看是否具有腐蚀和堵灰情况。

2. 失效催化剂的处理

碱金属砷中毒以及碱土金属灰颗粒堵塞等原因都可能造成使催化剂失活。当催化剂的活性降低到一定程度而不能满足脱硝性能要求时，就必须对催化剂进行分析后处理。根据失效的原因和程度，对催化剂进行处理，主要的处理方式如下。

① 清洗回用：对于结构保持完整、催化剂本身仍有较高活性，但由于飞灰堵塞等原因脱硝效率降低的催化剂，一般由催化剂厂家采用专用设备进行清洗，经检验合格后可继续使用。

② 再生：对于已经残破但仍有较高活性的催化剂可以由催化剂原料提供商回收，经粉碎提炼出催化剂制造原料，再提供给催化剂厂家制造新催化剂。

③ 填埋：对于没有经济价值的旧催化剂，一般采用破碎后填埋的方法来处理。

（1）催化剂的清洗回用

对于失活的催化剂，首先要取样化验确定催化剂活性降低的原因是物理原因还是化学原因，为节约成本，对于结构保持完整、仍有较高活性的催化剂可清洗后回用。

对被飞灰堵塞的 SCR 催化剂的简单冲洗可以在反应器内部进行，但若灰颗粒很难从催化剂通道中冲洗出来，在孔隙口的细小颗粒由于固液表面的滞留作用而紧紧贴覆时，灰的去除需要采用如超声波等扰动方式来使颗粒悬浮在壁面和通道中，先进的清洗手段则采用了将催化剂完全浸入使用超声波振荡的液体中的方式去除积灰。

催化剂的完全清洗需要将其移出反应器，一般放置在燃煤机组合适的位置由专业化的公司来完成。需要说明的是，在清洗积灰的同时，一部分催化剂的活性物质（如钒化合物）也会溶解于水中，造成部分催化剂的流失。因此在催化剂清洗后，一定要在完成催化剂的性能检验后才能继续使用。

（2）催化剂的再生

催化剂的再生是把失去活性的催化剂通过浸泡洗涤、添加活性组分及烘干的程序使催化剂恢复原来活性，但必须注意不得造成 SO_2/SO_3 转化率增加过高。并不是所有失活的催化剂都能够通过再生方式回用，例如由于烟气温度过高使催化剂烧结造成的失活是不能通过催化剂再生恢复活性的。对于不同情况，催化剂活性恢复的程度及成本都会不同，要对失活的催化剂的样品进行技术和经济分析，才能确定催化剂是否有再生的必要。

蜂窝式催化剂和波纹板式催化剂一般都能进行再生，再生时间是 2～3 周。与更换新催化剂相比，催化剂现场再生工艺是一种延长 SCR 催化剂使用寿命、减少投资费用的经济且高效的解决方案。

催化剂再生工艺流程如下。

① 取样化验确定催化剂活性降低的原因，目的是确定清洗催化剂的时间和再生过程中需要添加的药品。

② 机械清理，检查催化剂表面是否存在机械损伤。

③ 在可移动的专用清洗设备中清洗催化剂，并遵循专有的催化剂清洗工艺要求。

④ 将催化剂放置在专用支架上，尽可能晾干孔隙中的液体，最后使用专用干燥设备将每个催化剂模块干燥到一定程度。

催化剂还原与更换催化剂层或另外安装备用催化剂层相比是极有竞争力的：可节省购买新催化剂的一部分成本；催化剂的再生与为 SCR 设备安装一个预留催化剂层相比，催化剂还原技术降低了催化剂引起的压力损失，且使催化剂反应器中 SO_2/SO_3 转化率约是使用一个预留催化剂层的 2/3。

需要说明的是，催化剂再生的成本有时也是相当昂贵的，再生后其活性仅相当于原始催化剂的 30%～50%，同时催化剂的寿命也有所下降，因此在实际工程中需要综合考虑。

（3）催化剂的填埋与再利用

如果确定不采用再生的方法回用失活的催化剂，那么就要对其进行处理。催化剂的成分有 TiO_2、V_2O_5、WO_3、MoO_3 等，其中：TiO_2 属于无毒物质；V_2O_5 是微毒物质，吸入有害；MoO_3 也是微毒物质，长期吸入或者吞服有严重危害，对人的眼睛和呼吸系统有刺激。在催化剂使用和处理过程中，如果措施得当则不会造成任何危害。

虽然催化剂自身属于微毒物质，但在使用过程中烟气中的重金属可能在催化剂内聚集。如果燃煤中重金属含量较多，在脱硝装置的运行过程中在催化剂内聚集且达到一定浓度时，或者在某些特殊地区有明确要求的情况下，使用后失效的 SCR 催化剂就要作为危险物品来处理完全失活的催化剂。另一种有效的处置方法是将这些催化剂研磨后与燃煤混合，经燃煤电厂锅炉进行燃烧后与粉煤灰一起进行处理。

平板式 SCR 催化剂含有不锈钢基材，并且催化剂活性物质中有 Ti、Mo、V 等金属物质，因此可以送至金属冶炼厂进行回用，见图 2-39。同时也可以将废催化剂作为水泥原料、混凝土或其他筑路材料的混凝料等再利用。

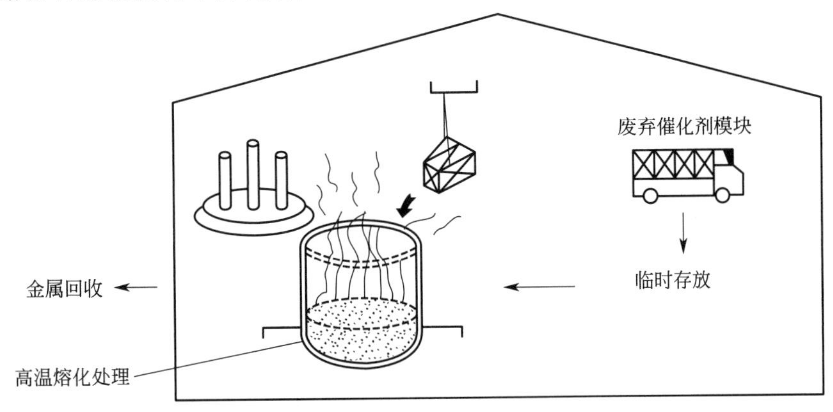

图 2-39　失效平板式催化剂的高温处理[9]

恶劣的烟气环境会导致 SCR 脱硝催化剂活性不断下降，再生 1～2 次后将无法通过再生满足脱硝要求，最终成为废弃催化剂，预计到 2024 年废弃 SCR 催化剂年产量将达到 13.7 万吨。而催化剂中含有多种高附加值成分，因此对 SCR 催化剂中的元素进行回收，充分利用催化剂中昂贵的金属资源很有必要。可通过化学方法将钒、钨、钛、钼等元素从废弃 SCR 催化剂中回收。国内针对元素回收提出的主要技术方案如图 2-40 所示。主要通过钠化焙烧或浓碱浸出法分离钒、钨和钛元素，在此基础上分别采用酸洗法和铵盐沉钒法回收钒、钛元素，而钨元素主要通过钙盐沉淀法回收，或加入钠盐后蒸发结晶得到。

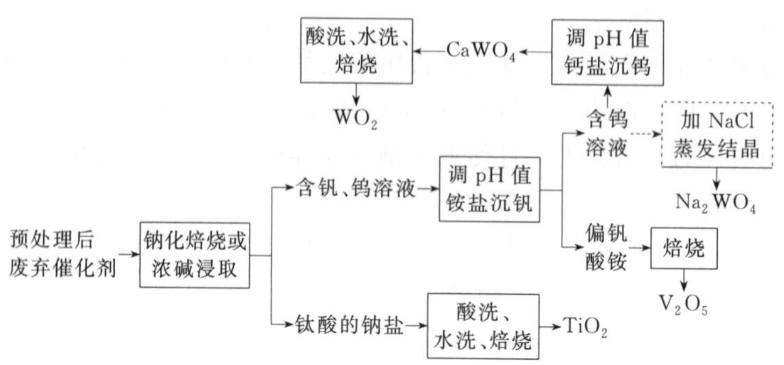

图 2-40　SCR 催化剂元素回收技术方案（含钨溶液两个路径择其一）

目前国内元素回收技术存在杂质元素含量高，钒、钨成分含量低，回收产品纯度极易受杂质影响等缺点，因此需要从回收率及回收纯度两方面提高元素回收工艺。

四、SCR 流场优化及喷氨优化

SCR 均匀的流场为 NO_x 与还原剂在催化剂表面发生氧化还原反应创造必要的条件，流场技术是 SCR 脱硝技术的关键技术之一。在理论条件下，SCR 的脱硝效率可以超过 90%，甚至达 95%。然而，随着烟气中的 NO_x 浓度被层层催化剂降低，NH_3/NO_x 摩尔比的分布会更加不均匀。脱硝项目的改造，往往因为现场条件限制，难以按理想情况布置烟道与反应器，烟道需要变径和转向，烟道的改变也会导致流场不均，进而影响 NO_x 的还原效果，因此一般需要在烟道中设置导流板，配合喷氨格栅、静态混合器、整流格栅等，改善 SCR 反应器入口段流场的均匀性。而 CFD 技术是模拟流场分布的有效手段。

CFD 模拟一般是在设计最大负荷和最低负荷间，选取 3～4 个工况进行模拟，CFD 模拟要求在 100%BMCR 工况下、设计温度下，从脱硝系统入口到出口之间的系统压力损失不大于设计值，对烟气流速相对偏差、烟气流向、烟气温度偏差及 NH_3/NO_x 摩尔比浓度偏差等均有一定的要求。目前常通过喷氨优化调整和流场优化改造（加装导流板等）改善 NH_3/NO_x 分布均匀性。

1. 流场优化

在 SCR 系统改造前，通过计算流体力学（CFD）模拟流场可以得到导流板、氨喷射系统、整流格栅等烟道内装置的最优设计，取得较好的烟气流动分布，保证烟气在反应器中流动和混合的均匀性，实现较高的脱硝效率和低的氨逃逸率并使脱硝系统阻力保持最低。CFD 模拟已经成为 SCR 系统设计和优化的重要手段。

若原 SCR 入口烟道已加装导流板，首先确认脱硝入口流场分布是否已经均匀，若脱硝入口截面速度偏差较大，则需要重新进行 SCR 系统流场优化计算和改造，使反应器入口速度场分布相对均匀。若原入口烟道内无导流板，可以在入口烟道设置导流板，配合喷氨格栅、静态混合器、整流格栅等改善 SCR 反应器入口段流场的均匀性，由于装置结构不尽相同，导流板的选择与布置要根据具体系统的结构设计而定。通过流场模拟可以确定导流板的最佳安装位置和安装角度等，使入口烟气流场分布均匀。

例如文献［12］针对某 330MW 燃煤机组锅炉脱硝系统出口 NO_x 浓度偏差较大问题，采用 Fluent 软件对机组 SCR 系统进行流场优化，提出增加脱硝进口渐扩区域挡板数量、优化挡板布置角度及脱硝系统顶部烟道结构整体加高 1m 的最优改造方案。机组脱硝系统按照该方案改造后，SCR 反应器内低速区和回流区减少，流场均匀性显著提升（图 2-41、图 2-42），机组负荷为 260MW 时，脱硝系统出口截面 NO_x 浓度（标态）样本标准偏差由 22.0mg/m^3 降低至 5.0mg/m^3。相同负荷与 NH_3/NO_x 摩尔比条件下，SCR 系统总液氨消耗量由改造前 190kg/h 降低至 109kg/h，降幅达 40%以上，脱硝系统提效显著。

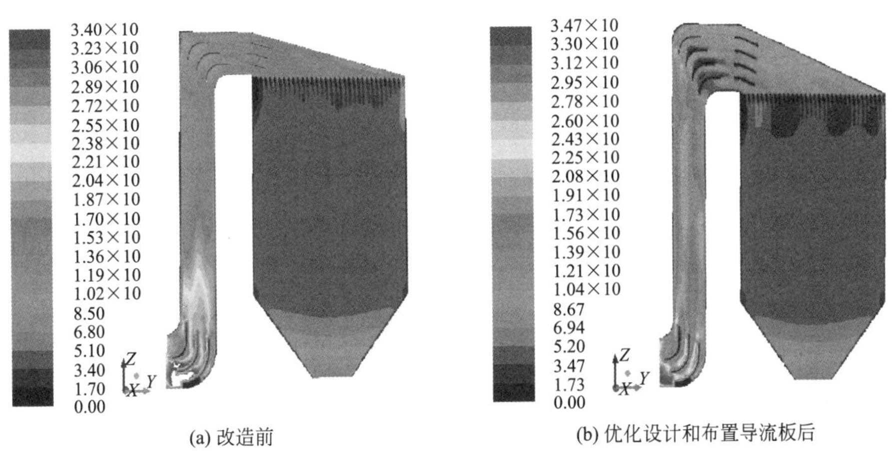

图 2-41　SCR 系统速度立面云图

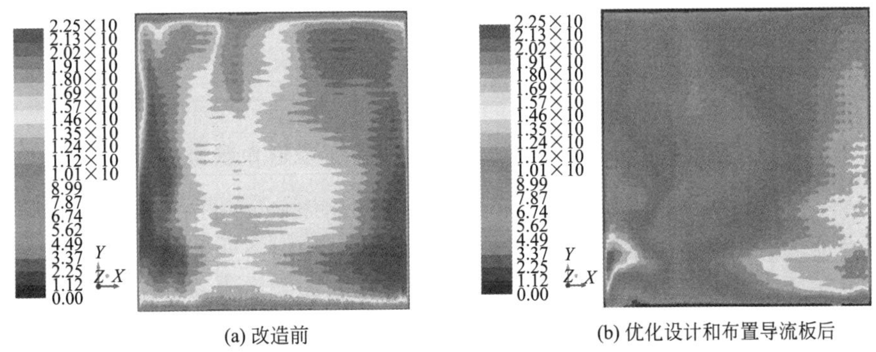

图 2-42　SCR 催化剂层入口截面速度云图

文献［13］研究导流板布置形式和导流板结构对 SCR 反应器内流场及飞灰沉积的影响。模拟结果表明，在导流板弧形板后加装一段竖直直板等方式（图 2-43）引导烟气流动，可以

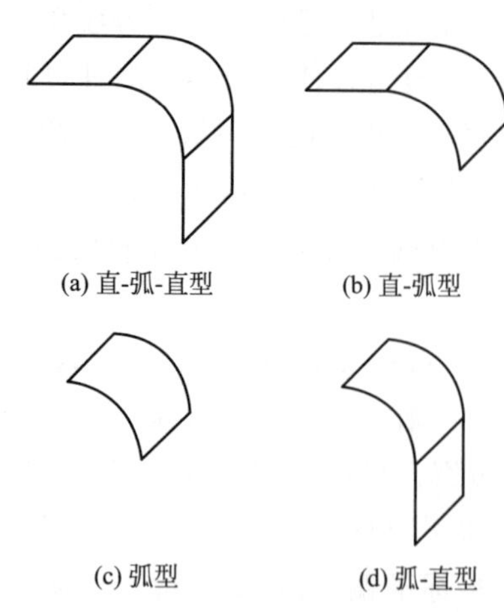

图 2-43　不同形状的导流板结构图

减小回流作用，使烟气速度分布均匀，同时也有利于改善 SCR 反应器壁面飞灰沉积情况。

文献［14］在反应器入口处加设 44 片直导流板消除了 SCR 反应器内的漩涡（图 2-44），控制大回流和漩涡现象的产生。但由于水平烟道与反应器连接处采用斜顶布置方式，在斜顶与反应器入口夹角处易产生较高的速度和压力。因此又在斜顶前的水平混合段等间距地加设若干折板，缓解斜顶夹角处的局部高速、高压区。

2. 喷氨优化调整

理论条件下，SCR 的脱硝效率可以超过 90%，甚至达到 95%，但 SCR 脱硝技术在实际运行过程中，存在烟气速度场不均匀、喷氨浓度分布不均、负荷变动引起流场变化造成 NO_x/NH_3 均匀性及 NH_3/NO_x 摩尔比发生变化等问题，导致 NO_x 脱除效率降低。为了满足超低排放要求，往往通过加大喷氨量的方式达到 NO_x 排放标准，这样不可避免地带来氨逃逸量的增加，氨逃逸造成空预器堵塞以及尾部烟道腐蚀、积灰堵塞。文献［15］对某超超临界锅炉 SCR 超低排放改造后的 NO_x 排放浓度进行测试，发现 SCR 反应器出口 NO_x 分布严重不均匀，氨逃逸浓度超过设计值。所以，超低排放改造后的许多机组仍然需要进行喷氨优化及流场模拟优化，改善 SCR 脱硝装置的运行效果和运行经济性。

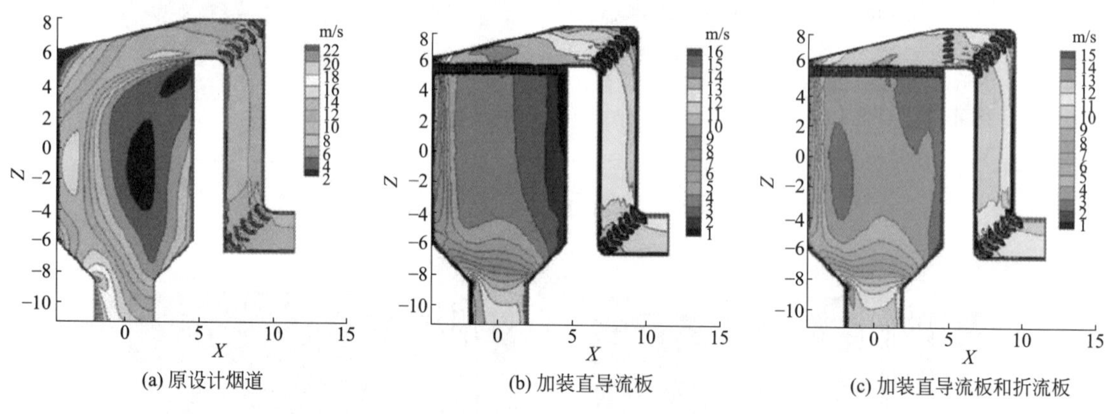

图 2-44　加装导流板优化流场分布模拟结果

文献［16］通过数值模拟，结合物理模型速度场冷态实验及现场 NO_x 浓度测试结果，建立脱硝系统三维模型，模拟了不同圆弧导流板安装角度及不同喷氨方案下 SCR 系统流场分布。通过模拟结果的对比分析，提出适当调大圆弧导流板倾角和合理差异化调整各喷口喷氨参数的优化方案，有针对性地控制不同区域所对应的喷氨量，对每层各个氨喷口喷氨速度进行合理的差异化调整，可以很好地改善 NH_3/NO_x 摩尔比和 NH_3 浓度分布，使 NH_3/NO_x 摩尔比和 NH_3 浓度在整个 SCR 系统中分布均匀，保证了 SCR 系统的脱硝效率，有效地控制 SCR 脱硝系统的氨逃逸率。

文献［17］以某电厂脱硝控制系统为例进行喷氨控制优化，原设计喷氨采用开环控制，根据 SCR 反应器入口 NO_x 质量浓度及总风量调节喷氨量，不以 SCR 反应器出口 NO_x 质量浓度为控制目标，无法实现脱硝系统自动控制。该脱硝系统投运以来，一直采用手动方式调节喷氨量，NO_x 排放质量浓度超标且存在过量喷氨问题。为解决喷氨不均匀问题，采用 PID 串级闭环控制系统对原脱硝过程控制系统进行优化。以 SCR 反应器入口 NO_x 质量浓度及烟气流量为前馈，以 SCR 反应器出口 NO_x 质量浓度为反馈，计算出理论喷氨流量，通过 PID 控制氨流量调节阀开度，实现脱硝喷氨量与机组负荷、入口 NO_x 质量浓度的自动协调[18]。图 2-45 为优化前后脱硝喷氨控制系统。

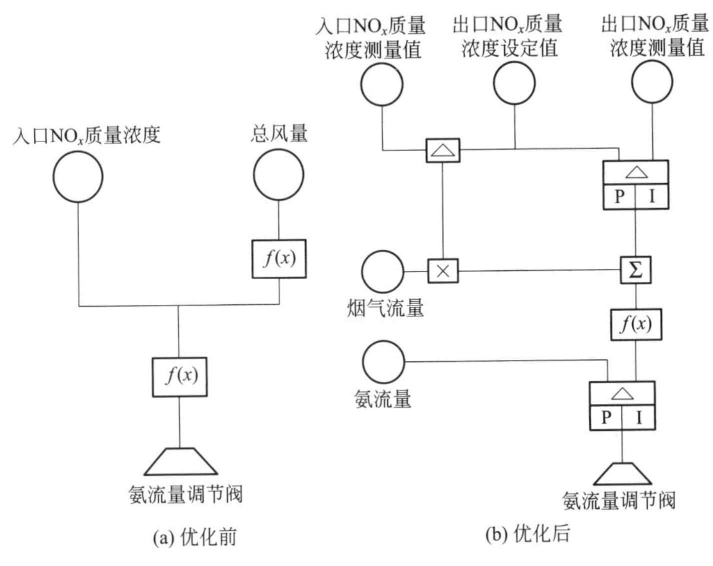

图 2-45　优化前后脱硝喷氨控制系统

有研究者提出多目标协同控制喷氨技术（智能喷氨），用于燃煤机组原有的 SCR 喷氨脱硝工艺再升级。针对烟气流场分布、NO_x/HH_3 浓度分布进行精确协同控制，实现不同区域“按需喷氨”，降低氨逃逸量，同时保证 NO_x 的排放达标。SCR 智能喷氨系统由取样系统、CEMS 及 NH_3 浓度检测系统、软件合成智能控制系统三个模块组成（图 2-46）。喷氨入口安装速度测点，测量喷氨入口速度分布，在 SCR 出口安装烟气取样装置，采用网格法在多点分别取样，用以分析 SCR 出口截面不同区域的 NO_x/NH_3 浓度分布情况，提供准确可靠的分析数据，在 DCS 系统上可显示 SCR 出口截面 NO_x 分布情况，通过电动调节各个喷氨阀门达到均匀控制不同区域喷氨量，在线监测 NH_3/NO_x 摩尔比，能有效提高 SCR 脱硝效率，降低 NH_3 逃逸量。

有研究者提出主动不均匀喷氨法，对于已经设置了导流板改善流场均匀性、但喷氨格栅截面速度偏差仍然较大的情况，采用不均匀喷氨方案，喷氨采用分组调节，分区喷氨量与其 NO_x 绝对含量呈比例对应关系。文献［19］针对某机组 SCR 系统提出合理差异化调整各喷口喷氨速度的方案，使第一层催化剂入口的 NH_3 浓度、NO_x 浓度及 NH_3/NO_x 分布更加均匀化、合理化、满足了设计和运行的双重要求。文献［20］就流场多变对现场 SCR 喷氨优化效果的影响进行研究，采用网格测试法，依据 SCR 反应器出口 NO_x 质量浓度分布情况，在满负荷下对各喷氨支管调节阀开度进行调整，调整后喷氨量减少，氨逃逸率降低，但当机组负荷降

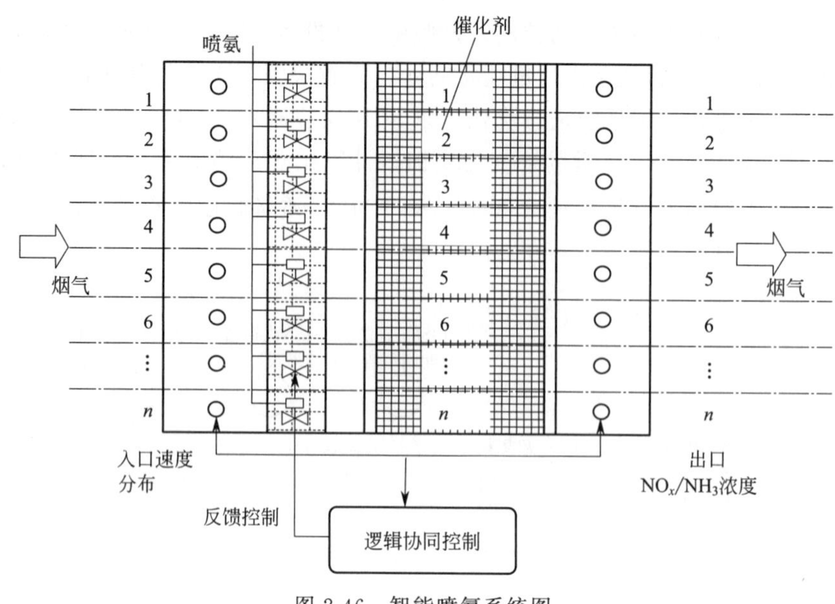

图 2-46　智能喷氨系统图

低，流场发生变化，脱硝系统的性能变差，还需要通过改进或优化脱硝系统进口烟道的整流装置保证不同负荷下流场的均匀性，提高脱硝效率。

除喷氨控制系统优化外，对喷氨阀、喷氨支管、喷氨深度方向等参数细调也可以提高喷氨系统的特性，使 NH_3/NO_x 摩尔比分布均匀。

五、宽负荷脱硝

火电机组承担着电力调峰的主要任务，燃煤机组在调峰中低负荷运行，超低排放要求脱硝反应器在锅炉 30％～100％BMCR 工况之间均能可靠稳定运行。而烟气温度是影响催化剂活性的主要因素，锅炉在低负荷运行时，催化剂入口处烟气温度降低，导致常规 SCR 催化剂活性降低，脱硝效率下降，进而引起 NO_x 排放超标、氨逃逸增加等问题。针对低负荷 SCR 脱硝有两种解决方案：a. 开发宽温差催化剂，使 SCR 在较大的温度范围内仍然有较好的脱硝效果；b. 通过省煤器改造或设置旁路烟道的方法，调整烟气温度适应常规催化剂活性温度的要求。

（一）低温催化剂开发及应用

常规 SCR 脱硝反应器设置在除尘与脱硫装置之前，V_2O_5-WO_3（MoO_3）/TiO_2 的最佳反应温度为 310～420℃，而烟气中高浓度的颗粒物和 SO_2 等会堵塞催化剂，甚至使催化剂中毒失活。解决此问题的方法之一是将 SCR 催化剂置于除尘和脱硫装置之后，此时烟气中粉尘与 SO_2 浓度大幅度降低，利于催化剂更好地催化还原 NO_x，但经过除尘脱硫后烟气温度降低，钛基催化剂无法使用，因此需要开发具有低温催化活性的催化剂。

低温 SCR 催化剂主要集中在实验室研究阶段，应用于实际燃煤机组的情况较少。当前主要集中于改变催化剂活性成分、载体、制备方法和添加不同过渡元素等对低温 SCR 催化剂进行性能改良。已有的研究表明，锰基催化剂、炭基催化剂和分子筛催化剂表现出了较好的低温

SCR 催化性能。

1. 锰基催化剂

研究表明，以锰铈氧化物为活性组分的催化剂具有较高的催化活性和 N_2 选择性，是低温 SCR 催化剂研究的焦点，其中 Mn 基催化剂被认为是活性较强的催化剂之一，例如 MnO_x/Al_2O_3、MnO_x/TiO_2、MnO_x-CeO_2、MnO_x-SnO_2 等。首先，Mn 的电子构型为 $3d^5 4s^2$，Mn 的四价电子构型为 d^3，其二价电子构型为 d^5，d 轨道半满导致电子更容易迁移到 NH_3 和 O_2 上，这也是 Mn 作为活性成分在低温下表现出良好脱硝性能的原因；其次，Mn 的氧化物种类比较多，并且可以相互转化，有助于氧化还原反应的进行。

（1）MnO_x/TiO_2

MnO_x 的晶格中含有大量的活性氧，能有效促进低温 SCR 脱硝反应的进行。常见的锰的氧化物主要有 MnO_2、Mn_2O_3、Mn_3O_4 和 Mn_5O_8 等，它们在 SCR 脱硝反应中的作用各不相同。Kapteijn 等研究发现，MnO_2 催化剂具有较好的低温活性，而 Mn_2O_3 则具有较高的 N_2 选择性，锰氧化物的催化活性顺序为：$MnO_2 > Mn_5O_8 > Mn_2O_3 > Mn_3O_4 > MnO$。不仅锰氧化物的氧化价态对催化活性有影响，锰氧化物形态对其催化活性也有影响，催化活性顺序为：纳米棒＞纳米颗粒＞纳米管，并且隧道状 α-MnO_2 纳米棒的低温 NH_3-SCR 活性明显高于层状 δ-MnO_2 纳米棒[21]。

虽然纯 MnO_x 低温活性较高，但其 N_2 选择性较差，且易受烟气中 SO_2 和 H_2O 的影响导致催化剂中毒。因此通常将 MnO_x 与其他氧化物结合，制备双金属或复合氧化物催化剂，以提高催化剂活性和 N_2 选择性，延长催化剂的使用寿命。例如负载型锰基催化剂中掺杂过渡金属或者稀土元素（Fe、Cu、Ni、Cr 和 Ce 等）[22]。

（2）MnO_x-CeO_2

CeO_2 具有较强的表面酸性和储存氧的能力，可以促进 NH_3 在催化剂表面的活化和吸附，CeO_2 的加入有助于催化反应的进行。Qi 等[23, 24] 将 Ce 加入 MnO_x 中制备的 MnO_x-CeO_2 催化剂具有优异的低温活性，可在 120～150℃获得接近 100％的 NO 转化率，但实际应用仍有差距。有学者通过溶胶-凝胶法在 MnO_x/TiO_2 中添加 Ce 元素制备了 MnO_x-CeO_2/TiO_2 催化剂，发现 Ce 的添加有助于提高 NO 的转换率，相比于 Mn/TiO_2 催化剂，Mn-Ce/TiO_2 催化剂上形成稳定的 $(NH_4)_2SO_4$ 更难，量更少，Mn-Ce/TiO_2 催化剂抵抗 SO_2 中毒的时间更长，抗硫性更好，Ce 的掺杂也起到保护催化剂活性成分 MnO_x 的作用[25]。

此外负载型 MnO_x/Al_2O_3、Mn/TiO_2、Mn-Ce/ TiO_2、Mn-Fe/ TiO_2 等催化剂都表现出了良好的催化活性和耐硫抗水性能[26]。利用新疆维吾尔自治区丰富的蛭石资源，研究发现 Mn-Fe/VMT 催化剂在低温段表现出了优异的 N_2 选择性，在 20℃和 50℃的选择性分别为 97.1％和 95.9％。随着温度的升高，副产物 N_2O 和 NO_2 的含量不断上升，导致 N_2 的选择性不断下降，在 200℃和 300℃的选择性分别为 52.1％和 53.8％。与此同时，制备得到的 Mn-Fe/VMT 成型催化剂在低温下表现出了优异的 NH_3-SCR 催化活性，在 150℃的 NO 转化率可以达到 98.6％，在 20℃下，NO 仍然具有 62.2％的转化率。一些复合型锰基催化剂如 MnO_x-CeO_2-WO_3-ZrO_2 催化剂等也有优良的低温催化活性。

(3) MnO_x-SnO_2

Smirniotis 等[27] 认为催化剂上较多的 Lewis 酸性位有利于低温 SCR 反应，SnO_2 是较强的 Lewis 酸。文献［28］中制备的 MnO_x-SnO_2 催化剂在 120～200℃具有良好的低温催化活性。文献［29］中制备的 MnO_x-SnO_2/TiO_2 型催化剂在 130～250℃NO 的转化率接近 100%，并且表现出较好的抗硫耐水性能。

综上所述，MnO_x 和 CeO_2 是常见的低温 SCR 活性组分，在低温下具有良好的催化活性。TiO_2 是一种良好的低温 SCR 催化剂载体，具有较大的比表面积和较强的 SO_2 抗性。金属离子的掺杂有助于催化性能的提高。

2. 炭基催化剂

低温催化剂载体除 TiO_2 外还有活性氧化铝和炭基材料，炭基材料因其多孔结构、吸附能力强等特点，被用作催化剂载体，常用的炭基材料有活性炭、活性炭纤维、碳纳米管、炭基陶瓷和 Nomex 等[30]。有学者采用浸渍法，在堇青石上负载活性炭和锰氧化物（MnO_x/AC/C），并在制备过程中采用超声法增效，所得催化剂在 220℃时，NO 转化率最高达 97%，在 200～280℃，NO 转化率均高于 80%。超声处理可以增加活性组分在催化剂表面的分散度，有利于催化活性的提高，活性炭纤维负载 MnO_x 和 CeO_2 也具有良好的低温催化活性。Tang 等用浸渍法在活性炭载体上负载 Mn 的氧化物制成催化剂，发现其在 200℃时脱硝效率可以达到 90%。但需要注意以炭基作为催化剂载体时，载体的预处理对于催化性能的影响十分明显，并且活性炭的原料价格较高，其制造工序也比较复杂，现阶段难以在生产实际中普及。

3. 分子筛催化剂

分子筛催化剂是移动源 NO_x 净化中研究的重点。分子筛催化剂通常具有较高的热稳定性和较宽的操作温度区间，常用作载体的分子筛有 ZSM-5 型、Y 型、β 型、MOR 型等。活性负载物有 Fe、Cu、Ce、Mn 等金属元素，其中以 Fe、Cu 为负载金属的分子筛催化剂活性表现最好。Long 等对 Fe-ZSM-5 催化剂做了大量研究，采用离子交换法制得的催化剂在 450～500℃时，NO 转化率接近 100%，高于商用的钒钛催化剂，且具有较宽的活性区间，Ce 的加入可以进一步提高催化活性。Sjövall 等以 ZSM-5 为载体，分别对比了 H-ZSM-5、Na-ZSM-5 和 Cu-ZSM-5 的催化剂活性，其中 Cu-ZSM-5 表现最好。文献［31］通过浸渍法制备了 Mn-Ce/TiO_2、Mn-Ce/Al_2O_3、Mn-Ce/AC 和 Mn-Ce/ZSM-5，测试几种催化剂的脱硝活性，发现温度在 130℃以下时，Mn-Ce/TiO_2 拥有最为优异的脱硝活性，温度高于 130℃时，Mn-Ce/Al_2O_3 脱硝效率最高，而 Mn-Ce/AC 和 Mn-Ce/ZSM-5 在 60～240℃的整个温度区间的脱硝效率均低于 Mn-Ce/TiO_2 和 Mn-Ce/Al_2O_3。目前研究表明负载 Fe、Cu、Cr 分子筛催化剂的高活性区间还是集中在中、高温。

4. 宽温差烟气脱硝催化剂应用

适用于 250～450℃的宽温差板式烟气脱硝催化剂逐步得到开发。据参考文献［32］，宽温差催化剂的性能状况评价结果如表 2-3 所列，在 NH_3/NO_x 摩尔比等于 1 的测试条件下，宽温差板式催化剂在 220～350℃区间内的脱硝效率维持在 96.0%～98.5%之间。催化剂脱硝效率总体上呈现随烟气温度降低而下降的趋势，但烟温降至 140℃时，效率仍可达到 89.0%。

表 2-3　催化剂在不同温度下的脱硝效率

测试温度/℃	脱硝效率/%	测试温度/℃	脱硝效率/%	测试温度/℃	脱硝效率/%
140	89.02	210	93.94	280	96.69
150	90.10	220	95.77	290	97.53
160	90.80	230	95.78	300	98.05
170	93.52	240	96.56	320	98.41
180	95.49	250	96.53	350	98.43
190	95.00	260	96.41		
200	93.93	270	95.96		

该催化剂经理论验证、实验室小试、工业生产验证后，在某发电有限公司进行了中试。燃煤机组的烟气参数如表 2-4 所列。中试从 2016 年 10 月 29 日开始运行，中试结果显示在 250～450℃范围内，脱硝效率大于 90%，且出口氨逃逸低于 3×10^{-6}，SO_2 氧化率低于 1%；自 2016 年 11 月 7 日起宽温差催化剂在 280℃运行，连续稳定运行超过 1000h，运行期间脱硝效率大于 90%，氨逃逸低于 3×10^{-6}，SO_2 氧化率低于 0.1%。该宽温差催化剂在神华宁夏煤业集团有限责任公司 4×10^6 t/a、设计温度为 180～220℃机组中成功应用。

表 2-4　燃煤机组的烟气参数

参　　数	数　　值	参　　数	数　　值
烟气量(标态)	5000m^3/h	NO_x(标态,6%O_2,干基)	1100mg/m^3
含水量(体积分数)	5%	SO_2(标态,6%O_2,干基)	12700mg/m^3
含氧量(体积分数)	4%	SO_3(标态,6%O_2,干基)	64mg/m^3
含尘浓度(标态)	44g/m^3		

(二) 其他改造技术

为满足锅炉负荷变化时 NO_x 排放要求，可采用省煤器分段、省煤器旁路、烟气再热等技术，为 SCR 全负荷、宽温差范围内脱硝提供技术支撑。

1. 省煤器旁路烟道改造

在省煤器前引一部分烟气至 SCR 装置入口，提高低负荷下的 SCR 入口烟气温度，以维持 SCR 运行。对于单烟道锅炉需要在省煤器后增加烟气调节挡板，以调整旁路烟气量。该方案的优点是调节灵活，烟气温度调节范围大，对锅炉运行无大的影响；缺点是存在烟气挡板关不严的问题，设备可靠性低，将会造成系统无法带额定负荷，同时设置烟气旁路后，造成锅炉排烟温度升高，降低锅炉效率，增加供电煤耗。

2. 省煤器给水旁路改造

增设省煤器给水旁路，目的在于在机组低负荷阶段，使一部分锅炉给水从省煤器入口经省煤器给水旁路阀直接到省煤器出口，减少省煤器的冷却流量，在省煤器进口烟气温度和进口给水温度不变的前提下，提高省煤器出口（SCR 入口）烟气温度。如图 2-47

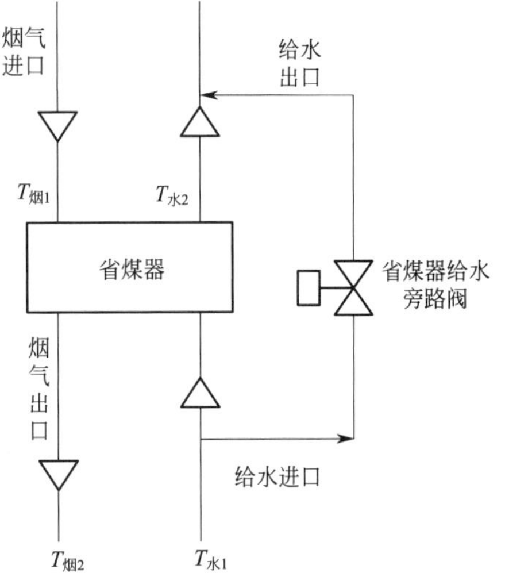

图 2-47　省煤器给水旁路示意

所示。

该方案的优点是水管路尺寸小、便于布置，旁路水量采用调节阀控制，方便可靠，投资相对较低。缺点是旁路水量大，对烟气温度的调节范围小（一般为10～15℃），省煤器内流通的水量减少，省煤器出口管存在汽化风险，同时会降低一部分锅炉效率。

增设省煤器给水旁路虽然能提高SCR入口烟温且涉及的工程量小，但改造同时也会造成省煤器出口给水温度上升，如果出现省煤器出口给水温度高于给水压力下饱和温度，省煤器出口给水会发生汽化，再混合经给水旁路流入的低温给水，会发生严重的水锤效应，危及设备安全，这在系统设计上是必须杜绝的。此改造方案是否可行必须分析给水旁路是否能提高SCR入口烟温到允许喷氨温度以上而不发生水锤效应。

3. 省煤器分级改造

将现有的省煤器切割一部分，减少现有省煤器吸热量，提高SCR入口烟气温度，在SCR后再安装部分省煤器受热面积，吸收烟气中部分热量，保证锅炉效率在改造后不下降，解决低负荷烟温过低SCR无法运行的问题。

该方案优点是对锅炉运行无影响，对锅炉效率几乎没有影响。缺点是投资比较大，工期长。由于在原有脱硝反应器的钢架内增加了一部分省煤器受热面，再加上省煤器管中水的质量，因此需要对脱硝区域的钢架进行加固处理。而且在满负荷时，脱硝系统入口烟温较高，SO_2/SO_3转化率增大；影响催化剂寿命，容易造成烧结；分级布置后脱硝系统的烟气阻力也会增加。

4. 零号高加回热技术

在末级高加后增加一个抽汽可调式的给水加热器，提高给水温度，降低给水与烟气的平均换热温差，提高换热后的烟气温度。该方案需要在高压缸选择一个合适的抽汽点，增加一级回热换热系统，改造还涉及热力系统与汽轮机，工程复杂，改造周期长，改造费用较高。

六、氨逃逸控制技术

SCR还原反应中直接参加反应的是NH_3，若喷入的NH_3未能与NO_x完全反应，则部分NH_3会随烟气进入尾部烟道下游。氨逃逸后与烟气中SO_3反应生成黏结性的$(NH_4)_2SO_4/NH_4HSO_4$，生成产物在催化剂表面沉积，影响催化剂活性，造成尾部烟道空预器冷端NH_4HSO_4腐蚀及积灰等问题[33]：

$$NH_3+SO_3+H_2O \longrightarrow NH_4HSO_4 \tag{2-18}$$

$$2NH_3+SO_3+H_2O \longrightarrow (NH_4)_2SO_4 \tag{2-19}$$

研究表明NH_4HSO_4形成的初始温度约为180℃，$(NH_4)_2SO_4$形成的初始温度约为205℃。各物质在空预器中生成位置及温度如图2-48所示。NH_4HSO_4的露点为147℃，以液体形式在物体表面聚集或以气溶胶形式分散于烟气中。液态的NH_4HSO_4是一种黏性很强的物质，在烟气中黏附飞灰，NH_4HSO_4在低温下还具有吸湿性，会从烟气中吸收水分，继而对设备造成腐蚀。

氨逃逸还会使下游引风机叶片上结垢积灰，文献［34］研究了达到超低排放的某1000MW超超临界机组引风机叶片及二级低温省煤器上的结垢积灰，得出以下结论：a. 机组引风机叶片上灰样的主要成分为十二水硫酸铝铵［$(NH_4)Al(SO_4)_2 \cdot 12H_2O$］、硫酸铝铵［$(NH_4)Al(SO_4)_2$］、氢铵矾［$(NH_4)_3H(SO_4)_2$］、硫酸钙（$CaSO_4$）、二水硫酸钙（$CaSO_4 \cdot H_2O$）、二氧化硅（$SiO_2$）。二级低温省煤器进出口灰样的主要成分为十二水硫酸铝铵［$(NH_4)Al(SO_4)_2 \cdot 12H_2O$］、硫酸钙（$CaSO_4$）、二氧化硅（$SiO_2$）、硫酸铁［$Fe_2(SO_4)_3$］等。b. 硫酸铵盐是积灰的主要成分，$(NH_4)Al(SO_4)_2$ 覆盖在灰颗粒表面，在积灰过程中起"胶合剂"的作用，是造成引风机及二级低温省煤器结垢积灰的直接原因。c. SCR 脱硝系统较高浓度氨持续逃逸是造成机组尾部烟道结垢积灰的根本原因。d. 设计低温省煤器降温幅度时应根据煤质、氨逃逸量、灰浓度等条件合理分配一、二级低温省煤器处的烟气温降，避免静电除尘器脱离低低温状态运行，防止除尘器下游的二级低温省煤器处烟温降低幅度过大导致硫酸酸雾快速冷凝。

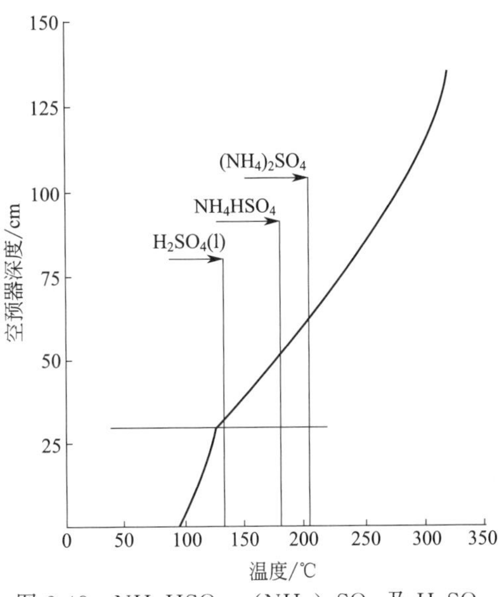

图 2-48 NH_4HSO_4、$(NH_4)_2SO_4$ 及 H_2SO_4 在空预器中的生成位置及温度[34]

氨逃逸会影响 SCR 系统的脱硝效率以及机组的正常运行，对 SCR 运行过程中的氨逃逸采取措施进行控制是十分有必要的。为降低氨逃逸对尾部受热面的不利影响，《火电厂烟气脱硝技术导则》（DL/T 296—2011）中明确：采用 SCR 工艺的脱硝装置氨逃逸浓度宜不大于 $2.3mg/m^3$（$<3mg/m^3$）。

1. 氨逃逸原因分析

氨逃逸率与 SCR 本身的设计相关，合理的 SCR 结构设计和制造安装等可以将氨逃逸率降低到 $1mg/m^3$ 以下，氨逃逸也与 SCR 运行条件密切相关，SCR 反应器内烟气流场、NO_x 浓度场、烟气温度场、喷氨量分布、SCR 催化剂流通阻力分布、SCR 催化剂有效性分布等的均匀性及匹配性对氨逃逸具有重要影响。

造成氨逃逸的主要原因是氨利用不均，可能的原因如下。

（1）测量装置取样点不具有代表性

由于烟气取样测点分布较少，烟道内烟氨混合气体中的氨气浓度分布均匀性本来就不好，或者取样点取样口被飞灰粘堵，使所取到的烟气样品参数偏离实际，反映不了氨气浓度瞬态平均水平。

（2）过量喷氨

在 SCR 装置催化还原能力的额定参数范围内，氨逃逸一般随喷氨量增加而增加。出现过量喷氨，一方面可能是 SCR 装置入口烟气中的 NO_x 浓度偏高；另一方面可能是飞灰堵塞了催化剂表面的孔隙结构，使催化剂中毒、失效、失活等导致氨利用率降低，氨逃逸量增加，生成的 $(NH_4)_2SO_4/NH_4HSO_4$ 沉积在催化剂表面使催化剂的活性进一步降低，形成恶性循环。

（3）催化剂飞灰堆积、堵塞与磨损

来自省煤器出口的大颗粒灰团或者来自反应器顶部局部的大块团灰集中坍塌，堵塞催化剂的入口小孔，造成催化剂有效过烟表面减少，烟气从未堵塞的催化剂表面通过时速度加快并快速磨损催化剂，直至过烟的催化剂局部出现磨损塌陷失效，氨气随烟气直接从磨损塌陷处逃逸。

（4）烟气中氨气分布不均

稀释后的氨气在 SCR 进口烟道中的分布不均匀，局部浓度过高，氨逃逸量增加。这种不均匀可能是喷氨格栅各路供氨节流调节不理想造成的，也可能是喷氨格栅管道磨损、堵塞等原因引起的。

（5）机组运行负荷变化

锅炉负荷降低，烟温降低，导致催化剂的催化效率随烟温降低而降低，氨逃逸增加。

目前燃煤机组 SCR 为保证催化剂高效运行，降低氨逃逸率，避免空预器堵塞，将 SCR 入口烟温下限设置为 300℃左右，当锅炉低负荷运行，烟气温度低于 300℃时，将 SCR 强制撤出，机组没有脱硝，对环境产生不利影响。

2. 氨逃逸控制技术

（1）反应器本体设计安装注意事项

① 第Ⅰ层催化剂层的上方应留有足够的烟气均化空间。有些反应器设计时，反应器顶的倾斜度比较大，压缩了顶部的实际烟气均化空间，同时烟气对顶部冲刷磨损，容易产生泄漏以及外部雨水在顶部缝隙处侵蚀，引发顶部到后墙拐角处大块积灰聚集后塌落使催化剂入口堵塞。实际反应器顶只要设计有一定的去水坡度即可。

② 反应器内壁光滑，尽可能不要有凸起物，避免产生挂灰，尤其是安装作业中，若施工人员有部分吊耳之类的构件焊在内壁上忘了拆除，这些凸起物容易产生钟乳状的挂灰；当灰质量增加后会掉落堵塞催化剂入口。

③ 避免反应器顶板漏水。反应器顶板焊缝特别是交汇焊缝处容易产生焊接缺陷，雨水进入后不能及时蒸发会渗透到反应器内部，引起聚灰，特别是反应器后墙和顶部交接处，形成大块聚灰脱落，堵塞催化剂入口；还有一种观点认为可能是反应室烟气流速设计不当（流速过低）造成的。

④ 外保温厚度均匀。外保温不均易引起局部烟气温度降低，催化还原反应效率降低，局部氨逃逸量增加。

（2）进出口烟道设计

① SCR 入口水平烟道应尽可能短。主要是考虑水平烟道底部的积灰问题。过长的水平烟道底部的沉积飞灰会增加烟道载荷，使烟道有垮塌的风险。

② 在 SCR 烟气入口垂直烟道上布置喷氨格栅。实践证明，在 SCR 入口垂直烟道上布置喷氨格栅要优于在 SCR 入口水平烟道上布置喷氨格栅。在水平烟道上垂直地布置喷氨格栅，因为烟道底部积灰的原因，会将靠近烟道底部的 1～2 排的喷嘴完全掩埋，使喷氨格栅飞灰磨损进一步加剧，特别是磨穿后喷氨的均匀性无法保障。

③ SCR 烟气入口烟道的去灰设施。省煤器出口端的折烟角深度一般较浅，不足以将大量的飞灰有效地导入省煤器灰斗，加装蝙蝠翼式飞灰折流板装置，可以有效减少带入 SCR 装置的飞灰量，特别是大颗粒灰团，也可以减轻 SCR 后继设备（静电除尘等）的飞灰磨损、堵塞压力。

④ 导流板设计。导流板配合喷氨格栅、静态混合器、整流格栅等一系列措施，改善 SCR 反应器入口段流场的均匀性。导流板的选择与布置根据具体系统的结构设计而定。

(3) 催化剂活性不足的处理方法

① 催化剂积灰影响其催化反应效果，对于由积灰引起的催化剂活性降低的问题，可以采用声波或者一定压力及足够过热的蒸汽吹灰。

② 对于钝化的催化剂采用再生或者用新的催化剂替换原钝化催化剂，以便维持氨逃逸水平不超过设计指标。

(4) 喷氨优化

SCR 脱硝技术在实际运行过程中，存在烟气速度场不均匀、喷氨浓度分布不均、负荷变动引起流场变化造成 NO_x/NH_3 均匀性及 NH_3/NO_x 摩尔比发生变化等问题。为了满足超低排放的标准，往往采用加大喷氨量的方式达到 NO_x 排放标准，这样不可避免地带来氨逃逸大的问题，因此，进行喷氨优化尤为重要。喷氨优化方法有改进喷氨控制系统、智能喷氨、主动不均匀喷氨等。

3. 氨逃逸监测技术

当前国家要求烟气脱硝系统中氨逃逸率不大于 $3mg/m^3$，这要求氨逃逸率的测量装置必须具有足够高的测量灵敏度和精度。而脱硝系统出口处烟气温度在 350～400℃，这要求测量装置能够在高温环境下工作。此外，氨气具有极强的吸附性且极易溶于水，也要求测量装置能够实现原位测量或采样测量时不改变烟气中氨的含量。对于如此低的氨逃逸率及其相关特性，目前常用的采样分析法、电化学分析法、红外分析法都难以满足测量要求。

欧美发达国家将可调谐二极管激光吸收光谱（TDLAS）技术用于氨逃逸检测。TDLAS 测试氨逃逸的原理是使用单个二极管激光器，扫描目标气体的特征谱线，在某一光谱范围内，只有该气体的单个吸收谱线，而不受其他吸收谱线的影响，激光器的线宽远小于该吸收谱线的半高全宽，且激光器的可调谐范围能够基本覆盖该吸收谱线。光谱分析方法因其分析速度快、采样预处理简单、选择性好、灵敏度高、样品损坏少等优点，符合工业要求的实时在线分析和现场快速检测。德国 SIEMENS 和加拿大 Unisearch 公司研发出了氨逃逸率分析仪并迅速占据了欧美市场，我国近几年也引入了相关产品，但由于国内机组烟气中粉尘含量极高，引入的氨逃逸率分析仪激光无法穿越烟道，进而引发一系列的技术难题，使得上述产品在国内机组脱硝系统中应用还处于探索、消化和改进阶段。

目前氨逃逸在线测量方法如下：a. TDLAS（可调谐二极管激光吸收光谱）激光原位安装法，适合低含尘烟气，烟尘含量小于 $5g/m^3$；b. TDLAS 激光干式抽取法，适用高含尘烟气，烟尘含量大于 $20g/m^3$，适用于绝大多数煤粉炉；c. 抽取式化学分光法，仅适用于少量测量要求不高的场合，如纸厂、化工厂、钢铁厂等。

国内机组脱硝后氨逃逸率监测仪表主要包括加拿大 Unisearch 公司的 Las IR，德国西克的 GM700，德国西门子的 LDS6、NEO Laser Gas Ⅱ SP，国内杭州聚光科技有限公司的 LGA-4500 以及国内南环公司生产的便携式氨逃逸分析仪 LDAS-3000[35～37]。另外还有一种氨逃逸在线监测新技术，采用直接抽取、全程高温伴热、多光程 TDLAS 技术。直接抽取式激光氨逃逸在线监测系统的工况适应性强，测量准确度高，抗干扰性强，并可以快速在线校准。

第四节 SNCR脱硝技术

选择性非催化还原（selective non-catalytic reduction，SNCR）炉内脱硝技术相较于选择性催化还原（SCR）技术，以低成本优势受到广泛关注。SNCR 技术由美国电力研究协会（Electric Power Research Institute，EPRI）于 1980 年研制并获得专利，美国 Fuel-Tech 公司在此基础上做了工艺完善，并持有多项补充专利。20 世纪 70 年代中期日本的一些燃油、燃气电厂开始应用，目前全球燃煤电厂 SNCR 工艺的总装机容量在 2GW 以上。

一、SNCR 脱硝原理

SNCR 技术是在没有催化剂、温度为 850～1100℃ 的范围内，将氨（NH_3）或尿素［$CO(NH_2)_2$］等还原剂注入锅炉，还原剂在炉内高温条件下分解为自由基 NH_3 和 NH_2，与 NO_x 反应生成 N_2 和 H_2O。该反应以炉膛为反应器，利用炉内的高温驱动还原剂与 NO_x 的选择性还原反应，不需要昂贵的催化剂和体积庞大的催化塔，脱硝效率在 50%左右。

以 NH_3 为还原剂在 850～1100℃条件下的具体反应如下：

$$4NH_3+4NO+O_2 \longrightarrow 4N_2+6H_2O \tag{2-20}$$

温度升高，NH_3 被氧化为 NO：

$$4NH_3+5O_2 \longrightarrow 4NO+6H_2O \tag{2-21}$$

若反应温度低于 900℃，反应不完全，氨的逃逸率高，会造成脱硝不完全及二次污染。温度过高或者过低都不利于污染物的控制，因此在 SNCR 脱硝技术的应用中，适宜温度区间（即温度窗口）的选择至关重要。

氨作为易挥发物质，对人体危害很大，其存储和运输受到国家、地方和行业法规的严格管控。尿素相比于氨几乎无害，SNCR 也可采用尿素作为还原剂，但必须配制为一定质量浓度的溶液才能使用。

$$(NH_2)_2CO \longrightarrow 2NH_2+CO \tag{2-22}$$

$$NH_2+NO \longrightarrow N_2+H_2O \tag{2-23}$$

$$CO+NO \longrightarrow \frac{1}{2}N_2+CO_2 \tag{2-24}$$

研究表明，SNCR 中采用尿素作为还原剂比采用氨作为还原剂产生更多的 N_2O，若运行控制不适当，以尿素作为还原剂将释放更多的 CO。另外，在炉膛过热器前喷入低温的尿素溶液也会影响燃料的继续燃烧，造成飞灰含碳量增加。但尿素溶液的喷雾模式可以得到有效的控制，进而促进还原剂与烟气的良好混合，氨逃逸较低，还原剂的利用率高。尿素 SNCR 工艺已经在大型燃煤机组中成功应用。

二、SNCR 工艺系统

图 2-49 为典型的 SNCR 工艺流程图，以锅炉炉膛为脱硝反应器，在炉膛不同位置处布置还原剂喷射点，锅炉负荷变化时还原剂喷射到具有合适温度窗口的炉膛区域。SNCR 系统主要由还原剂储槽、多层还原剂喷入装置和与之相匹配的控制仪表以及 NO_x 在线监测系统等组

成。SNCR 反应物储存和操作系统同 SCR 系统是相似的，但它所需的还原剂量比 SCR 工艺要大。

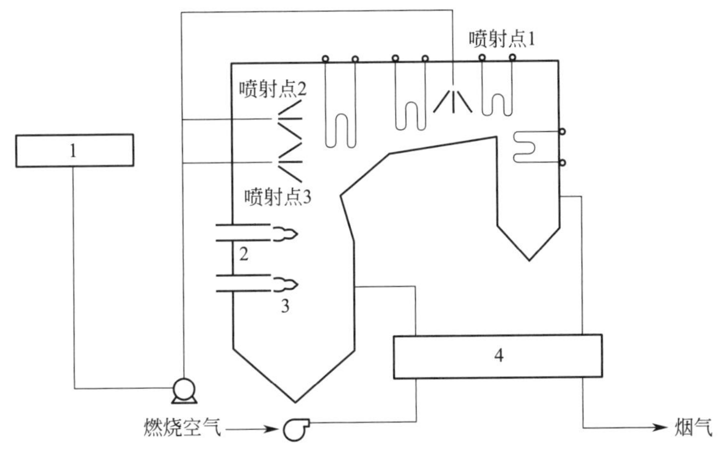

图 2-49　典型的 SNCR 工艺流程[38]

1—氨或尿素储槽；2—燃烧器；3—锅炉；4—空气加热器

(一) SNCR 还原剂储存和输送系统

SNCR 还原剂来源有液氨、氨水、尿素三种，液氨在常温常压下呈气态，在压力容器中运输和存储，安全要求较高，而氨水一般采用浓度为 29%的氨水溶液，氨水溶液浓度超过 28%后其运输和存储也需要获得许可，因此也有 SNCR 系统采用 19%的氨水作为还原剂；另外，液氨和氨水都是以气态形式喷入炉膛。也有 SNCR 脱硝系统采用 50%的尿素溶液为还原剂，但 50%的尿素溶液在 20℃就开始结晶，为了防止结晶，系统温度必须保持在 30℃以上，因此除了在尿素溶液存储罐内设置尿素溶液加热系统外，在尿素溶液管道上还必须安装伴热系统。

50%尿素溶液到喷射区稀释为 10%喷入炉膛，或者将尿素溶液的质量浓度降低至 10%，溶液的结晶温度为 0℃以下，管路只需要保温即可，系统可取消伴热系统，但尿素溶液存储罐容积要大一些。

(二) SNCR 还原剂喷射混合系统

还原剂喷入系统必须能够将还原剂喷入锅炉内最有效的部位，因为 NO_x 的分布在炉膛对流断面上是经常变化的，如果喷入控制点太少或喷到锅炉中整个断面上的氨不均匀，则一定会出现分布率较差和较高的氨逸出量。在较大的燃煤锅炉中，还原剂的分布则更困难，因为较长的喷入距离需要覆盖相当大的炉内截面。多层投料同单层投料一样在每个喷入的水平切面上通常都要遵循锅炉负荷改变引起温度变化的原则。较为典型的设计是设多个喷射区，每个区设喷射器；喷射器一般布置在锅炉过热器和再热器之间，旧锅炉改造时也可以设在水冷壁区。

为保证脱硝反应能充分地进行，以最少的喷氨量达到最好的还原效果，必须设法使喷入的 NH_3 与烟气混合良好。若喷入的 NH_3 不充分反应，则泄漏的 NH_3 不仅会使烟气中的飞灰容易沉积在锅炉尾部的受热面上，与烟气中 SO_3 生成铵盐易造成空气预热器堵塞，并有腐蚀的危险。因此对 SNCR 还原剂喷射系统及喷氨均匀性要求较高。

1. SNCR 还原剂喷射器及喷射位置

（1）喷射器

还原剂喷射器有枪式和墙式两种，图 2-50 为两种现场 SNCR 喷射照片。墙式喷射器一般用于短程喷射就能使反应剂与烟气达到均匀混合的小型锅炉和尿素 SNCR 系统。墙式喷射器在特定部位插入锅炉内墙，一般每个喷射部位设置一个喷嘴，并且墙式喷射器不直接暴露于高温烟气中，因此其使用寿命比枪式喷射器长。枪式喷射器一般用于烟气与还原剂较难混合的喷氨 SNCR 系统和大容量锅炉。其由一根细管和喷嘴组成，在某些设计中喷枪可延伸到锅炉整个断面。

(a) 枪式喷射器(SNCR系统)

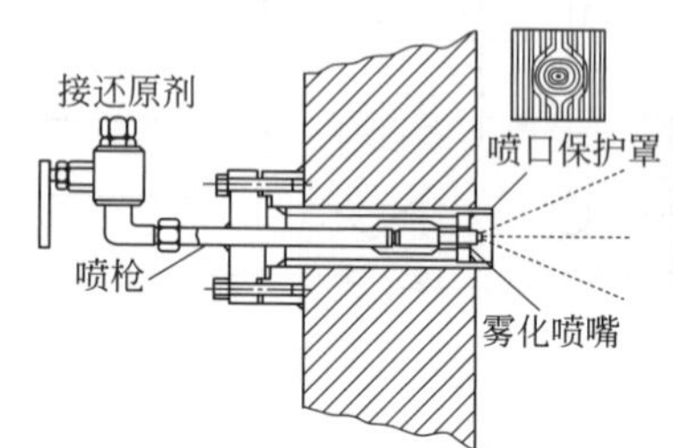

(b) 墙式喷射器(SNCR系统)

图 2-50　枪式和墙式喷射器[38]

因喷射器需要承受高温和烟气的冲击，容易腐蚀和结构破坏，所以喷射器一般用不锈钢制造。另外，喷射器常用空气、蒸汽和水进行冷却。为使喷射器最小限度地暴露于高温烟气中，枪式喷射器和墙式喷射器设计成可伸缩的，当遇到锅炉启动、停运、季节性运行或一些其他原因 SNCR 需停运时，可将喷射器退出运行。

还原剂在有压条件下喷射，因此需要专门设计喷嘴以获得喷射液滴的最佳尺寸和分布，利用喷嘴的喷射角度和喷射速度控制还原剂轨迹。尿素系统通常采用双流体喷嘴，用载体流如空气或蒸汽与还原剂一起喷射。用于大容量锅炉的尿素一般采用高能系统。高能系统需要装备大容量的空气压缩机、坚固的喷射系统和消耗较多的电能，制造和运行费用较高；而用氨基作还原剂的喷射系统一般比尿素系统复杂且昂贵。

美国 MOBOTEC 公司开发的 SNCR/ROTAMIX 技术利用 SOFA 为 SNCR 的还原剂喷口，在 SOFA 分级送风降氮的基础上进一步降低 NO_x 达 35%。该系统的特点是采用了增压旋转二次风，SNCR 系统的喷口可以在 SOFA 各风口间进行选择，并被高速二次风带进炉膛上部，依靠 SOFA 的强涡流，使还原剂与烟气均匀混合。

（2）喷射点选取

选择性非催化还原 NO_x 的反应是在特定温度下进行的，温度过高或过低都不利于 NO_x 的有效控制。温度低于 900℃，NH_3 反应不完全，造成所谓的“氨穿透”；而温度过高，NH_3 氧化为 NO 的量增加，导致 NO_x 排放浓度增大，所以，SNCR 法的温度控制是至关重要的。

喷入点位置的选择受炉膛温度的制约。一般采用计算机模拟锅炉内烟气的流场分布和温度分布，同时辅以冷态与实物等比例缩小的流场装置试验，以此为设计依据来合理选择喷射点和喷射方式。喷射点的选取着重考虑以下几个方面：a. 还原剂分布均匀性；b. 喷入点温度；c. 还原剂与 NO_x 的反应及停留时间；d. 喷射区 CO 浓度及氨逃逸比例。最重要的是还原剂与 NO_x 的反应温度，温度太低，反应动力学进行缓慢，逸出的氨量增加；温度太高，还原剂被氧化，增加了 NO_x 的生成。图 2-51 所示为尿素和氨为还原剂时在锅炉不同温度下的 NO_x 去除率。还原剂氨喷入的理想温度是 850～1050℃，尿素为 900～1100℃，因此 SNCR 法的最佳喷氨点应选择在锅炉炉膛上部相应的位置，锅炉中注入还原剂的位置一般在过热器和再热器的辐射对流区，并要保证与烟气良好混合，实现高的 NO_x 还原效率。然而由于不同锅炉之间炉膛上部对流区烟温相差±150℃，锅炉负荷波动也影响炉内温度，因此需要在炉膛内不同高度处安装喷射器，以保证还原剂能够在适当的温度喷入炉内。

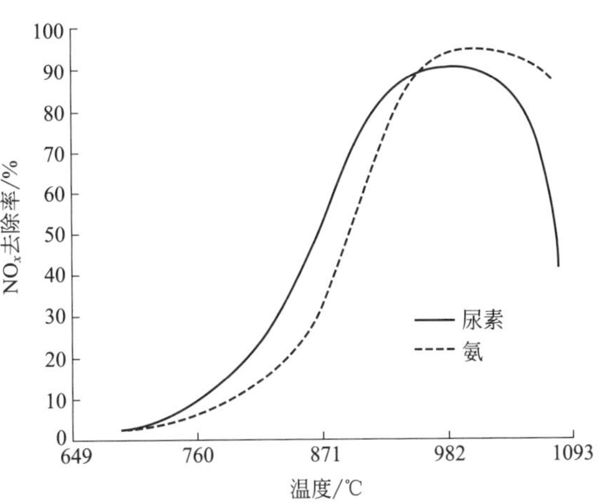

图 2-51　反应温度对 NO_x 去除率的影响[38]

采用氨作为还原剂，添加氢气可以减小最佳反应温度范围，添加甲烷可以降低最佳操作温度，但相应的 NO_x 脱除率降低。在尿素中添加有机烃类可增加燃气中的烃基浓度，不仅 NO_x 的还原效果提高，还可以扩大还原反应的温度窗口。使用辅助剂在尿素 SNCR 系统中还可以抑制 N_2O 的生成。

2. SNCR 喷射均匀性

（1）氨氮摩尔比

氨氮摩尔比（NSR，即 NH_3/NO_x）决定还原剂喷入量，还原剂与烟气在炉内的混合程度及还原剂在炉内的停留时间影响氨氮摩尔比，要在较低的氨氮摩尔比条件下达到较好的 NO_x 脱除效果，就必须要保证还原剂喷射均匀且与烟气混合良好。典型的氨氮摩尔比为 1～2，炉内实际还原剂喷入量要比理论值多，但氨氮摩尔比过高，氨逃逸量增大，运行费用相应增加。

（2）停留时间

还原剂和 NO_x 在合适的温度区域内有足够的停留时间才能保证较好的 NO_x 还原效果（图 2-52），停留时间是指还原剂在反应区炉膛上部和对流区存在的总时间。在还原剂离开最佳温度区域时，必须使还原剂与烟气混合均匀，尿素分解产生的 $\cdot NH_3$、$\cdot NH_2$ 自由基与 NO_x 反应完全。若反应窗口温度较低，为获得较好的 NO_x 脱除效果，就要有较长的停留时间。如图 2-52 所示，相同条件下停留时间由 100ms 增加至 500ms，NO_x 的最大还原率从 70%上升至 93%。

而还原剂在反应温度窗口的停留时间与烟气体积流量及锅炉气流通道有关，为了避免管路的腐蚀，还原剂的最低流速也需要高于一定的值。

（3）烟气与还原剂的混合情况

还原剂与烟气的充分混合是保证 NO_x 还原充分的关键因素，还原剂与烟气的混合程度基本决定了其他参数如氨氮摩尔比、停留时间等的设计和选择。还原剂通过喷枪以细小液滴的形式喷入炉内，喷嘴可控制液滴的粒径和粒径分布，通过控制喷嘴的安装角度、喷射速度就可以调节还原剂与烟气的混合程度。一般粒径较大的液滴在烟气中运动的时间较长，但其本身挥发的时间较长，需要较长的停留时间才能充分反应。增加喷入液滴的动量、增加喷嘴数量、增加

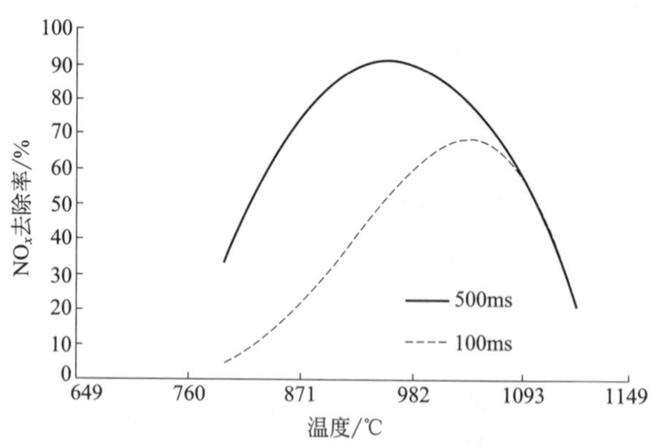

图 2-52　停留时间对 NO_x 去除率的影响

喷入区的数量以及改善雾化喷嘴的设计等均可以提高还原剂与烟气的混合程度。

3. 添加剂

近年来，科学工作者深入研究了添加剂对 SNCR 反应的影响。SNCR 反应的添加剂主要有碱性金属添加剂和还原性气体添加剂两种。碱性金属添加剂（如 Na、K、Ca 盐）可以促进对于脱硝还原反应非常重要的中间产物 · OH 的生成，有利于脱硝反应的进行，且该种类添加剂能使温度窗口变宽，整体上提高 NO_x 脱除效率，其中以 Na_2CO_3 作为添加剂时的 NO_x 脱除效率为最佳。

还原性气体添加剂主要有 H_2、CH_4、CO、醇类、烃类等。可燃还原性气体的促进机理与碱性金属添加剂相似，也是通过与烟气成分之间的反应来促进脱硝反应中有益于自维持反应进行的链载体 OH 或 H 的产生，进而影响脱硝反应进程。诸多学者的研究结果表明还原性气体添加剂对脱硝效率的影响不大，但可以使脱硝的温度窗口向低温方向移动。

三、SNCR 系统应用

1. 循环流化床

采用低温燃烧方式的循环流化床锅炉（CFB）是我国火电厂行业主要炉型之一，因其具有煤种适应性好、负荷调节性能优良、炉内降氮和脱硫功效良好等优势，在我国劣质煤利用领域得到大规模推广。循环流化床由于低床温和本身合理的配风方式，其出口 NO_x 浓度一般可控制在 200～300mg/m^3，但随着实际煤种与设计煤种的偏离、燃烧工况控制不到位等因素，导致相当一部分的循环流化床出口 NO_x 浓度偏高，有些甚至有赶超常规煤粉炉的趋势，失去循环流化床锅炉低污染排放的优势。

流化床燃烧温度为 850～950℃，远低于热力型 NO_x 生成的温度。循环流化床燃烧烟气中的 NO_x 主要为燃料型。NO_x 生成过程主要集中在 CFB 锅炉密相区，尤其是在给煤口附近[39]。NO_x 随烟气沿 CFB 炉膛高度方向向上流动，直至炉膛出口，质量浓度沿高度呈下降趋势。由于循环流化床的特点，一般选用选择性非催化还原（SNCR）脱硝技术更为合理。图 2-53 为典型的循环流化床锅炉结构示意。

CFB 锅炉中旋风分离器入口是理想的 SNCR 还原剂喷入点，煤燃烧在炉膛出口处基本结束，O_2 浓度近似保持不变，分离器入口烟温在 800～950℃，恰好处于 SNCR 的最佳反应温度；烟气在分离器内的停留时间较长（一般为2～3s），烟气和还原剂溶液可以充分混合；分离器内烟气旋流强烈，有助于还原剂溶液的快速扩散；循环灰为多孔疏松结构且含有Fe、Ni、Al、Ti等金属化合物，也是NO_x反应的催化剂。某1180t/h CFB锅炉上采用SNCR脱硝技术后，NO_x排放量由改造前的300mg/m^{3}减少到50mg/m^{3}以下，脱硝效率达80%以上[41]。

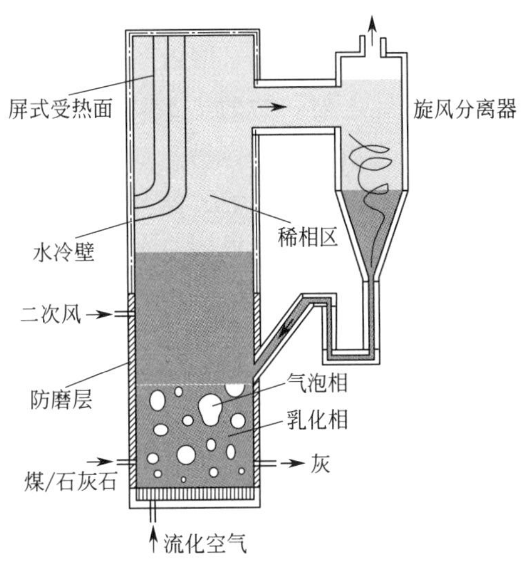

图2-53 典型的循环流化床锅炉结构示意[40]

2. 其他锅炉

煤粉锅炉是应用最为广泛的炉型。火电厂煤粉锅炉一般都采用SCR烟气脱硝工艺，部分中小型煤粉锅炉也可以考虑采用SNCR烟气脱硝工艺。煤粉锅炉中煤粉燃烧较为充分，炉膛温度一般要高于CFB锅炉的炉膛温度。燃烧器上方区域至炉膛出口区域10m左右高度范围内，烟气温度从1400～1500℃降低到900～1000℃，平均每米高差就要降低50℃左右。从还原剂的停留时间分析，假设炉膛内平均烟气流速为5m/s，要满足0.3s的停留时间，其距离是1.5m，在这么长的距离范围内，烟气温降接近75℃，所以煤粉锅炉具备SNCR烟气脱硝工艺的时空距离。考虑到SNCR工艺的最佳温度，煤粉锅炉炉膛内具有满足SNCR烟气脱硝工艺的温度窗口。此外，由于炉膛四周布满了水冷壁吸收燃煤产生的热量，在靠近炉膛壁面附近的烟气温度要低于炉膛中心的烟气温度。因此煤粉炉SNCR还原剂的喷入点处于炉膛的上部、水平烟道和折焰角等部位。

与CFB锅炉相比，煤粉锅炉不具备旋风分离器式的混合条件，只能借助于喷枪雾化效果和还原剂在炉膛内的扩散效果。因此，煤粉锅炉上实施SNCR烟气脱硝工艺的效果要比循环流化床锅炉差很多。在工程实践中，一般通过设置2～3层喷枪来适应煤粉锅炉负荷变化时温度窗口的变迁；通过设置多把喷枪、甚至不同类型的喷枪，以保证还原剂喷入炉膛时有较好的混合效果。

若SNCR烟气脱硝工艺不能完全满足脱硝要求，可以辅助低氮燃烧技术、SCR烟气脱硝技术来实现煤粉锅炉的脱硝减排。某110MW煤粉锅炉进行低氮燃烧改造和SNCR改造后，在110MW时，锅炉低氮燃烧和喷氨系统投运后，实测空预器入口处平均烟气温度为431.9℃，NO_x平均浓度为124.1mg/m^3（标态、干基、6%O_2），脱硝效率为31.4%，NH_3逃逸率为2.10mg/m^3。

文献［42］中某300MW锅炉上采用空气分级与SNCR技术联合脱硝，NO_x排放浓度降低至186mg/m^3，SNCR喷枪采用长短枪配合的喷射方案，获得较高的脱硝效率和低的氨逃逸率。

除上述几种炉型外，SNCR工艺还被用于化工、冶金、建材等行业的窑炉。而近年来学者们在SNCR优化方面的研究主要基于FLUENT软件平台，通过对各锅炉中SNCR系统进行建模和模拟计算，如喷氨位置、喷氨均匀性优化等来促使SNCR达到最佳的运行状态和最高的脱硝效率。

3. SNCR 应用对锅炉影响

向锅炉炉膛喷射尿素溶液脱除烟气中 NO_x 的同时，尿素溶液以及空气的蒸发热解是一个吸热过程，会对锅炉的热平衡及锅炉效率产生一定的影响；从 SNCR 系统逸出的氨可能随烟气进入下游烟道，容易造成空预器的堵塞和腐蚀。SNCR 系统中氨逃逸有两种情况：一是由于喷入的温度低影响了氨与 NO_x 的反应；二是喷入的还原剂过量，从而导致还原剂不均匀分布。由于不可能得到有效的喷入还原剂的反馈信息，所以控制 SNCR 体系中氨的逸出相当困难，但在出口烟管增设能连续准确测量氨逸出量的装置，可改进现行的 SNCR 系统。此外 SNCR 脱硝过程伴随着副反应的进行，SNCR 工艺通常会产生 N_2O [式(2-25)]，引起温室效应。

$$2NH_3+2O_2 \longrightarrow N_2O+3H_2O \tag{2-25}$$

有研究发现，煤粉锅炉 SNCR 系统中氨的注入改变了 SO_3 生成机理和主要路径，明显促进烟气中 SO_2 向 SO_3 氧化。在 NH_3 的体积浓度为 300μL/L、SO_2 的体积浓度为 2000μL/L、停留时间 1.9s、温度从 1373K 降低至 573K 时，生成的 SO_3 体积浓度大于 10μL/L。

四、SNCR/SCR 联合烟气脱硝技术

SNCR/SCR 联合烟气脱硝技术将 SNCR 工艺的低费用特点同 SCR 工艺的高效脱硝率及低的氨逸出率有效结合[43]。理论上，SNCR 反应中逃逸的氨为后面的 SCR 催化法提供了所需的还原剂（图 2-54）。

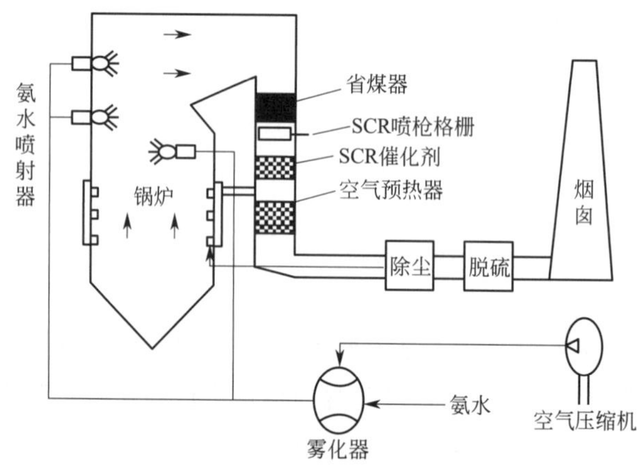

图 2-54　SNCR/SCR 联合烟气脱硝工艺流程[44]

目前单纯的 SCR 脱硝长期稳定运行的脱硝效率不超过 93%，对入口 NO_x 浓度超过 1000mg/m^3 的锅炉很难通过单纯的 SCR 技术控制到超低排放水平，而炉膛型 SNCR＋烟道型 SCR 混合技术成为一种达到超低排放的方法。在 SCR 前单独设置喷氨格栅，SNCR 逃逸的氨与喷氨格栅新注入的氨一起作为 SCR 还原剂。经过 SNCR 后 SCR 入口 NO_x 浓度控制在 600mg/m^3 以内，进而再由 SCR 将其脱除至 50mg/m^3 以下。这种技术特别适用于燃用无烟煤或者贫煤等 NO_x 初始浓度排放很高的锅炉。

联合工艺 NO_x 的脱除率是 SNCR 工艺特性、氨的喷入量及扩散速率、催化剂体积的函

数。要达到 90%以上 NO_x 的脱除率和氨的逸出浓度在 3×10^{-6} 以下的要求，采用联合工艺在技术上是可行的。然而，NO_x 的脱除率还必须同还原剂的消耗量和所需催化剂体积保持均衡。

1. SNCR/SCR 混合关键技术

炉膛型 SNCR＋烟道型 SCR 技术需要在烟道中布置 SCR 催化剂，若烟道截面一般较小，会导致催化剂内流速偏高，影响催化剂的脱硝效率，加速催化剂磨损[44]，因此高速耐磨催化剂对于该布置方案十分关键。若烟道截面过小则需要考虑对烟道局部进行扩容。SNCR 体系可向 SCR 催化剂提供充足的氨，但是要想控制好氨的分布以适应 NO_x 分布的改变却是非常困难的，并且锅炉越大，SCR 前 NH_3 的分布越差。为了解决氨分布不均的现象，联合工艺的设计应提供一个充足的氨给予系统，如在标准尺寸的 SCR 反应器中安装一个辅助氨喷射系统。此外，要使 SCR 的脱硝效率达到甚至超过 90%，对 NH_3/NO_x 摩尔比分布均匀性要求非常高，可以采用下述方法来调整 SCR 入口 NH_3/NO_x 摩尔比分布均匀性。

① 调试 SNCR 喷氨，SNCR 需要在达到较高脱硝效率的前提下为下游 SCR 提供均匀分布的氨逃逸，或在 SCR 前布置补氨喷枪[45]，以利于 SCR 入口还原剂的均布。

② 在 SNCR 与 SCR 之间增设烟气混合构件。一般采用利于混合的烟道及导流板等结构，或增加气流扰动设备，强化 NH_3 与烟气的混合。

③ 采用分区可调节混合性能优异的喷氨格栅。在装置启动后，根据实际运行情况进行喷氨优化调整，可以在一定程度上弥补 SCR 入口逃逸氨的均匀性。

④ 采用 SNCR-SCR 联合工艺，必须进行脱硝系统优化试验，以适应炉内温度场随锅炉负荷的变化，减少还原剂用量，降低氨逃逸。

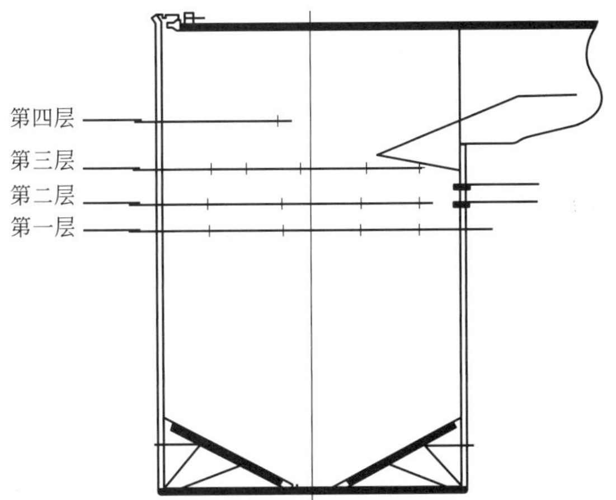

图 2-55　锅炉喷射层布置示意[46]

2. SNCR/SCR 工程应用

某电厂 4 台锅炉为哈尔滨锅炉厂生产的 HG-410/9.8-YM15 型锅炉，2004 年对锅炉进行增容改造，改造后额定蒸发量为 450t/h。2006 年采用煤粉再燃和低氧分级燃烧技术控制炉内 NO_x 生成，将 NO_x 浓度（标态）由原来的 550～700mg/m^3 降低至 350mg/m^3 以下，为达到北京市污染物排放标准，在国内首先采用 SNCR 与 SCR 组合的脱硝工艺进行降低 NO_x 排放改造。

（1）SNCR 系统改造

考虑到还原剂的运输及储存安全等，电厂采用尿素溶液为还原剂，通过不同负荷下炉内温度场的测量，确定尿素喷枪的安装位置，在炉膛前墙和侧墙的不同标高处分别安装了 49 支尿素溶液喷枪（图 2-55），喷入炉内的尿素采用高温蒸汽雾化，使尿素溶液和烟气相对充分混合。SNCR 投入后进行了一系列的优化运行调整，最终锅炉在不同负荷下均能达到（标态）180mg/m^3 以下。不同负荷下 SNCR 投运前后 NO_x 排放调整试验结果如表 2-5 所列。

表 2-5 不同负荷下 SNCR 投运前后 NO_x 排放调整试验结果

负荷/(t/h)	NH_3/NO_x 摩尔比	SNCR 不投运时 NO_x 排放(标态)/(mg/m^3)	SNCR 投运时 NO_x 排放(标态)/(mg/m^3)	脱硝率/%	氨逃逸率/10^{-6}
450	1.4	274	168	38.7	1.5
410	1.6	265	148	44.2	1.8
350	1.7	356	170	52.3	1.6
300	1.6	326	179	45.1	2.1

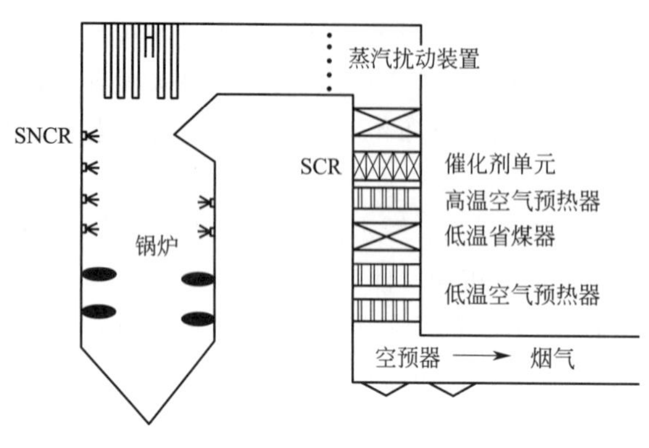

图 2-56 SNCR-SCR 装置示意

(2) SNCR-SCR 改造

由于现场条件限制无法单独安装尿素热解装置及 NH_3 喷入系统，考虑到 SNCR 反应中需喷入过量尿素溶液，将尿素溶液在炉膛高温下热解产生的 NH_3 作为尾部烟道 SCR 的还原剂。由于锅炉尾部烟道用于安装催化剂的空间有限，因此将原有的光管式高温省煤器改为 H 型省煤器，同时整体上移省煤器，减少其占用空间，在高温省煤器和高温空气预热器之间安装催化剂（图 2-56）。

SNCR-SCR 工程改造最大的难题在于 SNCR 逃逸氨的均匀分布，即如何使 SCR 第一层催化剂上游截面上 NH_3/NO_x 摩尔比分布状况达到技术要求。该电厂为解决 SCR 中 NO_x 和 NH_3 分布不均的问题，在锅炉转向室位置安装了 5 个喷嘴蒸汽扰动装置，作为尾部烟道流场的扰动汽源，使 NO_x 与 NH_3 的分布更加均匀。

SNCR-SCR 改造后，电厂进行了 SNCR-SCR 运行优化调整，找到了最佳的联合运行方式。通过不同负荷下不同喷入层的喷枪组合试验、不同尿素喷入量试验、投入不同蒸汽扰动层试验等，得到不同负荷工况下应投入尿素流量及最佳喷枪投运方式，基本实现不同工况下 SCR 后 NO_x 浓度（标态）低于 $100mg/m^3$。

第五节 SO_2-NO_x 同时脱除技术

燃煤机组烟气中的硫氧化物和氮氧化物的浓度不高，但总量很大，采用分别脱硫脱硝的方法，不但占地面积大，而且投资、管理、运行费用也高。近年来世界各国对环境要求的逐渐提高，各个国家相继开展同时脱硫脱硝技术研究开发，并进行工业应用。目前主要的同时脱硫脱硝方法有高能辐射氧化法、固相吸附再生技术、湿法同时脱硫脱硝技术、吸收剂喷射法等。

一、高能辐射氧化法

高能辐射氧化法是一类新型烟气脱硫脱硝技术，包括电子束照射法和脉冲电晕法两种，前者采用电子束加速器，后者采用脉冲高压电源。

电子束照射法（EBA）利用阴极发射并经电场加速形成 500～800keV 高能电子束辐照烟气产生辐射化学反应，生成·OH、·O 和 HO_2·等自由基，这些自由基可以和 SO_2、NO_x

生成硫酸和硝酸，在有氨（NH_3）存在的情况下，产生（$(NH_4)_2SO_4$ 和 NH_4NO_3 等铵盐副产品。主要反应过程如下（下列式中上角“3”代表自由基）。

（1）生成自由基

$$N_2,O_2,H_2O+e^- \longrightarrow OH^3,O^3,HO_2^3,N^3 \tag{2-26}$$

（2）氧化

$$SO_2 \xrightarrow{O^3} SO_3 \xrightarrow{H_2O} H_2SO_4 \tag{2-27}$$

$$SO_3 \xrightarrow{OH^3} HSO_3^3 \xrightarrow{OH^3} H_2SO_4 \tag{2-28}$$

$$NO \xrightarrow{O^3} NO_2 \xrightarrow{OH^3} HNO_3 \tag{2-29}$$

$$NO \xrightarrow{HO_2^3} NO_2+OH^3 \xrightarrow{OH^3} HNO_3 \tag{2-30}$$

（3）酸与氨反应

$$H_2SO_4+2NH_3 \longrightarrow (NH_4)_2SO_4 \tag{2-31}$$

$$HNO_3+NH_3 \longrightarrow NH_4NO_3 \tag{2-32}$$

电子束法可达到 90%以上的脱硫率和 80%以上的脱硝率，系统简单，操作方便，过程易于控制，为干法处理过程，不产生废水废渣；对于含硫量多变的燃料有较好的适应性和负荷跟踪性。副产品为硫酸铵和硝酸铵混合物，可作化肥。存在的主要问题是耗电量大（约占厂用电量的 2%），运行费用高。

脉冲电晕等离子体法（PPCP）的基本原理与 EBA 相似，都是利用高能电子使烟气中的 H_2O、O_2 等气体分子被激活、电离或裂解而产生强氧化性的自由基，等离子体催化氧化 SO_2 和 NO，分别生成 SO_3 和 NO_2、N_2O_5 或相应的酸等，生成相应的盐而沉降下来。二者的差异在于高能电子的来源不同，EPA 法是通过阴极电子发射和外电场加速获得；而 PPCP 法则是电晕放电自身产生的，它利用上升前沿陡、窄脉冲的高压电源（上升时间 10～100ns，拖尾时间 100～500ns，峰值电压 100～200kV，频率 20～200Hz）与电源负载-电晕电极系统（电晕反应器）组合，在电晕与电晕反应器电极的气隙间产生流光电晕等离子体。

PPCP 法的优势在于可同时除尘。研究表明，烟气中的粉尘有利于 PPCP 法脱硫脱氮效率的提高。因此，PPCP 法集 3 种污染物脱除于一体，且能耗和成本比 EPA 法低，成为最具吸引力的烟气治理方法。

二、固相吸附再生技术

采用固体吸附剂或催化剂，吸附烟气中的 SO_2 和 NO_x 或与之反应，然后在再生器中释放硫或氮，吸附剂重新循环使用。回收的硫可进一步处理得到元素硫或硫酸等副产物；氮组分通过喷射氨再循环至锅炉分解为 N_2 和 H_2O。

该工艺常用的吸附剂是活性炭（焦）、氧化铜、分子筛和硅胶等，所用吸附设备的床层形式有固定床和移动床，其吸附流程根据吸附剂再生方式和目的不同而多种多样。

1. 活性炭（焦）吸附剂

活性炭吸附法脱硫关键是提高活性炭的吸附性能。在活性炭脱硫系统中加入氨，即可同时脱除 NO_x，在烟气中有氧和水蒸气的条件下吸附器内进行如下反应：

$$SO_2+H_2O+\frac{1}{2}O_2 \longrightarrow H_2SO_4 \tag{2-33}$$

$$H_2SO_4+NH_3 \longrightarrow NH_4HSO_4 \tag{2-34}$$

$$NO+NH_3+\frac{1}{4}O_2 \longrightarrow N_2+\frac{3}{2}H_2O \tag{2-35}$$

吸附后的活性炭一般采用加热的方式再生，吸附饱和态的活性炭被送入再生器中加热到400℃，解吸出浓缩后的SO_2气体，每摩尔的再生活性炭可解吸出2mol的SO_2。恢复吸附活性的活性炭又通过循环回到反应器中，浓缩后的SO_2可以被还原为硫元素或经过反应制得硫酸。活性炭加氨吸附法在系统的长期、连续和稳定运行上有一定的优势，可以达到98%以上的脱硫率和80%以上的脱硝率。

活性炭吸附工艺流程简单，投资少，占地面积小，适于老电厂改造。近年来，日本、德国和美国等国相继开展了用综合强度较高、比表面积较小的活性焦作为吸收剂的研究，取得了比活性炭更好的效果，美国政府调查报告认为活性炭/焦吸附法是最先进的烟气脱硫脱硝技术。

2. 氧化铝吸附剂

NO_xSO工艺也是一种吸附脱除SO_2、NO_x的方法，烟气通过置于除尘器下游的流化床，在床内实现SO_2、NO_x脱除，吸收剂为浸透了碳酸钠的高比表面积球形粒状氧化铝。净化后的烟气排入烟囱，饱和吸附剂送至三段流化床加热器，在600℃的加热过程中，NO_x被解吸并部分分解。含有NO_x的高温空气再送入锅炉，并在炉内被分解。吸收剂中的硫化物在高温下与甲烷反应生成高浓度的SO_2和H_2S，气体被排入特定的装置中加工成副产品单质硫。NO_xSO工艺可实现97%的脱硫率和70%的脱硝率，用于75MW或更大规模的燃用高硫煤的火电机组。

3. CuO吸附剂

负载型的CuO吸附剂通常以CuO/Al_2O_3或CuO/SiO_2为主，CuO的含量通常占4%～6%，在300～450℃的温度范围内与烟气中的SO_2发生反应，而$CuSO_4$及CuO对选择性催化还原法（SCR）还原NO_x有很高的催化活性，综合作用下实现NO_x的脱除。$CuSO_4$饱和后用H_2或CH_4还原再生，释放的SO_2可制酸，还原得到的单质硫、金属铜或CuS用烟气或空气氧化成CuO，可重新用于吸收还原过程。

将活性焦/炭（AC）与CuO结合，可制备出活性温度适宜的催化吸收剂，克服了AC使用温度偏低和CuO/Al_2O_3活性温度偏高的缺点。已有研究表明新型CuO/AC催化剂在烟气温度120～250℃下，具有较高的脱硫和脱硝活性，明显高于同温下AC和CuO/Al_2O_3的脱除活性。

三、湿法同时脱硫脱硝技术

湿法脱硫技术较为成熟，在火电厂应用最广，工业应用经验丰富，脱硫率高。将湿法脱硫与脱NO_x结合也是可行的方法。

WSA-SNO_x工艺又称湿式洗涤并脱硝氮氧化物工艺，烟气先经过SCR反应器，在催化剂作用下NO_x被氨还原成N_2，烟气随后进入改质器，SO_2被催化氧化为SO_3，在瀑布膜冷凝器中凝结、水合为硫酸，进一步浓缩为可销售的浓硫酸。该技术除消耗氨气外，不消耗其他化学药品，不产生废水等二次污染，具有很高的脱硝率（>95%）和可靠性，运行和维护要求较低。缺点是投资费用高，副产品浓硫酸的储存及运输困难。

Tri-NO_x-NO_xSorb（氯酸氧化）工艺采用湿式洗涤系统，在一套设备中同时脱除烟气中的 SO_2 和 NO_x，而且没有催化剂中毒、失活或随使用时间的增长催化能力下降等问题。该工艺的核心是氯酸氧化过程，氯酸是一种强氧化剂，氧化电位受液相 pH 值控制。氧化 NO_x 和 SO_2 的机理可分别由如下反应式表示：

$$13NO + 6HClO_3 + 5H_2O \longrightarrow 6HCl + 10HNO_3 + 3NO_2 \tag{2-36}$$

$$3SO_2 + HClO_3 + 3H_2O \longrightarrow 3H_2SO_4 + HCl \tag{2-37}$$

主要技术特点：a. 对入口烟气浓度的限制不严格，与 SCR 和 SNCR 工艺相比较可在更大浓度范围内脱除 NO_x；b. 操作温度低，可在常温进行；c. 对 NO_x、SO_2 及 As、Cr、Pb、Cd 等有毒微量金属元素都有较高的脱除率；d. 适用性强，对现有采用湿式脱硫工艺的机组，可在烟气脱硫系统（FGD）前后喷入 NO_xSorb 溶液（含氯酸的氧化吸收液）。存在的主要问题是酸液的储存、运输和设备的防腐。

湿式 FGD 加金属螯合物工艺也是一种硫氮双脱技术，在碱性溶液中加入亚铁离子形成氨基羟酸亚铁螯合物，如 Fe（EDTA）和 Fe（NTA）。这类螯合物吸收 NO 形成亚硝酰亚铁螯合物，配位的 NO 能够与溶解的 SO_2 和 O_2 反应生成 N_2、N_2O、硫酸盐、各种 N-S 化合物以及三价铁螯合物，便于从吸收液中去除，并使三价铁螯合物还原成亚铁螯合物而再生。但 Fe(EDTA）和 Fe（NTA）的再生工艺复杂、成本高。其工业应用的主要障碍是反应过程中螯合物的损失和金属螯合物再生困难、利用率低，运行费用高。美国加利福尼亚大学的 Chang 等提出用含有—SH 基团的亚铁络合物作为吸收液。实验表明，可再生的半胱氨酸亚铁溶液能同时脱除烟气中的 NO_x 和 SO_2，但目前仍处于试验阶段。

四、吸收剂喷射法

研究表明，把碱或尿素等干粉喷入炉膛、烟道或喷雾干式洗涤塔内，在一定条件下能同时脱除 SO_2 和 NO_x。

炉膛石灰/尿素喷射工艺把炉内喷钙与 SNCR 相结合，喷射浆液由尿素溶液和各种钙基组成，总含固量约为 30%。有研究表明，在 Ca/S 摩尔比为 2 和尿素/NO_x 摩尔比为 1 时能脱除 80%的 SO_2 和 NO_x。浆液喷射与干 Ca（OH)$_2$ 吸收剂喷射的方法相比，增强了对 SO_2 的脱除。

整体干式 NO_x/SO_2 排放控制工艺采用低 NO_x 燃烧器，在缺氧环境下喷入部分煤和部分燃烧空气抑制 NO_x 生成，其余的燃料和空气在第二级送入，完成整个燃烧过程。过剩空气的引入是为了完成燃烧过程以及进一步除去 NO_x。向锅炉烟道中注入两种干式吸附剂以减少 SO_2 的排放。可将钙基吸附剂注入空气预热器上游，或者将钠和钙基吸附剂注入空气预热器的下游。顺流加湿的干式吸附剂有助于提高 SO_2 的捕获率，降低烟气温度和流量，并可减少布袋除尘器的压力损失。该工艺成本较低，改造所需空间较小，可应用于各种容量的机组，但更适于中小型老机组的改造，能降低烟气中 70%以上的 NO_x 和 55%～75%的 SO_2。

SNRB 工艺由 Babcock&Wilcox 公司开发，美国能源部等部门资助，在俄亥俄州爱迪生公司下属的 RE. Burger 燃煤发电厂建立了 5MW 规模的试验装置，该工艺的特点是：SO_2、NO_x 和粉尘的脱除集中在一个高温布袋反应器内，适用于高硫煤烟气的治理。在布袋反应器内实际发生的过程有 3 个：a. 在烟气中注入钙基或钠基吸收剂以脱除 SO_2；b. 注入 NH_3 用 SCR 法

还原 NO_x；c. 用高温陶瓷纤维布袋除尘器捕集粉尘。经过净化的烟气通过热交换后直接排放。试验结果显示，SO_2 的脱除率为 70%～90%，NO_x 的脱除率为 90%，粉尘的脱除率高达 99%。缺点是对烟气温度要求较高（300～500℃），需要采用特殊耐高温陶瓷纤维编织的滤袋，增加了投资成本。

炉内喷钙尾部烟气增湿工艺由 Hokkaido 电力公司和 Mitsubishi 重工业有限公司联合开发，用一种增强活性石灰飞灰化合物（LILAC）作为吸收剂。将粉煤灰、石膏或再循环灰按一定比例混合、消化制成活性吸收剂，再将其喷入烟道中使吸收剂颗粒与烟气中 SO_2 和 NO_x 充分接触并发生反应。其脱硫效率在 80%以上，脱氮效率也可达到 40%。该工艺系统简单，投资、维修和运行费用低，占地面积小，而且在烟气温度下制备的吸收剂可直接与 SO_2 和 NO_x 反应，不需要烟温调整。但该工艺目前在工业性试验中实际效果不太理想，有待进一步研究。

五、H_2O_2 催化氧化法

H_2O_2 催化氧化脱硫脱硝技术是指在低温区间（90～280℃）通过催化 H_2O_2 活化分解产生强氧化性的 · OH，· OH 在气相中选择性氧化 NO_x，再经由湿式洗涤塔吸收高价态的 NO_x 和 SO_2，实现污染物的高效脱除。SCR 脱硝催化剂联合 H_2O_2 氧化脱硝原理如图 2-57 所示。

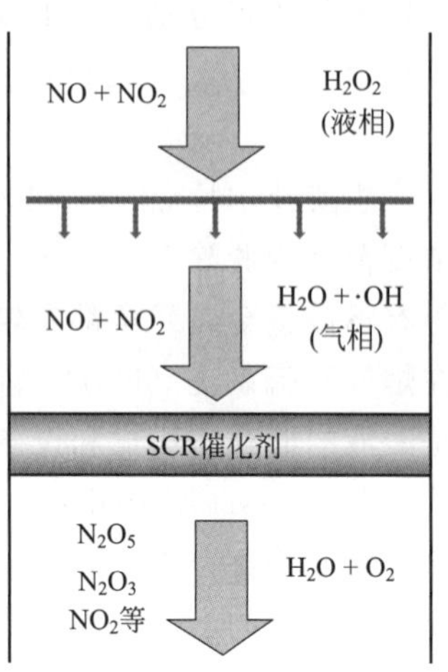

图 2-57　SCR 催化剂联合 H_2O_2 氧化脱硝原理

H_2O_2 催化氧化多用于常温液相脱硝，在锅炉启停阶段的气相脱硝还未有应用。SCR 催化剂联合 H_2O_2 技术可以将烟气中的 NO 转换为易溶的 NO_x，经由液相碱液吸收，实现 NO_x 高效脱除。技术路线如图 2-58 所示，这一技术的关键在于 SCR 催化剂的选型，要求 SCR 催化剂可以高效催化 H_2O_2 产生活性自由基，选择性氧化 NO 而不氧化 SO_2，且减少氧化过程中的副反应，降低 · OH 的非生产性消耗。

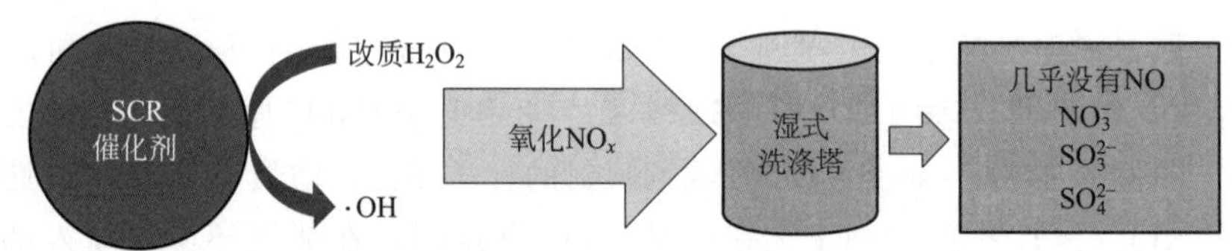

图 2-58　SCR+H_2O_2 脱硫脱硝流程

该技术具有低温脱硫脱硝能力，只新建 H_2O_2 供给装置即可实现锅炉启停阶段污染物的高效脱除，在石油、化工、钢铁、陶瓷、制药及大型燃煤电站等领域具有广阔的应用前景。

第六节　NO_x 超低排放工程实例

一、SCR 脱硝工程应用实例

某电厂 2×600MW 超临界机组锅炉是采用美国阿尔斯通技术设计制造的 SG-1913/25.40-M950

型锅炉，机组是国内首台自行设计的超临界机组。脱硫部分采用石灰石-石膏湿法脱硫工艺，分别与主体工程于 2005 年 11 月和 12 月并网发电运行。脱硝部分采用高尘布置的选择性催化还原法（SCR）（见图 2-59），设计脱硝效率不低于 80%，总投资为 2.64 亿元（建筑工程费为 2112 万元、设备购置费为 13992 万元、安装工程费为 4488 万元、其他费用为 5808 万元），仅催化剂购置费就高达 10067.8 万元。2006 年 1～3 月，脱硝系统投入运行。脱硝系统有关设计参数见表 2-6 和表 2-7。机组设计煤种为烟煤，校核煤种为褐煤，催化剂采用日立造船株式会社生产的 NO_xNON700S-3 型脱硝催化剂，催化剂形状为陶瓷质地的三角间距蜂窝状，主要成分为 Ti-V-W（钛-钒-钨）。

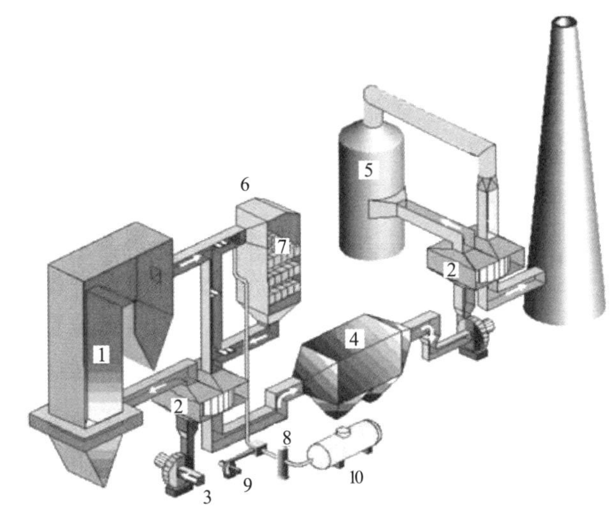

图 2-59　SCR 烟气脱硝工艺流程

1—锅炉；2—空预器；3—空气；4—静电除尘器；5—SO_2 吸收塔；6—SCR 反应器；7—催化剂；8—喷雾器；9—氨/空气混合器；10—氨储罐

表 2-6　600MW 机组脱硝系统入口前的设计参数（BMCR 工况）

项　　目	单　　位	设计煤种	校核煤种
锅炉最大连续蒸发量	t/h	1913	
过热蒸汽压力	MPa	25.4	
过热蒸汽温度	℃	571	
省煤器出口烟气量	m^3/h	4487885	4500582
省煤器出口烟气温度	℃	378	379
省煤器出口烟气平均流速	m/s	9.85	
锅炉耗煤量	t/h	230	251
干燥无灰基挥发分	%	33.64	23.0
收到基灰分	%	15	27.95
收到基氮	%	0.70	0.98
收到基硫	%	0.41	0.64
收到基低位发热量	kJ/kg	21805	19988
烟气 N_2 体积比	%	73.31	74.11
烟气 O_2 体积比	%	3.894	3.904
烟气 CO_2 体积比	%	13.826	13.904
烟气水蒸气体积比	%	8.930	7.988
除尘器入口含尘量	g/m^3	11.76	23.43
过量空气系数		1.2	1.2
引风机轴功率	kW	2×1941	

表 2-7 600MW 机组脱硝系统 SCR 反应器的设计参数（BMCR 工况）

序号	项目		单位	参数
1	燃料			烟煤
2	SCR 反应器数量		套	2(1 炉配 2 反应器)
3	催化剂类型			蜂窝式
4	烟气流量		m^3/h	1900000
5	反应器入口烟气	烟气温度	℃	378
		SO_2 浓度	mg/m^3	1700
		NO_x 浓度	mg/m^3	500
		烟尘浓度	g/m^3	11.76
6	反应器出口 NO_x 浓度		mg/m^3	50
7	反应器压力		kPa	－7.5～4.5
8	SCR 装置压降		Pa	＜1000
9	脱硝效率		%	80～90
10	氨消耗量		t/h	0.412～0.464
11	电耗		kW	800
12	脱硝剂			液氨
13	氨的逸出率		μL/L	≤3
14	NH_3/NO_x 摩尔比			1∶1
15	流过反应器烟气流速		m/s	5

（一）工艺流程

氨气进入 SCR 反应器上方，通过喷雾装置和烟气均匀混合。混合后烟气通过反应器内催化剂层进行还原反应，并完成脱硝过程。脱硝后的烟气再进入空气预热器继续进行热交换。

1. 液氨储存与供应系统

脱硝还原剂采用液氨，液氨储存与供应系统设备占地面积约为 40m×30m。液氨储存与供应系统包括液氨卸料压缩机、液氨储罐、液氨蒸发器、气氨储罐、氨气稀释槽（1 台）、废水泵和废水池等。7、8 号机组共用一套液氨储存与供应系统，外购液氨通过液氨槽车运至液氨储存区，通过往复式卸氨压缩机将液氨储罐（2 个）中的气氨压缩后送入液氨槽车，利用压差将液氨槽车中的液氨输送到液氨储罐中；液氨经氨蒸发器（3 个）蒸发成气氨后进入气氨储罐（3 个），气氨通过稀释风机（每台锅炉 2 台）稀释后，分别经过两台机组的喷氨格栅送入 SCR 反应器（每台锅炉 2 个）。

卸料压缩机 1 台，为往复式压缩机，压缩机抽取液氨罐中的气氨，压入槽车，将槽车中液氨推挤入液氨储罐中，氨压缩机电动机功率为 18.5kW。液氨储罐 2 个，每个容积为 $106m^3$，设计压力为 2.16MPa。一个液氨储罐可供应一套 SCR 机组脱硝反应一周所需氨气。

从蒸发器蒸发的氨气流进入气氨储罐，再通过氨气输送管线送到锅炉侧的脱硝系统。气氨储罐的作用即稳定氨气的供应，避免受蒸发器操作不稳定影响。气氨储罐上也有安全阀可保护设备。气氨储罐 3 个，每个容积为 $8.27m^3$，设计压力为 0.9MPa。

液氨蒸发器为螺旋管式。管内为液氨，管外为温水浴，以蒸汽直接喷入水中加热至 40℃，再以温水将液氨汽化，并加热至常温。蒸汽流量受蒸发器本身水浴温度控制调节。当水的温度高过 45℃时则切断蒸汽来源，并在控制室 DCS 上报警显示。蒸发器上装有压力控制阀将氨气压力控制在 0.21MPa。当出口压力达到 0.37MPa 时，则切断液氨进料。在氨气出口管线上装有温度检测器，当温度低于 10℃时切断液氨进料，使氨气至缓冲槽维持适当温度及压力。蒸发器也装有安全阀，可防止设备压力异常过高。液氨蒸发器3台，每台容积为5.6m³，设计压力为常压。

氨气稀释槽为立式水槽，水槽的液位由满溢流管线维持。液氨系统各排放处所排出的氨气由管线汇集后从稀释槽底部进入。通过分散管将氨气分散入稀释槽水中，利用大量水来吸收安全阀排放的氨。

氨和空气在混合器和管路内借流体动力原理将两者充分混合，再将混合物导入氨气分配总管内。氨/空气混合物喷射配合 NO_x 浓度分布靠雾化喷嘴来调整。

氨气供应管线上提供一个氨气紧急关断装置。系统紧急排放的氨气则排放至氨气稀释槽中，经水的有效吸收排入废水池，再经废水泵送到废水处理厂进行处理。

液氨储存与供应系统周边设有6只氨气检测器，以检测氨气的泄漏，并显示大气中氨的浓度。当检测器测得大气中氨浓度过高时，在机组控制室会发出报警，操作人员采取必要的措施，以防止氨气泄漏的异常情况发生。

2. SCR 反应器

每套脱硝系统设计2个平行布置的反应器，SCR反应器设置于一级省煤器之后、空气预热器之前，该处的烟气温度为378℃，满足脱硝反应的温度要求。反应器的水平段安装有烟气导流、优化分布装置以及喷雾格栅。反应器的竖直段则安装有催化剂床。设计安装三层催化剂，运行初期先安装两层，待上层催化剂逐渐失效时再将第三层催化剂装上以保证脱硝效果，催化剂的设计工作温度为280～420℃。每套SCR反应器、连接烟道及检修维护通道等占地面积约为860m²，SCR反应器尺寸为10100mm×16100mm×18000mm，流过反应器烟气流速为4～6m/s，催化剂造成的烟气阻力为1000Pa。

每个反应器按3层催化剂设计，运行初期仅装上2层。每层布置75个催化剂模块（5×15），层间高度为2.5m，其中第一层催化剂前端有耐磨层，减弱飞灰对催化剂的冲刷作用。对于高灰型布置的工程，其催化剂容易中毒失效，按催化剂制造商的说明，催化剂的使用寿命为3～5年。

3. 氨/空气喷雾系统

烟气脱硝装置中，氨和空气在混合器和管道内依据流体动力原理充分混合，再将混合物导入氨气分配总管内。氨和空气设计稀释比为1∶20。氨/空气喷雾系统包括供应箱、喷氨格栅和喷嘴等。同时将烟道截面分成20～50个大小不同的控制区域，每个区域有若干个喷射孔，每个分区的流量单独可调，以匹配烟气中的 NO_x 浓度分布。氨/空气混合物喷雾配合 NO_x 浓度分布靠雾化喷嘴来调整。

4. 稀释风系统

稀释风的作用有3个：a. 在气氨进入烟道之前进行稀释，使其处于爆炸浓度范围之外；b. 便于得到更加均匀的喷氨效果；c. 增加能量，使混合更充分。

稀释风机将空气送入烟道，在烟气进入反应器前将 NH_3 经稀释风稀释后，通过分配器蝶阀调节流量，经过喷氨格栅均匀地喷入烟气中，在反应器中催化剂的作用下与 NO_x 反应生成氮气和水，最终达到降低 NO_x 排放的目的，并在途中混入一定量的气氨，进入喷氨格栅，再以一定速度进入烟道。本工程2台锅炉设4台稀释风机，以满足2开2备的需要。稀释风机为9-19-12.5D离心式风机，介质体积流量为17200m³/h，出口升压为7000Pa，电动机额定功率为 75kW。

5. SCR 的吹灰和灰输送系统

为了防止由飞灰产生的催化剂堵塞，必须除去烟气中硬而直径大的飞灰颗料，省煤器之后设置灰斗，当锅炉低负荷运行或检修吹灰时收集烟道中的飞灰，以保持烟道中的清洁状态。

在每层催化剂之前设置吹灰器，可随时将沉积于催化剂入口处的飞灰吹除，防止堵塞催化剂通道。在每个 SCR 装置之后的出口煤道上设有灰斗，烟气经过 SCR 装置，流速降低，烟气中的飞灰会在 SCR 装置内和 SCR 装置出口处沉积下来，部分自然落入灰斗中。

SCR 设置独立的气力除灰系统，将集灰输送到电厂的灰库。

6. 电气系统

电气系统包括低压开关设备、直流控制电源、不停电电源、动力和照明设施、接地和防雷保护、控制电缆和电动机配置等。电气系统中的低压开关设备提供了脱硝系统内的所有动力中心（PC）及电动机控制中心（MCC），照明、检修等供电的箱柜以及相关的测量、控制和保护柜等。在脱硝控制室内配置直流电动切换馈电柜，并留有 20%的备用分支回路，由电厂主厂房向脱硝控制室提供两路直流电源，满足负荷要求。同时脱硝系统配置一套不间断电源装置。

7. 自动化控制系统

脱硝控制系统在设计上应和整个机组控制系统相协调，并满足整个机组控制系统的接口要求。采用的电压等级为 400/230V 和 DC 110V。

脱硝控制系统控制方式采用以下方案：SCR 区采用与主机相同的 DCS 控制系统进行集中监控。单元机组脱硝 SCR 区由 DCS 直接控制，采用与机组 DCS 相同的软、硬件，包括单元机组脱硝 SCR 区一对控制器以及相应的机柜、输入输出模件、通信模件（包括光纤通信电缆及附件）等。脱硝系统的 DCS 控制器作为机组 DCS 冗余控制网上的一个节点实现无缝连接，脱硝系统的 DCS 系统电源由主机 DCS 供给。

脱硝公用系统（氨区）的控制纳入辅控网，采用 PLC 控制，设置一个操作员区兼工程师区，对供氨部分的设备及参数进行监控和参数调整；在氨区设置远程 IO 区和一个就地操作员区。脱硝公用系统（氨区）的监视、控制由辅控人员在主集控室内实现。

SCR 区吹灰器的控制纳入 DCS 系统新增的脱硝系统控制器中，在吹灰控制室新增设一个操作员站（只能对 SCR 区吹灰器进行控制）。吹灰器控制能实现全程自动吹灰。

脱硝系统画面和参数引入全厂 SIS 系统。脱硝公用系统与脱硝 SCR 区之间的联锁保护信号通过硬接线实现。

脱硝系统主要监视和控制参数有：液氨储罐中液氨的温度、液位，液氨储罐中气氨的压力，气氨缓冲罐中气氨的压力，气氨母管的压力。这些均为单回路控制系统，不再赘述。

（二）SCR 系统保护

当满足下列条件之一时，SCR 系统 DCS 发出报警，提示运行人员执行保护操作并及时联系机组进行调整。

① SCR 进口烟气温度（省煤器出口烟气温度）低于 302℃或高于 380℃，SCR 装置 DCS 发出报警。

② SCR 反应器 A/B 进、出口烟气压差高于 300Pa 时，SCR 装置 DCS 发出报警。

③ 蒸汽吹灰器蒸汽压力高于 1.9MPa 或低于 0.8MPa 时，SCR 装置 DCS 发出报警。声波吹灰器缓冲罐罐体压力高于 0.7MPa 或低于 0.5MPa 时，SCR 装置 DCS 发出报警。

1. 液氨储罐气动出口阀联锁动作条件

① 保护打开条件：相应液氨储罐压力>1.8MPa，液位<150mm。

② 保护关闭条件：相应液氨储罐压力<1.75MPa，液位>150mm。

2. 卸料压缩机保护停运条件

① 对应液氨储槽液位>2000mm。

② 任一液氨储槽压力> 1.45MPa。

③ 液氨卸车区氨漏浓度>30×10^{-6}。

④ 液氨卸料压缩机氨漏浓度>30×10^{-6}。

⑤ 卸料压缩机出口压力> 1.75MPa。

3. 液氨储罐冷却水喷淋阀保护打开条件

① 任一液氨储槽氨漏浓度> 30×10^{-6}。

② 任一液氨储槽温度>40℃。

③ 任一液氨储槽压力> 1.9MPa。

4. 氨区其他区域水喷淋阀保护打开条件

任一区域相应氨漏浓度>30×10^{-6}。

5. 液氨蒸发器进料阀动作条件

① 开启允许条件：液氨蒸发器液位>1350mm，热水温度>40℃。

② 强关条件：液氨蒸发器 A/B 出口气氨温度<10℃；液氨蒸发器 A/B 水温<15℃；气氨缓冲罐 A/B 压力差>0.7MPa。

6. 稀释风机联锁

① 联锁启动条件：联锁投入且运行稀释风机跳闸。

② 停止允许条件：SCR 氨气出口关断阀均已关闭，延时 5s。

7. SCR 氨气关断阀联锁

① 开启允许条件：稀释风机已开启且稀释风量>$3300m^3/h$，延时 10min；SCR 系统 A/B 气氨管道压力≥0.07MPa；SCR 入、出口烟气温度>305℃。

② 保护关闭条件（遇到下列条件之一时联锁保护动作）：锅炉 MFT 动作；氨气母管压力<0.06MPa 或高于 0.3MPa；SCR 氨气空气混合浓度>10%；稀释风量<$2900m^3/h$ 或风机全停；SCR 入、出口烟气温度<299℃或高于 420℃；SCR 出口含氨浓度>3.5×10^{-6}。

8. SCR 反应器吹灰系统启动条件

① 压缩空气母管压力> 0.6MPa。

② 无吹灰器空气压力低报警。

（三）运行数据

单位造价为 196.4 元/kW；每台炉年吸收剂为 2552t 液氨（按年运行时数为 5500h

计），吸收剂价格为2500元/t，年吸收剂费用为638万元；年电耗为800×5500kW·h=4400000kW·h，电费为171.6万元；每台炉脱硝投资为13200万元，按20年折旧为660万元；催化剂的使用寿命按4年计算。每台炉4层，每层2000万元，催化剂每年的成本为2000万元/层×4层÷4年=2000万元/年；年总运行费用为3469.6万元，年脱除NO_x为4510t，每吨NO_x脱除费用7693元。600MW机组的SCR脱硝系统运行数据见表2-8。

表2-8　600MW机组的SCR脱硝系统运行数据

项目	保证值	实际值	国际先进水平
反应器出口NO_x浓度/(mg/m^3)	≤50	50	≤30
反应器入口NO_x浓度/(mg/m^3)	500	300	
脱硝效率/%	≥80	90	>80
氨逸出率/(μL/L)	≤5	1.2	<5

二、贫煤低氮燃烧器改造实例

（一）某330MW燃烧贫煤机组低氮改造[47]

1. 电厂概况

某电厂2×330MW燃煤机组采用东方锅炉厂生产的DG1110/17.4-Ⅱ12型、亚临界、中间一次再热、自然循环汽包、单炉膛Ⅱ型布置锅炉。锅炉尾部双烟道，固态排渣，平衡通风，全钢架悬吊结构，半露天布置，锅炉主要性能参数如表2-9所列。燃烧设备为四角布置，切向燃烧，百叶窗式水平浓淡直流摆动式燃烧器，总共24只粉燃烧器分6层布置在炉膛4个切角上，每角燃烧器共布置16层喷口，其中有6层一次风（A、B、C、D、E、F，A层布置少油点火装置）喷口，2层燃尽风（OFA1、OFA2）喷口，8层二次风（AA、AB、BC、CC、DD、DE、EF、FF，其中AB、BC、DE层布置有燃油装置）喷口。主燃烧器区域均有火检摄像头，一次风喷口均布置有周界风。燃烧器上一次风喷口中心线到屏底的距离为19.8m，下一次风喷口中心线到冷灰斗拐点距离为4.017m。

表2-9　锅炉主要性能参数表

项　　目	单　　位	BMCR	BRL
过热蒸汽流量	t/h	1106.6	1053.9
过热蒸汽出口压力(G)	MPa	17.40	17.33
过热蒸汽出口温度	℃	540	540
再热蒸汽流量	t/h	930.9	889.2
再热蒸汽进/出口压力(G)	MPa	3.87/3.67	3.7/3.52
再热蒸汽进/出口温度	℃	331.8/540	327/540
给水温度	℃	279.3	276.1
锅炉效率	%	92.59	92.6

改造前电厂已经装有二层SOFA风，实现了空气分级燃烧。但由于煤质变化，贫煤挥发分很低，灰分很高，导致原1#炉SCR入口NO_x浓度为500～700mg/m^3，NO_x排放浓度为70～100mg/m^3，无法达到50mg/m^{3}的超低排放要求。为降低NO_x排放，满足超低排放要求，对锅炉低氮燃烧器及系统进行了二次改造。

2. 煤质分析

贫煤设计煤种的配比为寿阳新元 30%+新景矿 30%+寿阳开元 30%+三矿中煤 10%；贫煤校核煤种为阳泉三矿 30%+平定阳胜 30%+三矿中煤 30%+东坪矿 10%。贫煤设计和贫煤校核煤种的煤质及灰成分分析见表 2-10。

表 2-10 本次改造煤质及灰成分分析

序号	项　目	符号	单位	设计校核煤质
煤质				
1	收到基碳	C_{ar}	%	56.29
2	收到基氢	H_{ar}	%	2.66
3	收到基氧	O_{ar}	%	2.28
4	收到基氮	N_{ar}	%	0.76
5	收到基硫	$S_{t,ar}$	%	1.2
6	收到基灰分	A_{ar}	%	29.42
7	收到基水分	M_t	%	6.5
8	空气干燥基水分	M_{ad}	%	1.13
9	干燥无灰基挥发分	V_{daf}	%	16.02
10	收到基低位发热量	$Q_{net,ar}$	kJ/kg	21420
11	可磨系数	HGI		75
12	冲刷磨损指数	K_e		1.2
13	灰变形温度	T_D	℃	>1500
14	灰软化温度	T_S	℃	>1500
15	灰熔化温度	T_F	℃	>1500
灰成分				
16	二氧化硅	SiO_2	%	57.56
17	三氧化二铝	Al_2O_3	%	32.56
18	三氧化二铁	Fe_2O_3	%	4.507
19	氧化钙	CaO	%	2.013
20	氧化镁	MgO	%	0.529
21	氧化钠	Na_2O	%	0.667
22	氧化钾	K_2O	%	1.106
23	氧化钛	TiO_2	%	1.102
24	三氧化硫	SO_3	%	0.675

3. 改造方案

采用强化卷吸高温回流、强化着火的 XJTU 低氮贫煤燃烧技术对锅炉机组进行宽煤种适应性、防渣、低 NO_x 改造，改造后不仅可以实现炉内深度低氮燃烧，而且可以同步提升炉内燃烧的稳定性，缓解锅炉结渣情况。

燃烧器依旧分上、下两组燃烧布局。更换五层（B、C、D、E、F）一次风喷嘴体以及一次风喷口；一、二次风切圆直径大小维持原设计；一次风依旧采用水平浓淡结构；一次风喷口采用独特结构设计，增强稳燃功能（如图 2-60 所示）；同时提高燃尽风标高并新增一层高位燃尽风喷口，设计三层 SOFA 燃尽风；SOFA 燃尽风中心度上移，如图 2-61 所示。

一次风喷口采用独特结构设计，确保煤粉及时稳定着火，加强燃尽效果，拓宽燃料适应性；重新设计、更换全部主燃烧器区二次风喷口，根据燃用煤质特性以及实际运行现状，重新优化调整各层二次风喷口风率，采用多点掺混、各级控制的布置方式，在炉膛三维空间上真正

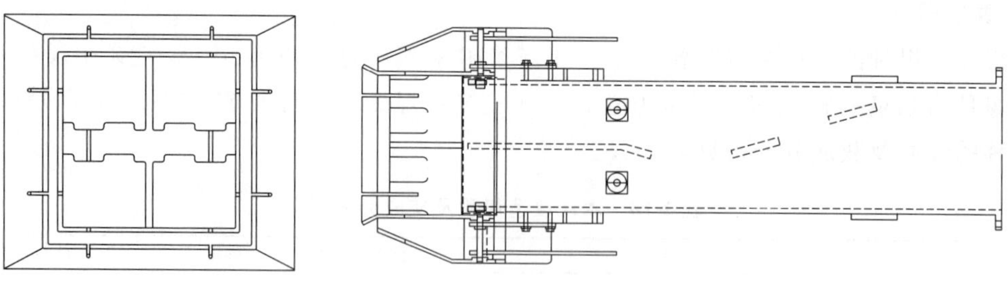

图 2-60　改造后一次风喷嘴体及喷口结构

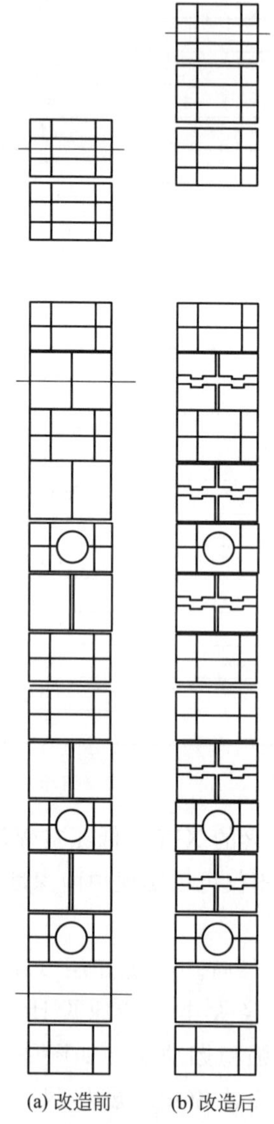

图 2-61　改造前后燃烧器立面布置

实现逐步深度分级送风、精确操控的燃烧技术，减少燃烧过程中含 N 基团与 O_2 反应机会，有效降低烟气中 NO_x 生成量。

4. 改造后效果

数据如图 2-62 所示，改造后排烟塔 NO_x 浓度均值由原来的 70mg/m^3 降低至 35mg/m^3。SCR 入口浓度在全负荷段降低至 450mg/m^3 以下，与改造前统计数据相比降幅达到 150mg/m^3，说明煤质变差后，采用强化着火特殊设计后，第二次低氮改造可以获得很好的排放控制效果，如图 2-63 所示。

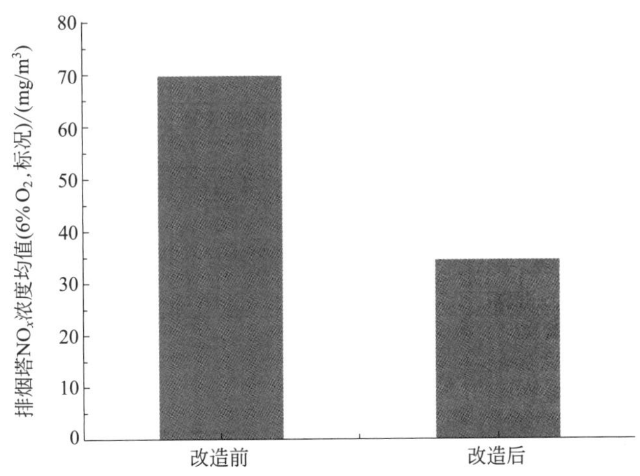

图 2-62　改造前后排烟塔 NO_x 排放浓度均值

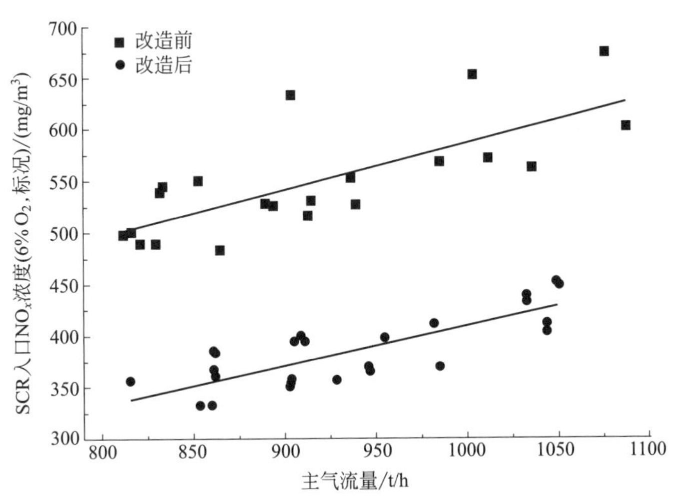

图 2-63　改造前后 SCR 入口 NO_x 浓度变化统计图

（二）某 330MW 机组低氮改造——贫煤（接近无烟煤）

1. 电厂锅炉概况

某公司 1#、2# 机组为 2×330MW 供热机组，2# 锅炉为上海锅炉厂有限公司生产的 SG-1113/17.5-M887 型亚临界汽包炉、单炉膛、一次中间再热、平衡通风、露天岛式布置、固态排渣、全钢构架悬吊结构 Ⅱ 型锅炉。锅炉的主要技术规范见表 2-11。该公司 1#、2# 机组烟气脱硝采用 SCR 工艺。改造前锅炉本身就是低氮燃烧设计，采用了空气分级技术，在主燃烧器上方布置了二层 SOFA。但是由于煤质太差，满负荷炉膛出口 NO_x 浓度为 800～850mg/m³（标态、干基、6%O_2），况且再热气温比设计低 20℃，无法满足超低排放要求。公司决定对 1[#]、2[#] 锅炉均进行低氮燃烧改造，降低 SCR 入口 NO_x 浓度。下面仅以 2[#] 炉为例进行介绍。

燃烧系统采用美国 CE 公司引进技术设计和制造，燃烧器采用四角布置切圆燃烧方式，四角切圆采用 CFSⅡ＋OFA 消旋。煤粉燃烧设计参数如表 2-12 所列。

表 2-11　某公司 2[#] 锅炉主要技术规范

序号	项　　目	单位	规　　范
1	型号		SG-1113/17.5-M887 型
2	型式		亚临界压力一次中间再热控制循环汽包炉
3	制造厂家		上海锅炉厂
4	燃烧方式		四角切圆燃烧
5	通风方式		平衡通风
6	调温方式		过热蒸汽以喷水为主，再热蒸汽以摆动燃烧为主辅以喷水减温细调
7	运行方式		定压/滑压
8	使用燃料		贫煤
9	额定蒸发量	t/h	988.7
10	最大蒸发量	t/h	1113
11	汽包工作压力	MPa	19
12	过热蒸汽出口压力	MPa	17.5
13	过热蒸汽温度	℃	540
14	再热蒸汽进/出口压力	MPa	3.642/3.452
15	再热蒸汽量	t/h	960
16	再热蒸汽进/出温度	℃	323/540
17	给水温度	℃	276
18	风温(冷空气)	℃	20
19	锅炉排烟温度	℃	修正前 137，修正后 131
20	省煤器出口过剩空气系数 α		1.25
21	燃料消耗量	t/h	145.7
22	循环倍率		名义 2.46，实际 1.93
23	锅炉热效率 高位热效率 低位热效率	% % %	92 88.07 92.16

表 2-12　煤粉燃烧器设计参数

项　　目	风率/%	风速/(m/s)	风温/℃
一次风	17	24.9	100
二次风	78	48.1	354
二次风中周界风比率	25		
二次风中其他助燃风比率	75		
炉膛漏风	5		

注：燃烧器设计参数摘自上海锅炉厂有限公司《燃烧器说明书》。

2. 煤质分析

锅炉原设计和校核煤种的煤质特性见表 2-13。

表 2-13 锅炉原设计和校核煤种的煤质特性

项目	符号	单位	设计煤种	校核煤种	项目	符号	单位	设计煤种	校核煤种
碳	C_{ar}	%	59.02	54.33	灰分	A_{ar}	%	25.71	28.54
氢	H_{ar}	%	2.50	2.85	水分	M_t	%	8.0	9.0
氮	N_{ar}	%	1.07	0.93	挥发分	V_{daf}	%	12.96	17.26
氧	O_{ar}	%	2.15	2.33	低位发热量	$Q_{net,var}$	MJ/kg	21.80	20.45
硫	S_{ar}	%	1.55	2.02					

3. 改造方案

针对某发电厂 2[#] 锅炉的特点和燃料燃烧特性，采用 XJTU 强化着火型多空气分级低 NO_x 燃烧技术对锅炉燃烧系统重新改造设计。具体改造技术方案如下。

① 在主燃烧器上方重新设计 SOFA 燃烧器，具体如表 2-14 所列。

表 2-14 燃烧器设计参数

名称	标高	喷口数量	风量
SOFA 燃烧器	34975mm	4 层	总风量的 30%

SOFA 燃烧器喷嘴可以在垂直方向上下摆动±28°（自动控制），同时可以在水平方向左右摆动±15°（手动控制）；每个喷嘴均有调节风门挡板对喷嘴的风量根据运行要求进行自动调节（DCS 控制）。详见图 2-64～图 2-66。

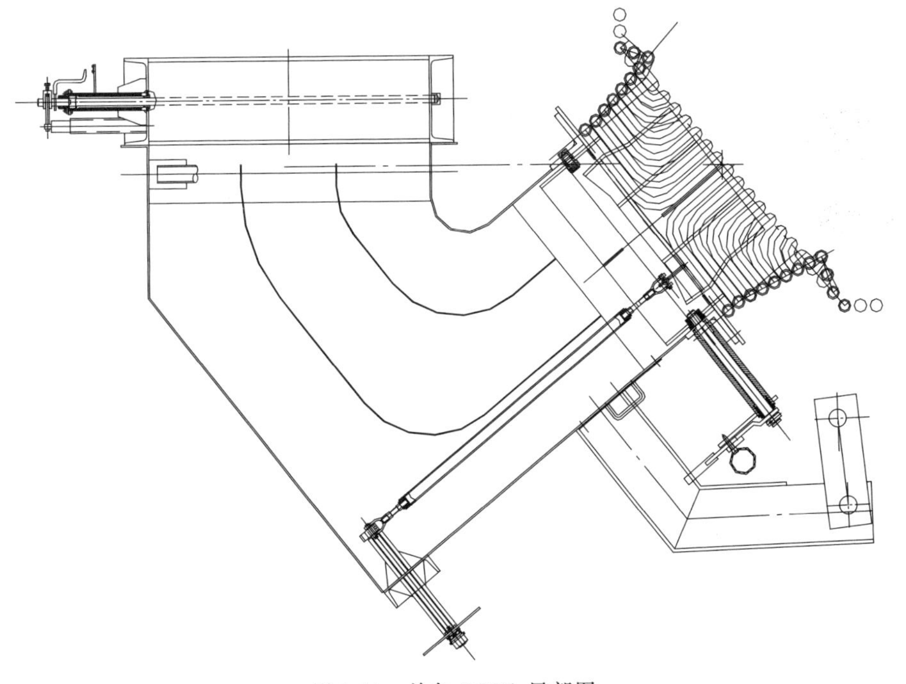

图 2-64 单角 SOFA 局部图

② 重新设计 SOFA 燃烧器，每角 SOFA 由两层喷口升级改造为新设计四层喷口，该角部区域的水冷壁进行让管改造，采用与原水冷壁相同规格和材质的水冷壁管。

③ SOFA 燃烧器刚性梁重新设计改造为桁架结构，保持水冷壁刚性梁能力。

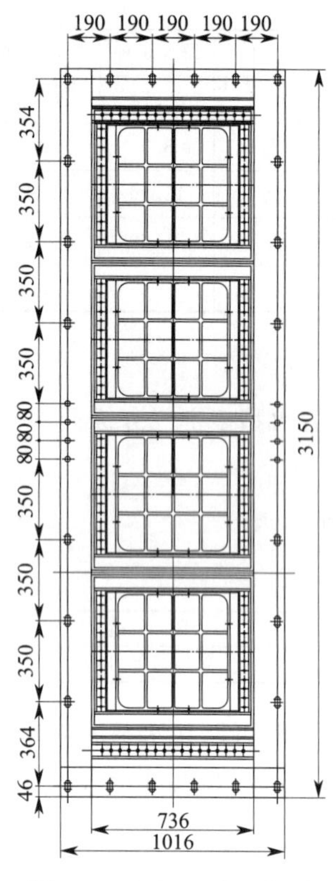

图 2-65　SOFA 喷口立面布置图（单位：mm）

④ 原一次风燃烧器切圆不变。

⑤ 由锅炉两侧分风道引热风到 SOFA 燃烧器大风箱，然后通过 SOFA 大风箱向四角 SOFA 燃烧器均匀供风。因风道阻挡了部分平台通道，也相应增设了平台和扶梯。

⑥ 将主燃烧器上端部 2 层（4 角共 8 个）二次风门气动执行器移动到 SOFA 区域，充当 SOFA 风门执行器使用。并更改相应的控制电缆和供气管路。

⑦ 保留主燃烧器的壳体不动，煤粉管道、燃烧器入口弯头和一次风标高不变。

⑧ A1 微油燃烧器位置不变，A1 微油燃烧器改造为少油燃烧器（业主范围）。

⑨ 更换 B2、C1、C2 层的共 12 只一次风喷口。

⑩ 将 A2、B1 层煤粉燃烧器更换为强辐流燃烧器。

⑪ 主燃烧器各层二次风标高及数量均不变（共 11 层）。因采用低氮燃烧技术，所有主燃烧器区域的二次风喷嘴全部重新优化设计。

⑫ 主燃烧器的一、二次风喷嘴仍分别维持原来可上下摆动 20°和 30°的功能。

⑬ 启动及助燃用的轻油枪维持标高以及位置不变。

⑭ 煤和油火检也维持原有标高以及位置不变。

⑮ 煤粉管道、煤粉弯头的标高、走向以及结构形式不做改动。

⑯ 改造后的燃烧器主要设计参数如表 2-15 所列。

表 2-15　改造后的燃烧器主要设计参数

项　　目	单位	MCR（改造前）	MCR（改造后）	项　　目	单位	MCR（改造前）	MCR（改造后）
一次风率	%	17	20	二次风速度	m/s	48	48
二次风率	%	75	42	SOFA 风温度	℃	354	354
SOFA	%		30	SOFA 风速度	m/s	—	48
一次风温度	℃	100	100	燃烧器一次风阻力	Pa	500	480
一次风速度	m/s	24.9	23	燃烧器二次风计算阻力	Pa	1000	1000
二次风温度	℃	354	354				

4. 改造后效果

某公司 2# 锅炉低氮燃烧器改造后热态试验于 2016 年 6 月 27 日～7 月 1 日进行，选择机组负荷 165MW、180MW、250MW 和 330MW 作为试验工况。试验期间使用崂应 3012H 型烟气分析仪在 SCR 入口测量了烟气中的 NO_x 浓度和 CO 浓度，典型工况下测量结果显示 SCR 入口 NO_x 浓度（标态）可控制在 550mg/m^3 以下，甚至 500mg/m^3 以下；飞灰含量控制在 3%～4%。改造后 NO_x 浓度下降了 250～300mg/m^3。说明采用 XJTU 型强化着火燃烧技术对原来低氮燃烧系统改进后，可以实现劣质贫煤高效低氮燃烧。

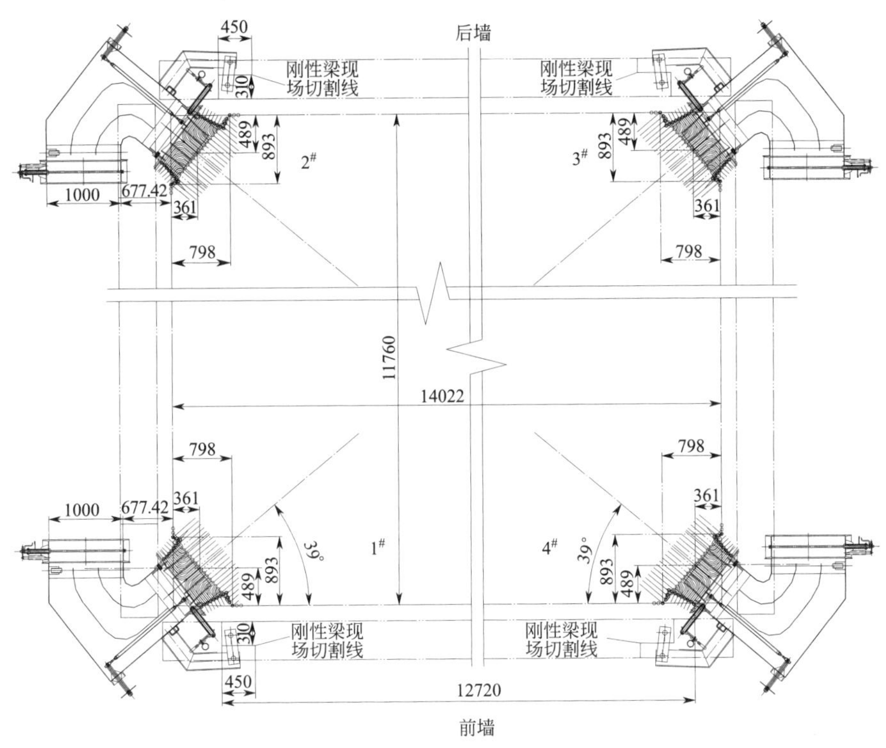

图 2-66 SOFA 俯视图（单位：mm）

三、低氮燃烧器+SCR 改造实例

1. 电厂概况

某电厂 2×600MW 燃煤发电机组采用超临界压力一次中间再热超临界参数变压直流炉，平衡通风、紧身封闭布置、固态排渣、全钢构架、前后墙对冲燃烧、全悬吊结构 Π 型锅炉。同步建设烟气脱硫、脱硝装置，不设烟气旁路，采用三塔合一、电袋除尘、汽动引风机。

电厂 1#、2# 机组原脱硝方法为选择性催化还原法（SCR），脱硝反应器布置在锅炉省煤器和空预器之间。原催化剂为板式催化剂，SCR 以液氨为还原剂，在设计煤种及校核煤种、锅炉最大连续出力工况（BMCR）、处理 100% 烟气量、SCR 入口烟气 NO_x 浓度为（标态）550mg/m^3、布置 2 层催化剂情况下，保证脱硝效率需≥85%。原催化剂按 2+1 层设计，初装 2 层，备用 1 层。原设计已预留加装催化剂的空间（最下层）。脱硝系统不设置烟气旁路和省煤器高温旁路系统。脱硝系统入口烟道拐弯处设置灰斗及输灰系统，输送烟道积灰。SCR 投运后对机组进行了制粉系统优化调整和燃烧优化调整试验，试验后 SCR 入口 NO_x 浓度有所降低。

2. 煤质分析

见表 2-16。

3. 改造方案

现有燃烧系统整体空气分级燃烧不够明显，而燃烧器本身实现空气分级的条件非常有限，使得煤粉气流着火后的主燃烧高温区处于富氧燃烧的条件无法改变，进一步通过调整燃烧来降低 NO_x 排放值的空间已经不大，这是 NO_x 排放量高的主要原因；并且 OFA 喷口对整个燃尽区域的覆盖不是很彻底，对 NO_x 的控制作用有限。

表 2-16　煤质分析（一）

项　目	符号	单位	设计煤种	校核煤种	项　目	符号	单位	设计煤种	校核煤种
全水分	M_t	%	7	8	收到基氧	O_{ar}	%	8.51	8.21
空气干燥基水分	M_{ad}	%	2.92	4.53	收到基氮	N_{ar}	%	0.83	0.76
收到基灰分	A_{ar}	%	31.58	35.36	收到基全硫	$S_{t,ar}$	%	2.0	2.1
干燥无灰基挥发分	V_{daf}	%	37.17	33.51	收到基低位发热量	$Q_{net,ar}$	kJ/kg	18608	16750
收到基碳	C_{ar}	%	47.75	43.52			kcal/kg	4450	4005
收到基氢	H_{ar}	%	3.27	3.03					

对 SCR 催化剂进行检查发现催化剂上仅有少部分有积灰或堵塞的现象，约占催化剂总量的 10%，且目前 1# 机组 SCR 进口烟气中 NO_x 排放浓度（标态）在 320～438mg/m^3。烟囱出口 NO_x 浓度无法满足超低排放 NO_x 浓度（标态）限值 50mg/m^3 的要求。

综上所述，电厂决定对低氮燃烧器进行优化改造，保证锅炉出口 NO_x≤450mg/m^3；同时对 SCR 进行提效增容改造，采用蜂窝式 SCR 催化剂填充原有 SCR 反应器最下方的预留层催化剂，在新加催化剂层设置声波吹灰器＋蒸汽吹灰器。

设计原则如下。

① 在设计煤种及校核煤种、锅炉全负荷工况、处理 100%烟气量条件下，SCR 系统能正常运行。

② 脱硝出口保证 NO_x 浓度（标态）＜50mg/m^3。

③ 3 层脱硝催化剂在寿命期内保证其效率≥90%。

本次改造在启用备用层催化剂的同时，更换部分有积灰堵塞现象的原有催化剂，催化剂为蜂窝式；根据现场情况，更换量按原催化剂总量的 10%计。3 层脱硝催化剂在寿命期内保证其效率≥85.7%（入口浓度按 350mg/m^3 设计），出口保证 NO_x 浓度＜50mg/m^3；同时对 SCR 反应器的烟气流场、喷氨格栅的均匀性进行数模及物模试验，以进一步改善空预器冷端的硫酸氢氨堵塞问题。脱硝改造主要设备材料清单见表 2-17。

表 2-17　脱硝改造主要设备材料清单（单台机组）

序号	项　目	规格型号	单位	单台机组数量	备 注
1	原有催化剂	蜂窝式(按已装催化剂的 10%)	m^3	40.2	更换
2	备用层催化剂	蜂窝式	m^3	201	新增
3	催化剂密封装置		套	2	
4	催化剂起吊装置		套	2	
5	还原剂耗量	液氨	kg/h	247	
6	氨逃逸测量仪		套	2	

4. 运行状况

对两台机组进行低氮燃烧改造后锅炉出口的 NO_x 浓度为 260mg/m^3，本次改造项目只更换少部分原有 SCR 脱硝系统催化剂，并投入备用层催化剂，3 层催化剂全部运行，其脱硝效率为 81%，NO_x 最大排放浓度（标态）为 49mg/m^3，可满足 50mg/m^3 的超低排放标准要求。

四、蜂窝式SCR催化剂改为板式SCR催化剂

1. 电厂概况

某电厂2台660MW超超临界直接空冷机组，一次中间再热、单炉膛、对冲燃烧、钢架全悬吊结构、固态排渣，2010年投产发电。

原燃烧器为外浓内淡型低 NO_x 旋流煤粉燃烧器，全炉共30只燃烧器，前墙3层，后墙2层。在标高35.354m处前后墙各设有一层燃尽风，锅炉省煤器出口 NO_x 浓度（标态）≤400mg/m^3，电厂尾部烟道设有SCR脱硝装置，在燃用设计及校核煤种、锅炉最大连续工况(BMCR)、处理100%烟气量条件下，原SCR入口 NO_x 浓度（标态）按照≤450mg/m^3 设计，脱硝效率不低于80%，催化剂按照2+1层布置，装有两层蜂窝式SCR催化剂，原SCR出口 NO_x 浓度（标态)≤90mg/m^3。

2. 煤质分析

见表2-18。

表2-18　煤质分析（二）

项目		符号	设计煤种	校核煤种
元素分析	收到基碳/%	C_{ar}	46.27	50.32
	收到基氢/%	H_{ar}	3.07	2.84
	收到基氧/%	O_{ar}	7.92	8.03
	收到基氮/%	N_{ar}	0.82	0.81
	全硫/%	$S_{L,ar}$	1.06	1.21
工业分析	收到基水分/%	M_{ar}	5.1	3.8
	空气干燥基水分/%	M_{ad}	0.85	1.89
	收到基灰分/%	A_{ar}	35.02	33.16
	干燥无灰基挥发分/%	V_{daf}	39.41	33.37
收到基低位发热量/(MJ/kg)		$Q_{net,ar}$	18.29	20.01
哈氏可磨性系数		HGI	58	70
磨损指数		K_e	3.4	2
灰熔点/℃	煤灰变形温度	T_D	>1500	>1500
	煤灰软化温度	T_S	>1500	>1500
	煤灰半球温度	T_H	>1500	>1500
	煤灰流动温度	T_F	>1500	>1500
灰成分/%	煤灰中二氧化硅	SiO_2	51.19	50.07
	煤灰中三氧化二铝	Al_2O_3	33.51	30.14
	煤灰中三氧化二铁	Fe_2O_3	7.44	8.08
	煤灰中氧化钙	CaO	3.56	4.26
	煤灰中氧化镁	MgO	0.69	1.02
	煤灰中氧化钠	Na_2O	0.14	0.53
	煤灰中氧化钾	K_2O	0.83	0.80
	煤灰中三氧化硫	SO_3	1.25	1.70
	煤灰中二氧化钛	TiO_2	1.39	1.40
	煤灰中二氧化锰	MnO_2	0.02	0.02
	其他		1.98	1.98
灰的比电阻/Ω·cm	12.5℃,500V	R12.5	1.25×10^{11}	6.0×10^{10}
	80℃,500V	R80	0.94×10^{12}	2.92×10^{11}
	100℃,500V	R100	2.80×10^{12}	5.70×10^{11}
	120℃,500V	R120	3.10×10^{12}	8.20×10^{11}
	150℃,500V	R150	0.61×10^{12}	3.05×10^{11}
	180℃,500V	R180	0.89×10^{11}	1.60×10^{11}

3. 改造方案

为达到超低排放要求，电厂决定对原 SCR 脱硝装置进行增容改造，利用备用催化剂层，SCR 入口 NO_x 浓度（标态）按照≤450mg/m^3 设计，脱硝效率不低于 89%，出口 NO_x 浓度（标态）≤50mg/m^3。

另外，由于原有蜂窝式 SCR 催化剂堵塞较为严重，本次备用层安装板式 SCR 催化剂，原来两层催化剂达到使用寿命后全部更换为板式 SCR 催化剂。SCR 脱硝装置入口/出口烟气参数见表 2-19。

表 2-19　SCR 脱硝装置入口/出口烟气参数

参数	单位	数量
脱硝装置进口烟气参数(设计值,设计煤种,BMCR)		
烟气量(标态)	m^3/h	2200000
湿度	%	8.93
烟气 O_2 含量(体积分数,湿基)	%	3.25
烟气 NO_x 含量(标态、干基、6%O_2)	mg/m^3	450
烟气粉尘含量(标态、湿基、6%O_2)	g/m^3	60
烟气温度	℃	358
脱硝装置出口烟气参数(设计煤种)		
烟气 NO_x 含量(标态、干基、6%O_2)	mg/m^3	<50
脱硝效率	%	≥89
SO_2/SO_3 转化率	%	≤1
氨逃逸率	10^{-6}	≤3

原单台炉两层催化剂初始体积为 230.947m^3，安装备用催化剂层每台炉约需要 383m^3，烟气阻力增加≤150Pa。加装一层催化剂并新增 5 台声波吹灰器，2 台炉 4 台反应器共增加 20 台声波吹灰器，1 台炉增加 6 个耙式蒸汽吹灰器，蒸汽吹灰器和声波吹灰器的安装位置原来已经预留。

4. 运行效果

备用催化剂层投入使用后，有关部门对 NO_x 的排放浓度测试结果显示烟囱出口 NO_x 排放浓度（标态）<50mg/m^3，满足超低排放要求。

五、SNCR+SCR 改造案例

1. 电厂概况

某电厂二期工程 2×300MW 煤矸石循环流化床（CFB）直接空冷机组，每台机组配备 1 台 BMCR 工况下为 1060t/h 的亚临界锅炉，锅炉为上海锅炉厂生产的 SG-1060/17.5-M802 型亚临界中间再热、单锅筒自然循环 CFB 锅炉，锅炉主要技术参数见表 2-20。每台锅炉同时配套炉内脱硫、全烟气脱硝、除尘设施。

表 2-20　锅炉主要技术参数

项目	单位	BMCR	TMCR	ECR	HP OUT
过热蒸汽流量	t/h	1060	1010	934.2	818.7
过热蒸汽出口压力(表压)	MPa	17.5	17.5	17.5	17.5
过热蒸汽出口温度	℃	541	541	541	541
再热蒸汽流量	t/h	870.5	831.3	772.6	789.9
再热蒸汽进口压力(表压)	MPa	3.93	3.75	3.47	3.63
再热蒸汽出口压力(表压)	MPa	3.73	3.56	3.26	3.44
再热蒸汽进口温度	℃	333	329	322	330
再热蒸汽出口温度	℃	541	541	541	541
给水温度	℃	279	276	271	174

$3^{\#}$ 机组采用 CFB 技术+SNCR 脱硝技术，CFB 燃烧技术具有低温燃烧和分级燃烧的特点，NO_x 的生成量很低。炉内 SNCR 技术采用 25%浓度的氨水为还原剂，脱硝喷射装置布置在锅炉各旋风分离器入口烟道处，每个旋风分离器上纵向布置 4 个喷枪，利用超重力机分离出氨气，由高压气源携带氨气喷入炉内，在无催化剂作用下使烟气中的 NO_x 与还原剂氨气反应。每台锅炉 4 个旋风分离器进口分别纵向布置 4 支喷枪，共 16 支。一、二期共 4 台锅炉共用一个还原剂储存区域。改造前 NO_x 排放浓度稳定在 80～120mg/m^3，整体脱硝效率高于 50%。

2. 煤质分析

煤质分析见表 2-21，灰分数据见表 2-22。

表 2-21　煤质分析（三）

项目	符号	单位	燃料 1	燃料 2	燃料 3
收到基碳	C_{ar}	%	34.95	32.29	33.72
收到基氢	H_{ar}	%	3.11	3.06	3.09
收到基氧	O_{ar}	%	9.28	9.64	9.46
收到基氮	N_{ar}	%	0.33	0.36	0.35
收到基硫	S_{ar}	%	0.7	1.2	1.0
收到基灰分	A_{ar}	%	43.61	46.36	44.79
全水分	M_t	%	8.02	7.09	7.59
干燥无灰基挥发分	V_{daf}	%	41.25	50.12	49.28
收到基低位发热量	$Q_{net,ar}$	KJ/kg	12274	12111	12152

表 2-22　灰分数据　　单位：%

项目	数值	项目	数值
SiO_2	48.92	SO_3	1.43
Fe_2O_3	5.2	Na_2O	0.55
Al_2O_3	34.96	TiO_2	1.11
CaO	4.18	K_2O	1.12
MgO	0.84	其他	1.63

3. 改造方案

为达到 NO_x 超低排放要求，考虑到现有机组设置了 SNCR 脱硝系统，通过改造、优化 SNCR 系统，同时增加 SCR 脱硝系统，达到 NO_x 排放浓度（标态）$\leqslant$50mg/m^3 的目标，优化改造方案为：炉内燃烧优化+SNCR 工艺优化+SNCR 控制系统优化+SCR 脱硝工艺，具体改造方法如下。

① 炉内燃烧优化，降低燃烧中 NO_x 的生成量。通过运行调整，合理降低床温；在保证燃烧效率的前提下，降低过量空气系数；合理配比一、二次风，尤其是适当减少一次风的比例。

② SNCR 控制系统优化，现有的控制系统是人工手动调节，调节反应较为滞后，因此会出现很大程度的过调，而且无法实现快速精准调节，由此对控制系统进行优化。

③ 原有 SNCR 脱硝系统改造，对锅炉出口到旋风分离器入口、旋风分离器、旋风分离器出口到竖井烟道上半段进行流场及温度场模拟，以模拟为依据，改造氨水喷射系统和氨水调节系统，每台机组由原来的 16 套墙式喷射器（每台旋风分离器 4 套）改造为 20 套双流体雾化喷嘴（每台旋风分离器 5 套），将氨水雾化后喷入旋风分离器入口烟道，同时新增了一套除盐水系统，用来保证喷嘴前液相压力。氨水储存系统利旧，增加备用泵。

④ 新增一层 SCR 催化剂，根据尾部烟道截面结构，设置板式 SCR 催化剂，利用原 SNCR

的逃逸氨为还原剂，保证烟气通过催化剂后 NO_x 排放和氨逃逸率均达标。在 SCR 脱硝催化剂前增加补喷氨系统，补氨方式采用与 SNCR 阶段一致的喷枪形式，烟道左右两侧各布置 5 支喷枪，作为应急措施，正常情况下停用。同时新增了与 SCR 催化剂层相应的声波吹灰系统。

⑤ 省煤器分段布置，保证 SCR 催化剂的反应温度窗口，提供 SCR 催化剂的安装空间。具体方法是割掉一级省煤器第四段一个回程，补充 3 个回程省煤器盘管，集箱下移 1667mm（见图 2-67）。

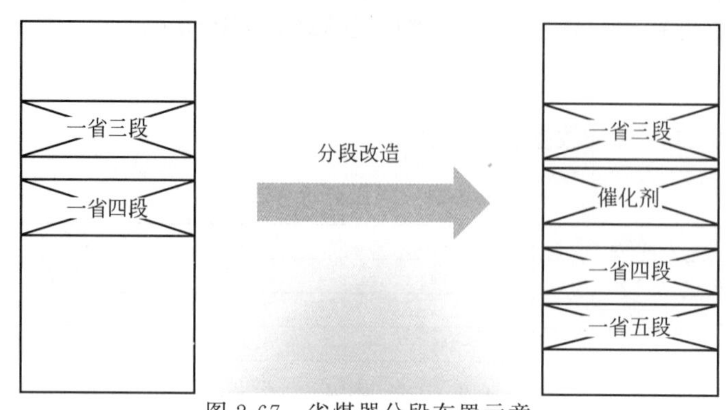

图 2-67　省煤器分段布置示意

4. 运行效果

SNCR 与 SCR 联合脱硝技术成功应用后，在 168h 试运过程中，机组 NO_x 排放浓度（标态）平均为 33.55mg/m^3。随后机组性能测试显示机组 270MW 时，NO_x 排放浓度（标态）为 24mg/m^3，联合脱硝效率为 82.25%；负荷 240MW 时，NO_x 排放浓度（标态）为 25mg/m^3，联合脱硝效率为 80.02%。

该技术随后应用于某 350MW 机组 W 型火焰煤粉炉上也有较好的效果。在 330MW 稳定工况下，未投运 SNCR 时，SCR 入口 NO_x 浓度（标态）为 788mg/m^3，投入 SNCR 后，SCR 入口 NO_x 浓度为（标态）237mg/m^3，出口为 26mg/m^3，达到超低排放标准。且整体脱硝效率高达 96.7%，氨逃逸率小于 2.5mg/m^3。

随着环保要求逐渐提高，SNCR/SCR 技术在中小型燃煤电站锅炉及超低排放的大型电站中应用会越来越多，某发电厂 410t/h 锅炉脱硝改造即采用 SNCR/SCR 联合脱硝技术，改造后实现出口 NO_x 浓度（标态）低于 50mg/m^3，氨逃逸低于 3×10^{-6}。

参考文献

[1] Wendt J O L, Sternling C V, Matovich M A. Reduction of sulfur trioxide and nitrogen oxides by secondary fuel injection. Symposium on Combustion，1973，14（1）：897-904.

[2] 吴碧君，刘晓勤．燃煤锅炉低 NO_x 燃烧器的类型及其发展．电力科技与环保，2004，20（3）：24-27.

[3] 毛健雄．煤的清洁燃烧．北京：科学出版社，1998.

[4] 朱群益，徐砚，姜文龙，等．百叶窗水平浓淡煤粉燃烧器浓淡气流分配的试验研究．动力工程学报，2004，24（2）：183-185.

[5] 姚斌．大型低挥发分煤锅炉燃烧运行问题的研究．武汉：华中科技大学，2005.

[6] 岳光溪，吕俊复，徐鹏，等．循环流化床燃烧发展现状及前景分析．中国电力，2016，49（1）：1-13.

[7] 禾志强．SCR 烟气脱硝技术及工程应用．北京：中国电力出版社，2014.

[8] 夏怀祥．选择性催化还原法（SCR）烟气脱硝．北京：中国电力出版社，2012.

[9] 张强．燃煤电站 SCR 烟气脱硝技术及工程应用．北京:化学工业出版社，2007.

[10] 西安热工研究院．火电厂 SCR 烟气脱硝技术．北京:中国电力出版社，2013.

[11] 孙克勤,钟秦，于爱华．SCR 催化剂的碱金属中毒研究．中国环保产业，2007 (7)：30-32.

[12] 刘英进,李杰义,李兵,等．330MW 燃煤机组 SCR 流场优化及提效改造．节能与环保，2017 (6)：67-71.

[13] 朱天宇,李德波,方庆艳,等．燃煤锅炉 SCR 烟气脱硝系统流场优化的数值模拟．动力工程学报，2015，35 (6)：481-488.

[14] 杨松,丁皓姝,黄越．SCR 脱硝系统流场数值模拟及优化．热力发电，2014 (9)：71-75.

[15] 马大卫,张其良,黄齐顺,等．超低排放改造后 SCR 出口 NO_x 分布及逃逸氨浓度评估研究．中国电力，2017，50 (5)：168-171.

[16] 张翠珍,赵学葵．大型燃煤机组 SCR 脱硝系统优化．环境工程学报，2015，9 (12)：5997-6004.

[17] 王乐乐,孔凡海,何金亮,等．超低排放形势下 SCR 脱硝系统运行存在问题与对策．热力发电，2016，45 (12)：19-24.

[18] 武宝会,崔利．火电厂 SCR 烟气脱硝控制方式及其优化．热力发电，2013，42：116-119.

[19] 卢洪波,杨弘阳,宋志宇．MW 机组 SCR 脱硝系统喷氨装置协调优化．热科学与技术，2017，16：150-158.

[20] 成明涛,钟俊,廖永进,等．基于流场多变的 SCR 脱硝系统喷氨优化调整试验．热力发电，2016，45：130-136.

[21] 戴韵,李俊华,彭悦,等．MnO_2 的晶相结构和表面性质对低温 NH_3-SCR 反应的影响．物理化学学报，2012，28：1771-1776.

[22] Wu Z，Jiang B，Liu Y. Effect of transition metals addition on the catalyst of manganese/titania for low-temperature selective catalytic reduction of nitric oxide with ammonia. Applied Catalysis B Environmental，2008，79：3047-355.

[23] Qi G，Yang R T. A Superior Catalyst for Low-Temperature NO Reduction with NH_3. Chem inform，2003，34：848-849.

[24] Qi G，Yang R T，Chang R. MnO_x-CeO_2 mixed oxides prepared by co-precipitation for selective catalytic reduction of NO with NH_3 at low temperatures. Applied Catalysis B Environmental，2004，51：93-106.

[25] 张呈祥,张晓鹏．Mn-Ce 系列低温 SCR 催化剂抗硫性研究进展．化工进展，2015，34：1866-1871.

[26] K Zhang，F Yu，M. Zhu，et al. Enhanced Low Temperature NO Reduction Performance via MnO_x-Fe_2O_3/Vermiculite Monolithic Honeycomb Catalysts，2018，8：100.

[27] Smirniotis P G，Peña D A，Uphade B S. Low-Temperature Selective Catalytic Reduction (SCR) of NO with NH_3 by Using Mn，Cr，and Cu Oxides Supported on Hombikat TiO_2. Angew Chem Int Ed Engl，2001，40：2479-2482.

[28] 唐幸福,李俊华,魏丽斯,等．氧化还原沉淀法制备 MnO_x-SnO_2 催化剂及其对 NO 的 NH_3 选择催化还原性能．催化学报，2008，29：531-536.

[29] 邓珊珊,李永红,阿荣塔娜,等．MnO_x-SnO_2/TiO_2 型催化剂低温 NH_3 选择性催化还原 NO. 化工进展，2013，32：2403-2408.

[30] 温斌,李冬芳,宋宝华,等．氨法低温 SCR 催化剂研究进展．现代化工，2016 (8)：24-28.

[31] 金瑞奔．负载型 Mn-Ce 系列低温 SCR 脱硝催化剂制备、反应机理及抗硫性能研究．杭州:浙江大学，2010.

[32] 李永光．宽温差烟气脱硝催化剂的性能检测与评价．2016 燃煤电厂超低排放形势下 SCR 脱硝系统运行管理及氨逃逸与空预器堵塞技术交流研讨会，2016.

[33] Burke J M，Johnson K L. Ammonium sulfate and bisulfate formation in air preheaters. British Medical Journal，1982，329：446.

[34] 萧嘉繁,谭厚章，刘鹤欣,等．某 1000MW 超超临界燃煤机组尾部烟道硫酸铵盐沉积分析．中国电力，2018：67-74.

[35] 张进伟,陈生龙,程银平．可调谐半导体激光吸收光谱技术在脱硝微量氨检测系统中的应用．中国仪器仪表，2011 (3)：26-29.

[36] 王复兴．一种新型在线分析仪器——可调谐二极管激光光谱分析器．分析仪器，2007 (2)：60-63.

[37] 朱卫东．火电厂烟气脱硫脱硝监测分析及氨逃逸量检测．分析仪器，2010 (1)：88-94.

[38] 刘建民．火电厂氮氧化物控制技术．北京：中国电力出版社，2012.

[39] 李竞岌,杨海瑞,吕俊复,等．节能型循环流化床锅炉低氮氧化物排放的分析．燃烧科学与技术，2013，19 (4)：293-298.

[40] 韩应,高洪培,王海涛,等．SNCR 烟气脱硝技术在 330MW 级 CFB 锅炉的应用．洁净煤技术，2013，19：85-88.

[41] 李明磊．循环流化床锅炉选择性非催化还原脱硝数值模拟与应用．北京:华北电力大学，2015.

[42] 温智勇，胡敏，杨玉，等．联合空气分级与 SNCR 在 300MW 锅炉上的应用．浙江大学学报（工学版），2014，48：63-69.

[43] 李恩家，关心，魏泽华，等．SNCR-SCR 技术在 410t/h 锅炉上应用．电站系统工程，2017（1）：69-70.

[44] 西安热工研究院．火电厂烟气污染物超低排放技术．北京：中国电力出版社，2016.

[45] 秦亚男，杨玉，时伟，等．SNCR-SCR 耦合脱硝中还原剂均布性的研究．浙江大学学报（工学版），2015，49：1255-1261.

[46] 龚家猷，李庆．燃煤电厂 SNCR 与 SCR 联合脱硝工艺在国内的首次应用．华北电力技术，2011（2）：31-34.

[47] 李杰义，刘兴，李兵，等．低挥发分煤四角切圆锅炉低氮改造试验．洁净煤技术 2018，24（2）：145-148..

第三章

细颗粒物超洁净排放技术

雾霾使大气中悬浮了大量微细颗粒物，大气能见度降低，同时这些微细颗粒物本身黏附有害物质，进入人体后会严重危害身体健康。颗粒物粒径决定了其在呼吸道中最后发生沉积的位置。一般来说，较大的颗粒物会被纤毛和黏液阻挡，无法通过鼻腔和咽喉，颗粒物粒径越小，对人体的危害越大。颗粒物粒径小、比表面积大，重金属、有机多环芳烃（PAHs）和某些传染性病菌等容易在细颗粒物表面富集，吸入后会损害人体健康。鉴于颗粒物给人体健康和日常生活带来的巨大危害，各国政府都设立了严格的颗粒物排放标准。大型燃煤锅炉是微细颗粒物的主要来源之一，进行大型燃煤锅炉颗粒物排放控制极为重要。

第一节　煤燃烧过程中颗粒物生成机理

总体上可将燃煤飞灰颗粒物形成机理分为：煤和焦炭成灰、内在矿物质成灰、外来矿物质成灰三类，如图 3-1 所示。

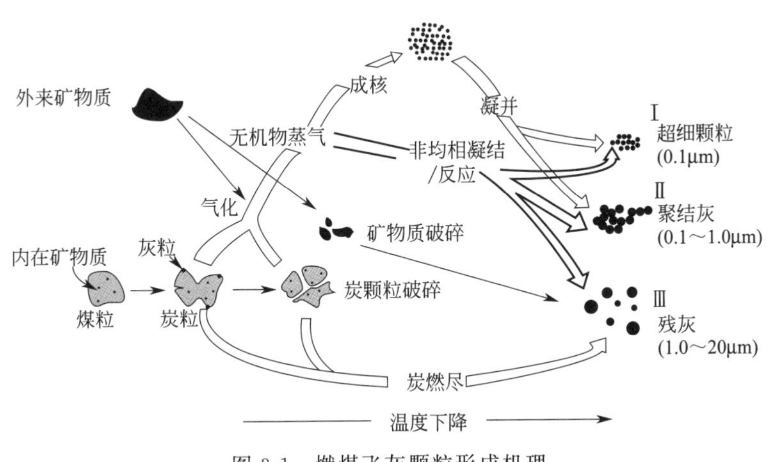

图 3-1　燃煤飞灰颗粒物形成机理

燃煤锅炉将煤磨细成100μm以下的煤粉，然后用预热空气喷入炉膛悬浮燃烧，产生高温烟气，燃烧产生的大部分颗粒物随烟气一起排出炉膛，经由除尘装置收集，得到粉煤灰，也叫飞灰；少量煤粉粒子在燃烧过程中由于碰撞黏结成块，沉积于炉底，称为底灰。飞灰占灰渣总量的90%～95%，底灰占5%～10%。飞灰与底灰外观相似，但粒度更细且为不均匀的复杂多变的多相物质。粉煤灰的形成过程主要分为三个阶段。

第一阶段，煤开始燃烧，挥发分首先自矿物质与固体炭连接的缝隙间不断逸出，使粉煤灰变成多孔型炭粒。此时的煤炭颗粒状态基本保持为原煤粉的不规则碎屑状，但因多孔性，表面积较大。

第二阶段，随着煤炭颗粒中的有机质完全燃烧，温度升高，煤中矿物质脱水、分解、氧化成为无机氧化物，此时的煤粉颗粒变成多孔玻璃体，尽管其形态大体上仍维持与第一阶段中的多孔炭粒相同，但比表面积却明显小于多孔炭粒。

第三阶段，随着燃烧进行，多孔玻璃体逐渐熔融收缩而形成颗粒，其孔隙率不断降低，粒径不断变小，最终转变为密度较高、粒径较小的密实球体，颗粒比表面积下降为最小。

有学者概括了颗粒物的生成机理：a. 无机物的气化-凝结；b. 熔化矿物的聚合；c. 焦炭颗粒的破碎；d. 矿物颗粒的破碎；e. 热解过程中矿物颗粒的对流输运；f. 燃烧过程中焦炭表面灰粒的脱落；g. 细小含灰煤粉的燃烧；h. 细小外在矿物的直接转化等[1]。由于燃料性质和燃烧条件不同，并非所有机理都起相同的作用。通常认为细颗粒物的生成主要受气化和凝结两个重要过程控制。在高温条件下易挥发及半挥发性元素Na、K、S、Hg、As、Se等，以及难挥发的Si、Al、Ca、Fe、Mg等都可能发生气化反应进入烟气；当温度降低或矿物蒸气达到过饱和状态时，气化元素会通过均相成核、均相/非均相凝结形成细颗粒物。细颗粒物的生成量主要取决于无机元素的气化量。机理b.、c.和d.是微米级颗粒物和更大颗粒的主要形成途径，其他机理在某些情况下对颗粒物的形成有一定贡献。

颗粒物对环境及人体健康危害极大，燃煤粉尘是颗粒物污染的主要来源之一，需要采取措施降低燃煤机组颗粒物的排放。在大型燃煤电厂，一般采用专门的颗粒物脱除设备控制颗粒物排放。一般将其分类为燃前控制、燃烧过程中控制和燃烧后（烟气除尘）控制。目前最主要的燃煤颗粒物控制方法是燃烧后烟气除尘技术，即采用静电除尘器、布袋除尘器或湿式洗涤器等设备，将绝大多数的大粒径颗粒捕集脱除（脱除率＞99.9%），但传统的烟气除尘技术对PM_{10}、$PM_{2.5}$的捕集效率比较低。当前形势下，单纯使用传统的除尘设备已经很难满足越来越严格的颗粒物排放要求，因此必须在燃煤烟气的排放处理中采用更先进的除尘新技术，实现烟尘的超低排放。

粉尘的超低排放主要从两方面着手。一方面是从源头上减少细颗粒物的生成，机理a.是燃烧前脱除易气化元素，对入炉前煤样进行浮选去除富含大量矿物的煤[2]，优化输入煤质的特性；机理b.是燃烧中将易形成细颗粒物的元素固定在大颗粒或底灰中，通过向燃料中添加高岭土等添加剂，添加剂中矿物质元素在高温条件下对气化元素的捕集作用可以将易气化元素固定在粗颗粒中，目前国内外研究较多的炉内细颗粒物控制技术主要是添加剂技术与混煤燃烧技术。另一方面是采用高效捕集技术，脱除已经产生的细颗粒物。开发新型细颗粒物捕集技术也是当前研究的热点。

第二节　炉内细颗粒物控制方法

炉内喷入添加剂是一种十分有效的细颗粒物控制手段，主要控制机理为表面化学反应和熔融液相捕获作用。表面化学反应是指添加剂吸附易挥发元素 Na、K、S 等，抑制其向超细颗粒物转化。国内外研究表明，利用高岭土、石灰石等添加剂与 $PM_{2.5}$ 前驱体之间复杂的物理化学作用可以“阻断”$PM_{2.5}$ 的生成，从“源头”上减少其排放[3~5]。添加剂控制技术与已有的粉尘控制技术结合，可以进一步降低细颗粒物的排放，可能的实施路径如图 3-2 所示。

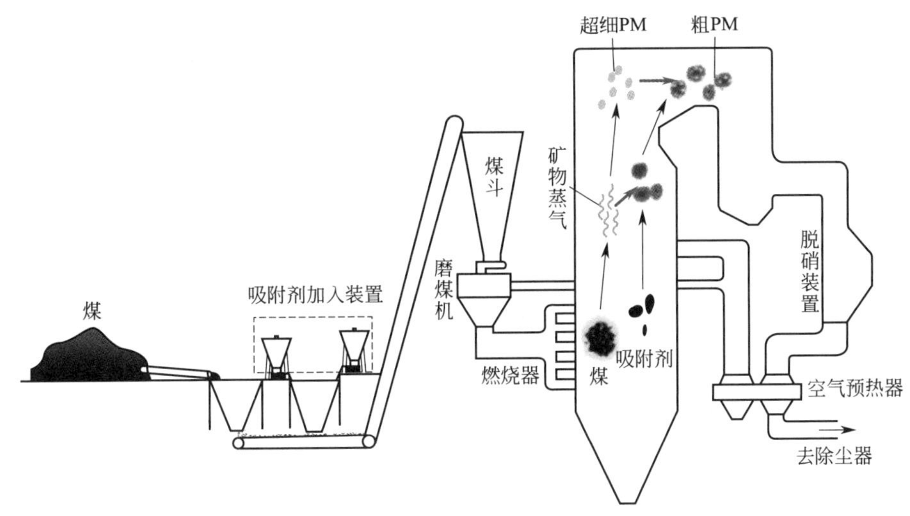

图 3-2　吸附剂控制燃煤 $PM_{2.5}$ 的技术实施示意[6]

吸附剂添加工艺系统布置灵活，对炉内燃烧影响较小，并且改造费用低，具有较高的经济性和良好的应用前景。

一、高岭土等添加剂的应用

煤粉中添加高岭土等添加剂可以捕集煤燃烧过程中释放的细颗粒物。Wendt 等[7~11] 研究表明，在高温条件下许多气化元素如 Na、K、Ca、Fe、Mg 及部分重金属能够与煤中的硅铝酸盐如高岭土等发生反应，形成稳定的化合物，气化元素被固定在粗颗粒中，易被除尘器捕集。添加剂种类很多，不同添加剂控制细颗粒物机理不同，硅铝基添加剂对颗粒物的作用机理研究相对较为成熟。国外研究主要集中在高岭石、铝土矿、石灰石、熟石灰等常用添加剂。

国内研究较多的添加剂主要是高岭土等硅铝酸盐。国内有学者向煤中添加高岭土燃烧，碱金属和重金属蒸气的捕集效果增强，易气化元素的分布向大颗粒灰中转移，生成不溶于水的稳定化合物。文献［12］研究改性高岭土减排超细颗粒物的性能，将改性前、改性后的高岭土与煤混合送入高温沉降炉中燃烧，分析煤燃烧后颗粒物的质量粒径分布发现酸改性促进高岭土捕获碱金属，明显提高其捕获 $PM_{0.2}$（空气动力学直径小于 0.2μm）的效率。文献［13］在沉降炉实验台上研究添加 3%（质量分数）CaO 煤粉燃烧后一次颗粒物的特性变化，结果显示添加 CaO 后煤粉燃烧排放的一次颗粒物中细粒子的相对量减少，CaO 的添加降低了 PM_{10}、$PM_{2.5}$、PM_1 排放量，添加 CaO 后颗粒物有凝并聚结的颗粒聚团现象。

文献［14］进行褐煤添加高岭土和石灰石的沉降炉燃烧实验，在 1100℃燃烧温度下，碱金属含量高的煤添加高岭土后 PM_1 的减排效果更好（表 3-1）。由此，针对不同煤种，可以选择相应的添加剂来提高颗粒物的控制效果。

表 3-1 添加吸附剂后的 PM_1 减少率[14]

项目	减少率 ξ/%	
	CO_2/O_2	N_2/O_2
A煤+高岭土	64.84	57.81
B煤+高岭土	50.00	33.66
C煤+高岭土	50.16	10.88
D煤+高岭土	73.81	64.69

文献［15］在小龙潭原煤、高钠煤、高钾煤中分别添加高岭土燃烧，获得的颗粒物质量粒径分布曲线均低于理论计算得到的质量粒径分布曲线，添加高岭土后，由于煤中矿物元素与高岭土的作用，PM_{10} 及 PM_1 的生成浓度均有所减小（图 3-3）。

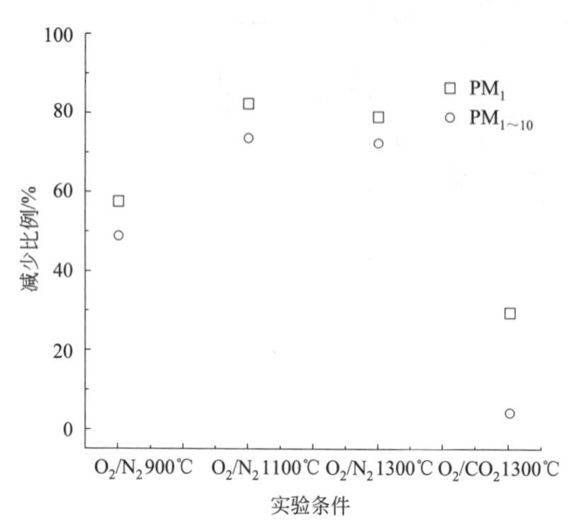

图 3-3 小龙潭原煤添加高岭土燃烧 PM_1 和 $PM_{1\sim10}$ 生成减少程度

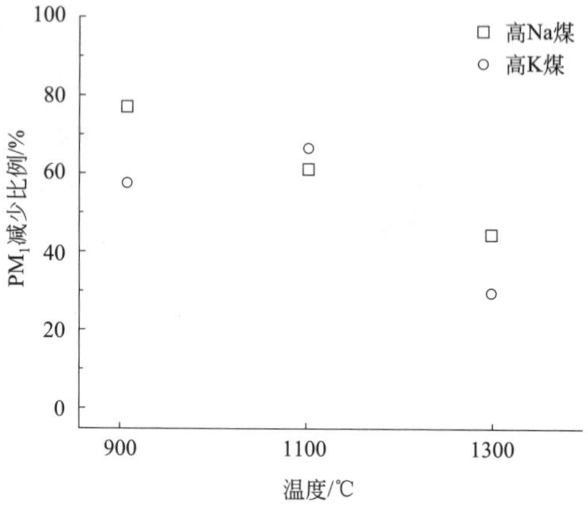

图 3-4 添加高岭土燃烧 PM_1 生成减少比例

在 O_2/N_2 气氛、不同燃烧温度下，高 Na 煤和高 K 煤添加高岭土后燃烧 PM_1 生成减少，见图 3-4。高 Na 煤+高岭土在 900℃燃烧时，PM_1 生成减少比例最大，达到 76.9%；在 1300℃燃烧时，PM_1 生成减少比例最小。高 K 煤添加高岭土在 O_2/N_2 条件下燃烧，燃烧温度为 1100℃时，PM_1 生成减少比例最大，达到 65.9%。对于含有不同易气化元素的煤粉，添加高岭土减少细微颗粒物生成的最佳燃烧温度也有所不同。而文献［5］的研究表明高岭土的添加对准东煤 PM_1 的影响与燃烧温度密切相关，1300℃燃烧，高岭土的添加反而使 PM_1 总量略微升高。

二、混煤燃烧

混煤燃烧是降低颗粒物排放的一种有效方法。混煤燃烧是基于燃煤过程中矿物质元素的相互作用，不同煤种之间矿物质的相互作用加剧颗粒物形成过程中的化学反应、异相凝聚、聚合等行为，减少微细颗粒物的释放。

文献［16］研究混煤燃烧对颗粒物生成特性的影响，作者将矿物组成不同的褐煤和烟煤进行混合，然后在多种燃烧气氛下进行燃烧实验，分析燃烧生成颗粒物质量粒径分布。结果显示两种实验煤种混合燃烧后 PM_1 的生成相比于理论计算值有不同程度的减少，矿物质之间的相互作用抑制煤燃烧过程中 PM_1 生成，其中两种煤的混合比例对 PM_1 的排放具有重要影响。相较空气燃烧气氛，O_2/CO_2 燃烧气氛下混煤燃烧矿物之间的相互作用减弱。文献［17］基于某典型电厂（660MW）的不同配煤方案，在实验室条件下（1300℃、沉降炉）开展颗粒物生成特性研究，混煤及原煤燃烧生成的颗粒物具有相似的质量粒径分布，但在所研究的燃烧条件下，混煤燃烧生成的颗粒物均少于原煤燃烧计算的颗粒物值，由此可以从控制颗粒物排放的角度给出最优的配煤方案。

文献［18］在一维沉降炉中研究高碱煤燃烧过程中细颗粒物的排放特性，结果显示高碱煤燃烧生成的细颗粒物量要明显高于低碱煤（图 3-5）。并且在高碱煤中掺烧低碱煤有明显降低细颗粒物生成量的协同效应。

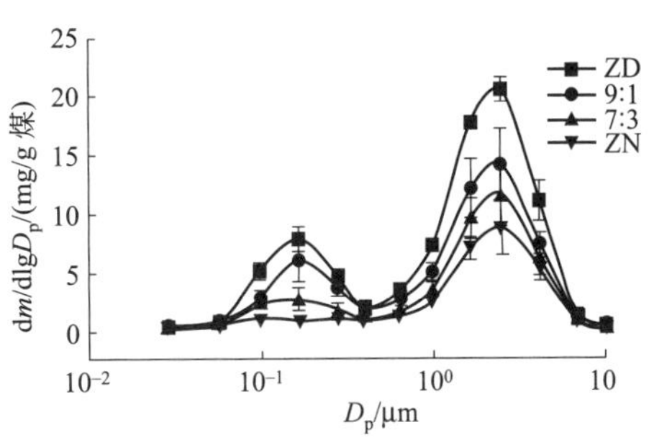

图 3-5　混煤燃烧 PM_{10} 粒径分布

ZD—准东高碱煤；ZN—淮南低碱煤

无论是添加高岭土还是采用混配煤燃烧的方式，不同煤种所含的矿物种类、易气化元素不同，燃烧条件、掺混比例等对微细颗粒物控制的影响也有待深入研究；还需要通过大量的分析以及实验发现其中的规律，用于指导实际应用。

第三节　尾部烟气除尘技术

烟气除尘是从烟气中将粉尘分离出来的气固分离技术，传统除尘技术按主要除尘机理不同可以分为以下几类：重力除尘，如重力沉降室；惯性除尘，如惯性除尘器；离心力除尘，如旋风除尘器；过滤除尘，如布袋除尘器、颗粒层除尘器、纤维过滤器、纸过滤器；湿式洗涤除尘，如自激式除尘器、卧式旋风水膜除尘器；静电除尘，如静电除尘器、湿式电除尘器；细颗粒物凝并除尘，如湿式相变凝聚技术、化学团聚技术、电凝并等。

工程上常用的除尘技术，尤其是超低排放，通常是几种除尘机理的综合作用。

一、静电除尘技术

静电除尘器已有逾百年的历史，因其具有除尘效率高、适用范围广、运行费用低、可靠性高等优点，一直是国内外燃煤机组烟尘治理的优选设备。美国静电除尘器约占 80%，欧盟静电除尘器比例约为 85%，日本燃煤机组的使用比例更高。静电除尘器在我国燃煤机组中也得到了广泛的应用，且几乎所有新建大中型火电机组都配备有静电除尘器。

（一）静电除尘原理

静电除尘器是在两个曲率半径相差很大的金属阳极和阴极上，通过高压直流电维持一个足以使气体电离的静电场。烟气流经该电场，气体发生电离产生大量的电子、阴离子和阳离子吸附在通过电场的粉尘上，使粉尘带电。荷电粉尘在电场力的作用下，便向与之电极性相反的电极运动而沉积在电极上，达到从气流中分离粉尘的目的。当沉积在电极上的粉尘达到一定厚度时，借助于振打机构使粉尘落入下部灰斗中，静电除尘器原理如图 3-6 所示。尽管静电除尘器的类型和结构很多，但都是按照相同的基本原理进行设计，静电除尘主要包括气体的电离、悬浮尘粒的荷电、荷电尘粒向电极运动集尘和清灰 4 个复杂而又相互关联的物理过程。

（二）静电除尘器结构及分类

静电除尘器本体主要包括进出口封头、壳体、放电极及框架、集尘极、绝缘子、灰斗以及高低压电气系统等。按照静电除尘器的结构特点，其有多种分类方式。

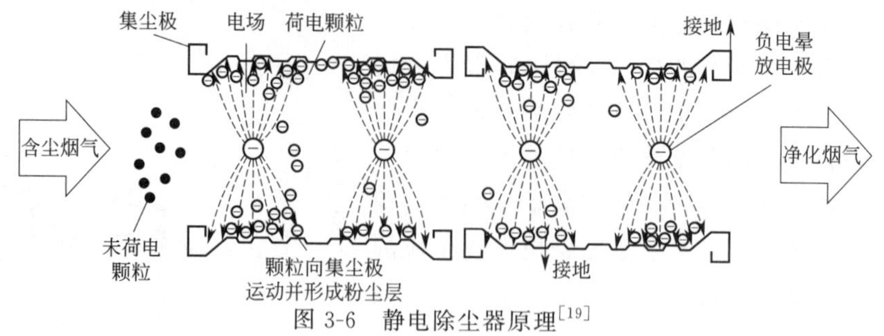

图 3-6　静电除尘器原理[19]

1. 按集尘型式分类

分为管式电除尘器（图 3-7）和板式电除尘器（图 3-8）。管式电除尘器的除尘极由一根或一组呈圆形、六角形或方形的管子组成，管子直径一般为 200～300mm，长度为 3～5m。截面是圆形或星形的电晕线安装在管子中心，含尘气体从管内通过。

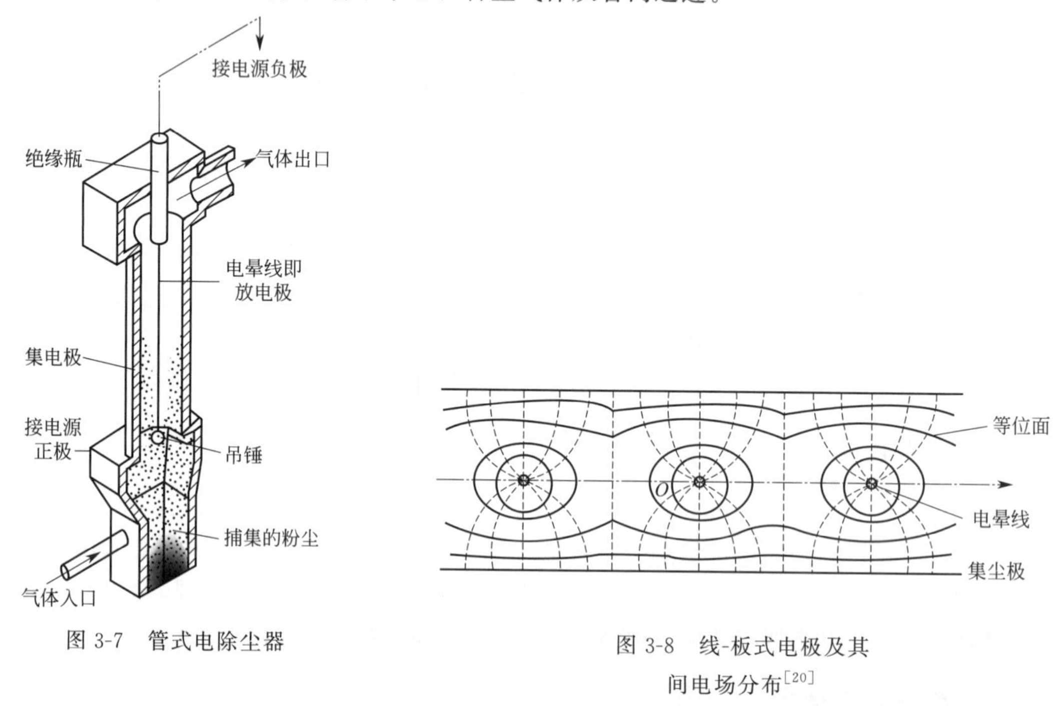

图 3-7　管式电除尘器

图 3-8　线-板式电极及其间电场分布[20]

板式电除尘器的集尘板由若干块平板组成，为了减少粉尘的二次飞扬和增强极板的刚度，极板一般要轧制成各种不同的断面形状，电晕极安装在每排集尘极板构成的通道中间。

2. 按除尘板和电晕极的不同配置分类

分为单区式［图 3-9（a）］和双区式［图 3-9（b）］两种基本结构，均由电极、本体及电气系统组成。

单区电除尘器的集尘板和电晕极都安装在同一区域内，粉尘的荷电和捕集在同一区域内进行，单区式是目前广泛采用的电除器装置。双区电除尘器的除尘系统和电晕系统分别装在两个不同的区域内。前区为荷电区（电离区），安装电晕极和阳极板，粉尘在此区域内进行荷电；后区安装集尘极和阴极板，粉尘在此区域内被捕集，称此区为集尘区。由于荷电区和集尘区分开，称为双区除尘器。

静电除尘器的放电极（电晕线）和集尘极多数情况下用钢材制造。放电极一般采用框架固

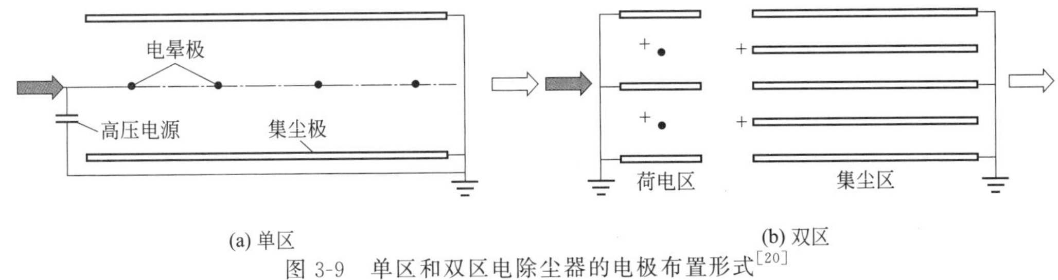

图 3-9　单区和双区电除尘器的电极布置形式[20]

定，并用重物拉直，需使用绝缘套管支持。放电极制造材料要求有很好的机械强度并能够防止腐蚀，具有良好的电气性能，能够做到低起晕电压，高击穿电压。集尘极也要求有较好的电气性能，使得电场强度和电流密度分布均匀，要求有良好的机械强度和振打性能，并能有效防止二次扬尘。集尘极多有不同形状的沟槽，既提高了极板的强度，又能有效抑制二次扬尘，还提高了电气性能和振打性能。

3. 按电极清灰方式分类

分为干式电除尘器、湿式电除尘器、雾状粒子电捕集器和半湿式电除尘器。

(1) 干式电除尘器

在干燥状态下捕集烟气中的粉尘，沉积在除尘板上的粉尘借助机械振打清灰。这种除尘器振打时，容易使粉尘产生二次扬尘。

(2) 湿式电除尘器

集尘极捕集的粉尘，采用水喷淋或用适当的方法在除尘极表面形成一层水膜，使沉积在除尘器上的粉尘和水一起流到除尘器的下部而排出。这种电除尘器不存在粉尘二次飞扬的问题，但是极板清灰排出水会造成二次污染。

(3) 雾状粒子电捕集器

雾状粒子电捕集器捕集硫酸雾、焦油雾等液滴，捕集后呈液态流下并除去，此类除尘器也属于湿式电除尘器的范畴。

(4) 半湿式电除尘器

吸取干式和湿式电除尘器的优点，高温烟气先经干式除尘室，再经湿式除尘室后排出。湿式除尘室的洗涤水可以循环使用，排出的泥浆经浓缩池用泥浆泵送入干燥机烘干，烘干后的粉尘进入干式除尘室的灰斗排出。

(三) 干式电除尘器存在的问题

虽然现有干式电除尘器对燃煤烟气颗粒物的脱除效率可达 99%乃至更高，但干式电除尘器存在以下问题。

(1) 对细颗粒物的控制效果差

粒径在 0.1～1.0μm 范围内的颗粒物难以荷电，电迁移速率处于低谷，干式电除尘器对此粒径范围内细颗粒的脱除效率较低，即干式电除尘器存在穿透窗口，如图 3-10 所示。

(2) 二次扬尘

二次扬尘是指被捕集在干式电除尘器集尘极上的颗粒物在流动烟气的作用下再次扬起，并被烟气携带逸出干式电除尘器，造成干式电除尘器除尘效率降低的现象，干式电除尘器一般采用机械振打的方式清灰，极板上的灰振落到灰斗的过程中会产生烟尘的二次飞扬，导致除尘效果变差，有研究表明约有20%的粉尘排放是由二次扬尘引起的（图3-11）。

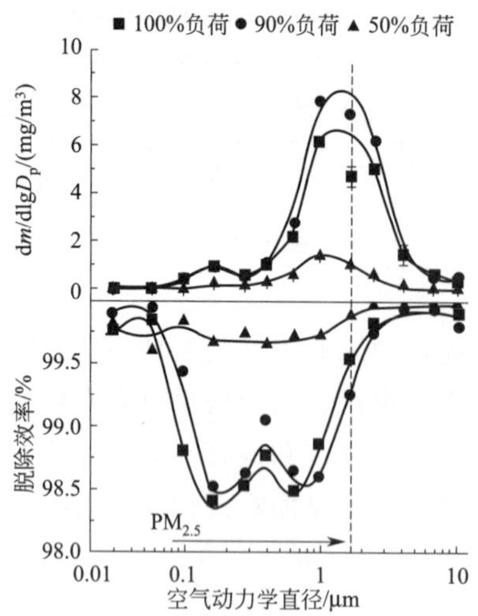

图3-10 干式电除尘器出口颗粒物粒径分布及其分级脱除效率[21]

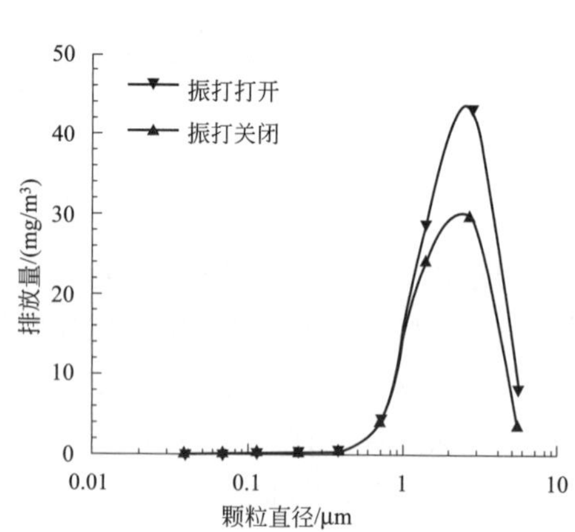

图3-11 干式电除尘器振打与粉尘排放的关系

（3）反电晕效应

反电晕是指沉积在干式电除尘器集尘极上的高比电阻粉尘层所产生的局部放电现象（图3-12）。高比电阻颗粒物到达集尘极后放电很慢，造成电荷积累，不仅排斥随后而来的荷同极性电荷的颗粒物，影响其沉积，而且随着带电粉尘层的不断加厚，电荷积累越来越多，粉尘层与集尘极之间电场强度不断增大。当场强达到 10^3 V/cm 时，粉尘层上就发生局部的绝缘击穿现象，这种在集尘极上形成的点状放电现象称为反电晕现象[22]。反电晕会产生与电晕极极性相反的离子，并向电晕极运动，中和电晕极产生的带电粒子，会使二次扬尘严重，干式电除尘器除尘性能下降。

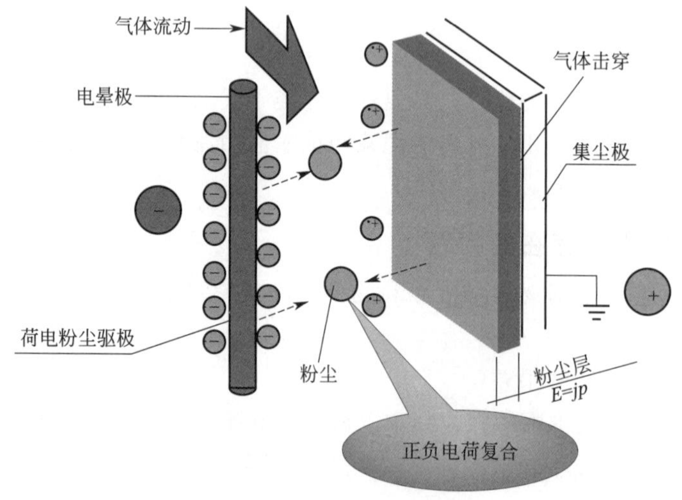

图3-12 反电晕现象

随着近年来环保要求的逐渐提高，燃煤锅炉除尘面临着前所未有的压力和挑战，传统颗粒物控制尤其是仅静电除尘技术难以满足排放要求。而且常规的静电除尘器改造路线通常是以增加收尘面积为手段来提高静电除尘器对颗粒物的脱除效率，不能有效解决静电除尘技术固有的穿透窗口、反电晕和二次扬尘问题，无法逾越静电除尘技术除尘效果的瓶颈。因此开发静电除尘新技术日益迫切。诸多学者展开了对干式电除尘器的研究，以及对电源放电极的研究，以期提高其除尘效率尤其是对细颗粒物的捕捉效率，干式静电除尘先进技术有高频电源技术、旋转电极电除尘技术、三相高压直流电源技术等。

（四）高频电源技术

20 世纪中期美国学者 Harry J. White 对静电除尘捕集粉尘所需的能量做了深入研究，在除尘器收尘过程中，由高压电场电离产生的带电离子，只有极少部分能够被烟气粉尘吸附，绝大部分电能在电场内部做了无效的空气电离。例如一台 300MW 火电机组所配的静电除尘器，按电场数目和运行工况的不同，实际电场供电功率通常在 400～1300kW，要求的除尘效率越高，所需的供电功率也就越大，而按理论计算收尘量为 110t/h，耗电功率仅需 15kW，仅占实际电场供电功率的 1%～ 3%。因此静电除尘还有很大的节能空间。高频电源正是在此基础上建立起来的新一代静电除尘器供电电源[23]。

1 世纪初我国开始引进高频电源，但因价格昂贵，后续的维护完全依赖国外技术，应用较少。从 2002 年起，国内一些企业及研究机构先后开始研制高频电源产品，并已在多个电厂 300MW、600MW 和 1000MW 机组上应用。从该产品在现场长期运行的监测数据来看，高频电源运行稳定、可靠[24]。

1. 高频电源原理

高频电源供电方式为纯直流和间歇供电，控制方式主要采用调频控制，部分采用调幅控制。主要包括四个步骤，即整流—逆变—升压—整流。三相工频输入电源通过整流器整流为直流，然后经逆变电路逆变成 10kHz 以上的高频交流电流，通过高频变压器升压，经高频整流器进行滤波，形成几十千赫兹的高频脉动电流供给静电除尘器。高频电源主要包括逆变器、高频整流变压器和控制器三个部分，与传统的可控硅控制工频电源相比性能优异，具有输出波纹小、平均电压电流高、体积小、质量轻、转换效率与功率因数高、三相平衡供电对电网影响小等优点。其原理如图 3-13 所示。

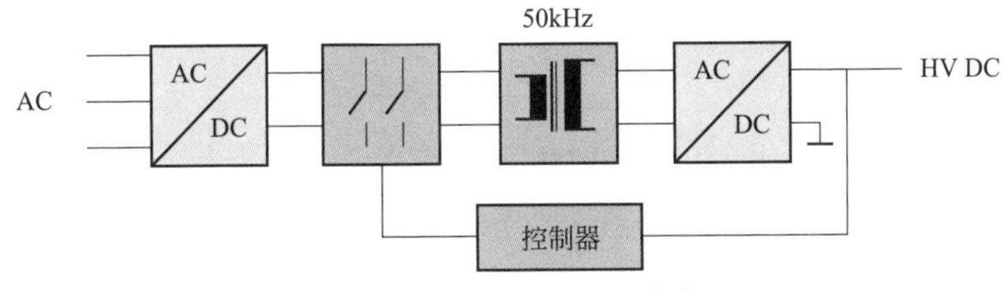

图 3-13　高频电源原理[25]

2. 主要特点

① 高频电源在纯直流供电方式下，二次电压波纹系数小于 3%，电晕的平均电压比工频电源供给的电压提高 25%～30%，电晕电流可以提高约 1 倍，增加了电晕功率，从根本上解决了烟尘荷电效率低的难题（尤其是比电阻较低的烟尘），可提高静电除尘收尘率 30%～50%。从图 3-14 中可以看出，工频电源的二次电压峰值会高出平均值 1.3 倍，电场因较高的峰值电压而放电，降低了电场输入电流，而高频电源可以避免这一问题，提升电场输入电流，增加集

尘板电流密度。

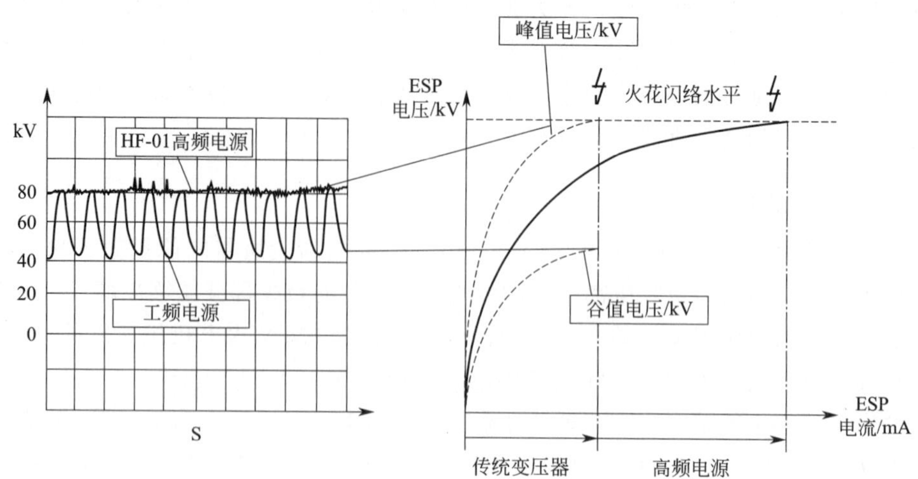

图 3-14　高频电源与工频电源电压变化对比

② 在间歇供电脉冲方式时，其脉冲宽度在几十微秒到几毫秒之间，较窄的高压脉冲作用可以有效克服高比电阻粉尘的反电晕，提高静电除尘器的除尘效率并大幅度节能。

③ 高频电源的效率和功率因数均可达 0.95，纯直流供电时相比于工频电源节能约 20%。

④ 高频电源可以在几十微秒内关断输出，在很短的时间内使火花熄灭，5～15ms 回复全功率供电，应用灵活。在 100 次/min 的火花率下，平均输出电压无下降。

高频电源可以给除尘器提供从纯直流到脉动幅度很大、脉冲重复、频率可调的各种电压波形，高频电源适用于各种除尘工况，可以提高电场的工作电压和电流，适用于高粉尘浓度的电场，特别是静电除尘器入口粉尘浓度高于 30g/m^3 和电场高风速（>1.1m/s）的情况。当粉尘比电阻较高时，后级电场的高频电源可以选用间歇脉冲供电方式以克服反电晕，可提高除尘效率并节能。

我国自主产权的高频电源自 2004 年初实现工业应用以来，在煤电行业颗粒物治理工程中已经形成系列化设计与产品，目前工程应用已经超过 2 万台，国内火电机组采用高频电源供电达到 70%以上。

3. 三相高压直流电源

三相高压直流电源采用三相 380V、50Hz 交流输入，各相电压、电流、磁通的大小相等，相位上依次相差 120°，通过三路六只可控硅反应并联调压，经三相变压器升压整流，对静电除尘器供电[25]。三相电源电网供电平衡，无缺相损耗，功率因数高，可以减少初级电流，设备效率较常规电源高，容易实现超大功率。三相电源电路的原理如图 3-15 所示。

三相高压直流电源具有以下特点：a. 输出直流电压平稳，较单相电源波动小，可提高运行电压 20%以上，提高除尘效率；b. 相电流小，容易实现超大功率；c. 三相电源在电场闪络时的火花强度大，火花封锁时间更长，需要采用新的火花控制技术和抗干扰技术；d. 三相电源脉冲宽度、间歇比调整不灵活，因此对于高比电阻粉尘的应用效果较差。

与常规单相高压电源相比，三相电源输出电压的波纹系数较小，二次平均电压高，输出电流大，对于中、低比电阻粉尘，需要提高运行电流的场合，可以显著提高除尘效率，适用于高

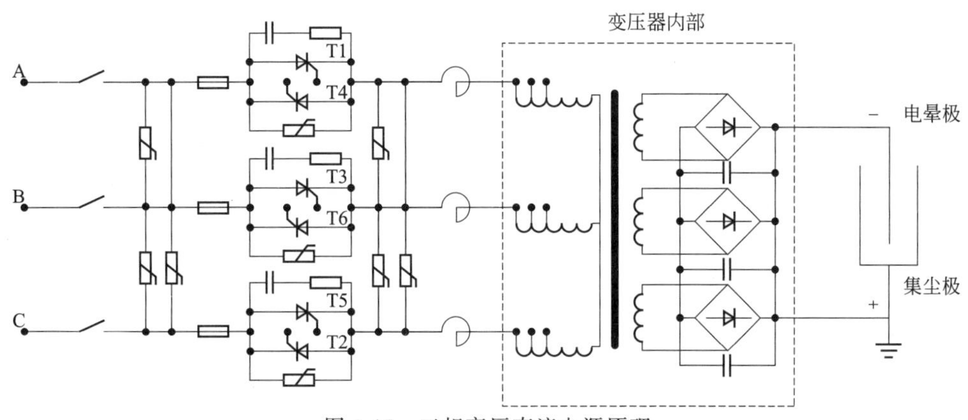

图 3-15 三相高压直流电源原理

浓度粉尘的电场，静电除尘器比较稳定的工况。某 1100MW 新建机组上采用三相电源实现常规静电除尘出口粉尘浓度不高于 10mg/m^3。

4. 脉冲电源

脉冲电源是静电除尘器配套使用的新型高压电源，脉冲供电方式已在世界上被公认为是改善静电除尘器性能和降低能耗最有效的方式之一[25]。通常由一个直流高压单元和一个脉冲单元叠加而成，直流高压单元可采用工频电源、高频电源、三相电源。脉冲电源可较大幅度地提高电场峰值电压，脉冲电压宽度一般在 120μs 及以下。

在静电除尘器中，脉冲单元负责粉尘荷电，瞬间形成高压脉冲供给静电除尘器电场，其峰值电压远高于静电除尘器使用常规电源时的击穿电压，供电时间短，且采用能量回馈机制，脉冲升压时的大部分能量送到储能电容中回收，供下一步脉冲使用。同时脉冲电源激发的电荷浓度为常规直流电源的几百倍，极大提高了粉尘的荷电量，尤其对 $PM_{2.5}$ 微细粉尘，同等工况下可减少粉尘排放 50%以上。此外，脉冲电源供电情况平均电流较小，减轻了粉尘层中的电荷积累，可减弱反电晕的发生，且脉冲电源平均电压电流和峰值电压电流单独可调，煤种和粉尘的适用性大大提高，适用于高比电阻粉尘和微细粉尘的后级电场改造。截至 2016 年年底，煤电行业脉冲电源的应用已超过 1000 台。

(五) 旋转电极电除尘技术

从 1979 年日立公司研制出首台移动电极电除尘器至今，移动电极电除尘器已经有 30 多年的应用历史。旋转电极除尘器是一种高效静电除尘设备，由前级固定电极电场（常规电场）和后级旋转电极电场组成，其收尘原理与常规静电除尘器完全相同，结构及工作原理如图 3-16 所示。

旋转电极电除尘器采用回转阳极板，改传统的振打清灰为清灰刷清灰，如图 3-16(b) 所示，旋转阳极板在顶部驱动轮的带动下缓慢地上下移动，附着于旋转阳极板上的高比电阻黏性粉尘在尚未达到形成反电晕的厚度时，就被布置在非电场区的旋转清灰刷彻底清除，不会产生反电晕现象。而且清灰是在无烟气流通的灰斗内进行，粉尘直接刷落于灰斗中，最大限度地减少了二次扬尘，大幅度提高了静电除尘的除尘效率，也降低了煤种变化对粉尘排放的影响。

旋转电极除尘器具有以下特点。

① 能高效收集高比电阻的粉尘。

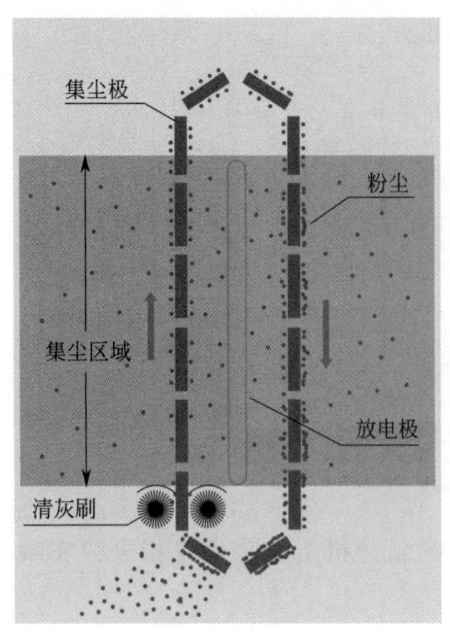

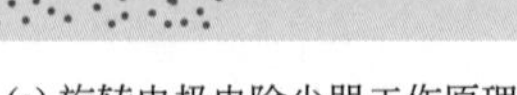

(a) 旋转电极电除尘器工作原理

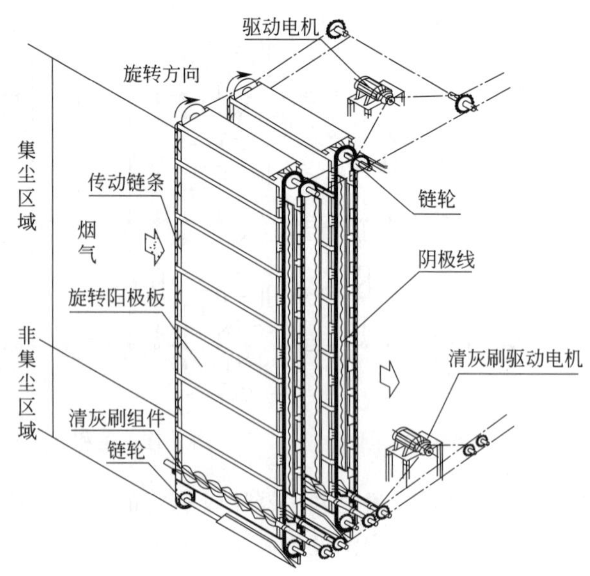

(b) 旋转电极电除尘器结构简图

图 3-16　旋转电极电除尘器结构及工作原理

② 节省空间、节省能源。一个移动极板电场相当于 1.5～3 个常规除尘器电场，而消耗的电功率仅为常规除尘器的 1/2～2/3。

③ 耐高温（可经受短时 350℃）、耐高湿、抗腐蚀性强，适合收集的粉尘范围广泛，燃煤锅炉，污泥焚烧炉，冶金、建材等行业均可使用。

④ 由于清灰是在无气流的空间进行，所以清灰效果好，粉尘二次飞扬几乎为零。

⑤ 突破了长高比的设计理念，设备布置不受场地限制。通过变频无级调速，可以实现极板移动速度与旋转刷角速度的不同配比，有效消除反电晕发生，适应不同煤种的粉尘及各种工况的变化。

缺点是对制造、安装工艺及维护要求较高，系统漏风率大，且旋转电极系统构件设备增加，旋转电极电除尘的基础投资比常规静电除尘高[26]。

文献［27］对旋转电极除尘器应用于某电厂 300MW 国产超临界、尾部配备 2 台双室五电场静电除尘器的锅炉的除尘效果进行了研究。原五电场除尘器出口粉尘含量（标态，6%O_2）为 111mg/m^3，为满足国家粉尘排放的要求，将原除尘器改造为“4+1”旋转电极除尘器。改造后除尘器出口设计粉尘浓度（标态）≤30mg/m^3。经改造，不同工况下，除尘器出口粉尘浓度均达到了设计值。如表 3-2 所列。

表 3-2　“4+1”旋转电极除尘器不同工况粉尘排放浓度

序号	项目	单位	工况 1	工况 2	工况 3	工况 4
1	实际处理烟气量(实际状态)	m^3/h	1957040	1952604	1952604	1952604
2	实际入口粉尘含量(标态、干基、6%O_2)	g/m^3	42.94	40.21	39.09	39.22
3	实际出口粉尘含量(标态、干基、6%O_2)	g/m^3	115	20	36	30
4	实际除尘效率	%	99.725	99.949	99.911	99.926

注：工况 1，满负荷下四固定电场正常运转+旋转电极电场停电停转。

工况 2，满负荷下四固定电场+旋转电极电场均正常运转。

工况 3，满负荷下三固定电场+旋转电极全部正常投运。

工况 4，满负荷下旋转电极电场通电停转。

二、布袋除尘技术

过滤除尘技术对不同粒径的颗粒物均有很高的脱除效率，烟气通过多孔介质，受滤料的惯性、静电、阻隔、钩挂以及自身的扩散作用，颗粒物被滤料拦截，与气体分离。多孔过滤介质包括纤维层（滤纸、滤布、滤袋或者金属绒）、颗粒层（矿渣、石英砂、活性炭等）和液滴，为了满足某些生产工艺中高温烟气除尘的需要，也进行了高温陶瓷过滤介质的研发与应用。如果所用滤料性能好，设计、制造和运行得当，其除尘效率甚至可以达到99.9%。处理风量可以从每小时几百立方米到百万立方米。特别是近年来，新的合成纤维滤料的出现、清灰方法的不断改进以及自动控制和检测装置的使用，使袋式除尘器得到迅速发展，已成为各类高效除尘设备中最富竞争力的一种除尘设备。但由于包括布袋在内的过滤介质需要定期更换以保证除尘效果，整个布袋除尘设备也具有较高的运行维护成本。

（一）布袋除尘原理

典型布袋除尘器主要由尘气室、净气室、滤袋、清灰装置、灰斗和卸灰装置等组成。滤袋的材质有天然纤维、化学合成纤维、玻璃纤维、金属纤维或其他材料。综合过滤机理，布袋除尘器的除尘原理可以归纳为以下几个主要方面[28]。

① 纤维型滤袋很小的孔隙可阻挡尘粒。

② 当含尘气流撞击到滤袋的经纬线时，尘粒因自身惯性不易改变运动方向而附着在其表面上。

③ 当含尘气体通过有些人造纤维滤料时，会产生静电现象，增加了对粉尘的吸附能力。

④ 一些极细的粉尘受到气体分子不规则运动撞击的扩散作用，增加了碰撞滤料纤维的机会，使其附着在滤料上。

不同结构的滤料，滤尘过程不同，滤尘效率也不同。以素布过滤为例，素布中的孔隙存在于经纬线以及纤维之间，后者占全部孔隙的30%～50%。开始滤尘时，大部分气流从线间网孔通过，只有少部分穿过纤维间的孔隙。其后，由于粗尘粒嵌进线间的网孔，强制通过纤维间的气流逐渐增多，使惯性碰撞和拦截作用逐步增强。由于黏附力的作用，在经纬线的网孔之间产生了粉尘架桥现象，很快在滤料表面形成了一层所谓粉尘初次黏附层（简称粉尘初层），如图3-17所示。由于粉尘粒径一般都比纤维直径小，所以在粉尘初层表面的筛分作用也强烈增强。滤布表面粉尘初层及随后在其上逐渐沉积的粉尘层的滤尘作用，使滤布成为对粗、细粉尘皆有效的过滤材料，滤尘效率显著提高。

布袋除尘器的滤尘效率高，主要是靠滤料上形成的粉尘层的作用，滤布则主要起着形成粉尘层和支撑它的骨架作用。正是由于布袋除尘器将沉积在滤料表面上的粉尘层作为过滤层的方式，为控制一定的压力损失而进行清灰时，应保留粉尘初层，而不应清灰过度，乃至引起过滤效率显著下降，滤料损伤加快。

（二）布袋除尘器结构

布袋除尘器主要由滤袋组件、除灰系统、离线保护系统等关键部分组成。脉冲布袋除尘器结构示意见图3-18。含尘气体经过导流挡风板通向各个单元室，基于导流装置的作用，大颗粒粉尘通过分离操作直接落入灰斗，其他粉尘随着气流逐渐进入不同过滤区，过滤处理后的气体排出。若滤袋表面粉尘达到某个厚度，滤袋内压和外压差异明显增加，当内外压差上升至设定数值，储气罐的空气迫使脉冲阀膜片自动打开，输出经过处理的空气，经由风管由喷嘴喷入滤袋内，实施自动反吹灰操作。滤袋组件主要由布袋、袋笼两个部分组成，袋笼能有效支撑布袋，上部与碳钢环进行连接，并将布袋绑扣锁在花板孔上。

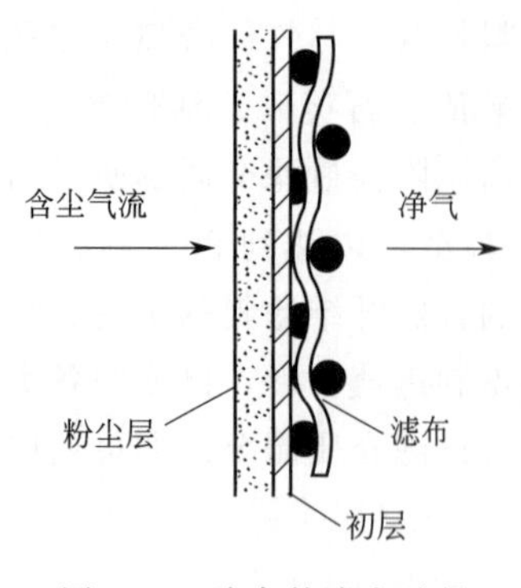

图 3-17　滤布的滤尘过程

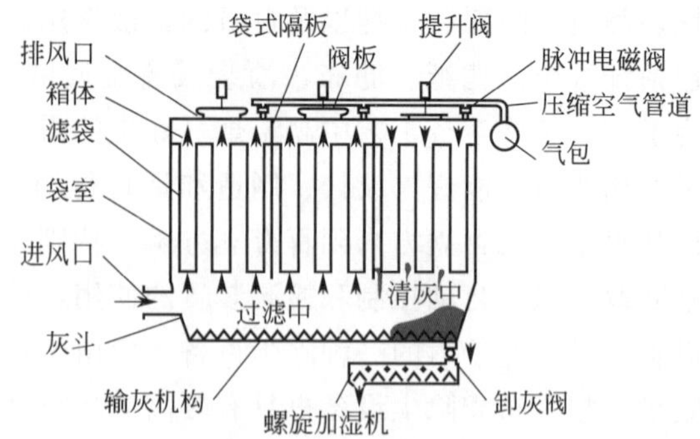

图 3-18　脉冲布袋除尘器结构示意

（三）布袋除尘器应用

1. 滤袋预喷涂

滤袋预喷涂主要指布袋投运前的预喷涂，其目的是在除尘器运行前在滤袋表面形成由碱性粉末组成的灰层，防止烟气对滤袋的腐蚀和堵塞。

预喷涂装置安装于除尘器进风总管上，包括粉仓、罗茨风机等，在主风机开启后利用除尘器内部形成的负压将粉末吸入并附着在滤袋表面。对于设有燃油系统的锅炉，低负荷运行时可能需要投油助燃，此时长时间投油燃烧产生的物质极易引起滤袋的堵塞。因此在锅炉启动或者低负荷投油助燃时必须做好布袋的预涂灰工作，并在布袋除尘器运行过程中停止滤袋清灰，当滤袋阻力升高时可进行短时清灰，保持压差在 1000Pa 附近，如图 3-19 所示，与收尘和清灰后滤袋相比，清洁滤袋的过滤效率最低，因此对滤袋进行预喷涂工作很有必要。

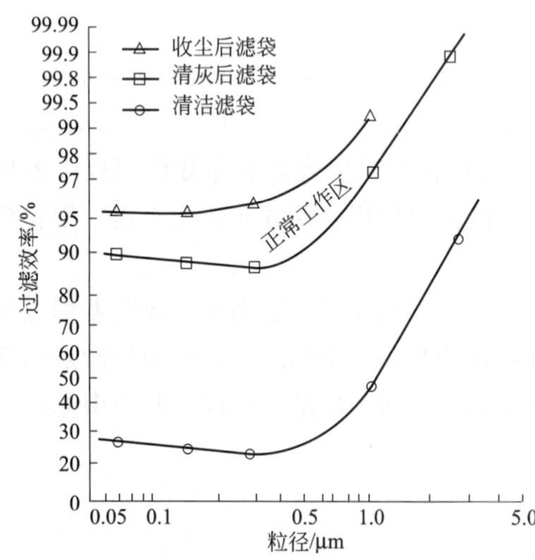

图 3-19　布袋除尘器对颗粒物的过滤效率[29]

2. 滤袋覆膜技术

随着对细颗粒物排放要求的逐渐提高，覆膜滤袋以其独特的优势逐渐被采用。覆膜滤料，即在针刺毡滤料或机织滤料表面覆以微孔薄膜制成的复合滤料，微孔薄膜有 PTFE（聚四氟乙烯）或 ePTFE（膨体聚四氟乙烯）薄膜，美国戈尔公司及国内一些公司生产的覆膜滤料，所覆薄膜为 ePTFE 薄膜，孔径小到 1～2μm。

覆膜滤料的基底可以是聚酯、聚丙烯、诺梅克斯、PPS、聚四氟乙烯、玻璃纤维制成的针刺毡或机织布。所覆薄膜一般是用聚四氟乙烯材料科学拉制形成的极薄的致密多微孔薄膜，将其压覆在滤料表面作为迎尘面，充分保证了透气性、过滤性和除尘器的低压差运行。对 0.01～1.0μm 的粉尘，分级捕尘率可达 97%～99%，总捕尘率可达 99.999%。覆膜滤料通过表面光滑的多微孔膨体聚四氟乙烯薄膜将粉尘截留在滤袋表面，而不再在滤料内部形成粉尘层，做到了真正的表面过滤，图 3-20 所示为内部过滤和表面过滤的区别。聚四氟乙烯的光滑、拒水特性使粉尘不易黏附，剥离清灰效果非常好，还具有耐高温、耐腐蚀等特性。在覆膜滤袋的过滤除尘过程中，起主要作用的就是表层覆膜，然而这层覆膜的厚度有的仅几微米，是名副其实的“薄”膜。因此，为了保证覆膜滤袋的品质，滤袋覆膜工艺极为重要。

覆膜滤料对薄膜的技术质量要求很高，其中薄膜的微孔直径、孔隙率和微孔分布均匀性是非常重要的指标，其质量直接影响覆膜滤料的过滤性能。薄膜与滤料的覆压技术也很重要，差的覆压技术不但影响透气性，在使用中还会造成薄膜与滤料的分离或损坏，影响使用寿命，当然被覆的滤料本身质量也是重要因素。

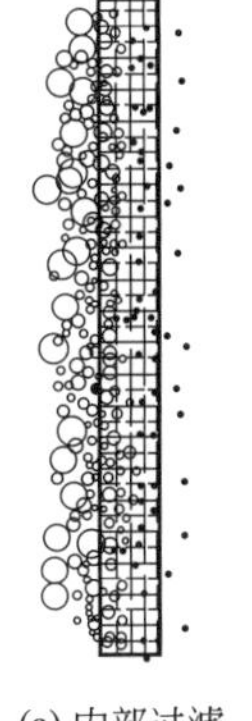

(a) 内部过滤

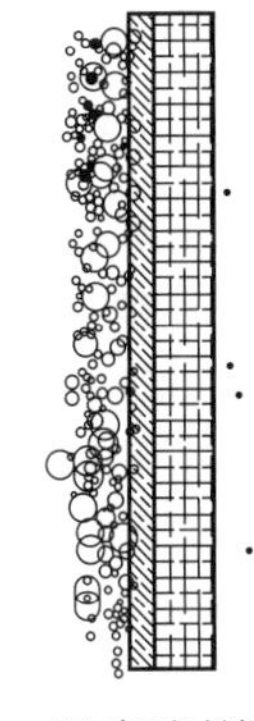

(b) 表面过滤

图 3-20　内部过滤和表面过滤示意[30]

国内玻璃纤维覆膜布袋的覆膜工艺有热压复合和胶黏法两种。其中热压复合是国际上通用的技术，用这种技术生产的玻璃纤维覆膜布袋，除尘效率高，运行阻力低，使用寿命长，无膜子脱落现象，可以长期工作在 260℃的工况下（瞬间温度可达 300℃）。另外，滤袋材料制备过程中采用热熔覆膜工艺使聚四氟乙烯与布面浸渍后的保护层形成整体熔合，布膜连为一体，制备出的滤袋具有耐高温、耐酸碱、使用寿命长的特点[31]。

另一种覆膜方法是用胶黏剂将 PTFE 薄膜黏合在玻璃纤维基布上（简称胶黏法），国内众多胶黏玻璃纤维覆膜产品的性能检测结果表明该方法生产的覆膜滤袋耐温不够，胶黏玻璃纤维覆膜布袋在温度达到 100℃时，黏合用的胶黏剂已经熔化，膜子脱落，清灰不易，造成除尘器阻力上升，滤袋使用寿命缩短。

3. 滤袋除尘压力损失

布袋除尘器的压力损失（设备阻力）不但决定其能耗，还决定了除尘效率和清灰时间间隔。布袋除尘器的压力损失与它的结构形式、滤料特性、过滤速度、粉尘浓度、清灰方式、气体温度及气体黏度等因素有关。布袋除尘器的压力损失基本上由式（3-1）所列的三部分组成：

$$\Delta p=\Delta p_c+\Delta p_0+\Delta p_d \tag{3-1}$$

式中　Δp——布袋除尘器设备阻力，Pa；

Δp_c——除尘器的结构阻力，Pa；

Δp_0——清洁滤料的阻力，Pa；

ΔP_d——滤料上粉尘层的阻力，Pa。

（1）除尘器的结构阻力

布袋除尘器的结构阻力是指气体通过入口、出口以及除尘器内部的挡板、引流器等产生的阻力。滤袋的排列布置对除尘器内的气流分布影响较大：间距过大会使除尘器体积增大，投资增加；袋间距过小，会使袋间的烟气流速增大，造成系统阻力增加，如图 3-21 所示。而且还会造成滤袋间的相互摩擦，对过滤效率也有一定的影响。滤袋的袋间距要根据袋长、滤袋的口径、所选取的过滤风速等综合考虑。正常情况下，除尘器的结构阻力一般为 200～500Pa。

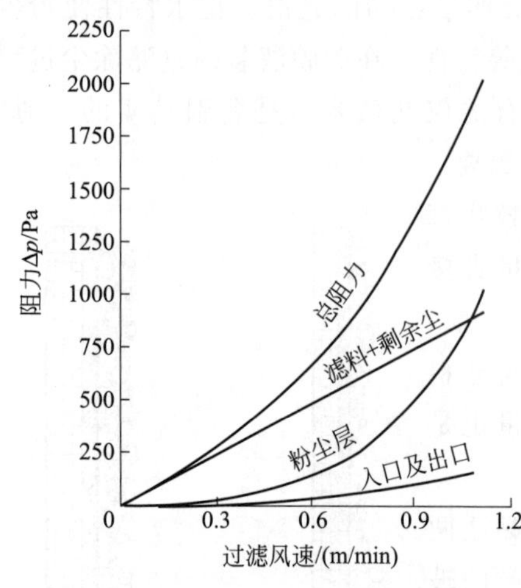

图 3-21 阻力与过滤风速的关系

(2) 清洁滤料的阻力

这部分阻力是指滤料未附着粉尘时的阻力。该项阻力较小。气体在滤料中的流动属于层流，清洁滤料的压力损失可用式 (3-2) 表示：

$$\Delta p_0=\xi_0\mu v \tag{3-2}$$

式中 ξ_0——滤料的阻力系数，m^{-1}；

μ——气体的动力黏度，Pa·s；

v——过滤速度，m/s。

(3) 滤料上粉尘层的阻力

$$\Delta p_d=\xi_d\mu v=am\mu v \tag{3-3}$$

式中 ξ_d——粉尘层的阻力系数，m^{-1}；

a——粉尘层的比阻力，m/kg；

m——粉尘负荷，kg/m^2。

正常运行的积尘滤料总阻力为

$$\Delta p_f=\Delta p_0+\Delta p_d=(\xi_0+\xi_d)\mu v=(\xi_0+am)\mu v \tag{3-4}$$

一般情况下 Δp_0=50～200Pa，而 Δp_d=500～2500Pa。通常，a 值不是常数，它取决于粉尘堆积负荷、粉尘粒径、粉尘层的空隙率及滤料的特性等。粉尘层的比阻力 a 随粉尘负荷 m 值的变化如图 3-22 所示。实用 m 值范围内的 a 值随 m 值的增加而逐渐减小直至不变。而对于清洁滤料，实用上常以透气率指标表示其阻力。透气率是指压差为 124.5Pa 时，滤料对大气的过滤速度 (cm/s)。

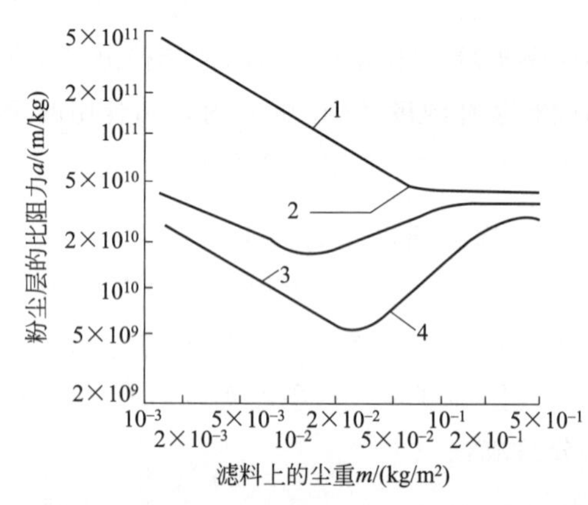

图 3-22 粉尘层的比阻力 a 随粉尘负荷 m 值的变化（过滤风速 1～10cm/s）

1—长丝滤布；2—光滑滤布；3—纺纱滤布；4—绒布

一般情况下，要求布袋除尘器的耐压度为 3000～5000Pa；当采用罗茨鼓风机为动力时，要求耐压度为 15000～50000Pa；在少数场合（例如高炉煤气净化），要求的耐压度超过 10^5Pa。因此每一类布袋除尘器都有其一定的阻力范围，选用时需根据风机能力等因素做适当的变动，并对过滤风速、清灰周期做相应的调整。

(四) 布袋除尘效率的影响因素

1. 滤袋本身特性

(1) 滤袋形状

布袋除尘器的形式多种多样。按滤袋断面形状分，有圆袋式和扁袋式两类，如图 3-23 所示。圆形滤袋应用较广，直径一般为 120～300mm，袋长 2～10m，径长比一般为 16～40，其取值与清灰方式有关。对于大中型布袋除尘器，一般都分成若干室，每室袋数少则 8～15 只，多达 200 只；每台除尘器的室数，少则 3～4 室，多达 16 室以上。扁袋的断面形状有楔形、梯形和矩形等形状，它的特点是单位容积内布置的过滤面积大，布置紧凑，一般能节约空间 20%～40%。但扁袋结构较复杂，制作要求较高，且清灰效果通常不如圆袋。

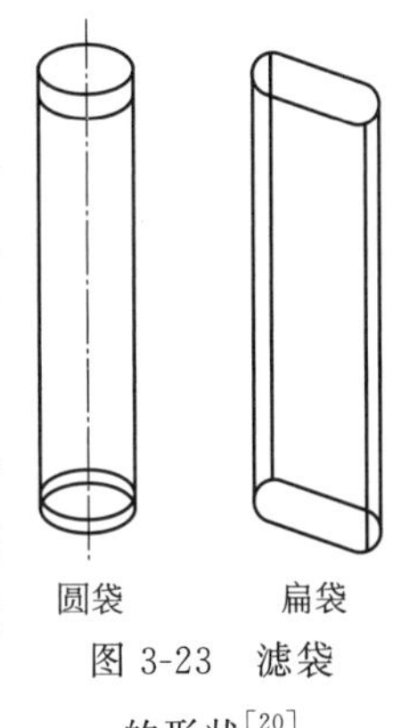

图 3-23　滤袋的形状[20]

（2）滤袋结构

按含尘气流通过滤袋的方向分，滤袋结构有内滤式和外滤式两类，见图 3-24。内滤式指含尘气流先进入滤袋内部，粉尘被阻留在袋内侧，净气透过滤料逸到袋外侧排出；反之，为外滤式。外滤式的滤袋内部通常设有支撑骨架（袋笼），滤袋易磨损，维修困难。

除尘器的进气口布置有上进气和下进气两种方式，见图 3-24。采用得较多的是下进气方式，具有气流稳定、滤袋安装调节容易等优点，但气流方向与粉尘下落方向相反，清灰后会使细粉尘重新积附于滤袋上，清灰效果变差，与上进气除尘器相比阻力增加约 30%，压力损失增大。

（3）滤料

滤袋是布袋除尘器的核心部件，布袋除尘器的性能在很大程度上取决于滤料的性能。滤料的性能主要指过滤效率、透气性和强度等，这些都与滤料材质和结构有关。根据布袋除尘器的除尘原理和粉尘特性，对滤料有如下要求。

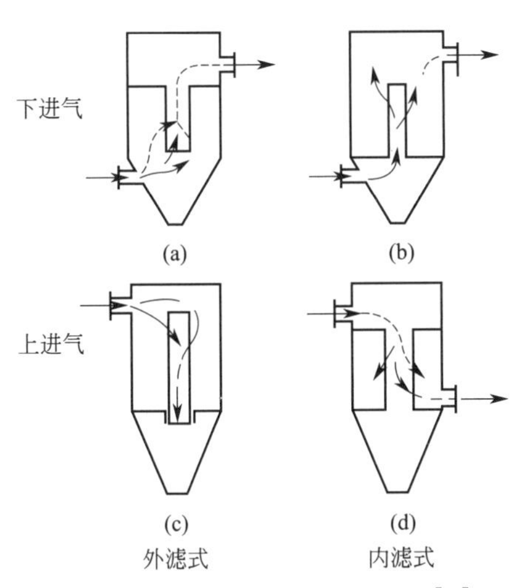

图 3-24　布袋除尘器的结构形式[20]

① 容尘量大，清灰后能保留一定的永久性容尘，以保持较高的过滤效率。

② 在均匀容尘状态下透气性好，压力损失小。

③ 抗皱褶、耐磨、耐高温和耐腐蚀性好，机械强度高。

④ 吸湿性小，易清灰。

⑤ 使用寿命长，成本低。

一般滤料很难同时满足所有要求，要根据具体使用条件来选择合适的滤料。

布袋除尘器采用的滤料种类较多，按滤料的材质分，有天然纤维、无机纤维和有机合成纤维等。就纤维而言，长纤维织物的表面绒毛少，粉尘层压力损失高，但容易清灰；一般短纤维织物表面有绒毛，滤尘性能好，压力损失低，但清灰时稍为困难。近年来随着合成纤维工业的发展，出现了一些低廉、耐用的新型滤料。

按滤料的结构分有滤布（素布和绒布）和毛毡两类。按滤布的织法分有平纹布、斜纹布和缎纹布三种；其中斜纹布的综合性能较好，过滤效率和清灰效果都能满足要求，柔软性好，透气性比平纹布好，但强度比平纹布稍差。常用滤料的物理化学性质如表 3-3 所列。

表 3-3　常用滤料的物理化学性质

名称＼性质		物理特性						化学特性			相对①价格	备注
		强度	密度/(g/cm³)	含水率/%	连续使用最高耐温/℃	耐磨损性能	断裂拉伸比/%	耐酸	耐碱	抗有机溶剂		
天然纤维	棉	强	1.5	7	80	中	6～10	弱	中	强	1.0	价廉
	羊毛	中	1.3	15	90	中	25～35	中	弱	强	15	空气过滤用
	纸	弱	1.5	10	80	弱	—	弱	中	强	—	

续表

名称 \ 性质		物理特性						化学特性			相对[①]价格	备注
		强度	密度/(g/cm³)	含水率/%	连续使用最高耐温/℃	耐磨损性能	断裂拉伸比/%	耐酸	耐碱	抗有机溶剂		
有机合成纤维	聚酰胺(尼龙)	强	1.1	4	90	强	30～50	中	强	酚和浓甲酸	1.3	清灰性能良好
	聚酯(涤纶)	强	1.4	0.4	130	强	20～40	强	中	酚	1.5	用途广
	聚丙烯腈(腈纶)	中强	1.2	1	120	中	30～50	强	强	热酮	1.2	
	聚丙烯	强	0.9	0	80	中	80～100	强	强	中	1.2	
	醋酸乙烯树脂(维尼纶)	强	1.3	5	110	强	15～25	中	强	弱	1.2	
	耐酸聚酰胺 聚四氟乙烯(特氟龙)	强 中	1.4 2.3	5 0	200 240	强 弱	20～40 15～30	中 强	强 强	苯磺酸 强	5 10	高温用 耐腐蚀性强，价昂贵
无机纤维	玻璃纤维	弱	2.5	0	250	弱	3～5	中	中	强	2	高温用
	石墨化纤维	弱	2	约10	300	弱	2～5	中	强	强	100	未利用
	不锈钢纤维	强	8	0	400	强	1～2	强	强	强	100	高温用，价格高

① 指相对棉的价格

其中天然纤维滤料如棉布、呢料和平绸等由于耐受温度较低（不高于90℃）等原因在燃煤烟气中无法采用；而无机纤维滤料（主要指玻璃纤维滤布）具有过滤性能好、化学稳定性好、耐高温、不吸湿和价格便宜等优点，并且经芳香基有机硅、聚四氟乙烯、石墨等方法处理后，其耐磨、疏水、抗酸和柔软性提高，表面光滑易于清灰，使用寿命较长。近年来，有机合成纤维滤料发展很快，并有取代天然纤维滤料的趋势。目前使用较多的有聚酰胺（尼龙、锦纶）、聚酯（涤纶）、聚丙烯腈（腈纶）、醋酸乙烯树脂（维尼纶）、聚四氟乙烯等。

2. 粉尘特性

含尘烟气中粉尘的粒径分布、附着性和凝聚性、吸湿性和潮解性、带电性等对布袋除尘器的清灰效果和除尘效果有较大影响。其中影响布袋除尘器除尘效率的主要是粉尘颗粒。对于粒径为0.1μm的尘粒，其分级除尘效率可达95%。对粒径为0.2～0.4μm的粉尘，无论清洁滤料或积尘后的滤料在不同状况下的过滤效率皆最低。这是因为这一粒径范围的尘粒正处于惯性碰撞和拉截作用范围的下限，扩散作用范围的上限。另外，尘粒携带的静电荷也影响除尘效率，粉尘荷电越多，除尘效率就越高。现已利用荷电粉尘的这一特性，在滤料上游使尘粒荷电，对于粒径为1.6μm以上尘粒的捕集效率可达99.99%。

3. 滤袋清灰方式

清灰的基本要求是从滤袋上迅速而均匀地剥落沉积的粉尘，同时又要能保持一定的粉尘层，不损伤滤袋，消耗动力较少。清灰是保持布袋除尘器长期正常运行的决定因素，也是影响其性能的重要因素，它与除尘效率、压力损失、过滤风速及滤袋寿命均有关系。布袋除尘器的清灰方式主要可以分为振动式、气环反吹式、脉冲式、声波式及复合式五种类型。其中的主流技术为脉冲反吹式，根据反吹空气压力的不同又可以分为高压脉冲反吹和低压脉冲反吹两种。高压脉冲反吹式由于能耗高影响滤袋寿命，现很少使用。低压脉冲式长袋型布袋除尘器比较适于燃煤机组的烟气除尘。这类除尘器清灰力度适中，且清灰比较充分，清灰对滤袋的损伤较小，运行可靠稳定。

目前我国燃煤机组已投运的布袋除尘器主要为低压脉冲固定行喷吹布袋除尘器、低压脉冲旋转喷吹布袋除尘器、分室定位反吹布袋除尘器等，其中前两种是目前国内最为广泛应用的除尘装置，表 3-4 为两种主流清灰的技术对比。分室定位反吹技术为国内自主研发技术，反吹风机提供反吹风，反吹风来自引风机出口烟气。

表 3-4　固定行喷吹与旋转喷吹技术比较

种类	低压脉冲固定行喷吹	低压脉冲旋转喷吹
主要技术特点	(1)一个喷嘴对应一条滤袋,滤袋长度方向上受力较为均匀; (2)保证任何位置上的滤袋都受到相同的喷吹次数; (3)喷吹力有可调的空间,适应性较强; (4)若更换滤袋,需要拆除喷吹管,工作量大; (5)无运动构件; (6)结构复杂,设备成本高	(1)一个喷嘴对应若干条滤袋,在滤袋长度方向上滤袋的受力很不均匀; (2)随机喷吹,滤袋每次受到的喷吹力相差较大; (3)喷吹力无法调节,只能调节喷吹频率; (4)更换滤袋不需要拆除喷吹管,工作量较小; (5)有运动构件,易发生故障; (6)结构相对较为简单,设备成本低
清灰气源	压缩空气	自带罗茨风机
喷吹压力/流量	中压中流量,压力 0.3～0.5MPa	低压大流量,喷吹压力不大于 0.1MPa
滤袋寿命	低压脉冲旋转喷吹压力低,寿命比行喷吹高 10%～15%	

行喷吹的优点是一个喷嘴对应一条滤袋，滤袋长度方向上受力较为均匀，并且能够保证任何位置上的滤袋都受到相同的喷吹次数，喷吹力可调，适应性较强，但清灰气源来自压缩空气，能耗较高。而旋转喷吹的优点是结构简单，设备成本低，后期的维护成本较低，自带罗茨风机就可以清灰，在国内，包含电袋除尘器中的布袋除尘器在内，行喷吹与旋转喷吹的市场占有率之比约为 4∶1。

4. 烟温和湿度

(1) 烟温

布袋除尘器的使用温度受以下两个条件的制约：a. 滤料材质所允许的长期使用温度和短期最高使用温度，一般应按长期使用温度选取；b. 为防止结露，烟气温度所允许的最低限度，一般应保持除尘器内的烟气温度高于露点 15～20℃。

对于高温尘源，必须将含尘气体冷却至滤料能承受的温度以下。烟气温度太高超过滤料允许温度易“烧袋”而损坏滤袋。在烟气进入布袋除尘器之前可以采取以下三种降温及预防措施。

① 设置气体冷却器，冷却高温烟气的介质可以采用温度低的空气或水，称为风冷或水冷。风冷和水冷既可以是直接冷却，也可以是间接冷却。一般采用喷水降温系统保证除尘器处于合适的烟温区间，喷水降温系统的降温能力不低于 30℃，当烟温异常时启动，保护设备，但喷水降温只是应急措施，不能作为保护滤袋寿命的常规手段，并且喷水部位离滤袋有足够的距离，降温水要有较好的雾化效果，在到达滤袋之前及时蒸发，不影响滤袋寿命。

② 掺混低温烟气，在同一个除尘系统处理不同温度的烟气，应首先把低温气体与高温气体混合。

③ 装设冷风阀，在布袋除尘器前设置吸风冷却阀，防止高温烟气超过允许温度进入布袋除尘器。通过一个有调节功能的蝶阀，一端与高温管道相接，另一端与大气相通。调节阀用温

度信号自动操作，控制吸入烟道系统的空气量，使烟气温度降低，并调节在一定范围内。高温烟气中往往含有大量水分子和 SO_x，鉴于 SO_x 的酸露点较高，确定布袋除尘器的使用温度时，应予以特别注意。

（2）湿度

糊袋是除布袋除尘器结构设计之外引起除尘器阻力升高的主要原因之一，糊袋的原因之一是水或者油在滤袋表面粉尘层黏结，可能引起糊袋的原因及对应的解决方法如下。

① 新布袋运行前未进行预喷涂操作：对于设有燃油系统的锅炉，锅炉低负荷运行时可能要投油助燃，而长时间的投油助燃烟气若不经处理直接进入除尘器，会在布袋表面形成一层黏附层粉尘，引起除尘器滤袋阻力异常升高。因此为了保护滤袋，保证排放要求，在锅炉启动或低负荷投油助燃时必须做好布袋的预喷涂工作并停止滤袋清灰，当经过较长时间滤袋阻力升高较高时，可短时清灰保持滤袋压差在 1000Pa 附近，不得过度清灰而使滤袋压差处于较低水平。

② 锅炉爆管：锅炉管道爆裂后，锅炉控制系统的反应和调整需要一定的时间，此时进入除尘器中的烟气湿度增加，使粉尘板结，布袋阻力升高。较为有效的方法是在系统中加装在线湿度监测仪，当烟气湿度异常时检查修复管道。

③ 运行温度较低：一般的运行温度应该比该工况下的酸露点高出 15～20℃，避免结露，若运行温度过低，布袋表面会发生酸结露，灰尘在布袋表面板结，布袋阻力迅速上升。并且在开机与关机过程中，伴随着温度的变化，结露在所难免。对此的解决方法之一是适当提高进入除尘器的烟气温度，例如：在处理接近露点温度的高温气体时，应以间接加热或混入高温气体等方法降低气体的相对湿度，以防结露。对已发生的结露现象，应及时强制清灰，避免情况恶化。

（五）布袋除尘器超低排放改造

布袋除尘器在燃煤机组，特别是燃用低硫煤的机组中广泛应用，有学者研究认为布袋除尘器也存在类似静电除尘器的穿透窗口，对于静电除尘器来说，穿透窗口对应的颗粒物恰好处于场致荷电与扩散荷电的混合区，而对于布袋除尘器来说，其穿透窗口对应的颗粒物处于惯性控制和扩散控制的混合区，脱除效率同样较低[32]。总的来说布袋除尘器的除尘效果优于干式电除尘器（图 3-25）。然而布袋除尘器最大的不足是滤袋材料的限制，在高温、高湿度、高腐蚀性气体环境中，布袋除尘器的除尘适应性较差。并且布袋除尘器运行阻力较大，平均运行阻力在 1500Pa 左右，有的布袋除尘器实际运行很短时间阻力就超过 2500Pa。再者滤袋易破损、脱落，旧袋难以有效回收利用等问题也制约着布袋除尘器的应用与发展[33]。

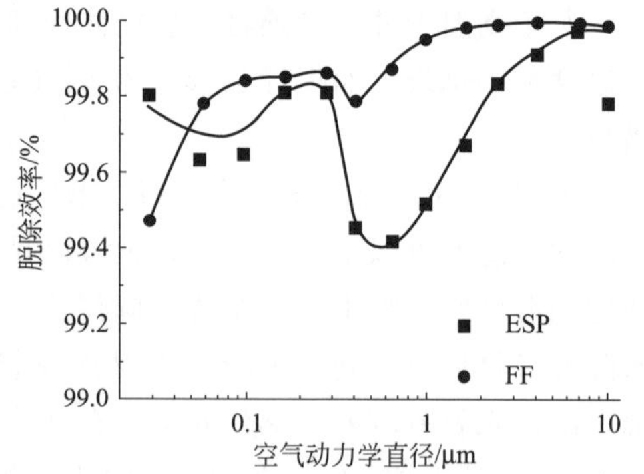

图 3-25　布袋除尘器对颗粒物分级脱除效率[34]

近年来，随着耐高温、耐高湿、抗腐蚀、抗静电等高性能过滤材料的快速发展，布袋除尘器在燃煤机组的应用得到人们的重视。典型的新型滤料为 PTFE 覆膜滤料，美国环保署的环境技术认证（environmental technology verification，ETV）

项目对其性能进行检测，发现滤料覆膜可在一定程度上控制 $PM_{2.5}$ 和消除有害气体。

目前国内燃煤机组布袋除尘器的滤料主要有纯 PPS 滤料、PPS＋PTFE 覆膜滤料、PPS＋P84 复合滤料、PPS＋PTFE 混纺＋PTFE 基布复合滤料。下面对几种滤料的优缺点进行简单的介绍。

1. PPS 滤料

PPS（聚苯硫醚）滤料是目前燃煤锅炉烟气除尘的专用滤料，具有良好的抗酸碱、抗水解和耐高温性，但抗氧化能力较弱。目前国内布袋除尘器的滤袋普遍采用 PPS。大多选用 PPS 滤料的布袋除尘器后处理仅进行常规处理，滤袋在使用一年后阻力大幅度上升（最高 1800Pa 以上），同时出现滤袋的异常破损，影响除尘器的除尘效率，污染除尘器内部，影响运行并增加了检修工作的难度，因此对于燃用高硫煤的锅炉，不建议使用该材质的滤袋。

2. PPS＋PTFE 覆膜滤料

PTFE（聚四氟乙烯）在中国被称为“塑料王”，在防护、防腐和工程塑料中应用广泛，近二十年来将其制成膜开始应用于过滤材料方面。聚四氟乙烯具有良好的化学稳定性（几乎所有酸碱都不会对其构成腐蚀）和耐高温（长期使用温度 240℃，瞬间温度不超过 260℃）的特点，应用于高温烟气的过滤受到广泛的关注和研究。

PTFE 覆膜过滤材料的优点：一是覆膜形成的微孔提高了过滤精度，可达到 99.99％，排放浓度（标态）可控制在≤$3mg/m^3$，对微细粉尘的控制具有较好的效果；二是 PTFE 的化学稳定性决定了覆膜过滤材料比其同类的非覆膜材料具有耐腐蚀、耐高温的优势；三是 PTFE 覆膜滤料是目前最好的过滤技术，与常规滤袋相比属于表面过滤技术，其最大的特点是膜表面非常光滑，有非常好的拒水性质，表面不粘水，含湿粉尘容易剥落，不会黏结在滤袋表面，使滤袋的过滤通道保持通畅，长期运行阻力也较低，使用寿命长。

3. PPS＋P84 复合滤料

P84 纤维比 PPS 具有更高的耐受温度（260℃）和更好的抗氧化性能，其纤维的多瓣断面特性使其具有更好的透气性和更高的过滤精度，在降低排放量、降低阻力、提高寿命方面比纯 PPS 滤料更优，但其抗水解性能较差，价格介于 PTFE 覆膜与纯 PPS 之间，具有较好的性价比。

PPS＋P84 复合滤料是在 PPS 滤布表面针刺 P84，整个滤料的配比通常为 PPS（80％～85％）＋P84（20％～15％），且 P84 应在滤袋的迎风面，目前国内燃煤机组使用 PPS＋P84 复合滤料的还较少。

4. PPS＋PTFE 混纺＋PTFE 基布复合滤料

通过近些年电袋除尘器的使用发现，最早采用 PPS 滤料的滤袋出现过早失效的风险，其中可能的原因是静电除尘器产生的臭氧使其氧化失效。

电袋除尘器中的布袋除尘一般采用 PPS＋PTFE 混纺＋PTFE 基布复合滤料，尤其在烟气含硫量较高时，能够保证滤袋的寿命，PPS＋PTFE 的混纺比例在 40％～60％，由于 PTFE 密度较高，为保证一定的滤料厚度，滤料的质量相应增加，一般在 $650g/m^2$ 以上，其价格比纯 PPS 高，但比 PTFE 滤料要便宜得多，与 PPS＋P84 复合滤料价格相当。

布袋除尘器在燃煤机组应用中需要注意以下几点。

① 布袋除尘器一般使用的排灰方式是水冲式，灰尘落入灰斗后，利用水箱放水，使灰尘被冲入地沟中。冬季温度较低，灰斗的密封性较差，烟气会在温度较低的位置上凝结，然后黏附在灰斗壁上，出现堵灰现象，因此在对布袋除尘器进行设计时需要充分考虑各方面的因素，要充分考虑使用地的温度条件。

② 布袋除尘器要求滤料的质量比较高，脉冲阀、滤料等主要依靠进口，在一定程度上增加了设备生产成本。滤料是否国产是当前影响布袋除尘器普遍应用的重要因素。

③ 布袋除尘器处理湿度较高的含尘气体时，必须采取相应的保温措施。

目前布袋除尘器在火电行业应用趋于结构大型化，单机最大处理烟气量超过 $3\times10^6 m^3/h$，过滤面积在 $5\times10^4 m^2$ 以上。形式也多样化，例如直通均流布袋除尘器、横插布袋除尘器等。此外为提高 $PM_{2.5}$ 捕集效率，降低运行阻力，基于超细纤维的表面超细面层梯度滤料和高硅氧覆膜滤料相继研制成功，出口颗粒物浓度＜$10mg/m^3$，设备阻力 700～1000Pa。布袋除尘器具有优良的颗粒物脱除效果，但布袋除尘器存在固有的阻力增加问题，使其与干式电除尘器相比没有绝对的优势。需综合成本、运行、维护费用等进行全面考量。

三、电袋复合除尘

我国燃煤机组除尘技术中，静电除尘器和布袋除尘器，尤其是前者占据我国燃煤机组除尘技术的绝大部分（图 3-26），但在水泥行业，布袋除尘器占主导地位。静电除尘器的除尘效率受设计水平、锅炉运行状况、煤种、粉尘的理化性质等诸多因素的影响，再加上运行维护等多方面的原因，现役静电除尘器要达到设计效率存在不同程度的困难。2017 年环境保护部（现生态环境部）《关于发布〈火电厂污染防治技术政策〉的公告》（2017 年第 1 号）中明确提出，火电厂达标排放除尘技术路线选择应遵循以下原则：若飞灰工况比电阻超出 $10^9\sim10^{11}\Omega\cdot cm$，建议优先选择电袋复合和布袋除尘技术；否则，应通过技术经济分析，选择适宜的除尘技术。电袋复合除尘技术是静电除尘技术与布袋除尘技术有机结合的一种新型高效复合除尘器。

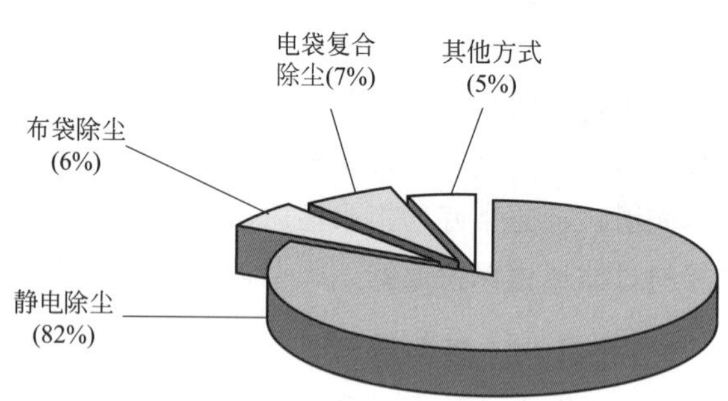

图 3-26 我国火电厂各除尘方式所占比例[33]

（一）电袋复合除尘布置方式

电袋复合除尘技术有机结合了静电除尘器与布袋除尘器的除尘特点，除尘效率不受粉尘特性及风量的影响，效率稳定，适应性强。采用“前电后袋”的布置方式，前级常规静电除尘器预收集烟气中 80%～90%的粉尘量，然后后级布袋除尘器捕集烟气中的残余微细粉尘。电袋复合除尘主要有三种形式。

1.“预荷电＋布袋”形式

含尘气流先通过预荷电区，在高压电场中，粉尘充分荷电并凝并成较大粒子，然后由布袋除尘器收集。部分布袋除尘器内设置电场，与荷电尘粒极性相同，电场力与流场力相反，尘粒不断透过纤维层，效率很高，同时由于排斥作用，沉积于滤袋表面的粉尘较疏松，过滤阻力减小，使清灰变得更容易。

2. “静电布袋”串联式

这种串联除尘方式前后两级分别是独立的静电除尘器和布袋除尘器（见图 3-27），特别适用于已投产但不达标，场地受到限制的静电除尘器改造。以四电场静电除尘器改造为例，保留一个电场，将后三个电场空间改为过滤区，粉尘在进入布袋除尘单元之前，先经过电场预处理单元，脱除烟气中的粗颗粒，并使烟气中剩余的颗粒物荷电，然后利用布袋除尘单元脱除剩余的颗粒物。前级电场的预除尘作用和荷电作用为提高后级布袋除尘器的除尘性能起到了重要的作用[35]。该改造方法不增加原静电除尘器的宽度、高度，改造工作量小，施工周期短，投资低于单独采用布袋除尘器或静电除尘器的费用，粉尘排放质量浓度可长期稳定保持在 50mg/m^3 以下。

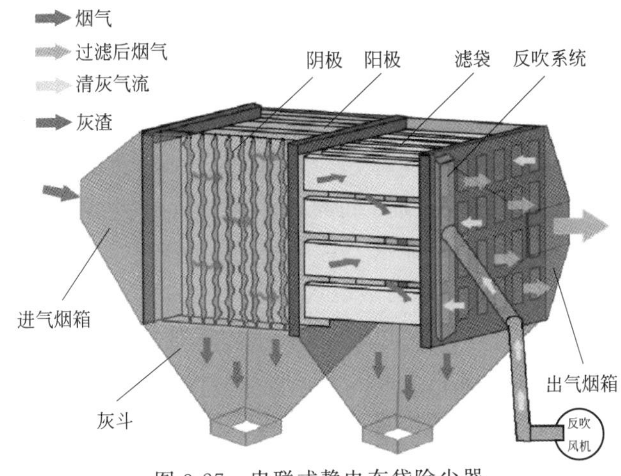

图 3-27　串联式静电布袋除尘器

3. 先进混合型（advanced hybrid particulate collector，AHPC 或 advanced hybrid filter，AHF）

将整个除尘器划分为若干个除尘单元，每个除尘单元均含有静电除尘单元和布袋除尘单元，静电除尘电极和滤袋交替排列。AHPC 于 1990 年由美国北达科他大学研发，1999 年获得专利，其基本思想是把静电除尘和布袋除尘集于一个腔内，把滤袋置于静电极板和极线之间，实现了静电除尘和布袋除尘真正的混合（图 3-28）。该先进混合除尘器既适用于新建的设备，也适用于旧静电除尘器的改造[36,37]。

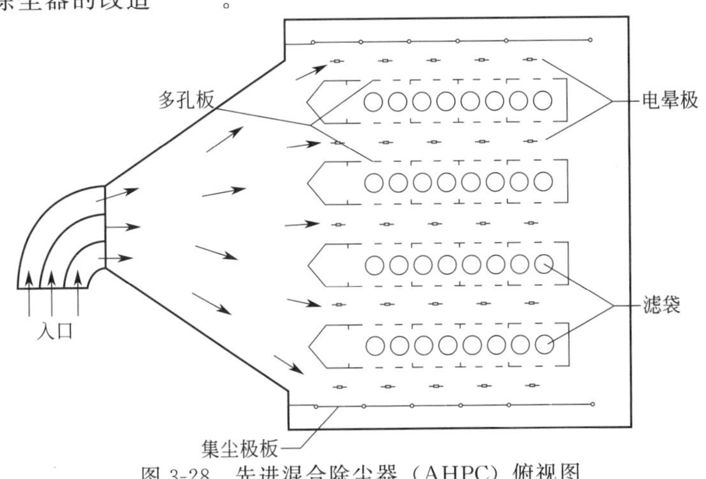

图 3-28　先进混合除尘器（AHPC）俯视图

近年来，国内清华大学、西安热工研究院、福建龙净环保、浙江菲达环保、大唐集团公司等相继开展了电袋复合除尘技术的研究与开发，研究主要侧重于前电后布袋及其改进型的技术开发和实践。

（二）电袋复合除尘特点

① 压降降低：与传统的布袋除尘器相比，“前电后袋”的复合除尘降低了滤袋的粉尘负荷量，滤袋表面形成的荷电粉尘层比常规布袋除尘器运行阻力降低500Pa以上，电荷的静电作用使粉尘更加不易穿过滤料，大幅度降低了压降。

② 滤袋的使用寿命延长：电袋除尘器前级的静电除尘脱除了烟气中大部分粉尘，这些粉尘具有颗粒粗、直径大、动量大的特点，对滤袋的磨损破坏强度大，剩下的细颗粒进入滤袋除尘后速度降低，大大降低了粉尘对滤袋的冲刷磨损。与常规布袋除尘器相比，单位时间内滤袋面积沉积的粉尘量较少，滤袋的清灰周期可以为常规布袋除尘器的3倍以上，延长了滤袋的使用寿命。

③“前电后袋”的布置方式有效缓解了静电除尘器二次扬尘的问题，提高除尘效率。

④ 电袋复合除尘受烟温及烟气含硫量、含湿量的影响较大，烟温高，含硫量、含湿量大时需要选用更好的滤料。也有研究显示前级电场放电产生的臭氧对布袋有腐蚀作用，影响布袋寿命，布袋寿命一直是电袋除尘器运行过程中最突出的问题。

⑤ 电袋复合除尘器的效率受煤种、飞灰特性的影响较小，对微细粉尘的分级除尘效率高，电袋复合除尘的除尘效率能达到99.9%以上，排放浓度（标态）可以实现20mg/m^3或者更低，且长期运行稳定。但排放要求进一步提高，会增加电袋除尘器的阻力，使运行能耗增加，破损布袋的更换及后处理问题也会随着布袋除尘器使用年限的增加而日益突出。

（三）国内研究应用进展

近年来国内一些科研院所和企业相继开展了电袋除尘技术的研究与开发。主要研究内容如下。

① 电袋复合除尘机理研究。清华大学973项目、浙江大学863项目均对电袋除尘器的机理与应用进行了研究。

② 电袋复合除尘的实验研究。包括对荷电粉尘的捕集特性、滤料动态性能、荷电粉尘层特性等进行实验研究。东北大学设计了前电后袋的电袋复合除尘实验台，研究电袋复合除尘器对荷电粉尘的捕集特性以及滤料的动态过滤特性。北京工业大学做了新型电袋复合除尘器性能研究，设计了一种新型的电袋组合方式预荷电与静电增强协同作用，得到电场强度、气布比、压损、清灰周期、除尘效率等参数的变化规律。

③ 电袋复合除尘器运行仿真及仿真设计研究。建立数学模型，开发仿真软件进行仿真运行、实验或设计。

电袋复合除尘器的实际应用则要考虑静电除尘单元与布袋除尘单元之间的烟气分配均匀性问题、电袋复合除尘器中静电除尘器供电和运行参数、布袋除尘清灰参数等。

国内某型号电袋复合除尘器主要技术特点如下。

① 电袋复合除尘器前部分电场主要吸收烟气中80%～90%的粉尘，使进入袋区的粉尘荷电。电场配用电源的性能至关重要，高频电源有利于粉尘荷电，其突出特点是能向电场提供近似直流的电流波形，使粉尘在电场中充分荷电。

② 采用小分区供电，增强电流的可靠性。由于电袋复合除尘器电场长度短，因此需要注意电场运行的可靠性。为此，将电场沿气流流动方向分为 2～4 个小分区。沿气流垂直方向，按通道数多少又分为 4～8 个小分区，大大降低了电场故障的影响因素。

③ 开发长滤袋，提高箱体空间利用率。大型机组的除尘器，电场区极板高度多在 10m 以上，为了使电场区气流分布均匀，袋区的箱体高度一般与电场区相同。如果滤袋长度过短，滤袋底部与灰斗之间的空间便会过高，为提高箱体空间的利用率，应尽可能增加滤袋长度，但滤袋长度不能过大，要考虑气流上升速度的极限值、袋笼的制造问题和花板的承载负荷。实践应用已经证明直径 160mm、长 8000mm 的长滤袋比相同直径长 7000mm 的滤袋箱体空间利用率提高 15%～18%。

④ 采用大喷吹量的脉冲阀。喷吹压力、喷吹量、喷吹周期、脉冲宽度等均影响布袋的正常连续运行。通常情况下，一个脉冲阀最多仅能喷吹 16～18 条直径 160mm、长度 8000mm 的滤袋，这个限度给大型电袋复合除尘器的设计带来困难，气路复杂、阻力大、设备投资也大。采用大喷吹量脉冲阀后，除尘气路更为顺畅。

⑤ 采用可靠的旁路装置和喷水降温装置。一般采用烧油的方法进行锅炉点火升温，为了防止油烟污染滤袋，在气路上设置旁路装置，让大部分烟气从旁路流过。此外，当烟气温度过高时旁路装置也能保护滤袋。另外，可在烟道上设置喷水降温装置，根据烟气管道上的温度信号进行喷水降温操作。

我国电袋除尘器的研究目前还处于总结经验、大力推广应用阶段，电袋复合除尘器在现有机组的静电除尘系统改造和新建大型机组中已在 600MW 和 1000MW 机组得到实际应用，600MW 以上的电袋复合除尘器已经达到数十台，并远销印度等海外市场；1000MW 级的除尘器也在不断应用优化中。截至 2016 年年底，我国电袋复合除尘器在燃煤机组应用总装机容量已经超过 2×10^8kW，占煤电烟气除尘装机容量的 20%以上。随着超净电袋技术的发展，该项除尘技术将会得到更广泛的应用。

第四节　高效烟气除尘技术

高效烟气除尘技术是控制燃烧源细颗粒物的重要手段，提高了除尘装置对细颗粒物的捕集性能。目前应用的高效除尘技术主要有湿式电除尘技术、低低温电除尘技术、湿法脱硫塔内高效除雾除尘技术、细颗粒物团聚技术等。

一、湿式电除尘技术

湿式电除尘技术是通过烟气与水（或其他液体）接触实现颗粒物脱除的静电除尘技术，应用湿式电除尘技术的除尘设备称为湿式电除尘器（wet electrostatic precipitator，WESP），也称为湿式电洗涤器。湿式电除尘器可以实现气态污染物的协同脱除。

（一）湿式电除尘原理

湿式电除尘器（WESP）与静电除尘器（ESP）捕集原理基本相同，但在捕集粉尘的清灰方式上有差别，如图 3-29 所示。在湿式电除尘器的阳极和阴极线之间施加数万伏直流高压电，在强电场的作用下，电晕线周围产生电晕层，电晕层中的空气发生雪崩式电离，从而产生大量的负离子和少量的阳离子，这个过程叫电晕放电；随烟气进入湿式电除尘器内的尘（雾）粒子与这些正、负离子相碰撞而荷电，荷电后的尘（雾）粒子由于受到高压静电场库仑力的作用，向阳极运动；到达阳极后，其所带的电荷释放，尘（雾）粒子被阳极所收集，在水膜的作用下靠重力自流向下与烟气分离；极小部分的尘（雾）粒子则由于其本身固有的黏性而附着在阴极线上，通过关机后冲洗将其清除。

湿式电除尘器与干式电除尘器的不同点如下。

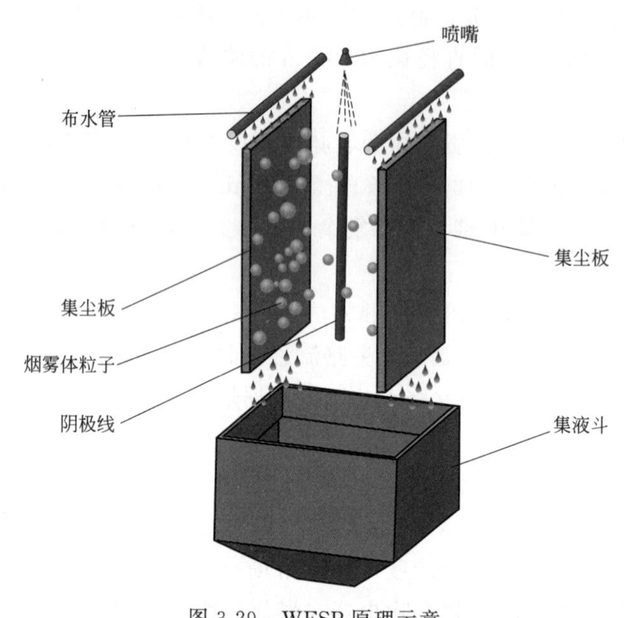

图 3-29 WESP 原理示意

① 湿式电除尘器在饱和湿烟气条件下工作，尘雾粒子荷电性能好，电晕电流大，除尘除雾效率高，对微细、潮湿、黏性或高比电阻粉尘的捕集效果都很理想。

② 湿式电除尘器借助水力清灰，没有阴阳极振打装置，不会产生二次飞灰，确保出口粉尘达标。

③ 湿式电除尘器对于微细颗粒 $PM_{2.5}$ 以及 SO_3、NH_3 气溶胶有很好的去除效果。由于湿式电除尘器能提供几倍于干式电除尘器的电晕功率，大大提高了对 $PM_{2.5}$ 的捕集效率，湿式电除尘器通过对流冷却降低烟气温度、促进冷凝，也能对酸雾进行捕集。因此，湿式电除尘器可有效捕集烟气中的细颗粒物及 $PM_{2.5}$ 前驱体污染物（SO_3、NH_3、SO_2、NO_x）、石膏液滴、酸性气体（SO_3、HCl、HF）、重金属汞等，去除效率可达 90%以上，降低了烟气的不透明度（浑浊度）。

④ 湿式电除尘器采用更高的设计烟气流速，体积更小。

（二）湿式电除尘器形式及应用

湿式电除尘装置通常布置在湿法脱硫吸收塔之后，作为燃煤烟气污染物净化的终端治理设备，可以实现烟尘排放浓度（标态）$\leqslant 5mg/m^3$ 及烟气多污染物的深度净化[38]。常规湿式电除尘器为管式除尘器，主要由沉淀极、电晕极、绝缘箱、冲洗装置等构成。目前燃煤机组中 WESP 主要有垂直烟气流独立布置、水平烟气流独立布置、烟气垂直流与 WFGD 系统整体式布置三种布置方式。其中烟气垂直流与 WFGD 的整体式布置是近年来燃煤机组改造较为常用的技术方案。

WESP 内部的集尘极有管状和平板状两种形式，管状 WESP 只适用于垂直烟气流向，平板状 WESP 既有水平烟气流向也有垂直烟气流向，一般管状 WESP 内烟气流速可以是平板状 WESP 的 2 倍。燃煤机组中 WESP 多采用垂直烟气流向。湿式电除尘器按阳极材料的不同分为金属极板 WESP、导电玻璃钢 WESP、柔性极板 WESP 和泡沫金属径流式 WESP 等（图 3-30）。

1. 金属极板 WESP

金属极板 WESP 有卧式独立布置和立式独立布置两种布置方式。立式金属极板 WESP 也

(a) 卧式金属平板式

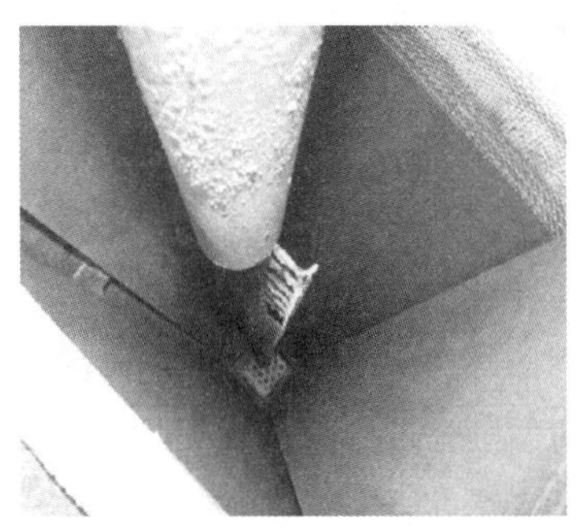

(b) 立式泡沫金属径流式

(c) 立式玻璃钢蜂窝式

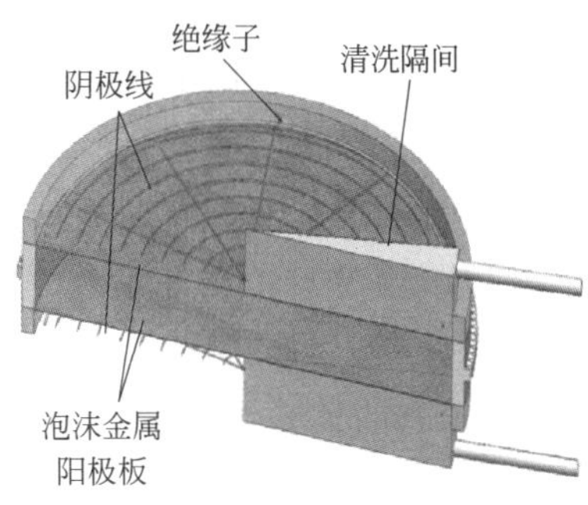

(d) 立式柔性矩形式

图 3-30 湿式电除尘器形式

可以布置在脱硫塔顶部，卧式金属平板式湿式电除尘在日本研究较多，国内制造商主要是引进日本日立公司或三菱公司的技术。图 3-31 为卧式金属极板 WESP 结构图，主要由本体、阴阳极系统、喷淋系统、水循环系统、电控系统等组成，而除尘器本体与干式电除尘器基本相同。

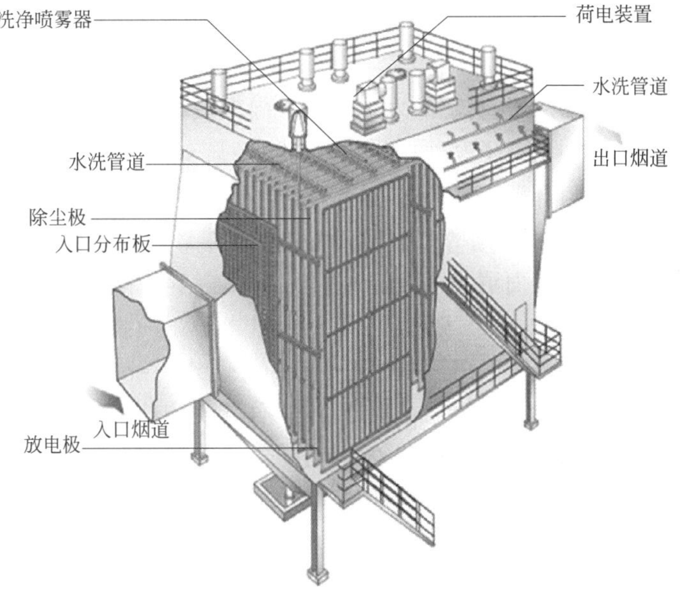

图 3-31 卧式金属极板 WESP 结构

WESP发挥优势的前提是能够在集尘极表面形成均匀连续的水膜，结构合理、运行稳定的工艺水系统是金属极板WESP稳定运行的关键因素之一，金属极板WESP采用连续喷水方案，供水箱提供原水对后端喷淋装置进行喷淋，循环水箱对前端喷淋装置进行喷淋，冲洗极板上的粉尘。

为保证WESP长期稳定运行，需要进行结构防腐考虑和设计。WESP工作在高湿、含酸的腐蚀环境中，而喷淋水冲洗电极后与酸雾混合呈酸性，腐蚀性强，对工艺水系统的内部构件、管道等的防腐要求高。此外WESP的壳体安装时应严格检查壳体内表面的易腐蚀点，壳体内表面需要涂有满足防腐标准厚度的玻璃鳞片衬里。而WESP收尘板必须能够耐烟气中酸雾及腐蚀性气体的腐蚀，各种耐腐蚀不锈钢和高端合金等材料都可供选择。当净化腐蚀性气体时，腐蚀性物质会转移至水中，因此工艺水系统中的水箱、管道等要采用防腐蚀保护，直接与酸性液体接触的管道及阀门均采用不锈钢材质；水箱采用碳钢涂覆玻璃鳞片层进行防腐。

WESP除尘效率的主要影响因素是驱进速度与比集尘面积，驱进速度与WESP的结构形式、粉尘的粒径大小、入口浓度等密切相关，粉尘在WESP电场中的驱进速度远高于干式电除尘器。烟气流速也影响WESP的除尘效率，在WESP的流通面积确定后，烟气量增加，则WESP的除尘效率相应降低，金属极板WESP选用的烟气流速一般保持在3.0m/s以下，最大不超过3.5m/s。WESP的比集尘面积多选择为7～16$m^2/(m^3/s)$，除尘效率一般可达70%以上。

2. 导电玻璃钢WESP

由于水表面张力作用和金属表面缺陷，会导致水膜在金属极板上分布不均匀，出现“干斑”，导致反电晕、二次扬尘、极板腐蚀等问题，使捕集效率降低乃至影响设备的安全连续运行。其中一种可行的解决方法是增大喷淋量，但会增加耗水量且导致排放烟气雾滴夹带增多。目前国内大中型燃煤机组的应用中，采用导电玻璃钢或柔性纤维织物等取代金属极板作为集尘极可在一定程度上解决上述问题。

（1）导电玻璃钢WESP结构

导电玻璃钢WESP采用导电玻璃钢为集尘极，导电玻璃钢主要由树脂、玻璃纤维和碳纤维组成，具有极强的抗酸和氯离子腐蚀性能，耐腐蚀性强，且强度、硬度高，但常规的导电玻璃钢为有机高分子材料，耐高温性能不如金属极板，通常要求烟气温度低于90℃。其工作原理与金属极板WESP类似，所不同的是雾滴和粉尘被收集后在集尘极表面形成自流连续水膜，并辅以间断喷淋实现集尘极表面清灰，而金属极板需要连续喷淋形成水膜。

立式玻璃钢蜂窝式WESP是20世纪70年代从日本引进的技术，用于化工行业的硫酸除雾，也称电除雾器，主要由壳体、集尘极、放电极、工艺水系统、热风加热系统和电气热控系统组成。WESP的壳体是密封烟气、支撑全部内件质量及外部附加载荷的结构件，由型钢和钢板焊接而成，有足够的强度和稳定性，内表面需涂有防腐材料（玻璃鳞片、玻璃钢、衬胶等）。集尘极由六边形蜂窝状导电玻璃钢材料组合而成，长度一般为4.5～6m，内切圆直径300～400mm，蜂窝状的集尘极提高了空间利用率，有效增大了比集尘面积。放电极采用金属合金材质，和阳极一起构成电场，产生电晕，形成电晕电流，包括放电线、悬吊装置、框架及固定装置，放电线一般选用铅合金、钛合金及双相不锈钢等材料，要有一定的耐腐蚀性能，其起晕电压低、放电均匀、易于清洗、安装方便。

WESP 处理湿饱和烟气，含尘烟气直接与绝缘装置接触，绝缘装置上凝结液滴，产生爬电现象，影响电源系统的稳定运行，因此需采取相应措施防止绝缘装置上结露，一般采用热风加热系统。

（2）应用情况

导电玻璃钢 WESP 一般采用立式布置方式，可采用工厂成型，实现整体模块化安装，制作安装质量有保证，且安装简单，布置方式灵活。根据现场情况，可选择在脱硫吸收塔塔顶整体布置，也可在塔外顺流/逆流布置。

导电玻璃钢 WESP 能够高效脱除雾滴、酸雾、粉尘等，WESP 参数的选择主要考虑电场风速和比集尘面积，WESP 电场风速是干式电除尘器电场风速的 3 倍左右。WESP 在烟尘排放浓度要达到小于 $10mg/m^3$ 时，电场风速不宜大于 3m/s，烟气停留时间不宜小于 2s。WESP 在烟尘排放浓度要达到小于 $5mg/m^3$ 时，电场风速不宜大于 2.5m/s。电场风速越小，烟尘排放浓度越低。一般导电玻璃钢 WESP 的比集尘面积为 $20\sim25m^2/(m^3/s)$。

3. 柔性极板 WESP

柔性极板 WESP 最早于 2003 年由美国 Croll-Reynolds、First energy、Southern Environmental 公司和俄亥俄州立大学共同研究开发，当时称为膜湿式电除尘器，由于其水膜的自清灰作用可以取消在线冲洗系统，实现高效除尘的同时具有较高的 $PM_{2.5}$ 和 SO_3 脱除作用。

（1）工作原理

柔性极板 WESP 也是湿式膜电除尘器的一种，用作阳极的柔性绝缘疏水纤维滤料经喷淋水冲洗后，纤维的毛细作用吸收水并在阳极表面形成一层均匀水膜，以水膜及被浸湿的纤维布作为集尘极，尘粒到达纤维滤料表面，在水流作用下靠重力自流向下与烟气分离，收集物落入集液槽，经管道外排，实现粉尘的脱除。

（2）结构特点

柔性纤维作为阳极材料，质量轻，且本身不导电，具有耐酸碱腐蚀的优良性能，纤维的结构特性有利于表面形成均匀水膜（图 3-32），冲洗水量较小，在高速气流作用下，柔性的放电极和集尘极自振，结合表面均匀水膜的冲洗，具备了自清灰的特点，对湿法脱硫气溶胶、SO_3、微细粉尘、重金属等都具有良好的脱除效果，可满足更高的环保要求。

(a)

(b)

图 3-32 柔性纤维

（3）安装应用

柔性纤维制作的阳极板形状为矩形，周边角部用钢管支撑，矩形中心设置阴极线。根据现场场地，柔性纤维 WESP 可以灵活选择布置方式及位置。可以以卧式或立式的形式独立布置在脱硫吸收塔与烟囱之间的净烟道处，也可以在吸收塔塔顶布置，与吸收塔形成一个整体，此时根据工程特点需要对吸收塔上部的除雾器进行适当调整。

由于工作在酸性潮湿环境中，湿式电除尘器极板、极线、外壳应采用防腐等级高的金属制成，一般要求采用 316L 不锈钢及以上等级抗腐蚀金属材料，采用合金材料时，需连续喷淋阳极板以保持极板清洁，因此需要加装 1 套循环水及加药处理设施，运行时应考虑解决系统水平衡问题。近年来有开发耐腐性优异的柔性电极或导电玻璃钢材料，无需进行连续冲洗，耗水量较少，但其燃点较低，若发生放电、失火等，会造成烟气温度升高，容易毁坏湿式电除尘器。

4. 泡沫金属径流式 WESP

泡沫金属径流式 WESP 采用多孔泡沫金属作为阳极材料，多孔泡沫金属采用镍基材料，具有耐高温（500～600℃）、防腐蚀的特性，其通孔率达到 98%以上，几乎全通透的结构大大降低了径流式除尘器的运行阻力（≤150Pa）。和普通的阳极板材料相比，相同的体积下多孔泡沫金属具有最大的集尘面积，相当于普通材料的 50 倍，因此其集尘面积更大，除尘效率更高。

泡沫金属径流式 WESP 的基本原理是将收尘阳极板垂直于气流方向布置，使电场力的方向与引风力的方向在同一水平线上，粉尘颗粒在引风力与电场力的共同作用下，在多孔泡沫金属阳极板上完成捕集。与常规阳极板相比，多孔泡沫金属阳极板对细微颗粒物的收集能力更强，对粉尘有一定的物理拦截作用，能适应较高的比电阻工况。图 3-33 为某干式径流式电除尘器的结构示意，图 3-34 为某湿式径流式电除尘器的结构示意。两者的主要区别在于清灰方式，湿式电除尘器采用水雾清灰。

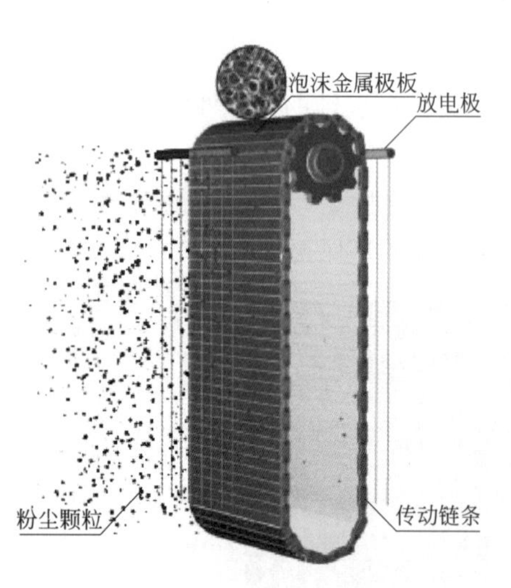

图 3-33　某干式径流式电除尘器结构

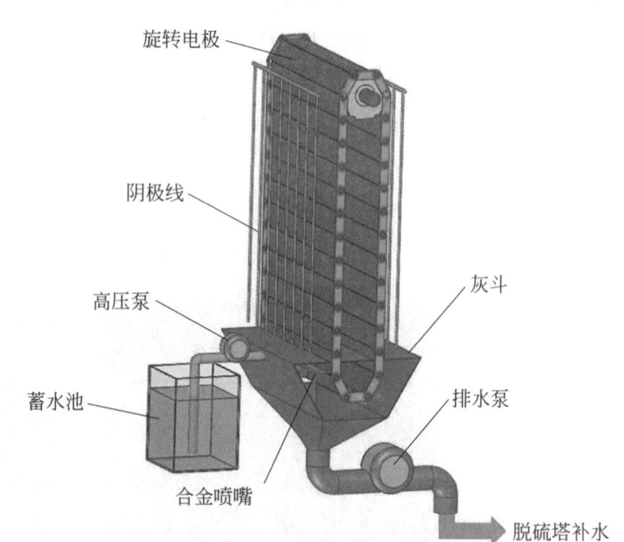

图 3-34　某湿式径流式电除尘器结构

二、低低温电除尘技术

国内燃煤机组排烟温度设计值一般为 120～130℃，但机组实际运行过程中排烟温度普遍高于设计值，高于烟气酸露点温度，造成锅炉效率下降、脱硫耗水量增加及静电除尘器除尘效率下降等问题[39]。而低低温电除尘技术可在有效解决上述问题同时提高粉尘脱除效率。

(一) 低低温电除尘技术特点

低低温电除尘技术最早应用于解决排烟和 SO_3 引起的酸腐蚀问题。低低温电除尘技术是基于传统干式电除尘器的改进技术，在空预器之后、干式电除尘器之前布置一套换热装置（低低温省煤器或烟气换热器 GGH），使静电除尘器入口烟气温度降低到酸露点以下，提高静电除尘器的性能，降低静电除尘器入口烟气温度带来的影响，其优点主要有以下几个方面。

① 颗粒物的比电阻随烟气温度降低而降低。相关测试[40] 显示，当烟气温度由 150℃降低到 100℃左右，颗粒物的比电阻可降低 1～2 个数量级，飞灰比电阻值控制在 $10^{11}\Omega \cdot cm$ 以下，减小产生反电晕的概率，有利于提高静电除尘器的效率。

② 当烟气温度降低后，相同机组负荷下静电除尘器需要处理的烟气量相应减少。如果烟气温度由 130℃降低至 100℃左右，烟气体积流量可减少 10%。处理烟气量的减少可降低烟气在静电除尘器内的流速，增加停留时间，有利于提高静电除尘器的除尘效率。

③ 烟气的气体黏性也会随温度的降低而降低，进而导致烟气中颗粒物的电迁移速度增大，有利于提高静电除尘器的效率。

④ 当烟气温度低于硫酸蒸气的露点时，烟气中大部分 SO_3、气态 H_2SO_4 分子在低温省煤器或烟气换热器中冷凝形成酸雾，而静电除尘器前烟气中颗粒物的浓度很高，颗粒物的比表面积大，为硫酸雾的凝结附着、增强颗粒物凝并创造了良好条件，不仅能脱除烟气中 80%以上的 SO_3，也利于后续湿法脱硫系统对颗粒物的捕集脱除[41]。

(二) 布置方案

低低温电除尘器的烟气换热装置有两种布置方案：一种方案是在干式电除尘器前加装低温省煤器，将烟气温度降低至酸露点以下，采用低温省煤器还可以降低煤耗［图 3-35(a)］；另一种方案是采用两级烟气换热系统，第一级布置在除尘器前，将烟气温度降低至 95℃，第二级布置在烟囱入口前的水平烟道内，加热脱硫后的净烟气，减少对烟囱的腐蚀［图 3-35(b)］。

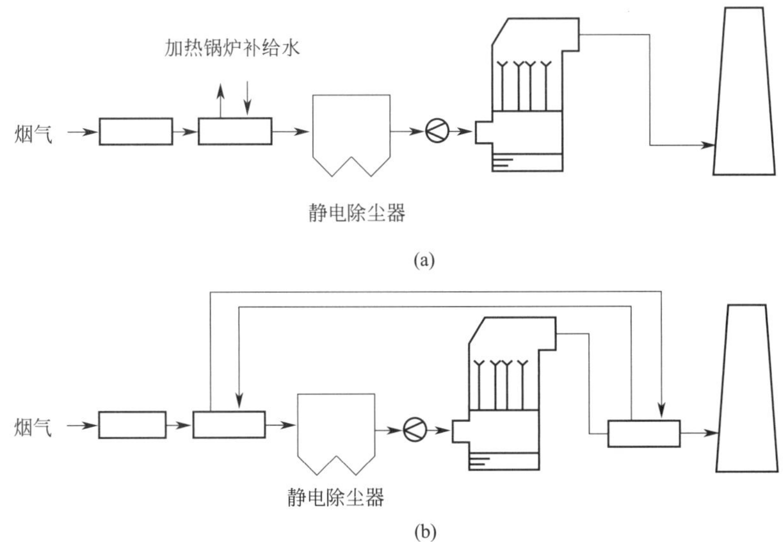

图 3-35　低低温电除尘系统布置示意

文献［42］针对装有低温省煤器的某 660MW 燃煤机组进行了相关测试，结果表明低低温电除尘技术可显著提高静电除尘器对颗粒物的脱除效率，低温省煤器运行/关闭情况下，颗粒物粒径分布对比及 PM_{10}、$PM_{2.5}$、PM_1 的脱除效率分别如图 3-36 和表 3-5 所示。低温省煤器运行时，静电除尘器出口微细颗粒物的浓度明显低于省煤器关闭时的微细颗粒物浓度，并且实验结果显示微细颗粒物的脱除效率有提高。

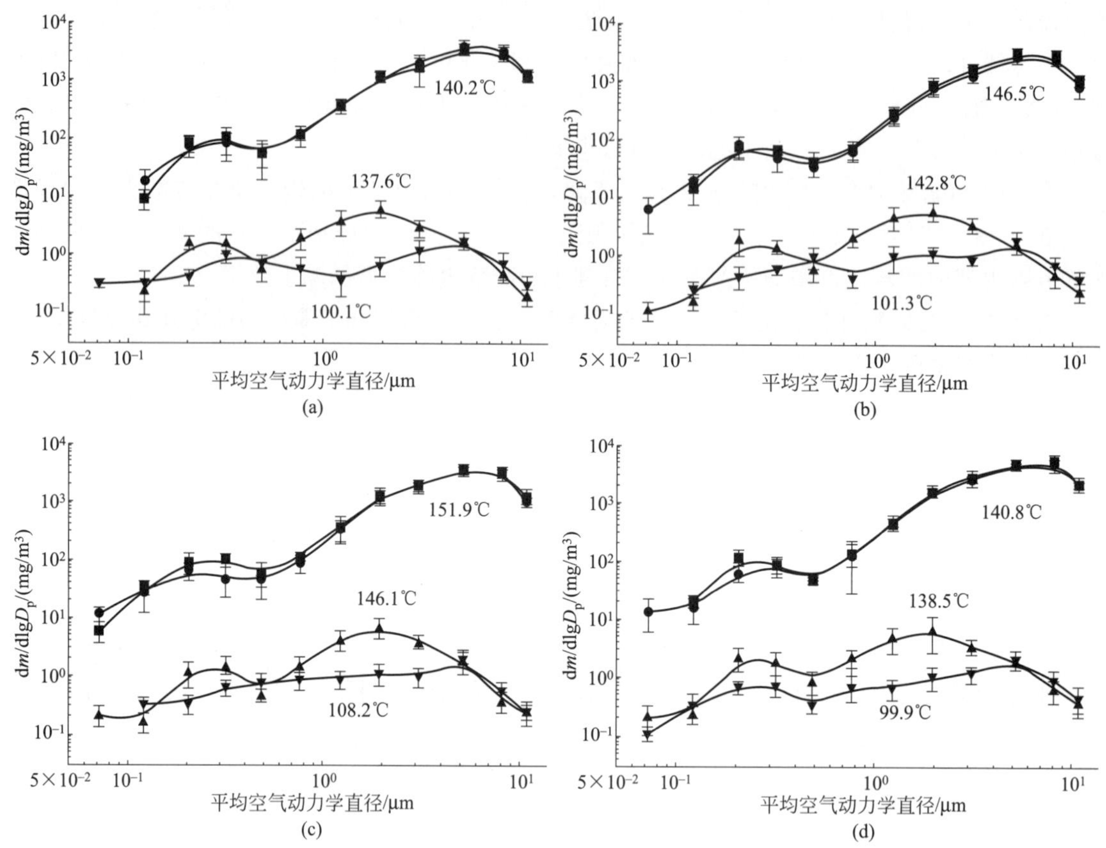

图 3-36 低温省煤器运行/关闭时静电除尘器入口、出口颗粒物质量粒径分布

■ LET 入口点 1；● LET 入口点 2；▲ ESP 出口，LET 关闭；▼ ESP 出口，LET 运行

表 3-5 低温省煤器运行/关闭时静电除尘器对 PM_{10}、$PM_{2.5}$、PM_1 的脱除效率

采样点		静电除尘器脱除效率/%		
		PM_{10}	$PM_{2.5}$	PM_1
烟道 A	LTE 关闭	99.81	99.46	98.60
	LTE 运行	99.93	99.84	99.46
烟道 B	LTE 关闭	99.74	99.24	97.81
	LTE 运行	99.90	99.79	99.27
烟道 C	LTE 关闭	99.80	99.44	98.62
	LTE 运行	99.92	99.84	99.45
烟道 D	LTE 关闭	99.81	99.48	98.30
	LTE 运行	99.93	99.86	99.49

（三）低低温电除尘存在问题

1. 低温腐蚀问题

低低温电除尘技术能大幅提高除尘效率，减少湿法脱硫工艺水耗。烟气温度降低至烟气酸

露点以下，SO_3 在换热器及静电除尘器中冷凝，虽然大部分硫酸雾会吸附在烟尘上，但有相当一部分吸附在换热管壁、除尘器极板、极线、灰斗上，低温换热器和静电除尘器等均存在酸腐蚀的风险。日本三菱重工研究结果显示，当控制灰硫比（灰硫比是指烟气中颗粒物质量浓度与由气态 SO_3 凝结成 H_2SO_4 雾滴的质量浓度之比）大于 100 时，细颗粒物有足够的表面积作为 SO_3 非均相凝结的凝结核，低温换热器及静电除尘器的酸腐蚀速率几乎为零，如图 3-37 所示。三菱重工实际应用的低低温电除尘器灰硫比一般大于 100。而我国燃煤机组用煤的煤质较差且煤种多变，尤其对于燃用高硫煤的机组，在应用低低温电除尘技术时还需针对腐蚀问题做更多的考虑。

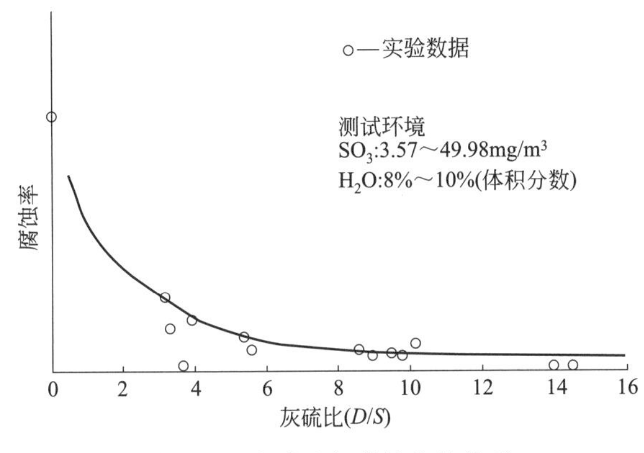

图 3-37　灰硫比与腐蚀率的关系

低温腐蚀无法避免，但能控制其低温腐蚀速率，例如适当提高设备的防腐性能，选择合适的耐腐蚀材料，目前火电厂低温换热设备中常用 304 钢、ND 钢、316L 钢、2205 钢。低低温换热器低温段及再热器内部温度较低，极易产生低温腐蚀，并且随烟气流动方向，温度也不同。因此，根据烟气温度区域设计不同等级的防腐材料，目前应用较多的是 ND 钢及以上等级的钢材。此外由于硫酸雾黏附在飞灰上并最终沉积到灰斗中，对灰斗也会产生一定的腐蚀作用，在灰斗下部内衬不锈钢板可以解决灰斗腐蚀问题。也有使用下部灰斗焊接 ND 钢的结构形式。目前电极阴极线多选用 316L 以上不锈钢芒刺线。几种不锈钢的抗腐蚀特性见表 3-6，根据烟气温度、成分、造价等条件选用合适的不锈钢材料。

表 3-6　常用不锈钢材料的抗腐蚀特性比较

不锈钢类型	成分	特性	抗腐蚀性能	成本
30408 （304 钢）	碳质量分数 0.08%	对点蚀较为敏感	良	低
09CrCuSb （ND 钢）	加入了 Cu，Sb 元素	耐硫酸露点腐蚀能力强	优良	较高
31603 （316L 钢）	碳质量分数 0.03%，并加入 2%～3%的钼	耐点蚀性能高	优良	较高
2205	碳质量分数 0.03%，降低了铬、镍、钼的含量	双相不锈钢，具有奥氏体和铁素体的混合显微组织，抗点蚀能力极强	优	最高

另外一种控制腐蚀速率的方法是合理的换热烟温。根据有限腐蚀理论，金属壁面温度低于烟气酸露点时，存在 2 个低腐蚀速率区域[114]（图 3-38），金属壁温在酸露点以下 20～45℃至酸露点的区域Ⅰ以及水露点以上至 120℃的区域Ⅱ，属于低腐蚀速率区。实际烟气中飞灰、硫酸雾、水蒸气含量等会对实际温度有影响，但在酸露点温度之下，金属腐蚀存在两个低速区域，由于区域Ⅱ的温度较低，确定难度大，目前多采用在区域Ⅰ中选择一个合理的温度，作为低低温换热器的出口烟温。

低低温电除尘器的漏风点更易发生低温腐蚀，为防止漏风引起的低温腐蚀，人孔门采用双层结构，与烟气接触的内门宜采用 CORTEN 钢、ND 钢或不锈钢板。为防止因漏风引起的低温腐蚀，应严格控制漏风，一般600MW及以上机组低低温电除尘器本体要求漏风率≤2%。

2. 二次扬尘问题

低低温电除尘器中粉尘的比电阻降低，削弱了阳极板上捕获粉尘的静电黏附力，从而导致二次扬尘问题比常规静电除尘器严重，需要采取措施控制二次扬尘。可以从以下2个方面采取措施：a. 适当增加静电除尘器容量，即通过加大流通面积、降低烟气流速来控制二次扬尘；b. 可采用旋转电极式电除尘技术或离线振打技术。旋转电极中的清灰刷布置在非电场区，清除的灰直接落入灰斗能最大限度地减少二次扬尘。

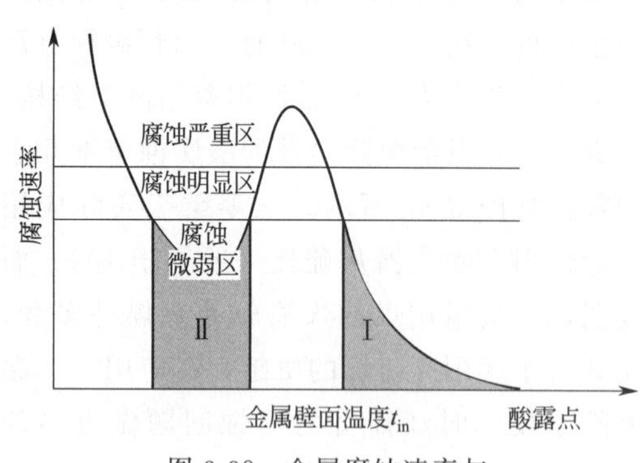

图3-38　金属腐蚀速率与壁面温度之间的关系曲线[114]

3. 其他问题

低低温除尘中烟气温度降至酸露点以下，但不宜低于85℃，低于85℃灰的流动性一般会变差，容易出现灰斗堵灰情况，为了防止低温除尘器灰斗中的灰板结，灰斗的加热面积要大于普通除尘器；低低温电除尘工艺中低温换热器处于高尘区工作，飞灰磨损对换热器设计也提出了较高的要求；低低温电除尘器运行在酸露点以下，存在粉尘和液滴吸附在绝缘子表面引起结露和爬电，造成绝缘失效的风险，宜采用防露型高铝瓷绝缘子或设置热风吹扫装置。

三、湿法脱硫塔高效除雾除尘技术

经脱硫吸收塔处理后的烟气携带有大量的浆液雾滴，烟气流经浆液塔，烟气携带液滴量增加，浆液雾滴极易沉积在吸收塔下游设备表面，造成烟道黏污，GGH结垢堵塞。部分不设GGH的电厂厂区下"石膏雨""烟羽"，引起烟囱外表及邻近建筑物腐蚀，污染电厂及周边环境。浆液雾滴的携带会造成以硫酸钙为主的新细颗粒物产生，影响燃烧$PM_{2.5}$的排放浓度。目前国内各大火电集团在脱硫后采用的除尘方法，除了湿式电除尘器外，主要采取以下两大技术途径也可实现颗粒物超低排放。

(1) 多层屋脊高效除雾器与托盘技术

在脱硫塔内下部布置均流托盘，在喷淋层上面布置管式除雾及最少三层高效屋脊除雾器，实现除雾除尘一体化。

(2) 旋流耦合除雾除尘一体化工艺

在脱硫塔顶部装设多管旋流耦合机械除尘、除雾装置，属脱硫除尘一体化工艺。

1. 多层屋脊高效除雾技术

传统的板式除雾器形状、布置形式以及叶片参数（片间距、高度、倾角等）均会影响整体的除雾效果。除雾器叶片间距的选取对保证除雾效率、维持除雾系统稳定运行至关重要。目前脱硫系统中最常用的除雾器叶片间距大多在30～50mm，基本采用不带钩叶片。为提高除雾效果，可以调整除雾器叶片间距，采用带钩叶片。例如，将第一级除雾器间距由30mm降低至27.5mm，第二级除雾器间距由27.5mm降低至25mm，同时第二级除雾器由不带钩叶片改为带钩叶片。除雾器的通道数越多（除雾器内部方向改变次数）、叶片倾角越大，对液滴的去除效果越好，但相应的压降也会增加。除雾器设计选型时需根据吸收塔内的不同流场对除雾器细化布置。

增加除雾器级数、多种除雾器组合也可以增强除雾器的除雾除尘效果，如采用一级管式+二级屋脊式或者三级屋脊式等除雾器配置方式（图 3-39）。

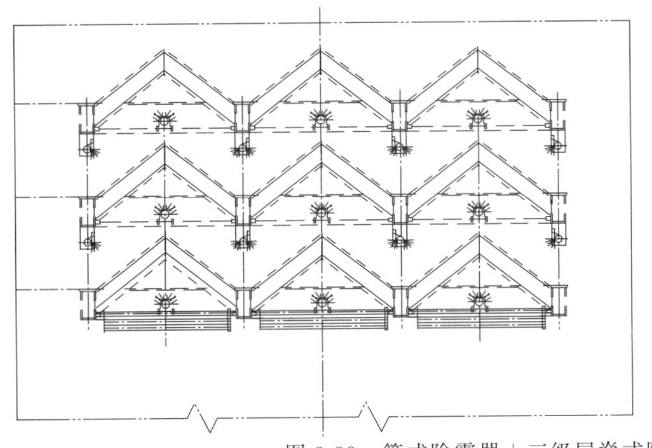
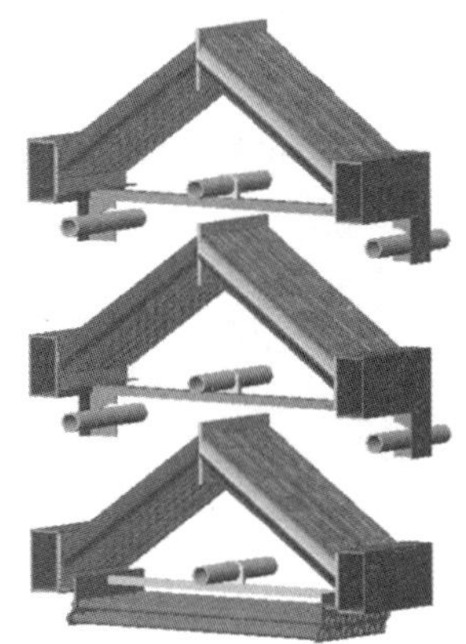

图 3-39 管式除雾器+三级屋脊式除雾器

管式除雾器一般安装在整体除雾器的第一级，去除粗颗粒（400～500μm）雾滴，喷淋层产生的超过 85%的雾滴都是粒径在 500μm 以上的大雾滴，管式除雾器可以拦截大部分的大雾滴，阻止大部分携带的粉尘与石膏浆液直接进入二级除雾器，粉尘与石膏浆液粘在管式除雾器上也更易冲洗干净。第二级屋脊式除雾器去除细颗粒雾滴。屋脊式除雾器不易出现二次带水现象，且结构紧凑，降低了吸收塔高度，烟气流速极限可以达到 7.5m/s。这种除雾器组合适用于烟气含粉尘浓度高与石膏浆液多的脱硫工况。该布置方式的主要技术参数如下：a. 出口雾滴含量≤50mg/m^3；b. 阻力损失≤100Pa；c. 烟气流速 2.5～7.5m/s（空塔流速）；d. 最大承受连续使用温度≤150℃；e. 除雾器承重力≤400kg/m^2。

目前，管式除雾器+屋脊式除雾器的设计在欧洲脱硫系统中应用广泛。在原屋脊式除雾器的下层加装一套管式除雾器，有效去除了较大的雾滴；将原有的三级屋脊式除雾器重新设计或整体更换，确保更高的除雾效率；一般在屋脊式除雾器顶部或底部加装一套冲洗水系统，以便在除雾器压差偏大时进行冲洗。管式除雾器上的大雾滴可以通过屋脊式除雾器冲洗时流下的水冲洗干净，同时，管式除雾器可以使烟气流场平均分布，除雾效果更佳[43]。

为进一步增强微细颗粒物的脱除效果，也有在管式除雾器+屋脊式除雾器的基础上在烟道内加装烟道式除雾装置，进一步降低微细颗粒物排放。从烟道式除雾器投运业绩来看，其对于雾滴的深度脱除效果较好，布置级数可以为一级或二级。为确保气流均布，必要时需在吸收塔出口布置导流板。烟道式除雾器由于冲洗水量较大，设计时需重新核算吸收塔水平衡，通过塔内+塔外组合配置，可使烟气中雾滴含量（标态）控制在 30mg/m^3 以下，甚至更低。

2. 旋流耦合脱硫除尘一体化工艺

旋流耦合脱硫除尘一体化工艺又称管束式除尘除雾装置。管束式除尘除雾装置安装在传统湿法脱硫吸收塔顶部，脱硫除尘一体化，其工作原理如下。

(1) 细小液滴与颗粒的凝聚

气体进入管束式除尘除雾装置，经过旋流子分离器，气体进行离心运动，大量的细小液滴与颗粒在高速运动条件下碰撞概率大幅增加，易于凝聚、聚集成为大颗粒，大颗粒被筒壁的液膜吸收，从气相中分离。

（2）大液滴和液膜继续捕集

除尘器筒壁面的液膜会捕集接触到的细小液滴，而在增速器和分离器叶片表面过厚的液膜会在高速气流的作用下发生“散水”现象，大量的大液滴从叶片表面被抛洒出来，在叶片上部形成大液滴组成的液滴层，穿过液滴层的小液滴被捕集，大液滴捕集小液滴变大后落回叶片表面，重新变成大液滴，再次捕集小雾滴。

（3）离心分离液滴脱除

经过加速器加速后的气流高速旋转向上运动，气流中的细小雾滴、颗粒与气流分离，向筒体表面方向运动。而高速旋转运动的气流迫使被截留的液滴在筒体壁面形成一个旋转运动的液膜层，从气体中分离的细小雾滴、颗粒与液膜接触后被捕集，实现细小雾滴与颗粒从烟气中的脱除。

（4）多级分离器对不同粒径液滴的捕集

气体旋转流速越大，离心分离的效果越好，液滴的捕集量也越大，形成的液膜厚度越厚，相应的运行阻力也越大，越容易发生二次雾滴的生成。因此采用多级分离器，分别在不同流速下对雾滴进行脱除，保证较低运行阻力下的高效除尘效果。湍流子结构见图 3-40。

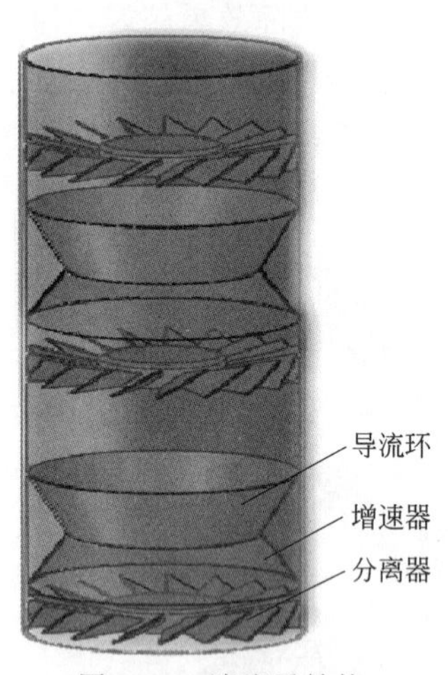

图 3-40　湍流子结构

导流环：控制气流出口状态，防止捕获的液滴被二次夹带

增速器：确保以最小的阻力条件提升气流的旋转运动速度

分离器：实现不同粒径的雾滴在烟气中分离

高效除尘除雾装置在含有大量液滴、温度约为 50℃的饱和净烟气中运行，雾滴量大，雾滴粒径分布范围广，由浆液液滴、凝结液滴和尘颗粒组成；除尘主要是脱除浆液液滴和尘颗粒。

高效除尘除雾装置采用模块化设计，布置在喷淋层上部，改造项目拆除原有除雾器。管束式除尘器本体高度在 2.3m 左右，设计相应强度的支撑梁，直接将模块式管束式除尘器安装在梁上。管束式除尘器模块内自带冲洗水管，冲洗水系统直接接至塔外总管，冲洗频率约 2h 一次，冲洗水耗小。根据管束式除尘器的运行阻力，设置和调整冲洗水的冲洗频率和冲洗效果。高效除尘除雾装置结构示意见图 3-41。

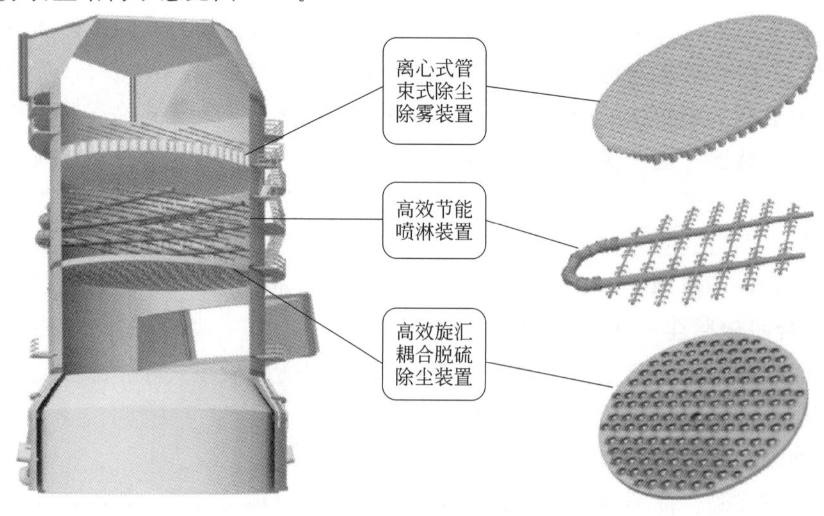

图 3-41　高效除尘除雾装置结构示意

管束式除尘除雾器安装于脱硫塔顶部。据报道，该技术现已在多个机组成功实施，经检测脱硫吸收塔出口烟尘浓度（标态）低于5mg/m^3。

文献［44］对超低排放下不同湿法脱硫协同控制颗粒物性能测试，结果显示：采用管束式除雾器、高性能屋脊式除雾器等高效除雾器的复合塔湿法脱硫项目，颗粒物脱除效率明显高于采用常规除雾器的空塔湿法脱硫项目（表3-7）。

表3-7　电厂机组情况

机组	锅炉	容量/MW	脱硝装置	除尘装置	脱硫装置	除雾器	湿电装置
A(国电××1号机组)	超临界一次中间再热煤粉炉	350	SCR脱硝	布袋除尘器	单塔双循环石灰石-石膏湿法脱硫	屋脊式除雾器(出口液滴≤75mg/m^3)	无
B(华润××1号机组)	超临界一次中间再热煤粉炉,圆角切圆燃烧方式	330	SCR脱硝	高频电源双室四电场静电除尘器	单托盘石灰石-石膏湿法脱硫	2级屋脊式除雾器(出口液滴≤50mg/m^3)	有
C(大唐××3号机组)	亚临界自然循环煤粉炉，四角切圆燃烧方式	300	SCR脱硝	三相电源+低低温双室五电场静电除尘器	旋流耦合石灰石-石膏湿法脱硫	管束式除雾器(出口液滴≤30mg/m^3)	无
D(国华××4号机组)	超临界变压运行直流煤粉炉,四角切圆燃烧方式	660	SCR脱硝	低低温双室四电场静电除尘器	石灰石-石膏湿法脱硫(空塔)	1级管式+2级屋脊式除雾器(出口液滴≤50mg/m^3)	有
E(国华××1号机组)	亚临界一次中间再热煤粉炉,四角切圆燃烧方式	330	SCR脱硝	高频/三相电源+低低温双室四电场静电除尘器	石灰石-石膏湿法脱硫(空塔)	1级管式+2级屋脊式除雾器(出口液滴≤40mg/m^3)	有
F(国华××4号机组)	超临界变压运行煤粉炉,四角切圆燃烧方式	350	SCR脱硝	双室五电场(旋转电极)静电除尘器	海水法脱硫(1层填料)	2级屋脊式除雾器(出口液滴≤55mg/m^3)	有
G(国能××2号机组)	超临界变压运行煤粉炉,四角切圆燃烧方式	660	SCR脱硝	三相电源+低低温四电场静电除尘器	双托盘石灰石-石膏湿法脱硫	3级屋脊式除雾器(出口液滴≤30mg/m^3)	无

测试结果（表3-8）显示，A、D、E项目（空塔喷淋）的颗粒物脱除效率<50%，F、B、G、C项目均为复合塔脱硫，且G、C项目还设置了高效除雾器（G项目：三级屋脊式除雾器；C项目：管束式除雾器），它们的颗粒物脱除效率均大于50%。

表3-8　湿法脱硫入口、出口颗粒物实测结果

项目	负荷率/%	喷淋层运行情况/层	入口颗粒物浓度平均值(6%O_2)/(mg/m^3)	出口颗粒物浓度平均值(6%O_2)/(mg/m^3)	颗粒物脱除效率/%
A	100	3	18.9	17.3	7.89
	80	3	18.8	18.4	8.51
	60	3	19.9	17.2	7.54
B	100	3	21.4	7.61	62.96
	75	3	21.2	3.48	83.63

续表

项目	负荷率/%	喷淋层运行情况/层	入口颗粒物浓度平均值(6% O_2)/(mg/m^3)	出口颗粒物浓度平均值(6% O_2)/(mg/m^3)	颗粒物脱除效率/%
C	100	3	21.0	2.99	85.88
	75	3	20.2	3.14	83.89
	50	2	21.4	2.80	86.61
D	100	3	13.43	11.19	16.68
	75	3	9.52	8.93	6.20
E	100	3	13.65	7.40	45.79
	75	3	13.88	8.77	36.82
F	100	2	7.88	2.41	69.42
	75	2	6.34	3.15	50.32
G	100	3	15.55	4.16	73.24

四、细颗粒物团聚技术

燃煤锅炉 ESP 前的烟尘呈三峰分布：一个以 0.1μm 为中心的亚微米烟尘区、一个以 2.5μm 为中心的细微米区以及一个以 5.0μm 为中心的超微米区[46]。诸多学者的研究表明，基于静电除尘原理的除尘技术都会存在窗口，对粒径为 10μm 以上的颗粒物具有较好的脱除效果，但是对粒径为 0.1～10μm 尤其是 0.1～1μm 的颗粒物脱除效率却很低，而微细颗粒物的质量虽然很小，但其数量却占到了颗粒物排放总数的 90%。要克服穿透窗口的问题，就需要采取相应的措施促使颗粒物团聚长大，再结合常规的除尘技术对其进行有效脱除。目前常见的颗粒物团聚技术都需要采用某种驱动方式促使颗粒物迁移运动，增加颗粒物之间碰撞的概率才能使颗粒物团聚长大。研究表明，可以通过内场力或者外场力促进微细颗粒物的凝并/团聚，根据施加的外场力的不同将颗粒物团聚分为湿式相变凝聚、化学团聚、水蒸气相变团聚、湍流聚并、声波团聚、电团聚、磁团聚、光凝并、热凝并等[47]。

（一）湿式相变凝聚技术

湿式相变凝聚是饱和烟气相变凝结与微细颗粒物凝聚的协同效应，相变凝聚过程中产生的热迁移和布朗扩散力促进了微细颗粒物的迁移，提高了微细颗粒物之间相互碰撞的频率。在过饱和烟气环境中，水蒸气以细颗粒为凝结核发生相变，使颗粒质量增加、粒度增大，对微细颗粒物的捕集效果增强。

1. 工作原理

湿式相变凝聚器布置在烟气湿法脱硫之后，此处烟气处于水蒸气饱和状态，通过降温可使水蒸气冷凝，综合考虑水蒸气冷凝过程中的雨室洗涤、布朗扩散、扩散泳力和热泳力等作用，实现烟气中细颗粒物的团聚与脱除，湿式相变凝聚器的工作原理如图 3-42 所示。

烟气携带灰颗粒进入凝聚器，较大粒径颗粒由于自身惯性和柔性管排与液滴拦截作用而被壁面水膜黏附脱除，柔性管内冷却工质迫使饱和烟气中的水蒸气发生相变，或直接冷凝为微小雾滴，增加了局部区域内的雾滴浓度而增强了颗粒间的碰撞概率，促使微细颗粒物长大与脱除，或以微细颗粒物为冷凝核发生表面凝结而润湿颗粒，提高了微细颗粒间的黏附与长大。在惯性、拦截、布朗扩散、热泳和扩散泳等作用下，促使微细颗粒相互碰撞接触而不断长大，凝聚后的颗粒物部分随气流冲击在冷凝管上被脱除，部分经凝聚器出口进入湿式电除尘而被脱

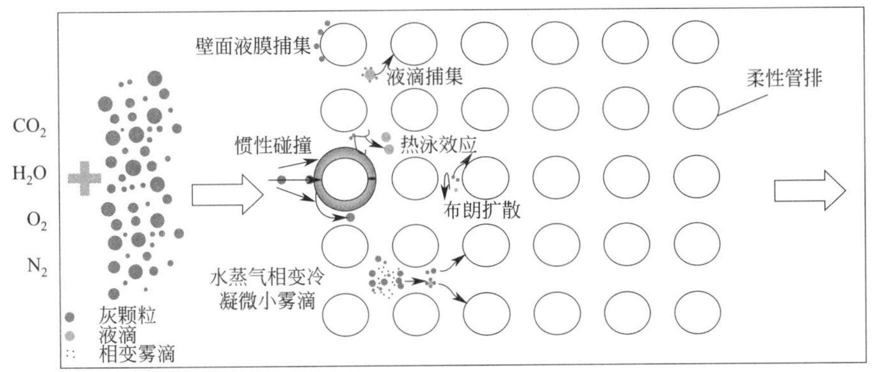

图 3-42 湿式相变凝聚器工作原理[48]

除。湿式相变凝聚最大的特点是利用脱硫塔出口烟气处于水蒸气饱和状态，只要降温就能使大量含水凝出，凝出的水雾液滴为核团聚并脱除大量微细颗粒物。另外，由于在烟气中布置的换热器中通入温度更低的水，使得换热器表面温度低于脱硫塔出口饱和烟气温度（大约 50℃），烟气在换热管表面形成温差，烟气中微细颗粒物在热泳力作用下向温度较低的管子冷壁面移动并被脱除。

文献［49］对湿式氟塑料管相变凝聚技术脱除微细颗粒物的机理进行了研究，如图 3-43～图 3-46 所示。由图 3-43 可以看出，对于粒径 1μm 以下的颗粒物，碰撞效率中以布朗扩散和惯性碰撞为主；对于粒径大于 1μm 的颗粒物，拦截在碰撞效率中起到主导作用。图 3-44 显示，当凝结水量增加，液滴直径变大时，有利于提高颗粒物的捕集系数，实际操作中可以通过加强饱和湿蒸汽相变程度、调节凝水量来提高捕集系数[50]。

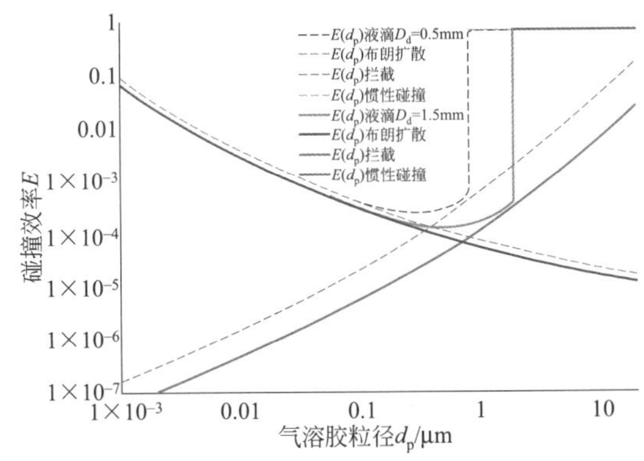

图 3-43 液滴大小对碰撞效率的影响

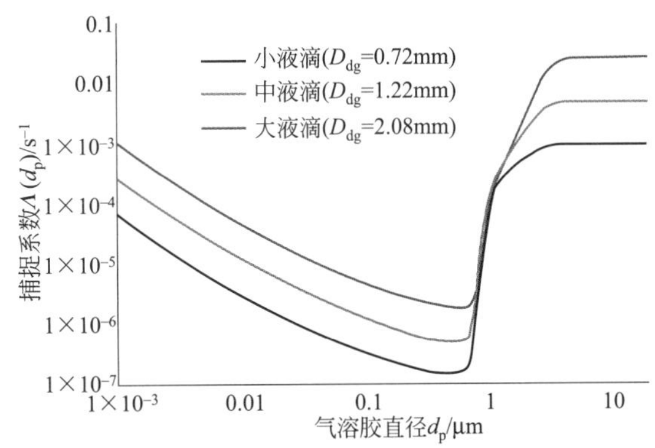

图 3-44 液滴大小对捕捉系数的影响

有研究得到相变凝聚过程中颗粒物的碰撞效率、捕捉系数以及对不同粒径颗粒的捕捉率。湿式毛细相变凝聚技术对不同粒径颗粒物的捕捉率不同（图 3-45），对于粒径为 0.1～1μm 的亚微米颗粒，提高烟气温度与冷壁面温差，可以加强布朗运动，有助于提高脱除效率。但温差大于 40℃，效果不明显。

西安交通大学研究团队在内蒙古上都电厂 600MW 燃烧褐煤机组上搭建了国内首个湿式相变凝聚中试试验系统，湿法脱硫吸收塔出口的水平烟道开孔抽取 $5\times10^4 m^3/h$ 烟气，抽取烟气通过湿式相变冷凝除尘系统，再经引风机重新汇入烟囱前的主烟气通道。中试试验中，为解决

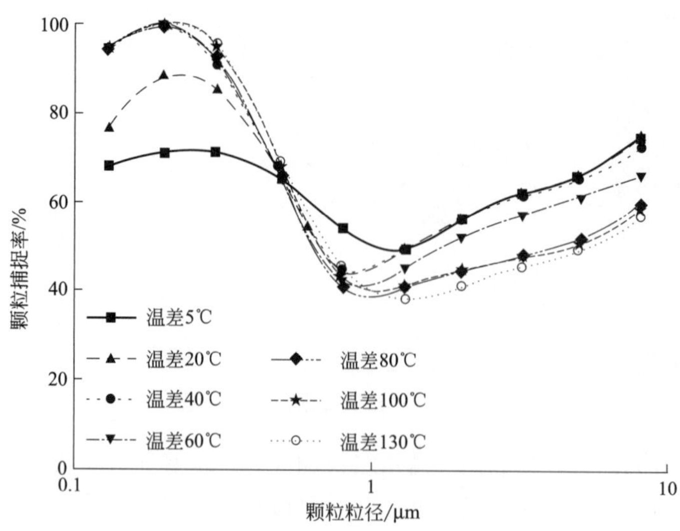

图 3-45　不同粒径颗粒物的捕捉率

低温腐蚀及结垢问题，冷凝设备材料分别试验了 PTFE、PFA 及其他氟塑料。湿式相变冷凝除尘系统如图 3-46 所示。

中试试验系统上分别进行实验研究和数值模拟。采用 Mastersizer 2000 激光粒度仪对颗粒物样品进行粒径分析，对比研究湿式相变冷凝除尘系统对颗粒物的凝聚和脱除性能。用低压撞击器在系统的入口和出口取样，对颗粒物样品进行称重，确定湿式相变凝聚系统对颗粒物的脱除效率，将低压撞击器取得的颗粒物样品按照粒径分为 13 级，得到设备对不同粒径颗粒物的脱除效率。用 FLUENT 软件对烟气的流场进行模拟，考察了颗粒物的凝聚作用；调用离散相模型对连续相（烟气）中的离散相（颗粒物）随烟气流动的行为进行模拟，并通过设定相应的壁面条件模拟湿式氟塑料相变除尘设备中的氟塑料细管对颗粒物的捕集，对照模拟结果和实验结果。

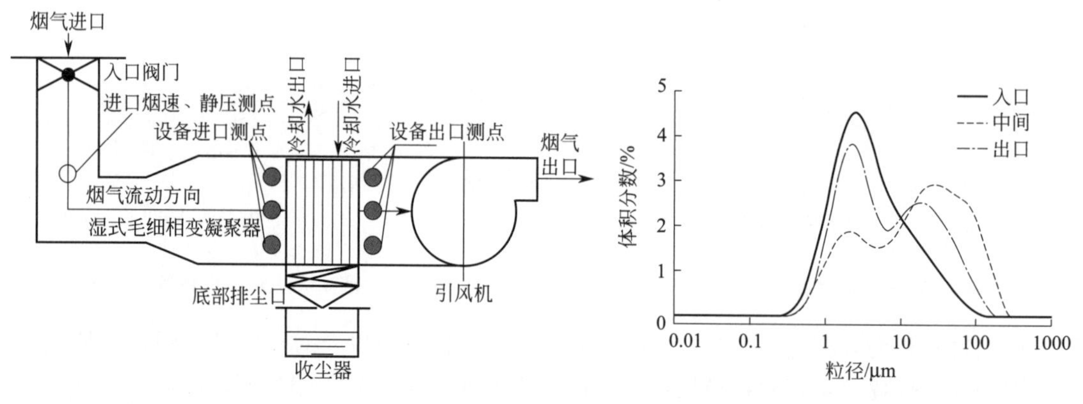

图 3-46　湿式相变冷凝除尘系统

图 3-47　湿式相变冷凝除尘系统捕集颗粒物的粒径分布

图 3-47 为湿式相变冷凝除尘系统捕集颗粒物的粒径分布，原脱硫塔后烟气中颗粒物的粒径分布在 2.5μm 附近，且浓度很高，经过湿式相变冷凝除尘器第一级（入口至中间部分）后，

颗粒物在 2μm 和 30μm 处呈双峰分布，且后者体积分数远大于前者，说明湿式相变冷凝除尘系统有明显的细颗粒凝并过程存在，可促进设备及整个湿式除尘系统对微细颗粒物的脱除；经过设备第二级后，颗粒物在 2.5μm 和 20μm 处呈双峰分布，且细颗粒的峰值远大于大颗粒。微细颗粒物凝并和大颗粒脱除 2 个过程贯穿整个湿式相变冷凝除尘设备的始终。

DLPI 的测试结果也显示（图 3-48、图 3-49），湿式相变冷凝除尘系统对 PM_{10} 以下的微细颗粒物有较好的脱除效果，尤其是对 0.1～1μm 颗粒物的脱除效果明显优于传统的除尘设备，各粒级颗粒物的脱除效率均大于 70%，0.1～1μm 颗粒物脱除效率在 85%以上。

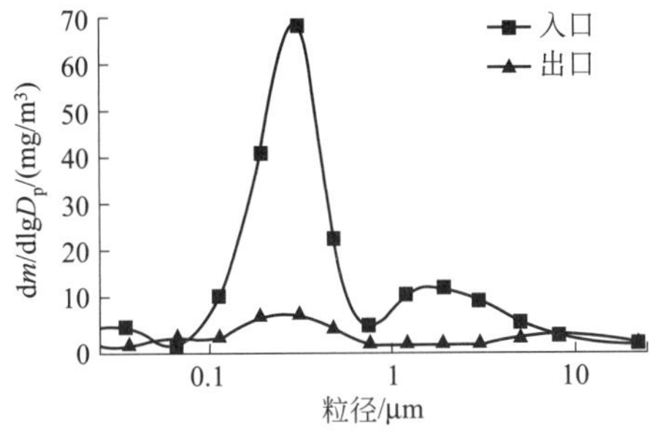

图 3-48　DLPI 取样结果

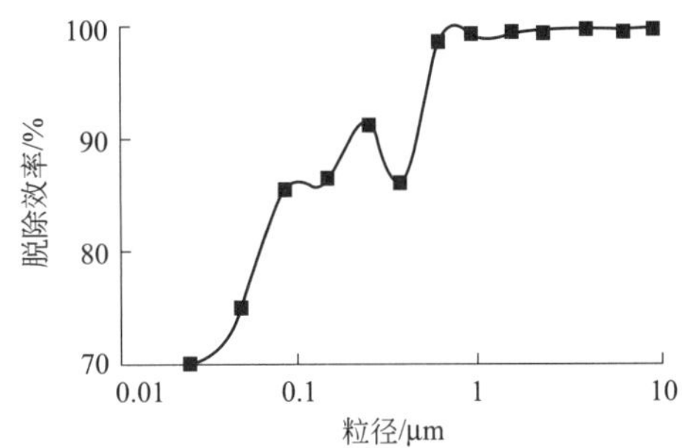

图 3-49　PM_{10} 以下颗粒物的分级脱除效率

相关研究人员对湿式相变冷凝除尘装置中的流场和颗粒物的轨迹进行模拟，而后对氟塑料细管不同排列方式下的颗粒物捕集效率进行模拟，预测湿式相变冷凝除尘系统的除尘效果。计算采用通用软件 FLUENT 6.3 中的离散项模型（DPM）。建模计算的物理模型按照中试试验装置 1∶1 进行搭建（图 3-50），图 3-50 中所示密集区为冷凝细管排所在区域。

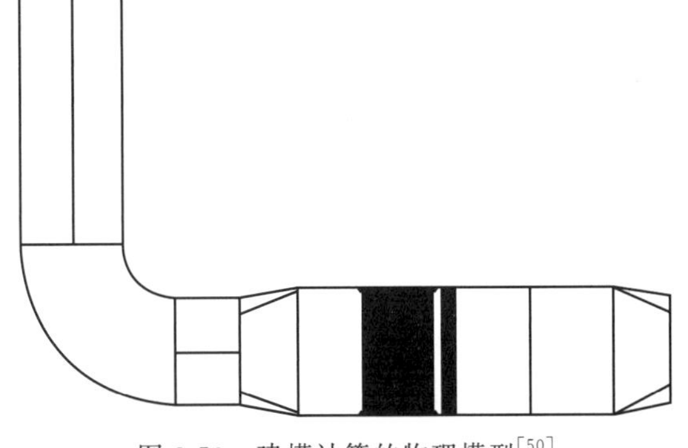

图 3-50　建模计算的物理模型[50]

流场模拟结果显示管排的存在对流场有明显扰动（见书后彩图 1），可促进微细颗粒物的凝并。根据采集到样品的粒度分析进行 Rosin-Rammler 拟合，加入离散相（颗粒物）后，追踪离散相的轨迹。经过湿式相变冷凝除尘装置后，绝大部分颗粒物都被捕捉。对应的中试试验结果也表明，湿式毛细相变凝聚器在烟气流速控制在 5m/s、管排数 40 排时，微细颗粒物脱除效率在 80%以上。

2. 研发及工程示范

西安交通大学研究团队从 2009 年开始研究从脱硫塔后面饱和烟气中回收水分，在烟气中布置低温换热管束，实现烟气中水蒸气发生强制相变凝结。微小雾滴可在冷换热管壁表面撞击黏附，在热泳力作用下微细颗粒物及气溶胶迅速朝冷换热管壁面移动，凝结雾滴可形成较大液滴流下，微细颗粒物可被壁面液膜以及凝结雾滴捕获，实现微细粉尘及其他多污染物的协同高效脱除。基于该湿式相变凝聚技术开发的湿式相变凝聚器经过小试、中试，在某 35t/h 工业锅炉和某 660MW 超临界燃煤机组实现工程示范。具体将在第六节工程实例中进行介绍。

西安交通大学研究团队于2009～2010年搭建了小型实验装置，实验烟气处理量为 $1728m^3/h$［图3-51（a）］；2011年在内蒙古上都电厂600MW机组上进行了中试试验［图3-51（b）］，试验烟气量为 $50000m^3/h$，经过一年（包括冬天极冷天气下）的安全性实验，完成了所有实验内容，并于2013年年底通过了中国电机工程学会对该技术成果鉴定："国际先进水平"。2014年，国内首次在某660MW机组上设计了一套全烟气量的相变凝聚除尘与节水装置［图3-51（c）］，并在当年年底投入应用。图3-51（d）为单个氟塑料湿式相变凝聚器。

(a) 实验室规模实验装置(2009年)

(b) 中试试验装置(2011年)

(c) 现场施工(2014年)

(d) 湿式相变凝聚器单元

图3-51　湿式相变凝聚器

该湿式相变凝聚器的运行对提高整个湿式除尘系统的微细颗粒物脱除效率有重要作用，表3-9、表3-10为湿式相变凝聚器运行前后该系统对颗粒物的脱除效果对比。由两表中的数据对比可知，在湿式电除尘器运行的基础上，增开湿式相变凝聚器对 PM_1、$PM_{2.5}$ 和TSP的脱除能力进一步提升，湿式相变凝聚系统对三者的脱除效率分别从68.66％、82.75％、88.30％提升至83.61％、87.69％、92.32％。PM_1 脱除效率提升了15％。

表3-9　湿式相变凝聚器关闭时系统对颗粒物的脱除效率（机组负荷600MW）

颗粒物	入口浓度/(mg/m^3)	出口浓度/(mg/m^3)	脱除效率/％
PM_1	3.149	0.987	68.66
$PM_{2.5}$	6.208	1.071	82.75
TSP	13.586	1.589	88.30

表3-10　湿式相变凝聚器运行时系统对颗粒物的脱除效率（机组负荷600MW）

颗粒物	入口浓度/(mg/m^3)	出口浓度/(mg/m^3)	脱除效率/％
PM_1	3.149	0.516	83.61
$PM_{2.5}$	6.208	0.764	87.69
TSP	13.586	1.044	92.32

2017年西安交通大学与浙江巨化公司合作，在浙江巨化280t/h锅炉尾部设计加装了湿式相变凝水装置，实现了回收大量烟气含水、高效除尘、潜热回收的目的。

（二）蒸汽相变促进 WFGD 系统脱除燃煤细颗粒物技术

国内外对利用蒸汽相变作为脱除细微粒的预调节措施已有研究和利用。此前的研究均采用蒸汽相变作为预处理措施，先使细颗粒凝结长大再用常规设备脱除，虽然取得了较高的相变脱除效率，但对于原烟气水汽含量较低的燃烧源烟气，需添加较多的蒸汽，或需将烟温降低到较低水平才有可能达到实现蒸汽相变所需的过饱和条件，能耗较高。而且此前的研究均未与湿法脱硫相结合。目前，大型燃煤机组普遍在除尘装置后安装 WFGD 系统，文献［51］研究发现 WFGD 系统虽可有效脱除 SO_2 和粗粉尘，但脱硫后烟气可能携带更多的石膏微粒造成细颗粒物排放增加。

1. 蒸汽相变促进细颗粒物脱除原理

应用蒸汽相变促进 $PM_{2.5}$ 等细颗粒物脱除的原理是在过饱和蒸汽环境中，蒸汽以 $PM_{2.5}$ 微粒为凝结核发生相变，使微粒粒度增大、质量增加，并同时产生扩散泳和热泳作用，促使微粒迁移运动，相互碰撞接触，细颗粒凝并长大[52,53]。在以下排放源应用蒸汽相变具有明显的技术经济优势。

① 高温、高湿 $PM_{2.5}$ 排放源。如石油、天然气燃料中因氢元素含量高，燃烧产生的烟气湿度大。

② 安装湿法或半干半湿法脱硫装置、湿式洗涤除尘装置的 $PM_{2.5}$ 排放源。

③ 设置烟气冷凝热能回收装置的 $PM_{2.5}$ 排放源。

蒸汽相变实现细颗粒物的脱除首先需要建立过饱和的水汽环境，例如通过添加蒸汽或采用冷却手段使原始水汽含量较低的烟气达到过饱和，考虑到燃煤机组大多安装有烟气湿法脱硫系统，湿法脱硫过程中低温脱硫浆液与高温烟气接触后部分浆液汽化，会使脱硫后烟气的相对湿度增加、烟温降低接近饱和状态，因此通过 WFGD 的适当改进完全可以建立蒸汽相变需要的过饱和水汽环境。东南大学以燃煤锅炉产生的含尘烟气为研究对象，通过在脱硫塔进口烟气、塔内脱硫液进口上方注入适量蒸汽，建立蒸汽相变过饱和水汽环境，使细颗粒在脱硫区、塔顶空间发生凝结长大并由脱硫液、除雾器高效捕集，实现湿法脱硫协同脱除细颗粒物[54]。

2. 研究进展

理论上，提高蒸汽添加量可使细颗粒物凝结长大至更大的尺寸，对于 $PM_{2.5}$ 中的亚微米级微粒，单靠过饱和水汽在颗粒物表面的凝结作用长大至 3～5μm 有一定难度，且过高的蒸汽添加量会导致能耗过大。

东南大学在如图 3-52 所示的试验系统中开展了一系列的研究，该试验系统主要包括全自动燃煤锅炉、烟气缓冲装置、旋风分离器、烟气湿度调节室、脱硫塔（塔径 150mm，塔高 2500mm）和测试控制系统、蒸汽发生器等。

试验中采用两种方式实现蒸汽相变所需要的过饱和蒸汽环境：a. 在脱硫塔前（烟气湿度调节室中）添加蒸汽，使烟气在脱硫区达到过饱和，然后在脱硫洗涤区以细颗粒为凝结核凝结长大，最终由脱硫洗涤液、除雾器 1 脱除；b. 在除雾器 1 和除雾器 2 之间注入适量蒸汽，以脱硫塔顶部空间作为蒸汽相变室，由高效丝网除雾器 2 捕集液滴。

首先进行蒸汽添加量、脱硫剂对细颗粒物脱除效率影响的试验研究。结果如图 3-53 所示。脱硫塔液气比为 15L/m^3，细颗粒初始数量浓度为(2～3)×10^7 个/cm^3。除 $NH_3 \cdot H_2O$ 脱硫

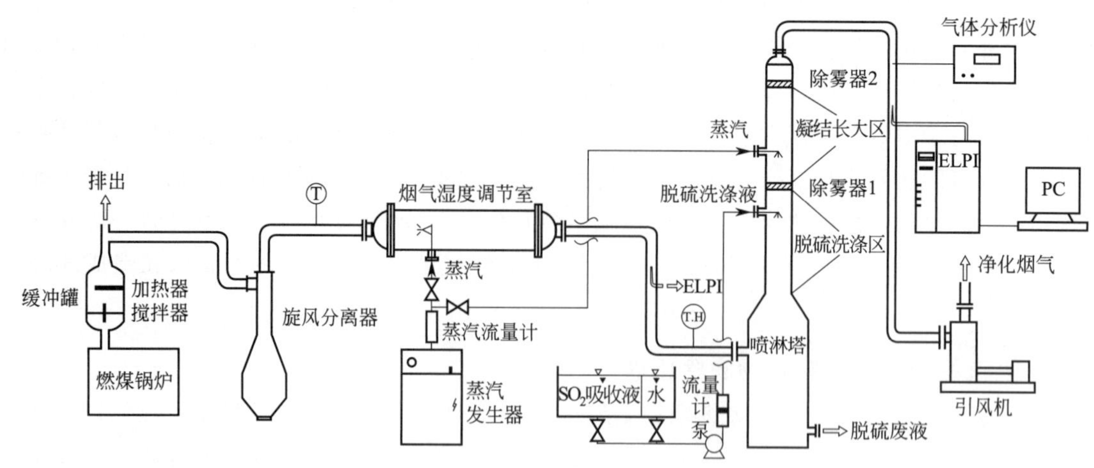

图 3-52 试验系统[55]

剂外，其余脱硫剂在蒸汽添加量低于 0.02kg/m^3 时，细颗粒物总脱除效率变化不明显，但都随着蒸汽添加量增加而提高。颜金培等[53] 发现蒸汽添加量达 0.15kg/m^3 时，才能使平均粒径为 0.3μm 的燃煤细颗粒数量浓度脱除率提高至 50%～60%。而在相同蒸汽添加量下，Na_2CO_3 脱硫剂和洗涤水对细颗粒的脱除效率高于相应的 $CaCO_3$、$NH_3 \cdot H_2O$ 脱硫剂。

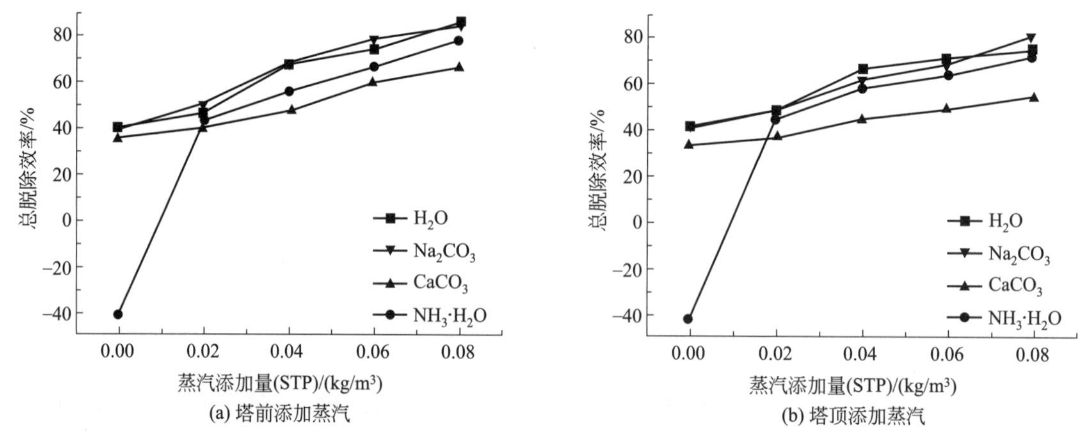

图 3-53 蒸汽添加量和脱硫剂对细颗粒物脱除效率的影响[55]

文献［56］通过实验方法研究了“蒸汽相变＋撞击流”方法对细颗粒凝聚的促进作用，其研究显示在相同蒸汽添加量下，采用倾斜撞击流相变室，细颗粒脱除效率明显高于水平相变室，撞击流相变室的细颗粒脱除效率约为水平相变室的 2 倍，如图 3-54 和图 3-55 所示。对喷流是强化相间传递和促进混合（尤其是微观混合）最有效的方法之一。同时，气流携带的颗粒物相向撞击可导致颗粒间剧烈的碰撞，对于高湿、高黏附性细小颗粒（如细雾滴），促进其碰撞而相互团聚长大。倾斜撞击流相变室中高度湍动的撞击区为水汽与细颗粒物接触创造了极佳的热质传递与混合条件。表面凝结有水膜的含尘液滴在撞击区内来回振荡和相互渗透，增加了其在撞击区的停留时间，提高了细颗粒物间碰撞概率，强化了颗粒团聚效应，极大地提高了细颗粒的脱除效率。因此，倾斜撞击流相变室是更适合细颗粒凝并长大的关键设备。其实验结果也表明：采用蒸汽相变和撞击流耦合技术可以显著促进湿法脱硫净烟气中细颗粒物的脱除，在蒸汽添加量为 0.04kg/m^{3}时，数量浓度脱除率可由普通相变室的 34.1%增至 66.1%；细颗粒脱除效率随烟气撞击流速增大而提高[56,57]。

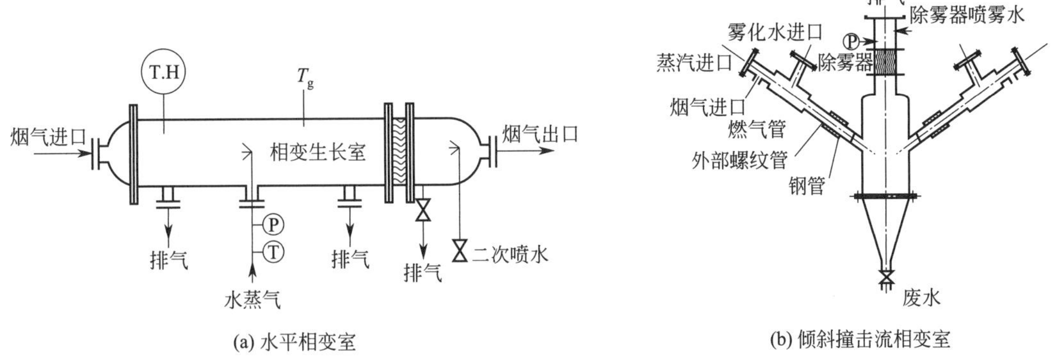

(a) 水平相变室　　(b) 倾斜撞击流相变室

图 3-54　不同相变室结构示意

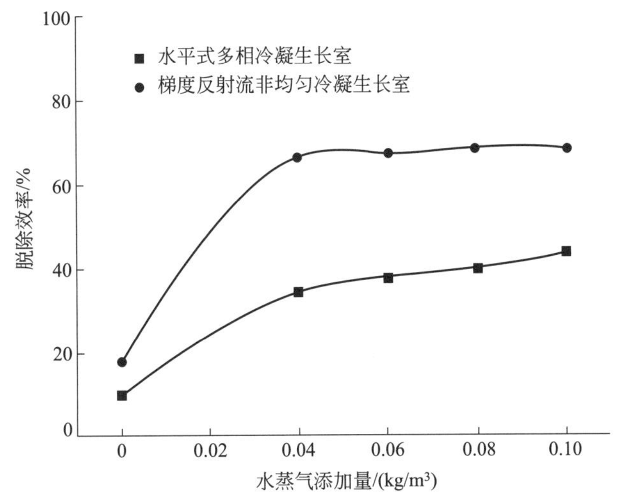

图 3-55　相变室结构对脱除效率的影响

细颗粒脱除效率随烟气流速和蒸汽添加量的增大而提高；在相变室出口安装丝网除雾器的除尘效果优于采用板波纹除雾器，并且在烟气中添加挥发性的乙二醇润湿剂对细颗粒脱除有一定促进效果。

（三）湍流聚并技术

湍流聚并技术是指流场扰流引起颗粒间速度差异，使得流场内颗粒局部富集且颗粒间径向速度不均匀，从而产生明显的颗粒团聚现象。即使是对于理想的均匀各向同性湍流这种简单的湍流运动，颗粒的湍流扩散和速度脉动也都呈现极大的各向异性，而且由于流体和颗粒的相对速度滑移和颗粒惯性影响，颗粒的湍流扩散存在复杂的“轨道穿越效应”“惯性效应”“连续性效应”以及局部聚积，增大了颗粒之间相互碰撞发生团聚的概率。目前湍流聚并的研究主要集中在理论和数值模拟方面。

米建春等基于流体动力学原理设计了一种超细颗粒聚并器，并在 300 MW 燃煤锅炉机组静电除尘器的前置烟道中进行了实验研究[58]。

1. 聚并器工作原理

聚并器沿烟气流动方向分别为导流段和混合段，如图 3-56 所示，导流段中安装有导流叶片，混合段中布置有产涡叶片，叶片构件的材料使用耐磨低碳钢。含尘气流在烟道中流动过程中碰撞概率较小，而聚并器可以增加颗粒之间的碰撞概率。

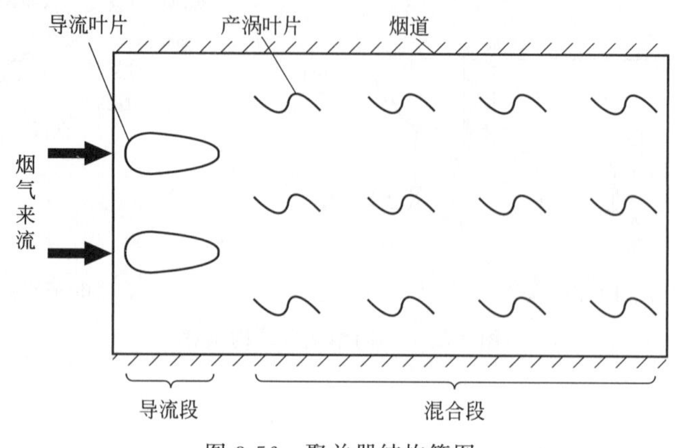

图 3-56 聚并器结构简图

气流进入聚并器后首先经过导流段，流体沿导流叶片外侧流动，尺寸较大的颗粒具有较大的惯性和质量，向偏离导流叶片的外侧方向运动，大颗粒的运动与主体流动发生分离。烟气随后进入混合段经过产涡叶片，在产涡叶片外侧尾部下游产生不同尺寸的漩涡，而漩涡能够将微细颗粒卷吸、夹带于其中，并随之运动，延长了微细颗粒物在此区域的停留时间。同时在混合段内，气流处于强湍流状态，导流叶片分离出来的大颗粒不会被漩涡卷吸，增加了不同粒径颗粒物之间的相互碰撞频率，如图 3-57 所示，微细颗粒物与大颗粒碰撞后容易黏附在较大的颗粒上，并且由于范德华力以及微细颗粒物的物理特性，黏附力较强，不会因速度梯度的存在发生脱附现象。因此大幅度减少了烟气中微细颗粒物的含量，使更多的微细颗粒物能够被下游的除尘器捕获。

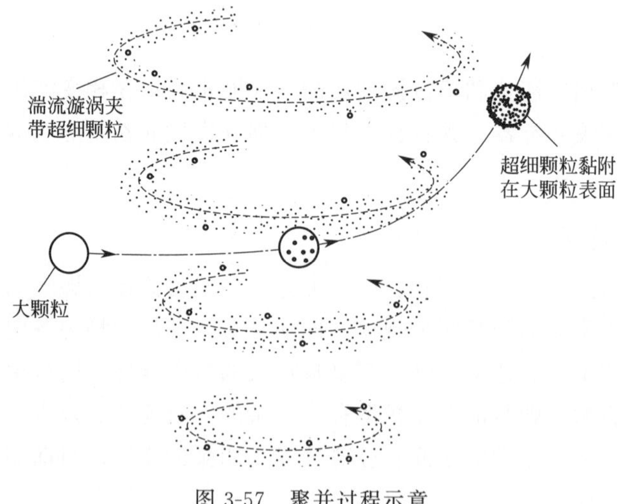

图 3-57 聚并过程示意

2. 湍流聚并颗粒物脱除

为推广湍流聚并器在脱除微细颗粒物中的应用，大唐耒阳电厂 330MW 燃煤锅炉机组（3# 机组）静电除尘器的前置烟道中安装了湍流聚并器并进行了实验研究。该 3# 机组配备 2 台两室四电场 BE 型静电除尘器，共 16 个灰斗，设计除尘效率≥99.68%，聚并器内部结构主要分为导流段和混合段，总长 2000mm，产涡叶片间相距 25mm。实验对聚并器进出口、静电除尘器灰斗中飞灰颗粒粒径分布及微细颗粒物体积比例的变化以及除尘效率和烟尘排放浓度等进行了研究，静电除尘器及测点布置示意如图 3-58 所示。

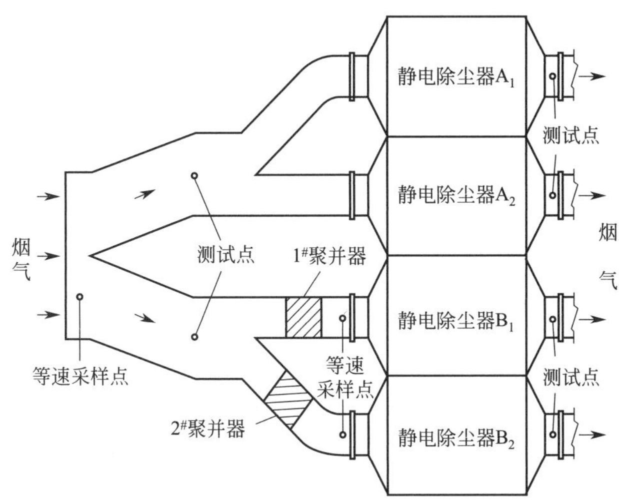

图 3-58　静电除尘器及测试采样点布置示意

在聚并器进出口分别进行烟气等速采样，分析聚并器进出口颗粒粒径的分布，结果如图 3-59 所示，相比于聚并器进口，1# 与 2# 聚并器出口 10μm 以下的颗粒明显减少，通过聚并器的作用，烟气中颗粒物的峰值粒径向大颗粒方向移动，微细颗粒物黏附在较大的颗粒上形成了新的大颗粒，湍流聚并器对微细颗粒物的聚并效果明显。

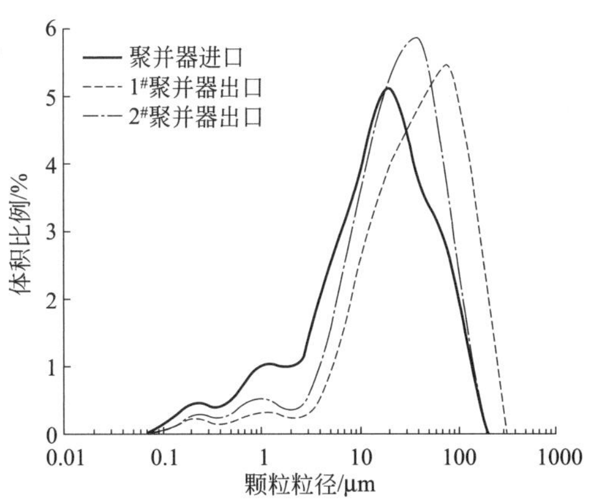

图 3-59　聚并器进出口颗粒粒径分布

对前置烟道内装有聚并器和未装聚并器的静电除尘器对应灰斗出口采样，对比分析对应灰斗中颗粒粒径分布以及微细颗粒体积比例的差别。对静电除尘器 A_2（未安装聚并器）和 B_1

（安装聚并器）的第1级、第2级灰斗中颗粒粒径分析得到图3-60。对比图3-60(a）和图3-60（b）曲线不难发现，B_1 除尘器灰斗中超细颗粒体积比例小于 A_2 除尘器对应灰斗中超细颗粒的体积比例。经过聚并器后，烟气中微细颗粒物减少，大颗粒数量比例增加，并且大颗粒更容易被电场荷电捕集，致使靠近除尘器进口的电场捕获了更多的大颗粒。

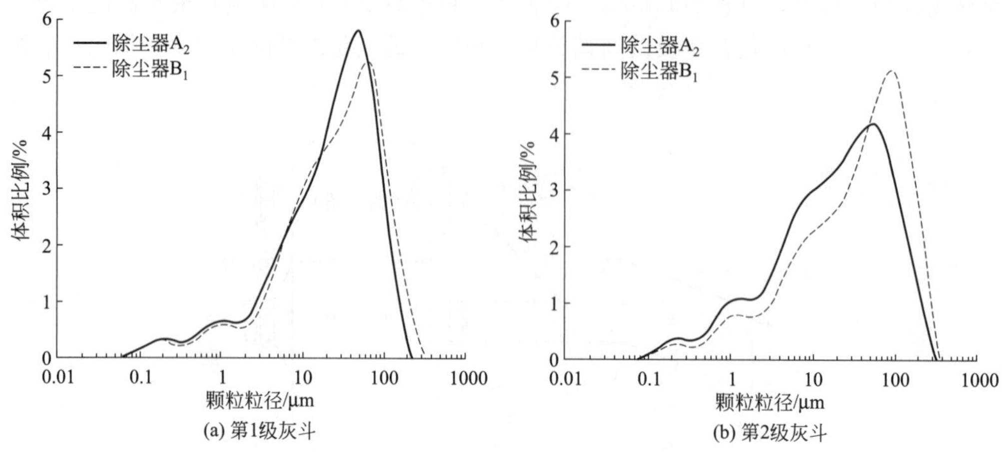

图3-60　静电除尘器 A_2 和 B_1 对应灰斗中颗粒粒径分布

最终采用质量法计算静电除尘器 A_2（未装聚并器）和 B_1（安装聚并器）的除尘效率，计算结果静电除尘器 A_2 的除尘效率为99.68%，而静电除尘器 B_1 的除尘效率为99.77%，聚并器的安装使静电除尘器的除尘效率升高了0.09%。从计算结果来看，除尘效率的提高并不明显，但因为微细颗粒物具有密度小、质量比例小及数量比例大的特点，因此可以认为实际上除尘效率的提高主要源于微细颗粒物的减少。

但需要注意的是湍流聚并只有在较大的流场扰动条件下效果才比较明显，而这势必造成较大的压力损失，并加重设备磨损。而目前单独使用湍流聚并技术脱除细颗粒物尚未见工程应用报道，现多将该技术作为一种辅助设备同其他颗粒物团聚技术组合使用。

（四）电凝并技术

电凝并技术是通过提高微细颗粒的荷电能力，促进微细颗粒以电泳方式到达飞灰颗粒表面，从而增强颗粒间的团聚效应。电凝并的效果取决于粒子的浓度、粒径、电荷的分布以及外电场的强弱，电凝并可作为除尘的预处理阶段，使细颗粒团聚为大颗粒。目前大多数研究将电凝并技术与静电除尘器结合。

现有的细颗粒物电凝并方法主要有四种：同极性荷电颗粒在交变电场中的凝并、异极性荷电颗粒在交变电场中的凝并、异极性荷电粉尘的库伦凝并、异极性荷电颗粒在直流电场中的凝并。此外还有改进的其他凝并设备，如芬兰坦佩雷大学设计的四级凝并器等[59]。

1. 同极性荷电颗粒在交变电场中的凝并

颗粒物首先在预荷电区荷以同极性电荷，然后进入交流凝并区，颗粒物尺寸、质量、荷电量及惯性等存在差异，交变电场力的变化造成颗粒物往复振动，进而使这些颗粒物产生碰撞团聚（图3-61）。

日本京都大学 Watanabe 等[60] 将电凝并技术与常规静电除尘技术结合，提出了三区式静电凝并除尘器（图 3-62），三区分别为：预荷电区（ESP Unit，直流高压电源），亚微米颗粒在此区域荷有同极性电荷；交流凝并区（EAA Unit，直流叠加交流高压电源），厚而长的高压电极代替原来的放电电极，施加直流叠加交流的电场以促进电凝并过程；收尘区（ESP Unit），收集凝并后的颗粒。他们采用 3 种荷电粉尘［炭黑颗粒、飞灰颗粒、炭黑与飞灰的组合颗粒（质量比 1∶1）］进行实验，研究荷电颗粒的运动轨迹。研究发现凝并装置的使用使粒径小于 1μm（混合粉尘）的亚微米颗粒质量分数减少 20%，凝并后的颗粒平均直径比入口处增大了 4 倍。对粒径为 3μm、0.5μm 粉尘运动轨迹的研究结果显示，颗粒物粒径差别越大，凝并速率越高。对于亚微米级颗粒，颗粒物的振动幅度随粒径的增加而增大，颗粒物的凝并效果随着交流电频率的升高而增加[61]。

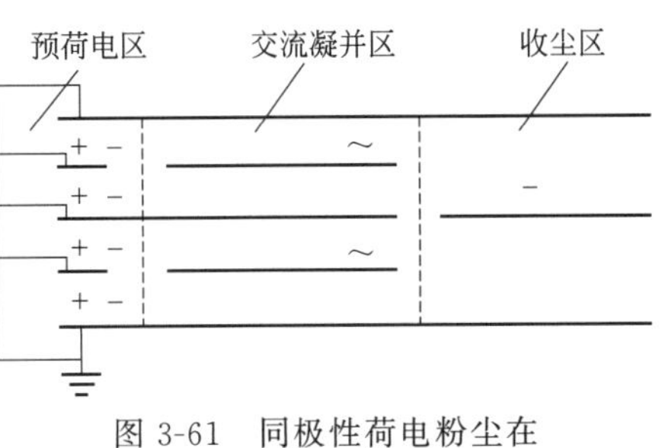

图 3-61　同极性荷电粉尘在交变电场中的凝并除尘[55]

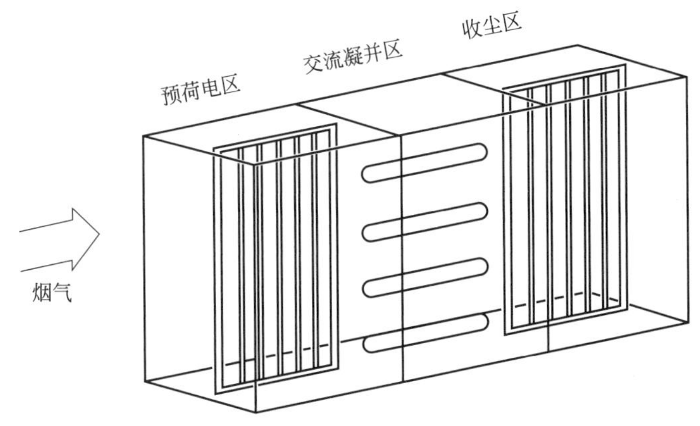

图 3-62　三区式电凝并除尘器结构[60]

芬兰学者 J. Hautanen 等[59] 分别采用板-板式和与 Watanabe 类似的四级电场凝并装置，进行了同极性气溶胶微粒在交变电场中凝并特性的实验研究。使用质量中位径为 4μm、质量浓度为 $1\sim2g/m^3$ 的植物油油雾颗粒作为实验细颗粒物进行实验，荷电区采用 7kV、15μA 单极正直流电源荷电，凝并区采用 25kV、50Hz 的交流电，凝并区细颗粒物的停留时间为 4～6s。结果显示，凝并作用使亚微米颗粒质量分数减少了 4%～8%。

2. 异极性荷电粉尘的库伦凝并

异极性荷电粉尘的库伦凝并原理如图 3-63 所示，粉尘在预荷电区荷以异极性的电荷后进入交流凝并区，带电粉尘在库仑力作用下聚集成为较大的颗粒，在收尘区被捕集。

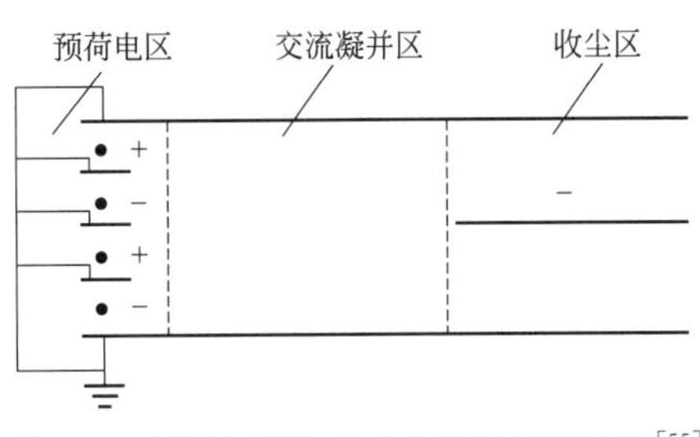

图 3-63　异极性荷电粉尘的库伦凝并原理[55]

粉尘的异极性荷电主要有两种形式：一种是对同一电极施加交变电压；另一种是对两个电极施加极性相反的直流电压。Kanazawa 等在静电凝并除尘装置上研究烟草烟雾的凝并性能，研究结果显示经电凝并后，0.3～1μm 的颗粒物质量由初始的

75%下降至18%，颗粒物的平均直径增大2倍，电凝并技术对微细颗粒物的凝并效果较好，在最佳条件下，亚微米颗粒的收集效率达80%。

目前相关研究中将含尘气体分别通过正负放电电场，再合二为一，空间大尺度范围依靠湍流输运，近距离依靠库仑力及范德华力的双极性荷电凝并方式。以滑石粉和锅炉飞灰为实验粉尘，研究得到双极性荷电可使收集效率提高约10%。经过一系列研究后提出一种带颗粒凝并器的除尘器（授权号：CN1121908C），图3-64为其发明的带电凝并器的旋风除尘器结构示意。烟气分为两路，分别荷有正、负电荷后，经由混合凝并通道在静电力作用下凝并长大，然后由旋风除尘器分离。

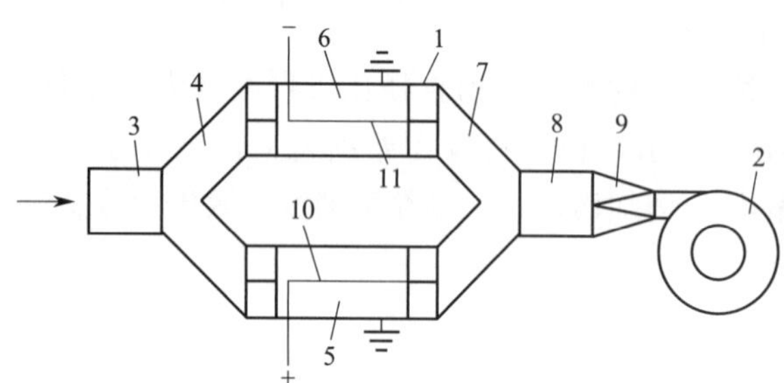

图3-64　带电凝并器的旋风除尘器结构示意

1—颗粒凝并器；2—旋风除尘器；3—进气通道；4，7—过渡通道；5，6—对放电通道；8—混合凝并通道；9—出气通道；10—正放电极；11—负放电极

3. 异极性荷电颗粒在交变电场中的凝并

有研究者进行了双区式异极性荷电气溶胶颗粒的凝并实验[62,63]，双区式实验装置分为凝并区和收尘区，分别采用可调频交流高压电源和负极性高压直流电源，电晕极均为芒刺电晕极，凝并区内同时实现粉尘的荷电与凝并，荷电凝并区和收尘区长各1m。双区式电凝并装置的电极布置形式如图3-65所示，双区式电凝并除尘装置中荷电区长60mm，用正负两台高压直流电源实现异极性荷电，凝并区长0.6m，加可调频交流高压电源，收尘区长1m，加负极性高压直流电源，收尘区的放电极为芒刺电晕极。

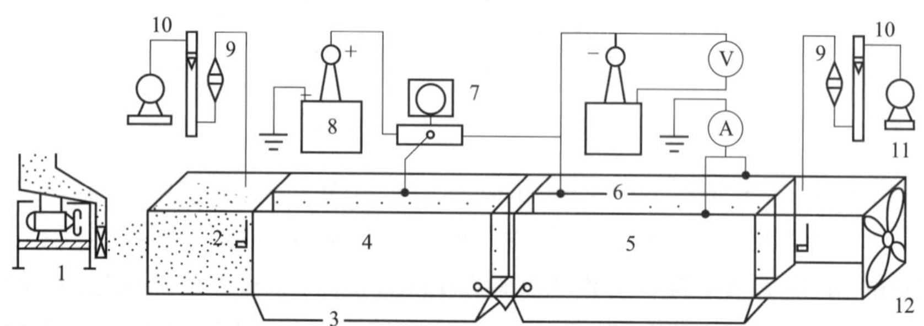

图3-65　双区式电凝并装置的电极布置形式[63]

1—发尘器；2—粉尘采样头；3—灰斗；4—交变电场荷电与凝并区；5—收尘区；6—芒刺电晕极；7—可调频交流高压电源；8—直流高压电源；9—滤膜；10—转子流量计；11—抽气泵；12—抽风扇

电凝并除尘效率与静电除尘效率的比较如图3-66所示，图中曲线为理论模拟结果。在相同停留时间下，双区式电凝并除尘装置的除尘效率不仅高于常规静电除尘器，而且优于三区式电凝并除尘装置。在双区式电凝并除尘装置中的凝并区，不断凝并的粉尘重复荷电，粉尘带电量增加，而三区式电凝并除尘装置为一次荷电，随着凝并中和电量减少。并且双区式电凝并中无预荷电区，从而增加了电凝并区的有效长度。因此，在电场强度相等时双区式的除尘效率高于三区式。

4. 异极性荷电颗粒在直流电场中的凝并

颗粒物在异极电场中荷电，使两区颗粒物带相反电荷，颗粒物在自身库伦力作用下发生碰撞，然后在直流电场中电场力的作用下产生凝并，国内研究者设计了一种凝并实验装置，研究异极荷电颗粒在外加直流电源情况下进入凝并区的电凝并效率，如图 3-67 所示。

颗粒首先经过双极电晕荷电区，然后通过外加直流电场的电凝并区，异极性荷电颗粒发生相对运动、碰撞、凝并长大，最后被集尘器收集。在此实验装置中研究凝并装置对数量中位直径 7.71μm 颗粒物的凝并效率，结果显示凝并区电场强度对微细颗粒物的凝并效率影响较大，在荷电区阳极电压为 5kV、阴极电压为－13kV、停留时间为 0.2s 的条件下，当凝并区电场强度由 0 增加至 1.6kV/cm 时，0.5μm 颗粒物的凝并效率由 14.8%上升至 24.0%。

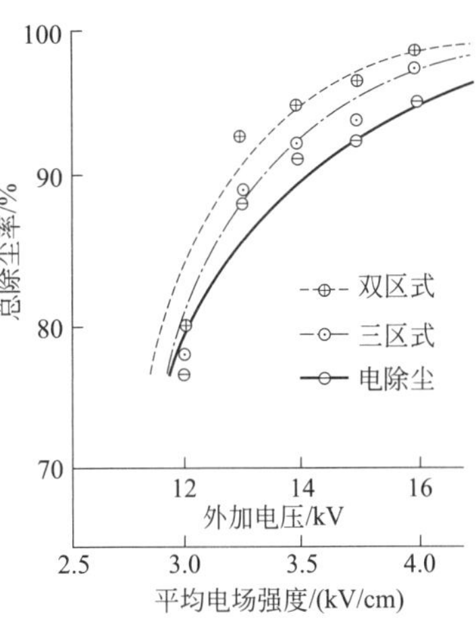

图 3-66　电凝并除尘效率与静电除尘效率比较

综合上述四种电凝并技术，凝并区一般采用交流电场，以使荷电粉尘在交变电场力作用下产生往复振动，增加离子间相互碰撞的频率，进而增进凝并效果。但无论是双区式还是三区式电凝并，均面临能耗和一次环保投资较高的问题，若颗粒物比电阻较高，还需加入降低比电阻的工艺。

5. 电凝并研究进展

沙东辉等[65] 采用固定的带电大颗粒（80μm）作为凝并核，通过显微镜和高速相机拍摄荷电 $PM_{2.5}$ 运动到带电大颗粒表面并发生凝并的过程，通过上述细颗粒物电凝并的可视化实验研究，得到大颗粒附近细颗粒物的运动轨迹图，如图 3-68 所示。图 3-68(a) 中玻璃大颗粒和细颗粒物均未荷电，图 3-68(b) ～ (d) 中玻璃大颗粒在 10kV 的正电场中放置 20min，进行饱和荷电，其后通入含尘气体，气速 16.7mm/s，V 代表流场中所施加的凝并电压。

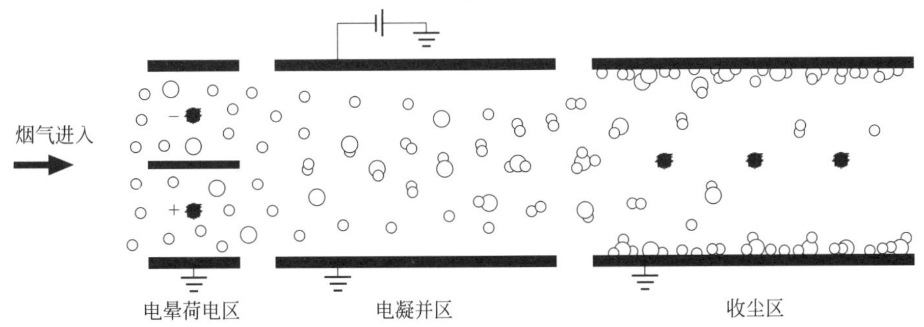

图 3-67　异极性荷电颗粒在直流电场中的凝并[64]

结果显示：未荷电的细颗粒物与未荷电的大颗粒之间发生绕流现象，未观察到明显的凝并现象；当大颗粒荷电后细颗粒物运动到离玻璃大颗粒 30μm 以内时，运动方向改变，朝玻璃大颗粒表面运动，运动轨迹终止于玻璃大颗粒表面，如图 3-68(b) 所示；对针电极施加 3.5kV 正电压，细颗粒物平均荷电量为 79 个元电荷，如图 3-68(c) 所示细颗粒物运动到离玻璃大颗粒表面十几微米范围内才开始改变运动方向，朝玻璃大颗粒表面运动，运动轨迹终止于玻璃大颗粒表面且无反弹的轨迹：而当继续增加施加在线电极上的正直流电压到 5kV，细颗粒物平

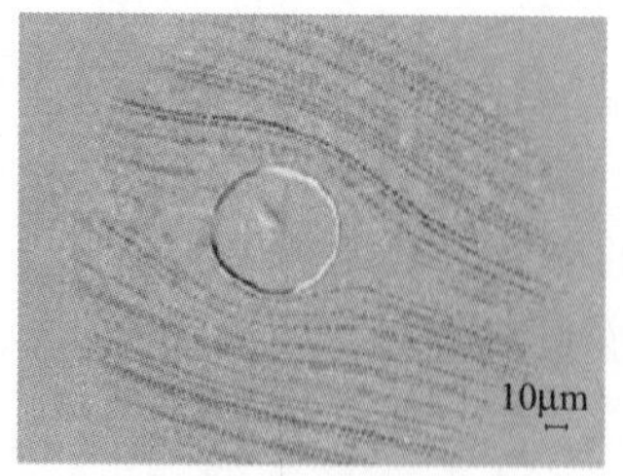

(a) V=0kV玻璃大颗粒未荷电

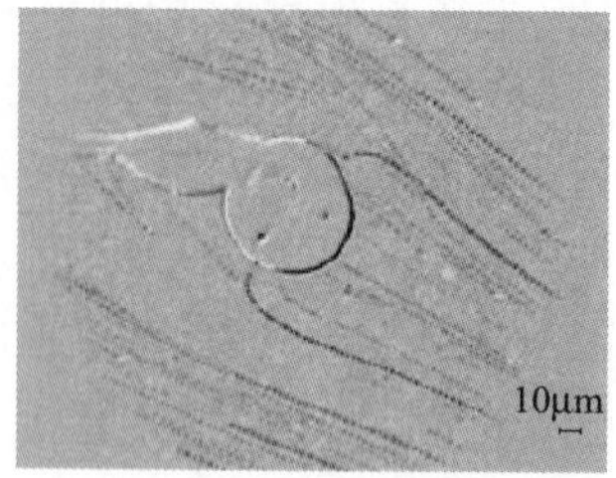

(b) V=0kV玻璃大颗粒荷电

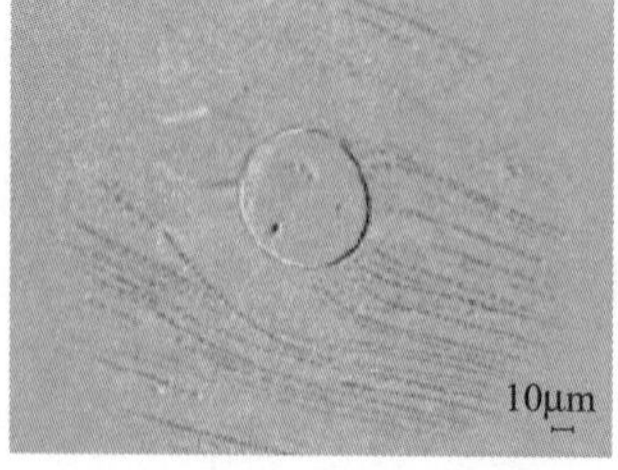

(c) V=3.5kV玻璃大颗粒荷电

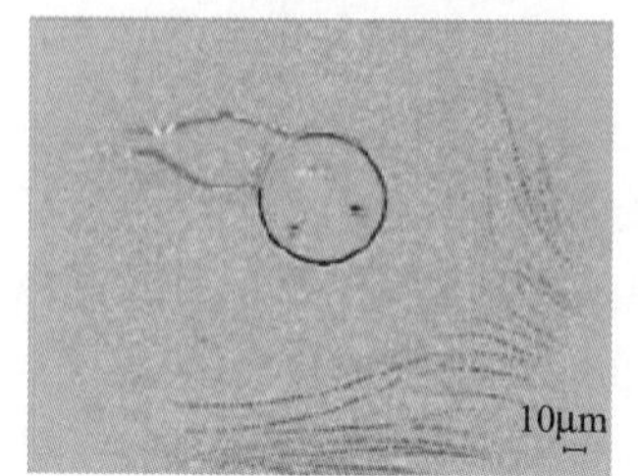

(d) V=5kV玻璃大颗粒荷电

图 3-68 大颗粒附近微细颗粒物的运动轨迹

均荷电量增加到 131 个元电荷时，细颗粒物不但没有朝玻璃大颗粒表面运动，而且在离玻璃大颗粒 60μm 以上的距离时，朝远离玻璃大颗粒表面的方向运动。由此说明在荷电与凝并的电场相同的条件下，未荷电或荷电量较少的细颗粒物运动到荷电量较多的颗粒物附近时，容易被吸引而发生凝并，但随着细颗粒物荷电量增加，同种电荷之间的斥力增大，颗粒物间排斥作用增大，导致难以发生凝并。

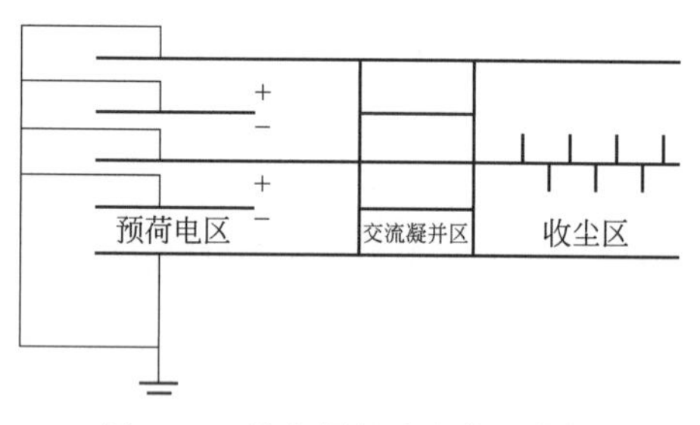

图 3-69 静电凝并除尘装置结构

文献［66］中对电凝并技术对静电除尘效率的影响进行研究，设想在烟道中加装电凝并装置，结构见图 3-69。这一凝并除尘装置结构包括预荷电区、交流凝并区、收尘区，粉尘在预荷电区完成荷电，进入之后的交流凝并区，在交流电压的作用下，粉尘粒子发生凝并作用，细小粒子聚合转化为粒径较大颗粒，最后通入收尘区域被捕集。

表 3-11 为加装预荷电设备后静电除尘器的除尘效果，由表 3-11 可以看出预荷电后，粉尘中粒径在 2μm 以下的颗粒物减少，设备的除尘效率有所提升。

表 3-11 加装电凝并装置前后静电除尘器的除尘效率[67]

项目	烟尘浓度/(mg/m^3)	分散度/%				除尘效率/%
		0～2μm	2～5μm	5～10μm	＞10μm	
原始值	45.50	5	15	20	60	
无预荷电排放	8.78	23	40	22	15	80.7
预荷电排放	7.61	21	38	24	17	83.3

王少雷[68] 研究了“等离子体＋电凝聚”技术对细颗粒凝聚的促进作用，在静电除尘器入口烟道中设置等离子体产生装置和荷电凝并装置，可在烟道中完成微细粉尘荷电凝并成大粒径粉尘的物理过程，其荷电凝并效果高于目前静电除尘器荷电凝聚效果，为解决现有静电除尘器捕集微细粉尘效率低的难题提供了新方法[68]。

自2007年开始，华北电力大学和北京大学从实验和理论计算两方面对超细颗粒物湍流聚并技术进行研究，自行研发出一套双极性荷电-湍流聚并装置，其原理如图3-70所示，双极性荷电湍流凝聚技术有效整合了双极性电凝聚和湍流凝聚两种技术。含尘气体进入静电除尘器前，先对其进行分列荷电处理，使相邻两列的烟气粉尘带上正、负不同极性的电荷，并通过扰流装置的扰流作用，使带异性电荷的不同粒径粉尘产生速度或方向差异而有效凝聚，形成大颗粒后被静电除尘器有效收集。

双极荷电凝并装置安装于静电除尘器前置烟道内，烟气流速是静电除尘器内流速的10～15倍，且大粒径颗粒数目含量多，$PM_{2.5}$凝聚效果高于单纯的双区及三区电凝聚系统。

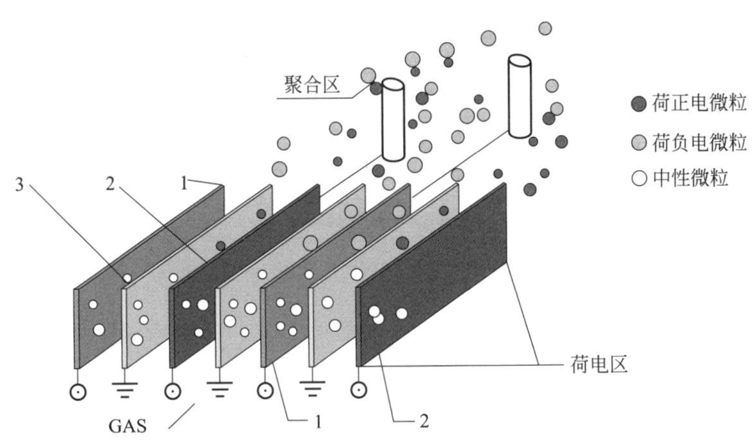

图3-70 双极性荷电-湍流凝聚原理

1—负放电极；2—正放电极；3—接地极

双极荷电湍流凝并装置在国内已有工程应用。上海吴泾热电厂9#炉300MW机组，仅在静电除尘器前置进口烟道处安装双极荷电湍流凝聚装置，于2012年4月14日投运，经测试，总烟尘质量浓度下降率为20.3%，$PM_{2.5}$的质量浓度下降率为30.1%，经计算，$PM_{2.5}$年减排量约64t[69]。值得一提的是，烟尘总质量浓度与$PM_{2.5}$的质量浓度下降率为装置开、关状态下的数值，事实上只要安装该装置，在电源关闭的状态下对粉尘也具有一定的凝聚作用（湍流凝聚），因此实际的下降率应该比上述数值更高。

澳大利亚Indigo（因迪格）技术有限公司于2002年推出了Indigo凝聚器工业产品，称为Indigo凝聚器，通过静电和流动过程的结合，使进入Indigo凝聚器的细颗粒附着在大颗粒上，进而提高现有除尘设备如静电除尘、布袋除尘等对微细颗粒物的捕集效率。

Indigo颗粒物凝聚技术包括两项：双极静电凝聚（BEAP）和流动凝聚（FAP），其中流动凝聚（FAP）基于强化流动使大小不同的粒子有选择性地混合，增强粗细粒子之间的物理作用，从而促使其相互碰撞，形成聚合的粒团，减少细粒子的数目。如图3-71所示，双极性荷电器有一组正负相间的平行通道，含尘烟气流经通道时按照通道两端的电极性不同分别荷有正电荷或负电荷。荷电粉尘然后通过对粒径有选择性的混合系统，气体中荷正电的细粒子与相邻负极性通道流出的荷负电的粗粒子混合，气体中荷负电的细粒子与相邻正极性通道流出的荷正电的粗粒子混合。

实际应用中Indigo凝聚器安装于静电除尘器入口烟道，无论是在水平段还是垂直段，凝聚器总共需要6m的垂直管段就可以，同时凝聚器中烟气流速可达15m/s以上，对于100MW

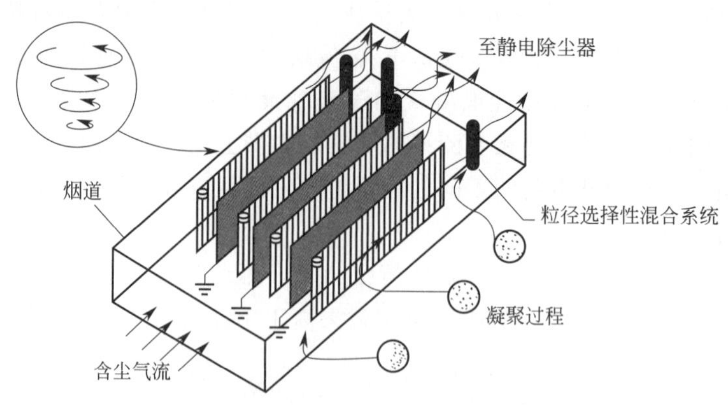

图 3-71　双极静电凝聚过程

发电机组，Indigo 凝聚器只需要 5kW 左右的电力，对于引风机，增加的阻力不超过 200Pa。Indigo（因迪格）技术有限公司于 2002 年推出了 Indigo 凝聚器工业产品，2002 年 11 月在澳大利亚 Vales Point 电厂首次投运，至今已有多处工程应用，减排效果明显：亚微米颗粒减排 90%以上，$PM_{2.5}$ 减排 80%以上，总烟尘排放浓度下降 1/3～2/3，同时还减少了重金属的排放[70]。

将电凝并与现有除尘技术相结合可显著提高细颗粒物脱除效率，具有一定的工业应用前景。但电凝并过程较为复杂，影响因素众多，如烟尘温度、颗粒物性质（黏度、比电阻、成分、初始粒径分布、荷电量、极性以及荷电对称性）、外加电场具体参数（电压频率、电长强度、电极形状）等，因此，凝并效果不一。但多数学者认为，异极性荷电颗粒在交变电场中的凝并是电凝并技术的重要方向。目前对细颗粒物控制技术的研究尚处于试验探索阶段，真正可实现工程应用的技术很少。

（五）化学团聚技术

化学团聚技术是指采用各种吸附剂/黏结剂通过化学或物理吸附作用促使细颗粒物团聚长大。对于燃煤机组实际应用，可以分为燃烧中团聚和燃烧后团聚两种，前者是在炉膛内喷入团聚剂或直接在煤粉中混入固态团聚剂，在燃烧过程中利用团聚剂与煤的相互作用减少微细颗粒物的生成，如混煤燃烧、添加高岭土等；后者是在燃烧后，一般是在静电除尘器入口处喷入团聚剂，利用团聚剂的物理或者化学吸附作用，促使微细颗粒物团聚长大。

1. 燃烧中化学团聚技术

燃煤细颗粒物主要通过汽化-凝结形成，在燃烧过程中加入吸附剂可为细颗粒物的形成提供凝结基核或与之发生化学反应，是抑制细颗粒物生成并促使其团聚成较大颗粒的一种有效方法。

近年来，对使用吸附剂捕获富含金属的细颗粒物已经展开了许多研究，这些金属包括碱金属和痕量有毒重金属如 Pb、Cd、Hg 等，主要采用固体吸附剂（如硅土、矾土、硅铝酸盐、铝土矿、熟石灰、石灰石和高岭土等）。然而，使用固体添加剂会因为吸附剂颗粒的表面反应阻止吸附剂颗粒内部进一步吸附金属元素。为此，Pratim 等提出了使用蒸气吸附剂的方法，以便在燃烧室中实时生成一种较大表面积的气溶胶粒子，为金属元素蒸气或气态细颗粒前驱物在均相成核前提供了凝结和反应表面。

美国俄亥俄州辛辛那提大学 Zhuang 等进行了添加气相吸附剂控制煤粉燃烧产生的亚微米细颗粒的试验研究，试验采用异丙氧基钛气相吸附剂，经两种方式加入燃烧反应器：a. 异丙氧基钛蒸气与煤颗粒混合后进入燃烧器，在燃烧的高温环境下，吸附剂转化为聚合的 TiO_2 粒子；b. 先在高温炉中将异丙氧基钛转化为聚合的 TiO_2 粒子，然后与煤颗粒混合进入燃烧器。在燃烧室温度 1173K、气体停留时间 4s 的试验条件下，气相吸附剂的加入使烟气中颗粒物的粒径分布曲线向大粒径方向移动，其中以第二种添加方式的效果更为显著，可使亚微米细颗粒几何平均粒径由 53nm 增至 214nm，尤其是粒径小于 100nm 的超细颗粒明显减少。他们分析认为，喷入的气相吸附剂可为气态的亚微米细颗粒前驱物在均相成核前提供凝结和反应表面，促进其在聚合的吸附剂粒子表面发生非均相凝结，即改变了亚微米细颗粒形成中的成核方式。

华中科技大学王春梅、周英彪等[71] 在滴管炉中研究了氧化钛吸附剂对煤粉燃烧细颗粒物的吸附作用。氧化钛（TiO_2）吸附剂按 2%的比例和煤粉充分混合后，由压缩空气将混合物吹入燃烧系统。在高温燃烧环境中，氧化钛吸附剂转化为聚合的 TiO_2 粒子，进而为痕量金属蒸气非均相凝结提供较大的表面。试验结果表明添加气相吸附剂可以有效抑制细颗粒物生成（图 3-72）。

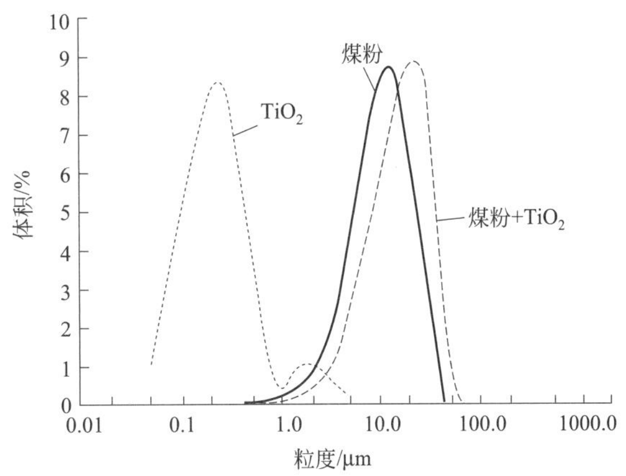

图 3-72 添加吸附剂对细颗粒物粒径分布的影响

综上所述，气相吸附剂在燃烧的高温条件下可实时生成表面积较大的气溶胶粒子，为气态的细颗粒物前驱物提供非均相凝结表面，抑制均相凝结的发生及超细颗粒物的生成，进而增大燃煤细颗粒的平均尺寸。

基于燃烧中化学团聚的研究成果，华中科技大学提出了一种燃烧过程中减少 $PM_{2.5}$ 及金属排放的方法（公开号：CN101445758A），在燃烧装置高温烟气（800～1100℃）中喷入 1～20g/m^3（标态）粒径 5～73μm 的固体粉末吸附剂，将烟气中的 $PM_{2.5}$ 转化为粒径大于 2.5μm 的颗粒物，从而能被常规除尘装置高效脱除。喷入的固体吸附剂可以采用 Si-Al 基、Ca 基吸附剂。

2. 燃烧后化学团聚技术

燃烧后化学团聚常用的方法是在燃后区常规除尘设备（如静电除尘器）入口烟道喷入团聚剂，利用絮凝理论，增加细颗粒之间的液桥力和固桥力，促使细颗粒物团聚长大，进而提高现有常规除尘设施的捕集性能，减少细颗粒物排放。

（1）化学团聚研究进展

华中科技大学张军营等[72] 在絮凝理论的基础上，通过向燃后烟道喷射团聚促进剂增加超细颗粒之间的液桥力和固桥力，促使超细颗粒物团聚长大。吸附在超细颗粒表面上的团聚促进剂分子链可同时吸附在另一个超细颗粒的表面上，通过“架桥”方式将两个或更多的颗粒连接在一起，促进超细颗粒团聚长大，进而被现有除尘装置捕获。华中科技大学在自行设计搭建的团聚实验台上进行了系统的实验研究，实验系统如图 3-73 所示，分析了团聚促进剂溶液的 pH

值、流量、浓度、团聚室的温度以及模拟烟气中粉尘浓度等因素对超细颗粒物团聚效率的影响，并提出了一种燃煤细颗粒化学团聚方法及团聚剂配方。

研究结果显示：化学团聚对于超细颗粒物的脱除具有显著的作用，喷射团聚促进剂后的烟尘排放浓度远比无团聚和喷水的情况要低；团聚促进剂的高分子链对超细颗粒的吸附絮凝作用促进超细颗粒团聚，显著降低烟尘排放浓度。

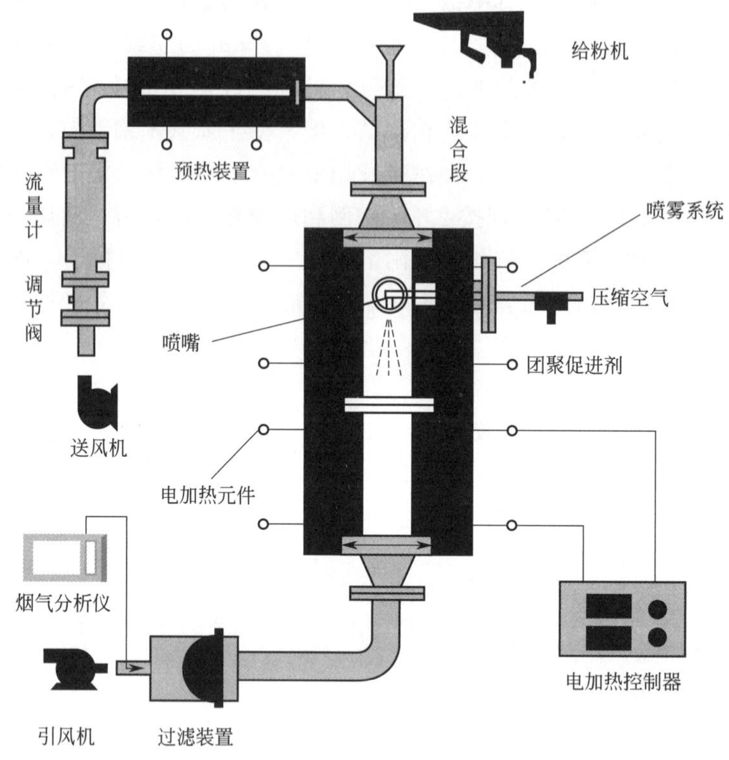

图 3-73　团聚实验系统示意

团聚剂溶液主要包括表面活性剂、黏结剂（或称为吸附剂、絮凝剂）、pH 值调节剂和水等组分，不同黏结剂中所含分子链结构差异较大，对超细颗粒物团聚作用也各不相同。赵永椿等在同一实验系统上对不同黏结剂进行实验，加入黏结剂 XTG（水溶性胞外多糖）后烟尘浓度由不添加团聚剂的 480.8mg/m^3 降低至 262.3mg/m^3，该黏结剂的促进作用最明显（图 3-74）。在不同黏结剂研究基础上，张军营等公开了一种化学团聚促进剂的配方（公开号：CN101513583A），该团聚剂按质量分数具体包含成分及含量如表 3-12 所列。

表 3-12　一种燃煤细颗粒物化学团聚促进剂

成分	含量(质量分数)/%
表面活性剂	0.001～0.2
水溶性高分子化合物	0.0001～0.01
无机盐添加剂	0.001～0.05
水	溶剂

针对部分疏水性颗粒难以湿润的现象，通过在团聚剂中添加表面活性剂和无机盐，可加速细颗粒物进入团聚剂液滴内部，增强润湿性能，提高湿法脱硫的除尘效率。通过在团聚剂中添加高分子化合物和 pH 值调节剂，可使颗粒物之间以电性中和、吸附架桥的方式团聚在一起，

增强团聚效果。通过在团聚剂中添加无机盐和活性离子，增强颗粒物的导电性，降低烟气温度，可调节颗粒物比电阻，提高除尘效率。该团聚促进剂不仅能有效促进燃煤细颗粒团聚成为大颗粒，还能调节燃煤飞灰比电阻，提高静电除尘器对高比电阻飞灰的脱除率。通过对团聚促进剂与细颗粒物间的作用机制进行研究，认为高分子黏结剂对颗粒物的絮凝团聚主要包括以下两个步骤。

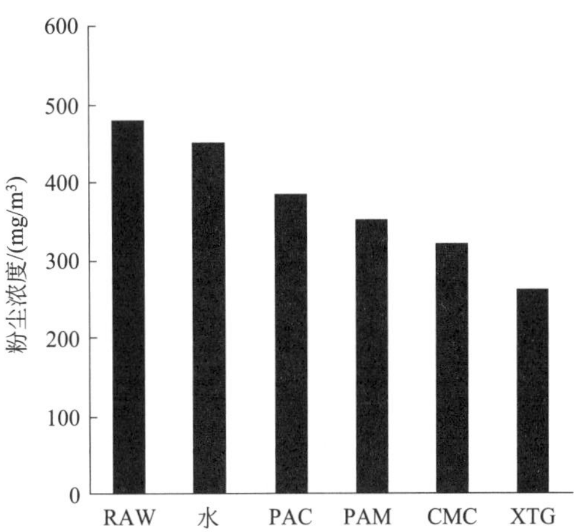

图 3-74　不同团聚促进剂的团聚作用

RAW—不添加团聚剂；水—只添加水；PAC—添加聚合氯化铝；PAM—添加聚丙烯酰胺；CMC—添加高分子纤维素醚；XTG—添加水溶性胞外多糖

① 高分子黏结剂对颗粒的吸附作用。高分子黏结剂溶于水后，所形成的带电基团可与细颗粒间发生电性中和作用，另外细颗粒也可在范德华力作用下与黏结剂分子链发生相互作用，当颗粒间的相互作用能处于第一最小能量值时，将形成稳定的团聚体。

② 高分子黏结剂的架桥絮凝机理。吸附在细颗粒表面上的高分子长链可同时吸附在另一个细颗粒的表面上，通过“架桥”方式将两个或更多的颗粒连接在一起，形成团块状或长链状，起到了团聚细颗粒、增大其粒径的效果。随着团聚促进剂溶液的蒸发，细颗粒间的液桥力逐渐转化为固桥力，颗粒间的团聚力得到加强，细颗粒在固桥力作用下形成颗粒链和颗粒团。

(2) 实际应用

在传统除尘器前增设团聚装置，可使细颗粒物团聚成链状和絮状，附着于大颗粒物上。再由传统除尘器对团聚后的大颗粒物进行捕集，可大幅提高细颗粒物的脱除效率（图 3-75）。

由华中科技大学开发的“$PM_{2.5}$ 团聚除尘超低排放技术”已在某 330MW 火力发电机组除尘减排技术改造中取得成功。2016 年 12 月，经江西环境监测中心的严格检测，机组烟尘排放浓度均值仅为 1.7mg/m^3，除尘效率达到了 88.79%。

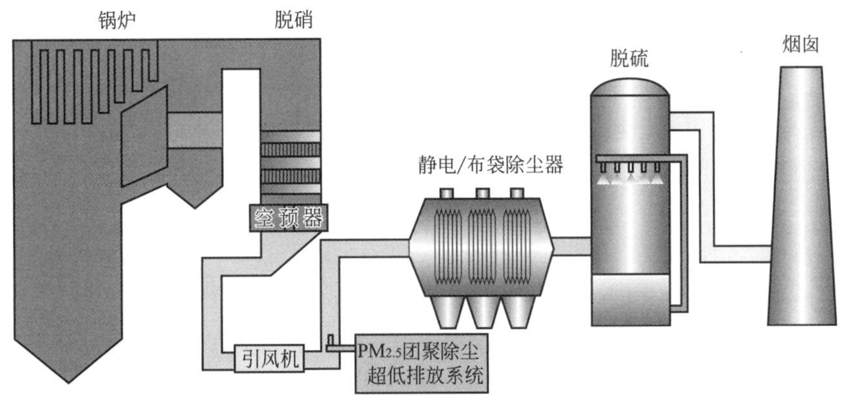

图 3-75　$PM_{2.5}$ 团聚除尘超低排放技术工艺流程

此技术在煤矸石循环流化床布袋除尘系统及水泥厂窑头静电除尘系统中与其他除尘技术结

合，均实现了较好的微细颗粒物脱除效果。

（六）其他微细颗粒物团聚技术

目前常见的微细颗粒物脱除方法有两种：一是在常规除尘设备前设置预处理设施的团聚（凝并）促进技术，使其通过物理或化学作用长大成较大颗粒后加以脱除；二是将不同的除尘机理相结合成为复合除尘器，使它们共同作用以提高对燃煤细颗粒的脱除效果，其中多数复合除尘技术是利用静电力作用，进行湿式电除尘和电袋一体化除尘技术。而在传统除尘器前采取措施使超细颗粒物通过物理或化学的作用团聚成较大颗粒后加以清除必将成为细颗粒物脱除的主要方法，目前研究较多的超细颗粒团聚促进技术主要有电团聚、声波团聚、磁团聚、热团聚、湍流边界层团聚、光团聚和化学团聚等，国外对这几种技术研究比较全面，而国内只对其中某些方法进行了比较系统的研究。

1. 光团聚

光团聚技术是指利用激光辐射原理促进细颗粒团聚，Lushnikov 等[73] 对激光照射下颗粒物聚并动力学和聚并后颗粒数目浓度、形状、粒径、团聚程度等进行分析，认为光团聚过程为：入射电子束→等离子体膨发→等离子体云膨胀→成核→冷凝膨胀长大、等离子云膨胀→凝结→不规则片状→团聚→凝胶化。Di 等在振动试管内进行了燃煤烟气光学凝聚实验，分析了光折射角、光强度变化对颗粒数目、粒径和形态的影响，发现：在激光照射燃煤烟气时，首先形成长链状颗粒凝聚结构，然后很多细小颗粒黏结成紧促凝聚体，呈现出各种不规则片状结构[74]，光作用可以促进可吸入颗粒物的聚并，使颗粒数目减少、粒径增加，但其投资成本太高，工业应用前景欠佳，现尚处于研究阶段[75]。

2. 热团聚

热团聚技术又称为热扩散团聚、布朗团聚，是指细颗粒在没有外力的高温环境下相互碰撞而产生的团聚现象。对于浓度高、粒径相差较大或低于 0.1μm 的细颗粒物，热团聚效果明显，但团聚过程缓慢。由于热团聚所需要时间较长，实际烟道内烟气停留时间较短，因此该技术难以实现工业应用。

3. 声波团聚

声波团聚技术是指利用高强度声波对细颗粒进行处理，促使颗粒物发生碰撞团聚，使颗粒物数目浓度在短时间内降低，平均粒径增大，图 3-76 为细颗粒物声波团聚示意。

声波团聚的速度很快，已被认为是一种有效的清除细微颗粒物的方法，西班牙马德里声学研究所[76,77] 进行了高频声波团聚实验室小试及中试试验研究，在实验系统上研究实际燃煤含尘烟气的高频声波团聚效果。研究发现，静电除尘器出口质量浓度比没加声场时分别减小了 37%、29%、24%。东南大学[78~81] 对燃煤可吸入颗粒物进行了声波场下的微观和宏观聚并实验研究，采用高速显微摄像技术成功地拍摄到了声波场中细颗粒夹带和迁移的运动过程，实验验证了微观尺度上颗粒夹带迁移理论的正确性。

声场中气相与颗粒之间的相互作用非常复杂，目前的研究认为声波团聚机理除了颗粒团聚过程中普遍存在的布朗扩散、重力沉积外，还有同向运动、流体力学作用、声致湍流等重要机理。在多种机理的共同作用下，颗粒物的粒径分布在几秒的时间内完成从小到大的迁移。但是由于声波发生装置耗能较高，同时还会造成噪声污染，因此，该技术目前在国内还处在实验研究阶段，尚未见有工程应用的报道。

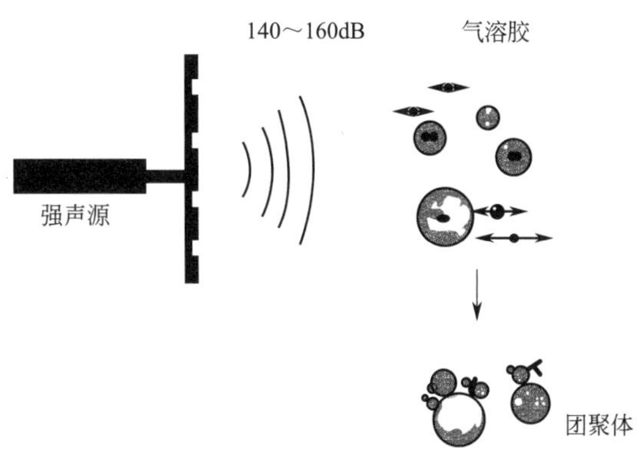

图 3-76　细颗粒物声波团聚示意

4. 磁团聚

磁团聚是指被磁化的颗粒物、磁性粒子在磁偶极子力、磁场梯度力等作用下，发生相对运动碰撞团聚在一起，使其粒度增大，进而便于后续常规除尘设备脱除。燃煤可吸入颗粒物的磁特性是影响其团聚效果的关键。磁团聚技术用于生产实践已经有很长时间了，但大多用于提纯、磁力选矿等。用外加磁场脱除细颗粒物最早应用在旋风除尘器上，Svoboda 对磁旋风除尘器机理做了初步理论分析，认为外磁场对颗粒的磁力作用可以有效提高细颗粒的脱除效率。磁团聚技术对于细颗粒物团聚脱除效果明显，且梯度磁场中，由于颗粒受到磁偶极子力和磁场梯度引起的外磁场力作用，团聚效果更佳。该技术的主要问题是如何高效收集弱磁性颗粒及清除和解磁附着在上面被收集的颗粒。目前，尚未见燃煤机组工程应用的报道。

第五节　SCR 与脱硫系统对细颗粒物的生成与脱除效应

一、SCR 对微细颗粒物排放的影响

自《火电厂大气污染物排放标准》（GB 13223—2011）提出以来，为降低 SO_2 及 NO_x 的排放，大部分燃煤电厂都安装了烟气脱硫及脱硝设施，其中广泛应用于燃煤电站的脱硝技术为选择性催化还原（SCR）技术，其原理是利用还原剂 NH_3 将烟气中的 NO_x 在催化剂作用下还原为 N_2。SCR 中广泛采用的催化剂主要是 V_2O_5-WO_3（或 MoO_3）/TiO_2 类催化剂，钒钛催化剂中钒氧化物是促进 NO_x 还原的主要活性组分，同时也促进烟气中部分 SO_2 氧化为 SO_3。烟气中的 SO_3 可与 NH_3、H_2O 以及飞灰中游离态碱金属/碱土金属氧化物（如 CaO）等反应生成 NH_4HSO_4、$(NH_4)_2SO_4$ 和金属硫酸盐，这些硫酸盐经核化凝结作用形成大量的亚微米级细颗粒，大部分以气溶胶形式随烟气进入除尘及湿法烟气脱硫系统，最终排入大气。因此，SCR 脱硝装置虽然减少了由 NO_x 等气态污染物转化生成的二次 $PM_{2.5}$，但也可能直接增加一次 $PM_{2.5}$ 排放，同时对细颗粒物的理化性质产生了一定的影响，引起后续除尘、WFGD 烟气处理系统中细颗粒物排放特征的改变。

（一）SCR 脱硝系统前后颗粒物性质的变化

SCR 脱硝过程中产生的细颗粒物主要为硫酸氢铵，在 SCR 装置中细颗粒物的质量、数量浓度、粒径分布及化学组分都会发生改变。有研究表明[83～85]，SCR 脱硝过程中细颗粒物的质量及数量浓度都有明显的增加，尤其是 $PM_{0.1\sim1}$ 数量浓度增加显著［图 3-77（a）、（b）］，而 $PM_{1\sim2.5}$ 质量浓度增加显著［图 3-77（c）、（d）］，SCR 出口细颗粒物中离子浓度较进口处增加，其中 NH_4^+ 及 SO_4^{2-} 是 PM_1 中水溶性离子增加的主要成分，SCR 脱硝过程中产生的细颗

粒物主要为硫酸氢铵及少量的硫酸铵及碱金属/碱土金属氧化物硫酸盐化形成硫酸盐细颗粒物。

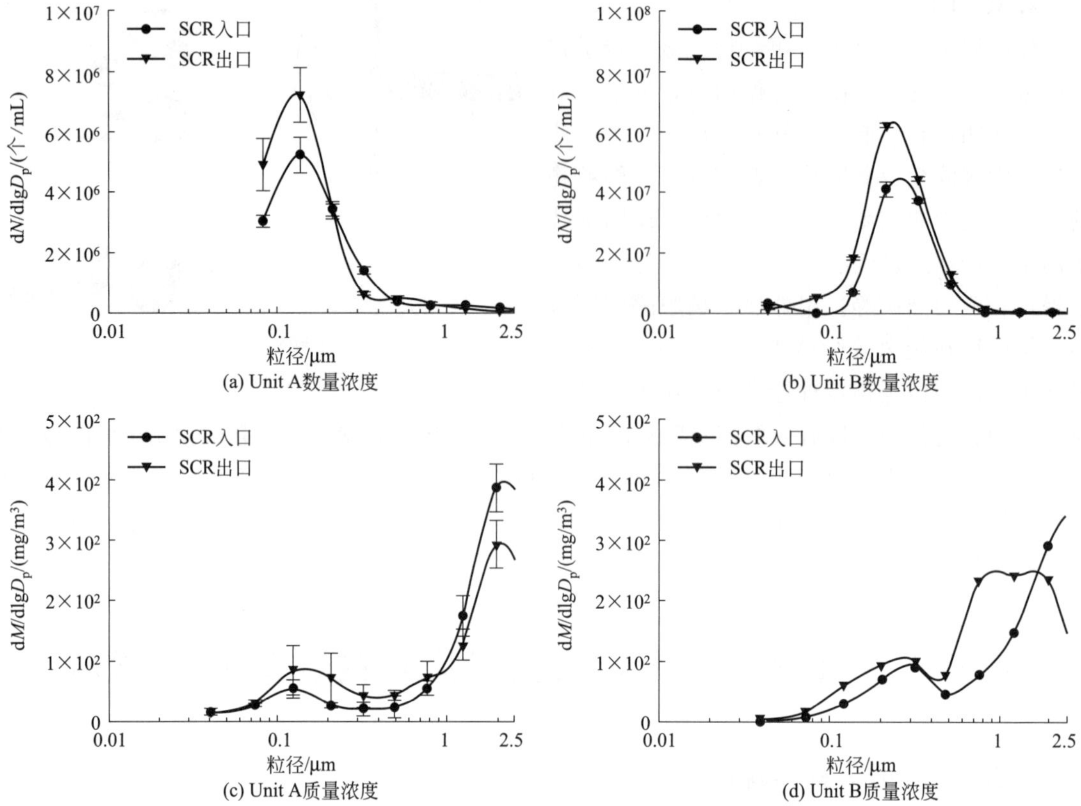

(a) Unit A数量浓度

(b) Unit B数量浓度

(c) Unit A质量浓度

(d) Unit B质量浓度

图 3-77 SCR 脱硝前后颗粒物的数量和质量浓度变化

目前大多数学者认为 SCR 脱硝装置中的逃逸氨与烟气中 SO_3、H_2O（或 H_2SO_4 酸雾）在空预器中反应生成硫酸（氢）铵，造成空预器堵塞[85]。张玉华及李振等研究发现[82~84]，在氨逃逸量可忽略情况下，SCR 脱硝装置出口也检测到一定量的亚微米级硫酸（氢）铵细颗粒，说明 SCR 脱硝系统出口测得的亚微米级硫酸（氢）铵细颗粒并不是完全源于逃逸的 NH_3 与 SO_3、H_2O 反应，部分有可能源于 SCR 脱硝反应器，即使有效地控制氨逃逸，也无法彻底解决硫酸（氢）铵形成导致的 $PM_{2.5}$ 排放增加问题。文献［86］通过原位红外实验证实了烟气中的 NH_3 能同时参与硫酸（氢）铵生成与脱硝反应。

脱硝过程中气相硫酸（氢）铵可能源于与 SCR 脱硝反应同时进行的 NH_3 与 SO_3 反应，也可能是 SCR 反应器中逃逸的 NH_3 在空预器中与 SO_2、H_2O 反应生成。因此只要脱硝过程中有还原剂 NH_3 的加入，无论氨逃逸量大小都会有硫酸盐细颗粒物的生成。

（二）SCR 脱硝反应对后续除尘脱硫设备的影响

SCR 脱硝过程中形成的硫酸（氢）铵、硫酸钙等细颗粒物、SO_3 及逃逸氨随烟气进入包含除尘、WFGD 等污染物控制设施，发生转化并影响 $PM_{2.5}$ 的物理性质（如黏性、比电阻、润湿性、组成等）：如液态硫酸氢铵可与飞灰碰撞凝结长大，气态硫酸氢铵在静电除尘及脱硫系统的低温环境下可凝结于飞灰表面或发生均相凝结[87]，使得颗粒物粒径增大，促进静电除尘对颗粒物的去除。

SO_3 对烟气起调质作用，可在一定程度上降低飞灰比电阻，提高除尘效率[88]。SO_3 在 WFGD 系统中可通过均质成核及以烟气中细颗粒为凝结核的异质成核作用形成亚微米级的 SO_3 酸雾滴，由于粒径细小，现有 WFGD 系统的脱除效率普遍不高，导致大量 SO_3 酸雾排入大气环境。

同样，由于 SCR 脱硝过程中形成的主要为亚微米级细颗粒，后续除尘、WFGD 系统也难以有效捕集。文献［82］通过现场测试 SCR 脱硝喷氨量对 WFGD 系统出口烟气中 $PM_{2.5}$ 物性的影响发现，$PM_{2.5}$ 浓度随喷氨量的增加而增加，在喷氨量仅为额定值的 20%～50%、脱硝效率仅为 29%～52%时，存在 $PM_{2.5}$ 浓度显著增加现象；当喷氨量为额定值的 80%、脱硝效率为 77%时，$PM_{2.5}$ 浓度可提高约 1 倍（图 3-78），颗粒物中水溶性 NH_4^+、SO_4^{2-} 浓度可分别增加 5 倍、2 倍以上，研究表明只要存在脱硝反应，就可能对燃煤机组 $PM_{2.5}$ 排放产生影响。文献［83］发现 SCR 脱硝会导致 WFGD 系统出口细颗粒及 SO_3 酸雾排放浓度增加。

二、湿法脱硫对细颗粒物排放的影响

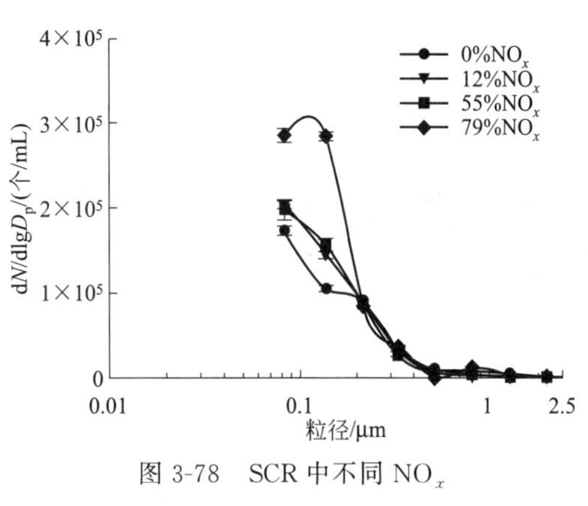

图 3-78 SCR 中不同 NO_x 去除率时细颗粒物粒径分布

湿法脱硫工艺在我国燃煤机组脱硫设备的应用中所占比例在 90%以上，代表性的工艺如石灰石-石膏湿法、氨法、双碱法等，一般脱硫吸收塔设置在除尘设备之后，对颗粒物的排放特性有显著影响。以目前在我国燃煤机组应用最广泛的石灰石-石膏湿法脱硫为例，对湿法脱硫过程对燃煤烟气颗粒物排放特性的影响进行说明。

WFGD 系统对 SO_2 有较高的脱除效率，脱硫浆液的洗涤作用可协同脱除烟气中飞灰颗粒及其他有害物质，但有研究发现经过湿法脱硫装置后细颗粒物浓度反而有可能增加。文献［89］研究不同脱硫剂对细颗粒物脱除效果的影响，发现相同操作条件下脱硫剂 $CaCO_3$ 对细颗粒物的脱除效果低于洗涤水及 Na_2CO_3，另外采用脱硫剂 $NH_3 \cdot H_2O$ 时会形成大量的无机盐气溶胶，细颗粒物含量反而增加。有学者研究发现 WFGD 系统虽可有效脱除 SO_2 和粗粉尘，但 $PM_{2.5}$ 细颗粒浓度反而增加，同时，经过 WFGD 系统后，细颗粒中 S、Ca 元素含量明显增加，出口细颗粒中除燃煤飞灰外，还含有约 7.9%的石膏颗粒和 47.5%的石灰石颗粒。丹麦 Nielsen 等[90] 现场测试发现石灰石-石膏法脱硫工艺对颗粒物的总质量脱除率可达 50%～80%，但亚微米级微粒质量浓度反而增加了 20%～100%，且亚微米级微粒中钙元素含量明显提高。荷兰 Meij 等[91] 分析安装有石灰石-石膏湿法脱硫装置的烟气再热系统出口颗粒物组成发现，煤燃烧产生的飞灰仅占 40%，10%为石膏组分，其余 50%为脱硫浆液滴蒸发形成的固态微粒。在很多研究中也发现脱硫过程对颗粒物的粒径分布有显著影响，如图 3-79 所示。

吸收塔中的喷淋浆液对烟气中的颗粒有一定的洗涤作用，大颗粒在经过吸收塔之后显著减少，而吸收塔中的脱硫反应会相应生成细小的 $CaSO_4$ 颗粒，当 Ca/S 摩尔比较高时，也会有部分未反应的 $CaCO_3$ 颗粒存在于脱硫净烟气中。图 3-80 为脱硫塔入口和出口颗粒物形貌及元素组成对比。

文献［93］分别对宁夏某 600MW 及陕西某 300MW 燃煤电厂 WFGD 系统前后的细颗粒

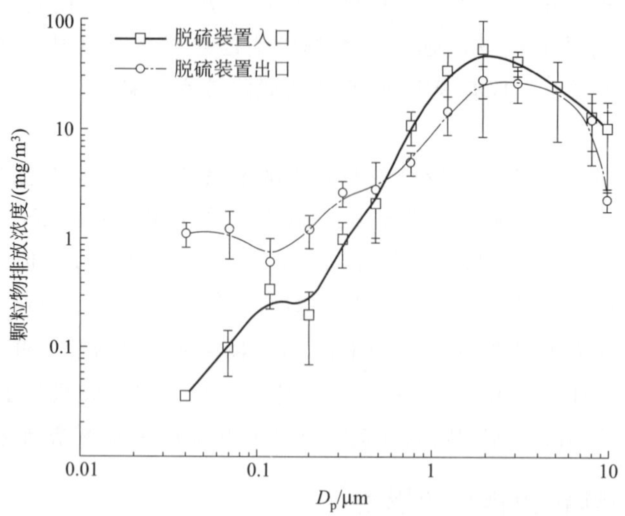

图 3-79 石灰石-石膏湿法脱硫装置入口和出口 PM_{10} 的质量粒径分布[92]

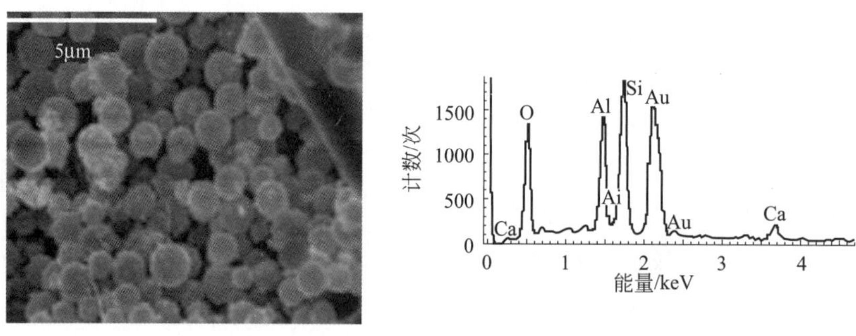

(a) 吸收塔入口颗粒物

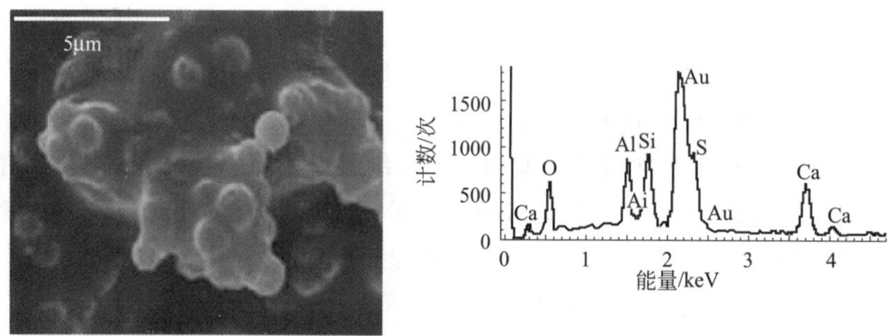

(b) 吸收塔出口颗粒物

图 3-80 石灰石-石膏湿法脱硫前后烟气颗粒物形貌及元素组成对比[51]

及 SO_3 酸雾进行测试分析，对比分析了单塔、双塔脱硫工艺、燃煤组分等与细颗粒物和 SO_3 酸雾脱除作用的关系，其测试结果显示双塔 WFGD 对细颗粒物和 SO_3 的脱除效率明显高于单塔。烟气经 WFGD 系统后，细颗粒物粒径分布向小粒径方向迁移，$PM_{2.5}$ 相对比例增加，并且双塔脱硫系统的增加更为明显。进一步证明了 WFGD 系统在脱除颗粒物的同时也会产生以硫酸钙为主的新的细颗粒物。同时单塔、双塔 WFGD 对燃煤烟气中 SO_3 酸雾的脱除效率分别为 30%～40%、50%～65%，并且随着入塔烟气中颗粒物和 SO_3 浓度的增加，脱除效率也有所提高；但燃用高硫煤时会出现蓝烟现象。

综合近年来针对湿法脱硫工艺对颗粒物排放特性影响的研究可知，烟气中颗粒物的粒径分布、形貌和成分在经过湿法脱硫过程后均会发生显著改变，脱硫过程产生的 $CaSO_4$、$CaCO_3$ 等颗粒会导致烟气中细颗粒物增多。因此，如果进入吸收塔的烟气中颗粒物浓度较低，尤其是粗颗粒较少的情况下，烟气通过脱硫塔之后极可能会出现颗粒物浓度升高的情况。因此，仅通过提高除尘设备的效率来实现超低排放的技术路线值得商榷，燃煤烟气粉尘测试达到超低排放 $5mg/m^3$ 后应该分析除了可过滤颗粒物外，可凝结颗粒物有多少，这样才能真正掌握燃煤烟气排放对大气细颗粒物的影响。如果可凝结颗粒物远高于可过滤颗粒物，就会造成烟囱"拖尾"现象或蓝烟等有色烟羽。

第六节 可凝结颗粒物及有色烟羽

有色烟羽的主要成分是水汽和残余污染物，其中残余污染物主要包括硫氧化物、氮氧化物和颗粒物（各种盐粒）。残余污染物中颗粒物包括可过滤颗粒物（filterable particulate matter，FPM）和可凝结颗粒物（condensable particulate matter，CPM）。在经过超低排放改造后，有色烟羽里的可过滤颗粒物浓度已经很低，然而，由于目前国内锅炉烟气颗粒物排放检测标准中并没有包含可凝结颗粒物，因此可凝结颗粒物没有得到管控。对于污染物治理，应当考虑环保投入的边际效应。在 FPM 浓度仍较高的情况下，采用超低排放改造等措施，降低颗粒物排放浓度很有必要，可以起到立竿见影的效果。在 FPM 治理非常好的情况下，再进一步深度治理将会投入巨大而收效甚微；在 CPM 尚未获得有效治理的情况下，采取适当的措施降低 CPM 排放浓度能够起到较好的减排效果。

一、可凝结颗粒物

1. 可凝结颗粒物（CPM）的基本概念

CPM 的概念最早在 1983 年由美国环保署提出，在 EPA Method 202 文件中，将可凝结颗粒物定义为：该物质在烟道温度状况下为气态，离开烟道后在环境状况下降温数秒内凝结成为液态或固态。在 EPA 文件中，它被定义为"一次颗粒物（Primary PM）的组成部分"。CPM 有以下几个特征。

① 可凝结颗粒物通常以冷凝核的形式存在，空气动力学直径小于 1μm，属于"微细颗粒物"，EPA 定义空气动力学直径小于 2.5μm 的颗粒物为微细颗粒物。化学组成上包括离子成分（以硫酸盐颗粒物和硝酸盐颗粒物为代表）、痕量元素（包括重金属和稀有金属等）和有机成分。可凝结颗粒物在烟道内呈气态，一般的除尘设备（静电除尘器或布袋除尘器）对其无能为力。

② 美国环保署的大量测试结果表示，对于燃煤锅炉而言，以质量计，可凝结颗粒物排放占到总 PM_{10} 排放的 76%，总颗粒物排放的 49%[94,95]。

③ 这些颗粒上通常富集各种重金属（如 As、Se、Pb、Cr 等）和 PAHs（多环芳烃）等污

染物，多为致癌物质和基因毒性诱变物质，危害极大。由于其较大的比表面积且富集各种重金属，也为众多大气化学反应提供场所，起到催化作用[95]。

④ 可凝结颗粒物属于一次颗粒物，其吸湿增长能力强。当大气相对湿度升高到95%时，硫酸铵和硝酸钠在短时间内体积可长大6.6～16.6倍[96]。

⑤ 可凝结颗粒物在大气中停留时间长，扩散距离远，难以沉降，其污染容易扩散到很大区域。同时由于粒径与可见光的波长相近，对可见光有很强的散射作用，往往造成大气能见度降低。

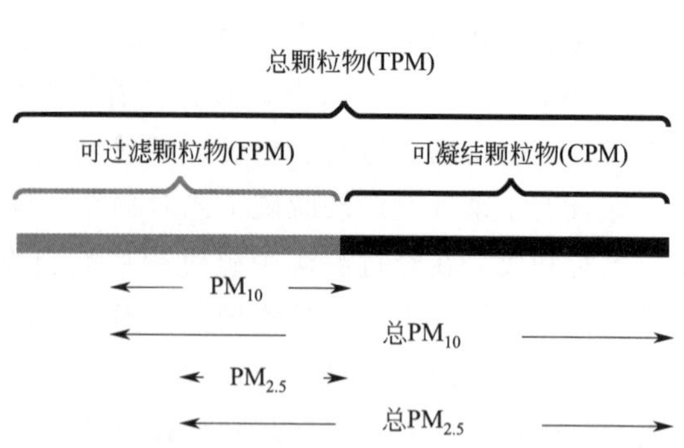

图 3-81　固定源排放总颗粒物（TPM）组成示意

目前，我国现行的固定源颗粒物采样标准 GB 16157—1996 仅针对烟气中的可过滤颗粒物[97]。实际上，可过滤颗粒物与可凝结颗粒物量之和才为固定污染源向环境空气中排放的颗粒物总量，即总颗粒物（total particulate matter，TPM），固定源排放总颗粒物的构成示意如图 3-81 所示。

目前，针对固定排放源的 CPM 排放，国际上还没有明确的排放标准，CPM 的相关研究也比较欠缺，这里为了进一步阐明 CPM 的定义，对几个容易与 CPM 混淆的概念：水蒸气，二次颗粒物（Secondary PM），挥发性有机物（VOCs）之间的关系进行一些简短的讨论[98]。

（1）CPM 与水蒸气

根据 CPM 的定义，烟气中的水蒸气应属于 CPM。然而考虑到水蒸气从烟囱排出后可以冷凝成对环境无害的液态水滴，并在一段时间后再次蒸发，EPA 方法在测量总 CPM 时不将水蒸气计入 CPM 中。

（2）CPM 与二次颗粒物

人们常常将烟气排放后在大气中进一步转化的二次颗粒物与 CPM 混淆。实际上，CPM 与二次颗粒物不同，二次颗粒物不像 CPM 直接从烟囱排放，相反它们是由排放的气体如 SO_2、NO_x 和其他大气成分之间的长期物理化学反应形成。简单来说，CPM 在烟气排出烟囱后短时间内形成，而经过长时间气体扩散、复杂物理化学反应后形成的属于二次颗粒物。

（3）CPM 与挥发性有机物（VOCs）

VOCs 是有机燃煤污染物的总称，包括烷烃、酯类等。在 CPM 中也可能检测到烷烃和酯的组分，因此，VOCs 和 CPM 在这些有机组分上有交叉。如果 VOCs 的某些部分在排放后立即凝结成颗粒状态，则属于 CPM 类别；排出后不会迅速凝结成颗粒的其他 VOCs 则不属于 CPM。

2. 可凝结颗粒物的形成

这里以煤燃烧为例，给出了 CPM、FPM 的生成路径（图 3-82）。FPM 中的超微米颗粒主要来自燃料燃烧过程中的焦炭破碎、矿物质分解、熔融聚合，FPM 中的亚微米颗粒主要来自无机元素的挥发再冷凝。这部分通过“挥发-冷凝”机理形成的颗粒可以分为两种：在烟囱中已经形成 PM 的属于 FPM；另一种在被排出烟囱前是气态，从烟囱排出后经过稀释冷凝过程

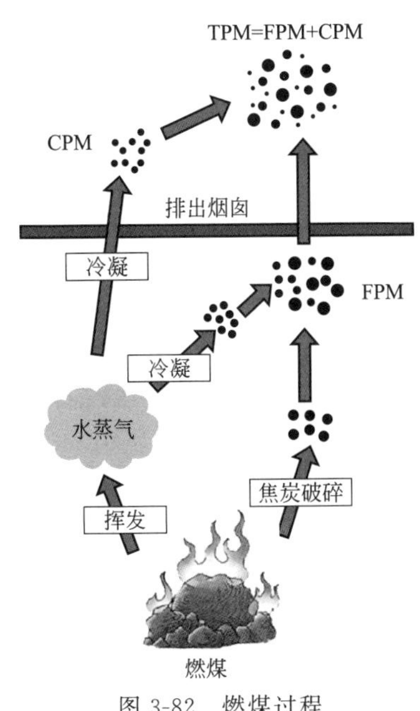

图 3-82 燃煤过程 CPM、FPM 形成过程[98]

后立即形成 PM 的属于 CPM。FPM 和 CPM 统称为 TPM，TPM 也被描述为直接排放到环境中的一次颗粒物。对于燃煤源，CPM 的成分与燃烧工况、煤质、污染物处理系统密切相关。

3. 可凝结颗粒物的健康、环境效应

目前，我国目前可凝结颗粒物的测试方法主要参考美国环保署标准。已有的大量现场测试结果均表明，燃煤机组的可凝结颗粒物排放在总 PM_{10} 排放中的比例不容忽视。这意味着：a. 我国目前对于固定源颗粒物的测试结果（即可过滤颗粒物）不能代表固定源的真实排放情况；b. 可凝结颗粒物均属于微细颗粒物且在 PM_{10} 总排放中份额较大，如果不加考虑则不能正确评价排放对环境空气和人类健康造成负面影响。

可凝结颗粒物属于微细颗粒物，对环境的影响主要与其物理形态及化学组成有关。从物理形态上看，可凝结颗粒物主要由气态物质凝聚而成，粒径一般小于 1μm，以气溶胶的形式存在于环境空气中；从化学组成上看，这些颗粒上通常富集各种重金属（如 As、Se、Pb、Cr 等）和 PAHs（多环芳烃）等污染物，多为致癌物质和基因毒性诱变物质。对于环境而言，可凝结颗粒物能显著影响能见度，鉴于其对温度的敏感性，可能为霾的成因之一，由于其较大的比表面积且富集各种重金属，也为众多大气化学反应提供场所，起到催化作用。大气能见度主要由粒径为 0.1～1μm 的大气颗粒对光的散射和吸收决定。该尺寸范围内的颗粒含有 SO_4^{2-} 和 NO_3^-，它们光散射能力强。大多数燃煤排放的 CPM 通常小于 1μm，其成分富含 SO_4^{2-}，因此 CPM 对大气能见度有影响。

可凝结颗粒物对人体健康的危害体现在两个方面：一是可凝结颗粒物复杂的化学成分造成的危害，作为其他污染物的载体，能吸附多种化学组分随呼吸进入人体，并能使毒性物质有更高的反应和溶解速度，而且随着粒径的减小，可凝结颗粒物在大气中的存留时间和在呼吸系统的吸收率增加；二是微细颗粒物能够渗透到呼吸系统的深处甚至到达肺泡，参与气血交换，被细胞吸收，参与人体血液循环，对人体心血管系统和呼吸系统造成潜在损害，导致哮喘，支气管炎和心血管疾病。图 3-83 给出了不同粒径的颗粒物在人体呼吸系统内的沉积位置，颗粒物的空气动力学粒径越小，越能渗透到呼吸系统的深处，亚微米颗粒物甚至可以到达人体的肺泡。

4. 可凝结颗粒物的排放现状与控制技术

（1）可凝结颗粒物排放现状

美国环保署将可过滤颗粒物和可凝结颗粒物一并纳入 $PM_{2.5}$ 和 PM_{10} 的监测中，并制定了详细的检测方法。因此美国 $PM_{2.5}$ 和 PM_{10} 的指标里（质量浓度），是包含了可凝结颗粒物的。

中国一些机构也开始了可凝结颗粒物排放的研究。2014 年，上海市环境监测中心测得上海某燃煤电厂烟气中可凝结颗粒物排放浓度为（21.2±3.5）mg/m^3，占总颗粒物排放的 50.7%[100]；2015 年北京市环境保护监测中心对北京市 4 家燃煤锅炉使用单位的污染物排放情况进行了测试，结果表明测试对象的总颗粒物（TPM）基准排放质量浓度最高达 82.4mg/

m^3，最低为 $14.0mg/m^3$，其中CPM占TPM的43.5%～92.2%，水溶性离子对TPM的贡献水平为31.4%～62.2%[101]。

北京市环境保护监测中心研究还发现，燃煤机组排出的颗粒物中，超细颗粒物占比很高。测试的两个电厂中，$PM_{2.5}$ 中占比的粒数浓度在 PM_{10} 中占比高达99.8%，而 $PM_{0.1}$ 在 $PM_{2.5}$ 中占比平均为83%。也就是说，目前超低改造后的燃煤机组烟气，排出的颗粒物绝大部分是 $PM_{0.1}$ 的超细颗粒物，其粒数浓度在 $10^5/cm^3$ 数量级左右[102]。粒数浓度对雾霾影响更为直接，同样是 $1mg/m^3$ 的质量浓度，可过滤颗粒物的粒数可能是 $10^3/cm^3$ 级，但可凝结颗粒物粒数是 $10^5/cm^3$ 级。因此可凝结颗粒物对雾霾的影响更大。

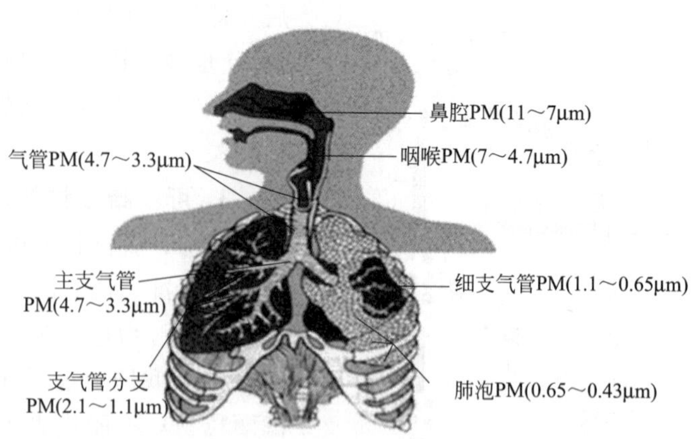

图3-83 不同粒径的颗粒物在呼吸系统内的沉积[99]

从上面两个研究可看出，目前达到超低排放的机组排出的白色烟羽，可能含有高于超低排放颗粒物标准的可凝结颗粒物，这些颗粒物粒数浓度非常高，粒径特别小（$PM_{0.1}$），在高湿的情况下，短时间内粒径成倍增长，而且沉降速度慢，在大气中存留时间长，对可见光有很强的散射作用，造成大气能见度降低，对雾霾有直接贡献。

因此需要尽快开发并推广以降低可凝结颗粒物为主要目标的烟气治理技术和工艺路线。烟气冷凝除湿的方法对可凝结颗粒物的减少有帮助，但冷凝到什么程度，能具体减少多少可凝结颗粒物，仍需要更多检测和分析。

（2）可凝结颗粒物控制技术

火力发电厂传统烟气污染控制设施（air pollution control devices，APCDs）如选择性催化还原（SCR）、干式电除尘器（ESP）、湿式电除尘器（WESP）、脱硫塔（FGD）等，对于烟气中可过滤颗粒物有明显脱除效果，能满足现有的污染物排放标准。然而，可凝结颗粒物因其在烟气中的存在形态与可过滤颗粒有明显差别，且现有研究表明，选择性催化还原和湿法脱硫塔（WFGD）可能会增加烟气中可凝结颗粒物的前驱体。SCR存在氨逃逸问题，逃逸的还原剂会在后续烟气处理设备中转化为FPM或CPM。而WFGD会大大增加烟气湿度，在塔内气液两相流流场设计不合理、除雾器性能较差的条件下，WFGD出口烟气中的浆液滴和石膏颗粒会大大增加，仅靠WESP可能无法满足排放要求。而我国现有固定源颗粒物排放标准仅关注FPM，相关烟气处理设备的设计并未考虑对CPM的影响。后续研究应该关注现有烟气处理设备对CPM的影响，在设计烟气处理设备时应当考虑对烟气中气态污染物的影响。

5. 可凝结颗粒物测试方法

国际上固定源CPM排放测试的主流方法包括撞击冷却采样法和稀释冷却采样法。撞击冷却方法是使取样烟气流过低温冲击瓶，使得气态CPM在冲击瓶中冷凝以便收集。稀释冷却方法是将取样烟气与空气混合稀释以实现气态CPM冷凝以便收集。从科学角度出发，稀释冷却法更能模拟烟气排入大气后各组分发生的变化，对于采集有代表性的燃烧源排放的颗粒物、建立更加准确的排放源清单具有科学价值；但考虑到稀释冷却法操作的复杂性和在现场实施所需便捷性，现阶段采取撞击冷却法更符合我国目前的国情。本节针对撞击冷却采样、稀释冷却采样的方式，依据美国环保署相关标准，并结合国内多年的固定源测试经验，介绍可凝结颗粒物测试方法。美国关于固定污染源排放颗粒物监测的主要方法标准如表 3-13 所列。

表 3-13　美国固定源颗粒物测定方法

方法编号	名称	采样特点
EPA Method 5	Determination of Particulate Matter Emissions from Stationary Sources（固定源颗粒物排放测定）	等速采样，烟道外过滤（采样位置在湿法脱硫后需要 120℃加热）
EPA Method 17	Determination of Particulate Matter Emissions from Stationary Sources（固定源颗粒物排放测定）	等速采样，烟道内过滤（未加热）
EPA Method 201A	Determination of PM_{10} and $PM_{2.5}$ Emissions from Stationary Sources (Constant Sampling Rate Procedure)［固定源 PM_{10} 和 $PM_{2.5}$ 颗粒物排放测定（等速采样法）］	等速采样，烟道内过滤，超纯水吸收可凝结颗粒物
EPA Method 202	Dry Impinger Method for Determining Condensable Particulate Emissions From Stationary Sources（可测定固定源可冷凝颗粒物排放的干式冲击法）	等速采样，一般前接 Method 5、Method 17、Method 201A 烟道内采样组件，干态冲击瓶收集可凝结颗粒物
EPA CTM 039	Measurement of $PM_{2.5}$ and PM_{10} by Dilution Sampling (Constant Sampling Rate Procedures)［稀释法可测定 $PM_{2.5}$ 和 PM_{10} 颗粒物排放浓度（等速采样法）］	稀释采样，可模拟实际 CPM，测量总 $PM_{2.5}$，无法区分 FPM 和 CPM

我国对火电厂排放的 $PM_{2.5}$ 测试方法有《火电厂烟气中细颗粒物（$PM_{2.5}$）测试技术规范　重量法》（DL/T 1520—2016）、《环境空气 PM_{10} 和 $PM_{2.5}$ 的测定　重量法》（HJ 618—2011）、《固定污染源排气中颗粒物测定与气态污染物采样方法》（GB/T 16157—1996），针对燃煤电厂排放的可凝结颗粒物有《燃煤电厂烟气中可凝结颗粒物测试方法　干态撞击瓶法》。下面以目前适用范围最广的 EPA Method 202A、EPA CTM 039 为例（图 3-84、图 3-85），介绍目前主流的 CPM 源排放采样测试方法。

（1）冷却撞击法

Method 202A 规定的 CPM 测试方法为：Method 5/ Method 17/ Method 201A 方法中烟道内采样组件后的烟气经冷凝器进入干式冲击瓶，降温后形成的 CPM 由 CPM 滤膜进行捕集，CPM 滤膜处气流温度不应超过 30℃。冲击瓶及 CPM 滤膜捕集部分之和为 CPM。现场采样完成后，冲击瓶内组分立即充入 N_2 进行吹脱以去除其中溶解的 SO_2 气体。分别使用水及正己烷萃取 CPM 滤膜，冲击瓶内液体使用正己烷萃取，正己烷萃取液经干燥后残余物至恒重后即为 CPM 有机组分量；水溶液经烘干至液体少于 10mL 后置于室温下干燥至恒重即为无机组分量，有机组分与无机组分之和为 CPM。

EPA Method 202A 可凝结颗粒物测试误差主要来自 SO_2 干扰。气态的 SO_2 会溶解于烟气中冷凝形成的液滴，在撞击器中向 H_2SO_4 的转化会造成测试值比真实值高。因此，需要通过设计改进控制冷凝环节。该套设备由于易操作，在现场使用较多。

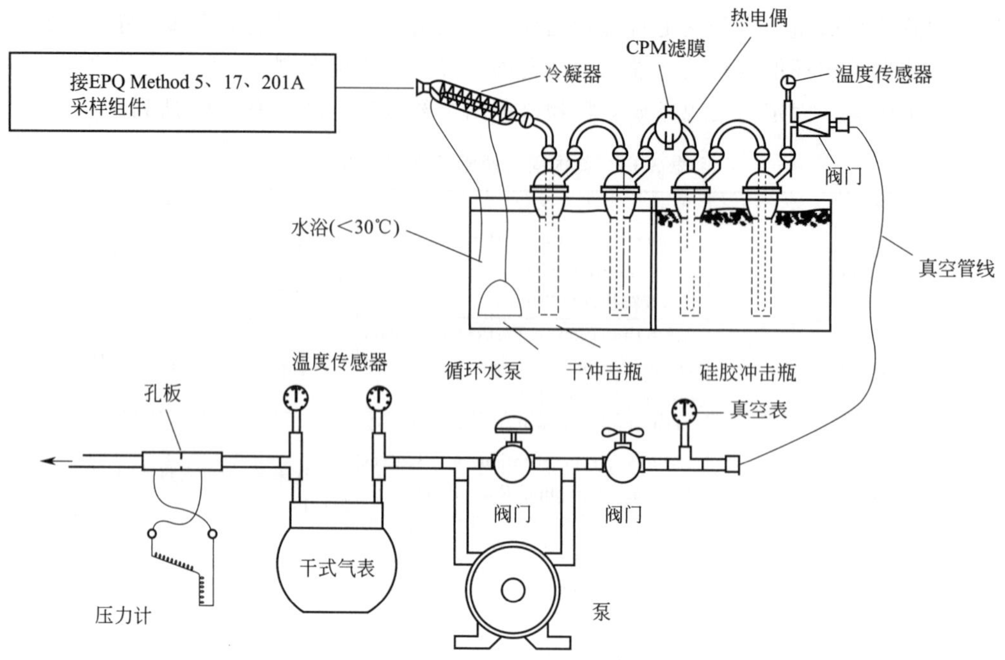

图 3-84　EPA Method 202A 冷却撞击法[103]

（2）稀释冷却法

为了进一步提高固定源一次颗粒物排放测量的准确性，2004 年美国环保署提出了 CTM 039 稀释冷却采样法（图 3-85）。

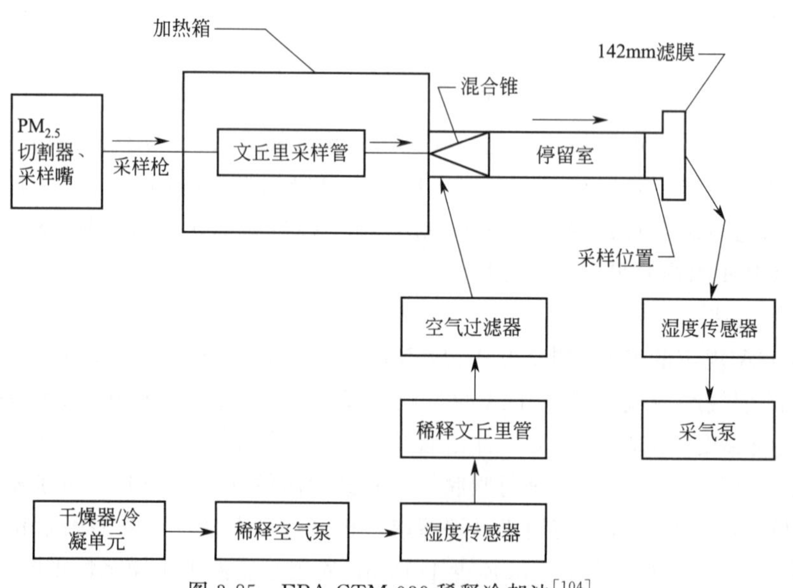

图 3-85　EPA CTM 039 稀释冷却法[104]

该测试方法由 EPA 201A 的一部分和一组稀释冷却装置组成。前端加装 PM_{10} 和 $PM_{2.5}$ 旋风分离器去除空气动力学粒径大于 2.5μm 的颗粒。烟道气流经过加热的取样探针和文丘里管(sample venturi) 进入混合室。将其与经过过滤、除湿和调温的空气混合以进行稀释冷却。稀释的烟道气流入停留室（residence chamber）模拟实际烟气进入大气的条件，以实现 CPM 完全冷凝。最后，从采样系统出口处的过滤膜收集颗粒物质（稀释过程通过调节稀释空气温度保持滤膜出口温度<29.5℃）。

取样后，旋风分离器、取样探针、文丘里管和管道内表面用丙酮溶液冲洗。混合区，停留室和过滤器支架的入口用去离子水和丙酮溶液冲洗。将去离子水基冲洗溶液，基于丙酮的冲洗溶液和滤膜蒸发并干燥。在此抽样过程中，不仅收集了 $FPM_{2.5}$，还收集了 CPM。因此，该方法的结果可以反映 $PM_{2.5}$ 的真实排放情况。缺点是，CTM 039 不能单独提供 CPM 的排放浓度，无法将 CPM 与 FPM 分离。

另外，由于该套设备的内壁面积较大，采样后内壁黏附残留的 CPM 不易完全回收。同时该装置需要大空间的停留室用于 CPM 的形成，使其不便携并且不适用于现场测试。

二、有色烟羽

2017 年 8 月 28 日，浙江省环保厅发布了浙江省强制性地方环境保护标准《燃煤电厂大气污染物排放标准》。继上海市之后，浙江省也将燃煤锅炉消除“有色烟羽”写入地方环保标准。标准要求：位于城市主城区及环境空气敏感区的燃煤发电锅炉应采取烟温控制及其他有效措施消除石膏雨、有色烟羽等现象。

燃煤电厂烟气经烟囱排入大气后，烟气中可凝结组分会冷凝析出，在天空背景色和天空光照、观察角度等原因的作用下，视觉上通常为白色、蓝色等。

1. 有色烟羽的定义和成因

有色烟羽和石膏雨的概念容易混淆。石膏雨的形成与当前湿法烟气脱硫装置除雾器效率过低、普遍不采用 GGH、烟气排放温度过低、降低了烟气排放的提升能力有关。烟囱排放的烟气在大气中不能完全扩散，雾滴颗粒发生聚集并在烟囱周围降落，形成难以清除的白色固体，即“石膏雨”。石膏雨可通过提高除雾器性能，在烟囱入口设置净烟气换热器（MGGH），将烟气烟囱入口烟温加热到 72～80℃甚至更高，可有效避免烟气在烟囱上升阶段冷凝液的形成，从而达到消除“石膏雨”的目的。

而“有色烟羽”是烟气在烟囱口排入大气的过程中因温度降低，烟气中部分气态水和污染物会发生凝结，在烟囱口形成雾状水汽，单纯雾状水汽会形成白色烟羽。若其他污染物达到一定的浓度，在天空光照会形成白色或蓝色烟羽（图 3-86）。

（1）白色烟羽

目前，我国大部分燃煤发电机组脱硫系统采用石灰石-石膏湿法脱硫工艺，该工艺可使烟气温度降低至 45～55℃，这些低温饱和湿烟气直接经烟囱进入大气环境，遇冷会凝结出微小液滴，从而产生“白色烟羽”。白色烟羽又分为两种：一种是单纯的烟气排出烟囱后遇冷水汽凝结，出烟囱后不远就能扩散成气态。单纯的“白色烟羽”对环境质量影响不大，主要是影响环境感观。当然其排出来的烟气水汽 pH 值很低，属于强酸性，若就近飘落仍会对附近设备造成腐蚀等。另一种白色烟羽就是由于烟气中含有超量的不可溶石膏或 $CaCl_2$、$MgCl_2$、$(NH_4)_2SO_4$ 等可溶性盐，这些细颗粒随烟气进入大气，水汽蒸发成气态后，其中的亚微米白色颗粒还形成较长的拖尾，构成白色烟羽，如图 3-86(a) 的烟囱拖尾现象。水汽蒸发后还出现较明显的拖尾白色烟羽，这不是简单的水汽，而是含有过量的白色微细颗粒物，对于这种白色

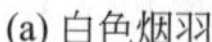

(a) 白色烟羽

(b) 蓝色烟羽

图 3-86　有色烟羽

烟羽，从环境治理角度来说，应该找到白色微细颗粒物逃逸来源并进一步治理。

(2) 蓝色烟羽

烟气经过湿法脱硫处理后，烟囱排出的白色水雾消散后，有时会拖一条长长的蓝色烟羽。这种情况不仅发生在燃煤电厂、钢铁企业的烧结机烟气脱硫装置后，在焦炉煤气尾气治理、砖瓦企业烟气脱硫除尘后，都有这种现象的发生。

一些用高硫煤矸石作原料或是使用高硫煤作燃料的砖瓦企业，会排出一种混浊程度很高的蓝烟、黄烟，或者是与干燥室内的潮气混合而成的蓝白色或灰白色的混浊烟雾。这种混浊的烟雾，虽然经过了脱硫除尘器，几项要求的指标也达到了排放新标准的要求，但显然烟气中含有其他污染物。

“蓝烟”的形成主要是因为烟羽中 SO_3 气溶胶、NH_3 气溶胶在光照条件下反射。SO_3、NH_3 的排放成为影响烟羽颜色和不透明度最主要的因素。在大多数情况下，当烟气中硫酸气溶胶、NH_3 气溶胶的浓度超过$(10\sim20)\times10^{-6}$ 时，会出现可见的蓝烟烟羽，而且硫酸气溶胶、NH_3 气溶胶的浓度越高，烟羽的颜色越浓、长度也越长，严重时甚至可以落地。同时尾迹的问题还与当时的气相条件相关，在阴天和在晴天所看到的“蓝烟”程度是不一样的。消除“蓝烟”，关键是降低 SO_3、NH_3 在排放烟气中的浓度。

2. 有色烟羽脱除技术

有色烟羽的产生涉及从燃烧到整个烟气处理系统（脱硝、除尘、脱硫等）的全过程。根据某研究院对内蒙古岱海电厂 600MW 机组的测试分析，有色烟羽的形成与 SCR 脱硝出口的 SO_3 浓度和氨逃逸浓度关系很大，而影响 SCR 出口 SO_3、氨逃逸浓度的因素有很多，包括催化剂性能、烟气流场、煤质工况等[105]。根据某研究院对燃煤电站烟囱排放有色烟羽现象的研究，有色烟羽的产生与烟囱排放口 SO_2、SO_3、NO_x、NH_3（铵盐）、细颗粒物以及气溶胶等污染物关系密切[106]。在当前火电厂 FPM、SO_2、NO_x 排放浓度较低的情况下，CPM 等一些未受关注的气态污染物和水蒸气也是造成有色烟羽的主要原因。消除有色烟羽是一个综合治理的过程，应从以下方面着手：a. 控制烟气 SO_3 的生成及排放，降低其排放水平，控制 NO_x 的排放并合理喷氨；b. 去除亚微米颗粒和酸雾，减少酸性气溶胶的产生；c. 降低烟气含湿量或提升烟气温度，增加烟气的扩散高度，减缓在排放口附近的水汽冷凝。具体手段如下[106]。

① 碱性添加剂：在炉膛内、选择性催化还原装置后或空气预热器前合理喷入氧化钙、氧

化镁等碱性吸收剂，降低烟气中 SO_3 的质量浓度。

② 新型脱硝催化剂：开发新型脱硝催化剂，在保证脱硝效率的同时，降低 SO_2/SO_3 转化率。

③ 智能喷氨：优化喷氨系统，合理设计 SCR 流场，降低氨逃逸。

④ 混煤掺烧：采取煤质混烧的措施，降低燃煤硫分，减少烟气中 SO_2 质量浓度，进而降低 SO_2/SO_3 转化率。

⑤ 低低温省煤器：在静电除尘设备前加装换热装置，烟温可降至 80～95℃，使烟气中的 SO_3 凝结并吸附在烟尘颗粒上。SO_3 的吸附起到飞灰调质作用，飞灰比电阻降低，除尘器效率提高。除尘器效率取决于烟气中的酸露点以及灰硫比，通常当灰硫比超过 100 时，SO_3 在低低温省煤器中的去除率可达 95%以上。

⑥ 湿式电除尘器：湿式电除尘器的高湿、低电阻率和高输入电压特性使其能有效地收集亚微米级颗粒物和酸雾。WESP 可布置在脱硫吸收塔上部，也可布置在烟道内，收集从脱硫塔逃逸出来的亚微米级颗粒物和硫酸雾滴。

⑦ 湿式相变凝聚器[107～109]：湿式相变凝聚器采用氟塑料或其他耐腐蚀材质，安装在脱硫塔出口烟道，通过降低烟气温度，达到收水、收尘、节能的功效。湿饱和烟气内的水蒸气发生冷凝相变，对可凝结气体、可溶性盐、重金属等具有良好脱除效率，可有效降低烟气中 CPM 的前体物质。

第七节　烟气消白技术路线

燃煤机组大多采用湿法脱硫装置，装置出口饱和湿烟气排放后一般会在烟囱出口形成湿烟羽并含有一定的污染物，尤其是在靠近人口密集区，湿烟气抬升高度不够，容易在烟囱附近形成酸雨和石膏雨，对生态环境及人体健康造成不利影响。环境温度越低、相对湿度越高，湿烟羽消除难度越大。湿法脱硫装置出口烟气一般为 45～55℃的饱和湿烟气，从烟囱排出后与环境中低温空气混合，混合过程中有水蒸气冷凝析出，形成灰白色湿烟羽，俗称“白烟”。

考虑到湿烟羽造成的环境危害，地方政府对燃煤机组湿烟羽控制提出要求。2017 年以来，上海市出台了《上海市燃煤电厂石膏雨和有色烟羽测试技术要求》，对燃煤电厂采取烟气加热技术及烟气冷凝再热技术消除有色烟羽的技术参数提出要求，采用烟气加热技术排放烟温要高于 75～78℃，采用烟气冷凝再热技术排放烟温要高于 54～56 ℃；浙江省出台了《燃煤电厂大气污染物排放标准》，建议烟囱入口烟温加热到 80℃以上以消除白色烟羽；天津市环保局印发了《火电厂大气污染物排放标准》，要求燃煤电厂控制烟气排放温度夏天在 48℃以下，冬天在 45℃以下。并鼓励利用余热对烟气进行再加热。与此同时，其他省份也在加紧制定大气污染物排放的地方标准。

目前针对燃煤机组的烟气消白技术主要有烟气加热、烟气冷凝、烟气冷凝再热。其中烟气加热方式能够降低排出烟气的相对湿度；而烟气冷凝方式能够降低烟气的绝对湿度，在消除湿烟羽的同时将烟气中的水凝结回收。

烟气加热技术利用烟气余热加热脱硫塔出口饱和湿烟气，在不改变烟气含湿量的同时降低烟气的相对湿度，在燃煤机组的应用主要有回转式 GGH 及 MGGH 技术。该技术有助于实现湿烟羽消除，提高烟气扩散效果，但不能回收烟气中水分、减少污染物排放。

烟气冷凝技术通过降低饱和湿烟气的温度和含湿量，回收利用烟气中过饱和水蒸气，在燃煤机组的应用主要有间壁式冷凝换热器和直接接触式换热器。研究结果表明，在湿法脱硫装置出口布置湿式相变凝聚器，能够在实现烟气凝结水高效回收、消除白雾的同时，有效减少烟气中颗粒物、SO_4^{2-} 及重金属元素的排放，对于环境保护具有重要意义。

烟气冷凝再热技术对冷凝后烟气进行再加热，与单一加热技术相比适用范围更广，但系统复杂性增加。

目前针对湿烟雾消除的计算方法主要有温湿图切线计算、湿烟羽抬升轨迹计算、CFD 数值模拟等。虽然很多学者对烟气消白进行了理论研究，但存在技术路线少、环境状态单一等问题，对于指导现场的实际应用仍有不足。本节基于切线法对 7 种不同技术路线下含湿量-温度变化关系进行研究，通过计算确定实现烟气消白的技术指标，以期为不同技术路线的选择应用提供参考[115]。

湿烟羽消除技术路线共 7 种，其中湿烟羽消除的单一技术路线主要有烟气加热技术、烟气冷凝技术、空气加热混合技术 3 种，如图 3-87（a）～（c）所示。基于这 3 种技术，两两组合联用还有烟气冷凝再热技术、烟气加热/空气加热技术、烟气冷凝/空气加热技术 3 种技术路线。将这 3 种单一技术联合使用可以得到空气加热/烟气冷凝再热技术，如图 3-87（d）所示。

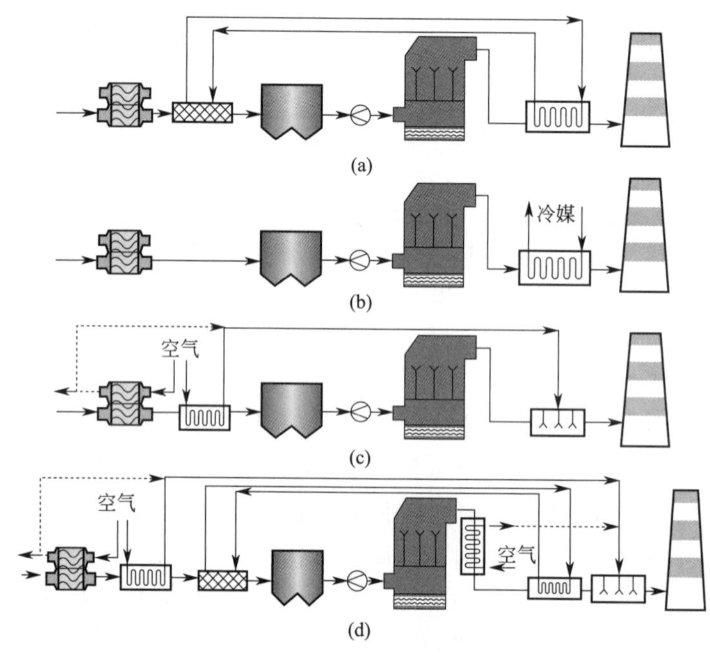

图 3-87　烟气消白技术路线

当气体的相对湿度为 100%时，水蒸气的分压力即为饱和水蒸气分压力 P_s。饱和水蒸气压力可根据戈夫-格雷奇（Goff Gratch）公式[式(3-5)]计算，进而得到含湿量公式[式(3-6)]，对式（3-6）求相对湿度为 100%时温度的偏导数，可得到饱和湿空气曲线的导函数方程[式(3-7)]。过环境状态点作饱和湿空气曲线的切线，式(3-8）的解为切点 x_{tan}。由式(3-9）可确定切线与湿法脱硫装置出口烟气等湿加热线的交点温度，由式(3-10）可确定切线与空气烟气状态点连线的交点，进而基于热平衡方程可由式(3-11）确定空气当量比 r_a（能够消除湿烟羽的空气质量与烟气质量的临界比值）。

$$\lg \frac{P_s}{100}=C_1\left(\frac{a}{T}-1\right)+C_2\lg\left(\frac{a}{T}\right)-C_3\left[10^{11.344\times\left(1-\frac{T}{a}\right)}-1\right]+ \tag{3-5}$$

$$C_4\left[10^{-3.49149\times\left(\frac{a}{T}-1\right)}-1\right]+C_5$$

$$f(\varphi,T)=\omega=622\times\frac{\varphi P_s}{P_e-\varphi P_s} \tag{3-6}$$

$$f'(T)=\frac{\partial\omega}{\partial T}\Big|_{\varphi=100\%} \tag{3-7}$$

$$f'(x)(x-T_e)+\omega_e=f(100\%,x) \tag{3-8}$$

$$f(100\%,T_{out})=f'(x_{tan})(x-T_e)+\omega_e \tag{3-9}$$

$$\frac{\omega_y-\omega_e}{T_y-T_{eh}}(x-T_{eh})+\omega_e=f'(x_{tan})(x-T_e)+\omega_e \tag{3-10}$$

$$r_a=\frac{C_{p,y}\Delta t_y}{C_{p,e}\Delta t_e} \tag{3-11}$$

式中，$C_1=-7.90298$；$a=373.16$；$C_2=5.028081$；$C_3=1.3816\times10^{-7}$；$C_4=8.1328\times10^{-3}$；$C_5=\lg1013.246$；φ 为相对湿度，该值为 100%时 $f(100\%,T)$为饱和湿空气的含湿量；P_e 为大气压力，Pa，取 101325Pa；T_y 为烟气温度；T_e 为环境温度，K；ω_y 为烟气含湿量；ω_e 为环境空气含湿量，g/kg 干空气；T_{out} 为湿法脱硫装置出口烟气温度；x_{tan} 为饱和湿空气曲线切线过环境点切点温度；T_{eh} 为加热后空气温度；$C_{p,y}$ 为混合前烟气比热容，J/(kg·K)；$C_{p,e}$ 为混合前空气比热容，J/(kg·K)；Δt_y 为混合前后烟气温度变化；Δt_e 为混合前后空气温度变化。

湿法脱硫装置出口一般为 45～55 ℃的饱和湿烟气。图 3-88（a）为烟气无消白措施直接排出时湿烟羽状态示意。湿烟气初始状态位于点 A，过点 A 作饱和曲线切线与环境相对湿度线交于点 E，该点温度为该相对湿度下无可见湿烟羽的临界环境温度。图 3-88（b）为不同脱硫塔出口温度下的临界环境温度。可见，装置出口烟温为 50℃时，环境温度在 40.4℃以上时可直接排放且无可见湿烟羽，对于高温干燥地区，夏季饱和湿烟气直接排放即可能实现无湿烟羽运行。但在常见环境条件下，对湿法脱硫装置出口烟气进行处理以消除湿烟羽是必要的。对饱和曲线求二阶导数可知，二阶导数大于 0，即该曲线上切线斜率单调递增，与曲线有且只有一个交点。为了便于计算，假定湿法脱硫装置出口烟气温度为 50℃。下面分别对 8 种技术路线进行分析。

1. 烟气加热技术

烟气加热技术是对饱和湿烟气进行加热，使烟气状态远离饱和湿度曲线。图 3-89(a) 为烟气加热技术消除湿烟羽原理示意。湿烟气初始状态位于点 A，经加热后沿等湿度线升温。升温后烟气沿直线与环境空气掺混、冷却至环境状态点 E。过点 E 点作切线与 AC 交于点 B。若烟气排出状态点在点 B 右侧，则整个 ABE 变化过程均与饱和湿度曲线不相交，不产生湿烟羽；若烟气排出状态点在点 B 左侧，排出后会产生湿烟羽。定义点 B 温度为临界加热烟气温度，定义 A、B 两点温差为临界升温幅度。图 3-89(b) 为一定环境下烟气临界升温幅度变化曲线。

由图 3-89 可以看出，临界烟气升温幅度随环境温度的升高而降低，随相对湿度的增大而增大。环境温度越低，临界烟气升温幅度受环境相对湿度影响越大。环境相对湿度小于 80%时，环境温度低于 11℃，烟气升温幅度需达到 30℃以上才能消除湿烟羽；环境温度高于 16℃，烟气升温幅度在 30℃以下即可消除湿烟羽。

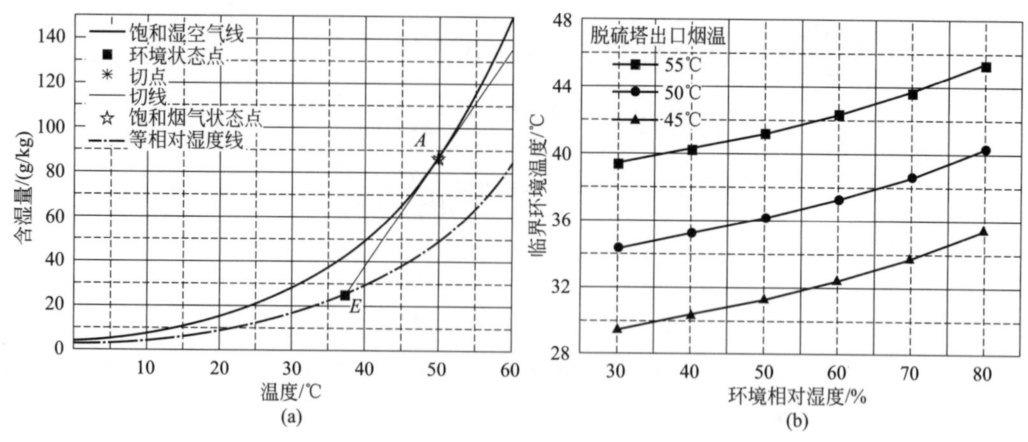

图 3-88 未处理烟气直接排放临界环境温度计算结果

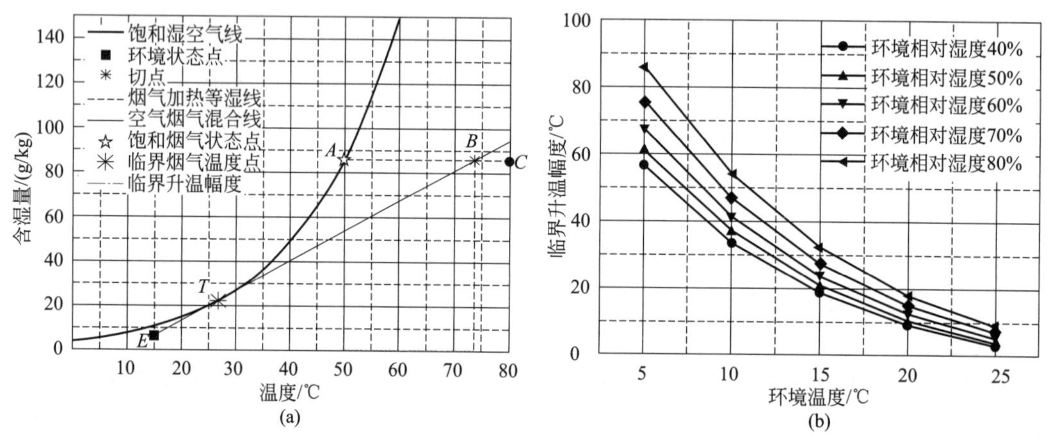

图 3-89 烟气加热方式临界升温幅度计算结果

2. 烟气冷凝技术

烟气冷凝技术通过降低烟气温度，使烟气沿着饱和湿度曲线降温凝水，回收烟气中过饱和的水蒸气，减少烟气绝对湿度。图 3-90(a) 为烟气冷凝技术消除湿烟羽原理示意。湿烟气初始状态位于点 A，沿饱和曲线降温凝水。过环境状态点 E 可作饱和曲线的切线，切点为 T。降温后烟气与环境空气掺混、冷却至环境状态点 E。若降温后烟气状态点在点 T 左侧，则整个变化过程与饱和湿度曲线不相交，不产生湿烟羽；若烟气状态点在点 T 右侧，烟气排出后会产生湿烟羽。定义点 T 温度为临界冷凝烟气温度，A、T 两点温差为临界降温幅度。图 3-90(b) 为一定环境条件下临界降温幅度变化曲线。

由图 3-90 可知，采用烟气冷凝降温方式，临界降温幅度随环境温度的升高而线性降低，随环境湿度的增大而增大；环境温度变化对临界降温幅度影响较大，环境相对湿度变化对临界降温幅度影响较小。低温下（5℃）临界降温幅度较大，达 32.0～36.8℃；高温下（25℃）临界降温幅度较小，达 10.52～15.73℃。低温下，冷凝降温后临界烟气温度比环境温度高 8.2～13.0℃，高温下高 9.3～14.5℃。对于相对湿度 60%，环境温度为 5～25℃时，将烟气温度降至 16.0～37.3℃，即高于环境温度 11.0～12.3℃，可消除湿烟羽，该数值与脱硫塔出口温度无关。

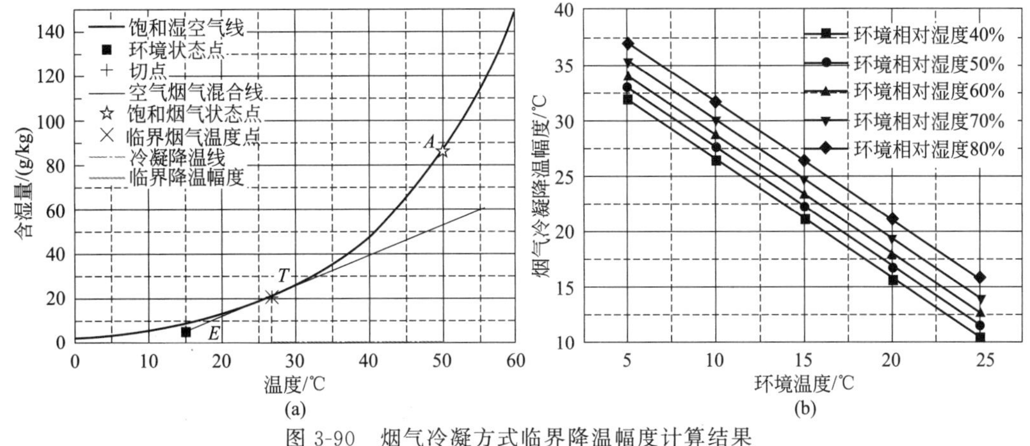

图 3-90 烟气冷凝方式临界降温幅度计算结果

3. 烟气冷凝再加热技术

烟气冷凝再热技术是将烟气加热技术和烟气冷凝技术组合使用，对冷凝后烟气再进行加热。消除湿烟羽的机理如图 3-91(a) 所示，湿烟气初始状态位于点 A，沿饱和曲线降温凝水，再沿等湿度线 A_cC 升温，升温后烟气从烟囱排出与空气混合，冷却至环境状态点 E。过点 E 作切线与 A_cC 交于点 B。定义 A、A_c 两点温差为降温幅度，A_cB 两点温差为该降温幅度下的临界再热升温幅度。温度降幅达到临界降温幅度后，无需加热即可实现湿烟羽消除。图 3-91（b）为环境湿度为 60%时烟气临界再热升温幅度变化曲线。

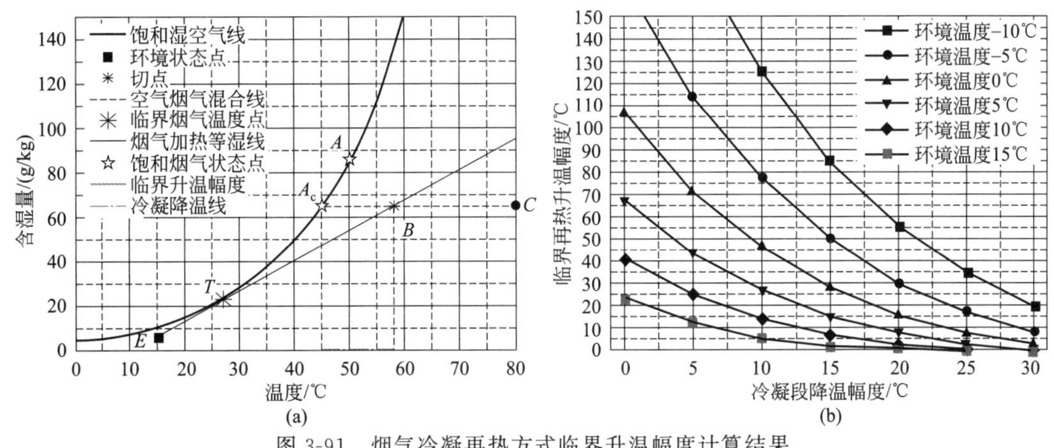

图 3-91 烟气冷凝再热方式临界升温幅度计算结果

由图 3-91 可知，采用烟气冷凝再热方式，消除湿烟羽所需的降温幅度、升温幅度低于单一采用加热或冷凝技术；采用冷凝再热方式能够拓宽湿烟羽消除适用范围。假设可适用最大降温幅度为 30℃，最大升温幅度为 30℃，对于相对湿度为 60%的环境，采用烟气加热技术的环境最低适用温度为 12.9℃，采用烟气冷凝技术最低适用温度为 8.7℃，采用烟气冷凝再热技术最低适用温度为−12.9℃。

4. 空气加热混合技术

空气加热混合技术是将空气加热后与烟气混合排出。消除湿烟羽的机理如图 3-92（a）所示，湿烟气初始状态位于点 A，空气沿等湿线 EE_h 升温，升温后空气与烟气混合，从烟囱排出后冷却至环境状态点 E。过点 E 作切线与 AE_h 交于点 D。定义点 D 温度为临界混合温度，与烟气混合后达到点 D 的空气量与烟气量之比定义为空气当量比。图 3-92（b）为环境相对湿度为 60%条件下空气当量比的变化曲线。

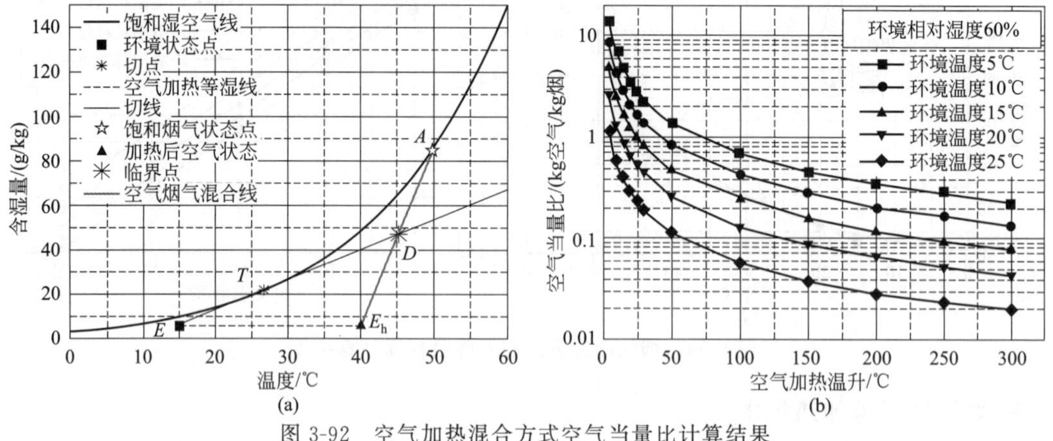

图 3-92　空气加热混合方式空气当量比计算结果

由图 3-92 可以看出，空气当量比随空气加热温度的升高而降低，降幅逐渐缩小。空气当量比随环境温度升高而降低，降幅逐渐增大。假设可适用最大空气升温幅度为 30℃，最大空气当量比为 0.3，相对湿度为 60%时，采用空气加热混合技术的环境最低适用温度为 22.5℃。

5. 烟气加热/空气加热技术

烟气加热/空气加热技术是将加热后空气与加热后烟气混合，从烟囱排出。消除湿烟羽的机理如图 3-93（a）所示。湿烟气初始状态位于点 A，经加热后沿等湿度线升温至点 B，空气沿等湿线 EE_h 升温后，空气与烟气沿 BE_h 混合，从烟囱排出后冷却至环境状态点 E。过点 E 作切线与 BE_h 交于点 D。定义与烟气混合后到达点 D 的空气量与烟气量之比为空气当量比。图 3-93（b）为环境温度 15℃、相对湿度 60%条件下空气当量比的变化曲线。

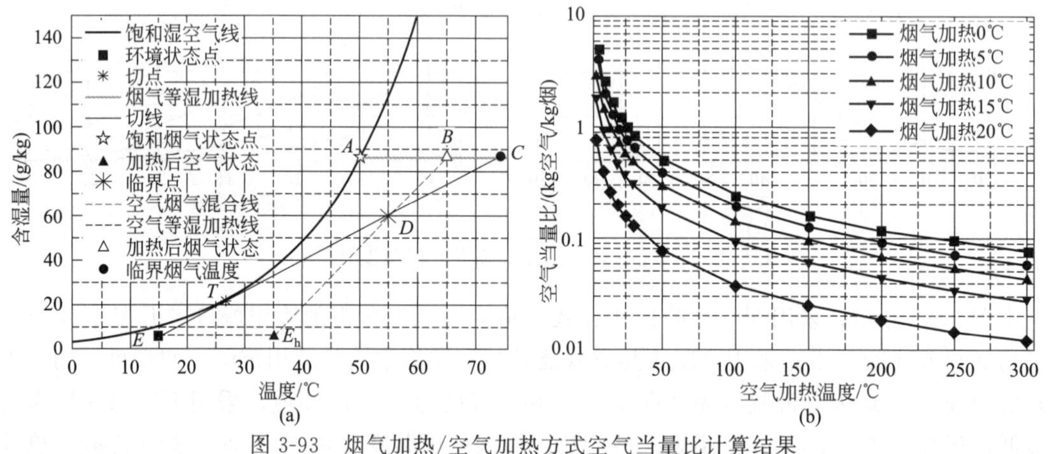

图 3-93　烟气加热/空气加热方式空气当量比计算结果

由图 3-93 可以看出，随着烟气加热温度的升高，消除湿烟羽所需空气当量比降低，降幅逐渐增大；不同烟气加热温度下空气当量比的比值为常数，与空气加热温度无关。

6. 烟气冷凝/空气加热技术

烟气冷凝/空气加热技术是将加热后空气与冷凝后烟气混合后，从烟囱排出。消除湿烟羽的机理如图 3-94(a) 所示。湿烟气初始状态位于点 A，经过冷凝沿饱和曲线降温至点 B。空气沿等湿线 EE_h 升温后，空气与烟气沿 BE_h 混合，混合气体从烟囱排出后冷却至环境状态点 E。过点 E 作切线与 BE_h 交于点 D。定义与烟气混合后到达点 D 的空气量与烟气量之比为空气当量比。图 3-94（b）为环境温度 15 ℃、相对湿度 60%条件下空气当量比的变化曲线。

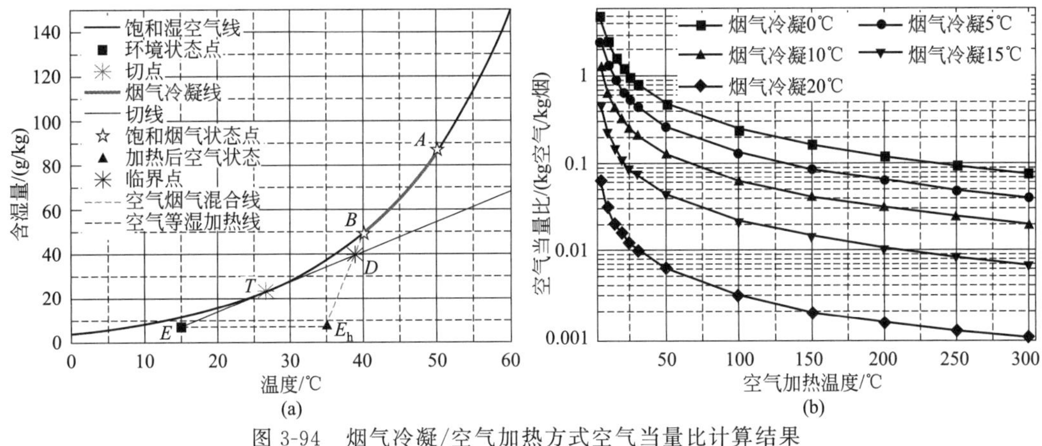

图 3-94　烟气冷凝/空气加热方式空气当量比计算结果

由图 3-94 可以看出，随烟气冷凝温度的升高，消除湿烟羽所需空气当量比降低，降幅逐渐增大；不同烟气冷凝温度对应的空气当量比的比值为常数，与空气加热温度无关。温度 15℃、相对湿度 60%条件下，烟气冷凝 20℃时，消除湿烟羽仅需加热至 315 ℃、空气当量比>0.001 即可。

7. 空气加热/烟气冷凝再热技术

空气加热/烟气冷凝再热技术是将空气加热后与冷凝再热烟气混合排出。消除湿烟羽的机理如图 3-95(a) 所示，湿烟气初始状态位于点 A，沿饱和湿度曲线降温凝水至点 B，再沿等湿线升温至点 C。空气沿等湿线 EE_h 升温，升温后空气与烟气沿 CE_h 混合，混合气体从烟囱排出后冷却至环境状态点 E。过点 E 作切线与 CE_h 交于点 D。定义与烟气混合后到达点 D 的空气量与烟气量之比定义为临界空气当量比。图 3-95(b) 为相对湿度 60%条件下空气当量比的变化曲线。

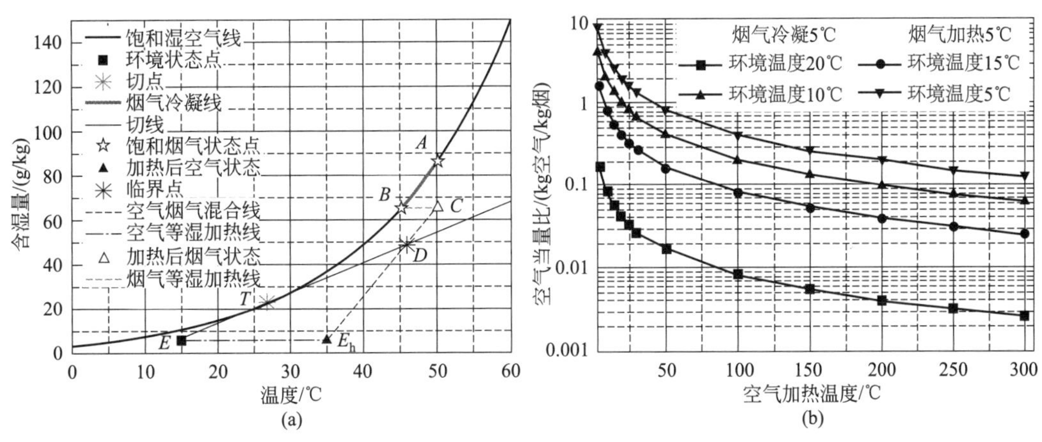

图 3-95　空气加热/烟气冷凝再热混合方式空气当量比变化

由图 3-95 可以看出：通过确定烟气冷凝度、烟气加热度及空气加热温度，能够获得消除湿烟雾的空气当量比。该技术的系统复杂度增加，但是可进一步拓宽适用环境范围。基于各方案技术参数进行经济性分析比较，可确定优选技术路线。

8. 烟塔合一技术

烟塔合一技术是将脱硫后的净烟气送入自然通风冷却塔，冷却塔巨大的热量和热空气量对脱硫后的湿烟气形成包裹和抬升，依靠其动量和携带热量的提高，实现较好的扩散，减弱“石膏雨”形成。采用烟塔合一技术后湿法脱硫出口不再需要烟气再热器，也不再需要烟囱（图 3-96）。

烟塔合一技术起源于德国。德国于 1967 年提出烟气与冷却塔气流混合排放的概念。1982 年德国 Volklingen 实验电站开始将烟塔合一技术应用于实际工程，通过多年的试验、研究、分析和不断改进，逐步达到成熟并应用，目前在德国、波兰、土耳其、希腊、比利时等国家已经改建和新建了很多无烟囱电厂。

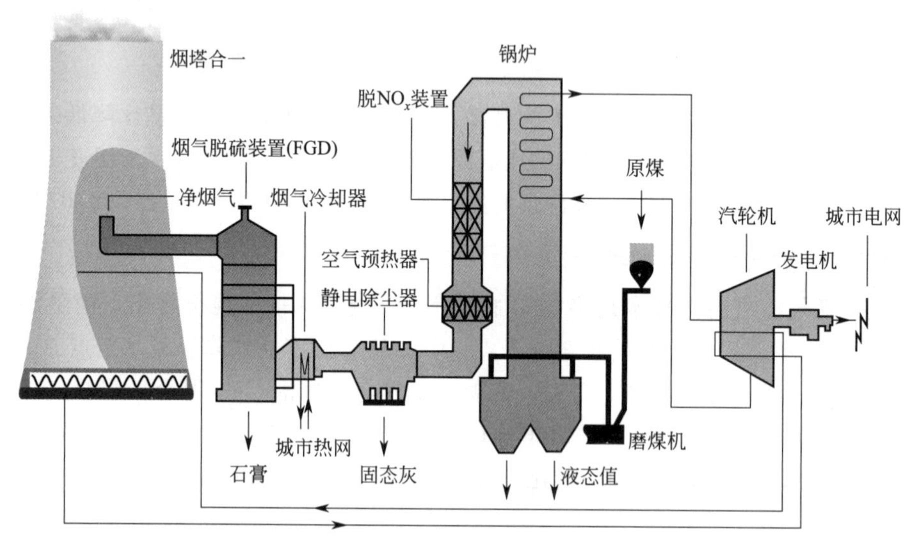

图 3-96 烟塔合一布置方法

我国近年来在烟塔合一技术方面进行了研究。2006 年，华能北京热电厂引进国外烟塔合一技术，对四台 830t/h 超高压锅炉进行烟气脱硫技术改造，新建一座 120m 高的自然通风冷却烟塔排放烟气，成为我国首个应用烟塔合一技术的火电厂。此外，国内相继建成的大唐哈尔滨第一热电厂、国华三河发电厂二期扩建、大唐国际锦州热电厂、石家庄良村热电厂、天津国电东北郊热电项目等均采用烟塔合一技术。

（1）烟塔合一布置方式

烟塔合一工艺通常有内置式和外置式两种布置形式。

① 内置式：脱硫装置安装在冷却塔内，烟塔与冷却塔合一，脱硫之后的烟气直接从冷却塔排放（图 3-97）。德国 SHU 公司在湿法脱硫用户中，采用了这种二塔合一的形式。内置式烟塔合一技术的冷却塔必须采用横流塔，布置紧凑，节省用地。

② 外置式：外置式烟塔合一技术的脱硫装置通常安装在冷却塔外，冷却塔通常为逆流冷却塔，脱硫后的净烟气引入冷却塔。

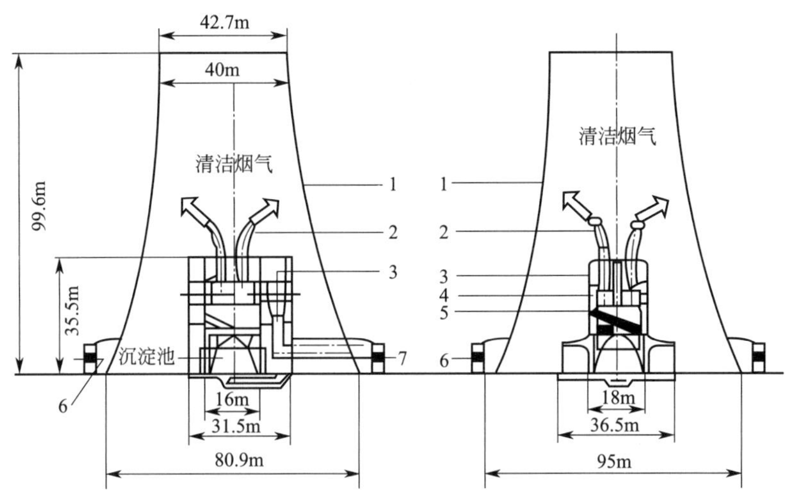

图 3-97　冷却塔内布置脱硫系统[110]

1—冷却塔烟囱；2—清洁烟气排放口；3—湿法脱硫系统；4—旋转洗涤器；5—综合氧化器；6—对流冷却系统；7—烟气进口

净烟气可以通过两种方式进入冷却塔：低位进塔和高位进塔。低位进塔方式中净烟气沿降低标高后的烟道，从冷却塔淋水填料层以上 25m 左右进入冷却塔；高位进塔方式中净烟气从脱硫塔出来后不降低标高，从 45m 左右高处直接进入冷却塔。高位进塔烟道的支撑有两种：一种是不设支撑，烟道直接架在塔壁洞口上，如尼德奥森和利彭多夫电厂；另一种是烟道较长，在 FGD 装置与塔壁之间加支架支撑。图 3-98 为典型的直通式低位进塔工艺流程。

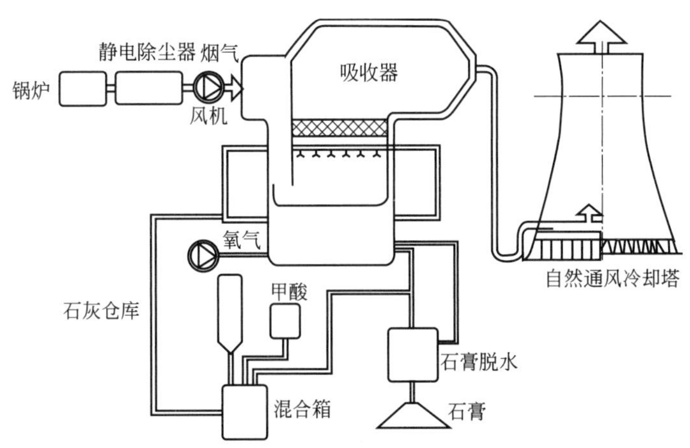

图 3-98　典型的直通式低位进塔工艺流程

烟气进入冷却塔也有两种方式。

① 通过烟道上的喇叭口直接排放至冷却塔内并与冷却塔中的水气混合后排入大气。这种方法简单易行，是目前采用较多的一种方法，这种方法需要在烟气进入冷却塔前过滤掉其中的固体物质（主要是脱硫后的石膏）。

② 通过排气室排入冷却塔并与塔内水气混合后再经由冷却塔出口排入大气。排气室内安装有三角可调叶片，用来改变烟气排入冷却塔的方向。这种方法可以使烟气在不同工况时充分

地与冷却塔内的水气混合。

（2）湿烟气烟道的选材布置及排烟冷却塔的防腐

排烟冷却塔设计是烟塔合一技术的核心，冷却塔在保证正常汽轮机循环冷却水冷却情况下，使排入的脱硫净烟气达到环保要求后排放。同时在设计中要着重考虑冷却塔作排烟冷却塔时的主要影响因素。

① 烟气对冷却塔安全使用的影响。一般来说，烟气中含有大量的二氧化碳、二氧化硫等有害成分，湿法脱硫后的净烟气仍含有一定量的二氧化硫、三氧化硫、氮氧化物、氯化物、二氧化碳等有害气体，湿法脱硫后净烟气进入冷却塔后在塔内上升过程中与饱和热湿空气接触，部分水蒸气遇冷凝结成雾滴，其中一些雾滴在冷却塔塔壁上聚集成较大的液滴，在冷却塔壁面形成大液滴落入冷却塔水池，进入循环水系统，在此过程中烟气中的可溶性气体和固体颗粒随之进入循环水系统，造成循环水杂质和盐类浓度的增加，影响循环水水质。

② 净烟气进入冷却塔后对塔冷却性能的影响，净烟气的排入会使冷却塔填料上方混合气体的密度比原来低，塔内外气体密度差增大，冷却塔通风量增加，冷却效率提高。排烟冷却塔的冷却效果不会因为增加了烟气的排放而降低，反而会因为烟气的排放降低循环冷却水的温度，在一定程度上对冷却塔的冷却效能是有好处的。排烟冷却塔除烟道设计和冷却塔防腐外，其他均遵循常规自然冷却塔设计原则。

湿法脱硫后净烟气温度一般在 50～55℃，烟气中仍有残余的二氧化硫、三氧化硫等与水蒸气结合对烟道产生腐蚀。湿烟气烟道通常采用在钢烟道表面涂玻璃鳞片或直接采用玻璃钢烟道，玻璃钢烟道主要由树脂和玻璃纤维加工而成，抗酸腐蚀，密度是钢材的 1/3。烟道由塔外钢架及塔内立柱支撑。为了便于疏水，烟道通常以下倾角为 1°接近水平方式通入冷却塔内。烟道与冷却塔相接部分设置有帆布样密封和膨胀节。排烟装置一般采用竖直管口向上排放，以保证烟气垂直向上，竖直向上管口高度原则上为烟道直径的 1.5 倍。

为了防止排烟冷却塔钢筋混凝土结构腐蚀，通常在塔壁内表面施以厚度不小于 150μm 的聚丙烯环脂涂层[111]。德国开发了一种具有高结构密度、高强度和高抗冻性的新型混凝土。这种混凝土被命名为 SRB-ARHPC85/35，它由高浓度的混凝料和少量的水泥组成，已经在德国多个电厂成功应用。

（3）国内烟塔合一工程应用实例

较高的烟气品质是采用“烟塔合一”技术的前提，否则塔内底部会产生污垢，循环水水质恶化，塔筒内壁严重腐蚀[112]。随着近些年超低排放改造的实施，湿法脱硫后烟气中 SO_2、NO_x 的浓度已经降到非常低，完全符合烟塔合一技术的要求。国内已投运的排烟冷却塔见表 3-14。

表 3-14　国内采用冷却塔排放烟气机组概况[113]

序号	工程名称	烟塔面积/m^2	塔高/m	烟塔数量	烟道直径/m	备　注
1	高碑店热电厂	3000	120	1	7	投运，脱硫技改，4 炉 1 塔
2	三河电厂	4500	120	2	5.2	投运，扩建工程，1 机 1 塔
3	国电天津东北郊电厂	5000	110	2	5.1	投运，新建工程，1 机 1 塔
4	哈尔滨第一热电厂	3850	105	2	5.1	投运，新建工程，1 机 1 塔
5	辽宁锦州热电厂	4000	120	1	6	投运，新建工程，2 炉 1 塔
6	大唐清苑热电	5000	120	1	6	投运，新建工程，1 机 1 塔
7	天津军粮城电厂	5000	110	1	5.2	投运，扩建工程，2 炉 1 塔
8	石家庄良村电厂	5500	103	2	5.5	投运，新建工程，1 炉 1 塔

以大唐某热电工程为例：某热电 2×300MW 抽气供热凝汽式供热机组，配 2 台 1025t/h 煤粉锅炉，配套除尘、烟气脱硫、脱硝设施。设置 2 座双曲线型逆流式自然通风冷却塔。一座排烟冷却塔，一座常规冷却塔。采用扩大单元制二次循环供水系统。每台机组配 2 台循环水泵。冷却塔布置在锅炉后侧，两台机组合建一座循环水泵房，循环水泵房与冷却塔之间采用自流钢筋混凝土流道连接。

此工程循环供水系统方案组合如表 3-15 所列。排烟冷却塔塔体尺寸如表 3-16 所列。

表 3-15　循环供水系统方案

冷却塔淋水面积	$5000m^2$	设计冷却倍率	55 倍
凝汽器冷凝面积	$19000\ m^2$	循环水干管管径	*DN*2400

夏季凝汽器的冷却水量为 $36364m^3/h$，夏季频率 10%气象条件下，冷却塔出水温度为 31.79℃，凝汽器背压为 9.937kPa。

表 3-16　排烟冷却塔塔体尺寸

塔高	120m	喉部直径	49.2m
零米直径	88.6m	出口直径	52.758m
水池直径	85.836m	淋水面积	$5000m^2$
进风口高度	7.80m		

机组 A 的循环水进入常规冷却塔 A，机组 A 的烟气进入排烟冷却塔 B，机组 B 的循环水和烟气进入排烟冷却塔 B；正常情况下 2 台机组的循环水独立进入冷却塔，烟气则进入排烟冷却塔 B 排放；冬季循环水可进入一座冷却塔运行，烟气则全年在排烟冷却塔 B 内排放。目前烟塔运行基本正常，达到了设计指标和预期效果。

（4）间接空冷三塔合一技术

目前，“三塔合一”间接冷却塔技术在国内多个电厂得到应用，“三塔合一”技术是指将蒸汽凝结冷却塔、排烟塔和脱硫塔组合在一起，如图 3-99 所示。

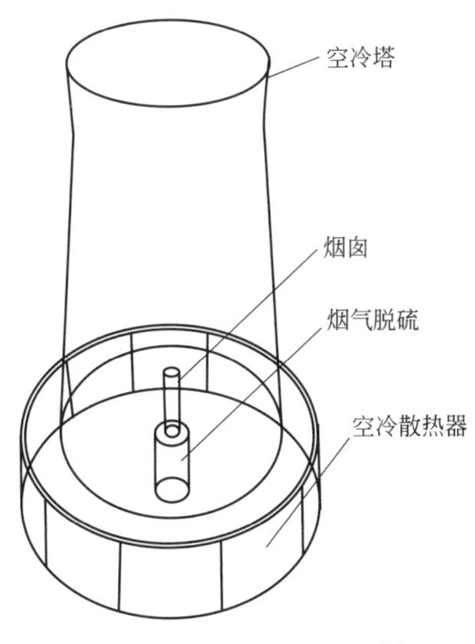

图 3-99　三塔合一

空冷塔为海勒型双曲线形混凝土结构或钢结构自然通风塔，烟气脱硫装置位于冷却塔中心，烟道通过 X 支柱空档进入空冷塔与脱硫岛连接，脱硫净烟气从脱硫塔顶部钢制烟筒排出。该技术的优势如下。

① 提升排烟高度，减少地面污染沉降，是目前最佳的无水汽烟羽的设计。

② 由于烟气量只占塔内总流通空气量 5%以下，所以排出的烟气与大量的间冷塔冷却空气混合后，完全处于不饱和状态，可实现全年无烟羽出现。

③ 与间接空冷塔合一，降低厂用水耗，节约大量水资源。

第八节　粉尘超低排放改造案例

一、干式电除尘器改造案例

1. 高频电源应用

某 2×60MW 机组配置 2 台 260t/h 高温、单锅筒、自然循环Ⅱ型煤粉锅炉，2 台机组分别在 2004 年 12 月和 2005 年 3 月投产发电。每台机组配备双室三电场除尘器一套，除尘器设计效率≥99.6%。但燃用近设计煤种/近校核煤种 100%负荷时，烟尘的排放浓度未达到国家标准，电厂决定对 1# 炉静电除尘器进行高频电源＋旋转极板除尘提效改造。

表 3-17 为原静电除尘器主要设计参数与技术性能。静电除尘器入口处烟尘浓度为 37g/m^3，出口粉尘浓度（标态）30mg/m^3 时，根据静电除尘器效率 η（%）计算公式：

$$\eta(\%)=[1-C''\times(1+0.03)/C']\times 100\% \tag{3-12}$$

式中，η 为除尘效率，%；0.03 为漏风率；C'为除尘器进口的烟尘浓度（标态），mg/m^3；C''为除尘器出口的烟尘浓度（标态），mg/m^3。

$\eta=1-30\times(1+0.03)/37000=99.92\%$，本次改造要求静电除尘器出口粉尘浓度（标态）≤30mg/m^3，静电除尘器效率必须大于 99.92%。

表 3-17　原静电除尘器主要设计参数与技术性能（单台炉）

序号	项目	单位	参数
1	原静电除尘器型号	FAA3×40M-2×64-120 型	
2	原静电除尘器型式	双室三电场混合宽间距静电除尘器	
3	配备数量	台/台炉	1
4	处理烟气量	m^3/h	446170
5	烟气处理时间	s	14.81
6	设计效率	%	99.63
7	保证效率	%	99.6
8	校核煤种效率	%	99.6
9	阳极板型式及总有效面积	m^2	480C 9216
10	阴极线型式及总长度	m	RSB 芒刺线 9216
11	比集尘面积/一个(或几个)供电区不工作时的比集尘面积	m^2/(m^3/s)	74.36
12	逐进速度/一个(或几个)供电区不工作时的逐进速度	cm/s	7.47
13	烟气流速	m/s	0.81

综合考虑静电除尘器布置场地情况，将 1、2 电场的工频电源改造为高频电源，3 电场保

持不变，改造后静电除尘器出口粉尘浓度（标态）降低至 60mg/m^3 以下。然后再增加一个第 4 电场，在静电除尘器出口烟道侧增加一个有效长度为 6m 的电场，原静电除尘器出口烟道混凝土支撑梁拆除，新增钢架用于支撑新增的电场和改造后的烟道。增设的 4 电场采用旋转电极技术，旋转极板改造后静电除尘出口粉尘浓度（标态）达到 30mg/m^3 以下。

第 4 电场采用移动极板后，除尘器整体效率提高到 99.3%，静电除尘器出口粉尘浓度（标态）27mg/m^3，考虑烟气经过湿法脱硫系统的除尘作用。烟囱入口粉尘浓度可以达到国家标准排放要求。改造后移动极板电除尘器技术参数见表 3-18。

表 3-18　改造后移动极板除尘器技术参数

序号	参数名称	单位	技术参数
1	流通面积	m^2	154
2	处理烟气量	m^3/s	123.94
3	烟气温度	℃	130
4	电场内烟气停留时间	s	19.75
5	电场内烟气流速	m/s	0.81
6	同极间距	mm	400(1～3 电场) 450(转动电场)
7	静电除尘器室数	个	2
8	电场数	个	3＋1
9	单电场长度	m	5.85
10	单电场宽度(每室)	m	6.81
11	极板有效高度	m	12
12	总集尘面积	m^2	9216＋2×3072＝15360(根据移动极板实际运行经验，增加移动极板后，其除尘效果相当于 2 个常规电场)
13	比集尘面积	m^2/(m^3/s)	123.93
14	入口粉尘浓度(标态)	g/m^3	37
15	出口粉尘浓度(标态)	mg/m^3	27

2014 年 6 月 28 日对静电除尘改造后的 1# 机组进行性能测试，除尘器出口 A 侧和 B 侧烟尘浓度分别为 19.47mg/m^3 和 15.99mg/m^3，两侧平均 17.73mg/m^3；折算烟尘浓度（标态、干基、6%O_2）为 17.86mg/m^3 和 14.76mg/m^3，两侧平均 16.31mg/m^3。经静电除尘器提效改造，烟囱出口粉尘排放浓度低于 20mg/m^3。按单台炉烟气量 303088m^3/h（工况 446170m^3/h）、粉尘浓度降低 80mg/m^3（从原来≤100mg/m^3 降低到≤20mg/m^3）、年有效利用时间按 5500h 计算，单台炉年减少粉尘排放量 134t。

2. 旋转电极除尘器应用实例

(1) 旋转电极电除尘器在 300MW 机组应用

旋转电极除尘器改造一般是将常规静电除尘器末级电场的阳极板改造成可以旋转的形式，将传统的振打清灰改造为旋转刷清灰。目前国内旋转电极电除尘器主要应用在 300MW 级机组，大型燃煤机组应用较少。

某发电厂 5# 炉配套烟气除尘设备为 2F300-4 型静电除尘器，由于实际燃用煤种与设计煤种存在较大差异且不断变化，静电除尘器原设除尘效率偏低、比集尘面积偏小仅为 69.25m^2/(m^3/s)；各室之间气量分配偏差较大。严重影响静电除尘器的正常运行和除尘效率。电厂决定将静电除尘器改造为旋转电极式电除尘器。原静电除尘器的技术参数见表 3-19，煤质分析见表 3-20。

表 3-19 某电厂 $5^{\#}$ 炉（330MW 机组）原静电除尘器主要技术参数

序号	项目	单位	参数
1	进口烟气量	m^3/h	2183300(实测 2160581)
2	进口粉尘浓度(标态)	g/m^3	15.26
3	烟气温度	℃	132
4	原静电除尘器型号	2FAA4×35M-2×100-150 型	
5	总集尘面积	m^2	42000
6	比集尘面积	$m^2/(m^3/s)$	69.25
7	设计出口粉尘浓度(标态)	mg/m^3	≤100

表 3-20 煤质资料

单位：%

序号	名称	含量	序号	名称	含量
1	收到基硫	0.49	7	氧化钙	6.68
2	分析基水分	16.45	8	氧化镁	3.49
3	收到基灰分	31.01	9	氧化钠	0.84
4	二氧化硅	49.52	10	氧化钾	1.46
5	氧化铝	25.27	11	三氧化硫	0.85
6	三氧化二铁	7.40			

鉴于原除尘器比集尘面积偏小，在第一电场前新增一个电场（称零电场），并将第 4 电场改造为旋转电极电场，第 1 电场采用高频电源，前三个电场保持不变但进行检修和优化调试，对除尘器进口烟气流动进行数值模拟计算，在进口烟道设置导流板等，保证进入各封头的实际分配烟气流量和理想分配流量相对误差不超过±5%。改造后除尘器布置如图 3-100 所示。

图 3-100 某发电厂 $5^{\#}$ 炉配套旋转电极式电除尘器

经改造后静电除尘器的主要参数如表 3-21 所列。

表 3-21 改造后静电除尘器的主要技术参数

序号	项目	单位	参数
1	进口烟气量	m^3/h	2300000
2	进口粉尘浓度(标态)	g/m^3	≤35
3	烟气温度	℃	142

续表

序号	项目	单位	参数
4	原静电除尘器型号		2FR300-4
5	总集尘面积	m^2	前四电厂 42000、旋转电极电场 7296
6	比集尘面积	$m^2/(m^3/s)$	前四电厂 65.74、旋转电极电场 11.42
7	设计出口粉尘浓度(标态)	mg/m^3	≤40

2011 年 6 月对改造后静电除尘器性能检测。静电除尘器出口粉尘浓度（标态）为 29.2mg/m^3（设计值 40mg/m^3），各项设计指标满足设计要求，设备运行稳定可靠。

（2）旋转电极式电除尘器在 1000MW 机组应用

浙江某煤电有限公司 1# 机组配套烟气除尘设备为 2F734-5 型静电除尘器（一台炉配二台三室五电场，流通面积为 2×734m^2）、原设计静电除尘器出口粉尘浓度（标态）≤30mg/m^3，通过静电除尘、湿法烟气脱硫和湿式除尘器等设备，烟囱出口粉尘浓度（标态）≤20mg/m^3。为使该燃煤机组的污染物排放达到燃气机组标准，烟囱出口粉尘浓度（标态）需≤5mg/m^3，静电除尘器出口粉尘浓度（标态）≤15mg/m^3，原机组各个设备的土建基础已完成，静电除尘器上游各设备已基本安装完毕，静电除尘器周围又无可利用场地对静电除尘器进行扩容。电厂决定对静电除尘器进行旋转电极改造。电厂用煤及飞灰分析见表 3-22，原静电除尘器的主要技术参数见表 3-23。

表 3-22　电厂用煤及飞灰分析　　单位：%

名　称	实际煤种	名　称	实际煤种
收到基硫 S_{ar}	0.5	氧化钙 CaO	20
分析基水分 M_{ad}	14	氧化镁 MgO	1
收到基灰分 A_{ar}	15	氧化钠 Na_2O	0.8
二氧化硅 SiO_2	35	氧化钾 K_2O	0.6
氧化铝 Al_2O_3	29	三氧化硫 SO_3	6
氧化铁 Fe_2O_3	5	氧化钛 TiO_2	1.7

表 3-23　原静电除尘器主要技术参数

参数名称	技术参数	参数名称	技术参数
每台炉配 ESP 数量/台	2	比集尘面积/[$m^2/(m^3/s)$]	106.6
进口烟气量/(m^3/h)	5581620	同极间距/mm	400
进口粉尘浓度(标态)/(g/m^3)	28.22	烟气流速/(m/s)	1.06
烟气温度/℃	125	极配型式	第一、二、三电场：480C+RSB 芒刺线，第四、五电场：480C+螺旋线
流通面积/m^2	2×734		
电场数量/个	5		
电场有效长、宽、高/m	5×4.5—3×16—15.3	设计出口粉尘浓度(标态)/(mg/m^3)	≤30
总集尘面积/m^2	165240		

具体改造方案是保持前四个电场保持不变，将第 5 电场改造为旋转电极电场；只需对静电除尘器第 5 电场进行改造，原静电除尘器进出口封头和灰斗接口、标高都保持不变，不影响其他设备（包括原基础，引风机，电负荷等），改造工作量小，而且旋转电极能有效降低高比电阻粉尘产生的反电晕，降低振打引起的二次扬尘，大大提高除尘效率。改造后静电除尘器的主要技术参数见表 3-24。

表 3-24 改造后电除尘器主要技术参数

参数名称	技术参数
电除尘器型号	2F734-5
总集尘面积/m^2	前四个电场:132192 旋转电极电场:24969.6
同极间距/mm	前四个电场:400;旋转电极电场:430
极配型式	前四个电场:480C+RSB芒刺线;旋转电极电场:旋转阳极板+新"RS"芒刺线
本体阻力/Pa	<245
设计出口粉尘浓度(标态)/(mg/m^3)	≤15

旋转电极电除尘器改造后于2014年6月投运,2014年10月经测试,电除尘器出口粉尘浓度(标态)为10.915mg/m^3,满足设计要求。

3. 三相高压直流电源应用

某电厂锅炉为660MW超临界压力直流锅炉,最大连续蒸发量2141t/h,每台锅炉配备两台双室四电场卧式电除尘器,处理烟气量为3818617m^3/h(设计煤种)和4007761m^3/h(校核煤种),电除尘入口设计烟温为142℃(设计煤种)和149℃(校核煤种)。电厂燃煤的煤质分析及原静电除尘器的主要参数如表3-25及表3-26所列。

表 3-25 电厂燃煤的煤质分析

项 目	符号	单位	设计煤种	校核煤种
全水分	M_t	%	20.2	22.78
干燥基水分	M_{ad}	%	10.17	14.86
收到基灰分	A_{ar}	%	12.61	14.86
干燥无灰基挥发分	V_{daf}	%	32.59	30.14
收到基低位发热量	$Q_{net,ar}$	kJ/kg	19250	17650
收到基碳	C_{ar}	%	53.78	48.86
收到基氢	H_{ar}	%	2.71	2.81
收到基氧	O_{ar}	%	9.58	9.25
收到基氮	N_{ar}	%	0.52	0.52
收到基硫	S_{ar}	%	0.60	0.92
可磨性指数	H_{GI}		71	65

表 3-26 原静电除尘器主要参数

序号	名 称		技术参数及要求
1	每台炉所配台数		2台
2	每台除尘器电场数		4个
3	每台除尘器进口、出口数		2个/2个
4	气流均布系数		≤0.2
5	原静电除尘器的电场数/电场长度		4个/17m
6	原静电除尘器有效截断面积		2×517m^2
7	烟气流速		0.91m/s
8	烟气处理时间		18.68s
9	比集尘面积/一个供电区停供的比集尘面积		98.27/92.41m^2/(m^3/s)
10	阳极板	同极间距	400mm
11		极板型式及材质	大C型/SPCC
12		极板规格	16240mm×480mm×50mm(板厚1.5mm)
13		每电场的极板块数,有效面积	1476块,23270.4m^2
14		辅助电极面积	2×2089.2m^2
15		槽板收尘面积	4557.6m^2
16		每炉停一个供电压集尘面积	86333.25m^2

续表

序号	名称		技术参数及要求
17	阳极振打	型式	下侧部振打
18		每台 ESP 振打装置数量	2×8 套
19		最小振打加速度	150g
20	阴极线	每台静电除尘器放电极总长度/根数	59149.6m/15360 根
21		沿气流方向阴极线间距	500/250mm
22		垂直气流方向阴极同极间距	400mm
23		阴极线材料/型式	锯齿线:SPCC/鱼骨针:Q235
24		放电极设计高度	15.44m
25	阴极振打	振打装置的型式	中侧部振打
26		振打装置的总数	2×16 套
27		振打位置	侧中部
		振打操作方式	手动/自动
		最小振打加速度	50g

不同混煤掺烧条件下除尘器入口颗粒物浓度在 45～60g/m^3 之间，难以满足 20mg/m^3 排放要求。电厂对静电除尘器进行改造，其改造主要包括两大部分：一是在原静电除尘烟气进口烟道处布置低温省煤器，低温省煤器出口烟气温度降至 110℃，烟气冷却放出的热量用于提高凝结水的温度；二是采用 16 台三相高压电源对原 16 台单相高压电源实施改造。静电除尘本体和其他设备保持不变。

16 台高压电源改造前后的设计参数对比见表 3-27，与改造前的单相电源相比，三相电源输入的供电平衡，在相同电流情况下二次电压高，而在相同电压下二次电流小，可以满足不同电场电流的特性要求，三相电源运行稳定、工作可靠、使用维护方便。

表 3-27　静电除尘器电源改造前后对比（一台炉）

电场	改造前电流电压参数	改造电流后电压参数	单位	数量
一	2.1A/72kV	2.2A/82 kV	套	4
二	2.1A/72kV	2.2A/82 kV		4
三	2.0A/72kV	2.0A/82 kV		4
四	2.0A/72kV	2.0A/82 kV		4

加装低温省煤器和三相高压电源改造后，PM、PM_{10} 和 $PM_{2.5}$ 的排放浓度分别降低至 18mg/m^3、15mg/m^3 和 2.5mg/m^3 左右，$PM_{2.5}$ 在 PM_{10} 中的比例由改造前的 36%下降至 11%（图 3-101）。同单相电源相比，高功率三相电源可以大幅度降低颗粒物尤其是微细颗粒物的排放。静电除尘用高效三相电源替代传统的三相电源供电方式也提高了静电除尘器对煤种的适应性和除尘效率，调节方式更灵活，改造工程量小、工期短，改造和运行维护费用低，可应用于静电除尘达标排放和颗粒物超低排放改造。

二、湿式电除尘案例

1. 金属极板湿式电除尘应用

金属极板 WESP 一般与干式电除尘器和湿法脱硫系统配合使用，不受煤种条件限制，对中、高硫煤机组均适用。可用于新建及改造工程，尤其适用于除尘设备及湿法脱硫设备改造难度大或费用高、烟尘排放达不到标准的工程。

浙能某电厂为 7 号、8 号机（2×1000MW）机组增设两套 100%BMCR 烟气量 WESP 装

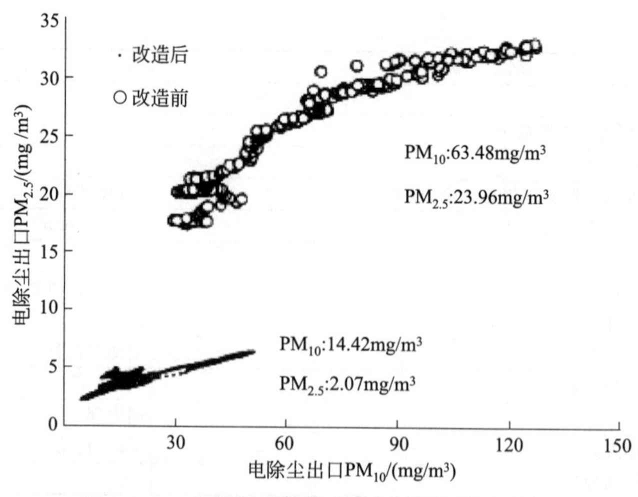

图 3-101　改造前后电除尘出口 $PM_{2.5}$ 与 PM_{10}

置，设计 WESP 除尘效率不低于 70%，WESP 出口烟尘排放浓度（标态）≤5mg/m³。WESP 入口烟气参数及性能指标见表 3-28。

表 3-28　WESP 入口烟气参数及性能指标

序号	参数名称	单位	技术参数
1	入口烟气量(标态,湿基,实际氧)	m^3/h	3364015
2	入口含尘浓度(含石膏,干基,6%O_2)	mg/m^3	16
3	入口烟气温度	℃	50
4	出口烟尘浓度(干基,6%O_2)	mg/m^3	≤4.8
5	本体阻力	Pa	≤200
6	气流均布系数		<0.13

本次改造中 WESP 布置于 FGD 吸收塔出口与管式烟气换热器之间的烟道上，WESP 采用金属极板水平烟气流湿式电除尘技术，根据 WESP 入口烟气参数及所要求达到的性能指标，最终确定采用的 WESP 为单电场，主要技术参数见表 3-29。

表 3-29　WESP 主要技术参数

序号	参数名称	单位	技术参数
1	WESP 型号		2NYW168
2	进口烟气量(标态,湿基,实际氧)	m^3/h	3364015
3	进口含尘浓度(含石膏,干基,6%O_2)	mg/m^3	16
4	入口烟气温度	℃	50
5	台/室数		2/4
6	电场数	个	1
7	流通面积	m^2	168
8	总集尘面积	m^2	9386
9	比集尘面积	$m^2/(m^3/s)$	7.72
10	同极间距	mm	300
11	极配型式		沟槽型阳极板+针刺线
12	烟气流速	m/s	3.62
13	本体阻力	Pa	≤200

续表

序号	参数名称	单位	技术参数
14	除尘效率	%	70
15	出口粉尘浓度(含石膏,干基,6%O_2)	mg/m^3	≤4.8
16	外排废水量	t/h	39.4
17	NaOH 耗量	t/h	0.145
18	高压电源装置型式、规格、数量		高频电源、1.0A/55kV、8 台

7 号、8 号机组（2×1000MW）于 2014 年 6 月下旬投运。中国环境监测总站于 2014 年 7 月进行测试，在满负荷工况、各设备运行正常时，7 号机组 WESP 出口烟尘、SO_2、NO_x 排放浓度分别为 2.52mg/m^3、11.75mg/m^3、43.92mg/m^3。8 号机组 WESP 出口烟尘、SO_2、NO_x 排放浓度分别为 1.3mg/m^3、9.37mg/m^3、26.73mg/m^3。两台机组的三项污染物排放指标均达到了要求。

2. 导电玻璃钢湿电应用案例

浙江某电厂总装机容量为 5×600MW+2×1000MW，分三期建成。根据国家及地方标准，烟尘排放浓度应不大于 5mg/m^3。为此，电厂决定先对 7# 燃煤机组进行烟尘排放治理，加装 WESP。

电厂 7# 机组采用导电玻璃钢 WESP 技术，布置在脱硫设备后。技术路线：低氮燃烧+SCR+ESP+WFGD+WESP，如图 3-102 所示。

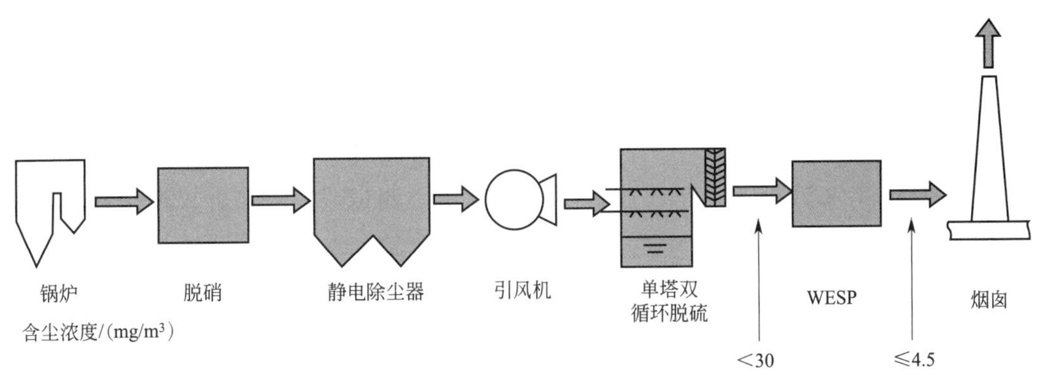

图 3-102　浙江北仑电厂三期 7# 机组（1000MW）改造技术路线

WESP 入口烟气参数见表 3-30，本项目采用导电玻璃钢 WESP，采用分体式布置，主要由烟风系统、WESP 本体、供水系统、排水系统、保温、防腐等部分组成。

表 3-30　WESP 入口烟气参数及性能要求

序号	参数名称	单位	技术参数
1	处理烟气量(工况、湿基、实际氧)	m^3/h	4510991
2	设计烟气温度	℃	48.7
3	入口烟尘浓度(含石膏)	mg/m^3	<30
4	入口液滴浓度	mg/m^3	<50
5	出口烟尘浓度	mg/m^3	≤4.5
6	出口液滴浓度	mg/m^3	≤10

本次 WESP 过流断面为方形，内部构件为模块化设计，进出口烟道及壳体采用玻璃钢材

质，阴极大梁采用碳钢＋预衬硫化丁基橡胶防腐，阴极上框架其余部分采用 2205 钢制作。集尘极采用导电玻璃钢材质六边形蜂窝状型式，整体模块型式加工，阳极极间距为 306mm，阳极有效长度为 4500mm。WESP 内设有冲洗管网。冲洗方式为每天冲洗 1 次，每分区冲洗时间为 2min，8 个供电分区总冲洗时间为 16min。WESP 主要技术参数见表 3-31。

表 3-31　WESP 主要技术参数

序号	参数名称	单位	技术参数
1	WESP 型号		HBKJ1000-WESP
2	进口烟气量	m^3/h	4510991
3	进口含尘浓度	mg/m^3	＜30
4	烟气温度	℃	48.7
5	台/室数		1/8
6	电场数	个	8
7	流通面积	m^2	620
8	总集尘面积	m^2	27851
9	比集尘面积	$m^2/(m^3/s)$	22.23
10	同极间距	mm	306
11	极配型式		导电玻璃钢＋钛合金锯齿线
12	烟气流速	m/s	＜3
13	本体阻力	Pa	＜250
14	除尘效率	%	85
15	出口粉尘浓度	mg/m^3	≤4.5
16	瞬时水耗(仅冲洗时耗水量)	t/h	140
17	NaOH 耗量	t/h	0
18	高压电源装置型式、规格、数量		三相高频电源、2.0A/72kV、8 台

机组于 2015 年 3 月投运，经江苏省环境监测中心测试，WESP 出口烟尘排放浓度为 2.5mg/m^3。

三、湿式相变凝聚“双深”技术协同湿式电除尘超低排放

1. 35t/h 工业锅炉湿式相变除尘

湿式相变凝聚“双深”技术在西安市某 35t/h 的工业锅炉上进行了工程应用，锅炉为链条型工业锅炉，配有陶瓷多管除尘器及湿法脱硫装置，改造前烟尘排放浓度为 80mg/m^3，改造方案如图 3-103 所示。改造时，保留原有多管陶瓷除尘设备及脱硫吸收塔不变，改造脱硫塔出口至烟囱的水平烟道，在水平烟道中安装湿式相变凝聚器。

湿式相变凝聚装置包括湿式相变凝聚器本体、冷却水循环系统、控制系统、PLC 系统、连接管线等部分。改造前后的现场情况如图 3-104 所示。

改造后湿式相变入口、中间部位及出口取样检测颗粒物的粒度分布，沿烟气流动方向上各截面微细颗粒物的粒度分布结果显示，经湿式相变凝聚后，颗粒物的体积平均粒径增大（图 3-105 中，入口处颗粒物粒径 8.392μm；出口处颗粒物粒径 16.961μm）。

该湿式相变凝聚设备自 2013 年 11 月投运，稳定运行，除尘效果良好，尾部烟尘排放浓度≤20mg/m^3。2013 年 12 月，西安市环境监测站对该设备进行了环境保护验收监测，监测结果

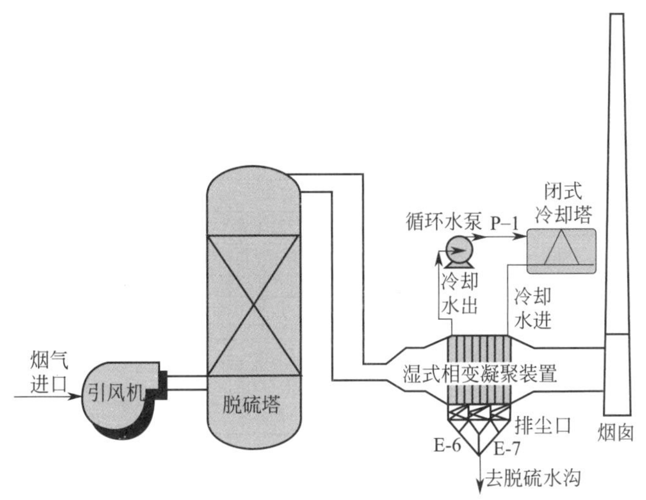

图 3-103　改造方案

(a)改造前　　(b)改造后

图 3-104　改造前后现场变化

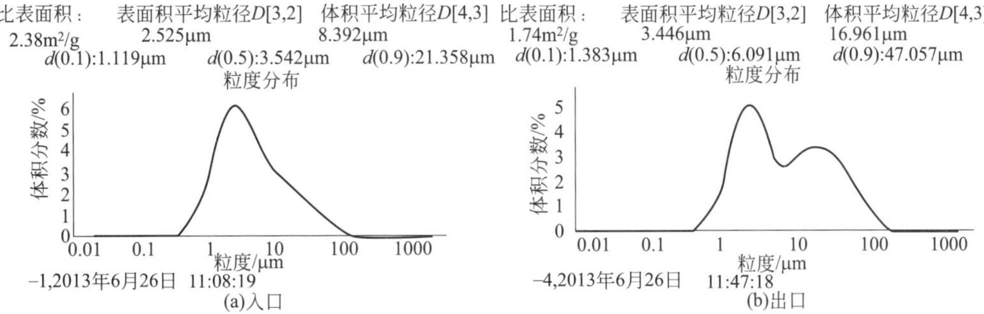

(a)入口　　(b)出口

图 3-105　湿式相变凝聚器前、后烟气中颗粒物的粒度分析结果

如表 3-32 所列。加装湿式相变凝聚设备后，有效保证烟尘排放浓度≤20mg/m³，平均除尘效率在 80%以上，具有良好的环境效益。

表 3-32 环境监测验收结果

监测断面	监测项目	2013 年 12 月 26 日				2013 年 12 月 27 日			
		第一次	第二次	第三次	日均值	第一次	第二次	第三次	日均值
除尘器进口断面	标干烟气流量/(m^3/h)	47045	47657	47341	47384	47866	46821	47386	47385
	烟气含氧量/%	11.7	11.5	11.5	11.6	11.4	11.6	11.5	11.5
	实测烟尘浓度/(mg/m^3)	62.9	59.9	59.8	60.9	60.3	70.8	65.2	65.4
	烟尘排放速度/(kg/h)	2.96	2.85	2.83	2.88	2.89	3.31	3.09	3.10
	折算烟尘浓度/(mg/m^3)	85.1	77.5	77.4	80.0	78.1	91.6	84.4	84.7
除尘器出口断面	标干烟气流量/(m^3/h)	46362	48299	45120	46594	46968	47080	46499	46849
	烟气含氧量/%	11.3	11.3	11.3	11.3	11.4	11.4	11.3	11.4
	空气过剩系数	1.8	1.8	1.8	1.8	1.8	1.8	1.8	1.8
	实测烟尘浓度/(mg/m^3)	12.2	10.3	12.4	11.6	14.9	13.1	14.5	14.2
	烟尘排放速率/(kg/h)	0.57	0.50	0.56	0.54	0.70	0.62	0.67	0.66
	折算烟尘浓度/(mg/m^3)	14.9	12.6	15.2	14.2	18.2	16.0	17.7	17.3
除尘效率/%		80.7	82.3	80.2	81.3	75.8	81.3	78.3	78.7
监测期间锅炉工况		实际出力 30t/h，生产负荷 100%				实际出力 30t/h，生产负荷 100%			
评价标准		《西安市燃煤锅炉烟尘和二氧化硫排放限值》(DB 61/534—2011)表 1 中规定二类区Ⅰ时段烟尘最高允许排放浓度限制为 80mg/m^3；西安市环保局发〔2013〕48 号《西安市环境保护局关于加快实施燃煤锅炉烟气污染综合治理的通知》要求烟尘排放浓度限值为 30mg/m^3							

2. 600MW 机组湿式相变凝聚耦合湿式电除尘

湿式相变凝聚器对微细颗粒物有较好的脱除效果，在江苏国电某电厂 600MW 机组进行的工程应用示范中，通过与湿式电除尘器的结合，组成湿式除尘系统。该工程应用中采用的湿式相变凝聚器由西安交通大学研究团队自主开发设计，湿式相变凝聚耦合湿式电除尘器的除尘系统已于 2015 年 1 月通过 168 测试。

(1) 锅炉参数

国电某电厂一期工程 (2×600MW)1# 机组于 2006 年 5 月投产，2 号机组于 2006 年 11 月投产。锅炉为 600MW 超临界变压直流锅炉，单炉膛、一次再热、平衡通风、露天布置、固态排渣、全钢构架、全悬吊结构 Π 型锅炉，系统主要技术参数及燃用煤质特性见表 3-33、表 3-34。该示范工程对机组脱硫、除尘进行改造，在现有吸收塔基础上增加二级吸收塔，形成双塔双循环系统，同时拆除 GGH 系统，并在二级脱硫塔后增设湿法除尘系统（湿式相变凝聚器+湿式电除尘器）。湿式相变凝聚器安装在湿式电除尘器入口烟道。大试系统及试验现场情况如图 3-106 所示。

表 3-33 系统主要技术参数

序号	项目	单位	主要技术参数
1	处理烟气量	m^3/h	2780666
2	入口烟气含尘浓度	mg/m^3	<15
3	入口烟气温度	℃	50～57

表 3-34 煤质数据

全水 M_t/%	收到基水分 M_{ad}/%	收到基灰分 A_{ar}/%	收到基全硫 $S_{t,ar}$/%	干燥无灰基挥发分 V_{daf}/%	收到基低位发热量 $Q_{net,ar}$/(kJ/g)
18.29	5.12	15.27	0.80	43.19	19.46

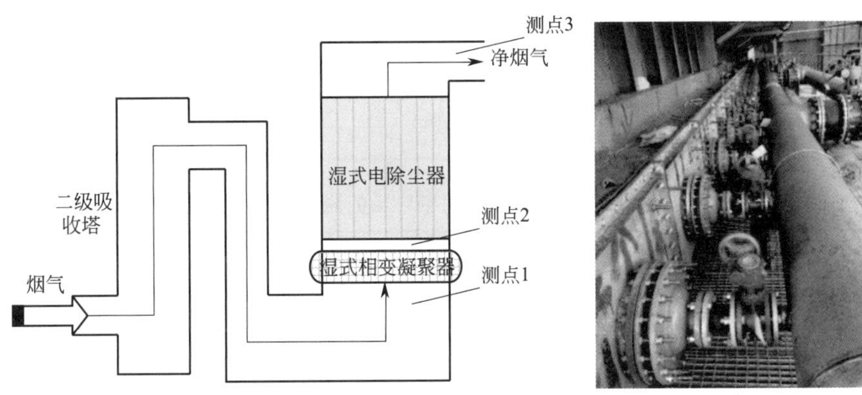

图 3-106　湿式相变凝聚系统现场安装图

(2) 湿式相变凝聚除尘

分别在湿式相变凝聚器的入口和出口位置（测点 1 和 2）及湿式电除尘器的出口（测点 3）安装测点，采用低压撞击器（Dekati low pressure impactor，DLPI）对不同测点的颗粒物取样，得到湿式相变凝聚器入口、出口颗粒物的质量分布情况和分级脱除效率。

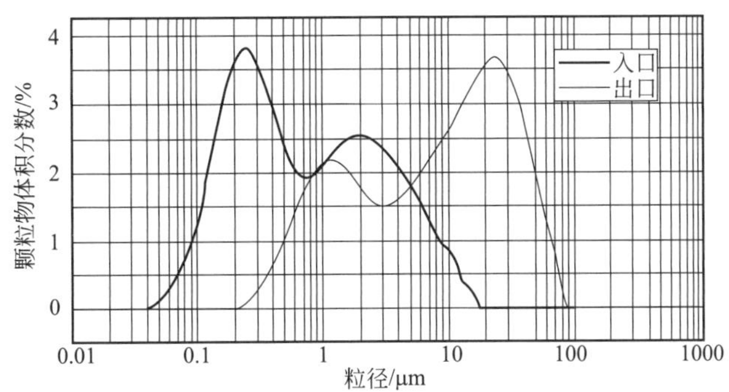

图 3-107　湿式相变凝聚器入口和出口的粒度分布

对采集的颗粒物样品作粒度分析，应用激光衍射法得出相变凝聚器入口、出口处的颗粒物粒度分布结果，如图 3-107 所示。入口颗粒物的粒度分布峰值在 0.25μm 和 2.5μm 处按双峰分布，且细颗粒的体积分数远大于粗颗粒的体积分数，表明经过湿式电除尘器和两级脱硫吸收塔后烟气中的大颗粒基本已经被清除，剩余的颗粒物主要以亚微米级微细颗粒物为主；凝聚器出口颗粒粒度分布为峰值在 1.5μm 和 25μm 的双峰分布，且粗颗粒的体积峰值远大于细颗粒。湿式相变凝聚器对亚微米级微细颗粒物有较好的凝聚效果，微细颗粒物经相变凝聚后成为易于脱除的大颗粒，很好地解决了传统除尘设备对微细颗粒物脱除效果差的难题。

湿式相变凝聚器的运行对提高整个湿式除尘系统对微细颗粒物的脱除效率有重要作用，表 3-35、表 3-36 为湿式相变凝聚器运行前后整个湿式除尘系统的颗粒物脱除效果对比。由两表中的数据可知，在湿式电除尘器运行的基础上，增开湿式相变凝聚器对 PM_1、$PM_{2.5}$ 和 TSP 的脱除能力进一步提升，湿式除尘系统对三者的脱除效率分别由原来的 68.66%、82.75%、88.30%提升至 83.61%、87.69%、92.32%。

表 3-35　湿式相变凝聚器关闭时系统对颗粒物的脱除效率（机组负荷 600MW）

颗粒物	入口浓度/(mg/m^3)	出口浓度/(mg/m^3)	脱除效率/%
PM_1	3.149	0.987	68.66
$PM_{2.5}$	6.208	1.071	82.75
TSP	13.586	1.589	88.30

表 3-36　湿式相变凝聚器运行时系统对颗粒物的脱除效率（机组负荷 600MW）

颗粒物	入口浓度/(mg/m^3)	出口浓度/(mg/m^3)	脱除效率/%
PM_1	3.149	0.516	83.61
$PM_{2.5}$	6.208	0.764	87.69
TSP	13.586	1.044	92.32

加装湿式相变凝聚器可以显著增加微细颗粒物的脱除效率，同时能够保证系统出口颗粒物排放浓度小于 $2mg/m^3$。该技术的成功工程化应用为“近零排放”提供了新的方向。

四、高效除雾除尘超低排放案例

1. 电厂概况

河南华润某电厂一期建设 2×630MW 超临界燃煤锅炉，同期配套建设两套烟气脱硫装置（FGD），脱硫装置由德国鲁奇-比晓夫公司提供的高效脱除 SO_2 的石灰石-石膏湿法工艺，一炉一塔，设计处理烟气量（标态，干基，6% O_2）1985300m^3/h，无 GGH，取消了烟气旁路。脱硫装置设计燃煤含硫量为 1.00%，在燃用设计煤种，BMCR 工况 100% 的烟气量时，设计二氧化硫脱除率不小于 95%，1# 炉脱硫除尘装置于 2006 年 5 月投产，2# 炉脱硫除尘装置于 2006 年 10 月投产。为达到超低排放要求，电厂计划在 2015 年对 1#、2# 机组进行烟气超洁净排放改造，本次改造按照烟尘、二氧化硫、氮氧化物排放浓度（标态）分别不高于 $5mg/m^3$、$35mg/m^3$、$50mg/m^3$ 设计。

（1）原除尘系统

原机组每台炉配套 2 台双室四电场静电除尘器，型号为 KFH472.32-4×4-2，设计除尘效率为 99.65%。后为满足新的火电厂烟尘排放标准要求，在 2013 年进行了除尘器提效改造，第四电场采用移动极板技术，最终形成“3+1”（3 个常规电场+1 个移动极板电场）的除尘方式，同时对一、二电场进行了高频电源改造。为进一步提高静电除尘器效率，2013 年的改造中同时在静电除尘器入口烟道内加装了低温省煤器，以降低烟气温度、降低粉尘比电阻。

2013 年除尘提效改造完成后，在低温省煤器投运情况下实测静电除尘出口粉尘浓度基本在 $35mg/m^3$ 左右，静电除尘效率可达 99.899%；经脱硫后烟囱入口粉尘浓度（标态）一般可以保持在 $20mg/m^3$ 以下。

（2）原脱硫系统

原 1#、2# 机组脱硫吸收塔设计采用空塔喷淋技术，塔身直径 15m，配置 4 台浆液循环泵，单台流量 $6100m^3/h$；两级屋脊式除雾器；吸收塔下部浆池装有德国鲁奇-比晓夫专利技术的池分离器及脉冲悬浮系统，无 GGH，原有烟气旁路及增压风机已于 2013 年拆除。机组满负荷时烟囱入口 SO_2 浓度（标态）一般不超过 70～$80mg/m^3$，满足当时环保标准要求。

（3）原脱硝系统

2013 年由哈锅 EPC 总包建造 SCR，选择性催化还原工艺（2+1 层），原设计脱硝出口

NO_x 浓度（标态）最高为 100mg/m³，实际出口 NO_x 浓度（标态）在 90mg/m³ 左右，满足当时环保要求。

2. 脱硫除尘超净改造技术路线

为达到超低排放要求，电厂决定对脱硫除尘系统进行脱硫除尘单塔一体化改造，按“提高液气比＋旋汇耦合＋管束式除尘”的技术路线进行系统设计。由于改造场地狭小，平面布置困难，在设备布置中充分考虑综合利用原有的脱硫场地。新增设备尽量布置在原有场地周围，以减少占地面积、简化系统设计。

① 拆除原有两级屋脊式除雾器，原除雾器大梁降低高度，安装清新环境专利技术产品离心管束式除尘除雾器。

② 原有四层喷淋层全部拆除（含原喷淋层母管），更换重新设计的高效节能喷淋层。因除雾器下表面高度降低，四层喷淋层高度全部重新调整。

③ 为提高液气比，更换 A、C 层浆液循环泵，单台流量由 6100m^3/h 增加到 8800m^3/h，B、D 层浆液循环泵保持不变。

④ 在最下层喷淋层下部加装清新环境第二代旋汇耦合装置。

⑤ 为适应增大的液气比，吸收塔入口烟道抬升 1.3m 以加大浆池容积。

⑥ 由于原吸收塔塔身烟气入口至最下层喷淋层间高度差接近 6m，因此烟道抬升及增加旋汇耦合装置均可利用这段空间，吸收塔塔身不需切割抬升，有利于缩短停机时间。

同时电厂还对脱硝装置进行了改造，在目前 2 层催化剂的基础上，增加一层催化剂；继续对燃烧器进行优化，同时通过运行优化调整，达到 NO_x 浓度（标态）$<$50mg/m³ 的要求。

3. 改造效果

两台机组分别于 2015 年 6 月和 10 月完成改造，改造后由河南省电科院对 1# 、2# 机组进行了烟气排放监测试验。

（1）1# 机组监测结果（表 3-37）

表 3-37　1# 机组不同煤种情况下污染物排放浓度（标态）

煤质	机组负荷/%	NO_x/(mg/m³)	烟尘/(mg/m³)	SO_2/(mg/m³)
近期煤种	>90	35.8	2.7	16.1
设计煤种	>90	14.7	3.1	28.7
近两年最恶劣煤种	>90	27.5	3.8	23.5
近期煤种	75	35.4	3.5	17.6
近期煤种	50	32.7	4.0	15.3

（2）2# 机组监测结果（表 3-38）

表 3-38　2# 机组不同煤种情况下污染物排放浓度（标态）

煤质	机组负荷/%	NO_x/(mg/m³)	烟尘/(mg/m³)	SO_2/(mg/m³)
近期煤种(硫分 0.48%)	>90	29.7	3.7	16.7
设计煤种(硫分 1.06%)	>90	31.7	3.7	8.2
近两年环保指标最差煤种(硫分 0.95%)	>90	18.4	3.6	10.7
近期煤种(硫分 0.43%)	75	20.8	2.7	17.7
近期煤种(硫分 0.38%)	50	17.0	3.9	8.9

监测期间，在不同工况负荷、不同煤质下，1# 、2# 机组烟气污染物排放（标态）均稳定低于烟尘 10mg/m³、二氧化硫 35mg/m³、氮氧化物 50mg/m³ 的要求。

单塔一体化脱硫除尘技术为燃煤电厂实现 SO_2 和烟尘的深度净化提供了创新性的一体化解决方案，对现役机组提效改造及新建机组实现满足更高环保要求限值及深度净化具有良好的推广价值。

五、电凝聚器应用案例

1. 电厂概况

国电江苏某电厂一期工程 1#、2# 炉（135MW 机组）每台炉配套 2 台型号为 2FAA3×40M-1×96-120 的单室三电场静电除尘器，除尘器下部支撑采用混凝土支柱（纵向 3 排），原静电除尘器设计烟气流量 871560m^3/h，设计除尘效率大于 99.3%，入口烟气温度 140～156℃，于 1995 年投运。当前实际燃用煤质与原设计煤质差异较大，除尘器实际入口含尘浓度为 24g/m^3（标态下为 40g/m^3），实际烟气流量（标态）1000000m^3/h（600000m^3/h），入口烟气温度 150～160℃，实际最高烟尘排放浓度（标态）接近 300mg/m^3，已影响发电机组和脱硫系统的正常运行，粉尘浓度严重超过了排放标准。

为达到《火电厂大气污染物排放标准》（GB 13223—2011）的排放要求，尤其是重点地区颗粒物排放浓度（标态）≤20mg/m^3 的要求，电厂决定对除尘系统进行改造，采用静电除尘器技术实现除尘器出口排放（标态）<30mg/m^3，在加装使用双极荷电凝聚器技术的情况下实现排放（标态）<25mg/m^3，并有效降低 PM 细颗粒物的排放。

2. 煤质特性

该电厂设计校核煤种为内蒙古东胜万立川煤田（烟煤），煤质分析见表 3-39。

表 3-39 燃煤煤质分析

项目	单位	设计煤种	实际煤种
1. 元素分析			
收到基碳	%	45.65	36.54
收到基氢	%	3.69	2.68
收到基氧	%	6.34	8.23
收到基氮	%	0.93	0.72
收到基硫	%	0.91	0.57
2. 工业分析			
收到基灰分	%	32.97	22.89
收到基全水分	%	9.51	28.38
收到基挥发分	%	22.77	21.55
3. 收到基低位发热量	kJ/kg	18667	13817

3. 加装电凝聚器改造方案

根据其燃煤煤质分析及现场实际情况，采用组合式除尘来达到烟尘排放要求，具体工艺路线为：双极荷电凝聚器→静电除尘器→高频电源→移动电极。双极荷电凝聚器使粉尘颗粒荷异性电荷，随后在适当的流场速度、流场湍流度下发生有效凝聚，使细微颗粒的粒径增大，增强静电除尘器的除尘效果。凝聚器设在前置烟道或进气烟箱中，凝聚器后配置高效静电除尘器。

本次改造将原单室静电除尘器全部拆除，在原静电除尘器三个电场基础上进行加宽、加高扩容改造，在三电场后新建第四常规电场及第五移动电极电场。增加总集尘面积，降低烟气流速。增设双极荷电凝聚器，高压电控装置全部采用高频电源。

改造前每炉配2台单室三电场除尘器，改造后一台炉配一台双室五电场，如图3-108所示。改造后电场长度由12m增至20m，电场高度由12m增至16m，静电除尘器通流截面由230m^{2}增至350m^2，增幅达52%。电场风速由1.05m/s降至0.79m/s。比集尘面积由57.1m^2/(m^3/s)增至125.6 m^2/(m^3/s)，增幅达120%。为保证出口排放烟尘浓度（标态）≤25mg/m^3，改造后静电除尘器及电源设计参数见表3-40。

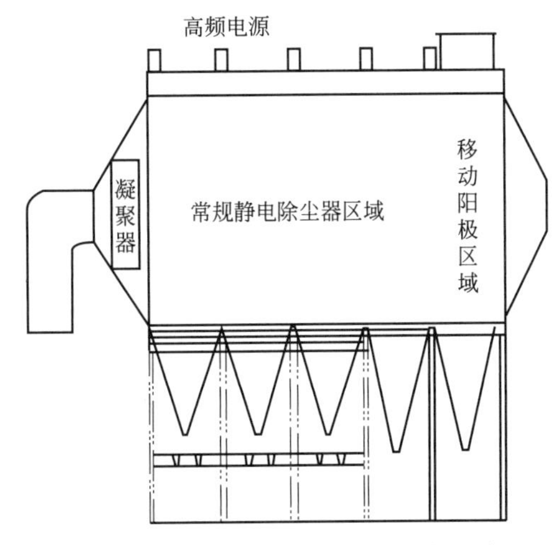

图3-108　改造后静电除尘器结构示意

表3-40　改造后静电除尘器及电源设计参数

序号	项目	内容
1	每炉配静电除尘器台数	1
2	静电除尘器型号	RWD/KYH 350-4X4+4Y
3	除尘器进口烟气量	1000000m^3/h
4	烟气温度	140℃
5	除尘器入口烟气浓度(标态)	40g/m^3
6	除尘器出口烟气浓度(标态)	≤30mg/m^3;≤25mg/m^3(凝聚器启动)
7	本体总阻力	≤300Pa
8	本体漏风率	≤2.5%
9	设计效率	≥99.95%
10	保证效率	≥99.925%
11	室数/电场数	2/5
12	截面积/电场长度	350m^2/m
13	阳极板型式/厚度	C480/1.5mm
14	阴极线型式	Ⅰ、Ⅱ、Ⅴ电场:整体管状芒刺线Rs Ⅲ、Ⅳ电场:新型宽锯齿线J
15	比集尘面积	125.66m^2/(m^3/s)[固定104.25m^2/(m^3/s),移动21.41m^2/(m^3/s)]
16	烟气流速	固定电场:0.796m/s 移动电场:0.823m/s
17	阳极清灰方式	Ⅰ～Ⅳ电场:双侧底部侧振打 Ⅴ电场:旋转刷清灰
18	阴极清灰方式	双侧中间侧振打

4. 改造后除尘效果

1$^{\#}$炉工程改造自2012年9月开始，于当年11月投运，运行效果良好，之后2$^{\#}$炉投运。2012年12月和2013年3月权威单位对1$^{\#}$、2$^{\#}$炉静电除尘器进行污染物排放测试，在凝聚器、移动电极全开，高频电源正常投运情况下静电除尘器出口粉尘排放浓度（标态）1$^{\#}$炉达到13.4mg/m^3，2$^{\#}$炉达到11.0mg/m^3；除尘效率分别是99.935%和99.933%，其静电除尘器阻力、漏风率等各项指标均达到设计要求。

六、低低温电除尘改造案例

1. 电厂概况

华能某电厂“上大压小”工程关停现有两台老机组（125MW＋135MW），新建2×660MW超超临界燃煤发电机组，同步建设烟气脱硫、脱硝装置，并留有扩建条件。机组按带基本负荷设计，并具有一定的调峰性能，年利用时间为5500h。

电厂新建机组采用以低低温电除尘技术为核心的烟气协同治理技术路线，不设置WESP，每台炉配套2台双室五电场静电除尘器，烟气协同脱除污染物的具体技术路线为：SCR脱硝装置＋热回收器＋低低温ESP＋高效湿法脱硫WFGD。

2. 煤质分析

见表3-41、表3-42。

表3-41 煤成分分析

名称及符号		单位	设计煤种	校核煤种
			神华混煤	混煤
工业分析	全水分 M_t	%	21.1	13.5
	收到基灰分 A_{ar}	%	6.6	18.04
	干燥无灰基挥发分 V_{daf}	%	36.51	38
收到基低位发热量 $Q_{net,ar}$		MJ/kg	21.71	20.92
哈氏可磨系数 HGI			58	68
煤灰熔融特征温度/变形温度 DT		℃	1100	1230
煤灰熔融特征温度/软化温度 ST		℃	1110	1250
煤灰熔融特征温度/流动温度 FT		℃	1130	1310
元系分析	收到基碳 C_{ar}	%	58	54.1
	收到基氢 H_{ar}	%	2.99	3.63
	收到基氧 O_{ar}	%	10.13	9.11
	收到基氮 N_{ar}	%	0.61	0.95
	全硫 $S_{t,ar}$	%	0.57	0.67

表3-42 灰分分析

名称及符号		单位	设计煤种	校核煤种
			神华混煤	混煤
灰分分析	二氧化硅 SiO_2	%	42.98	45.8
	三氧化二铝 Al_2O_3	%	27.92	37.17
	三氧化二铁 Fe_2O_3	%	8.61	7.09
	氧化钙 CaO	%	11.75	4.98
	氧化镁 MgO	%	2.05	0.7
	五氧化二磷 P_2O_5	%	0.12	0.1
	三氧化硫 SO_3	%	2.7	1.5
	氧化钠 Na_2O	%	2.98	0.38
	氧化钾 K_2O	%	0.94	0.39
	二氧化钛 TiO_2	%	0.78	1.18

3. 技术方案

设计煤种与校核煤种的酸露点分别为98.87℃和96.82℃。计算设计煤种灰硫比218，校核煤种灰硫比 484，认为不存在低温腐蚀危险，适合采用低低温电除尘技术。低低温电除尘器入口参数见表 3-43，低低温电除尘器的主要技术参数见表 3-44。

表 3-43　低低温电除尘器入口烟气参数及性能要求

序号	参数名称	单位	技术参数
1	入口烟气量(设计煤种、考虑裕量)	m^3/h	1453320
2	入口含尘浓度(设计煤种)	g/m^3	9.17
3	入口烟气温度	℃	90
4	除尘效率(设计煤种)	%	≥99.84
5	出口烟尘浓度	mg/m^3	≤15

表 3-44　电厂低低温电除尘器主要技术参数（一台除尘器数据）

序号	项目			单位	参数
1	热回收器正常投运时	设计煤种	烟气量(考虑裕量)	m^3/h	1453320
			烟气温度(考虑裕量)	℃	90
			保证效率	%	≥99.84
		校核煤种	烟气量(考虑裕量)	m^3/h	1460088
			烟气温度(考虑裕量)	℃	90
			保证效率	%	≥99.94
2	除尘器型号				2F484-5
3	本体阻力			Pa	≤200
4	本体漏风率			%	≤1.5
5	噪声			dB(A)	<80
6	有效断面积			m^2	483.6
7	长、高比				1.55
8	室数/电场数				2/5
9	通道数			个	2×39
10	比集尘面积/一个供电区不工作时的比集尘面积(按设计、校核煤种填写)			$m^2/(m^3/s)$	设计煤种：162.1/146.9；校核煤种：161.33/146.21
11	驱进速度/一个供电区不工作时的驱进速度(按设计、校核煤种填写)			cm/s	设计煤种：3.78/4.17；校核煤种：4.51/4.87
12	烟气流速(按设计、校核煤种填写)			m/s	设计煤种：0.74；校核煤种：0.744
13	高压电源装置型式、规格、数量				高频电源、2.0A/72kV、10 台

为保证低低温电除尘的正常安全稳定运行，还需要采取以下措施。

(1) 防腐防结露措施

在低低温电除尘器的一些储灰区、烟气滞留区、漏风点等特殊部位采取一定的防腐措施，如灰斗采用防腐等级高的材料、有效加热、可靠保温；人孔门采用双层密封结构，周围约 1m 范围内采用耐腐蚀钢板；对各绝缘子室进行有效加热，增设绝缘子室强制热风吹扫系统，防止绝缘瓷件结露、粘灰。

(2) 防止二次扬尘措施

针对气流冲刷引起的二次扬尘，采取以下措施：适当增加低低温电除尘器容量，减小烟气流速；调整增强流场均匀性，减少局部气流冲刷；设置合理的电场电压，在振打阶段，降低电场电压，使粉尘能被稳定地成块打下，在不振打时，加大电场电压，增大极板对粉尘的静电吸附力，减少气流冲刷带走的二次扬尘；出口封头内设置槽形板，再次捕集部分逃逸或二次飞扬的粉尘。

针对振打引起的二次扬尘，采取以下防治措施：适当增加电场，再次收集前电场振打引起的二次扬尘；振打制度的改进，调整振打电机转速，末电场阳打电机转速由 60s/r 调整为

247s/r；调整振打周期，振打周期设置为每 8h 振打 250s（可根据工况调整）；振打逻辑的优化，末电场各室不同时振打，同电场阴、阳极不同时振打，前后级电场不同时振打，振打程序、间隔均可调。

（3）气流分布装置的优化设计

通过计算流体动力学（CFD）来验证烟道布置能否满足低低温电除尘器对气量分配的要求，确定气流分布装置的最优设计，以保证电场区气流均布达到设计要求，计算结果见书后彩图 2、彩图 3。

4. 运行效果

该低低温电除尘项目于 2014 年 12 月投入运行，2014 年 12 月 16～18 日，经浙江省环境监测中心测试，满负荷工况 1# 机组出口烟尘浓度为 3.64mg/m^3，2# 机组出口烟尘浓度为 3.32mg/m^3，1# 机组低低温电除尘器出口烟尘浓度约为 12mg/m^3，经湿法脱硫装置后烟尘排放浓度达到超低排放要求。

七、布袋除尘器改造案例

1. 布袋除尘器更换高密度滤袋

布袋除尘器最大的优点是除尘效率高，但实际运行经验表明，布袋除尘器极易发生堵塞，导致系统压降增加、除尘效率下降。

根据设计经验和工程实践，某电厂将原布袋除尘器的滤袋升级为梯度滤料，梯度滤料是指在滤料的迎尘面增加一定比例的超细纤维，使纤维空隙呈喇叭梯形结构（图 3-109）。电厂采用超细 PPS 纤维＋常规 PPS 纤维＋PPS 基布，超细 PPS 纤维含量不低于 30%，置于迎尘面，有效提高过滤精度，同时将滤袋克重提高至 600g/m^2，增加滤袋厚度。

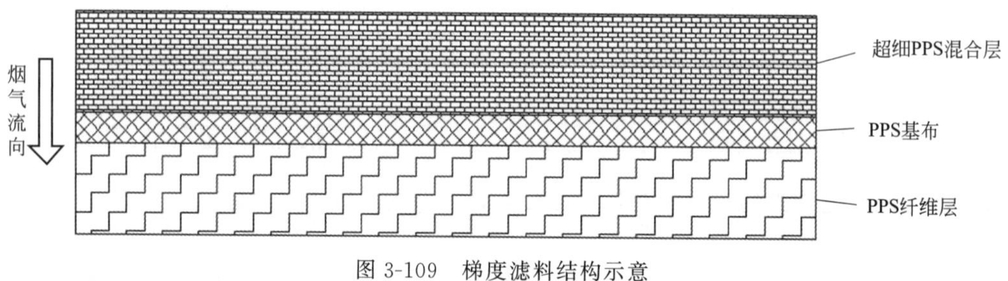

图 3-109　梯度滤料结构示意

超细 PPS 纤维＋常规 PPS 纤维＋PPS 基布滤袋参数见表 3-45。电厂滤袋更换工程在两周内完成，经检验滤袋袋口无泄漏，安装质量优秀。滤袋预涂灰前压差为 60～100MPa，预涂灰后压差增大至 180～200MPa，布袋初期投运后粉尘排放浓度（标态）为 21.8mg/m^3，布袋除尘器总压差 238～268MPa。新滤袋安装后需要 15～30d 在滤袋表面形成粉尘层，因此在初投运期间需要调整延长布袋区喷吹时间，加快粉尘层形成。

表 3-45　超细 PPS 纤维＋常规 PPS 纤维＋PPS 基布滤袋参数

名称	单位	技术参数
滤料		PPS 纤维＋PPS 基布
过滤纤维材料及比例	%	30%超细 PPS＋70%常规 PPS
基布材料及比例	%	100%PPS

续表

名称	单位	技术参数
克重	g/m^2	≥600
厚度	mm	2.0
密度	g/cm^3	0.3
透气量	$L/(dm^2 \cdot min)$	120
纵向断裂强度	N/5cm	>900
横向断裂强度	N/5cm	>1100
纵向伸长@200N/5cm	%	<2
横向伸长@200N/5cm	%	<2
热收缩@210℃,90min	%	<1
爆破强度	N/cm^2	>300
长期使用温度	℃	105～160
短时使用温度	℃	190(每次不超过10min,年累计不超过2h)
使用寿命	h	≥30000
滤料处理工艺		针刺毡
滤袋缝制工艺		PTFE线缝
后处理		热定型,PTFE处理

滤袋更换后经相关单位检测，除尘系统出口粉尘浓度（标态）在12～17mg/m^3之间波动，通过高密度滤袋更换，有效降低静电除尘器出口粉尘排放浓度，与湿法脱硫等结合可以达到新环保要求。

2. 干法超净技术应用

干法超洁净技术（LJD-FGD）的工艺流程为：预静电除尘器＋半干法脱硫＋布袋除尘，半干法脱硫与布袋除尘为一体化装置，先脱硫后除尘。

烟气从底部进入脱硫吸收塔，与加入吸收塔的吸收剂、循环灰及水反应，烟气中的SO_3、SO_2、HCl、HF、二噁英等气体被脱除。为达到最佳反应温度，向脱硫塔中喷水降温。烟气中夹带反应后的脱硫灰和吸收剂在通过吸收塔下部的文丘里管时，由于气体流速增大而悬浮，形成激烈的湍动状态。通过循环流化床喷水混合凝并后，烟气中细微颗粒物凝并为数十微米的粗颗粒，更有利于被后级的布袋除尘器捕集，具体工艺流程如图3-110所示。

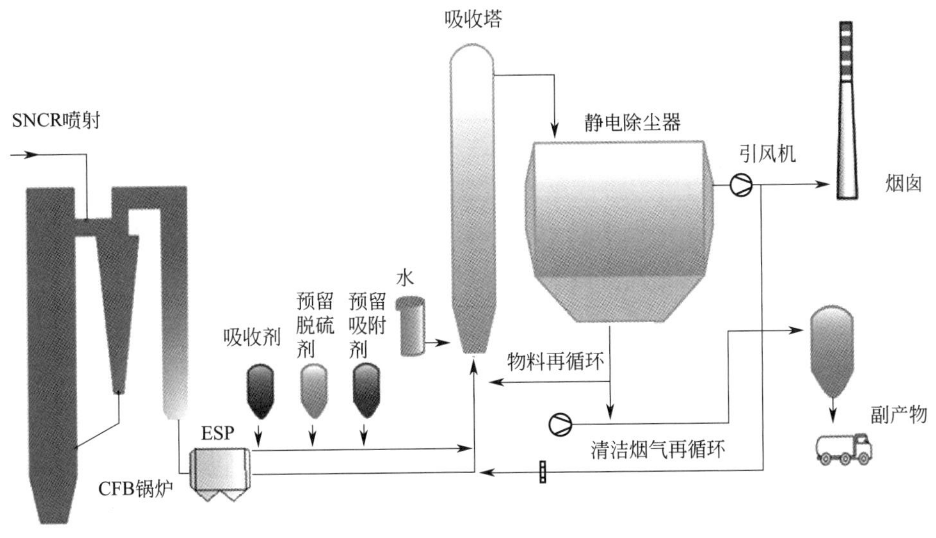

图3-110　新型干法超净技术工艺流程

LJD-FGD 技术采用干态的生石灰作为吸收剂，在脱硫岛内直接消化成消石灰，脱硫副产物为干态，整个系统无废水产生。烟囱无需防腐或普通防腐即可。并且该方法对入口 SO_2 浓度适应强，系统响应时间短。

中国石化广州分公司（后简称“广石化”）1#、2#循环流化床锅炉（2×420t/h）采用高硫燃料（硫分含量6.0%～6.7%之间），机组于 2009 年 4 月投产。广石化 1#、2#循环流化床锅炉的烟气超低排放改造项目是国内第一台投运的 CFB 锅炉配套烟气循环流化床干式“超净+”工艺，该工程于 2014 年初开始实施，2014 年 6 月成功投运。

两台 CFB 锅炉采用的高硫燃料主要为广石化炼油厂的高硫石油焦。成分分析见表 3-46，燃料含硫量较高（6.0%～6.7%）。两台 CFB 锅炉空预器出口烟气参数见表 3-47，原 CFB 锅炉炉内脱硫效率 92%，Ca/S 摩尔比 2.35，超低排放改造出口污染物浓度（标态）按“50355+530”设计（NO_x <50mg/m^3、SO_2 <35mg/m^3、烟尘<5mg/m^3、SO_3 <5mg/m^3、Hg<3μg/m^3，零废水产生）。

表 3-46　石油焦成分分析

名　　称	符号	单位	数据	设计值
收到基碳	C_{ar}	%	78.5～82.5	80.5
收到基氢	H_{ar}	%	2.0～4.5	4.0
收到基氧	O_{ar}	%	0.5～2.0	2.0
收到基氮	N_{ar}	%	1.0～1.55	1.5
收到基硫	S_{ar}	%	6.0～6.7	6.7
干燥无灰基挥发分	V_{daf}	%	5.1～8.0	8.0
收到基灰分	A_{ar}	%	0.5～0.8	0.7
全水分	M_t	%	2.5～5.0	4.6
收到基低位发热量	$Q_{net,ar}$	MJ/kg	30.0～33.5	32.03

表 3-47　1#、2# CFB 炉烟气参数

1#、2# CFB 炉	单位	数值	备注
空预器出口烟气量	m^3/h(工况)	787442	过量空气系数=1.4
排烟温度	℃	约 145	
NO_x	mg/m^3(标态,干基,6%氧)	350	
SO_x	mg/m^3(标态,干基,6%氧)	800～1500	一级静电除尘之后，
烟尘	mg/m^3(标态,干基,6%氧)	64600	CFB 干法脱硫前空预器出口

通过 CFB 锅炉炉内脱硫，吸收塔入口 SO_2 浓度（标态）为 800～1500mg/m^3，为实现 SO_2“超低排放”要求，通过进一步优化运行工况，对运行温度、床层压降等参数进行精准控制，通过喷入系统中工艺水量的调节适当降低运行温度，同时提高床层压降，可保证 SO_2 的排放浓度（标态）稳定在 35 mg/m^3 以下。

吸收塔内激烈的颗粒湍动和凝并作用以及布袋除尘器的过滤作用，充分保证烟气循环流化床干式“超净+”装置出口的烟尘浓度（标态）稳定小于 5mg/m^3。此外广石化项目硫酸雾（SO_3）的脱除效率高达 99%，出口浓度为 3.4 mg/m^3；在不添加任何吸附剂情况下，总 Hg 脱除率达 87.7%，出口浓度为 0.824 μg/m^3，远低于《火电厂大气污染物排放标准》(GB 13223—2011) 要求。

经过数个月的工程建设，项目全部成功投运，经国家环保分析测试中心和广州市环保局测试，烟气排放指标全面优于标准。该工艺具有占地小、改造投资低、改造工期短、没有废水等特点，不光脱硫、除尘、脱硝的指标达到超净，且零成本地实现了 SO_3 排放（标态）<5mg/m^3、Hg 排放（标态）<3μg/m^3 的额外净化成效。

八、静电除尘改电袋复合除尘

华能某电厂 3#、4# 炉静电除尘器于 2006 年投入运行，锅炉为煤粉炉，最大连续蒸发量 1900t/h，改造前烟尘排放浓度 120～160mg/m^3，为降低烟尘排放浓度，同时解决因粉尘引起的下游脱硫设备和 GGH 的堵塞以及引风机叶片磨损等问题，2012 年电厂决定对机组静电除尘器进行改造，达到烟尘排放浓度（标态）<20mg/m^3 的要求。

电厂配有石灰石-石膏单塔脱硫。锅炉原设计煤种为内蒙古神府煤，后燃用实际煤种为神府混合褐煤掺烧。煤质分析见表 3-48，原静电除尘器设计参数见表 3-49。

表 3-48 煤质工业与元素分析

名称	单位	T-01	T-02	平均
全水分	%	21.1	20.6	20.9
空气干燥基水分	%	8.56	7.90	8.2
收到基灰分	%	18.2	18.6	18.4
干燥无灰基挥发分	%	38.23	39.04	38.6
收到基碳	%	46.7	51.36	49.0
收到基氢	%	2.88	3.26	3.1
收到基氮	%	0.75	0.79	0.77
收到基氧	%	7.99	8.62	8.31
全硫	%	0.64	0.47	0.56
收到基高位发热量	MJ/kg	18.51	20.13	19.32
收到基低位发热量	MJ/kg	17.43	18.98	18.21

表 3-49 原静电除尘器技术参数

型式	干式、卧式、板式	阳极系统	
型号	2FAA4×4.0-2×160-145 型	同极间距	400mm
单台炉配	2 台除尘器	极板高度	14.5m
每台设备处理量	1600000m^3/h	集尘面积	74240m^2
流通面积	464m^2(单台除尘器)	阳极振打装置数量	8×2 套
烟气流速	0.96m/s	型式	480C
电厂内烟气停留时间	10.66s	操作方式	自动控制
进口烟气温度	133℃	振打位置	阳极板底部
最大进口烟尘浓度(标态)	11.485g/m^3	振打加速度	150g
进出口法兰尺寸	3.8m×4.3m	阴极系统	
保证除尘效率	≥99.6%	绝缘子数目	16 只
本体压力降	≤245Pa	阴极线型式	RSB1 加螺旋线
漏风率	≤3%	阴极振打装置数量	8×2 套
年可用小时数	7800h	操作方式	自动控制
噪声	≤85dB(A)	阴极振打加速度	50g

静电除尘器诊断试验表明除尘器的实际除尘效率未达到设计值 99.6%，且静电除尘器出口烟尘排放浓度在 150mg/m^3 左右，即使经过湿法脱硫标态下也无法达到≤20mg/m^3 的要求。而原静电除尘器设备陈旧，普通检修已无法满足新环保要求，再加上煤种多变，烟尘的比电阻增高，烟尘排放浓度偏高，必须对除尘系统进行改造。

1. 改造方案

为不影响电厂的正常发电，现有静电除尘器改造必须在电厂的一个大修周期内完成，电除尘器改造后各项指标要达到甚至优于招标文件的要求，在此基础上对改造后的技术参数进行计算，提出了电除尘改电袋的改造方案，具体改造内容如下。

① 考虑到成本问题，利用原钢支架，校核各支点载荷。

② 第一电场是涉及所有设备和控制系统的重要运行部分，保证第一电场不变，能保证静电除尘器的正常运行，改造后电袋复合除尘器能够正常且有效地发挥除尘效果；但需要对第一电场阳极系统进行检查，更换阴极系统芒刺线。

③ 保留原静电除尘器的基本构造，如壳体、灰斗、进出口封头等。

④ 拆除原除尘器后三个区，改造为阶梯袋区，增加滤袋，增设花板及袋区 PLC，实现定压定时清灰。

⑤ 新增出口在线浊度仪。

2. 改造效果

电厂 3# 机组静电除尘器的改造项目于 2012 年年底顺利完成，后进行电袋复合除尘器性能试验，检测电袋复合除尘的除尘效率、设备运行阻力、漏风率及出口粉尘排放浓度等性能参数。测试结果见表 3-50，改造后设备运行阻力低于 800Pa，出口粉尘排放浓度（标态）<10mg/m^3，除尘效率在 99.9%以上，达到了超低排放的要求（10mg/m^3）。

表 3-50 现场测试结果

测试	锅炉负荷/%	入口烟温/℃	出口烟温/℃	入口粉尘浓度(标态)/(g/m^3)	出口粉尘浓度(标态)/(mg/m^3)	设备运行阻力/Pa	漏风率/%	除尘效率/%
第一次	75	122	120	8.2	6.34	611	1.53	99.92
第二次	75	122	120	8.4	6.7	632	1.53	99.92
第三次	100	129	127	9.6	7.4	630	1.5	99.92
第四次	100	129	127	9.6	7.5	620	1.5	99.92

参考文献

[1] 徐明厚，于敦喜，刘小伟．燃煤可吸入颗粒物的形成与排放．北京：科学出版社，2009.

[2] Kramlich J C，Newton G H. Influence of coal rank and pretreatment on residual ash particle size. Fuel Processing Technology，1994，37：143-161.

[3] Chen J，Yao H，Zhang P A，et al. Control of PM$_1$ by kaolin or limestone during O_2/CO_2 pulverized coal combustion. Proceedings of the Combustion Institute，2011，33：2837-2843.

[4] Si J，Liu X，Xu M，et al. Effect of kaolin additive on PM$_{2.5}$ reduction during pulverized coal combustion：Importance of sodium and its occurrence in coal. Applied Energy，2014，114：434-444.

[5] 曾宪鹏，于敦喜，徐静颖，等．添加高岭土对准东煤燃烧 PM$_1$ 生成影响的研究．工程热物理学报，2015，V36：2522-2526.

[6] 于敦喜，温昶．燃煤 PM$_{2.5}$ 和 Hg 控制技术现状及发展趋势．热力发电，2016，45：1-8.

[7] Wendt J O L，Lee S J. High-temperature sorbents for Hg，Cd，Pb，and other trace metals：Mechanisms and applications. Fuel，2010，89：894-903.

[8] Gale T K，Wendt J O L. In-furnace capture of cadmium and other semi-volatile metals by sorbents. Proceedings of the Combustion Institute，2005，30：2999-3007.

[9] Gale T K，Wendt J O L. High-temperature interactions between multiple-metals and kaolinite. Combustion & Flame，

2002，131：299-307.
[10] Davis S B，Wendt J O L. Mechanism and kinetics of lead capture by kaolinite in a downflow combustor. Proceedings of the Combustion Institute，2000，28：2743-2749.
[11] Davis S B，Gale T K，Wendt J O L. Competition for Sodium and Toxic Metals Capture on Sorbents. Aerosol Science & Technology，2000，32：142-151.
[12] 孙伟，刘小伟，徐义书，等．两种改性高岭土减排超细颗粒物的对比分析．化工学报，2016，67：1179-1185.
[13] 吕建燚，李定凯．添加 CaO 对煤粉燃烧后一次颗粒物特性影响的研究．热能动力工程，2006，21：373-377.
[14] 陈娟，罗光前，徐明厚，等．O_2/N_2 与 O_2/CO_2 下吸附剂控制燃煤 PM_1 排放．华中科技大学学报（自然科学版），2010（2）：125-128.
[15] 周科．燃煤细微颗粒物生成特性与炉内控制的研究．武汉：华中科技大学，2011.
[16] 周科，徐明厚，于敦喜，等．混煤燃烧对颗粒物生成特性的影响研究．中国工程热物理学会燃烧学 2009 年学术会议，2009.
[17] 徐少波，曾宪鹏，于敦喜，等．基于大型电厂配煤方案的颗粒物生成实验研究．煤炭学报，2015，40：684-689.
[18] 阮仁晖，谭厚章，王学斌，等．高碱煤燃烧过程细颗粒物排放特性．煤炭学报，2017，42：1056-1062.
[19] 朱廷钰，李玉然．烧结烟气排放控制技术及工程应用．北京：冶金工业出版社，2015.
[20] 向晓东．除尘理论与技术．北京：冶金工业出版社，2013.
[21] Liu X，Xu Y，Zeng X，et al. Field Measurements on the Emission and Removal of $PM_{2.5}$ from Coal-Fired Power Stations：1. Case Study for a 1000 MW Ultrasupercritical Utility Boiler. Energy & Fuels，2016.
[22] 赵会良，吴维韩，罗承沐，等．反电晕及其抑制措施．高电压技术，1995，21：20-23.
[23] 朱法华，李辉，王强．高频电源在我国电除尘器上的应用及节能减排潜力分析．环境工程技术学报，2011，1：26-32.
[24] 陈斐，曹为民，朱红育，等．高频电源在华能南京电厂＃2 炉电除尘器上的应用．中国电除尘学术会议，2009.
[25] 鲁鹏．燃煤电厂烟气超低排放技术．北京：中国电力出版社，2015.
[26] 王秀合．移动电极静电除尘器结构设计改进．工业安全与环保，2013，39：16-18.
[27] 赵建芳，满昌平，朱容光．旋转电极除尘器除尘效果分析．发电与空调，2014（6）：42-44.
[28] 卓建坤，陈超，姚强．洁净煤技术．2 版．北京：化学工业出版社，2016.
[29] 祁君田，党小庆，张滨渭．现代烟气除尘技术．北京：化学工业出版社，2008.
[30] 石零，韩书勇，余新明．覆膜滤料特性实验研究．工业安全与环保，2014，40（11）：64-66.
[31] 吴松林，管明波．一种水泥行业窑尾除尘专用滤袋及其制备方法：CN201520370500.4. 2015-09-23.
[32] 孙超凡，于兴鲁，钱炜，等．电袋复合除尘技术研发现状及展望．广东电力，2013，26：1-8.
[33] 陈冬林，吴康，曾稀．燃煤锅炉烟气除尘技术的现状及进展．环境工程，2014，32：70-73.
[34] Xu Y，Liu X，Zhang Y，et al. Field Measurements on the Emission and Removal of $PM_{2.5}$ from Coal-Fired Power Stations：3. Direct Comparison on the PM Removal Efficiency of Electrostatic Precipitators and Fabric Filters. Energy & Fuel，2016，30.
[35] 徐庆．静电布袋紧密混合除尘技术开发与工程化设计．北京：清华大学，2008.
[36] 殷春肖．燃煤电厂 $PM_{2.5}$ 排放特性及污染控制研究．北京：华北电力大学，2014.
[37] 张会君，卢徐胜．控制 $PM_{2.5}$ 的除尘技术概述．中国环保产业，2012（3）：29-33.
[38] 李奎中，王伟，莫建松．燃煤电厂 WESP 的应用前景．广东化工，2013，40：54-55.
[39] 方宝龙．燃煤电厂烟气近“零”排放技术方案浅析．科技与创新，2014（10）：146.
[40] 靳星．静电除尘器内细颗粒物脱除特性的技术基础研究．北京：清华大学，2013.
[41] 崔占忠，龙辉，龙正伟，等．低低温高效烟气处理技术特点及其在中国的应用前景．动力工程学报，2012，32：152-158.
[42] Wang C，Liu X，Li D，et al. Measurement of particulate matter and trace elements from a coal-fired power plant with electrostatic precipitators equipped the low temperature economizer. Proceedings of the Combustion Institute，2015，35：2793-2800.
[43] 郭彦鹏，潘丹萍，杨林军．湿法烟气脱硫中石膏雨的形成及其控制措施．中国电力，2014，47：152-154.

[44] 朱杰，许月阳，姜岸，等．超低排放下不同湿法脱硫协同控制颗粒物性能测试与研究．中国电力，2017，50：168-172.

[45] 姜衍更，李蜀生．一种高效多管螺旋除雾除尘系统：201510053951. X. 2015-05-06.

[46] 赵海波，郑楚光．降雨过程中气溶胶湿沉降的数值模拟．环境科学学报，2005，25：1590-1596.

[47] 郦建国，吴泉明，胡雄伟，等．促进 $PM_{2.5}$ 凝聚技术及研究进展．环境科学与技术，2014，37：89-96.

[48] 谭厚章，熊英莹，王毅斌，等．湿式相变凝聚技术协同湿式电除尘器脱除微细颗粒物研究．工程热物理学报，2016，37：2710-2714.

[49] 熊英莹，谭厚章．湿式毛细相变凝聚技术对微细颗粒物的脱除机理研究．2014 中国环境科学学会学术年会，2014.

[50] 熊英莹，谭厚章．湿式相变冷凝除尘技术对微细颗粒物的脱除研究．洁净煤技术，2015，21（2）：20-24.

[51] 王珲，宋蔷，姚强，等．电厂湿法脱硫系统对烟气中细颗粒物脱除作用的实验研究．中国电机工程学报，2008，28：1-7.

[52] 杨林军，颜金培，沈湘林．蒸汽相变促进燃烧源 $PM_{2.5}$ 凝并长大的研究现状及展望．现代化工，2005，25：22-24.

[53] 颜金培，杨林军，张霞，等．应用蒸汽相变机理脱除燃煤可吸入颗粒物实验研究．中国电机工程学报，2007，27：12-16.

[54] 鲍静静，杨林军，颜金培，等．应用蒸汽相变协同脱除细颗粒和湿法脱硫的实验研究．中国电机工程学报，2009. 29（2）：13-19.

[55] 杨林军．燃烧源细颗粒物污染控制技术．北京：化学工业出版社，2011.

[56] 熊桂龙，杨林军，颜金培，等．应用蒸汽相变脱除燃煤湿法脱硫净烟气中细颗粒物．化工学报，2011，62：2932-2938.

[57] 熊桂龙，杨林军，颜金培，等．对喷流协同蒸汽相变对燃煤细颗粒脱除性能的影响．中国电机工程学报，2011，31：39-45.

[58] 陈冬林，吴康，米建春，等．300MW 燃煤锅炉机组超细颗粒聚并器的实验研究．环境工程学报，2015，9：1926-1930.

[59] Hautanen J，Kilpeläinen M，Kauppinen E I，et al. Electrical Agglomeration of Aerosol Particles in an Alternating Electric Field. Aerosol Science & Technology，1995，22（2）：181-189.

[60] Watanabe T，Tochikubo F，Koizurni Y，et al. Submicron particle agglomeration by an electrostatic agglomerator. Journal of Electrostatics，2015，34：367-383.

[61] Onischuk A A，Strunin V P，Karasev V V，et al. Formation of electrical dipoles during agglomeration of uncharged particles of hydrogenated silicon. Journal of Aerosol Science，2001，32：87-105.

[62] Xiang X D. Bipolar charged aerosol agglomeration and collection by a two-zone agglomerator. Journal of Environmental Sciences，2001，13：276-279.

[63] 向晓东，张国权．交变电场中电凝并收尘理论与实验研究．环境科学学报，2000，20：187-191.

[64] Tan B，Wang L，Zhang X. The effect of an external DC electric field on bipolar charged aerosol agglomeration. Journal of Electrostatics，2007，65：82-86.

[65] 沙东辉，骆仲泱，鲁梦诗，等．带正电颗粒电凝并的显微可视化研究．浙江大学学报（工学版），2016，50：93-101.

[66] 曹辰雨，李贞，任建兴，等．超细粉尘电凝并对静电除尘效率的影响．火电厂污染物净化与绿色能源技术研讨会暨环保技术与装备专业委员会换届，2013.

[67] 白敏菂，邱秀梅，杨波，等．模拟烟道中粉尘粒子的荷电凝并实验研究．河北大学学报（自然科学版），2007，27：610-614.

[68] 王少雷．电除尘器烟道微细粉尘的荷电凝并研究．镇江：江苏大学，2010.

[69] 郦建国，梁丁宏，余顺利，等．燃煤电厂 $PM_{2.5}$ 捕集增效技术研究及应用．中国电除尘学术会议，2013.

[70] Truce R，Crynack R，Wilkins J，et al. INDIGO 凝聚器——减少电除尘器可见排放物的有效技术．全国电除尘学术会议，2005.

[71] 周英彪，王春梅，张军营，等．煤燃烧超细颗粒物控制的实验研究．热能动力工程，2004，19：474-477.

[72] 赵永椿，张军营，魏凤，等．燃煤超细颗粒物团聚促进机制的实验研究．化工学报，2007，58：2876-2881.

[73] Lushnikov A A. Laser induced aerosols. Journal of Aerosol Science，1996，27：S377-S378.

[74] Stasio S D, Massoli P, Lazzaro M. Retrieval of soot aggregate morphology from light scattering/extinction measurements in a high-pressure high-temperature environment. Journal of Aerosol Science, 1996, 27: 897-913.

[75] 魏凤，张军营，王春梅，等．煤燃烧超细颗粒物团聚促进技术的研究进展．煤炭转化，2003，26：27-31.

[76] Sarabia R F D, Gallego-Juárez J A, Acosta-Aparicio V M, et al. Acoustic agglomeration of submicron particles in diesel exhausts: First results of the influence of humidity at two acoustic frequencies. Journal of Aerosol Science, 2000, 31: 827-828.

[77] Rodríguez-Maroto J J, Gomez-Moreno F J, Martín-Espigares M, et al. Acoustic agglomeration for electrostatic retention of fly-ashes at pilot scale: influence of intensity of sound field at different conditions. Journal of Aerosol Science, 1996, 27: 621-622.

[78] 姚刚，沈湘林．基于分形的超细颗粒声波团聚数值模拟．东南大学学报（自然科学版），2005，35：145-148.

[79] 姚刚，盛昌栋，杨林军，等．燃烧超细颗粒声波团聚的谱分布数值模拟．燃烧科学与技术，2005，11：273-277.

[80] 姚刚，赵兵，沈湘林．燃煤可吸入颗粒物声波团聚效果的实验研究和数值分析．热能动力工程，2006，21：175-178.

[81] 姚刚，赵兵，杨林军．可吸入颗粒粒径声学夹带法测量的实验研究．热能动力工程，2006，21：267-269.

[82] Li Z, Jiang J, Ma Z, et al. Effect of selective catalytic reduction (SCR) on fine particle emission from two coal-fired power plants in China. Atmospheric Environment, 2015, 120: 227-233.

[83] 张玉华．燃煤烟气 SCR 脱硝对细颗粒物排放特性影响的试验研究．南京：东南大学，2015.

[84] 张玉华，束航，范红梅，等．商业 V_2O_5-WO_3/TiO_2 催化剂 SCR 脱硝过程中 $PM_{2.5}$ 的排放特性及影响因素研究．中国电机工程学报，2015，35：383-389.

[85] 马双忱，郭蒙，宋卉卉，等．选择性催化还原工艺中硫酸氢铵形成机理及影响因素．热力发电，2014，43：75-78.

[86] 束航，张玉华，范红梅，等．SCR 脱硝中催化剂表面 NH_4HSO_4 生成及分解的原位红外研究．化工学报，2015，66：4460-4468.

[87] Shanthakumar S, Singh D N, Phadke R C. Flue gas conditioning for reducing suspended particulate matter from thermal power stations. Progress in Energy & Combustion Science, 2008, 34: 685-695.

[88] 黄三明，陆春媚．燃煤电厂 SCR 烟气脱硝对电除尘器的影响．全国电除尘学术会议，2011.

[89] 鲍静静，杨林军，颜金培，等．湿法烟气脱硫系统对细颗粒脱除性能的实验研究．化工学报，2009，60：1260-1267.

[90] Nielsen M T, Livbjerg H, Fogh C L, et al. Formation and emission of fine particles from two coal-fired power plants. Combustion Science & Technology, 2002, 174: 79-113.

[91] Meij R, Winkel B T. The emissions and environmental impact of PM_{10} and trace elements from a modern coal-fired power plant equipped with ESP and wet FGD. Fuel Processing Technology, 2004, 85: 641-656.

[92] 周科，聂剑平，张广才，等．湿法烟气脱硫燃煤锅炉烟气颗粒物的排放特性研究．热力发电，2013，42：81-85.

[93] 潘丹萍，吴昊，鲍静静，等．电厂湿法脱硫系统对烟气中细颗粒物及 SO_3 酸雾脱除作用研究．中国电机工程学报，2016，36：4356-4362.

[94] US EPA. Emissions Factors & AP 42. http://www.epa.gov/ttn/chief/ap42/index.html.

[95] Louis A Corio, John Sherwell. In-Stack Condensable Particulate Matter Measurements and Issues. Journal of the Air & Waste Management Association, 2000, 50 (2): 207-218.

[96] 叶兴南，陈建民．灰霾与颗粒物吸湿增长．自然杂志，2013，35（5）：337-341.

[97] 国家环境保护总局．GB/T 16157—1996 固定污染源排气中颗粒物测定与气态污染物采样方法．北京：中国标准出版社，1996.

[98] Feng Yupeng, Li Yuzhong, Cui Lin. Critical review of condensable particulate matter. Fuel, 2018, 224: 801-813.

[99] Kim, KiHyun, Ehsanul Kabir, et al. A review on the human health impact of airborne particulate matter. Environment international, 2015 (74): 136-143.

[100] 裴冰．燃煤电厂可凝结颗粒物的测试与排放．环境科学，2015，36（5）：1544-1549.

[101] 胡月琪，冯亚君，王琛，等．燃煤锅炉烟气中 CPM 与水溶性离子监测方法及应用研究．环境监测管理与技术，2016，28（1）：41-45.

[102] 胡月琪，邬晓东，王琛，等．北京市典型燃烧源颗粒物排放水平与特征测试．环境科学，2016，37（5）：1653-1661.

[103] EPA. Method 202：Dry impinger method for determining condensable particulate emissions from stationary sources.

[104] EPA. CTM-039：Measurement of $PM_{2.5}$ and PM_{10} by dilution sampling (constant sampling rate procedures).

[105] 张劲松，孙捷，张发捷，等．烟气成分及 SCR 脱硝系统运行特性对烟羽形成的影响．热力发电，2017 (12)：111-116.

[106] 郭静娟．燃煤电站烟囱排放有色烟羽现象研究．华电技术，2017，39 (1)：73-74，80.

[107] 谭厚章，熊英莹，王毅斌，等．湿式相变凝聚技术协同湿式电除尘器脱除微细颗粒物研究．工程热物理学报，2016，37 (12)：2710-2714.

[108] 谭厚章，熊英莹，王毅斌，等．湿式相变凝聚器协同多污染物脱除研究．中国电力，2017，50 (2)：128-134.

[109] 谭厚章，毛双华，刘亮亮，等．新型湿式相变凝聚除尘、节水及烟气余热回收一体化系统性能研究．热力发电，2018，47 (6)：16-22.

[110] 梁月明．烟塔合一技术的研究与分析．北京：华北电力大学，2007.

[111] 王广慧，李春学，王智广．烟塔合一技术在湿法脱硫净烟气排放中的应用．节能与环保，2008，24-26.

[112] 汤蕴琳．火电厂“烟塔合一”技术的应用．电力建设，2005，26：11-12.

[113] 万中昌．烟塔合一技术在燃煤电厂的应用．“技术创新与信息化驱动电力土建发展”学术交流会，2015.

[114] 刘宇钢，罗志忠，陈刚．低温省煤器及 MGGH 运行中存在典型问题分析及对策．东方电气评论，2016，30 (118)．

[115] 谭厚章，刘兴，王文慧，等．超低排放背景下烟气消白技术路线研究．洁净煤技术，2019 (2)：38-44.

第四章

SO_x 超低排放技术

第一节 煤燃烧过程中 SO_2 的生成与排放

煤中的硫按形态可分为有机硫与无机硫两种，无机硫包括硫化物（主要为黄铁矿硫）、元素硫、硫酸盐（石膏、绿矾）等，有机硫以各种官能团形式存在于煤中，如噻吩、芳基硫化物、环硫化物、硫醇等，煤中有机硫的含量与成煤植物及成煤环境有很大关系。一般将煤中硫酸盐硫、硫铁矿硫、单质硫和有机硫四部分的总和称为全硫；而煤中的元素硫、黄铁矿硫、有机硫均为可燃硫，占煤中硫含量的90%以上；硫酸盐硫是不可燃硫，占5%～10%，是煤中灰分的组成部分。

煤燃烧过程中产生的硫氧化物，如 SO_2、SO_3、硫酸雾、酸性尘与酸雨等，不仅造成大气环境污染，而且会引起燃烧设备腐蚀，因此了解燃煤过程中 SO_x 生成机理，对于了解各污染物之间的相互作用，寻求 SO_x 生成与排放的控制方法具有重要意义。

一、燃煤过程中 SO_2 的生成

我国对原煤的含硫等级进行了划分，按煤中硫含量大小，将煤分为低硫煤、中硫煤、高硫煤。它们各自的硫含量及在煤田中的比例如表 4-1 所列。

表 4-1 我国原煤的硫含量及在煤田中的比例

煤种	硫含量(S_t) /%	占煤田比例/%
低硫煤	<1.0	57.2
中硫煤	1.0～2.5	15.7
高硫煤	>2.5	27.1

我国煤中硫含量在0.1%～10%，动力煤燃烧时，SO_2 排放量和排放浓度随硫分增大而增加。有学者研究了我国主要煤矿中硫分含量，发现我国煤中硫分分布的特点是南高北低，北方煤田的深度也趋高。我国煤中硫的分布形态也具有一定的规律性：全硫含量在0.5%以下的低硫煤，多数以有机硫为主；全硫大于2.5%的高硫煤，硫的赋存形态多以无机硫为主，而且绝大多数为黄铁矿硫。而煤中硫酸盐硫的含量一般不超过0.1%～0.2%，且近乎痕量。

无论是有机硫还是无机硫在煤燃烧过程中都会发生转化，而硫氧化物尤其是 SO_2 作为主要的转化产物对环境影响最大。

（1）黄铁矿硫

氧化性气氛下，黄铁矿硫直接氧化生成SO_2：

$$4FeS_2+11O_2 \longrightarrow 2Fe_2O_3+8SO_2 \tag{4-1}$$

在还原性气氛、温度约500℃条件下，黄铁矿分解为FeS、S、H_2S：

$$FeS_2 \longrightarrow FeS+\frac{1}{2}S_2(\text{气体}) \tag{4-2}$$

$$FeS_2+H_2 \longrightarrow FeS+H_2S \tag{4-3}$$

$$FeS_2+CO \longrightarrow FeS+COS \tag{4-4}$$

还原性气氛下生成的FeS在1400℃以上才会进一步分解。

（2）有机硫

有机硫在煤中均匀分布，低硫煤中主要为有机硫，含量约为无机硫的8倍。大体上认为煤中的有机硫以五种官能团结构存在于煤中：

① 硫醇类，R—SH（—SH为巯基）。

② 硫化物或硫醚类，R—S—R′。

③ 含噻吩的芳香体系，如噻吩、苯并噻吩等。

④ 硫醌类，如对硫醌等。

⑤ 二硫化合物，RSSR′或硫蒽类，其中R与R′表示烷基和芳基。

煤在加热热解释放出挥发分时，由于硫侧链（—SH）和硫环（—S—）结合较弱，因此硫醇、硫化物等在温度较低（<450℃）时首先分解，产生最早的挥发分硫。噻吩的结构较为稳定，在温度达到930℃时才开始分解析出。氧化性气氛下，它们全部氧化生成SO_2，硫醇R—SH氧化反应最终生成SO_2和烃基R，即

$$R—SH+O_2 \longrightarrow R—S+HO_2 \tag{4-5}$$

$$R—S+O_2 \longrightarrow R+SO_2 \tag{4-6}$$

在富燃料燃烧的还原性气氛下，有机硫会转化为H_2S或者COS。

（3）元素硫

所有硫化物的火焰中都曾发现元素硫，对纯硫蒸气及其氧化过程的研究表明，这些硫蒸气分子是聚合的，其分子式为S_8，其氧化反应具有连锁反应的特点：

$$S_8 \longrightarrow S_7+S \tag{4-7}$$

$$S+O_2 \longrightarrow SO+O \tag{4-8}$$

$$S_8+O \longrightarrow SO+S+S_6 \tag{4-9}$$

生成的SO在氧化性气氛中被氧化生成SO_2。

（4）H_2S的氧化

煤中的可燃硫在还原性气氛中均生成H_2S，H_2S遇到氧后生成SO_2与H_2O。

$$2H_2S+3O_2 \longrightarrow 2SO_2+2H_2O \tag{4-10}$$

而Ca、Mg的硫酸盐分解温度都相当高（纯物质$CaSO_4$约1450℃、$MgSO_4$约1124℃），因此硫酸钙盐与硫酸镁盐通常在锅炉燃烧过程中不会发生分解，随灰渣排出。

二、煤燃烧SO_2的排放

综上所述，煤燃烧过程中可燃硫全部转化为SO_2，可通过燃煤的含硫量计算SO_2的排放量。

$$M_{SO_2}=2KB_g\left(1-\frac{q_4}{100}\right)\frac{S_{ar}}{100} \tag{4-11}$$

式中　M_{SO_2}——脱硫装置入口烟气中的 SO_2 含量，t/h；

K——燃料燃烧中硫的转化率（煤粉炉一般取 0.8～0.9）；

B_g——锅炉最大连续工况负荷时的燃煤量，t/h；

q_4——锅炉机械未完全燃烧热损失，%；

S_{ar}——燃料收到基硫分，%。

燃烧产生的 SO_2 排入大气会严重污染环境，大气中的 SO_2 是造成酸雨、$PM_{2.5}$ 等的重要因素，因此对燃煤机组产生的 SO_2 进行控制是非常有必要的。

当前有多种烟气脱硫技术（flue gas desulfurization，FGD），按照脱硫剂的状态可以分为湿法、干法和半干（半湿）法。湿法烟气脱硫技术是利用含有吸收剂的溶液或浆液在湿状态下脱硫和处理脱硫产物，该法具有脱硫反应速率快、设备简单、脱硫效率高等优点，但普遍存在腐蚀严重、运行维护费用高及二次污染等问题。当前大型燃煤电站多采用石灰石-石膏湿法脱硫技术。干法 FGD 技术的脱硫吸收和产物处理均在干状态下进行，该法具有无污水废酸排出、设备腐蚀程度较轻，烟气在净化过程中无明显降温、净化后烟温高、利于烟囱排气扩散、二次污染少等优点，但存在脱硫效率低，反应速率较慢、设备庞大等问题。半干法 FGD 技术是指脱硫剂在干燥状态下脱硫、在湿状态下再生（如水洗活性炭再生）或者在湿状态下脱硫、在干状态下处理脱硫产物（如喷雾干燥法）的烟气脱硫技术。特别是在湿状态下脱硫、干状态下处理脱硫产物的半干法，以其既有湿法脱硫反应速率快、脱硫效率高的优点，又有干法脱硫无污水废酸排出、脱硫后产物易于处理的优势而受到人们广泛的关注。

第二节　湿法脱硫技术

一、湿法脱硫原理

湿法烟气脱硫工艺是典型的气体化学吸收过程，在洗涤烟气过程中发生复杂化学反应，从烟气中脱除 SO_2 的过程在气、液、固三相中进行，先后或同时发生气-液反应和气-固反应，以石灰石-石膏湿法脱硫为例，其主要步骤可用以下化学式来描述。

（1）SO_2 吸收反应

$$SO_2(g)+H_2O \rightleftharpoons H_2SO_3(l) \tag{4-12}$$

$$H_2SO_3(l) \rightleftharpoons H^+ + HSO_3^- \tag{4-13}$$

$$HSO_3^- \rightleftharpoons H^+ + SO_3^{2-} \tag{4-14}$$

SO_2 是一种极易溶于水的酸性气体，经扩散作用从气相溶入液相中，与水反应生成 H_2SO_3，H_2SO_3 迅速解离为 HSO_3^- 和 H^+，只有当 pH 值较高时，HSO_3^- 才会解离较高浓度的 SO_3^{2-}。式(4-13) 与式(4-14) 都是可逆反应，要使 SO_2 的反应不断进行下去，需要中和式(4-13) 中产生的 H^+，即增加吸收液的 pH 值。

（2）溶解和中和反应

$$CaCO_3(s) \longrightarrow CaCO_3(l) \tag{4-15}$$

$$CaCO_3(l)+H^++HSO_3^- \longrightarrow Ca^{2+}+SO_3^{2-}+H_2O+CO_2(g) \tag{4-16}$$

$$SO_3^{2-}+H^+ \longrightarrow HSO_3^- \tag{4-17}$$

$CaCO_3$ 溶于水后在水中分解产生 Ca^{2+}，Ca^{2+} 与 SO_3^{2-} 或者 SO_4^{2-} 结合脱除 SO_2。液相中的 H_2SO_3、SO_3^{2-}、HSO_3^- 和 H^+ 存在一个平衡关系，如图 4-1 所示。在石灰石-石膏强制氧化 FGD 工艺中，pH 值通常控制在 6.2 以下（5.0～5.5），这有利于提高石灰石的溶解度和亚硫酸氢根的氧化。吸收液中的吸收剂反应完后，需要向吸收液中补充新的吸收剂以保证 SO_2 吸收的顺利进行。

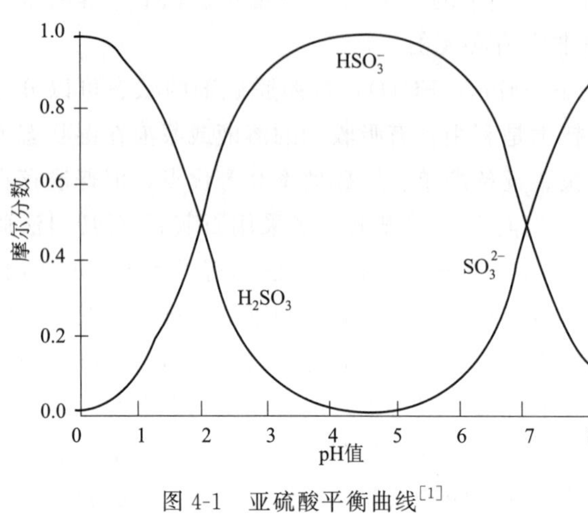

图 4-1　亚硫酸平衡曲线[1]

(3) 氧化反应

$$SO_3^{2-}+\frac{1}{2}O_2 \longrightarrow SO_4^{2-} \tag{4-18}$$

$$HSO_3^-+\frac{1}{2}O_2 \longrightarrow SO_4^{2-}+H^+ \tag{4-19}$$

SO_3^{2-} 的氧化是石灰石-石膏法烟气脱硫的另一重要反应。SO_3^{2-} 与 HSO_3^- 在痕量过渡重金属离子的催化作用下，被液相中的溶解氧氧化为硫酸根。反应中的氧气来源于烟气中的过剩空气，在强制氧化工艺中，主要来源于喷入反应罐中的氧化空气。而从烟气中洗脱的飞灰以及吸收剂中的杂质提供了起催化作用的金属离子。

(4) 结晶反应

$$Ca^{2+}+SO_3^{2-}+\frac{1}{2}H_2O \longrightarrow CaSO_3\cdot\frac{1}{2}H_2O(s) \tag{4-20}$$

$$Ca^{2+}+(1-x)SO_3^{2-}+xSO_4^{2-}+\frac{1}{2}H_2O \longrightarrow (CaSO_3)_{(1-x)}\cdot(CaSO_4)_x\cdot\frac{1}{2}H_2O(s) \tag{4-21}$$

$$Ca^{2+}+SO_4^{2-}+2H_2O \longrightarrow CaSO_4\cdot 2H_2O(s) \tag{4-22}$$

湿法脱硫的最后一步为脱硫固体副产物的沉淀析出，在通常的运行 pH 值条件下，$CaSO_3$ 和 $CaSO_4$ 的溶解度都较低，当中和反应产生的 Ca^{2+}、SO_3^{2-}、SO_4^{2-} 达到一定的浓度后，这三种离子组成的难溶性化合物将从溶液中沉淀析出。根据氧化程度的不同，沉淀产物是 $CaSO_3\cdot\frac{1}{2}H_2O$、$CaSO_3$ 和 $CaSO_4$ 相结合的半水固溶体、二水硫酸钙（石膏），或者是固溶体与石膏的混合物。

(5) 总反应式

$$CaCO_3+\frac{1}{2}H_2O+SO_2 \longrightarrow CaSO_3\cdot\frac{1}{2}H_2O+CO_2(g) \tag{4-23}$$

$$CaCO_3+2H_2O+SO_2+\frac{1}{2}O_2 \longrightarrow CaSO_4\cdot 2H_2O+CO_2(g) \tag{4-24}$$

烟气中含有的少量 HCl、HF 在被浆液洗涤过程中发生以下反应：

$$2HCl + CaCO_3 \longrightarrow CaCl_2 + H_2O + CO_2(g) \quad (4\text{-}25)$$

$$2HF + CaCO_3 \longrightarrow CaF_2 + H_2O + CO_2(g) \quad (4\text{-}26)$$

上面主要描述了 SO_2 脱除过程中发生的主要化学反应，而上述化学反应在吸收塔各区域的作用如图 4-2 所示。

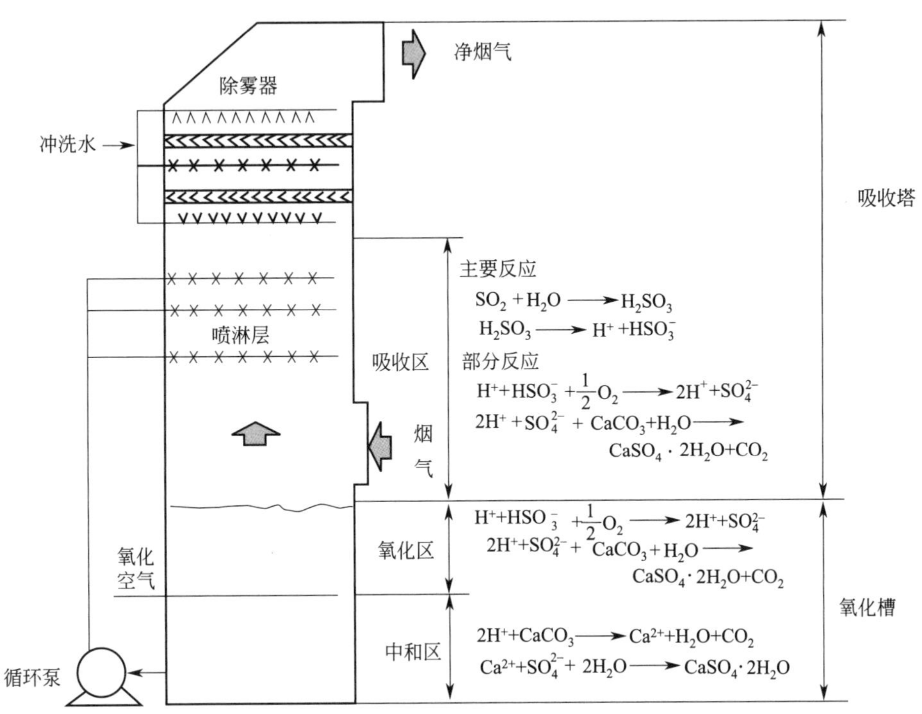

图 4-2　吸收塔模块分区及主要的化学反应

从喷淋层到反应罐液面部分为吸收区，主要是烟气中的 SO_2 溶入吸收液的过程，仅有部分 HSO_3^- 被氧化为 H_2SO_4，由于浆液与烟气在吸收区的接触时间仅为数秒，因此浆液中的 $CaCO_3$ 仅能中和部分 H_2SO_4 和 H_2SO_3，液滴的 pH 值随着液滴的下落急剧下降，液滴吸收 SO_2 的能力也随之减弱。

氧化区的范围大致从反应罐的液面至固定管网氧化装置喷嘴下方 300mm 处。吸收浆液落入反应罐后缓慢通过氧化区，过量氧化空气的喷入将吸收区形成的 HSO_3^- 氧化为 H^+ 和 SO_4^{2-}，氧化反应产生的 H_2SO_4 与浆液中的 $CaCO_3$ 反应生成 $CaSO_4$，当浆液中 $CaSO_4$ 浓度达到一定的过饱和度时，结晶析出二水硫酸钙，即石膏固体副产物。

氧化区的下部被视为中和区，进入中和区的浆液中仍有未反应完全的 H^+，向中和区加入新鲜石灰石浆液，中和剩余的 H^+，活化浆液使其能在下一个循环中重新吸收 SO_2。在有些 FGD 设计中，中和区并不像图中所示划分明显，而是将氧化空气喷入反应罐的底部，在吸收塔循环泵的入口处添加新鲜石灰石浆液，此时，循环泵入口到喷嘴之间的管道、泵体空间被视为中和区。

需要注意的是，要避免新鲜石灰石浆液加入氧化区，防止过多的石灰石进入脱水系统与石膏副产品一起被带出反应罐，影响石膏纯度和石灰石利用率。当存在过量 $CaCO_3$ 时，浆液 pH 值升高，有助于 $CaSO_4 \cdot \frac{1}{2}H_2O$ 的形成，溶解氧要氧化 $CaSO_4 \cdot \frac{1}{2}H_2O$ 是很困难的，除

非有足够的 H^+ 使其重新溶解成为 HSO_3^-。另外新鲜的石灰石浆液直接进入吸收区有利于浆液吸收 SO_2，避免浆液 pH 值下降过快。

在喷淋逆流塔中，SO_2 的吸收和溶解几乎只在吸收区发生，而氧化、中和、结晶反应在吸收区、氧化区、中和区都有不同程度的进行。由于浆液的吸收循环周期大约是数分钟，而浆液在吸收区的停留时间约为 4s，因此大部分化学反应发生在反应罐内。

二、单塔单循环钙法脱硫技术

石灰石-石膏法烟气脱硫工艺是目前我国应用最广泛、技术最成熟的 SO_2 脱除技术，已安装脱硫系统中石灰石-石膏湿法脱硫的比例在 90%以上，典型的石灰石-石膏湿法脱硫系统的工艺流程如图 4-3 所示。

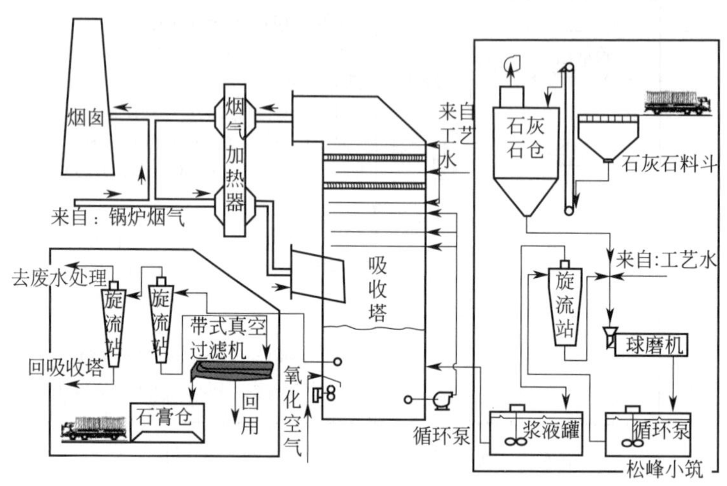

图 4-3　典型石灰石-石膏湿法脱硫工艺流程[2]

石灰石-石膏湿法脱硫工艺的核心是脱硫吸收塔，吸收塔的形式多种多样，目前国内外主要采用逆流喷淋塔，喷淋脱硫吸收塔如图 4-3 所示，石灰石浆液通过循环泵送入布置在不同高度的喷淋层，吸收剂浆液从喷嘴向下喷出，形成分散的小液滴并自由掉落，同时烟气逆流向上流动，气液充分接触，吸收液下降过程中吸收 SO_2。工艺上要求喷嘴在满足雾化要求的条件下尽量降低压损，喷出的浆液能够覆盖整个吸收塔截面。喷淋塔中为保证浆液良好的雾化效果，对循环泵的要求较高，同时浆液中吸收剂的颗粒不宜太大，避免喷头的堵塞，而吸收剂对喷头的磨损是无法避免的，因此在后期维护方面，需要定期检修更换喷嘴。一般在塔底布置氧化槽，在烟气出口之前布置除雾器。喷淋塔的优点是塔内结构简单、系统阻力小。

有些制造商为了提高脱硫效率，对逆流喷淋塔做了一些改进（图 4-4），例如双接触流程喷淋塔及美国 Babcock&Wilcox 的托盘式吸收塔和德国 Noell 公司的双回路吸收塔。双接触流程喷淋塔是无填料空塔，由并/逆流程的双塔组成，在反应罐上部空间，烟气转折 90°，自下而上流经逆流塔，与向下喷射的液滴接触，完成二次脱硫过程，最后经除雾及再热排出。托盘式吸收塔是在反应区中安装了一个带孔的托盘，用机械方式保证烟气上升过程中分布均匀，有利于烟气和浆液更有效地接触。双回路塔则是利用一个漏斗体将塔分隔成冷却段和吸收段两个部分，每个部分有不同的 pH 值以适应各自的最佳反应条件，双回路塔也称为单塔双循环技术。随着排放要求逐渐提高，为增强 SO_2 的脱除效果，也有采用两个脱硫吸收塔串联或并联的双塔脱硫系统，具体将在后面章节详细介绍。

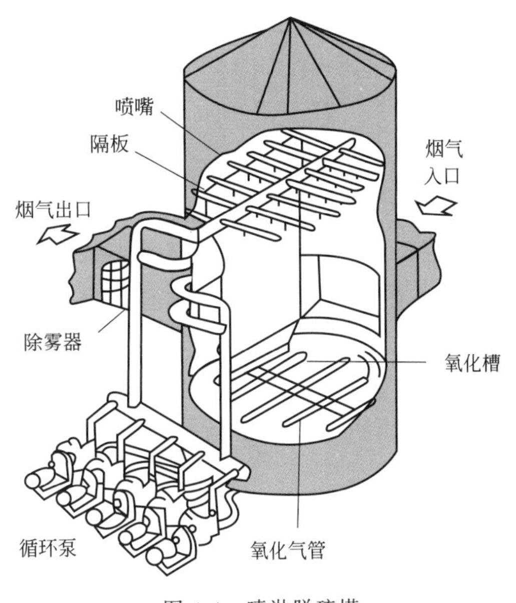

图 4-4 喷淋脱硫塔

(一) 脱硫系统及主要设备

以典型的逆流喷淋石灰石-石膏湿法烟气脱硫系统为例，石灰石-石膏湿法烟气脱硫一般包括吸收剂制备供给系统、SO_2 吸收系统、烟气系统（含烟气加热装置）、石膏脱水和废水处理系统以及其他工艺系统等多个子系统。

1. 吸收剂制备供给系统

湿法脱硫系统常用的脱硫剂有石灰石（主要成分是 $CaCO_3$）、生石灰（主要成分是 CaO）、消石灰［主要成分是 $Ca(OH)_2$］及白云石（主要成分是 $CaCO_3 \cdot MgCO_3$）等。一般以石灰石粉或石灰石块作为吸收剂原料，可以购买成品石灰石制浆或采用石灰石块料球磨制浆。

(1) 石灰石浆液制备系统

石灰石块料制备及供给系统包括石灰石破碎制浆系统、石灰石供浆系统。其作用是将石灰石块磨制成合格的石灰石粉，然后通过给料机、计量器和输粉机将石灰石粉送入浆液配制罐。石灰石粉在罐中与来自工艺过程的循环水一起配制成质量分数为10%～15%的浆液，然后用泵将该灰浆经由循环管道打入吸收塔持液槽底部。

石灰石块料制浆工艺有干磨制浆系统和湿磨制浆系统。干磨制浆系统是将石灰石块料经干式磨机制成石灰石粉，送至储粉仓存储，然后加水搅拌制成石灰石浆液。湿磨制浆系统则是将制浆水（滤液等回收水或者工艺水）、石灰石和浆液旋流器分离的石灰石浆液加入湿式球磨机，球磨机出口为石灰石浆液，碾磨后的浆液排入装有搅拌器的浆罐中。图 4-5 为卧式湿式球磨机浆液制备供给系统的流程图。在闭路石灰石浆液制备系统中，球磨机浆液罐中的石灰石浆液被输送到旋流器，旋流器分离粗颗粒和细颗粒。分离出来的稀浆（溢流部分）直接输送到吸收剂浆液储罐中，底流浓缩部分的石灰石浆液粒径较大，则返回球磨机入口，同新加入的石灰石一起重新磨制。

球磨机磨制的浆液石灰石颗粒的含量往往大于所要求的浓度，通常在 55%（质量分数）左右，采用卧式球磨机的浆液经一级或两级水力旋流分离器分离出较粗的石灰石颗粒，至于采取一级还是两级分离器，取决于对石灰石粒度的要求和分离器的分离效果。

(2) 石灰石浆液供给系统

石灰石浆液供给系统向吸收塔供给适量石灰石浆液，浆液供应量由烟气中 SO_2 量决定。系统由石灰石浆液输送泵、石灰石浆液箱、中继箱、密度计及调节门等组成，如图 4-6 所示。

将制备合格的吸收剂浆液送入石灰石浆液箱（罐）中，吸收剂浆液箱配有吸收塔供浆泵，在泵的出口管路上设置有返回吸收剂浆液箱的管道，在返回管路上安装吸收剂浆液密度仪，测量供入吸收塔的吸收剂浆液密度，用以控制吸收剂制备系统各浆液固体物浓度和调节吸收塔吸

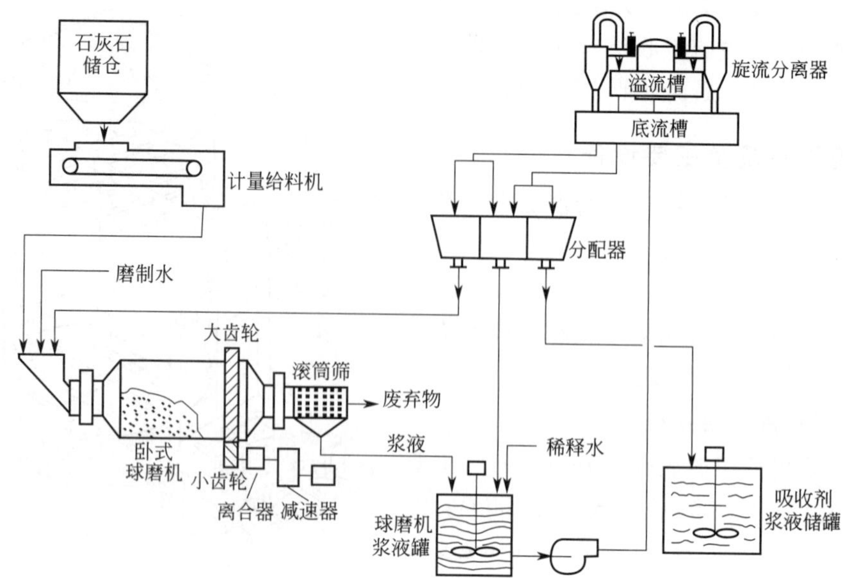

图 4-5　卧式湿式球磨机浆液制备系统流程[3]

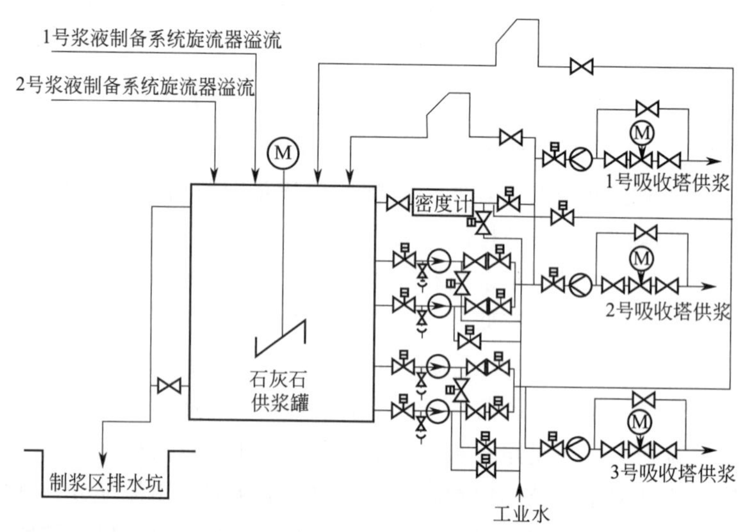

图 4-6　某电厂石灰石供浆系统[4]

收剂供浆流量。吸收塔供浆泵一般每套 FGD 配备多台独立的泵，随对应 FGD 的启停而启停。在吸收塔距离石灰石浆液箱较远时，在吸收塔附近可设石灰石浆液中继箱，再通过二级供浆泵向吸收塔供浆，这样可保证供浆的可靠性。石灰石浆液箱设有一台顶进式搅拌器，保证浆液浓度均匀，同时防止浆液沉淀结块。

2. SO_2 吸收系统

SO_2 吸收系统是烟气脱硫的核心部分，SO_2 吸收反应发生在吸收塔中，吸收塔的运行可以简单分为喷淋系统、浆液循环系统、氧化系统及除雾系统几个系统。

(1) 喷淋系统

喷淋装置将石灰石浆液通过喷嘴喷洒输送至吸收塔截面的各个点，确保浆液覆盖全塔，均匀分布且尽可能减少对塔壁的冲刷磨损。理论上喷淋层设计层数不少于3层，交错布置，根据吸收塔截面积和每层喷淋层循环浆液流量布置足够多的喷嘴。最下一层喷淋层距吸收塔入口烟道上沿应有足够的高度，宜不低于3m，这样可以使吸收塔内浆液与烟气有效接触，提高气液接触时间，并可避免过多的浆液进入入口烟道。喷淋层之间距离一般为1.8～2.2m，最上层喷淋层距除雾器底部至少应有2m距离。若考虑改善除雾器除雾效果，可适当增大最上层喷淋层距除雾器底部距离。

喷淋层由分配母管、支管和喷嘴组成，母管和支管在吸收塔断面内平行对称布置，形成网状管路系统，保证浆液在整个吸收断面上的均匀喷淋，需要尽量减少沿塔壁流淌的浆液量和降低喷射浆液对塔壁的直接冲刷磨损。对于石灰石-石膏湿法脱硫工艺，喷淋空塔喷淋层一般为3～6层，交错布置，覆盖率达到200%～300%，图4-7为常见喷淋层的布置。一般每个喷淋层设置一台浆液循环泵，可以保证每个喷淋层的浆液流量相等。

图4-7　常见喷淋层的布置

每个喷淋层上安装足够数量的喷嘴，保证浆液的充分雾化。喷嘴可采用双向喷嘴也可以采用单向喷嘴。喷嘴特性包括喷嘴形式、喷嘴压力、喷嘴流量、喷嘴雾化角度、雾化粒径分布等。喷嘴的选型和设计对流量和压力应有一定的适应性。喷淋液滴的直径大小一般用索特尔平均直径（Sauter mean diameter，SMD）来表示，SMD的含义是利用相同体积、相同表面积、粒度均匀的液滴群来代表实际液滴群，此时理想液滴群的直径即为实际液滴群的SMD，国内主流的吸收塔设计中，喷嘴液滴的SMD一般在1500～2000μm。

一般用于烟气脱硫的喷嘴有两种，中空锥离心喷嘴和螺旋锥喷嘴，两种形式的喷嘴都是形成空心圆锥形的液膜，喷嘴形成的液膜随着直径的增大将与其他喷嘴形成的液膜相互碰撞，形成细小的液滴在重力作用下下落。喷嘴的选型主要考虑喷射角度和流量两个参数，喷嘴的布置要满足相邻喷嘴喷出的液膜能相互重叠，不会造成烟气短路，近塔喷嘴的扩散角和安装位置要合理，以减小对塔壁的冲刷，顶层喷淋采用双向喷射时，与除雾器安装间距应考虑喷嘴上喷的喷射高度。FGD中常见的几种雾化喷嘴见图4-8。

对超低排放的机组，要求脱硫效率要达到99%以上，而减小喷淋液滴直径，可有效提高脱硫效率，在达到同样脱硫效率的前提下，减小喷淋液滴直径也可适当降低喷淋浆液流量。在实际工程应用中，应根据要求达到的脱硫效率，综合考虑喷嘴压力增加引起的电耗增加和喷淋

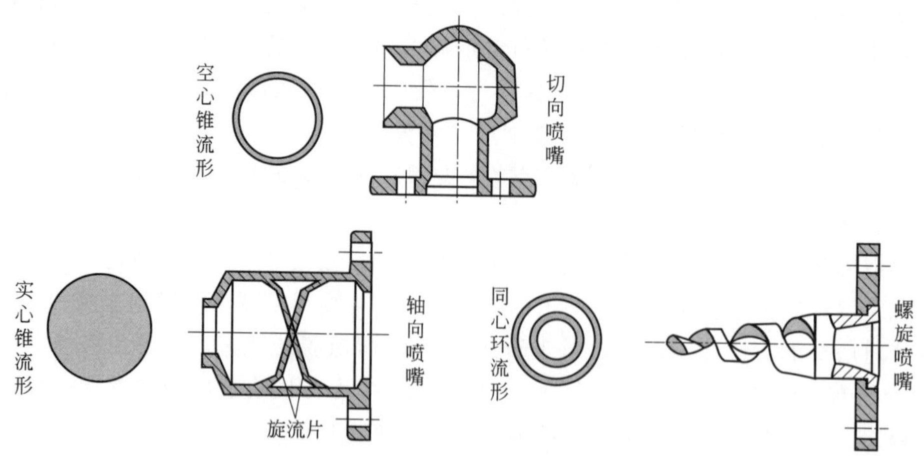

图 4-8 FGD 中常见的几种雾化喷嘴[3]

流量降低引起的电耗降低，合理选择喷淋液滴直径，尽可能兼顾脱硫效率和能耗指标。

(2) 浆液循环系统

浆液循环系统是用来将吸收塔浆池和加入的石灰石浆液循环不断地送到吸收塔喷淋层，使浆液在一定压力下通过喷嘴充分雾化与烟气反应。

吸收塔浆液循环泵是浆液循环系统中的主要设备，安装在吸收塔旁，作用是使吸收塔内石膏浆液再循环。$CaSO_3$ 或 $CaSO_4$ 从溶液中结晶析出是导致吸收塔发生结垢的主要原因。循环泵将含有硫酸钙晶体的脱硫液打回吸收区，硫酸钙晶体起到了晶种的作用，在后续的处理过程中，可防止固体直接沉积在吸收塔设备表面。循环泵的消耗功率仅次于增压风机，一般单台功率几百千瓦。吸收塔浆液循环泵采用单流和单级卧式离心泵，其结构简图见图 4-9。其基本组成部分包括泵壳、叶轮、轴、导轴承、出口弯头、底板、进口、密封盒、轴封、基础框架、地脚螺栓、机械密封和所有的管道、阀门及就地仪表和电机。

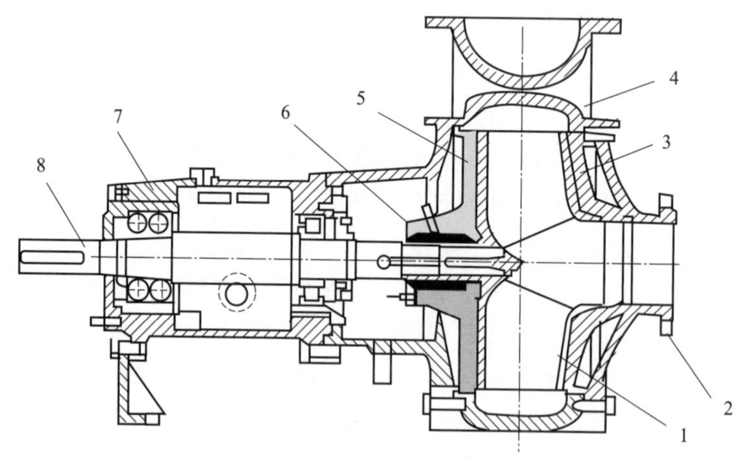

图 4-9 浆液循环泵结构简图[5]

1—叶轮；2—入口；3—前护板；4—涡壳；5—后护板；6—机械密封；7—托架；8—轴

循环泵的工作介质是吸收塔内的浆液，浆液中含有一定质量浓度的固体颗粒、Cl^-、F^-、空气等并且仍然呈酸性，循环泵的使用环境较为恶劣，既有复杂的腐蚀环境又有固体颗粒带来的磨损，一般浆液循环泵的使用寿命为3年左右，1年左右叶轮就需更新，因此需要对循环泵过流部件进行防磨防腐蚀处理。浆液循环泵叶轮的防腐措施有使用高分子材料包覆叶轮、使用特种金属制作叶轮、使用高分子材料制作叶轮。目前国际上常用的是使用高分子材料包覆叶轮，具有非常好的耐磨耐腐蚀性。沃曼公司的叶轮使用A49高铬铸铁，虽然在防腐性等级上有一定程度的下降，但在材料硬度上提高了1倍，并且生产成本也大大降低。

(3) 氧化系统

一般湿法脱硫装置的氧化系统采用强制氧化系统，氧化风由氧化风机提供，通过氧化空气分布装置借助塔内的动力扰动悬浮系统均匀分散到塔内，将 SO_3^{2-} 氧化成 SO_4^{2-}，氧化空气注入不充分会引起石膏结晶的不完善，还可能导致吸收塔内壁的结垢，因此，该部分的优化设置对提高系统的脱硫效率和石膏的品质显得尤为重要。

氧化系统由氧化风机、氧化装置、空气分布管等组成，氧化风机运行方式为一运一备。氧化风机设在氧化风机房内，一般采用罗茨风机，为吸收塔浆池中的浆液提供充足的氧化空气。通过矛状空气喷管手动切换阀进行隔断。隔断时喷管可以通过开启冲洗水管的手动切换阀进行冲洗。根据空气导入和分散方式的不同，存在多种强制氧化装置，但普遍采用的是管网喷雾式（又称固定式空气喷射器，fixed air sparger，FAS）和搅拌器和空气喷枪组合式（agitater air lance assemilies，ALS）。

FAS是在氧化区底部的断面上均布若干根氧化空气母管，母管上有众多分支管。喷气喷嘴均布于整个断面上（3.5个/m^2 左右），通过固定管网将氧化空气分散鼓入氧化区。FAS有3种布置方式，其中2种是将搅拌器布置在管网上方［如图4-10(a) 和图4-10(b) 所示］，而更合理、应用更多的是将搅拌器（或泵）布置在管网的下方［如图4-10(c) 所示］。

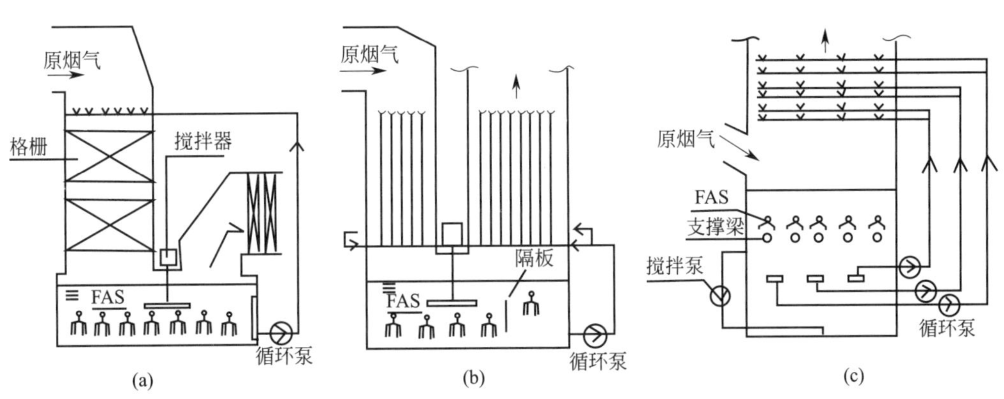

图4-10 FAS装置的3种布置方式

ALS强制氧化装置如图4-11所示，氧化搅拌器产生的高速液流使鼓入的氧化空气分裂成细小的气泡，并散布至氧化区的各处。由于ALS产生的气泡较小，由搅拌产生的水平运动液流增加了气泡的滞留时间，因此ALS较FAS降低了对浸没深度的依赖性。

(4) 除雾系统

经吸收塔洗涤后的烟气携带有大量的浆液雾滴，烟气流速增大，携带液滴量增加，若不加以处理，烟气携带的浆液雾滴沉积在吸收塔下游设备表面，会导致烟道黏污、结垢，GGH结垢堵塞，部分不设GGH的电厂厂区下“石膏雨”“烟羽”，造成烟囱外表及邻近建筑物腐蚀，污染电厂及周边环境。

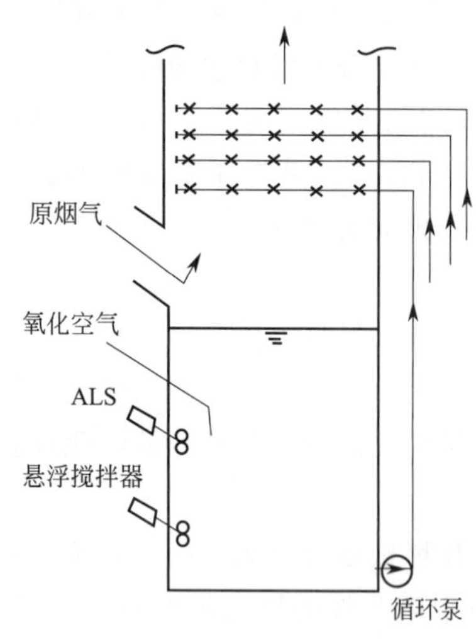

图 4-11　ALS强制氧化装置

在石灰石-石膏法脱硫吸收塔出口安装除雾器可以大大降低吸收塔出口烟气携带的液滴量。对于逆流吸收塔，经过吸收区到达除雾器入口处的烟气为水汽饱和烟气，烟气中液滴的粒径范围较宽（几微米到2000μm），并且烟气中携带的雾滴一般为具有化学反应活性的浆液雾滴，容易黏附在除雾器表面，引起除雾器的结垢和堵塞，因此对于湿法 FGD 除雾器有特殊要求。

FGD 多年的运行经验表明，折流板除雾器具有结构简单、中等尺寸和大尺寸雾滴的捕获效率高、压降较低、易于冲洗、敞开结构便于维修和费用低等特点。折流板除雾器利用水膜分离原理实现气水分离。当带有液滴的烟气进入人字形板片构成的狭窄、曲折的通道时，由于流线偏折产生离心力，将液滴分离出来，液滴撞击板片，部分黏附在板片壁面上形成水膜，缓慢下流汇集成较大的液滴落下，实现气水分离，工作原理如图 4-12 所示。

折流板除雾器是利用烟气中液滴的惯性撞击板片来分离气水，因而除雾器捕获液滴的效率随烟气流速增加而增加，流速越高，作用于液滴的惯性越大，越有利于气水分离。但当流速超过某一限值时，烟气会剥离板片上的液膜，造成二次带水，反而降低除雾器效率。另外，流速的增加使除雾器的压损增大，增加了脱硫风机的能耗，相反烟气流速降低可能不会发生二次带水，但除雾效果很差，因此，烟气流速尽可能高而又不致产生二次带水时，除雾器的性能最佳。

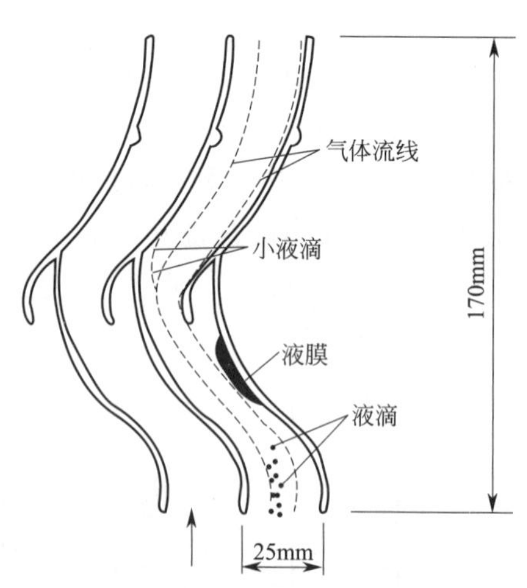

图 4-12　折流板 ME 工作原理示意[1]

折流板除雾器的板片按照几何形状可以分为折线型和流线型，根据烟气在板片间流过时折拐（烟气流向改变 90°为一个折拐）的次数，可分为 2～4 通道的除雾器板片，图 4-13 为相同通道数的折线型［(a)～(d)］和流线型［(e)、(f)］折流板。通道数和板片间距是折流板除雾器的两个重要参数。

根据烟气流过除雾器截面的方向将除雾器的布置方式分为垂直流除雾器和水平流除雾器。水平流除雾器中烟气流向与从烟气中去除的液滴的流向垂直，而垂直流除雾器捕获的液滴沿除雾器板片较宽的一边逆着气流方向下流，因此水平流除雾器降低了气流剥离板片上液流形成二次带水的可能性，可以在比垂直流除雾器较高的烟气流速下达到很好的除雾效果。但水平流除雾器只能布置在吸收塔出口水平烟道中，并且由于烟气流速较高，烟气通过除雾器的压损较大。图 4-14 为垂直流除雾器几种布置方式。将水平布置的垂直流除雾器改成人字形或 V 形以及组合型布置(菱形或 X 形)，水平流除雾器能较好地排放捕获液体的优点就可以在垂直流除雾器上体现出来。国内不少机组 FGD 的 ME 就是采取菱形布置。结果表明，人字形布置的 ME 能处理流速高达 7m/s 的烟气，这种布置方式改进了液体的排放路径，提高了水雾除去的表面积，但压损和占用的空间比水平放置时大，增加了吸收塔的高度，设备费较贵，冲洗系统较复杂。

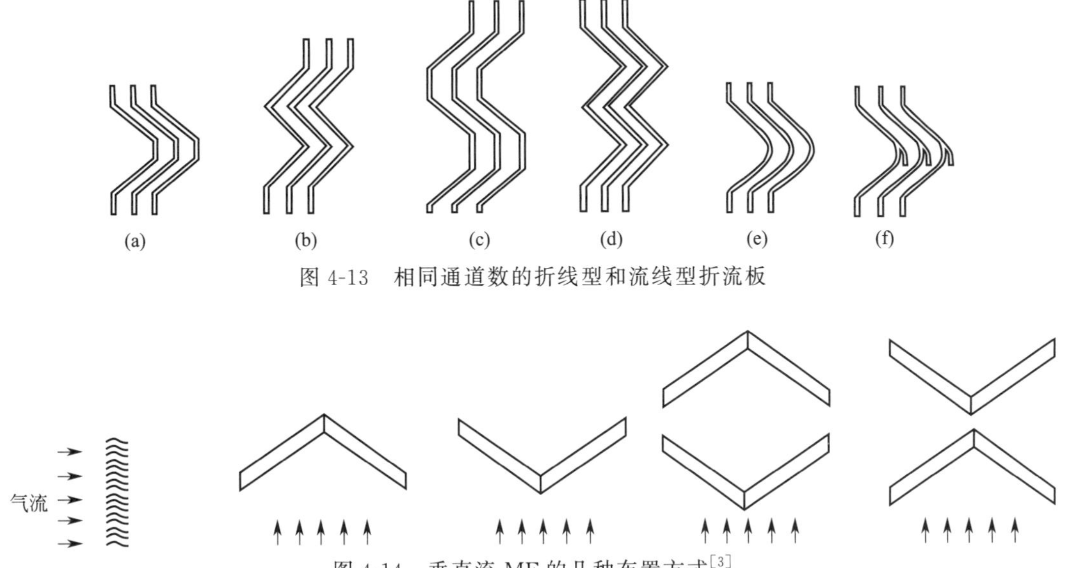

图 4-13　相同通道数的折线型和流线型折流板

图 4-14　垂直流 ME 的几种布置方式[3]

通常研究除雾器性能时，除雾器效率是指除雾器捕获液体量与进入除雾器烟气夹带液体量的比值，但由于实际烟气中夹带的为浆液液滴而不是纯液体，因此在实际中很难应用除雾效率这一性能指标，往往以除雾器出口烟气颗粒物含量来规定除雾器的除雾效果。要求除雾器既能从液滴含量较高的烟气中除去浆液液滴又能保持除雾器板片清洁。因此一般采用三级屋脊除雾器，第一级板片间距较宽，可以除去烟气中大部分雾沫（95%）；第二级板片间距较窄，除雾效率较高，除去剩余的液体；第三级板片间距更窄，除雾效率更高。目前普遍采用的三级屋脊除雾器可以将烟气中的液滴含量（标态）降到 25～50mg/m^3。三级屋脊除雾器前面，应配置一级多管除雾器，通过布置较大直径的一排管排，实现对最初大粒径雾滴的撞击脱除。

除雾系统包括除雾器本体和冲洗系统。冲洗系统由冲洗喷嘴、冲洗管道、冲洗水泵、冲洗水自动开关阀、压力仪表、冲洗水流量计以及控制器等组成。除雾器冲洗系统的作用是定期冲洗掉除雾器板片上捕集的浆液、固体沉积物，保持板片清洁、湿润，防止叶片结垢堵塞流道，如果冲洗系统不合理，极易导致除雾器板片间局部或大面积结垢、堵塞。对于超低排放 FGD，一般通过降低液滴直径、增加吸收总表面积的方法来增加 SO_2 的吸收量，而液滴直径的减小将增大浆液雾滴的带出量，因此一般也需要对除雾器进行改造，增加对液滴的捕获能力。采用较多的改造方法有以下几种：a. 科学选取除雾器，优化除雾器的设计运行参数，如采用屋脊式除雾器；b. 优化折流板除雾器叶片间距、除雾器叶片形式等设计参数，合理布置更多的除雾器级数，如在原 2 级除雾器基础上增加 1 级高效除雾器；c. 注重除雾器的冲洗工作，对除雾器的冲洗控制程序进行优化，防止发生除雾器堵塞问题，如在每一级除雾器的冲洗装置上配置一个独立的阀控，稳定均匀地进行除雾器的冲洗；d. 合理优化除雾器进出口的烟气流场，科学确定除雾器内的烟气流速，若机组在脱硫塔出口烟道安装除雾器，则应在除雾器入口的水平烟道内安装均布导流板，保证烟气能够均匀地进入除雾器；e. 在脱硫塔上部进行扩径改造，通过这样的方式合理增加除雾面积、降低烟气流速，提高除雾效果[6]。目前最常用的超低排放改造方案是：首先在脱硫塔底部布置托盘，对进入脱硫塔烟气进行均流，然后在喷淋层顶部配置一层多管除雾器加上 3～4 层屋脊高效除雾器。这样，在大部分燃煤机组可完全代替或取消湿电，达到粉尘超低排放。

3. 烟气系统

烟气系统中烟气的流程为：从锅炉尾部烟道引出的烟气经除尘器后，(经过增压风机升压) 进入脱硫吸收塔可能有烟气换热器 GGH，净化后的烟气经除雾器除去水分，通过烟囱排放 (再经 GGH 升温至 80℃左右)。如图 4-15 所示。烟气系统包括烟道、烟气挡板、增压风机、脱硫吸收塔和 GGH 等关键设备。随着国家对火电企业节能减排的要求逐渐提高，烟气旁路逐渐被取消，近些年来逐渐取消了脱硫风机，采用引增合一风机代替脱硫风机。

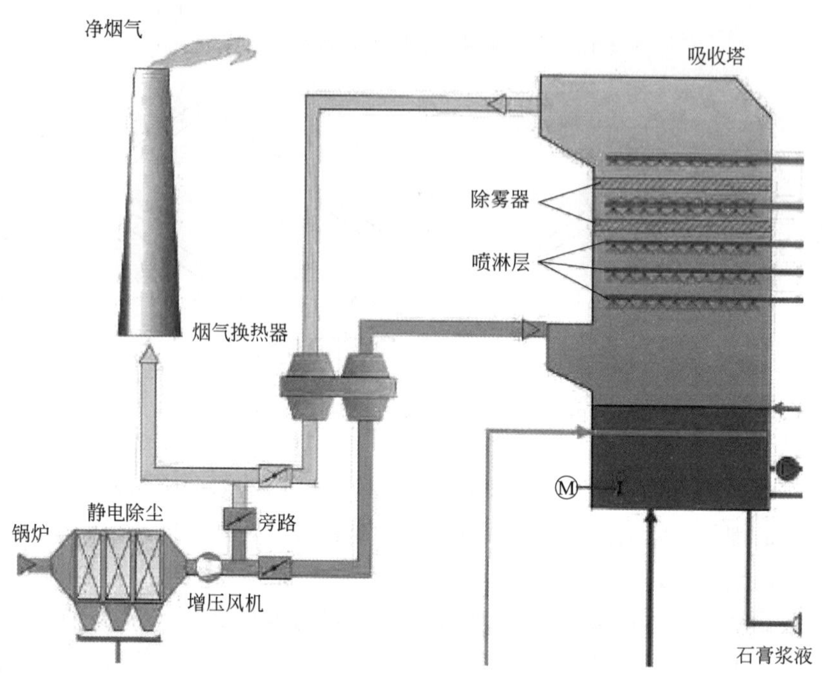

图 4-15　烟气系统示意

(1) 烟气挡板

烟气挡板有隔离设备、控制烟气流量和排空烟气三个作用。烟气流量控制挡板主要用在旁路烟气加热系统中的旁路烟道上。有些系统在 GGH 或吸收塔顶部装有排空挡板，以便在系统停用时及时排空容器中的烟气，避免由于烟气温度下降产生冷凝液而加剧腐蚀。FGD 中烟气挡板如图 4-16 所示，FGD 正常运行期间旁路挡板关闭，发生紧急情况以及 FGD 启动和停机期间旁路挡板自动开启。

一般隔离挡板采用闸板门或双百叶窗挡板门。允许有少量烟气泄漏时可以采用闸板门或者单百叶窗挡板门。隔离挡板从全开到全关，或从全关到全开所需要的时间为动作时间。百叶窗挡板门的动作时间一般在 40s 左右。闸板门打开和关闭时的运行速度一般为 1.3～2m/min，大型机组入口烟道的高度多在 3m 以上，门完全打开或者关闭需要 2～3min。

(2) 增压风机

烟气增压风机又称脱硫风机，用于克服 FGD 装置的阻力，脱硫风机主要类型有动叶可调轴流风机、静叶可调子午加速轴流风机及离心式风机三种。其中轴流风机对负荷变化的敏感度小，因此电厂机组调峰时对风机的效率影响不大，我国湿式 FGD 系统的脱硫风机基本上采用轴流风机中的动叶可调轴流风机，其结构如图 4-17 所示。动叶可调是指叶轮配有一套液压装置，可以在工作状态下调节叶片的安装角，以在锅炉负荷变动的情况下改变风机出力。

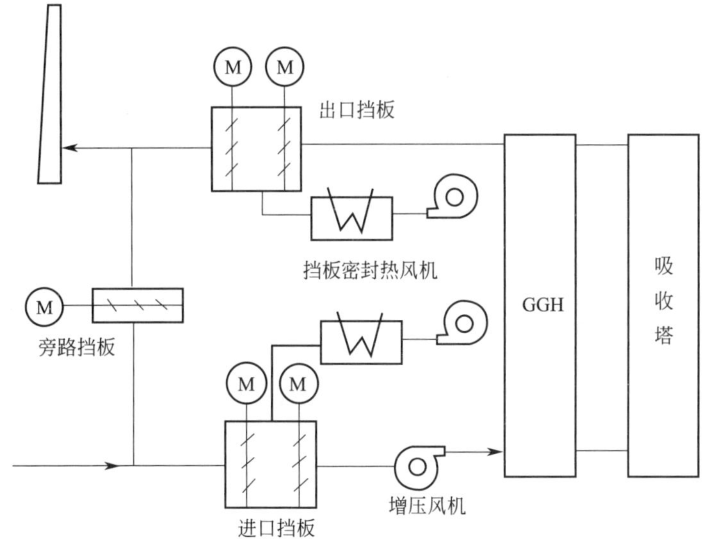

图 4-16　FGD系统中的烟气挡板[3]

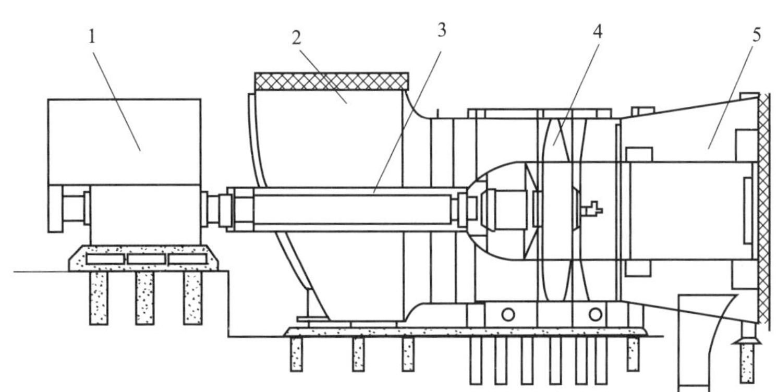

图 4-17　动叶可调轴流式增压风机示意[3]

1—电机；2—烟气进口；3—联轴器；4—叶轮；5—扩压室

(3) 烟气换热器

湿法脱硫吸收塔出口烟气温度约为 50℃，温度低于露点，并含有饱和水汽及残余的 SO_2、SO_3、NH_3、HCl、HF、NO_x，其携带的硫酸盐、亚硫酸盐等会结露，如不经过处理直接排放，易形成酸雾，影响烟气的抬升高度和扩散。因此湿法脱硫系统通常配有一套烟气再热装置。气-气换热器或水-水换热（GGH）是蓄热加热工艺的一种，是用未脱硫的热烟气（一般温度为 120～150℃）去加热已脱硫的烟气，一般加热到温度为 72～80℃后排放，避免低温湿烟气腐蚀烟道、烟囱内壁，并可提高烟气抬升高度。

常用的烟气换热器有气-气加热器和水媒式 GGH，其中气-气加热器利用脱硫系统上游的热烟气加热下游的净烟气（图 4-18），其原理类似于锅炉尾部的容克式回转空气预热器。由受热面转子和固定外壳组成，外壳的顶部和底部把转子的通流部分分割为两部分，使转子的一侧通过未处理热烟气，另一侧以逆流通过脱硫后的净烟气。当原烟气与受热面接触时，原烟气的热量传给受热面，并被蓄积起来。当脱硫后净烟气与受热面接触时，受热面就将蓄积的热量传给净烟气。受热面周期性地被加热和冷却，热量也就周期性地由原烟气传给净烟气，转子每旋转一圈就完成一个热交换循环。

回转式 GGH 工作原理及再热方式示意见图 4-18。

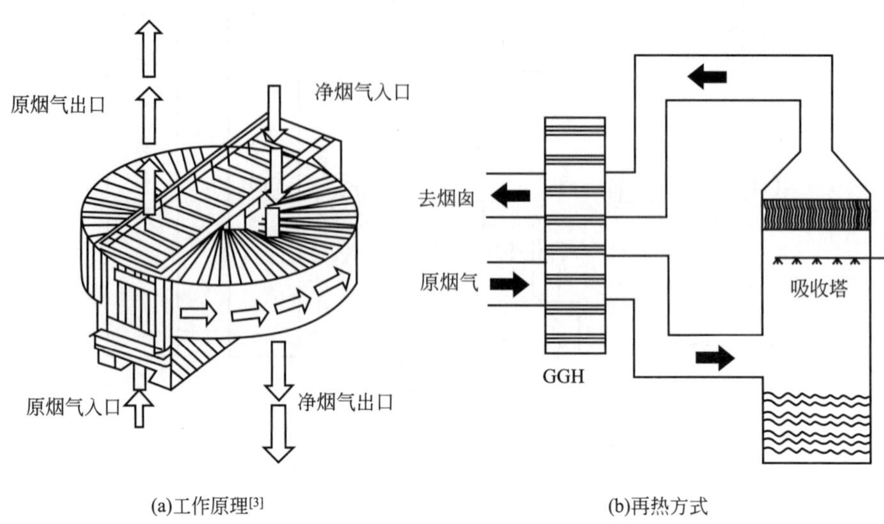

(a)工作原理[3]　　(b)再热方式

图 4-18　回转式 GGH 工作原理及再热方式示意

回转式 GGH 加热侧属于硫酸和亚硫酸低温腐蚀区，烟气透过除雾器夹带的水沫黏附在传热表面，会继续吸收烟气中残余的硫酸雾、SO_2、HCl 和 HF，这些酸性物质随着水分的蒸发而浓缩，成为引起腐蚀的主要原因。因此回转式 GGH 通常使用耐腐蚀材料，如采用玻璃鳞片酚醛环氧乙烯基酯树脂涂料衬覆壳体或采用耐硫酸露点腐蚀钢制作壳体和原烟气入口烟道。密封件多采用耐腐蚀铬镍合金，蓄热板一般用搪釉碳钢板。回转式 GGH 难以完全密封，原烟气侧向净烟气侧有一定程度的漏风，会导致排放烟气中 SO_2 的浓度增加，脱硫效率下降。

水媒式 GGH 也称无泄漏型 GGH（MGGH），日本基本上都采用这种形式，该加热器分为两部分，热烟气室和净烟气室，热烟气室内的烟气将热量传递给循环水，循环水将热量带到净烟气室被净烟气吸收，其工作原理及再热方式示意如图 4-19 所示。这种 MGGH 管内是热媒

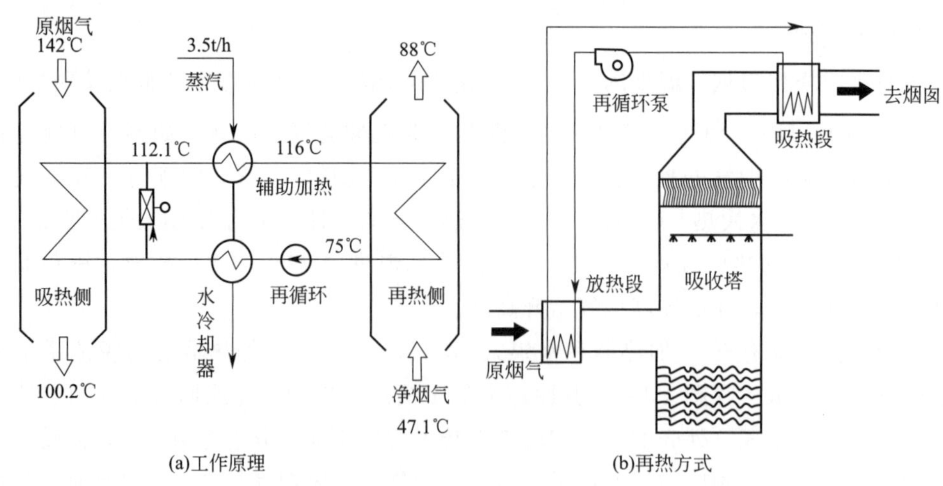

(a)工作原理　　(b)再热方式

图 4-19　水媒式换热器工作原理及再热方式示意

水管外是烟气，管内流体的传热系数远高于管外烟气，为了强化传热，一般采用高频焊接翅片管。但降温侧换热器和升温侧再热器都会遇到酸腐蚀问题，因此国内外都有采用氟塑料作为换热管材料。

在我国进行大规模脱硫改造阶段的初期，配置和取消 GGH 两家流派进行了长时间的争论和交锋。坚持取消 GGH 的人们认为：无论安装 GGH 与否，经石灰石-石膏湿法脱硫工艺处理后的烟气均存在对烟囱和烟道的腐蚀问题，烟道和烟囱防腐措施仍必不可少；另外，由于气-气换热 GGH 本身存在原烟气向净烟气泄漏问题，很难达到超低粉尘排放 $5mg/m^3$；气-气换热 GGH 很容易发生腐蚀和堵塞。为了提高 FGD 系统的可靠性和可用率，不主张配置 GGH。而很多学者认为取消 GGH 后对大气环境的不利影响是增加的。配置 GGH 可提高烟囱排出烟气的抬升高度以利于污染物的扩散，防止酸雨落地浓度超标。能够解决烟囱冒“白烟”问题，无视觉污染的同时避免排烟降落液滴问题，并且烟囱防水防腐问题较单一。最初所提倡的取消 GGH 更多的不是从环保的诉求和本质改善来考虑的，而是从可降低脱硫建设的直接成本及运行维护成本（不含烟囱防腐的成本和维护费用）考虑的。

4. 石膏脱水及废水处理系统

吸收塔排出浆液为石膏和其他盐类的混合物，包括 $CaSO_4 \cdot 2H_2O$、$MgSO_4$、$CaCl_2$、石灰石、CaF_2 和灰粒等，吸收塔氧化池内的浆液（含固量 12%～18%）通过石膏浆液排出泵送入石膏浆液旋流器（初级浓缩脱水），通过旋流器溢流（含固量 3%～5%），分离出浆液中较细的固体颗粒，这些细小的固体颗粒在重力作用下从旋流器溢流返回至吸收塔，浓缩的大颗粒石膏浆液（40%～60%）从旋流器下口排出，浓石膏浆液被输送至脱水机，经由脱水机（二级浓缩脱水）过滤脱水后得到含水率小于 10%的湿石膏。为了确保石膏的品质，在石膏脱水过程中用工业水对石膏及滤布进行冲洗，脱水机的过滤物被分成废水和过滤水，废水被送至废水处理系统，过滤水将回流至吸收塔内作为补充水。其工艺流程如图 4-20 所示。

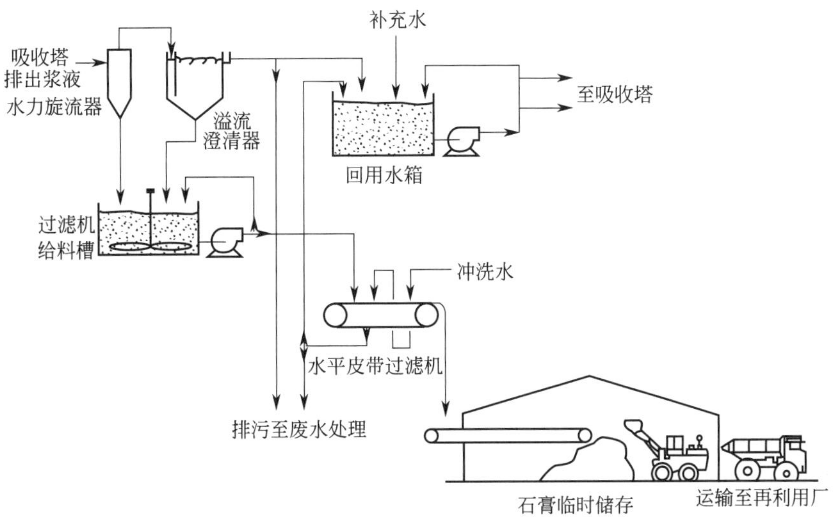

图 4-20 典型石膏脱水工艺流程[3]

石膏脱水系统中的主要设备包括石膏排出泵、石膏旋流器、真空皮带脱水机、石膏仓等，其中石膏旋流器主要为水力旋流器（图 4-21），一座吸收塔一般配备一台旋流器，其基本工作原理是基于离心沉降作用，当混合液以一定的压力进入旋流器，在离心沉降作用下大部分重相混合液经旋流器底流口排出，而大部分轻相混合液则由溢流口排出，从而达到轻相混合液与重相混合液分离的目的。

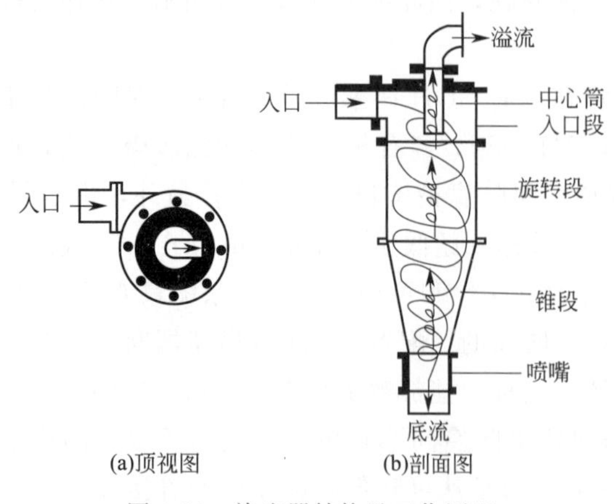

图 4-21 旋流器结构及工作原理

石膏浆液经水力旋流器浓缩后，仍有40%～50%的水分，为进一步降低石膏含水率要进行二级脱水。二级脱水的主要设备有真空皮带脱水机、真空筒式脱水机、离心筒式脱水机、离心螺旋式脱水机等。为除去石膏中的可溶性成分（特别是氯离子），使其含量满足标准要求，在脱水过程中需用清水冲洗石膏。真空皮带脱水机的耗水量最少，因为一部分冲洗废水又回到系统中，并且真空式脱水机的废液较清。除此之外真空皮带脱水机的脱水性能以及投资和运行费用均优于其他脱水机，如表 4-2 所列。因此，我国所有石灰石湿法 FGD 装置均采用真空皮带脱水机作为二级脱水设备。

表 4-2 石膏脱水机性能比较

脱水机类型		出力	投资	运行费用	石膏含水量	耗水量	废液
真空式	皮带脱水机	1.1t/(m^2·h)	低	低	8%～10%	低	清
	筒式脱水机	1.1t/(m^2·h)	低	低	10%～12%	中等	清
离心式	筒式脱水机	≤3.5 t/h	高	高	6%～8%	高	浑浊
	螺旋式脱水机	20 t/h	中等	中等	7%～10%	高	浑浊

在湿法脱硫过程中 SO_2 吸收、石膏脱水及冲洗过程中都将产生大量的废水。脱硫废水的水质和水量由脱硫工艺、烟气成分、灰及吸附剂等多种因素决定。废水中的杂质除了大量的可溶性氯化钙外，还有氟化物、亚硝酸盐、重金属离子、硫酸钙及细尘等。表 4-3 为某电厂脱硫废水水质。

表 4-3 某电厂脱硫废水水质

项目	数值	项目	数值
pH 值	5.5～7	总 Ca/(mg/L)	≤2000
悬浮物/(mg/L)	≤12000	总 Cd/(mg/L)	≤2.0
SO_4^{2-}/(mg/L)	≤16500	总 Al/(mg/L)	10
总 Mg/(mg/L)	1900～41500		

这种脱硫废水因呈弱酸性、悬浮物和重金属含量超标，不能直接排放，必须进行处理，达标后排放。目前国内针对石灰石-石膏湿法烟气脱硫产生的废水主要采用以下几种处置方式。第一种方法是将脱硫废水重新利用，对湿排渣系统，可将脱硫废水排入灰水系统或用于湿排渣。将脱硫废水直接输送到电厂的水力除灰系统（或灰场），与灰浆液一同处理，由于脱硫废水呈弱酸性，对弱碱性的灰浆液有一定的中和作用，再加上脱硫废水数量较小，每天只有几十到几百吨的流量，不会对灰浆产生大的不良影响。对干排渣系统，可将脱硫废水重新喷入烟道，利用烟气余热处理废水。第二种方法是设置脱硫废水预处理装置例如三联箱系统等，处理后的仍然为高含氯废水，通过撒到煤场处理。第三种处理方式为废水预处理+膜浓缩+蒸发结

晶/烟道蒸发，该工艺投资很高、运行费用很高。最近也有报道通过开发新型吸附氯离子吸附剂对高氯废水进行处理后回用。第四种方法为引入电化学法，通过阳极吸附氯离子变成氯气，实现废水中氯离子下降，这两种直接降氯处理后的脱硫废水可以直接回送到脱硫塔。具体脱硫废水零排放处理技术将在本书第七章中详细介绍。

5. 其他工艺系统

(1) 公用系统

公用系统由工艺水系统、工业水系统、冷却水系统和压缩空气系统等子系统构成，为脱硫系统提供各类水和控制用气。FGD 的工艺水一般来自机组循环水，循环水输送至工艺水箱中，经由工艺水泵输送至各用水点，各设备的冲洗、灌注、密封和冷却等用水也采用工艺水，如 GGH 的高压和低压冲洗水、各浆液管路的冲洗水等。FGD 冷却水则主要是各风机和泵的电动机用水。此外部分冷却水用于氧化空气的增湿冷却。

FGD 工业水一半来自机组补充水，并输送至工业水箱中，其水质优于工艺水，一般通过工业水泵为湿磨机提供制浆用水，为真空皮带脱水系统提供冲洗水，以获得高品质的副产品——石膏。

(2) 浆液排放系统

浆液排放系统包括事故浆液储罐系统和地坑系统，当 FGD 装置发生大修或者故障需要排空 FGD 装置内浆液时，塔内浆液由浆液排放泵排入事故浆液箱直至泵入口低液位跳闸，其余浆液依靠重力自流至吸收塔的排放坑，再由地坑泵打入事故浆液储罐。

(3) 电气与监测控制系统

电气与监测控制系统主要由电气系统、监控与调节系统和连锁环节等构成，其主要功能是为系统提供动力和控制用电，通过 DCS 系统控制全系统的启停、运行工况调整、异常情况报警和紧急事故处理。在线仪表监测和采集各项运行数据，还可以完成经济分析和生产报表。

(二) 石灰石-石膏脱硫的影响因素

气体吸收过程的机理有各种不同的理论，其中应用最广泛且较为成熟的是“双膜理论”，下面结合烟气 SO_2 的吸收过程对双膜理论进行描述。

烟气 SO_2 被吸收的双膜理论模型如图 4-22 所示，假定在气液接触界面各有一层很薄的层流薄膜即气膜和液膜，其厚度分别用 δ_g 和 δ_l 表示，即使气、液相主体处于湍流状态下，这两层膜内仍处于层流状态。在两膜以外的气、液相主体中，因流体处于充分湍流状态，所以 SO_2 在两相主体中的浓度是均匀的，不存在扩散阻力和浓度差，但在气膜和液膜内有浓度差存在。SO_2 从气相转移到液相的实际过程是：SO_2 气体通过湍流扩散从气相主体到达气膜边界，靠分子扩散通过气膜到达两相界面，在界面处 SO_2 在气、液两相中的浓度已达到平衡，相界面处没有任何传质阻力，在界面上 SO_2 从气相融入液相，再靠分子扩散通过液膜到达液膜边界，然后靠湍流扩散从液膜边界进入液相主体。

由双膜理论可以发现，尽管气、液两膜均极薄，但传质阻力仍集中在这两个膜层中，因此 SO_2 的传质总阻力可以简化为两膜层的扩散阻力。因此气液两相间的传质速率取决于通过气液两膜的分子扩散速率。即 SO_2 的脱除率受 SO_2 在气液两膜中的分子扩散速率的控制。

根据双膜理论可以用下列公式表示吸收塔的性能：

$$\mathrm{NTU}=\ln\left(\frac{Y_{\mathrm{in}}}{Y_{\mathrm{out}}}\right)=\frac{KA}{G}=\frac{1}{\ln(1-\gamma)} \tag{4-27}$$

式中 NTU——number of transfer units，传质单元数，无量纲；

Y_{in}——入口 SO_2 摩尔分数；

Y_{out}——出口 SO_2 摩尔分数；

K——气相平均总传质系数，kg/(g·m^2)；

A——传质界面总面积，m^2；

G——烟气总质量流量，kg/s；

γ——SO_2 脱除率。

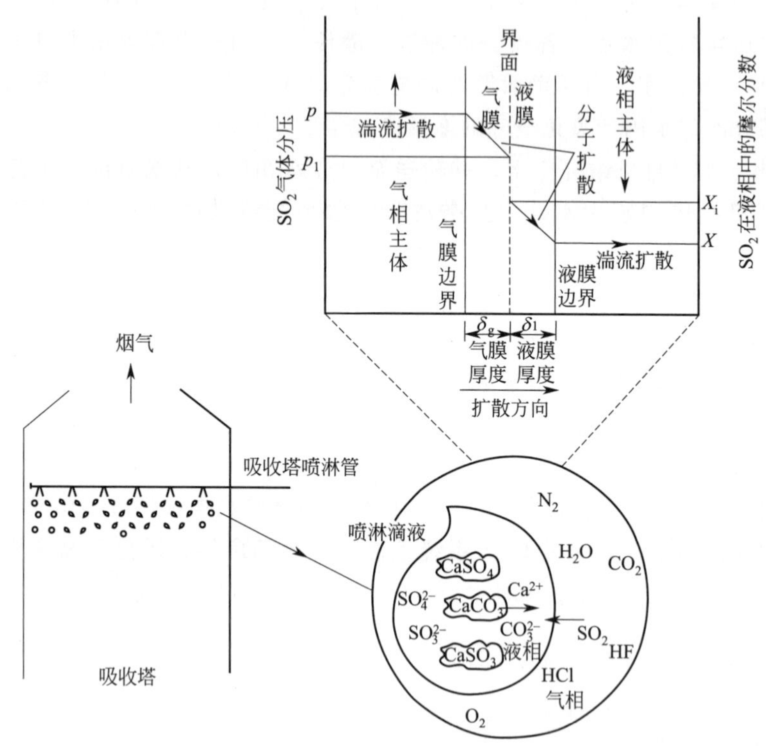

图 4-22 烟气 SO_2 被吸收的双膜理论模型[1]

上式仅适用于溶解在洗涤液中的气体不产生阻滞进一步吸收的蒸气压。当洗涤液由于吸收了气体产生蒸气压时，则要考虑被吸收气体产生的平衡分压。对于大多数 FGD 装置来说，由于吸收液上方的 SO_2 平衡分压较入口和出口 SO_2 浓度小得多，因此该式基本上正确。从上式可以看出影响脱硫吸收塔运行的主要因素有以下几个方面。

1. 塔内烟气流量

烟气流量即单位时间内排放或通过的烟气体积，对于某吸收塔，假定 K、A 均与烟气流速无关，在其他条件不变的情况下，增大烟气流量，NTU 将减小（NTU 与烟气流量成反比），脱硫效率降低，烟气流量与脱硫效率的典型关系如图 4-23 所示，烟气流量影响脱硫效率的主要因素是吸收液提供的传质表面积 A。此外，当烟气流量超过设计点 S，强制氧化空气喷入流量也随之增加时，SO_2 的脱除率将沿实线下降，若氧化空气流量没有相应增加，则 SO_2 的脱除率沿虚线下降，此时烟气流量对 SO_2 脱除率的影响叠加了氧化过程对 SO_2 脱除率的控制。对于已经建好的 FGD，若要增加烟气流量，需要考虑到这一点。

烟气流量增加引起吸收塔内烟气流速增加，这有利于减小液膜的厚度，有助于 K 值的增大。对于逆流喷淋塔还有利于提高吸收区液滴密度和停留时间，使 A 值增大，增加了 SO_2 吸收量。可见烟气流量对 NTU 的影响是综合性的，存在一个合理的速度区间使 NTU 最大。根据目前国内脱硫装置的运行经验，塔内烟气流速在 3～4m/s 时，减小烟气流速可以增加烟气在吸收塔内的停留时间，有助于脱硫效率的提高。

另外，烟气流速对吸收塔入口处烟气的分布影响较大，而烟气的分布均匀性又显著影响脱硫效率。烟气流速对入口处烟气分布影响与吸收塔类型、入口烟道结构和布置方式有关，可通过流场模拟或流场动力实验来确定这些因素的影响。

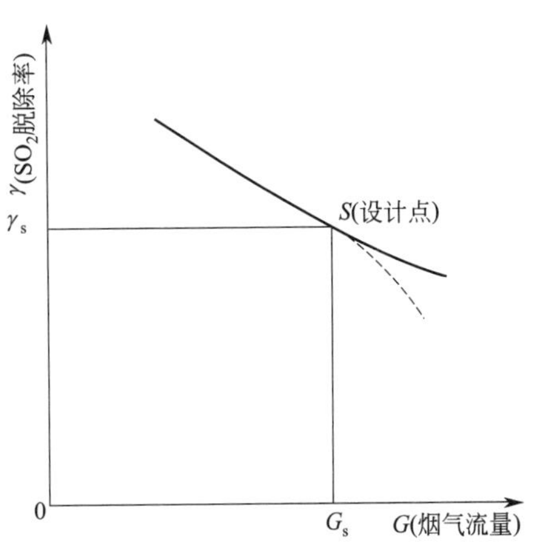

图 4-23　烟气流量与脱硫效率典型关系的示意[7]

2. 喷淋浆液总流量

液气比（L/G）指吸收塔洗涤单位体积饱和烟气需要的吸收剂浆液体积。目前国内多以吸收塔后标准状态［1atm（1atm＝101325Pa）、273.15K］湿烟气流量为基准计算液气比。液气比的大小反映了吸收过程推动力和吸收速率的大小，对于特定的吸收塔，烟气流量一定时，液气比和喷淋浆液总流量成正比，喷淋浆液总流量决定了液气比的大小。

液气比是达到规定脱硫效率的重要设计参数，液气比增加可以增大吸收表面积，在大多数吸收塔设计中，循环浆液量决定了吸收 SO_2 可利用表面积的大小，喷淋塔和喷淋托盘塔尤其如此。当烟气流量一定时，逆流喷淋塔喷出液滴的总表面积基本与喷淋浆液流量成正比。同时液气比的增加也可以降低 SO_2 洗涤负荷，通过吸收表面积的增加增强对 SO_2 的吸收，液气比提高，中和已吸收的 SO_2 的碱量也增加，因此对 SO_2 的脱除作用也同步增强。液气比也可以控制浆液的过饱和度，防止结垢，当浆液中的 $CaSO_4 \cdot 2H_2O$ 的过饱和度高于 1.3 时将产生石膏硬垢；当循环浆液固体物浓度相同时，增加液气比后，单位体积循环浆液吸收的 SO_2 量降低，石膏的过饱和度降低。有资料指出，当浆液含固量的质量浓度不低于 5%，循环浆液吸收 SO_2 量小于 10mmol/L 时，有助于防止石膏硬垢的形成，因此高的液气比有利于防止结垢。液气比（L/G）与脱硫效率的关系如图 4-24 所示。

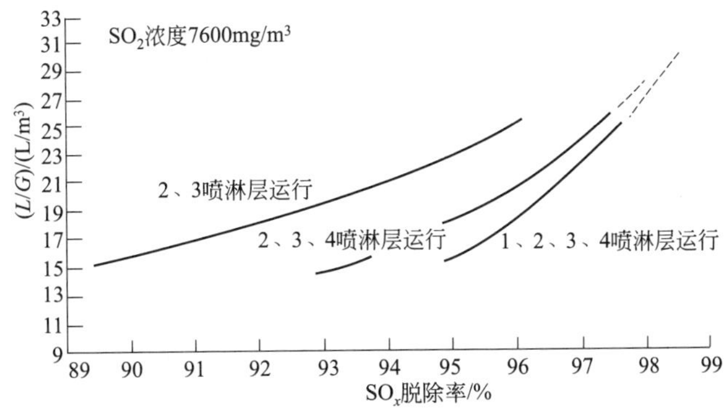

图 4-24　液气比（L/G）与脱硫效率的关系[7]

另外，吸收塔吸收区中的 SO_3^{2-} 与 HSO_3^- 的自然氧化率与浆液中的溶解氧密切相关，高液气比将有利于循环浆液吸收烟气中的氧气，循环浆液本身也含有一定的溶解氧，循环浆液流量大，含氧量也就多，因此提高液气比也有助于提高吸收区的自然氧化率，减少强制氧化负荷。

液气比直接决定了循环泵的数量和容量，也决定了氧化槽的尺寸，对脱硫效率、系统阻力、设备一次投资和运行能耗等影响很大，因此应根据要求的脱硫效率选择合理的液气比，在保证运行性能的前提下降低吸收塔的能耗。

3. 浆液 pH 值

湿法 FGD 系统中浆液对 SO_2 的吸收程度受气液两相 SO_2 浓度差的控制，要使烟气中的 SO_2 短时间内在有限的脱硫设备内达到排放标准，必须提高 SO_2 的溶解速度，这主要是通过控制和调整浆液的 pH 值来实现的。

pH 值对 SO_3^{2-} 的氧化有重要的影响，在 pH 值为 3.5～5.7 时能保持较高的氧化率，在 pH 值为 4.5～4.7 时氧化率达到最高，因此为了获得较高的亚硫酸盐的氧化率 pH 值应维持在 3.5～5.7，同时较低的 pH 值也有利于碳酸钙的溶解。而高 pH 值有利于 SO_2 的吸收。pH 值对 WFGD 的影响是非常复杂和重要的。工业 WFGD 运行结果表明较低的 pH 值可降低堵塞和结垢的风险。因此，在石灰石-石膏湿法烟气脱硫中，pH 值控制在 5.0～6.0 之间较适宜。

4. 吸收塔浆池容积

吸收塔浆池容积一般由石膏停留时间和浆液循环停留时间来确定。

(1) 石膏停留时间

石灰石-石膏湿法脱硫系统中 $CaSO_3$ 和 $CaSO_4$ 的析出是在浆液中固体颗粒（晶种）的表面上进行的，为保证石膏结晶和晶体的生长，石膏浆液必须在氧化槽内有足够的停留时间。石膏停留时间等于氧化槽中浆液体积（V）除以吸收塔排浆泵流量（B），即：

$$\tau_t=\frac{V}{B} \tag{4-28}$$

石膏停留时间也等于氧化槽中存在的固体物的总量（kg）除以脱硫固体产物产出量（kg/h）。石灰石-石膏脱硫工艺中典型的 τ_t 值是 12～24h，通常情况下要求不少于 15h。τ_t 是吸收塔设计的重要参数，适当的 τ_t 值有利于提高吸收剂的利用率，促进石膏结晶，提高石膏品质。石灰石的利用率与 τ_t 关系的计算式为：

$$\gamma_{Ca}=\frac{K_{Ca}\tau_t}{1+K_{Ca}\tau_t} \tag{4-29}$$

式中 γ_{Ca}——石灰石利用率；

K_{Ca}——石灰石反应速率常数。

K_{Ca} 与石灰石的成分活性、粒径及浆液 pH 值有关。对于特定的石灰石吸收剂，随着 τ_t 的增加即氧化槽容积的增加，石灰石的利用率增加，当 τ_t 增大到一定程度后石灰石的利用率随 τ_t 增加的幅度趋于平缓。

(2) 浆液循环停留时间

要保证石灰石在浆液反应罐内充分溶解，石灰石在反应罐浆池内必须有足够的停留时间。浆液循环停留时间即循环浆液在吸收塔内循环一次在氧化槽内的平均停留时间。计算公式为：

$$\tau_c=\frac{60V}{L} \tag{4-30}$$

式中　τ_c——浆液循环停留时间，min；

V——氧化槽浆池容积，m^3；

L——循环浆液流量，m^3/s。

当吸收塔浆液循环流量一定时，浆液循环停留时间 τ_c 随着反应罐容积的增加而增加；当反应罐容积确定时，τ_c 随循环浆液流量的增加而减小。对石灰石-石膏湿法脱硫工艺，浆液循环停留时间一般为 3.5～7min，典型的 τ_c 为 5min 左右，τ_c 提高有利于氧化槽中的氧化、中和和沉淀析出反应，有利于 $CaCO_3$ 的溶解和提高石灰石的利用率。石膏停留时间和循环浆液停留时间是决定氧化槽的两个重要参数，在确定氧化槽尺寸时应选取两个参数的较大值。对于超低排放项目，如果提高了设计入口 SO_2 浓度和脱硫效率，则需要大幅增加液气比。循环浆液流量增加，若保持原有吸收塔尺寸不变，则石膏停留时间和循环浆液停留时间都将降低。因此，吸收塔改造会同步抬升浆池高度，提高吸收塔浆液池容积。若改造项目保持原设计入口 SO_2 浓度不变或者降低了入口设计的 SO_2 浓度，仅要求提高脱硫效率，石膏产量没有增加，原有反应罐容积可满足石膏停留时间要求，则需根据实际的循环浆液流量增加幅度及浆液循环停留时间来合理选择是否需要增加浆液池容积。

(三) 单塔单循环超低排放措施

石灰石-石膏法脱硫工艺经过几十年的发展，从机理、工艺上已经非常成熟。目前针对单塔单循环脱硫系统，主要是在 SO_2 吸收塔的优化设计、提高传质单元数 NTU、防止烟气短路等方面展开工作。

(1) 内部改造

例如提高吸收塔高度、增加喷淋层、优化喷嘴布置、增加均流提效构件、控制内部 pH 值等，此种方案改造工作量较小，特别适用于老脱硫塔的增容提效改造。

(2) 采用逆流喷淋托盘塔

为了提高脱硫效率，在喷淋塔吸收区喷淋层的下部安装一层或者多层多孔合金托盘，其结构形式如图 4-25 所示。

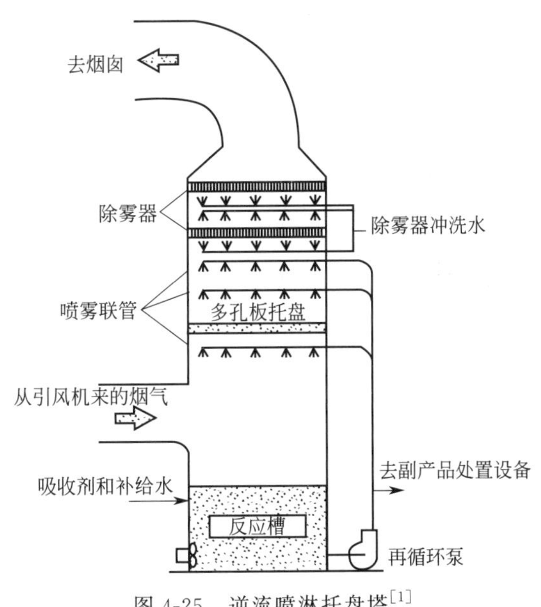

图 4-25　逆流喷淋托盘塔[1]

通常情况下，托盘安装在吸收区最下层喷淋层和入口烟道上沿之间，用机械方式保证烟气上升中分布均匀，利于烟气和浆液有效接触。也可以在托盘的下方布置 1～2 层喷淋层，以确保烟气在接触托盘前达到完全饱和状态，有利于防止托盘结垢堵塞。一般情况下由于浆液循环流量很大，托盘布置在最下层喷淋层下部也能保证烟气接触托盘前已经达到完全饱和状态。

托盘上的开孔孔径一般为 25～40mm，开孔率（开孔面积百分比）为 25%～50%。托盘材质一般采用双相不锈钢 2205，厚度为 3～6mm，托盘一般为模块化安装，在托盘上用高度为 300mm 的隔板将托盘分隔为若干个模块，使得托盘上持液层高度能随托盘下方的烟气压力自动调节，而托盘上持液层的调整也可以使托盘下的烟气分布更加均匀。根据开孔率和托盘上持液层高度不等，一层多孔合金托盘的烟气压损为 400～800Pa。

对于高硫煤和排放要求更为严格的脱硫装置，烟气均布性的影响更加突出，此时可以采用双托盘吸收塔。两层托盘形成两层持液层，进一步加强烟气的均布性，防止烟气短路现象，使净烟气 SO_2 浓度及脱硫效率更加稳定。

（3）旋汇耦合脱硫除尘一体化技术

实现 SO_2 超低排放的主要原理是增加脱硫系统单位时间内对 SO_2 的吸收量，国电清新公司的旋汇耦合脱硫除尘一体化技术在空塔基础上增加了湍流器，湍流器使吸收塔内烟气均布，烟气经过高效喷淋系统实现 SO_2 深度脱除及粉尘的二次脱除。烟气进入管束式除尘除雾装置，在离心力作用下，雾滴和粉尘最终被壁面的液膜捕集，实现粉尘和雾滴的深度脱除（图 4-26）。

旋汇耦合装置与浆液产生可控湍流空间，提高气液固三相传质速率，同时实现了粉尘和雾滴的深度脱除。该技术在某电厂湿法脱硫中应用，在原脱硫吸收塔的基础上进行改造后运行，实测得脱硫系统出口 SO_2 浓度（标态）低于 35mg/m^3，旋汇耦合脱硫除尘一体化技术的脱硫效率在 99%以上，对颗粒物的脱除效率也在 80%左右[8]。

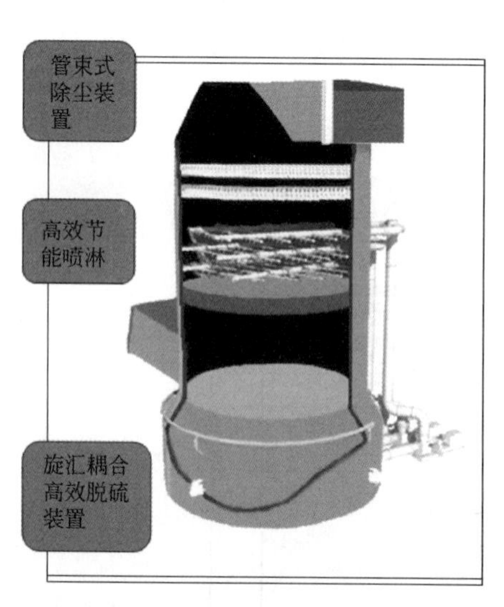

图 4-26　旋汇耦合脱硫除尘一体化技术

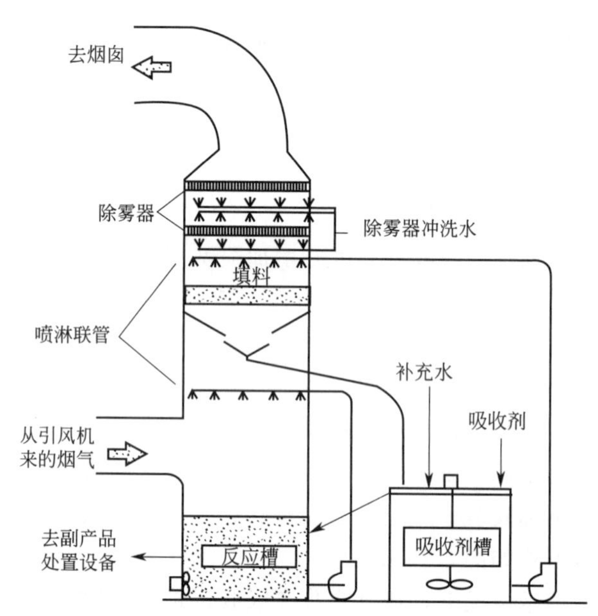

图 4-27　双回路喷淋塔（单塔双循环工艺流程）[1]

三、单塔双循环钙法脱硫技术

石灰石-石膏湿法脱硫系统中吸收塔浆液的 pH 值是影响石灰石-石膏湿法脱硫系统性能最主要的运行参数之一。pH 值和脱硫效率及石膏品质之间是相互制约的关系：提高 pH 值，吸收塔浆液中 $CaCO_3$ 的含量增加，有利于增加 SO_2 的吸收率，提高脱硫效率；但高 pH 值时氧化效率降低，相应的石灰石利用率和石膏品质下降。

单塔单循环技术中浆液循环只有一个回路，吸收区与氧化区的 pH 值变化一致，而单塔双循环技术通过单台吸收塔实现了二级浆液循环，见图 4-27。一级循环主要用于充分溶解石灰石和氧化 $CaSO_3$，为石膏结晶提供条件，以使二级循环不需考虑 $CaSO_3$ 的氧化和石灰石的溶解是否彻底。二级循环则将 pH 值控制在 5.7～6.4，在降低能耗的基础上实现较低液气比工况下的高脱硫效率。整个循环过程中，一级循环和二级循环均具备独立性，一方面便于拓展和优化；另一方面可以使浆罐的存储体积缩减，锥形收集碗可以使烟气流场分布均匀，达到除雾的作用。

在单塔双循环技术中，一级循环浆液来自吸收塔反应罐，经一级循环浆液循环泵送至一级循环喷淋母管。二级循环浆液来自吸收塔外单独的反应罐，经二级循环浆液循环泵送至二级喷淋母管。新鲜的石灰石浆液分别补充到两个反应罐中。二级循环反应罐中石膏浆液流入吸收塔反应罐，一级循环反应罐中的石膏浆液排出至石膏处理系统。一级循环的 pH 值一般控制在 4.5～5.2，低 pH 值有利于石灰石溶解，充分利用浆液中的石灰石。同时低的 pH 值有利于 $CaCO_3 \cdot \frac{1}{2}H_2O$ 的溶解度增加，提高氧化空气利用率，促进石膏的氧化结晶，得到高品质的石膏。单塔双循环技术每个循环独立控制，易于优化和快速调整，对于工况波动较大的机组以及所使用煤质为高硫煤的环境，单塔双循环特殊的烟气流场分布以及自身特点更能够达到好的脱硫效果，实现 SO_2 的超低排放。单塔双循环较单塔单循环多了集液斗、二级循环反应罐及相应的测量控制设备，一、二级循环需要相互协调控制，增加了运行操作的复杂性。

四、双塔双循环钙法脱硫技术

为达到 SO_2 超低排放，有些电厂选择对单塔脱硫系统进行增容提效改造，例如抬高塔身、对单塔增加喷淋层、提高浆液循环量、增加喷淋密度、在喷淋层下方布置多孔合金托盘，提高传质效率等。由于单塔单循环的脱硫率一般小于 97%，考虑到一定的裕度，该改造适用于设计煤种为特低硫煤（$S_{ar} \leqslant 0.5\%$）的机组改造。对于燃用中高硫煤的机组，单塔双循环或增设新塔是进一步降低烟气中 SO_2 浓度，达到超低排放较为有效的方法。

双塔双循环技术是单塔双循环技术的延伸，通过两级石灰石-石膏湿法喷淋空塔串联运行实现。根据现场位置及现有吸收塔设计参数，既可有效利用现有吸收塔作为一级吸收塔，新建二级吸收塔串联运行，也可以利用现有吸收塔作为二级吸收塔，新建一级吸收塔串联运行，典型的双塔双循环工艺流程见图 4-28。双塔双循环采用两塔串联运行的思路，能够充分利用原有脱硫设备设施：原有烟气系统、SO_2 吸收系统、石灰石浆液制备系统、石膏脱水系统、排放系统等采用单元制配置，避免拆塔重建。在不改变脱硫剂（石灰石）的情况下，能够有效提高脱硫效率，加强改造新增设备与现有设备的联系，提高整个脱硫系统的可靠性，降低造价。双塔双循环脱硫系统改造对现有脱硫装置的正常运行影响较小，缩短了现有脱硫装置的停运时间，改造后脱硫系统能够持续稳定运行，脱硫系统的启停和正常运行均不影响机组的安全运行和电厂的文明生产。

双塔双循环技术中，每个吸收塔有独立的浆液池，可各自独立设定 pH 值、密度和浆池容积等参数。可以对两个脱硫塔的功能进行划分，使每个塔的功能有所侧重，使脱硫吸收、氧化、中和、结晶的综合反应发挥到最佳。一级吸收塔 pH 值低，保证石灰石的充分溶解、石膏浆液的充分氧化沉淀结晶；二级吸收塔 pH 值较一级吸收塔高，有利于吸收反应。从功能上划分，一级吸收塔侧重氧化、沉淀、结晶反应，二级吸收塔侧重提高脱硫效率。通过两级吸收塔的分区控制，在保证脱硫效率的同时提高了石膏品质。由于二级吸收塔的 pH 值控制在较高

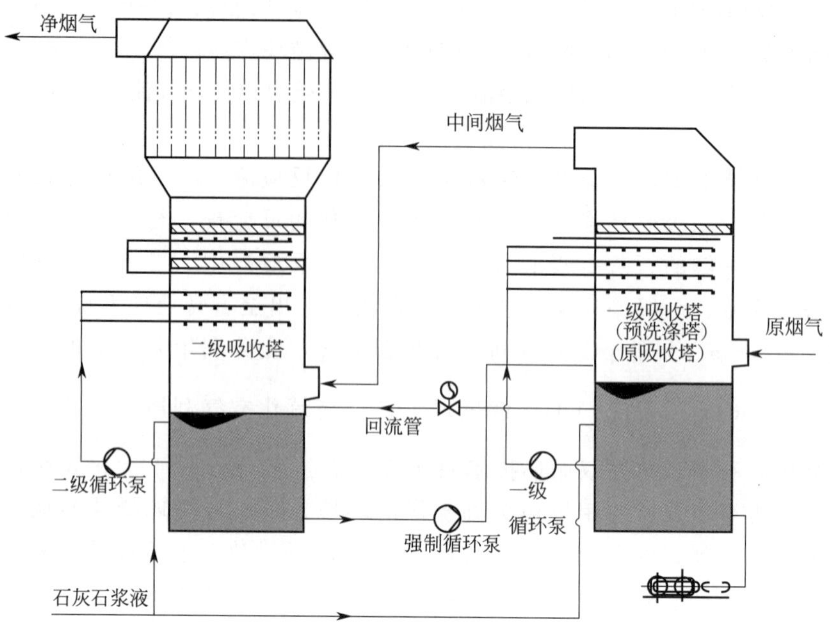

图 4-28 典型的双塔双循环技术工艺流程[9]

值，因此降低了液气比，降低了整个吸收塔系统的能耗。根据设计入口 SO_2 浓度的不同，一般一级吸收塔设计脱硫效率为 80%～90%，控制一级吸收塔出口 SO_2 浓度为 500～700mg/m^3，二级吸收塔设计脱硫效率为 93%～95%。双塔叠加的脱硫方式能够达到超过 98%的脱硫效率。但该技术也存在一定缺陷，例如：初始投资过大，二级吸收塔、除雾器、连接烟道的建设都需要大量资金；场地占用面积较大，引风机或脱硫增压风机的能耗较高；两个吸收塔之间水平衡及控制两座吸收塔的浆液密度较为复杂等。仍需要各燃煤机组在应用过程中不断加以完善。表 4-4 为四种湿法脱硫技术改造对比。

表 4-4 四种湿法脱硫技术改造对比

工艺	优点	缺点
单塔双循环	(1)吸收塔高度和浆池容积较小； (2)L/G 较常规喷淋塔低； (3)浆液 pH 值分循环控制，互不干扰； (4)适用于高硫煤	(1)塔体改动较大，投资较大； (2)外置 AFT 浆池，需要足够场地，且因 pH 高，需要大流量氧化； (3)施工工期相对较长
双塔双循环	(1)吸收塔高度和浆池容积较小； (2)L/G 较常规喷淋塔低； (3)浆液 pH 值分循环控制，互不干扰； (4)适用于高硫煤	(1)改造工程量巨大，投资很大； (2)双塔布置，占地面积巨大； (3)施工工期很长
单塔单循环强化传质	(1)系统改动很小，投资较小； (2)L/G 较常规喷淋塔大大降低； (3)占地面积小，工期短	烟气阻力较大
单塔单循环提高液气比	系统改动较小，投资一般	L/G 较高，工期偏长

五、其他湿法烟气脱硫技术

结合各个燃煤机组的实际情况，脱硫并非只有一条路可走。近年来高硫烟气达标问题、脱硫副产物综合利用问题、技改项目的场地问题、脱硫装置运行的经济性问题等，是国内燃煤机组面临的主要问题，在选择脱硫工艺时可根据电厂及周边资源环境情况选择适合的脱硫工艺。

（一）氨法脱硫技术

氨法脱硫是利用氨水洗涤烟气中的 SO_2 产生 $(NH_4)_2SO_3$，并循环利用 $(NH_4)_2SO_3$ 吸收液的脱硫过程，因国内化工企业（尤其是氮肥企业）中废氨水较容易得到，所以氨水湿法脱硫工艺得到了普遍的应用。

氨法脱硫以水溶液中 NH_3 与 SO_2 的反应为基础，NH_3 作为一种碱性吸收剂与 SO_2 反应生成中间产物亚硫酸（氢）铵，然后以亚硫酸（氢）铵为吸收液循环洗涤含 SO_2 的烟气，吸收液中定期补充 NH_3 中和 NH_4HSO_3，使其向 $(NH_4)_2SO_3$ 转化，防止 SO_2 的分解释放。$(NH_4)_2SO_3$ 在一定条件下会分解为 SO_2 逸出，为稳定烟气中的 SO_2，采用压缩空气将 $(NH_4)_2SO_3$ 氧化成 $(NH_4)_2SO_4$，并利用烟气热量浓缩结晶产生 $(NH_4)_2SO_4$ 固体产物，具体的化学反应式如下：

$$SO_2+H_2O+2NH_3 \longrightarrow (NH_4)_2SO_3 \tag{4-31}$$

$$(NH_4)_2SO_3+SO_2+H_2O \longrightarrow 2NH_4HSO_3 \tag{4-32}$$

$$NH_4HSO_3+NH_3 \longrightarrow (NH_4)_2SO_3 \tag{4-33}$$

$$(NH_4)_2SO_3+\frac{1}{2}O_2 \longrightarrow (NH_4)_2SO_4 \tag{4-34}$$

$$2(NH_4)_2SO_3+2NO \longrightarrow 2(NH_4)_2SO_4+N_2 \tag{4-35}$$

氨法脱硫工艺流程如图 4-29 所示。

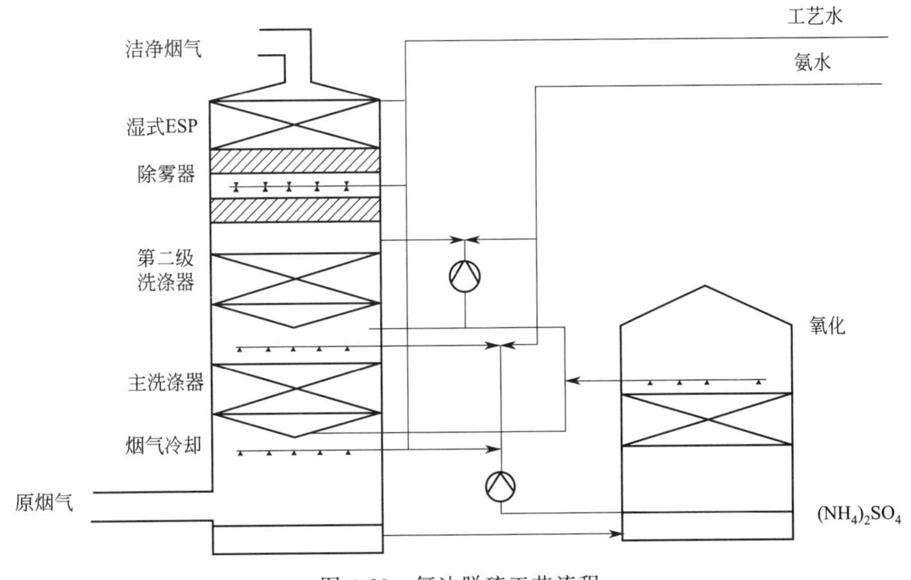

图 4-29　氨法脱硫工艺流程

氨法脱硫工艺流程中，引风机将烟气送入脱硫洗涤塔，吸收液循环吸收生产 $(NH_4)_2SO_3$；脱硫后的烟气经除雾器使烟气含水雾量（标态）低于 $75mg/m^3$ 后经烟气加热器升温至 70℃左右进入烟囱排放。氨与吸收液混合进入吸收塔，吸收 SO_2 后形成的 $(NH_4)_2SO_3$ 氧化生成 $(NH_4)_2SO_4$。

氨法脱硫工艺不仅能脱除烟气中 90%以上的硫氧化物，而且可以脱除 20%左右的氮氧化物。氨水可以和烟气中的氮氧化物反应生成氮气，反应如下：

$$4NO+4NH_3+O_2 \longrightarrow 4N_2+6H_2O \tag{4-36}$$

$$2NO_2+4NH_3+O_2 \longrightarrow 3N_2+6H_2O \tag{4-37}$$

$$6NO+4NH_3 \longrightarrow 5N_2+6H_2O \tag{4-38}$$

$$6NO_2+8NH_3 \longrightarrow 7N_2+12H_2O \tag{4-39}$$

其中较成熟的、已工业化应用的氨法烟气脱硫工艺有以下几种类型[10]。

1. 电子束氨法与脉冲电晕氨法

电子束氨法（EBA 法，其工艺流程见图 4-30）与脉冲电晕氨法（PPCP 法）的原理是：除尘后的烟气通过烟气调节塔调节温度和湿度，然后在反应器中被电子束和脉冲电晕辐照，产生·OH、·O 等多种活性粒子和自由基。在反应器里，烟气中的 SO_2、NO 被活性粒子和自由基氧化为高阶氧化物 SO_3、NO_2，与烟气中的 H_2O 相遇后形成 H_2SO_4 和 HNO_3，在有 NH_3 或其他中和物注入情况下生成 $(NH_4)_2SO_4$ 或 NH_4NO_3 的气溶胶，再由收尘器收集。脉冲电晕放电烟气脱硫脱硝反应器的电场本身同时具有除尘功能。这两种氨法脱硫的能耗和效率尚需改进，主要设备如大功率的电子束加速器和脉冲电晕发生装置还在研制阶段。

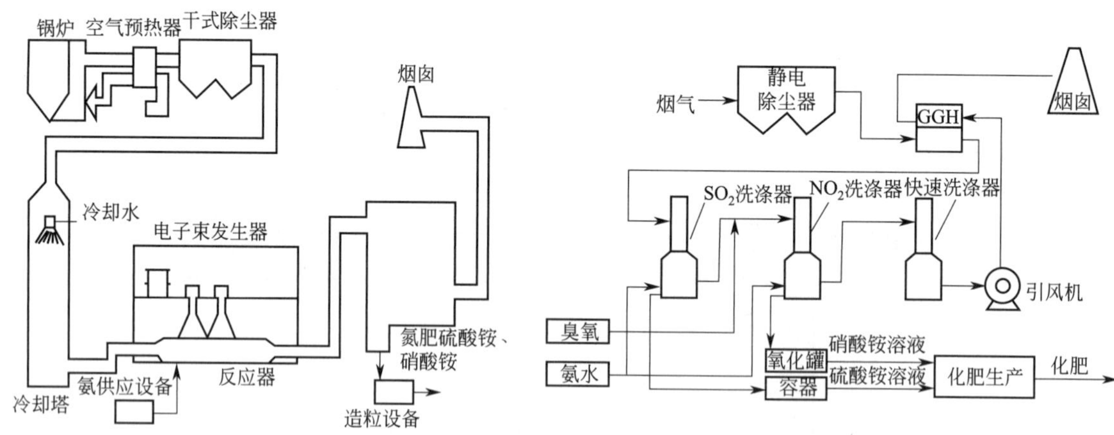

图 4-30　电子束氨法脱硫工艺流程[10]

图 4-31　Walther 氨法脱硫工艺流程[10]

2. Walther 氨法

Walther 工艺由克卢伯公司开发，于 1989 年在德国建成 65MW 示范装置，其工艺流程如图 4-31 所示。除尘后的烟气先经过热交换器，从上方进入洗涤塔，与氨气（25%）并流而下，氨水落入池中，然后将池中的氨水用泵抽入吸收塔内循环喷淋烟气。烟气经除雾器后进入一座高效洗涤塔，残存的盐溶液被洗涤出来，洗涤脱硫脱氮后的清洁烟气经过热交换器加热后排出，但烟气中仍会携带部分气溶胶颗粒。

3. AMASOX 氨法

Walther 氨法脱硫工艺的主要问题之一是净化后的烟气中存在气溶胶。德国的能捷斯-比晓夫（Lentjes Bischoff）公司买断 Walther 氨法烟气脱硫工艺后，对 Walther 氨法烟气脱硫工艺进行了改造和完善，称为 AMASOX 氨法。AMASOX 氨法是将传统的多塔流程改为结构紧凑的单塔流程，并在塔内安置了湿式电除雾器以解决气溶胶的问题，其工艺流程见图 4-32。

4. NKK 氨法

NKK 氨法是日本钢管公司（NKK）开发的工艺，在 20 世纪 70 年代中期建成了

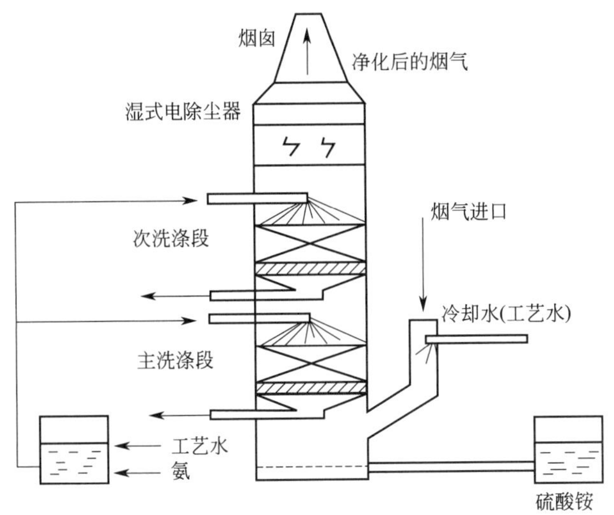

图 4-32　AMASOX 氨法脱硫工艺流程

200MW 和 300MW 两套机组。其工艺流程见图 4-33。该吸收塔从下往上分为三段：下段是预洗涤除尘和冷凝降温，此段未加入吸收剂；中段是加入吸收剂的第一吸收段；上段为第二吸收段，但不加吸收剂，只加工艺水。吸收处理后的烟气经加热器升温后由烟囱排放。亚硫酸铵的氧化在单独的氧化反应器中进行。氧化用的氧由压缩空气补充，氧化后的剩余气体排向吸收塔。

5. GE 氨法

美国 GE 公司开发的氨法烟气脱硫工艺流程为：除尘后的烟气经换热器后进入冷却装置，经高压水喷淋降温、除尘，冷却到接近露点温度后再进入吸收洗涤塔。吸收洗涤塔内布置有两段吸收洗涤层，洗涤液和烟气得以充分地混合接触，脱硫后的烟气经过塔内的湿式电除尘器后再进入换热器升温，达到排放标准后经烟囱排入大气。脱硫后含有 $(NH_4)_2SO_4$ 的吸收液经结晶形成副产品 $(NH_4)_2SO_4$。20 世纪 90 年代，美国通用环境系统公司（GE）在威斯康星州 Kenosha 电厂建成一座 500MW 的工业性示范装置，此方法后为美国 Marsulex 公司所有，称为美国玛苏莱氨法。

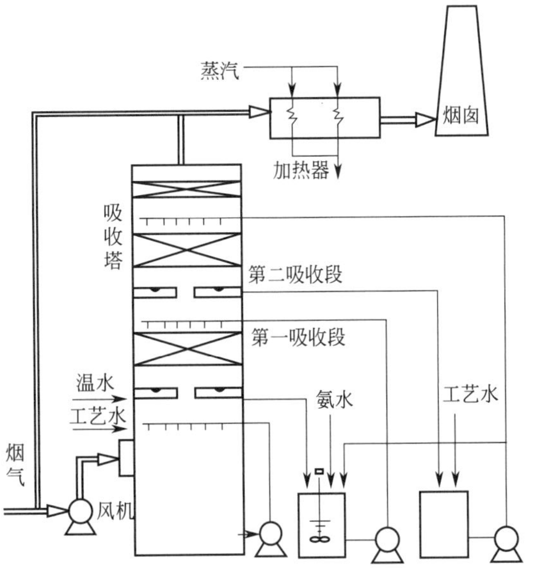

图 4-33　NKK 氨法脱硫工艺流程

综合上述氨法脱硫的工艺，可以得出以下氨法脱硫的技术特点。

（1）氨作为吸收剂来源丰富

氨（NH_3）是由氮气和氢气化学合成而得，又称合成氨。氨在常温常压下是气体，容易液化，通常液化储存和使用，也称液氨。合成氨是我国煤化工和天然气化工的主要产品，有 500 多家生产企业，产能超过 6500 万吨，年产量 5200 多万吨，合成氨产能过剩超过

1000万吨。目前我国火电厂年排放二氧化硫约1000万吨，即使全部采用氨法脱硫，用氨量不超过500万吨/年，因此氨法脱硫原料供应充足。

(2) 氨法脱硫对煤中硫含量的适应性广

对低、中、高硫煤种，氨法脱硫均能适应，特别适合于中、高硫煤的脱硫。采用石灰石-石膏法脱硫时，煤的含硫量越高，石灰石用量就越大，运行成本也就越高；而采用氨法时，特别是采用废氨水作为脱硫吸收剂时，由于脱硫副产物的价值较高，煤中含硫量越高，脱硫副产品硫酸铵的产量越大，经济性也越好。

(3) 回收使用 SO_2，无二次污染

氨法脱硫属于回收法，以氨为原料实现烟气脱硫，可将污染物 SO_2 回收成为高附加值的商品化产品，氨法脱硫副产品为直径0.2～0.6mm的硫酸铵晶体。硫酸铵是一种农用肥料，在我国具有很好的市场前景，硫酸铵的销售收入能一定程度抵消吸收剂的成本。特别是对于自身富产液氨或有废氨水的企业来说，可以利用液氨或废氨水作为脱硫吸收剂，达到用废水治理废气的目的。1t液氨可以反应生成3.83t硫酸铵化肥。其销售价格1200元/t。不消耗新的自然资源，不产生新的废弃物和污染物（如石灰石法每脱除1t二氧化硫会排放出0.7t二氧化碳），为绿色生产技术，可产生明显的环境效益和经济效益。因此，氨法与石灰石-石膏法具有明显的区别。

(4) 氨法脱硫系统简单、运行稳定

氨是一种良好的碱性吸收剂，从吸收化学机理方面分析，氨的碱性强于钙基吸收剂，氨对 SO_2 的吸收更有利。从吸收物理机理上分析，钙基吸收剂吸收 SO_2 是气固反应，反应速率慢、吸收剂利用率较低，需要大量的设备进行磨细、雾化、循环等措施提高吸收剂利用率，能耗较高；而氨吸收烟气中的 SO_2 是气液反应，反应速率快、反应完全，中间没有吸收剂输送、磨制等过程，在低能耗的情况下就可以达到很高的脱硫效率。硫酸铵具有极易溶解的化学特性，因此氨法脱硫系统不易产生结垢现象。

然而氨法脱硫也存在几个较为严重的问题：a. 由于氨在常温常压下是气体，易挥发逃逸，氨的逃逸会造成氨气与烟气中未被吸收掉的二氧化硫发生气相反应，生成固体的亚硫酸氢铵，由于有水汽的存在，进而形成亚硫酸氢铵小液滴悬浮在吸收塔上段，再加上气流运动的影响，许多小液滴的不断碰撞形成直径较大的液滴，最终形成“气溶胶”状态，导致最后排放的烟气中含有不稳定的亚硫酸氢铵，排出烟囱后会被分解而形成二次污染。同时氨逃逸也导致吸收液氨的浪费。因此在脱硫工艺中，要减少氨的挥发逃逸。b. 氨与 SO_2 反应生成的 $(NH_4)_2SO_3$ 显著阻碍 O_2 在水溶液中的溶解，造成 $(NH_4)_2SO_3$ 氧化困难。c. 最终生成的硫酸铵结晶析出困难。由于硫酸铵在水中的溶解度随温度的变化不大，如表4-5所列，因此，工业上析出硫酸铵的方法一般采取蒸发结晶，但受蒸发结晶条件的影响，硫酸铵晶体往往存在如晶粒过小、晶体出现多种颜色等问题。d. 由于硫酸铵具有腐蚀性，所以对设备的防腐要求较为严格。

表4-5 硫酸铵的溶解度

水溶液温度/℃	20	30	40	60	80	100
溶解度(质量分数)/%	43.00	43.82	44.75	46.81	48.80	50.81

6. 氨法脱硫过程中氨逃逸

在氨法脱硫过程中，氨逃逸主要有两种途径：一是挥发性的气态氨随烟气逃逸到大气中；

二是硫酸铵以气溶胶的形式随烟气逃逸，后者是氨逃逸的主要形式。气溶胶导致的氨逃逸及二次污染一直是氨法脱硫技术面世以来的行业难题，长期没有得到有效解决。国内外学者分析氨逃逸和气溶胶形成机理，提出了通过改善溶液 pH 值、反应温度、除雾器的结构，增加喷淋层数等措施来消减氨逃逸。

造成氨逃逸的原因有以下几个方面。

① 运行条件　入口烟气温度高，氨水挥发性强，过高的温度降低了 NH_3 在水中的溶解度，增加了游离氨的挥发，挥发量受氨水浓度、烟气温度、气体流速等因素的影响。烟气中的游离氨易与气态 SO_2、H_2O 通过气相反应形成 $(NH_4)_2SO_3$，形成的亚硫酸铵液滴悬浮在吸收塔内形成气溶胶，脱硫塔除雾器无法脱除，容易随着烟气带出塔外。

② 操作参数　主要包括烟气流速、液气比、吸收液浓度、吸收液 pH 值和进口 SO_2 浓度等。实验室研究表明液气比为 3～4L/m^3、脱硫液 pH 值为 5～6、烟气流速为 1.5～2.0m/s 时的效果最理想，而实际工程应用中需要充分考虑气液两相传质效果，结合现场实际情况获取合适的操作参数。

③ 吸收塔气流分布不均　受烟气入口速度、入口角度、位置和塔径等因素的影响，容易出现气流分布不均的问题。气流自身扩容、惯性、扩散运动和喷淋液的整流作用对气流均布效果有限，大量烟气进入塔体后仍沿远离入口一侧运动，造成烟气流在吸收塔内分布不均，烟气难以与喷淋液充分接触，严重影响气液两相传质，既降低了吸收液利用率，又降低了脱硫效率。塔内气流分布不均还导致烟气集中区域的气速过高，局部气速过高不但缩短了气液两相接触时间，同时还影响除雾器性能的发挥，导致烟囱出口处带浆液现象严重。

④ 受除雾器除雾效率不高的影响　氨法单塔脱硫系统常用的除雾器为带倒钩的波纹板除雾器，该除雾器无法脱除粒径在亚微米级别的气溶胶，导致硫酸铵液滴易随烟气带出塔外。丝网除雾器的除雾效率高，对微米级的颗粒的除雾效率可达到 97%以上。部分烧结厂在除雾器上部再增设一级丝网除雾器以提高气溶胶的捕集效果。但在实际工程应用中，由于丝网除雾器冲洗效果不理想，硫酸铵颗粒极容易粘在丝网上造成结垢和堵塞，不仅导致吸收塔压降升高，严重时可导致整个系统停运。

在实际工程应用中，需综合考虑脱硫效率和控制“氨逃逸”形成两方面因素。针对吸收塔内气流分布不均的问题，可在塔内加装气流均布板用于吸收塔气流均布。采用新型高效除雾器除去绝大部分粒径较大的雾滴，从而降低出口烟气夹带的水量和硫酸铵量。目前，氨法脱硫工艺越来越受到专家和学者的重视，其工艺也越来越完善。但是在控制“氨逃逸”方面还没有形成全套的理论，氨逃逸控制技术还不是很成熟。

（二）双碱法脱硫技术

碱法脱硫是采用钠基脱硫剂进行塔内脱硫，钠基脱硫剂碱性强，吸收二氧化硫后钠盐的溶解度大，不会造成过饱和结晶和堵塞问题，脱硫产物可以用氢氧化钙进行还原再生，再生出的钠基脱硫剂返回脱硫塔循环使用，适用于中小型锅炉进行脱硫改造。

碱法脱硫过程中，烟气中 SO_2 溶解于吸收液后解离为 H^+ 与 HSO_3^-，使用 Na_2CO_3 或者 NaOH 溶液吸收烟气中的 SO_2，生成 HSO_3^-、SO_3^{2-} 与 SO_4^{2-}，反应方程式如下：

$$Na_2CO_3+SO_2 \longrightarrow Na_2SO_3+CO_2 \tag{4-40}$$

$$2NaOH+SO_2 \longrightarrow Na_2SO_3+H_2O \tag{4-41}$$

$$Na_2SO_3 + SO_2 + H_2O \longrightarrow 2NaHSO_3 \tag{4-42}$$

首先是脱硫反应，式(4-40) 为湿法脱硫启动阶段 Na_2CO_3 溶液吸收 SO_2 的反应；式(4-41) 为再生液 pH 值较高（>9）时，溶液吸收 SO_2 的主反应；式(4-42) 为溶液 pH 值较低（5～9）时的主反应。

氧化过程（副反应）反应式：

$$Na_2SO_3 + \frac{1}{2}O_2 \longrightarrow Na_2SO_4 \tag{4-43}$$

$$NaHSO_3 + \frac{1}{2}O_2 \longrightarrow NaHSO_4 \tag{4-44}$$

再生反应式：

$$Ca(OH)_2 + Na_2SO_3 \longrightarrow 2NaOH + CaSO_3 \tag{4-45}$$

$$Ca(OH)_2 + 2NaHSO_3 \longrightarrow Na_2SO_3 + CaSO_3 \cdot \frac{1}{2}H_2O + \frac{3}{2}H_2O \tag{4-46}$$

氧化过程反应式为：

$$CaSO_3 + \frac{1}{2}O_2 \longrightarrow CaSO_4 \tag{4-47}$$

再生反应的第一个反应［式(4-45)］为式(4-50) 脱硫反应的再生反应，而后一个反应式为再生至 pH>9 以后继续发生的主反应，脱除的硫以亚硫酸钙和硫酸钙的方式析出，然后将其用泵送入石膏脱水处理系统，再生的 NaOH 可以循环使用。

钠钙双碱法脱硫工艺（图 4-34）以石灰浆液作为主脱硫剂，钠碱只需少量添加。由于在吸收过程中以钠碱为吸收液，所以脱硫系统不会出现结垢等问题，运行安全可靠。钠碱吸收液和二氧化硫的反应速率比钙碱快得多，所以在较小的液气比条件下，可以达到较高的二氧化硫脱除率。循环水基本上是氢氧化钠的水溶液，在循环过程中对水泵、管道、设备均无腐蚀与堵塞现象，吸收剂的再生与脱硫渣的沉淀发生在塔外，避免了塔内的堵塞和磨损，提高了运行的可靠性，钠基吸收液吸收 SO_2 的速率快，故可以采用较小的液气比达到较高的脱硫效率，并且钠

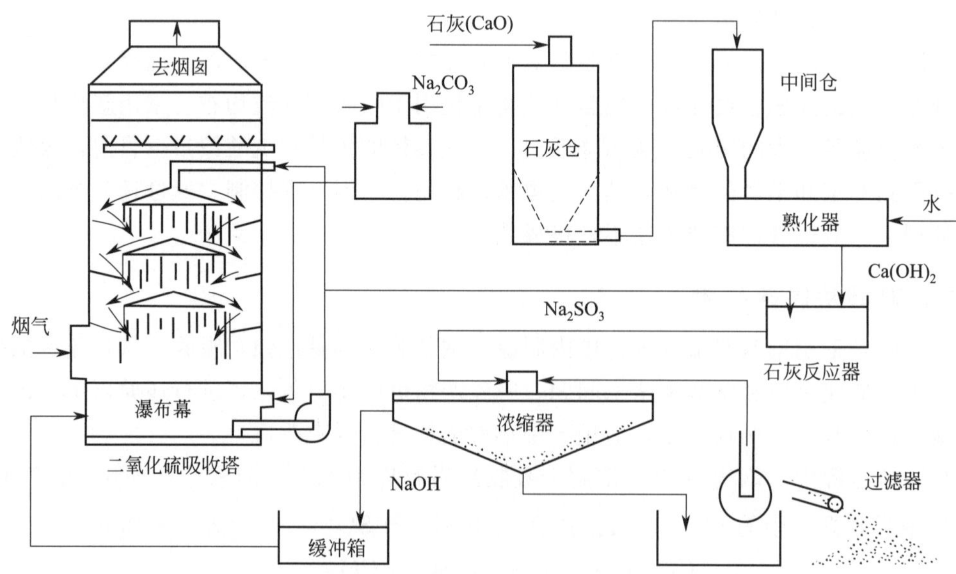

图 4-34　双碱法工艺流程[11]

基的再生循环可以提高石灰的利用率。但缺点是亚硫酸钠氧化副反应产物硫酸钠较难再生，需不断补充氢氧化钠或者碳酸钠而增加碱的消耗量。另外，硫酸钠的存在也将降低石膏的品质。

（三）海水脱硫技术

海水脱硫的原理是利用海水的天然碱性吸收烟气中的 SO_2。由于雨水将陆地上岩层的碱性物质（碳酸盐）带到海中，天然海水通常呈碱性。海水 pH 值一般大于 7，以重碳酸盐（HCO_3^-）计，自然碱度为 1.2～2.5mmol/L，这使得海水具有天然的酸碱缓冲能力及吸收 SO_2 的能力。烟气中的 SO_2 与海水接触主要发生以下反应：

$$SO_2(g)+H_2O \longrightarrow H_2SO_3 \longrightarrow H^+ + HSO_3^- \tag{4-48}$$

$$HSO_3^- \longrightarrow H^+ + SO_3^{2-} \tag{4-49}$$

$$SO_3^{2-} + \frac{1}{2}O_2 \longrightarrow SO_4^{2-} \tag{4-50}$$

上述反应为吸收反应和氧化反应。海水吸收烟气中的 SO_2 生成 H_2SO_3，H_2SO_3 极不稳定，分解生成 SO_3^{2-}，SO_3^{2-} 与海水中溶解的氧结合生成 SO_4^{2-}，但海水中溶解的氧非常少，远不能将吸收的 SO_2 全部氧化为 SO_4^{2-}，并且吸收 SO_2 脱硫后的海水中 H^+ 增加，pH 值降低，因此需要新鲜的碱性海水与之中和：

$$HCO_3^- + H^+ \longrightarrow H_2CO_3 \longrightarrow CO_2\uparrow + H_2O \tag{4-51}$$

在进行上述中和反应的同时，需要在海水中鼓入大量空气进行曝气，其作用主要是将 SO_3^{2-} 氧化成 SO_4^{2-}，并将产生的 CO_2 赶出水面，提高脱硫海水的溶解氧。

除海水和空气外，海水脱硫不添加任何化学脱硫剂，海水回到海中时主要增加了 SO_4^{2-}，脱硫后海水中硫酸盐的量增加了 70～80mg/L。而硫酸盐是海洋生物不可缺少的物质，海水脱硫不破坏海水的天然组分，也没有需要处理的副产品。从自然界元素循环的角度分析，海水脱硫实际上是使工业排放进入大气造成环境污染的硫经过海水脱硫后以硫酸盐的形式排入大海，使硫经过循环后又回到了它的原始状态。

海水脱硫是一种湿式抛弃法脱硫工艺，适用于沿海电厂，特别是在淡水资源和石灰石资源比较贫乏的情况下，由于该工艺在运行过程中只需要天然海水和空气，不需要添加任何化学物质，所以是目前唯一一种不需要添加任何化学药剂的脱硫工艺，不产生固体废弃物，系统无磨损、堵塞和结垢等问题。最大限度地减轻了对环境的负面影响。其结构简单，运行稳定，系统可用率达 100%，脱硫效率在 92%以上。但该工艺只适用于有丰富海水资源的工程，特别适用于用海水作循环冷却水的火电厂，对直接从海域上取海水的脱硫工程需做经济分析确定；经过脱硫的海水中的 SO_4^{2-} 浓度要在天然海水 SO_4^{2-} 浓度的正常波动范围内，pH 值要符合当地排放口的水质要求，溶解氧要适于海洋生物等，避免造成海水的二次污染。

由于海水碱度和直接排水的要求，该工艺仅适用于燃用中低硫煤的机组，而对燃用高硫煤的机组需做环境和经济性分析。

原环境保护部《火电厂污染防治技术政策》中明确火电厂脱硫达标排放技术路线选择应遵循“因地制宜”的原则，无论采用哪种脱硫技术都应选择在相应脱硫剂供应稳定的地区进行，例如：氨法烟气脱硫技术宜在环境不敏感、有稳定氨来源地区的 30 万千瓦及以下燃煤发电机组建设烟气脱硫设施时选用，并且要采取措施防止氨大量逃逸；海水烟气脱硫技术宜在我国东、南部沿海海水扩散条件良好的地区，燃用低硫煤机组建设时选用。

第三节　干法脱硫技术

干法脱硫的特点是脱硫反应完全在干态下进行，反应产物也为干粉状，不存在腐蚀、结露等问题，具有无污水废酸排出、设备腐蚀程度较轻、烟气在净化过程中无明显降温、净化后烟温高、利于烟囱排气扩散、二次污染少等优点，但存在脱硫效率较低、反应速率较慢、设备庞大等问题。

本节对两种典型的干法脱硫技术——电子束法和活性炭/焦吸附法干法脱硫进行介绍。

一、电子束法

（一）脱硫原理

烟气中的 SO_2 在大气扩散过程中受宇宙射线的作用，被氧化为 SO_3，随尘埃或以酸雨的形式沉降，电子束法脱硫（electronic beam flue gas desulfurization，EBA）工艺利用高能电子束辐射 SO_2，电子束将 SO_2 转化为 SO_3 的过程在几米到几十米的反应器内瞬间完成。电子束烟气脱硫的反应机理如图 4-35 所示。

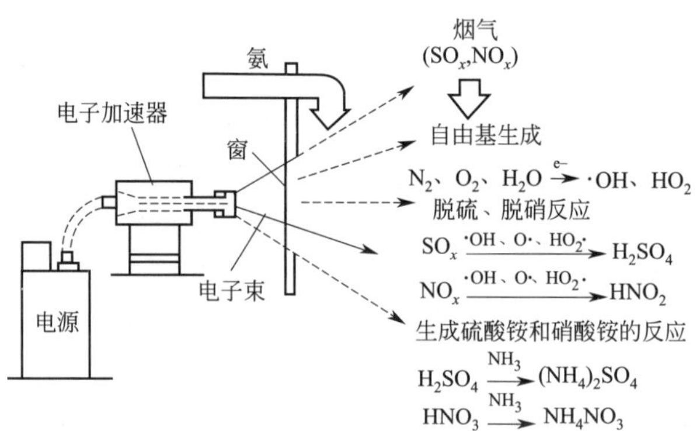

图 4-35　电子束烟气脱硫反应机理[12]

锅炉所产生的烟气一般由 N_2、CO_2、O_2、水蒸气等主要成分以及 SO_2、NO_x 等微量成分组成。烟气经除尘后流入冷却塔，在冷却塔内由喷雾水冷却到合适的温度（65～70℃）后进入反应器，受高能电子束照射，烟气中的 N_2、CO_2、O_2、水蒸气等发生辐射反应，生成大量的离子、自由基、原子、电子和各种激发态的原子、分子等活性物质。

$$N_2、O_2、H_2O+e^- \longrightarrow OH^3、O^3、HO_2^3、N^3、e^- \tag{4-52}$$

生成的活性基团将烟气中的 SO_2 和 NO_x 在极短的时间内氧化为 SO_3 和 NO_2，在有水蒸气时这些氧化物与水蒸气反应形成硫酸和硝酸。

$$SO_2+\cdot OH \longrightarrow HSO_3(HSO_3+\cdot OH \longrightarrow H_2SO_4) \tag{4-53}$$

$$SO_2+\cdot O \longrightarrow SO_3(SO_3+H_2O \longrightarrow H_2SO_4) \tag{4-54}$$

$$NO+\cdot OH \longrightarrow HNO_2(HNO_2+\cdot O \longrightarrow HNO_3) \tag{4-55}$$

$$NO+HO_2\cdot \longrightarrow NO_2+\cdot OH(NO_2+\cdot OH \longrightarrow HNO_3) \tag{4-56}$$

$$NO+\cdot O \longrightarrow NO_2 \tag{4-57}$$

$$NO_2 + \cdot OH \longrightarrow HNO_3 \tag{4-58}$$

生成的酸与已经注入反应器的氨反应，生产固体颗粒硫酸铵和硝酸铵，生成的副产品被干式电除尘器收集，经造粒处理后送到副产品仓，经净化后的烟气排入大气，从电子束照射到硫酸铵和硝酸铵生成所需时间仅为1s。

$$H_2SO_4 + 2NH_3 \longrightarrow (NH_4)_2SO_4 \tag{4-59}$$

$$HNO_3 + NH_3 \longrightarrow NH_4NO_3 \tag{4-60}$$

$$SO_2 + 2NH_3 + H_2O + \frac{1}{2}O_2 \longrightarrow (NH_4)_2SO_4 \tag{4-61}$$

(二）主要设备

电子束法脱硫系统的主要设备有电子束系统、冷却塔、氨供应系统和副产品处理系统等。

1. 电子束系统

电子束发生装置由发生电子束的直流高压电源、电子加速器和窗箔冷却装置组成。电子在高真空的加速管里高压加速，加速后的电子通过保持高真空的扫描管透射过一次窗箔及二次窗箔（均为30～50μm的金属箔）照射烟气。窗箔冷却装置向窗箔间喷射空气进行冷却，控制因电子束透过的能量损失引起的窗箔温度的上升。

我国在烟气脱硫超大功率电子加速器的关键技术研究方面获得重大进展。上海原子核研究所成功研制出用于治理100～300MW级燃煤机组烟气污染物的电子束烟气脱硫脱硝技术示范装置，彻底打破了国外在超大功率电子加速器关键技术方面的垄断。

2. 冷却塔

冷却塔将烟气冷却至适于电子束反应的温度。冷却方式有以下两种：一种是完全蒸发型，对烟气直接喷水进行冷却，喷雾水完全蒸发；另一种是水循环型，对烟气直接喷水进行冷却，喷雾水循环使用，其中一部分水进入反应器作为二次烟气冷却水使用，这部分水完全被蒸发。两种方法均不产生废水。

3. 氨供应系统

氨供应系统主要是储存液氨和使氨气化并进入烟气的设备，包括液氨储存槽、液氨输送泵、液氨供应槽、氨气化器等。液氨经氨气化器蒸发为气态氨，氨气经设置在反应器中的喷头加入烟气中。

4. 副产品处理系统

从静电除尘器及反应器收集的脱硫副产品（主要是硫酸铵和硝酸铵），由链式输送机和埋刮板机送到造粒设备，进行压缩、打散、造粒加工。完成造粒后送到副产品储存间，储存的副产品可直接作为肥料使用。

(三）影响电子束法脱硫脱硝效率主要因素

电子束法脱硫脱硝系统中电子束的辐照剂量和烟气温度是影响脱硫脱硝效率的主要因素。一般随着辐照剂量的升高，脱硫脱硝效率增加。电子束法脱硫系统在运行时，辐照剂量由0kGy（1Gy=1J/kg）升到9.0kGy，脱硫率显著增加，当辐照剂量继续增加，脱硫率趋于稳定，反应器出口脱硫率与辐照剂量的关系如图4-36所示。同时辐照剂量的大小也决定着 NO_x 的去除率，随着剂量增加，NO_x 脱除率可达到100%。

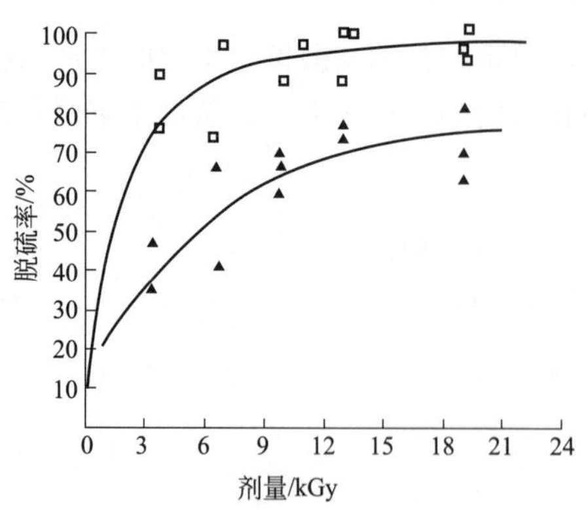

图 4-36 反应器出口的脱硫率和辐照剂量关系[3]

□ 反应器出口温度 74～77℃；

▲ 反应器出口温度 79～85℃

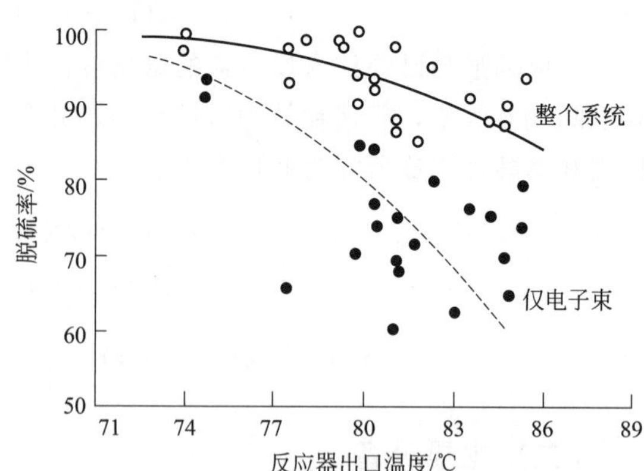

图 4-37 电子束脱硫率与反应器出口温度的关系

（辐照剂量＝18kGy；NH_3 化学剂量比＝0.85～1.0；

$SO_2=800\times10^{-6}\sim1500\times10^{-6}$）

○ 电子束＋静电除尘＋滤袋；● 仅电子束

影响电子束法脱硫脱硝效率的另一个主要因素是烟气温度，在运行中，烟气温度是敏感参数，烟气温度每升高 5.0℃，脱硫率约下降 10%，脱硫率与气体温度的关系如图 4-37 所示。

经过多年的研究开发，电子束法脱硫已逐步走向工业化，电子束干法脱硫过程中不产生废水废渣，能够同时脱硫脱硝，可达到 90%以上的脱硫率和 80%以上的脱硝率，通过电子束剂量和烟气温度的调节可以达到更好的脱硫效果。该系统简单，操作方便，过程易于控制；对于不同含硫量的烟气和烟气量的变化有较好的适应性和负荷跟踪性；副产品为硫酸铵和硝酸铵混合物，可用作化肥；脱硫成本低于常规方法。

（四）电子束脱硫应用

国内华能成都热电和北京某热电均采用过电子束脱硫装置脱除 SO_2。杭州某热电厂的电子束脱硫装置则同时满足脱硫和脱硝要求。下面以北京某热电电子束脱硫为例对电子束脱硫应用进行介绍。

北京某热电 6# 机组（50MW）及 7# 机组（100MW）采用电子束脱硫技术。设计烟气处理量为 $63.0\times10^4m^3/h$，入口烟气温度为 142℃，SO_2 浓度为 $4200mg/m^3$（含硫量按 2%计），设计电子束脱硫效率为 90%，出口 SO_2 浓度（标态）为 $420mg/m^3$。主要设计指标见表 4-6。

表 4-6 北京某热电厂 EA-FGD 工程主要设计指标

设计参数	指 标	设计参数	指 标
烟气处理量	$630000m^3/h$	出口氨浓度	$<40mg/m^3$
烟气温度	146℃	副产品产量	4.9t/h
SO_2 浓度	$4200mg/m^3$	液氨耗量	1.27kg/h
SO_2 脱除率	90%	水耗量	34t/h
NO_x 浓度	$1200mg/m^3$	电子加速器	1000kV/500mA×2,1000kV/300mA
NO_x 脱除率	20%	系统总电耗	≤2850kW·h
出口粉尘浓度	$\leq200mg/m^3$		

脱硫系统的主要工艺设备见表 4-7。

表 4-7 脱硫系统的主要工艺设备

序号	名称	规格型号	数量	备注
1	烟气引风机	500kW	2 台	
2	烟气调节塔	11m×40m	1 座	
3	电子加速器	1.0MeV,1300kW	3 套	进口 2 套,国产 1 套
4	辐照反应器		1 台	
5	副产物收集器	双室四电场	1 台	
6	液氨储槽	$V=120m^3$	2 个	
7	空气压缩机		2 套	
8	刮板输送机		9 套	

该电子束脱硫系统主要包括烟气调节系统、辐照反应系统、副产物收集系统、供氨系统四个部分，具体的工艺流程如图 4-38 所示。

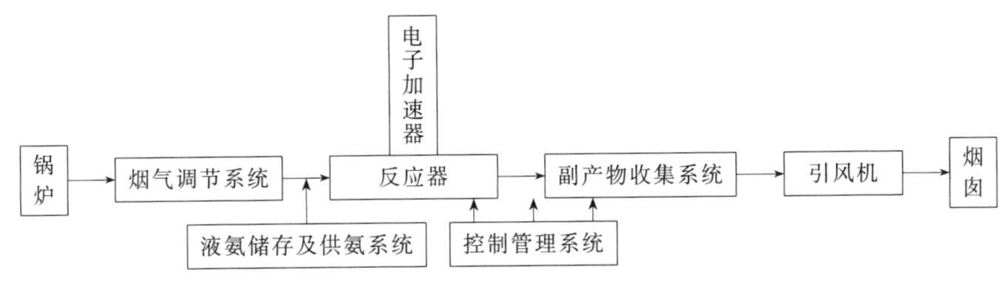

图 4-38 电子束脱硫工艺流程

(1) 烟气调节系统

电厂锅炉排出的烟气温度较高，一般都在 130℃以上，为满足电子束氨法辐照反应要求的工艺条件，需对电厂烟气进行降温增湿调节烟气温度和水分含量。

烟气调节系统采用水蒸发吸热的方式将烟气冷却。喷头采用气液两相喷头。喷头喷出的水被雾化成细小的微粒在烟气调节塔内和烟气接触，雾滴在热气流中蒸发吸收烟气的热量，达到烟气降温增湿的目的。

由于水的喷射、烟气的流动，水分与塔壁接触会有少量的水凝结下来。凝结的水主要溶有酸性氧化物，因而呈酸性。将该部分水送入电厂的灰渣池，与碱性的冲灰水发生酸碱中和反应，可以达到综合治理的目的。

对于其他 EA-FGD 入口处粉尘浓度较大的烟气还需要增设预洗室和除雾器，降低含尘量。

(2) 辐照反应系统

辐照反应系统由电子加速器、辐照反应器、辐照反应器清扫和冷却装置、沉降箱等部分组成。

装置设计考虑到产业化示范工程的需要，采用了 2 台俄罗斯产和 1 台国产的电子加速器。单台电子加速器的能量为 1.0MeV，单机功率最高达 500kW。电子加速器产生的电子束束流可对烟气量和二氧化硫浓度等参数进行跟踪，实施束流的适时动态调节。3 台电子加速器沿烟气流向布置，使烟气获得合理的吸收剂量，能量利用更加充分。

辐照反应器是脱硫装置的关键设备之一。不仅需要考虑辐照剂量场的分布，还需要考虑气流的组织与分布，钛窗的布置，钛窗的冷却及清扫、防堵与防腐等因素。辐照反应器的设计采用独特的流态剂量匹配技术，可以充分利用辐照能量，减少轫致 X 射线的产生概率；使用二次冷却水，可确保烟气达到最佳的反应温度与湿度。辐照反应器的选材，在工艺及腐蚀试验的基础上，综合考虑辐照剂量、臭氧的氧化及气体和液滴的化学腐蚀、电化学腐蚀和结晶腐蚀等影响因素，以确保辐照反应器的长期稳定运行。

反应器与加速器两层钛膜间的空气，在电子束的辐照下可能产生腐蚀性较强的臭氧。设计上采用冷却风将辐照后的混合气体吹出并送入烟气，可以冷却钛膜，并将有害的强氧化性臭氧加以利用，将亚硫酸盐、亚硝酸盐氧化，提高脱硫效率，减少对装置周围环境的污染。为避免烟气中的灰尘和生成的副产物黏附在钛膜上，辐照反应器的钛膜内壁采用吹风幕隔离技术，减少电子束能量的损失。辐照反应器与电子加速器的连接处采用双层钛窗结构，可达到脱硫装置的关键设备——电子加速器安全运行和便于检修的目的。

辐照反应系统设计有沉降箱，满足装置辐照剂量防护的需要，装置运行过程中对操作人员和公众更加安全。在辐照反应器中产生的含硫酸铵、硝酸铵微粒的烟气由于在辐照反应器中停留、反应时间短，微粒成分不稳定，增设一个沉降箱，可以延长反应时间，使反应更加充分。副产物微粒也得到初步沉降，减少副产物收集器的工作负荷，有利于减小副产物收集器的设计规模，降低装置建设投资。增设沉降箱，也便于烟道与副产物收集器的连接。

（3）副产物收集系统

副产物特性与常规燃煤机组烟气中的粉尘不同，采用常规的静电除尘达不到理想的副产物收集效率，需要进行专门设计。副产物收集系统设计采用放大试验研究获得的工艺参数和技术措施，较成功地解决了电晕封闭、副产物黏附、耐腐蚀性差等技术难题，保证高效率地对副产物进行有效收集及有效脱附。

脱硫反应过程中生成的副产物具有易黏附的特性，易沉积在辐照反应器后至副产物收集器前的烟道壁内。为避免烟道不被副产物堵塞，影响装置的长期运行，本系统的设计考虑工艺操作在副产物最不易黏附的工况下进行。同时还采用声波清灰＋刮板输送机的方式进行处理。安装在烟道上的声波发生器利用声波将黏附器壁上的副产物振荡下来，然后由布置在烟道上刮板输送机将其运出。副产物收集器及烟道产生的副产物可直接作为农用化肥或复混肥的原料。

（4）供氨系统

脱硫装置运行时，需要的脱硫剂为气态氨，因此储槽内的液氨经蒸发器加热汽化后进入缓冲罐，调压计量后喷入反应器前的烟道。

二、活性炭/焦吸附法

活性炭/焦吸附法是 20 世纪 60 年代开发的一项干法脱硫工艺。近年来，随着相关技术的发展以及环境保护标准的日益严格，这种工艺越来越受到人们的重视。

20 世纪 60 年代，德国采矿研究院（Bergbau Forschung，BF，后改名为 Deutsche Montan Technologies）率先开发出活性焦烟气净化工艺，后经过日本等国多年的改进和调整，活性炭/焦干法脱硫脱硝技术达到了能够长期稳定连续运行的水平。美国政府调查报告认为，该技术是最先进的烟气脱硫脱硝技术。欧洲经济委员会在 2000 年提交的氮氧化物排放控制经验总结中，将 SCR、SNCR 和活性炭/焦法列为烟气脱硝的三大工艺予以推荐。我国从 20 世纪 70 年代起就对这项技术十分关注，1976 年在湖北松木坪电厂建立了处理烟气量为 5000m^3/h 的活性炭脱硫中间试验装置，1997 年在四川豆坝电厂建立了处理烟气量为 100000m^3/h 的活性炭脱硫工业试验装置，2001 年由南京电力自动化设备总厂和煤炭科学研究总院开发实施的活性焦烟气干法脱硫技术的工业示范被列入国家863高科技发展计划，开发了具有自主知识产权的脱硫技术，2005年投入生产，脱硫效率达到95.7%，脱硝效率在20%左右，除尘效率为70%。2006年上海克硫环保科技股份有限公司完成了江西铜业股份有限公司两套活性焦脱硫装置的设计工作，一套装置处理冶炼废气 $45\times10^4 m^3/h$，一套装置处理硫酸尾气 $15\times10^4 m^3/h$。

（一）活性炭/焦脱硫原理

活性炭/焦由含炭量高的物质经过碳化和活化制成，由于具有极丰富的孔隙构造而具有良好的吸附特性（称为吸附剂），可以脱除废气和废水中的多种有害物质（称为吸附质）。当烟气分子运动接近吸附剂固体表面时，受到固体表面分子剩余介力（化学吸附）和非极性的范德华力（物理吸附）的吸引而附着其上，被吸附的气体分子停留在吸附剂表面，受热后会脱离固体表面，重新回到气体中，而活性炭丰富的孔隙结构为分子的吸附提供了表面积。活性炭在100～160℃吸附 SO_2 的总反应式如下：

$$SO_2+H_2O+\frac{1}{2}O_2 \longrightarrow H_2SO_4 \tag{4-62}$$

烟气经调温调湿后进入吸收塔，活性炭吸附烟气中的 SO_2，并且在 O_2 存在条件下将 SO_2 催化氧化为 SO_3，SO_3 与吸附的 H_2O 反应产生 H_2SO_4，SO_2 转化为硫酸吸附在活性炭孔隙内。按活性炭吸附的操作温度可分为低温吸附（20～100℃）、中温吸附（100～160℃）、高温吸附（>250℃）3种方式，不同温度下活性炭吸附脱硫的比较见表4-8。

表4-8 不同温度下活性炭吸附脱硫的比较

活性炭吸附	低温吸附	中温吸附	高温吸附
吸附方式	主要为物理吸附	主要为化学吸附	几乎全部为化学吸附
效率影响因素	取决于活性表面，H_2O 能提高 SO_2 的吸收率	取决于活性表面，H_2O 能提高 SO_2 的吸收率	形成硫的表面络合物，能提高效率，分解吸附物
再生技术	水洗产生 H_2SO_4，氨水洗产 $(NH_4)_2SO_4$	加热至250～350℃释放出 SO_2	高温，产生碳的氧化物、含硫化合物及硫
优点	催化吸附剂的分解和损失很小	气体不需要预处理	气体不需要预处理
缺点	仅一小部分表面起作用	部分表面起作用，再生损失碳，可能造成吸附剂中毒	再生损失碳，可能造成吸附剂中毒

活性炭作为吸附剂不仅对烟气中的 SO_2 具有显著的吸附脱除效果，对烟气中其他的有害物质如 NO_x、苯等也具有显著的脱除效果。

在脱硝过程中，活性炭/焦仅起催化剂的作用，喷入烟气中的 NH_3 在活性炭的催化作用下将烟气中的 NO_x 还原为 N_2，此反应的适宜温度为80～180℃，主要反应同氨法脱硫工艺。

由颗粒状的活性炭/焦形成的吸附层相当于颗粒过滤器（gravel bed filter），当烟气通过活性炭/焦层时，携带的粉尘被活性炭/焦层截留。颗粒层除尘器属于效率较高的除尘设备之一，运行正常的情况下除尘效率可达99%。设备阻力一般为784～1274Pa。活性炭/焦吸附剂可以同时脱除其他有害物质。如重金属、多氯联苯类物质、呋喃等有毒有机物的工作原理是化学吸附。如重金属汞在活性炭/焦表面发生如下反应：

$$Hg+H_2SO_4+\frac{1}{2}O_2 \longrightarrow HgSO_4+H_2O \tag{4-63}$$

$$2Hg+2HCl+\frac{1}{2}O_2 \longrightarrow 2HgCl+H_2O \tag{4-64}$$

活性炭对烟气中的SO_2、NO_x、烟尘等物质能进行有效脱除，但活性炭并不适用于所有有害物质的脱除，其对烟气中的部分物质的处理效果较差或者没有效果，具体见表 4-9。

表 4-9　单纯活性炭净化有害物质的适用性

有害物质	允许浓度/(mg/m^3)	适用性	有害物质	允许浓度/(mg/m^3)	适用性
二氧化硫	14.3	能有效处理	二氧化氮	10.25	能处理
氯气	3.17	能有效处理	氨	38	处理效果较差
二氧化碳	67.8	能有效处理	氟化氢	2.67	处理效果较差
苯	87.0	能有效处理	甲醛	6.7	处理效果较差
甲基硫醇	21.4	能有效处理	磷化氢	0.46	处理效果较差
甲醇	286	能有效处理	氯化氢	8.15	处理效果较差
硫化氢	15.2	能处理	一氧化碳	62.5	无效

（二）活性炭/焦吸附脱硫工艺

活性炭/焦吸附脱硫工艺主要包含吸附系统、脱附/解析系统、硫回收/硫副产品生产系统三部分，图 4-39 为日本三菱公司流化床活性炭烟气同时脱硫脱硝工艺流程。进入吸收塔的烟气温度在 120～160℃时具有最高的脱除效率。吸收塔由两段组成，活性炭在垂直吸收塔内由于重力的作用从第二段的顶部下降至第一段的底部。烟气水平通过吸收塔的第一段，在此SO_2被脱除，烟气进入第二段后，喷入NH_3除去NO_x。

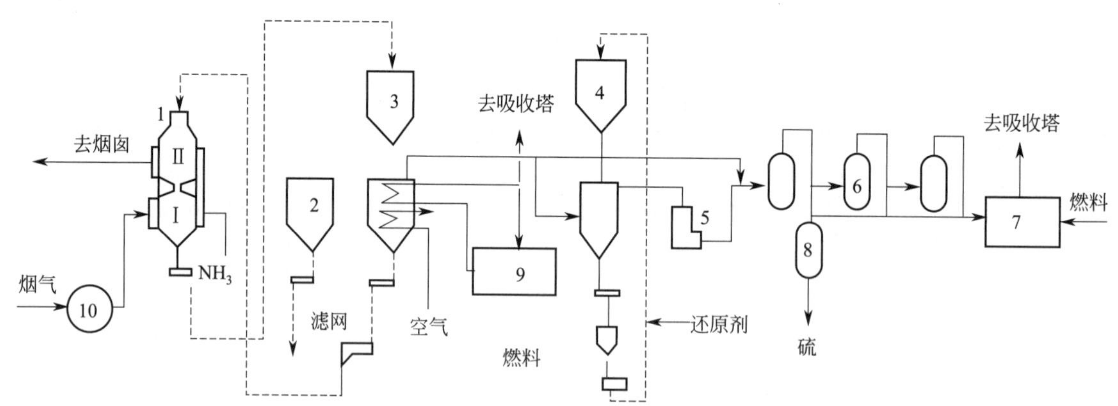

图 4-39　日本三菱公司流化床活性炭烟气同时脱硫脱硝工艺流程[13]

1—吸收塔；2—活性炭仓；3—解吸塔；4—还原反应器；5—烟气清洗器；6—Claus 装置；7—煅烧装置；8—硫冷凝器；9—炉膛；10—风机

1. 吸附系统

吸附系统是活性焦脱硫工艺的核心，关键设备是吸附塔。在吸附塔内主要发生生成硫酸的主反应，但当有氨存在时，生成的硫酸会与氨反应生成硫酸氢铵和硫酸铵。

$$SO_2+H_2O+\frac{1}{2}O_2 \longrightarrow H_2SO_4 \tag{4-65}$$

$$H_2SO_4+NH_3 \longrightarrow NH_4HSO_4、(NH_4)_2SO_4 \tag{4-66}$$

传统的活性焦脱硫吸附塔有固定床和移动床两种形式，固定床吸附塔是将活性焦固定放置在内部支撑的隔板或孔板上，当烟气流经隔板或孔板时，烟气中的物质被吸附在活性焦孔隙中。当吸附剂饱和需要进行脱附再生时，若生产工艺允许间歇操作，则可以利用间歇时段进行再生。若不允许间歇操作，则吸附系统需要增加固定床吸附塔的个数，以保证某个塔在进行脱附的同时，仍有其他吸附塔在持续吸附，从而使气流保持连续。固定床吸附工艺还存在不连续、高压降、吸附再生切换频繁等问题，因此固定床吸附工艺只适用于小规模、低浓度 SO_2 的烟气处理。

移动床吸附塔是吸附剂在塔内靠重力自上而下运动，烟气自下而上（称为逆流式/对流式）或横向流过吸附层（称为错流式/交叉流式），在接触过程中活性焦吸附污染物质。已达饱和的吸附剂从塔下排出，同时在塔的上部补充新鲜的和脱附再生后的吸附剂。

2. 脱附/解吸系统

脱附/解吸系统一方面将已经饱和的活性炭/焦再生，空出活性位，使其重新具有吸附能力；另一方面也为了获得解吸产物。

活性炭的再生方式有加热再生、水/酸洗再生和还原脱附再生。其中加热再生包括高温惰性气体热解再生和高温水蒸气热解再生，饱和态的活性炭加热解吸出浓缩后的 SO_2，进一步可副产硫黄或硫酸。脱附系统的核心设备是脱附塔（当采用固定床吸附系统时，吸附和脱附可在同一塔内完成），通常采用的脱附再生方法为加热再生。下面以活性炭/焦吸附 SO_2 为例，对几种脱附再生方法进行介绍。

① 加热再生　加热再生的原理是使吸附在活性焦表面的硫酸与活性焦表面的碳在 400～600℃的温度下发生化学反应，重新释放出 SO_2：

$$H_2SO_4+C+\frac{1}{2}O_2 \longrightarrow SO_2+H_2O+CO_2 \tag{4-67}$$

$$H_2SO_4+3C+O_2 \longrightarrow SO_2+H_2O+3CO \tag{4-68}$$

德国化学组合公司 Reinluft 净气法是用活性炭进行低浓度 SO_2 烟气脱硫较著名的方法。活性炭在 100～160℃进行 SO_2 吸附，解吸过程中用 400℃的惰性气体吹扫出 SO_2，得到副产物 SO_2，此再生过程需要耗碳，而经过解吸的活性炭被冷却至 120℃以下，由物料输送机送至吸附塔循环使用（图 4-40）。

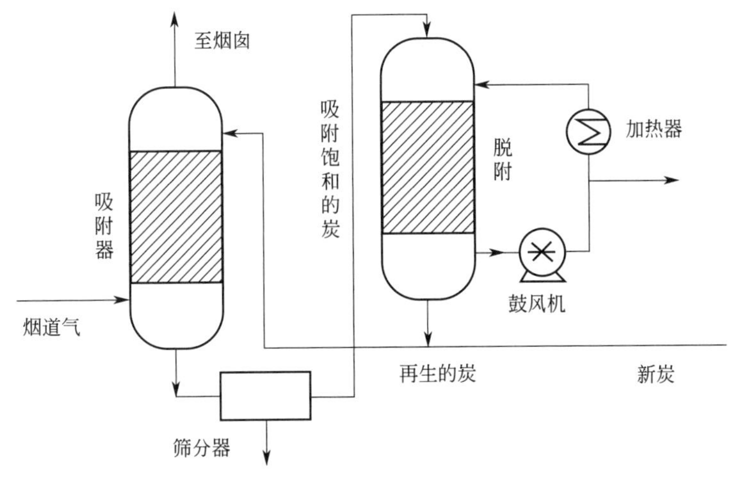

图 4-40　Reinluft 系统

加热脱附的热量可以来自热烟气、热惰性气体、热蒸汽等热介质加热，也可用电加热器加热。早期还有用热砂直接加热，但采用热解脱附过程中活性焦在高温下自燃，为避免活性焦的自燃可采用惰性气体密封、选用高燃点活性焦等措施。

② 水/酸洗再生　用水或稀酸喷淋洗涤吸附饱和的活性炭，将吸附的 H_2SO_4 溶解生成稀硫酸溶液。水洗再生法以 Lurgi 制酸为代表，水洗解吸最为简便，活性炭无化学消耗，又能直接制得一定浓度的稀硫酸。

Lurgi 法是水洗涤再生方法较早的技术，曾被用于处理硫酸厂尾气和燃煤机组的烟气净化。烟气首先与吸附器出来的稀硫酸液体接触，经过换热冷却，进入卧式固定床脱硫塔。在脱硫塔中烟气持续流动，间歇性地从脱硫塔上方喷水，将活性炭孔隙中的硫酸洗出，恢复其脱硫能力。将由脱硫塔流出的水洗液含有的稀硫酸（10%～15%）送至硫酸浓缩装置中，最后得到浓硫酸，工艺流程如图 4-41 所示。

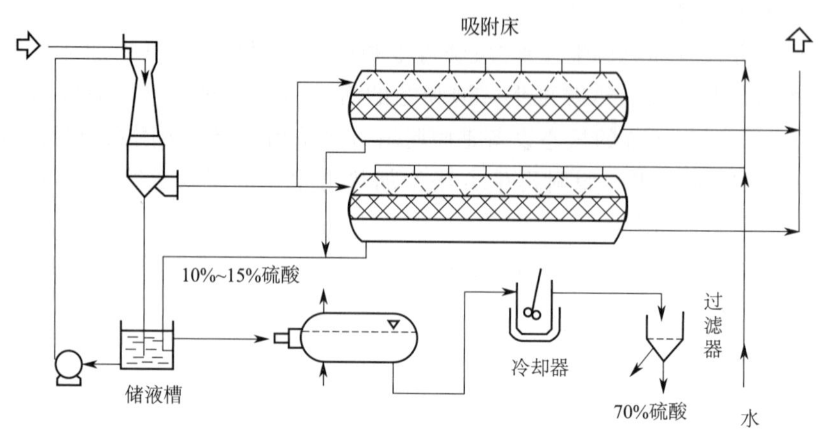

图 4-41　Lurgi 法脱硫工艺流程

水洗脱附工艺耗水量大，且水洗产酸的浓度很低，仅为 10%～15%，但浓度为 70%左右的硫酸才有较多的市场，因此稀酸的浓缩和应用成了主要问题，另外生成的稀酸溶液极易造成设备的腐蚀。

此外水洗再生不彻底，活性炭的吸附性能有所下降，总体利用效率不高，处理烟气量大时，会使得设备尺寸较大；烟气含尘量大时，活性炭会逐渐结垢，造成床层阻力增大或吸附不均匀，因此需要在活性炭吸附脱硫前安装高效率的除尘设备。

该工艺流程短，结构简单，易操作，动力和能量消耗低，非常适合低烟气量的锅炉使用。考虑到我国众多中小锅炉离不开使用煤炭作为燃料，该工艺更加符合我国的实际需求。

③ 还原脱附再生　活性炭还原再生的原理是利用 H_2S、H_2、CO、CH_4 和 C 作还原剂，将 SO_2 还原为单质硫（硫黄）。还原的方法有 Westvaco 法、Clause 法和 Resox 法等。但目前大都因转化率低没能实现商业化应用。

3. 硫回收系统

硫回收系统也称为硫副产品生产系统，从脱附塔解吸释放出富含 SO_2 的气体（SO_2 的含量可达 20%～40%）送至硫回收系统，可根据市场需求和当地条件加工生产出含硫元素的产品，如硫酸、化肥、单质硫和液体 SO_2 等，不产生二次污染。

4. 其他辅助系统

活性炭/焦脱硫工艺除了以上三个主系统外，还有辅助的烟气系统、介质输送系统。烟气系统主要作用是将烟气引入和导出，保证烟气均匀稳定通过各反应器。介质输送系统将吸附剂、惰性气体、热介质等按时、按量运送到需要的地方。

（三）活性焦烟气净化工艺

1. MET-Mitsui-BF 工艺

1982 年日本三井矿业（Mitsui Mining Company，MMC）与 BF 签订技术转让协议，获得在日本使用和进一步研发的权力，后分别由 MMC 在日本、Uhde 在德国建造了 4 个燃煤锅炉和催化剂生产窑炉的烟气处理装置。2000 年，由 MMC 设计并提供设备和安装的两套装置分别用于电厂和水泥厂。与此同时，MMC 还开发了专门与系统配套用的活性焦。1992 年，美国的马苏莱环境科技公司（Marsulex Environmental Technologies，MET）获得了 MMC-BF 技术在北美的推广、设计、制造和建造权，并将该工艺命名为 MET-Mitsui-BF 工艺。

该工艺的流程如图 4-42 所示，温度约为 140℃的烟气进入错流式移动床吸附塔，经活性焦脱硫后喷入 NH_3 进一步脱硝，脱硝后的活性焦采用加热方式再生，再生的活性焦连同新鲜活性焦一同返回吸附塔继续脱硝脱硫。在这一工艺中所采用的活性焦是由三井矿业研制生产的 MMC 型活性焦。

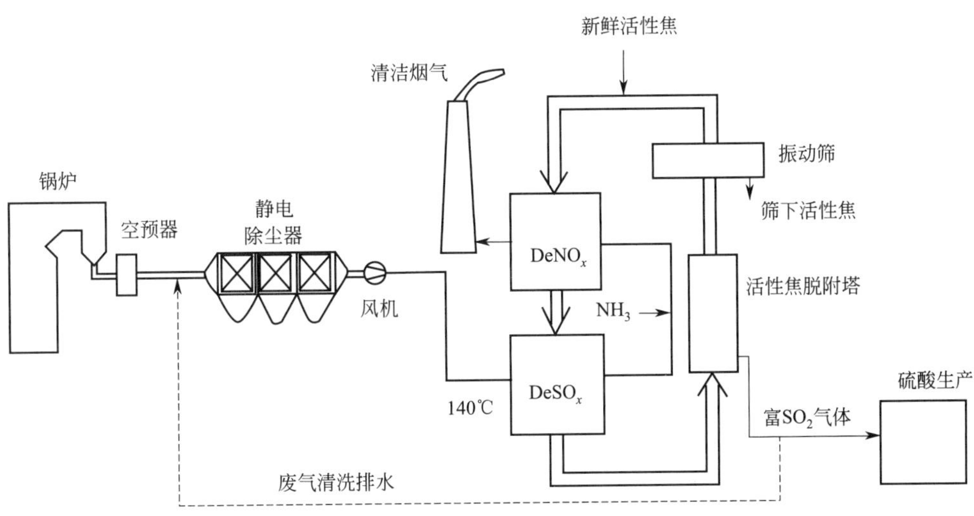

图 4-42　MET-Mitsui-BF 工艺流程

MET-Mitsui-BF 脱硫脱硝一体化系统第一级吸附塔主要为脱硫反应，同时占烟气 NO_x 总量 5%的 NO_2 在第一级几乎全部被活性炭还原成 N_2：

$$SO_2+H_2O+\frac{1}{2}O_2 \longrightarrow H_2SO_4 \tag{4-69}$$

$$2NO_2+2C \longrightarrow 2CO_2+N_2 \tag{4-70}$$

烟气进入第二级吸附塔前，在混合室向烟气喷氨，因此第二级主要为脱硝反应：

$$6NO+4NH_3 \longrightarrow 5N_2+6H_2O \tag{4-71}$$

$$6NO_2+8NH_3 \longrightarrow 7N_2+12H_2O \tag{4-72}$$

$$2NO+2NH_3+\frac{1}{2}O_2 \longrightarrow 2N_2+3H_2O \tag{4-73}$$

$$SO_2+2NH_3+H_2O+\frac{1}{2}O_2 \longrightarrow (NH_4)_2SO_4 \tag{4-74}$$

基于活性炭对多种烟气成分的脱除作用，在脱硫脱硝一体化工艺的基础上又相继开发了

MET-Mitsui-BF 脱硝系统、MET-Mitsui-BF 脱硝-脱有毒气体系统等。对于 SO_2 含量极低的烟气，如燃烧天然气的锅炉和掺烧石灰石的循环流化床锅炉的烟气，可省掉脱硫塔，只保留脱硝塔，即 MET-Mitsui-BF 脱硝系统。该系统最早建在若松煤炭设备研究中心，目前最大处理烟气量为 $1.163\times10^6 m^3/h$，是 1995 年用于竹原（Takehara）热力发电厂的 2 号 360MW 由燃油炉改造的常规烧煤流化床锅炉的烟气治理项目。该脱硝工艺中脱硝塔分为三层，每层填装 MMC 型活性焦且具有不同的下移速度；脱附后得到的富含 SO_2 的气体再返回循环流化床锅炉由石灰石脱除；在锅炉启动阶段温度低于 100℃、空间速度低的情况下，仍能获得理想的脱硝效率。对于垃圾焚烧炉尾气，活性焦烟气净化系统有以下 2 个突出的优越性：a. 活性焦脱硝设备可以放置在除尘器之后，以减少对催化剂的损坏，省去了加热烟气设备的建造和运行费用；b. 脱硝的同时可去除垃圾焚烧产生的二噁英、呋喃、汞等有毒有害物质。其工艺流程如图 4-43 所示。

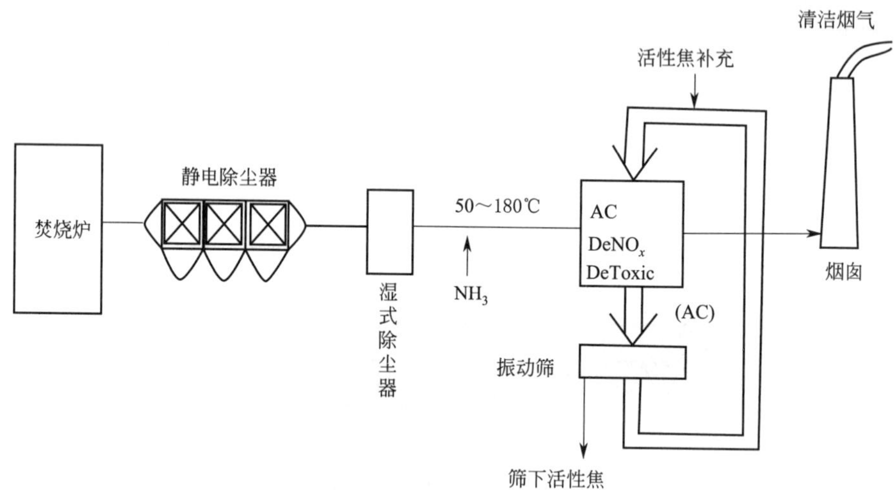

图 4-43　烟气脱硝脱有毒气体系统的工艺流程

表 4-10 为日本 Tsuji 和 Shiraishi 的两个垃圾焚烧炉的活性焦烟气净化系统的运行性能测试结果。可以看出在两个温度条件下 SO_x 的脱除效果都很好。

表 4-10　活性焦烟气净化系统运行测试结果

气体种类	烟气温度 180℃			烟气温度 150℃		
	入口	出口	效率/%	入口	出口	效率/%
PCDD/(ng/m^3)	38	8.9	76.6	40	4.7	88.3
PCDF/(ng/m^3)	110	6.6	94.0	130	2.6	98.0
DXN(TEQ)	2.50	0.24	90.4	3.30	0.06	98.2
T-Hg/(mg/m^3)	0.31	0.06	81.9	0.47	0.04	90.8
NO_x(体积分数)/10^{-6}	75.3	21.9	70.9	57.6	19.3	66.5
HCl(体积分数)/10^{-6}	14.0	<5	—	14.0	<5	—
SO_x(体积分数)/10^{-6}	<5	<5	—	<5	<5	—
烟尘/(mg/m^3)	10.8	0.8	—	—	—	—

注：1. 所有的浓度均按 O_2 含量为 12%计。

2. PCDD 为多氯二苯并二噁英。

3. PCDF 为多氯二苯并呋喃。

4. DXN(TEQ) 为二噁英（等价毒性）。

2. YJJ 工艺

国电南京自动化股份有限公司、宏福（集团）有限责任公司、煤炭科学研究总院在我国863计划支持下，研究开发了具有完全自主知识产权的系列活性焦脱硫脱硝装置。该工艺的设计包括3项发明专利（专利号为：02112550.5、02112579.1、02112578.3）与多项实用新型专利，并后续在宏福集团和江西铜业集团尾气处理中应用。

YJJ工艺采用模块化设计，单个模块的烟气处理量目前最大已达$20\times10^4m^3/h$，烟气中SO_2浓度为$(400\sim4000)\times10^{-6}$，粉尘含量小于$800mg/m^3$的情况下，可以获得98%的脱硫效率，80%以上的除尘效率，不低于50%的脱硝效率，以及浓度为96%～98%的浓硫酸，再生气体SO_2浓度不低于20%。该工艺是脱硫脱硝一体化系统，吸附塔有错流和逆流两种形式，脱附采用热解吸法，吸附/解吸一体化的设计为世界首创，热能回收利用率高，活性焦解吸热能70%以上被回收，厂用电率为其他脱硫技术及同技术的其他国际产品之中最低。

3. PAFP 工艺

PAFP工艺是磷铵肥法（phosphate ammoniate fertilizer process）的简称，是我国自行开发的一项烟气脱硫技术。该技术在“七五”期间被列为国家重点科技攻关项目，国家发展计划委员会和国家科学技术部在制定的1999年度“优先发展的高技术产业化重点领域指南”中，为PAFP烟气脱硫技术设定了逐步实现成套化、大型化的目标。该工艺利用活性炭的吸附催化能力将烟气中的SO_2吸附氧化并通过洗涤制成稀硫酸，进而利用脱硫稀酸生产其他硫酸盐制品。因此该技术具有广泛灵活的实用性。已开发出用稀硫酸生产品位不小于35%的磷铵复合肥料工艺以及生产纯度达96%以上的硫酸亚铁（$FeSO_4\cdot7H_2O$）产品工艺，工艺流程如图4-44所示。

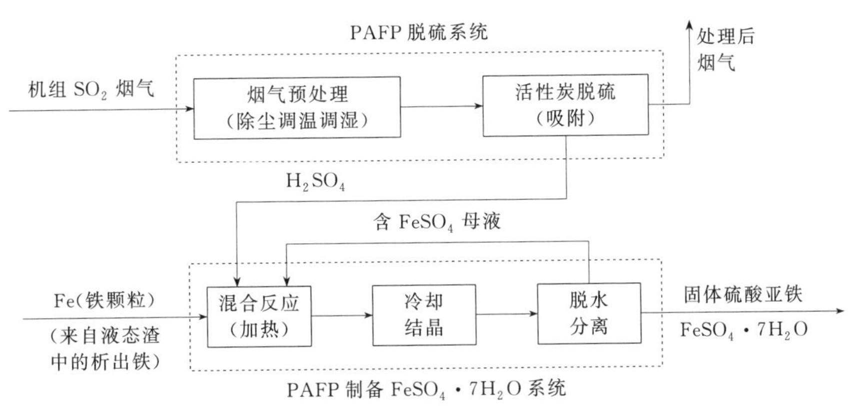

图4-44 以硫酸亚铁为副产品的工艺流程

4. CSCR 工艺

CSCR是指活性焦的选择性催化还原系统，德国WKV公司是该工艺关键设备发明专利的持有者，CSCR系统中的吸附反应塔采用逆流式移动床，活性炭再生采用热解式再生法，采用配套研制的PTHCC活性焦作为吸附剂。CSCR工艺已经在德国、瑞士、奥地利等国家用于危险物品焚烧炉、城市垃圾焚烧炉、炼钢厂烧结炉、有机农药生产厂以及玻璃生产厂的烟气净化，去除其中的二噁英、SO_x、NO_x、重金属、PH_3、有毒气体、AsH_3和其他有机芳香族合成物如PHOC等。

活性炭基吸附剂是活性炭法烟气脱硫技术的重要组成部分，工业化应用的活性炭基主要有有活性炭、活性焦、活性半焦、活性炭纤维、金属离子改性活性炭等。其中烟气脱硫工业中的吸附剂为直径 5～9mm 圆柱状活性炭或者活性焦，与活性炭相比，活性焦耐压、耐磨损、耐冲击能力高，比表面积小，具有很好的脱硫、脱硝性能。特别是活性焦在解吸过程中，吸附和催化活性不但不会降低，而且还会有一定程度的提高。因此，活性焦用于烟气脱硫不仅经济效益好，而且使用寿命长。

（四）活性炭/焦脱硫前景

我国的活性炭/焦干法烟气脱硫工业应用在近期的新进展尤为显著，已经成为世界上应用该技术增长最快和最活跃的区域之一。在有色冶金、钢铁烧结机、燃煤锅炉、硫酸尾气净化等方面，已建、在建和设计中的活性炭/焦干法烟气脱硫装置有 10 多套。从反应器形式来看，固定床吸附工艺存在诸多不足之处，固定床吸附工艺只适用于小规模、低浓度 SO_2 的烟气处理。在处理大型燃煤锅炉机组排放的大量烟气时，应用的是移动床吸附塔，日本已将其应用于 600MW 机组的烟气脱硫脱硝净化工程。我国在 2005 年由煤炭科学研究总院和南京自动化设备总厂联合开发了错流移动床吸附塔，用于贵州瓮福有限公司烟气脱硫工业过程，移动床吸附工艺可连续运行，吸附剂连续再生，目前实现了装置的工业化和大型化，表 4-11 为移动床炭法脱硫在我国工业应用进展。

表 4-11　移动床炭法脱硫在我国的工业应用进展

用户	烟气来源	流量(标态)/($10^4m^3/h$)	脱硫效率/%	副产物	技术类型	投运时间
贵州瓮福	燃煤烟气	17.8	95	硫酸	国电南自-煤科总院-瓮福活性焦法	2005 年
	燃煤烟气	30.0	95	硫酸	上海克硫活性焦法	2009 年
江西铜业	硫酸尾气	14.4	80	硫酸	上海克硫活性焦法	2007 年
	环集烟气	44.7	80	硫酸	上海克硫活性焦法	2008 年
	环集烟气	55.5	80	硫酸	上海克硫活性焦法	2010 年
太钢集团	烧结机烟气	144.0	95	硫酸	日本住友-关电法	2010 年
紫金矿业	环集烟气	60.0	84	硫酸	上海克硫活性焦法	2012 年
	硫酸尾气	18.0	80	硫酸	上海克硫活性焦法	2012 年

活性炭/焦法在国内应用多数情况为烟气脱硫，一部分为硫氮双脱，太钢（集团）公司的烟气净化装置为硫氮双脱装置。在活性炭/焦烟气脱硫发展的同时，硫氧化物与氮氧化物的协同脱除技术是发展的重点。

脱硫回收硫的资源化利用是一种有效的 SO_2 处理方法。工业烟气脱硝及有毒有害物质控制的任务日益紧迫，在这种形势下，活性炭/焦干法烟气脱硫脱硝技术，作为一种清洁的、不产生二次污染的环保技术，在我国有一定的发展空间。

第四节　半干法脱硫技术

在燃煤机组烟气脱硫装置中约 10%为半干法烟气脱硫，其市场占有率仅次于湿法烟气脱硫，半干法脱硫一般采用湿态吸收剂，湿态吸收剂在吸收装置中被烟气热量吸收干燥同时吸收 SO_2，产生干粉状的脱硫产物，在脱硫过程中无废水产生。典型的半干法烟气脱硫技术有喷雾半干法烟气脱硫、烟气循环流化床脱硫和新型一体化工艺三种。

一、喷雾半干法烟气脱硫

喷雾半干法烟气脱硫技术中主要为旋转喷雾半干法烟气脱硫，旋转喷雾半干法最早是由美国 JOY 公司和丹麦 Niro Atomier 公司共同开发的。全球使用旋转喷雾法的 FGD 总容量有 20000MW。德国和美国等国较早采用这种技术，可用率达到 97%以上。相对于石灰石-石膏湿法烟气脱硫，其具有设备简单、投资较低、占地面积小等特点。

（一）脱硫原理及主要设备

旋转喷雾半干法烟气脱硫以生石灰（CaO）为吸收剂，吸收剂经浆液制备装置，熟化为具有较好反应能力的消石灰［$Ca(OH)_2$］浆液。

$$CaO + H_2O \longrightarrow Ca(OH)_2 \tag{4-75}$$

消石灰浆液通过高位给料箱自流入旋转喷雾器，经分配管均匀注入高速旋转的雾化轮。浆液在离心力的作用下喷射形成均匀雾粒，具有很大表面积的分散雾粒，在脱硫塔内与热烟气接触，发生强烈的热交换和化学反应，吸收剂蒸发干燥的同时与烟气中的 SO_2 反应，达到脱硫的目的。

$$SO_2 + H_2O \longrightarrow H_2SO_3 \tag{4-76}$$

$$Ca(OH)_2 + SO_2 + H_2O \longrightarrow CaSO_3 \cdot \frac{1}{2}H_2O + \frac{3}{2}H_2O \tag{4-77}$$

$$CaSO_3 \cdot \frac{1}{2}H_2O + \frac{1}{2}O_2 \longrightarrow CaSO_4 \cdot \frac{1}{2}H_2O \tag{4-78}$$

$$Ca(OH)_2 + SO_3 + H_2O \longrightarrow CaSO_4 \cdot \frac{1}{2}H_2O + \frac{3}{2}H_2O \tag{4-79}$$

在这一过程中，由浆液带入的大部分水分被高温烟气蒸发，形成低含水量的固体灰渣，若吸收剂微粒未完全干燥，则在吸收塔之后的烟道和除尘器内仍将继续与烟气中的 SO_2 发生反应，完成脱硫的灰渣以干态形式排出。在整个脱硫过程中 $Ca(OH)_2$ 不断被消耗，喷雾干燥吸收塔和除尘器底部收集的灰渣中含有相当数量的未反应 CaO，为了减少新鲜吸收剂的耗量，一般将部分脱硫灰渣再循环使用，喷雾半干法烟气脱硫工艺流程如图 4-45 所示。

喷雾半干法烟气脱硫系统中的主要设备有雾化器、喷雾干燥吸收塔、固体灰渣分离装置及烟气除尘装置。

1. 雾化器

雾化器是喷雾半干法烟气脱硫装置的关键部件，常用的雾化器有气流式喷嘴雾化器和旋转式雾化器。旋转式雾化器中吸收浆液从中央通道输入到高速转盘，受离心力作用，吸收浆液在转盘面上伸展为薄膜，并不断增长，向盘的边缘运动；离开边缘时，被分散为雾滴，如图 4-46 所示。盘旋转也带动周围的空气循环，应尽量减少进入盘内的循环空气，以防物料在盘内干燥后黏附，引起转盘不平衡而发生振动。

气流式雾化器也称为气流式喷嘴，压缩空气或蒸汽以很高的速率和压力（300m/s、490～630kPa）从喷嘴喷出，靠气液两相间速度差所产生的摩擦力使浆液分裂为雾滴。压力越高，产生液滴越细，但能耗也越高。各喷嘴设计简单，可独立运行、在线维护，但缺点是要求

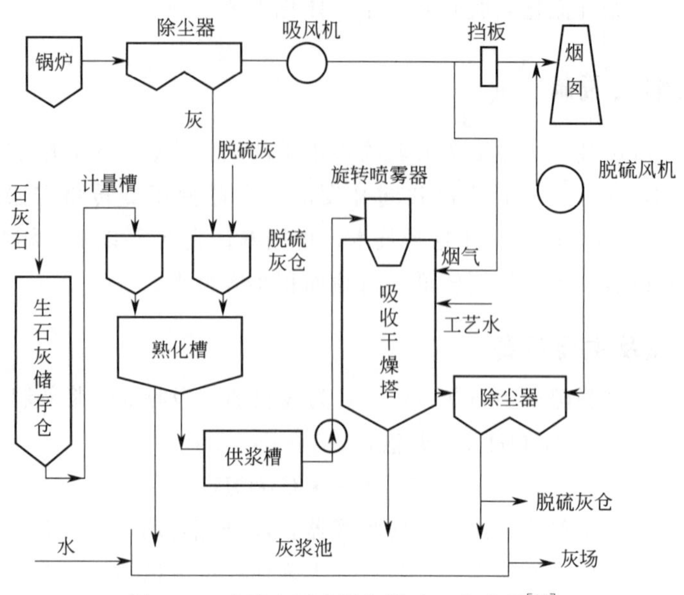

图 4-45　喷雾半干法烟气脱硫工艺流程[10]

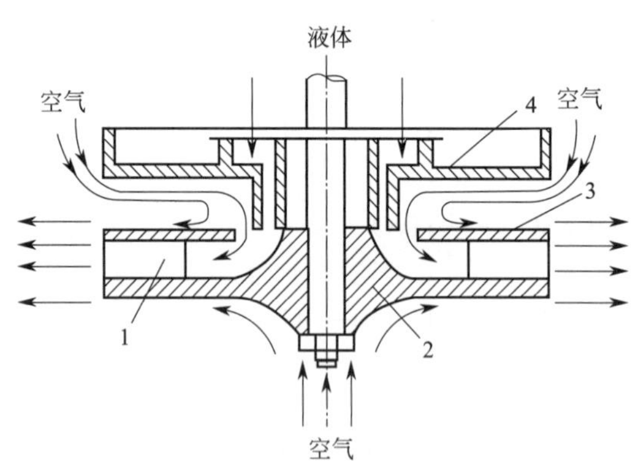

图 4-46　旋转雾化器工作原理[3]

1—叶片；2—盘壳体；3—盘顶盖；4—罩

浆液高速摩擦的表面耐磨性高。在采用再循环系统时要求特别耐磨，因为飞灰比石灰液浆的磨损能力更强。

2. 喷雾干燥吸收塔

喷雾干燥吸收塔由吸收塔筒体、烟气分配器和雾化器组成，在喷雾干燥塔中，石灰浆液雾化，并同烟气中的 SO_2 反应，浆液干燥生成能自由流动的粉末（亚硫酸钙、硫酸钙等）。吸收塔尺寸由许多因素决定，如喷雾器类型、雾化器出口液滴流速、烟气量、SO_2 浓度、出口比差温度、烟气停留时间等，为了达到一定的脱硫效率和完成产物干燥的工艺要求，就必须有足够的停留时间，而停留时间决定了塔径和塔高，一般情况下塔径 D 按下式确定：

$$D \geqslant (2 \sim 2.8) R_{99}$$

式中　R_{99}——旋转雾化器雾炬半径，m。

塔高 H 按下式确定：

$$H/D = 1 \sim 3$$

3. 固体灰渣分离与处置

喷雾半干法烟气脱硫的副产物是亚硫酸钙、硫酸钙、飞灰和未反应的吸收剂等粉末状混合固体物质。其中大部分粗粉落到吸收塔底部星形阀而排出，剩余的细粉随烟气排出，被除尘设备如布袋除尘器或静电除尘器收集。未反应的吸收剂主要以 $Ca(OH)_2$ 形式存在。副产物主要为带半个结晶水的亚硫酸钙及少量带两个结晶水的硫酸钙。亚硫酸钙和硫酸钙比例在（2～3）：1 之间。

喷雾半干法烟气脱硫灰渣的处理方法分为抛弃法和综合利用法两种。抛弃法是将收集到的干态灰渣从灰斗用气力输送设备送至电厂就地储存。储仓是密闭的圆柱形或矩形结构，干态灰渣在从储仓送往灰场之前要经过喷水湿化处理。灰渣的综合利用途径包括建筑填料、替代水泥、稳定路基、制砖等。

4. 烟气除尘装置

喷雾半干法烟气脱硫系统中，布袋除尘器相比于静电除尘器（electrostatic precipitator，ESP）具有明显的优点：沉积在滤袋上的未反应石灰可与烟气中残余 SO_2 反应，脱硫率可达到系统总脱硫效率的 15%～30%。作为喷雾干燥脱硫系统尾部设备的布袋除尘器，其压降和单纯除尘时基本相同，尽管粉尘负荷增加了 5 倍或更多，但滤袋压降并没有出现较大的变化，主要原因是喷雾干燥的固态生成物粒径大于煤燃烧产生的飞灰，这些粗颗粒形成具有良好阻力特性的过滤层。

若原电厂已有 ESP，则喷雾半干法烟气脱硫系统可以加装在 ESP 前，仅需对 ESP 做较少的改动，烟气在 ESP 中有一定的停留时间，部分脱硫也可以在 ESP 中实现，通过中间试验，已确认 ESP 脱硫率占总脱硫率的 10%～15%。

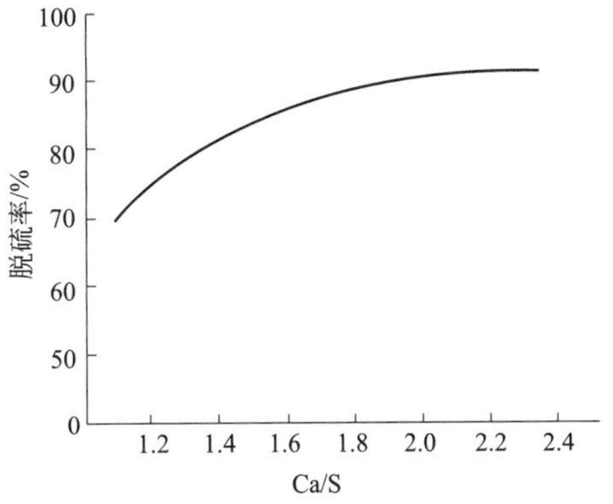

图 4-47　Ca/S 摩尔比与脱硫率相关曲线[3]

入口烟气温度：160℃；近绝热饱和温度：11℃；

入口烟气 SO_2 浓度：(3000～3500)×10^{-6}

（二）影响 SO_2 脱除的主要因素

1. Ca/S 摩尔比

随着系统 Ca/S 摩尔比增加，脱硫率也增大，但增加幅度逐渐减小。当 Ca/S 比较小时，吸收剂不能充分吸收烟气中的 SO_2，脱硫率由吸收剂量决定，Ca/S 摩尔比逐渐增大，脱硫率缓慢增加，但石灰石的利用率下降。对于不同的烟气脱硫系统都有一个合适的 Ca/S 摩尔比范围，在此范围内运行费用较低。同样当 Ca/S 摩尔比一定，入口 SO_2 浓度增加，吸收剂量不足时脱硫率也下降，虽然可以通过增加吸收剂量提高脱硫率，但 SO_2 浓度增加后生成物浓度也增加，吸收剂和 SO_2 无法充分接触，脱硫效率也降低（图 4-47）。

2. 吸收塔出口烟气温度

吸收塔出口烟气温度是影响脱硫率的另一个重要因素。一方面，当其他条件接近时，吸收塔出口烟气温度越低，说明浆液的含水量越大，水分含量高时，雾滴与烟气一接触即迅速降低了烟气的温度，从而使蒸发率降低，延长了化学反应时间，有利于 SO_2 的吸收脱除；另一方面，雾滴的干燥速度还受到烟气中水蒸气分压的影响，当水蒸气分压接近于相同温度下的饱和蒸气压时，吸收 SO_2 的时间可大幅度增加，使脱硫率有明显增加。在喷雾干燥工艺中，用吸收塔出口烟气温度与相同状态下的绝热饱和温度之差来表示吸收塔出口烟气温度的影响。不同 ΔT 时 Ca/S 摩尔比对脱硫率影响的试验结果如图 4-48 所示。由图可见，在相同 Ca/S 摩尔比下，ΔT 较低时，雾滴干燥时间延长，有利于吸收剂的充分利用和 SO_2 吸收反应的进行，因而脱硫率较高；另外，ΔT 较低时，脱硫率随 Ca/S 摩尔比变化曲线的斜率较大，这是吸收剂与 ΔT 相互作用的结果。

虽然吸收塔烟气温度越低，浆液含水量越大，越利于 SO_2 的吸收，但当烟气温度过于接

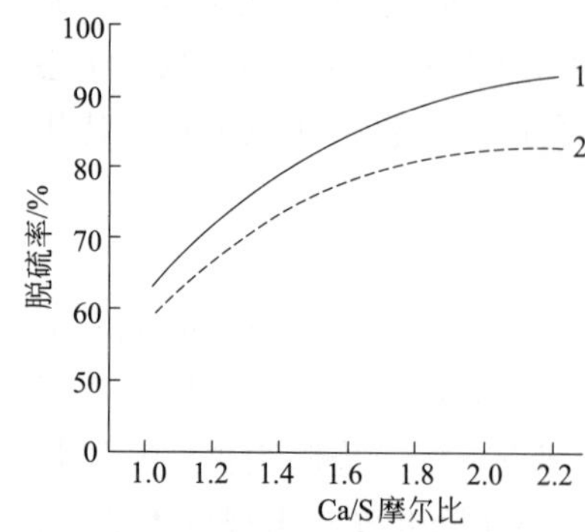

图 4-48　不同 ΔT 时 Ca/S 摩尔比对脱硫率的影响

入口烟气温度：160℃；入口烟气 SO_2 浓度：2200×10^{-6}；

1—$\Delta T=11$℃；2—$\Delta T=16$℃

近或者低于饱和温度时，会加剧烟道和设备的腐蚀，因此需有一个合理的温差范围，美国 ΔT 一般在 10～18℃。

3. 雾粒粒径

喷雾半干法脱硫反应的发生必须有一定的水分，石灰浆液雾化后的雾滴粒径越小，雾滴中含水量越多，反应物接触面积越大，脱硫效果越好，但雾滴粒径过小容易导致吸收剂在未完全反应之前就已经被干燥，因此存在一个合理的雾滴粒径，一般根据塔内滞留时间、入口烟温选定，一般以 0.05～0.10mm 为宜。

4. 灰渣再循环

灰渣中的固体颗粒在浆液雾化过程中起着雾滴核心的作用，提高了单位新鲜浆液的表面积，增大了反应速率。在保证脱硫率不降低的条件下灰渣再循环可大大减少新鲜吸收剂的耗量，同时灰渣再循环利用了飞灰的摩擦性减轻设备和管道中的结垢问题，也会造成一定程度的磨损，所以需选用耐磨性较好的给料泵和雾化喷嘴材料。

二、循环流化床烟气脱硫

《火电厂污染防治技术政策》中明确指出烟气循环流化床法脱硫技术宜在干旱缺水及环境容量较大地区、燃用中低硫煤种且容量在 30 万千瓦及以下机组建设烟气脱硫设施时选用。

烟气循环流化床脱硫技术（circulating fluidized-bed flue gas desulphurization，CFB-FGD）于 20 世纪 80 年代后期由德国鲁奇（Lurgi）公司研发。德国 Wulff 公司在该技术基础上开发了回流式循环流化床烟气脱硫技术（RCFB）。此外，丹麦的 FLS. Miljo 公司开发的气体悬浮吸收技术（GSA）也有应用。

循环流化床是一种使高速气流与所携带的稠密悬浮颗粒充分接触的技术，烟气循环流化床脱硫系统由石灰浆制备系统、脱硫反应系统和收尘及引风系统三部分组成。在烟气循环流化床脱硫系统中主要的控制参数有床料循环倍率、流化床床料浓度、烟气在反应器及旋风分离器中的停留时间、Ca/S 摩尔比、反应器内操作温度、脱硫效率等。下面就几种典型的烟气循环流化床脱硫工艺做简单介绍。

（一）鲁奇烟气循环流化床脱硫技术

鲁奇烟气循环流化床脱硫工艺流程如图 4-49 所示，其主要设备为流化床反应器、带有特殊预除尘装置的静电除尘器、水及蒸汽喷入装置。

烟气循环流化床脱硫的主要特点有：a. 系统无浆液制备系统及喷浆系统，只喷入水和蒸汽；b. 新鲜石灰与循环床料混合进入反应器，依靠烟气悬浮、喷水降温反应；c. 床料有 98% 参与循环，新鲜石灰在反应器内停留时间累计可达到 30min 以上，石灰石利用率达 99%；d. 反应器内烟气流速为 1.83～6.10m/s，烟气在反应器内停留时间约 3s，可以满足锅炉负荷 30%～100%范围内变化；e. 对含硫量为 6%的煤，脱硫率可达 92%；f. 基建投资相对较低，不需要专职人员进行操作和维护。

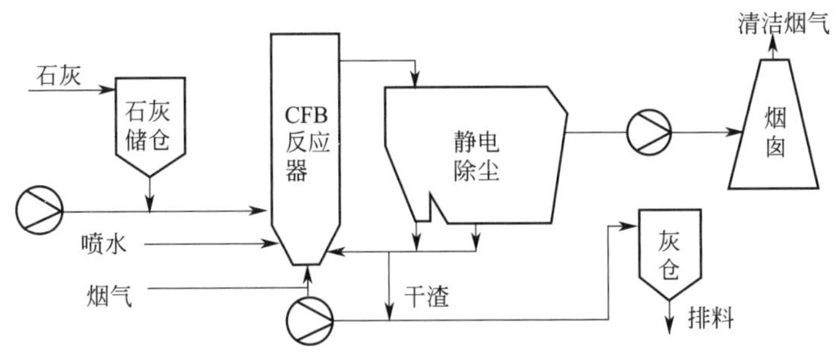

图 4-49 鲁奇烟气循环流化床脱硫工艺流程

CFB-FGD 系统工艺过程简单，因此整个控制系统可安装于锅炉控制室内的 DCS 系统内，也可单独使用 PLC 系统，整个工艺过程设三个控制回路（图 4-50）。

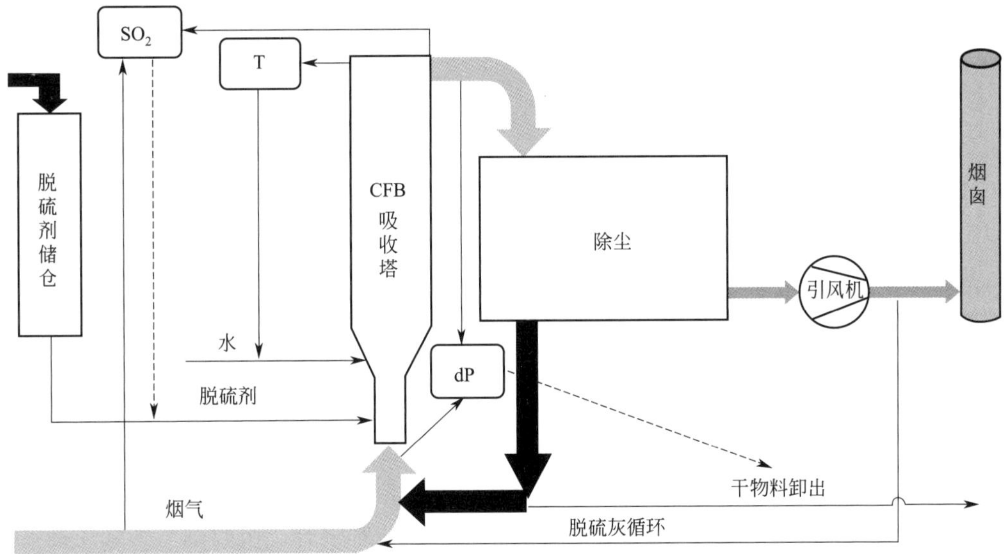

图 4-50 CFB-FGD 工艺控制回路

① 调整高压喷嘴的回水流量调节 CFB 反应器内的气流温度。

② 调整进入系统的新鲜石灰石量控制烟囱出口的 SO_2 浓度，石灰输送系统与循环流化床的脱硫系统紧密相连，系统对烟囱出口 SO_2 浓度变化能迅速做出反应。

③ 调节循环灰的排出量来保证反应器进出口压力损失满足预置压差的要求，维持反应器内物料流的稳定。

目前此类烟气循环流化床脱硫装置在德国已应用于二十多台锅炉。其中在波肯电厂安装容量为 200MW，处理烟气量为 $62\times10^4 m^3/h$。

（二）回流式循环流化床烟气脱硫技术

回流式循环流化床烟气脱硫技术（RCFB）（图 4-51）是德国 Wulff 公司在鲁奇公司烟气循环流化床技术的基础上开发的新技术，主要用于电厂锅炉的烟气处理。与鲁奇公司不同的是 RCFB 具有独特的流场和塔顶结构，RCFB 吸收塔内向上运动的烟气和吸收剂颗粒会有部分因回流从塔顶向下返回塔中。这股向下的固体回流与烟气方向相反，是一股很强的内部湍流，增加了烟气与吸收剂的接触时间，降低了吸收塔出口烟气的含尘浓度，与鲁奇工艺相比可以取消

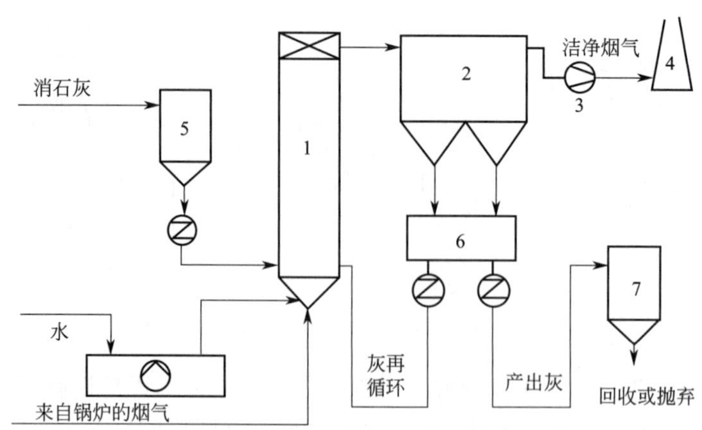

图 4-51　RCFB 脱硫工艺流程

1—回流式循环流化床；2—布袋/静电除尘器；3—引风机；
4—烟囱；5—消石灰仓；6—灰斗；7—灰库

预除尘器。

RCFB 技术可在很低的 Ca/S 摩尔比下达到与湿法脱硫技术相近的脱硫效率，其主要特点是可以根据机组容量的大小和对排放物控制的要求，选用不同的原料作吸收剂，如消石灰、生石灰、焦炭等。

回流式循环流化床烟气脱硫系统主要由烟气系统、吸收剂制备系统、回流式循环流化床反应器、吸收剂再循环系统、除尘器及控制设备几部分组成。

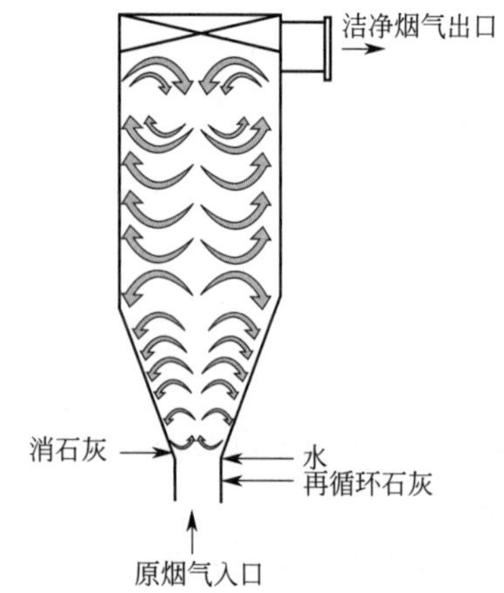

图 4-52　回流式循环流化床结构

锅炉产生的烟气流经空气预热器，冷却至 248～356℃，从除尘器前或后（取决于对脱硫副产品的要求）引入回流式循环流化床反应器。反应器底部为一文丘里装置，烟气流过时被加速并与很细的吸收剂混合。吸收剂与烟气中的 SO_2 发生反应，生成亚硫酸钙。带有大量颗粒的烟气从反应器顶部排出，然后进入除尘器中，在此烟气中大部分颗粒被分离出来，经过一个中间仓返回反应器，如此多次循环。RCFB 吸收塔中的烟气和吸收剂颗粒在向上运动时，会有一部分烟气产生回流，形成很强的内部湍流，从而增加了烟气与吸收剂的接触时间，使脱硫过程得到了极大的改善，提高了吸收剂的利用率和脱硫效率。另外，吸收塔内产生回流使得塔出口的含尘浓度大大降低。一般来说，塔内部回流的固体物量为外部再循环量的 30%～50%，这样便大大减轻了除尘器的负荷，其具体结构如图 4-52 所示。此外，烟气在进入吸收塔底部时要喷入一定量的水，以降低烟温并增加烟气中水分的含量。这是提高烟气脱硫效率的关键。

该脱硫装置的特点是简单易操作、要求空间小，RCFB 的直径大约为相同容量喷雾干燥塔的 1/2。与常规的循环流化床及喷雾吸收塔脱硫技术相比，石灰耗量（费用）大大降低；维修工作量少，设备可用率很高；运行灵活性很高，可适用于不同的 SO_2 含量（烟气）及负荷变化要求；不需增加锅炉运行人员；由于设计简单，石灰耗量少，维修工作量小，投资与运行费用较低，约为石灰-石膏工艺技术的 60%；占地面积小，适合新、老机组，特别是中、小机组烟气脱硫的改造。

（三）气体悬浮吸收烟气脱硫技术

丹麦的FLS. Miljo公司开发的气体悬浮吸收技术（gas suspension absorber，GSA）是一种简单有效的脱硫技术。其主要原理是：从锅炉出来的烟气由气体悬浮吸收反应器的底部进入，与雾化的石灰浆混合，反应器内的石灰浆在干燥过程中与烟气中的SO_2及其他酸性气体发生反应。经过脱硫的烟气经分离器分离后进入除尘器除尘排放，99%含有脱硫灰和未反应完全的石灰流化床床料经旋风分离器分离后被送回反应器中循环，只有大约1%的床料随脱硫灰渣排出系统，其工艺流程如图4-53所示，该工艺主要包括反应器、石灰浆液制备系统、床料循环使用的旋风分离器及除尘系统。

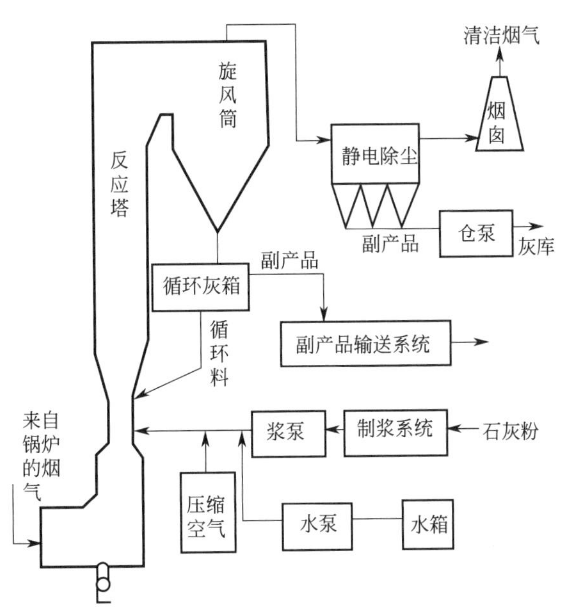

图4-53 GSA烟气脱硫工艺流程[3]

该系统床料循环倍率高（约100倍），吸收剂利用率高，流化床床料浓度高达500～2000g/m^3，为普通流化床床料浓度的50～100倍；吸收剂利用率高，消耗量少，Ca/S=1.2，脱硫效率高达90%；运行可靠，操作简单，维护工作量少。

（四）影响烟气循环流化床脱硫效率的主要因素

1. 床层温度

在烟气循环流化床脱硫工艺中，可用CFB反应器出口烟气温度与相同状态下的绝热饱和温度之差ΔT来表示床层温度的影响。ΔT在很大程度上决定了浆滴的蒸发干燥特性和脱硫特性：ΔT降低可以使浆滴液相蒸发缓慢，增加脱硫率和钙的利用率，但ΔT过低则会引起烟气结露，增加反应器的腐蚀。图4-54为$C_s=6.0\text{kg/m}^3$、$\Delta T=14℃$、$D_p=200\mu\text{m}$、$\tau=4.6\text{s}$、Ca/S=1.5、$C_{in}=1700\text{mg/m}^3$条件下，ΔT对脱硫率的影响。由图4-54可知，脱硫率随ΔT的增大而下降。在典型工况下可以将ΔT控制在14℃左右。

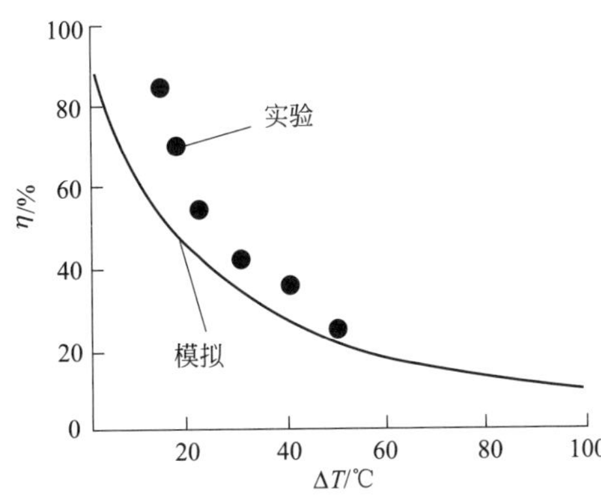

图4-54 绝热饱和温度差对脱硫率的影响

2. 固体颗粒物浓度

循环流化床具有较高的脱硫效率，其中一个重要的原因是在反应器中存在飞灰、粉尘和石灰的高浓度接触反应区，其浓度通常可以达到0.5～2.0kg/m^3，是一般反应器的50～100倍。随着床内固体颗粒物浓度的升高，脱硫率也随之升高，床内强烈的湍流状态以及高的颗粒循环速率提供了气液固三相连续接触面，颗粒之间的碰撞使吸收剂表面的反应产物不断地磨损剥落，避免了孔堵塞造成的吸收剂活性下降和吸收气体通过反应层扩散的影响，强化了炉内的传热传质。

3. 烟气停留时间

同样在 $C_s=6.0kg/m^3$、$\Delta T=14℃$、$d_p=200\mu m$、$C_{in}=1700mg/m^3$ 的条件下，烟气在CFB反应器中的停留时间由3.5s增加至4.6s后，脱硫效率有所增加，但增加幅度较小（图4-55），这可能是因为在CFB反应器内，SO_2 脱除反应大部分发生在1～3s的浆滴蒸发期内，液滴蒸发完毕反应也基本停止。因此一般将旋风除尘器收集的固体颗粒部分返回反应器中重新喷水增湿吸收 SO_2。

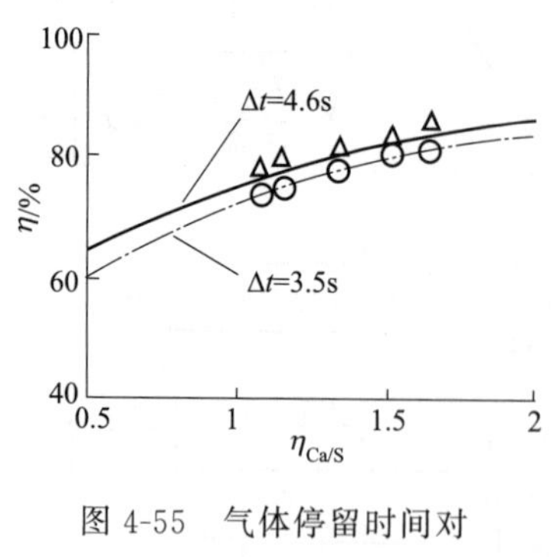

图4-55　气体停留时间对脱硫率的影响

综上所述，烟气循环流化床脱硫工艺可以根据反应器进口烟气量及烟气中初始 SO_2 浓度控制消石灰粉的给料量，以保证达到一定的脱硫效率。循环流化床作为脱硫反应器最大的优点是可以通过喷水将床温控制在最佳反应温度下，达到最好的气固紊流混合，固体物料的多次循环也可以提高脱硫剂的利用率和反应器的脱硫率。因此烟气循环流化床脱硫能够处理高硫煤烟气，并在Ca/S摩尔比为1.1～1.5时达到90%～97%的脱硫率。

三、新型一体化工艺

新型一体化工艺（new integrated desulfurization，NID）是ABB公司借鉴喷雾干燥的脱硫经验，开发的一种集脱硫除尘于一体的新技术。它借鉴喷雾干燥的脱硫原理，克服了该技术使用制浆系统而产生的弊端。

NID工艺的原理是以生石灰（CaO）或消石灰［$Ca(OH)_2$］粉末为脱硫剂，将静电除尘器捕集的碱性飞灰与脱硫剂混合、增湿，然后注入除尘器入口侧的烟道反应器，使之均布于热态烟气中。在此过程中混合吸收剂被干燥，烟气被冷却、增湿，其中的 SO_2、HCl等酸性组分被吸收，生成的 $CaSO_3\cdot1/2H_2O$ 和 $CaCl_2\cdot2H_2O$ 呈干粉状，把它与未反应的吸收剂一道加入增湿器，同时添加新吸收剂混合进去再循环。具体的反应如式(4-80)～式(4-83) 所示：

$$CaO+H_2O\longrightarrow Ca(OH)_2 \tag{4-80}$$

$$Ca(OH)_2+SO_2\longrightarrow CaSO_3\cdot\frac{1}{2}H_2O \tag{4-81}$$

$$Ca(OH)_2+2HCl\longrightarrow CaCl_2\cdot2H_2O \tag{4-82}$$

$$CaSO_3\cdot\frac{1}{2}H_2O+\frac{3}{2}H_2O+\frac{1}{2}O_2\longrightarrow CaSO_4+2H_2O \tag{4-83}$$

典型的NID装置采用布袋除尘器，烟气进入布袋除尘器，固体颗粒被吸收，同时在布袋上形成的灰层中较难脱除的酸性成分被布袋除尘器吸收，有害成分二噁英/呋喃类（Dioxins&Furan）及重金属物质也被再次吸收。最后洁净的烟气通过引风排烟系统排入大气。而布袋除尘器收集的灰粉颗粒，通过增湿再循环到NID反应器中继续参与反应。

传统的喷雾半干法FGD工艺中石灰浆液被雾化喷入吸收塔。NID技术采用的是含水率仅为百分之几的石灰粉末，且操作的循环量比传统的半干法高得多。由于水分蒸发的表面积很大，干燥时间大大缩短，因此反应器体积可减小，为传统喷雾半干法或烟气循环流化床反应器的10%～20%，并与除尘器入口烟道构成一个整体。

(一) 工艺流程及主要设备

NID装置由烟道反应器、除尘器、混合增湿器、脱硫剂添加和再循环系统、副产品处理系统及操作控制系统六个部分组成，工艺流程如图4-56所示。

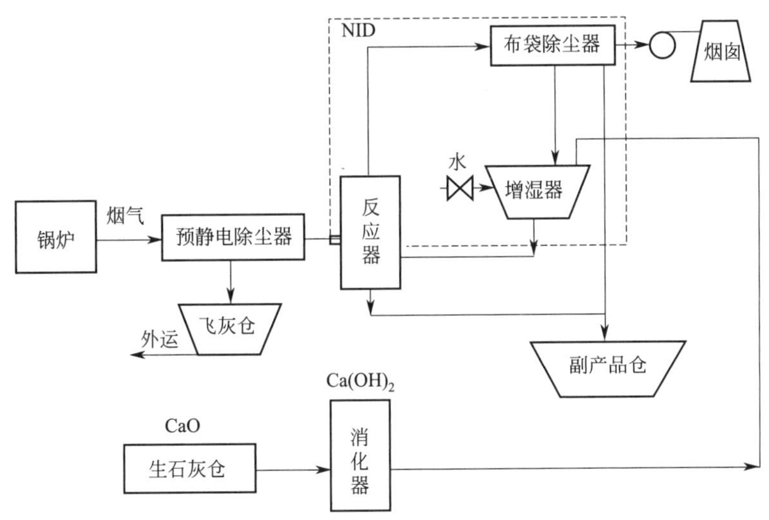

图4-56　NID工艺流程[10]

该工艺采用生石灰（CaO）或者消石灰［$Ca(OH)_2$］粉末为脱硫剂，如果采用CaO作为吸收剂，必须先经过消化，使之成为$Ca(OH)_2$。吸收剂的平均粒径应低于1mm，新鲜的吸收剂与除尘器捕集的循环灰进入混合增湿器（混合吸收剂增湿后含水量约为5%），然后注入除尘器入口侧的烟道反应器（实际上是除尘器的一段入口烟道），使之均布于热态烟气中，吸收剂中的水分被很快蒸发，烟气温度在极短的时间内由140℃降低至70℃左右，而烟气的相对湿度则很快增加到40%～50%。烟气中的SO_2、HCl等酸性组分被吸收，生成干粉状的$CaSO_3 \cdot 1/2H_2O$和$CaCl_2 \cdot 2H_2O$，烟气经过除尘器除尘后送往烟囱排放。

反应器、增湿器、除尘器和再循环系统是NID工艺的主要部分。反应器主要是指除尘器入口竖直烟道布置的反应器。增湿器与反应器紧密相连，确保吸收剂均匀地分布在烟道的横断面上，避免出现局部缺钙。

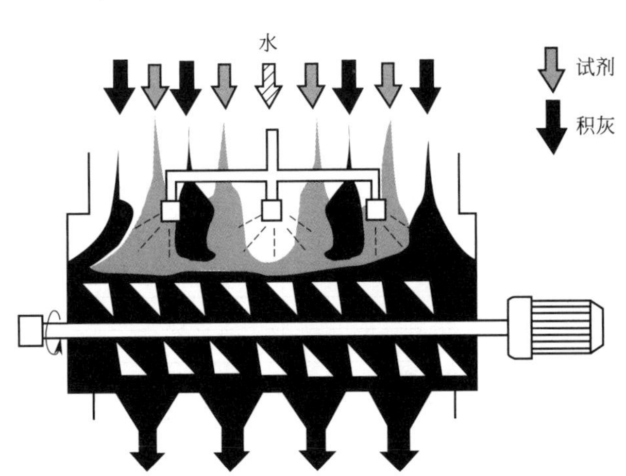

图4-57　NID工艺的加水增湿装置[3]

增湿器是NID的关键设备（图4-57）。除尘器捕集下来的循环灰与补充的吸收剂在增湿器内加水增湿并混合均匀。为保证增湿的吸收剂能均匀地分布到烟气流中，增湿混合后的混合灰应呈自由流动状态。因此，控制混合灰的含湿量极为关键，含湿量过高，不利于均匀分布和SO_2的吸收；含湿量过低，虽然流动性好，但循环灰中CaO的消化不完全，不能有效地转化为活性高的$Ca(OH)_2$，不利于气、固、液三相反应，同样也不利于SO_2的吸收。因此，吸收剂的含湿量有一个最佳值，应用经验表明，循环灰的临界含湿量以3%～7%为最佳。

（二）NID工艺特点

NID工艺集脱硫除尘于一体，具有以下特点。

① 吸收剂利用率高：以生石灰或熟石灰和除尘器捕获的循环灰为脱硫剂，实行脱硫灰多次循环（循环倍率可达50），吸收剂利用率高达95%以上，克服了其他半干法、干法工艺脱硫剂利用率不高的问题。

② 脱硫效率高（80%～90%）：可通过调节吸收剂的加入量和再循环灰量等调整脱硫效率，对烟气中其他酸性气体SO_3、HCl、HF的脱除更有效，脱除率可达98%，采用布袋除尘器则可以实现烟气多组分的协同脱除。

③ 系统结构紧凑：增湿器位于除尘器下方，与除尘器的入口烟道构成一个整体，而除尘器的入口烟道即为反应器，由于反应器中水分蒸发的表面积很大，干燥时间大大缩短，因此反应器体积较小，约为传统的半干法或烟气循环流化床反应器的10%～20%。该工艺占地面积小，工艺流程简单，不需制浆雾化装置，投资费用只占电厂总投资的4%。

NID典型配置的除尘设备是布袋除尘器，由于布袋表面吸附的粉尘与SO_2等接触相当于一个固定床反应器，所以与布袋除尘器匹配时脱硫效率更高，尤其当烟气灰中带有活性炭等吸附剂时，能非常有效地吸附二噁英等有毒物质，因此这种集半干法、灰循环加布袋除尘于一体的NID技术最适合于垃圾焚烧烟气处理。

（三）实际应用

NID技术的第一、第二套商业化装置分别于1996年和1997年在波兰Electrownia Laziska电厂（2×120MW）1号、2号机组投运，燃煤含硫量为1.4%，处理烟气量为2×518000m^3/h，入口SO_2浓度为4000mg/m^3，SO_2脱除率为80%（实测达90%），经过除尘器后烟尘浓度为50mg/m^3。

国内浙江某热电厂也将NID技术用于脱硫。电厂装机总容量为254MW，内有3台60MW机组，各配280t/h锅炉1台。1998年，该厂决定采用浙江菲达机电集团公司从Alstom公司引进的NID技术对其中1台锅炉进行烟气脱硫，主要设计参数见表4-12，2001年2月该工程完工。

表4-12　主要设计参数

项　　目	参　数	项　　目	参　数
锅炉蒸发量	280t/h	入口烟气H_2O体积浓度(湿态)	7.95%
锅炉耗煤量	36.72t/h	入口烟气N_2体积浓度(湿态)	74.04%
锅炉效率	91.3%	1号静电除尘器入口烟尘浓度	26800mg/m^3
进口烟气量	300400m^3/h	2号静电除尘器出口烟尘浓度	150mg/m^3
入口烟气温度	138℃	$Ca(OH)_2$纯度	91.8%
出口烟气温度	75℃	Ca/S摩尔比	1.3
入口SO_2浓度	3130mg/m^3	电石渣粉粒径	11.86μm
出口SO_2浓度	626mg/m^3	电石渣耗量	1.4t/h
煤种硫分	0.98%	水耗量	12.2t/h
入口烟气CO_2体积浓度(湿态)	11.99%	耗电量	500kW
入口烟气O_2体积浓度(湿态)	5.52%	脱硫效率	80%

（1）脱硫剂制备系统

采用浙江衢化集团公司电化厂堆放的电石渣作脱硫剂，其成分为：CaO 69.48%［折成

$Ca(OH)_2$ 为 91.8%]，Fe 0.1%，S 0.058%，C_1 0.05%。堆积密度为 1.8489g/cm^3，平均粒径为 23.8μm，粉碎后平均粒径为 11.869μm，电石渣耗量为 1.4t/h。电石渣干燥和细磨在单独的制粉车间完成，制得合格干粉储存于一个 300m^3 储仓内。干粉采用气力输送装置送到脱硫现场的高位料仓，其容积为 45m^3，可满足 2 天的用料量。高位料仓内设有电动布袋除尘器，以除去输料气流中的干粉，气流量为 500m^3/h，电动机功率为 1.5kW。

(2) 除尘系统

为了保证粉煤灰能作为水泥混合料，该厂在 NID 装置前加装 1 台 1 电场静电除尘器（1 号静电除尘器)，设计除尘效率为 80.5%，NID 装置采用 3 电场静电除尘器（2 号静电除尘器)。

(3) 反应脱硫系统

NID 装置静电除尘器收集的循环灰与电石渣干粉混合进入增湿器，并在此加水使混合物的含水量达 4%～5%，之后进入垂直烟道反应器。垂直烟道反应器尺寸为 1900mm×2000mm×17430mm，由于循环物料有极好的流动性，可省去喷雾干燥法复杂的制浆系统，并避免了可能出现的粘壁现象。大量含钙循环灰进入反应器后，由于具有极大的蒸发表面，水分很快蒸发。烟气温度在极短的时间内从 130～150℃冷却到 70℃左右，烟气湿度则很快增加到 40%～50%，形成较好的脱硫环境。大量的脱硫灰进行再循环，可充分利用其中的 $Ca(OH)_2$。由于反应器中 $Ca(OH)_2$ 浓度很高，有效 Ca/S 摩尔比很大。因此能保证在 1s 左右时间内使脱硫效率大于 80%。但大量脱硫灰再循环，使得烟道反应器出口烟气含尘量达 800～1000g/m^3。

(4) SO_2 控制系统

SO_2 采用定值控制。通过比较检测排出烟气中 SO_2 浓度和烟气量与 SO_2 浓度设定值，调节反应器底部螺旋给料器（电动机为 4kW）的脱硫剂的给定量，使 SO_2 浓度排放值逼近设定值，实现烟气中 SO_2 排放量的控制。

(5) 温度和再循环控制

为了高效脱硫，必须控制反应器的温度高于其露点温度。因此，检测 NID 反应器入口和 NID 静电除尘器出口烟温、烟气流量，控制进入 NID 混合增湿器的工艺水量。

在不加脱硫剂，仅以增湿和石灰含量为 3.6%的脱硫灰循环的情况下，可获得 35%～56%的脱硫效率，运行数据见表 4-13。

表 4-13 运行数据

项目	数据	项目	数据
入口烟气量	207000m^3/h	脱硫后烟气湿度	40%～50%
出口烟气量	225000m^3/h	露点温度	48.7℃
入口烟气温度	130～143℃	反应器出口粉尘浓度	1000g/m^3
出口烟气温度	70～80℃	2 号 ESP 出口粉尘浓度	20～150mg/m^3
反应器压力	960Pa	增湿工艺用水量	7060kg/h
入口 SO_2 浓度	1056mg/m^3	工艺用水压力	1.27MPa
出口 SO_2 浓度	78mg/m^3	吸收剂用量	500kg/h
1 号 ESP 收尘量	6.5t/h	流化风压力	16kPa
脱硫效率	85%～94%	耗电量	500kW
Ca/S 摩尔比	1.2～1.3	脱硫工程静态投资	2600 万元
1 号 ESP 入口烟尘浓度	27000mg/m^3	年运行费用(包括脱硫剂费用，脱硫剂单价 75 元/t)	219.8 万元
1 号 ESP 出口烟尘浓度	5200mg/m^3	单位机组脱硫投资	433 元/kW
1 号 ESP 除尘效率	80.5%	单位脱硫成本	445 元/t

第五节　SO_3 脱除与控制技术

SO_3 在燃煤机组烟气中含量较低，之前未引起足够重视。但随着 SCR 脱硝设备的普遍应用，SO_3 生成的总量较之前有显著增加，燃煤烟气中 SO_3 的控制也逐渐引起了人们的重视。

烟气中 SO_3 浓度增加给锅炉运行、大气环境和人类健康带来的危害也逐渐显现出来。当烟气中的 SO_3 浓度超过 5×10^{-6} 时，会形成肉眼可见的蓝色烟羽，这主要是由于 SO_3 与烟气中的水蒸气迅速反应生成气态硫酸，而硫酸蒸气属于微小的气溶胶颗粒，很难通过湿法脱硫工艺脱除，极易排放到大气环境中。另外烟气的酸露点温度取决于烟气中 SO_3 和 H_2O 的浓度，随着 SO_3 浓度的升高，烟气的酸露点升高，硫酸冷凝极易造成烟道腐蚀，必然要求增加排烟温度，但提高排烟温度会增加锅炉的排烟热损失，降低机组的热效率。此外 SO_3 也是造成 SCR 脱硝系统催化剂和空气预热器冷端换热原件“堵灰”的主要原因。我国燃煤机组 SCR 反应器多布置在省煤器和空预器之间，烟气中的 SO_3、H_2O、NH_3 反应生成黏性的硫酸氢铵，低温沉降在 SCR 催化剂空隙和空预器冷端的换热元件，造成微孔堵塞，严重影响脱硝设备的正常运转。烟气中的 SO_3 也会降低烟气的脱汞效率，烟气脱汞一般采用活性炭吸附技术，而烟气中的 SO_3 会与汞竞争吸附剂表面的活性位点，降低活性炭的脱汞效率。

一、烟气中 SO_3 的形成及转化

烟气中部分 SO_3 来自炉内 SO_2 的转化（图 4-58），在燃烧过程中，一部分生成的 SO_2 在高温区与离解的氧原子结合生成 SO_3；在管壁温度为 450～650℃的受热面上，管壁的氧化膜和积灰中的金属氧化物（Fe_2O_3、MnO_2、V_2O_5、Al_2O_3 等）的催化作用下，SO_2 也会氧化生成 SO_3，锅炉内 SO_2 转化为 SO_3 的比率为 0.5%～2.0%。烟气中的 SO_2 在 SCR 反应器催

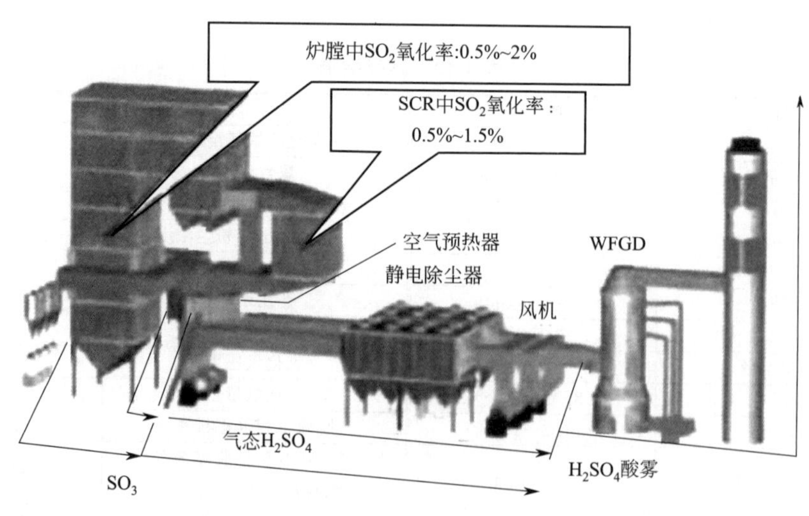

图 4-58　烟气中 SO_3 的形成过程及转化[14]

化剂的作用下转化为 SO_3，尤其是在低负荷运行时，SO_2 氧化率急剧增加。在 SCR 脱硝系统中，0.5%～1.5%的 SO_2 被催化氧化为 SO_3。

炉膛烟气出口 SO_3 以气体的形式存在，当烟气温度降低至 315～370℃时，SO_3 与烟气中的 H_2O 反应生成气态硫酸，这一过程主要取决于烟气中 H_2O 的浓度；当烟气温度降低至 137～160℃时，大多数 SO_3 以气态硫酸的形态存在。而在 WFGD 中烟气温度急剧降低，气态硫酸骤凝转变为硫酸气溶胶，而硫酸气溶胶粒径太小，不能被 WFGD 有效脱除，以硫酸酸雾的形态排放到大气中，传统的 WFGD 对 SO_3 的脱除率仅为 30%左右。理论上空预器和静电除尘器在一定程度上可以降低 SO_3 的浓度，当烟气温度低至酸露点以下，硫酸冷凝并附着在飞灰或空预器表面，可以在静电除尘器中与飞灰一起被脱除，SO_3 的脱除率在 20%～50%之间，然而由于 SCR 系统存在氨逃逸问题，烟气中的 SO_3 极易与烟气中的 H_2O 和氨反应生成硫酸氢铵造成空预器积灰堵塞，空预器一般不用于 SO_3 的脱除。目前，燃煤电站的静电除尘器和 WFGD 等常规污染物控制设备对烟气中 SO_3 脱除效率较低，因此烟气中 SO_3 的控制问题亟待解决。

二、燃煤电站烟气 SO_3 主要控制技术

对燃煤电站 SO_3 的排放控制主要从两方面着手，降低 SO_3 的生成量和脱除烟气中的 SO_3（图 4-59），主要包括：炉内 SO_3 生成控制技术；SCR 反应器内 SO_3 氧化抑制技术；湿法脱硫及除尘设备脱除技术；碱性吸附剂喷射脱除 SO_3 技术。

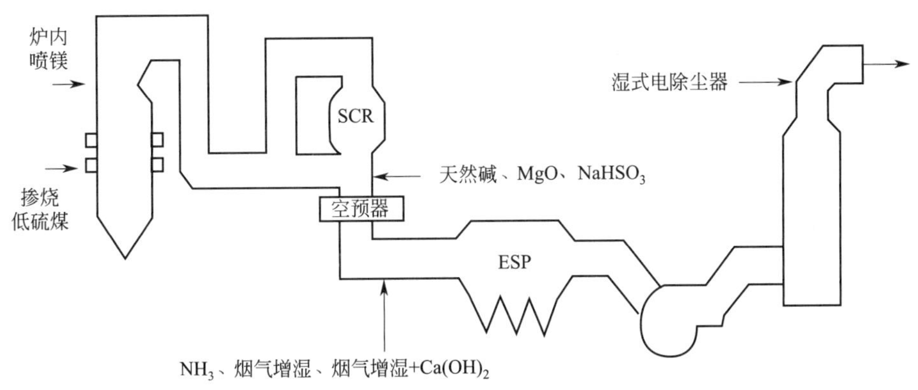

图 4-59　SO_3 控制技术

（一）炉内 SO_3 生成控制技术

掺烧低硫煤和炉内喷入碱性吸附剂[15] 等方法可从源头降低 SO_3 的生成量。燃烧低硫煤可降低烟气中 SO_2 的浓度，从而减少炉膛内或 SCR 反应器中 SO_3 的生成量。机组可以根据实际情况进行不同比例的低硫煤掺烧。另外通过向炉内喷射碱性吸收剂，如 $Mg(OH)_2$、$Ca(OH)_2$ 等，可有效脱除燃烧过程中产生的 SO_3。

$$CaO(s)+SO_3(g) \longrightarrow CaSO_4 \tag{4-84}$$

在炉膛上部喷入 $Mg(OH)_2$ 浆液，浆液迅速蒸发变成 MgO 颗粒，然后与 SO_3 反应生成 $MgSO_4$。美国 Gavin 电厂长期的现场运行数据表明，Mg/SO_3 摩尔比为 7 时，SO_3 的脱除效率可达 90%。

炉内喷镁技术可有效脱除燃烧过程中产生的 SO_3，降低 SCR 反应器入口烟气中 SO_3 的浓度，避免在低负荷运行时产生硫酸铵盐，拓宽 SCR 运行温度窗口，使 SCR 在低负荷下运行。同时，可降低酸露点，降低空预器出口烟气温度，提高锅炉热效率；降低尾部受热面的腐蚀，减少设备的维护。炉内喷钙法对烟气中 SO_3 的脱除比石灰石-石膏法更有效，但该技术对 SCR 中产生的 SO_3 的脱除效率相对较低。

（二）SCR 反应器内 SO_3 氧化抑制技术

催化剂是 SCR 反应器的核心，SCR 催化剂的投资占 SCR 反应器总投资的 40%～60%，而脱硝催化剂中的钒钛类金属氧化物催化剂在机组脱硝工程中应用最多，其中又以 V_2O_5/TiO_2 和 V_2O_5-WO_3/TiO_2 应用最为广泛。钒钛催化剂普遍采用 V_2O_5 为活性物质，锐钛矿 TiO_2 为催化剂载体，一般加入 WO_3 或 MoO_3 作为助催化剂，抑制锐钛矿向金红石转化、扩大 SCR 反应器的温度范围和降低 SO_2/SO_3 转化率。

国内外的研究表明，SCR 催化剂的化学组成与几何特征对 SO_2 的氧化具有很大的影响，在 SCR 催化还原 NO_x 过程中也会对 SO_2 的氧化起到一定的催化作用，烟气流经 SCR 后，有 0.5%～1.5%的 SO_2 被氧化为 SO_3。研究表明 SO_2 的氧化率随 SCR 催化剂中 V_2O_5 含量增加而增加，催化剂厂商一般根据设计煤种含硫量制订不同含量配方的催化剂，适当降低 V_2O_5 的含量，增加助催化剂 WO_3，保持较高脱硝效率的同时一定程度上减少 SO_3 生成，降低 SO_2/SO_3 转化率；SiO_2、BaO 对 SO_2 氧化抑制作用明显，在催化剂中适当添加 SiO_2 降低 SO_2 转化率也是一种可行的方法。

研究表明，减小催化剂壁厚可以减少 SO_2 转化率。Schwämmle 等[16] 研究了活性物质为 V_2O_5 的蜂窝催化剂几何特征对 SO_2/SO_3 转化率的影响，结果表明催化剂壁厚、催化剂通道单元质量和 SO_2/SO_3 转化率成正比。但是催化剂的壁厚和质量降低又对催化剂的机械强度和耐飞灰磨损提出了更高的要求，在考虑降低 SO_2/SO_3 转化率的同时也要兼顾催化剂的寿命[17]。

此外，SCR 中 SO_2/SO_3 转化率会随着温度升高而增加，催化剂烧结失活后，SO_2 氧化比例迅速升高。转化后的 SO_3 可能与 NH_3 反应，在催化剂表面生成硫酸氢铵导致其失效，降低脱硝效率。

因此为有效抑制 SCR 反应器内 SO_2 氧化，可以采取炉内脱硫技术降低烟气中的 SO_2 含量，将烟气温度控制在合理范围内，减少 SO_2 氧化同时兼顾对氨逃逸的影响，主要通过控制催化剂中 V 含量（$V_2O_5 \leqslant 0.6\%$），增加抑制 SO_2 氧化元素的负载量，减小催化剂的厚度和单元质量等降低 SO_2/SO_3 转化率。

（三）碱性吸附剂喷射脱除 SO_3 技术

喷射碱性吸附剂属于典型的干法脱硫技术，设计之初是为脱除烟气中的 SO_2。喷射碱性吸附剂包括燃烧中脱硫和燃烧后脱硫，脱硫效率通常为 30%～60%，由于湿法工艺的脱硫效率更高，所以喷射碱性吸附剂并未成为主流的脱硫工艺。后来人们开始利用该工艺脱除 SO_3。目前，喷射带有催化成分的吸附剂进行 Hg、HCl、NO_x 和 SO_x 的一体化脱除成为研究热点[18]。

喷射碱性吸收剂脱除 SO_3 的方法是在炉后烟气中喷入碱性吸收剂，如 MgO、$NaHSO_3$、

Na_2CO_3、天然碱等，降低 SO_3 浓度，可能的喷入位置有多处，如图 4-60 所示，一般选择在省煤器或 SCR 与空预器之间。在空预器前喷入碱性吸收剂脱除烟气中的 SO_3，可以减少硫酸氢铵的生成，避免空预器堵塞，降低空预器出口的烟气温度，减轻尾部受热面的腐蚀，相应地减少设备维护。美国 Gavin 电厂通过向烟气中喷射天然碱脱除 SO_3，关键技术是喷入的天然碱能与烟气均匀混合，天然碱在 135℃以上的烟气温度下分解为多孔的 Na_2CO_3，然后与 SO_3 反应生成 Na_2SO_4，现场试验结果表明，当 Na/SO_3 比为 1.5 时，SO_3 脱除效率可达 90%。

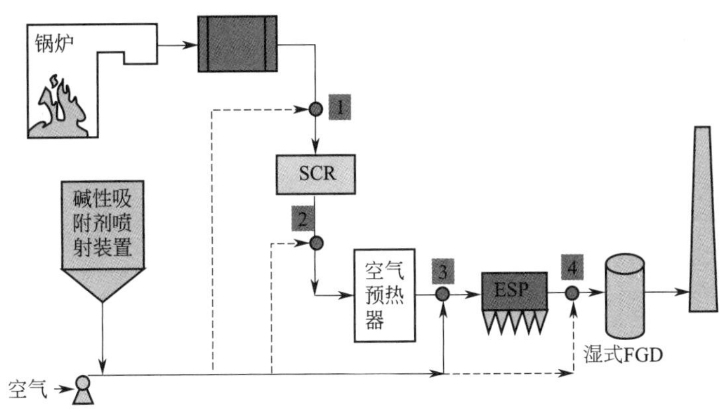

图 4-60　碱性吸附剂喷射位置示意（图中数字指 4 个加入点位置）

美国电力科学研究院通过在空预器与静电除尘器之间喷入 $Ca(OH)_2$、$NaHCO_3$ 等碱性吸收剂脱除烟气中的 SO_3，但该技术需要高的吸收剂喷射量才能达到较好的 SO_3 脱除效率，同时，钙基吸收剂增加了飞灰的比电阻，降低了电除尘器的效率，在空预器后喷入碱性吸收剂脱除烟气中 SO_3 的方法也不能缓解空预器的积灰、腐蚀和堵塞问题。

B&W 公司[19] 分析比较了不同吸附剂的效果以及投资成本等（表 4-14）。

表 4-14　典型脱除 SO_3 用碱性吸附剂

吸附剂种类	脱除效果	运行与维护费用	投资费用	维修费用
氨	好(SO_3 含量低时)	低	低	低
氢氧化镁	适宜向炉内喷射	高	中等	中等
氢氧化钙	好(受 ESP 情况限制)	低	低	低与中等之间
硫酸氢钠	优异	高	中等	高
高比表面积石灰	好与优异之间	低	低	中等
天然碱	优异	低	低	低

国外碱性吸附剂喷射脱除 SO_3 项目多针对高硫煤机组设计，SO_3 浓度较高。我国电站燃煤煤质变化较大，尚未开展 SO_3 的在线监测工作，在烟气中 SO_3 浓度较低的情况下，要实现高的 SO_3 脱除率还需要进一步研究。国内大唐集团于 2016 年成功在托克托电厂进行碱性吸附剂喷射脱除 SO_3 工业示范。

托克托发电有限公司 $1^{\#}$ 机组锅炉为 600MW 亚临界锅炉（HG-2008/17.4-YM5），采用四角切圆燃烧方式，设计煤种为准格尔烟煤，煤质分析见表 4-15，烟气处理设备包括 SCR+ESP+WFGD，空预器为三分仓回转式，热端和冷端蒸汽吹灰器每 8 小时吹灰一次，冷端还增设脉冲吹灰器。2013 年 10 月 $1^{\#}$ 机组空预器出现堵塞情况，空预器烟气侧压差增大，风机电耗增加。随后电厂进行碱性干粉注射技术的集成和系统设计，开发碱性干粉 SO_3 脱除系统，如图 4-61 所示。

表 4-15 准格尔烟煤煤质分析

项目	水分	灰分	C	H	O	N	S
含量/%	10.2	23.7	52.5	3.7	8.1	0.9	0.9

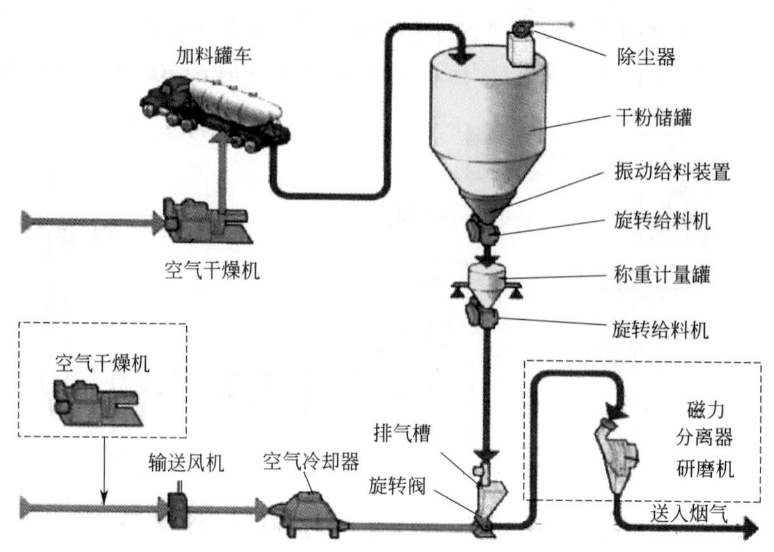

图 4-61 碱性干粉 SO_3 脱除系统[20]

系统投运后，委托中科院过程所进行 SO_3 浓度监测，检测结果显示空预器入口 SO_3 浓度降低到 $(2.5\sim5.2)\times10^{-6}$，平均值 3.85×10^{-6}。系统投运后 SO_3 脱除效果显著。

静电除尘器前，通过对烟气进行增湿、降温，使烟气温度降低至酸露点以下，H_2SO_4 在烟气中飞灰的作用下凝结、长大生成大粒径的硫酸液滴，从而在静电除尘器或 WFGD 中被脱除，但应注意烟道腐蚀及飞灰在烟道中的沉积。在烟气增湿的同时，可喷入碱性吸收剂，如 $Ca(OH)_2$，一方面为 H_2SO_4 的冷凝和长大提供载体；另一方面中和形成的 H_2SO_4，避免烟道和设备的腐蚀。

（四）低低温静电高效除尘技术协同脱除 SO_3

低低温静电高效除尘器又称为低低温电除尘器，其原理是在静电除尘器前采用热回收器使烟气温度降低至酸露点以下，一般为 90℃，烟气温度，绝大多数 SO_3 在烟气降温过程中冷凝为液态硫酸酸雾黏附在粉尘上再经由碱性物质中和脱除，下游设备也一般不会发生低温腐蚀现象。同时由于 SO_3 黏附在粉尘表面，使粉尘的比电阻降低，提高了除尘效率。有学者利用 SO_3 的这一作用，在烟气中喷入 SO_3 增加 SO_3 浓度，降低粉尘比电阻，提高静电除尘效率。

低低温电除尘器在高效除尘的基础上对 SO_3 的脱除率一般不小于 80%，最高可达 95%。林翔等[21] 探讨了低低温电除尘技术对多种污染物的脱除效果，测试发现低低温电除尘器出口的 SO_3 浓度降到了 $3mg/m^3$ 左右，平均脱除效率达 88.1%，缓解了电除尘器及其下游的引风机、脱硫塔、烟囱等设备的腐蚀。三菱重工从 1997 年开始在大型燃煤机组中应用低低温电除尘技术，电除尘入口温度保持在 90℃左右，测得出口烟尘浓度小于 $30mg/m^3$，SO_3 浓度大多低于 $3.57mg/m^3$。胡斌等[22] 采用燃煤热态试验系统，通过调节电除尘器入口烟气温度和 SO_3

浓度，考察低低温电除尘对细颗粒和 SO_3 的脱除特性。结果表明随着电除尘器入口烟温增加，SO_3 的脱除率逐渐降低，尤其当入口烟温高于酸露点温度后，SO_3 的脱除率明显降低（图 4-62）。

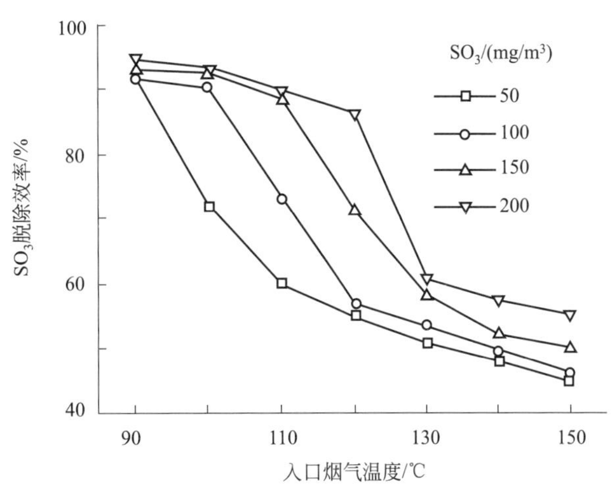

图 4-62　低低温电除尘 SO_3 脱除率与入口烟温的关系[22]

低低温电除尘器只适用于一定范围的煤质，目前主要采用灰硫比的技术指标进行判定，灰硫比为燃煤烟气中烟尘量与 SO_3 量之比。美国南方公司的研究表明，当燃煤硫分为 2.5%时，灰硫比在 50～100 才能避免设备腐蚀。一般灰硫比在 100 以上适合采用低低温电除尘器，而我国许多煤种灰硫比只在 50 多，应用低低温电除尘器改造还需要综合考虑降温幅度和腐蚀。国内低低温除尘器改造后也多次出现腐蚀现象。

(五) 湿式电除尘脱除 SO_3

湿式电除尘器（WESP）是利用直流高压电使颗粒物荷电并使其在电场力作用下向集尘极运动，粉尘收集在阳极板后被流动的水膜带走。WESP 的湿环境降低了细颗粒物的比电阻，高的输入电压能够增强对亚微米级颗粒物的脱除能力（图 4-63）。据报道，WESP 对 SO_3 的脱除率可达 95%，同时还可有效脱除亚微米颗粒物、"石膏雨"、汞等重金属、气溶胶等有害物质，SO_3 脱除率也很高。但国内也有测试报告显示，WESP 对 SO_3 的脱除效率只有 30%左右。

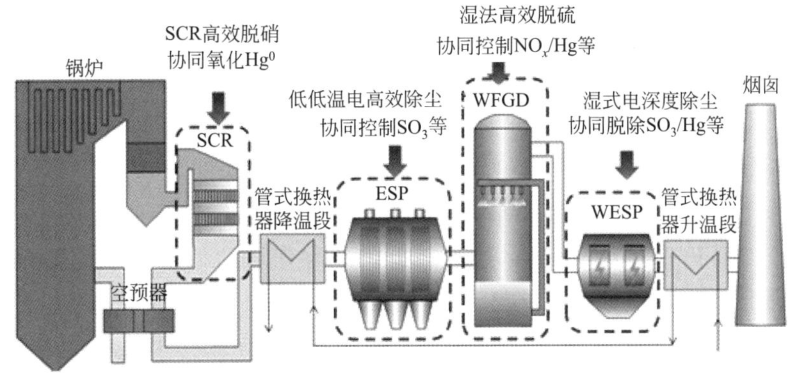

图 4-63　火电厂燃煤机组超低排放流程

湿式电除尘器可有效捕获烟气中 SO_3：一方面，SO_3 与 H_2O 反应生成的 H_2SO_4 气溶胶可被荷电，最终在静电力作用下被捕集于集尘极；另一方面，WESP 运行过程中会向烟气中喷淋浆液冲洗极板，浆液 pH 呈弱碱性（pH＝7～9），浆液中碱性组分能与 SO_3、H_2SO_4 等酸性组分反应，而促进 SO_3 脱除。

湿式电除尘设备（WESP）属于高效除尘终端的精处理设备，对 $PM_{2.5}$、硫酸雾、汞和二噁英等的收集都有效果。美国 Croll-Reynolds 公司于 2011 年在 Bruse Mansfield 电厂安装调试了流量为 $141.584m^3/min$ 的管式湿式静电除尘器，试验测得细颗粒物脱除效率为 96%，SO_3 脱除效率为 92%，汞脱除率达 77%，当然这与电压、停留时间、结构等相关。

合理设计的湿式电除尘协同脱除 SO_3 具有较好的效果。Reynolds[23] 在金属极板和柔性极板湿式电除尘器上测试其对 SO_3 酸雾的脱除效果，发现二者对 SO_3 酸雾的脱除效率都在 85%以上。Chang 等[24] 研究了湿式电除尘器中不同集尘极材料对酸雾气溶胶脱除性能的影响，结果显示柔性集尘极的酸雾脱除效率均在 95%以上，工作性能优于导电玻璃钢。日本三菱重工采取"干法电除尘前喷氨+WESP"的办法，在 WESP 出口 SO_3 浓度可降至 1×10^{-6}。雒飞等[25] 利用实际燃煤烟气试验系统及 SO_3 发生装置研究湿式电除尘器对 $PM_{2.5}$ 及 SO_3 酸雾的脱除作用。试验结果表明不同电压下湿式电除尘对 SO_3 酸雾的脱除效率整体上不高，为 30%～60%，提高电压有助于 SO_3 酸雾的脱除（图 4-64），但由于 SO_3 酸雾主要以亚微米甚至小于 0.1μm 的细小雾滴形式存在，所以 SO_3 酸雾的脱除率总体上不高。可见，并不是所有的湿电装置都有很好的效果，WESP 的合理设计才是关键。

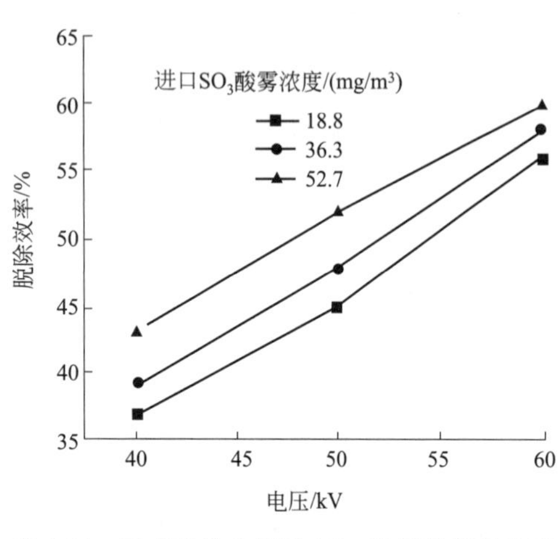

图 4-64　湿式电除尘器对 SO_3 酸雾的脱除效率

电厂可根据需要将 WESP 布置在湿法脱硫系统后，烟气处理系统结构为"SCR（脱硝系统）+ESP（干式电除尘）+WFGD（湿法脱硫）+WESP"。WESP 捕捉 WFGD 无法处理的酸雾和 $PM_{2.5}$ 等。WESP 布置在空预器后虽然可以有效脱除 SCR 反应器内生成的 SO_3，但无法解决空预器堵塞的问题。

此外，湿式相变凝聚与湿式电除尘共同作用也可以增加 SO_3 的脱除率，在某应用湿式相变凝聚器和湿式电除尘的电厂，对湿式相变凝聚器开启状态和关闭状态下的烟气凝水进行分析发现，湿式相变凝聚器开启后凝结水中 SO_4^{2-} 脱除总量是湿式相变凝聚器未开启的 4.35 倍，充分证明了湿式相变凝聚技术也有助于烟气中 SO_3 的脱除。

此外，石灰石-石膏湿法脱硫对 SO_3 的脱除率也能达到 30%～50%[26]，有报道称旋汇耦合脱硫除尘一体化技术对 SO_3 的脱除率在 61.5%～75.2%[8]，强烈的气液固传质有利于 SO_3 气溶胶的脱除。CFB-FGD 技术对 SO_3 也有较好的脱除作用，某超临界 CFB 锅炉采用 SNCR 脱硝+炉内喷钙+CFB-FGD 脱硫+布袋除尘的超低排放技术路线，经测试，CFB-FGD 半干法脱硫同时脱除 48.5%～64.2%的 SO_3[27]。总之，不管什么脱除工艺路线，具体的脱除效果一定是与具体的设计对应。有些生产厂家发布的非权威第三方检测数还有待验证。

第六节　SO_2 排放控制工程应用实例

一、石灰石-石膏湿法脱硫——单塔超低排放工程实例

（一）单塔单循环超低排放改造

某煤电有限责任公司 1#、2# 2×660MW74 采用石灰石-石膏湿法烟气脱硫工艺（引进国外

FBE公司)，脱硫装置不设置增压风机，一炉一塔，设计脱硫效率不低于95%，无旁路烟道。原脱硫效率无法满足超低排放浓度（标态）35mg/m^3 的要求，电厂决定进行 SO_x 超低排放改造。

1. 机组主要设备参数

机组主要设备参数见表4-16。

表4-16 机组主要设备参数表

设备名称	参数名称	单位	数据
锅炉	型式		超临界一次中间再热燃煤直流炉
	最大连续蒸发量	t/h	2141
	台数	台	2
	每台锅炉实际耗煤量	t/h	269.27(设计煤)
除尘器	数量/每台炉	个	2
	型式		静电除尘器
	除尘效率	%	99.8
引风机	型式		动叶可调轴流式
	数量/每台炉	个	2
	风量	m^3/s	553
	全压	Pa	8342

2. 煤质资料

综合考虑电厂周边的煤矿煤质及近年的煤价波动，本次改造的煤质按照收到基灰分35.8%，收到基含硫量2.4%设计（表4-17）。

表4-17 燃煤煤质分析

项目	单位	脱硫煤种
收到基低位发热量	kJ/kg	19602.3
$Q_{net,var}$	kcal/kg	4681.7
工业分析		
收到基全水分	%	6.8
收到基灰分	%	35.8
干燥无灰基挥发分	%	12.5
空气干燥基水分	%	2.1
元素分析		
收到基碳	%	48.9
收到基氢	%	2.70
收到基氧	%	2.60
收到基氮	%	1.20
收到基硫	%	2.4

注：1kcal≈4185.85J，下同。

3. 原脱硫系统概况

电厂1$^{\#}$、2$^{\#}$机组配套设置烟气脱硫装置，一炉一塔，每套脱硫装置的烟气处理能力为一台锅炉100%BMCR工况时的烟气量，锅炉最大连续蒸发量为2141t/h蒸汽，烟气量2155783m^3/h（单台FGD入口、湿态、标态、设计煤种、BMCR工况），原设计煤种含硫量为2.3%，SO_2 浓度为5211mg/m^3（标态、干基、6%O_2），SO_2 脱除率≥95%，脱硫装置出口 SO_2 浓度不超过260.6mg/m^3，在任何正常运行工况下除雾器出口携带液滴含量≤75mg/m^3

(标态干基)。

烟气经静电除尘器和引风机进入吸收塔，脱硫吸收塔采用逆流喷淋单塔，进入吸收塔的原设计烟气温度为130℃，每个吸收塔有4台浆液循环泵，采用4层浆液雾化喷淋方式。每套脱硫装置中设置6台吸收塔浆液搅拌器对塔内浆液进行搅动，设置2台氧化风机（1运1备），吸收塔上部布置2级除雾器。

FGD该脱硫装置于2011年投产，2013年2#机组脱硫装置的性能测试结果显示脱硫效率为94.6%，出口SO_2浓度为281mg/m^3，除雾器出口液滴浓度≤63.9mg/m^3（标态、干基、6%O_2）。测试结果显示该脱硫系统的脱硫效率降低，实际SO_2排放浓度无法满足要求，距实现烟尘超低排放的要求还有相当差距。为达到超低排放要求，实现深度脱硫、高效除尘，电厂决定对2#机组的脱硫装置进行改造。

4. SO_2 超低排放改造

二氧化硫吸收系统按照煤种含硫量2.4%，FGD入口SO_2浓度5440mg/m^{3}进行设计，要求脱硫装置出口SO_2浓度≤30mg/m^3，脱硫效率≥99.45%。

在达到脱硫要求的基础上，综合考虑工程量、操作灵活性、改造场地及能耗等诸多原因，最终该电厂选用薄膜持液层托盘脱硫技术。该技术采用单塔5段法，将吸收塔内部自下往上分为浆液再循环段、氧化段、烟气再分布段、污染物粗吸收段和污染物精吸收段。具体改造工艺如下。

(1) 烟气系统

电厂对除尘器进行了低低温改造，吸收塔入口烟气温度由原来的130℃降低至90℃，吸收塔入口烟气实际体积减小。烟气量变小，吸收塔进出口烟道的本体阻力也会相应变小，因此主要的阻力增加部分在吸收塔本体部分及烟道除雾器。本次改造新增一层托盘，全部更新4台浆液循环泵。另外，在喷淋层上端增设薄膜持液层。现有的吸收塔除雾器拆除，在吸收塔出口至烟囱入口烟道内新增3级烟道除雾器。

本次改造吸收塔浆池尺寸不变，因此吸收塔入口烟道不需要进行调整。改造后由于新增持液层，吸收塔出口烟道及支架需进行相应的改造，并更换吸收塔出口膨胀节。

(2) 吸收系统

吸收塔改造是实现超低排放的关键，本次改造采用薄膜持液层托盘塔方案。吸收系统改造具体可以分为现有吸收塔的提效改造和新增持液层装置。

吸收塔空塔烟气流速为3.07m/s，并且低低温改造后烟气量减小，因此吸收塔直径不需要进行改变。

原4层喷淋层层数不变，更换4台循环泵，配套的喷淋层更换；原有的双向喷嘴改为高性能单向120°双头空心锥喷嘴；设置3层烟气增效环；喷淋层上部增设一层薄膜持液层；原有的塔内屋脊式除雾器改造为3级烟道除雾器。

本项目吸收塔浆池容积设计值为3000m^3，控制浆液循环时间不超过4.5min的前提下，循环泵流量可提高至10300m^3/h，浆池不做改造；吸收塔入口烟道距第一层喷淋层中心高度约3m，有足够空间设置一层异形开孔托盘。

本次脱硫改造SO_2排放要达到30mg/m^3，脱硫效率要达到99.45%，因此需要将托盘、喷淋层及薄膜持液层高效组合。根据各部分的性能计算，吸收塔的脱硫负荷分配如表4-18所列。

表 4-18 脱硫负荷分配

项 目	单位	设计方案
FGD 入口 SO_2 浓度(标态)	mg/m^3	5440
循环泵流量	m^3/h	10300
经过 1 层托盘＋4 层喷淋层后的 SO_2 浓度(标态)	mg/m^3	168
1 层托盘＋4 层喷淋层脱除效率	%	96.9
薄膜持液层入口 SO_2 浓度(标态)	mg/m^3	168
薄膜持液层出口 SO_2 浓度(标态)	mg/m^3	30
薄膜持液层脱除效率	%	82.1

原有吸收塔中采用 1 层托盘＋4 层喷淋可以将入口 $5440mg/m^3$ 的 SO_2 脱除至 $168mg/m^3$。而当持液层为 50mm，持液层入口浓度为 $168mg/m^3$ 可以满足出口 SO_2 稳定在 $30mg/m^3$ 以下的要求。并且增加持液层高度可以得到更高的脱硫效率。

针对上述措施，需要进行以下的改造。

① 浆池分区氧化：采用分区氧化技术，减少除雾器出口携带的浆液雾滴中的颗粒物含量。具体措施是在吸收塔浆池的搅拌区上部，采用分区氧化补给系统，吸收塔浆池分为上下两个浆液区，塔内增设分区管，上部为低 pH 值氧化区，下部为高 pH 值吸收区。

燃煤机组原有的氧化方式为喷枪式，有 6 根氧化空气喷枪，配套 6 台侧进式搅拌器，对于直径 21m 的浆池，喷枪式的布置很难保证氧化空气的均匀分布，本次改造将原有的喷枪式氧化空气系统改造为管网式，管网采用 2205 材质，与分区氧化供给系统统筹设计。管网式氧化空气压头降低，所需风量增大，原有的氧化风机（单级高速离心风机）需要进行改造，新增一台氧化风机，与原改造后风机形成 2 运 1 备的运行方式。

② 托盘改造：在吸收塔烟气入口上边沿与第一层喷淋层之间设置 1 层托盘，有效提高脱硫和除尘能力，在原有吸收塔烟道入口上部设置托盘及支撑梁。

③ 喷淋层改造：更换原双向双头喷嘴及配套的喷淋层管道，采用高效双头单向喷嘴，提高喷嘴压力，优化调整喷嘴的布置，确保喷淋的均匀性，因此需要更换原有的 4 层喷淋层。

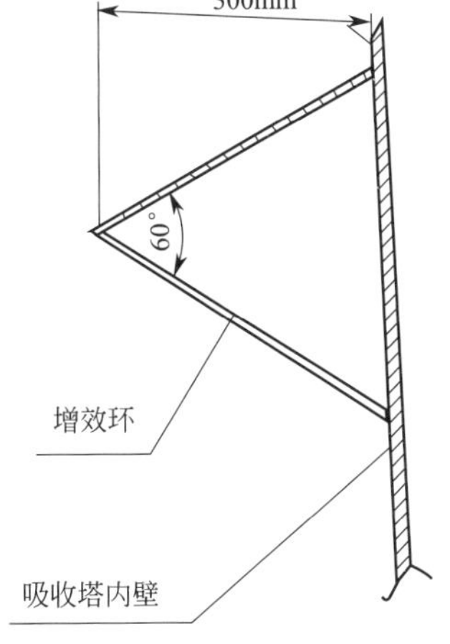

图 4-65 增效环布置示意

④ 烟气增效环：为使塔内烟气分布均匀，尤其是防止烟气沿着塔壁逃逸，在喷淋区增加烟气增效环，4 层喷淋层设置 3 层烟气增效环，交替布置（图 4-65）。

⑤ 薄膜持液层：经喷淋洗涤后的烟气向上运动进入薄膜持液层装置，新鲜浆液形成的一定高度的持液层有利于深度脱除 SO_2 等酸性污染物，可以实现较少的浆液供给量达到较高的 SO_2 去除率。净化后的烟气夹带少量液滴从吸收塔排出。

热态模型的试验结果如表 4-19～表 4-21 所列。

表 4-19 50mm 薄膜持液层脱硫效率及阻力

序号	持液高度 /mm	气速 /(m/s)	持液层入口 SO_2 浓度(标态) /(mg/m^3)	持液层出口 SO_2 浓度(标态) /(mg/m^3)	脱硫效率 /%	阻力 /Pa
1	50	1.48	200	35.87	82.07	525.7
2	50	1.68	200	33.35	83.33	564.5

续表

序号	持液高度/mm	气速/(m/s)	持液层入口 SO_2 浓度(标态)/(mg/m³)	持液层出口 SO_2 浓度(标态)/(mg/m³)	脱硫效率/%	阻力/Pa
3	50	1.84	200	31.2	84.40	609.4
4	50	2.02	200	28.64	85.68	693.7
5	50	2.2	200	26.04	86.98	774.4

表 4-20　75mm 薄膜持液层脱硫效率及阻力

序号	持液高度/mm	气速/(m/s)	持液层入口 SO_2 浓度(标态)/(mg/m³)	持液层出口 SO_2 浓度(标态)/(mg/m³)	脱硫效率/%	阻力/Pa
1	75	1.48	200	29.65	85.18	625.7
2	75	1.68	200	27.06	86.47	664.5
3	75	1.84	200	24.9	87.55	709.4
4	75	2.02	200	22.7	88.65	793.7
5	75	2.2	200	20.09	89.96	874.4

表 4-21　100mm 薄膜持液层脱硫效率及阻力

序号	持液高度/mm	气速/(m/s)	持液层入口 SO_2 浓度(标态)/(mg/m³)	持液层出口 SO_2 浓度(标态)/(mg/m³)	脱硫效率/%	阻力/Pa
1	100	1.48	200	21.8	89.1	725.7
2	100	1.68	200	19.4	90.3	764.5
3	100	1.84	200	17.4	91.3	809.4
4	100	2.02	200	15.4	92.3	893.7
5	100	2.2	200	13.5	93.3	974.4

气速与持液层的脱硫效率和阻力降成正比的线性关系。空塔流速为 1.54～2.11m/s，持液层高度为 50mm 时，持液层气流均匀，烟气流量稳定，持液层沸腾高度在 1m 左右，是较适宜的运行区间。因此本项目中持液层烟气流速取值 1.68m/s，持液层运行阻力为 700～800Pa，脱硫效率在 83%以上。

根据持液层的脱除效率以及托盘与喷淋层的 SO_2 脱除效率，本次改造持液层的尺寸设计如表 4-22 所列。

表 4-22　持液层尺寸设计

内容	单位	数据
喷淋层直径	m	18.5
喷淋层空塔烟气流速	m/s	3.07
持液层直径	m	ϕ25
持液层空塔烟气流速	m/s	1.68

确定持液层尺寸后，根据原吸收塔的结构特点，选用持液层自支撑的布置方法，在下部结构塔周围壁板上增加加强肋，对塔体进行加固。

⑥ 除雾器改造：本次改造为达到烟尘的排放指标，将原有的两层屋脊式除雾器拆除，采用三级烟道除雾器，使除雾器出口液滴（标态）不超过 20mg/m³。采用烟道式除雾器也不需要对吸收塔进行加高，除雾器尺寸与吸收塔出口相同，冲洗水在烟道底部接出，不会直接进入持液层。

石膏排出、脱水系统等全部利旧，对石灰石浆液制备系统中的磨机进行性能恢复或者新建一套石灰石制浆系统，更换工艺水系统中的工艺水泵。

改造后脱硫装置的总体布置是：脱硫装置吸收塔本体抬高，吸收塔出口烟道及支架抬高，其他需要更换的设备如浆液循环泵、塔内件等，都在原来的位置进行改造。薄膜持液层给料箱靠近吸收塔就近布置，其余布置保持不变。改造后脱硫系统的主要设计指标如表 4-23 所列。

表 4-23　改造后脱硫系统主要设计指标

项目或设备名称	设计指标	备注
一、烟气系统		
体积流量(标态,干基,6%O_2)/(m^3/h)	2087002	
烟气 SO_2 含量(标态,干基,6%O_2)/(mg/m^3)	5446	
净烟气 SO_2 含量(标态,干基,6%O_2)/(mg/m^3)	30	
脱硫效率/%	99.45	
烟气温度/℃	90	
净烟气温度/℃	43.8	
入口烟尘含量(标态,干基,6%O_2)/(mg/m^3)	20	
出口烟尘含量(标态,干基,6%O_2)/(mg/m^3)	3	
二、吸收塔系统		
浆池直径/吸收塔直径/持液层直径/m	Φ21/Φ18.5/Φ25	
喷淋层	1层托盘+4层喷淋+1层薄膜持液层	
三、石膏脱水系统		
石膏产量/(t/h)	37.3	
四、石灰石制备系统		
石灰石消耗/(t/h)	21	
五、工艺水系统(公用)		
工艺水消耗/(m^3/h)	93.4	工业水
六、2号机组脱硫改造后电耗/kW·h	8165	含利旧及公用设备

项目改造前后工艺系统物料消耗及主要经济技术指标如表 4-24 所列。改造后年 SO_2 排放量减少约 2600t。

表 4-24　项目改造前后工艺系统物料消耗及主要技术经济指标

项目	改造前	改造后
机组容量/MW	660	660
脱硫率/%	95.0	99.45
机组年利用小时数/h	5500	5500
FGD装置年利用率/%	95	100
年 SO_2 减排量 t	60212	62858
年石灰石消耗量 t	104500	115500
年工艺水消耗量 t	789250	513700
年电力消耗量/10^4kW·h	3898	4490
年石膏总量/t	187000	223800

(二) 单塔双循环改造

1. 电厂概况

山西某发电有限公司一期工程安装 2 台 660MW 超临界直接空冷机组（1#、2#机组），于 2010 年 6 月、7 月分别投产，为满足超低排放要求，对一期工程的 2 台机组进行技术改造，以达到排放要求，降低环境污染。

2. 煤质资料

燃煤采用大同煤矿集团轩岗煤矿生产的烟煤，不足部分拟采用梨园河矿井煤。机组实际燃用煤质分析及灰成分分析见表 4-25。

表 4-25　电厂实际燃用煤质分析及灰成分分析

项目		符号	单位	设计煤种	校核煤种
工业分析	收到基全水分	M_{ar}	%	5.1	3.8
	空气干燥基水分	M_{ad}	%	0.85	1.89
	干燥无灰基挥发分	V_{daf}	%	39.41	33.07
	收到基灰分	A_{ar}	%	35.02	33.16
	收到基低位发热量	$Q_{net,ar}$	MJ/kg	18.29	20.01
元素分析	收到基碳	C_{ar}	%	46.27	50.32
	收到基氢	H_{ar}	%	3.07	2.84
	收到基氧	O_{ar}	%	7.92	8.03
	收到基氮	N_{ar}	%	0.82	0.81
	收到基硫	S_{ar}	%	1.06	1.21
灰成分分析	二氧化硅	SiO_2	%	51.19	50.07
	三氧化二铝	Al_2O_3	%	33.51	30.14
	三氧化二铁	Fe_2O_3	%	7.44	8.08
	氧化钙	CaO	%	3.56	4.26
	氧化镁	MgO	%	0.69	1.02
	氧化钾	K_2O	%	0.83	0.80
	氧化钠	Na_2O	%	0.14	0.53
	三氧化硫	SO_3	%	1.25	1.70
	二氧化钛	TiO_2	%	1.39	1.40
	二氧化锰	MnO_2	%	0.02	0.02
	其他			1.98	1.98
灰熔点	灰变形温度	DT	℃	>1500	>1500
	灰软化温度	FT	℃	>1500	>1500
	灰熔化温度	FT	℃	>1500	>1500

3. 电厂主要设备参数

锅炉为超临界控制循环燃煤锅炉，一次中间再热、单炉膛、对冲燃烧、钢架悬吊结构、紧身封闭、固态排渣（表 4-26）。

表 4-26　锅炉设备（DG2100/25.4-Ⅱ6）主要技术规范

项目	单位	数值
锅炉最大连续蒸发量	t/h	2090
过热器出口蒸汽压力	MPa	25.4
过热器出口蒸汽温度	℃	571
再热蒸汽流量	t/h	1771.06
再热器进口蒸汽压力	MPa	4.47
再热器出口蒸汽压力	MPa	4.27
再热器进口蒸汽温度	℃	315
再热器出口蒸汽温度	℃	569
省煤器进口给水温度	℃	278
锅炉不投油最低稳燃负荷	MW	280
锅炉计算热效率(按低位发热量)	%	93.56
制造厂裕度	%	0.25
锅炉保证热效率(按低位发热量)(BRL 工况)	%	93.3
锅炉飞灰份额 α_{fh}	—	0.9
炉膛出口过剩空气系数 α	—	1.18
空气预热器出口烟气修正后温度	℃	127
空气预热器出口一次风温度	℃	327.7
空气预热器出口二次风温度	℃	341.3

4. 脱硫改造方案

（1）原脱硫设备

机组采用石灰石-石膏湿法脱硫工艺，脱硫装置布置在炉后，系统主体部分包括石灰石来料仓储设备、石灰石浆液制备设备、脱硫增压风机、吸收塔、换热器（GGH）、电控工艺及脱水设备等。一炉一塔，每塔设置3层喷淋层，脱硫效率≥93.5%，当FGD入口SO_2浓度（标态）不超过3060mg/m^3、BMCR工况下，FGD出口SO_2排放浓度（标态）不超过200mg/m^3，除雾器出口烟气携带液滴含量（标态）低于75mg/m^3。

每台吸收塔设置2台静叶可调轴流式引风机、1台增压风机、1个净烟气挡板门。原烟气直接由引风机出口合并的主烟道引出，接入吸收塔。石灰石浆液制备系统包含钢筋混凝土卸料斗2个、直径11m石灰石储料仓2个（满足2台机组BMCR工况3天所需石灰石量）、电磁振动给料机2台（单台出力0～70t/h）。改造前，电厂已经取消了脱硫旁路和GGH，脱硫系统入口烟气参数见表4-27。

表4-27　脱硫系统入口烟气参数（单台炉、BMCR工况）

项目	单位	数据	备注
入口烟气量	m^3/h	2300000	标态，湿基，实际含氧量
入口烟气温度	℃	90	
最高烟温	℃	180	
故障烟温	℃	180	
故障时间	min	20	
入口SO_2浓度	mg/m^3	3060	标态，干基，6%O_2
入口烟尘浓度	mg/m^3	23	标态，干基，6%O_2

（2）改造要求及设计参数

经过改造，当FGD入口SO_2浓度（标态）不超过3060mg/m^3、BMCR工况下，FGD出口SO_2排放浓度（标态）<35mg/m^3，脱硫效率≥98.86%。对比几种脱硫改造方案后，综合考虑电厂用地较为紧张的情况，决定将原来的石灰石-石膏湿法脱硫系统改为单塔双循环系统。

（3）工艺系统

① 吸收塔系统：原吸收塔内布置4层喷淋层，每个喷淋层对应1台浆液循环泵。喷淋层上部安装2级除雾器，并设置有除雾器冲洗及吸收塔入口烟道表面冲洗系统。每塔设置有2台氧化风机（1运1备），2台石膏浆液排出泵（1运1备）。

此次单塔双循环改造需要将原有吸收塔加高到54m左右、加固吸收塔基础，塔内上层增加Absorber循环（二级循环）并加装收集碗（全合金），收集碗收集吸收塔次塔循环浆液。

每塔需要增加2层二级循环喷淋层，相应的喷淋梁及喷嘴等也增加。原有的4层喷淋层保留作为一级循环，原有吸收塔浆池改造为一级循环浆池，体积比原有浆池的体积略小。设置2台石膏强制循环泵及1台平衡石膏旋流站，次塔浆液通过石膏强制循环泵打入一级塔，石膏浆液从主塔排出。次塔中加入新鲜石灰石浆液，维持高的Ca/S摩尔比和pH值，使出口SO_2浓度（标态）降至35mg/m^3以下。

② 烟气系统：拆除增压风机，改造引风机。优化改造原GGH烟道，降低烟气阻力。吸收塔抬高后出口烟道中心线也抬高，吸收塔出口烟道支架相应地需要做增高，烟道出口也需要增加一段斜烟道连接吸收塔出口烟道与原烟道。

③ 浆液制备及石膏脱水系统：石灰石制浆系统采用湿式球磨机及石灰石浆液旋流分离器，2台机组设置2台湿式球磨机，单台出力为2台锅炉BNCR工况下石灰石消耗量的75%。单台湿式球磨机处理量为15.6t/h，经核算石灰石卸料、磨制、供应系统满足本次脱硫提效改造要求，不需要进行改造。

原系统设有真空皮带过滤机2台，每台装置处理量（石膏）27.3t/h，石膏脱水系统也能够达到要求，也不做改造。其余FGD供水及排放系统、废水处理系统、压缩空气系统等均不需要改造。

吸收塔内增加二级循环后脱硫岛阻力增加约300Pa，管束式除尘除雾器阻力为200Pa，总阻力增加500Pa，因此需要对原引风机进行改造。

④ 除雾器：为达到脱硫塔内除尘除雾一体化，在吸收塔内增设旋流管束式除雾器代替原一层除雾器，载荷略有增加，需适当改造支撑梁。管束式除雾器布置于吸收塔顶部最后一层喷淋层上部。

（4）脱硫提效改造效果（表4-28）及经济效益和环境效益

表4-28 脱硫改造前后消耗品用量

项目	单位	改造前	改造后
石灰石(规定品质)	t/h	21	22.5
工艺水(规定水质)	m^3/h	180	120
石膏清洗水	m^3/h	20(含在工艺水内)	20(含在工艺水内)
设备冷却水	m^3/h	40(含在工艺水内,循环利用)	40(含在工艺水内,循环利用)
废水排放量	m^3/h	16	16

脱硫改造采用单塔双循环技术，脱硫效率由原来的93.5%提高至98.86%，改造前2台炉的石膏产量为37t/h，改造后（设计煤质）石膏产量为39.5 t/h，改造后在机组全负荷范围内，SO_2 排放浓度（标态）<35 mg/m^3，预计 SO_2 年排放量减少2468t（表4-29）。

表4-29 改造前后 SO_2 排放对比

污染物名称	单位	改造前	本次"超低排放"工程完成后				减排总量
			设计煤种	校核煤种	允许排放浓度	达标情况	
SO_2	mg/m^3	146	17.5	31.0	35	达标	—
	t/a	3133.5	377.6	665.5	—	—	2468

二、石灰石-石膏湿法脱硫——双塔超低排放工程实例

1. 电厂概况

某发电有限责任公司建设2台600MW超临界空冷燃煤机组，每台机组配备一台最大连续出力为2027t/h的超临界锅炉。同时配套全烟气除尘、脱硝、脱硫设施。

2. 原脱硫系统简介

总体布置方式：原脱硫系统采用石灰石-石膏湿法脱硫工艺，一炉一塔，每台机组氧化风机房、吸收塔循环泵房为一幢建筑物，布置在吸收塔西侧。事故浆液箱布置在4#吸收塔南侧。烟气脱硫装置公用系统设置一个石膏脱水车间，布置在4#吸收塔西侧。设置一个浆液制备车间，布置在3#吸收塔的西侧。脱硫岛总平面布置紧凑合理，烟道短捷。

原脱硫系统工艺流程见图4-66。

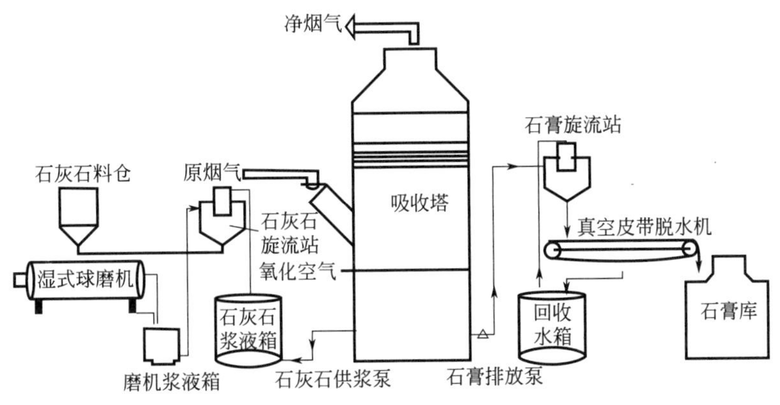

图 4-66　原脱硫系统工艺流程

每台机组设 1 套烟气系统和二氧化硫吸收系统。烟气系统包括增压风机、原烟气挡板门、净烟气挡板门。原二氧化硫吸收系统包括 1 座吸收塔、4 台浆液循环泵、2 套浆液搅拌系统、3 台氧化风机、2 台石膏浆液排放泵、1 套 2 级屋脊式除雾器、1 套分析仪表系统、1 套吸收塔排水池及排水水泵、搅拌器等。

事故浆液系统、吸收剂浆液制备系统、石膏脱水系统、工艺水系统、压缩空气系统等 2 台机组公用。

事故浆液系统包括 1 个事故浆液箱、1 台事故浆液泵。

吸收剂浆液制备系统采用石灰石进行制浆，包括 1 套石灰石卸料设备、1 座石灰石储仓、2 套湿式球磨机设备、1 个石灰石浆液箱、3 台石灰石浆液泵等。

石膏脱水系统包括 2 套真空皮带脱水机、1 座石膏仓库等。

工艺水、工业水系统包括 1 个工艺水箱、2 台工艺水泵、2 台除雾器冲洗水泵、1 个工业水箱、2 台工业水泵等。

压缩空气系统设 1 套，满足工程需要。

每台吸收塔设置 4 层喷淋层，上部安装 1 套 2 级屋脊式除雾器。不设 GGH，烟道、烟囱采用防腐蚀措施，配备完整的公用系统及脱硫废水处理系统。原吸收塔入口 SO_2 浓度（标态）6500 mg/m^3，脱硫效率达到 96.92%以上，SO_2 排放浓度（标态）<200mg/m^3，符合《锅炉大气污染物排放标准》(GB 13271—2014)。但在机组持续满负荷工况下无法达到<35 mg/m^3 的要求，因此电厂决定对脱硫系统进行超低排放改造。

3. 煤质资料

原设计煤质及现有燃料成分分析如表 4-30 所列，原设计煤质的收到基全硫为 1.8%，收到基灰分为 34.83%。

表 4-30　原设计煤质及现有燃料成分分析

项目		符号	单位	设计煤种	校核煤种Ⅰ	校核煤种Ⅱ
工业分析	收到基全水分	M_{ar}	%	6.21	5.25	7.60
	空气干燥基水分	M_{ad}	%	2.81	2.91	2.28
	干燥无灰基挥发分	V_{daf}	%	36.44	33.26	37.65
	收到基灰分	A_{ar}	%	34.83	30.37	37.29
	收到基低位发热量	$Q_{net.ar}$	MJ/kg	18.24	20.15	16.37

续表

项目		符号	单位	设计煤种	校核煤种Ⅰ	校核煤种Ⅱ
元素分析	收到基碳	C_{ar}	%	47.39	52.19	42.42
	收到基氢	H_{ar}	%	3.36	3.39	2.78
	收到基氧	O_{ar}	%	5.50	5.80	7.80
	收到基氮	N_{ar}	%	0.91	0.90	0.61
	收到基硫	S_{ar}	%	1.80	2.10	1.50

本次改造建议用原设计煤种时，SO_2 入口浓度（标态）按 6500mg/m^3 考虑，出口浓度（标态）低于 35mg/m^3，则脱硫效率要求≥99.47%，而常规的单塔单循环湿法脱硫工艺无法满足当前的环保要求。为满足燃用高硫煤电厂 SO_2 达标排放的要求，针对本工程场地实际情况，本次脱硫改造拟采用二级吸收塔串联方式，烟气通过烟道→一级吸收塔→二级吸收塔→烟囱，对烟道进行改造，并新增部分钢烟道。原吸收塔出口布置有 1 套 2 层屋脊式除雾器，运行时间长，除雾效果差，为减少一、二级吸收塔烟气液滴携带量，还需要优化除雾器。FGD 入口烟气参数见表 4-31。

表 4-31　FGD 入口烟气参数

项目	单位	数值(BMCR 工况)
干烟气量(标态,实际氧)	m^3/h	2194711.20
湿烟气量(标态,实际氧)	m^3/h	2376000.00
表压	Pa	3400
温度	℃	130
烟气成分(实际氧)		
H_2O(湿基,体积分数)	%	7.63
O_2(干基,体积分数)	%	6.43
CO_2(干基,体积分数)	%	12.84
N_2(干基,体积分数)	%	80.57
SO_2(标况,干基,6%O_2)	mg/m^3	6500
烟尘浓度(标况,干基,6%O_2)	mg/m^3	5

4. 脱硫改造方案

采用原吸收塔为一级吸收塔，原吸收塔配套的循环泵及氧化风机利旧，更换石膏排出泵，一级吸收塔出口烟道接入二级吸收塔；引增合一，拆除增压风机，在原 3# 吸收塔北侧空地处设置二级吸收塔，在原 4# 吸收塔南侧原事故浆液箱位置设置二级吸收塔。

二级塔直径 16.9m，高 39.7m。二级吸收塔配置 3 层喷淋并对应新增循环泵，新增 2 台氧化风机、2 台二级塔脉冲悬浮泵、2 台二级塔密度测量泵、1 套 2 级屋脊式除雾器+1 套管式除雾器、1 座二级塔排水池及其泵、搅拌器等，并将原一级塔石膏排出泵作为二级塔强制循环泵使用。将二级塔的浆液通过石膏强制循环泵打入一级塔，石膏浆液从一级塔排出，烟气经过一级塔能达到 88%的脱硫效率。经过一级塔烟气中 SO_2 浓度已降至 700mg/m^3，再进入二级塔反应，二级塔中加入新鲜的石灰石浆液，以维持高的 Ca/S 摩尔比，经过二次脱硫，脱硫效率整体上可以达到 99.47%，使出口 SO_2 浓度（标态）低于 35 mg/m^3。

（1）烟气系统

新增二级塔入口烟道膨胀节、二级塔出口净烟气烟道膨胀节以及净烟气烟道膨胀节，膨胀节均采用非金属材质；拆除原烟气入口、出口和旁路挡板；拆除原增压风机，改造引风机，引增合一。

（2）吸收系统

新建二级塔 SO_2 吸收系统，吸收塔直径 16.9m，高 39.7m，浆池容积 2017m^3，内设 3 层喷淋层。二级塔上部设置1套2级屋脊式除雾器和一级管式除雾器，喷嘴采用空心锥+实心锥。

二级塔配置3台循环泵，2台氧化风机，2套浆液搅拌系统，2台石膏排浆泵。

对一级塔屋脊式除雾器进行改造，拆除其中的一层屋脊式除雾器，另一层仍然投入使用，同时更换石膏旋流器。

5. 改造前后排放情况及脱硫效果对比

两台机组经过脱硫改造后，二氧化硫排放浓度为33mg/m^3，年排放量为730t，二氧化硫排放浓度满足超低排放要求，与原脱硫系统比较，年 SO_2 减排量达到了3659.44t，大大减少了对环境的污染。

三、活性焦吸附 SO_2 工业应用实例

（一）活性焦脱硫工艺

在国家“十五”863计划的支持下，南京电力自动化设备总厂、煤炭科学研究总院北京煤化工研究分院和贵州宏福实业开发有限总公司合作，自1998年以来在贵州宏福实业开发有限总公司的自备热电厂，经过试验研究、中试试验，到承担863计划“可资源化烟气脱硫技术”课题，2004年3月开始施工，到2005年3月试运，完成了活性焦烟气脱硫示范装置。该公司自备热电厂现有2台75t/h循环流化燃煤锅炉，设计燃煤量为30t/h，燃用贵州当地煤，煤种含硫量高达4.5%以上，烟气量为178000m^3/h（相当于45MW），排烟温度为160℃左右，2台锅炉共用一套脱硫装置，其他参数见表4-32。贵州宏福实业开发有限总公司是我国最大的磷化工企业，生产需要大量的硫酸，采用活性焦脱硫工艺，回收的 SO_2 全部用于生产硫酸，形成一个环保产业链。

表4-32 宏福实业开发有限总公司活性焦脱硫示范装置运行技术参数

序号	项目名称	单位	数量
1	锅炉蒸发量	t/h	2×75
2	标准状态烟气量	m^3/h	178000(相当于45MW机组烟气量)
3	烟气温度	℃	160
4	排烟温度	℃	>120
5	烟尘出口浓度	mg/m^3	800
6	再生气体 SO_2 浓度(体积分数)	%	>20
7	脱硫效率	%	95
8	厂用电消耗	kW	341.6
9	活性焦消耗	kg/h	253.8(<160kg/t SO_2)
10	冷却水消耗	t/h	2.6
11	蒸汽量消耗(300～420℃)	t/h	20.5
12	回收 SO_2 量	t/h	1.7

活性焦为直径5～9mm圆柱状炭质吸附材料，与活性炭相比，耐压、耐磨损、耐冲击能力高，比表面积小。特别是在解吸过程中，活性焦吸附和催化活性不但不会降低，而且还会有一定程度的提高。因此，活性焦用于烟气脱硫使用寿命长。并且颗粒状的活性焦层相当于高效颗粒层过滤器，在惯性碰撞和拦截效应作用下，烟气中大部分粉尘在床层内不同部位被捕集，脱硫同时还有一定的除尘净化作用。

2005年7月，贵州省环境监测中心站对该套装置的净化性能进行了监测，监测结果见表4-33，示范装置的脱硫除尘性能优良。

表 4-33　示范装置的脱硫除尘性能监测结果

监测项目	单位	进口	出口 1	出口 2
大气压力	kPa	90.8	90.8	90.8
烟气温度	℃	123	105	107
干基标准状态烟气流量	m^3/h	173656	91805	89358
SO_2 浓度	mg/m^3	10276	414	426
SO_2 流量	kg/h	1784.49	38.01	38.07
烟尘浓度	mg/m^3	1044	251	329
烟尘流量	kg/h	181.30	23.04	29.40
脱硫效率	%		95.97	95.85
除尘效率	%		75.96	68.49

活性焦催化脱硫反应放出大量反应热，为了防止活性焦过热，使脱硫塔内活性焦床层温度处于最佳反应温度区间，需采用工艺水雾化蒸发方式对入塔前原烟气进行降温增湿，因此每小时需要消耗 2.6t 冷却水。若生产 98%工业硫酸，每处理 1t SO_2 约需要 0.14t 水。

该工业示范装置处理烟气量为 178000m^3/h，相当于 45MW 机组烟气量，年脱除 SO_2 10200t。

年运行费用：活性炭为 1.161 分/kW·h，工艺水为 0.003 分/kW·h，冷却水为 0.001 分/kW·h，电为 0.147 分/kW·h，气为 0.082 分/kW·h，蒸汽为 0.237 分/kW·h，设备折旧及维修费为 0.114 分/kW·h，人员工资及管理费为 0.073 分/kW·h，SO_2 收益为 1.0 分/kW·h，合计 0.818 分/kW·h，按年运行 6000h 计，年运行费用为 220.9 万元，单位脱除成本为 216.6 元/t SO_2。

活性焦干法烟气脱硫和石灰石湿法脱硫工艺比较，技术上有以下优点：

① 在脱硫的同时还能脱硝及脱除有害重金属；

② 烟气脱硫反应在 100～160℃进行，不需要对出口烟气加热；

③ 脱硫过程中基本不用水，适用于水资源缺乏地区；

④ 脱硫剂以煤炭为原料生产，可再生循环利用；

⑤ 副产品高浓度 SO_2（干基体积分数大于 20%）是用途广泛的化工原料；

⑥ 虽然初投资较高，但运行费用较少。

（二）太原钢铁集团活性炭脱硫

1. 概况

活性焦（炭）吸附法烟气净化技术经过 40 多年的研究和改进，在日本、韩国、澳大利亚及中国多家大型钢铁烧结烟气处理项目中得到成功应用，被证明是一种适用于烧结烟气多污染物协同治理，研究多集中于联合脱硫脱硝方面，并能同时实现废物资源化利用的先进技术。

2010 年 9 月国内第一套采用活性炭技术对烧结机烟气进行脱硫净化的装置在太原钢铁集团投产。该脱硫工艺还具有脱硝、脱二噁英、除尘、脱重金属五位一体的特点。用于净化太钢三烧与四烧的烧结机烟气。

2. 烧结机烟气特点

烧结烟气受烧结机原料结构影响，烟气成分和温度波动大，并且烧结烟气中 SO_2 浓度（标态）较燃煤机组低，一般低于 1000mg/m^3，但含氧量更高、成分更为复杂，表 4-34 为太钢 450m^2 烧结机烟气参数。表中所列太钢烧结烟气中氧含量为 14.0%～14.5%，SO_2 浓度(标态)<900 mg/m^3。

表 4-34　太钢 450m^2 烧结机烟气参数

项目	单位	FGD 入口的废气条件				备注
		最小值	最大值	平均值	设计值	
气体流动速率(湿基,标态)	m^3/h		1444000	1309000	1444000	风机之前
气体压力	Pa			500	500	风机出口
气体温度	℃		138	135	138	风机之前
灰尘(标态,干基)	mg/m^3		100	90	100	混合气体
O_2(体积分数、干基)	%	14.1	14.4	14.3	14.4	混合气体
CO_2(体积分数、干基)	%	5	6		6	混合气体
N_2(体积分数、干基)	%			均衡	均衡	混合气体
H_2O(体积分数,湿基)	%		13	12	12	混合气体
SO_2(标态,干基)	mg/m^3	553	815	639	815	混合气体
SO_3(标态,干基)	mg/m^3			微量	微量	混合气体
NO_x(标态,干基)	mg/m^3	209	317	260	317	混合气体
HCl(标态,干基)	mg/m^3			40	40	大概值
HF(标态,干基)	mg/m^3			2.5	2.5	大概值
CO(体积分数,干基)	%			0.6	0.6	
PCDD/PCDF(标态,干基)	TEQng/m^3			1.5	1.5	大概值
Hg(标态,干基)	μg/m^3			微量	微量	大概值

3. 活性炭脱硫工艺流程

脱硫工艺流程如图 4-67 所示，烧结烟气经过静电除尘后进入活性炭吸收塔，活性炭吸附烟气中的 SO_2 等污染物后输送至再生塔解吸再生，再生冷却后送回吸收塔循环使用，经过吸收塔净化的烟气排出，活性炭解吸释放出的“富 SO_2 气体”去制酸设备，最后产物为浓硫酸。活性炭法脱硫系统主要包括烟气系统、脱硫系统、制酸系统及相应的电气、仪表控制等系统。

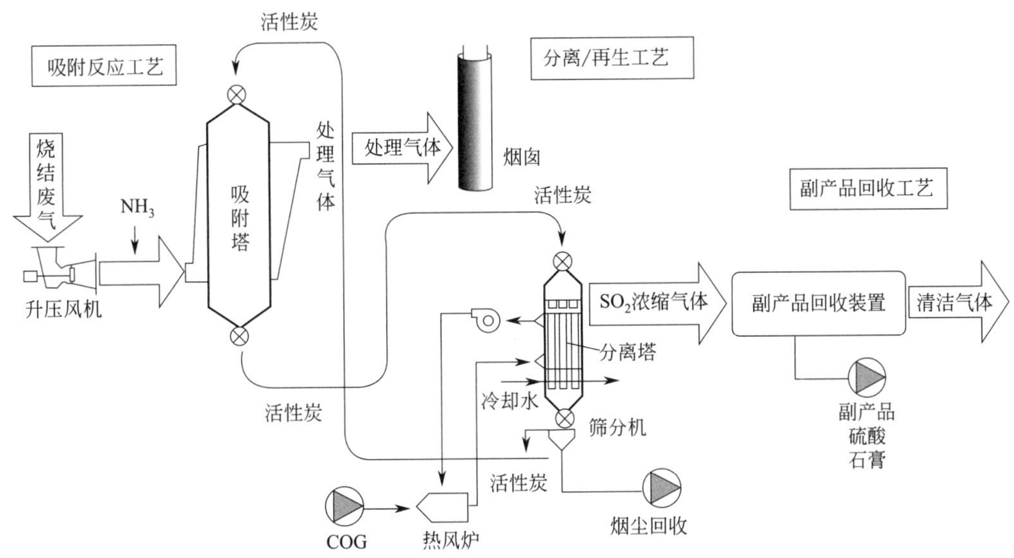

图 4-67　太钢 450m^2 烧结机活性炭移动床工艺流程

(1) 烟气系统

脱硫烟气系统总阻力按照 8000Pa 考虑，450m^2 烧结机烟气量（标态）为 140×10^4 m^3/h，烟气系统中留有烟气旁路，活性炭吸收塔入口和出口处设置有烟气挡板，如图 4-68 所示。选用增压风机的参数如表 4-35 所列。

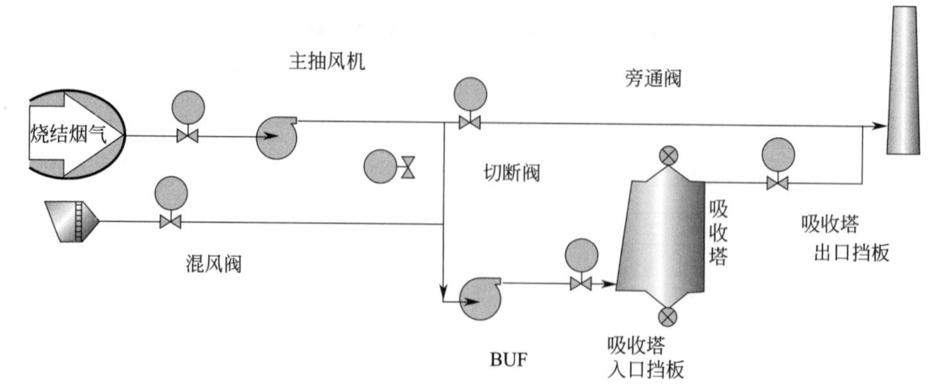

图 4-68 活性炭脱硫烟气系统简图

表 4-35 增压风机参数选择

流量(工况)	风机转速	全压	额定电压	功率
$3059760m^3/h$	745r/min	8000Pa	10kV	8500kW

（2）脱硫系统

脱硫系统是整个工艺的核心，主要包括吸附系统、解吸系统、活性炭补给输送系统、热风循环系统和冷风循环系统。

① 吸附系统：吸附系统主要设备包括吸收塔、NH_3 添加系统等。吸收塔内设置 3 层活性炭移动层。设置进出口多孔板，使烟气流速均匀，提高净化效率。

② 解吸系统：活性炭吸附硫化物后输送至解吸塔，解吸塔内活性炭自上往下运行，首先经过加热段，被加热至 450℃以上，活性炭所吸附的物质解吸出来。富二氧化硫气体（SRG）排至后处理设施，制备硫酸。解吸后的活性炭，在冷却段中冷却到 150℃以下，然后经过输送机再次送至吸附塔，循环使用。

③ 活性炭补给输送系统：活性炭在脱硫过程中，会出现破损、颗粒度降低，为保证脱硫效率，需将小颗粒的炭粉排出，这就需要不断地补充新的活性炭。活性炭的消耗量为 400kg/h，汽车将外购活性炭通过皮带输送至活性炭储罐，活性炭储罐规格为 3.6m×16.5m，可储存 80t 的活性炭，相当于 7d 用量。解吸后活性炭的再循环主要是通过两条链式输送机，确保活性炭在吸附塔和解吸塔之间循环使用。

No. 2 AC 链式输送机位于吸收塔的下部，将吸附烟气中 SO_2 的活性炭输送至解吸塔。No. 1 AC 链式输送机位于解吸塔的下部，将解吸后的活性炭输送至吸附塔再次重复使用（图 4-69）。

④ 热/冷风循环系统：热风系统主要向解吸活性炭的解吸塔提供热风，在此系统中通过煤气发生器将空气加热至 450℃，通过循环风机送至解吸塔的加热段。

冷风系统的主要作用是将解吸后的活性炭在冷却段中冷却至 150℃以下。

4. 活性炭烟气脱硫主要设备

（1）吸附塔（图 4-70）

此工程中吸收塔由 6 个相同的模块组成，塔尺寸为：长 6×7m，宽 9.28m，高 41.12m。每个吸收塔模块由 2 个相互对称的面板组成，每个面板由多个活性炭床的小格组成。选择适当

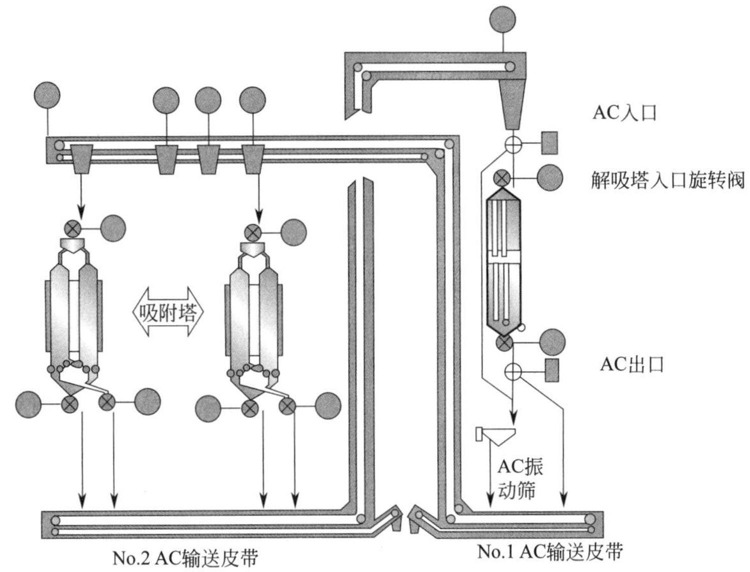

图 4-69 活性炭输送系统

的吸收器模块及小格的数量就可以处理一定量的废气。废气通过入口管道被分配到每一个吸收塔模块中，气体经过左右 2 个活性炭床面板时得到净化。

活性炭床由入口和出口格栅及隔离板组成，格栅经过特殊设计以防止被大颗粒和炭粉堵塞。该吸收塔由三个床组成，分为前床（FB）、中间床（MB）和后部床（RB），每一个床都有辊式卸料器来控制活性炭排出的数量。

辊式卸料器能够控制活性炭的下落速度，确保去除污染物质（如 SO_x、NO_x、灰尘及其他）的性能达到最高。并且通过控制活性炭的下降速度，能够防止吸收塔的压力降升高。吸附塔活性炭进出口安装有旋转阀，具有锁气功能，防止废气外泄。

（2）解吸塔（图 4-71）

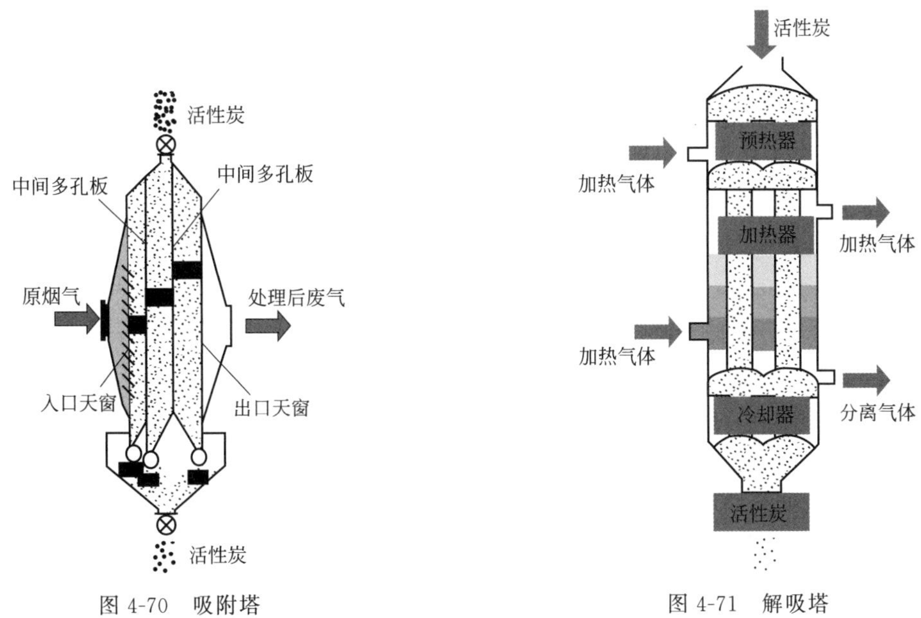

图 4-70 吸附塔

图 4-71 解吸塔

解吸塔主要分为加热段和冷却段。加热器和冷却器均采用多管式热交换器。在加热器中活性炭被加热到超过400℃，活性炭所吸附的物质经过解吸后排出，此处排出的气体被称为“富二氧化硫气体”（SRG）。经过解吸后的活性炭，在冷却段中冷却到150℃以下。解吸塔排出的活性炭经振动筛筛分，筛上料由No.1 AC链式输送机送回吸收塔使用。

为了确保活性炭下落量的均衡，在解吸塔的下部放置一个辊式卸料器。为保证有害气体不外泄，在解吸塔的上部和下部均安装双层旋转卸料阀。

活性炭（AC）本身是易燃物质，特别是在最初3个月的使用期。由于活性炭吸附是放热反应，因此活性炭（AC）的温度将比烟气的温度高大约5℃，因而新的活性炭（AC）更容易氧化。

烟气系统正常运行时，活性炭氧化的热量将被烟气带走。然而，当烟气系统出现故障，例如增压风机故障时，烟气无法将热量带走，在吸收塔中的活性炭的温度将会持续地升高。当活性炭的温度超过165℃时，入口和出口的切断阀需要关闭，氮气喷入吸收塔内部以防止发生火灾，此时活性炭继续下落输送到解吸塔中，解吸塔中充满了氮气可以灭火。为了确保活性炭不燃烧，活性炭将必须从吸收塔到解吸塔再到吸收塔这样地循环一次（大约1周的时间）。因此，在最初的3个月中将烟气的温度控制在约120℃。

（3）活性炭脱硫系统主要设备参数

① 链斗式提升机参数见表4-36。

表4-36　链斗式提升机参数

项目	功能	参数
1#链斗式提升机 (4-CY311)	运送活性炭从解吸塔到吸附塔	提升高度:43.730m 机长:垂直50.193m;水平54.013m 活性炭密度:0.64～0.72t/m^3 输送速度:16.9m/min(60Hz) 电机:AC30KW 4P 380V 60HZ 减速机:CHHM40-6255DA-377
2#链斗式提升机 (4-CY312)	运送活性炭从吸附塔到解吸塔	提升高度:43.730m 机长:垂直47.400m;水平46.445m 活性炭密度:0.72t/m^3 输送速度:3～18m/min(可变速) 电机:AC30kW 4P 380V 50Hz 减速机:B4DH9/160 1/160.05
3#链斗式提升机 (4-CY301)	运送活性炭从底坑到活性炭储罐	提升高度:25.790m 机长:垂直27.790m 活性炭密度:0.68t/m^3 输送速度:24m/min(恒速) 电机:AC15kW 4P 380V 50Hz 减速机:CHHM20-6235DA-121

② 带式输送机：将活性炭从储罐运送至2#链斗式提升机，带宽650mm，给料计量范围为1.86～24.8t/h。

③ 存储设备及主要参数见表4-37。

表4-37　存储设备及主要参数

项目	功能	参数
粉尘储罐	储存粉尘	直径3800mm,高6750mm
活性炭储罐	储存活性炭	直径93600mm,高16520mm
筛分活性炭储罐	储存活性炭振动筛筛下的废活性炭	直径2000mm,高4850mm

④ 振动筛:解吸塔出来的活性炭有部分发生破碎或者磨损，因此需要采用振动筛筛选出解吸塔出来的活性炭碎料。本工程采用平衡封闭式变频振动筛，最大处理能力为 24t/h，正常处理能力为 20t/h，筛分效率>90%，压力−0.5kPa，粒径分布见表 4-38。

表 4-38 振动筛粒径分布

粒径范围/mm	比例/%	粒径范围/mm	比例/%
9.52～6.73	80	4.76～3.36	4
6.73～5.66	10	3.36～1.41	1
5.66～4.76	4	<1.41	1

⑤ 辊式给料器参数见表 4-39。

表 4-39 辊式给料器参数

项目	功能	参数
活性炭储料仓辊式给料器	调节活性炭下料速度	辊子直径:265mm 轴承间距:1970mm
吸附塔辊式给料器		辊子直径:265mm 轴承间距:9980mm
解吸塔辊式给料器		辊子直径:265mm 轴承间距:4242mm

5. 活性炭脱硫的环境及经济效益

脱硫前后污染物排放见表 4-40。

表 4-40 脱硫前后污染物排放（标态）

名称	脱硫前	脱硫后	效率/%
烟气量	$1444000m^3/h$	$1444000m^3/h$	
SO_2	$639mg/m^3$	$32mg/m^3$	95
NO_x	$260mg/m^3$	$174mg/m^3$	33
粉尘	$100mg/m^3$	$20mg/m^3$	80

活性炭脱硫系统投运后，每年 SO_2 外排量减少了 6480t，脱硫效率 95%，粉尘和 NO_x 排放量分别减少 840t/a、916t/a，除尘效率 80%，脱硝效率 33%。解吸塔排出的浓缩 SO_2 废气通过废气净化系统及硫酸制备系统，制备 98%（浓度）的浓硫酸，产量达到了 9500t/a（按年运行 8400h 计算）。性能测试结果见表 4-41。

表 4-41 性能测试结果

项目	保证值	脱硫测试值	结果评价
SO_2(标态,干基)	$\leqslant 41mg/m^3$	$7.5mg/m^3$	达标
	脱硫率≥95%	98%	达标
NO_x(标态,干基)	$\leqslant 213mg/m^3$	$101mg/m^3$	达标
	脱硫率≥33%	50%	达标
灰尘(标态,干基)	$\leqslant 20mg/m^3$	$17.1mg/m^3$	达标
PCDD/PCDF(标态,干基,TEQ)	$\leqslant 0.2ng/m^3$	$0.15ng/m^3$	结果未出
NH_3 逃逸(干基)	$\leqslant 39.5\times10^{-6}$	0.3×10^{-6}	达标
制酸	硫酸 98%,一等品	一等品	达标

经太原市环境监测中心站检测，排放烟气 SO_2 浓度（标态）$7.53mg/m^3$，NO_x 浓度（标态）$101.33mg/m^3$，粉尘浓度（标态）$17.13mg/m^3$，环保指标显著改善。年产副产品浓硫酸

9000t，全面用于太钢轧钢酸洗工序和焦化硫氨生产，变废为宝，为冶金烧结领域实现循环经济产业链提供了成功范例。烧结烟气活性炭法脱硫脱硝与制酸技术值得在全国冶金行业推广应用。

四、烟气循环流化床技术在燃煤机组的应用实例

1. CFB-FGD脱硫技术在邯峰电厂2×660MW机组应用

龙净环保公司在国内率先引进了德国鲁奇公司的烟气循环流化床脱硫技术，并在华能邯峰电厂2×660MW机组脱硫技改工程中的成功投运。华能邯峰电厂2×660MW机组烟气循环流化床干法脱硫项目是目前世界上装机容量最大的烟气循环流化床干法脱硫除尘一体化系统，同时，也是我国“十一五”国家高技术研究发展计划（863计划）项目课题——600MW燃煤电站半干法脱硫除尘一体化技术与装备（课题号2007AA061806）的依托工程。该装置于2008年12月顺利通过168h试运行，各项性能指标均优于设计值。

（1）电厂主要设备参数

电厂锅炉为2026.8t/h亚临界、一次中间再热、单炉膛、平衡通风、W型火焰燃烧、固态排渣汽包炉，是目前世界上最大的燃烧无烟煤的电站锅炉。为满足国家环保要求，需要对两台660MW机组进行脱硫改造，由于场地紧张加上需要长时间停炉，若采用石灰石-石膏湿法脱硫改造需要近亿元的巨额费用，并且存在改造后仍无法满足排放要求的风险，因此电厂决定采用新型节能、节水型烟气循环流化床脱硫除尘一体化的工艺方案。

（2）烟气循环流化床脱硫方案

该项目烟气循环流化床脱硫工艺采用旁路布置方式进行烟气脱硫，每台炉配备2套脱硫除尘装置，即一炉二塔工艺。旁路布置方式避免了脱硫系统对锅炉可能产生的影响，并且脱硫除尘系统可以单独运行调试，大大减少了停炉时间，降低了因停炉造成的经济损失。脱硫除尘岛的负荷可以满足锅炉在350～660MW范围内的变化，当锅炉负荷较低时，可以单炉-单塔运行，达到了节能环保的要求。

图4-72 邯峰CFB-FGD系统布置三维效果图

① 系统布置：整个脱硫除尘岛布置效果见图4-72，每套脱硫系统的吸收塔、脱硫除尘器与吸风机呈一字排列。吸收剂仓布置在每台炉2套脱硫系统之间。主要工艺设备和辅助设施围绕脱硫塔，按工艺要求集中布置，设备布置合理、紧凑、方便，与电厂其他建筑群体相协调，最大限度地节省用地。

每台炉2套脱硫系统的生石灰仓和消石灰仓并排布置于脱硫塔旁边，便于生石灰粉的卸车；同时生石灰仓与消石灰仓的距离较近，便于消化出来的消石灰输送至消石灰仓内储存。消石灰仓靠近吸收塔布置便于消石灰输送进入吸收塔内。

工艺水箱、水泵、流化风机等布置在脱硫布袋除尘器下的0m层地面上。2个脱硫灰库布置在$1^{\#}$炉脱硫除尘装置边上，便于脱硫灰装车、外运。

② 工艺原理：CFB-FGD系统由预静电除尘器（利用现有静电除尘器作为预除尘器）、吸收剂制备及供应、脱硫塔、物料再循环、工艺水系统、脱硫后除尘器以及仪表控制系统等组成，工艺流程见图4-73。

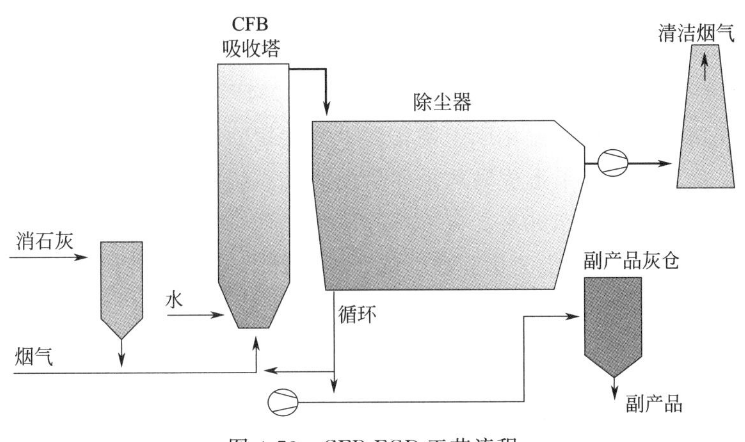

图4-73　CFB-FGD工艺流程

经过锅炉空气预热器的烟气温度一般为120～180℃，通过预除尘器后从底部进入脱硫塔（当脱硫渣与粉煤灰需分别处理时，设置预除尘器，提高粉煤灰的综合利用），在此处高温烟气与加入的吸收剂、循环脱硫灰充分预混合，进行初步的脱硫反应。

然后烟气通过脱硫塔下部文丘里管的加速，进入循环流化床床体；物料在循环流化床里，气固两相由于气流的作用，产生激烈的湍动与混合，充分接触，在上升的过程中，不断形成絮状物向下返回，而絮状物在激烈湍动中又不断解体重新被气流提升，形成类似循环流化床锅炉所特有的内循环颗粒流，使得气固间的滑落速度高达单颗粒滑落速度的数十倍；脱硫塔顶部结构进一步强化了絮状物的返回，提高了塔内颗粒的床层密度，使得床内的Ca/S摩尔比达到50以上，SO_2 充分反应。这种循环流化床内气固两相流机制，极大地强化了气固间的传质与传热，为实现高脱硫率提供了根本的保证。

在文丘里的出口扩管段设有喷水装置，喷入的雾化水用来降低脱硫反应器内的烟温，使烟温降至高于烟气露点15℃左右，SO_2 与 $Ca(OH)_2$ 的反应转化为可以瞬间完成的离子型反应。吸收剂、循环脱硫灰在文丘里段以上的塔内进行第二步的充分反应生成副产物 $CaSO_3 \cdot 1/2H_2O$，此外还与 SO_3、HF和HCl反应生成相应的副产物 $CaSO_4 \cdot 1/2H_2O$、CaF_2、$CaCl_2 \cdot Ca(OH)_2 \cdot 2H_2O$ 等。烟气在上升过程中，颗粒一部分随烟气被带出脱硫塔，另一部分因自重重新回流到循环流化床内，进一步增加了流化床的床层颗粒浓度并延长了吸收剂的反应时间。

用于降低烟气温度喷入的水，以激烈湍动的、拥有较大表面积的颗粒作为载体，在塔内得到充分的蒸发，保证了进入后续除尘器中的灰具有良好的流动性。

由于流化床中气固间良好的传热、传质效果，烟气中的 SO_3 全部得以去除，排烟温度始终控制在高于露点温度20℃以上，因此烟气不需要再加热，整个系统也无需任何的防腐处理。

(3) 烟气循环流化床脱硫系统运行情况

邯峰电厂2×660MW机组脱硫除尘改造项目竣工后，由其整体DCS画面得到在原烟气入口 SO_2 浓度为 $2175mg/m^3$ 的情况下，经过CFB-FGD系统脱硫后，出口净烟气 SO_2 浓度为

146mg/m³，系统整体脱硫效率在93%以上。经布袋除尘后粉尘浓度控制在了30.6mg/m³。通过168h考核运行，设备始终维持较高的脱硫除尘效率，满足环保要求，在稳定持续运行一年后的性能测试结果也显示各项指标均满足设计值。

CFB-FGD可以充分利用高湿烟气中所蕴含的水分，在保证脱硫效率的同时减少了工艺用水量，该技术在西部缺水地区有较好的应用前景。目前龙净环保公司的LJD新型节水循环流化床干法脱硫除尘一体化工艺已在新疆天富热电2×330MW及新疆合盛硅业2×330MW煤粉锅炉烟气净化中成功应用。循环流化床中高密度、大比表面积、激烈湍动的钙基吸收剂物料颗粒能够吸附气态二价汞及单质汞形成颗粒汞，借助脱硫系统配套的除尘装置脱除，该脱硫方法对 SO_3 的脱除率几乎可以达到100%。

实际运行证明，CFB-FGD工艺集脱硫、除尘于一体，脱硫效率在90%以上，脱硫静电除尘出口粉尘排放小于50mg/m³。具有占地少、电耗及水耗低、一次投资少、操作维护简便等优点，在中低硫煤和缺水地区，以及兼具除尘和多种污染物（多种酸性污染物如 SO_3、HF、HCl，重金属如汞，二噁英等）治理要求的领域，都具有非常好的技术经济性。

2. RCFB技术在某电厂2×300MW机组应用

(1) 电厂概况

某电厂2×300MW空冷机组烟气循环流化床脱硫技术于2004年10月投运。烟气流化床脱硫采用生石灰为吸收剂，石灰石粒径≤1mm，氧化钙含量≥70%。脱硫工艺的主要参数见表4-42。

表4-42　华能榆社电厂脱硫工艺主要设计参数

序号	项目	单位	设计煤种	校核煤种
1	煤种		贫煤	混煤
2	收到基全硫	%	1.4	1.8
3	低位发热量	kJ/kg	22278	23026
4	锅炉耗煤量	t/h	131.46	137.16
5	FGD负荷范围	%	40～100	40～100
6	进口烟气量(干基)	m³/h	1024455	1009711
7	进口烟气量(湿基)	m³/h	1100034	1083532
8	出口烟气量(干基)	m³/h	750000	
9	入口压力	kPa	86.1	86.1
10	进口烟气温度	℃	118	120
11	出口烟气温度	℃	75	75
12	入口烟气含尘浓度	mg/m³	6480	6600
13	出口烟气含尘浓度	mg/m³	≤100	≤100
14	入口烟气 SO_2 浓度	mg/m³	3610	4860
15	出口烟气 SO_2 浓度	mg/m³	324.9	486
16	入口烟气 SO_2 浓度	mg/m³	40	50
17	入口烟气 CO_2 浓度(体积分数)	%	13.36	13.35
18	入口烟气 O_2 浓度(体积分数)	%	6.07	5.92
19	Ca/S摩尔比		1.22	1.26
20	脱硫除尘岛压降	kPa	2.5	2.5
21	电耗功率	kW	2600	2600
22	耗水量	t/h	31.8	33.2
23	生石灰粉耗量	t/h	4.4	5.75
24	脱硫灰产量	t/h	23.2	25.1
25	系统可用率	%	98	98
26	脱硫效率	%	91	90

(2) 脱硫系统

该脱硫系统主要包括吸收系统、除尘系统、吸收剂制备系统、物料再循环及排放系统（图4-74）。

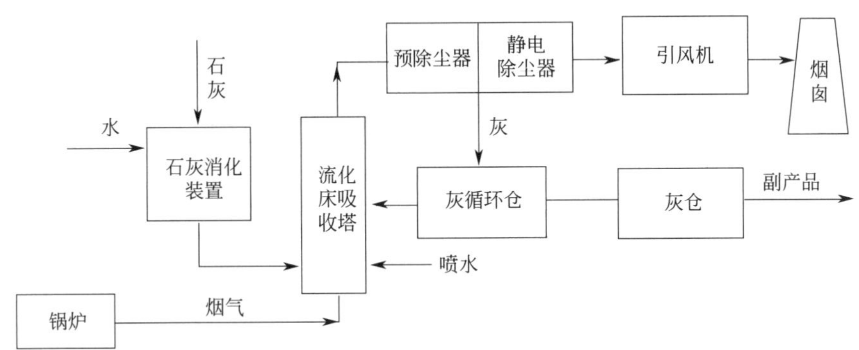

图 4-74　烟气循环流化床法 RCFB 工艺流程

① 吸收系统：循环流化床吸收塔为文丘里空塔碳钢结构，反应段直径为 10.5m，塔高 59m，流化床入口采用 7 个文丘里管结构。由于吸收塔内烟气中的 SO_2 绝大部分被脱除且烟气温度始终保持在露点温度 20℃以上，因此塔内不需要防腐。通过调节清洁烟气烟道上的调节挡板，自动调节经过吸收塔的烟气量（干基）不低于 750000m^3/h，以确保吸收塔流化床稳定运行。

② 除尘系统：吸收塔上部烟气及其携带的部分反应产物经预静电除尘器除尘，除下的脱硫剂等由空气斜槽送回反应塔循环使用，预除尘烟气经除尘器进一步除尘后排放。该项目中采用山西电力公司电力环保设备总厂生产的 RWD/YS262X 2X1-2 型板卧式电除尘器，通流面积为 262.4m^2，2 台双室单电场，405mm 宽极距，新 RS 管形芒刺线，阳极板采用 480C 型极板，本体阻力≤200Pa，处理烟气量为 984332m^3/h，设计除尘效率为 80.2%。

除尘器采用福建龙净环保公司生产的 BS470/2-4/38/400/15.425/4X11-LC 型板卧式电除尘器，通流面积为 470m^2，双室四电场，长 5.28m，宽 15.2m，高 15.425m，各电场阴极线分别采用 V40、V25、V15、V15 型 400mm 芒刺线，阳极板采用 ZT24 型极板，本体阻力 250Pa，设计除尘效率为 99.99%。

③ 吸收剂制备系统：脱硫吸收剂采用消石灰粉[$Ca(OH)_2$]，一般由生石灰（CaO）消化而来，生石灰仓有效容积 550m^3，仓底安装石灰消化器对生石灰进行消化，消化后的消石灰粉末含水率低于 1.5%，通过气力输送到消石灰仓储存。消石灰仓的有效容积为 300m^3，满足满负荷运行 7 天的用量。

消化器采用卧式双轴搅拌式干式消化器，设计消化能力为 10t/h。

④ 物料再循环及排放系统：除尘器收集的灰大部分通过空气斜槽返回吸收塔进行再循环。该项目设有 2 条循环空气斜槽，通过控制物料循环量，使吸收塔整体压降在 1600～2000Pa。除尘器灰斗设有 2 个外排灰点，静电除尘器的一电场和二电场灰斗下分别安装 2 台仓泵，通过各自的输灰管道将灰送至灰库。

⑤ 工艺水系统：脱硫除尘系统的工艺水包括吸收塔脱硫反应用水和石灰消化用水。吸收塔脱硫反应用水通过 2 台高压水泵以一定的压力通过回流式喷嘴注入吸收塔内，高压水泵流量 60m^3/h，压力 410MPa，通过喷水控制吸收塔内最佳反应温度。

石灰石消化用水采用计量泵，根据消化器入口生石灰的加入量进行控制。

(3) 运行情况

电厂燃用煤质为贫煤和混煤，实际含硫量为2.5%，高于设计煤种和校核煤种。循环流化床脱硫入口SO_2浓度最高达到7000mg/m^3，而通过加大Ca/S摩尔比可以确保90%的脱硫效率。脱硫除尘后静电除尘器出口粉尘排放浓度在20～50mg/m^3。主要运行指标见表4-43。

表4-43 华能榆社电厂循环流化床烟气脱硫主要运行指标

序号	项目	单位	数值	备注
1	机组容量	MW	2×300	
2	工程投资	亿元	1.21	仅设备投资
3	吸收塔进口烟气量(干基,标态)	m^3/h	1100000～1150000	
4	吸收塔进口烟气量(湿基,标态)	m^3/h	1240000～1310000	
5	吸收塔进口烟气温度	℃	130～148	
6	吸收塔出口烟气温度	℃	76～78	
7	静电除尘器出口粉尘浓度	mg/m^3	30～48	
8	吸收塔入口烟气SO_2浓度	mg/m^3	4000～6000	
9	静电除尘出口烟气SO_2浓度	mg/m^3	100～400	
10	吸收塔压降	Pa	1900～2200	
11	Ca/S摩尔比		1.2～1.4	
12	脱硫效率	%	90～98	
13	吸收剂耗量	t/h	2×4.4	按设计煤种
14	吸收剂年费	万元	2×825	
15	耗水量	t/h	2×31.8	按设计煤种
16	水年费	万元	2×19.08	
17	电耗量	kW·h	2×2600	
18	电年费	万元	2×682.5	
19	厂用电率	%	8.7	
20	人员数/人员年费用	人/万元	12/36	
21	年大修费	万元	180	按1.5%计
22	年折旧费	万元	570	按20年计
23	年运行小时	h	7500	
24	年脱硫总成本	万元	3839.16	
25	年发电量	10^8kW·h	45	
26	年脱硫量	10^4t	2.5	按设计煤种
27	脱硫成本	元/t SO_2	1535	
28	单位千瓦投资	元	200	
29	生产厂厂用电率	%	8.04	
30	供电煤耗	g/kW·h	357.91	
31	采暖供热量	GJ	65424.3	

目前该烟气脱硫技术也已在国内某2×300MW机组、巴西350MW机组、巴西Thyssen Krupp钢厂、宝钢400m^{2}烧结机、三钢烧结机等数十套干法脱硫装置中成功应用。

参考文献

[1] 薛建明. 湿法烟气脱硫设计及设备选型手册. 北京:中国电力出版社，2011.

[2] 朱廷钰，李玉然. 烧结烟气排放控制技术及工程应用. 北京：冶金工业出版社，2015.

[3] 李继莲. 烟气脱硫实用技术. 北京：中国电力出版社，2008.

[4]　周菊华．火电厂燃煤机组脱硫脱硝技术．北京：中国电力出版社，2010.

[5]　李雄浩．燃煤烟气湿法脱硫设备．北京：中国电力出版社，2011.

[6]　郭彦鹏．潘丹萍，杨林军．湿法烟气脱硫中石膏雨的形成及其控制措施．中国电力，2014，47：152-154.

[7]　周至祥，段建中，薛建明．火电厂湿法烟气脱硫技术手册．北京：中国电力出版社，2006.

[8]　易玉萍，朱法华，张文杰，等．特高硫煤 SO_2 超低排放技术评估．中国电力，2017，50：34-37.

[9]　薛方明，邵媛．双塔双循环脱硫技术在执行污染物超低排放火电机组中的应用．山东化工，2015，44：147-150.

[10]　李青，李猷民．火电厂节能减排手册．减排与清洁生产部分．北京:中国电力出版社，2015.

[11]　朱宝山．燃煤锅炉大气污染物净化技术手册．北京：中国电力出版社，2006.

[12]　新井纪男．燃烧生成物的发生与抑制技术．北京:科学出版社，2001.

[13]　章名耀．洁净煤发电技术及工程应用．北京:化学工业出版社．

[14]　罗汉成，潘卫国，丁红蕾，等．燃煤锅炉烟气中 SO_3 的产生机理及其控制技术．锅炉技术，2015，46：69-72.

[15]　王宏亮，薛建明，许月阳，等．燃煤电站锅炉烟气中 SO_3 的生成及控制．电力科技与环保，2014，30：17-20.

[16]　Schwämmle T，Bertsche F，Hartung A，et al. Influence of geometrical parameters of honeycomb commercial SCR-De-NO_x-catalysts on DeNOx-activity，mercury oxidation and SO_2/SO_3-conversion. Chemical Engineering Journal，2013，222：274-281.

[17]　胡冬，王海刚，郭婷婷，等．燃煤电厂烟气 SO_3 控制技术的研究及进展．科学技术与工程，2015，15：92-99.

[18]　Liu Y，Bisson T M，Yang H，et al. Recent developments in novel sorbents for flue gas clean up. Fuel Processing Technology，2010，91：1175-1197.

[19]　Moretti A L，Triscori R J，Ritzenthaler D P. A System Approach to SO_3 Mitigation. 2017.

[20]　高智溥，胡冬，张志刚，等．碱性吸附剂脱除 SO_3 技术在大型燃煤机组中的应用．中国电力，2017，50：102-108.

[21]　林翔．低低温电除尘器提效及多污染物协同治理探讨．机电技术，2014（3）：10-13.

[22]　胡斌，刘勇，任飞，等．低低温电除尘协同脱除细颗粒与 SO_3 实验研究．中国电机工程学报，2016，36：4319-4325.

[23]　Reynolds J. Multi-pollutant Control Using Membrane-based Up-flow Wet Electrostatic Precipitation. Office of Scientific & Technical Information Technical Reports，2004.

[24]　Chang J，Dong Y，Wang Z，et al. Removal of sulfuric acid aerosol in a wet electrostatic precipitator with single terylene or polypropylene collection electrodes. Journal of Aerosol Science，2011，42：544-554.

[25]　雒飞，胡斌，吴昊，等．湿式电除尘对 $PM_{2.5}$/SO_3 酸雾脱除特性的试验研究．东南大学学报（自然科学版），2017，47：91-97.

[26]　陈亚非，陈新超，熊建国．湿法烟气脱硫系统中 SO_3 脱除效率等问题的讨论．工程建设与设计，2004（9）：41-42.

[27]　黄茹，马德彭，莫华，等．基于 CFB-FGD 技术的烟气超低排放工程性能测试评估．中国电力，2017，50：17-21.

第五章

燃煤机组重金属超低排放技术

煤燃烧重金属排放问题已成为燃烧污染物控制的重要研究内容，尤其在较低浓度下也具有很大毒性的易挥发重金属元素及其化合物，多数重金属化合物化学性质稳定，不能被微生物所降解，只发生迁徙或在生物体内沉淀，对生态环境及人体健康造成严重危害。燃煤机组作为主要的重金属元素排放源，研究其排放现状及控制技术具有重要意义。

中国对全球汞排放的年贡献率接近40%，是世界上汞污染最严重的国家之一[1]。我国于2011年颁布的《火电厂大气污染物排放标准》(GB 13223—2011) 中明确规定自2015年1月1日起电厂汞及其化合物浓度排放限值为0.03mg/m^3，但与发达国家相比还存在相当大的差距。2016年4月28日具有法律约束力的全球性Hg条约——《关于汞的水俣公约》通过，意味着燃煤机组汞等排放控制更趋严格。

第一节　煤及燃煤烟气中重金属的形态分布

煤燃烧过程中重金属元素多富集在亚微米级颗粒表面，部分重金属元素随烟气排入大气，部分随灰渣进入土壤及河流。重金属脱除多依赖现有污染物控制装置如除尘设备、湿法脱硫、SCR等协同作用，但随着环保要求逐渐提高，重金属专项脱除技术，如活性炭粉末喷射重金属脱除等技术正逐步得到开发和应用。此外，如何通过现有污染物控制装置的优化提效实现多种污染物的协同控制也是一种有效的方法。

一、煤中重金属的含量及赋存形态

煤是一种十分复杂的由多种有机化合物和无机矿物质混合成的固体烃类燃料，煤种不同，煤中重金属含量差别很大，即使同一煤种的煤层在垂直和水平方向的重金属含量也会有所变化。《中国煤中微量元素分布基本特征》基于中国26个省（市、自治区）126个矿区504个煤矿1123个煤层煤样和生产煤样的系统测试资料，结合不同聚煤区煤炭储量，计算了中国煤中31种微量元素的平均含量，表5-1列举了其中的6种元素[2]。

表5-1　煤中重金属平均含量

微量元素	平均含量/(μg/g)		
	中国煤	世界煤	美国煤
汞(Hg)	0.154	0.012	0.17

续表

微量元素	平均含量/(μg/g)		
	中国煤	世界煤	美国煤
砷(As)	4.09	5	24
铅(Pb)	16.64	25	11
铬(Cr)	15.33	10	15
镉(Cd)	0.81	0.6	0.47
硒(Se)	2.82	3.0	2.8

(1) 汞

我国煤中汞含量平均值范围为0.10～0.22mg/kg，煤中汞含量地域分布很不均匀，西南到云贵、四川、重庆汞含量较高，例如贵州兴仁高砷煤等样品中汞含量高达45mg/kg；西北、东北、内蒙古、陕西等北方内陆地区汞含量较低，我国煤中汞含量有自北向南增加的趋势。各煤种的汞含量由高到低依次为：瘦煤＞褐煤＞焦煤＞无烟煤＞气煤＞长焰煤[3]。

汞的赋存形态因煤中汞的含量以及煤产地不同表现出较大的差异。汞具有易挥发性且在煤中含量低，煤中汞的赋存形态研究目前仍没有统一的标准。汞赋存形态分析方法有浮沉法、单组分分析法、逐级化学提取法、数理统计分析法以及直接测定汞元素赋存形态的显微分析法和光谱分析法。目前实验室多采用逐级化学提取法分析煤中汞的赋存形态，总体而言，煤中大多数汞存在于硫化物中（黄铁矿、方铅矿、闪锌矿等）。

(2) 砷

砷在煤中的含量为0.5～80mg/kg，砷也是常见的致癌物质，我国西南地区由于高砷煤的使用已造成多例砷中毒事件。

早在20世纪初就提出煤中砷与黄铁矿结合，后来发现砷还有其他结合方式，煤中砷的赋存形态主要包括有机结合态和无机结合态。其中无机结合态又可细分为水溶态和矿物结合态；有机结合态砷是指砷与煤中有机大分子以化学键结合，其中包括As—C、As—O和As—S等结合形式。煤种不同，煤中砷的赋存形态存在很大差别，总的来说，煤中砷的各种赋存形态的含量可按照如下降序排列：硫化物结合态砷＞有机结合态砷＞砷酸盐态砷＞硅酸盐态砷＞水溶态和可交换态砷。文献［4］采用逐级化学提取法分析煤中砷赋存形态，研究发现：当煤灰分（主要是黏土矿物）较低（＜30%）时，砷主要进入有机质中与煤中的大分子氧、硫或碳原子以化学键结合；当灰分较高（＞30%）时，主要进入黏土矿物晶格，例如与黄铁矿伴生等。

(3) 铅

煤中铅煤中铅含量变化较大（2.74～35.50μg/g），多数煤中含量小于20μg/g[5]。

铅在煤中主要以方铅矿、硒铅矿形式出现，或者与其他硫化物相伴生，很多学者认为大多数金属都可以在泥炭和低阶煤中以离子交换形式存在于有机质中，因此低阶煤中有机结合态铅的含量也较高。

(4) 硒

我国煤中硒含量较高，部分高硒石煤中硒含量最高达84mg/g，为世界罕见，我国煤中硒含量东北、内蒙古低，西南地区较高，山西煤中硒含量也较高。从成煤时代来看，煤层由老到新，煤中硒含量降低，古生代煤中硒含量明显高于中、新生代[6]。硒是亲硫元素，与硫化矿共生，同时硒也是亲生物元素，容易富集在有机质内，煤的种类会影响硒的赋存形态。但总体来说煤中硒的赋存形态有有机结合态、无机态（分布于黄铁矿及其他硫化物和硒化物中）。

（5）铬

我国绝大多数煤田铬含量都在 50μg/g 以内，中南和东北地区煤中铬的含量较高，西北煤中铬含量较低。六价氧化态铬的毒性为三价铬的 10^2～10^3 倍，且六价铬有很高的水溶性，与血红蛋白结合造成遗传性基因缺陷和致癌。学者们普遍认为煤中的铬主要以无机形式存在于黏土矿物以及细颗粒矿物中（如硫酸铬），另一些赋存于黄铁矿、硫化物、绿泥石等矿物中，而在泥炭和低阶煤中铬以离子交换形式存在于有机质中[7]。在高温燃烧过程中有机态铬比无机态易挥发，富集在细颗粒上排放至大气中，入炉原煤的逐级化学提取研究表明，煤中铬主要以稳定的残渣态存在。

（6）镉

我国主要煤产地和进口煤中镉含量在 0.23～1.90μg/g，我国大多数煤中镉含量＜1μg/g，进口煤镉含量高于我国煤种[8]。煤中镉的存在主要与氧化矿物有关，与硫酸盐和碳酸盐有较强的伴生关系，国外学者的研究显示镉含量与硫化物有关，还与有机质有关系。

由于不同国家和地区在原始植物、成煤过程、地质环境上存在差异，痕量元素在煤中存在的形态也有所不同。煤中痕量重金属元素的地球化学性质的多样性也决定了其赋存状态的复杂性。

文献［9］和［10］对煤中重金属微量元素的赋存形态进行了较为详细的描述（图 5-1）。煤燃烧过程中重金属的迁移转化规律与其赋存形态有直接关系，与有机物或硫化物结合的重金属易释放，并在烟气冷却过程中附着在细颗粒物上，而与离散矿物结合的重金属更倾向于残留于煤灰基体。

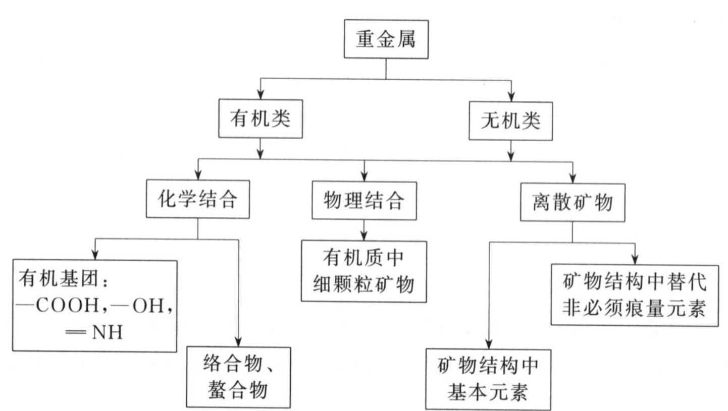

图 5-1　煤中痕量元素赋存形态分类[6]

二、燃煤烟气中重金属的形态分布

目前煤中已发现的元素有 84 种[11]，包括多种重金属元素，尤以生物毒性显著的 Hg、Cd、Pb、Cr 和类金属 As、Se 等的危害最大。根据 Swaine[12] 的评估，煤中有 26 种痕量元素对环境有影响，其中 As、Cd、Cr、Hg、Pb、Se 这 6 种元素最需关注。

燃煤机组作为主要的重金属排放源之一，研究重金属的排放及控制技术具有重要意义。表 5-2 为我国燃煤锅炉汞排放情况，我国工业锅炉层燃炉煤燃烧后汞的排放占总汞的比例为 64％，沸腾炉煤燃烧后汞的排放占总汞的比例为 74.4％，燃煤电站煤燃烧后汞的排放占总汞的比例在 50％以上。

表 5-2　我国燃煤锅炉汞排放占煤中总汞的比例统计[13]

电厂	煤种	容量	除尘方式	汞排放/%
兖州兴隆庄电厂	—	50MW	—	67.63
层燃炉	烟煤	—	旋风子,ESP	56.28
煤粉炉	烟煤	30t/h	旋风子,ESP	69.67
焦作电厂	—	125MW	—	75.5
太原第一热电厂	西山烟煤	50MW	多管,文丘里,水膜	72.4
侯马电厂	烟煤	—	多管,文丘里	73.6
石洞口二厂	山西烟煤	300MW	ESP(3 级)	69.44
长春热电厂	—	75t/h	ESP	74.3
层燃炉	—	—	水膜	64.0
沸腾炉	—	—	水膜	74.4

注：以上汞排放比例由质量平衡方法计算得到。

1. 燃煤烟气中汞的形态分布

汞是煤中最易挥发的痕量重金属元素之一，煤中各种汞的化合物在温度高于 800℃后就处于热力不稳定状态，煤中绝大部分汞分解形成单质汞（Hg^0）释放到烟气中，残留在底灰中的汞含量一般小于 2%。燃烧后烟气流经各受热面温度不断降低，烟气中约 1/3 的单质汞（Hg^0）与其他物质反应生成二价汞（Hg^{2+}）化合物，也有部分 Hg^0 被飞灰中残留的碳颗粒吸附或凝结在其他亚微米飞灰颗粒表面，形成颗粒态汞（Hg_p）。燃煤烟气中汞主要以单质汞（Hg^0）、氧化态汞（Hg^{2+}）和颗粒态汞（Hg_p）三种形态存在。单质汞、氧化态汞和颗粒态汞总称为总汞（Hg_T），挥发至烟气中的汞经除尘后（烟气温度约为 150℃）大部分仍停留在气相中（图 5-2）。

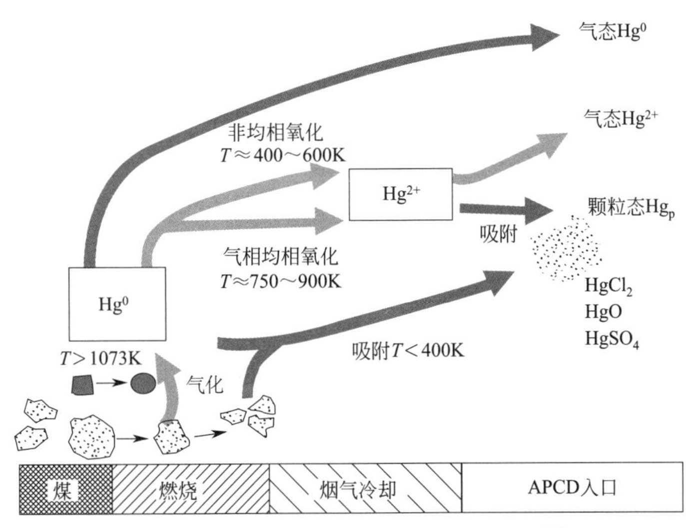

图 5-2　煤燃烧过程及烟气中汞迁移过程[14]

煤种不同，燃烧烟气中汞的形态存在差异，如图 5-3 所示，褐煤与次烟煤烟气中的元素汞含量较高，而烟煤燃烧后烟气中汞绝大多数以氧化态汞和颗粒态汞形式存在。

2. 烟气中其他重金属的形态分布

煤粉在炉膛中燃烧温度通常在 1300～1500℃，煤中的 As、Hg、Pb、Cd、Zn 等均属于易挥发元素，会随着挥发分析出和焦炭的燃烧而部分或全部气化[16]。

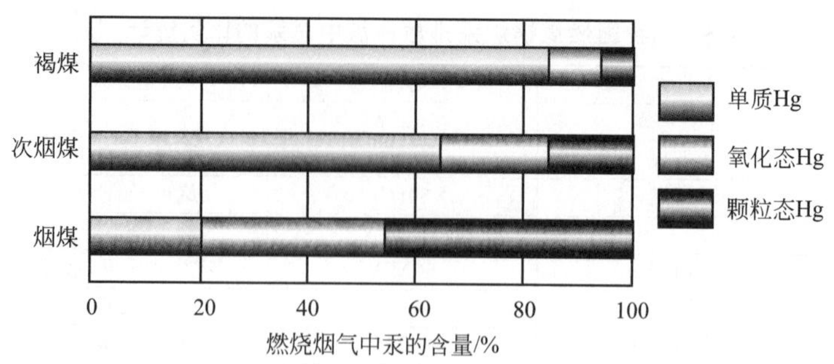

图 5-3 不同煤种燃烧烟气中汞的形态分布[15]

(1) 砷 (As)

燃煤砷排放是砷污染的一个主要来源，煤中砷在燃烧过程中大部分极易挥发，并随烟气温度降低冷凝吸附在细颗粒物上，最终排入大气。但煤中砷的赋存形态对其释放有较大的影响，一般有机结合态以及硫化物结合态砷在燃烧过程中易挥发，而与硅铝酸盐结合的砷不易挥发。

砷在烟气中以痕量形式存在，很难通过检测手段判断其存在形态。燃烧过程中热烟气中单质砷和 As_2O_3 是砷存在的两种主要形式，目前多借助热力学平衡计算判断砷在不同条件下的平衡组成。Contreras 等[17] 计算砷在煤燃烧过程中不同温度下的存在形态，如图 5-4 所示。温度低于 300℃，砷以 As_2O_3 (s) 的形式存在；300～700℃以 AsO (g) 及 AsO_2 (g) 形式存在，其中 AsO_2 (g) 主要存在于 800～1000℃，AsO (g) 存在于 1000℃以上。若考虑烟气飞灰中金属氧化物的影响，则砷的存在形态为 $AlAsO_4$ (T=400～1400℃)、K_3AsO_4 (T=100～600℃)、AsO (g) (T>1400℃)。

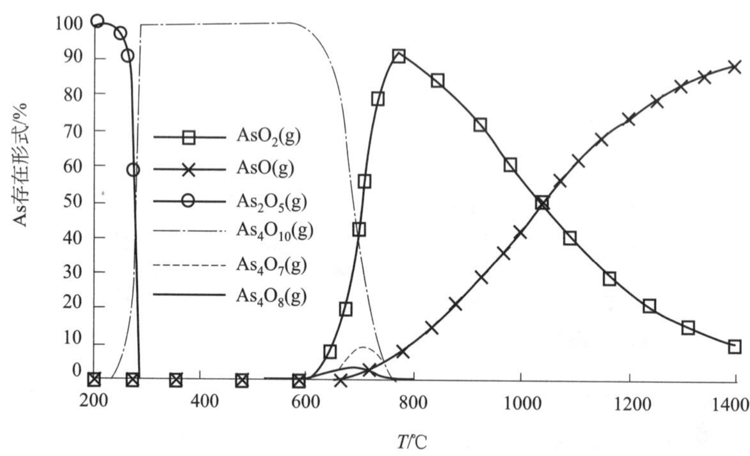

图 5-4 不同温度下烟气中砷的存在形式

砷在煤中以 μg 级浓度或以分子级规模分布，不可能独立形成飞灰颗粒。文献 [18] 研究了砷在飞灰中的分布及富集规律（表 5-3），按照煤粉、静电除尘器前飞灰、静电除尘器飞灰、静电除尘器后飞灰的顺序，砷浓度呈现上升趋势，到达大气气溶胶中砷浓度略有降低。其研究结果显示随着颗粒粒径的减小，砷的浓度总体上呈上升趋势。飞灰对砷的富集作用主要有 4 种：a. 硅酸盐熔体对砷的熔解作用；b. 飞灰中矿物成分与砷化物反应生成稳定的化合物；c. 飞灰对砷化物的吸附作用；d. 气相砷化合物在飞灰表面的凝结。

表 5-3 机组煤和飞灰中砷的浓度及富集系数

项目	煤粉	ESP 前	ESP	ESP 后	大气中
阳宗海电厂 R_E	6.6μg/g	20.70μg/g 0.32	118.00μg/g 1.85	287.00μg/g 4.51	118.93μg/g 1.87
贵阳电厂 R_E	9.3μg/g	31.82μg/g 0.90	64.29μg/g 1.81	112.00μg/g 3.15	61.47μg/g 1.73

(2) 铅

燃煤过程中铅、铬主要以氧化物、氯化物、硫酸盐形式存在[19]，煤中氯元素能促进两种元素的挥发。Rigo 等[20] 研究表明，Pb 在 300～550K 时以 $PbCl_2$(cr，l) 的形式存在，当温度升高至 650K 时转化为 $PbCl_2$（g），在高温段（1100～1600K）$PbCl_2$ 分解，烟气中主要以 PbO(g)、PbCl(g) 和 Pb(g) 的形态存在。文献 [21] 研究重金属冷凝过程，发现半挥发性痕量元素（如 Pb）在较高温度段（＞835K）主要以硫酸盐形式向固态迁移，在较低温度段（473～835K）主要以氯化物形式向固态迁移。文献 [22] 通过烟道内沿程烟气颗粒物采样分析发现：当烟气温度由 380℃降低至约 160℃（烟气由 SCR 装置前到达静电除尘器前）时，气态 Pb 已基本迁移到飞灰颗粒上，颗粒中 Pb 元素显著增加；当烟气温度由 160℃降低至 135℃（烟气由静电除尘器前到达脱硫装置前）时，Pb 在各粒径级颗粒上的分布基本上没有变化。说明烟气温度由 380℃降低至约 160℃的过程中 Pb 已经完成了由气态向颗粒物的迁移。煤粉炉燃烧过程中煤中 90%以上的铅释放进入气相，锅炉出口烟气中铅主要以颗粒态铅为主，比例高达 86%～92%，最终通过烟囱排入大气的铅只有 1.75%～5.40%[23]。

(3) 铬

铬是煤中挥发性较低的元素之一，属于亲氧元素，熔点较高，燃烧时不易挥发，排入大气较少，主要富集在灰渣中，但有机态 Cr 含量较高的煤在燃烧过程中会有少量 Cr 挥发，在烟气冷却时发生凝聚和结核作用，在细颗粒物中富集。无论是干灰还是炉渣，铬主要以稳定的残渣态存在，煤经高温燃烧后，炉渣中 Cr 的水溶态、可交换态含量均比原煤高，使其环境稳定性降低。文献 [24，25] 中提出，在 $Cr/O_2/Ar$ 气相体系中会发生如下反应：

$$Cr + O_2 + Ar \longrightarrow CrO_2 + Ar \tag{5-1}$$

$$Cr + \frac{1}{2}O_2 \longrightarrow CrO \tag{5-2}$$

高温燃烧会使煤中原本无毒或毒性较低的铬转化为强毒性的六价铬，煤燃烧高温烟气流经各换热设备过程中烟气温度逐渐降低，以气态化合物形式存在的 $CrO_2(OH)_2$ 发生一系列的物理化学变化，低温时 Cr_2O_3 是主要的产物，高温下 CrO_3 是主要产物。并且铬氧化物与烟气中的成分反应，生成 $Cr_3(SO_4)_2$，煤燃烧过程中铬部分以固态 $Cr_3(SO_4)_2$ 和 Cr_2O_3、气态 CrO 和 CrO_3 的形式进入大气环境，部分以固态 $Cr_3(SO_4)_2$ 和 Cr_2O_3 的形式被除尘装置捕集[25]。

(4) 其他重金属

Lars 等[26] 研究燃烧装置中 As、Cd、Pb、Zn 等重金属元素的化学性质和迁移行为，热力计算平衡中选择燃烧温度为 300～1600K，计算结果表明，Cd 在 300～600K 时以固体的 $CdCl_2$(cr，l) 形态存在，在 600～1200K 时稳定形态为 $CdCl_2$（g），当高于 1200K 时，主要以 Cd(g) 和 CdO(g) 两种形态存在。Cd 在颗粒物控制装置中的脱除率较高，可以达到 96%。

元素硒毒性较小，但硒化物、亚硒酸盐、硒酸盐及氟化硒等毒性较大[6]。文献 [27] 对煤进行高温灰化（750℃）实验，发现煤中75%以上的硒挥发，飞灰中富集硒，而且79%分布于<2.0μm的细粒中，我国95%的悬浮固体硒富集在<10μm的粒径组分中[28]。

有统计表明，煤炭燃烧是包括As、Se、Cd、Co、Cr、Hg、Mn、Pb等有害重金属元素的主要或部分排放源。如表5-4所列。

表5-4　中国燃煤电站有害微量元素2000～2010年释放量[33]　　单位：t/a

项目	2000年	2001年	2002年	2003年	2004年	2005年	2006年	2007年	2008年	2009年	2010年	2006～2010年
Hg	79.00	82.14	92.94	110.08	126.91	141.34	146.81	135.29	120.66	114.12	118.54	−4.19
Hg^0	41.95	43.62	49.48	58.70	68.40	76.72	86.40	88.88	85.35	83.23	86.64	0.06
Hg^{2+}	35.65	37.05	41.83	49.42	56.27	64.48	58.07	44.69	34.01	29.70	30.66	−11.99
Hg_p	1.39	1.48	1.63	1.96	2.25	2.43	2.34	1.73	1.29	1.19	1.23	−12.07
As	354.01	371.98	408.45	480.25	540.19	593.39	615.70	523.11	424.23	369.14	335.45	−11.44
Se	451.85	474.93	525.26	599.95	676.89	760.14	818.26	737.54	618.24	514.80	459.40	−10.90
Pb	820.00	860.00	952.00	1074.74	1170.00	1190.48	1189.10	1019.38	860.40	760.93	705.45	−9.92
Cd	23.47	22.73	22.85	26.28	29.94	31.64	30.56	24.85	18.04	15.97	13.34	−15.28
Cr	650.00	680.00	740.00	822.97	916.57	955.35	965.21	806.83	674.68	571.55	505.03	−12.15
Ni	480.29	501.59	544.42	633.09	709.82	775.23	794.43	677.68	545.29	477.34	446.42	−10.89
Sb	96.75	104.10	111.76	131.03	145.63	158.82	166.35	150.50	122.80	99.39	82.33	−13.12

根据煤中痕量元素在燃烧过程中挥发特性的差异可将其划分为三类（图5-5）[10]。

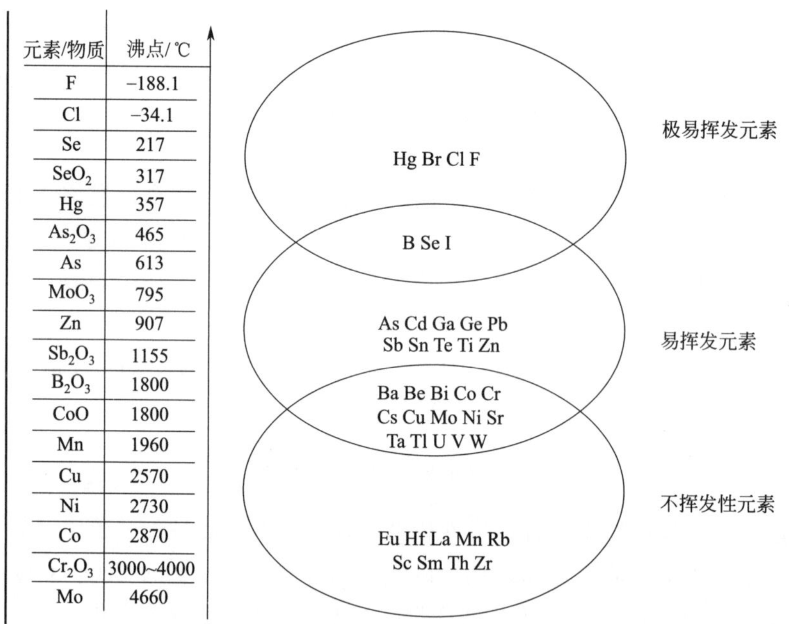

图5-5　煤燃烧过程中痕量元素挥发性分类图[10]

第一类为不挥发性元素，主要是富集在粗颗粒中（燃煤底灰或气化渣）的不挥发或难挥发元素如Mn、Zr、Sc、Eu、Th等，这类元素一般能被烟气除尘装置清除。

第二类为易挥发元素，如As、Cd、Pb、Zn等，通过均相或非均相冷凝的方式在颗粒表面富集，这类元素多在细颗粒中富集而不易被除尘系统捕获。

第三类为极易挥发元素，如Br、Hg、I等，在燃烧过程中直接以气相或蒸气形式随着烟气直接排至大气中。

但也存在一些元素如Cr、Ni、U和V等介于第一类和第二类之间，还有些元素如Se介于第二类和第三类之间，存在一定的重叠。在燃烧条件下，元素的氧化物如As_2O_3、B_2O_3和

SeO_2 是重要的挥发性物质。

一般按照重金属在烟气中的形态进行有针对性的脱除，以汞为例：不同形态汞具有不同的理化性质，烟气中氧化态汞（Hg^{2+}）易溶于水且易附着在颗粒物上，故可用常规的污染物控制设备除去；颗粒态汞（Hg_p）在大气中的停留时间很短，可通过除尘设备收集；而单质汞（Hg^0）易挥发且难溶于水，很难被常规的除尘设备捕获，几乎全部被排放到大气中[29,,30]。目前燃煤电站烟气中汞的脱除重点在于单质汞的脱除，较为有效的方法是 Hg^0 的高效氧化和气态汞的强化吸附（图 5-6）。

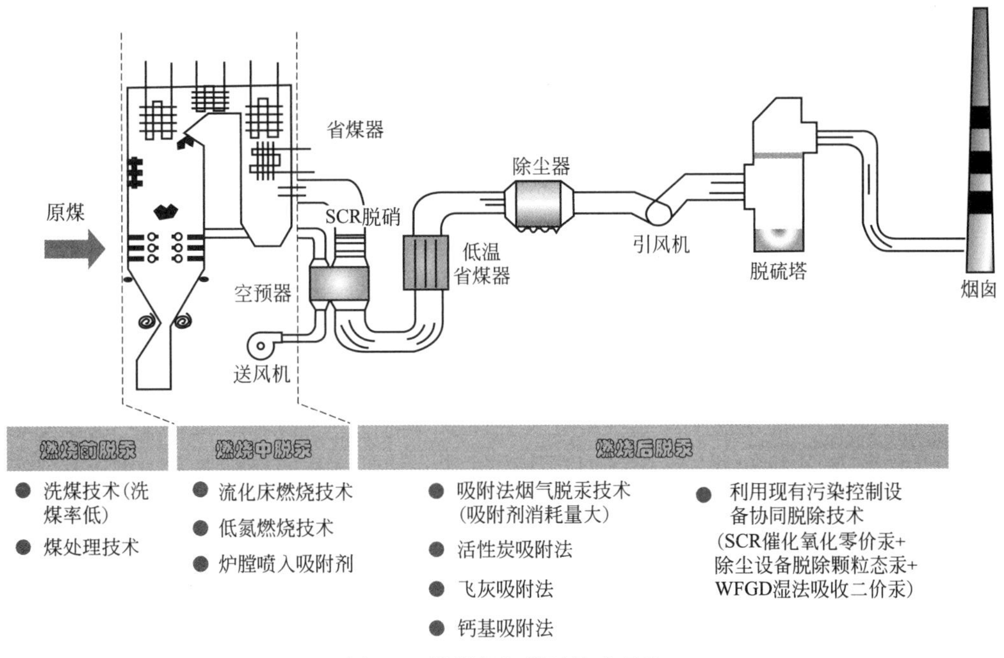

图 5-6　燃煤机组脱汞技术现状

我国燃煤机组重金属的控制方法主要是利用常规污染物控制技术（除尘、脱硫、脱硝）进行协同控制。目前仍没有一种成熟的重金属脱除技术得到广泛应用。

第二节　燃烧前重金属脱除技术

根据煤燃烧所处的不同阶段脱除重金属，可分为燃烧前、燃烧过程中和燃烧后脱除。燃烧前脱除是指对煤进行处理，如基于煤粉中有机物与无机物密度不同对燃料进行洗选处理，减少进入炉膛的重金属量；燃烧中控制主要是通过喷入添加剂稳定重金属或使重金属转变为易脱除的形态，便于后续设备捕获；燃烧后脱除主要有吸附剂注入和现有污染控制技术协同脱除。

一、洗选煤脱除重金属

煤炭洗选技术是煤炭进行清洁利用的起点，工艺相对成熟，可以脱除煤矸石、降低灰分和硫分、提高热值，煤中以矿物质形式存在的重金属元素也随着灰分、硫分等一同去除，降低了入炉煤中有害痕量元素的含量[31]。

传统的物理洗煤技术如利用比重分离煤炭中杂质的淘汰技术、重介质分馏技术和旋流器等，利用物质表面物化性质不同的浮选煤技术、絮凝技术等都可以有效控制煤粉燃烧过程中汞等重金属的含量[32]。其中浮选法是应用最广泛的物理洗煤技术，浮选法利用煤粉中有机物与无机物的密度差别、有机亲和性不同的特征，对煤炭中的杂质进行分选。向煤粉浆液中加入有机浮选剂，煤中的有机物成为浮选物，而无机物成为浮选废渣，此时汞及其他重金属的无机矿物形态大量富集在无机废渣中，随浮选废渣一起与煤分离。但洗选煤脱除重金属的效率变化较大，例如汞的脱除率在0～78%之间，这是因为汞等重金属元素的脱除率受煤种、洗选方法、煤中元素赋存形态等多种因素的影响。

Finkelman[33] 研究了煤炭洗选过程中汞和砷的脱除，发现汞比砷难脱除，原因可能是汞赋存于难脱除的微米级硫化物和硒化物中。文献［34］对太西原煤及洗选产物中 As、Cr、Se、U、Be、Cu 等有害元素进行了系统检测，分析得出有害微量元素在煤中的赋存形态对其在洗选过程中的迁移行为有决定性影响，与矿物结合或以无机态为主的有害微量元素（如 As、Ba、U、Zn 等）大部分能被脱除，而有机态或被有机物质包裹的有害微量元素较难以脱除。文献［31］对 3 个大型洗煤厂的原煤和相应的洗选产物进行了现场采样分析，测定结果显示，常规的物理洗选能有效脱除煤中的无机矿物组分，一定程度上脱除煤中的有害痕量元素，其中 As、Hg、Pb 的脱除率均在 20%以上。文献［35］中重液重选试验和浮选试验对煤中砷的脱除也有很好的效果，脱除率在 60%以上，而 Se 的脱除率在 7.3%～16.8%，痕量元素的脱除缘于其伴生无机矿物的脱除。与黄铁矿伴生的砷在常规的物理洗选中较易和矿物成分一起脱除，但有机态和砷酸盐砷在燃烧过程中会分解释放。Pb 在煤中主要以方铅矿的形式存在，文献［36］研究 6 个煤样中 Pb 的脱除率在 50.4%～56.6%。不同煤种中 Pb 的脱除率的变化较大，这可能与方铅矿在煤中的存在形式有关：当方铅矿主要为大颗粒黄铁矿吸附时，Pb 的脱除率较高；而当方铅矿主要以微米级形式分散在有机质中时，Pb 的脱除率较低[33]。Se 在煤中的赋存形态较为复杂，高硒煤中 Se 的有机亲和性较低，较易脱除，而低硒煤中的 Se 则主要与有机质相结合，较难脱除[37,38]。Devito 等[39] 研究发现 Se 脱除率为 0～45.1%。王文峰等的物理洗选研究结果显示，5 个煤样中 Cd 的脱除率范围较宽，在 24.4%～47.8%[36]。Alker 研究的 26 个样品中，Cr 的脱除率范围为 13.3%～82.3%，预测煤中 Cr 的洗选脱除率一般大于 50%。美国能源部（DOE）研究利用先进的洗煤技术使煤在进入锅炉之前得到进一步清洁，如浮选柱、选择性油团聚和重液旋流器等方法在提高脱汞率方面很有潜力。Smit 等以 5 种原煤为试验原料，分别利用柱状泡沫浮选柱、选择性油团聚法洗煤，结果显示：

① 柱状泡沫浮选柱法洗煤后原煤中汞含量减少了 1%～51%；

② 传统选煤法和柱状泡沫选煤法联合使用后，原煤中汞含量减少了 40%～57%；

③ 选择性油团聚法洗煤后原煤中汞含量减少了 8%～38%；

④ 联合使用传统选煤法和选择性油团聚法进行洗煤，原煤中汞含量减少了 63%～82%。

美国 DOE 研究的磁分离法也可以有效脱除与黄铁矿结合的痕量元素。磁分离法主要通过煤粉炉电站内部气流循环，向磨煤机中加入游离态的 FeS_2，利用磁性不同达到去除黄铁矿及与之结合的痕量元素的目的。另外，化学方法、微生物法等也可以将痕量元素从原煤中分离，如用热盐酸对煤进行前处理洗涤可以减少 50%～70%的汞排放[40]，但这类方法会产生大量的酸性废液和清洗水，成本昂贵。

综上所述，利用相对密度和表面物理化学特性等进行痕量元素分离是可行的。洗选对煤中无机亲和性较强的有害元素有较为明显的脱除效果，而对有机亲和性较强的痕量元素的脱除效果则较弱。但仍需要针对不同煤种、不同洗选方式，与选煤厂现场工艺紧密结合，进行更广泛且大量的基础实验研究。

二、低温热解技术

煤低温热解技术是将煤在较低温度下热解，煤中易挥发的重金属挥发，释放了重金属的燃料送入炉膛继续燃烧。Keener 等在双螺旋给煤机进行高温试验，双螺旋给煤机同心螺旋内部用于给煤，外螺旋逆流供给 CaO 以吸收给煤分解烟气中的汞，发现当分解温度超过 400℃时，汞排放量明显减少。但煤热解挥发分释放后的热解固态产物热值也会大幅度降低。

美国 WRI 设计了一种用于燃前煤粉预加热脱除重金属的方法（美国专利，No. 5403365），原煤依次进入两个不同的温度区域：第一个区域温度约为 149℃，主要用于脱除原煤中的水分；第二个区域温度约为 288℃，主要目的是脱除原煤中易挥发的有害痕量元素，挥发出来的有害痕量元素被汇集到有害金属收集处理器中技术路线如图 5-7 所示，根据煤种不同和重金属脱除效率的要求，在不影响原煤燃烧质量的情况下可以适当提高第二区域的温度。

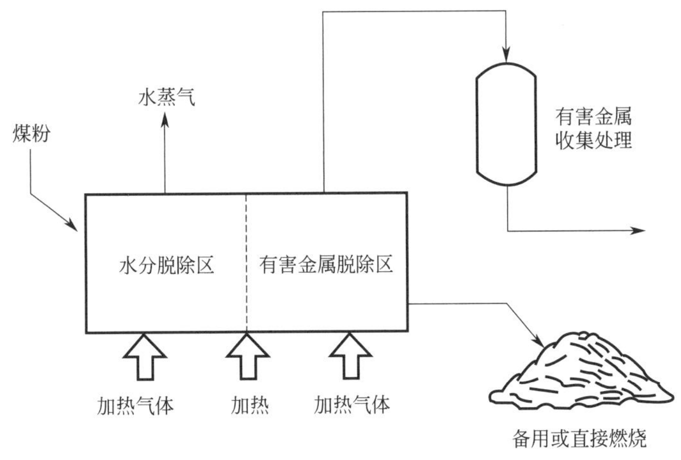

图 5-7 热解脱除有害重金属元素技术路线示意[45]

热解脱除重金属的研究重点在于热解温度和停留时间。Guffey 等[41] 在 WRI 脱汞的原理上，研究低阶煤 PRB 和褐煤热解脱汞效率的影响参数，结果表明第二区域温度低于 150℃时无汞析出，270℃时汞的析出达到最大值，脱汞效率与停留时间、吹扫气流量成正比。Merdes、Wang 和 Keener 等[42, 43] 分别研究了高挥发分煤和低挥发分煤热解汞释放特征，发现汞的脱除率与停留时间和热解温度有一定的函数关系，高挥发分煤热解初始阶段脱汞速率接近常数，到某一温度后随着温度升高，其脱汞速率反而降低；低挥发分煤的汞释放规律符合阿累尼乌斯公式。同时重金属的热解脱除特性与煤中重金属的赋存形态相关，国外学者研究不同原煤及酸处理后煤样在 300℃和 400℃时的热解汞释放性能，发现汞脱除率在 20%～80%之间。Xu 和张成等[44,45] 对阿尔伯特煤的热解研究发现，快速热解比程序升温热解的脱汞率高，400℃以下可以达到 72%的汞脱除率，在 300～400℃温度下氧化性气氛可以促进汞和硫铁矿中硫的脱除。

谢克昌等发明了一种煤燃前脱砷的方法[46]，利用超声波和微波在氧化过程和辐照作用下进行燃前脱砷。具体方法是：加有氧化剂的水煤浆进入超声波反应装置，在此装置中氧化剂与煤中各种形态的砷进行充分接触，然后进入微波反应器进行氧化反应。氧化剂可选用三价的铁氧化物、过氧化氢、过氧乙酸、含锰氧化物、含氯氧化物或它们的混合物，经过超声波和微波两步处理后，可有效脱除煤中各种形态砷。

第三节 燃煤机组污染控制技术对汞等重金属排放的影响

一、选择性催化还原（SCR）对重金属脱除的影响

（一）SCR对单质汞的催化氧化作用

国内大型燃煤电站均安装有SCR脱硝装置，SCR脱硝催化剂对烟气中的单质汞氧化起催化作用，氧化态汞吸附于飞灰且易溶于水，易于脱除。对SCR催化剂进行改性或者采用新组分催化剂以增加对汞单质的氧化作用是目前SCR协同脱汞备受关注的研究方法。

SCR脱硝装置的工作温度（300～400℃）是汞异相催化氧化的温度区间，可以有效提高烟气中氧化态汞的含量。图5-8为5家电厂SCR烟气脱硝工艺前后烟气中汞的形态变化。烟气经过脱硝装置后总汞量基本不变，单质汞含量减少，二价汞的含量明显增多。

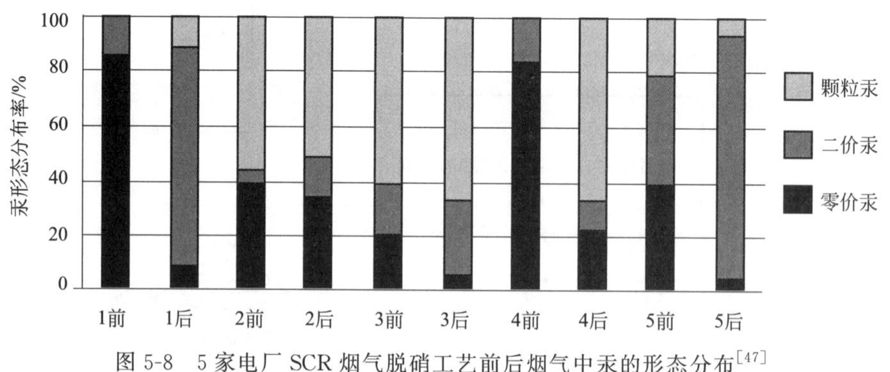

图5-8 5家电厂SCR烟气脱硝工艺前后烟气中汞的形态分布[47]

国内外对Hg^0的均相和非均相氧化机理进行了大量的基础研究。有研究表明SCR系统中零价汞的吸附/氧化过程主要分四个阶段：汞吸附在催化剂表面，与氯元素反应生成中间产物V_2O_5-$HgCl_{(ads)}$（adsorption，ads），中间产物进一步氧化生成V_2O_5-$HgCl_{2(ads)}$，最后V_2O_5-$HgCl_{2(ads)}$脱附生成分子$HgCl_2$。催化剂成分中除了V_2O_5、WO_3和TiO_2，很多金属氧化物（如Fe_2O_3、CuO、MnO）都具较高的催化活性。近年来，MnO_x基催化剂因具有很高的低温活性和较强的催化氧化汞能力成为研究的重点。Nb_2O_5被证实可以作为催化剂的助剂，提高催化剂的热稳定性和催化活性。盘思伟等对Mn-Nb-TiO_2催化剂的脱汞性能进行研究，发现该催化剂的活性组分Mn和助剂Nb均存在最佳负载量，分别为7%和2%；在最佳焙烧温度与最佳负载量下，Mn-Nb-TiO_2催化剂的脱汞率可达90%[48]。

SCR系统中单质汞的氧化反应与煤中的氯、硫、钙等的含量以及SCR运行温度和烟气中氨浓度相关。烟气中HCl含量是影响Hg^0氧化的重要因素之一[49]，美国EERC（Energy and Environment Research Center）试验表明，高氯烟煤燃烧烟气通过SCR后颗粒态汞显著增加，

而燃用低氯亚烟煤则无显著变化。鉴于氯与 Hg^0 氧化密切相关，采用含氯化合物对 SCR 催化剂改性可增加 SCR 催化剂的活性位点，有利于 Hg^0 的氧化。文献［50］采用溶液浸渍法制备了氯化铜改性 SCR 催化剂（$CuCl_2$/SCR），在一定反应条件下，模拟烟气经 SCR 催化剂后达到了 90%以上的 Hg^{2+} 转化率。烟气中 SO_2 对催化剂活性有抑制作用，而 SO_3 起促进作用，影响 SCR 催化剂活性的因素见表 5-5[47]。

表 5-5　影响 SCR 催化剂活性的因素

影响因素	结果	作用机理
Cl 元素(HCl)	促进作用	$2Hg+4HCl+O_2 \longrightarrow 2HgCl_2+2H_2O$
O_2	促进作用	能补充催化剂消耗的晶格氧
NH_3/NO	比例越大，抑制作用越强	形成竞争吸附
H_2O	抑制作用	覆盖表面活性位
SO_2	抑制作用比 H_2O 大	形成竞争吸附
催化剂制备的焙烧温度	存在最佳焙烧温度	焙烧温度影响活性位点的数量
催化剂的用量	促进	催化剂越多，活性位点的数量越多
负载量	存在最佳负载量	
反应温度	存在最佳反应温度	温度影响催化剂活性

(二) 新型 SCR 催化剂

常规 SCR 催化剂受到烟气组分、烟气温度等反应条件的影响较大，对零价汞的催化氧化效率较低（2%～70%）。鉴于传统商用钒钛体系 SCR 催化剂在燃煤烟气脱硝方面具有的高效、稳定及经济性等优势，学者们对传统的钒钛体系催化剂进行了改性研究，例如改变活性组分钒的负载量、过渡金属改性掺杂[51] 等提高零价汞的氧化率。

催化剂中 V ═O 活性中心位数量随 V_2O_5 负载量增加而增加，汞氧化反应增强，汞氧化效率上升。

过渡金属中的 Fe、Cu、Ce 掺杂改性 SCR 催化剂对 Hg^0 的氧化性能有显著提升。金属改性掺杂减小了催化剂的比表面积和总孔容，但对催化剂的孔径分布没有太大的影响。CeO_2 在催化剂中具有能够提高金属活性组分的分散性、增进催化剂的热稳定性和抗烧结能力、提高催化剂的储氧能力等优势，被成功应用于多种催化氧化过程。文献［52］研究 Ce/TiO_2 基催化剂对汞氧化脱除性能的影响，发现该催化剂在低温范围内（150～250℃）表现出较好的汞催化氧化活性，催化剂表面富集了大量的 Ce^{3+} 和化学态吸附氧。

金属掺杂改性催化剂受烟气温度和烟气成分影响，例如 Co/SCR 催化剂对 Hg^0 的氧化受温度影响较大，金属掺杂的催化剂在低 NH_3 和 NO 烟气组分中表现出良好的 Hg^0 氧化效率，当烟气中存在 HCl 时促进作用更加明显，而催化剂在高 NH_3 和 NO 烟气组分条件下对 Hg^0 的氧化促进作用并不明显。

(三) SCR 对其他重金属脱除的影响

烟气流经 SCR 时，烟气中大部分砷、铅、铬已经完成了向飞灰颗粒物的迁移。文献［23］研究结果显示脱硝装置前后烟气中铅的形态和分布没有发生显著的变化。文献［26］研究表明烟气温度由 380℃降至约 160℃（烟气由 SCR 装置前到达静电除尘器前）时，气态 Pb 已基本迁移到飞灰颗粒上，颗粒中 Pb 元素显著增加。经过 SCR 后烟气中 Se 元素含量降低约 55%，

Se与催化剂发生反应，吸附在SCR催化剂表面形成吸附层，阻塞催化剂表面的孔隙结构，降低SCR催化剂的反应活性[53]。

SCR对超微米颗粒物有一定的物理拦截作用。文献［54］研究结果表明SCR脱硝设备对粒径大于1μm的烟气颗粒物有约20%的截留作用，附着在这些颗粒物上的重金属不能进入大气，但这些颗粒物会造成催化剂反应器的磨损和堵塞，可能导致催化剂中毒。随着颗粒粒径减小，重金属富集程度增加，而SCR对亚微米颗粒物几乎没有拦截作用。SCR对除与之反应的重金属（Hg和Se等）外的其他重金属仅有微弱的物理脱除作用。

二、除尘技术对重金属污染物的脱除

（一）静电除尘技术

静电除尘器对重金属尤其对烟气中颗粒态重金属的排放有明显的作用。如前文所述，烟气流经SCR后，烟气中大部分砷、铅、铬已经完成了向飞灰颗粒的迁移，随飞灰颗粒一起被ESP脱除。而欧美学者早期发现干式电除尘器对烟气汞的脱除效率较低（低于30%）[55,56]。文献［57］测试燃煤锅炉SCR后汞排放形态，原煤中汞主要被静电除尘捕集，77.65%汞存在于除尘器捕集的灰中，另外12.72%汞在脱硫产物中，最后9.6%的汞随烟气排入大气。ESP的脱汞性能与很多因素有关，煤中汞含量、氯含量、飞灰含碳量、碱金属氧化物含量等因素影响烟气中汞的形态分布进而影响除尘装置的脱汞性能。

静电除尘器对烟气中重金属的形态也有一定的影响，以汞为例，静电除尘器高压静电场内放电极的电晕辉光放电，产生紫外光和高能电子流，使气体电离生成氧化性极强的活性离子或自由基，促使单质汞向氧化态汞转化[58]。此外静电除尘器中多孔的飞灰残炭上C═O活性官能团也可以将烟气中的Hg^0氧化，使单质汞含量减少[59]。文献［60］对某300MW电厂的实际测试结果显示常规ESP对总汞的脱除率低于20%，但对颗粒态汞的脱除率可以达到95%以上。

对于超低排放电厂，静电除尘器与其他促进汞向颗粒态迁移的装置协同作用实现汞的有效脱除；对于其他重金属脱除具有相似的作用原理。

（二）低低温电除尘器对重金属排放的影响

为了减少排烟损失、提高燃煤机组运行经济性、提高颗粒物的脱除效率，很多燃煤机组在静电除尘器前设置降低烟温的热交换器（GGH），使烟温从130℃降到90℃，大幅度降低比电阻，提高除尘效率。除尘器前布置热交换器，新机组设计时可减少体积和钢材；老机组改造，静电除尘比集尘面积相对增加，可提高除尘效率。

研究发现经过换热器后烟气中Hg^0和Hg^{2+}的浓度和比例均有所降低，而Hg_p的浓度和所占的比例相应增加。表明随着烟气温度降低，烟气中的水蒸气、SO_3、HCl等冷凝到飞灰表面，如HCl在飞灰表面形成含氯的活性吸附位点，吸附和氧化Hg^0，促进$HgCl_2$或Hg_2Cl_2在飞灰上的形成，进而降低Hg^0和Hg^{2+}浓度，Hg_p的浓度增加。低低温电除尘设备中的热交换器降低烟气温度，促进气相重金属向颗粒态转移，进而促进后续除尘设备对重金属的捕获。

某发电分公司烟气余热利用低低温电除尘器改造后的脱汞能力，如表5-6、表5-7所列，余热利用低低温电除尘器运行后气态汞和颗粒态汞的浓度均降低。

表 5-6 余热利用低低温电除尘器运行前后气态汞浓度变化

采样点	浓度/(μg/m³)		采样点	浓度/(μg/m³)	
	余热利用低低温电除尘器前	余热利用低低温电除尘器后		余热利用低低温电除尘器前	余热利用低低温电除尘器后
通道 A	5.8～7.4	4.5～5.2	通道 C	7.8～8.6	4.1～5.0
通道 B	7.9～9.0	4.3～4.9	通道 D	6.4～7.5	4.2～5.1

表 5-7 余热利用低低温电除尘器运行前后颗粒态汞浓度变化

采样点	浓度/(μg/m³)		采样点	浓度/(μg/m³)	
	余热利用低低温电除尘器前	余热利用低低温电除尘器后		余热利用低低温电除尘器前	余热利用低低温电除尘器后
通道 A	1.85	0.23	通道 C	1.07	0.16
通道 B	1.56	0.12	通道 D	1.23	0.21

其原因有以下几点。

① 低低温电除尘器电晕辉光放电产生的臭氧是一种强氧化剂，可以促使汞由单质态向氧化态转化；电晕辉光放电产生的紫外线高能电子流，也可以促使单质态向氧化态转化。

② 余热利用低低温电除尘器的除尘效果比常规静电除尘器有明显提高，对颗粒态汞及其他重金属的脱除作用也相应增强。

③ 湿法脱硫能够除去80%～95%的二价汞，但二价汞被湿法脱硫浆液吸收后会被浆液中的还原剂还原，捕集的部分二价汞又以单质汞形态释放。研究表明，反应温度越低，单质汞再释放率越低。余热利用低低温电除尘器运行温度比常规静电除尘器低，单质汞的释放率相对也就较低，这在一定程度上也减少了汞的排放[61]。

④ 随烟气温度降低，烟气中的 SO_3 与水反应生成 H_2SO_4 冷凝吸附在粉尘颗粒表面，烟气中 SO_3 的浓度降低，减少 SO_3 与 Hg 在活性炭表面的竞争吸附，利于汞的脱除。

(三) 湿式相变凝聚协同多污染物脱除

湿式相变凝聚技术是一种适用于复杂高湿烟气、可以实现微细颗粒相变凝聚协同多污染物脱除的技术。其原理是在烟道中加装冷壁面换热管束，促使烟气温度降低至烟气中所含水蒸气饱和温度以下，低温下烟气发生相变凝结而产生大量水雾，加剧微细颗粒物团聚，在相变凝聚过程中协同脱除多种污染物。经实验研究，某 600MW 褐煤机组局部烟气中试试验以及某 660MW 燃烟煤机组全烟气量中试试验，充分证明该装置具有明显的微细颗粒物凝聚能力和多污染物协同脱除性能[62]。

1. 湿式相变凝聚器微细颗粒脱除的理论分析

湿式相变凝聚器的设计主要来自“相变凝聚＋热泳力效应”与“雨室洗涤”两个关键思路。目前大部分燃煤机组湿法脱硫系统出口烟气为过饱和或饱和状态，安装湿式相变凝聚器后烟气中的水蒸气相变凝结产生大量水雾，极大强化了气溶胶凝聚碰撞概率，促进微细颗粒物团聚长大。

湿式相变凝聚器应一般布置在湿法脱硫装置后，使高湿烟气中的水蒸气冷凝，对烟气中的颗粒物以及其他污染物具有很好的脱除效果。另外，该装置可实现烟气中大量水回收和汽化潜热回收，对电厂节能减排也具有重要意义。

2. 湿式相变凝聚器对汞等污染物的脱除效果

某600MW湿式电除尘器前布置湿式相变凝聚器，促进微细颗粒物的团聚，使得WESP出口颗粒物浓度（标态）排放值低于5mg/m^3。现场测试采用DLPI（Dekati low pressure impactor）获得不同机组负荷下湿式相变凝聚器开启与关闭对WESP出口颗粒物质量浓度的影响。

图5-9为机组负荷600MW与500MW时相变凝聚器开启与关闭条件下WESP出口颗粒质量浓度随颗粒粒径的分布。当机组负荷为600MW时，湿式相变凝聚器开启后，颗粒粒径在0.03μm、0.05μm、0.6μm、0.47μm、8.28μm和22μm时烟气出口颗粒质量浓度呈不同程度降低。特别是粒径为0.05μm和0.1μm对应烟气中颗粒质量浓度分别降低达57.5%和70.2%（与相变凝聚器关闭状态工况对比）。当机组负荷为500MW时，湿式相变凝聚器开启后，颗粒粒径分别在0.03μm、1.9μm和3.1μm时的质量浓度呈显著降低，分别达80%、35.5%和53.6%。该工况下其余粒径对应颗粒浓度呈不同程度降低，减小幅度略低于上述值。

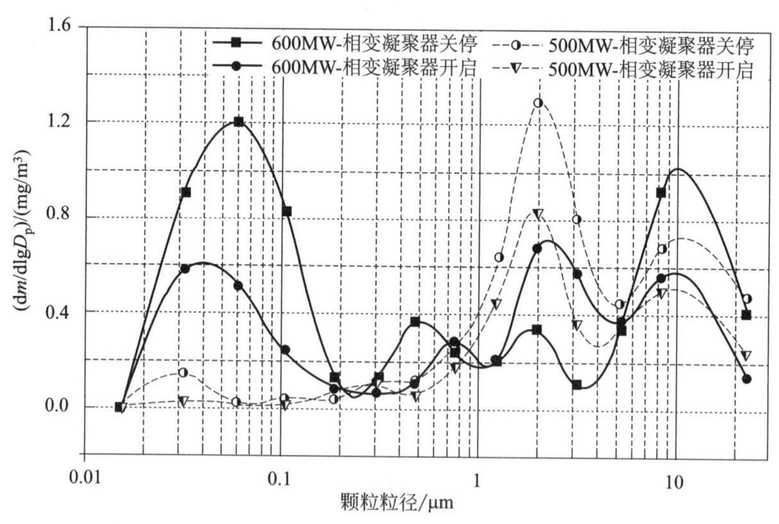

图5-9　不同负荷下湿式相变凝聚器运行状态对WESP出口颗粒物粒径分布的影响

相变凝聚过程中也伴随着其他污染物的脱除，文献[62]在湿式相变凝聚器运行与关闭状态下，分别从废水箱取一定体积凝结水样，利用电感耦合等离子体原子发射光谱法（ICP-AES）表征湿式相变凝聚器开/关状态下所收集凝结水样中As、Hg、Ba、Ga、Li、Mn、Sr和Ti元素含量。检测结果如图5-10所示，湿式相变凝聚器运行时，凝结水样中所有检测元素浓度均高于湿式相变凝聚器关闭时水样中的元素浓度，尤其是Hg、Ba、Mn、Sr、Ti元素浓度含量差异最为明显，对燃煤机组重点关注的Hg、As元素脱除能力分别比湿式相变凝聚器关停状态增加4.18倍和2.82倍。湿式相变凝聚器可明显提高各重金属及痕量元素的脱除能力，且各元素的脱除能力由大到小依次为Ba、Hg、Sr、Ga、As、Ti、Li、Mn。

当湿式相变凝聚器运行时，废水箱中水位高度的增加速率介于0.84～0.98m/h，烟气中大量水蒸气以凝结水的方式实现回收。同时运行湿式相变凝聚器时，回收凝结水中SO_4^{2-}的量是关闭湿式相变凝聚器凝结水的4.35倍，这证明相变凝聚技术同时可以有效脱除烟气中的SO_2和SO_3。

以上研究充分表明湿式相变凝聚器具有优良的多污染物脱除以及烟气凝水回收能力。湿式相变凝聚协同多污染物脱除技术可作为未来我国火电机组实现污染物超低排放的选择技术之一。

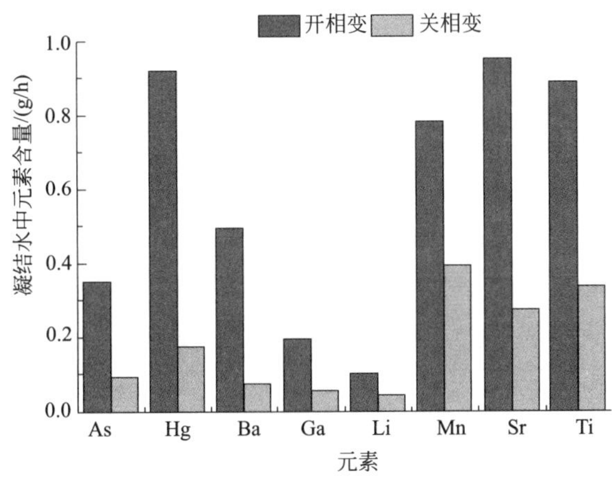

图 5-10 湿式相变凝聚器开关状态下所检测元素的含量

(四) 湿式电除尘脱除重金属

2016 年我国燃煤机组安装的除尘设备 68%采用静电除尘器，32%采用布袋除尘器和电袋除尘器，平均除尘效率超过 99.99%。除尘器对重金属的减排作用主要体现在对颗粒态重金属的脱除。锅炉烟气中痕量重金属元素砷、铅、铬等主要以颗粒态存在。相关研究显示重金属在颗粒物上的富集程度随颗粒粒径减小而增加，在亚微米颗粒上富集的趋势更明显[18,63,64]。但静电除尘器的除尘效率随着颗粒物粒径的减小而降低，尤其是对亚微米颗粒物的脱除效率远低于大颗粒物[65]。

湿式电除尘在超细颗粒物和气溶胶脱除方面有非常重要的作用，经湿式电除尘后，颗粒物浓度（标态）一般低于 $5mg/m^3$。湿式电除尘器的工作原理与干式电除尘器类似，在湿式电除尘器中，水雾使粉尘凝并，并与粉尘在电场中荷电后被捕集，到达极板上的水雾形成水膜，极板依靠水膜清灰，保持洁净，避免了二次扬尘。同时，由于烟气含湿量增加、温度降低，粉尘比电阻大幅度下降，除尘效率较高。对烟气中富集于微细颗粒物以及可溶于水的重金属的脱除效果也优于传统的干式电除尘。

美国在湿式电除尘器污染物控制方面取得了较多成果，2001 年美国 BMP 电厂安装湿式电除尘用于处理 FGD 出口部分烟气，削减颗粒物和 SO_3 酸雾排放的性能，2003 年进一步开展关于 WESP 控制汞排放的性能试验研究。BMP 电厂安装了两台 WESP，WESP 安装于脱硫装置后，一台 316L 不锈钢金属 WESP，阳极板为圆管式；另一台丙纶纤维材料 WESP，阳极板为板式，分别对 WESP 进出口各形态汞进行测试，采用 316L 不锈钢的 WESP 的测试结果如表 5-8 所列[66]。

表 5-8 金属管式 WESP 脱汞测试数据

汞的形态分布	采样 1			采样 2			采样 3		
	入口数据 /(μg/m³)	出口数据 /(μg/m³)	脱除效率 /%	入口数据 /(μg/m³)	出口数据 /(μg/m³)	脱除效率 /%	入口数据 /(μg/m³)	出口数据 /(μg/m³)	脱除效率 /%
元素汞	5.70	3.40	40	6.80	4.60	32	6.20	4.10	34
氧化汞	1.40	0.30	79	1.70	0.40	76	1.80	0.50	72
颗粒汞	0.03	0.01	67	0.01	0	100	0.03	0.02	33

对上述三次采样结果计算可知，元素汞的占比最大，WESP 入口元素汞浓度平均值为 6.23μg/m^3，出口平均浓度为 4.03μg/m^3，元素汞的平均脱除效率为 36%；氧化汞入口平均浓度为 1.63μg/m^3，出口平均浓度为 0.4μg/m^3，氧化汞平均脱除效率为 76%；颗粒态汞的平均脱除效率为 67%。WESP 对氧化态汞和颗粒态汞具有良好的脱除性能。Hg^0 难溶于水，WESP 电极电晕放电促进 Hg^0 的氧化实现部分 Hg^0 的脱除。

丙纶纤维材料 WESP 脱汞的测试结果如表 5-9 所列，WESP 对颗粒态汞和氧化态汞同样具有显著的脱除效果，且采用丙纶材料 WESP 脱除 Hg^{2+} 和 Hg_p 的效果优于采用金属材料 WESP。

表 5-9 板式 WESP 脱汞测试数据

汞的形态分布	采样 1		
	入口数据/(μg/m^3)	出口数据/(μg/m^3)	脱除效率/%
元素汞	8.90	6.0	33
氧化汞	2.20	0.4	82
颗粒汞	0.02	0	100

干式 ESP 后布置 WESP 也是一种前景良好的汞排放控制方法，高效收集亚微米级飞灰和未燃尽炭颗粒，如图 5-11 和表 5-10 所示，这种干湿混合 ESP 布置方式在烟气饱和露点温度以上运行，防止下游管道及烟囱腐蚀。美国 EPRI 在 1994 年、1995 年展开该装置的小型试验研究，其结果显示湿式电除尘器的一个电场就可以脱除 95%的 $PM_{2.5}$ 和约 50%的氧化汞[67]。

表 5-10 湿式电除尘器的去除效率

去除污染物	湿式电除尘器的去除效率/%	去除污染物	湿式电除尘器的去除效率/%
$PM_{2.5}$	95	HF	45
SO_3	70	氧化汞	50
SO_2	20	总汞	30
HCl	35		

广州华润电厂 1$^\#$ 机组“超洁净排放”改造，在脱硫装置后安装湿式电除尘，检测湿电进出口汞浓度发现，湿式电除尘器进口汞浓度为 3.83μg/m^3，湿式电除尘器出口汞浓度分别为 3.55μg/m^3、1.53μg/m^3，平均浓度 2.54μg/m^3，总汞去除率为 7.3%～60.1%，平均去除率达到 34%[68]。

湿式电除尘对其他重金属也有一定的脱除作用，如有研究表明 WESP 对 As、Se、Cd、Pb、Cr 的脱除效率分别为 2.49%、14.28%、18.18%、64.93%、65.69%。WESP 对 Pb、Cr 两种元素的脱除效率超过 60%，考虑系统内冲洗水中的 Pb 和 Cr 含量并不高，认为 WESP 脱除重金属的方式主要通过脱除已吸附有重金属的颗粒实现对重金属的脱除。

（五）布袋/电袋复合除尘脱除重金属

布袋除尘器对总尘和 PM_1 的脱除效率均在 99.0%以上，对细颗粒物的捕集效率更高，相应的颗粒态重金属的脱除效果更好。以 Pb 为例，布袋除尘器对颗粒态铅的脱除效率要高于静电除尘器，滤袋增加了气态铅与飞灰的接触时间，增强了气态铅的捕集效果，总体上布袋除尘对烟气中 Pb 和 Cr 等重金属的减排效果要优于干式电除尘[69]。但布袋除尘也存在滤袋材质差、维护频繁、气流阻力大、运行成本高等局限。

电袋复合除尘技术是高效收尘与低成本运行有机结合的新型除尘技术。电袋复合除尘具有优良的微细颗粒物脱除性能，烟气强制流过覆有灰层的滤袋时，烟气中的气态重金属与飞灰接触时间、接触面积增加，未燃尽炭表面的含氧官能团 C ═O 和丰富的孔隙结构有利于重金属的吸附及氧化。

文献［70］研究不同负荷下电袋除尘器及湿法脱硫系统对 Hg、As、Pb、Cr 的脱除作用，结果显示不同重金属在燃烧产物中分布规律不同。Hg 主要分布于飞灰（电区灰和袋区灰）和石膏中，尤其石膏中的汞约为总汞的 50%；As、Pb、Cr 主要分布在炉渣中，其中 Cr 在石膏中的比例与飞灰中的比例接近，而 As、Pb 在石膏中的分布现象并不明显，但在飞灰中有明显富集（表 5-11）。

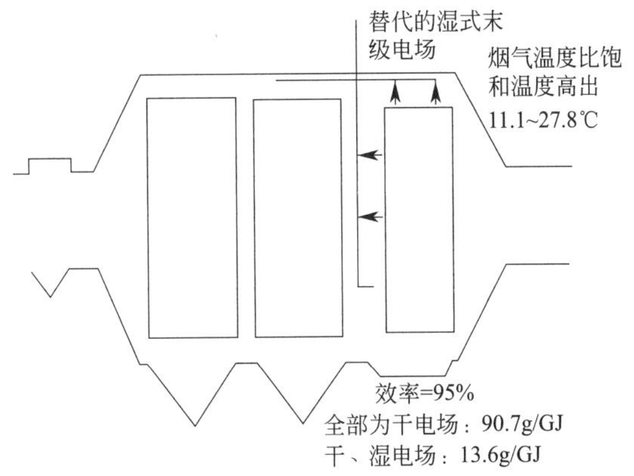

图 5-11　湿式电除尘器的烟气处理过程

表 5-11　煤及燃烧产物中重金属质量平衡汇总表

元素		Hg	As	Pb	Cr
输入量/(t/h)		44.7	629.0	3584.5	2166.5
输出量/(t/h)	炉渣	15.3	396.2	2426.5	1266.4
	电区灰	6.9	152.3	829.0	293.0
	袋区灰	0.9	4.2	37.7	93.1
	石膏	23.5	25.9	148.7	372.2
	烟气	2.3	16.2	7.9	30.9
质量平衡/%		109.7	94.6	96.2	94.9

电袋复合除尘器的重金属脱除率见图 5-12，试验中电袋复合除尘器的除尘效率为 99.9%，烟气中 76%～94%的 As、Pb、Cr 被电袋复合除尘器捕获，平均脱除率达 85%。

电袋复合除尘技术可以与吸附剂（如活性炭）喷射脱除重金属技术联用，如活性炭作为脱汞吸附剂在除尘器上游喷入烟气，吸附汞与飞灰一起被除尘器收集，但该方法存在活性炭再生困难、费用高、不利于飞灰再利用等问题。若电袋复合除尘技术采用前电后袋形式，可以在电区后、袋区前进行活性炭喷射，只有少量飞灰与活性炭混合，避免了活性炭对大部分飞灰利用的影响，利于活性炭再生。美国能源与环境中心对该方法的脱汞效果进行测试，脱汞效率可以达到 90%以上。

综上所述，电袋复合除尘脱除重金属具有以下优点：

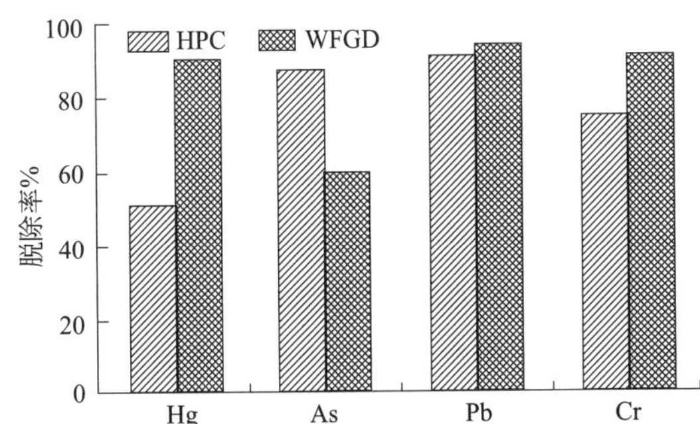

图 5-12　常规污染物控制设备对重金属的脱除效率[70]

HPC—电袋复合除尘器；WFGD—石灰石-石膏湿法脱硫装置

① 电袋复合除尘技术除尘效率高，尤其对微细颗粒物的捕集率更高；

② 电袋复合除尘器清灰周期长，飞灰与重金属作用时间延长，重金属捕集率更高；

③ 与吸附剂注入脱汞技术联用，荷电粉尘与荷电吸附剂的气溶胶效应有利于重金属的吸附；

④ 喷入吸附剂受粉尘污染小，吸附剂脱重金属效果好，相应减少了吸附剂的喷入量。

三、湿法脱硫脱除重金属

我国燃煤机组安装的脱硫装置以石灰石-石膏湿法脱硫（WFGD）为主，石灰石浆液喷淋洗涤去除烟气中的 SO_2，一些可溶性重金属及微细颗粒物同时被洗涤脱除。

1. 湿法脱硫脱汞

当烟气流经 WFGD 时，烟气中部分 Hg^{2+} 化合物溶于石灰石-石膏浆液，石灰石-石膏浆液对二价汞有较高的捕获作用，但对烟气中 Hg^0 没有脱除作用。据美国能源部现场测试，WFGD 系统对烟气中总汞的脱除效率在 10%～80%[71]，其中 Hg^{2+} 的去除率可达到 80%～95%，而单质汞 Hg^0 的去除率几乎为 0[72]。研究结果显示虽然常规湿法脱硫系统对烟气中 Hg^{2+} 脱除效率约为 85%，但对总汞的脱除效率却仅为 15%左右（图 5-13)。WFGD 系统的除汞效率主要取决于单质汞和二价汞的比例。

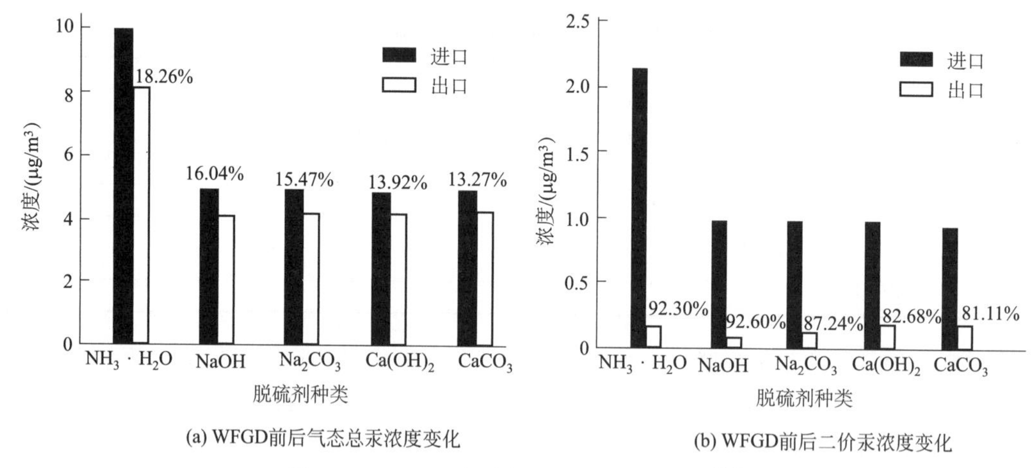

(a) WFGD前后气态总汞浓度变化

(b) WFGD前后二价汞浓度变化

图 5-13　WFGD 前后烟气中汞的浓度变化[71]

文献［60］的测试结果显示 WFGD 对总汞的脱除率低于 30%，对 Hg^{2+} 的脱除率在 79.93%～90.53%，烟气经过湿法脱硫后 Hg^0 的含量反而有所上升，湿法脱硫存在汞的再释放问题。烟气中的 Hg^{2+} 溶于浆液后，SO_3^{2-}、HSO_4^- 和金属离子（Fe^{2+}、Mn^{2+}、Ni^{2+}、Co^{2+}、Sn^{2+}）对 Hg^{2+} 具有还原作用，可导致近 8%的 Hg^{2+} 被还原成 Hg^0，造成 WFGD 出口烟气中 Hg^0 增加，成为多污染控制装置应用的潜在障碍。向脱硫塔喷射除汞稳定剂（如 H_2S）和乙二胺四乙酸试剂，使之与烟气中的汞形成 HgS 等稳定形态的含汞化合物，防止汞的二次释放。

为了增强湿法脱硫系统对汞的脱除效果，需要提高增加烟气中二价汞的比例。刘盛余等将 KClO 引入烟气中，汞最高氧化率可达 40%；也有向脱硫液中添加 $KMnO_4$、Fenton 试剂、$K_2S_2O_8/CuSO_4$ 等添加剂，促进单质汞的氧化，提高 WFGD 的脱汞效率。目前汞的氧化技术还不完善，在没有催化剂存在的条件下，烟气中 Hg^{2+} 的含量主要取决于燃料类型和特征，采用适当的催化剂可以将烟气中的 Hg^{2+} 比例增加至 95%以上。

（1）烟气条件对 WFGD 系统脱汞的影响

研究表明烟气中三种形态汞的比例与燃煤种类有关，如表 5-12 所列。烟煤燃烧烟气中 Hg^0

的含量最低，可能是由于烟煤中氯含量较高，烟气中的HCl促进Hg^0均向氧化，在500～900℃，烟气中Hg^0与HCl快速发生式(5-3)反应，当有O_2存在时，还能发生式(5-4)的反应，Hg^0被氧化为Hg^{2+}，提高WFGD的脱汞效率。

$$Hg^0(g) + 2HCl(g) \longrightarrow HgCl_2(s,g) + H_2 \tag{5-3}$$

$$2Hg^0(g) + 4HCl(g) + O_2(g) \longrightarrow 2HgCl_2(s,g) + 2H_2O \tag{5-4}$$

而无烟煤和褐煤燃烧烟气中无大量存在的可以氧化Hg^0的物质，这两种煤燃烧烟气中汞的脱除控制难度相对较大。

表 5-12 不同煤种燃烧烟气中汞的形态分布[73]

煤种	Hg^0/%	Hg^{2+}/%	Hg_p/%
烟煤	20	35	45
无烟煤	65	20	15
褐煤	85	10	5

Hall等[74]对燃煤烟气中各气体成分在20～900℃与汞的化学反应进行研究，发现汞与HCl、Cl_2、O_2可以迅速反应，与NO_2反应较慢，而与NH_3、N_2O、SO_2、H_2S则不发生反应。赵毅等[75]认为NO_2、NO、HCl、飞灰等的存在均有利于零价汞的氧化，而SO_2则起抑制作用。在WFGD系统中汞的脱除率随SO_2浓度增大而降低，SO_2溶于溶液生成的亚硫酸盐和亚硫酸氢盐能还原脱硫浆液中的Hg^{2+}，并且SO_2会抑制Hg^0与HCl的反应。但当烟气中O_2浓度较高时，浆液中的亚硫酸盐和亚硫酸氢盐会发生氧化还原反应生成硫酸盐，进而与Hg^{2+}生成硫酸盐沉淀，有利于提高汞的脱除率。CO_2对烟气中Hg的形态转化几乎不产生影响。但烟气中水蒸气的存在会减少单质汞的氧化，烟气湿度增加不利于WFGD的脱汞。

(2) 脱硫浆液对脱汞的影响

脱硫浆液的温度、pH值和脱硫液中不同离子浓度都影响着Hg^0向Hg^{2+}的转化以及Hg^{2+}的再释放。

较高的pH值有利于汞的脱除，较高的pH值能促进溶液中亚硫酸盐和亚硫酸氢盐的氧化，并进一步与Hg^{2+}反应生成硫酸汞沉淀；脱硫浆液中的Cl^-可以抑制Hg^0的再释放；WFGD中液气比增大，气液混合、传质强度也随之增大，Hg^{2+}吸收的速率增大，也有利于二价汞的脱除。

浆液中的还原性物质如S（Ⅵ）及二价金属离子铁、锰、镍、钴和锡等的存在也会使吸收的Hg^{2+}重新转化为Hg^0，从浆液中释放出来，文献［76］研究脱硫浆液中Mg^{2+}、Ca^{2+}、Fe^{2+}、Mn^{2+}、Ni^{2+}、Co^{2+}对浆液中Hg^0再释放的影响，结果显示随着浆液中金属离子浓度增加，汞的再释放率也呈上升趋势。

(3) 湿法脱硫添加剂

向湿法脱硫系统中加入合适的添加剂能提高湿法脱硫系统的脱硫能力。美国国家实验室在FGD在烟气的综合治理方面（同时脱除SO_2、NO和Hg）进行了广泛研究。通常采用氧化、络合、还原等方法实现烟气中硫、氮、汞多种污染物的联合脱除。常见的添加剂有氧化型添加剂（O_3、$NaClO_2$、$KMnO_4$等）和络合型添加剂（黄原酸酯类、二硫代氨基甲酸盐类衍生物DTC类等）。

1) 氧化型添加剂

氧化型添加剂的作用主要是促使烟气中的Hg^0转化为Hg^{2+}，常见的氧化型添加剂有$KMnO_4$、$NaClO_2$、$K_2S_2O_8$等。

$KMnO_4$ 具有强氧化性，对单质汞的氧化起促进作用。在酸性条件下生成 Mn^{2+}，具有自催化作用；在碱性环境中生成 MnO_2，对二价汞有吸附作用，并且在强碱性条件下·OH 自由基参与氧化反应[77]；$NaClO_2$ 具有较强的氧化性，尤其在酸性条件下，pH 值较低，ClO_2^- 容易分解为氧化性更强的 ClO_2［式（5-5）］，可有效提高烟气脱汞率，在 WFGD 系统中表现了优良的脱汞性能。过硫酸钾具有较强的氧化性，尽管其在常温下反应较慢，但在过渡金属盐如铁、铜、锰等存在条件下，能催化加快其反应速率。过硫酸钾氧化汞产生的还原产物为硫酸根，不会造成二次污染。

$$ClO_2^- + H^+ \longrightarrow HClO_2 \tag{5-5}$$

$$4HClO_2 \longrightarrow HClO_3 + 2ClO_2 + HCl + H_2O \tag{5-6}$$

$$5HClO_2 \longrightarrow 4ClO_2 + HCl + 2H_2O \tag{5-7}$$

$$4ClO_2^- + 2H^+ \longrightarrow ClO_3^- + 2ClO_2 + Cl^- + H_2O \tag{5-8}$$

2）络合型添加剂研究

络合添加剂的作用主要是稳定浆液中的 Hg^{2+}，抑制其再释放，文献［78］采用湿法脱硫静态模拟实验考察一种新型络合添加剂对汞的转化规律的影响。结果随着湿法络合添加剂浓度增加，浆液中 Hg 的释放效率显著下降。络合剂与 Hg^{2+} 反应生成溶解性更强的汞络合物，有效抑制了汞的再释放，具有很好的环境效益。文献［79］研究发现有机硫（TMT）与高分子重金属捕集沉淀剂 DTRC 都能与脱硫浆液中的 Hg^{2+} 形成稳定的螯合物，将其沉淀分离即可实现汞的脱除。

向脱硫浆液中增加添加剂可以有效抑制二价汞的再释放，但此添加剂多为还原性物质，不能与氧化剂联用，且生成的汞络合物（螯合物）会存在于石膏中，对石膏的利用及环境产生一定的影响。

文献［80］中制备了两种含软碱基团且不溶于水的有机脱汞吸收剂（石油硫醚和巯基聚苯乙烯树脂），将吸收剂与脱硫浆液混合进行联合脱硫脱汞，络合脱汞率可达 90%以上，而且不影响浆液的脱硫效率，避免汞进入脱硫副产物和脱硫废水中。

3）复合添加剂

有学者开发了一种同时脱硫脱汞添加剂，由苯甲酸钠、硫酸铁、己二酸和邻苯二甲醛组成[78]。苯甲酸钠促进石灰石的溶解、防止 WFGD 系统结垢堵塞；己二酸促进湿法脱硫气膜与液膜之间的传质，加快反应速率；硫酸铁为氧化型添加剂，促进 Hg^0 向 Hg^{2+} 转化；而邻苯二甲醛具有稳定 Hg^{2+}，抑制 Hg^{2+} 再释放的作用。该复合添加剂可以在浆液循环回路的任意位置加入。

除添加剂外，Lextran 的有机催化系统也是在同一脱硫塔内能同时完成脱硫、脱硝、脱汞三效合一的烟气减排系统。其原理如下。

① 脱硫原理：当 SO_2 溶于浆液转变为 H_2SO_3 时，有机催化剂与之结合形成稳定的共价化合物，它们被持续氧化成硫酸，然后催化剂与之分离。

② 脱硝原理：NO 难溶于水，首先采用强氧化剂将 NO 氧化为 NO_2，NO_2 溶于水形成 HNO_2，有机催化剂与之结合形成稳定络合物，然后持续氧化为 HNO_3。

③ 脱汞原理：烟气中加入强氧化剂后，Hg^0 转化为 Hg^{2+}，Hg^{2+} 被催化剂吸附，后与盐溶液中的 OH^-、Cl^- 结合生成汞盐结晶，最终吸附在进入吸收塔内的粉尘上与粉尘一起被排出塔外。

有机催化剂烟气脱硫工艺流程见图 5-14，该工艺的核心是有机催化剂。出口 SO_2 绝对排放浓度 $\leqslant 50mg/m^3$，脱氮效率 $>80\%$，脱汞效率 $>90\%$[66]。

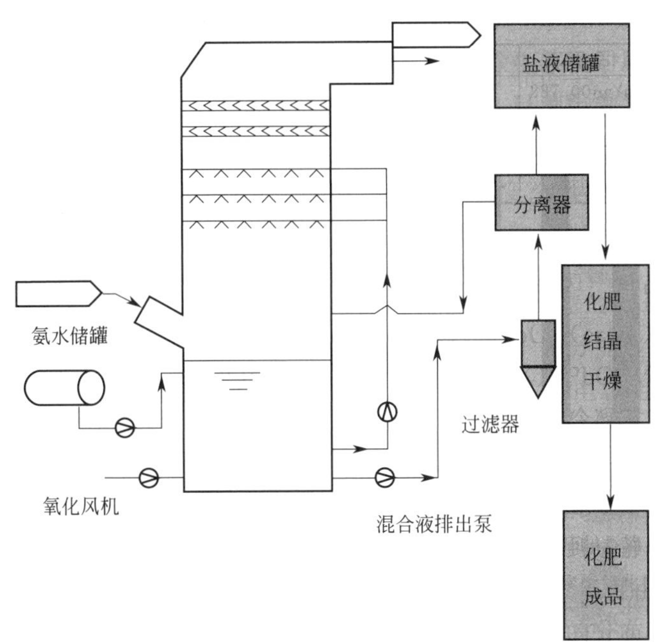

图 5-14　有机催化剂烟气脱硫工艺流程[66]

湿法脱硫技术与催化剂的完美结合，克服了传统湿法脱硫脱硝率不高、运行不稳定、容易堵塞结垢、副产品没有利用价值等问题，催化剂在分离器中与化肥盐液的分离采用的是依据密度差的简单物理分离，催化剂在整个循环过程中不发生物性的变化。

2. 湿法脱硫脱除其他重金属

湿法脱硫系统能有效脱除 SO_2 和粗粉尘，对 $PM_{2.5}$ 的捕集效率较低。湿法脱硫装置入口烟气中挥发性较高的重金属元素（Hg、As、Se）有 30%～50%以气态形式存在于烟气中；挥发性较低的元素（Pb、Cr、Cd 等）也有 3%～10%，主要以颗粒物的形式存在[81]。文献［82］研究表明湿法脱硫系统对重金属的脱除效率平均在 86.0%以上，对总体飞灰颗粒物的脱除效率为 74.5%，但对于 $PM_{2.5}$，特别是粒径小于 1μm 的亚微米颗粒的脱除效果不明显。文献［83］对我国 6 台电站锅炉燃煤过程中铅的迁移转化进行研究发现，石灰石-石膏湿法脱硫系统对铅脱除率在 35.67%～77.81%，与除尘装置联用可以达到 95%以上的铅脱除率，数据见表 5-13。

表 5-13　常规烟气净化装置对烟气中铅形态和分布的影响

锅炉编号	烟气中铅形态	除尘器			脱硫装置		总脱除效率/%
		进口浓度(标态)/(mg/m³)	出口浓度(标态)/(mg/m³)	脱除效率/%	出口浓度(标态)/(μg/m³)	脱除效率/%	
1	颗粒态铅	3.06	0.1345	95.61	49.3	63.35	97.99
	气态铅	0.44	0.1819	58.52	20.9	88.51	
	总铅	3.50	0.3164	90.96	70.2	77.81	
2	颗粒态铅	3.63	0.1089	97.00	—	—	96.31
	气态铅	0.57	0.0457	91.97	—	—	
	总铅	4.20	0.1546	96.31	—	—	
3	颗粒态铅	1.45	0.0408	97.19	24.8	39.22	98.19
	气态铅	0.23	0.0289	87.36	5.6	80.62	
	总铅	1.68	0.0697	95.85	30.4	56.38	

续表

锅炉编号	烟气中铅形态	除尘器			脱硫装置		总脱除效率/%
		进口浓度(标态)/(mg/m³)	出口浓度(标态)/(mg/m³)	脱除效率/%	出口浓度(标态)/(μg/m³)	脱除效率/%	
4	颗粒态铅	2.53	0.1034	95.92	79.7	22.92	96.39
	气态铅	0.24	0.0522	77.96	20.4	60.93	
	总铅	2.77	0.1556	94.39	100.1	35.67	
5	颗粒态铅	2.37	0.1181	95.02	91.4	22.61	94.93
	气态铅	0.36	0.1530	57.86	47.2	69.15	
	总铅	2.73	0.2711	90.09	138.6	48.87	
6	颗粒态铅	5.76	0.3364	94.16	254.7	24.29	94.95
	气态铅	0.57	0.2956	48.47	65.6	77.81	
	总铅	6.34	0.6320	90.03	320.3	49.32	

注：3# 和 4# 锅炉安装了布袋除尘器，其他锅炉安装了静电除尘器。2# 锅炉采用循环流化床炉内干法脱硫技术，其他锅炉采用石灰石-石膏湿法脱硫技术，—表示无此项数据。

富集在颗粒物上的重金属部分被脱硫浆液喷淋洗涤脱除，使重金属富集在石膏上[84]，但重金属在石膏中的赋存形态并不稳定，在酸性或氧化还原条件下，一些重金属可能被释放，对石膏的利用造成不利影响，污染环境[85]，尤其对于脱硫废水循环使用的燃煤机组，部分痕量无机元素的浓度累积增大（尤其是 Hg 和 U），这些元素会通过颗粒物携带、石膏最终产物的固体沉淀向外界排放[86]。

四、超低排放协同重金属脱除

上述烟气净化装置中，除尘及脱硫装置主要脱除了烟气中颗粒态和水溶态的重金属，而 SCR 脱硝装置可以促进单质汞氧化进而提高其脱除率。烟气净化装置对烟气中重金属的脱除很大程度上依赖于烟气中重金属的存在形态。

对国内现有大气污染控制装置对汞的排放效果进行统计（表 5-14），布袋除尘器对汞的脱除效果最好，其次是低温电除尘和湿法脱硫系统。

表 5-14　不同形式及配置燃煤机组汞脱除效果[47]

名称		PC+ESP+WFGD	PC+SCR+ESP+FF+WFGD	PC+SCR+CS-ESP+WFGD	PC+SCR+CS-ESP+WFGD	PC+SCR+CS-ESP+WFGD	PC+SCR+ESP+WFGD	CFB+CS-ESP
锅炉负荷/(t/h)		180	200	600	500	600	300	440
炉型		—	超高压炉	超临界直流炉	超临界直流炉	超临界直流炉	亚临界强制循环炉	超高压炉
煤种		—	大唐	混合生煤	混合生煤	混合生煤	神华	混合生煤
SCR 催化剂结构		—	平板式	蜂窝式	平板式	蜂窝式	蜂窝式	—
SCR 还原剂		—	NH_3	NH_3	NH_3	NH_3	NH_3	—
脱硝装置进口	Hg^0	—	84.70	40.69	21.58	84.2	39.72	—
	Hg^{2+}	—	14.00	3.68	17.92	15.2	39.41	—
	Hg_p	—	1.30	55.62	60.50	0.6	20.87	—
静电除尘器进口	Hg^0	48.84	9.50	34.77	6.01	22.2	5.62	2.5
	Hg^{2+}	45.01	80.10	14.72	28.40	11.0	88.7	0
	Hg_p	6.15	10.40	50.51	65.58	66.8	5.68	97.5
脱硫装置进口	Hg^0	51.82	32.6	12.90	7.77	28.9	7.07	—
	Hg^{2+}	47.89	67.4	82.51	75.57	68.9	92.93	—
	Hg_p	0.29	—	4.59	16.65	22	0	—
烟囱	Hg^0	93.57	88.3	33.33	50.56	29.7	15.94	—
	Hg^{2+}	6.42	11.7	46.25	28.18	63.2	84.06	—
	Hg_p	0.01	—	20.42	21.25	7.1	0	—

续表

名称	PC+ESP+WFGD	PC+SCR+ESP+FF+WFGD	PC+SCR+CS-ESP+WFGD	PC+SCR+CS-ESP+WFGD	PC+SCR+CS-ESP+WFGD	PC+SCR+ESP+WFGD	CFB+CS-ESP
静电除尘器脱汞效率/%	19.5	—	71.3	90.4	50.4	—	98
湿法脱硫装置脱汞效率/%	48.0	—	66.2	26.3	42.3	73.6	—
总脱汞效率/%	58.0	88.0	89.5	94.9	71.4	74.0	98.0

近年来为达到超低排放要求，各电厂对烟气净化设备进行改造，提高污染物的脱除效果。文献［87］对某300MW亚临界自然循环燃煤机组超低排放改造前后的汞脱除能力进行比较。电厂超低排放改造包括低氮燃烧器改造、SCR脱硝改造、新增低温省煤器、静电除尘器高频电源改造、湿法脱硫塔脱硫提效并增加管式除雾、新增湿式电除尘器。超低排放改造前汞污染排放浓度实验测量值为1.87$\mu g/m^3$，超低排放改造后实验测量值为0.46$\mu g/m^3$。经超低排放改造后污染物控制设备的协同汞脱除作用增强，但湿法脱硫塔脱硫提效+增加管式除雾改造对汞脱除的增强作用不明显，湿式电除尘对汞基本没有脱除效果。改造前后各部分汞比例见表5-15，对比超低排放前后汞的分布，发现超低排放改造后飞灰中汞比例基本不变，而石膏中汞比例增加，分析可能的原因是超低排放改造增强了SCR对汞的催化氧化能力，烟气中氧化态汞含量增加，相应脱硫塔中吸收汞增多。

表5-15　超低排放改造前后汞分布变化[98]

项目	灰中/%	石膏中/%	排放/%
改造前	35.0	29.5	35.4
改造后	36.1	55.2	8.7

文献［88］对某1000 MW燃煤机组超低排放系统中烟气汞进行测试分析，机组包括低低温电除尘、湿法脱硫、湿式电除尘。脱硫后烟气中汞含量较脱硫前稍有增加，这可能是由于脱硫浆液中Hg^{2+}的还原造成脱硫后总汞浓度增加，但湿法脱硫对Hg^{2+}有较好脱除效果，排出的汞分别存在于石膏和脱硫废水中，其比例为0.15∶1，意味着大部分脱硫系统排出的汞进入了脱硫废水中。此次检测脱硫废水中汞含量为10.3$\mu g/L$，脱硫废水的汞含量远低于国家标准的50$\mu g/L$；湿电对烟气汞的脱除效率低于30%；低进口烟温可提升低低温电除尘器的脱汞能力，试验中低低温电除尘器的脱汞效率超过50%。

文献［89］对浙江某电厂两台（$7^{\#}$、$8^{\#}$）燃煤机组超低排放改造前后的汞排放进行测试，两台机组均进行了以下技术改造。

① 脱硝：低氮燃烧改造、SCR增加一层催化剂。

② 除尘：增设GGH（两段式）、低温电除尘改造及高频电源改造、增设湿式电除尘器。

③ 脱硫：新增一层托盘，喷淋系统改造为交互式喷淋层。

改造后两台机组的脱汞率及SCR对Hg^0的氧化率如表5-16所列。

表5-16　改造前后汞脱除率

项目	改造前	改造后	增加百分点
$8^{\#}$总Hg脱除率/%	88.4	97.6	9.2

续表

项目	改造前	改造后	增加百分点
8# SCR 对 Hg^0 氧化率/%	34	38	4
7# 总 Hg 脱除率/%	72.4	85.7	13.3
7# SCR 对 Hg^0 氧化率/%	12	44	32

7#、8# 机组负荷 1000MW 时，改造后总汞脱除率均有提升，8# 机组改造前 WFGD 后总汞浓度（标态）为 1.17μg/m^3，改造后同一测点处汞浓度（标态）为 0.12μg/m^3，总汞脱除率为 97.6%，提升了 9.2%。超低排放改造显著提高了汞的脱除率。

对 7# 机组燃烧产物中汞的分布情况分析表明燃烧过程中煤中几乎所有的汞释放进入烟气，底渣中含量很少，汞在 ESP 飞灰中的分布最多，改造前后分别为 42.9% 和 72.7%，主要原因在于 SCR 增加一层催化剂，大幅度提升了烟气中 Hg^{2+} 的比例，提高了飞灰吸附 Hg^{2+} 的可能性。改造后湿法脱硫产物（石膏浆液或石膏＋废水）中汞的比例由改造前的 18% 降低至 4.2%。7# 机组改造后整体表现为促进 Hg^0 转化为 Hg^{2+}。8# 机组 1000MW 改造后，ESP 和 WFGD 对汞的捕集作用均有所提高，分别由 81.1%、7.3% 增加至 89.9%、9.6%，改造后单质汞含量减少，烟气出口气态总汞含量减少（图 5-15）。

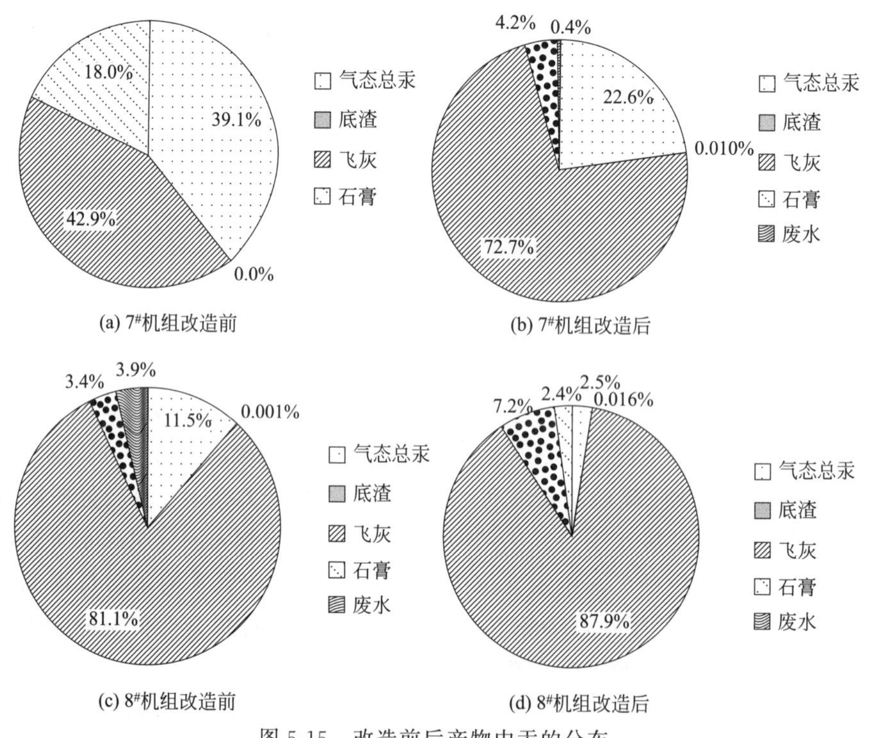

图 5-15　改造前后产物中汞的分布

文献［90］着重研究了超低排放改造脱硫塔和湿式电除尘器对汞的协同脱除作用，一座脱硫塔出口对应两台湿式电除尘器，脱硫塔有两层托盘。测试结果显示，相比较而言，脱硫吸收塔对 SO_2 和汞的脱除效率较高（图 5-16），其中脱硫吸收塔对气态总汞的脱除率达到 87.15%，湿式电除尘器的脱除率为 16.83%。脱硫塔与湿式电除尘对污染物的协同脱除效率较高，对烟尘、$PM_{2.5}$、SO_2、SO_3、汞和液滴的协同脱除效率分别高达 87.3%、85.8%、99.25%、94.00%、89.31% 和 79.10%。脱硫塔产生的气溶胶以及二次释放的汞和液滴，经湿式电除尘进一步脱除。二者结合对多种污染物有较强的协同脱除作用。

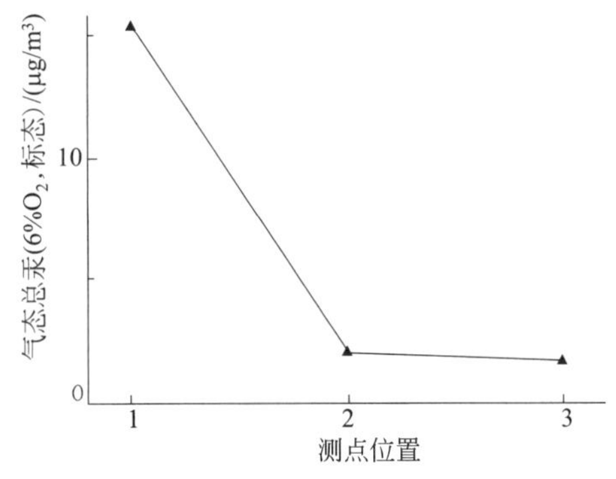

图 5-16　气态总汞的脱除

1—脱硫吸收塔进口；2—脱硫吸收塔出口；3—湿式电除尘器出口

表 5-17 总结了污染物控制装置对 As、Cd、Cr、Pb、Se 的脱除效果，经过除尘脱硫处理后，90%以上的污染物已经得到了有效脱除。

表 5-17　污染物控制装置对 As、Cd、Cr、Pb、Se 的脱除

设备	脱除效率/%					文献来源
	As	Cd	Cr	Pb	Se	
ESP+WFGD+WESP	>99.9	—	>99.9	>99.9	—	[91]
ESP+WFGD+WESP	>99.9	>99.9	99.87	>99.9	—	[92]
SCR+ESP+WFGD	—	99.4	—	95.0	—	[93]
ESP+WFGD	100	100	93.68	90.56	—	[94]
FF+WFGD	100	100	99.71	100	—	[94]

综合上述的测试结果不难得出：超低排放改造后污染物控制设备的重金属协同脱除作用更加显著。

第四节　重金属专项脱除技术

在现有烟气净化设备协同脱汞后仍达不到汞排放要求时，需要采用专门的重金属脱除技术，其中汞氧化控制技术和吸附剂（活性炭粉末等）喷射脱除重金属技术是较为成熟的两种方法。目前美国已经有部分商业化运行业绩，较为有效的商业化脱汞技术有溴化活性炭尾部烟道喷射和燃煤添加卤族元素盐或二者联合。

一、汞氧化控制技术

提高烟气中 Hg^{2+} 比例有利于汞在 WFGD 和 ESP/FF 中脱除，汞氧化控制技术包括燃烧中氧化控制和燃煤烟气 Hg^0 氧化技术。

（一）燃烧前/中汞氧化控制技术

1. 外加添加剂

研究指出在煤中添加氧化剂如以氯酸为主要物质的新型氧化剂和卤素类物质添加剂或者含铁类、钙类、钯类的物质，可有效提高元素汞的氧化效率。

在机组输煤皮带上或者给煤机里加入 $CaBr_2$ 等溴化盐溶液或者直接向锅炉炉膛喷射溴化物溶液是燃煤机组炉前溴化添加剂脱汞的主要方法（图 5-17），在烟气中溴离子氧化 Hg^0 形成 Hg^{2+}，脱硝装置可加强单质汞的氧化形成更多的 Hg^{2+}，这种技术对装备了 SCR 脱硝和脱硫装置的燃煤机组脱汞效果较好，成本低。

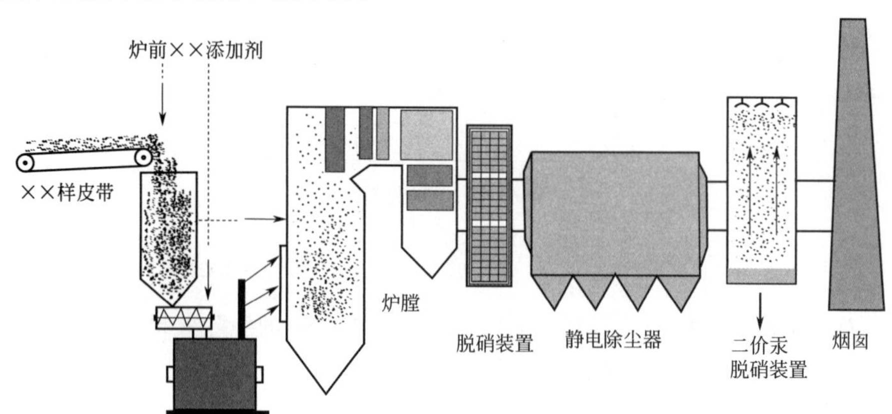

图 5-17　炉前溴化物添加流程示意[95]

溴作为一种燃前添加剂，对汞排放具有显著的抑制作用，目前一台装备了 SCR、ESP 和 WFGD 的 60 万千瓦燃煤机组中应用了溴化添加剂脱汞技术，溴化钙溶液以 4×10^{-6}、8×10^{-6}、12×10^{-6}、22×10^{-6}（溴煤比）加入煤中，22×10^{-6} 溴含量相当于大约 11L 溴化钙溶液或 19kg 溴化钙加入 315t 煤里。未控制时汞的平均排放浓度为 $13\mu g/m^3$，锅炉喷入溴化钙溶液后脱汞效果显著增加（图 5-18），在煤中加入 4×10^{-6} 的溴，汞的净脱除率可达到 64%，总汞控制率达 80%，如果加入 12×10^{-6} 的溴，可达到接近 88%的总脱汞率。而且由于加入煤中的溴相对于煤本身含有的氯很少，不会加重卤化盐对锅炉的腐蚀。

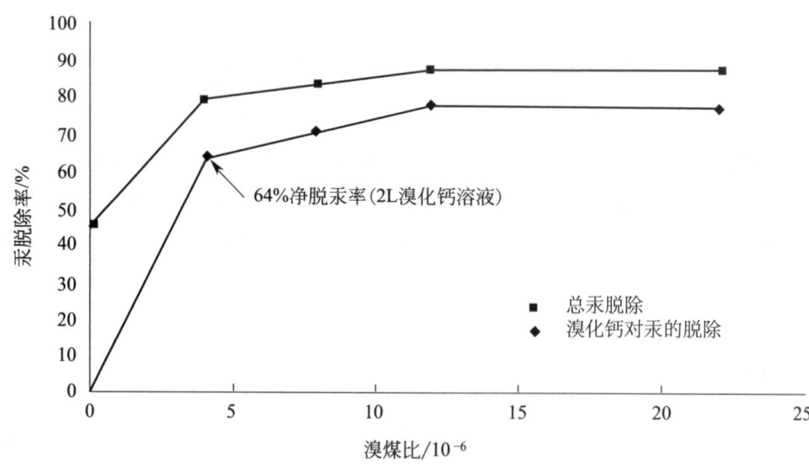

图 5-18　炉前溴化添加剂的脱汞效果[95]

Cao 等[96] 研究卤化氢对汞的强化氧化，发现 HBr 氧化汞的效率最高，3×10^{-6} 的 HBr 可达到 80%的氧化率。

2. 调整燃烧方式

调整炉膛燃烧方式可以降低烟气中的汞浓度，低氮燃烧技术和再燃技术不仅可以降低炉膛

内 NO_x 的整体水平，同时也可以降低烟气中汞的含量，提高颗粒汞的比例。研究表明，循环流化床燃烧方式在降低炉膛 SO_x、NO_x 的同时也可在一定程度上控制 Hg 和部分重金属的排放[97]。

此外，基于回收温室气体 CO_2 而提出的氧燃料燃烧技术因具有污染物联合脱除的优点日益受到重视。与常规空气燃烧方式相比，氧燃料燃烧方式采用氧气（>95%纯度）与循环烟气（高浓度 CO_2）代替空气作为燃烧氧化介质。能够实现 CO_2、SO_2、NO_x 的协同控制，并且烟气循环增加了污染物与飞灰等吸附剂的接触时间，氧燃料燃烧技术在汞等重金属控制方面也具有极大潜力。目前关于氧燃料燃烧方式降低汞等重金属排放的研究仅有少量报道，且不同研究者的研究结论并不完全一致。CANMET[98] 在 0.3MW 沉降炉系统上进行了烟煤氧燃料燃烧/烟气再循环试验，发现两种燃烧气氛下，汞及其他重金属在气相和灰中的分布几乎无变化。B&W 和 Air Liquide[99] 在燃用 Illinois 煤的 1.5MW 锅炉上，进行了中试规模的氧燃料燃烧/烟气循环燃烧试验，发现氧燃料燃烧方式与空气燃烧方式相比，汞的排放减少了 50%，可能是烟气再循环过程使得汞与含氯物质的接触增加所致，另飞灰特性的改变可能也是一个重要因素，但未见更进一步的报道。文献［100］相关试验和模拟研究显示，氧燃料燃烧方式可在一定程度上抑制痕量元素的蒸发，可能是由于高浓度 CO_2 抑制了氧化物向次氧化物以及金属单质的转化，使得痕量元素处于更难挥发的氧化态。

（二）燃煤烟气汞（Hg^0）氧化技术

1. 气相氧化技术

将具有强氧化性且具有相对较高蒸气压的添加剂加入烟气中，可使几乎所有的单质汞被氧化形成易溶于水的氧化态汞。

汞气相氧化技术是向烟气中喷入强氧化剂如臭氧、氯气、碘蒸气等，直接氧化 Hg^0，但由于烟气中 Hg^0 浓度非常低（10^{-9} 级），要实现 Hg^0 的完全氧化需要投入大量的氧化剂与 Hg^0 充分接触，这势必增加氧化剂的投资费用，同时由于氧化剂过量会造成资源浪费，未处理的氧化剂随烟气排放可能造成二次污染。

Wang Zhihua 等[101] 研究 O_3 作为气相氧化剂氧化 Hg^0 和 SO_x、NO_x，研究发现，当烟气中有 NO 存在时，O_3 优先与 NO 反应生成高价态氮氧化物，氮氧化物溶于水有利于 Hg^0 的氧化，SO_2 对 O_3 氧化 Hg^0 的影响较小。当 O_3 量足够，可以实现同时脱氮脱汞效率的提升。但采用 O_3 氧化存在运行费用高的缺点，不适于大规模的工业应用。

Laudal 等[102] 研究 Cl_2 和 HCl 气体对 Hg^0 的氧化作用，其实验结果表明 Hg^0 的氧化率超过了 78%，并且 SO_2 的存在会显著降低 Hg^0 的氧化率，而 NO_x 对 Hg^0 氧化率的影响不明显。因此可以选用有针对性的气相氧化剂氧化 Hg^0，但 Cl_2 和 HCl 气体的喷入会对后续设备及水处理产生影响。

美国阿贡国家实验室将新型氧化剂 NO_xSORB（17.8%氯酸 $HClO_3$ 和 22.3%氯酸钠 $NaClO_3$ 的混合物）喷入 149℃ 的烟气中，气态 Hg^0 被全部氧化为 Hg^{2+}，同时 NO 排放减少 80%[103]。

2. 液相氧化技术

较常用的氧化技术是在湿法脱硫过程中采用液相氧化法氧化吸收 Hg^0。向液相中（一般是湿法脱硫系统的脱硫浆液）加入氧化剂或者新增氧化喷淋层。强氧化剂如 $NaClO_2$、KClO、H_2O_2、$KMnO_4$、Cl_2、$HClO_4$、$K_2S_2O_8$ 等溶液直接将烟气中的 Hg^0 氧化为 Hg^{2+}，但有实验研究发现氧化剂也会将烟气中的 SO_2 氧化并与 Hg^0 产生竞争机制，降低 Hg^0 的脱除率。烟气温度、烟气成分（SO_2、NO、飞灰、HCl）、脱硫吸收液种类、氧化剂浓度等会影响 Hg^0 的氧化。

研究较多的氧化型添加剂主要有 $KMnO_4$、亚氯酸钠（$NaClO_2$）等氧化型物质，文献［104］研究了 $KMnO_4$ 对烟气中汞的去除，实验结果显示温度升高，Hg^0 的去除受到抑制，温度升高虽然可以一定程度上增加反应速率，但会降低汞在水中的溶解度。强碱溶液（脱硫吸收液）中的 OH^- 可以间接氧化 Hg^0。有学者研究亚氯酸钠溶液氧化 Hg^0 的影响因素，结果显示烟气中的 SO_2 不利于汞的脱除，NO 及较低的 pH 值利于汞脱除。

在脱硫液中加入芬顿试剂（Fe^{3+}/H_2O_2）可以促进单质汞的氧化，提高 WFGD 的脱汞效率。加入芬顿试剂后溶液中发生的主要反应如下：

$$Fe^{3+}+H_2O_2 \longrightarrow Fe^{2+}+\cdot OOH+H^+ \tag{5-9}$$

$$Fe^{2+}+H_2O_2 \longrightarrow Fe^{3+}+\cdot OH+OH^- \tag{5-10}$$

$$2Hg^0+2\cdot OOH+2H^+ \longrightarrow {Hg_2}^{2+}+2H_2O_2 \tag{5-11}$$

$$Hg_2^{2+}+2\cdot OOH+2H^+ \longrightarrow 2Hg^{2+}+2H_2O_2 \tag{5-12}$$

反应中 $\cdot OOH$ 对 Hg^0 的氧化起关键作用，脱硫过程中 H_2O_2 不断被消耗，Fe^{3+} 作为催化剂不会减少，因此只需要补充 H_2O_2 就可以持续氧化 Hg^0。

Lu[105] 和 Tan[106] 等对芬顿试剂促进汞脱除的应用分别进行了实验室规模和中试规模的试验研究。实验室研究发现，在脱硫液中加入芬顿试剂，当 H_2O_2 质量分数为 0.02%左右、Fe^{3+} 质量分数约为 0.01%，pH 值为 1.0～3.0 条件下，烟气中单质汞的氧化率可达到 75%；中试试验中也能达到 30%～40%的氧化率。芬顿试剂适用于含硫量差别较大的不同煤种的燃烧烟气脱汞。而文献［107］的研究结果表明芬顿体系中添加一定量的卤素离子或者甲酸可以显著提高烟气中汞的脱除效率（Cl^-、Br^-、HCOOH）。并且 $FeCl_3$ 为 Fe^{3+} 供给源较 $Fe_2(SO_4)_3$ 更有助于类芬顿体系对 Hg^0 的脱除。机组测试也表明 NaCl 中的 Cl^- 影响汞的存在形式。尤其在氧化性气氛下，氯离子含量越高，氧化态汞和颗粒态汞的比例越大，脱汞效率也随之增加。

文献［78］研究了类芬顿试剂对湿法脱硫系统脱汞性能的影响，采用模拟烟气（SO_2 1000μL/L，NO 200μL/L，其余为 N_2），石灰浆液密度为 1300～1400kg/m^3，SO_3^{2-} 浓度为 0.2mmol/L，浆液温度为 55℃，pH 值为 5.6，分别添加不同配比的类芬顿试剂于石灰浆液中，混合完全后送至脱硫吸收塔，研究不同氧化型脱硫脱汞添加剂对脱汞效率的影响，实验结果如表 5-18、表 5-19 所列。

表 5-18 类芬顿添加剂在 WFGD 系统中的脱汞效率（氯化锰为金属盐）[78]

H_2O_2 浓度/(mmol/L)	金属盐浓度/(mmol/L)	氯化钠浓度/(mmol/L)	摩尔比(M：H_2O_2)	脱汞效率/%
0	0	0	0	30.67
5	5	5	1	46.64
5	5	10	1	58.98
5	10	5	2	66.24
5	10	10	2	68.29
5	20	10	4	71.34
10	20	10	2	73.71

注：M 指金属盐。

表 5-19 类芬顿添加剂在 WFGD 系统中的脱汞效率（硝酸镍为金属盐）[78]

H_2O_2 浓度/(mmol/L)	金属盐浓度/(mmol/L)	氯化钠浓度/(mmol/L)	摩尔比($M:H_2O_2$)	脱汞效率/%
5	5	5	1	34.46
5	10	5	2	51.52

注：M 指金属盐。

由表 5-18、表 5-19 可以看出，在其他成分相同的条件下氯化锰的脱汞效果优于硝酸镍。金属盐与 H_2O_2 的摩尔比越大，汞的脱除效率越高。适当添加氯离子，可以协同增强湿法脱硫系统的脱汞能力，但需要考虑含氯物质对烟道等设备的腐蚀问题。此外为防止脱硫浆液中 Hg^{2+} 的再释放，在脱硫过程中加入少量的 H_2S 和少量的 EDTA，分别可以达到 71%和 73%的除汞率[108]。

液相氧化技术的难点在于如何将液相氧化剂应用于湿法脱硫装置而不影响脱硫装置的脱硫性能。并且液相氧化技术也会引入新离子，造成设备的腐蚀、结垢以及后续废水处理等问题，由于反应为气液非均相反应，零价汞的氧化速率受到气液接触面积的影响，对气液比的要求也较高。

3. 零价汞催化氧化脱除技术

燃煤烟气 Hg^0 的催化氧化脱除技术是通过催化剂和氧化剂实现 Hg^0 的氧化。催化剂的投入一方面可以提高 Hg^0 的氧化效率；另一方面也能够减少氧化剂的投入，具有极大的应用潜力。

（1）光催化氧化法

光化学氧化法也称为光催化氧化法。Hg^0 在 253.7nm 紫外线照射条件下可以与 O_2、HCl、H_2O、CO_2 等气体反应生成汞的化合物[109]：

$$Hg + 2O_2(H_2O/CO_2) \longrightarrow HgO + O_3(H_2/CO)(253.7\text{nm 紫外线}) \tag{5-13}$$

$$Hg + HCl \longrightarrow HgCl + \frac{1}{2}H_2(253.7\text{nm 紫外线}) \tag{5-14}$$

光催化氧化脱汞反应受温度的影响较大，有研究发现当反应温度为 300℃时，光催化氧化脱汞的效果较为理想。美国国家能源技术实验室在 536～662℃下利用紫外线照射烟气，测得脱汞效率为 70%；美国 Powerspan 公司在 Hg^0（g）浓度（标态）为 12～15$\mu g/m^3$ 的模拟烟气中进行汞催化氧化初步试验，发现 Hg^0（g）的氧化脱除率超过了 90%[110]。该方法的汞催化脱除效率高、无污染、能耗低，但投资及运行费用昂贵。

TiO_2 光催化脱除法[111] 是利用紫外线（UV）照射燃煤烟气，使得零价汞与烟气中的水蒸气在 TiO_2 表面发生反应（包括吸附和氧化过程），零价汞被固定，形成 $TiO_2 \cdot HgO$ 中间体。在无光条件下 Hg^0 并不吸附到飞灰、TiO_2 等无机颗粒上。在低温下（<80℃）可去除 99%的 Hg^0，但该反应随温度上升而减弱。因为吸附态汞在催化剂表面会解吸，所以 TiO_2 光催化脱除过程要保持较高的效率需要控制反应温度在较低的水平（<80℃），有学者研究将纳米氧化铁掺入 TiO_2 研究不同掺铁量对催化氧化脱除汞的影响，也有学者研究了 TiO_2 基纳米管结构、碳掺杂和贵金属单质改性处理对 TiO_2 纳米管（TNTs）吸附-光催化氧化脱除 Hg^0 的性能影响[78]。

（2）电催化氧化法

电催化氧化法的原理是依靠放电等离子体将烟气中的 Hg^0 氧化，该方法最开始用于烟气的同步脱硫脱硝，燃煤锅炉排出的烟气经除尘后进入冷却塔喷雾水冷却后进入反应器，经由高能电子束照射，烟气中的 N_2、H_2O、O_2 等激活、裂解或电离，产生强氧化性的自由基 O·、

·OH、HO_2·等大量离子、原子、自由基、电子等活性物质。这些活性物质将烟气中的SO_2、NO、Hg^0氧化为易于吸收的SO_3、NO_2、Hg^{2+}。SO_3、NO_2与烟气中的H_2O反应生成雾状的硫酸和硝酸，酸与注入的氨反应然后被除尘装置捕获，净化后的烟气经烟囱排放。

具有代表性的电催化氧化联合脱除技术（ECO-Process）由美国First Energy公司和Powerspan公司联合研制，该工艺可以将燃煤烟气中的NO_x、SO_2、PM、Hg和其他重金属等污染物脱除。其原理是利用放电反应器将烟气中的大部分污染物高度氧化，产生易溶于水或易于脱除的产物，具有较高的脱汞效率。在First Energy公司的RE Burger电站5号机组的1MW烟气旁路上应用ECO系统，获得了90%的脱硝率、98%的脱硫率和90%的脱汞率，并进一步在50MW的烟气旁路上进行了商业化示范。但该方法运行成本高，未实现大规模的推广应用。

(3) 其他催化氧化法

活性炭喷射法可以同时除去烟气中的Hg^0和Hg^{2+}，活性炭对烟气中汞的吸附是一个复杂过程，目前普遍认为汞的活性炭吸附是物理吸附和化学吸附相结合的过程。Hg^0一方面被氧化后在活性炭表面发生物理吸附；另一方面在活性炭表面发生化学吸附，可以通过添加卤素、浸渍金属盐溶液、酸改性以及其他氧化剂等方法对活性炭进行改性，极大提高活性炭对汞的吸附和氧化能力。目前研究结果显示卤素（Cl、Br、I）改性活性炭可以增强活性炭对Hg^0的化学吸附，活性炭浸渍负载金属氧化物MnO_2有利于与Hg^0发生反应生成Hg^{2+}进而去除，浸渍负载CeO_2后在较宽的温度窗口下具有活性，V_2O_5负载于活性炭可以将Hg^0氧化为HgO、$HgSO_4$，脱汞性能优于原始活性炭。其他如$FeCl_3$、$CeCl_2$等改性活性炭也有较好的Hg^0去除效果。但活性炭改性也存在热力学稳定性差、混合性差等问题。

Pd、Au、Pt、Ag等被认为是潜在的汞氧化催化剂，其中Pd、Au两种金属的现场测试结果显示，对于Pd，单质汞氧化率一开始在95%以上，3个月后汞氧化率在85%以上，20多个月后，氧化率依然有65%，并且Pd 315℃加热再生可提高其氧化活性[112]。

二、吸附剂脱除重金属

基于布袋除尘或电/电袋除尘的吸附剂喷射技术是国外广泛应用的汞排放控制技术。吸附剂喷射脱汞是利用吸附剂吸附烟气中的Hg^0和Hg^{2+}，气相汞吸附转变为颗粒态汞，经除尘设备捕获脱除，此举可使烟气汞脱除率达90%以上[72]，该方法已成功应用于垃圾电站的汞污染物脱除。吸附剂脱汞技术的核心是廉价高效吸附剂的选择，目前用于脱汞的吸附剂主要有碳基吸附剂和非碳基吸附剂两大类，碳基吸附剂主要有活性焦/活性炭、燃煤产物中的未燃炭以及碳纤维等，非碳基吸附剂包括钙基吸附剂、硅酸盐吸附剂及贵金属、金属氧化物等。碳基吸附剂具有发达的孔隙结构和巨大的比表面积，活性炭吸附剂价格昂贵，廉价吸附剂（如飞灰和钙基吸附剂）的应用逐渐受到关注。

(一) 飞灰注入脱汞

煤燃烧产生的飞灰大部分呈球状（1300～1500℃燃烧后冷却形成），微孔较小，表面光滑，部分灰颗粒表面粗糙、呈蜂窝状组合粒子。除尘装置捕集的飞灰外观类似水泥，随着飞灰中未燃碳含量的增加飞灰颜色逐渐由乳白色向灰黑色变化。飞灰颗粒的粒径范围通常为0.5～300μm，呈多孔型蜂窝状组织，比表面积较大，具有较高的吸附活性。飞灰主要组成有Al_2O_3、SiO_2、Fe_2O_3、CaO等氧化物及未燃尽炭和一些微量元素，其化学成分受煤种、燃烧方式和燃烧程度等因素影响。飞灰中的未燃碳对汞也有较强的吸附作用，含碳量越高，飞灰颜色越深，粒度越细。

气相汞被飞灰吸附后转变为颗粒态汞，燃煤烟气中汞的形态分布发生变化。飞灰对汞的吸附主要通过物理吸附、化学吸附和化学反应三者相结合的方式进行。其吸附脱除作用一方面来自飞灰中未燃尽炭的吸附作用，另一方面主要是飞灰中无机成分（如 Fe_2O_3、CuO、卤化物等）对汞的催化氧化作用，飞灰-烟气-汞的非均相作用是烟气中 Hg^0 转化为 Hg^{2+} 的重要因素。以美国西部煤为燃料，无吸附剂喷入的全负荷锅炉，飞灰可以达到 0～90%的脱汞效率。Owens[113] 最早提出并利用飞灰捕捉易挥发重金属，取得了一定的重金属去除效果。国外开发了飞灰吸附剂 Hg 控制技术——Thief Process[114,115]，从燃烧区域抽取一定量的飞灰喷入尾部烟气中吸附汞，该技术中试试验中总汞脱除率可达 80%～90%[116]。该方法也避免了活性炭喷入导致飞灰含碳量过高限制飞灰再利用的问题。

飞灰对汞的吸附作用受飞灰物理特性（比表面积、粒度、未燃炭的含量及类型）、化学特性（矿物组成、表面活性原子、表面含氧官能团）烟气组分以及反应温度、接触时间等诸多因素的影响。

（1）飞灰含碳量

飞灰中未燃含碳量是影响汞吸附的重要因素。美国 CONSOL 实验室曾在 5 个燃烧高硫烟煤的机组进行试验，高含碳量对汞的吸附有利[117]，实验室模拟和现场燃煤电站试验研究均表明除尘器飞灰中的含碳量越高，飞灰中富集的汞浓度越高，除尘设备的脱汞效率也越高[118, 119]。但也有学者认为大幅度增加飞灰的含碳量并不能相应提高飞灰吸附汞的能力[120]。高含碳量的飞灰电阻率较低，会使静电除尘器的捕获效率大打折扣，并且过高的含碳量会限制飞灰作为混凝土添加剂的商业应用。

（2）无机矿物组分

通常飞灰对汞的氧化能力与其捕集效率成正比。飞灰中含有的无机化合物 Fe_2O_3、CuO 等对 Hg^0 有不同程度的催化氧化作用。

（3）烟气组分和温度

过高的烟气温度会抑制飞灰对汞的吸附。Hower 等分别从旋风分离器及布袋除尘器进行飞灰采样，如图 5-19 所示，旋风分离器烟气温度高于布袋除尘器，布袋除尘器的汞脱除率明显高于旋风分离器。随着烟气温度降低，飞灰的汞脱除率逐渐提高。

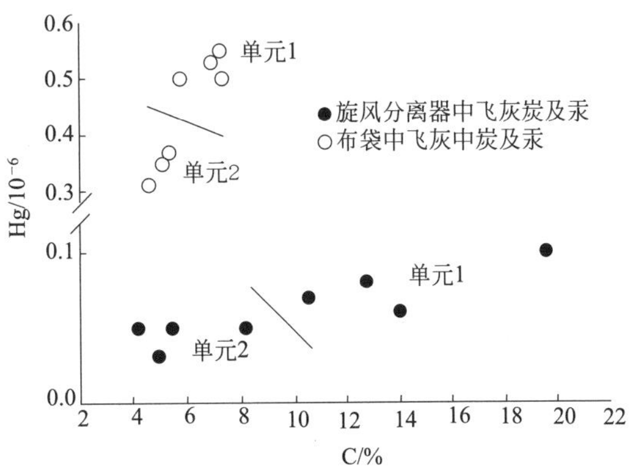

图 5-19　不同采样位置的飞灰的汞脱除率[121]

飞灰表面活性原子如氯、氧、氮、硫等对汞的氧化和吸附有促进作用。烟气中含氯气相组分是促进汞氧化吸附的活性剂，飞灰进行注氯处理后，单位吸附量增加 50%以上[122]。富含 S 的飞灰粒子对 Hg^0 的吸附有利，S 可以与 Hg^0 反应生成 HgS。飞灰中 Hg^0 的吸附活性位还包括含氧官能团、脂基和羰基等，但酚基的存在会降低飞灰对 Hg^0 的吸附效果。烟气中不同成分对飞灰吸附脱汞的影响见表 5-20。

表 5-20　烟气组分对飞灰脱汞的影响

影响因素	结果	作用机理
富炭组分含量	一般含量高利于汞的脱除	用于汞脱除的表面积和孔径增加
汞浓度	汞浓度高→汞吸附速率增加	充分利用飞灰中的活性位
烟气流量	存在临界值，流量低于临界值，汞吸附量增加	流量降低，增加了烟气中汞的停留时间
Cl 元素（HCl 等）	促进汞吸附	$2Hg+4HCl+O_2 \longrightarrow 2HgCl_2+2H_2O$
SO_2	与烟气中其他组分共同作用	SO_2 与 HCl 竞争飞灰或者活性炭表面的吸附活性位
NO_x	NO_2 促进汞氧化 NO 抑制汞氧化	$NO_2+Hg^0 \longrightarrow HgO + NO$
水蒸气	微弱促进	活性炭表面增湿活化促进汞的捕集
O_2	促进	O_2 在汞的非均相氧化中有微弱的促进作用，尤其是 HCl 存在的情况下，显著促进了炭黑颗粒对汞的氧化
SO_3	抑制	$SO_3+H_2O \longrightarrow H_2SO_4$ H_2SO_4 吸附在活性炭表面，减少了活性吸附位

在低汞浓度条件下，飞灰对汞的吸附能力与商业活性炭差距并不明显，但就目前的飞灰吸附效率而言，难以满足当前烟气脱汞的要求，因此诸多学者对飞灰进行改性，提高其脱汞效率。多采用卤化物、金属氧化物以及强碱等对飞灰进行改性，卤素、Cu^{2+}、Fe^{3+} 都可以促进 Hg^0 的氧化。

Xu 等[123] 分别采用 $CuBr_2$、$CuCl_2$ 和 $FeCl_3$ 对飞灰进行改性；文献［124］采用溴化物对飞灰进行改性，在携带床反应器上进行脱汞实验，反应温度为 150℃，引入 Br 可以提高飞灰对 Hg^0 的吸附氧化。文献［125］研究 NH_4Br 改性的 ESP 飞灰脱汞性能，结果显示 NH_4Br 可显著增加 ESP 飞灰的汞吸附性能。

（二）活性炭/焦吸附脱汞

活性炭喷射被公认为是最有效的 Hg 吸附脱除技术，活性炭通过以下两种方式吸附烟气中的汞：一是在颗粒物脱除装置前或后喷入活性炭颗粒，然后通过下游的颗粒物捕集装置除去喷入的活性炭颗粒，如静电除尘器或布袋除尘器；二是将烟气通过活性炭吸附床，一般安排在除尘器和烟气脱硫装置之后，作为烟气排入大气的终端净化装置。本节主要介绍活性炭喷射脱汞技术。

活性炭脱汞原理与飞灰吸附脱汞原理类似，利用吸附剂吸附烟气中的单质汞和氧化态汞，然后经除尘设备捕获。活性炭脱汞既包含物理吸附也包含化学吸附。物理吸附可以发生在任何固体表面上，主要是分子之间作用力引起的，在一定程度上是可逆的。化学吸附发生在分子内部，被吸附物质与吸附剂表面原子（或分子）发生电子的转移、交换或共有，形成吸附化学键。化学吸附为单分子层吸附，具有较强的选择性，大多数化学吸附的过程是不可逆的。

活性炭吸附脱汞已应用于城市垃圾焚烧脱汞，城市垃圾焚烧炉烟气中汞浓度为 200～1000μg/mL，并且烟气中的氯含量也较高，活性炭对于垃圾焚烧汞的捕获非常有效。电站锅炉烟气中的汞浓度较垃圾焚烧炉低，活性炭应用于电站锅炉中捕获汞不能照搬垃圾焚烧炉的相关装置（表 5-21）。

表 5-21　城市垃圾焚烧烟气与燃煤锅炉烟气的区别

项目	城市垃圾焚烧炉	燃煤电站锅炉
汞浓度	200～1000μg/mL	5～30μg/mL
烟气中氯含量	较高	较低
装机容量	40～50 MW	一般在 300MW 及以上

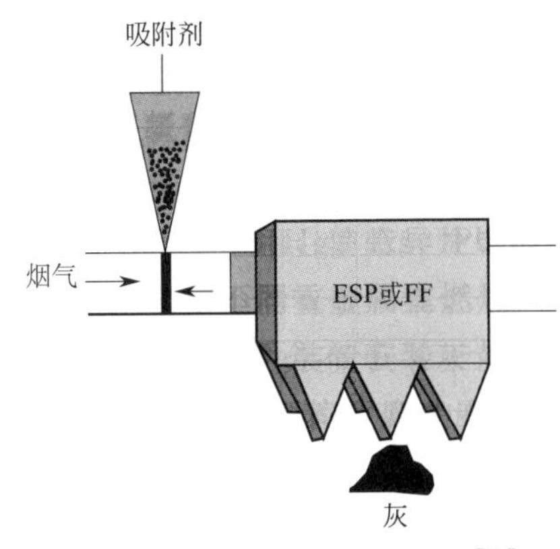

图 5-20 活性炭喷射脱汞示意[13]

1. 活性炭脱汞方案

美国环保署、DOE、联邦能源技术中心（FETC）提出了以粉末活性炭喷射吸附为主的除汞方案（图 5-20），其布置方式包括以下几种[29]。

① 在颗粒控制装置之前，直接向烟气中喷入活性炭，活性炭与烟气中的汞反应后被颗粒控制装置捕获（图 5-21 中 A），此方案采用布袋除尘对汞的捕获效率比静电除尘（ESP）高，布袋除尘能够促进和增加颗粒与汞的接触机会和停留时间。

② 在颗粒控制装置（ESP）之后对烟气进行喷淋冷却，然后喷入活性炭，用布袋除尘器收集吸附汞的活性炭（图 5-21 中 B）。

③ 在空预器之后对烟气进行喷淋冷却，然后在颗粒控制装置之前喷入活性炭（图 5-21 中 C）。

④ 在静电除尘器后级电场或电袋除尘器中电区后袋区前加装活性炭喷射装置，利用静电除尘器后几级电场或布袋除尘器收集吸附剂和飞灰混合物，如图 5-22 所示。

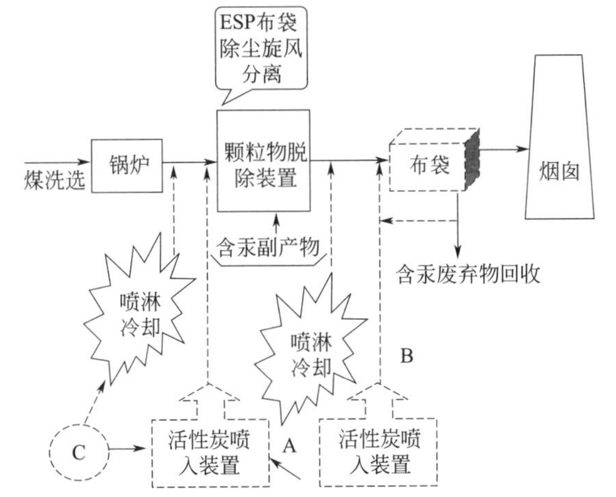

图 5-21 基于活性炭喷射系统的燃煤电站汞排放控制方案[13]

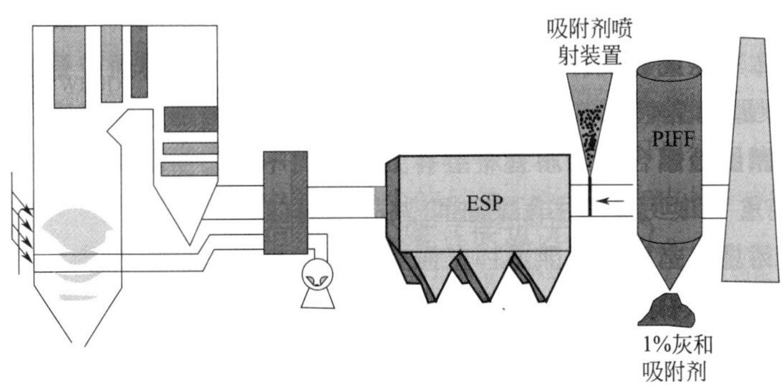

图 5-22 ToxeconⅡ工艺示意

后两种布置方法中喷淋冷却烟气可以有效降低烟气温度，而较低的温度增加了活性炭的吸附率，减少了活性炭的用量。但活性炭吸附剂成本高且消耗量大，运行费用相对昂贵，一般燃煤电厂难以承受。美国环保署在 1997 年的喷射活性炭脱汞技术的成本及效益报告中指出燃煤电站烟气脱汞的耗费为 1 万～9 万美元/kg，且成本随烟气中的二价汞含量增加而降低。据估算，活性炭吸附床的耗资可达 17400～38600 美元。高额的成本使各国燃煤电站和科研机构不得不加大科研投入，开发廉价高效的汞吸附剂。

2. 活性炭吸附脱汞影响因素

活性炭吸附是一个多元化过程，包括吸附、凝结、扩散以及化学反应等过程。与吸附剂本身的物理性质、温度、烟气气体成分、停留时间、活性炭与微量元素比例等有关。

(1) 活性炭性质

活性炭的物理化学特性直接影响汞吸附效率。一般活性炭对汞的捕获能力随着表面积和孔体积的增大而提高，孔尺寸需要足够大以便 Hg^0 与 Hg^{2+} 能够自由进入和到达吸附剂内部。颗粒尺寸越大，进入内表面的分子越多，其吸附能力也越强；活性炭表面的氧化物及其有机官能团会影响活性炭的表面反应、表面行为、亲水性和表面电荷等，从而影响活性炭的吸附行为。经研究发现活性炭表面的内酯基（COO）和羰基（CO）对 Hg^0 吸附有利，而酚基对 Hg^0 吸附起阻碍作用，含氮官能团的阳离子能够直接接受来自汞原子的电子而形成离子键，使 Hg^0 活化并交联在一起。活性炭表面的活性原子如氯、氧、氮、硫等对汞的氧化和吸附具有重要促进作用，若运用化学方法将活性炭表面渗入硫、氯、碘等元素，可以使汞在活性炭表面与这些元素形成络合物发生化学吸附，形成稳定的汞化合物，有效抑制活性炭表面汞的二次蒸发逸出，显著提高汞的捕集和氧化能力。

(2) 烟气组分对活性炭脱汞的影响

活性炭对汞的吸附效果受复杂烟气组分的影响，烟气中含有一定量的水分、氧气、硫化物、卤化物。水分可以在活性炭表面形成氢键作为表面的第二吸附中心，促进活性炭对 Hg^0 的吸附，而在含水情况下汞的化学吸附占主导作用；燃煤烟气的氧可以吸附到活性炭表面形成含氧官能团促进 Hg^0 的吸附，氧在颗粒表面与汞的非均相反应是促进汞氧化的重要原因；而烟气中的卤化物对活性炭脱汞性能有重要影响，烟气中 HCl 的存在能极大提高活性炭吸附汞的能力，具体的影响机理见图 5-23。而 SO_2、NO 与 NO_2 对活性炭吸附汞的影响与烟气中的其他组分有关。当烟气中同时存在 H_2O 与 SO_2 时，在 H_2O 的作用下，SO_2 可诱发 HgO 还原成单质汞。烟气中的 SO_3 则会与 H_2O 形成硫酸沉积在活性炭表面，抑制活性炭的脱汞能力。

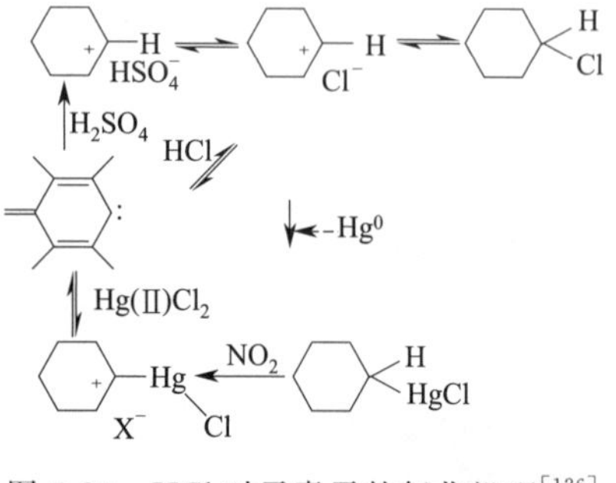

图 5-23 HCl 对元素汞的氧化机理[126]

由于汞的高挥发性，低温下活性炭吸附汞以物理吸附为主，活性炭表面能够提供吸附汞的活性位较少。排烟量大、烟气中汞浓度低、活性炭颗粒停留时间短等因素将导致活性炭消耗量过大。如果对活性炭进行活化改性处理，提高活性炭吸附汞的能力，将大大降低燃煤电厂的成本。

3. 活性炭改性

一般采用化学方法对活性炭进行改性。常用的方法有重金属改性（载金、载银）、硫化改性（渗硫）、卤化改性（渗氯、渗碘、渗溴）、催化氧化改性等。改性物质以官能团的形式附着在活性炭表面形成新的吸附活性位，并且与汞的亲和力比碳与汞的亲和力强，优先与汞进行化学吸附，增强了活性炭的吸附能力。

（1）渗硫改性

有学者利用X射线吸收精细结构（XAFS）等方法分析活性炭与气态单质汞反应后炭表面的汞吸附形态，发现汞被吸附后主要以 $HgCl_2$、Hg_2Cl_2、HgO、HgS 形式存在，而汞化合物的挥发性由强到弱依次为 Hg＞ Hg_2Cl_2＞ $HgCl_2$＞HgS＞ HgO，其中 HgS 的热稳定性较好。

渗硫改性的目的是调整活性炭中硫的质量分数和分布，渗硫活性炭的表面布满 S—C 化学键，使吸附的汞尽可能地以稳定的 HgS 的形式存在。硫化汞几乎不溶于水，而且对于酸碱溶液具有较强的抵抗性。渗硫活性炭提高脱汞效率的同时生成稳定的 HgS，有效减少了汞的二次释放。具体反应如式（5-15）：

$$Hg + S \longrightarrow HgS \tag{5-15}$$

（2）卤素改性

氯（Cl）在 Hg^0 的均相和非均相氧化过程中起着非常重要的作用。有学者采用氢卤酸、氯盐和溴盐如 NaBr 等对活性炭进行改性，在渗氯活性炭表面，氯元素与碳元素结合形成的 Cl—C—Cl 基团，该基团有很强的化学吸附性能。含氯官能团与单质汞 Hg^0 生成 $[HgCl]^+$ 和 $HgCl_2$。当氯的相对含量足够大，可以进一步生成 $[HgCl_4]^{2-}$。有关反应式如下：

$$ZnCl_2 + C \longrightarrow Zn^+[Cl—C—Cl] \tag{5-16}$$

$$Hg^0 + [Cl]^- \longrightarrow [HgCl]^+ + 2e^- \tag{5-17}$$

$$Hg^0 + 2[Cl]^- \longrightarrow [HgCl_2] + 2e^- \tag{5-18}$$

$$[HgCl_2] + 2[Cl]^- \longrightarrow [HgCl_4]^{2-} \tag{5-19}$$

含 I、Cl、Br 等元素的改性物质以官能团形式固定在活性炭表面形成新的吸附活性位，优先与汞进行化学吸附。活性炭浸渍氯后，脱汞率大幅度提高，如图 5-24 所示。

文献［128］研究 $ZnCl_2$ 和 Na_2S 浸泡改性处理活性炭的汞吸附性能。发现 $ZnCl_2$ 浸泡改性的活性炭汞吸附量要高于 Na_2S。Padak 等[129] 进行了卤素改性前后活性炭对 Hg^0 的吸附能力研究，指出卤素改性活性炭吸附性能均有不同程度的提高，其中氟原子对气态汞的吸附能力最强，氯、溴、碘次之。文献［130］研究 NH_4Br 改性活性炭在燃煤烟气中喷射脱汞协同脱硫脱硝的性能，其试验结果表明，NH_4Br 改性增加了活性炭表面与烟气 Hg 发生化学反应的吸附活性位，对总汞的脱除率达 70.7%～90.5%，同时协同脱硫（SO_2）脱硝（NO_x）效率分别为 32.6%和 40.8%。

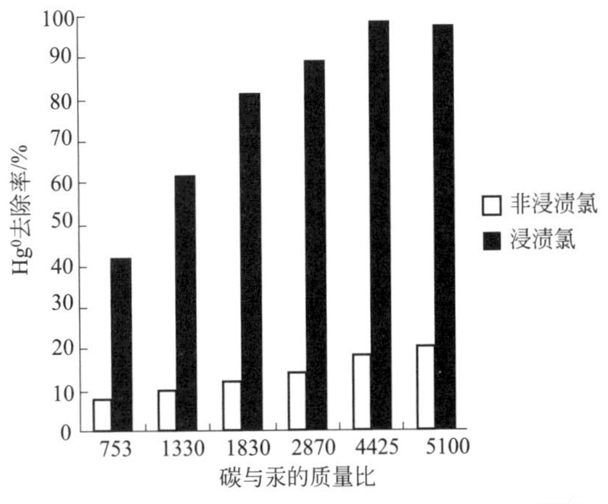

图 5-24　FGD 活性炭浸渍氯前后脱汞率对比[127]

美国底特律爱迪生圣克莱尔电厂燃烧 85%次烟煤和 15%烟煤的配煤，配有静电除尘器作为粉尘控制设备。采用的吸附剂由雅保吸附剂技术公司提供。雅保公司提供的三种气相溴化汞吸附剂（B-PAC™、C-PAC™、H-PAC）适用于不同的应用范围：B-PAC™ 是标准汞吸附剂，能有效地去除烟煤、次烟煤、褐煤或配煤烟气中的汞；C-PAC™ 是为出售粉煤灰在混凝土中部分代替水泥的电厂脱汞而开发的；H-PAC 可注入热端 ESP 上游脱除高温（>550℃）烟气中的汞。该电厂采用雅保吸附剂技术公司的 B-PAC 和未处理活性炭进行短期试验，结果表明，喷射 1lb/MMacf（$16mg/m^3$）的 B-PAC 可以脱除 70%的气相汞，3lb/MMacf（$48\ mg/m^3$）可以脱除 90%以上的气相汞。锅炉燃烧 100%的次烟煤时比正常燃烧 85%的次烟煤和 15%的烟煤的配煤，脱汞率更高。B-PAC™ 的脱汞效果明显优于未处理的普通活性炭。B-PAC 被选为长期测试的吸附剂，不间断地以 3lb/MMacf（$48mg/m^3$）的速度喷射了 30d，汞吸附效率平均达到 94%（图 5-25）。

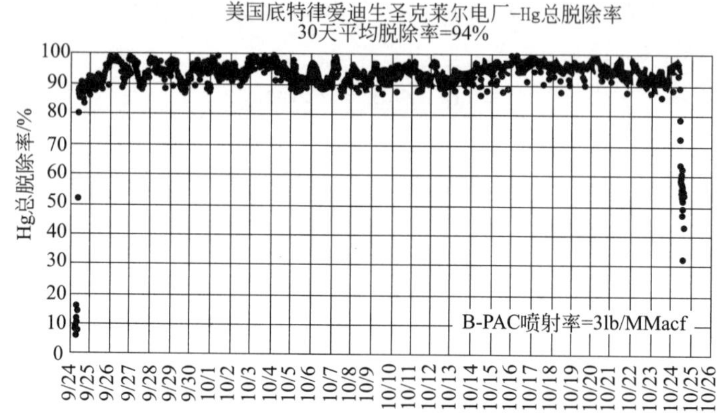

图 5-25　B-PAC 吸附剂在美国底特律爱迪生圣克莱尔电厂 30 天的测试[95]

（3）载银法

载银法改性活性炭脱汞的原理是汞与银生成汞齐合金 Hg·Ag，反应式如下：

$$Hg + Ag \longrightarrow Hg \cdot Ag \tag{5-20}$$

汞齐合金是汞与银的物理结合，在一定条件下能相互分离，Hg 会以汞蒸气的形式从活性炭表面分离并释放，这样载银活性炭能够循环利用。任建莉等利用银汞齐法制备载银样品，发现改性过程中活性炭表面产生 Ag—O—C 配位键，可提高活性炭纤维对汞的吸附能力，使汞吸附量为原始样品的 33 倍[131]。

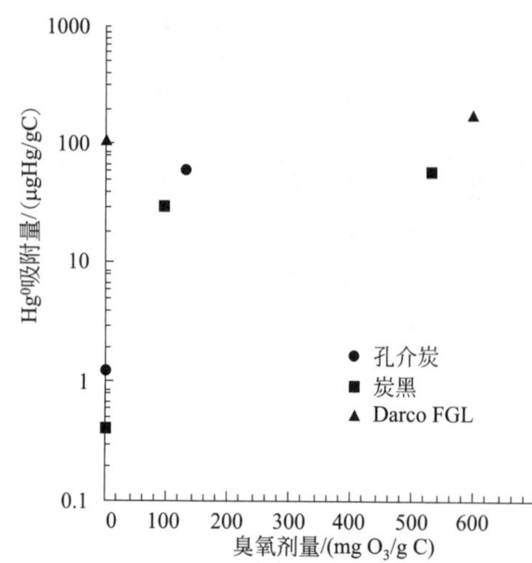

图 5-26　处理前后活性炭脱汞能力对比

（4）氧化改性

活性炭含有 2%～25%的氧和数量相当的氢，活性炭表面的含氧官能团对汞的吸附有重要影响。氧化改性是指用 HNO_3、HCl、HClO、HF、H_2O_2 和 O_3 等氧化剂处理原始活性炭，增加活性炭表面的含氧基团数量，有助于改性活性炭对烟气中 Hg^0 的吸附。Manchester 等的实验结果也充分说明了这一点，如图 5-26 所示。

4. 活性炭在烟气脱汞中的实际应用

碳基吸附剂有粉末活性炭、颗粒活性炭和活性炭纤维等形式。

（1）粉末活性炭

粉末活性炭（powdered activated carbon，PAC）是活性炭的一种，一般由优质无烟煤和木制材料通过一系列制作工艺经活化剂活化而成。比表面积高达 1000～1500m^2/g，吸附速率高、效果好，属于多孔性的疏水吸附剂，在水处理和气体净化工艺中应用广泛。

粉末活性炭用于燃煤烟气脱汞一般采用喷射注入的方法，喷射注入脱汞也是目前较为成熟的一种脱汞方法。但这种方法存在一定的技术缺陷。首先活性炭粉末的注入使除尘装置捕获的飞灰品质受到影响，飞灰中掺杂了含碳物质，不利于飞灰的资源化利用。其次活性炭中富集的汞可能再次释放进入大气造成二次污染，活性炭吸附汞的稳定性仍有待研究，并且粉末活性炭也不易回收利用，其安全处置仍然存在问题。此外燃用褐煤或者烟气中 SO_3 浓度较高时，活性炭喷射注入技术的脱汞效果也并不理想。

美国电科院（EPRI）开发了除尘器后喷射技术即 Toxecon 工艺，该技术是在静电除尘之后喷射活性炭，之后通过一个高气布比的布袋除尘器收集喷入的活性炭。布袋除尘器捕获的活性炭也相当于一个固定床吸附器，一定程度上增加了活性炭与烟气中 Hg^0 的接触时间，也可以明显提高汞的脱除效率。该方法对飞灰的利用没有不利影响，但需要加装布袋除尘设备，投资成本增加，并且布袋除尘器的阻力较高，运行成本也相应增加。

为降低工程造价，进一步发展了 ToxeconⅡ工艺。该工艺综合了上述两种喷射方式，对原有静电除尘器进行改造，在后级电场中加装活性炭喷射格栅，静电除尘器前几级电场中收集的飞灰（一般占总灰量的 90%以上）都可以被用作建筑材料，后级收集的活性炭和飞灰混合物可以循环利用或处置。

（2）颗粒活性炭

颗粒活性炭（granular activated carbon，GAC）一般由优质无烟煤精制而成，外观呈黑色不定型颗粒状，具有发达的孔隙结构，比表面积大于 1000m^2/g，具有良好的吸附性能，而且机械强度高，在有毒气体净化、废气处理、污水处理等方面应用广泛。颗粒活性炭一般用于活性炭吸附床工艺，活性炭固定吸附床通常置于除尘脱硫装置之后，作为烟气排入大气的终端净化设备。颗粒活性炭填充在吸附反应器内，吸附流经烟气中的汞污染物，净化效果较好。

但颗粒活性炭的再生是一大难题，固定吸附床中的活性炭一旦吸附饱和，就失去了吸附能力需要再生。活性炭再生一般为加热再生，但活性炭的更换再生费用较大，因此实际工程中建议对活性炭吸附床进出口的烟气进行监测，以便及时进行活性炭更换。此外活性炭吸附床层也存在其他问题，活性炭颗粒较小会引起较大压降，同时为保证汞的连续脱除，需要两个床交替使用。目前这种方法在烟气脱汞方面的应用不是很多。

（3）活性炭纤维

在利用活性炭颗粒或者粉末喷射进行燃煤烟气中汞脱除过程中，由于烟气中汞浓度太低，受到质量传递的限制，影响吸附效率。活性炭纤维与活性炭相比，不仅 BET 表面积更大，还具有独特的孔隙结构。

活性炭纤维（activated carbon fiber，ACF）是经过活化的含碳纤维，它是将某种含碳纤维高温活化，使纤维表面产生纳米级的孔径，增加比表面积，从而改变其物理化学性质，是一种新的多孔吸附材料。

活性炭纤维直径为 5～20μm，平均比表面积为 1000～1500m^2/g，1g 活性炭纤维毡的展开面积高达 1600m^2，平均孔径为 1.0～4.0nm。与活性炭相比，活性炭纤维微孔孔径小而均匀、结构简单，对小分子物质的吸附速率快、吸附容量大，但有些大分子物质如二噁英、粉尘等难以被吸附。有实验表明相同条件下 ACF 对 SO_2 的吸附容量近乎为 GAC 的 5 倍，而且吸附速率更高。ACF 可以用于低温烟道中 SO_2、NO_x、Hg 等污染物的脱除。为增强其对汞的吸附作用可在纤维表面负载卤素、硫化物等物质。

（4）生物质焦

东南大学对生物质焦吸附烟气中的汞进行了一系列的研究。用稻秆、稻壳、松木屑和棉花秆在不同条件下制备生物质焦，并在固定床汞吸附实验台上研究生物质焦的脱汞性能。结果显示生物质焦的单位汞吸附容量与其分形维数以及微孔容积之间并非简单的依附关系，其吸附能力还受含氧官能团等其他因素的影响[132]。以稻壳为原料，经 H_3PO_4 活化、HBr 溶液改性，制得颗粒活性炭，测得 BET 比表面积达 $853.017m^2/g$。将其制成碳吸附管后，在模拟烟气固定床试验装置上进行碳管法烟气汞浓度测试。结果表明：改性稻壳基颗粒活性炭的汞吸附性能与商业活性炭相当，研制的活化改性稻壳焦颗粒活性炭可作为碳管汞吸附剂用于燃煤锅炉烟气中汞的检测分析[133]。他们还提出利用卤化铵盐 NH_4Cl 和 NH_4Br 及 H_2O_2 对生物质稻秆焦进行化学浸渍改性，以提高其对燃煤烟气中汞吸附的化学活性，固定床汞吸附实验结果表明，稻秆焦经改性后，其孔结构特性得到了较大改善，没有发生孔堵塞现象。改性后，稻秆焦表面的 Cl、Br、O 含量明显增加，氧化和吸附汞的能力都有显著提高[134]。

各种重金属控制技术中，活性炭吸附法是重金属脱除效果较为理想的一种方法，但活性炭吸附脱除重金属的成本高昂，据悉，美国一台应用活性炭喷射注入技术的 300MW 机组每年用于购买活性炭的费用开支就在 100 万～200 万美元，因此开发效果相当且价格低廉的新型替代吸收剂是目前首要解决的难点。

另外吸附剂的再生与活化是影响其商业应用的关键因素，国内外对可再生吸附剂的研究主要包括：a. 利用磁选分离，得到磁性可再生吸附剂以循环利用[135]；b. 在活性炭表面负载 Au、Ag 等贵金属，形成汞齐后分离再生[136]；c. 利用催化剂氧化吸附 Hg，催化剂可进行再生。但是，由于所报道的可再生吸附剂往往合成复杂、成本较高、适用条件苛刻，目前仍处于实验研究阶段。针对现有活性炭吸附剂的研究表明，其再生性能远不能满足循环利用的要求。

（三）磁珠脱汞

华中科技大学基于飞灰磁珠合成开发适用于中国低氯煤的可再生 Hg 吸附剂[137～139]，并深入分析了其脱汞机理，提出了简易可行的再生方法。其经济性分析表明，该合成吸附剂用于脱汞的成本远低于市场上的商业活性炭，具有良好的工业应用前景。

磁珠主要来源于煤燃烧过程中黄铁矿、菱铁矿等含铁矿物的分解和氧化。Dunham 等[140]研究表明，飞灰中磁铁矿对 Hg^0 的氧化具有重要的促进作用，磁铁矿良好的催化氧化性能可能得益于其独特的尖晶石结构。磁珠中铁尖晶石（磁铁矿）质量分数为 50%～80%，赤铁矿为 5%～20%，少数含铁硅酸盐相。另外，磁珠中富集大量过渡金属元素（Mn、Cr、Ni、Co、V、Cu、Zn 等），与合成的磁性吸附剂相比，将飞灰中磁珠颗粒作为燃煤废弃物进行再利用，其成本几乎可以忽略（图 5-27）。

来源不同的磁珠均具有典型的超顺磁特性，其矫顽力几乎可以忽略，磁珠同时具备铁磁性和顺磁性：磁珠可以通过磁选技术从飞灰中分选出来，当磁场褪去时，磁珠表现出顺磁性，不会发生磁团聚现象。磁珠的这一特性也有利于吸附剂磁珠的循环回收利用。

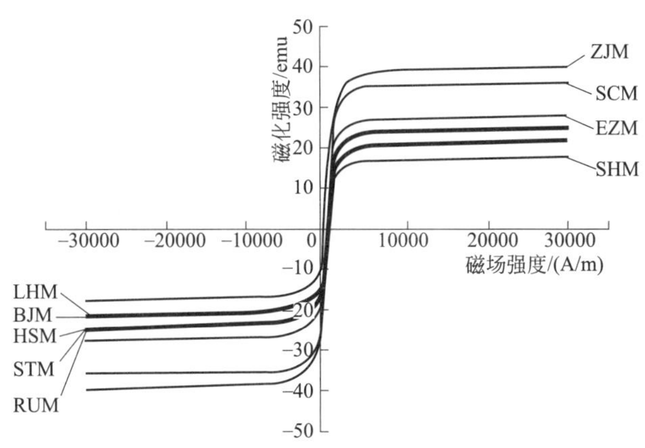

图 5-27 不同来源飞灰中磁珠的磁特性曲线[141]

LHM—河南漯河；BJM—北京；HSM—湖北黄石；STM—湖北黄石；RUM—俄罗斯；

ZJM—广东珠江；SCM—广东沙角；EZM—湖北鄂州；SHM—山东石横

不同煤灰中磁珠的矿物组成及晶格特征各不相同，因此提高磁珠的脱汞能力及其适用性成为关键。有学者研究磁珠的脱汞性能发现飞灰磁珠中 γ-Fe_2O_3 对 Hg^0 的氧化和捕获有极大的促进作用[141]，煤种、燃烧温度、燃烧气氛等均会对磁珠的脱汞性能产生影响。

有学者利用活性组分（Co_3O_4 或 $CuCl_2$）增强磁珠的脱汞性能，以使其适用于低氯或无氯烟气环境中汞的捕获，同时研究 Co_3O_4 负载量和温度对 Co_3O_4-MF 脱汞性能的影响（图 5-28）。结果表明金属氧化物改性磁珠脱汞在合适的负载量和反应温度条件下具有最优的汞脱除能力。从技术和经济层面讲，以烟气中 O_2 为氧化剂，将磁珠与高效的金属氧化物结合后用于烟气中 Hg^0 的捕获具有巨大的应用潜力。

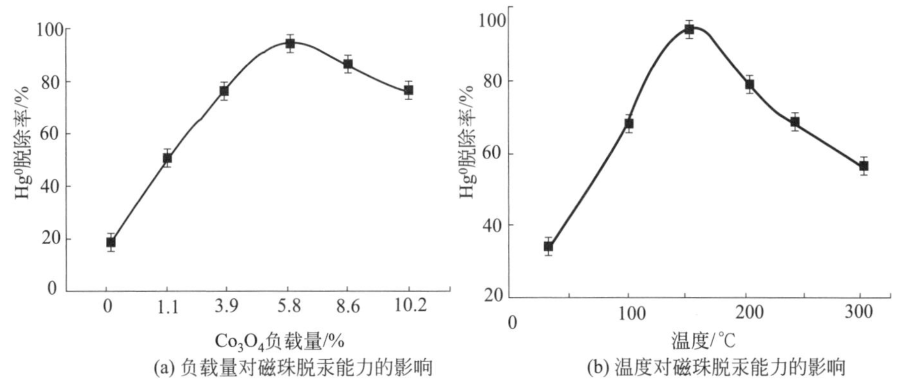

图 5-28 Co_3O_4 负载量和温度对磁珠脱汞能力的影响

由于磁珠的磁特性，吸附汞后的催化剂可以采用磁选技术从飞灰中再次分离出来。吸附于催化剂上的汞可以在高温下加热分解，催化剂的活性吸附/氧化位得以修复，失活催化剂实现再生，同时脱附的汞可以回收资源化利用，避免二次污染。

在此基础上，Yang 等[142] 设计了如图 5-29 所示的磁珠脱汞工艺流程。该脱汞工艺包括吸附剂制备系统、吸附剂喷射及控制系统、吸附剂在线再生及活化系统、汞回收系统及烟气中汞浓度监测、反馈系统。

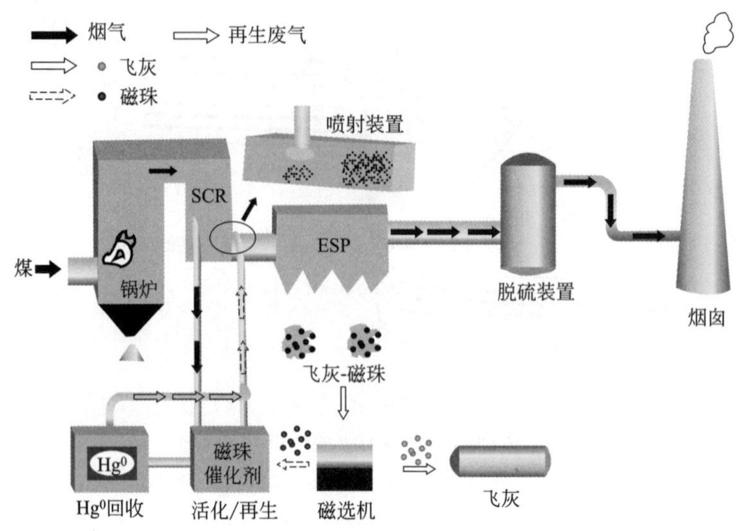

图 5-29　采用飞灰中磁珠脱除烟气中汞的流程[142]

① 吸附剂制备系统。磁选机对静电除尘器、捕集的飞灰进行磁选分离，获取足够量的磁珠颗粒，分离后的飞灰进入储灰仓实现工业应用。根据不同燃煤机组实际情况，通过活化、改性等手段制备高效的磁珠吸附剂。

② 吸附剂喷射及控制系统。将制备的磁珠吸附剂通过喷射装置喷入静电除尘器前的烟道中，使之氧化并捕获烟气中的汞。

③ 烟气中汞浓度监测及反馈系统。分别在喷射装置前和烟囱入口处在线监测烟气中汞浓度，并实时反馈至喷射装置控制系统，控制吸附剂喷射量。

④ 吸附剂在线再生/活化系统。将吸附汞后失活的吸附剂从飞灰中磁选分离出来，结合各燃煤燃煤机组烟气的实际情况，在活化室内利用锅炉烟气余热对失活吸附剂进行加热活化。

⑤ 汞回收系统。回收再生/活化过程中释放的汞并资源化利用，有效避免吸附于吸附剂上的汞在飞灰利用过程中的二次释放污染。

脱汞工艺流程简单、投资小，只需在燃煤机组原有设备的基础上增加磁选装置、活化装置、喷射装置即可。而活化装置作为该工艺的核心之一，采用锅炉尾部烟气余热加热活化磁珠颗粒，大幅减少了投资成本。磁珠在整个汞脱除过程能够循环使用，同时吸附于催化剂上的汞在再生过程中被集中回收资源化利用，避免了对飞灰的潜在威胁以及汞的二次释放污染。

(四) 钙基及其他吸附剂脱汞

1. 钙基吸附剂

钙基类物质价格低廉且容易获取，同时又是有效的烟气脱硫剂，因此其作为汞脱除的吸附剂，在多种污染物联合脱除方面具有重大意义。美国环保署研究了钙基类物质［CaO、$Ca(OH)_2$、$CaCO_3$、$CaSO_4 \cdot 2H_2O$］对烟气中汞的脱除作用，结果表明，$Ca(OH)_2$、CaO等钙基类物质对 Hg^{2+} 具有良好的吸附作用，吸附效率可达 85%，但对 Hg^0 的脱除效果不佳。而目前主要有两种方法来增强钙基吸附剂对汞的脱除能力：一是增加钙基吸附剂与单质汞反应的活性位；二是利用强氧化性物质（$KMnO_4$、$NaClO_2$、HCl 等）对钙基吸附剂进行改性。有学者采用草酸对钙基吸附剂进行活化改性处理，极大提高了吸附性能。实际应用中可以先对吸附剂做表面活化处理，增大原料的比表面积、内孔容积与平均孔径，然后进一步添加改性离子，增强吸附剂对汞的化学吸附作用，提高汞的脱除率。

此外，低温等离子体技术作为一种新兴环保处理技术已经成为研究热点。将低温等离子体技术用于燃煤烟气脱汞协同脱硫、脱硝的技术被认为是最具应用潜力的 Hg^0 氧化技术之一，Byun 等[143] 在模拟烟气下证实低温等离子体产生的大量 O_3，在元素汞氧化方面起到重要作用。国内外学者逐步探索采用等离子体技术实现污染物的联合脱除，包括 SO_2、NO、Hg 以及其他污染物。采用低温等离子技术对活性炭/复合钙基吸附剂（AC/CaO）进行改性后，吸附剂脱除 SO_2 的能力大幅度提高，低温等离子技术可增加复合钙基吸附剂的极性官能团数量[144]。文献［145］研究也表明，低温等离子体耦合钙基吸附剂能够有效吸附经低温等离子体氧化的汞化合物，该方法不仅能够提高等离子体的能量利用率，降低能耗，而且能够克服单纯吸附剂吸附单质汞能力差的缺点。

2. 硅酸盐吸附剂

硅酸盐类矿物质如蛭石、沸石、膨润土和高岭土等，储量丰富且价格低廉、对环境影响小，已经尝试用这些硅酸盐类物质进行燃煤烟气脱汞。

相比活性炭吸附剂而言，硅酸盐矿物吸附剂的研究处于起步阶段，硅酸盐矿物中不可避免的含有一些有机物及其他杂质，因此首先需要对硅酸盐矿物进行一定的热活化，去除有机物与杂质，并且适当提高温度有利于硅酸盐矿物对汞的吸附，也可对硅酸盐矿物进行改性以提高对汞的脱除效果。例如采用与改性活性炭类似的方法，不同温度渗硫、活性二氧化锰、氯化铁溶液浸渍等，可显著提高其汞吸附性能。美国 PSI 公司发现改性后的沸石吸附性能大大提高，已接近活性炭的水平。

3. 贵金属及金属氧化物吸附剂

贵金属如金银等可以与汞形成合金，加热脱附后再生和回收单质汞及化合物。报道的有银改性 4A 分子筛吸附剂、单晶 Au（Ⅲ）和 Ag（Ⅲ）的薄膜、Ag 负载沸石吸附剂（AgMC）和磁性沸石基银改性吸附剂[135,146～148]。有实验研究显示，初始汞脱除率可达 90%以上，随时间增加，除汞效率逐渐降低，可能与酸性气体冷凝附着在吸附剂表面导致部分吸附活性区域丧失有关。

能吸附汞的金属氧化物种类很多，除钙基吸附剂外还有铁基、钛基以及基于 TiO_2 或 Al_2O_3 负载制得的复合物，如 MnO_2/ TiO_2、Mn/Al_2O_3、Pd/Al_2O_3、Pt/Al_2O_3 等[110]。此外，纳米金属氧化物及复合材料由于具有较高的比表面积和表面反应活性，已广泛应用于各类环境污染物的吸附脱除及催化降解研究[149, 150]。

（五）吸附剂脱除其他重金属

烟气中砷等重金属的脱除主要依靠污染物控制设备（ESP/FF、WFGD、WESP）的协同作用，吸附剂注入技术也可以实现多种重金属的有效脱除。与吸附剂脱汞类似，研究较多的吸附剂有氧化钙、活性炭和飞灰。虽然与脱汞采用的吸附剂相同或类似，但脱除机理大不相同。

1. 砷

氧化钙吸附砷属于化学吸附，氧化钙与 As_2O_3 反应生成砷酸钙类稳定化合物。Wouterlood 等在实验室条件下进行了活性炭脱砷试验，认为在低温条件下（200℃）活性炭吸附砷为物理吸附，吸附能力主要与比表面积有关，吸附后的活性炭在中性气氛下加热至 400 ℃可实现脱附，反复使用并不影响吸附效果。Player 等[151] 随后在 Wouterlood 基础上对活性炭脱砷进行了半工业试验。表明该活性炭的最佳吸附温度为 150～160℃，但灰尘容易堵塞活性炭气孔。当烟气中有 SO_2 及 H_2O 存在时，砷容易形成 AsH_3 或 As_2S_2，不利于活性炭吸附。活性炭对烟气中的硫及大部分痕量元素有很强的吸附能力，与其他吸附剂相比，活性炭通常用于处理低温废气。但直接使用活性炭存在成本高、容量低、混合性差、热力学稳定性低等问题，因此对活性炭进行改性处理已成为近年研究的重点。

Huggins 等[152] 分析了 10 个电厂飞灰中砷的形态，研究表明，尽管不同燃煤成分差异较大，但砷在飞灰中主要以（AsO_4^{3-}）形式存在。Zielinski 等[153] 的研究也得出了相同结论，飞灰对砷的吸附属化学吸附。其中，对于酸性飞灰（pH＝3.0），砷主要与含铁化合物相结合；而对于碱性飞灰（pH＝12.7），砷主要与氧化钙结合成 $Ca_3(AsO_4)_2$ 形式。

铁酸锌和钛酸锌是目前研究较多的锌基复合吸附剂，其特点是吸附能力强、多功能、可再生。但 $ZnO\text{-}Fe_2O_3$ 热稳定性较差，高温下比表面积较低，并且容易被煤气中的 CO 被还原成 FeO、Fe 及 Zn，TiO_2 的加入则能弥补上述缺点。例如，$ZnO\text{-}Fe_2O_3\text{-}TiO_2$ 的锌损失较小，不容易受烟气成分的影响，同时其热稳定性也得到大幅提高[154，155]。Díaz-Somoano 等[156] 进行了 $ZnO\text{-}Fe_2O_3\text{-}TiO_2$ 吸附剂脱砷的研究，结果如表 5-22 所列。$ZnO\text{-}Fe_2O_3\text{-}TiO_2$ 的脱砷效率远大于 $ZnO\text{-}Fe_2O_3$，其吸附过程以化学吸附为主，砷以 Fe-As 化合物形式存在，吸附反应如式（5-19）所示。TiO_2 并未直接参与脱砷反应，在砷的吸附过程中可能起催化的作用。

表 5-22　$ZnO\text{-}Fe_2O_3$ 及 $ZnO\text{-}Fe_2O_3\text{-}TiO_2$ 对砷的最大吸附量及脱砷效率比较

吸附剂	最大吸附量/(mg/g)	脱砷效率/%
	As	As
$ZnO\text{-}Fe_2O_3$	0.35±0.04	2
$ZnO\text{-}Fe_2O_3\text{-}TiO_2$	20.5±1.43	66

$$4FeS+As_4S_4(g)+4H_2(g)\longrightarrow 4FeAsS+4H_2S(g) \tag{5-21}$$

不同类型吸附剂的脱砷机理存在一定差异，但总体上来讲，吸附过程均以化学吸附为主，吸附剂所含化学成分对吸附能力的影响最大。

2. 铅

烟气中的铅存在形态主要有：气态铅 Pb_g（Pb^0、Pb^{2+}）和颗粒铅（Pb_p）两种形式；其中，Pb^0 难溶于水，利用现有设备对其脱除比较困难。在高温烟气不断降温过程中，Pb^0 会不断被氧化性成分催化生成氧化态铅（Pb^{2+}），Pb^{2+} 的水溶性较好，可以部分在脱硫脱硝设备中除去。烟气中的飞灰颗粒可以吸附一定量的 Pb^{2+} 和 Pb^0 最终生成 Pb^p，也有学者研究结果显示垃圾焚烧的烟气中不存在气态铅，全部为颗粒态铅，并且有机氯和无机氯都有利于铅分布于飞灰中，飞灰的化学成分以及晶相结构等因素也会显著影响烟气中颗粒态铅所占比例。吸附剂吸附铅的原理与吸附剂吸附脱汞的作用原理非常相似。

3. 硒

与汞相似，煤中硒的脱除可以分为燃烧前、燃烧中和燃烧后脱除，其中洗选煤可以去除煤中 0～80%的硒，但大多数煤的去除率＜50%。在燃烧过程中添加氧化钙可以抑制煤中硒的挥发[157]，但温度过高（1250～1500℃）氧化钙的抑制作用受到限制。而烟气中硒的脱除与汞、砷等重金属类似，即向烟气中注入粉末状固体吸附剂［黏土矿物、金属氧化物、$Ca(OH)_2$ 等］。Lopez-Aoton 等研究了活性炭对燃煤烟气中硒的脱除，试验结果表明燃煤烟气中 12%～19%的硒可以被活性炭捕获，捕获率的高低与活性炭的种类及烟气组成有关。

燃煤机组脱汞技术已经日趋成熟，尤其是燃烧后的烟气脱汞技术，必将应用于更广泛的工业生产领域当中。而燃煤机组中砷和铬的含量测量是通过检测煤、灰、渣、脱硫石膏和脱硫废水等固液样品实现的，基本不测量烟气中的砷含量，所以目前火电厂中的脱砷技术一般是对脱硫废水进行脱砷、脱铬处理。

随着超低排放的要求逐渐增加，燃煤机组采用湿式电除尘、低低温电除尘技术等技术实现 $PM_{2.5}$、SO_x、NO_x 的超低排放，目前国内燃煤机组对粉尘、NO_x、SO_x 等常规烟气污染物控制水平与国外燃煤机组控制水平基本相当甚至优于国外燃煤机组，但对汞等重金属控制水平还有待提高。就目前的多污染物控制装置协同脱除作用来看，未来应重视加大深度协同脱除 $PM_{2.5}$、SO_x、NO_x、重金属等烟气污染物的脱除技术。

第五节　燃煤机组汞排放控制技术应用情况

一、燃煤机组超低排放改造前后汞排放

在某 300MW 燃煤机组上进行了一系列的改造，其中包括低氮燃烧器改造，增加了燃尽风、一次风采用上下浓淡煤粉组合方式、增设低温省煤器、降低烟气温度、提高静电除尘器效率；进行静电除尘器高频电源改造、提高静电除尘器效率、湿法脱硫塔脱硫提效改造中增设管式除雾装置、增设刚性极板湿式静电除尘器用于去除细颗粒物。超低排放改造前后污染物控制单元及取样位置见图 5-30、图 5-31。

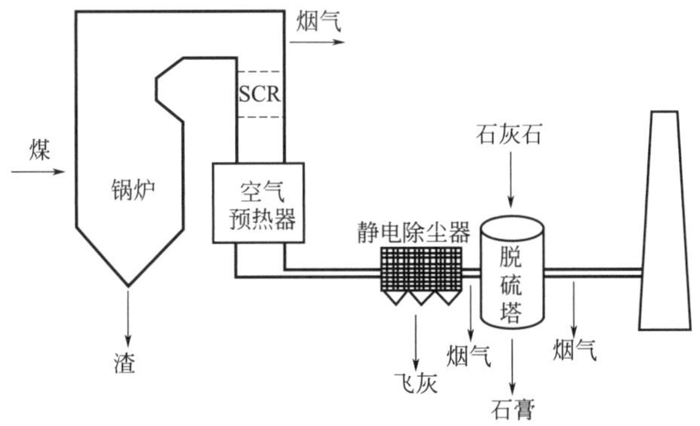

图 5-30　超低排放改造前污染物控制单元及取样位置

采用美国环保署的 30B 汞监测方法（不能监测烟气中的颗粒汞）进行多点监测，对比各项改造实施前后汞排放及分布特征，超低排放改造前燃用煤中汞浓度为 49μg/kg，煤质分析见表 5-23，改造后用煤汞浓度为 30μg/kg，煤质分析见表 5-24[87]。

图 5-23　超低排放改造前煤样元素分析及工业分析　　单位：%

C	H	N	S	O	挥发分	灰分	固定碳	水分
64.34	4.06	0.84	0.42	14.93	27.69	15.41	50.78	6.12

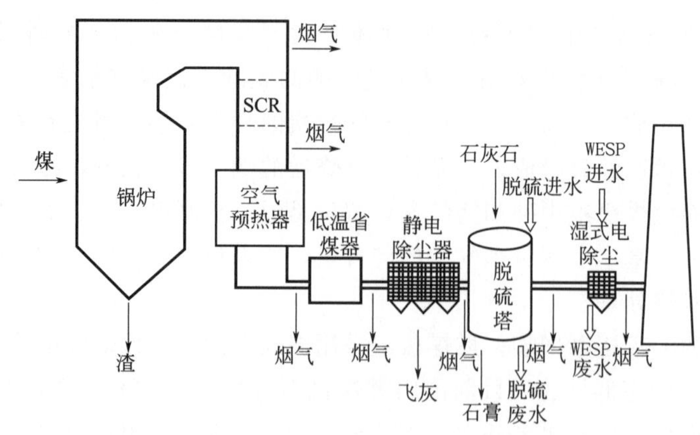

图 5-31　超低排放改造后污染物控制单元及取样位置

图 5-24　超低排放改造后煤样元素分析及工业分析　　单位：%

C	H	N	S	O	挥发分	灰分	固定碳	水分
66.35	4.56	1.12	0.70	16.19	26.77	10.96	49.09	13.18

取样期间，机组设备运行良好，负荷保持在满负荷 85%以上。2013 年 8 月开展超低排放改造前取样，烟气取样包括 ESP 前、ESP 后、FGD 后烟气，固体液体样品包括给煤机煤样、除尘器灰样、锅炉排渣机渣样、脱硫塔石膏样、工艺水样（WFGD 进口水样）、脱硫废水样和石灰石样，取样位置如图 5-30 所示。2015 年 12 月开展超低排放改造后取样，烟气取样包括 SCR 前、SCR 后、低省前、ESP 前、ESP 后、FGD 后、WESP 后烟气，固体液体样品包括给煤机煤样、除尘器灰样、锅炉排渣机渣样、脱硫塔石膏样、工艺水样（WFGD 进口水样、WESP 进口水样）、脱硫废水样、WESP 出口水样和石灰石样，取样位置如图 5-31 所示。

取样测试结果表明，改造前入炉煤中汞含量为 49μg/kg，SCR 入口汞浓度为 5.02μg/m^3，除尘后烟气中汞浓度为 3.56μg/m^3，而脱硫塔后汞浓度为 1.87μg/m^3。改造前后汞分布及平衡见表 5-25、表 5-26 。改造后煤中汞含量为 30μg/kg，SCR 前烟气汞浓度也只有 3.31μg/m^3，静电除尘器后烟气中汞为 0.71μg/m^3，脱硫塔后烟气汞为 0.50μg/m^3，湿式电除尘后排放到大气中的汞为 0.46μg/m^3。

表 5-25　改造前汞分布及平衡

项目		汞分布
输入/%	煤	99.6
	石灰石	0.4
输出/%	灰	35.0
	渣	0.1
	石膏	29.5
	烟气	35.4
平衡系数		0.73

表 5-26　改造后汞分布及平衡

项目		汞分布
输入/%	煤	98.2
	石灰石	1.8
	脱硫进水	<0.01
	湿除进水	<0.01
输出/%	灰	36.1
	渣	0.1
	石膏	55.2
	脱硫废水	<0.01
	湿除排水	<0.01
	烟气	8.7
平衡系数		1.14

改造前从 SCR 前算起，脱硝、除尘、脱硫等污染物控制单元使得汞浓度在原来基础上降低了 62.7%，改造后降低了 86.1%。超低排放改造不仅大幅度降低了 SO_2、NO_x、颗粒物等

污染物的排放，而且燃煤烟气中的汞的脱除效率也有所提高。

二、飞灰基改性吸附剂喷射脱汞

飞灰尤其是飞灰中的未燃炭作为活性炭廉价的替代品，表现出了极大的应用潜力，国华三河电厂开展了飞灰基改性吸附剂喷射脱汞研究。

该飞灰基改性吸附剂脱汞试验研究在三河电厂4号机组上开展。机组为300MW热电联产机组，锅炉为东方锅炉厂制造，亚临界参数、四角切圆燃烧方式、自然循环汽包炉，锅炉蒸发量为1025t/h，现有环保设施包括除尘、脱硫、脱硝、污水处理和灰渣系统等。锅炉采用低氮燃烧器，除尘采用双室五电场静电除尘器，除尘效率99.6%；脱硫采用高效石灰石-石膏湿法脱硫工艺，脱硫效率98.5%；脱硝采用SCR烟气脱硝装置，脱硝效率80.0%；排烟采用“烟塔合一”烟气排放。电厂于2015年对4号机组进行“绿色发电计划”改造，新增湿式电除尘器，使粉尘、二氧化硫、氮氧化物排放浓度达到“超低排放限值”的要求，实现“近零排放”。

4号锅炉设计煤种为神华煤，校核煤种为神华煤与准格尔煤按7∶3比例的混煤，实际燃煤平均硫分为0.49%，在设计值（0.7%）范围内。煤中汞质量分数最大为0.093mg/kg，最小为0.010mg/kg，平均值为0.048mg/kg[158]，煤中汞质量分数较低。三河电厂4号锅炉煤质情况见表5-27 。

表5-27　4号炉煤质分析

项目	设计煤种	校核煤种	实际值
全水分/%	14.70	14.49	—
空气干燥基水分/%	8.66	7.81	—
干燥无灰基挥发分/%	32.84	34.46	—
收到基低位发热量/(kJ/kg)	23300	22040	22080
收到基碳/%	61.97	58.33	58.95
收到基氢/%	3.53	3.45	3.14
收到基氧/%	9.78	9.56	9.32
收到基氮/%	0.82	0.87	0.62
收到基硫/%	0.70	0.80	0.49
收到基水分/%	14.70	14.49	16.40
收到基灰分/%	8.50	12.50	11.14

自2009年开始，三河电厂开展了烟气中汞排放特征测试研究。现场实测烟气采样位置在静电除尘器（ESP）前、ESP后、FGD后等部位，其他固体、液体样品采样位置包括给煤机采集煤样、除尘器底采集灰样、锅炉排渣机采集渣样、脱硫塔采集石膏样、脱硫废水样、脱硫塔滤液样、工艺水样和石灰石样等。采样分析仪器采用大气汞采样仪（APEX XC-260）、烟气综合测试仪（Testo 350-Pro）、自动烟尘快速测试仪（崂应3012H-C）；在线监测设备采用美国Thermo-Fisher公司生产的烟气汞连续监测系统（Hg CEMS）及其他附属设备。历时3年获得了汞排放特征实时数据。在此基础上2013年9～10月三河电厂现场开展了飞灰基改性吸附剂喷射试验，在4号锅炉12m平台上安装吸附剂喷射装置，通过鼓风机、给料机、喷射器以及喷射管将吸附剂以一定流速喷入静电除尘器入口的水平烟道内，吸附剂进入烟道后，吸附烟气中的气态汞，吸附汞的飞灰被静电除尘器捕集，如图5-32所示。

同步开展燃煤机组静电除尘器前后、脱硫装置后等不同点位燃煤烟气中汞排放特征实测，验证不同控制技术的脱汞效率。运用30B法和CEM在线方法等国际先进技术对燃煤机组烟气中分形态汞（Hg^0、Hg^{2+}）、总汞（Hg_T）开展现场测试和实验分析，同时采集煤、灰、渣、石灰石、

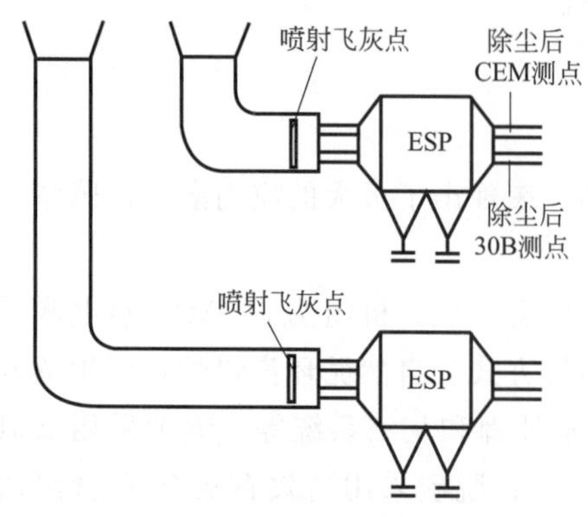

图 5-32 飞灰吸附剂喷射位置示意

工艺水、脱硫石膏和脱硫废水等固液样品，并分析其中的汞含量。通过开展质量平衡分析进一步完善测试分析结果。

飞灰基改性吸收剂脱汞试验期间，机组负荷稳定在 85%BMCR 以上。通过 30B 在线取样、离线分析方法监测了试验过程中 ESP 前、ESP 后和脱硫吸收塔后 3 个位置烟气汞浓度。同时，通过汞在线烟气分析仪测量了烟气中脱硫吸收塔后汞的浓度，书后彩图 4 为某天在线测汞仪 CEM 的结果。

如图 5-32 所示，吸附剂喷射过程中烟气中氧化态汞的含量变化不大，但零价汞的浓度降低，总汞的浓度也降低，改性飞灰基吸附剂的喷入减少了烟气中气相汞的含量。

三河电厂的试验验证了飞灰基吸附剂喷射脱汞技术是可行的，能够在现有环保设施（脱硝、脱硫、除尘）联合脱汞基础上进一步使烟气中汞的排放浓度降低 30%～50%。综合汞脱除率达 75%～90%。经改性飞灰喷射与污染物控制装置联合脱汞后，烟气中汞的浓度远低于国家标准值。

三、污染物控制设备对汞脱除测试

1. 机组概况

为了解燃煤机组汞的排放规律以及现有的污染控制设备对烟气中汞的协同脱除效果，采用安大略法对江西省内 4 台机组进行汞排放及控制试验研究[159]，得到现阶段燃煤机组配置条件下汞的排放特性。4 台测试机组均为煤粉炉，燃用烟煤，试验煤种的煤质分析见表 5-28，试验煤种中汞的质量分数在（0.156～0.267）$\times10^{-6}$ 之间。

表 5-28 测试机组基本情况

项目	装机容量/MW	测试负荷/MW	污染控制设备
机组 1	640	640	SCR+FF+ESP+WFGD
机组 2	700	700	SCR+ESP+WFGD
机组 3	300	300	SCR+ESP+WFGD
机组 4	660	660	SCR+ESP+WFGD

所有机组安装有 ESP 或 FF，并装有湿法烟气脱硫（WFGD）；4 台机组都安装有 SCR 脱硝设备，其中机组 4 的脱硝系统第一层反应器装有固体汞氧化剂，烟气通过汞氧化剂后再通过 SCR 催化剂，测试机组概况如表 5-29 所列。采用安大略法对脱硝装置进出口、除尘装置进出口和脱硫装置出口（图 5-33）烟气中单质汞（Hg^0）、氧化态汞（Hg^{2+}）、颗粒态汞（Hg_p）以及总汞含量进行了测试。

表 5-29 测试机组燃用煤种煤质分析

项目	C_{ad}/%	H_{ad}/%	O_{ad}/%	$S_{t,ad}$/%	M_{ad}/%	V_{daf}/%	A_{ad}/%	$w_{Hg,ad}/10^{-6}$
机组 1 煤种	62.8	4.0	9.4	0.6	1.4	29.3	21.2	0.194
机组 2 煤种	66.8	8.4	3.8	1.6	4.2	33.5	14.5	0.267
机组 3 煤种	73.5	4.5	10.0	0.6	3.4	34.0	6.9	0.156
机组 4 煤种	59.2	3.5	5.4	1.2	2.0	25.8	27.8	0.202

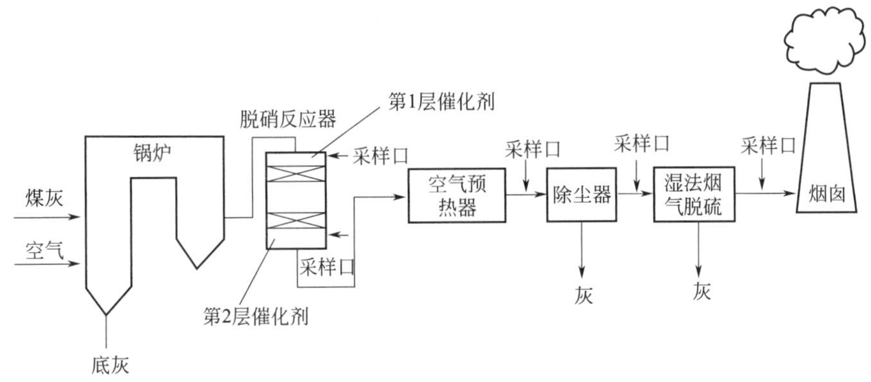

图 5-33　采样点布置示意

2. 汞协同控制结果与分析

（1）SCR 脱硝装置及汞氧化剂协同脱汞

SCR 前后汞测试结果如表 5-30 所列，SCR 脱硝前后烟气中总汞浓度基本不变，仅有的微小降低可能是催化剂的物理拦截过滤作用的结果，脱硝装置对烟气中总汞的减排没有明显效果，但经过 SCR 脱硝装置后，烟气中汞的形态分布发生了变化，氧化态汞含量增加，以机组 1 为例，Hg^0 由 SCR 入口的 14.06μg/m³ 降至 6.94μg/m³，Hg^{2+} 与 Hg_p 的浓度分别由 12.17μg/m³、2.46μg/m³ 增加至 16.48μg/m³、4.44μg/m³。其他 3 个机组也有相同的变化趋势，脱硝催化剂对烟气中 Hg^0 有一定的氧化作用，使烟气中 Hg^0 含量下降，Hg^{2+} 与 Hg_p 含量上升。经过计算，机组 1、机组 2、机组 3 单质汞的氧化率分别为 50.64%、44.01%、50.98%，机组 4 单质汞氧化率为 86.66%，这是因为机组 4 SCR 脱硝系统中安装有汞氧化剂，大幅度提高了汞氧化率。

表 5-30　SCR 装置前后烟气中汞浓度分布

项目	SCR 进口汞/(μg/m³)				SCR 出口汞/(μg/m³)				汞氧化率/%
	总汞	Hg^0	Hg^{2+}	Hg_p	总汞	Hg^0	Hg^{2+}	Hg_p	
机组 1	28.69	14.06	12.17	2.46	27.86	6.94	16.48	4.44	50.64
机组 2	35.78	16.36	15.45	3.97	33.32	9.16	19.04	5.12	44.01
机组 3	22.60	11.69	8.18	2.73	19.46	5.73	10.06	3.67	50.98
机组 4	31.82	16.64	13.85	1.33	30.81	2.22	26.04	2.55	86.66

（2）除尘装置对汞的协同脱除

机组 1 除尘设备为静电除尘器＋布袋除尘器，其他 3 台机组均为静电除尘器。表 5-31 为 4 个机组除尘器进出口汞浓度分布，可以看出，经过除尘装置后，烟气中总汞浓度明显降低，尤其烟气中 Hg_p 几乎被全部脱除，Hg^{2+} 也有一定的下降。经计算可得 4 台机组除尘装置的脱汞效率在 16.60%～30.32%，总的来说，除尘装置对颗粒态汞的脱除效果显著，但对气态汞（Hg^0、Hg^{2+}）的脱除效果有限。

表 5-31　除尘器进出口汞浓度分布

项目	除尘器进口汞浓度/(μg/m³)				除尘器出口汞浓度/(μg/m³)				脱汞效率/%
	总汞	Hg^0	Hg^{2+}	Hg_p	总汞	Hg^0	Hg^{2+}	Hg_p	
机组 1	26.03	6.24	14.98	4.81	19.78	6.12	13.66	0	24.01
机组 2	31.33	8.13	16.88	6.32	23.01	6.94	16.07	0	26.55
机组 3	18.96	4.98	9.99	3.99	13.21	4.11	9.10	0	30.32
机组 4	27.95	2.01	22.83	3.11	23.31	1.64	21.67	0	16.60

(3) 湿法脱硫装置对烟气汞的协同控制

4 台机组均采用湿法脱硫装置脱硫，通过 4 台机组 WFGD 前后汞浓度测试（表 5-32）发现，湿法脱硫对烟气中 Hg^{2+} 的脱除效果显著，脱硫系统对 Hg^{2+} 的脱除率在 84.33%～92.48%，对 Hg^0 没有脱除作用，反而有增加趋势，这是由于脱硫浆液中吸收的 Hg^{2+} 再释放。经过除尘脱硫后，烟气中汞主要以 Hg^0 的形式存在并最终排入大气。湿法脱硫装置的脱汞效率在 55.05%～83.23%，其中机组 4 的汞脱除率明显高于其他 3 个机组，这是因为该机组 SCR 脱硝装置中安装了汞氧化剂，使得该机组脱硫系统入口烟气中 Hg^{2+} 比例高达 92.96%。

表 5-32　WFGD 进出口烟气汞浓度分布

项目	WFGD 进口汞浓度/($\mu g/m^3$)				WFGD 出口汞浓度/($\mu g/m^3$)				脱汞效率/%
	总汞	Hg^0	Hg^{2+}	Hg_p	总汞	Hg^0	Hg^{2+}	Hg_p	
机组 1	19.78	6.12	13.66	0	8.89	6.75	2.14	0	55.05
机组 2	23.01	6.94	16.07	0	8.72	6.47	2.25	0	62.10
机组 3	13.21	4.11	9.10	0	5.70	4.86	0.84	0	56.85
机组 4	23.31	1.64	21.67	0	3.91	2.28	1.63	0	83.23

综合上述测试结果：未投入汞氧化剂的机组污染控制设备协同脱汞效率在 69.01%～75.63%，投入汞氧化剂的机组脱汞效率可达 89.69%；经过污染物控制设备协同脱除后，最终排气中总汞的质量浓度在 3.91～8.89$\mu g/m^3$，远低于 0.03mg/m^3 的国家汞排放标准限值（表 5-33）。

表 5-33　污染物控制设备协同脱汞效率

项目	测试负荷/MW	污染控制设备	脱汞效率/%
机组 1	640	SCR+FF+ESP+WFGD	69.01
机组 2	700	SCR+ESP+WFGD	75.63
机组 3	300	SCR+ESP+WFGD	74.78
机组 4	660	SCR+ESP+WFGD	89.69

但燃煤烟气中汞的形态分布及烟气成分等诸多因素均影响污染物控制装置协同脱汞的效率，因此针对不同煤种的燃烧应进行实际测量后考虑合适的汞减排方法。若烟气中汞主要以 Hg^0 的形式存在，则可以考虑向入炉煤中投加卤族元素或 SCR 装置前增加汞氧化剂等来提高烟气中 Hg^0 的氧化率；若污染物控制设备协同脱汞仍然无法达到排放要求，则可以考虑向除尘器前烟道注入吸附剂，提高烟气中颗粒态汞含量，有助于提高除尘设备的脱汞效率；为提高湿法脱硫脱汞效率，可以向脱硫浆液中投加氧化剂等强制氧化 Hg^0，为防止湿法脱硫浆液中 Hg^{2+} 的再释放，浆液中增加 Hg 稳定剂等。

参考文献

[1] 鲍静静．湿法烟气脱硫系统对细颗粒及汞脱除性能的试验研究．南京：东南大学，2009.
[2] 白向飞，李文华，陈亚飞，等．中国煤中微量元素分布基本特征．煤质技术，2007 (1)：1-4.
[3] 王起超，马如龙．煤及其灰渣中的汞．中国环境科学，1997，17 (1)：76-79.
[4] 赵峰华，任德贻，尹金双，等．煤中 As 赋存状态的逐级化学提取研究．环境科学，1999 (2)：79-81.
[5] 赵秀宏，张丽娜，王鑫焱．浅谈煤中微量元素铅对环境的危害．煤质技术，2011 (3)：60-62.
[6] 张军营，任德贻，许德伟，等．煤中硒的研究现状．煤田地质与勘探，1999 (2)：16-18.

[7] 吴江平，闫峻，刘桂建，等．中国煤中铬的分布、赋存状态及富集因素研究进展．矿物岩石地球化学通报，2005，24：239-244.

[8] 赵秀宏，王鑫焱，金筱．煤中微量元素镉对环境造成的影响．煤炭技术，2011，30：192-193.

[9] 任德贻．煤的微量元素地球化学（精）．北京：科学出版社，2006.

[10] Clarke L B，Sloss L L. Trace elements-emissions from coal combustion and gasification. IEA Coal Research，1992.

[11] Swaine D. Trace elements in coal. Butter worth：Elsevier，1990：27-49.

[12] Swaine D J. Why trace elements are important. Fuel Processing Technology，2000，65：21-33.

[13] 郑楚光．煤燃烧汞的排放及控制，北京：科学出版社，2010.

[14] And K C G，Zygarlicke C J. Mercury Speciation in Coal Combustion and Gasification Flue Gases. Environmental Science & Technology，1996，30：2421-2426.

[15] Pavlish J H，Holmes M J，Benson S A，et al. Application of sorbents for mercury control for utilities burning lignite coal. Fuel Processing Technology，2004，85：563-576.

[16] 党钾涛，解强．煤中有害微量元素及其在加工转化中的行为研究进展．现代化工，2016，36（7）：59-63.

[17] Contreras M L，Arostegui J M，Armesto L. Arsenic interactions during co-combustion processes based on thermodynamic equilibrium calculations. Fuel，2009，88：539-546.

[18] 孙俊民，姚强，刘惠永，等．燃煤排放可吸入颗粒物中砷的分布与富集机理．煤炭学报，2004，29：78-82.

[19] Lundholm K，Nordin A，Backman R. Trace element speciation in combustion processes—Review and compilations of thermodynamic data. Fuel Processing Technology，2007，88：1061-1070.

[20] Rigo H G，Chandler A J. Metals in MSW-Where are They and Where Do They Go in an Incinerator? . NATIONAL WASTE PROCESSING CONFERENCE，1994：49-49.

[21] Song W，Jiao F，Yamada N，et al. Condensation Behavior of Heavy Metals during Oxy-fuel Combustion：Deposition，Species Distribution，and Their Particle Characteristics. Energy & Fuels，2013，27：5640-5652.

[22] 王超，刘小伟，徐义书，等．660MW 燃煤锅炉细微颗粒物中次量与痕量元素的分布特性．化工学报，2013，64，：2975-2981.

[23] 邓双，张凡，刘宇，等．燃煤电厂铅的迁移转化研究．中国环境科学，2013，33：1199-1206.

[24] Parnis J M，Mitchell S A，Hackett P A. Transition metal atom reaction kinetics in the gas phase：association and oxidation reactions of 7S3 chromium atoms. Journal of Physical Chemistry，1990，94：8152-8160.

[25] 孔维辉，刘文中，陈萍．燃煤过程中铬迁移转化和排放控制的研究进展．洁净煤技术，2007，13：53-56.

[26] Sørum L，Frandsen F J，Hustad J E. On the fate of heavy metals in municipal solid waste combustion. Part II. From furnace to filter. Fuel，2004，83：1703-1710.

[27] 孙景信，Jervis R E. 煤中微量元素及其在燃烧过程中的分布特征．中国科学，1986（12）：57-64.

[28] 彭安，王子健．硒的环境生物无机化学．北京：中国环境科学出版社，1995.

[29] Brown T D，Smith D N，O'Dowd W J，et al. Control of mercury emissions from coal-fired power plants：a preliminary cost assessment and the next steps for accurately assessing control costs. Fuel Processing Technology，2000，65：311-341.

[30] Germani M S，Zoller W H. Vapor-phase concentrations of arsenic，selenium，bromine，iodine，and mercury in the stack of a coal-fired power plant. Environmental Science & Technology，1988，22：1079-1085.

[31] 朱振武，禚玉群．煤炭洗选中有害痕量元素的迁移与脱除．煤炭学报，2016，41：2434-2440.

[32] 毛健雄．煤的清洁燃烧．北京：科学出版社，1998.

[33] Finkelman R B. Modes of occurrence of potentially hazardous elements in coal：levels of confidence. Fuel processing technology，1994，39：21-34.

[34] 秦勇，王文峰，宋党育．太西煤中有害元素在洗选过程中的迁移行为与机理．燃料化学学报，2002，30：147-150.

[35] 彭昌彬，周长春，张宁宁．煤中砷的分布规律及其洗选脱除研究．煤炭技术，2016，35：324-326.

[36] 王文峰，秦勇，宋党育．煤中有害元素的洗选洁净潜势．燃料化学学报，2003，31：295-299.

[37] 白向飞，李文华，陈文敏．中国煤中硒的分布特征及其可选性研究．煤炭学报，2003，28：69-73.

[38] 王蕾．中国煤中硒的分布、赋存状态和环境地球化学研究．中国科学技术大学，2012.
[39] Devito M S, Rosendale L W, Conrad V B. Comparison of trace element contents of raw and clean commercial coals. Fuel Processing Technology, 1994, 39: 87-106.
[40] Hoffart A, Seames W, Kozliak E, et al. A two-step acid mercury removal process for pulverized coal. Fuel, 2006, 85: 1166-1173.
[41] Guffey F D, Bland A E. Thermal pretreatment of low-ranked coal for control of mercury emissions. Fuel Processing Technology, 2004, 85: 521-531.
[42] Merdes A C, Keener T C, Khang S J, et al. Investigation into the fate of mercury in bituminous coal during mild pyrolysis. Fuel, 1998, 77: 1783-1792.
[43] Wang M, Keener T C, Khang S J. The effect of coal volatility on mercury removal from bituminous coal during mild pyrolysis. Fuel Processing Technology, 2000, 67: 147-161.
[44] Xu Z, Guoqing Lu A, Chan O Y. Fundamental Study on Mercury Release Characteristics during Thermal Upgrading of an Alberta Sub-bituminous Coal. Energy & Fuels, 2004, 18: 1855-1861.
[45] Cheng Z, Gang C, Gupta R, et al. Emission Control of Mercury and Sulfur by Mild Thermal Upgrading of Coal. Energy & Fuels, 2009, 23: 766-773.
[46] 谢克昌，米杰，鲍卫仁．一种煤燃前脱砷的方法．200410012538. 0. 2005.
[47] 夏文青，黄亚继，李睦．燃煤脱汞技术研究进展．能源研究与利用，2015.
[48] 盘思伟，胡将军，唐念，等．Mn-Nb-TiO_2 催化剂的脱汞特性研究．环境污染与防治，2013，35：41-44.
[49] Yang H M, Pan W P. Transformation of mercury speciation through the SCR system in power plants. 环境科学学报(英文版), 2007, 19: 181-184.
[50] 程广文，张强，白博峰．一种改性选择性催化还原催化剂及其对零价汞的催化氧化性能．中国电机工程学报，2015，35：623-630.
[51] 池桂龙，沈伯雄，朱少文，等．改性 SCR 催化剂对单质汞氧化性能的研究．燃料化学学报，2016，44：763-768.
[52] Li H, Wu C Y, Li Y, et al. CeO_2-TiO_2 catalysts for catalytic oxidation of elemental mercury in low-rank coal combustion flue gas. Environmental Science & Technology, 2011, 45: 7394-7400.
[53] Cao Y, Cheng C M, Chen C W, et al. Abatement of mercury emissions in the coal combustion process equipped with a Fabric Filter Baghouse. Fuel, 2008, 87: 3322-3330.
[54] 潘凤萍，陈华忠，庞志强，等．燃煤电厂锅炉中颗粒物在选择性催化还原、静电除尘器和烟气脱硫入口处的分布特性．中国电机工程学报，2014，34：5728-5733.
[55] Fthenakis V M, Lipfert F W, Moskowitz P D, et al. An assessment of mercury emissions and health risks from a coal-fired power plant. Journal of Hazardous Materials, 1995, 44: 267-283.
[56] 张云鹏，王建成，吕学勇，等．煤转化过程中汞的释放及其脱除．煤化工，2010，38：18-21.
[57] 滕敏华．带 SCR 脱硝的燃煤锅炉汞排放状态及控制研究．2012 电站锅炉优化运行与环保技术研讨会，2012，66-68.
[58] 张磊，陈媛，由静．燃煤锅炉超低排放技术．北京：化学工业出版社，2016.
[59] 王运军，段钰锋，杨立国，等．湿法烟气脱硫装置和静电除尘器联合脱除烟气中汞的试验研究．中国电机工程学报，2008，28：64-69.
[60] 李志超，段钰锋，王运军，等．300MW 燃煤电厂 ESP 和 WFGD 对烟气汞的脱除特性．燃料化学学报，2013，41：491-498.
[61] 林翔．低低温电除尘器提效及多污染物协同治理探讨．中国电除尘学术会议，2015.
[62] 谭厚章，熊英莹，王毅斌，等．湿式相变凝聚器协同多污染物脱除研究．中国电力，2017，50：128-134.
[63] 岳勇，陈雷，姚强，等．燃煤锅炉颗粒物粒径分布和痕量元素富集特性实验研究．中国电机工程学报，2005，25：74-79.
[64] 郭欣，郑楚光，贾小红，等．300MW 煤粉锅炉烟气中汞形态分析的实验研究．中国电机工程学报，2004，24：185-188.
[65] 高翔鹏，徐明厚，姚洪，等．燃煤锅炉可吸入颗粒物排放特性及其形成机理的试验研究．中国电机工程学报，2007，27：11-17.

[66] 丁承刚，罗汉成，潘卫国．湿式静电除尘器及其脱除烟气中汞的研究进展．上海电力学院学报， 2015， 31: 151-155.

[67] 田贺忠．利用湿式静电除尘器（ESP)脱除汞．国际电力， 2005， 9: 62-64.

[68] 廖大兵．湿式电除尘器对污染物的去除研究．发电厂“超净排放”烟气治理技术及脱硫、脱硝、除尘技术改造经验交流研讨会， 2015.

[69] 陈姝娟，薛建明，许月阳，等．燃煤电厂除尘设施对烟气中微量元素的减排特性分析．中国电机工程学报， 2015, 35: 2224-2230.

[70] 王春波，史燕红，吴华成，等．电袋复合除尘器和湿法脱硫装置对电厂燃煤重金属排放协同控制．煤炭学报， 2016， 41: 1833-1840.

[71] 鲍静静，印华斌，杨林军，等．湿法烟气脱硫系统的脱汞性能研究．动力工程学报， 2009，29：664-670.

[72] 赵毅,马宵颖．现有烟气污染控制设备脱汞技术．中国电力， 2009，42：77-79.

[73] Yang H, Xu Z, Fan M, et al. Adsorbents for capturing mercury in coal-fired boiler flue gas. Journal of Hazardous Materials, 2007, 146: 1-11.

[74] Hall B, Lindqvist O, Ljungstroem E. Mercury chemistry in simulated flue gases related to waste incineration conditions. Environmental Science & Technology, 1990, 24: 108-111.

[75] 赵毅，马双忱，华伟，等．电厂燃煤过程中汞的迁移转化及控制技术研究．环境工程学报， 2003， 4：59-63.

[76] 张建华．湿法烟气脱硫浆液中二价汞再释放研究．北京：华北电力大学， 2011.

[77] 叶群峰．吸收法脱除模拟烟气中气态汞的研究．杭州：浙江大学， 2006.

[78] 胡将军，等．烟气脱汞．北京：中国电力出版社， 2016.

[79] 成潇雅，汤婷媚，张萌，等．烟气脱硫液中 Hg^{2+} 还原及稳定化初探．浙江大学学报（理学版）， 2010， 37: 568-571.

[80] 付康丽，姚明宇，钦传光，等．石油硫醚对燃煤烟气及脱硫废水的脱汞实验研究．中国电机工程学报， 2017， 37: 803-809.

[81] 刘玉坤．燃煤电站脱硫石膏中痕量元素环境稳定性研究．北京：清华大学， 2011.

[82] 王珲，宋蔷，姚强，等．电厂湿法脱硫系统对烟气中细颗粒物脱除作用的实验研究．中国电机工程学报， 2008, 28: 1-7.

[83] Senior C L, Tyree C, Meeks N D, et al. Selenium Partitioning and Removal across a Wet FGD Scrubber at a Coal-Fired Power Plant. Environmental Science & Technology, 2015, 49：14376-14382.

[84] Córdoba P, Ochoa-Gonzalez R, Font O, et al. Partitioning of trace inorganic elements in a coal-fired power plant equipped with a wet Flue Gas Desulphurisation system. Fuel, 2012, 92：145-157.

[85] 朱振武，禚玉群，安忠义，等．湿法脱硫系统中痕量元素的分布．清华大学学报（自然科学版）， 2013（3）: 330-335.

[86] Córdoba P, Font O, Izquierdo M, et al. Enrichment of inorganic trace pollutants in re-circulated water streams from a wet limestone flue gas desulphurisation system in two coal power plants. Fuel Processing Technology, 2013, 92: 1764-1775.

[87] 宋畅，张翼，郝剑，等．燃煤电厂超低排放改造前后汞污染排放特征．环境科学研究， 2017， 30: 672-677.

[88] 陈瑶姬．燃煤电厂超低排放系统中烟气汞的迁移规律研究．电力科技与环保， 2017， 33: 9-11.

[89] 华晓宇，章良利，宋玉彩，等．燃煤机组超低排放改造对汞排放的影响．热能动力工程， 2016， 31: 110-116.

[90] 李清毅，胡达清，赵金龙，等．超低排放脱硫塔和湿式静电对烟气污染物的协同脱除特性．SO_2、 NO_x、 $PM_{2.5}$、Hg 污染控制技术研讨会， 2016.

[91] Zhao S, Duan Y, Wang C, et al. Migration Behavior of Trace Elements at a Coal-fired Power Plant with Different Boiler Loads. Energy & Fuels, 2017, 31.

[92] Zhao S, Duan Y, Tan H, et al. Migration and Emission Characteristics of Trace Elements in a 660 MW Coal-Fired Power Plant of China. Energy & Fuels, 2016, 30.

[93] Deng S, Shi Y, Liu Y, et al. Emission characteristics of Cd, Pb and Mn from coal combustion: Field study at coal-fired power plants in China. Fuel Processing Technology, 2014, 126: 469-475.

[94] 裴冰．上海市燃煤电厂重金属排放状况研究．中国环境科学学会 2013 年学术年会，2013.

[95] 刘昕，蒋勇．美国燃煤火力发电厂汞控制技术的发展及现状．高科技与产业化，2009, 5: 92-95.

[96] Cao Y, Gao Z, Zhu J, et al. Impacts of halogen additions on mercury oxidation, in a slipstream selective catalyst reduction (SCR), reactor when burning sub-bituminous coal. Environmental Science & Technology, 2008, 42: 256-61.

[97] 章玲，潘卫国，吴江，等．焦炉煤气再燃对燃煤电站锅炉烟气中 NO 降低与 Hg 形态转化特性的试验研究．中国工程热物理学会，2010.

[98] Tan Y, Croiset E. Emissions from oxy-fuel combustion of coal with flue gas recycle. Proceedings of the 30th international technical conference on coal utilization & fuel systems. B. A. Sakkestad. Clearwater, FL, USA, Coal Technology Association, 2005: 529-536.

[99] Châtelpélage F, Macadam S, Perrin N, et al. A pilot-scale demonstration of oxy-combustion with flue gas recirculation in a pulverized coal-fired boiler. 2003.

[100] 王泉海，邱建荣，温存，等．氧燃烧方式下痕量元素形态转化的热力学平衡模拟．中国工程热物理学会年会燃烧学学术会议，2005.

[101] Wang Z, Zhou J, Zhu Y, et al. Simultaneous removal of NO_x, SO_2 and Hg in nitrogen flow in a narrow reactor by ozone injection: Experimental results. Fuel Processing Technology, 2007, 88: 817-823.

[102] Laudal D L, Brown T D, Nott B R. Effects of flue gas constituents on mercury speciation. Fuel Processing Technology, 2000, 65: 157-165.

[103] Livengood C D, Mendelsohn M H. Process for combined control of mercury and nitric oxide. 20 FOSSIL-FUELED POWER PLANTS, 1999.

[104] 叶群峰，王成云，徐新华，等．高锰酸钾吸收气态汞的传质-反应研究．浙江大学学报（工学版），2007, 41: 831-835.

[105] Lu D, Anthony E J, Tan Y, et al. Mercury removal from coal combustion by Fenton reactions - Part A: Bench-scale tests. Fuel, 2007, 86: 2789-2797.

[106] Tan Y, Lu D, Anthony E J, et al. Mercury removal from coal combustion by Fenton reactions. Paper B: Pilot-scale tests. Fuel, 2007, 86: 2798-2805.

[107] 张杨阳，苑春刚，张艳，等．类芬顿试剂吸收去除气态元素汞．环境化学，2012, 31: 1891-1895.

[108] Pavlish J H, Sondreal E A, Mann M D, et al. Status review of mercury control options for coal-fired power plants. Fuel Processing Technology, 2003, 82: 89-165.

[109] Jeon S H, Eom Y, Lee T G. Photocatalytic oxidation of gas-phase elemental mercury by nanotitanosilicate fibers. Chemosphere, 2008, 71: 969-974.

[110] 吴辉．燃煤汞释放及转化的实验与机理研究．武汉：华中科技大学，2011.

[111] Gyu L Y, Jinwon P, Junghyun K, et al. Comparison of Mercury Removal Efficiency from a Simulated Exhaust Gas by Several Types of TiO_2 under Various Light Sources. Chemistry Letters, 2004, 33: 36-37.

[112] 于鹏峰，罗光前．燃煤烟气中单质汞的催化氧化研究现状及发展．电站系统工程，2017 (3): 1-4.

[113] Owens W D, Sarofim A F, Pershing D W. The use of recycle for enhanced volatile metal capture. Fuel Processing Technology, 1994, 39: 337-356.

[114] O' Dowd W J, Pennline H W, Freeman M C, et al. A technique to control mercury from flue gas: The Thief Process. Fuel Processing Technology, 2006, 87: 1071-1084.

[115] Granite E J, Freeman M C, Hargis R A, et al. The thief process for mercury removal from flue gas. Journal of Environmental Management, 2007, 84: 628-634.

[116] Butz J, Broderick T. Pilot Testing of Fly Ash-Derived Sorbents for Mercury Control in Coal-Fired Flue Gas. 2002.

[117] DeVito M, Rosenhoover W. Hg flue gas measurements from coal-fired utilities equipped with wet scrubbers. 92nd Annual Meeting and Exhibition of the Air & Waste Management Association, St. Louis, MO, 1999.

[118] 王立刚，彭苏萍，陈昌和．燃煤飞灰对锅炉烟道气中 Hg^0 的吸附特性．环境科学，2003, 24: 59-62.

[119] Senior C L, Johnson S A. Impact of Carbon-in-Ash on Mercury Removal across Particulate Control Devices in Coal-

Fired Power Plants. Energy Fuels, 2011, 19: 859-863.

[120] Sakulpitakphon T, Hower J C, Trimble A S, et al. Mercury Capture by Fly Ash: Study of the Combustion of a High-Mercury Coal at a Utility Boiler. Energy Fuels, 2000, 14: 727-733.

[121] Hower J C, Finkelman R B, Rathbone R F, et al. Intra-and inter-unit variation in fly ash petrography and mercury adsorption: examples from a western Kentucky power station. Energy & fuels, 2000, 14: 212-216.

[122] 任建莉．燃煤过程汞析出及模拟烟气中汞吸附脱除试验和机理研究．杭州：浙江大学，2003.

[123] Xu W, Wang H, Zhu T, et al. Mercury removal from coal combustion flue gas by modified fly ash. 环境科学学报（英文版），2013, 25: 393-398.

[124] 段威．飞灰基吸附剂在携带床反应器上对汞的吸附性能研究．北京：华北电力大学，2014.

[125] 陈明明，段钰锋，李佳辰，等．溴素改性 ESP 飞灰脱汞机理的实验研究．中国电机工程学报，2017, 37: 3207-3215.

[126] Diamantopoulou I, Skodras G, Sakellaropoulos G P. Sorption of mercury by activated carbon in the presence of flue gas components. Fuel Processing Technology, 2010, 91: 158-163.

[127] Ghorishi S B, Keeney R M, Serre S D, et al. Development of a Cl-impregnated activated carbon for entrained-flow capture of elemental mercury. Environmental Science & Technology, 2002, 36: 4454.

[128] 张鹏宇，曾汉才，张柳．活化处理的活性炭吸附汞的试验研究．电力科学与工程，2004（2）：1-3.

[129] Padak B, Brunetti M, Lewis A, et al. Mercury binding on activated carbon. Environmental Progress & Sustainable Energy, 2006, 25: 319-326.

[130] 段钰锋，周强，朱纯，等．改性活性炭燃煤烟气喷射脱汞及协同脱硫脱硝特性．燃煤电厂“超低排放”新技术交流研讨会，2014.

[131] 任建莉，罗誉娅，陈俊杰，等．汞吸附过程中载银活性炭纤维的表面特征．中国电机工程学报，2009, 29: 71-76.

[132] 尹建军，段钰锋，王运军，等．生物质焦的表征及其吸附烟气中汞的研究．燃料化学学报，2012, 40: 390-396.

[133] 佘敏，段钰锋，朱纯，等．改性生物质活性焦碳管吸附剂汞吸附性能实验研究．工程热物理学报，2015, 36: 2060-2064.

[134] 段钰锋，尹建军，冒咏秋，等．改性生物质稻秆焦脱除烟气中汞的实验研究．工程热物理学报，2013, V34: 581-585.

[135] Dong J, Xu Z, Kuznicki S M. Mercury removal from flue gases by novel regenerable magnetic nanocomposite sorbents. Environmental Science & Technology, 2009, 43: 3266-3271.

[136] Rodríguez-Pérez J, López-Antón M A, Díaz-Somoano M, et al. Regenerable sorbents for mercury capture in simulated coal combustion flue gas. Journal of Hazardous Materials, 2013, 260: 869.

[137] Yang J, Zhao Y, Chang L, et al. Mercury Adsorption and Oxidation over Cobalt Oxide Loaded Magnetospheres Catalyst from Fly Ash in Oxyfuel Combustion Flue Gas. Environmental Science & Technology, 2015, 49: 8210.

[138] Yang J, Zhao Y, Zhang J, et al. Removal of elemental mercury from flue gas by recyclable $CuCl_2$ modified magnetospheres catalyst from fly ash. Part 1. Catalyst characterization and performance evaluation. Fuel, 2016, 164: 419-428.

[139] 张翼，杨建平，赵永椿，等．可循环磁珠脱除燃煤烟气中单质汞的性能与工艺路线研究．热力发电，2016, 45: 10-15.

[140] Dunham G E, Dewall R A, Senior C L. Fixed-bed studies of the interactions between mercury and coal combustion fly ash. Fuel Processing Technology, 2003, 82: 197-213.

[141] Yang J, Zhao Y, Zyryanov V, et al. Physical – chemical characteristics and elements enrichment of magnetospheres from coal fly ashes. Fuel, 2014, 135: 15-26.

[142] Yang J, Zhao Y, Zhang J, et al. Regenerable cobalt oxide loaded magnetosphere catalyst from fly ash for mercury removal in coal combustion flue gas. Environmental Science & Technology, 2014, 48: 14837-14843.

[143] Byun Y, Ko K B, Cho M, et al. Oxidation of elemental mercury using atmospheric pressure non-thermal plasma. Chemosphere, 2008, 72: 652.

[144] 丁卫科，段钰锋，张君，等．低温等离子改性复合钙基吸附剂烟气脱硫实验研究．化工进展，2017，36：1107-1112.

[145] 赵蔚欣，段钰锋，张君，等．低温等离子体耦合氯化钙模拟烟气脱汞实验研究．中国电机工程学报，2016，36：1002-1008.

[146] Yan T Y. A Novel Process for Hg Removal from Gases. Industrial and Engineering Chemistry Research；(United States)，1994，33：3010-3014.

[147] Levlin M，Ikävalko E，Laitinen T. Adsorption of mercury on gold and silver surfaces. Fresenius Journal of Analytical Chemistry，1999，365：577-586.

[148] Liu Y，Kelly D J，Yang H，et al. Novel regenerable sorbent for mercury capture from flue gases of coal-fired power plant. Environmental Science & Technology，2008，42：6205.

[149] Pitoniak E，Wu C Y，Mazyck D W，et al. Adsorption enhancement mechanisms of silica-titania nanocomposites for elemental mercury vapor removal. Environmental Science & Technology，2005，39：1269-1274.

[150] 孔凡海．铁基纳米吸附剂烟气脱汞实验及机理研究．武汉：华中科技大学，2010.

[151] Player R L，Wouterlood H J. Removal and recovery of arsenous oxide from flue gases. A pilot study of the activated carbon process. Environmental Science & Technology，1982，16：808.

[152] Huggins F E，Senior C L，Chu P，et al. Selenium and arsenic speciation in fly ash from full-scale coal-burning utility plants. Environmental Science & Technology，2007，41：3284.

[153] Zielinski R A，Foster A L，Meeker G P，et al. Mode of occurrence of arsenic in feed coal and its derivative fly ash，Black Warrior Basin，Alabama. Fuel，2007，86：560-572.

[154] 谢巍，常丽萍，余江龙，等．煤气净化中 H_2S 干法脱除的研究进展．化工学报，2006，57：2012-2020.

[155] Fan H，Li C，Xie K. Sorbents for high-temperature removal of hydrogen sulfide from coal-derived fuel gas. 天然气化学（英文版），2001，10：256-270.

[156] Díaz-Somoano M，López-Antón M A，Martinez-Tarazona M R. Retention of Arsenic and Selenium during Hot Gas Desulfurization Using Metal Oxide Sorbents. Energy & Fuels，2004，18：1238-1242.

[157] Clemens A H，Damiano L F，Gong D，et al. Partitioning behaviour of some toxic volatile elements during stoker and fluidised bed combustion of alkaline sub-bituminous coal. Fuel，1999，78：1379-1385.

[158] 蒋丛进，刘秋生，陈创社．国华三河电厂飞灰基改性吸附剂脱汞技术研究．中国电力，2015，48：54-56.

[159] 刘发圣，夏永俊，徐锐，等．燃煤电厂污染控制设备脱汞效果及汞排放特性试验．中国电力，2017，50：162-166.

第六章

CO_2 减排技术

第一节　CO_2 基本性质

一、物理性质

二氧化碳又称碳酸气或碳酸酐，是碳元素氧化的最终产物，是大气的重要成分。在大气中，CO_2 为无色、略带刺激性和酸性的无毒气体，密度为空气的 1.53 倍，不能助燃。因此一般以 CO_2 固体干冰为灭火材料。图 6-1 为 CO_2 的相态变化图，CO_2 的相态变化对 CO_2 的处理运输、储存和埋存等非常重要。

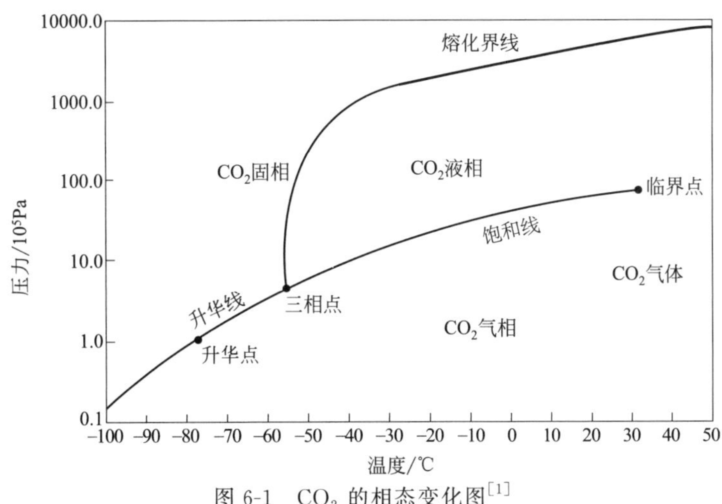

图 6-1　CO_2 的相态变化图[1]

CO_2 的临界温度为 31.1℃，临界压力为 7.38MPa，因此在室温下加压即可液化，液态的 CO_2 冷凝成雪花状的固体 CO_2，即干冰。

二、化学性质

CO_2 在常温条件下性质稳定，化学活性较弱，可溶于极性较强的溶剂中，与水和碱性溶液发生反应。CO_2 溶于水生成 H_2CO_3 溶液，在 25℃、0.101MPa 条件下其饱和水溶液的 pH

值为 3.7，CO_2 在水中的溶解度与温度、压力有关。

CO_2 可以发生多种合成反应，能广泛用于化工生产，例如用于尿素合成：

$$CO_2 + 2NH_3 \longrightarrow NH_2COONH_4 \quad (6\text{-}1)$$

$$NH_2COONH_4 \longrightarrow CO(NH_2)_2 + H_2O \quad (6\text{-}2)$$

在高温环境中 CO_2 具有化学活性，例如在高温高压和 Cu-Zn 催化剂存在时利用 CO_2 和 H_2 的气态混合物合成甲醇［式(6-3)］，在高温条件下 CO_2 也可以分解为 CO 和 O_2 ［式(6-4)］。

$$CO_2 + 3H_2 \longrightarrow CH_3OH + H_2O \quad (6\text{-}3)$$

$$2CO_2 \longrightarrow 2CO + O_2 \quad (6\text{-}4)$$

我国能源主要依赖煤、石油、天然气等化石燃料，据国家统计局的数据显示，2018 年我国能源消费总量（按标煤计）达 46.4 亿吨，而发电与热力用煤占比达到了 45.4%，可以看出我国燃煤机组产生的 CO_2 占有相当大的比重，从节能减排的角度出发势必要采取措施降低燃煤机组 CO_2 的排放。

对于化石燃料燃烧释放 CO_2 这个世界性难题，各国均提出了相应的应对方法。例如：美国“世界燃煤发电 CS 技术研发示范的关键项目”，验证了生产清洁电力与煤制氢技术与捕获封存二氧化碳技术的可行性[2]；欧盟的“AD700 计划”进一步研究了将蒸汽温度提高至 700℃，压力提高至 37.5MPa（主蒸汽）的超超临界机组，净效率可以提高至 52%～55%，达到降低煤耗与减少 CO_2 排放的功效[3]。总结以往的碳减排技术，可以将 CO_2 的减排工作分为两部分：源头 CO_2 减排控制技术和 CO_2 生成后捕集利用技术。

第二节　CO_2 减排与控制技术

一、清洁高效燃煤发电技术

煤炭资源在我国的能源消费中占据主要地位，煤炭燃烧产生的二氧化碳是大气中二氧化碳的主要来源之一，因此改进火电厂的生产技术、提高燃煤发电效率可以从源头减少 CO_2 排放。大规模减排二氧化碳可采用燃煤预处理、增大机组容量、采用多联产系统等技术。目前火电厂减少 CO_2 排放的主要技术措施有如下 3 种[4]：a. 提高热力发电效率；b. 开发先进发电技术；c. 净化烟气回收利用。

（一）提高发电效率

1. 提高机组参数

新建机组采用“高参数、大容量”提高热效率，降低单位煤耗，减少污染物排放。超临界和超超临界发电系统的发电效率在 40%以上。目前高参数的超临界机组已达到成熟、高效和商业化程度。国际上 1000MW（24.5MPa，600℃/600℃）燃煤机组已于 1998 年在日本投入商业运行，我国 2008 年投产的上海外高桥第三发电厂，拥有两台 100 万千瓦超超临界燃煤发电机组，发电量占上海需求的 10%，机组额定净效率超过 46.5%（含脱硫、脱硝），年平均能耗水平仅为 276g/(kW·h)，比德国、丹麦、日本、美国最先进煤电机组的煤耗还低。

2. 蒸汽燃气联合循环

蒸汽燃气联合循环具有高效率、低排放的特点。丹麦 Elkraft 利用燃气轮机的高温排气代替汽轮机抽汽加热锅炉给水。采用燃气轮机的高温排气加热锅炉给水，锅炉可保持常规形式，燃气轮机和汽轮机可以分开或联合运行。联合运行可以使常规电厂的热效率提高 6%～8%，功率增加 70%。丹麦 SK 电力公司 Avedore2 号机组是采用上述循环改造的成功案例，在两台 102MW 的燃气轮机和一台 460MW 的蒸汽轮机上进行，于 2001 年改造完成，整个电厂联合循环的输出能力为 600MW，效率达到 51%。蒸汽燃气联合循环的另一种方式是将中低温区蒸汽轮机的 Rankine 循环和在高温区工作的 Brayton 循环叠置，形成总能利用系统。日本千叶火力发电厂 1 号、2 号（8×360MW）机组是目前世界上最大的 C-C 机组。蒸汽燃气联合循环既可用于新建电厂也适用于旧电厂改造，是火力发电可选择的技术之一，对减少 CO_2 的排放具有积极作用。

（二）采用先进的燃煤发电技术

对一次能源供应而言，可以采取低碳或者无碳能源代替高碳燃料，例如用天然气代替煤炭取暖、风能代替煤炭发电等。在转化环节可以提高能源的利用率，采用先进技术实现高碳能源等额高效利用。

增压流化床联合循环（PFBC/CC）、整体煤气化联合循环（IGCC）、整体气化燃料电池联合循环（IGFC）等先进的燃煤发电技术将在未来担当重要的角色。整体煤气化联合循环（IGCC）发电技术将煤气化生成燃料气，驱动燃气轮机发电。其尾气通过余热锅炉生产蒸汽驱动汽轮机发电，使燃气发电与蒸汽发电联合起来，发电效率在 45%以上，减排二氧化碳＞25%。目前，日本、瑞典、西班牙、美国等国家都有 PFBC 机组在运行，ABB 公司生产的单机容量最大的增压流化床联合循环（PFBC/CC）发电机组 P800 型可达 350MW。随着蒸汽参数的改善和燃气轮机入口温度的提高，PFBC 电厂机组的热效率可由目前的 50%提高到 53%。整体煤气化燃料电池联合循环（MCFC）的最大优点是不用贵金属，可以 CO 为燃料，其发电效率达 45%～53%，比 IGCC 高。若用天然气重整（SRM）与 MCFC 联合，其发电效率可以达到 60%～70%，接近 CO_2 零排放的目标。

能源技术最终的梦想之一就是用含碳燃料直接发电而不经过燃烧过程，直接炭燃料电池（DCFC）就是实现这个梦想的装置。用煤制成 DCFC 炭电极，炭直接转化为二氧化碳而不需进行重整。阳极端产物仅为二氧化碳，有利分离。优点是炭的体积能量密度很高，达 20kW·h/L，超过 H_2、CH_4、Li、Mg、汽油、柴油，没有熵变，转化效率达 80%以上，是最有希望的能源技术之一。

目前已开发的先进发电技术还包括多联产系统、热电换能器、磁流体发电及高温气冷堆-氦汽轮机。其中多联产是实现降低能耗、物耗和减排二氧化碳的重要方向。通过此系统，燃煤可实现冷、热、电联产。

二、富氧燃烧技术

富氧燃烧技术又被称为 O_2/CO_2 燃烧技术、空气分离/烟气再循环技术或氧燃料燃烧技术（图 6-2），最早是由美国 Argonne 国家实验室（ANL）的 Wolsky 等在 1986 年提出[5]。富氧燃烧是用纯度非常高的氧气助燃，利用由分离器分离出的高纯氧气（O_2 纯度 95%以上）按一定的比例与循环回来的部分锅炉尾部烟气混合，混合气体作为燃料燃烧所需的氧化剂，完成与常规空气燃烧方式类似的燃烧过程，提高排出烟气中 CO_2 浓度，烟气中 CO_2 浓度增加会大大

降低脱除 CO_2 的难度和成本。利用纯氧作为氧化剂时，经过多次循环，可从干燥脱水后的烟气中获得接近95%浓度的 CO_2，由此得到的高浓度 CO_2 经过加工后可作为化肥、化工原料或用于油田开采，可充分发挥 CO_2 的商业价值（图6-2）。

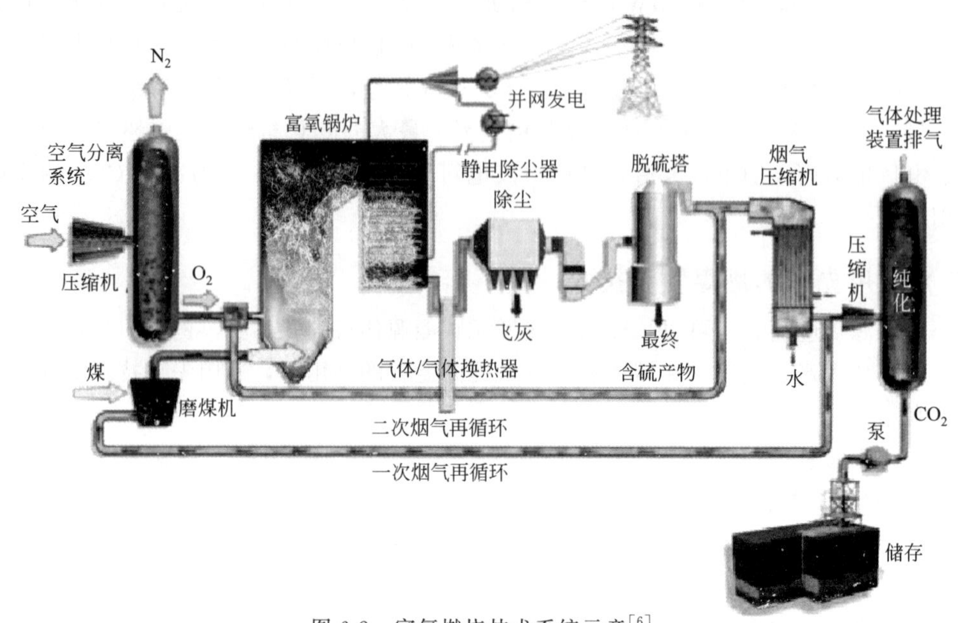

图6-2　富氧燃烧技术系统示意[6]

（仅举例，可根据实际情况选择二次再循环的位置）

（一）富氧燃烧分类及特点[7]

富氧燃烧可以按压力分为常压富氧燃烧和增压富氧燃烧，常压富氧燃烧包括煤粉炉、循环流化床锅炉，增压富氧燃烧多应用于循环流化床锅炉。

1. 常压富氧燃烧技术

常压富氧燃烧技术是在现有锅炉设备的基础上，燃烧用氧气纯度在95%以上，再循环烟气比例为70%左右（煤粉炉）或者更低（循环流化床锅炉），烟气中 CO_2 含量在90%以上，将烟气直接压缩捕集 CO_2[9]。

如图6-3所示为典型常压富氧燃烧系统图[10]，煤粉在经过改进的常规燃煤锅炉中燃烧加热蒸汽驱动汽轮机发电。燃烧生成的大部分烟气经冷凝脱水后再循环送入炉内控制燃烧温度，维持一定的烟气体积以保证锅炉受热面合理的换热效果；少部分烟气再循环与氧气按一定的比例送入炉腔组织完成与常规燃烧方式类似的燃烧过程。由于在空分系统已将绝大部分氮气分离，所以燃烧烟气中的 CO_2 体积浓度可以达到90%左右，不必分离就可以将大部分的烟气直接液化回收处理。

与常规空气燃烧燃煤电站相比，富氧燃烧电站增加了额外的空分系统、烟气循环系统以及 CO_2 捕集系统。在空分系统中，空气经压缩冷却后送入精馏塔进行 O_2 和 N_2 分离，整个过程能量消耗巨大，单位制氧（体积浓度为95%时）能耗约为0.24kW·h。虽然深度冷冻法制得氧气的浓度（99.5%～99.6%）足以满足富氧燃烧所需的氧气浓度，但整个空分系统仍会消耗超过15%的机组总输出功率[8]。烟气再循环系统分为主循环系统和辅助循环系统。在主循环系统中，烟气经脱水再热（250～350℃）后用于干燥、输送煤粉，而在辅助循环系统中，烟气

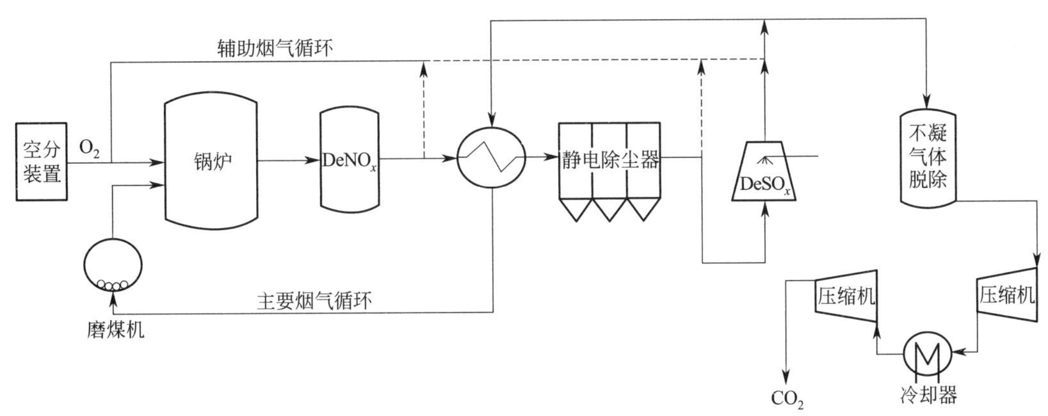

图 6-3　典型常压富氧燃煤系统图

不需脱水可直接高温送入炉内以减少机组效率损失[8]。CO_2 捕集系统需首先对烟气进行脱水脱气并去除颗粒物（particulate matter，PM）、SO_x 和 NO_x 等其他污染物，然后将处理过的烟气送入多级压缩制冷系统以制得液态 CO_2。整个捕集系统运行所需能量约占机组总输出功率的 10%。

2. 增压富氧燃烧技术

常压富氧燃烧系统中空分装置、烟气再循环和 CO_2 分离压缩单元的能耗巨大，净发电效率比传统空气燃烧降低 8%～11%，经济性问题严重制约了常压富氧燃烧技术的应用。为提高净发电效率，美国麻省理工学院的 Fassbender 教授在 2000 年前后首次提出了增压富氧燃烧的概念，即空分制氧、煤燃烧与锅炉换热到烟气压缩捕集 CO_2 的整个过程均维持在高压下完成[10]。其中的增压富氧流化床燃烧技术就是将锅炉燃烧系统的烟气侧压力提高到 6～7MPa，采用增压鼓泡流化床燃烧技术，燃烧用氧气浓度 95%以上，烟气再循环，烟气中 CO_2 含量 90%以上，烟气水分的气化潜热可以回收利用，在常温下能够直接冷却得到液化的 CO_2，并可实现与电站热力系统的经济整合。

由于系统全过程整体增压，锅炉热效率和汽轮机的输出功率得到了提高，减少了 CO_2 冷却压缩液化的电能消耗，在一定程度上抵消了系统增压所增加的功率消耗；同时增压富氧燃烧大大提高了烟气中水蒸气的凝结温度，增加了从锅炉排烟中回收的热量，提高了机组的整体发电效率；而且高压设备结构紧凑且规模较小，可在一定程度上节省电站基建投资。因此，相对于常压富氧燃烧来说，增压富氧燃烧技术是一种高效控制燃煤 CO_2 排放的新型洁净燃烧技术。

目前，国外主要有两种不同形式的增压富氧燃煤系统，分别是由加拿大矿物源技术中心（Canada Center for Mineral and Energy Technology，CANMET）和巴布科克能源（Babcock Power）联合提出的 CANMET 增压富氧燃煤系统（图 6-4），以及由意大利国家电力公司（Ente Nazionale per l’Energia eLettrica，ENEL）在伊蒂股份有限公司（Istituto Trentino per l’Edilizia Abitative，ITEA）研究基础上提出的富氧燃煤系统（图 6-5）。

在 CANMET 增富氧燃煤系统中（图 6-4），煤在增压富氧燃烧器燃烧后生成高温高压烟气依次经过辐射和对流换热器后进入烟气冷凝器。在烟气冷凝器中，水分凝结热用来加热给水，烟气中的 SO_x 和 NO_x 等其他污染物则同时被脱除。经过处理后的烟气在经过提纯和压缩后即可获得液态 CO_2。ENEL 增压富氧燃煤系统（图 6-5）与 CANMET 系统的主要区别在于，

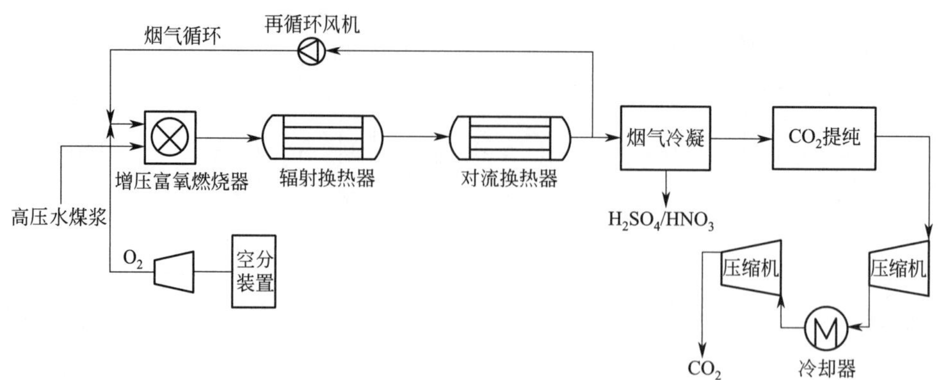

图 6-4　加拿大矿物能源技术中心增压富氧燃煤发电系统

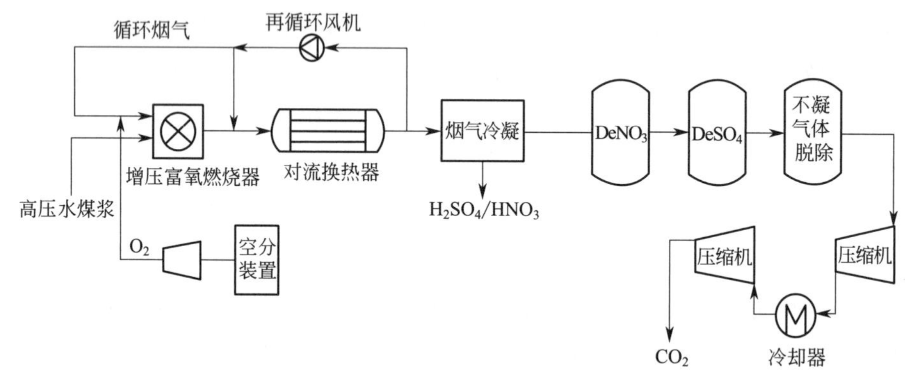

图 6-5　意大利国家电力公司增压富氧燃煤发电系统[11]

增压富氧燃烧器出口的烟气与部分循环烟气混合后温度降低到约 800℃，不需辐射换热即可直接进入对流换热器，减少了整个系统的初投资与运行成本。

国内也有学者在总结吸收现有技术的基础上提出了增压鼓泡床富氧燃煤发电系统的概念（图 6-6）。在该系统中，煤在增压鼓泡流化床锅炉中（pressurized bubbling fluidized bed，PBFB）完成富氧燃烧与炉内换热，出来的高压烟气首先流经省煤器，再到排烟冷凝器加热汽轮机凝汽器出来的低温锅炉给水，释放了烟气显热与水分汽化潜热并脱除水分的高压烟气一部分作为再循环烟气送回锅炉燃烧室完成富氧燃烧，另一部分直接送入 CO_2 冷凝器，采用略低于常温的水进行冷却即得到液态 CO_2。在这一过程中凝结下来的 SO_x、NO_x 被回收，绝大部分粉尘也在凝结过程中被捕集脱除，实现了含 CO_2 减排的一体化污染物脱除。

富氧燃烧除采用再循环烟气调节炉膛火焰温度外也有采用水蒸气调温的富氧燃烧技术。其方法是将氧气（纯度达到 95%以上）与一定比例的蒸汽混合送入炉膛，与燃料一起燃烧，用蒸汽参与燃烧过程来实现火焰温度的调节。锅炉尾部排烟中的大量蒸汽可在下游烟气处理过程中冷凝为液态水，既保证烟气中高浓度的 CO_2，也省去了烟气再循环系统，大大简化了辅助设备。另外也有采用氧气与空气混合燃烧的富氧燃烧技术，氧气与空气混合燃烧的富氧燃烧技术采用空气为主、纯氧气为辅的混合燃烧方式，取消烟气再循环，燃烧气体中氧气含量为 30%～40%，烟气中 CO_2 含量为 30%～40%，采用物理吸附方法分离烟气中的 CO_2，再压缩液化，并与电站热力系统整合。

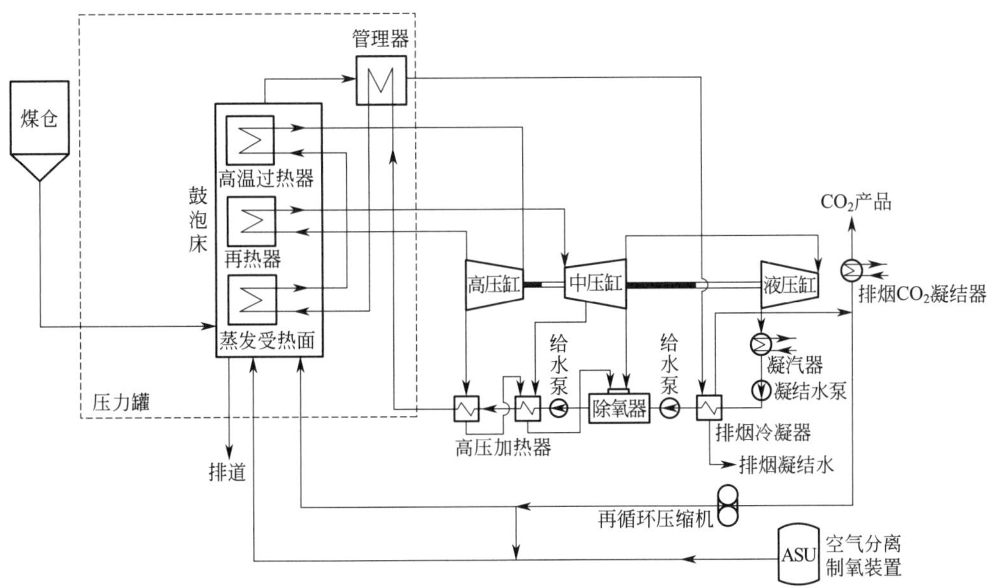

图 6-6　增压鼓泡流化床富氧燃煤发电系统

3. 富氧燃烧特点

富氧燃烧具有以下优点：

① 燃烧尾气 CO_2 浓度可达 90%以上，不需 CO_2 分离装置就可以直接进行液化回收，使得燃烧系统更加紧凑和简洁，提高了机组的热效率。

② 在压缩液化捕集 CO_2 的过程中，烟气中的 SO_2 及 NO_x 均存在资源化利用的可能性，可以省去复杂昂贵的烟气净化设备，减少投资成本。

③ 由于相当一部分烟气参与再循环，锅炉的排烟量大幅度减小，使得锅炉排烟损失减小，锅炉的热效率较空气燃烧显著提高；且烟气中高浓度 CO_2 和 H_2O 导致更强的气体辐射，炉膛辐射换热量有所增加。

④ 在 O_2/CO_2 燃烧环境下，NO_x 的生成量显著减少。一方面，由于燃烧中不存在大量随空气带入的氮气，热力型 NO_x 生成量很少；另一方面，由于烟气再循环燃烧，已生成的 NO_x 在炉膛内还能够发生还原反应。

⑤ 通过烟气再循能够更为灵活地控制锅炉燃烧温度并能够灵活的变化煤种，增强了电站锅炉的煤种适用性。

（二）我国富氧燃烧研究进展及工程示范

我国早在 20 世纪 90 年代中期已开始富氧燃烧的研究，其中华中科技大学、东南大学、华北电力大学、浙江大学等最早开始关注富氧燃烧的燃烧特性、污染物排放和脱除机制等[6]。

1. 3MW_{th} 富氧燃烧碳捕获试验平台

华中科技大学先建成 300kW 富氧燃烧台架，取得了较系统的基础研究成果和小试台架运行经验，证明富氧燃烧是一种可以获取烟气中 CO_2 浓度达 90%以上，且同时兼具脱硫、脱硝和脱汞能力的近"零"排放燃烧方式。2011 年年底，华中科技大学在国内建成第一套全流程富氧燃烧试验台（$3MW_{th}$）富氧燃烧碳捕获试验平台；迄今为止，该平台仍然是国内最大的全流程富氧燃烧试验系统，年捕获 CO_2 量达 7000t。该实验系统包括空分系统（ASU）、锅炉及燃烧系统、烟气净化系统（FGC）、CO_2 压缩纯化系统（CPU）等完整的工艺流程，实验系统如图 6-7 所示。锅炉炉体高为 9.44m，为电站锅炉典型的"π"形布置，微正压，燃烧器前墙布置，固态排渣，全钢结构。燃烧系统包括富氧旋流燃烧器、燃尽风风路及氧气注入器等；烟气净化系统包括布袋除尘器、旋风除尘器、多管除尘器、碱液脱硫塔以及烟气冷凝器等设备，保证用于压缩纯化的烟气质量。

该系统现已实现锅炉岛出口烟气中 CO_2 浓度超过 80%的目标（图 6-8）。

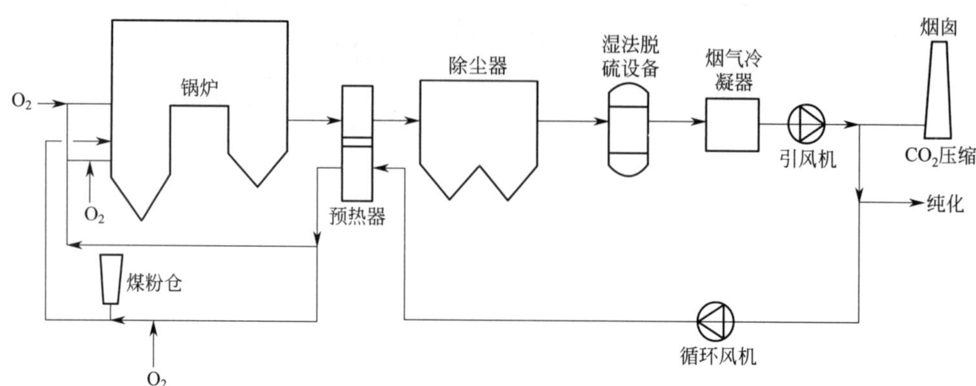

图 6-7　$3MW_{th}$ 富氧燃烧碳捕获试验平台[12]

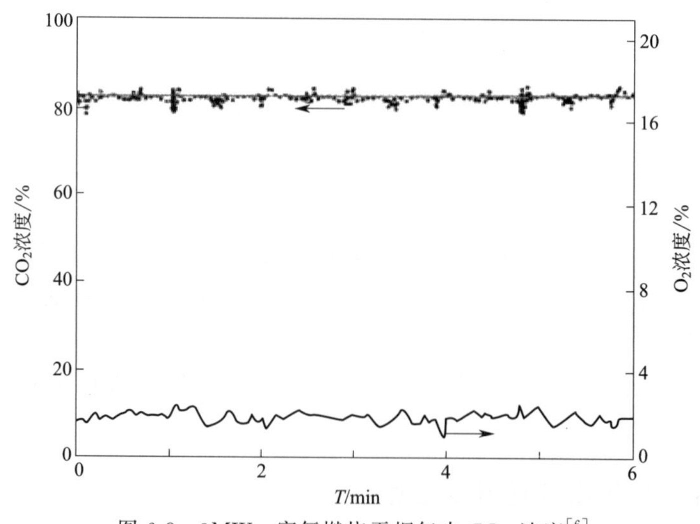

图 6-8　$3MW_{th}$ 富氧燃烧干烟气中 CO_2 浓度[6]

2. 35MW 富氧燃烧系统

为进一步推进富氧燃烧技术的发展，华中科技大学于 2011 年 5 月启动了 $35MW_{th}$ 富氧燃烧碳捕获关键装备研发及工程示范项目，该项目由国家科技部、华中科技大学、东方锅炉（集团）股份有限公司、四川空分设备（集团）有限责任公司和久大（应城）制盐有限责任公司等共同投资建设，新建一台 38.5t/h 的锅炉，配备深冷空气分离制氧系统，用高纯度的氧代替助燃空气，同时采用烟气循环调节炉膛内的介质流量和传热特性。该系统采用空气与富氧兼容结构设计，主要由锅炉本体、制粉系统（CPS）、静电除尘器（ESP）、烟气换热器（GGH）、烟气脱硫系统（FGD）、烟气冷凝器（FGC）、送风机、引风机、增压风机、一次风机，以及富氧燃烧特有的烟气循环管路、注氧混氧器、模式切换、空分制氧（ASU）和压缩纯化（CPU）等装置及设备组成，工艺流程见图 6-9，锅炉主要设计参数见表 6-1。

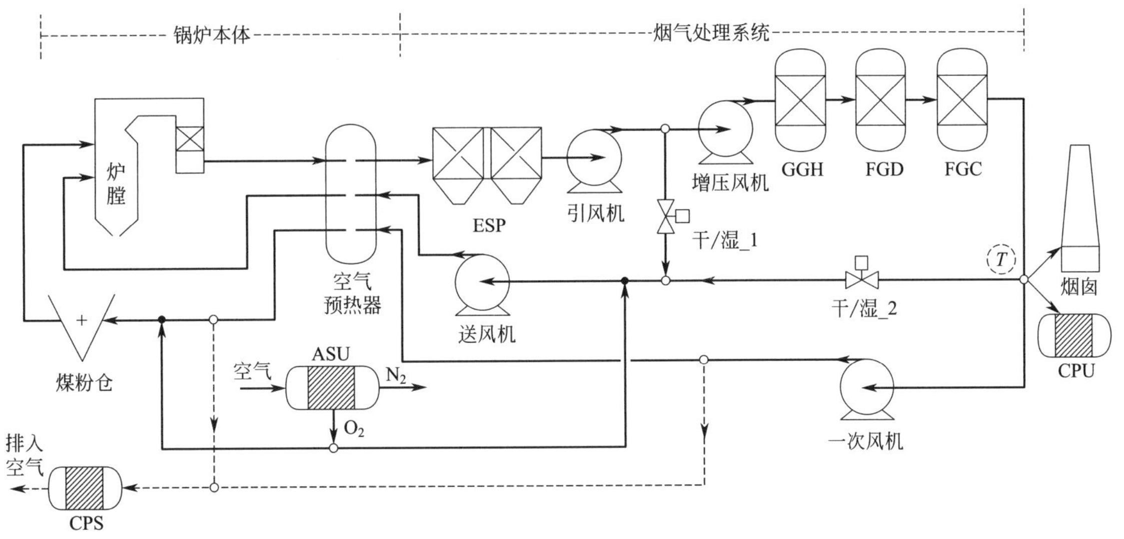

图 6-9　典型富氧燃烧工艺流程示意[13]

表 6-1　35MW 富氧燃烧锅炉主要参数

参数	数值	参数	数值
锅炉额定蒸发量/(t/h)	38.5	过热器出口蒸汽额定压力/MPa	3.82
过热器出口蒸汽额定温度/℃	450	省煤器进口给水温度/℃	105

在此基础上，华中科技大学牵头，联合神华集团、东方电气集团、四川空分、久大制盐有限责任公司等大型企业成立了富氧燃烧产业联盟，致力于富氧燃烧技术在 200～600MW 规模电厂上的应用。神华集团国华电力公司已经对 200MW 等级富氧燃烧项目的可行性研究进行立项，并由华中科技大学、东方锅炉集团有限公司、西南电力设计院等单位联合开展前期研究。此外，中国大唐新华电厂和山西国际电力也分别与 Alstom、Babcock&Wilcox 公司合作进行了 350MW 等级富氧燃烧电站的可行性研究工作。

富氧燃烧方式既可以应用于现役锅炉，也可以按富氧燃烧技术新建锅炉。通过对按空气燃烧设计运行的燃煤粉锅炉或循环流化床锅炉进行富氧燃烧技术改造，以达到捕集 CO_2 的目的。现役锅炉的富氧燃烧改造是一个比较合适的选择，因为富氧燃烧改造对锅炉设备与蒸汽循环系统影响不大，主要是辅助设备的电力消耗增加，特别是空气分离制氧设备。而对于采用富氧燃烧技术新设计的锅炉设备与系统，可以通过改进燃烧、优化辐射与对流换热份额及各个受热面的布置，提高受热面的高温性能，优化新型锅炉设计。采用富氧燃烧技术后，由于燃烧中 CO_2 再循环的比例在一定的范围内是可变化的，因此，在燃烧、辐射传热和对流传热等方面可以开展进一步的优化设计，使煤粉的燃烧与燃尽、传热及阻力损失以及运行费用等方面达到更合理的工况。

富氧燃烧技术增加了空气分离系统和烟气压缩纯化系统，从而增加了系统的投资成本和运行电耗，导致整个燃烧发电系统的供电效率降低。文献［14］对600MW富氧燃烧系统过程建模，分析空分系统、烟气处理系统的功耗。结果表明，当600MW传统电厂改造成富氧燃烧时，空分系统占电厂总电耗58.54％，烟气处理系统占总电耗26.97％，电厂的供电效率由原来的37.69％降低到25.62％。

三、化学链燃烧技术

化学链燃烧是将传统的燃料与空气直接接触的燃烧借助于载氧体的作用而分解为两个气固反应，燃料与空气不需接触，由载氧体将空气中的氧传递到燃料中，从而实现无焰燃烧释放能量。化学循环燃烧装置主要由两个反应器构成，空气反应器和燃料反应器，固体载氧体（金属氧化物NiO系、Fe_2O_3系、CuO系等）在空气反应器和燃料反应器之间循环。在一定温度下，载氧体首先在空气反应器中与气速约15m/s（空气流速比燃料气流速大10倍）的空气进行氧化反应，分离出空气中的O_2，空气中过剩的N_2和O_2从旋风分离器顶端排出，携带O_2的载氧体通过旋风分离器的底部进入燃烧反应器中，载氧体释放氧气与燃料进行反应，金属氧化物在燃料反应器中被还原，进入空气反应器中循环使用（图6-10）。

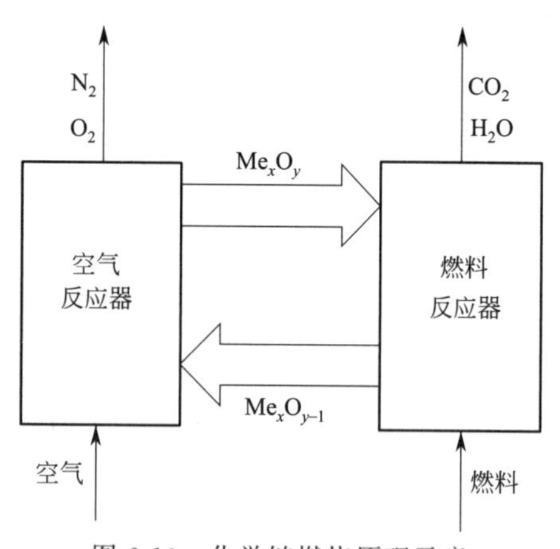

图6-10　化学链燃烧原理示意

化学链燃烧集燃烧与分离于一体，由于燃料反应器内的气固反应温度远低于常规的燃烧温度，所以可以有效控制NO_x的生成，甚至不产生NO_x。并且燃料不直接与空气接触也避免了空气中N_2的稀释，使燃烧更充分，提高了能源的利用效率。再者，燃料燃烧产生的产物只有CO_2和H_2O，采用简单的物理冷凝方法冷凝析出水就可以分离回收高纯度的CO_2，不需要经过传统的吸收、吸附、膜法等方法，避免了成本高昂的气体分离过程。

（一）化学链燃烧研究进展

化学链燃烧工艺的发展过程中，载氧体的研究一直是其重点。载氧体在两个反应器之间循环使用，将氧从空气传递到燃料中反应。载氧体既要传递氧，又要传递热量，优势载氧体必须具备以下条件：耐高温；机械强度高、磨损率低；再生性强；活性好——对燃料与氧气都有很好的反应性；氧传输能力强；安全可靠、不危害健康、价格便宜等。因此，研究适合于不同燃料的高性能载氧体是化学链燃烧技术能够实施的先决条件，也是化学链燃烧技术的研究重点与热点。

1. 载氧体材料及制备

化学链燃烧中，载氧体的性能与其活性、物理性质、制备方法和使用寿命等有关。对于载氧体的类型，研究较多的是金属氧化物载氧体，目前已被证实了的可用作载氧体的活性金属氧化物主要包括Ni、Fe、Co、Mn、Cu和Cd的氧化物。除金属氧化物活性组分外，载氧体中还要添加一些惰性载体，为载氧体提供较高的比表面积和适合的孔结构，改进载氧体的强度，提高载氧体的热稳定性，同时还可以减少活性组分的用量。目前文献中报道较多的惰性载体主

要有 SiO_2、Al_2O_3、TiO_2、ZrO_2、MgO、钇稳定氧化锆（YSZ）、海泡石、高岭土、膨润土和六价铝酸盐，由不同比例的活性组分和惰性载体构成了各种不同的载氧体。另外，考虑到各种金属的优缺点，一些研究人员将几种金属氧化物以一定的比例混合作为载氧体的活性组分，以期得到综合性能更好的复合载氧体。

惰性载体种类、金属氧化物种类、混合比例、制备工艺、烧结温度等均对载氧体的性能有明显的影响。目前应用的载氧体制备方法有机械混合法、冷冻成粒法、浸渍法、分散法、溶胶-凝胶法等[15]。其中溶胶-凝胶法可制得精细、均匀的粉末，但由于所用到的金属醇盐一般很昂贵，因此在工业生产中该方法没有得到广泛应用。另外，在机械混合法和冷冻成粒法中，分别加入石墨和淀粉作为添加剂，其作用是高温时作为气孔形成物，增加载氧体的多孔性，以此来改善载氧体的反应性。用上述方法制备载氧体时，需要进行烧结，烧结温度不同对载氧体的性能也有较大影响。一般而言，随着烧结温度升高，载氧体的破碎强度增大，反应性下降，这是由于高温时烧结的载氧体具有较高的密度和较低的多孔性。总体而言，冷冻成粒法和浸渍法是制备载氧体最常用的两种方法，一般来说，基于镍和铁的载氧体通常使用冷冻成粒法，而基于铜的载氧体则使用浸渍法。

2. 其他材料载氧体

化学链燃烧实际应用中一个关键的问题是载氧体的成本，利用一些天然矿石及其他废料可以在达到较好反应性的基础上大幅降低载氧体制备成本，目前发现性能较好的有铁矿石、钛铁矿、锰矿石、石灰岩等。

① 铁矿石。铁矿石在固体燃料的化学链燃烧中的应用已在四个不同的实验装置上进行了总共 404h 的成功实验，分别为东南大学的 1kW 实验装置、西班牙高级科学研究委员会（CSIC）的 0.5kW 实验装置、Chalmers 理工大学的 0.3kW 实验装置、CSIC 用于固体燃料化学链燃烧的 0.5～1.5kW 实验装置。

② 钛铁矿。钛铁矿是以 $FeTiO_3$ 形式存在的化合物，在化学链燃烧中为还原态，其氧化态形式为 $Fe_2TiO_5+TiO_2$，钛铁矿实际上也是一种铁氧化物。钛铁矿的优势在于对合成气有着较高的反应性，并且流动特性良好。据报道其在八个不同的实验装置上共有 810h 的运行经验。分别为 Chalmers 理工大学的 0.3kW、10kW 和 100kW 的固体燃料 CLC 装置以及 0.3kW 适用于液体燃料的 CLC 实验装置，维也纳科技大学的 140kW 装置，斯图加特大学的 10kW 装置，CSIC 用于固体燃料 CLC 的装置和汉堡大学用于固体燃料的 25kW 装置。

③ 锰矿石。锰矿石可以有多种状态，并且可以和其他元素化合生成不同的矿石。由于锰矿石中常常含有 Si 和 Fe，因此常常会具有化学链氧解耦（CLOU）性质。实验证明相比于钛铁矿，锰矿石有更高的气体转化率。但是锰矿石存在的问题是会产生灰沉积，从而缩短使用寿命。据报道在 Chalmers 理工大学使用锰矿石已经有 148h 的成功运行实验。

④ 石灰岩。石灰岩是一种非常便宜且丰富的材料，经硫酸化之后可以制得 $CaSO_4$，而 $CaSO_4$/CaS 是固体燃料 CLC 中一种低成本载氧体，氧转化率可达 47%，但是有热力学性质限制，并且对于 CO 和 H_2 的转化率不超过 99%，而且在反应过程中会有 S 的逃逸，将载氧体转化为 CaO。

（二）化学链燃烧用于 CO_2 分离

化学链燃烧（chemical looping combustion，CLC）是从大流量、低二氧化碳浓度的烟气中分离出二氧化碳的方法之一。其最早在 20 世纪初被用于以水蒸气与铁反应制备氢气，并于

20世纪中期被提出用于二氧化碳的商业化生产。有研究表明，在CO_2的捕集和储存过程中，有75.8%的运行成本是集中在CO_2捕集（分离）阶段的。但是在化学链燃烧过程中，燃料和空气并不直接接触，是一种非接触燃烧技术。燃料反应器中的燃料被固体载氧体的晶格氧氧化，完全氧化后生成CO_2和H_2O。由于没有空气的稀释，产物纯度很高，将水蒸气冷凝后即可得到较纯的CO_2，可以避免成本高昂的气体分离过程。因此化学链燃烧技术被认为是一种非常高效的CO_2捕集技术。

目前尚没有实际工程应用的化学链燃烧CO_2捕集，但各研究机构已经搭建不同的化学链反应装置。主要研究机构有瑞典查尔姆斯理工大学、西班牙ICB-CSIC研究所、美国俄亥俄州立大学、英国剑桥大学、韩国能源研究所、挪威科技大学、奥地利维也纳理工大学、加拿大西安大略大学、澳大利亚纽卡斯尔大学等诸多高校和研究机构。在国内，东南大学、华中科技大学、清华大学等也展开了相关研究，取得部分研究成果。

1. 气体进料的化学链燃烧工艺

目前较大规模的以气体为燃料的化学链燃烧工艺包括查尔姆斯理工大学的$10kW_{th}$装置[16]、东南大学的$10kW_{th}$装置、Carboquimica研究所的$10kW_{th}$装置、韩国能源研究所的$50kW_{th}$装置以及维也纳理工大学的$120kW_{th}$装置等。下面以查尔姆斯理工大学的装置为例进行介绍。

2002年，瑞典查尔姆斯理工大学Lyngfelt课题组首次搭建了$10kW_{th}$化学链燃烧双反应器冷态装置（图6-11），并进行冷态实验，考察了系统压力分布、颗粒循环流动特性[16, 17]。该实验系统由空气反应器（A）、提升管（B）和燃料反应器（G）组成。此系统设计进料为天然气等气体燃料。空气反应器中的载氧体被氧化夹带、旋风分离后落入燃料反应器，被还原后的载氧体经过燃料反应器底部的溢流槽和L型气封回到空气反应器。L型气封主要为防止窜气，空气反应器为快速流化床以提升载氧体。燃料反应器以低气速鼓泡床方式运行，以增加载氧体-燃料接触时间，保证燃料气体完全转化。

随后Lyngfelt课题组基于冷态装置搭建了对应的$10kW_{th}$化学链燃烧热态试验装置（设计参数见表6-2）。在此装置中验证化学链燃烧过程的可行性，并衡量载氧体在循环操作下的性能。Linderholm等使用某种颗粒载氧体进行了160h的操作[18]，实验中还原床出口的一氧化碳和甲烷的浓度分别为0.3%～1%和0.15%～0.6%。在不含氮气体系下二氧化碳的浓度为99%，对应基于热值的燃料转化效率为99.1%。证明了化学链燃烧具有高效率，实现CO_2内分离是完全可行的。

表6-2 化学链燃烧热态试验台设计值和操作参数

参数	还原反应器	氧化反应器	提升器
反应器内径/mm	250	140	72
反应器床高/mm	350	530	1850
气体速度(U/U_t)	—	1.2～3	4～10
气体速度(U/U_m)	5～15	—	—
颗粒表观密度/(kg/m^3)		2500～5400	
颗粒平均直径/μm		100～200	
设计操作压力/Pa		101325	
设计操作温度/℃		950	
设计燃料		甲烷	
设计空燃比		1.2～2.6	

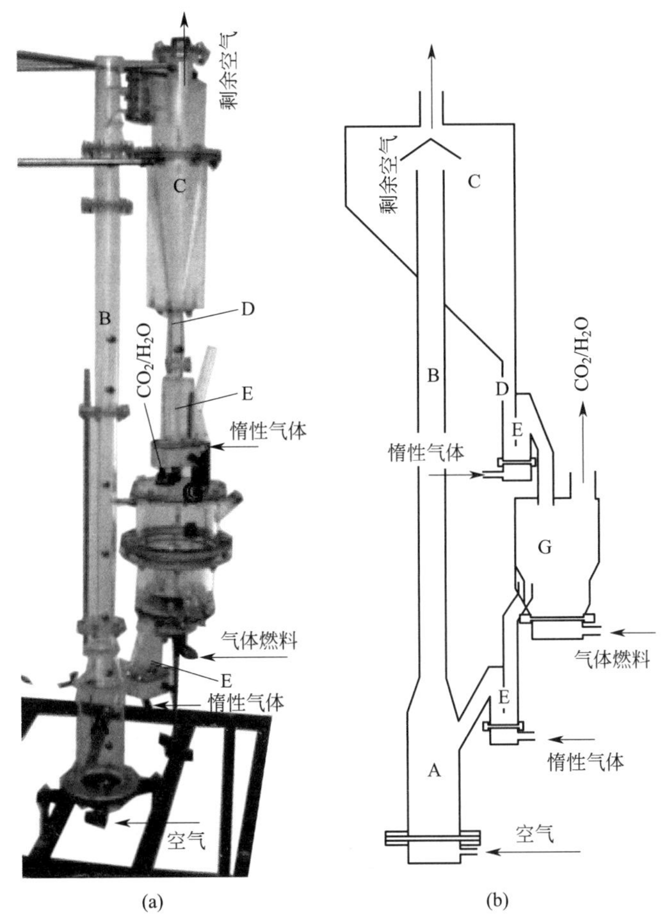

图 6-11　10kW$_{th}$ 化学链燃烧冷态试验台

A—空气反应器；B—空气反应器提升管；C—旋风分离器；D—下降管；
E—密封环；G—燃料反应器鼓泡床

2. 固体进料的化学链燃烧工艺

煤、石油焦和生物质等固体燃料较天然气和合成气的成本更低，且用于化学链燃烧后可以直接回收 CO_2，避免了分离 CO_2 所需要的昂贵设备和能量，因此以固体燃料的化学链转化工艺更具吸引力。目前直接采用固体进料的化学链燃烧工艺还处于发展阶段，实现固体燃料化学链燃烧有以下 3 种基本途径。

① 固体燃料气化后的气体产物与载氧体反应。这就需要引入一个单独的固体燃料气化过程[19]，增加了投资和运行成本。

② 固体燃料直接引入燃料反应器。燃料的气化以及之后与载氧体的反应在燃料反应器中同时进行[20,21]。但需要注意的是燃料和载氧体之间的固-固反应效率非常低[22]，因此一般需要使固体燃料气化，生成 CO 与 H_2，然后 CO 与 H_2 和载氧体颗粒反应。

③ 化学链氧解耦燃烧（CLOU）。载氧体在燃料反应器中释放气相氧与固体燃料燃烧。与常规 CLC 相比 CLOU 的优点是固体燃料不与载氧体直接反应而不需气化过程，相比前两种途径降低了系统成本。

固体燃料直接引入燃料反应器的方法具有极大的可行性，而固体燃料 CLC 燃烧装置与气体燃料的大致相同，主要区别在于燃料反应器内部的改进，并且添加了固体燃料的供给和循环回路。

查尔姆斯科技大学 Lyngfelt 课题组设计了用于固体燃料的 $10kW_{th}$ 流化床反应装置[23]，如图 6-12 所示。系统由空气反应器、燃料反应器、上升管、旋风分离器、给煤机、水蒸气产生单元以及水封组成。空气反应器与之前用于气体燃料的反应器相类似，但增加了用于固体颗粒的再循环回路。燃料反应器内部分为低速鼓泡流化区（燃料挥发分析出、燃料气化、合成气与载氧体发生还原反应）、分离未反应碳区（未反应碳从载氧体颗粒中分离，载氧体颗粒进入空气反应器）和高速流化区（携带一定比例的未反应碳和载氧体颗粒重新进入燃料反应器）3部分[24]。

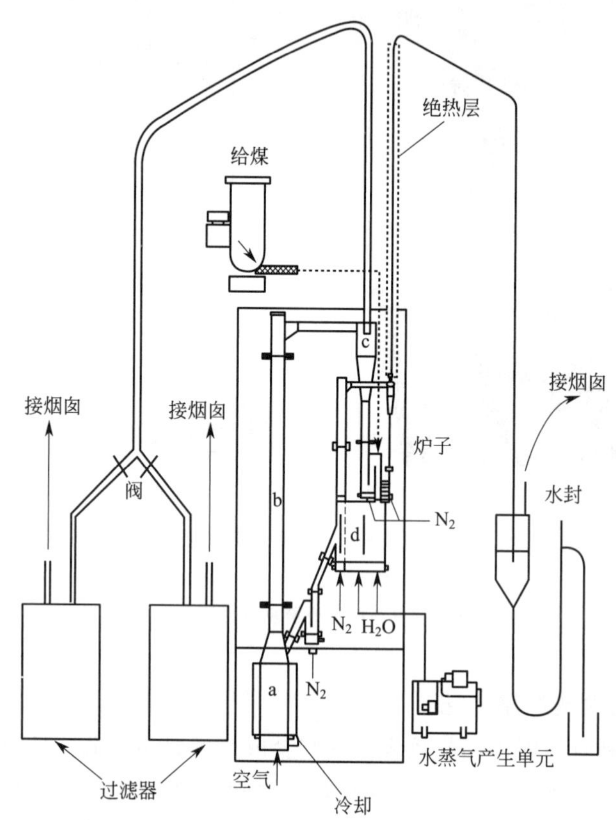

图 6-12　$10kW_{th}$ 固体燃料化学链燃烧热态试验台[23]

a—空气反应器；b—上升管；c—旋风分离器；d—燃料反应器

东南大学设计建造了 $10kW_{th}$ 双床化学链燃烧试验装置[25～28]。该装置的空气反应器为快速流化床，燃料反应器采用喷动床取代了常用的鼓泡床，还原床由一个两室的立方体喷动床构成。燃料转化和载氧体还原发生在主室中，固体燃料从喷动床底部进入燃料反应器，与载氧体方向正好相反，燃料颗粒与高温载氧体充分接触。副室是一个内置的隔离层，使溢出管所得还原后的氧载体进入氧化室。回流的二氧化碳或者二氧化碳与水蒸气的混合物和用螺杆给料机注入的固体燃料在还原床中圆锥体的底部进行反应。氧化室是一个圆柱形的高流速的提升管，在其底部装有一个有孔的平板。固体从还原床进入氧化床，并被带到提升器的顶部，然后被旋风分离器分离下来。氧化后的载氧体颗粒回到还原床，完成整个循环过程。单个的反应器由外在的加热器来保持系统温度的恒定（图 6-13）。

东南大学在该试验台上进行了三种载氧体（表 6-3）和两种燃料（表 6-4）的化学链燃烧试验，主要研究两种以氧化镍作为活性成分的氧载体和煤的反应。其测试结果由碳捕集效率和二氧化碳捕集效率两个参数来体现。（式中不考虑氧化床中的 CO_2）。

碳捕集效率＝(1－飞灰中的碳流量/煤中的碳流量)×气体转化率

气体转化率＝二氧化碳流量/(二氧化碳流量＋一氧化碳流量＋甲烷流量)

二氧化碳捕集效率定义为离开还原床的二氧化碳的流量和从两个反应器中出来的含碳气体的流量比例。分子只表示 CO_2 流量，不包括气体中的 CO_2、CH_4 等。

通过碳捕集效率计算和检验，以煤和固体生物质为燃料（表 6-4），设有固体燃料螺旋进料口，累计操作时间超过 150h。在该试验台上，考察了以 NiO、Fe_2O_3、铁矿石为载氧体（表 6-3），煤和生物质为燃料化学链燃烧特性，燃料反应器出口 CO_2 浓度可以超过 92%（体积分数）[25,29,30]。

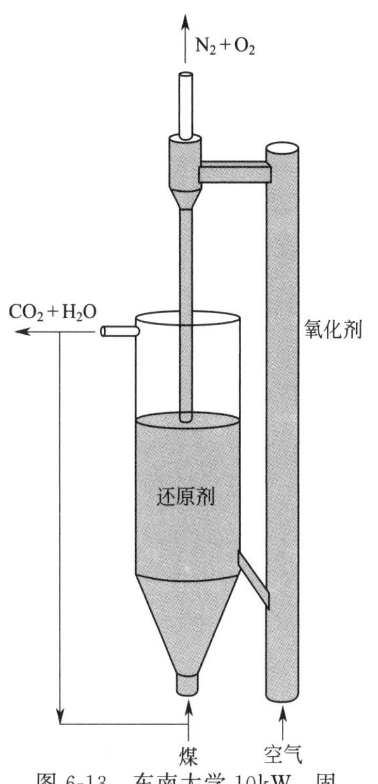

图 6-13 东南大学 $10kW_{th}$ 固体化学链燃烧装置示意[25]

表 6-3 东南大学 $10kW_{th}$ 固体燃料化学链燃烧工艺载氧体颗粒性质

项目	颗粒 A	颗粒 B	颗粒 C
使用的金属氧化物	NiO	NiO	Fe_2O_3
使用的载体材料	$NiAl_2O_4$	Al_2O_4	无
合成方法	浸渍法	共沉积法	无
颗粒尺寸/μm	0.2～0.4	0.2～0.4	0.3～0.6
密度/(kg/m^3)	2350	2350	2460
表面积/(m^2/kg)	8.694×10^4	5.081×10^4	546.5
空隙率/(m^3/kg)	3×10^{-4}	1.801×10^{-4}	1.536×10^{-4}
操作时间/h	30	100	30
使用固体总量/kg	11	11	12

表 6-4 东南大学 $10kW_{th}$ 固体燃料化学链燃烧工艺燃料性质

项目		煤	生物质
近似分析(体积分数)/%	水分	6.98	11.89
	固定碳	53.85	14.77
	挥发分	33.59	75.78
	灰分	5.58	1.56
元素分析(体积分数)/%	碳	65.06	40.06
	氢	4.34	5.61
	氧	15.98	39.88
	氮	0.86	0.90
	硫	1.20	0.10

续表

项目	煤	生物质
低热值/(MJ/kg)	24.80	14.47
固体流速/(kg/h)	1.20	3.00
功率/kW_{th}	8.27	12.06
当量比表面直径/mm	0.38	1.50

试验结果显示，载氧体 A 与煤化学链燃烧反应的碳捕集效率在还原床温度为 970℃达到最大值 92.8%，在还原床内气体转化率可达到 95.2%，接近热力学平衡的极限，但还原床内细小煤粉的损失降低了碳捕集的效率，循环使用还原床和氧化床内的细小煤粉可以进一步提高碳捕集效率。

东南大学还建造了煤加压双床化学链中试装置，该装置采用铁矿石作为载氧体，在 0.1～0.5MPa 下总计连续运行了 19h，燃料反应器出口 CO_2 浓度可以达到 97.2%，燃烧效率达到 95.5%[31]。

理论研究表明，化学链燃烧在提高能源效率、分离捕集 CO_2、控制和消除 NO_x 产生等方面具有极大的优势。

四、超临界水热燃烧技术

超临界水热燃烧（supercritical hydrothermal combustion，SCHC）是指燃料或者一定浓度的有机废物与氧化剂在超临水（$T \geqslant 374.2$℃且 $p \geqslant 22.1$MPa）环境中发生剧烈氧化反应，产生水热火焰（hydrothermal flame）的一种新型燃烧方式[32,33] 燃料在水热燃烧反应器内着火形成“水火相容”的水热火焰。水热火焰也是超临界水热燃烧区别于超临界水热氧化（supercritical water oxidation，SCWO）的主要特点。

Franck 等[34] 首次使用术语“水热燃烧”（hydrothermal combustion）来描述发生在超临界水相中伴随有水热火焰的有机物剧烈氧化过程。2002 年日本学者 Sato、Serikawa 等以异丙醇为燃料，采用摄像机透过蓝宝石视窗清晰地记录了超临界水热火焰从起燃到熄灭的过程。迄今为止，国内外多家研究机构针对超临界水热燃烧技术的一系列研究充分证明了该技术的可行性，而当前超临界水热燃烧技术的两大研究焦点是水热火焰特性与水热燃烧反应器[35]。

（一）超临界水特点

水的临界点为温度 374.2℃、压力 22.1MPa，当温度和压力超过此数值，水就成为超临界水，与普通液体水相比，超临界水具有如下特性。

① 超临界水具有特殊的溶解度：烃类等非极性有机物与极性有机物一样，可以完全与超临界水互溶，空气、氧气、一氧化碳、二氧化碳等气体也可以以任意比例溶于超临界水，而无机物，尤其是盐类在超临界水中溶解度很小，因此超临界水氧化技术用于废水处理效果显著。

② 超临界流体的密度与液体相当，比气体密度大数百倍，其黏度接近气体，比液体的黏度小两个数量级，扩散系数介于液体和气体之间（表 6-5），因此称其为“液体般的气体”。超临界水既有普通水对溶质有较大溶解度的特点，又具有气体易于扩散和运动的特性，兼具气体和普通水的性质。

表 6-5 气体、液体和超临界流体性质比较

性质	单位	气体	超临界流体		液体
		1atm,15～30℃	T_c,pc	T_c,$4pc$	15～30℃
密度	g/cm^3	$(0.6\sim2)\times10^{-3}$	0.2～0.5	0.4～0.9	0.6～1.6
黏度	g/(cm·s)	$(1\sim3)\times10^{-4}$	$(1\sim3)\times10^{-4}$	$(3\sim9)\times10^{-4}$	$(0.2\sim3)\times10^{-2}$
扩散系数	cm^2/s	0.1～0.4	0.7×10^{-3}	0.2×10^{-3}	$(0.2\sim3)\times10^{-5}$

注:表中数据仅表示数量级。

③ 对于超临界流体，在临界点附近，压力和温度变化会引起流体密度变化，并相应地表现为溶质溶解度的变化，因而通过调整超临界水体系温度和压力可以控制体系中所进行的反应速率和反应进行的程度。

(二) 超临界水热燃烧原理

超临界水热燃烧与超临界水氧化的原理类似，但反应更剧烈，是带有火焰的超临界水氧化。通入超临界水中的氧（或其他氧化剂）打断烃类化合物的分子链，产生大量活泼自由基与氧气反应，最终产物为水和二氧化碳气体、氮气等无害物质，有机物中的 S、Cl、P 等元素则生成相应的酸或者盐，整个过程可以概括为：

$$\text{有机物} + O_2 \longrightarrow CO_2 + H_2O$$

$$\text{有机物中杂原子} \longrightarrow \text{酸}(H_3PO_4、H_2SO_4、HNO_3)、\text{盐}、\text{氧化物}$$

煤在超临界水中充分氧化，放出大量热量。反应后煤中的 C 转化为 CO_2；N 转化为 N_2，没有 NO_x、N_2O 生成；S 转化为 H_2SO_4 或硫酸盐，没有 SO_2、SO_3 生成；矿物质转化为灰分（泥渣）排出，无粉尘向大气排放。

超临界水热燃烧处理有机废物和碳基燃料方面具有以下优势[37,38]：

① 与传统的燃烧、湿式催化氧化等技术相比，超临界水氧化技术能彻底破坏有机污染物结构，污染物完全氧化、二次污染小、不需后续处理[39]。

② 相比于常规的煤燃烧，超临界水热燃烧反应温度低、反应速率快、燃尽时间短（1～2min），通过水热燃烧反应器的创新设计及反应器入口物料温度的控制，稳定的水热火焰温度可低至 500～700℃。

③ 没有 NO_x、SO_x 二噁英等污染物生成，节省了尾气处理能耗及设备，且排放的气体产物中无硫氧化物、氮氧化物、飞灰等物质，环境友好。

④ 有机物含量超过 2%时，反应系统热量自补偿。有机物浓度越高，系统放出的热量越多，可以回收这部分热能加以利用。

⑤ 相比于传统的燃煤锅炉，氧化反应器没有锅炉的排烟、过量空气等损失，能量转化回收率高。

(三) 超临界水热燃烧研究及应用

煤炭在空气中直接燃烧能量的利用效率低，且不可避免地会产生 NO_x、SO_2、CO_2 和 $PM_{2.5}$ 等污染物，严重污染环境。与常规燃煤技术相比，煤的超临界水热燃烧技术不需脱硫、脱硝、除尘等末端装置即可实现污染物 NO_x、SO_x、粉尘的源头控制。煤中碳的燃烧终产物

为 CO_2，CO_2 与超临界水完全互溶，而 CO_2 在液态水中溶解度很低，燃烧后流体温度降低，CO_2 很容易被分离出来，可以实现 CO_2 的低成本捕集[35]，具有极其优越的环保性能。但目前超临界水热燃烧技术还处于发展阶段，在 CO_2 捕集方面尚未出现工程应用。

迄今为止，国内外关于超临界水热燃烧的研究主要针对部分液体燃料，而对于以煤为代表的固体类燃料的研究甚少。有学者研究煤气化所得半焦的水热燃烧特性，认为半焦的超临界水氧化燃烧过程，一边通过异相化学反应积聚热量，一边与周围流体换热，而且反应速率还受到氧气在超临界水中的传质速率的影响。对于毫米级的半焦颗粒，完全燃尽的时间为 5～7min，而对于微米级的半焦颗粒，只需要 4～7s 的时间可完全燃烧，反应温度比目前气化炉温度要低得多。

文献［40］分析了煤在空气和超临界水两种不同的氧化氛围中的能量释放，揭示了煤在水相氧化氛围中的能量释放新机理，并对煤在超临界水氧化反应器和传统锅炉中的实际过程进行分析。其试验结果表明，水相氧化将煤的化学能品位从 1 降低到 0.83，并且减小了煤的化学能品位与热源品位之差，从而降低了煤中化学能向物理能转变的不可逆损失，㶲损失减少了 6.04%，热㶲增加了 5.25%，而且水相氧化没有传热㶲损失；运用㶲分析理论，计算得到超临界水氧化反应器㶲效率高达 80.1%，高出传统锅炉㶲效率 24.2%。

在未来相当长的时间内，煤炭在我国能源结构中的主体地位仍不可动摇。能源领域，以煤炭为代表的固体燃料的水热燃烧将是超临界水热燃烧领域的重要研究方向。

第三节　CO_2 捕集技术

我国燃煤机组 CO_2 排放高于世界平均水平，燃煤机组 CO_2 减排成为大家关注的焦点，碳捕集与封存技术（carbon capture and storage，CCS）是将工业和能源行业产生的 CO_2 通过装置分离出来，输送到油气田、海洋等地点进行长期（几千年）封存，从而阻止或显著减少温室气体排放，以减轻对地球气候的影响。目前该技术被认为是降低温室气体排放，阻止全球变暖最经济与可行的方案[41]。

碳捕集与封存技术分为 CO_2 捕集、CO_2 运输、CO_2 封存三个过程。碳捕集工艺按操作时间可分为燃烧前捕集、燃烧后捕集、富氧燃烧捕集以及工业过程碳捕集[42]（图 6-14）。

捕集后的 CO_2 经过提纯压缩后资源化利用，也可以将 CO_2 用作保护气、原料气等应用于工业过程。

一、燃烧前碳捕集

燃烧前捕集技术是在碳基燃料燃烧前，将碳和其他物质进行分离，其中一种典型的燃烧前脱碳的方法是整体煤气化联合循环发电系统（integrated gasification combined cycle，IGCC）。煤炭送入高温气化炉内，在压力与热量的作用下，经由气化反应器生成煤制合成气（主要成分为 H_2 和 CO 的混合气体）。合成气经冷却后于 SHIFT 反应器中与水蒸气发生反应生成水煤气，煤制合成气中的 CO 则转化为 CO_2。CO_2 在燃烧前就被分离出来，H_2 则进入整体煤气化联合循环系统中进行燃烧，常规 IGCC 技术路线如图 6-15 所示。

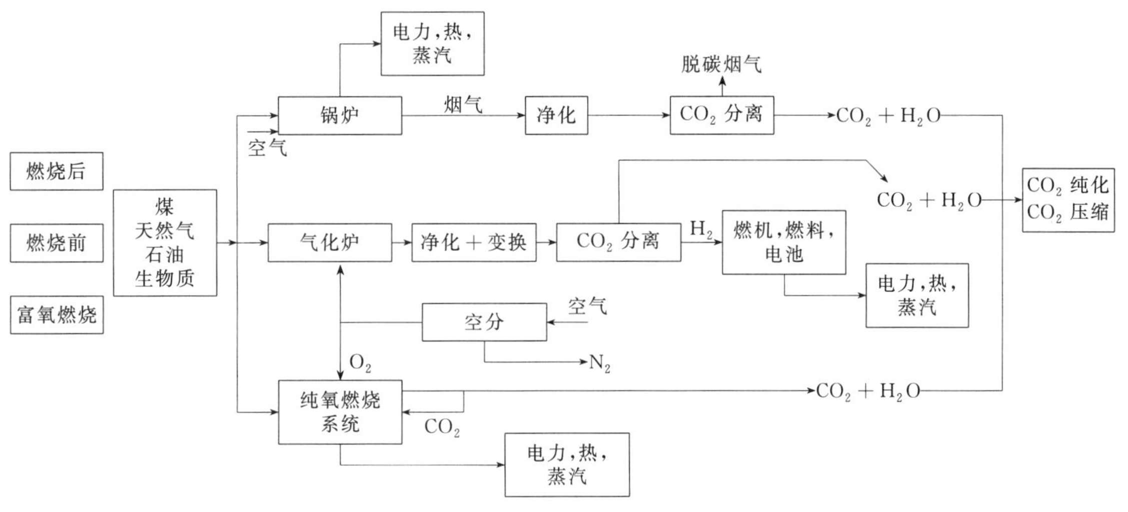

图 6-14 二氧化碳捕集过程

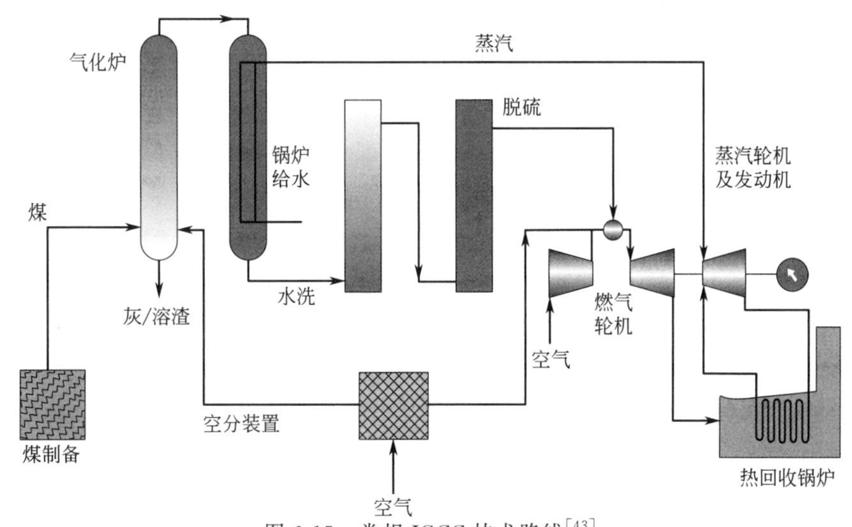

图 6-15 常规 IGCC 技术路线[43]

IGCC 系统中的气化炉采用富氧或纯氧加压气化技术，处理气体的体积较小，CO_2 浓度和压力较高（浓度可达 35%～45%），分离起来较为方便，在污染物排放控制方面具有较好的应用前景。但由于技术不成熟、系统复杂及可靠性不高等缺点未被广泛采用。目前 IGCC 已经由商业示范阶段跨入商业应用阶段，主要分布在美国、日本、欧洲等发达国家和地区。随着煤气化技术和燃机技术的不断发展和进步，IGCC 向着大容量、高效率、低排放的方向发展，气化炉容量达到 2500～3000t/d，采用 G 型或 H 型高性能大容量燃气轮机联合循环，功率可达 400～600MW，联合循环效率超过 55%。表 6-6 列出了 20 世纪 90 年代国外建成的几座 IGCC 示范电厂，已进入商业运营阶段，运行状况良好。国内 IGCC 示范项目目前只有天津华能绿色煤电投入运行，主要是建设成本及一些关键技术仍然没有突破。

表 6-6 20 世纪 90 年代国外 IGCC 示范电厂[43]

电站名称	Demkolec	Wabash River	Tampa	Elcogas
地点	荷兰 Buggenüm	美国 WestTerreHaute	美国 Tampa，Florida	西班牙 PuertoIlano
净功率/毛功率/(MW/MW)	253/284	260/300	250/313	300/325

续表

投产日期	1993年年底	1995年8月	1996年10月	1997年12月
运行性能指标	碳转化率:99% 冷煤气效率>80% 脱硫效率:98%	碳转化率:99% 冷煤气效率80% 脱硫效率:98%	碳转化率:96%~98% 冷煤气效率:74.3% 脱硫效率:96%	碳转化率:99% 冷煤气效率:78% 脱硫效率:98%
污染物排放	NO_x:60~120g/(MW·h) SO_2:60g/(MW·h)		$NO_x \leqslant 25\times10^{-6}$	NO_x①<150mg/m^3 $SO_2$①<25mg/m^3
净热效率	43%	40%(LHV)	42%(LHV)	45%(LHV)
比投资费用	1858$/kW	1511$/kW(老厂改造)	1900~2000$/kW	2303$/kW

①标态下。

我国从20世纪80年代开始紧密关注IGCC技术，经过多年的系统特性研究，关键部件开发、示范项目支撑、技术掌握创新等方面取得了一定成果。中国华能集团公司于2004年提出绿色煤电计划，大幅度提高煤炭发电效率，使煤炭发电达到污染物和CO_2的近零排放。依托该项目，华能集团于2009年7月在天津开工建设大型的带CCS的450MW级IGCC示范电厂。电厂计划分三期建设：第一阶段建设250MW级IGCC示范电站；第二阶段总结IGCC电站运营经验，完成绿色煤电关键技术的实验和验证，进行绿色煤电示范电站前期准备；第三阶段建成含有CO_2捕集的400MW级绿色煤电示范电站，以近“零排放”的模式运行示范电站。

2012年11月位于天津滨海新区的华能250MW IGCC电厂正式投产发电，电厂可分为空气分离系统、煤气化系统、煤气净化系统、联合循环四大部分，具体系统流程图如图6-16所示。

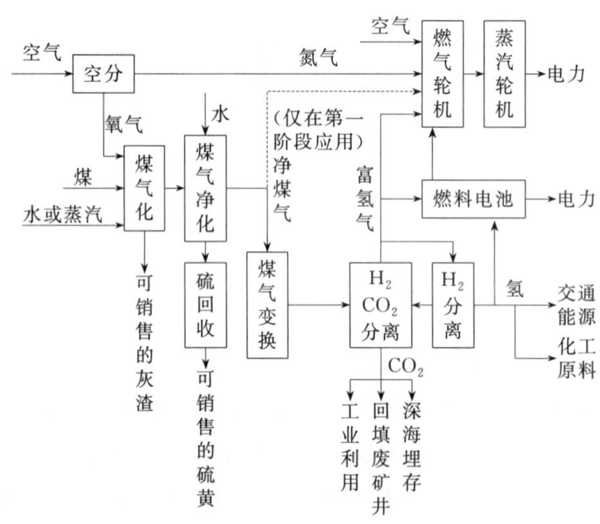

图6-16 华能天津绿煤250MW IGCC系统流程

① 空气分离系统包括空气净化设备、换热器、精馏塔以及气体压缩机等。空分采用低压独立空分，规模（标态下)42000m^3/h O_2，氧气纯度为99.6%。

② 煤气化系统包括气化炉、空分、煤的干燥与处理设备、除渣设备、煤气冷却器等。气化炉采用华能自主研发的具有自主知识产权的2000t/d两段式干煤粉加压气化炉，压力为31bar(G)（1bar=10^5Pa)。

③ 煤气净化系统包括水气分离系统、煤气除尘系统、煤气脱硫系统、硫回收系统、煤气饱和器等。净化系统中采用MDEA系统脱除H_2S和部分CO_2。经过脱硫后的净合成气需要注入中压饱和蒸汽来调整合成气成分，以控制燃料热值和NO_x排放。

④ 联合循环系统包括燃气轮机、余热锅炉、汽轮机等。采用西门子研制的 STG5-2000E（LC）型燃气轮机，杭州锅炉厂的三压再热式余热锅炉，上海汽轮机厂研制的单杠三压再热汽轮机。

该 250MW 系统采用燃烧前脱硫，在电力行业首次采用 MDEA 脱硫工艺和 LO-CAT 硫回收工艺，硫元素回收制成商品级硫黄。硫脱除效率达到 99%以上，烟气中二氧化硫的排放浓度（标态）小于 $1.4mg/m^3$。燃机采用注蒸汽和氮气方式控制氮氧化物生成，不设专门的脱硝装置，可使烟气中氮氧化物排放浓度（标态）低于 $80mg/m^3$。

工程的主要技术指标：全厂功率 2.65×10^5kW；发电效率 48%；供电效率 41%；发电标煤耗 255.19g/(kW·h)；气化炉热效率 95%；冷煤气效率 84%；碳转化率 99.2%。截至 2016 年 11 月华能 IGCC 示范电站最核心的气化装置最长连续运行周期超过 100d。为进一步研究基于 IGCC 的燃烧前 CO_2 捕集技术提供了条件。

2014 年中石化与华能天津 IGCC 电厂开工建设我国首套完全自主知识产权的燃烧前 CO_2 捕集示范系统，该系统由华能清洁能源研究院联合清华大学、中科院过程所等联合研发。示范系统从 IGCC 电站抽取约 $10000m^3/h$ 的煤气（标态下，主要成分包括 CO、H_2、CO_2、N_2 和少量的 H_2S 等），经过煤气变换反应将煤气中的 CO 转化为 CO_2 和 H_2，然后在常温下经硫碳共脱化学吸收工艺，将合成气中的 CO_2 和 H_2S 脱除，经再生工艺，将 CO_2 和 H_2S 分别解吸，回收得到纯度>98%的 CO_2 和单质硫。分离的 CO_2 压缩液化后资源化利用，而分离的 H_2 可回用至燃气轮机或燃料电池发电。该系统于 2016 年 7 月 10 日完成了 72h 满负荷连续运行测试。

华能利用自主研发的二段炉产生的煤气为原料，建成了一套 30MW 热功率二氧化碳捕集示范系统。该系统由华能自主设计建设，实现二氧化碳的捕集率达到 90%以上，年捕集二氧化碳的能力达到 1×10^5t，是目前世界上最大的燃烧前二氧化碳捕集装置之一。

IGCC 是将煤气化技术和高效的联合循环相结合的先进动力系统，发电效率高，且环保性能极好，污染物的排放量仅为常规燃煤电站的 1/10，脱硫效率可达 99%，氮氧化物排放只有常规电站的 15%～20%，耗水只有常规电站的 1/3～1/2。但是该技术在国内也没有进一步推广，主要是建设成本和运行可靠性等问题还有待进一步解决。

二、燃烧后碳捕集

燃烧后碳捕集是指收集燃烧后烟气中的 CO_2，燃烧后碳捕集技术与现有燃煤机组匹配性好。但由于现有燃煤机组通常采用空气助燃，产生的烟道气通常为常压气体且 CO_2 浓度较低（10%～12%），因此 CO_2 捕集的难点在于从烟气中分离低浓度 CO_2 的能耗大，设备投资和运行成本高。燃烧后碳捕集技术种类较多，目前研究较多的 CO_2 捕集技术主要有吸收分离、物理吸附、膜分离和低温技术等。物理吸附、膜分离和低温技术等发展较为成熟，但经济性一般较差[44]。综合考虑燃煤机组烟气中 CO_2 气体分压低、烟气成分的复杂性和技术工艺的成熟性，相对而言，化学吸收法市场前景最好，受厂商重视程度也最高，但设备运行的能耗和成本较高[45]。

（一）吸收分离法

吸收分离法一般分为吸收和再生两个阶段；根据分离原理的不同，可分为化学吸收法和物理吸收法。

1. 化学吸收法

化学吸收法是用弱碱类化合物与 CO_2 气体反应将 CO_2 从烟气中分离出来。烟气进入吸收塔与吸收液中的有效成分发生化学反应，富含 CO_2 的吸收液（富液）经热交换器预热，预热后的富液在解吸塔中受热分解，液体吸收的 CO_2 释放出来，解吸塔流出的吸收液（贫液）中 CO_2 含量较少，经冷却后回到吸收塔循环使用[46]。

最初采用氨水、热钾碱溶液吸收二氧化碳，后发现有机胺溶液吸收 CO_2 的效果较好，有机胺溶液吸收法也是目前工业分离 CO_2 的主要方法之一。

（1）醇胺吸收

醇胺吸收是目前研究最多和应用最广泛的烟气 CO_2 捕集方法。醇胺分子结构中至少含有一个羟基和一个氨基，羟基增强其水溶性，而氨基则使其在水溶液中呈碱性，可以与 CO_2 发生反应。醇胺溶液吸收 CO_2 的能力取决于其碱性的强弱，几种常见醇胺溶液吸收 CO_2 的能力：乙醇胺＞二乙醇胺＞二异丙醇胺＞甲基二乙醇胺＞三乙醇胺。乙醇胺（MEA）对 CO_2 有很好的吸收效果，与 CO_2 反应生成碳酸盐，反应如式（6-5）：

$$2HOCH_2CH_2NH_2 + CO_2 + H_2O \rightleftharpoons [HOCH_2CH_2NH_3]_2CO_3 \tag{6-5}$$

在 20～40℃反应向右进行，放出热量，当温度升高至 104℃反应生成的碳酸盐吸热分解，反应逆向进行，MEA 溶液得以再生使用。

MEA 价格相对低廉，在胺类吸收剂中分子量最小，单位质量 CO_2 吸收量较高，但 MEA 碳捕集也有许多不足之处，如循环使用会导致 MEA 溶液吸收 CO_2 的效率下降；吸收液发生氧化、热降解和蒸发等会导致吸收剂浓度下降；富 CO_2 吸收液中降解产物容易导致系统腐蚀等。MEA 吸收液再生能耗大，初投资和运作成本均偏高。诸多问题严重影响了 MEA 工艺在燃煤机组碳捕集中的应用，因此，有必要开发新的、更加理想的低成本吸收剂[46～48]。

N-甲基二乙醇胺（MDEA）吸收法最早用于脱硫，20 世纪 80 年代德国 BASF 公司将 MDEA 用于脱除 CO_2，MDEA 技术广泛用于化工过程脱硫、脱碳，也用于天然气脱碳净化，如中国东方气田、大港油田、长庆气田、普光气田等均采用该技术。国外挪威的 Sleipner 气田也采用 MDEA 技术脱碳，图 6-17 为 Sleipner T 平台 CO_2 捕集系统流程。含 4%～9%CO_2 的天然气从 2 个并联的吸收塔底部进入，自下向上流动，与塔内自上向下的 MDEA 溶液逆流接触，吸收塔操作压力 10MPa，温度 70℃，天然气处理量为 $2.25\times10^7 m^3/d$。吸收 CO_2 的富液经透平机回收压力能后进入一级、二级闪蒸，进入汽提塔（再生塔）再生。再生后的 MDEA 溶液由汽提塔底部流出并循环使用，而解吸出的 CO_2 与二级闪蒸出的 CO_2 汇合，经加压和冷却后注入海床下 800～1000m 深的盐水层。

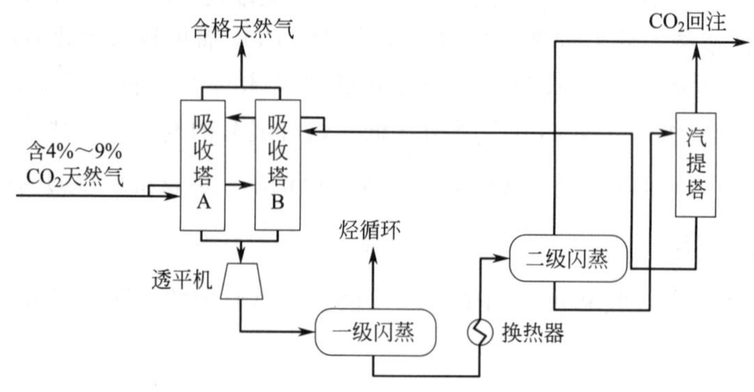

图 6-17　Sleipner T 平台 CO_2 捕集系统流程[49]

MDEA 化学性质稳定、无毒、不降解，且 MDEA 吸收剂具有蒸气压低、热稳定性好、对设备腐蚀小、CO_2 分离回收率高等优点。与 CO_2 反应生成不稳定的碳酸氢盐，反应热小，再生能耗较低，可以在低温下操作，但 MDEA 水溶液与 CO_2 反应速率较慢，通常需要添加活化剂以提高反应速率。

目前化学吸收工艺还有很多问题，其中首要问题是溶剂的再生，溶剂活性在吸收/解吸速率间有一个最佳的平衡。如果溶剂对溶质有较高的吸引力，在低温（30～50℃）、较低的 CO_2 分压（与浓度成正比）条件下也能吸收 CO_2，也会导致再生能耗增加；如果溶剂对 CO_2 吸引力很低，CO_2 负载量低，但再生能耗降低。烟气中还含有一些酸性气体如 SO_3、SO_2、NO_2 等，会与胺类反应生成稳定盐而使吸收剂失效，因此一般在反应器前加一个 SO_x 洗涤器，控制烟气中酸性气体的含量低于 0.001%。同时这一 SO_x 洗涤器也可以使烟气温度降低至 45℃ 左右，避免高温烟气（>100℃）直接进入吸收塔使吸收剂分解。

（2）氨水吸收

氨法碳捕集技术由美国 James Weifu Lee 提出，清华大学、浙江大学等对氨法脱除 CO_2 的效果加以验证，发现当 CO_2 浓度为 10%～14%时，脱除效率可超过 90%。氨水溶液作为 CO_2 吸收剂具备良好的反应速率和较低的再生能耗，还具有同时脱除烟气中 SO_x、NO_x 及重金属杂质以及副产物资源化程度高、无腐蚀等优点。近年来，诸多学者研究认为氨水有望作为传统烷基醇胺溶液的替代吸收剂。

氨水溶液吸收烟气中的 CO_2 是典型的化学吸收过程，烟气中的 CO_2 进入液相，与溶液中的 NH_3 发生反应，首先生成氨基甲酸盐，在水溶液中氨基甲酸盐发生水解反应，生成碳酸铵和碳酸氢铵等产物。整个过程的总反应如式（6-6）所示，上述反应可以在不同温度条件下进行，氨法吸收 CO_2 过程的物质传递如图 6-18 所示。

$$CO_2 + NH_3 + H_2O \longrightarrow NH_4HCO_3 \tag{6-6}$$

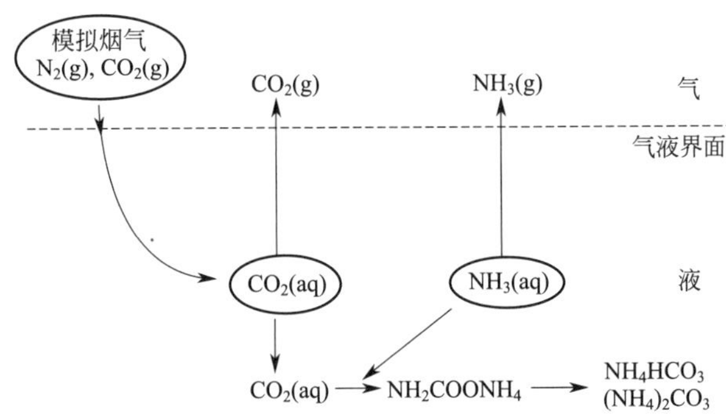

图 6-18　氨法吸收 CO_2 过程的物质传递示意[50]

阿尔斯通公司为主开发的冷冻氨碳捕集工艺（CAP）具有较好的工程应用前景。以碳酸铵和碳酸氢铵作为 CO_2 吸收剂循环利用，可实现 90%的脱碳率。具体的工艺系统如图 6-19 所示，冷冻氨碳捕集工艺过程主要分为烟气冷却和清洁、CO_2 吸收、CO_2 再生三部分，脱硫塔排出的烟气进入直接接触式冷却塔（DCC1），与塔顶喷淋的冷却水逆流接触，然后经机械式冷却器后被冷却至 2℃后进入吸收塔，吸收塔顶部喷淋液为富含 NH_3 的富液，烟气与富液逆流接触，富液吸收烟气中的 CO_2 进入冲洗塔，将携带的氨用水吸收，然后进入 DCC2 进一步吸收参与氨后通过烟囱排放。

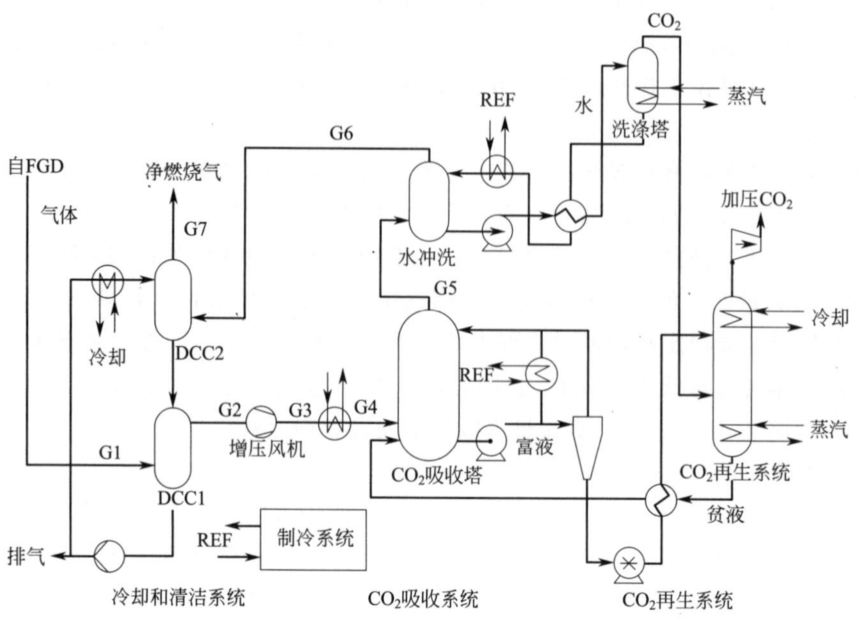

图 6-19 冷冻氨工艺系统[1]

吸收塔底部排出的富液分为两部分：一部分通过旋流器分离加压后进入 CO_2 再生系统，富液在换热器中加热至 80℃，结晶的碳酸氢铵完全溶解后进入再生塔，溶液在再生塔内被加热解吸，CO_2 分离后从再生塔顶部排出；另一部分通过机械式冷却器冷却后返回吸收塔，将吸收反应产生的热量排出，以维持吸收塔内的设定温度。为了弥补氨逃逸的损失，少量新鲜的碳酸铵溶液补入吸收塔。

氨水脱碳的副产物碳酸氢铵可以作为农业应用的氮肥，另外其解吸温度较低，也可以通过加热再生解吸出 CO_2。文献［51］针对再生氨法碳捕集面临高昂的运行成本的问题，提出一种氨法碳捕集耦合化工品碳酸钠生产的新型工艺，用于处置氨法碳捕集吸收液，即利用硫酸钠与碳酸氢铵反应得到制备碳酸钠的中间产物碳酸氢钠。具体的工艺流程如图 6-20 所示。

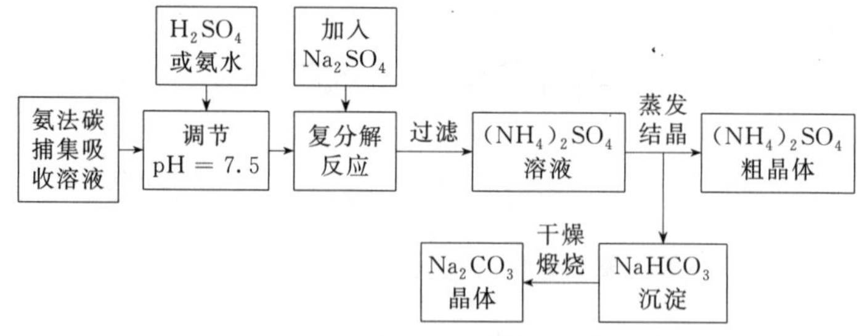

图 6-20 氨法碳捕集耦合碳酸钠生产工艺流程[1]

然而贯穿整个再生氨法碳捕集过程的一大技术壁垒就是氨逃逸问题。氨水密度小，属于易挥发性物质，熔沸点较低且饱和蒸气压高，具有很高的挥发速率。氨水溶液呈碱性，存在下列平衡：

$$NH_4^+ + OH^- \rightleftharpoons NH_3 \cdot H_2O \rightleftharpoons NH_3 + H_2O \tag{6-7}$$

即使将氨置于空气中，它也易于挥发。自由氨以溶解状态在液体中扩散，当接近气液界面时，因其表面存在气相平衡分压通过物理解吸方式进入气相进而导致挥发，并且随着温度的升高物理解吸的推动力会增大；随喷淋氨水速度的增大氨挥发量减小，生成的 NH_4HCO_3 不论是固体结晶还是溶液状态，热稳定性均较差，分解温度相对较低，在常温下即可部分分解，导致氨挥发。同时氨法吸收 CO_2 会产生吸收热，使吸收液温度升高，降低 NH_3 在水中的溶解性，加剧氨的挥发和 NH_4HCO_3 的分解。

CO_2 吸收过程中氨的逸出将导致吸收剂浓度下降，影响后续吸收效果。同时逃逸出的氨气泄漏到大气中，会造成严重二次污染。而部分氨在离开再生塔之后温度骤降，反应产生颗粒物导致管路阻塞。因此目前针对碳捕集过程中的氨逃逸控制技术主要是向氨吸收液中加入添加剂抑制解吸过程中的氨逃逸。也有设置专门除氨设备或者改变运行条件来降低氨逃逸。国内外有采用的方法有：a. 在吸收塔和解吸塔出口处安装水洗装置。b. 采用一种多孔膜反应器作为氨法中 CO_2 的吸收装置，为气流与溶液之间的传质提供了很大的表面积，大大地促进了 CO_2 的吸收。与此同时液膜中的 CO_2 含量达到饱和，从而使得游离 NH_3 含量减少。c. 有机、无机添加剂 Zn^{2+}、Cu^{2+} 等抑制氨的挥发。d. 两步吸收法，第一步即在吸收过程中使用较高浓度的氨水，在吸收 CO_2 的同时放出的 NH_3 和烟气组成混合气一起进入第二步以水作吸收剂的吸收过程，同时吸收 CO_2 和 NH_3。

2. 物理吸收法

物理吸收法是使 CO_2 溶解在吸收溶液中，但并不与吸收液发生化学反应，而是通过改变压力和温度的方式实现 CO_2 与有机溶液的吸收与分离。溶液在高压低温条件下吸收 CO_2，在低压高温条件下释放 CO_2，常用的吸收溶剂有水、甲醇、乙醇、聚乙二醇等，为减少溶液损耗和防止溶剂蒸气外泄造成二次污染，一般选用高沸点溶剂。以低温甲醇洗法为例，室温下甲醇对二氧化碳的溶解度是水的 5 倍，低于 0℃时为 5～15 倍，所以甲醇是选择性吸收 CO_2、H_2S、COS 等极性气体的优良溶剂，工业上已应用于合成氨、甲醇合成气、城市煤气的脱碳脱硫。

神华煤直接液化项目低温甲醇洗工艺流程如图 6-21 所示，尾气中 CO_2 体积分数约为 87.6%，其余为 N_2、少量 H_2、H_2O、微量硫化物等，将 CO_2 提纯后才能封存或用于驱油。通过增加 CO_2 产品塔，可以得到更高浓度的 CO_2。

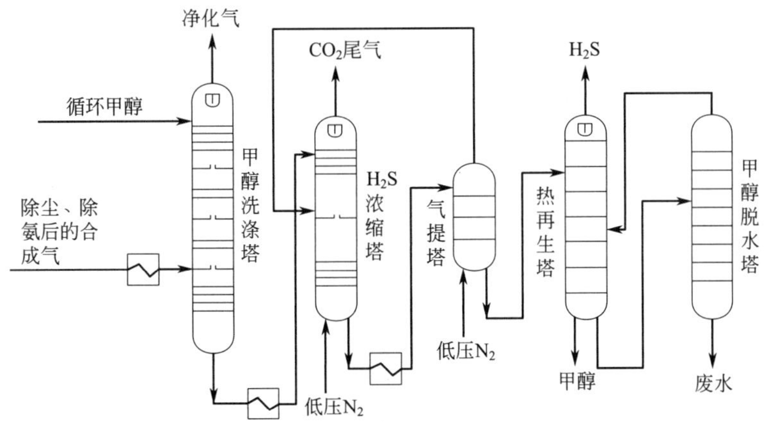

图 6-21　神华煤直接液化项目低温甲醇洗工艺法（冷甲醇工艺）[49]

该方法吸收能力强、净化度高、溶剂循环量小、流程简单，但具有毒性强、保冷要求高等缺点，根据处理的原料气不同、操作压力不同，低温甲醇洗也有不同的流程。林德公司又设计了低温甲醇洗串联液氮洗的联合装置，脱除变换气中的 CO_2 和 H_2S。

物理吸收法除低温甲醇洗外还包括加压水洗、碳酸丙烯脂法等。燃煤机组 CO_2 排放量大、温度高，常规的液相吸收法、低温分离法等必须将烟气温度降低，这会造成发电厂净发电量的损失。

（二）吸附解吸法

吸附法是利用固体吸附剂对混合气体中 CO_2 进行选择性吸附，然后在一定再生条件下将 CO_2 解吸，释放。吸附分离的实施可以按照以下两个原理进行。

① 利用吸附剂对各气体组分的选择性不同来分离混合气体。在吸附过程中每种吸附剂对应有强吸附气体和弱吸附气体，根据吸附强度的差别将目标气体从混合气体中分离。

② 利用吸附剂对混合气体中各组分吸附速率的不同分离气体。吸附速率快的气体停留时间短，吸附速率慢的气体停留时间长，通过控制吸附过程的操作时间即可分离气体混合物。

根据吸附剂与吸附质相互作用性质的不同，可分为物理吸附和化学吸附。按照解吸方法不通过分为变压吸附、变温变压吸附和变温吸附。物理吸附剂选择性差、吸附容量低，但吸附剂再生容易，通常采用低能耗的变压吸附法。化学吸附剂选择性好，但吸附剂再生困难，吸附操作需采用能耗较高的变温吸附法。由于温度调节较慢，所以工业应用的 CO_2 吸附分离工艺主要以变压吸附为主。一般以多孔固体材料作为吸附剂，通过改变固体吸附剂在不同压力和温度条件下的性质实现对 CO_2 的吸附和解吸。

1. 变压吸附

变压吸附是一种高效分离气体混合物的新方法。我国变压吸附法分离提纯 CO_2 工艺最早由西南化工研究设计院于 20 世纪 80 年代研发成功。最初用于空气干燥和氢气净化，近年来在化工、冶金、电子、医药等行业得到推广和应用。

（1）变压吸附原理

变压吸附分离气体混合物的基本原理是利用吸附剂对不同气体在吸附量、吸附速率、吸附力等方面的差异以及吸附剂的吸附容量随压力的变化而变化的特性，在加压情况下完成混合气体的吸附分离，降压条件下完成吸附剂的再生。

变压吸附的吸附剂有分子筛、活性炭、硅胶、活性氧化铝、碳分子筛等，选用吸附剂的原则是对混合气体中 CO_2 的吸附能力均比其他组分强，混合气通过吸附床层时，吸附剂选择性地吸附 CO_2，而难吸附的其他气体通过吸附床出口排出。吸附床减压时，被吸附的 CO_2 解吸，从吸附床入口排出，作为产品二氧化碳，吸附剂得到再生。为保证产品 CO_2 的纯度，混合气中吸附能力强于 CO_2 的气体，如 H_2O、NO_x、NH_3 等需提前脱除，防止其吸附-解吸后污染二氧化碳产品。

CO_2 含量较低的混合气经变压吸附后 CO_2 浓缩到 95%以上，经冷凝提纯获得纯度在 99.50%～99.99%的液体二氧化碳产品。

（2）变压吸附工艺过程

变压吸附法分离回收混合气中的 CO_2 至少需要两个吸收塔，也可以根据需要再增加吸收塔。但必须要有一个塔处于选择吸附阶段，而其他塔处于解吸再生阶段的不同步骤。以四塔变压吸附为例，吸附塔的基本步骤为吸附、放压、置换、抽空。原料气在压力作用下通过装填有吸附剂的吸附床层，由于吸附剂对 CO_2 选择性吸附的能力强于其他气体，因此，CO_2 被留在吸附剂床层中，其他气体由吸附塔的出口端排出，但在吸附过程完成后仍有少量需要除去的杂质气体留在吸附塔内。因此还需要经过放压和置换过程使吸附床层中的 CO_2 进一步富集，然后通过抽真空获得纯度较高的二氧化碳产品。抽真空步骤完成后用其他吸附塔的降压气体和吸附废气对吸附塔进行逐步升压至吸附压力，开始下一次的 CO_2 吸附分离过程。变压吸附分离 CO_2 的典型流程如图 6-22 所示，若混合气（原料气）为常压，在预处理前还需要有压缩工序；对于含尘量大、温度高的原料气需要降温除尘。

图 6-22 变压吸附分离 CO_2 的典型流程[52]

经过抽真空释放的 CO_2 纯度一般在 95%～99%，要得到纯度≥99.5%的液体二氧化碳，还必须经过冷凝、提纯等步骤。CO_2 的提纯分离是基于 CO_2 与其他气体沸点差异，通过低温蒸馏工艺实现。

从理论和技术上讲，几乎所有富含 CO_2 的混合气都可以用变压吸附的方法进行分离。但考虑到工艺应用的经济性，该工艺更适用于 CO_2 含量在 20%～80%的各种工业气体。对于 CO_2 含量较低的烟气，由于需要大量能量压缩原料气，需要对具体情况的经济性进行核算。对于 CO_2 含量较高的原料气（CO_2 含量在 90%以上），可以直接采用压缩、冷凝、提纯的工艺获得液体二氧化碳产品，大大简化工艺流程。

在变压吸附工艺中吸附剂的性能对 CO_2 的分离回收具有决定性作用。碳基吸附剂、活性氧化铝、沸石类对 CO_2 的吸附属于物理吸附，温度升高，CO_2 的吸附性能明显下降，并且存在多次吸附/解吸循环使用后吸附量下降的问题，因此需要进一步研究高温吸附剂。Nakagawa 等提出一种全新的高温吸附剂——Li_2ZrO_3，其吸附反应过程如式（6-8）所示。

$$Li_2ZrO_3 + CO_2 \longrightarrow Li_2CO_3 + ZrO_2 \quad (6\text{-}8)$$

CO_2 的理论吸附量为 28.7%（质量分数），在 450～680℃，实际可以达到 25%（质量分数），吸附量大，体积膨胀小。固态 Li_2CO_3 易于运输与储存，加热后可再生，经 18 次循环后吸附量下降 1.1%（质量分数）。

（3）变压吸附分离 CO_2 应用实例

我国第一套石灰窑气提纯工业设备于 1987 年在四川一氮肥厂投用。1991 年，广东金珠江化学有限公司建成一套纯氢气生产线，利用甲醇制氢裂解气，通过四塔 PSA 生产工艺进行纯氢脱离，该方法所脱离的氢气纯度可达 99.9%，产生液体二氧化碳副产品。中州铝厂采用变压吸附技术在氧化铝的生产的焙烧尾气里提取浓缩的 CO_2，广东韶关钢铁集团有限公司利用三塔变压吸附设备对窑气中所含有的二氧化碳进行回收。吸附前，首先对石灰窑中的烟气实施一级除尘、二级除尘操作[53]。目前变压吸附多用于食品、化肥、钢铁等行业。

2. 变温吸附

根据待分离组分在不同温度下的吸附容量差别实现分离。由于采用升降温循环操作，低温下被吸附的强吸附组分在高温下被脱附，吸附剂得以再生，冷却后在低温下再次循环利用吸附强吸附组分。该方法吸附剂再生容易，工艺过程简单、无腐蚀，但存在吸附剂再生能耗大、装备体积庞大、操作时间长等缺点。Grande 等采用整体蜂窝状活性炭为吸附剂，常压常温下吸附，脱附时直接在吸附剂上施加低压电流，利用焦耳效应使吸附剂温度快速升高达到脱附温度，大幅度缩短升温时间。

3. 吸附剂性质

(1) 物理吸附剂

目前研究较多的物理吸附剂是多孔固体材料，包括活性炭、活性炭分子筛、活性炭纤维、分子筛、活性氧化铝、硅胶、树脂类吸附材料等，固体类吸附剂依靠它们特有的笼状孔道结构将 CO_2 吸附到表面，这些吸附剂相对廉价易得、无毒、比表面积大，较多应用于变温吸附，但物理吸附剂选择性低、吸附过程受 H_2O 影响大，且再生能耗大。

活性炭是一种最常见的黑色大比表面积孔性吸附剂，其主要成分为无定形碳（约 90%），还有少量的氢、氧、氮、硫和灰分。不同制备工艺和活化方法制得的活性炭的理化性质及表面化学性质都会有差异。决定活性炭吸附能力大小的主要是比表面大小、孔结构特点、表面性质和吸附质的性质。碳基吸附剂在低压和常温下具有较强的 CO_2 吸附能力，但随着温度升高，吸附能力显著下降。例如某气体吸附量在 28℃时为 2.25mmol/g，而在 300℃时下降至 0.30mmol/g。

分子筛具有强的吸附能力，能将比孔径小的分子通过孔道窗口吸附到孔道内部，比孔径大的物质分子则排斥在孔道外面，具有“筛分”分子的作用，经过活化处理后的沸石吸附能力大为提升，但温度升高吸附容量下降，而且分子筛对水分具有强烈吸附的作用，与 CO_2 形成竞争吸附，且再生能耗很大，极少用于 CO_2 分离。

(2) 化学吸附剂

化学吸附剂通过吸附剂表面的化学基团和 CO_2 结合，从而达到分离捕集 CO_2 的目的。化学吸附剂大致可以分为金属氧化物（包括碱金属和碱土金属类）、类水滑石化合物（HTlcs）以及表面改性多孔材料三类。

CO_2 为酸性气体，在一些金属氧化物的碱性位点上更容易被吸附，其中粒子半径和价态均较低的金属氧化物能提供更多、更强的碱性位点。金属氧化物吸附剂如氧化锂、氧化钠、氧化钙、氧化铁、氧化铜、氧化镁等与 CO_2 反应生成碳酸盐，然后在高温下煅烧产生 CO_2 并回收，但经过数次循环使用的氧化物吸附剂可能出现孔的堵塞和吸附剂烧结导致吸附剂的吸附性能大幅度下降。

类水滑石化合物是一类具有层状结构的无机材料，包括混合金属氢氧化物和水滑石，其化学组成可以表示为 $[M^{2+}_{1-x}、M^{3+}_{x}\ (OH)_2]^{x+}\ (A^{n-})_{x/n}\cdot mH_2O$，其中 M^{2+} 为 Mg^{2+}、Ni^{2+}、Co^{2+}、Zn^{2+}、Cu^{2+} 等二价金属阳离子，M^{3+} 为 Al^{3+}、Cr^{3+}、Fe^{3+}、Sc^{3+} 等三价金属阳离子，A 则为 CO_3^{2-}、Cl^-、OH^-、SO_4^{2-} 等无机和有机阴离子，x 一般在 0.17～0.33。

水滑石的 CO_2 吸附能力通常低于其他化学吸附剂，且材料中或待分离混合气中水分子的存在会影响 CO_2 的吸附能力。

通过对多孔材料如活性炭、碳纳米管、分子筛等进行表面改性连接上羟基、羰基等官能团，也能大大提高 CO_2 的捕集效率。

（三）低温蒸馏法

低温蒸馏法是根据 CO_2 气体和其他气体沸点不同，先将待分离气体压缩、冷却液化后再蒸馏使各气体组分先后蒸发，实现气体组分的分离。该方法适用于 CO_2 含量较高的混合气。

随着分离过程的进行，CO_2 的分压逐渐减小，分离也越来越困难。所以当混合气体中 CO_2 含量较低时，需经多级分离，相应的造价会大大提高。另外由于燃煤机组排出的烟气温度较高，冷却将造成巨大的能量损失。因此该技术的大规模工业应用还需要进一步研究。

（四）膜分离法

膜分离法是利用待分离的混合气体与膜材料之间不同的化学或物理反应，使某种气体可以快速溶解并穿过膜层，从而将混合气体分离。膜材料对气体的选择、穿透气流与总气流的流量比和压力比是决定膜分离能力的关键。气体膜分离原理如图 6-23 所示。

目前常用的膜材料主要有聚合物膜和无机膜两种。聚合物膜有玻璃质膜和橡胶质膜，玻璃质膜具有更好的气体选择性和机械性能，当前工业应用中采用的聚合物膜几乎都是玻璃质膜。但聚合物膜中选择性好的渗透性差，渗透性好的选择性差，膜的渗透性和选择性很难兼顾。此外，聚合物膜材料还有不耐高温、易腐蚀、易污染和清洗困难等缺点。膜在高温（>150℃）、高腐蚀环境下容易产生老化，所以不适合脱除化石燃料产生的 CO_2 气体。

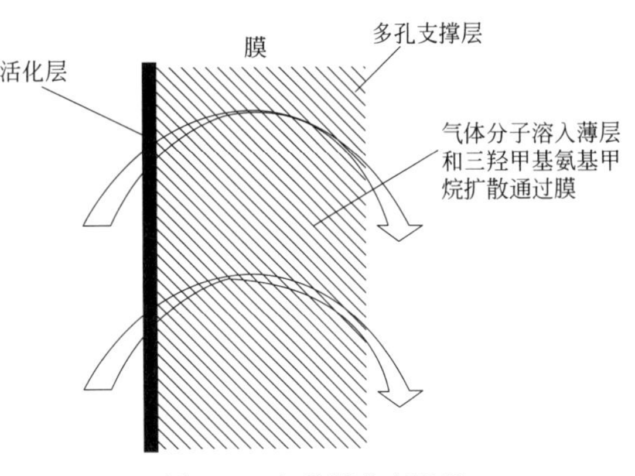

图 6-23　气体膜分离原理

无机膜又分为多孔膜和致密膜，多孔膜通常是利用一些多孔金属物作为支撑，将膜覆盖在上面。致密膜是由钯、钯合金或氧化锆形成的金属薄层。无机膜具有耐腐蚀、耐高温的特点，适合电力行业使用，但用于 CO_2 气体分离时分离系数低。采用单级分离时，只能部分分离浓缩 CO_2，实际应用时需采取多级循环分离，这样使该技术的成本大大增加。实际应用中根据混合气体成分不同和回收率的不同要求，可以布置一级或二级膜分离装置。

随着材料科学的进步，人们正在研究将无孔的聚合物膜与多孔无机膜在分子水平上结合，产生新的兼具聚合物膜高选择性和多孔无机膜高渗透性的混合膜。

与常规溶液吸收分离 CO_2 方法相比，膜分离法的优势在于其比表面积大。在工业应用中，为了实现最高的空间利用率，膜材料通常卷为圆筒状作为膜分离单元模块，这样膜分离装置的尺寸远小于相同处理能力的气体分离塔，如图 6-24 所示。

目前膜分离法已经成功应用在 H_2/CO 合成气比例调节，炼油尾气、合成氨尾气的氢回收等领域。但是对于燃煤机组，由于烟气中 CO_2 的分压力低，膜分离技术能耗较大，还需进一步研究。

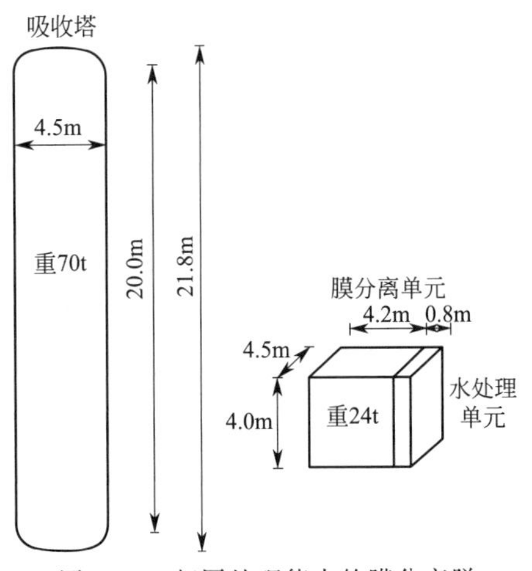

图 6-24　相同处理能力的膜分离脱碳单元和气体吸收塔尺寸对比[1]

（五）膜吸收法

膜吸收法是膜技术与气体吸收技术相结合产生的新型气体分离技术，该技术既有膜分离技术装置紧凑的优点，又有化学吸收法对 CO_2 的选择性高的优点。在膜吸收法中，混合气体不与吸收液直接接触，而是在膜的两侧流动，膜本身不与气体或吸收剂反应，只是隔离气体和液体，所以当气体分子的直径小于膜孔直径时（N_2、O_2、CO_2 的分子直径小于 $3.7\times10^{-3}\mu m$，聚丙烯膜孔径在 $0.1\mu m$ 左右），气体分子就可以扩散到吸收液内部，依靠吸收液的选择性吸收气体。吸收原理如图 6-25 所示。

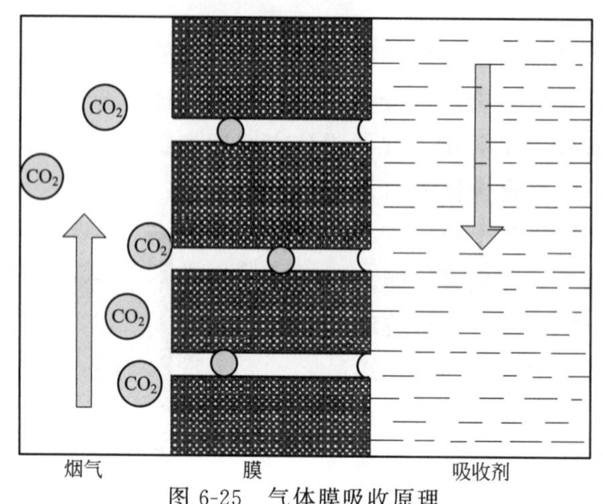

图 6-25　气体膜吸收原理

膜吸收法在烟气、天然气和炼厂气等领域都得到了广泛应用和研究。由于可操作性较强，气液的接触面积大，膜法脱碳的效率较高，并且没有鼓泡、溢流和夹带等问题，比传统的化学吸收法应用前景更大。

1. 吸收剂

吸收剂直接影响 CO_2 的脱除效果，吸收剂的选择要考虑对气体的吸收性能，吸收剂的再生能力、稳定性以及与膜材料的匹配等方面。CO_2 吸收剂有强碱（NaOH、KOH）、无机盐、胺类溶液等。不同吸收剂的优缺点如表 6-7 所列。

表 6-7　常用吸收剂比较[54]

吸收剂种类	优点	缺点
强碱(NaOH、KOH、LiOH)	吸收速率快，脱除效率高，吸收容量大	成本高，不能再生
无机盐溶液(K_2CO_3)	吸收量大，成本低，易再生	解吸能耗大，热容量高，腐蚀性较强
乙醇胺(MEA)	吸收速率快，成本低，对烃类化合物几乎不吸收	一定腐蚀性，热容量高，解吸能耗高
二乙醇胺(DEA) 二异丙醇胺(DPA)	吸收速率快，热容量低	有一定腐蚀性，能耗大，吸收容量小
三乙醇胺(TEA) 甲基二乙醇胺(MDEA)	吸收量大，热容量小，腐蚀性小，再生能耗小	吸收速率较低
空间位阻胺(AMP)	吸收容量大，汽提特性好	热容量高，解吸能耗高
氨基酸盐	吸收反应速率快，热稳定性强	再生比醇胺溶液困难

文献［55］中采用中空纤维致密膜吸收 CO_2，发现 CO_2 脱除效率最好的吸收剂是 NaOH，其次为乙醇胺，水的吸收效果最差。此外，单一吸收剂很难满足吸收效率高和再生能耗低的要求，所以混合吸收剂的研究成为目前的研究重点。

2. 膜材料

根据材料不同，膜可分为聚合物膜和无机膜，目前在膜吸收法中所用较多的是疏水性聚合物膜，包括聚丙烯、聚四氟乙烯、聚乙烯等，不同膜材料的性能如表 6-8 所列。

表 6-8　常用膜材料对比[54]

膜材料种类	优点	缺点
聚丙烯(PP)	耐热,表面硬度高,化学性质稳定,耐腐蚀	收缩率大,耐磨性能差,不耐低温,易老化
聚偏氟乙烯(PVDF)	机械强度高,热稳定性和化学稳定性强,抗氧化	亲水性较差
聚四氟乙烯(PTFE)	具有优异的力学性能,耐化学腐蚀,机械强度高,高润滑	易变形
聚砜(PS)	耐热性,耐蒸汽性和化学稳定性强,耐腐蚀,抗氧化,抗蠕变	亲水性差,易被污染
聚醚砜(PES)	韧性和硬度、尺寸稳定性好,耐冲击,抗蠕变	耐紫外线性能差
聚酰亚胺(PI)	机械强度高,热稳定性强,抗腐蚀,抗溶胀	无柔性,加工难
陶瓷	耐高温,热稳定性和化学稳定性强,能耗低	成本高,脆性

疏水性膜通常采用拉伸法或热致相法制备微孔膜，形成对称多孔膜结构材料，有 PP、PE、PTEE 几种，在低温下不易溶于溶剂。PVDF 可溶于有机溶液中，PE 和 PP 膜由于价格优势被广泛应用于工业中。

3. 膜组件结构

膜组件的结构直接影响膜接触器的操作性能。常用的膜组件有板框式、管式、螺旋卷式和中空纤维式。其中中空纤维膜因为表面积大、结构紧凑、质量轻等优点被广泛使用。根据膜孔尺寸的不同分为多孔纤维膜、无孔纤维膜。多孔纤维膜主要用于膜精馏超滤，并且当分离组分直径大于膜孔直径时选择性较好。无孔膜利用溶解度和扩散实现分离，主要用于气体分离、蒸汽渗透等。

新兴的膜分离技术被认为在能耗和设备紧凑性等方面都具有很大的潜力。表 6-9 是几种燃烧后 CO_2 分离方法的比较。事实上，由于传统电厂排放的 CO_2 浓度低、压力小，无论采用哪种捕集技术，能耗和成本的降低还需进一步研究。

表 6-9　CO_2 分离方法比较[54]

分离方法	优点	缺点
吸收分离法	工艺相对成熟,脱除效率高,吸收速度快,CO_2 回收纯度高,系统简单	发生沟流、夹带和鼓泡等问题,吸收剂再生能耗高,腐蚀问题
吸附分离法	可用于低浓度介质,投资小,能耗低	吸附容量有限,投资成本高
低温蒸馏法	无化学反应参与,气体回收经济性高	设备大,成本高,需要消耗大量制冷剂,分离效果差
膜分离法	结构紧凑,体积小,质量轻,无污染	长期运行可靠性差,膜的成本高,且寿命有限
膜吸收法	气液接触面积大,脱碳效率高,气液两相可独立操作,无鼓泡、液泛等现象	膜的维护难,膜容易润湿堵塞

三、火电厂碳捕集利用工程案例

(一) 华能北京热电厂 CO_2 捕集

华能北京热电厂 CO_2 捕集工程是国内首个燃煤电厂烟气 CO_2 捕集示范工程，该示范项目由澳大利亚联邦科学与工业研究组织（CSIRO）、中国华能集团公司以及西安热工研究院（TPRI）联合建设。在此消化吸收基础上，华能北京高碑店热电厂进行碳捕集改造，设计 CO_2 回收率大于 85%，年回收 CO_2 能力为 3000t。该示范项目全部采用国产设备，已于 2008 年 7 月 16 日正式投产。

1. 电厂烟气基本情况

北京热电厂采用飞灰复燃液态排渣锅炉，烟气净化采用低氮燃烧技术和 SCR 脱硝装置、静电除尘装置、湿法烟气脱硫。净化后的烟气通过冷却塔统一排放，碳捕集装置中处理的烟气来自湿法脱硫和冷却塔之间的管道，烟气温度为55℃，为过饱和状态，烟气中液态水含量较大，达到8.4g/m^3，烟气的主要成分见表6-10。

表6-10 试验烟气主要成分

$\varphi(CO_2)$/%	$\varphi(O_2)$/%	$\varphi(SO_2)$	$\varphi(NO_x)$	飞灰含量/(mg/m^3)
16.6	6.7	5×10^{-6}	5.8×10^{-5}	40.3

该系统还设有精制系统，将碳捕集系统收集到的高纯度CO_2气体精制为食品级气体，储存于CO_2储罐。图6-26为北京热电厂3000t/a的CO_2捕集与利用流程简图。

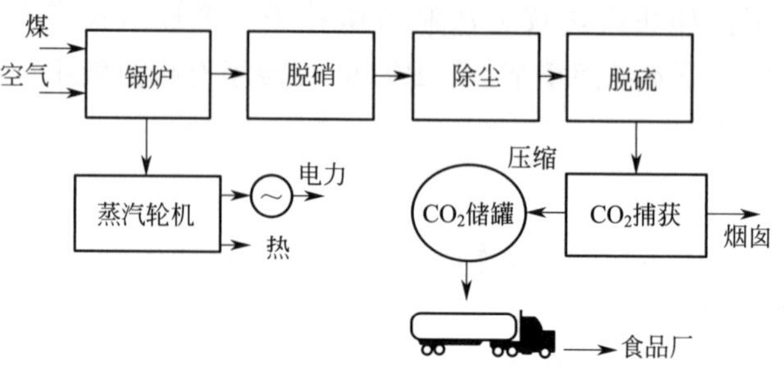

图6-26 3000t/a的CO_2捕集与利用流程简图

碳捕集系统设计正常烟气处理量为2372m^3/h（湿基），CO_2回收量为0.5t/h，系统在额定生产能力60%～120%范围内平稳运行，连续年操作时间6000h。

2. 工艺流程

系统工艺流程如图6-27所示，脱硫后烟气温度为40～50℃，正好处于乙醇胺吸收CO_2的理想温度区间。经过除尘脱硫处理的烟气经鼓风机加压直接进入吸收塔进行CO_2吸收。当锅炉工况变动、烟气超温时，启动设置在吸收塔前的喷水减温装置，将烟气温度降低到50℃以下，为防止烟气中携带的水分进入捕集装置破坏系统的水平衡，在吸收塔前还增设了旋流分离器，脱除脱硫后烟气中携带的水分和固体颗粒杂质。

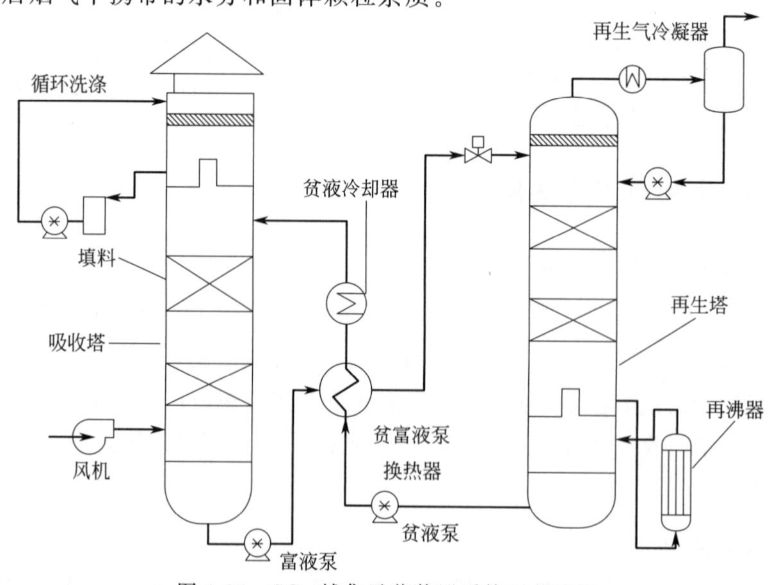

图6-27 CO_2捕集示范装置系统工艺流程

烟气进入吸收塔后自下向上流动，吸收塔内径 1.2m，高 30m，烟气在吸收塔中与吸收液逆流接触，烟气中约 90%的 CO_2 被吸收。为减少乙醇胺蒸气随烟气带出而造成吸收液损失，通常将吸收塔分为两段，下段主要进行 CO_2 吸收，上段通过水洗降低烟气中的乙醇胺蒸气含量。

吸收了 CO_2 的富液送至再生系统，再生系统包括再生塔、溶液再沸器、再生气冷凝器等。为促进再生塔内的溶液充分再生，在再生塔下半部增设升气帽，使从再生塔顶部流下的溶液被阻隔，溶液全部进入再沸器再生。这样既可降低再生温度，又缩短了溶液在再沸器内的停留时间，降低胺溶液降解的可能性。

溶液再沸器为一管壳式换热器，管程为溶液，壳程为水蒸气。系统利用机组低压蒸汽，通过减压降温后获得表压为 3×10^5Pa、温度为 144℃的蒸汽，进入再沸器中。溶液经过再沸器，被加热到 110℃左右，从贫液槽上部返回再生塔。释放的气体包括了水蒸气、部分胺气体和再生出的 CO_2，在上升过程中，特别是在填料中，它们与下落的温度较低的溶液接触，一方面使得大部分水蒸气和胺气体冷凝下落；另一方面加热了溶液，使解吸出的 CO_2 发生可逆反应。这种方式不但加强了换热效果，还防止了局部过热导致的降解。从再沸器回再生塔的液相部分通过贫液泵，在贫富液换热器处将部分热能传递给富液，进一步经过贫液冷却器，将温度降低到 50℃左右，进入吸收塔。

解吸后的 CO_2 及蒸汽混合物通过冷却器冷却冷凝，经由分离器气水分离，分离出的 CO_2 气体进入后续的压缩处理程序，最终生产出食品级 CO_2。

3. 碳捕集运行效果

该项目建成投产后首先进行了调试试验，图 6-28 为系统 168h 调试运行过程中实时监测结果，从图中可以看出，系统具有良好的 CO_2 捕集能力，运行平稳，碳捕集效率在 80%左右，捕集回收的气体具有较高的浓度（约 99.7%）。

系统经过 168h 调试运行后，转入示范运行。示范运行过程中，吸收塔出口 CO_2 浓度稳定在 2%～3%，捕集效率稳定在 80%～85%，捕集的 CO_2 浓度为 99.7%。截至 2009 年 1 月底，已捕集 CO_2 约 900t，经过精制后出售的食品级 CO_2 超过 800t，碳捕集系统捕集每吨 CO_2 消耗蒸汽热 3.3～3.4GJ，电耗约 100kW・h，捕集每吨 CO_2 所需要的消耗性费用为 170 元（不包括设备投资和人员费用）。

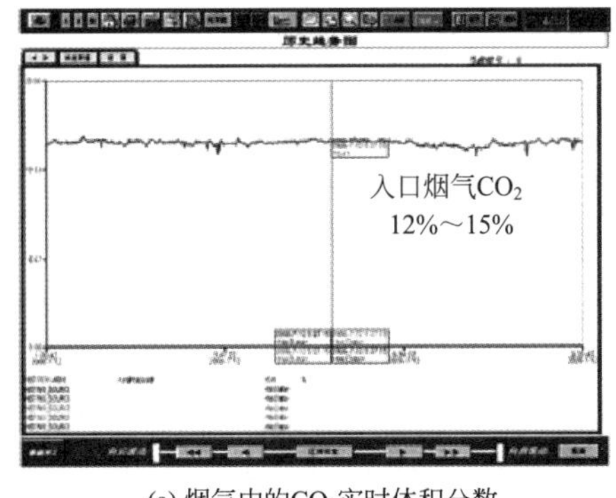

(a) 烟气中的CO_2实时体积分数

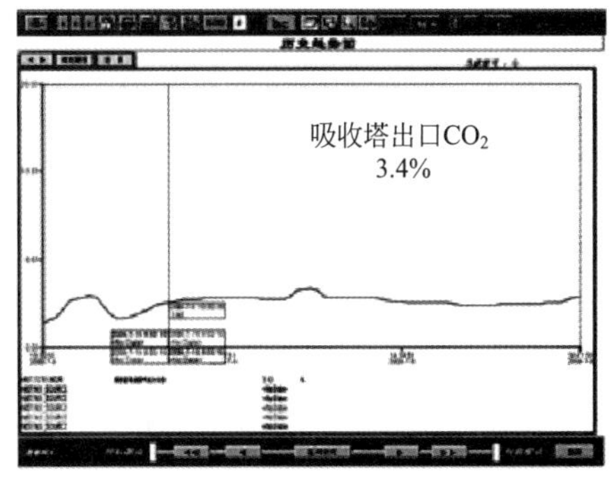

(b) 吸收塔出口CO_2实时体积分数

图 6-28

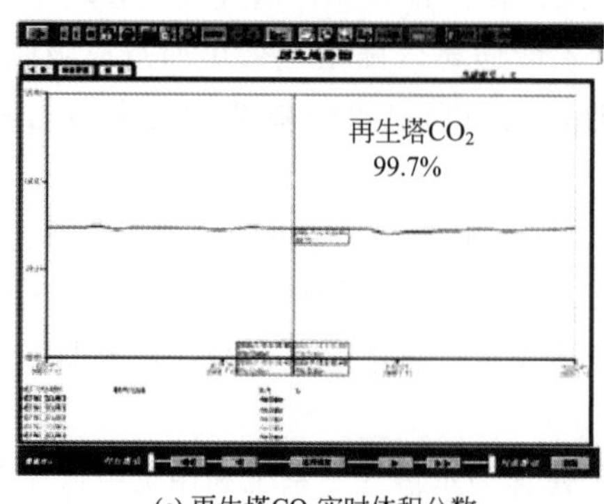

(c) 再生塔CO_2实时体积分数

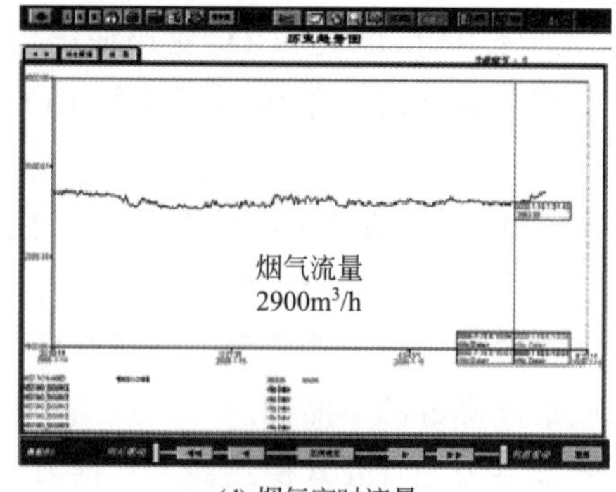

(d) 烟气实时流量

图 6-28 调试过程 CO_2 浓度和烟气流量

(二) 华能上海石洞口第二电厂低分压胺法碳捕集

2009 年年底，我国第一个工业化规模的燃煤电厂二氧化碳捕集装置在华能上海石洞口第二电厂投产，该二氧化碳捕集装置采用低分压胺法二氧化碳捕集技术，最大工况下可捕集二氧化碳 12 万吨/年，正常情况下可捕集 10 万吨/年。该项目已于 2009 年 12 月 30 日投入运营。

1. 电厂基本情况

在二期新建的两台 66 万千瓦的超超临界机组上安装碳捕集装置，该装置总投资约 1 亿元，处理烟气量（标态）为 66000m^3/h，约占单台机组额定工况总烟气量的 4%，设计年运行时间为 8000h。表 6-11 给出了燃煤电厂烟气的组成。

表 6-11 燃煤电厂烟气成分

序号	项目		参数
1	烟道气温度/℃		48.39
2	烟气组成(湿,体积分数)	CO_2	<12.18%
3		N_2	<71.50%
4		O_2	<5.34%
5		SO_2	92.5～145.5mg/m^3
6		NO_x	<160mg/m^3
7		H_2O	<10.98%

2. CO_2 捕集工艺

该 CO_2 捕集装置采用西安热工院的低分压胺法 CO_2 回收技术，采用乙醇胺作为吸收剂，吸收剂在低温条件下吸收烟气中的 CO_2，吸收 CO_2 后的乙醇胺溶液受热又重新释放出 CO_2，具体的工艺流程如图 6-29、图 6-30 所示。在锅炉脱硫设备的尾部烟道上设置抽气点抽取烟气作为碳捕集装置的处理烟气，捕集烟气经旋风分离器和烟气分离器去除烟气中携带的水分和石膏等杂质，然后经引风机送至逆流吸收塔，吸收塔中吸收了 CO_2 的乙醇胺溶液进入再生塔并被加热，CO_2 从溶液中解吸出来，冷却、分离除去水分后得到纯度 99%（干基）以上的产品 CO_2 气。

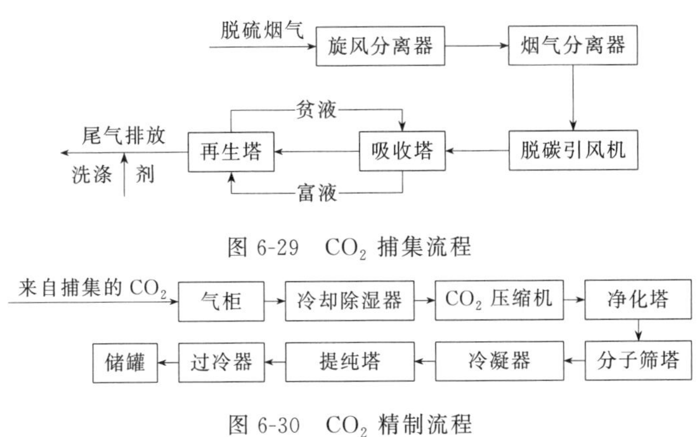

图 6-29　CO_2 捕集流程

图 6-30　CO_2 精制流程

捕集区捕集到的高浓度二氧化碳气体中还含有少量水分及微量 SO_2、氮氧化物等，因此通过精制系统精制后才能获得符合标准的液体 CO_2 产品。具体精制流程为高浓度 CO_2 气体通过不锈钢管道引入起缓冲作用的气柜，然后进入冷却除湿器内与低温气态氨进行冷交换，冷凝分离二氧化碳气中的水分，随后进入二氧化碳压缩机。压缩产生压力约为 2.5MPa 的二氧化碳气进入净化塔，脱除气体中微量的 SO_2 和氮氧化物等杂质。再进入分子筛干燥塔脱除气体中的微量水，确保产品中水分符合 GB 1886.228—2006 标准（$<20\mu L/L$）中的指标要求。除水合格后的二氧化碳净化气进入冷凝器进行低温液化。液体二氧化碳进入提纯塔提纯，进入过冷器过冷后，进入液体二氧化碳低温储罐储存。成品二氧化碳通过汽车运输至各个用户，最终实现二氧化碳的综合利用。

该 CO_2 捕集装置设计处理烟气量（标态）为 $66000m^3/h$，CO_2 回收量为 12.5t/h。捕集得到的 CO_2 浓度>99%，经过精制后，液体二氧化碳的浓度>99.9%。装置在额定生产能力的 60%～120%范围内稳定运行。该装置的具体性能指标如表 6-12 所列。

表 6-12　CO_2 捕集装置的性能指标

序号	项目		数量
1	再生气组成(摩尔分数)	CO_2	95.58%
2		N_2	0.03%
3		H_2O	4.39%
4	排放尾气组成	CO_2	<2.78%
5		N_2	<81.46%
6		O_2	<6.08%
7		SO_2	$6.1mg/m^3$
8		H_2O	<10.98%
9	精制后二氧化碳纯度		≥99.9%

3. 运行维护工作及碳捕集效果

为确保 CO_2 捕集装置的稳定、高效运行，该装置还需要精心的维护和运行参数的正确控制。吸收剂中乙醇胺的比例需要根据装置的负荷变化进行调整。该装置中采用的吸收剂主要是乙醇胺，在碳捕集装置 50%负荷运行时，乙醇胺浓度控制在 10%～12%即可；100%负荷运行时，乙醇胺浓度应控制在 20%～22%。其次需要控制吸收剂的再生温度和再生压力，一般高温、低压的环境有利于 CO_2 的释放，但温度太高会造成乙醇胺的降解，压力过低，再生 CO_2 气中水蒸气所占比例增大，水蒸气带走的热量相应也越多，会增加能耗。因此正常运行时再生塔底胺溶液的温度应控制在111～113℃，塔内的压力控制在40kPa左右。另外还需要对吸收剂进行定期蒸馏处理，去除溶液中的杂质；控制烟气流量与胺溶液循环量等。

华能上海石洞口第二电厂二氧化碳捕集装置投产后，运行基本正常，捕集区再生气二氧化碳浓度达到99.5%左右，精制后的浓度达到了99.9%以上。但需要注意的是乙醇胺氧化分解以及胺溶液吸收CO_2后产生的物质均会造成系统管道设备的腐蚀，正常情况下，吸收液中需要添加一定浓度的缓蚀剂和抗氧化剂。

（三）华润海丰电厂碳捕集示范项目

1. 项目简介

华润海丰电厂位于广东省汕尾市海丰县小漠镇，电厂面朝南海，为典型的滨海电厂。根据有关研究显示，南海北部珠江口盆地具有足够的二氧化碳封存潜力，电厂距离最近的潜在离岸地质封存地点约120km。电厂远期规划容量为8×1000MW机组，近期规划建设4×1000MW机组。本期规划建设容量为2×1000MW海水直流冷却、超超临界燃煤发电机组，两台机组于2012年12月28日开工建设，分别于2015年3月7日和5月12日通过168h满负荷试运行。机组采用低低温电除尘器、湿式电除尘器、高效脱硫技术及脱硝方案，是广东省首台实现超净排放-燃机标准的百万机组。

华润海丰电厂碳捕集示范项目，依托1号机组进行碳捕集的测试平台，其目的是建成亚洲首个基于电厂的多种碳捕集技术同时进行验证的示范平台。目前世界上平行的项目有挪威蒙斯塔德测试中心项目（TCM）、美国国家碳捕集技术测试中心项目（NCCC），华润海丰项目将是世界上第三个开放式多技术碳捕集测试平台项目。本项目将在一期和二期工程顺利实施后，开展大规模碳捕集商业示范。技术方面得到了英国CCS研究中心、英国爱丁堡大学、荷兰壳牌康索夫及挪威蒙斯塔测试中心等机构的支持。

经过筛选，十四种技术中有五种技术被纳入作为候选，包括两种胺溶液捕集、一种压力膜分离、一种真空膜分离以及一种物理吸附。本示范项目现阶段将建设两套CO_2捕集量为10～50t/(d·套）的并行可兼容的碳捕集测试装置，计划从胺溶液捕集技术、物理吸附技术与膜分离技术中筛选出两种碳捕集技术用于捕集测试平台测试一期工艺，其余技术考虑用于进行下一阶段的技术测试。

2. 项目目标

在本期测试评估完毕后，优选的技术将被应用于华润电力海丰电厂3号、4号机组的百万吨全流程示范。项目设计上将为测试平台进行工程设计预留，后期将容纳更多的创新技术。本项目可为技术创新和中试放大打破机构间合作壁垒，为CCUS工作做出贡献。

目前中英（广东）CCUS中心已经与中国能源建设集团广东省电力设计研究院和爱丁堡大学合作完成了华润海丰电厂3号、4号燃煤机组碳捕集预留方案课题研究报告，报告对电厂预留二氧化碳捕集装置方案的可行性、安全性、经济性和对机组性能影响等方面进行了分析和探讨。

除上述已经投运或正在进行的碳捕集项目，中电投重庆合川双槐电厂在一期两台30万千瓦的机组上建造碳捕集装置，装置由中电投远达环保工程有限公司自主研发设计，年处理烟气量（标态）为$5\times10^7m^3$，年生产工业级二氧化碳10000t（浓度>99.5%），二氧化碳收集率>95%，基本上实现“零排放”。该碳捕集项目于2010年1月20日投入运营。提纯的二氧化碳可作为工业原料，用于焊接保护、电厂发电机氢冷置换等领域。目前，远达环保将收集的二氧化碳主要用于制作可降解塑料，用于制作饭盒和化肥等。

中国国电集团在前期实验室研究的基础上，在天津北塘电厂进行 CO_2 捕集和利用示范工程，采用化学吸收法进行 CO_2 捕集，捕获提纯的液态 CO_2 产品将处理达到食品级在天津市及周边地区销售。

第四节　CO_2 封存与利用

化石燃料燃烧后排放大量的 CO_2，必须寻求合适的途径予以处理，其中资源化利用是一种变废为宝的利用方式，但 CO_2 提纯成本较高，目前还无法大规模应用推广。而另一种较为有效的方法是封存技术。封存技术主要分为物理封存、化学封存和生物封存。CO_2 的主要封存方式如图 6-31 所示。

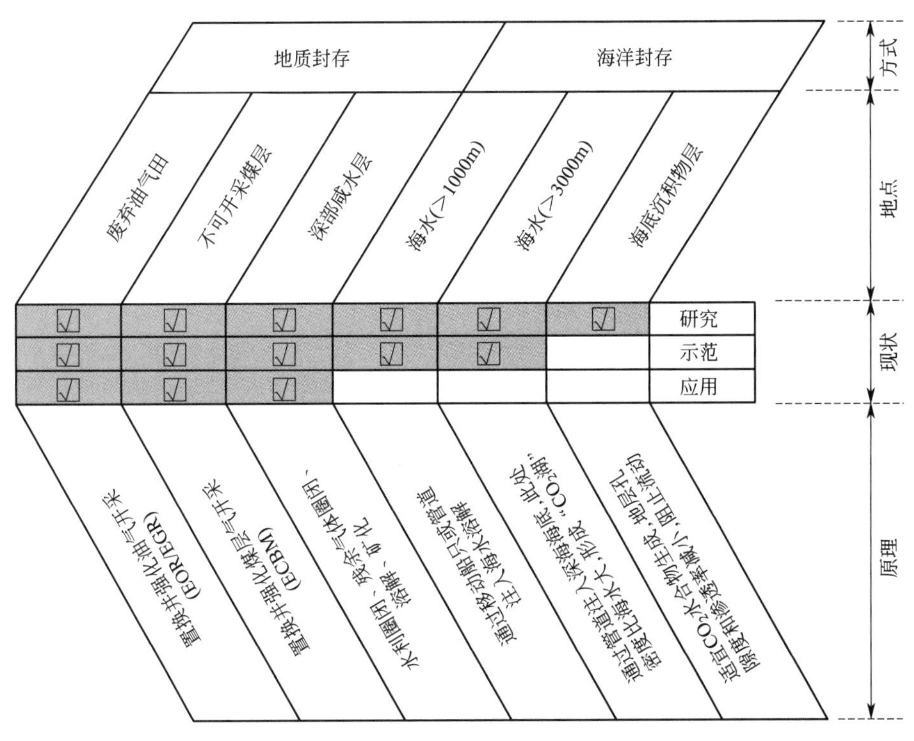

图 6-31　CO_2 的主要封存方式

一、物理封存与利用

CO_2 物理封存过程中不涉及化学变化，目前的研究可以分为海洋封存和地质封存。

（一）海洋封存

CO_2 在水中有一定的溶解性，过去的 200 年中，人为排放 CO_2 约 13000 亿吨，其中 40% 被海洋吸收，因此可以充分利用海洋对 CO_2 的吸收封存作用，将 CO_2 通过管道或者船舶注入海底，形成 CO_2 水合物。但该方法可能对海洋环境和生物造成影响，目前还处于探索阶段。

CO_2 海洋封存有以下 3 种主要方法。

① 通过移动船舶或者管道注入超过 1000m 的海水中溶解。

② 通过管道注入深海海底（>3000m），形成固态 CO_2 水合物（$CO_2 \cdot nH_2O$），形成永久性的“CO_2 湖”。由表 6-13 可知，随着温度降低，CO_2 水合物的形成压力也降低。CO_2 水合物一般是在高压低温条件下形成的，随着海水深度增加，海水温度降低，压力增加，形成了适宜 CO_2 水合物形成的环境。深海为 CO_2 与海水生成 CO_2 水合物提供了合适的环境。此外海水的密度一般为 1.01～1.03g/cm^3，而 CO_2 水合物的密度总大于 1.1g/cm^3，CO_2 水合物的密度大于海水的密度，较为安全可靠。

表 6-13　CO_2 100%与纯水生成水合物的相平衡温度和压力[56]

温度/K	270.7	271.81	272.2	273.1	274.3	275.4	276.5	277.6	278.7	279.8	280.9	281.9	282.9	283.7
压力/MPa	1.000	1.027	1.089	1.200	1.393	1.613	1.848	2.075	2.427	2.768	3.213	3.700	4.323	4.558

③ 海底沉积物层内 CO_2 封存。将 CO_2 注入海底深部咸水层中，密度较小的 CO_2 会聚集在咸水层的岩石盖层之下，形成一个密封空间将 CO_2 储存起来，若海底发生地质灾害或地壳运动导致咸水层盖层裂隙，CO_2 将发生局部泄漏，而位于海底平面与咸水层中间的沉积物层适宜 CO_2 水合物的生成，随着水合物的生成和不断长大，海底沉积物层的孔隙度和渗透率急剧减小，阻碍了 CO_2 羽流的向上渗流运移，这一过程也被称为自封过程，如图 6-32 所示。深海 CO_2 储存层与人类的生存空间有海水层的间接隔断，安全可靠性更高。

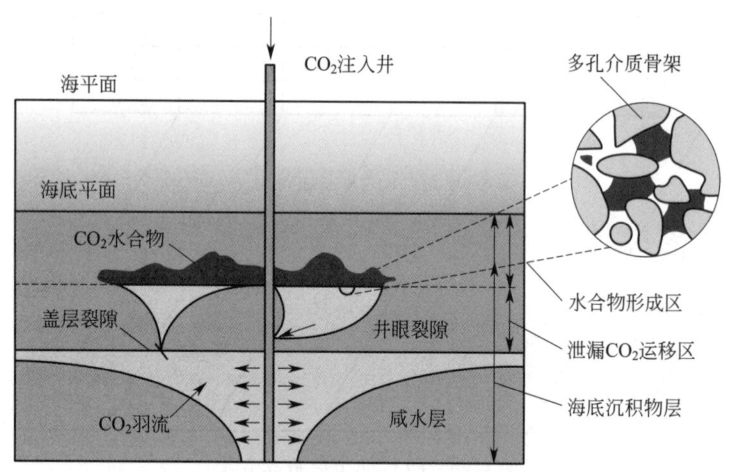

图 6-32　海底地层内 CO_2 水合物封存物理模型[56]

国内外学者在 CO_2 水合物试验方面做了大量的研究，但将水合物与海底沉积物层封存联系起来的较少。Buffett 等模拟了较为真实的海洋环境，采用 CO_2 作为水合物的生成气体，未采用任何搅拌设备，气体仅靠扩散作用进入孔隙流体中。结果表明沉积物层对水合物的生成有重要影响，沉积物不仅可以传导热量，而且可以为水合物的生成提供成核和生长的空间。后期他们又进行了多孔介质中 CO_2 水合物生成稳定性测试，采用电阻探测的方法研究水合物两相体系的稳定性，结果表明，当水合物开始形成时，随着水合物稳定区域内温度的降低，CO_2 的溶解度也随着减小，水合物的生成量将受气态 CO_2 在水中溶解度的限制。

我国广州能源研究所、兰州冻土研究所、中国石油大学等主要通过半间歇式反应釜研究温度、压力、抑制剂和机械搅拌等对气体水合物生成的影响。青岛海洋地质研究所的数套气体水合物试验模拟装置也具有测定水合物声速、饱和度、渗透率、电阻和热导率等物性参数以及对水合物结构进行表征的能力。

虽然海底沉积物层内 CO_2 封存是一种减缓温室效应的有效方法，但也存在一些问题亟待解决：

① CO_2 海水封存存在潜在的泄漏风险。

② 现有的水合动力学模型大多将成核和生长看成两种不同的过程分开研究，实际地层环境中水合物成核、生长的反应历程相互作用，需要展开研究。

③ 海底沉积物层地质构造、储层特性以及 CO_2 的封存潜能与水合物的形成及稳定有一定的关系。

④ 海底沉积物层内 CO_2 水合物的形成是多相多组分流体流动及储层变形的热-流-固耦合过程，水合相变释放的潜热对后续水合物的形成、热平衡的影响不容忽视。

（二）地质封存

地质封存是将 CO_2 注入枯竭油气田、深部盐水层和不可开采煤层（CO_2-ECBM）。深部盐水层法是将 CO_2 注入地下盐水层，利用 CO_2 溶于水中并与矿物质反应生成碳酸盐的特点实现 CO_2 的永久封存，该技术由于技术成熟、成本低且封存能力强等特点成为最具有潜力的地质封存法。CO_2-ECBM 法将 CO_2 气体注入深煤层，煤炭吸附 CO_2 同时释放 CH_4，收集到的 CH_4 有一定的利用价值。而枯竭油气田法是通过注入 CO_2 提高 10%～15%的油气采集率，也被称为注入提高采集率技术（CO_2-EOR）。

1. CO_2 驱油

中国石油集团在吉林油田建设了我国首个二氧化碳封存和利用试验项目，即 CO_2-EOR。主要研究 CO_2 驱油与封存技术，在 CO_2 驱油提高低渗透油藏的采收率和特低渗透油藏的动用率的同时，解决高含 CO_2 天然气开发中副产品 CO_2 的排放问题。该项目从 2006 年开始运行，截至 2011 年 5 月，控制封存 CO_2 16.7 万吨，CO_2 驱油累计产油 11.9 万吨。

延长石油煤化工 CCUS 项目集碳捕集、提高油田采收率、碳封存为一体，目前具有年捕获 50 万吨 CO_2 的能力，预计 2014～2020 年间，在现有 50 万吨捕集基础上，建成 350 万吨以上的煤化工 CO_2 捕集装置。

下面以中国石化于 2010 年在胜利油田建成 4 万吨/年烟气 CO_2 捕集与驱油封存联用示范工程为例，对 CO_2 捕集驱油技术进行简单介绍。

CO_2 捕集驱油封存技术主要由烟气 CO_2 捕集输送与 CO_2 驱油与封存技术两部分组成[57]。

（1）烟气 CO_2 捕集输送

胜利油田燃煤电厂烟气具有 CO_2 质量分数低（8%～12%）、分压低（常压）、烟气组分复杂（除 CO_2 外，O_2 质量分数 4%～7%，N_2 质量分数 75%，SO_2 质量浓度 400mg/m^3，NO_x 质量浓度 700 mg/m^3 等）和氧化性强等特点，造成 CO_2 捕集再生蒸汽消耗量大、溶液腐蚀性强、溶液易降解、吸收能力低，从而使捕集成本增高。针对燃煤电厂烟气特点，建立了燃煤电厂烟道气 CO_2 捕集纯化成套技术，建成了工业化生产成套装置，实现低能耗、低成本 CO_2 捕集。主要特点如下。

1）发明复合胺溶剂用于回收低分压 CO_2

回收低分压 CO_2 的复合胺溶剂（MSA）以单乙醇胺（monoethanolamine，MEA）为主吸收剂，同时添加活性胺、缓蚀剂、抗氧化剂等辅助成分。MSA 与常规 MEA 吸收剂相比，吸收能力提高 30%，再生能耗降低 10.0%，氧化降解率下降 98%，对碳钢类设备的腐蚀速率小于 0.1mm/a。

2）热泵式低能耗 CO_2 捕集工艺

针对常规 CO_2 捕集工艺能量利用率低、捕集能耗较大的问题，开发了热泵式低能耗 CO_2 捕集工艺，采用蒸汽型吸收式热泵技术，回收贫胺液的余热用于富胺液加热和 CO_2 解吸，有效降低了再生能耗和循环水用量，捕集能耗降低 18.7%。

3）燃煤电厂烟气 CO_2 捕集纯化工业化生产成套装置

应用自主开发的新型高效 CO_2 捕集溶剂、高效反应设备及热泵式低能耗 CO_2 捕集工艺，在胜利油田胜利发电厂建成了年产量 4 万吨的烟气 CO_2 捕集装置。现场生产运行数据表明，该装置 CO_2 捕集率大于 80%，CO_2 纯度大于 99.5%，捕集运行成本为 197 元/t，与国内外工业化装置相比捕集成本降低 33.2%。

捕集后的 CO_2 需要输送至油田，CO_2 管道输送有气相输送、液相输送和超临界输送三种方式。各方法的优缺点见表 6-14，需要针对 CO_2 的相态特性，综合评估经济性、安全性和工艺可行性，选择气相、液相或超临界管线输送。

表 6-14　CO_2 管道输送方法优缺点

管道输送	优点	缺点
气相输送	运行压力低，操作安全性高，管道不需保温，对不同输送量适应性强	输送过程需首站采用压缩机加压，能耗较高，管径大，投资高
液相输送	运行压力较低	管道需要保冷，输送过程中容易发生相变。对不同输送量适应性差，投资费用较高
超临界输送	投资低，管道不需保温，对不同输送量适应性强	首站采用压缩机加压，能耗较高，运行压力较高

（2）CO_2 驱油与封存技术

CO_2 在油藏条件下处于超临界状态，具有较高的密度和较低的黏度，易于注入地层。CO_2 与原油互溶性强，溶于原油后可引起原油膨胀，使原油的体积增大，从而促使充满油的孔隙体积也增大，有利于油在孔隙介质中的流动；降低原油黏度，促使原油流动性提高，减少溶剂用量，提高驱油经济效益。由于 CO_2 对轻烃的强烈抽提作用，地层油中 C_7 以下组分 90%以上被抽提到气相中，有效富化了气相，气相组分越来越接近地层油，以致达到动态混相。但是在 CO_2 驱油过程中，由于 CO_2 的不断抽提作用，难溶的沥青、石蜡最终沉淀出来，可引起地层损害和井眼堵塞，处理和净化费用很高。

CO_2 到达储层后，与地层原油、地层水、地层岩相接触。CO_2 溶于水生成碳酸，可以溶解储层的灰质，改善储层渗透率。另外，储层颗粒的脱落运移堵塞地层，降低储层渗透率。对于特定的储层而言，地层水与储层岩相的相互作用影响储层的渗透能力。

低渗透油藏储层识别及预测难度大、非均质性强，应用岩石物理相分析、频谱成像及拓频处理等新技术实现低渗透油藏有效储层识别和预测，可预测叠合厚度 6m 以上的储层，符合率达 85%；建立考虑 CO_2 混相驱渗流特征的数值模拟方法，优化井网井距、压力保持水平、注入方式、注气速度和注入量等参数，形成 CO_2 驱油与封存油藏工程优化设计技术，制定 CO_2

驱油技术政策界限。胜利油田示范区最佳 CO_2 驱油与封存政策界限为五点法井网，350m 注采井距，连续注入，压力保持水平 30MPa，注入速度为 20t/d，最大注气量为 0.33PV（孔隙体积），但胜利油田开发中 CO_2 注入发生设备严重腐蚀，成本较高，因此 CO_2 气体注入枯竭油气田法还需进一步研究[58]。

2. CO_2 咸水层封存

我国第一个全流程 CCS 工业化示范项目是 2010 年 6 月由神华集团在鄂尔多斯开展的 CO_2 咸水层封存项目，初期规模为 10 万吨/年。该项目利用鄂尔多斯煤气化制氢装置排放的 CO_2 尾气经捕集（甲醇吸收法）、提纯、液化后，由槽车运送至封存地点经加压升温，以超临界状态注入 2243.6m 深的地层，预计在鄂尔多斯盆地可以封存几百亿吨的 CO_2。2011 年该项目投产成功并实现连续注入与监测。世界范围内主要的地质封存项目见表 6-15。

表 6-15　地质封存项目[59]

项目名称	CO_2 处理能力/(Mt/a)	地质构造	封存深度/m	备注
Sleipner, Norway	1(1996 年)	海上咸层水	100	第一个商业化 CCS 项目
In Salah, Algeria	1(2004 年)	陆上咸层水	1850	第一个在陆地上开展的商业规模的 CCS 项目
Frio Project, U. S. A	—(2004 年)	陆上咸层水	1540	第一例验证把 CO_2 注入咸水层可行性的示范工程
SnØhvit, Norway	0.75(2008 年)	海上咸层水	2600	达到商业规模
Gorgon, Australia	3.3(—)	海上咸层水	2500	达到商业规模
鄂尔多斯，中国	>0.1(2010 年年底)	陆上咸层水	3000	中国第一项 CO_2 封存在咸水层的全流程 CCS 项目
West Pearl Queen, U. S. A	—(2002 年)	枯竭油田	—	美国第一个现场实验
Total Lacq, France	0.075(2006 年)	枯竭油田	4500	法国第一个 CCS 全套运作的项目
Otway Basin, Australia	1(2005 年)	枯竭油田	2056	澳大利亚最大 CO_2 地质封存项目
Card-fix, Iceland	—	玄武岩含水层	400～800	走在玄武岩固碳技术前沿

（三）埋存 CO_2 置换天然气水合物

从常规化学反应的角度来看，天然气水合物与 CO_2 没什么联系，但就全球范围来看，两种气体在某种程度上息息相关，尤其是温室气体 CO_2 排放造成的全球变暖会使海底储藏的甲烷水合物分解产生甲烷气体逸出地层，进入大气，进一步加剧全球变暖，形成恶性循环。

1. 基本原理

目前国际上已经利用 CO_2 注储驱替来提高石油、天然气采收率（CO_2-EOR/EGR）和强化煤层气开采（CO_2-ECBM），日本学者 Ohgaki 从理论角度提出了 CO_2 置换天然气水合物的方法。美国能源部明确了使用 CO_2 置换强化开采天然气水合物的概念（enhanced gas hydrate recovery，EGHR），并通过实验和模拟方法对 EGHR 的可行性进行了验证。但目前使用 CO_2 置换海底天然气水合物层中的 CH_4 的技术还处于理论研究阶段。

在一定温度条件下，天然气水合物保持稳定所需要的压力比 CO_2 水合物更高，因此在某一特定的压力范围内，天然气水合物会分解，而 CO_2 水合物则易于形成并保持稳定，即在相同压力下，CO_2 水合物的分解温度高于甲烷水合物。例如，在 2.9MPa 时 CH_4 水合物的分解温度为 274K，而 CO_2 水合物的分解温度为 280K，因此可以将 CO_2 气体注入 CH_4 水合物层，生成的 CO_2 水合物置换出甲烷气体。

从热力学角度也证明了采用 CO_2 置换天然气水合物的可行性，单位摩尔质量的 CH_4 水合物的分解吸收热量为 54.49kJ，生成单位摩尔质量的 CO_2 水合物放出热量 57.98kJ，生成 CO_2 水合物放出的热量大于 CH_4 水合物分解吸收的热量，因此 CO_2 的注入可以维持 CH_4 水合物的分解反应持续进行[56]。

$$CO_2(g)+NH_2O \longrightarrow CO_2(H_2O) \qquad \Delta H_i=-57.98\text{kJ/mol} \tag{6-9}$$

$$CH_4(H_2O) \longrightarrow CH_4(g)+nH_2O \qquad \Delta H_i=54.49\text{kJ/mol} \tag{6-10}$$

虽然从理论上证明了 CO_2 置换天然气水合物的可行性，但实际 CH_4 水合物储存在多孔介质中，形成 CO_2 水合物释放的热量会被孔隙内的流体介质等吸收，另外 CH_4 水合物的导热能力较低，因此上述反应的反应速率也会降低。

2. CO_2 置换天然气水合物的实验及模拟研究

(1) 实验系统

动力学研究的三个主要方向分别为反应过程机理分析、反应过程的强化、反应速率的估算与测定。Uchida 第一个利用拉曼光谱法证实了分子置换反应发生在水合物固体与 CO_2 气体之间的界面上，而且这种置换反应相当缓慢。Ota 等利用拉曼光谱和核磁共振技术分析反应过程，CO_2 与 CH_4 水合物的每单元晶胞含 6 个中穴（大小为 0.586nm）和 2 个小穴（大小为 0.510nm），而 CO_2 和 CH_4 的 van der Waals 直径分别为 0.512nm 和 0.436nm，因此 CO_2 与 CH_4 水合物的置换反应只能发生在中穴当中。研究表明，置换过程中 CH_4 水合物的分解和 CO_2 水合物的形成反应的本征动力学及质量传递问题等都将影响置换的总效率。通过实验方法测定置换反应速率是目前较为可行的手段。图 6-33 为杨光等设计的实验系统，反应釜是整个实验系统的核心，反应釜置于恒温水浴锅中，反应釜内温度由安装在釜壁上的铂电阻测定，反应釜的最大压力设计为 20MPa，压力通过压力传感器测定。在反应釜的下部前后分别有透视镜，可以观察釜内的反应情况，也可以利用现有光学技术分析反应釜内的组分。

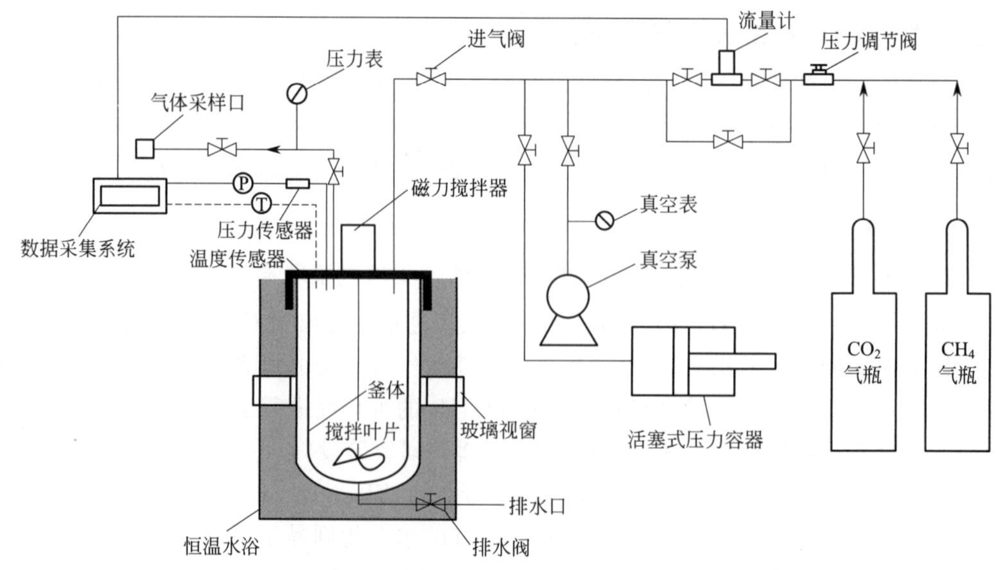

图 6-33 CO_2 置换天然气水合物的实验系统

反应釜内首先要合成 CH_4 水合物，然后进行 CO_2 置换 CH_4 水合物的反应。因此反应釜需要具有一定的抗压性能和密封效果。活塞式压力容器主要有两个作用，一是根据实验情况调节缓冲反应釜内压力；二是回收气体。

（2）埋存 CO_2 置换天然气水合物的模拟实验研究进展

采用 CO_2 置换天然气水合物时，通常以液态、乳状液、高压水溶液等形式注入地层。实验过程中模拟天然气水合物生成的方法有两种：一种是在水相中注入天然气气体，然后通过控制温差条件生成水合物；另一种是把甲烷气体通入冰粉中，同样通过控制温压条件形成天然气水合物。而 CO_2 置换天然气水合物的方式也可以分为两种：一种是天然气水合物整体暴露于 CO_2 气体中；另一种是从实验装置的一端注入 CO_2，然后从装置的另一端产出 CH_4，即 CO_2 驱替方式。CO_2 置换天然气水合物有可能在液相体系中进行也可能在多孔沉积物（如玻璃砂、砂岩岩心等）中发生。

实际的天然气水合物除含有 CH_4 外，还含有其他的烃类和非烃类气体。Park 等研究了利用 N_2 及 N_2 和 CO_2 混合气体置换 CH_4-C_2H_6 气体，结果显示 92%～95%的 CH_4 气体和 93%的 C_2H_6 能够被置换出来。Schicks 等研究了 CO_2 置换 CH_4、C_2H_6、C_3H_8 等混合气体形成的水合物的能力，结果表明 CH_4-C_2H_6 及 CH_4-C_3H_8 混合气体形成的水合物被 CO_2 气体置换后也都变成了富含 CO_2 的 CO_2 型水合物。工业中的 CO_2 还含有一定的 SO_2，因此 Bettina 等进行了 CO_2、CO_2+SO_2 开采 CH_4 水合物及 CH_4 和 C_2H_6 混合水合物的实验，结果表明甲烷水合物中甲烷的纯度以及 CO_2 气体的纯度都将影响置换效果，如图 6-34 所示，实验结果显示，CO_2 中含有 SO_2 不仅会降低置换效率，还会使保留在地层中的 CO_2 气体减少。

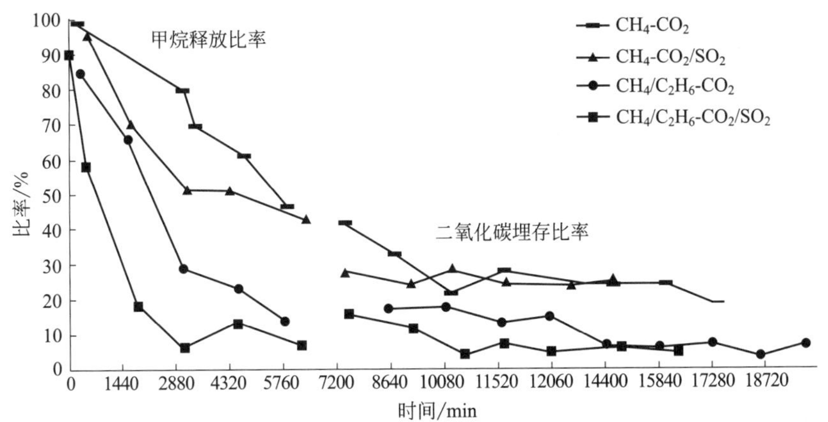

图 6-34　置换甲烷量和二氧化碳保留能力对比[56]

上述提到的置换效率是指发生置换反应的天然气水合物的量占总天然气水合物量的比例。Ota 等研究了置换效率即 CH_2 水合物分解量与 CO_2 水合物形成量的关系，如表 6-16 所列，在温度为 0℃、压力为 3.6MPa 的条件下，置换反应相当缓慢，且随着反应进行，反应速率迅速降低。因此若不采取方法提高反应速率，该技术将不具备实际应用的价值。

表 6-16　CH_2 水合物分解量与 CO_2 水合物形成量的关系

反应时间/h	水合物分解出 CH_4		形成 CO_2 水合物	
	mmol	mmol/(cm²·h)	mmol	mmol/(cm²·h)
43	34.5	0.02188	24.7	0.01853
93	47.7	0.01655	38.8	0.01346

续表

反应时间/h	水合物分解出 CH_4		形成 CO_2 水合物	
	mmol	mmol/(cm^2·h)	mmol	mmol/(cm^2·h)
114	68.4	0.01935	42.8	0.01211
184	70.5	0.01236	71.2	0.01248
307	66.2	0.00700	57.6	0.00610

(3) 工程概念模式

目前埋存 CO_2 置换天然气水合物的工程概念模式可以分为水平井埋存和直井埋存两类。

1) 水平井埋存

Georg 等提出了水平井埋存 CO_2 置换天然气水合物模式，如图 6-35 所示，以其中一个井组为例进行说明。在海底水合物储层中钻两口水平井，注入水平井位于水合物储层底部，产出水平井位于水合物储层上部。CO_2 与 N_2 注入水合物储层下部，气体与地层流体的密度差会导致气体与地层水存在重力分异作用，气体向上部运移，但因为气体注入压力大于地层压力，因此注入水平段的压力仍然可以以径向流动的方式进入水平井的下部地层，因此需要下部注入水平段靠近水合物储层底界。具体距离应根据注入气体流量、地层孔隙度、渗透率等参数确定。

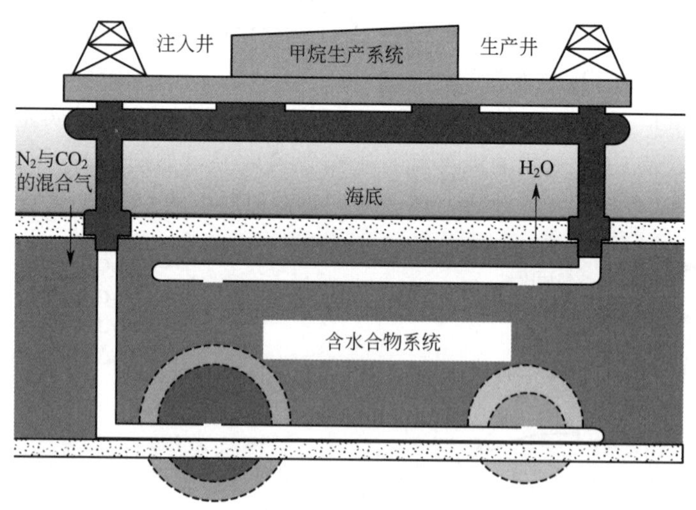

图 6-35 水平井埋存 CO_2 置换天然气水合物概念模式

而在上部的产出水平井进行降压生产 CH_4，理论上，初期水平段内压力会低于地层天然气水合物的相平衡压力，因此前期产出的气体以降压法生产为主，随着注入的 CO_2 气体不断在储层中向上运移，上部水平产出井的压力不能太低，尤其是不能低于 CO_2 水合物的相平衡压力，否则生成的 CO_2 水合物会重新分解。

2) 直井埋存

以一组直井埋存 CO_2 置换天然气水合物为例，以水合物层为目的层，按照一定的距离钻三口井并完井。其中一口直井进行降压生产，当基地下存在游离气体时，伴随游离气体开采，储层压力下降，促使上部水合物分解；然后通过另外一口井注入高温海水，水合物分解产生 CH_4 气体；再通过第三口井注入 CO_2，使之在地层中生成 CO_2 水合物，固定在地层中，同时 CO_2 水合物的形成也可以将天然气置换出来。

上述两种方法均适用于深水海域的水合物开采，既可以为 CO_2 的封存提供一定有利的场所，减少 CO_2 的排放，同时还可以强化紧缺能源的开采和利用，而且生成的 CO_2 水合物有助于海底的稳定，最大限度地降低了水合物开采可能带来的环境危害。但上述 CO_2 埋存场所的分布有限，目前技术仍不够成熟，并且置换效率仍然是制约 CO_2 置换天然气水合物最主要的因素。因此强化置换反应的方法和技术仍有待深入研究。

世界上第一个实际实施的 CO_2 置换天然气水合物的工程项目是 SUGAR 项目。该项目于 2008 年在德国正式启动，其目的是将发电厂或者其他工业源中捕获的 CO_2 埋藏在海底天然气水合物储层中，利用 CO_2 置换天然气水合物。该项目前三年投资约 1300 万欧元。我国于 2017 年 5 月 18 日在我国海域首次可燃冰试采成功。5 月 27 日开展温度、压力变化对储层、井底、井筒、气体流量等影响的科学测试与研究工作。截至 6 月 21 日 14 时 52 分，我国南海神狐海域可燃冰试采已连续试采达 42 天，累计产量超过 23.5 万立方米。该试采平台的平稳运行为下一步工作奠定了坚实基础。

二、化学封存与利用

CO_2 的化学封存是使 CO_2 与其他物质发生化学反应，达到固定 CO_2 的目的。CO_2 利用的最佳途径是合成高附加值、低能耗、能永久储存的 CO_2 产品。目前已经成功研究了许多利用 CO_2 合成传统化工产品的工艺方法，例如合成化工产品尿素、阿司匹林、碳酸盐、水杨酸及其衍生物等，也能用于天然气、乙烯、丙烯等小分子量烃类以及高分子材料等的合成，CO_2 的化学封存与利用是 CO_2 处理处置的有效方法。

（一）合成小分子化合物——以尿素为例

尿素又称碳酰二胺（NH_2CONH_2），是广泛使用的农业氮肥。目前约 90%的尿素用于农业肥料，10%用于工业生产化工产品如三聚氰胺、氰尿酸、氨基磺酸等。

1932 年美国杜邦公司（Du Pont）用直接合成法制取尿素氨水，1935 年开始生产固体尿素，未反应产物以氨基甲酸铵水溶液形式返回合成塔，形成现代水溶液全循环法的雏形。此后出现了半循环和高效半循环工艺，工艺改进的目标是最大限度地回收未反应的氨和二氧化碳。我国水溶液全循环尿素生产技术发展迅速，工艺设计、设备制造已基本实现国产化，目前国内共有约 190 套中小型尿素装置，总产能约 2000 万吨/年。而目前国际上正在发展的尿素生产新技术有斯塔米卡邦 CO_2 气提法、斯那姆氨气提法、美国尿素公司热循环法等。而国内尿素节能增产及改扩建工程采用的先进工艺有 CO_2 气提法、氨气提法、双塔工艺、热循环法等[60]。

俄国化学家巴扎罗夫于 1868 年发现的甲胺脱水反应是现代工业合成尿素的基础，工业上以液氨和 CO_2 作为合成尿素的原料，总反应式见式（6-11）。

$$2NH_3(l)+CO_2(g) \rightleftharpoons NH_2CONH_2(l)+H_2O(l) \tag{6-11}$$

但尿素并不是 NH_3 与 CO_2 一步直接合成的，而是先生成中间产物氨基甲酸铵（NH_2COONH_4），然后氨基甲酸铵失去一分子水转变成尿素［式(6-12)、式(6-13)］。

$$2NH_3(l\text{或}g)+CO_2(g) \longrightarrow NH_2COONH_4(g) \tag{6-12}$$

$$NH_2COONH_4(s) \xrightarrow{\text{熔融}} NH_2COONH_4(l) \rightleftharpoons NH_2CONH_2(l)+H_2O \tag{6-13}$$

式（6-12）为快速放热反应，而甲胺转化为尿素［式(6-13)］的反应则是一个弱吸热的可逆反应，并且必须在甲胺熔融液态条件下方能顺利进行。为了保证氨基甲酸铵处于液态，尿素合成反应必须处于高压，并且该反应速率较慢，需要较长时间才能达到化学平衡。

通过催化转化等将 CO_2 转化为高附加值的化工产品的应用前景广阔。CO_2 还可用于制备环状碳酸酯，固定为无机碳酸盐（碳酸钠、碳酸钙）、水杨酸碳酸二甲酯等。随着对 CO_2 固定化研究的深入，将 CO_2 固定为甲醇、甲酸、一氧化碳、甲烷等化学品将成为 CO_2 固定化和资源化的发展趋势之一。

（二）合成能源化学品——以二氧化碳加氢制备甲醇为例

从大规模应用角度考虑，二氧化碳加氢合成甲醇、甲酸、一氧化碳、甲烷等反应最具有研究和应用价值。甲醇（CH_2OH）是重要的化工原料，世界年产量接近 5000 万吨。目前，工业上生产甲醇几乎全部采用 CO 加压催化加氢的方法，原料主要是煤或天然气，投资较大且生产成本受煤和天然气价格的影响。CO_2 来源广泛，价格低廉，作为主要的温室气体，许多国家已经限制其排放，因此利用 CO_2 制备甲醇等化工原料是推动 CO_2 大规模综合利用的途径之一。

学者们认为 CO_2 合成甲醇有两种途径：一种是 CO_2 加氢通过逆水气反应生成 CO，然后 CO 与 H_2 合成甲醇［式(6-14)］；另一种观点认为 CO_2 加氢直接合成甲醇，不经过 CO 中间体［式(6-15)］。目前绝大多数学者认为 CO_2、CO 均为合成甲醇的碳源，但 CO_2 加氢占主导地位。

$$CO_2 + H_2 \longrightarrow CO + H_2O \tag{6-14}$$

$$CO_2 + 3H_2 \longrightarrow CH_3OH + H_2O \tag{6-15}$$

式（6-15）为放热反应，因此温度升高，不利于甲醇的合成，一般在较低温度下进行，但由于 CO_2 有一定的惰性，温度太低会导致反应速率太慢，不能获得高的甲醇收率，因此一般在 200～280℃获得最大收率。此外反应压力越大越有利于甲醇的合成，但要考虑到实际的投资成本和设备的承受能力。有学者利用热力学数据对 CO_2 加氢合成甲醇进行理论计算，得出一定温度和压力下的理论收率。

传统的甲醇合成多采用固定床管式反应器。Rahimpour 等[61] 研究了 CO_2 在膜反应器中的加氢反应，由于膜反应器具有可以从反应平衡中移走产物的能力，相比于传统的固定床反应器，具有更高的转化率。Chen 等[62] 模拟了 CO_2 在硅橡胶/陶瓷复合材料膜反应器中合成甲醇的反应，结合实验数据发现，膜反应器中主反应的转化相比于固定床反应器提高了 22%。

也有学者对液体介质中低温合成甲醇进行研究，Liaw 等[63] 开发超细硼化铜催化剂［M-CuB（M 为 Cr、Zr、Th）］催化 CO_2 在液相中的加氢反应，Cr、Zr、Th 的掺杂提高了 CuB 的分散及稳定性，有利于甲醇的合成。Liu 等[64] 开发了一种低温加氢反应过程，采用淤浆相 Cu 催化剂合成甲醇，在低温 170℃及低压 5MPa 下 CO_2 转化率达到 25.9%，甲醇选择性达到 72.9%。

（三）CO_2 合成高分子材料

CO_2 作为一种无毒廉价、储量丰富的 C_1 资源为化工原料的来源多元化提供了重要选择。但从分子结构看，CO_2 中碳元素处于最高的氧化态，热力学性质稳定，因此必须要使其活化并具有聚合反应的活性，才能突破其热力学的制约。1969 年日本学者 Inoue 教授发现 CO_2 可与环氧化物反应合成脂肪族聚碳酸酯，从而使 CO_2 作为合成高分子的原料成为可能。目前最常用的方法是将 CO_2 与金属配位，以降低其反应活化能。

除了目前研究较多的 CO_2 与环氧化物的共聚反应，CO_2 还可以与炔烃、二卤代物、烯烃、二元胺环硫化物、环氮化物等发生共聚或缩聚反应。此外还可替代光气成为制备聚氨酯和聚碳酸酯的重要材料。

双酚 A 型聚碳酸酯是一种典型的芳香族聚碳酸酯，是一种无色透明的热塑性工程塑料，具有优异的热力学性能，如耐冲击性优良、拉伸强度高、压缩强度大和弯曲强度高、同时具有耐热耐寒性能等，实际工程中应用广泛。双酚 A 型聚碳酸酯的合成方法主要是以光气为羰基源的光气法。然而光气具有强毒性、强污染性，因此非光气法合成聚碳酸酯一直是该领域的研究重点。非光气法主要是先用碳酸二甲酯与苯酚反应制备碳酸二苯酯，然后再利用碳酸二苯酯与双酚 A 进行酯交换反应制备双酚 A 型聚碳酸酯。该方法得到的双酚 A 型聚碳酸酯纯度高，适合作为光学材料使用。并且在生产过程中苯酚可以循环使用，降低了生产成本，避免了剧毒光气物质的使用，是一种比较绿色的工艺。

CO_2 与甲醇直接制备碳酸二甲酯，提高 CO_2 压力和向体系中添加脱水剂可以提高碳酸二甲酯产率，如式（6-16）所示，不使用脱水剂时，碳酸二甲酯的产率非常低（1%～2%），当采用合适的脱水剂时，碳酸二甲酯的产率明显提高。采用合适的催化剂也可以促进碳酸二甲酯的生成，有学者研究表明 ZrO_2 可以选择性地催化 CO_2 与甲醇直接反应制备碳酸二甲酯，有学者采用溶胶-凝胶法制备了 $H_3PW_{12}O_{40}/ZrO_2$ 催化剂，在相同条件下，催化剂活性是 ZrO_2 的 9 倍。

$$2CH_3OH + CO_2 \rightleftharpoons H_3CO-C-OCH_2 + H_2O \tag{6-16}$$

碳酸二甲酯与苯酚进行酯交换反应生成碳酸二苯酯。碳酸二苯酯与双酚 A 缩聚制备双酚 A 型聚碳酸酯。非光气路线中双酚 A 与碳酸二苯酯的熔融酯交换反应都是在催化剂和高温、高真空条件下进行的。在熔融酯交换反应中需要及时移除副产物苯酚以增加聚碳酸酯的分子量，而为了去除苯酚，反应一般要在高真空高温条件下进行，因此会导致聚碳酸酯颜色加深，近年来发展的一种固相缩聚法可以制备更高结晶度的双酚 A 型聚碳酸酯，并进一步提高其热力学性能、热稳定性和化学稳定性。

有学者研究表明，在超临界 CO_2 条件下，通过控制 CO_2 压力及流速，固相缩聚反应可以在低于聚碳酸酯的玻璃化转变温度（60℃）的条件下进行，避免了较高温度下副反应造成的聚碳酸酯颜色加深现象的发生，制备出光学性能优良的双酚 A 型聚碳酸酯。不过虽然固相缩聚与熔融缩聚相比有一些优点，但实际生产过程中仍然采用熔融缩聚工艺制备双酚 A 型聚碳酸酯。

利用 CO_2 为原料制备化工新材料——聚碳酸亚丙（乙）酯、全生物降解塑料、高阻燃保温材料等，可以循环使用 CO_2，减少温室气体的排放，减量石油基资源的使用，目前江苏金龙化工股份有限公司已建成 2.2 万吨 CO_2 基聚碳酸亚丙（乙）酯生产线，该项目以酒精厂捕集来的 CO_2 为原料制备聚碳酸亚丙（乙）酯多元醇，用于生产外墙保温材料、皮革浆料、全生物降解塑料、高效阻隔材料等产品，每年 CO_2 利用量约 8000t。

三、生物封存与利用

生物封存 CO_2 是利用植物的光合作用和微生物的自养作用实现 CO_2 的封存和转化，从生态角度看，生物法是 CO_2 的最佳归属。光合作用的研究近年来主要集中在对微生物固定 CO_2

的生化机制和基因工程上。光能自养型和化能自养型是两种主要封存 CO_2 的微生物，其中光能自养型微生物主要有微藻类和光合细菌，它们以 CO_2 为碳源，在叶绿素的作用下合成代谢产物或菌体类物质；化能自养型微生物也以 CO_2 为碳源，能源主要是 H_2、H_2S、$S_2O_2^{2-}$、NH_4^+、NO_2^-、Fe^{2+} 等。

微藻通过光合作用，吸收 CO_2，释放 O_2，而且具有光合速率高、繁殖快、环境适应性强、固碳效果明显等优点。微藻的一大特点就是生物质产量非常高，可达到陆地植物的 300 倍。微藻吸收转化 CO_2 的能力相当于同等面积森林的 10～50 倍。微藻的产油效率也相当高，其脂类含量在 20%～70%，这是陆地植物所不能比拟的。通过微藻合成的生物柴油主要成分是脂肪酸甲酯，因具有较高的运动黏度，运输、储存安全，无毒性，健康环保性能良好而被广泛关注。与普通的石油基柴油相比，微藻生物柴油的含氧量达到 10%以上，在燃烧过程中所需的氧气量比石油基柴油少，燃烧排烟少、点火性能也优于石油基柴油。

微藻的无机碳利用形式多种多样，有些细胞可利用 HCO_3^- 和 CO_2，而有些能利用其中一种无机碳。不少微藻在适应水体无机碳浓度变化的过程中，会在细胞内形成一种主动转移无机碳的机制——CO_2 的浓缩机制（CCM）。该机制主要是通过无机碳的转运，改变细胞光合作用对无机碳的亲和力，有利于 Rubisco 起羧化酶作用，抑制其氧化酶活性。这种机制容易受到外界环境，如光、温度、CO_2 浓度和营养状况的影响，研究发现，高浓度 CO_2（1%以上，如烟道气 10%～20%）明显抑制微藻细胞的胞外碳酸酐酶的活性和 CCM 的形成，从而阻碍 CO_2 的固定。

新奥集团开发了“微藻生物吸碳技术”，利用微藻吸收煤化工 CO_2，建立“微藻生物能源中试系统”，已建成中试系统包括微藻养殖吸碳、油脂提取及生物柴油炼制等全套工艺设备，年吸收 CO_2 110t，生产生物柴油 20t，生产蛋白质 5t。在此基础上，新奥集团在内蒙古达拉特旗建立“达旗微藻固碳生物能源示范”项目，该项目利用微藻吸收煤制甲醇/二甲醚过程中释放的 CO_2 生产生物柴油，同时生产饲料等副产品，年利用 CO_2 20000t，目前已完成 I 期工程建设并实现连续稳定运行。

对于工业废气，尤其烟道气，由于具有处理量大、出气温度高、排气 CO_2 浓度高等特点，研究重点在于：筛选耐高温、耐高 CO_2 浓度及抗污染微藻，研究不同种类微藻并强化其固定与转化 CO_2 的能力；利用基因工程技术构建高效固定 CO_2 的微藻；特别是结合其他领域新技术，开发和放大高效光生物反应器，进一步提高 CO_2 处理量。

四、超临界 CO_2 发电技术

化石能源的大量使用对人类的生存环境造成了巨大的影响，为了更有效地提高化石能源转换效率，先后出现了朗肯循环、布雷顿循环等能量转换开发系统。目前火力发电、核电等多采用朗肯循环。布雷顿循环具有较高的燃烧转换效率，在燃气轮机发电系统、空间动力系统、飞机和轮船等的引擎系统中已获得应用。

1. 超临界 CO_2 布雷顿循环发电原理及特点

超临界 CO_2 发电系统属于动力系统的一种，以超临界 CO_2 为工质，将热源热量转化为机械能。CO_2 具有良好的热稳定性、物理性能和安全性，是不可燃的低成本流体，临界温度为 30.98℃，临界压力为 7.38MPa。超临界 CO_2 具有良好的传热和热力学特性，密度与液体接

近，可以大大减少压气机和热量交换器、透平的尺寸，超临界循环利用 CO_2 在临界附近的物性，减小压缩功，提高回热率[65]。

图 6-36 为简单 S-CO_2 布雷顿循环过程，低温低压 CO_2 经压缩机升压后，经过回热器的高温侧预热到一定温度，然后进入热源进一步加热到工作温度，进入透平膨胀做功；做完功的乏气进入回热器冷侧进行预冷，冷却后的 CO_2 进入冷却器进一步冷却，最后进入压气机压缩。

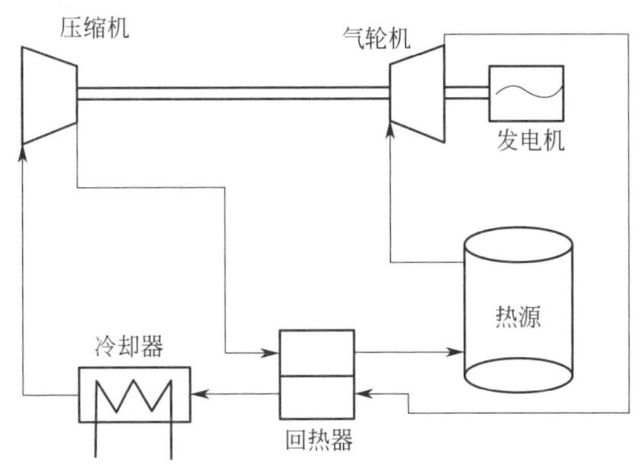

图 6-36　简单 S-CO_2 布雷顿循环示意[66]

对比水蒸气和 CO_2 两种工质在不同温度条件下的热转化效率（图 6-37），可以发现 S-CO_2 不存在相变，其热转化效率与服役温度基本为线性关系，不存在夹点，在一定温度后远高于水蒸气的热转化效率。以 S-CO_2 为工质每千瓦时的成本为 0.025 美元，远低于目前 600℃超超临界机组的发电成本。因此，如以 S-CO_2 循环替代目前水蒸气的朗肯循环，在火电领域应具有较好的应用前景。

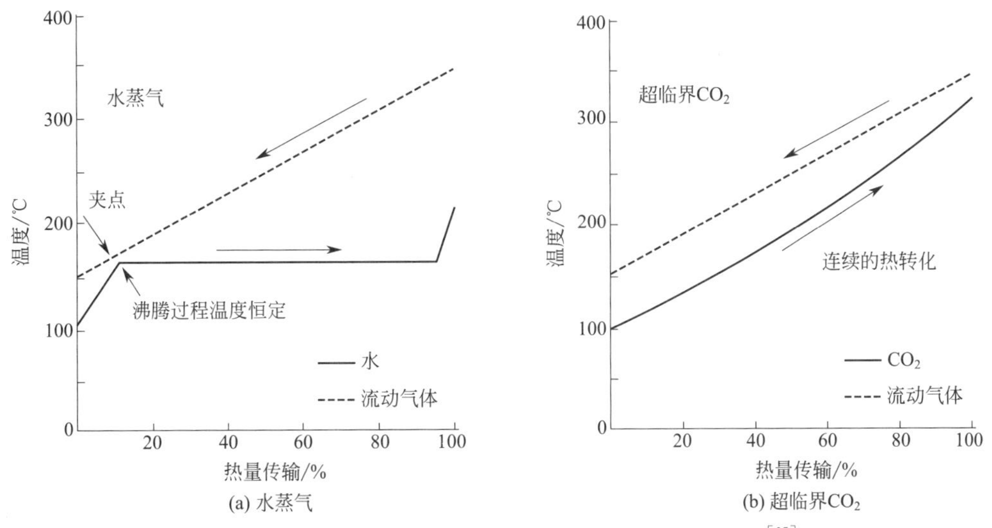

图 6-37　不同温度下水蒸气和超临界 CO_2 的热交换效率[65]

采用 S-CO_2 布雷顿循环作为电站冷却和能量转化系统，具有以下优点。

① 系统具有很高的能量转化效率。S-CO_2 热机的单次循环（1 个回热器）效率可以达到 35%以上，多次循环（多个回热器和分流压缩循环）可以再增加 10～15 个百分点；同时在低温段已经具有很高的效率，在 700℃效率可达 50%。

② 关键部件和整个系统所占空间较小。以 S-CO_2 为工质的压气机、透平等动力系统设备机构紧凑、体积较小。以发电透平的尺寸为例，在相同发电能力条件下 3 种工质（CO_2、He、水蒸气）所需的透平尺寸为 1∶6∶30。

③ 具有显著的经济性。相比水蒸气所需的大量锅炉管道设备，整个系统可实现模块化建造，缩短电厂建造周期，可以大大减少投入。

④ 降低关键部件选材的难度。CO_2 具有相对稳定的化学性质，在中低温条件下与金属发

生化学反应而侵蚀的速率较慢，循环部件的选材范围相对较宽。

2. 超临界 CO_2 布雷顿循环在发电领域的应用研究

闭环 S-CO_2 布雷顿循环发电系统主要包括压缩系统、预冷系统、换热系统、热源、透平和发电机等。热源可来自核反应堆、太阳能、地热能、工业废热、化石燃料燃烧等。美国桑迪亚国家实验室率先开展超临界 CO_2 闭式循环的研究，通过实验研究超临界 CO_2 闭式循环存在的包括压缩、轴承、密封、摩擦等问题，循环实验装置获得了接近 50%的发电效率。

在燃气发电领域，为提高燃烧效率、减少 CO_2 排放，日本东芝[67] 率先开展新型 S-CO_2 循环系统 250WM 电站研究，以化石燃料、O_2、CO_2 为混合流体的燃烧介质，其中占据 95% 的 CO_2 膨胀做功，在进入燃烧室前高温 CO_2 的压力达到 30MPa，燃烧室出口 CO_2 的温度达到 1150℃。

随着透平机械和紧凑式换热器等技术的发展，S-CO_2 技术被用来研究先进核反应堆，“第四代核能系统国际论坛”提出了以 S-CO_2 布雷顿循环作为第四代核电反应堆的新型能量转换系统。图 6-38 给出了简单的核电超临界 CO_2 压缩循环示意[68]。对于高温气冷堆、钠冷堆使用 S-CO_2 循环系统，均有较好的前景。

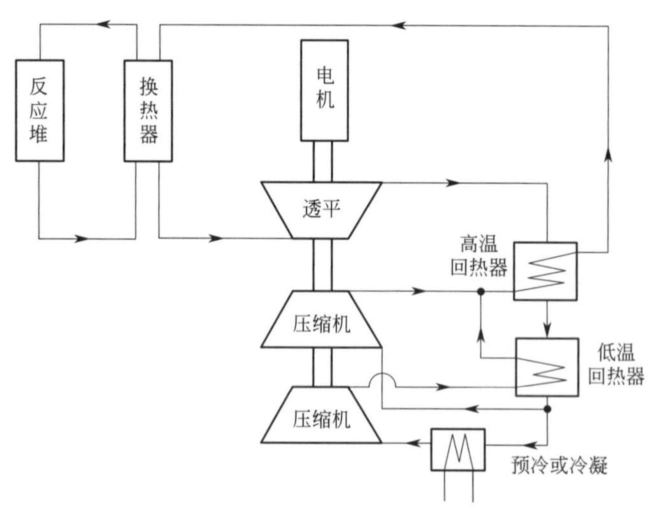

图 6-38 简单的核电超临界 CO_2 压缩循环示意[68]

第四代核电气冷堆采用氦气作为工质，其压缩功耗过大降低了 He 冷却的效率，同时由于工作温度范围较高，对循环各个部件的选材和制造造成困难。目前英国运行的先进气冷堆采用 CO_2 为冷却剂，其出口温度为 650℃，压力约为 4.2MPa，没有达到超临界点，压气机的功耗较大。美国针对 S-CO_2 在核反应堆中的应用开展了系统的研究，其中麻省理工学院（MIT）的研究结果表明增加高、低温回热器可以降低“夹点”问题而提高循环效率。对不同温度和压力条件下循环的效率特征进行了详细分析，给出了核电再压缩 S-CO_2 布雷顿循环中各个部件运行的 CO_2 参数。日本东京工业大学（TIT）[69] 提出了 S-CO_2 部分预先冷却直接循环的模式，增加了分流、中间压缩和中间冷却过程，以降低冷却带走的热量来提高效率。目前已经确定了对于 600MW 的反应堆，堆芯出口温度为 650℃，出口压力为 7MPa，系统效率可达 45.8%。国内清华大学和上海交通大学等单位对 S-CO_2 热力循环在核反应的循环系统进行了进一步的计算分析；文献 [70] 通过参数优化分析，构建和运行超临界二氧化碳布雷顿循环的模型在四代堆能量转换系统中的应用，并对技术成熟度评估系统进行构架设计和开发[71]。

钠冷快堆（SFR）被推荐使用 CO_2 作为布雷顿循环的工质。水/汽介质的朗肯循环是目前钠冷快堆的主流选择，但钠水反应是该循环潜在的主要危险；采用 S-CO_2 作为循环介质，不存在钠水反应，提供了消除了 SFR 二回路的可能性。美国阿贡实验室正在建设以 S-CO_2 为介质的 250MW/95MW 的钠冷快堆，采用钠-CO_2 蒸汽发生器取代了钠-水蒸气发生器。韩国推出了示范快堆电站 KALIMER-600，与阿贡国家实验室设计的电站相比，省去了中间回路，S-CO_2 和堆芯出来的高温钠直接换热，减少了设备。

目前 S-CO_2 工程应用仍存在 S-CO_2 高温下腐蚀金属构件和燃料元件的问题，因此需限制最高温度<670℃；另外要保证回热器不出现夹点而导致传热恶化，保证密封元件、高压件、压力自动调节阀等的可靠性。

参考文献

[1] 肖钢，常乐 . CO_2 减排技术 . 武汉：武汉大学出版社，2015.

[2] Institute G C. The Global Status of CCS. 2014.

[3] Bregani F，Guardamagna C. Advanced（700℃）PF power plant. 2003.

[4] 朱跃钊 . 二氧化碳的减排与资源化利用 . 北京：化学工业出版社，2011.

[5] Wolsky A M，Daniels E J，Jody B J. Recovering CO_2 From Large-and Medium-Size Stationary Combustors. Journal of the Air & Waste Management Association，1991，41：449-454.

[6] 郑楚光，赵永椿，郭欣 . 中国富氧燃烧技术研发进展 . 中国电机工程学报，2014，34：3856-3864.

[7] Buhre B J P，Elliott L K，Sheng C D，et al. Oxy-fuel combustion technology for coal-fired power generation. Progress in Energy & Combustion Science，2005. 31：283-307.

[8] Okawa M C. 97/04295 Trial design for a CO_2 recovery power plant by burning pulverized coal in O_2/CO_2. Fuel & Energy Abstracts，1997. 38：S123-S127.

[9] Number R，July D. Oxy Combustion Processes for CO_2 Capture from Power Plant. 2005.

[10] Fassbender A. Power system with enhanced thermodynamic efficiency and pollution control. Thermo Energy Power Systems，2003.

[11] Malavasi M，Rossetti E，Itea S P A，High-efficiency combustors with reduced environmental impact and processes for power generation derivable therefrom. 2007.

[12] 张泰，柳朝晖，黄晓宏，等 . 3MW_{th} 富氧燃烧气体污染物生成与排放特性研究 . 工程热物理学报，2014，35（8）：1652-1655.

[13] 黄勇理，刘杰，任健，等 . 典型富氧燃烧锅炉风烟系统稳态过程分析 . 动力工程学报，2016，36：862-869.

[14] 孔红兵，柳朝晖，陈胜，等 . 600MW 富氧燃烧系统过程建模及优化 . 中国电机工程学报，2012，32：53-60.

[15] 卢玲玲，王树众，姜峰，等 . 化学链燃烧技术的研究现状及进展 . 现代化工，2007，27：17-22.

[16] Kronberger B，Lyngfelt A，Löffler G，et al. Design and Fluid Dynamic Analysis of a Bench-Scale Combustion System with CO_2 Separation—Chemical-Looping Combustion. Ind. eng. chem. res，2005，44： 546-556.

[17] Johansson E，Lyngfelt A，Mattisson T，et al. Gas leakage measurements in a cold model of an interconnected fluidized bed for chemical-looping combustion. Powder Technology，2003，134： 210-217.

[18] Linderholm C，Abad A，Mattisson T，et al. 160h of chemical-looping combustion in a 10 kW reactor system with a NiO-based oxygen carrier. International Journal of Greenhouse Gas Control，2008，2：520-530.

[19] Abad A，Mattisson T，Lyngfelt A，et al. Chemical-looping combustion in a 300W continuously operating reactor system using a manganese-based oxygen carrier. Fuel，2006，85：1174-1185.

[20] Scott S A，Dennis J S，Hayhurst A N，et al. In situ gasification of a solid fuel and CO_2 separation using chemical loo-

ping. Aiche Journal, 2006. 52: 3325-3328.

[21] Leion H, Mattisson T, Lyngfelt A. The use of petroleum coke as fuel in chemical-looping combustion. Fuel, 2007, 86: 1947-1958.

[22] Mattisson T, Lyngfelt A, Leion H. Chemical-looping with oxygen uncoupling for combustion of solid fuels. International Journal of Greenhouse Gas Control, 2009, 3: 11-19.

[23] Berguerand N. Design and Operation of a 10 kW_{th} Chemical-Looping Combustor for Solid Fuels. 2007.

[24] 王国贤,王树众,罗明. 固体燃料化学链燃烧技术的研究进展. 化工进展, 2010, 29: 1443-1450.

[25] Shen L, Wu J, Xiao J, et al. Chemical-Looping Combustion of Biomass in a 10 kW_{th} Reactor with Iron Oxide As an Oxygen Carrier. Energy & Fuels, 2009, 23: 143-148.

[26] Shen L, Wu J, Gao Z, et al. Characterization of chemical looping combustion of coal in a 1 kW_{th} reactor with a nickel-based oxygen carrier. Combustion & Flame, 2010, 157: 934-942.

[27] Gu H, Shen L, Xiao J, et al. Chemical Looping Combustion of Biomass/Coal with Natural Iron Ore as Oxygen Carrier in a Continuous Reactor. Energy & Fuels, 2011, 25: 446-455.

[28] Song T, Shen L, Xiao J, et al. Nitrogen transfer of fuel-N in chemical looping combustion. Combustion & Flame, 2012, 159: 1286-1295.

[29] Shen L, Wu J, Xiao J. Experiments on chemical looping combustion of coal with a NiO based oxygen carrier. Combustion & Flame, 2009, 156: 721-728.

[30] Shen L, Wu J, Gao Z, et al. Reactivity deterioration of NiO/Al_2O_3 oxygen carrier for chemical looping combustion of coal in a 10kW_{th} reactor. Combustion & Flame, 2009, 156: 1377-1385.

[31] Xiao R, Chen L, Saha C, et al. Pressurized chemical-looping combustion of coal using an iron ore as oxygen carrier in a pilot-scale unit. International Journal of Greenhouse Gas Control, 2012, 10: 363-373.

[32] Augustine C, Tester J W. Hydrothermal flames: From phenomenological experimental demonstrations to quantitative understanding. Journal of Supercritical Fluids, 2009, 47: 415-430.

[33] Winter R, Jonas J. High Pressure Chemistry, Biochemistry and Materials Science: Springer Netherlands, 1993.

[34] Franck E U. Physicochemical Properties of Supercritical Solvents (Invited Lecture). Berichte Der Bunsengesellschaft F ü r Physikalische Chemie, 1984, 88: 820-825.

[35] 李艳辉,王树众,任萌萌,等. 超临界水热燃烧技术研究及应用进展. 化工进展, 2016, 35: 1942-1955.

[36] 王雅娟. 超临界水氧化技术. 舰船防化, 2016 (1): 9-12.

[37] 朱小峰,王涛. 煤炭在超临界水中氧化的初步实验. 过程工程学报, 2002, 2: 177-182.

[38] Bermejo M D, Cocero M J, Fernández-Polanco F. A process for generating power from the oxidation of coal in supercritical water. Fuel, 2004, 83: 195-204.

[39] Youngho S, Naechul S, Veriansyah B, et al. Supercritical water oxidation of wastewater from acrylonitrile manufacturing plant. Journal of Hazardous Materials, 2009, 34: 51-61.

[40] 闫秋会,侯彦万,罗杰任,等. 煤在不同氧化氛围中的能量梯级释放. 化工学报, 2016, 67: 5305-5310.

[41] 王键,杨剑,王中原,等. 全球碳捕集与封存发展现状及未来趋势. 环境工程, 2012, 30: 118-120.

[42] 王献红,二氧化碳捕集和利用. 北京: 化学工业出版社, 2016.

[43] 张曦. 燃烧前捕集 CO_2 的 IGCC 发电系统集成与示范研究. 北京: 中国科学院研究生院(工程热物理研究所), 2011.

[44] Ma S C, Wang M X, Han T T, et al. Research on desorption and regeneration of simulated decarbonization solution in the process of CO_2 capture using ammonia method. 中国科学:技术科学, 2012, 55: 3411-3418.

[45] 晏水平,方梦祥,张卫风,等. 烟气中 CO_2 化学吸收法脱除技术分析与进展. 化工进展, 2006, 25: 1018-1024.

[46] Mimur T, Simayoshi H, Suda T, et al. Development of energy saving technology for flue gas carbon dioxide recovery in power plant by chemical absorption method and steam system. Energy Conversion & Management, 1997, 38: S57-S62.

[47] Metz B, Davidson O, Coninck H, et al. IPCC Special Report on Carbon Dioxide Capture and Storage. New York: Cambridge University Press, 2005.

[48] Li X，Hagaman E，Costas Tsouris A，et al. Removal of Carbon Dioxide from Flue Gas by Ammonia Carbonation in the Gas Phase. Osteoarthritis & Cartilage，2003，17：A245-A246.

[49] 步学朋．二氧化碳捕集技术及应用分析．洁净煤技术，2014，9-13.

[50] 宋卉卉．氨法碳捕集过程中氨气的逃逸与控制研究．保定：华北电力大学，2014.

[51] 马双忱．郭蒙，陈公达，等．氨法碳捕集耦合化工品生产实验研究．煤炭学报，2015，40：212-217.

[52] 唐莉，王宝林，陈健．应用变压吸附法分离回收 CO_2．低温与特气，1998（2）：47-51.

[53] 李俊成，肖隆斌．变压吸附提纯二氧化碳技术应用．大氮肥，2007，30：19-21.

[54] 屈紫懿．中空纤维膜接触器内多组分醇胺类吸收剂对 CO_2 吸收特性实验研究．重庆：重庆大学，2016.

[55] 孙承贵，曹义鸣，左莉，等．中空纤维致密膜基吸收 CO_2 传质过程．高等学校化学学报，2005，26：2097-2102.

[56] 肖钢，白玉湖．天然气水合物勘探开发关键技术研究．武汉：武汉大学出版社，2015.

[57] 吕广忠，李振泉，李向良，等．燃煤电厂 CO_2 捕集驱油封存技术及应用．科技导报，2014，32：40-45.

[58] 李建忠，王海成，李宁．油气田开发中二氧化碳腐蚀的危害与研究现状．广州化工，2011，39：21-23.

[59] 禹林．二氧化碳深部盐水层地质封存物理模拟探索性研究．北京：北京交通大学，2010.

[60] 李旭初，李保元．尿素合成双塔串联工艺在我公司的应用．全国中氮情报协作组第 23 次技术交流会、氮肥企业增产节能技术改造暨产品结构调整专题研讨会，2005.

[61] Rahimpour M R，Alizadehhesari K. Enhancement of carbon dioxide removal in a hydrogen-permselective methanol synthesis reactor. International Journal of Hydrogen Energy，2009，34：1349-1362.

[62] Chen G，Quan Y. Methanol synthesis from CO_2 using a silicone rubber/ceramic composite membrane reactor. Separation & Purification Technology，2004，34：227-237.

[63] Liaw B J，Chen Y Z. Liquid-phase synthesis of methanol from CO_2/H_2 over ultrafine CuB catalysts. Applied Catalysis A General，2001，206：245-256.

[64] Liu Y，Zhang Y，Wang T，et al. Efficient Conversion of Carbon Dioxide to Methanol Using Copper Catalyst by a New Low-temperature Hydrogenation Process. Chemistry Letters，2007，36：1182-1183.

[65] 赵新宝，鲁金涛，袁勇，等．超临界二氧化碳布雷顿循环在发电机组中的应用和关键热端部件选材分析．中国电机工程学报，016，36：154-162.

[66] 黄彦平，王俊峰．超临界二氧化碳在核反应堆系统中的应用．核动力工程，2012，33：21-27.

[67] 武．高橋．Innovative Thermal Power Generation System Appling Supercritical Carbon Dioxide Cycle. エネルギーと動力，2014，64：46-52.

[68] 段承杰，杨小勇，王捷．超临界二氧化碳布雷顿循环的参数优化．原子能科学技术，2011，45：1489-1494.

[69] Kato Y，Nitawaki T，Yoshizawa Y. A Carbon Dioxide Partial Condensation Cycle for Advanced Gas Cooled Fast and Thermal Reactors，2001.

[70] 杨文元．四代堆能量转换系统——超临界二氧化碳布雷顿循环建模与技术成熟度评估研究．2015.

[71] 颜见秋，李富，周旭华，等．气冷快堆燃料组件均匀化初步研究．原子能科学技术，2009，43：626-629.

第七章

燃煤机组废水零排放技术

第一节 火电厂给排水现状

火力发电厂用水分为生产和非生产用水两部分，生产用水占火电厂用水量的95%，主要包括循环冷却水、除灰（渣）用水、工业冷却水等，非生产用水包括生活用水、消防用水、绿化用水等。对于采用循环冷却、湿式除灰系统的火力发电机组（纯凝机组），几种水所占总用水量的比例如表7-1所列。在火电厂用水中，冷却用水和工艺用水占有绝对的比例。

表7-1 火力发电厂中各用水量比例 单位：%

锅炉用水	冷却用水	工艺用水	生活用水
5.7	52	37	5.3

随着空冷、闭路冷却循环系统的应用，火力发电的用水量比重逐年降低。2015年我国火电装机容量为1×10^9kW，火电用水量占工业用水量的36%，占全国用水量的5.9%（表7-2）。全国火力发电厂耗水情况见表7-3。

表7-2 火电行业用水量与全国用水量对比

项目	全国总用水量/10^8m^3	工业总用水量/10^8m^3	直流火(核)电用水量/10^8m^3	火电消耗水量/10^8m^3	火电用水量占工业比例/%	火电消耗水量占工业比例/%
2013年	6183.4	1406.40	495.2	84.4	35.2	6.0
2014年	6094.9	1356.1	478.0	67.6	35.2	5.0
2015年	6103.2	1334.8	480.5	58.6	36.0	4.4
2016年	6040.2	1308.0	480.8	—	36.8	—

注：全国用水量、全国工业总用水量及直流火(核)电用水量来源于水资源公报。

表7-3 全国火力发电厂耗水情况

项目	2016年	2015年	2014年	2013年
火电装机容量/10^4kW	105388	100050	92363	87009
火电发电量/(10^8kW·h)	42886	41868	42274	42216
火电用水量/10^8m^3	480.8	480.5	478.0	495.2
火电消耗水量/10^8m^3	—	58.6	67.6	84.4
火电废水排放量/[kg/(kW·h)]	—	0.07	0.08	0.10
单位发电量耗水率/[kg/(kW·h)]	—	1.4	1.6	2.0

注：发电量及装机容量来自全国电力工业统计快报一览表。单位发电量耗水率来自《中国电力行业年度发展报告》。

我国火电行业的环保政策日趋严格，火电单位发电量的耗水量、排污量逐年递减，单位发电量的耗水量从 2000 年的 4.03kg/(kW・h) 下降到 2008 年的 2.78kg/(kW・h) [美国平均水平是 1.78kg/(kW・h)[1]]，再到 2015 年的 1.4kg/ (kW・h)，2015 年相比于 2008 年，下降了约 50%（图 7-1），但与发达国家相比还是存在一定差距。

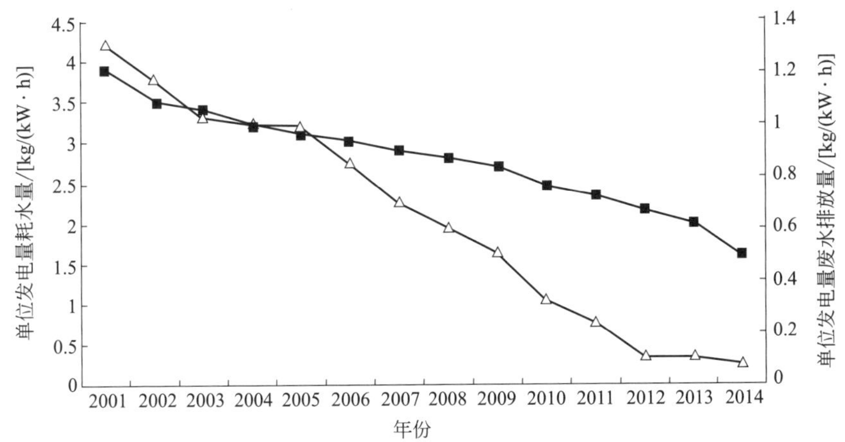

图 7-1　2001～2014 年全国火电厂单位发电量水耗和废水排放情况[2]
■单位发电量耗水量；△单位发电量废水排放量

目前电厂机组耗水较高的主要原因是：湿冷机组偏多，耗水量较大；水务管理粗放，水务监督机制不健全，机组用水系统泄漏问题严重；机组取水水价偏低，企业对水资源的重视程度不够，再加上现有机组对节水设施的投入不足，工艺技术落后，导致火电厂耗水量巨大。由图 7-1 也可以看出，火力发电厂废水排放量逐年降低，但还未达到废水“零”排放。

第二节　火电厂水资源利用及处理

水受热生成饱和蒸汽，饱和蒸汽通过过热器吸热变为过热蒸汽进入汽轮机，在汽轮机内膨胀做功后进入凝汽器凝结成水，凝结水经低压回热加热器进入除氧器，再经给水泵、高压加热器送入锅炉。在此过程中从汽轮机某个中间级抽取部分蒸汽，分别送入回热加热器和除氧器，供回热给水和加热除氧。

为了补偿蒸汽和水损失，还需要将经过化学处理的补充水加入除氧器，除氧后一同供给锅炉使用，由此产生锅炉补给水。此外为使蒸汽在凝汽器内凝结成水，还必须不断用循环水泵将冷却水送入凝汽器中的冷凝管内进行热交换，又形成一个冷却水系统，冷却水可以直接来自天然水体，一般要经过处理后才能循环使用。此外汽机凝结水中有金属腐蚀产物和油类物料等污染物，进入锅炉循环使用之前也必须经过处理。综上可知在机组设备水循环运行过程中，不可避免地会带入、产生很多杂质，必须对电力用水进行处理。

一、锅炉补给水

机组锅炉用水一般指锅炉及其热力循环设备的汽水系统，包括原水进入锅炉流经的一系列设备管道及其蒸发受热面等的给水系统，以及蒸汽流经过热受热面及其用汽设备等的蒸汽系统两部分。根据锅炉水汽系统中的水质及其功用，锅炉用水可分为原水、补水、回水、给水、炉水和排污水。

锅炉补给水一般来源于天然水体，而天然水体中含有多种杂质，按颗粒大小，可分为悬浮物、胶体、离子和分子（即溶解物质）。悬浮物是颗粒直径在 0.1μm 以上的微粒，主要包括泥沙、黏土、藻类等；胶体是颗粒直径在 0.1～0.001μm 的微粒，是许多离子和分子的集合体，主要包括腐殖质有机胶体和铁、铝、硅的化合物；溶解物质主要包括溶解盐类等。这种含有杂质的水如进入水汽循环系统，将会造成热力设备结垢、腐蚀、积盐。为了保证锅炉等热力设备安全运行，必须对锅炉补给水进行处理。针对原水中不同的杂质，可分别进行水的净化处理（预处理）、除盐处理（软化）、除氧处理。

（一）锅炉补给水预处理

锅炉补给水预处理的目的是去除水中悬浮物、有机物和胶体，防止 Ca、Mg 沉淀，抑制微生物生长，为其后阶段的离子交换、反渗透处理等创造有利条件。悬浮物和胶体在水中具有一定的稳定性，是造成水体浑浊、颜色和异味的主要原因，除去这些杂质一般采用混凝、澄清和过滤等净化处理工艺，预处理是锅炉补给水处理工艺流程中的一个重要环节。

1. 混凝-澄清-过滤

（1）混凝-澄清

当采用地表水为水源，浊度大于 50mg/L 时或原水中胶体硅含量较高时采用混凝-澄清-过滤的处理工艺。水中胶体物质的自然沉降速度十分缓慢，不易沉降的一个原因是同类胶体带有相同的电荷（天然水和废水中胶体带负电），彼此之间存在着电性斥力，使之保持其原有颗粒的分散状态；胶体颗粒保持其稳定性的另一个原因是胶体表面有一层水分子紧紧地包围，称为水化层，它阻碍了胶体颗粒间的接触，使得胶体颗粒在热运动时不能彼此碰撞而黏合，从而使其颗粒保持悬浮状态。要去除水中的胶体类杂质，必须破坏其稳定结构，增强胶体之间的絮凝，使细小的胶体凝聚成为大颗粒而沉淀。

混凝剂可以增强胶体的凝聚，向水中投加混凝剂后，经过混合、凝聚、絮凝等综合作用，可使胶体颗粒和其他微小颗粒聚合成较大的絮状物，凝聚和絮凝的全过程称为混凝。在混凝过程中，微小杂质聚结成较大的颗粒迅速沉降，水得到澄清，这一过程习惯上称为沉淀，因此澄清池也叫沉淀池。

在混凝澄清过程中，混凝剂的选取最为重要。目前火电厂采用较多的无机混凝剂主要有聚合硫酸铁和聚合氯化铝。聚合硫酸铁的加药量少，生成絮凝物密度大，沉降速度快，对 COD、BOD 以及色度、微生物等有较好的去除效果，对所处理水的 pH 值和温度的适应范围广；但若运行不正常，水中会因有铁离子而带色，并可能污染后续除盐设备。聚合氯化铝对低浊水、高浊水、低温水有较好的去除效果，适宜的 pH 值范围也较宽[3]。

当原水水质较为特殊，单独采用混凝剂不能取得良好的效果时，需要投加一些辅助药剂来提高混凝处理效果，即助凝剂。助凝剂的作用原理与混凝剂类似——电中和或吸附架桥作用。助凝剂分无机类和有机类（表 7-4）。无机类的助凝剂，作用各有不同，有的用来调整混凝过程中的 pH 值，有的用来增加絮凝物的密度和牢固性，典型的无机助凝剂有氧化钙、水玻璃等；有机类的助凝剂大都是水溶性的聚合物，分子呈链状或树枝状，典型的有机助凝剂有聚丙烯酰胺（PAM，人工合成的一种高分子聚合物）。PAM 分子一端是憎水的，另一端是亲水的，憎水的一端牢固地吸附胶体颗粒，亲水的一端则伸在水中，整个胶体颗粒增大便很快沉降，使水得以净化。

表 7-4　助凝剂[3]

中文名称	别名	英文名称	分子式
氧化钙	生石灰	quicklime	CaO
碳酸钠	纯碱、苏打	sodium carbonate	$Na_2CO_3 \cdot xH_2O$
次氯酸钙	漂白粉	calcium hypochlorite	$Ca(ClO)_2$
次氯酸钠	漂白水	sodium hypochlorite	$NaClO$
硅酸钠	水玻璃	sodium metasillicate	$Na_2O \cdot xSiO_2 \cdot yH_2O$
聚丙烯酰胺	PAM	polyacrylamide	

由于混凝澄清处理包括药剂与水的混合，混凝剂的水解、羟基桥联、吸附、电性中和、架桥、凝聚及絮凝物的沉降分离等一系列过程，混凝处理的效果受到许多因素的影响，尤其是水温、pH 值、碱度、混凝剂剂量、接触介质和水的浊度等。实际混凝过程的各工艺参数，如使用药剂的种类、药剂用量、水的 pH 值、温度及各种药剂的投加顺序等，一般要通过模拟试验确定。通过测定水样在试验后的浊度、色度、有机物的去除率等来判断混凝效果，根据处理效果结合经济因素等选用适合原水水质的混凝药剂及各项参数。

（2）过滤

原水经过混凝澄清处理后，其浊度仍然比较高，通常为 10～20mg/L。此时的水还不能直接送入后续除盐系统，而需要进一步降低水的浊度，最有效的方法就是过滤。过滤不仅可以降低水的浊度，而且还可以除去水中的部分有机物、细菌甚至病毒。

用于过滤的材料称为滤料或过滤介质。石英砂是最常用的粒状过滤材料，其他还有天然砂、无烟煤、磁铁矿砂、石榴石、大理石、白云石等。过滤设备中堆积的滤料层称为滤层或滤床。装填粒状滤料的钢筋混凝土构筑物称为滤池。装填粒状滤料的钢制设备称为过滤器，悬浮杂质在滤床表面截留的过滤称为表面过滤，而在滤床内部截留的过滤称为深层过滤或滤床过滤。水通过滤床的空塔流速简称滤速。过滤设备通常位于澄清池或沉淀池之后，过滤前水样的浊度一般在 15mg/L 以下，滤后浊度一般在 2mg/L 以下。当原水浊度低于 150mg/L 时，也可以采用原水直接过滤或接触混凝过滤。表 7-5 给出了常见过滤工艺的分类及说明。

表 7-5　常见过滤工艺分类及说明

分类方法	工艺类型	简要说明
按进水水质分类	直接过滤	原水不经过混凝澄清而直接通过滤池(器)。这种过滤形式只能除去水中较粗的悬浮杂质，对于胶体状态的杂质去除能力低。适用于原水常年浊度低，对胶体杂质的去除要求不高的情况
	混凝澄清过滤	原水经混凝处理后，絮凝物主要在澄清设备中除去，滤池(器)进水中只含微量絮凝物，在澄清良好时，滤池(器)进水是近乎恒定的低浊度水，过滤速度一般为 5～20m/s，适用于各种水源
	凝聚过滤（接触凝聚）	原水经过滤料层前，向水中投加混凝剂(有时同时投加絮凝剂)，使水中胶体脱稳凝聚形成初始矾花，水进入滤料层前的凝聚反应时间一般为 5～15min。这种过滤形式的特点是省去了专门的混凝澄清设备，混凝剂投加量少，适用于常年原水浊度小于 50mg/L，有机物含量中等以下的水源和地下水除铁、锰、胶体硅
按水流方向分类	下向流过滤	运行时进水自上而下通过滤料层，清洗时冲洗水向上通过滤料层。因为反冲洗时的水力筛分作用，这种形式的滤池(器)的滤料层是由小到大自上而下排列的，这是一种最常见的工艺形式。其优点是设备结构简单，运行管理方便；缺点是单层滤料时过滤周期较短，滤料层的截污能力不能得到充分利用

续表

分类方法	工艺类型	简要说明
按水流方向分类	上向流过滤	运行时进水自下而上经过滤层,清洗时冲洗水和空气也是自下而上。这种滤料层粒度分布是由小到大自上而下排列的,运行时进水先通过较粗的滤料。因而阻力小,运行周期长,滤料层的截污能力高;缺点是运行流速必须严格控制在滤料层膨胀流速以下,并要求滤速稳定,因而对运行管理要求严格
	双向流过滤(对流)	这种滤池(器)同时采用向下和向上流的过滤方式,过滤水从滤层中部引出,因而相当于两个并列的滤池(器),出水量相当于单向流滤池(器)的2倍。反洗时冲洗水和空气自下而上。要求反洗后的滤料层粒度分布均匀,避免细滤料集中于滤层上部致使上下部配水不均
按滤层结构分类	单层非均质过滤	运行时进水自上而下通过滤料层,清洗时冲洗水向上通过滤料层。因为反冲洗时的水力筛分作用,这种形式的滤池(器)的滤料层是由小到大自上而下排列的。这是一种最常见的工艺形式。其优点是设备结构简单,运行管理方便;缺点是单层滤料时过滤周期较短,滤料层的截污能力不能得到充分利用
	单层均质过滤	在整个滤层深度内滤料粒径分布是均匀的。这种过滤工艺在反冲洗时增加了滤料混合过程(常用压缩空气)和不使滤层膨胀的漂洗过程,而使反冲洗后的滤料层粒度分布均匀,所谓变空隙或变粒度过滤就属于这种类型。运行时杂质可渗入滤层深部,水流阻力小,过滤周期较长
	多层过滤	采用不同材质的滤料组成双层或三层滤料层(极少用三层以上),密度较小的滤料在上层,密度较大的滤料在下层。双层滤料一般采用无烟煤和石英砂,三层滤料一般采用无烟煤、石英砂和磁铁矿砂。反冲洗时因为滤料密度不同而自动分层。这种过滤方式具有截污能力大、过滤周期长、出水水质好、允许采用较高的滤速等优点

2. 杀菌和除氯

经过混凝澄清与过滤处理已除去天然水中的部分(40%~50%)有机物和微生物,但天然水中仍有盐类需要脱除,并且剩余的有机物和微生物仍会造成后续离子交换树脂的污染。因此,在锅炉补给水的预处理中,常常还要进行水的杀菌消毒处理。

水的杀菌消毒处理分为化学法和物理法:化学法包括加氯、加次氯酸钠、加二氧化氯或臭氧处理等;物理法包括加热、紫外线处理等。

(1)化学法

加氯(Cl_2)与次氯酸钠杀菌是含氯物质溶解在水中产生的HClO起主要作用。液氯和次氯酸钠虽然是较好的灭菌消毒剂,但存在以下问题。

① 可能造成细菌的后繁殖,即脱氯之后在保安过滤器或膜组件里细菌反而大量繁殖。

② 产生消毒附产物,即卤代烷,这是致癌物质。虽然反渗透膜对卤代烷的脱除率大于90%,产水总卤代烷约为0.001mg/L,远远低于饮用水标准(<0.1mg/L),但浓水也会对环境造成污染。采用氯胺作消毒剂,不会产生卤代烷。

③ 膜元件可以在出现短暂性接触自由氯的系统里仍有良好的运行性能表现,但与1×10^{-6}自由氯接触200~1000h之后会发生实质性的降解。液氯和次氯酸钠还会缓慢地破坏膜。

因此需要注意某些反渗透膜和离子交换树脂无法适应残余氯,加氯杀菌消毒处理后必须对反渗透膜进水进行脱氯。一般通过亚硫酸钠或活性炭吸附方法脱氯:

$$Na_2SO_3 + HClO \longrightarrow Na_2SO_4 + HCl \tag{7-1}$$

$$NaHSO_3 + HClO \longrightarrow NaHSO_4 + HCl \tag{7-2}$$

(2)物理法

目前使用的物理消毒方法是紫外灯管辐射法,所用波长为2540nm,剂量为300J/m^2。美国Diablo Canyon核电厂的SWRO系统采用紫外线消毒法,该方法的消毒杀菌效果较好。但因为紫外灯管容易被水中悬浮物、胶体等物质吸附，相较于化学法成本更高。

（二）锅炉补给水除盐

当原水含盐量高时，水中含有的Ca^{2+}、Mg^{2+}等极易在管壁结垢，水垢的热导率约为钢铁的数十分之一至数百分之一，锅炉结垢将会导致炉管过热损坏、燃料浪费、出力降低、锅炉的使用寿命缩短等。因此经过混凝过滤处理去除悬浮物胶体杂质后还需要去除水中的盐离子。常用的软化除盐方法有离子交换法、反渗透法、电渗析法3种。

1. 离子交换水处理

离子交换过程又称化学除盐（软化）过程，水中的各种离子与离子交换树脂进行交换反应而被除去。例如阳离子交换树脂中的阳离子（如Na^+、H^+）可以交换除去水中的Ca^{2+}、Mg^{2+}。目前，我国锅炉中离子交换水处理的普及率已经达到了90%以上，并且一般采用的阳离子树脂为氢（H^+）型，阴离子树脂为氢氧根（OH^-）型。在氢型阳离子交换后，水中原有的HCO_3^-与H^+结合产生难解离的碳酸，可以通过真空脱碳器或者大气式除碳器除去。

离子交换水处理工艺的关键是离子交换树脂，离子交换树脂是一种具有离子交换功能的高分子化合物，由高分子骨架、以化学键结合在骨架上的固定离子基团（功能基）和与固定基团离子键结合的具有相反电荷的可交换离子三部分组成。这类高分子材料的规格、品种很多，在实际应用中大部分制成合适粒度的球体。以交联度为7（含二乙烯苯7%）的聚苯乙烯为骨架的磺酸基强酸性阳离子交换树脂的用量最大，其次为同样骨架的强碱性季氨基或弱碱性叔氨基阴离子交换树脂。另一类重要的应用树脂是二乙烯苯交联的聚丙烯酸弱酸性阳离子交换树脂。

按照结构形态，离子交换树脂可以归属为两种：一种是凝胶型，在干态无孔，只能通过水或者低级醇等强极性溶剂使树脂在溶胀的情况下使用，一般来说，大分子链之间存在2～4nm的孔隙，无机离子可进入树脂内部进行离子交换，失水之后微孔消失，大分子链收缩，离子交换树脂失去交换能力；另一种是大孔型，在湿态和干态均有孔，可在任何介质中使用，孔径分布较宽，一般从几纳米到几百纳米，甚至超过10μm。

（1）离子交换树脂的理化性质

一般工业用离子交换树脂是直径0.3～1.2mm的球体，色谱用离子交换树脂的粒度在100～400目之间，原料不同，离子交换树脂的颜色不同：苯乙烯系呈黄色，其他有黑色、赤褐色等。一般树脂中杂质越多、交联剂越多，颜色越深。凝胶型树脂呈半透明或透明状，大孔型树脂呈不透明状。

离子交换树脂的交换容量决定了可以交换离子的量值，一般有两种表示方法：a. 工作交换量，即实际交换量；b. 总交换量，含有离子交换基团的总数量。每种离子交换树脂都有确定的总交换量数值，但工作交换量不是一个固定的指标，依赖于离子交换树脂的总交换量、再生水平、被处理溶液的离子成分、树脂对被交换离子的亲和性、操作流速、树脂的粒度、泄漏点的温度及环境温度等因素。

离子交换树脂的骨架一般是亲油的，而其交换基团是亲水的。当干树脂浸入有机溶剂或水中时，树脂会因不同程度吸收水或有机溶剂而体积膨胀。但树脂受高分子链的交联网状结构骨架的限制，最终会达到溶胀平衡，在这种平衡条件下，单位体积干树脂所能胀大的体积分数称为膨胀度。溶胀程度受树脂的交换容量、交联度、基团中抗衡离子的种类以及溶液中离子浓度的影响。以交联聚苯乙烯为骨架的001×1低交联度阳离子交换树脂，在由Na型转换为H型时体积膨胀也可以达到75%～80%，在实际应用中需注意这种现象。

此外，在实际应用中还要充分考虑到离子交换树脂的稳定性，以聚苯乙烯-二乙烯苯为骨架的加聚型树脂，在通常浓度的酸、碱再生剂条件下，使用寿命可以长达数年之久。功能基团在碱性环境下不太稳定，也不适于在温度过高环境中使用这种阴离子交换树脂。此外缩聚型阳离子交换树脂对强碱的稳定性也比较差。不同强碱性阴离子树脂的最高使用温度如表7-6所列。

表7-6　不同强碱性阴离子树脂的最高使用温度[4]

树脂		最高使用温度/℃
聚苯乙烯系	OH型（Ⅰ型）	60
	OH型（Ⅱ型）	40
	Cl型	80
聚丙烯酸系OH型		40

离子交换树脂的使用还需要注意其耐氧化性，氧化剂可能使离子交换树脂氧化降解，例如硝酸、次氯酸、过氧化氢、酸性高锰酸钾等都可以使树脂遭受破坏。此外铁、铜、锰等金属离子对树脂的氧化起催化作用，应尽量降低其浓度。阳离子交换树脂的热稳定性较好，干的Na型磺酸基树脂可以承受250℃以下的高温，而湿树脂在pH值较低的情况下，热稳定性下降。H型阳离子交换树脂只可以在120℃以下使用。各树脂的热稳定性按顺序排列为：弱酸性＞强酸性＞弱碱性＞Ⅰ型强碱性＞Ⅱ型强碱性。

商品化的离子交换树脂属于无毒高分子材料，长期储存一般也不影响树脂的稳定性。但由于树脂通常含有50%左右的水分，在运输与储存过程中应防止因温度太低造成树脂破裂，储运温度应保持在0～40℃。

（2）离子交换装置

以钠离子交换装置为例，钠离子交换装置的种类较多，有浮动床、流动床、移动床、固定床，前三种适用于原水水质稳定、软化水出力不大、连续不间断运行的情形，而工业锅炉通常采用固定床离子交换装置。

一般单级离子交换法（图7-2）可以使水中残余硬度降低到＜0.035mmol/L，当原水硬度较高或者对软化水要求标准较高（要求残余硬度＜0.02mmol/L）时，应采用两级钠离子交换。

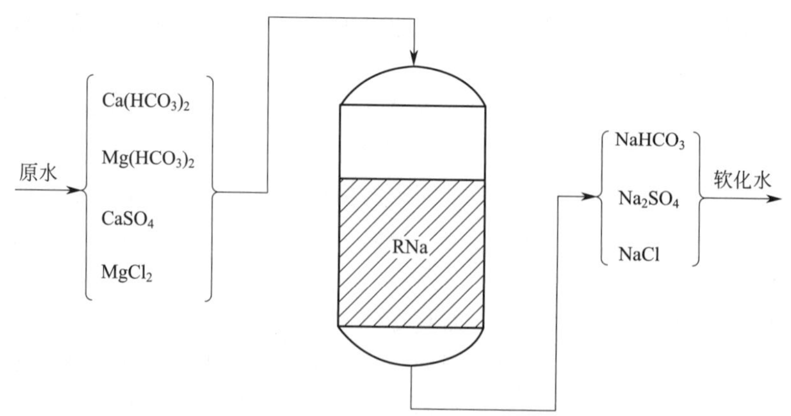

图7-2　单级钠离子交换软化装置

硬水（Ca^{2+}、Mg^{2+}含量在0.4mmol/L以上）经钠离子交换装置，交换剂中的Na^{+}与水中的Ca^{2+}、Mg^{2+}发生交换，将溶液中易结垢的Ca^{2+}、Mg^{2+}转变为Na^{+}，当离子交换剂中的Na^{+}与Ca^{2+}、Mg^{2+}交换完后，离子交换剂失去了软化水的能力，此时可以用10%～15%的NaCl溶液对失效的树脂进行再生［式(7-3)、式(7-4)］，再生形成的水溶性$CaCl_2$、$MgCl_2$用水冲洗除去。

$$2NaCl + CaR_2 \longrightarrow 2NaR + CaCl_2 \tag{7-3}$$

$$2NaCl + MgR_2 \longrightarrow 2NaR + MgCl_2 \tag{7-4}$$

按再生方式可以将固定床离子交换装置分为顺流再生和逆流再生，逆流再生方式对原水硬度适应范围大，出水质量好且耗水量相对较低，为30%～40%，耗盐量约为20%，被广泛采用。而顺流再生方式比逆流再生方式操作简单，在一定条件下仍有采用。

离子交换树脂经再生后可以反复多次使用，以钠离子交换树脂再生为例，采用自上而下的顺流再生方式可以使离子交换树脂再生比较彻底，但更合理的方式是采用逆流再生式，再生液自下而上，首先进入树脂的保护层，再经饱和层流出。为使树脂层松动，再生前一般需要进行反洗，除去聚集在树脂层中的悬浮杂质。再生过程中需要提供源源不断的再生液，需要专门的再生液制备系统，再生剂经溶解、储存、计量、输送至离子交换树脂。氯化钠溶液的制备系统分为盐液池和盐溶解器两部分，其中盐液池又分为浓液池和稀液池各一个。浓液池中配置并储存饱和浓度盐溶液（室温下23%～26%），有效容积量一般为7～15d的食盐消耗量。稀液池的容积量最少能满足最大一台钠离子交换器再生用的盐液量。

目前采用最多的锅炉水处理方法是钠离子交换法，该法有很好的阻垢效果，但离子交换用于锅炉水处理也存在一定的局限性。首先软化后水的腐蚀性增强，腐蚀产物结垢加重，对使用软化水的锅炉更有必要采取防腐措施。其次，软化水的含盐量并没有降低，也就不能起到降低锅炉排污率的作用。从环境友好的角度考虑，离子交换法同样存在交换树脂再生废液的处理问题（图7-3），普通钠离子交换系统不可避免地产生盐液制备系统排污、再生废盐水排污、反洗水排废、冲洗水排废等，这些废水的排放不仅浪费了大量的淡水资源，而且会使淡水咸化。

自来水　正反洗
↓　↓
浓度为5%～7%的再生剂→离子交换树脂→高盐废水→高盐废水池→外排
↓　↓　↑
软水　正反洗废水——————┘

图7-3　离子交换树脂处理废水工艺流程[4]

离子交换树脂除盐的经济性取决于酸碱再生剂的消耗，对高含盐水的处理经济性差。为了减轻离子交换除盐的负担，一般先对含盐水进行电渗析等预处理除盐。

2. 反渗透水处理

反渗透（reverse osmosis，RO）技术是以压力为驱动力的膜分离技术。其技术原理如图7-4所示，在一定温度下一张透水不透盐的半透膜将淡水和盐水隔开［图7-4(a)］，此时淡水通过渗透膜向盐水方向移动，右侧盐水水位升高，将产生一定的压力，阻止左侧淡水向盐水渗透，最后达到平衡［图7-4(b)］，此时的平衡压力称为溶液的渗透压，这种现象即渗透现象。若在右侧盐水侧施加一超过渗透压的外压［图7-4(c)］，右侧盐溶液中的水则会通过半透膜向左侧淡水室移动，使盐水中的水与盐分离，此现象即为反渗透现象。

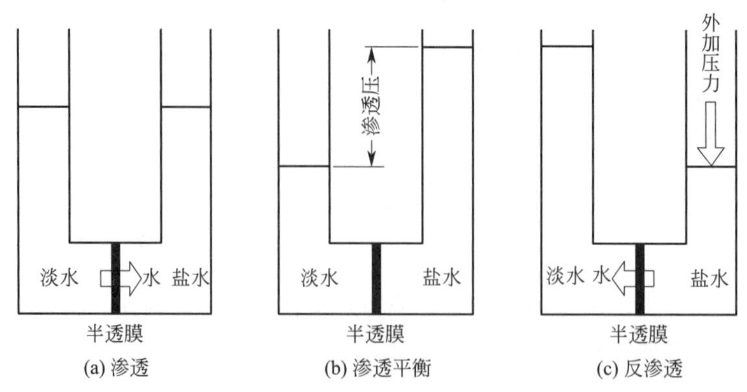

图 7-4　反渗透现象图解

盐水室的外加压力提供了水从盐水室向淡水室移动的推动力，而用于隔离淡水与盐水的半透膜称为反渗透膜，反渗透膜多用高分子材料制成，目前用于火电厂的反渗透膜多由芳香聚酰胺复合材料制成。

(1) 典型反渗透系统

反渗透装置主要由膜组件、泵、过滤器、阀、仪表及管路等组装而成，反渗透工艺有连续式、部分循环式和全循环式三种流程，有分级式和分段式两种工艺，实际生产中一般采用多段连续式。

两级反渗透系统示意如图 7-5 所示，分级反渗透系统第一级由一个或一个以上膜组件并联，一级产水汇集到一起进入二级膜组件，浓水汇集到浓水总管中，浓水可以直接排放，也可以循环利用，二级膜组件浓水一般循环利用，可以提高系统的回收率（给水转化为产水或透过液的百分比）。

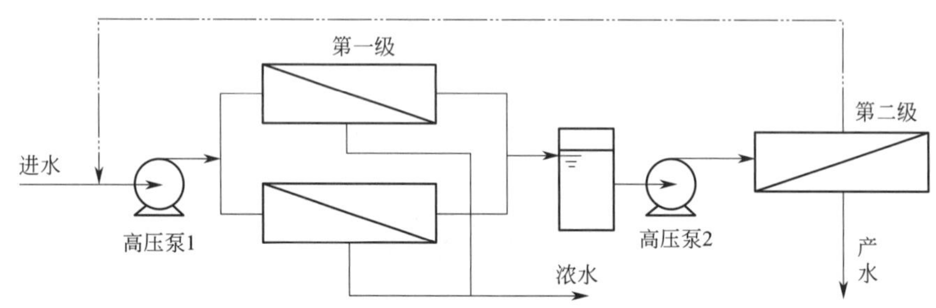

图 7-5　两级反渗透系统示意

图 7-6 为两段反渗透系统示意，该系统含有三个组件，其中两个组件并联作为第一段，而第三个组件和前面两个组件串联作为第二段。一段浓水作为二段进水，一段与二段产水汇合使用。一般苦咸水 RO 系统设计中，单只膜元件的回收率为 9%左右；对于流行的 6 芯膜组件构成的 RO 两段系统，第一段回收率为 50%左右，第二段的回收率为 50%左右，总系统的回收率为 70%～80%。第一段和第二段的进水量约为 2∶1。因此第一段和第二段的膜组件数一般也为 2∶1。

为得到品质更高的产水，也可以采用多级反渗透系统，将前面一级系统的产水作为后面一级系统的进水。前一级浓水可以直接排放或循环进入原水箱，后一级浓水水质往往比原水还要好，可以直接回流到前一级的高压泵入口。

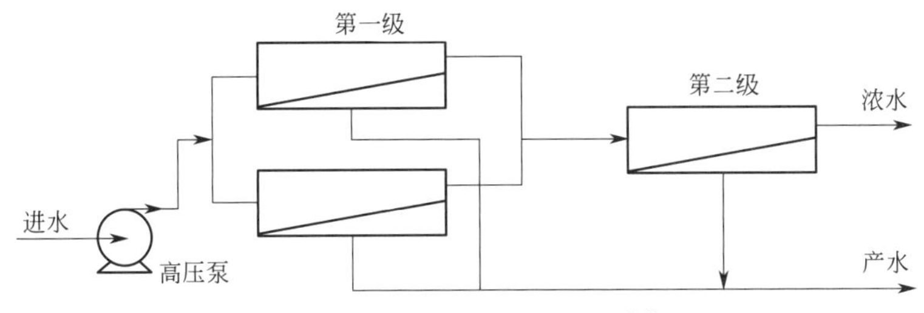

图 7-6　两段反渗透系统示意[4]

(2) 反渗透系统主要设备

反渗透系统的主要设备有原水预处理设备、高压泵、反渗透本体等。

① 原水预处理设备：预处理过程取决于进水水质，一般地下水产生污堵的倾向性较低，而大部分地表水以及没有经过过滤或降解的浅井井水产生污堵的倾向性大。污堵指数（SDI）用于度量水体污堵倾向性，进入 RO 膜元件的 SDI 应小于 5。但 SDI 值表征不了胶体浓度，如果进水含有较高浓度的胶体物质，也可能造成膜元件的严重污堵。

图 7-7 为典型的膜处理前的预处理工艺流程，原水经絮凝澄清→多级过滤（多介质过滤器、软化器、活性炭过滤器、保安过滤器及微孔过滤器等）→投加消毒剂（NaClO 杀灭微生物）→阻垢剂（缓解反渗透膜面沉积）→过滤→$NaHSO_3$（消除水体中活性氯，防止膜老化）一系列处理后进入反渗透本体。投加化学药剂也会影响预处理效果，要严格控制添加的化学药剂，防止药剂对膜的污染。预处理设备的设计参数见表 7-7。

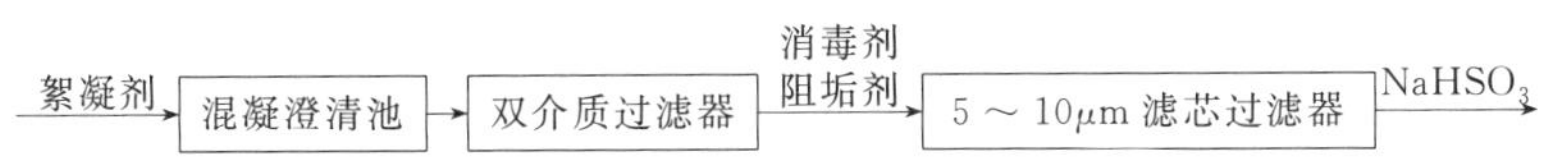

图 7-7　典型的膜处理前的预处理工艺流程

表 7-7　预处理设备的设计参数

设备类型	主要工艺参数	备注
澄清池	1.83～2.07m/h	去除浊度物质、悬浮物和胶体
多介质过滤器	地表水 5～8m/h 地下水 7～10m/h	精制石英砂和无烟煤；合理级配和填充高度；要求过滤精度优于 10μm
软化器	15～25m/h	需高质量再生剂，脱除硬度物质
活性炭过滤器	10～15m/h	精制粒状果壳活性炭，脱除有机物和游离氯

原水预处理设备中较为重要的一个环节是保安过滤器，保安过滤器是为保证反渗透膜组件的安全运行设置的精密过滤设备，起安全保障作用，故称为保安过滤器。保安过滤器通常用 5～10μm 的纤维滤芯，有多种结构形式，常用结构如图 7-8 所示，滤元固定在隔板上，水自中部进入保安过滤器内，从隔板下部出水室引出，杂质被阻留在滤元上。并且在反渗透系统中，保安过滤器不应作为一般运行过滤器使用，仅应做保安过滤使用，通常设在高压泵之前。

② 高压泵：高压泵为膜组件提供合适的流量和压力，需要根据水温、水质等的变化调整高压泵的运行工况，满足反渗透装置运行的需要，改变工况点的方法一般采用变频调节方式。高压泵的选型可以根据反渗透装置的进水流量和给水压力等数据进行。泵的材质对反渗透组件

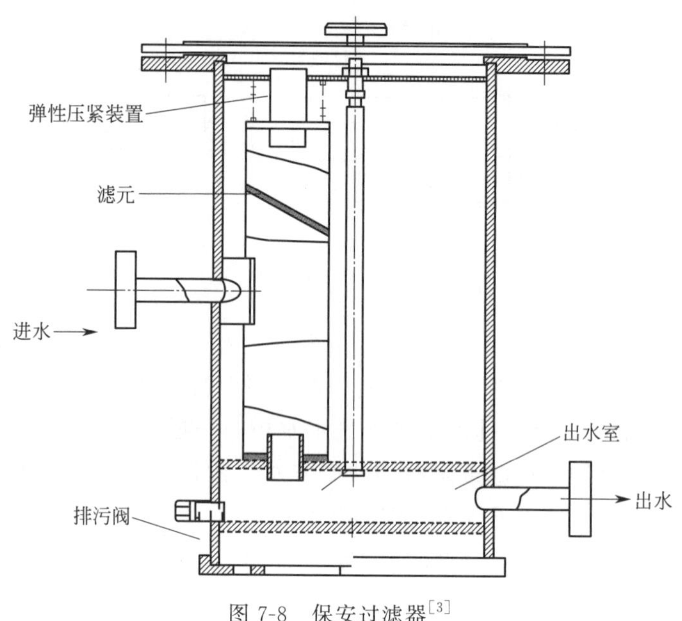

图 7-8 保安过滤器[3]

入口水质影响很大，一般水泵过流部件选用不锈钢材质，防止高含盐量和低 pH 值的原水对泵产生腐蚀，增加铁对膜的污染。

③ 反渗透本体：反渗透本体是将反渗透膜组件用管道按照一定的方式组合连接而成的组合式水处理单元。单个反渗透膜称为膜元件，数只膜元件按一定技术要求串联并与单只渗透膜壳组装构成膜组件（图 7-9）。

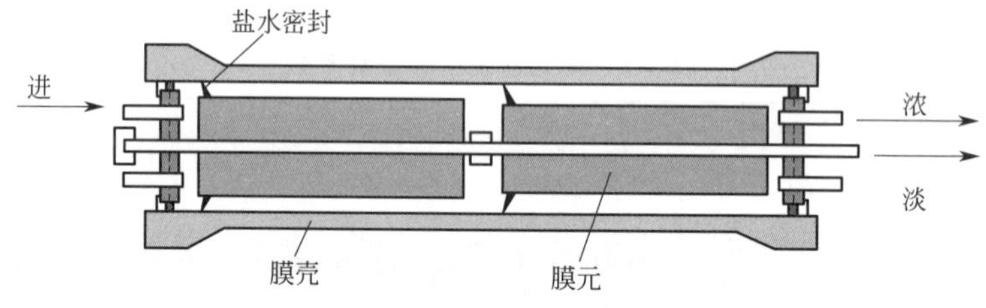

图 7-9 反渗透膜组件内部结构

商业化的反渗透膜材料主要有醋酸纤维素膜和聚酰胺复合膜两种，醋酸纤维素膜具有耐氯性能，不易发生污堵，常用于市政饮用水或饮料行业，但醋酸纤维素膜具有易水解、使用寿命短、运行压力高的缺点。目前用于火电厂的反渗透膜多由芳香聚酰胺复合材料制成。

常用的膜元件有卷式膜元件和中空纤维膜元件。目前在火电厂中应用的主要是卷式膜元件。卷式膜元件由平板膜片制造，首先将平板膜片折叠，然后用胶黏剂密封成一个三面密封、一面开口的密封套。膜封套内置有多孔支撑材料，将膜片隔开并构成产水流道。膜封套的开口端与塑料穿孔中心管连接并密封，产水将从膜封套的开口端汇入中心管，未透过膜的水和浓缩的溶解固体以及悬浮固体一起沿膜表面流过，从浓水口流出（图 7-10）。

膜元件按水源特点大致可以分为高压海水脱盐反渗透膜元件、低压和超低压苦咸水脱盐反渗透膜元件、抗污染膜元件。表 7-8 中分别列出了这几种膜的性能参数。

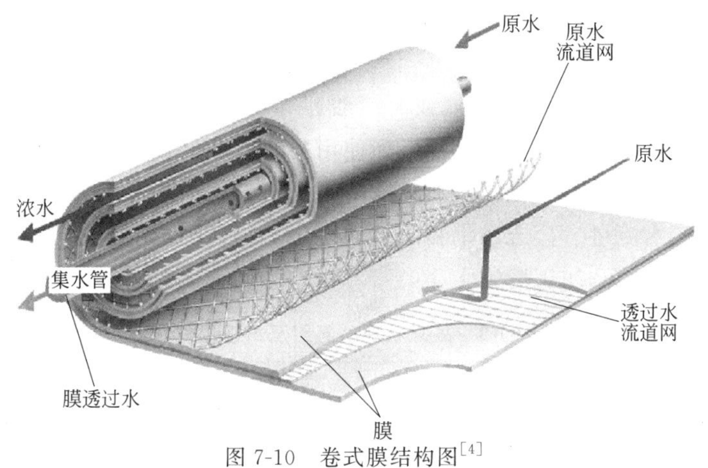

图 7-10　卷式膜结构图[4]

表 7-8　部分 FILMTEC 膜元件性能参数

膜元件类型	海水膜元件 SW30HR 系列	低压苦咸水膜元件 BW30 系列	XLE 系列	NF270 系列
进水压力/MPa	2.5	1.0	0.5	0.35
脱盐率/%	99.7	99.4	98.6	50
测定条件	膜通量为 30L/(m^2·h),2000mg/L NaCl 溶液,25℃,pH=7～8,回收率为 10%,40in(1in=0.0254m)长膜元件			

注:1. NF270 为超低压中等脱盐率和硬度透过率的纳滤膜,脱除有机物高,产水量高。

2. XLE 为超低压极低能耗(压)反渗透元件,主要用于商用或大型市政水处理。

3. BW30 为低压玻璃钢缠绕标准低压苦咸水反渗透膜元件,主要用于多支串联高脱盐率反渗透系统。

4. SW30HR 为高压标准高脱盐率(单级海水淡化)海水反渗透元件。

(3) 反渗透分离性能的影响因素

① 操作压力:反渗透系统必须从外界施加一个大于进水原液渗透压的驱动力来实现溶液的反渗透,这一外界压力为操作压力,通常操作压力比渗透压大几十倍。操作压力决定了反渗透的水通量和溶质透过率。操作压力增加,水通量提高,溶质通过率减小,经验表明,操作压力从 2.75MPa 提高至 4.22MPa,水的回收率提高 40%,而膜的寿命缩短 1 年,因此需要根据进水的盐浓度、膜性能等确定操作压力的大小。

② 温度:温度升高,水的黏度降低,水透过膜的速度增加,溶质透过率略有增加。有试验研究表明,进水水温每升高 1℃,产水量就增加 2.7%～3.5%(以 25℃为标准)。在反渗透系统运行过程中,进水温度宜控制在 20～30℃,低温控制在 8℃以上。通常醋酸纤维素膜和聚酰胺膜的最高允许温度为 35℃,复合膜为 40～45℃。

③ 进水 pH 值:一般膜材料在选择时给定进水 pH 值范围,例如醋酸纤维素膜 pH 值宜控制在 4～7,防止膜在酸、碱条件下水解。

(4) 反渗透膜的污染与处理

反渗透膜的常见污染有沉积、污堵、膜老化、微生物繁殖等。

① 沉积:当水中溶解固体的浓度超过其溶解度极限时,这些杂质将在膜表面沉积。水体中碳酸盐及硫酸盐、硅酸盐等溶解度较小的物质容易发生沉积。沉积多发生在装置下游,防止沉积的办法是在预处理过程中向进水中加入阻垢剂。

② 污堵:膜表面沉积或吸附水体中杂质会造成膜性能下降,这种类型的污染通常在上游膜元件中更为严重。污堵具体表现为中度到严重的水通量下降、系统压降增加、盐透过率增

加。造成污堵的主要物质有胶体和颗粒物质、腐殖质、单宁酸等杂质，预处理时添加的絮凝剂过量也有可能造成污堵。

③ 膜老化：进水中存在的氯、臭氧或高锰酸钾等氧化剂容易造成膜老化。当使用聚酰胺膜时，必须从水体中去除上述所有氧化剂，当使用醋酸纤维素膜时，进水水体中绝对不能含有Fe^{3+}、臭氧和高锰酸钾，可以含有0.5～1.0mg/L的游离氯。

多数情况下，产水流量、盐透过率和压差的变化是与某些特定故障相关联的，表7-9汇总了这些故障、可能的原因及纠正措施。

表7-9 故障状况、起因及纠正措施

故障症状			直接原因	间接原因	解决方法
产水流量	盐透过率	压差			
↑	⇑	→	氧化破坏	余氯、臭氧、$KMnO_4$等	更换膜元件
↑	⇑	→	膜片渗漏	产水背压 膜片磨损	更换膜元件 改进保安滤器过滤效果
↑	⇑	→	O形圈泄漏	安装不正确	更换O形圈
↑	⇑	→	产水管泄漏	装元件时损坏	更换膜元件
⇓	↑	↑	结垢	结垢控制不当	清洗，控制结垢
⇓	↑	↑	胶体污染	预处理不当	清洗，改进预处理
↓	→	⇑	生物污染	原水含有微生物 预处理不当	清洗、消毒 改进预处理
⇓	→	→	有机物污染	油、阳离子聚电解质	清洗，改进预处理
⇓	→	→	压密化	水锤作用	更换膜元件或增加膜元件

注：↑表示增加；↓表示降低；→表示不变；⇑⇓表示主要症状。

(5) 反渗透水处理装置的清洗

反渗透装置运行过程中，不可避免地会受到水体中杂质的污染，膜污染后会影响膜组件的安全稳定运行，为了恢复膜元件的初始性能，需要对膜元件进行化学清洗，化学清洗一般3～6个月进行一次。

当反渗透系统运行时产水量低于初始运行值的10%～15%，反渗透本体装置进水压力与浓水压力差值超过初始运行值的10%～15%，脱盐率增加超过初始运行值的5%以上时，需要对反渗透膜元件进行清洗。化学清洗装置系统流程如图7-11所示。具体的清洗步骤如下。

① 配置清洗液。

② 用清洗水泵混合一次清洗液，并采用低流量预热清洗液。以尽可能低的清洗压力置换膜元件内的原水（压力必须低到不会产生明显的渗透产水）。视情况排放部分浓水以防止清洗液的稀释。

③ 循环，当原水被置换掉后，浓水管路中出现清洗液，将清洗液循环回清洗水箱并保证清洗液温度恒定。

④ 浸泡，停止清洗泵运行，使膜元件完全浸泡在清洗液中，浸泡时间根据污染程度确定。为维持浸泡过程的温度，可以采用很低的循环流量。

⑤ 高流量水泵循环，采用高流量循环30～60min，冲洗被清洗液冲洗下来的污染物。

⑥ 冲洗，预处理合格的产水可以用于冲洗系统内的清洗液（若存在腐蚀问题则不可行），为了防止沉淀，最低冲洗温度为20℃。

需要注意的是清洗液pH值可能在1～12之间，因此清洗装置的材料应当具有相应的防腐能力。另外，清洗过程中应检测清洗液的温度、pH值、运行压力以及观察清洗液颜色变化，

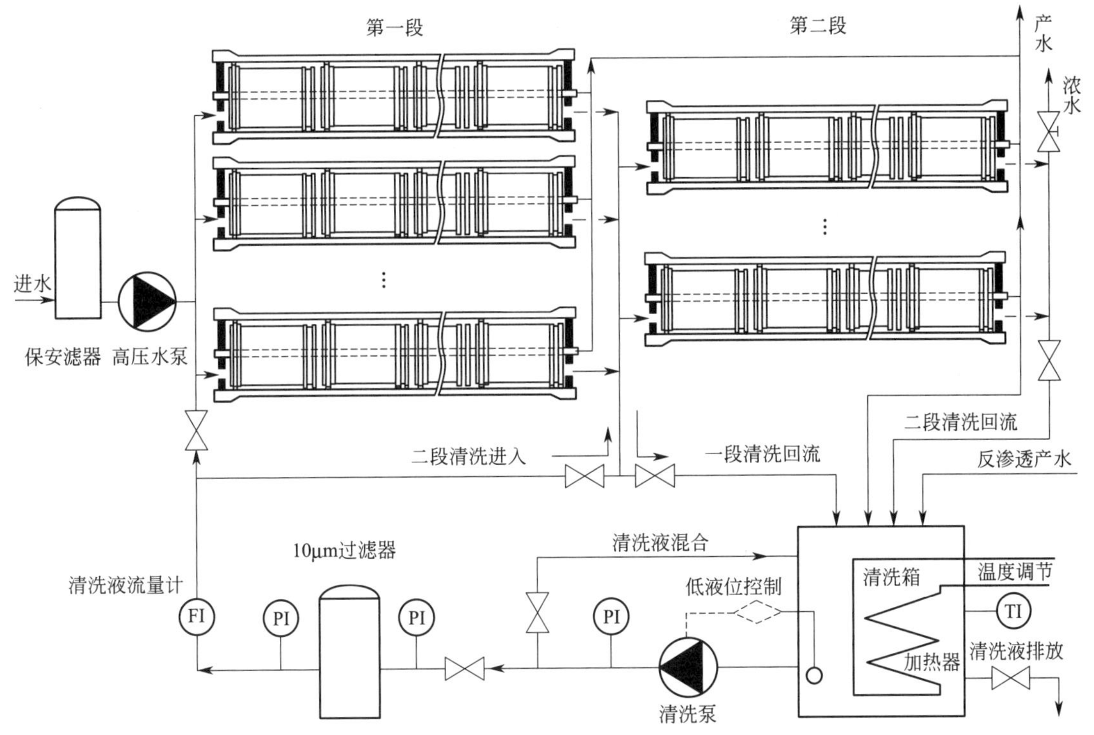

图 7-11　化学清洗装置系统流程[3]

运行压力以能完成清洗过程即可，压力容器两端压降不超过 0.35MPa。

目前离子交换法在我国锅炉房的普及率已经达到了 90%以上，并且一般与电渗析或反渗透联合使用，尤其是反渗透法作为离子交换的预处理，可以除去大量的离子，减少离子交换的负荷，减轻树脂污染，延长离子交换树脂的使用寿命。

3. 电渗析水处理

在直流电场作用下，溶液中的离子有选择性地通过离子交换膜迁移。以双膜电渗析槽为例对其工作原理进行介绍。

如图 7-12 所示，电渗析槽被阳膜、阴膜分为阳极室和阴极室以及中室，中室中充满氯化钠溶液，在直流电场作用下，溶液中的 Na^+ 向阴极方向迁移，透过阳膜进入阴极室，同时发生电极反应，有氢气逸出：

$$2H^+ + 2e^- \longrightarrow H_2\uparrow \tag{7-5}$$

中室溶液中的 Cl^- 向阳极方向迁移，并通过阴膜进入阳极室，发生电极反应，有氯气释放：

$$2Cl^- \longrightarrow Cl_2\uparrow + 2e^- \tag{7-6}$$

由以上反应可以看出，中室中的氯化钠在直流电场的定向迁移和离子交换树脂膜选择渗透特性的共同作用下不断电离，浓度降低。

电渗析装置主要包括电渗析器本体及辅助设备两部分。其中电渗析器本体由膜堆、极区和夹紧装置三部分组成，附属设备主要是各种料液槽、水泵、直流电源及进水预处理设备等。图 7-13 为板框型电渗析器的结构，它主要由离子交换膜、隔板、电极和夹紧装置等组成。一列

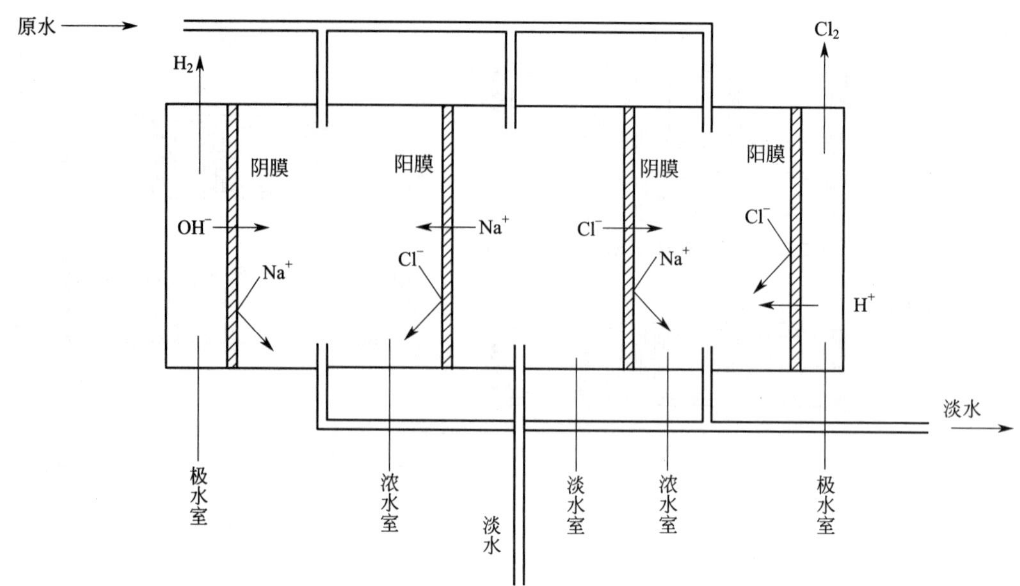

图 7-12　电渗析脱盐工作原理

阳、阴离子交换膜固定于电极之间，保证被处理的液流能绝对隔开。电渗析器两端为端框，每框固定有电极和用以引入或排出浓液、淡液、电极冲洗液的孔道。一般端框较厚、较紧固，便于加压夹紧。电极内表面呈凹陷状，当与交换膜贴紧时即形成电极冲洗室。隔板的边缘有垫片，当交换膜与隔板夹紧时即形成溶液隔室。通常将隔板、交换膜、垫片及端框上的孔对准装配后即形成不同溶液的供料孔道，每一隔板设有溶液沟道用以连接供液孔道与液室。

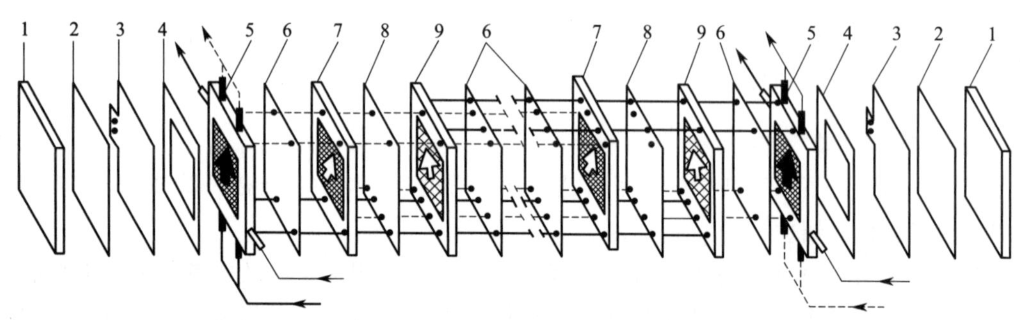

图 7-13　板框型电渗析器的结构[5]

1—压紧板；2—垫板；3—电极；4—垫圈；5—导水板；6—阳膜；7—淡水隔板框；8—阴膜；9—浓水隔板框；

—极水；—浓水；---淡水

电渗析器具有以下优点。

① 能量消耗低，电渗析除盐过程中，只是用电能来迁移水中的盐分，水不发生相变。

② 药剂量消耗少，环境污染小。常规的离子交换除盐树脂失效后需要用酸、碱再生剂进行再生，再生过程中不可避免地会生成大量的酸、碱再生废液，水洗还排放大量的废水。而电渗析水处理仅酸洗时需要少量的酸，耗药剂量少。

③ 对原水含盐量变化的适应性强，电渗析除盐的产水量可以按照需要设计电渗析器中的段数、级数或多台电渗析器的串联、并联或不同除盐方式（直流、循环或部分循环式）。

④ 水利用率高，电渗析器运行时，浓水和极水可以循环使用，水的利用率在70%～80%，

国外甚至可以达到90%左右。

⑤ 操作简单，易于实现自动化。电渗析器一般控制在恒定的直流电压下运行，不需要频繁地调节流速、电流及电压来适应水质、温度的变化。

实际应用中要求电渗析器能长期稳定运行，结构上不易产生结垢、沉淀，即使产生也容易清除，并且尽可能减少漏电、防止漏水。电渗析器的材料要求具有良好的抗化学腐蚀的性能，有足够的机械强度。对于含盐量在500mg/L以上的原水，往往采用电渗析法除盐或反渗透+离子交换法除盐的处理工艺。电渗析的适用范围如表7-10所列。

表7-10 电渗析的适用范围

用途	除盐范围			成品水的直流耗电量/(kW·h/m^3)	说明
	项目	起始	终止		
海水淡化	含盐量/(mg/L)	35000	500	15～17	规模较小时如500m^3/d,建设时间短,投资少
苦咸水淡化	含盐量/(mg/L)	5000	500	1～5	淡化到饮用水,比较经济
水的除氟	含氟量/(mg/L)	10	1	1～5	在咸水除盐过程中同时去除氯化物
淡水除盐	含盐量/(mg/L)	500	5	<1	将饮用水除盐到相当于蒸馏水的初级纯水,比较经济
水的软化	硬度($CaCO_3$)/(mg/L)	500	<15	<1	除盐过程中同时去除硬度
纯水制取	电阻率/(MΩ·cm)	0.1	>5	1～2	采用树脂电渗析工艺,或电渗析+混床离子交换工艺
废水的回收利用	含盐量/(mg/L)	5000	500	1～5	废水除盐,回收有用物质和除盐水

在传统电渗析的基础上，后续逐步发展了频繁倒极电渗析、填充床电渗析以及高温电渗析等技术。频繁倒极电渗析原理与电渗析法基本相同，只是在运行过程中每隔一定时间（15～20min）正负电极极性相互倒换一次，它可以自动清洗离子交换膜和电极表面形成的污垢。填充床电渗析又称为电脱离子法（EDI），它是电渗析与离子交换法结合的一种新型水处理方法，利用电渗析过程中极化现象对离子交换填充床树脂进行电化学再生，该装置在水中含盐量为50～15000mg/L时都可以采用，并且对低含盐量的水更为适宜。用电渗析法进行海水淡化时，由于耗电量大，处理费用高，难以普遍推广应用。高温电渗析的优点在于能使溶液的黏度下降、提高扩散速度、增大溶液和膜的电导，提高设备的生产能力或降低动力消耗，进而降低处理费用（表7-11）。

表7-11 高温电渗析技术不同温度下的除盐率及动力消耗[5]

温度	30℃				70℃			
溶液	NaCl	海水	NaCl + $MgCl_2$	NaCl + Na_2SO_4	NaCl	海水	NaCl + $MgCl_2$	NaCl + Na_2SO_4
动力消耗/(kW·h/m^3)	36.9	45.8	44.0	36.0	15.0	16.9	18.2	16.1
除盐率/%	87.4	77.0	75.0	85.0	83.5	76.0	77.5	81.0

由表7-11可以看出，高温电渗析提高电渗析的脱盐率和降低能耗的效果显著，尤其是对有余热可利用的工厂更为适宜。但需要注意的是目前所用的电渗析器的部件如离子交换膜和隔板等只能在40℃以下使用，若要在较高温度下使用，必须提高现有电渗析器的耐温性能。

4. 锅炉补给水除盐方案

目前锅炉补给水的除盐方案主要有以下几种。

(1) 复合离子交换除盐

预处理→强酸性阳离子交换器→除二氧化碳器→钠型强酸性阳离子交换器→热力除氧。

该方法除盐后出水一般可以达到电导率小于 10μS/cm，此方案一次性投资费用小，但运行过程中耗费大量的酸碱再生剂，导致成本增加，并且容易污染环境。因此一般用于中低压锅炉的补给水处理。

(2) 反渗透除盐

原水→多介质机械过滤器→活性炭滤器→保安滤器→反渗透装置→热力除氧。

该方法的脱盐率可达 98%以上，用于低中压锅炉。反渗透可以脱除水中的各种杂质，并且在运行过程中不需要使用酸碱再生剂，运行成本低，对环境友好。但一次性投资较高。反渗透技术在电力、石油、化工、冶金、医药、食品饮料等领域的水处理中应用广泛，其中工业锅炉补给水处理多采用这种方法。

(3) 复床（或反渗透）＋混床除盐

原水→多介质机械过滤器→活性炭滤器→保安滤器→反渗透装置或复床→混床（离子交换除盐）→热力除氧。

这种方案可以将水中的盐分脱除接近完全，一般用于中高压锅炉，特别是在混床前选用反渗透装置可以大大提高混床的运行周期，由于反渗透设备已经脱除了水中的各种杂质，保护了混床树脂，提高了树脂的使用寿命。

二、循环冷却水处理技术

火力发电厂还有较为重要的一部分耗水量来自凝汽器冷却以及辅机冷却的循环水，即循环冷却水系统。一般将发电机空气冷却器、油冷却器以及轴承冷却器等的用水简称为辅机冷却用水。电厂采用的冷却系统主要有以下 3 种。

(1) 直流系统

在我国的南方丰水地区，河流较多，有条件时，设备冷却往往首先采用直流系统。但从环保角度考虑，需要减少废水排放，解决水体环境污染和热污染带来的影响。

(2) 循环冷却系统

在北方及内陆地区，由于水资源匮乏，为了节约用水，在冷却水系统中通常设置冷却塔，使升温后的水经过冷却塔降温后再进入凝汽器和辅机，如此循环使用。在大中型电厂机组中自然通风双曲线型冷却塔已经成为我国火力发电厂的标志性构筑物。带有冷却塔的循环冷却水系统比起直流（冷却水不循环）冷却方式来说节约了水资源，减少了环境污染。但循环冷却电厂机组各区间冷却水的浓缩倍率不同，耗水量也有所差别，浓缩倍率越高平均耗水率越低。

(3) 机械通风直接空气冷却系统

2000 年以来，国内各种容量的火电机组设计正在越来越多地采用机械通风直接空气冷却系统，随着设计的成熟、施工及运行经验的积累，直接空冷系统逐渐被广大用户接受和认可，特别是在国家发改委下发 864 号文，强调燃煤电站项目要“高度重视节约用水，鼓励新建、扩建燃煤电站项目采用新技术、新工艺，降低用水量”“原则上应建设大型空冷机组”的精神指导下，加上近年来直接空冷器的国产化或半国产化，使得空冷岛设备投资大幅度降低，大小规模的火力发电厂几乎全部采用空冷机组。原来的凝汽器排汽通过带有自然通风双曲线冷却塔的循环冷却水系统在新建及扩建电厂中几乎不再使用。

但是直接空冷凝汽器只能直接冷却空冷汽轮机的排汽。通常安装在汽机间外的高架平台上，其他附属设备及轴承冷却仍然采用循环冷却水系统，循环冷却水设备由于冷却水量大大减小，一般采用机械通风冷却塔（以下简称冷却塔）。冷却塔的布置根据冷却水量的大小有两种布置方式：一种是厂区地面布置；另一种是主厂房运煤层屋面（主要适用于单台 50MW 机组及以下机组）布置。

1. 循环冷却水系统

天然水体中含有大量的有机质和无机质，若不经处理，在使用过程中由于盐类的浓缩，会在凝汽器铜管内产生水垢、污垢和腐蚀，进而导致凝结水温度上升，影响发电机组的经济性。若凝汽器铜管发生腐蚀，会导致铜管泄漏，冷却水进入凝结水中，影响锅炉的安全运行。为了防止锅炉结垢和减少排污率，必须提高锅炉冷却水质量。

机组的循环冷却水系统有敞开式和封闭式两种。敞开式循环冷却水系统（图 7-14）有冷却池和冷却塔两类，主要依靠水的蒸发降低水温，还有的机组采用风机促进蒸发降温，由于在循环过程中有大量的水蒸气逸出，使得循环系统的水被逐渐浓缩，其中所含的低溶解度盐分如 $CaCO_3$ 等，会逐渐达到饱和状态而析出。因此在补充新鲜补给水（补给水量多于蒸发损失水量）之前，必须排放一些循环水（排污水）以维持水量的平衡。此外，在敞开式循环冷却水系统中循环冷却水水流直接与大气接触，灰尘、微生物等进入循环水中，再加上换热设备中物料的泄漏等也会改变循环水的水质。因此，敞开式循环冷却水的水质特点是含盐量高，水质安定性差，容易结垢，有机物、悬浮物含量也比较高。除此之外，因为循环水的富氧条件和温度（30～40℃）条件适合细菌生长，再加上含磷水质稳定剂的使用，大部分机组的循环水系统含有丰富的藻类物质。因此需要对循环冷却水进行沉积物控制、腐蚀控制和微生物控制，而处理循环冷却水产生的废水也是废水排放的一部分。

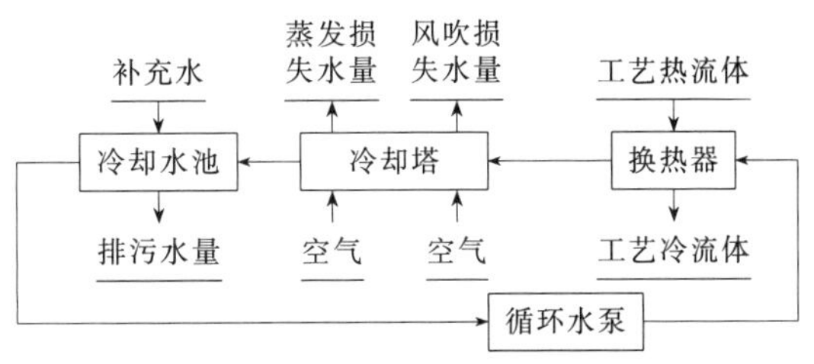

图 7-14　敞开式循环冷却水系统[2]

从排放角度来看，敞开式循环冷却水系统除了总磷的含量有可能超标外，循环水中的其他污染物一般都不超过国家污水排放标准的规定，大部分废水可以直接排放。由于循环水系统大多采用间断排污，因此其排污水的水量变化较大，排污量的大小与蒸发量、系统浓缩倍率等因素有关。在干除灰机组中，这部分废水约占全厂废水总量的 70%以上，是全厂最大的一股废水。

对于封闭式循环冷却水系统（图 7-15），循环水在管路中流动，管外通常采用空气散热。除换热设备的物料泄漏外，没有其他因素改变循环水的水质。但为了防止换热设备中产生盐垢，冷却水需要软化除盐；为了防止管路及换热设备被腐蚀，通常加入缓蚀剂。因此闭式循环冷却水系统只有在检修时才排放管路中的冷却水。

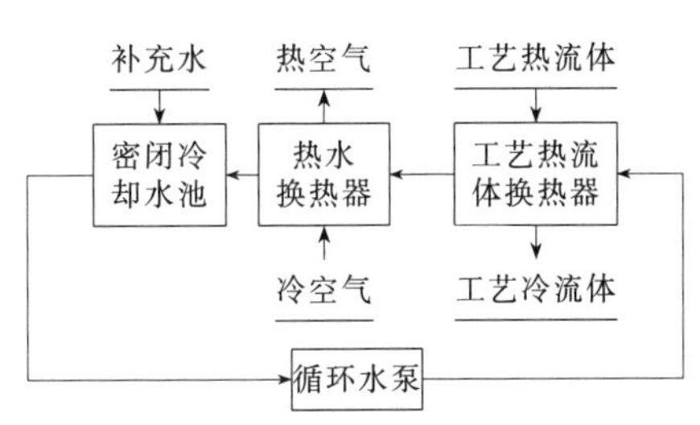

图 7-15　封闭式循环冷却水系统[2]

2. 循环水排污水处理

循环水排污水来源于循环冷却水系统的排污，是系统在运行过程中为了控制冷却水中盐类杂质的含量而排出的高含盐废水。对于采用循环水冷却系统的火电机组，循环冷却水耗量占全电厂耗水量的50%以上，因此提高循环冷却水的浓缩倍率、减少排污是实现电厂节水的重要环节。但浓缩倍率提高会增加凝汽器冷却水通道内结垢与腐蚀的倾向。因此需要对循环冷却水处理方案进行优化，解决腐蚀问题，同时提高循环冷却水浓缩倍率。目前循环冷却水处理的方式多种多样，主要有以下几种典型处理方式。

（1）过滤法

过滤可以除去水中大部分悬浮固体、黏泥和微生物等，但不能降低水的硬度和含盐量，过滤是最常用的旁流处理方式（旁滤），其处理量通常为循环水量的2%～5%，反冲洗时杂质随反洗水排出系统。通过旁滤可以显著降低排污量。大型循环冷却水系统一般采用石英砂或无烟煤为滤料的重力无阀旁滤池，但其滤速及冷却水悬浮物浓度受到限制。而采用纤维滤料可显著提高滤速（20～85m/h），并且对悬浮物、铁、锰、生物黏泥等具有良好的截留作用。由于纤维具有柔软可压缩的性能，因此纤维滤料具有纳污量大、过滤周期长的特点。

（2）膜分离法

膜分离技术利用膜材料的选择透过性实现流体分离，膜分离的最大特点是分离过程中没有相变化。膜分离技术有微滤、超滤、纳滤和反渗透等。微滤可以除去细菌、病毒、寄生生物，降低水中磷酸盐含量；超滤可用于去除大分子有机物，对二级出水COD和BOD去除率均大于50%；反渗透一般用于除去水中盐类，对二级出水的脱盐率在90%以上，COD和BOD的去除率约为85%，细菌去除率在90%以上；纳滤介于反渗透和超滤之间，其显著特点是具有选择透过性，对二价离子的去除率高达95%以上，但对一价离子的去除率较低，在40%～80%之间。

（3）化学沉淀软化法

通常采用石灰-纯碱软化法来降低循环冷却水的硬度。渗透膜易被循环冷却水中的腐蚀产物和微生物堵塞、污染，导致运行成本增加，一般先采用石灰软化除去大部分硬度和悬浮物后再采用反渗透法进一步除盐。若要同时降低浊度和硬度，为达到同时降低浊度和硬度的目的，在化学沉淀法中可以加入缓凝剂，使呈胶体状的$CaCO_3$和$Mg(OH)_2$等形成大的絮状颗粒并吸附水中的悬浮物而沉降下来，即石灰软化-混凝沉降方法。

（4）离子交换法

离子交换法运行消耗大量的酸碱，并产生大量的废水。钠型树脂软化除盐过程中大量Cl^-进入水中，增加了循环冷却水系统的腐蚀倾向。因此在水质软化处理中弱酸阳离子交换树脂的应用越来越广泛，弱酸树脂的羧酸集团对Ca^{2+}、Mg^{2+}具有较大的亲和力，可以有效去除水中的碳酸盐硬度，但水中悬浮物和有机物的存在对树脂的运行周期有严重影响。

（5）其他方法

将循环冷却水系统排出的污水经过加热蒸发-蒸汽压缩冷凝后使循环冷却水系统中的有害成分得到浓缩，并使95%的排污水以冷凝液的形式得到回收并作为燃煤机组循环水返回系统。这种方法能耗较高，只在特别缺水地区采用。

综上所述，循环冷却水处理技术在解决管路设备腐蚀、结垢问题的基础上，还要最大限度地节约水资源，最终实现废水零排放。循环水系统排水含盐量较高，其他污染物较少，因此可以用作厂区各处的冲洗水、脱硫工艺的系统消耗用水、输煤系统水冲洗除尘及干灰调湿用水等。

三、凝结水精处理

未污染的凝结水水质接近纯水，可作为最优质的锅炉给水和生产工艺用水。凝结水中含有的蒸汽显热占蒸汽总热量的20%～30%，因此回收凝结水可以获得节水、节能的效果。在某些化工厂、印染厂凝结水水质较差时，回收凝结水需要花费大量的处理费用，因此常采用间接利用法，通过热交换器充分回收凝结水的热量用于加热锅炉给水等需要加热的流体，凝结水热量回收后做简单处理达到排放标准后直接排放。也有将放出潜热后的凝结水通过回收系统直接返回锅炉，凝结水作为锅炉补给水直接进入锅炉，节省了软化水和补充水，凝结水具有的热量提高了热效率。虽然凝结水的水质接近于纯水，但在实际回收时，往往因为管道、设备锈蚀泄漏等原因使凝结水受到腐蚀产物及泄漏物料的污染，污染凝结水的水质不符合锅炉补给水水质要求，必须进行除铁、除油达到符合锅炉给水后才能回收。

凝结水处理是大容量、高参数发电机组中特有的水处理方式，由于凝结水比自然水体较为纯净，因此又称凝结水精处理。凝结水中的污染物主要是金属腐蚀产物和油类物料。金属腐蚀产物主要是铁和铜的氧化物、氢氧化物等。主要有固态的Fe_3O_4、FeOOH、Fe_2O_3、Fe^{2+}以及Cu^{2+}等，被污染的凝结水一般呈红褐色，且腐蚀越严重凝结水颜色越深。若凝结水未经处理直接进入锅炉，会在锅炉传热面发生金属沉积、化学腐蚀和介质浓缩腐蚀，轻则降低锅炉的热效率，增加燃料的消耗，严重时甚至会引起炉管过热爆管事故。对凝结水进行精制是保证锅炉用水安全及排放达标的必要手段。凝结水中的油类污染物主要来自工艺及设备操作过程，其中大部分为烃类，由于凝结水水温较高，因此水的密度和绝对黏度均降低，油粒密度和黏度也大大降低，导致油水分散的阻力减小，凝结水中油主要是以少量溶解油和乳化油的形式存在。凝结水精制的目的主要是除去水中的金属腐蚀产物、油类物料以及微量的溶解盐类。

1. 油类物料处理

若油质随凝结水进入锅炉，就会附着在传热壁面上，受热时分解成为热导率很小的附着物，严重影响管壁的传热，危及锅炉安全。

工业上含油污水的处理主要有物理法、化学法、生物法等，凝结水中油含量较小，因此一般采用物理除油法，有重力除油、粗粒化除油、活性炭除油、粉末树脂过滤除油、精细过滤除油等。

（1）重力除油

重力除油基于油水的密度差实现油水分离。常见的重力除油设备有立式除油罐和立式斜板除油罐。含油污水经进水管进入立式除油罐内中心筒中，经配水管流入沉降区，水中粒径大的油珠首先上浮，粒径小的油珠随水向下游动。同时，部分粒径小的油珠在随水流动过程中不断碰撞聚结成大油珠上浮，最终未上浮的部分小油珠跟随水流排出除油罐。立式斜板除油罐是在立式除油罐中心及反应筒外的分离区一定部位加设了斜板组，含油污水从中心反应筒出来后，先在上部分离区进行初步分离，将较大粒径的油珠分离，然后通过斜板实现油水的进一步分离。分离后的污水在下部集水区流入集水管，汇集后的污水由中心柱管上部流出除油罐。斜板除油罐的油水分离效果要优于普通除油罐，除油效率更高。

重力除油可以除去水中少量的乳化油，凝结水中含油量少、温度较高，重力除油对这类油的分离效果较差，应用较少。

（2）粗粒化除油

该方法的原理是根据油与水对聚结材料表面亲和力的差异，利用填充粗粒化材料的床层捕获油粒，油粒被粗粒化材料捕获而滞留于材料表面和孔隙内，随着捕获的油粒物增厚而形成油膜，当油膜达到一定厚度时产生变形，合并成为较大的油珠而易于从水中分离。粗粒化除油的关键在于粗粒化材料的选择，粗粒化材料一般选用亲油性粒状或纤维状材料，通常，一次性使用主要用纤维性材料，重复再生使用则多采用粒状材料。该技术在初始运行过程中对凝结水中的乳化油有较好的去除效果，随着使用时间增加，粗粒化材料失效、黏结导致除油效果不稳定，需要更换或冲洗材料，运行费用高。另外粗粒化除油技术运行温度较低，一般在60℃左右，一般凝结水必须经过降温后才能进行除油。

（3）活性炭除油

活性炭具有非常多的微孔和巨大的比表面积，物理吸附能力强，性能较好的活性炭比表面积一般在 $1000m^2/g$ 以上，细孔一般总容积可达到 0.6～1.19mL/g，孔径为 $1.0\sim10^4nm$。市场上售卖的活性炭有粉末活性炭、无定型颗粒活性炭、圆柱形活性炭和球形活性炭四种。国产工业净化水用均为黑色无定型颗粒状活性炭。活性炭纤维相较于粒状活性炭具有外表面积大、孔口多、易吸附和脱附、吸附容量大等优点。活性炭除油的缺点是当活性炭吸附达到饱和后要停运再生或更换，每年需要更换滤料 5～6 次，并且除油温度不能过高，因为高温下吸附与解吸附同时存在，无法达到要求的除油效果。

（4）其他除油方法

粉末树脂可以阻截油粒，除油效果较好，但树脂失效后需要及时切换、反冲、清洗、再覆膜，树脂消耗量大，运行费用较高，在温度较高时阻截油污的效果不理想。

精细过滤采用成型滤料去除凝结水中的油类污染物，精细过滤不需要更换滤料及再生，滤芯经反冲洗后重复使用，操作简单，除油效果较好。精细过滤一般采用烧结滤芯过滤器和纤维缠绕滤芯过滤器。

2. 凝结水除铁

凝结水的金属腐蚀产物主要是 Fe^{2+} 和不溶性的铁氧化物，去除凝结水中溶解 Fe^{2+} 的方法是将其转化为不溶或难溶的金属化合物，然后沉淀分离。目前除铁的方式主要有离子交换法、过滤器法、锰砂接触氧化法和膜法等。

（1）离子交换除铁

类似于离子交换除盐，凝结水通过阳离子交换器，凝结水中的 Fe^{2+} 和 Cu^{2+} 被交换除去。采用离子交换除铁的主要问题如下：a. 树脂容易被铁污染，污染后很难再生；b. 离子交换树脂耐受的最高温度有限，阳离子交换树脂的耐温性一般只能到 70℃，阴离子交换树脂的耐温性更差。而工业锅炉、中压锅炉及其热电联产系统的凝结水温度一般很高，容易使树脂失效，采用先降温后除铁的方法，不可避免地会造成热能损失。

（2）过滤器除铁

一般采用的过滤器有覆盖过滤器、粉末树脂覆盖过滤器、磁力过滤器和管状微孔过滤器等。覆盖过滤器是将粉末状的滤料覆盖在过滤元件上，使其形成一个均匀的微孔过滤膜，被处理的水通过滤膜过滤后，经滤元汇集送出合格水（图 7-16）。覆盖过滤器的运行操作可分为铺膜、过滤、爆膜三个步骤，把滤料均匀覆盖在滤元上，介质通过过滤器，除去胶体、悬浮物，当滤膜失效时，将失效的滤膜击破，以便冲洗反洗后重新使用。滤料也称助滤剂，常用的滤料有棉质纤维素、纸浆粉、活性炭粉、粉末树脂等，其中粉末树脂由再生并完全转型的强酸性阳离子交换树脂和强碱性阴离子交换树脂粉碎至一定细度后混合而成。

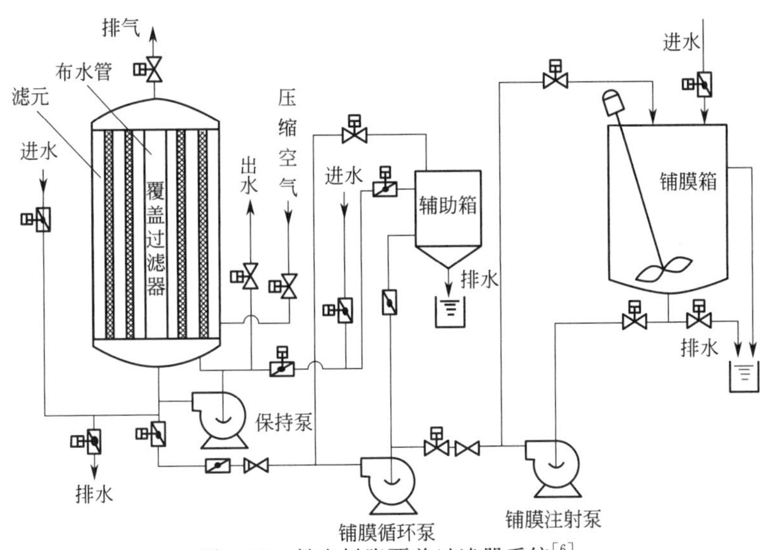

图 7-16　粉末树脂覆盖过滤器系统[6]

覆盖过滤器能去除水中悬浮物，除铁的性能良好，但操作复杂，并且由于需要经常更换滤料，运行费用较高。

磁力过滤器内部充填的填料为强磁性物质，过滤器外部装有能改变磁场的电磁线圈。通直流电时，线圈产生强磁场，使填充物磁化，再通过填料对水中磁性物质颗粒的磁力吸引，将杂质截留在磁化的填料表面，除铁效果较好。

管状微孔过滤器的结构与覆盖过滤器相似，管状微孔过滤器的滤元采用合成纤维、金属丝等绕制成具有一定孔隙度的滤层，利用过滤介质的微孔把水中悬浮物截留下来。

微孔布袋过滤器集磁力过滤和微孔过滤为一体，进水首先经过由磁力棒组成的磁力场，水中磁性颗粒被吸附到磁力棒上，然后凝结水再经过微孔滤袋进一步过滤。与管状微孔过滤器不同的是，微孔布袋过滤器凝结水在微孔滤袋自里向外流，而管状微孔过滤是从外向里流。

近年来，陶瓷超滤膜在石化行业除油、除铁应用较多，陶瓷超滤膜是一种以多孔陶瓷材料为介质制成的具有超滤分离功能的渗透膜，多是以玻璃、二氧化硅、氧化铝、莫来石等原料经过高温烧结制成的微孔膜，孔径一般在 50nm 左右。陶瓷超滤膜可承受高温（低于 150℃）和宽范围 pH 的水质，而且其化学惰性要比聚合物膜高出几倍，一般用于微滤和超滤。

覆盖过滤器、磁力过滤器主要应用于 200MW 以上的发电机组，管状微孔过滤器可用于中低压锅炉的凝结水处理。

（3）锰砂接触氧化除铁

锰砂的主要成分是二氧化锰，可以将凝结水中的 Fe^{2+} 氧化成 Fe^{3+}，锰砂接触氧化除铁工艺的关键设备是锰砂过滤器，过滤器内装锰砂，当凝结水通过时，悬浮物被截留。锰砂过滤器除铁一般适用于初滤，后面应配置微孔过滤器等精密过滤器组合使用。

第三节　火力发电厂废水处理及回用技术

目前锅炉的运行模式是软化-除氧-排污技术，这一工艺可以使锅炉的安全性、经济性大大提高，但在锅炉系统使用过程中会排放大量废水。早在20世纪70年代，美国部分州就已经制定了限制锅炉水直排的法律，其后类似的法律在发达国家陆续出台，锅炉废水近零排放成为业界一直追求的目标，因此锅炉废水近“零排放”成为近些年来的主要研究内容。

火电厂的废水除锅炉本体产生的废水外，还包括循环冷却水排污水、灰渣废水、机组杂排水、煤系统废水、油库冲洗水、生活污水、脱硫废水等，具体见表7-12。

表7-12　火力发电厂废（污）水的分类

分类	排放特征	含杂情况	占电厂总排放量的比例
生活污水	连续水量、变化系数2.5	BOD及SS约100mg/L	5.5%
含油废水	油库及杂排水为经常性排水	含油量不定	6.5%
湿式冷却塔排水	连续、定值	总含盐量为生水的4倍	可作为冲灰、冲渣水
经常性化学排水	经常、不连续	pH值波动大、含盐量高	
非经常性化学排水	非经常性排水	pH值和COD波动都很大	2.5%
冲灰水 冲渣水 水封排水	连续、定量	pH值、SS较高 重金属含量不定	35%～50%
煤场排水	经常、不连续	SS高、pH值不定	1%(随各地降雨量而定)

在废水处理回用过程中，可以将水质接近的废水集中处理，而对于水质差别较大的则需要进行分类处理。

一、废水集中处理

在20世纪90年代以前，火电厂大都没有考虑废水回用的问题。早期投产的电厂一般采用集中处理方式。集中处理是将各种来源的废水集中收集后进行处理。这种方式的特点是处理工艺和处理后的水质相同，一般仅适用于废水的达标排放。

按照流量特点，将废水分为经常性废水和非经常性废水。

(1) 经常性废水

经常性废水指的是火电厂正常运行过程中各系统排出的工艺废水，这些废水可以是连续排放的，也可以是间断性排放的。经常性废水包括锅炉补给水处理系统排水、凝结水精处理系统排水、锅炉排污水、实验室排水等。这些废水的含盐量通常不高，但采用海水冷却凝汽器的电厂，有时会因为海水漏入排水系统而使废水的含盐量升高。并且由于地面冲洗、设备油泄漏等的影响，水中经常含有油及悬浮物，而且含量波动较大（表7-13）。经常性废水的处理流程如图7-17所示。

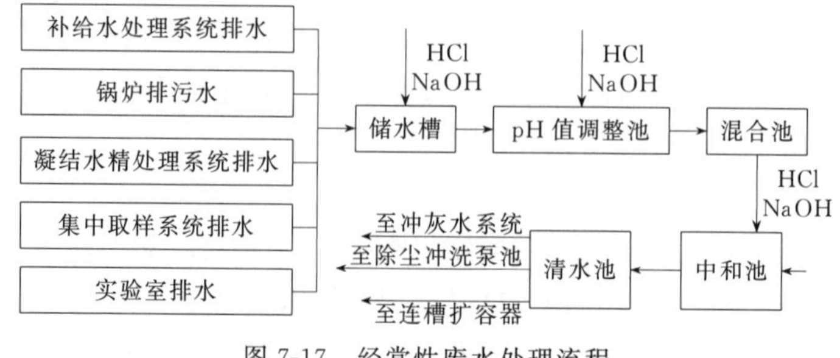

图7-17　经常性废水处理流程

表 7-13 2×300MW 经常性排水的水质和水量

废水	废水流量/(m^3/d)	废水主要污染成分				
		pH 值	悬浮物/(mg/L)	COD/(mg/L)	Fe/(mg/L)	油/(mg/L)
除盐系统再生废水	100	6～9	50～200	10～30	1	—
凝结水精处理再生废水	170	2～12	20～80	5～15	1	1
主厂房设备地面及设备的疏水和排水	50	6～9	5～10	1～3	—	1～2
取样排水	40	5～9	1～5	1～20	0.5～2.0	—
锅炉连续污水	125	8.8～10.0	1～2	<1～20	1～3	—

注：化学除盐系统再生废水的悬浮物含量一般不高，通常小于 50mg/L；但如果混入了过滤器的反洗排水或其他高悬浮物废水后会很高。

处理系统产生的泥渣可以直接送入冲灰系统，也可以先经过泥渣浓缩池增浓后再送入泥渣脱水系统处理。

(2) 非经常性废水

非经常性废水是指在设备检修、维护、保养期间产生的废水，如锅炉化学清洗废水、空气预热器冲洗排水、机组启动时的排水、锅炉烟气侧冲洗排水等。与经常性排水相比，非经常性排水的水质较差而且不稳定，废水的 pH 值一般较低，COD 及铁含量较高（表 7-14)。对于 COD 含量较高的废水，通过空气搅拌并加入 NaClO 使之氧化分解，COD 降至数百毫克每升后，调节 pH 值送至冲灰系统至灰场，也有燃煤机组将 COD 高的废水送至锅炉炉膛燃烧。对于含铁等重金属的废水，经空气搅拌氧化后，在碱性环境下生成氢氧化物沉淀，处理流程如图 7-18 所示。

表 7-14 2×300MW 非经常性排水的水质和水量

废水	废水流量/[m^3/(次·台)]	废水主要污染成分				
		pH 值	悬浮物/(mg/L)	COD/(mg/L)	Fe/(mg/L)	油/(mg/L)
锅炉化学清洗废水(无机酸)	2000	2～12	100～2000	2000～4000	50～6000	1
除尘器冲洗水	1000	2～6	3000	1000	500～5000	1～2
空气预热器冲洗排水	2000	2～6	3000	1000	500～10000	1～2
炉管冲灰排水	1000	3～6	10～50	10～20	10～20	1～2
凝汽器管泄漏检查排水	800	6～9	1～5	1～10	1～3	—
烟囱冲洗排水	200	2～6	3000	1000	500～5000	1～2

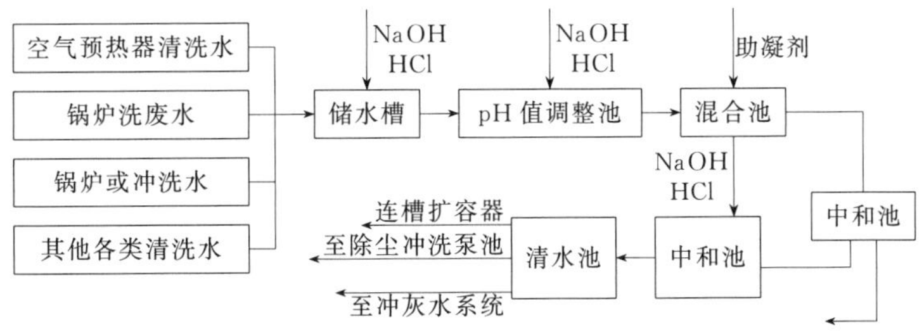

图 7-18 非经常性废水处理流程[2]

废水回用是火电厂节水减排的重要途径，近年来由于水资源消费的日益增长，废水资源化利用进程逐渐加快。电厂废水处理的重点由达标排放转为综合利用，相应的处理工艺也发生了很大变化。废水回收利用的前提是废水的分类处理，不同回用目标对水质的要求不同，相应的废水处理方法也不相同。由于火电厂废水种类很多，水质差异明显，需要针对不同水质进行适当处理。新建电厂一般采用分类处理、分类回收的方法。

二、灰渣废水处理回用技术

有学者对我国 86 个燃煤机组除灰方式进行调查，发现装机容量约 40％的机组采用的是水力除灰方式，装机容量约 44％的机组采用的是干式除灰方式，而其余约 16％的机组采用的是水力、气力混合除灰方式（图 7-19）。

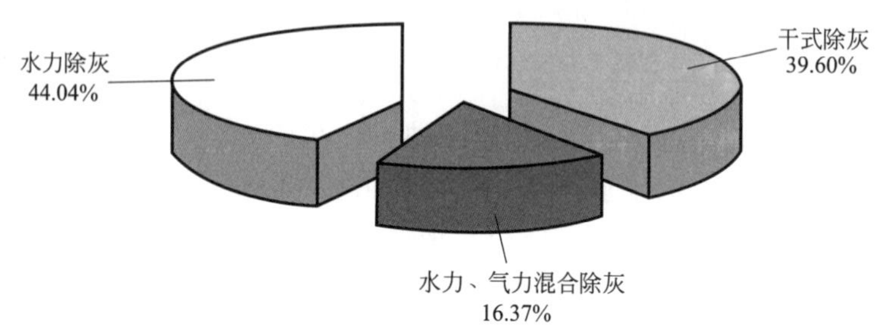

图 7-19　调查燃煤机组各类除灰方式装机容量比重

大多数燃煤机组的冲灰废水来自灰场的溢流和冲灰系统的渗漏。在 20 世纪 80 年代以前，多数火电厂采用低浓度水力冲灰系统，排入灰场的水量很大，超过了灰场的蒸发量和渗漏量，因此产生了灰场溢流水。这些水因 pH 值较高（pH 值一般大于 9，有时达到 10.5 以上），含盐量也较高，直接排入外部水体会对环境造成污染。

目前水力除灰产生的灰渣废水处理主要是针对废水中的具体物质进行处理，例如灰渣废水中的氟、较高的 pH 值以及悬浮物。

（1）冲灰水中氟处理

冲灰水中氟含量超标，一般采用钙盐沉淀法和粉煤灰法处理。钙盐沉淀法处理是同时向废水中加入氢氧化钙和氯化钙，处理后 pH 值达到 9～12，若氟浓度仍在 30mg/L 以上，还需要加酸降低 pH 值。粉煤灰中含钙类物质含量较多，因此可以充分利用粉煤灰处理含氟废水，该方法工艺简单，处理效果好，环境效益显著。

（2）pH 值超标治理

冲灰废水的 pH 值较高，最高可大于 11。冲灰水的 pH 值主要取决于煤质、除尘方式和冲灰水的水质、燃煤中的钙和硫等元素的含量。采用静电除尘时，灰水的 pH 值高于水膜除尘。对于 pH 值较高的冲灰废水，由于不断吸收空气中的 CO_2，在含钙量较高的条件下，会在设备或管道表面形成碳酸钙的垢层。国外一般采用加酸、炉烟 CO_2 处理和直流冷却排水中和等方法。目前国内多数燃煤机组排灰采取湿排和干灰湿排的工艺，灰水 pH 值往往偏高，虽然可以采取中和法加以解决，但由于水量大，消耗的酸碱较多，pH 值降低不明显，因此仍然需要寻找低廉的酸性物质和简单易行的工艺方法。

（3）冲灰水悬浮物去除

灰场的灰水因为长时间沉淀的缘故，其溢流水的悬浮物含量很低。但厂内闭路灰浆浓缩系统的溢流水或排水沉降时间短，悬浮物含量仍然比较高。这部分水会从灰水池溢流进入厂区公用排水系统，造成外排水悬浮物含量超标。因此解决冲灰水中悬浮物超标，应重点考虑使冲灰废水在沉淀池中有足够的有效停留时间。如秦岭发电厂采用灰场竖井，周围堆放砾石，水经砾石过滤后从竖井窗中流入再排出，灰场排水悬浮物含量可降至标准以下。

为了节约用水，减少外排水量，很多燃煤机组将经过处理的冲灰水用水泵送回燃煤机组继续冲灰，并随之产生了多种防止灰场回水管结垢的技术。

三、脱硫废水处理

各种烟气脱硫系统中，湿法脱硫工艺因其脱硫效率高在国内外应用广泛。但湿法脱硫系统用水量巨大，超过了机组总用水量的 50%[7]。在脱硫系统运行过程中，需要定时从脱硫系统中的持液槽或者石膏制备系统中排出废水，即脱硫废水，以维持脱硫浆液物料的平衡。同时在废水零排放背景下，循环水排污水、反渗透浓水等燃煤机组废水都汇集到脱硫塔，也增加了脱硫废水的水量、恶化了脱硫废水的水质。

（一）脱硫废水性质

① 含盐量高：脱硫废水中的含盐量很高，变化范围大，一般为 30000～60000mg/L[8]，且含有各种重金属离子（Hg、Pb、As、Cr 等）。

② 悬浮物种类多、含量高：脱硫废水中含有大量的粉尘和脱硫产物石膏等，悬浮物大多在 10000mg/L 以上。

③ 硬度高，易结垢：脱硫废水中的 Ca^{2+}、Mg^{2+}、SO_4^{2-} 含量高，其中 SO_4^{2-} 在 40000mg/L 以上、Ca^{2+} 在 1500～5000mg/L、Mg^{2+} 在 3000～6000mg/L，并且 $CaSO_4$ 处于过饱和状态，在加热浓缩过程中容易结垢[9]。

④ 腐蚀性强：脱硫废水中含盐量高，尤其是 Cl^- 含量高，pH 值一般为 5.5～6.5，呈弱酸性，腐蚀性非常强，对设备管道的耐腐蚀度要求较高[10]。

湿法脱硫后产生的脱硫废水中 COD、pH 值、重金属离子等均超过排放标准，我国早在 2006 年就已颁布《火力发电厂废水治理设计技术规程》，明确提出：火电厂的脱硫废水处理设施要单独设置，优先考虑处理回用，不设排放口，必须实现废水“零排放”。而脱硫废水污染组分受煤种、石灰石品质、脱硫塔前污染物控制设备、脱硫岛工艺补充水水质、排放周期等因素的影响，不同地区电厂差别较大，同一电厂因排放时段不固定差别也很大。

（二）脱硫废水处理方法

目前，我国火电厂脱硫废水处理技术路线分为传统处理方法和零排放处理技术。常规脱硫废水处理技术主要指化学沉淀法，化学沉淀法是国内外应用较为广泛的一种方法，采用氧化、中和、沉淀、凝聚等方法去除脱硫废水中的污染物，处理后水质基本能达标排放，操作简单，但 COD 和 SS 含量往往不能稳定达标排放，随着排放标准要求提高，还需要深度处理才能排放。

随着排放要求提高，脱硫废水的零排放技术越来越受到关注。目前主要的脱硫废水零排放处理方法有蒸发结晶法（包括膜浓缩-蒸发结晶法）和喷雾干燥技术（包括烟道蒸发技术和烟道外喷雾干燥零排放技术）。预处理-膜浓缩-蒸发结晶法首先对脱硫废水进行预处理、膜浓缩减量，之后废水进入蒸发器加热至沸腾，废水中的水逐级蒸发成水蒸气经冷却后凝结成水循环利用，废水中的溶解性固体被截留在蒸残液中，最终以晶体的形式析出。此方法可以回收水资源和结晶盐，且膜系统对废水的高倍浓缩大大降低了零排放成本。但为了确保蒸发结晶器正常运行和保证结晶盐品质，需要对脱硫废水进行严格的预处理，如去除废水中的硬度、有机物和重金属等。喷雾干燥技术是从空预器入口抽高温烟气进行干燥或将脱硫废水雾化喷入除尘器之前的烟道或者喷雾干燥塔内，利用烟气余热将废水完全蒸发，其中烟道蒸发技术无法回收水资源，但可以协同实现多污染物脱除，是目前研究的重点，但尚有大量潜在影响不能确定，包括对后续除尘等工艺的影响、固废综合利用及可能引起的烟道腐蚀问题等。

1. 化学沉淀法

化学沉淀法是常规脱硫废水的处理方法，流程如图 7-20 所示。脱硫废水首先在反应槽中被中和、沉淀、絮凝。废水依次流经三个格槽，每个格槽充满后自流进入下个格槽。第一个格槽的作用主要是中和和初步化学沉淀，在第一个格槽中加入一定量的石灰浆液，通过不断搅拌将废水的 pH 值提高至 9.0～9.5。石灰浆液［$Ca(OH)_2$］可以与废水中的 Fe^{2+}、Cu^{2+}、Ni^{2+} 等重金属离子生成氢氧化物将其沉淀下来，与 As^{5+} 联合生成 $Ca(AsO_3)_2$ 难溶物质；Ca^{2+} 还能与废水中的部分 F^- 反应，生成难溶的 CaF_2。第二个格槽主要是铅、汞化学沉淀，第一个格槽石灰浆液加入后绝大多数重金属离子已经被脱除，但 Pb^{2+}、Hg^{2+} 仍以离子形态留在废水中，所以在第二个格槽中加入有机硫化物，与 Pb^{2+}、Hg^{2+} 反应生成难溶的硫化物沉淀下来。第三个格槽中主要发生絮凝反应，经过前两步化学沉淀反应后，废水中仍然有大量的细小颗粒和胶体物质，在第三个格槽中加入絮凝和助凝物质，使细颗粒及胶体物质聚集成大颗粒而沉淀下来。为促进氢氧化物和硫化物的沉淀，强化颗粒的长大，一般在废水反应池的出口加入聚合电解质来降低颗粒的表面张力。

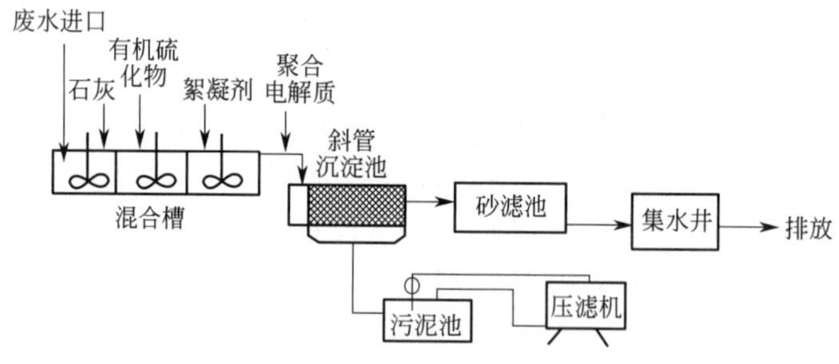

图 7-20　脱硫废水处理工艺流程

絮凝后的废水从混合槽进入斜管沉淀池中，絮凝物沉积在底部浓缩成污泥，上部为净水。净水流入砂滤池过滤后达标排放或送至灰场冲灰，污泥进入污泥池，通过压滤机脱水后外运。

化学沉淀法对大部分金属和悬浮物有很强的去除作用，但对氯离子等可溶性盐分没有去除效果，并且对硒等重金属离子的去除率不高，直接排入水体会造成接纳水体的含盐量增高。表 7-15 为某燃煤机组脱硫废水经传统化学沉淀处理后的出水水质，由表可以看出，出水的 Cl^-、SO_4^{2-}、Na^+ 和 Ca^{2+}、TDS 的含量依然很高，因此还需要采取措施对脱硫废水进行深度处理[11]。

表 7-15　脱硫废水经化学处理后的出水水质[8]

项目	质量浓度/(mg/L)	项目	质量浓度/(mg/L)
pH 值	6～9*	全硅(SiO_2)	10～20
色度(稀释倍数)	30～50*	钠离子(Na^+)	1500～4500
悬浮物(SS)	≤70	钙离子(Ca^{2+})	1000～2000
化学需氧量(COD)	≤100	镁离子(Mg^{2+})	100～500
氨氮	15～30	总铁(Fe)	10～20
硫化物	≤1.0	总铜(Cu)	≤0.5
氟化物	≤15	总汞(Hg)	≤0.05
氯离子(Cl^-)	15000	总镉(Cd)	≤0.1
硫酸根离子(SO_4^{2-})	1000～2000	总含盐量(TDS)	15000～25000

注：* 无单位。

经过化学沉淀处理的脱硫废水一般用于湿式除渣或者灰场喷洒。某煤电有限公司 2×660MW 机组脱硫系统补水引自循环水，脱硫废水系统设有传统加药三联箱（中和箱、絮凝箱、沉淀箱)、浓缩以及污泥脱水设备。脱硫废水进入废水箱后，经由废水泵送入渣水处理区域的搅拌池，再由泵打入渣水系统，实现脱硫废水的“零排放”。但需要注意的是该方法仅适用于湿除渣电厂，并且脱硫废水对捞渣机等设备会造成不同程度的腐蚀，也会影响灰渣的综合利用，因此其应用也受到限制。将脱硫废水经废水旋流器送至灰场进行机械高效雾化喷洒，既可以控制灰场的扬尘，还可以蒸发大量的废水。华能沁北电厂 4×600MW 机组与三期工程 2×1000MW 机组，共六台机组均为带冷却塔循环供水的燃煤凝汽器式机组，电厂的补水水源为净化后的中水及水库地表水。脱硫系统的补水来自阴床、阳床、混床的再生水，精处理树脂再生过程再生水以及三期旁流系统的反渗透浓水，三期旁流系统的澄清池污泥等高含盐水，高含盐废水回收到脱硫系统进行再利用后送至灰场进行机械高效雾化喷洒。

2. 蒸发结晶法

脱硫废水经投加石灰、有机硫、絮凝剂，重力沉降等预处理，去除废水中大部分悬浮物、重金属、硬度、SiO_2 等结垢物质后由多效蒸发器或机械蒸汽再压缩蒸发器进行蒸发结晶处理，冷凝水回用，结晶盐另行处理。该技术成熟可靠，但投资费用及运行成本较高，国内也有一些燃煤机组采用该技术进行废水处理。

(1) 多效蒸发结晶技术

常规废水零排放处理方法是多效蒸发（MED）结晶技术，该技术一般分为热输入单元、热回收单元、结晶单元和附属系统单元 4 个部分。多效蒸发是将几个蒸发器串联运行，使蒸汽热能得到多次利用，提高热能利用率。常规处理后的废水经过多级蒸发加热浓缩后成为盐浆，盐浆经离心、干燥后成为工业盐运输出厂出售或掩埋[8]。蒸发结晶盐产生的固废处置费用也较高，《盐业管理条例》明确规定禁止利用盐土、硝土和工业废液、废渣加工制盐。

多效蒸发结晶技术多用于水溶液的处理，常用的多效蒸发技术有双效蒸发、三效蒸发、四效蒸发等。国内某电厂采用蒸发浓缩技术，系统设计出力 $22m^3/h$，包括脱硫废水 $18m^3/h$ 和其他废水 $4m^3/h$，采用“预处理＋深度处理”的工艺路线。预处理包括混凝沉淀系统、水质软化系统和污泥处理系统，深度处理则采用 4 效立管强制循环蒸发结晶工艺，预处理出水依次进入 1～4 蒸发结晶罐进行蒸发结晶，蒸发水回用于燃煤机组循环冷却水，产生的固体结晶盐达到二级工业盐标准。该技术较为成熟，但能耗极高，发展和推广受到限制[12]。

某电厂 2×600MW 机组石灰石-石膏湿法烟气脱硫废水采用蒸汽多效蒸发装置进行处理[13]，多效蒸发装置独立布置（书后彩图 5[13]），脱硫废水经原有三联箱软化、澄清、过滤后进入多效蒸发器。蒸发获得的洁净水回厂区回收利用。浓盐水经过离心机分离，离心出水继续回多效蒸发器，结晶氯化钠作为工业盐使用，厂家设有一分离器，可将 SO_4^{2-} 分离，最终获得纯度达到 92%的工业氯化钠。

(2) 机械蒸汽压缩蒸发

多效蒸发（MVR）及机械蒸汽压缩蒸发（MVC）是当前废水蒸发结晶处理的主流工艺。这两项技术主要利用热力系统蒸汽，对常规脱除固形物处理后的高含盐量水进行热交换的物理过程，使之蒸发、结晶、干燥，经过一系列处理后，高含盐量水中的部分水转变为蒸馏水，部分盐结晶干燥成工业盐，从而实现废水的“零排放”。机械式蒸汽再压缩蒸发器（mechanical vapor recompression，MVR）是重新利用它自身产生的二次蒸汽的能量，减少对外界能源需求的一项节能技术。早在 20 世纪 60 年代，德国和法国已成功将该技术用于化工、食品、造纸、医药、海水淡化及污水处理等领域。

机械式蒸汽再压缩蒸发器工作流程如图 7-21 所示，由电加热锅炉向蒸发器提供一定量的再生蒸汽，蒸发料液产生二次蒸汽，稀薄的二次蒸汽在经体积压缩后其温度会随之升高，将低温、低压的蒸汽变成高温、高压的蒸汽，全部再重新进入蒸发器作为加热蒸汽来利用，由于 MVR 蒸发器是个封闭系统，全程只有压缩机在耗能。实际上，压缩机所耗能量比传统蒸发器锅炉产生蒸汽所耗的能量少，具有明显的节能性[14]。

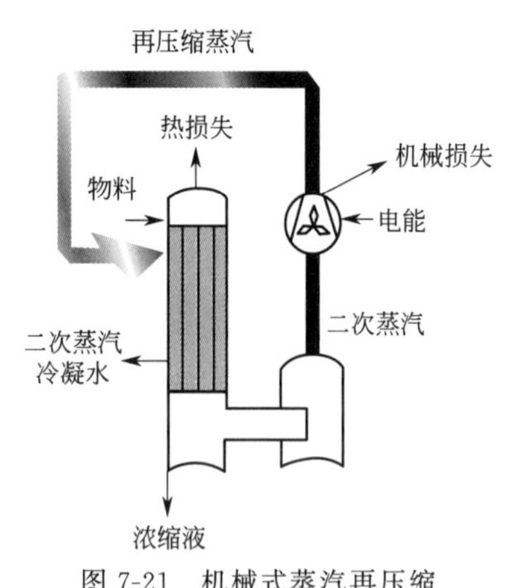

图 7-21 机械式蒸汽再压缩蒸发器工作流程[15]

国内第一个 MVR 工艺采用的蒸发器为卧式喷淋水平管薄膜蒸发器。卧式喷淋水平管薄膜蒸发器（以下简称卧式蒸发器）将换热管水平放置，在水平管外喷淋液膜绕流圆管运动，在卧式蒸发器中，液体从上部喷嘴喷出，落在上层水平管的外表面绕流圆周后汇集于管子底部再落到下层管子上，管内为强制对流高温介质，它释放的热量使管外液膜蒸发。但由于脱硫废水水质变化大（主要表现为 TDS、硬度等含量高，变化大），综合卧式蒸发器在运行中的表现，其不适合作为废水浓缩装置处理脱硫废水，脱硫废水零排放处理中多采用立式降膜蒸发器。威立雅 HPD、GE 等国际废水零排放技术领先的公司，在脱硫废水零排放方面选用立式降膜蒸发器，立式降膜蒸发器不仅在脱硫废水零排放方面应用较为成熟，而且还有传热效率高、料液走管程（壳程可选用远低于换热管的材质，如 316 或 316L）等优点。

鉴于脱硫废水具有一定的易结垢物质，在蒸发浓缩过程中易在降膜上结垢，所以需要设置合理的预处理手段，采用接种法等方式来防止结垢性物质在降膜管表面结垢。接种法的原理是在处理液中加入一定量的晶种作为晶核，处理液在浓缩后有物质析出沉淀时，会选择性地附着于晶核而非管壁上。

该技术还可以用于锅炉补给水处理、循环水处理及全厂水系统“零排放”工程项目。有学者尝试进行 MVR 多相流蒸发结晶深度处理高盐废水装备的研发及产业化应用，主要针对高含盐废水的结晶排盐技术、集成机械蒸汽再压缩（MVR）技术与多相流蒸发结晶技术，创制了 MVR+

多相流蒸发结晶工艺，解决废水蒸发结晶过程中出现的结垢、高浓度废水的强化传热和系统节能问题。通过该工艺及相应专利技术的支持，实现废水蒸发结晶过程中不结垢，总传热系数提高15%～20%，蒸发器换热面积减少15%以上，与现有相同效数的强制循环蒸发结晶相比，节能20%～30%，为高含盐废水的蒸发结晶处理提供技术支撑和成套装备，实现废水“零排放”。

目前国内燃煤机组对石灰石-石膏法脱硫废水的处理主要采用加药絮凝沉淀的方法[16]，普遍存在运行成本高、设备运行故障率高等问题，且无法除去水中的无机盐。机械式蒸汽再压缩蒸发器（MVR）、正渗透、烟道喷雾蒸发等方式能有效去除废水中的无机盐，但单一脱除方法的投资成本高且存在一定的局限性，因此有学者采用综合处理工艺，将正渗透或机械式蒸汽再压缩蒸发器（MVR）与烟道喷雾干燥工艺结合用于脱硫废水处理。具体工艺流程如图7-22所示，主要废水处理步骤有沉砂、微孔曝气、除氟镁钙、膜处理、正渗透或MVR蒸发压缩、烟道余热蒸发和除尘。经过膜系统处理后，废水进入MVR蒸发浓缩盐的质量浓度提高约1倍（由100～120g/L升高至200～250g/L）。浓缩后的高盐水由雾化喷嘴雾化后喷入烟气，利用烟气所含的热量将废水蒸发，废水中的污染物转化为结晶析出，随烟气中的飞灰一起被静电除尘器收集。

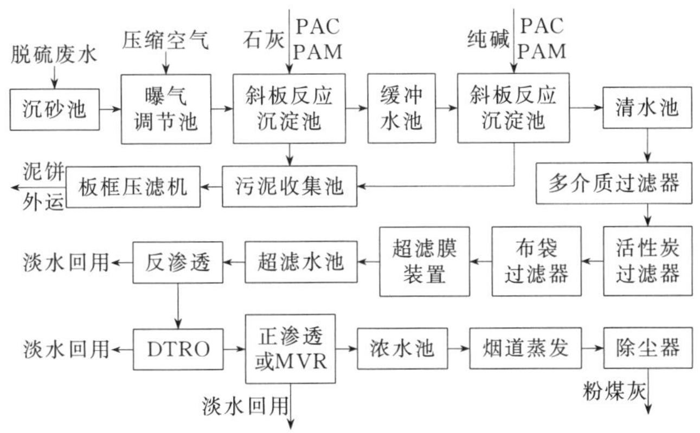

图7-22　燃煤机组脱硫废水综合处理工艺流程[16]

北方某燃煤电厂采用该工艺进行脱硫废水中试试验（没有烟道喷雾蒸发和除尘系统），处理结果如表7-16所列，该方法可有效除去水中的COD、F^-、重金属和无机盐，正渗透和MVR蒸发工艺可以实现对脱硫废水的进一步浓缩。

表7-16　脱硫废水处理后的水质检测数据

工序	ρ/(mg/L)				e/(mmol/L)		COD/(mg/L)	w(盐)/%
	SS	NH_3-N	F^-	TDS	$1/2Mg^{2+}$	$1/2Ca^{2+}$		
沉砂	257	512.5	79.85	58932	155.9	24.13	937.3	3.83
曝气	153	393	78.53	58616	150.8	23.65	540.9	3.76
除氟镁	115	385	1.58	61546	1.59	28.79	543.7	3.94
除钙	80	387	1.35	61723	1.54	2.19	537.8	3.97
浓水DTRO	6	780	4.76	135214	48.5	12.28	917.6	8.73
淡水DTRO	0.04	0.26	0.28	627.3	0.18	0.09	0	0.05
浓水正渗透	5.8	1890	9.24	254826	90.3	26.8	1285	20.3
浓水MVR蒸发	6.3	1783	9.43	258760	94.3	24.3	1653	20.7
淡水正渗透	0.04	760	0.05	1723	3.28	1.08	0	0.15
淡水MVR蒸发	0.13	680	0.06	12652	1.89	37.9		0.13

（3）预处理-膜浓缩-蒸发结晶法

环保部（现生态环境部）发布的《火电厂污染防治技术政策》《火电厂污染防治可行技术

指南》(HJ 2301—2017)提出:"脱硫废水应经中和、化学沉淀、絮凝、澄清等传统工艺处理,鼓励利用余热蒸发干燥、结晶等处理工艺。"废水治理主要分三个阶段:第一阶段——前期预处理阶段,主要是软化澄清,降低水的硬度及悬浮物含量;第二阶段——膜浓缩减量处理阶段,该阶段主要采用高压渗透膜技术提取部分淡水回用,减少末端蒸发结晶器处理水量,以降低蒸发处理成本;第三阶段——蒸发结晶阶段,该阶段主要将高盐浓水通过蒸发结晶处理固化废水中盐分,结晶水回用。通过调研掌握的废水治理信息,以上三个阶段基本确立了燃煤机组脱硫废水零排放处理的主流工艺。

1)预处理

传统的三联箱化学沉淀法可以作为预处理的一种方法,除此之外常用的预处理技术有软化澄清、管式微滤以及电絮凝技术,其中澄清池是预处理中的关键设备。要求澄清池能够适应水质水量的变化,在澄清池中投加软化药剂达到除碱的目的,可以选择苛性钠作为除碱的软化剂,相比于石灰法产泥少,同时需要投加混凝、助凝剂等,苛性钠改善污泥的沉淀特性。

管式微滤膜(tubular micro-filtration,TMF)是以膜两侧压力差为推动力,采用错流过滤方式进行固液分离的一种膜技术,可用于除去水中微米级和更大的悬浮状固态物质、细菌及COD等,微滤多作为反渗透的首端预处理。在操作压力为0.1~0.5MPa的条件下,干净的液体通过膜孔过滤出来,同时悬浮固体颗粒状物质留在循环流动的浓液中,浓液在膜管中保持湍动流通以阻止细小固体杂质在膜的内层表面堆积,使膜系统获得非常高的膜过滤通量,延长膜的使用寿命。TMF系统运行稳定、可靠、安全,经过TMF过滤后的水能满足RO进水要求。并且管式微滤技术具有宽的pH值适应性,可反洗,过滤孔径均匀,经过滤后水质浊度可低至0.5NTU以下,可使用3~9年。

电絮凝技术也是废水预处理中较为常用的技术之一,电絮凝法是将吸附络合与中和反应、氧化还原反应、气浮等结合起来的处理方法[17],利用电化学原理[18],在电流作用下阴极处水电解产生H_2和OH^-,阳极(铁或铝等)电解产生金属阳离子,在电场作用下OH^-和金属阳离子发生迁移,在溶液中形成氢氧化物絮体。由于氢氧化物絮体具有巨大的比表面积和丰富的表面羟基,因此可以通过絮体的吸附等作用去除废水中的污染物。同时,由于阴极产生H_2的气浮作用,将絮体上浮至溶液表面而分离。电絮凝法是一项较新的废水处理技术,能有效处理重金属废水,该工艺具有成本低、占地面积小和效果好等优点,在国外已逐步运用于湿法脱硫的废水处理中。但是电絮凝法也存在许多不足,如一般电絮凝不能去除废水中的Cl^-,而用高频电絮凝法则存在电极寿命短和耗能高的缺点。目前电絮凝技术主要应用于化工废水和含油污水,在脱硫废水处理中相关报道较少[19]。

2)膜浓缩减量技术

近年来,膜分离作为一种高效分离技术得到了迅速发展和应用,被广泛应用于废水处理和纯水制造等领域。膜浓缩废水减量技术主要指通过膜过滤除盐技术实现脱硫废水的浓缩减量,前面在进行锅炉补给水处理中已经介绍了几种典型的除盐方法,包括离子交换法、反渗透、电渗析,本节对典型的废水减量方法DTRO(碟管式反渗透)、振动膜、膜法高盐水浓缩技术进行介绍。

① 碟管式反渗透技术:碟管式反渗透(DTRO)是一种新型的反渗透处理技术,DTRO膜组件构造与传统的卷式膜截然不同,膜柱是通过两端都有螺纹的不锈钢管将一组导流盘与反渗透膜紧密集结成筒状而成的,碟管式膜组的优良性能依赖于品质优良的反渗透膜片和导流盘

(图 7-23)，导流盘表面有按一定方式排列的凸点，使处理液形成湍流，增加透过速率和自清洗功能，导流盘将膜片夹在中间，使处理液快速切向流过膜片表面。

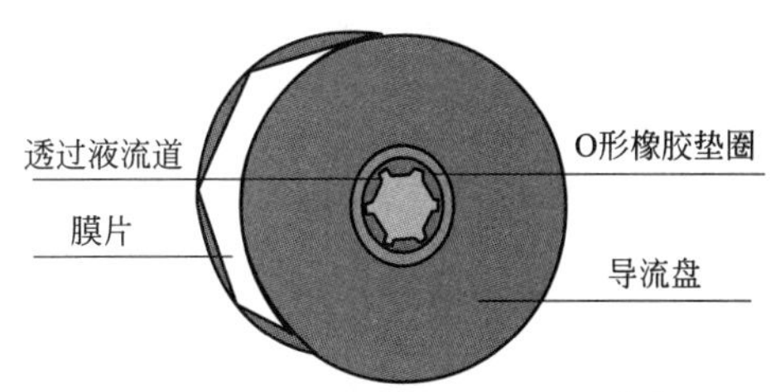

图 7-23　碟管式膜片及导流盘[20]

DTRO 具有流道宽、抗污堵能力强的特点，其工艺优势明显，主要表现在以下方面：a. 可以适应不同的进水水质，不受可生化性影响，出水水质稳定；b. 出水水质好，不受 C/N 比影响，总氮和重金属可达标，完全满足标准要求；c. 系统运行灵活，启动快，冬季可停机，维护方便，尤其适合北方寒冷地区；d. 运行费用低，自动化程度高，操作简单，尤其适于北方地区。

② 振动膜：采用膜工艺进行废水减量不可避免地会发生膜表面结垢堵塞等问题，振动膜是在膜工艺的基础上，利用高频振动来防止膜表面结垢堵塞的一种方法。

振动膜有两个主要组成部分，膜组和使膜组产生往复运动的振动机械。膜组里是圆形的平板膜，膜片可按需求使用不同精度的膜材，膜片与膜片间隙较大（3mm），进口通道比较宽，不容易在进口位置产生结垢，进液通过压力从进口流到浓液口，在进料泵压力下，清液通过膜片，盐分被截留，膜组解剖示意见图 7-24。

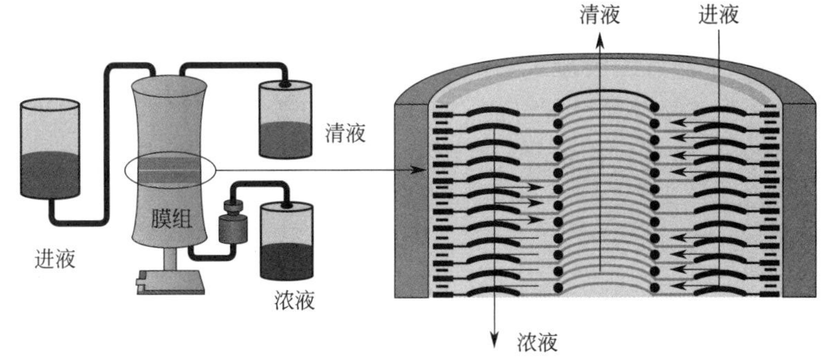

图 7-24　膜组解剖示意[21]

整个膜组在一组振动机械上，振动机械采用马达和偏心轴承（图 7-25），产生约 50Hz 的频率传到整个膜组，在膜表面来回往复振动，膜表面产生强大的剪切力，盐分难以停留在上面，可以防止膜面产生表面结晶。在高盐浓度下，结晶和未结晶的盐分被推到浓液口外排。

采用振动膜技术，脱硫废水可以在不除硬的条件下进行浓缩。经验表明，振动膜 TDS 可达 60000μg/g，浓缩比可达 60%～65%，产水 TDS 为 1000～2000mg/L。

③ 膜法高盐水浓缩技术：国外在膜法高盐水浓缩（MBC）处理废水方面研究较多，但因其在最为核心的膜材料以及汲取液配方的技术上遇到瓶颈，工业上未见实际应用。直至美国 Oasys Water 公司在正渗透膜材料以及汲取液配方取得突破，并于 2009 年将第一套 MBC 装置实际用于美国 Permain Basin 页岩气开采废水的浓缩零排放处理项目。

膜法高盐水浓缩（MBC）是一种通过正渗透和汲取液提纯组合对含盐水进行处理的技术。MBC 使用半透膜，在半透膜两侧渗透压差驱动下，水分子自发地从待处理的含盐水中扩散到汲取液中，溶解盐仍留在盐水中。汲取液采用 Oasys 公司的专利技术，具有极高的渗透压，可以在进水 TDS 高达 1.5×10^5 mg/L 时驱动水分子透过膜。在水渗透进汲取液后，汲取液被稀释，可经再生装置处理并循环利用。含盐水经过半透膜后，成为浓度更高的浓盐水，最终蒸发结晶生成结晶盐。图 7-26 为 MBC 技术的原理示意。

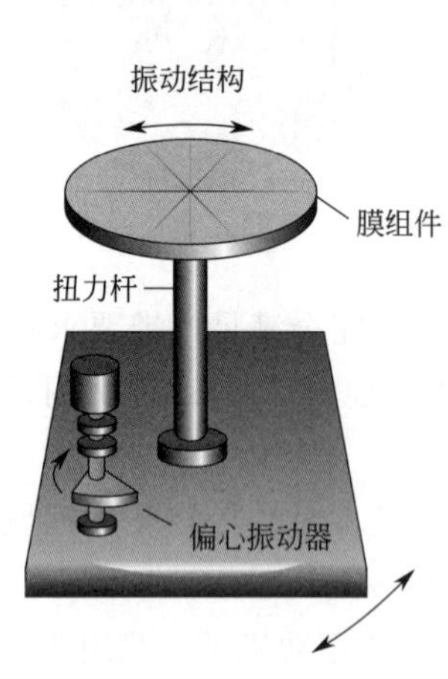

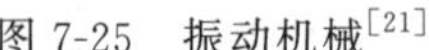

图 7-25　振动机械[21]

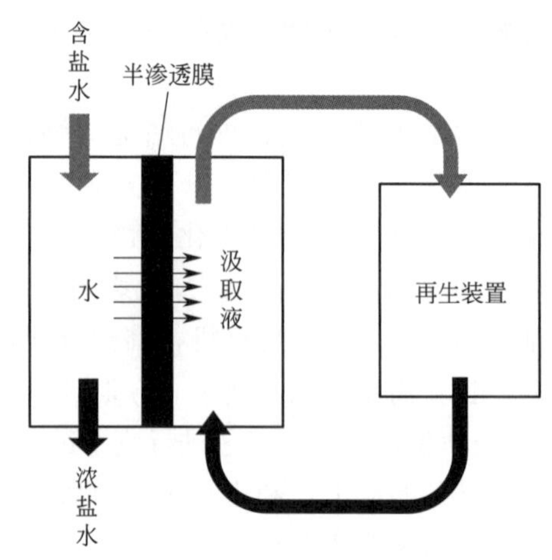

图 7-26　MBC 技术原理示意[22]

该技术进行脱盐时，原水不需达到沸腾状态，也不需高压泵作用，即使存在汲取液的加热回收系统，其能耗也小于蒸发器。该系统在低压下工作，MBC 半透膜不可逆的污染及结垢倾向比高压反渗透系统更低，具有更高的抗污染性能，并且 MBC 技术中半透膜能够选择性地去除水中溶解物质。相对于已有的脱盐工艺，MBC 技术所需要的化学药剂用量更低，能耗较低。MBC 系统主要由塑料材料管件和设备组成，不需昂贵的合金材料，系统模块化组装，投资成本较低。在国内，华能长兴电厂首先引入该技术作为废水零排放系统的主要工艺，具体将在第五节实际案例中详细介绍。

3）蒸发结晶

经过预处理、膜浓缩减量后的浓盐水进入蒸发结晶器，蒸发结晶实现固液分离，其中采用较多的蒸发结晶工艺是前面已经介绍过的多效蒸发结晶工艺和机械蒸汽再压缩蒸发技术。

3. 喷雾干燥法

（1）烟道蒸发零排放技术

脱硫废水烟道蒸发技术是利用气液两相流喷嘴将脱硫废水雾化并喷入除尘器前的烟道或单独从空预器入口引出的旁路烟道中，利用烟气余热将废水完全蒸发，使废水中的污染物转化为结晶物或盐类，随飞灰一起被除尘器捕集（图 7-27）。

烟道喷雾蒸发处理脱硫废水的特点是无液体排放，不会造成二次污染，也不需额外的能量消耗。目前国内研究主要集中在脱硫废水蒸发特性、对后续静电除尘 WFGD 的影响以及多污染物的协同脱除方面。

1）脱硫废水蒸发特性及对后续污染物控制设备影响

日本学者将脱硫废水的蒸发分为 5 个阶段，即温度上升阶段、等速蒸发阶段、硬壳形成阶段、沸腾阶段和干燥阶段，并认为由于硬壳的形成会导致脱硫废水的蒸发速率低于纯水。

有学者利用荧光示踪法及测试脱硫废水蒸发过程中烟气温度变化的方法研究脱硫废水的蒸发特性，其试验结果显示烟温 120～180℃，喷入烟道的脱硫废水在 0.50～1.00s 内蒸发完毕，蒸发后烟温降低 5～8℃。但高含盐量脱硫废水（≥30000mg/L）的蒸发速率低于纯水。

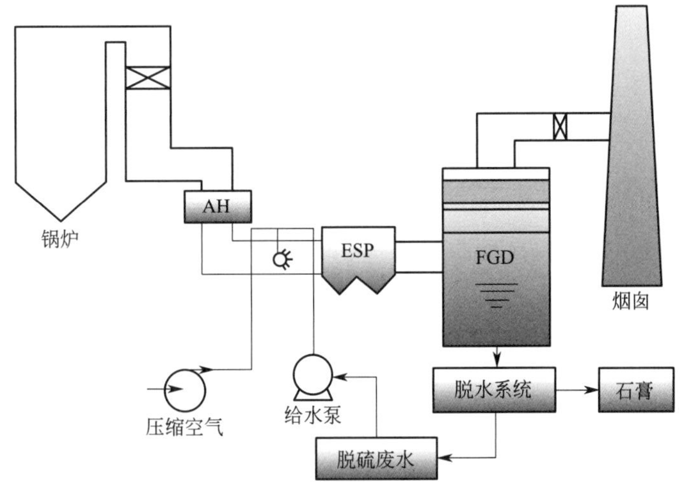

图 7-27 脱硫废水烟道蒸发工艺流程[23]

某 300MW 机组锅炉 1/4 烟气量进行脱硫废水烟道蒸发示范试验的结果表明，脱硫废水蒸发析出的颗粒物导致的静电除尘负荷增加有限，该机组一般除尘器的负荷能力可以满足处理要求。烟气温度的适量提高和烟温的适度降低可以使烟气中粉尘的比电阻降低，有利于静电除尘效率的提高[24]。脱硫废水喷入后烟气含湿量增加，可以减少湿法脱硫的工艺水量。

2）多污染物协同脱除研究

文献［25］中介绍了利用脱硫废水烟道蒸发促进燃煤烟气 $PM_{2.5}$ 团聚长大，在静电除尘器入口烟道进行脱硫废水蒸发试验，为增强静电除尘的除尘效率，在脱硫废水烟道蒸发试验中向脱硫废水中加入化学团聚剂溶液（由高聚物黏结剂、润湿剂、降比电阻剂、pH 调节剂等组成）。试验结果显示典型工况下，脱硫废水烟道蒸发提高 $PM_{2.5}$ 脱除效率约 10%，脱硫废水中加入团聚剂，静电除尘出口 $PM_{2.5}$ 脱除效率提高 25%以上。随后将脱硫废水烟道蒸发技术与烟道喷射碱性吸收剂脱除 SO_3 技术结合在一起，在脱硫废水中添加适量 NaOH、Na_2CO_3、$NaHCO_3$ 等碱性物质，然后由双流体雾化喷嘴喷入静电除尘入口烟道协同脱除 SO_3，其试验结果显示 SO_3 脱除率最高可达到 50%以上[26]。此外，烟气中的氯元素也有利于 Hg^0 向 Hg^{2+} 的转化，而脱硫废水烟道蒸发后主要以固体盐分（$CaCl_2$、NaCl）的形式析出，只有在酸性条件下会有少量进入气相。因此可以充分利用脱硫废水蒸发析出的氯化盐促进 Hg^0 向易于脱除的 Hg^{2+}、Hg_p 转化，协同后续除尘脱硫设备增强汞的脱除能力。

焦作万方电厂 2×350MW 机组采用石灰石-石膏湿法烟气脱硫，脱硫废水处理方法舍弃了传统的三联箱加药方法，废水经电絮凝反应后进入一级反应池，添加石灰乳，经沉淀后进入二级反应池，加入熟石灰和纯碱，二级反应澄清池出水加入弱酸调节 pH 值，再进入膜浓缩与烟气余热蒸发，该脱硫废水采用烟道喷雾（烟气余热蒸发结晶）实现脱硫废水零排放（图 7-28）。

虽然烟道喷雾蒸发技术可以实现脱硫废水的零排放，但其存在下列问题：a. 烟道喷雾蒸发处理能力低，无法完全满足零排放要求；b. 脱硫废水中含有大颗粒造成喷嘴堵塞与磨损严重；c. 脱硫废水中重金属转移至飞灰，影响飞灰的再利用；d. 脱硫废水不完全蒸发会引起烟道腐蚀，蒸发后高腐蚀含氯物质也会造成脱硫塔及其他设备的腐蚀；e. 烟道雾化对烟温、雾化时间等有一定的要求，需要根据电厂具体情况调整；f. 对于设有布袋除尘器的电厂易造成堵塞，该技术是否适合布袋除尘器还有待进一步研究。

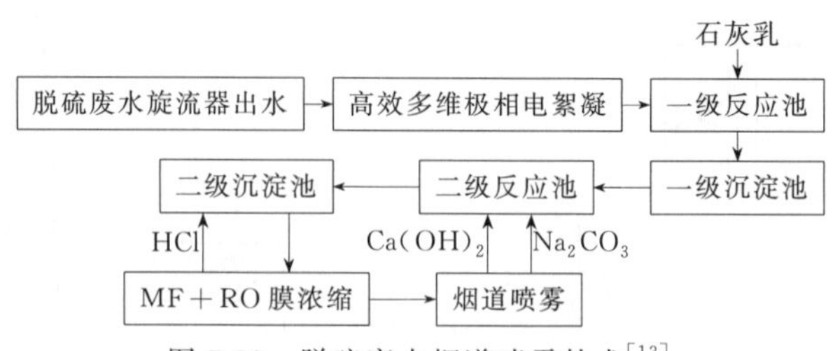

图 7-28　脱硫废水烟道喷雾技术[13]

(2) 喷雾干燥零排放技术

除烟道蒸发技术外，喷雾干燥技术还包括脱硫前烟气蒸发工艺，其原理是抽取脱硫前的部分烟气直接干燥脱硫废水，区别在于抽取烟气的位置，位置之一是在除尘器出口与脱硫塔入口之间布置一烟气余热蒸发装置。国内金堂电厂 2×600MW 机组石灰石-石膏湿法烟气脱硫的脱硫废水采用这种处理方法（图 7-29），在静电除尘器出口与脱硫塔入口之间独立布置一烟气余热蒸发装置，该装置原理类似于脱硫塔，脱硫废水进入废水箱后通过废水输送泵送入蒸发器中、上部，通过喷嘴将废水喷入蒸发器中，然后从静电除尘器出口烟道引一路烟气，通过风机送入蒸发器，高温烟气自下而上通过蒸发器，将喷洒废水中的水分蒸发带走，蒸发器下部设置一浓浆箱，浓浆液进入浓浆箱继续通过循环泵循环，浓浆箱中浓度达到一定程度后通过浓浆泵打入压滤机。脱硫废水水质及烟气成分见表 7-17 和表 7-18，该工艺简单，省去了传统的三联箱处理装置，该电厂该烟气余热装置设计处理废水量 1.5t/h，属于工程试验装置。

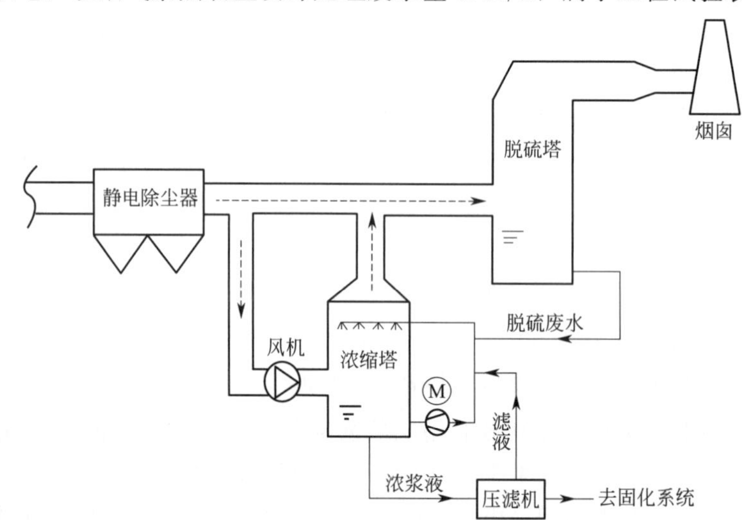

图 7-29　金堂电厂烟气余热蒸发流程图[13]

表 7-17　脱硫废水水质

项目	单位	参数	项目	单位	参数
温度	℃	50	SO_4^{2-}	mg/L	86504
压力	bar	0.96	SO_3^{2-}	mg/L	4294
总流量	kg/h	1500	Na^+	mg/L	1208
密度	kg/m^3	1141	固体成分	kg/h	28.64
液体成分			$CaSO_4$	%	11.22
Mg^{2+}	mg/L	30037	$CaCO_3$	%	3.95
Ca^{2+}	mg/L	678	$CaSO_3$	%	0.83
Cl^-	mg/L	22991	惰性粒子	%	84

表 7-18　烟气成分表（温度为 130℃、压力为 0.9624bar）

烟气成分	质量分数/%	烟气成分	质量分数/%
H_2O	5.51	SO_2	0.53
N_2	69.67	HCl	0.00
O_2	6.03	HF	0.00
CO_2	18.26		

注：1bar=10^5Pa。

还有一种废水零排放技术即旋转喷雾干燥法（waste water spray dry，WSD）处理脱硫废水，从空预器前的主烟道引出部分烟气进入喷雾干燥塔，与经过高速旋转雾化器雾化、喷射而出的脱硫废水雾滴充分接触，干燥塔出口烟气排入静电除尘器前的主烟道中（图 7-30）。

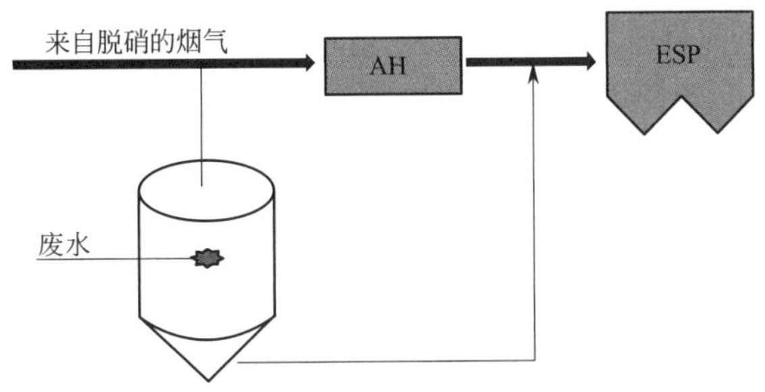

图 7-30　旋转喷雾干燥法脱硫废水处理工艺流程

旋转喷雾干燥塔的核心装置包括干燥塔、旋转雾化器、烟气分布器（图 7-31）。干燥塔用于实现烟气与雾滴充分混合，在塔内完成废水的完全蒸发。旋转雾化器是利用其离心力，使料液在旋转表面上伸展为薄膜，并以不断增长的速度向雾化盘的边缘运动，离开雾化盘边缘后转化为细小雾滴。烟气经烟气分布器被分布为绕雾化盘的旋转运动及绕雾化盘边缘的向下流动，

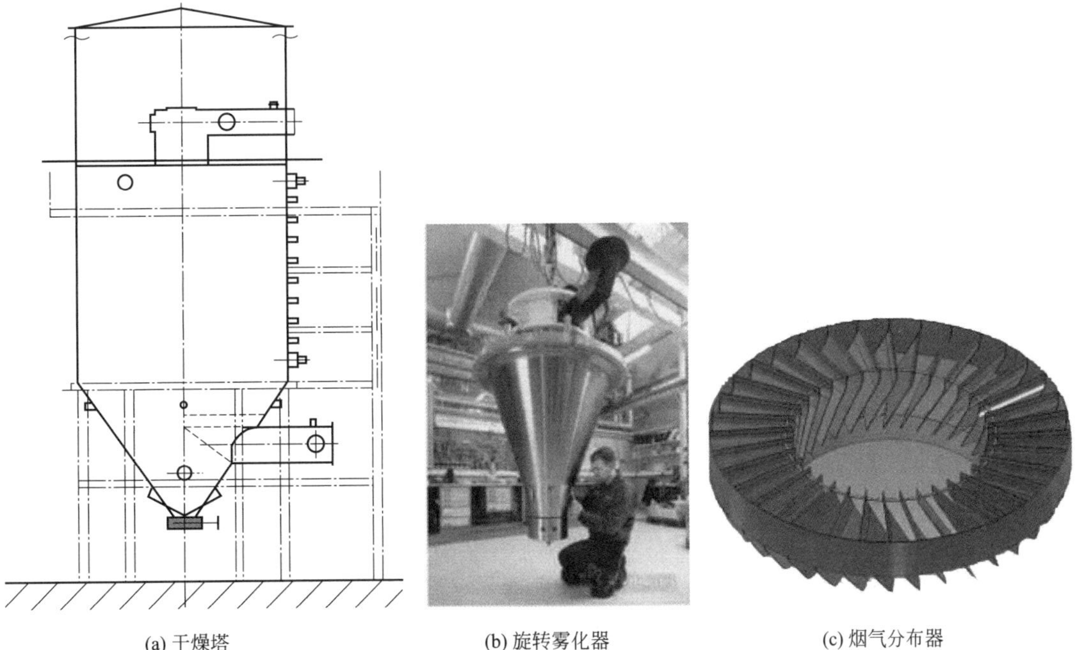

(a) 干燥塔　(b) 旋转雾化器　(c) 烟气分布器

图 7-31　旋转喷雾干燥塔关键设备

向下压向雾滴并形成伞状云形态，达到烟气与雾滴的充分混合。废水中的盐类干燥后部分落入干燥塔底部被收集转运，其余随烟气进入除尘器处理。目前该技术已经在山西漳泽电力临汾热电 2×300MW、侯马热电 2×300MW 脱硫废水零排放工程中得以应用。

烟气喷雾干燥技术利用烟气热量，不需要额外蒸汽，并且投资、运行费用分别是蒸发结晶工艺的 1/3、1/10，并且脱硫废水在单独的干燥塔中进行蒸发，不影响除尘、脱硫等后续烟气净化装置。但需要注意的是旋转喷雾干燥技术抽取空预器前的部分烟气作为热源，会导致风温下降 4～6℃（抽取烟气量 2.8%～4.8%），锅炉效率降低 0.3%～0.5%。

烟道蒸发技术实现脱硫废水零排放的同时还可以实现多污染物协同脱除，但存在喷嘴易堵塞、烟道腐蚀、积灰等问题，存在影响主系统的风险。旋转喷雾干燥技术的工况变化适应性强，旋转雾化器不易阻塞，不存在影响主系统的风险，唯一的缺点是会降低锅炉热效率。

4. 其他脱硫废水零排放技术

（1）膜蒸馏工艺

膜蒸馏技术中膜的一侧是与膜直接接触的待处理的热废水溶液，另一侧是低温的冷水，水不会从疏水膜中通过，但因膜两侧有蒸汽压差而使水蒸气通过膜孔，从高压蒸汽侧传递到低压蒸汽侧，实现污染物与水的分离。膜蒸馏因其操作温度低、所需设备小、外表热损耗低等优点近年来越来越受到关注，但其放大困难、潜热回收难度高，基本停留在实验室阶段。

（2）人工湿地与生物处理

人工湿地利用包括湿地植物、土壤及微生物活动在内的自然过程降低废水中的金属、营养素以及总悬浮颗粒物的浓度。人工湿地由若干包含植物和细菌的单元组成，电厂可根据去除污染物的种类选择合适的单元。人工湿地可以有效降低金属、营养性物质以及总悬浮颗粒物浓度，但是必须在低氯情况下进行。

微生物能处理可生物降解的可溶有机污染物或是将许多不溶污染物转化为絮状物。污染物可通过有氧、无氧或缺氧三种方式去除。一般燃煤机组利用有氧方式去除 BOD_5，通过厌氧或缺氧的方式去除金属或是营养盐，微生物可以通过呼吸作用将硒酸盐或亚硒酸盐还原为元素态的硒，吸附在微生物细胞表面[23]。

5. 脱硫废水中重金属脱除

脱硫废水处理中最重要的一点是去除废水中的重金属，生物处理技术可以有效去除脱硫废水中的硒（至 μg/L 级）、汞（至 ng/L 级）等重金属元素及可生物降解的有机污染物。但生物处理技术造价高，且容易形成毒性的有机硒和有机汞。流化床法也可用于水中重金属的脱除，流化床处理脱硫废水的工艺流程如图 7-32 所示，废水经调节池由流化床底部进入流化床，在水流作用下，反应器内的金属载体处于流化状态，然后向反应器中添加亚铁盐溶液、Mn^{2+} 和氧化剂，生成难溶的二氧化锰和氢氧化铁吸附水中的重金属离子，实现废水中重金属的脱除。

此外吸附法也是脱除废水中重金属的有效方法，文献［27］采用复合零价铁材料处理脱硫废水中的重金属，经过处理后废水中汞和硒的去除率大于 99%，出水中砷、铬、镉、镍、铅、锌、钒等的浓度也都接近或低于微克级水平。张华峰等采用序批式活性污泥法处理脱硫废水，污泥可以有效吸附废水中的铬、镉和铅，工艺出水中的重金属离子浓度远低于我国国家排放标准。

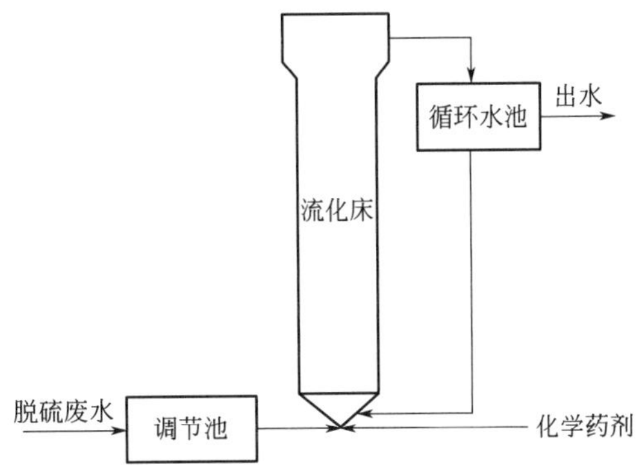

图 7-32　典型脱硫废水流化床处理工艺流程

6. 零水耗湿法烟气脱硫系统开发

西安交通大学、华能北方电力上都电厂、华北电力设计院三家联合，于 2010 年首先在国内开展了实验室研究，2011～2012 年开展在上都电厂搭建试验台进行中试试验，抽取脱硫塔后面饱和烟气，进行了长达 2 年的中试试验。并于 2013 年年底进行了成果鉴定。通过实验室试验和现场中试试验，在国内首次找到了实现湿法脱硫零水耗的技术方案。

为了开发零水耗烟气湿法脱硫系统，文献［28］模拟了电厂实际脱硫塔结构搭建烟气湿法脱硫小型试验系统，在保证烟气脱硫效率的前提下，针对常用的钙法、钠碱法、镁法湿法脱硫工艺，研究烟气水蒸气浓度、进口烟气温度、循环浆液温度等因素对塔内水分凝结的影响[28]。通过浆液池中循环浆液的液位变化来衡量脱硫系统耗水量。若浆液池水量减小，脱硫过程需要补水；浆液池水量增加，则脱硫过程不需要补充水。在此过程中脱硫系统运行烟气中的冷凝水进入浆液池，只有浆液池水量变化为 0 时，脱硫过程不耗水也不节水，此时为脱硫系统的零水耗点。烟气湿法脱硫试验系统见图 7-33。

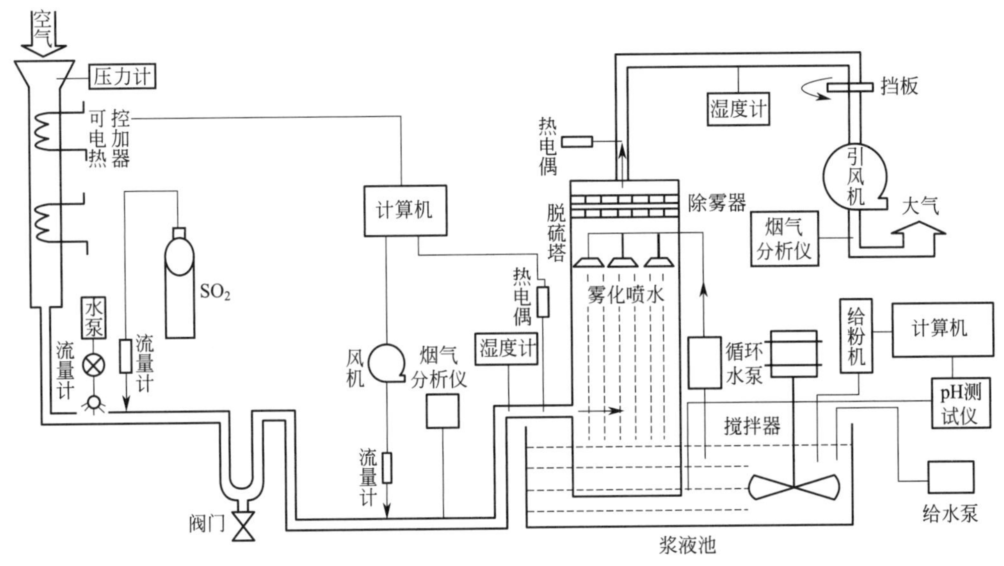

图 7-33　烟气湿法脱硫试验系统[28]

脱硫系统试验研究表明，循环浆液温度越高，系统耗水量越大；脱硫系统进口烟气温度越高，系统耗水量越小（图 7-34）；进口烟气水蒸气浓度越高，系统耗水量越大（图 7-35）。其中 I 为循环浆液净增加量比例，是循环浆液增加量与入口烟气中含水量的比值。而对于不同循环浆液的湿法脱硫工艺，均存在临界运行参数使得系统水耗为零（$I=0$）。

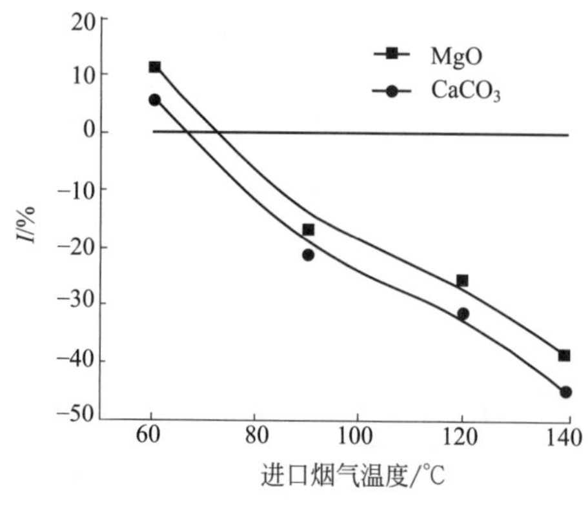

图 7-34　进口烟气温度对 I 的影响

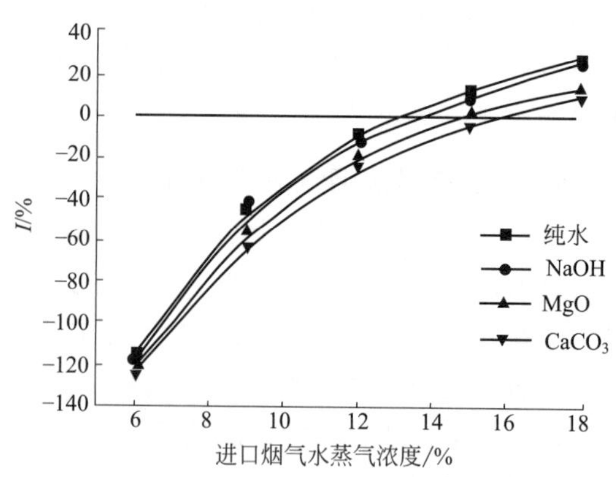

图 7-35　进口烟气水蒸气浓度对 I 的影响

四、其他废水分类处理回用技术

1. 酸碱性废水

酸碱性废水主要指化学除盐系统的再生废水，主要包括锅炉补给水处理系统、凝结水精处理系统和反渗透化学清洗的再生废水，其特点是废水呈酸性或碱性，含盐量很高。从排放角度讲，超标的项目一般只有 pH 值一项，燃煤机组运行过程中产生的酸碱性废水一般送往废水集中处理站进行废水中和，酸碱废水中和系统一般包括中和池、酸储槽、碱储槽、在线 pH 计、水泵、空气搅拌系统等。燃煤机组酸碱废水处理流程为：废水储存池→反应池→pH 值调节池（酸、碱性药剂及凝聚剂）→混合池（投加助凝剂）→澄清池→最终中和池（酸、碱性药剂，pH＝6～9）→清水池→回收利用。直接排放的 pH 值标准为 6～9。

酸性废水中和处理经常采用的中和剂有石灰、石灰石、白云石、氢氧化钠、碳酸钠等，碱性废水中和处理经常采用的中和剂有盐酸、硫酸等。为了尽量减少新鲜酸、碱的消耗，采用离子交换设备处理含盐废水时应合理安排阳床和阴床再生时间以及再生酸碱的用量，使阳床排出的废酸能够与阴床排出的废碱相互中和，以减少直接加入的酸碱药剂。采用反渗透除盐系统的水处理车间，由于反渗透回收率的限制，排水量较大，若反渗透回收率按照 75％设计，反渗透装置进水流量的 1/4 以废水形式排出，废水量远大于离子交换系统，但其水质基本无超标项目，可以直接排放。

2. 含油废水处理

含油废水主要来自油罐脱水、冲洗含油废水、含油雨水等。油罐脱水是由于重油中含有一定量的水分，在油罐内发生自然重力分离，从油罐底部定时排出的含油污水。冲洗含油污水来自对卸油栈台、点火油泵房、汽机房油操作区、柴油机房等处的冲洗水。含油雨水主要包括油罐防火堤内的含油雨水、卸油栈台的雨水等。

火力发电厂由于含油废水产生的点比较分散，废水水质与使用油的品质、收集方案等因素有关，一般油罐场地、卸油栈台、燃油加热等处的废水含油量较高，而其他地点含油废水的含油量较低。因此含油废水处理系统的进水设计含油量范围较宽，大多为 100～1000mg/L。含油废水中的油成分复杂，不仅有轻烃类化合物、重烃类化合物、焦油等，还有设备运行过程中带入的燃油、润滑油及清洗用化合物等。按照油滴大小分类，废水中的油类污染物主要有浮油、分散油、乳化油、溶解油四种形态。根据废水中含油形态的不同采用的除油技术也略有差别。

① 重力除油：重力法适用于去除水中的浮油，利用油水密度差使油上浮，达到油水分离的目的。但该方法的处理效果不好，受水流不均匀性影响，除油效果不佳。

② 絮凝除油：絮凝除油是含油废水处理的一种常用方法，主要原理是通过加入合适的絮凝剂，在污水中形成高分子絮状物。常用的絮凝剂为铝盐和铁盐。近年来采用较多的有无机高分子絮凝剂和复合絮凝剂。

③ 气浮除油：气浮除油工艺是将空气通入含油废水中，形成气-水-粒三相混合体系，在气泡从水中析出的过程中，以微小气泡为载体，黏附水中的污染物，其整体密度远小于水而浮出水面，对于水中含有的稳定乳化油，采用该方法前必须采取脱稳、破乳措施，常用的方法是添加混凝剂。

④ 电化学除油：电化学除油即常用的电絮凝法，其特点是使可溶性阳极如金属铝或铁作牺牲电极，通过化学反应，产生气浮分离所需要的气泡，也产生使悬浮物絮凝的絮凝剂。电絮凝法处理效果好，但阳极金属消耗量大、耗电量高。

⑤ 生物法：采用微生物降解废水中石油烃类，主要是在加氧酶的催化作用下，形成含氧中间体，然后转化成其他物质，常用的生物法有活性污泥法、生物滤池法、生物膜法、接触氧化法、曝气法等，但由于含油废水中有机物种类较多，微生物处理的效果并不理想。

针对火电厂含油废水的处理工艺主要有以下 2 种：含油废水→隔油池→油水分离器或活性炭过滤器→排放或回收；含油废水→隔油池→气浮分离→生物转盘或活性炭吸附→排放或回收。

其中气浮分离除油在燃煤机组应用较为广泛。图 7-36 为华能某电厂含油废水的处理工艺，含油废水经储存池收集后送至油水分离池进行油水分离，分离后的废水经工业废水监测池监测达到排放要求后排出，其中分离得到的油经污油池送到油泵房，未达标的废水重新返回储存池再进行新一轮处理。

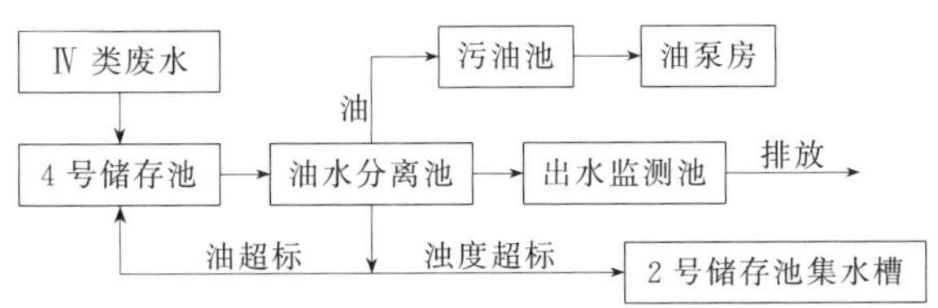

图 7-36　某电厂含油废水处理系统

3. 生活污水处理回用

火力发电厂的生活污水与城市生活污水性质相似，在条件合适的情况下可以将火电厂的生活污水通过城市市政污水处理系统统一处理。国内电厂选址一般在城市边缘或远离城市的郊区，因此一般在电厂内单独设置生活污水处理站，处理后的生活污水用于冲灰或者杂用。

目前在工程设计中多选用自净式生活污水净化装置，是采用传统的接触氧化法经过改进与上流式活性污泥床相结合的一种新工艺，这种工艺对 COD 与 BOD 浓度变化范围大的污水均有较好的处理效果，处理后污水水质可以满足排放标准。

4. 含煤废水处理回用

煤泥废水为煤码头、煤场、输煤栈桥等处收集的雨水、融雪以及输煤系统的喷淋、冲洗排水等，为间断性废水，废水收集点比较分散。一般通过压力管输送或压力＋自流输送这两种方式。但由于含煤废水中煤粉含量很高，在输送过程中极易造成管网堵塞。一般需要从源头杜绝大颗粒煤进入含煤废水集水坑或用输煤栈桥冲洗水冲洗管网，也可以将含煤废水管网单元制，某几个集水坑对应一条输送管道，降低母管的输送压力。目前大部分燃煤机组已经对冲灰水、煤泥废水进行了循环利用。

第四节　节水技术

无论是在富水还是缺水地区，节约用水一直是我们倡导的生活方式，而火力发电厂是用水大户，因此发展火力发电厂节水技术，对整个社会的节水工作具有重要贡献。火电厂节水可以从两方面展开：一是降低系统的耗水量；二是减少系统的取水量。

降低系统耗水量方面：a. 采用空冷机组，一般在严重缺水地区，建议新建电厂采用直接空冷、间接空冷等无水冷却技术，降低机组的耗水指标；b. 提高循环水浓缩倍率，循环水浓缩倍率的大小决定系统排污水量的大小，所以选择合适的浓缩倍率，减少排污水余量，可以降低燃煤机组的耗水量；c. 降低汽水循环系统的用水量，化学用水已经成为燃煤机组耗水大户，因此优化锅炉补给水处理系统及凝结水处理系统，进一步减少化学水处理用水量，可降低机组耗水指标；d. 降低辅助设备用水量、提高用水效率，湿法脱硫工艺损失水量占燃煤机组耗水比重较大，应提高脱硫水利用率，降低水耗。在达到环境要求的情况下，选择更节水的除渣、除灰方法等。

例如燃煤机组水力除灰系统耗水量占电厂耗水量的15%～20%，若设置灰水处理回收系统，回收率按60%计，则燃煤机组水力除灰系统的耗水量可以下降到全场耗水量的6%～8%，若采用干灰调湿碾压灰场，干储灰仅耗用占灰量20%～25%的干灰调湿用水，则燃煤机组干式除灰系统耗水量约占全场耗水量的1%，节水效果十分明显，表7-19为2×600MW机组除灰系统的耗水量。干式排渣方案节约用水，无废水排放，无环境污染，可以解决湿式除渣方案渣水混合系统运行带来的诸多问题。

表7-19　2×600MW机组除灰系统的耗水量　　单位：t/h

厂外灰输送形式	灰渣混除、水力输送	灰渣混除、皮带机输送
水力输送到灰场的水量	500	0
灰场回水量	0	0
加湿水量	0	20
耗水量合计	500	20

从取水即水源方面考虑，火力发电厂的建设要充分考虑到当地的水源条件。

① 提高对城市中水、矿坑水的利用率。而在沿海淡水缺少地区宜采用海水直流、海水循环冷却，同时加强海水淡化技术的应用。

② 提高废水的重复利用和梯级使用率。例如：除灰用水全部采用处理达标后的工业废水及脱硫废水；输煤冲洗逐步推广采用真空清扫系统；工业废水处理后回用作循环水系统补充水等[2]。

③ 研究推广高浓缩倍数的水处理技术。提高循环冷却水浓缩倍数，实现循环冷却水系统零排放，或使其排污量相当于冲灰水量。

目前多种节水技术的联合使用已成为火力发电厂节水技术的发展趋势，燃煤机组废水循环利用的最终目标是实现火力发电厂废水零排放。

一、汽轮机凝结水回收

从汽轮机出来经冷却的凝结水水质接近纯水，可作为优质的锅炉给水及生产工艺用水。凝结水中含有未被有效利用的蒸汽显热，回收汽机凝结水是节水和节能的有效方法，从环境效益角度出发，汽轮机凝结水回收可以防止废水污染、热污染。

1. 凝结水回收系统

凝结水回收系统包括开式回收系统和闭式回收系统。

(1) 开式回收系统

在凝结水回收利用过程中，回收管路一端向大气敞开，一般是凝结水的集水箱敞开于大气。图 7-37 为开式余压凝结水回收系统，用汽设备的凝结水经疏水器与蒸汽分离，依靠疏水阀的背压送到凝结水箱，整个过程不需要特殊的回收装置和附加压力，这种方法成本最低，几乎所有开放式系统都可以采用这种方法。但仅靠疏水阀背压回收凝结水的回收距离受到限制，因此仅适用于短距离内凝结水回收。

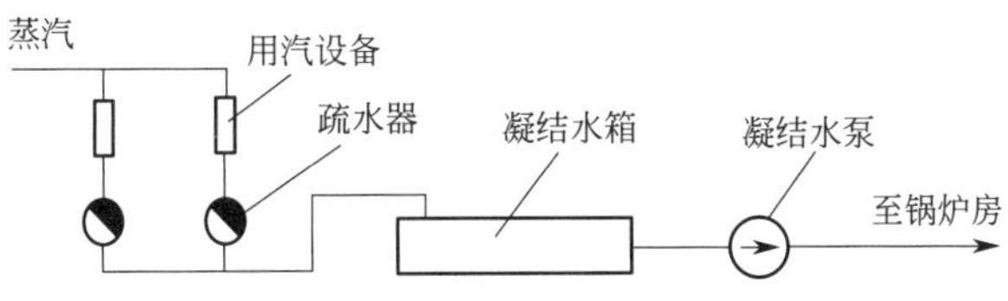

图 7-37　开式余压凝结水回收系统[4]

开式回收系统除余压凝结水回收系统外，还有重力凝结水回收系统和加压凝结水回收系统，主要区别在于凝结水的输送动力来源，重力凝结水回收系统中用汽设备处于高位、凝结水箱处于低位，靠凝结水自身重力自流到凝结水箱，适用于小型蒸汽供热系统凝结水回收。加压回收系统是在用汽设备的集合点处设置凝结水箱，将各级凝结水收集起来，将产生的二次蒸汽排除或者有效利用后，剩余的凝结水通过回收装置（凝结水泵等）送回锅炉房。

开式系统的优点是设备简单、操作方便、投资小。缺点是由于集水箱不密封，凝结水直接与大气接触，溶解氧浓度增大，容易造成氧腐蚀。凝结水受到二次污染，增加了水处理量，经济效益较差。

(2) 闭式回收系统

该凝结水回收系统是封闭的，凝结水箱及所有管路都处于恒定的正压下，蒸汽在用汽设备中放出潜热后，其凝结水的显热大部分通过一定的回收设备直接回到锅炉，凝结水的显热损失仅发生在管网散热中，因此闭式回收系统的节能效果优于开式。但系统结构复杂，投资大，操作要求较高。

闭式回收系统分为闭式余压回收系统和闭式加压回收系统。仅靠蒸汽自身压力将凝结水送回至凝结水箱的是余压回收系统，当使用蒸汽压力大于 0.3MPa 时，系统中会闪蒸产生大量的二次蒸汽，可以增设二次蒸发箱，将二次蒸汽分离后加以利用。闭式加压回收系统与开式加压回收系统类似，在该系统中闪蒸汽的利用有两种方式，一种是将二次蒸汽输送至低压蒸汽设备或者低压管网中；另一种是利用喷射压缩器将二次蒸汽加压到中压管网中。

2. 凝结水回收系统关键设备

凝结水回收系统的关键设备有疏水器、凝结水泵、凝结水箱等。

（1）疏水器

疏水器又称疏水阀，其主要作用是：迅速排出蒸汽管道和用汽设备中不断产生的凝结水以保持用汽设备的蒸汽加热效率；阻止蒸汽逸出；排除空气及不可凝性气体，缩短预热运转时间，提高用汽设备的使用效率。常见的疏水器有机械型疏水器、热静力型疏水器和热动力型疏水器。

① 机械型疏水器：机械式疏水器是利用蒸汽压力或凝结水的浮力推动一定形状的装置启闭疏水器。常见的有倒吊桶式、自由浮球式、杠杆浮球式疏水器。以自由浮球式疏水器（图 7-38）为例，一个密闭浮球置于疏水器内部，当凝结水进入疏水器内部，浮球在浮力作用下上升，这时阀口打开，开始排放凝结水，当凝结水停止流入，浮球下降，到达底部时将阀口关闭，此时疏水阀关闭。

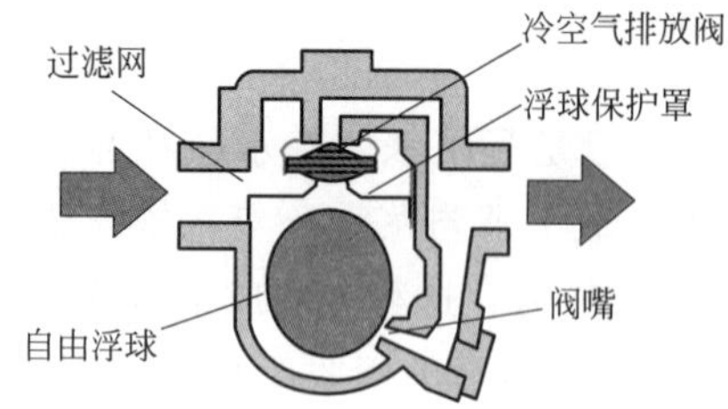

图 7-38　自由浮球式疏水器

② 热静力型疏水器：热静力型疏水器主要有波纹板式、膜盒式、双金属片式，主要原理是通过在疏水器内部设置感温原件，凝结水及蒸汽的温度变化引起感温原件伸缩、变形等实现疏水器的启闭。

③ 热动力型疏水器：热动力型疏水器是利用蒸汽、凝结水通过启闭件时的不同流速引起被其启闭件隔开的压力室和进口处的压差来启闭疏水器。

要根据凝结水系统的具体情况选用疏水器：首先要根据加热设备对排出凝结水的要求，确定疏水器的型式；根据用汽设备的最高工作温度、工作压力，确定疏水器的公称压力、阀体材质、疏水器的连接和安装方式；最重要的是要确定疏水器的压力、温度等参数与所使用的设备条件相匹配；根据排水量的大小选择确定疏水器的性能参数，疏水器在各种压差下的排水量是选择疏水器的重要因素。

（2）凝结水泵

凝结水泵的作用是将凝结水回收进入锅炉给水系统，一般采用抗腐蚀能力较强的卧式或立式离心泵。凝结水泵的工作原理是靠叶轮旋转产生的惯性离心力来抽送液体，为确保系统安全运行，在凝结水泵选型时，应做到在满足使用要求的条件下，尽量降低凝结水泵的耗电量，避免出现大马拉小车的现象。《火力发电厂设计技术规程》中规定，凝结水泵的容量为最大凝结水量的 110%，也可根据凝结水泵制造厂的推荐方法进行选择。

（3）凝结水箱与凝结水回收器

凝结水箱用来回收凝结水，有开式和闭式两种，蒸汽释放出潜热后变为凝结水，通过疏水器进入凝结水箱，再由凝结水泵将其送回锅炉。其中闭式凝结水箱中有一定的压力，为增加压头，减少泵的汽蚀，多把闭式凝结水箱安装在高位。但实际上高位水箱不能防止凝结水泵的汽蚀，因此闭式凝结水箱逐渐被凝结水回收器取代。

凝结水回收器可以取代闭式凝结水箱，并可以凝结因压力降低产生的二次蒸汽，增加凝结水泵进口压力，有效防止凝结水泵的汽蚀。凝结水泵的结构较为复杂，包括除污装置、调压装置、汽蚀消除装置、电动机、高温泵、进出水管、排污阀、排空阀等。凝结水经疏水器后进入凝结水回收器，凝结水中带有的油和固体杂质通过除污装置由排污阀排出，凝结水经汽水分离器将混有的二次蒸汽与凝结水分离，二次蒸汽在压力作用下部分凝结，没有凝结的二次蒸汽经排空阀排出，凝结水下降至集水容器中，经汽蚀消除装置进入凝结水泵，被输送至凝结水管路或锅炉房中。

3. 凝结水利用

凝结水具有的热量占蒸汽总热量的20%～30%，因此在凝结水回收系统中，有效利用其热量是设计凝结水回收系统首先要考虑的。一种方法是将蒸汽放出潜热后的凝结水通过回收系统直接返回锅炉房，凝结水作为补给水直接进入锅炉，这样既减少了锅炉补充水和软化水，凝结水所含的显热也提高了锅炉热效率。但需要注意的是初生凝结水的水质接近于纯水，可作为优质锅炉给水，但实际上凝结水在回收过程中，往往因管道、设备锈蚀等原因受到杂质污染，被污染的凝结水必须要经过除铁、除油等处理符合锅炉给水后才能回收；对于凝结水水质较差的工厂，可以采用间接利用法，即充分回收利用凝结水的热量，而凝结水则在处理达标后直接排放或用于冲灰等。

回收凝结水必须要解决的难点是凝结水系统的腐蚀问题。已建的凝结水回收系统中，60%以上都存在凝结水系统的腐蚀导致不能继续回收的问题。此外，由于锅炉及相应设备受到腐蚀泄漏，增加了设备的更换、维修费用，增加了企业经济成本。

凝结水系统腐蚀中最为严重的是氧腐蚀和酸腐蚀。

① 氧腐蚀：虽然锅炉给水经过除氧处理，但仍有部分氧遗留在水中随蒸汽凝结进入凝结水系统，此外在蒸汽利用过程中也会有少量氧进入蒸汽，造成凝结水的氧腐蚀。铁极易与水中的溶解氧发生电化学反应，铁和氧形成腐蚀电池，铁是阳极，受到腐蚀，氧为阴极，得到电子。凝结水的输水管道一般为钢制管材，其腐蚀产物是铁的氧化物及游离的Fe^{2+}，水中游离的Fe^{2+}会与水中的OH^-等发生反应。凝结水氧腐蚀一旦形成，腐蚀过程将会继续下去。其腐蚀形态一般为溃疡和小孔形的局部腐蚀，金属表面发生氧腐蚀后形成鼓包，鼓包表面为黄褐色到砖红色，若去除这些腐蚀产物，金属表面是一个个腐蚀凹坑。

② 酸腐蚀：凝结水的酸腐蚀主要是由于CO_2溶于水引起的，有的凝结水系统因水处理时遗留的树脂分解产生的低分子有机酸而引起酸腐蚀。CO_2溶于水后形成碳酸，降低凝结水的pH值，碳酸电离后产生的H^+扩散到金属表面放电，导致金属的腐蚀。CO_2的腐蚀一般为全面腐蚀，腐蚀均匀地发生在整个表面，金属由于腐蚀会普遍减薄。

为了减少凝结水中的溶解氧和CO_2，加强锅炉给水除氧能力，最好采用除氧器＋除氧剂的方法。另外采用密闭式凝结水回收系统，减少从管道、设备、阀门等处氧气的进入量。凝结水中的CO_2主要来自锅炉给水中游离的CO_2和碳酸盐类分解产生的CO_2，当锅炉给水除氧方式合适时，水中游离的CO_2不会进入锅炉内部。水中的碳酸盐主要是$NaHCO_3$，对锅炉补给水的碱度控制可以控制进入锅炉汽水循环系统的$NaHCO_3$，在给水处理时采用氢-钠离子交换除碱系统减少锅炉的碱度，可以减少水中$NaHCO_3$的量，前面两种方法只能减少进入水中的CO_2的量，而已经溶解在水中的CO_2则只能通过中和剂中和，因此可以向凝结水中加入中和胺（吗啉、环己胺、二环已胺等）等弱碱性中和剂，使凝结水呈弱碱性，防止酸腐蚀的发生。二是向凝结水中加入缓蚀剂，缓蚀剂是防止凝结水回收系统腐蚀的一种重要方法，目前最优良的缓蚀剂是膜胺，例如十八胺、十六胺等。但存在保护膜稳定性差、膜胺处理后凝结水铁含量过高等问题，凝结水必须经过除铁后才能达到回收要求。我国燃煤机组普遍采用联氨作为缓蚀剂，但凝结水仍要通过氧化过滤除铁、离子交换除铁等工作才能回收。

针对现有缓蚀剂保护膜不够稳定等问题，有学者研发了可连续稳定缓蚀的超分子缓蚀剂，有BV-500系列和BV-800系列。超分子缓蚀剂是由两种以上化合物通过分子间力缔合，利用分子间的结构互补和分子识别关系，使缓蚀剂分子以适宜的速度均匀扩散到金属表面，达到连续稳定地保护金属的目的。对不同凝结水系统20G钢腐蚀情况的测定表明，向凝结水中加入BV-500系列和BV-800系列超分子缓蚀剂后，腐蚀得到有效抑制，运行一周后水中铁含量在30μg/L以下。该项技术已在现场解决了低压锅炉、中压锅炉及热电联产等凝结水系统运行和停用保护难题。

二、烟气深度节水减排技术

火电厂湿法脱硫系统出口烟气为饱和或过饱和状态，烟气温度为50～55℃，其中水蒸气含量在12%～18%[28,29]。烟气中的水蒸气会携带大量潜热，若不加以处理直接排放不仅会降低锅炉效率，而且湿法脱硫的耗水量也无法降低。因此在脱硫吸收塔出口烟道加装换热、收水装置，可实现烟气的高效节水及余热回收[30,31]。图7-39为烟气温降与凝结水流量及理论汽化潜热量的关系，烟气流量随锅炉负荷变化，当烟气流量为$2.4\times10^6m^3/h$（600MW），烟气温度降低8～10℃时，理论凝结水流量为100～120t/h，理论回收热量为300GJ/h，按烟气中水分回收率70%计算，可以回收凝结水70～90t/h，热量210GJ/h。

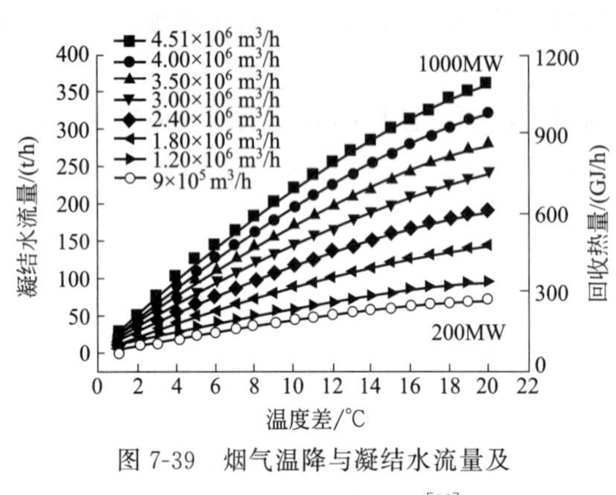

图7-39 烟气温降与凝结水流量及理论汽化潜热量的关系[32]

由于经过脱硫塔脱硫的烟气中仍含有少量的SO_2、SO_3及粉尘、$CaSO_4$气溶胶等，当烟气温度低于酸露点，会发生严重的低温腐蚀现象，烟气中的气溶胶、粉尘等易在换热设备表面结垢，进行烟气潜热和凝结水回收的设备要由耐腐蚀材料制成。

西安交通大学首次在国内利用改性氟塑料换热器回收燃煤机组烟气潜热和凝结水，在内蒙古上都电厂600MW褐煤机组上进行中试试验，验证了湿法脱硫出口加装烟气相变凝聚器以及收水装置对节水、余热回收的效果。该600MW机组燃用高水分褐煤，采用湿法脱硫系统，脱硫塔出口烟气温度为55～57℃，烟气流量为$2509415m^3/h$，水蒸气体积分数在15.5%～17.2%。根据相似模化原理，搭建了中试试验系统，如图7-40所示。在脱硫塔出口水平烟道处抽取部分烟气为试验烟气，烟气经引风机，通过中试试验装置后返回水平主烟道，为了防止低温腐蚀和结垢，试验装置主体采用改性氟塑料。

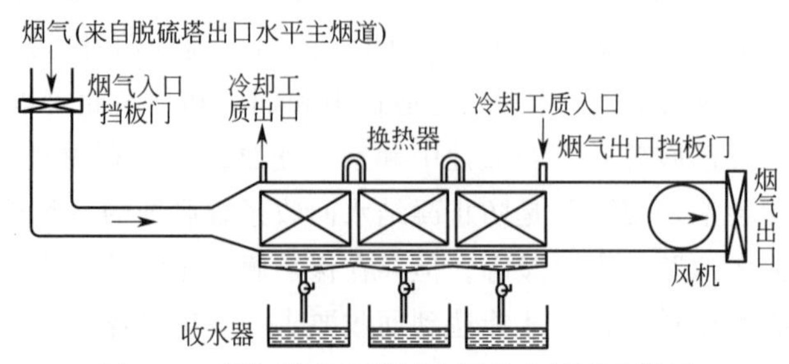

图7-40 烟气潜热和凝结水回收中试试验装置

换热器为两级布置，换热器的上游和下游均设有密封、防腐的截止门，换热器底部设置排水口，连接收水器。风机入口配置可连续调整的挡板，以调节通过换热器的烟气流量和流速。抽气段截止门后预留了足够长的、无截面变化的直管段（$L \geqslant 3D$），以便于布置流速测点。在烟气进口段设置有烟速、静压测点，换热器前后烟道分别设置3个试验用测点。试验中，利用动压平衡原理，进行进口烟道处烟气速度、流量测试；利用浮子法测试冷却水流量；根据压力平衡原理测试系统阻力；利用热质平衡原理测试换热器换热量、收水量。

保持进口烟气温度为56℃（偏差±1℃），结果显示烟气流速和换热器中冷却水流速对实际收水量和回收热量影响最大，烟气流速增加收水流量减少，冷却水流速（流量）增加收水流量增加（图7-41）。试验结果折算到实际烟气量时，回收烟气潜热可达226.97GJ/h，实际回收凝结水流量为92.25t/h，该机组湿法脱硫补水量为60～70t/h，可见在该工况下加装换热器后，若将回收的凝结水处理后作为脱硫补给水使用，可以实现脱硫系统零水耗，显著降低整个燃煤机组的耗水量。

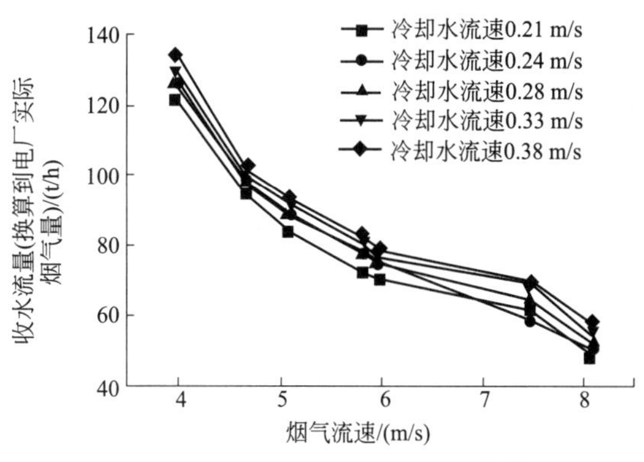

图7-41　回收凝结水流量变化[32]

通过近一年的变工况中试试验，证实在脱硫塔后加装氟塑料相变凝聚换热器，可以实现露点以下低温烟气的大量凝水和汽化潜热回收，同时可以达到80%以上的颗粒物脱除效率，具有显著的节能减排作用。

三、新水源利用

文献［2］对全国各地区共86家火力发电厂的水耗进行调查，其调查结果显示火力发电厂的水源主要为地表水，以地表水为水源的机组容量占到44.32%，其次为海水、中水。火电厂的耗水量大，尤其对北方地区，新水源的开发非常重要。

（一）城市污水

城市污水用于燃煤机组循环冷却水可以大大缓解燃煤机组的耗水量，但需要对市政污水进行处理，进一步降低水中的悬浮物和胶体含量，去除二级生化处理后残留的溶解性有机物，去除无机盐类及微生物难以降解的有机物，杀灭细菌、病毒等。

城市污水的深度处理方法要根据污水的水质来选择，单纯的过滤处理，如机械过滤及消毒，主要作用是去除残余的悬浮物，防止回用水系统中滋生微生物黏膜或藻类。而对于含氮磷量较高的污水，需要进行石灰混凝处理，防止水体的富营养化，同时石灰还有杀菌以及去除污水中部分有机物和重金属的作用。活性炭吸附或臭氧氧化则可以除去水中残余溶解有机物及色素。而污水中的盐类一般采用离子交换膜法除去。

以石灰处理技术为例，其原理是向污水中投加石灰乳控制出水pH值为10.3～10.5，发生化学反应后产生大量的$CaCO_3$结晶，生成的结晶还可以起到凝聚吸附的作用，为了提高工艺沉淀效果，一般还会在处理过程中加入适量的凝聚剂与助凝剂，使颗粒物质结合长大，更容易沉降。

$$CO_2 + Ca(OH)_2 \longrightarrow CaCO_3 + H_2O \tag{7-7}$$

$$Ca(HCO_3)_2+Ca(OH)_2 \longrightarrow 2CaCO_3+2H_2O \tag{7-8}$$

$$Mg(HCO_3)_2+2Ca(OH)_2 \longrightarrow 2CaCO_3+Mg(OH)_2+2H_2O \tag{7-9}$$

(二) 海水

近年来由于淡水资源的紧缺，燃煤机组对海水的利用逐渐受到重视。目前燃煤机组中利用海水的方式主要有海水脱硫、海水冷却、海水冲灰等。

1. 海水脱硫

对于靠近海边、扩散条件较好、燃用低硫煤的燃煤机组，海水脱硫可以达到较高的脱硫效率（90%以上），海水在脱硫吸收塔内大量喷淋洗涤烟气脱除烟气中的 SO_2。但需要注意的是海水脱硫工艺排水对附近海域的影响目前仍未确定，因此目前环保部门对海水脱硫工艺的应用仍采取从严控制的政策。

2. 海水冷却

近海火电厂大多采用海水作为机组的循环冷却水，一般分为直流和循环使用两种方式。直流冷却是抽取海水经过简单的格栅过滤后直接冷却凝汽器，吸热后的海水直接排入大海，虽然该方法可以节约淡水资源，但直流冷却水的热污染问题不容忽视。循环冷却水技术前文已介绍过，目前海水循环冷却技术的浓缩倍数在 3.0～4.0，但海水循环冷却的腐蚀、结垢和海生物的影响目前仍在研究中。

3. 海水冲灰

火力发电厂粉煤灰一部分为干除灰综合利用，一部分用水冲灰送往灰场。冲灰水实现闭路循环，在系统中有结垢现象。利用海水的冲灰水系统相对于淡水冲灰水系统灰水不易结垢。其原因有两方面：a. 灰水混合后，海水 pH 值变化缓慢，灰中钙的溶出速度相应也比较缓慢，溶出量也比淡水中小的多；b. 海水本身含有大量的离子，离子强度大，使生成沉淀的离子活度小，引起溶解度增加。此外海水含盐量大，水中维持碳酸平衡所需的碳酸数量减少，同样 pH 值时有利于稳定 HCO_3^-，有利于防止碳酸钙和硫酸钙的析出。因此海水冲灰并循环使用是可行的。

4. 海水淡化作为锅炉用水

随着反渗透膜、电除盐等技术的发展，海水淡化技术逐渐成熟并推广开来，火力发电厂的锅炉除盐水以海水为水源已有多个成功案例。图 7-42 为沿海某电厂水处理系统工艺流程。

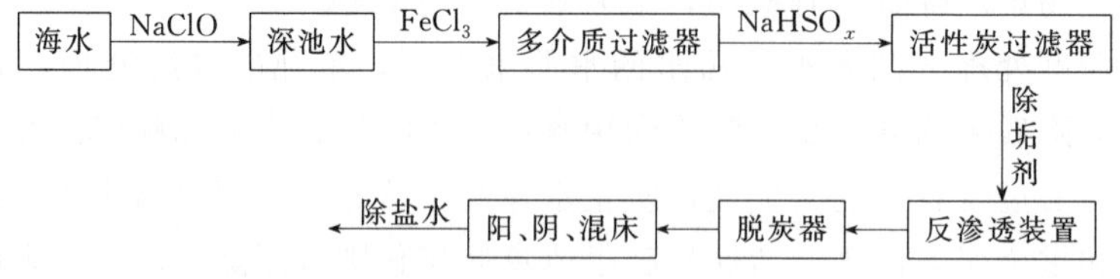

图 7-42 沿海某电厂水处理系统工艺流程[2]

海水淡化技术种类较多，有蒸馏法、膜法（反渗透、电渗析）、离子交换法、冷冻法等，但适用于大规模淡化海水的方法主要有蒸馏法和膜法。

(1) 蒸馏法海水淡化技术

蒸馏法海水淡化技术又叫热法海水淡化技术，其依据是蒸发和冷凝的简单原理，海水被加热至沸点后产生蒸汽，随后将蒸汽冷凝即成为淡水。最常见的蒸馏方法有多级闪蒸和多效蒸馏。多效蒸馏是使加热后的海水在多个串联的蒸发器中蒸发，前一个蒸发器蒸发出来的蒸汽作为下一个蒸发器的热源，在放热过程中被冷凝成为淡水。低温多效海水淡化装置可以利用70℃左右、0.30～0.35kgf/cm^2（1kgf/cm^2＝98.066万千帕）的蒸汽作为热源，若提供的蒸汽参数高于低温多效加热蒸汽的压力和温度，可以采用热压缩装置提高系统的热效率。天津北疆电厂建设了国内较大的低温多效海水淡化装置，并成功运行。

(2) 反渗透海水淡化技术

反渗透海水淡化技术主要是利用电能，海水经反渗透淡化一次脱盐后，产生的水质相当于自来水水质。但反渗透系统需要较好的预处理才能保证出水水质，对进水的浊度、pH值、温度、硬度和化学物质含量等要求相对较高，同时预处理也是保证反渗透系统长期稳定运行的关键。

反渗透海水淡化装置主要包括以下几部分。

① 海水杀菌灭藻装置：海水中存在的大量微生物、细菌、藻类等不仅会造成取水设施故障，而且会影响海水淡化设备及工艺管道的正常运转，所以需要向海水中投加液氯、次氯酸钠和硫酸铜等化学剂来杀菌灭藻。

② 混凝过滤装置：海水周期性的涨、退潮会使海水浊度变化较大，因此在预处理中需要加入混凝过滤这一步，去除海水中的胶体、悬浮物，降低浊度。因海水pH值较高，且水温随季节变化差异较大，一般选择三氯化铁为混凝剂。混凝澄清后的海水还必须经过砂滤过滤器，进一步去除海水中的微小悬浮物和颗粒物，确保水质达到反渗透进水水质。

③ 能量回收装置与高压泵：高压泵和能量回收装置是为分渗透海水淡化提供能量转换和节能的重要设备。高压泵按照反渗透海水淡化所需要的流量和压力选型。能量回收装置能利用反渗透排放浓缩海水的压力使反渗透进水压力提升30%，使浓缩水的能量得到有效利用，减少运行费用。

随着新型膜与膜技术的开发，海水淡化成本有望进一步降低，也将加快膜法海水淡化技术转化为实际生产力的速度。

电-热-水联产是目前大型海水淡化工程的主要建设模式和发展趋势，燃煤机组产生的蒸汽和电力可以为海水淡化提供动力，实现能源的高效利用。

（三）矿井水

矿井水是伴随煤炭开采产生的底下涌水，我国煤炭以井工开采为主，由于含煤地层一般在地下含水层之下，在采煤过程中，为确保煤矿井下安全，必须排出大量矿井涌水，即矿井水。这些废水若不加处理直接排放，不仅浪费宝贵的水资源，而且对矿区及周边环境造成严重的污染。再加上我国煤炭储量丰富的内蒙古、新疆等地属于缺水地区，矿井水的资源化利用是解决矿区供排水平衡的重要途径。为促进矿井水资源化利用，节约水资源，国家发展和改革委员会2007年发布了《矿井水利用专项规划》，提出了对矿井水利用采取区域布局和重点建设的方针，不同矿区因地制宜地选择矿井水利用发展方向，以最大限度地提高矿井水利用率。2013年为保障矿山地区水资源可持续利用，国家发展和改革委员会、国家能源局又联合印发了《矿井水利用发展规划》（发改环资〔2013〕118号），提出到2015年，逐步建立较完善的矿井水利用法律法规体系、宏观管理和技术支撑体系，实现矿井水利用产业化；全国煤矿矿井水排放

量达 $7.1\times10^9 m^3$，利用量 $5.4\times10^9 m^3$，利用率提高到 76%的目标。

矿井水是所有煤炭开采过程中废水的统称，但其来源不同，水质差别也较大，因此针对不同来源的废水应分别处理、分级应用。

① 基本未受污染的矿井水水质呈中性，硬度与浊度较低，水中有毒、有害离子的含量非常少或基本没有。对此类废水的处理方法是在涌水水源附近将废水拦截汇聚，通过专用管道和水泵排至地表，经过消毒处理后直接用作生活用水。

② 而对悬浮物含量较多（100～400mg/L）的矿井水，可以通过混凝、沉淀、过滤及消毒杀菌处理后作为生活饮用水及井上、井下工业用水。另外还有高矿化度矿井水、酸性矿井水、含特殊污染物（重金属、放射性元素、氟化物等）的矿井水等均有专门的处理方式方法。

③ 由于煤炭运输过程中存在自燃等安全隐患，因此近年来新建电厂多为坑口电厂，为缓解火力发电厂水资源紧张情况，也为了减轻矿井水排放对周围环境的影响，矿井水越来越多地应用于火力发电厂中。但从整体看全国矿井水在火力发电厂中的利用比例还很低。

华润电力登封有限公司取用矿井水作为生产水源之一，设计矿井水处理能力 $2\times600m^3/h$，运用接触絮凝沉淀、石灰混凝软化及二氧化氯杀菌技术处理矿井水，处理后的矿井水作为循环水补充水使用。协庄煤矿将矿井水作为水资源梯级利用[33]，将－50m 水平矿井水经初步处理后部分经反渗透处理作为锅炉补充水，部分经简单处理达标后作为供暖系统补充水，还有小部分水经消毒处理后直接作为矿区生活用水，－300m 水平矿井水经净化置换后用于冷却塔用水及矿区生产用水，－550m 水平矿井水经处理后 SS≤10mg/L，可以满足生产用水需求。该煤矿的矿井水梯级利用率为 86.67%。

四、水务管理

对于火电厂的排水无论是废水处理技术或是废水“零排放”技术，都离不开火电厂自身的水务管理工作。目前多数电厂的水务管理较为薄弱，尤其是对运行过程中的节水管理和废水回用要求较低，对此，企业应有相应的部门或机构加强对所属电厂机组用水、节水以及相关技术改造的技术指导工作。建立一体化的水务统筹管理，完善电厂用机组水考核制度、技术监督制度及其他相关标准。加强对主要供排水系统的监控调节，使电厂机组用水合理化和管理科学化。

而做好水务管理的前提是建立水平衡监测体系，通过水平衡试验摸清各系统的用水、排水情况及进出口水质的变化。分析影响节水的各种因素，确定哪些分系统可以减少用水或者重复用水，哪些设施的排水处理后可以回用。使有限的水资源在火机组发挥更大的经济效益。机组的水务管理主要可以从以下方面展开。

① 机组用水及排水的整体规划与合理安排，尤其是火电厂的水量平衡和水质平衡，对全厂各项设备用水及各项废水的处理工艺进行研究和优化对比，选择最佳方案。通过对全厂水资源和废水资源的合理调配，降低设备耗水量，增加水的梯级利用级数，准确核算用水量。

② 对各用、排水系统进行全面监测、调控，随时掌握运行情况，根据水量、水质的实际运行数据来进行控制和调度。

③ 定期进行水平衡试验，找出潜在的节水效益点，降低不合理的水耗。

④ 绘制全厂水量平衡图，根据水量平衡建立水量平衡模型，找出模型的新水量、复用水量、耗水量和泄水量，确定机组水量动态模型满足水量平衡原理，确保模型可靠。

⑤ 建立经济可靠的废水处理设施，对全厂废水合理回用，认真贯彻节约用水的方针。

第五节　火电厂废水零排放及余热回收应用实例

对燃煤机组来说，水源不同、废水产生量不同，零排放工艺选择路线也不相同。南方电厂由于水量丰富，水质较好，含盐量低，循环水浓缩倍率高、排污量小，少量排污就可以满足机组冷却水排污的运行要求，脱硫废水产生量相对也较小，不需进行前期减量处理，直接蒸发处理即可实现废水零排放。通过考察，国内实施零排放电厂现状如下。

① 广东河源电厂、广东三水电厂，装机容量均为 2×600MW，两厂分别取东江水和西江水为生产水源，水量丰富，水质含盐量不足 200mg/L。少量循环水排污用于脱硫工艺系统，脱硫废水量不足 20t/h，不需减量处理，采用二级预处理去除废水中悬浮物和部分重金属盐分，进行四效蒸发结晶处理，结晶水回用，结晶盐暂存，作固废物掩埋处理。

② 宁夏马莲台电厂取黄河水作为水源，地处黄河上游水质略好，2014 年该厂实施脱硫废水零排放系统，采用膜法减量处理＋蒸发结晶技术方案，经一年多实际运行达到了预期效果。因马莲台电厂地处山区，依靠有利地形建设有 80000m^3 废水池，自然蒸发和渗漏消耗部分废水，蒸发结晶系统处理能力不足 10t/h。

③ 焦作万方电厂在废水零排放处理方面也迈出了一步，采用烟气余热蒸发工艺消化脱硫废水，但烟气余热蒸发消耗废水量小（2t/h），与脱硫产生废水量不匹配，暂时不能完全实现零排放。

④ 濮阳豫能发电公司废水“零排放”项目：濮阳豫能发电公司承建的 2×660MW 超超临界机组工程，1 号机组于 2018 年 3 月投入运行。该工程在设计之初就同步进行废水零排放工艺设计和建设，具体对不同来源废水进行分类处理，其中循环水排污水经石灰旁流处理后再进行膜法减量处理，全部回用。脱硫废水采用双碱法预处理＋管式膜装置＋纳滤装置＋膜法减量处理＋蒸发结晶处理。

一、湿式相变凝聚除尘、节水及烟气余热回收一体化系统应用

浙江巨化热电有限公司现有高温高压锅炉 3 台，总蒸发量 1100t/h；汽轮发电机组 5 台，高温高压汽轮发电机组 3 台，中温中压汽轮发电机组 2 台，总装机容量 23 万千瓦。年供除盐水 200 万吨。

电厂 8$^{\#}$ 机组原设有 SCR、电袋复合除尘器和石灰石-石膏湿法烟气脱硫装置，电袋复合除尘器收集的粉尘由流化斜槽集中到灰仓中，采用气力输送仓泵送至灰库，除尘器出口装设 2 台离心式引风机。原粉尘排放浓度（标态）不能满足 5mg/m^3 的超低排放粉尘标准，需要进行烟气除尘改造。目前国内很多小型锅炉的烟尘超低排放改造方法是在湿法脱硫系统的吸收塔后设置湿式电除尘器，但该改造路线系统复杂、投资运行成本高，且由于湿式电除尘器的颗粒物捕集原理与传统的干式电除尘器相同，对 0.1～1μm 粒径范围内的颗粒物脱除效果较差，即存在穿透窗口。这部分颗粒物粒径小、比表面积大，更易富集 Hg、PAHs 等有害物质，且在大气中停留时间更长，对生态环境和人体健康造成严重危害。为满足地方污染物排放标准，使排放烟气颗粒物浓度（标态）稳定低于 5mg/m^3，同时回收利用烟气热量，8$^{\#}$ 机组改造方案是在湿法脱硫后安装西安交通大学设计的湿式相变凝聚器代替湿式电除尘达到超低粉尘排放。

(一) 煤质分析

8# 炉是额定蒸发量为 280t/h 的高温高压四角喷燃煤粉锅炉，受热面布置方式为倒“U”形，设计煤质如表 7-20 所列。试验测试期间入炉煤样的典型数据如表 7-21 所列。

表 7-20 设计煤质

序号	项目		符号	单位	设计煤种	校核煤种
1	煤种				烟煤	烟煤
2	碳(收到基)		C_{ar}	%	53.4	52.32
	氢(收到基)		H_{ar}	%	4.08	3.2
	氧(收到基)		O_{ar}	%	8.04	4.86
	氮(收到基)		N_{ar}	%	1.0	0.91
	硫(收到基)		S_{ar}	%	0.96	1.2
	灰(收到基)		A_{ar}	%	23.08	30.47
	水(收到基)		M_{ar}	%	9.44	7.51
	水(分析基)		M_{ad}	%	1.62	2.85
	挥发分(可燃基)		V_{daf}	%	24.71	17.21
	低位发热量		$Q_{net,ar}$	kJ/kg	21302	20398
	灰熔点	变形温度	DT	℃	1300	1110
		软化温度	ST	℃	1350	1190
		熔化温度	FT	℃	1450	1270

表 7-21 测试期间典型入炉煤煤质及飞灰含碳量

日期	M_{ar}/%	A_d/%	V_d/%	S_t/%	Q_{net}/%	飞灰含碳量/%
2017.07.25	9.1	25.69	26.90	1.24	20.99	4.47
2017.07.27	7.3	25.92	27.70	1.14	21.16	4.83
2017.07.28	8.3	25.28	27.72	0.87	21.18	4.20
2017.07.29	6.7	25.92	27.52	1.04	21.64	3.78
2017.08.02	10.2	25.37	27.32	1.13	20.66	3.16

(二) 相变凝聚除尘、节水及烟气余热回收一体化系统应用

烟气脱硝后经电袋除尘器、引风机送入 FGD 脱硫吸收塔（石灰石-石膏法脱硫），FGD 出口接入相变凝聚器，净化后烟气由烟囱排放。8# 机组湿式相变凝聚器设计运行参数如表 7-22 所列，图 7-43 为沿烟气流向截面上的布置方式，图 7-44 为湿式相变凝聚器现场布置照片。

表 7-22 8# 机组湿式相变凝聚器设计运行参数

项目	单位	数值	备注
除盐水设计流量	t/h	150	可调节
回收热量	MW	2.3	
烟气含水回收量	t/h	2.46	
粉尘排放浓度(标态)	mg/m^3	<5	

(三) 相变凝聚除尘、节水及烟气余热回收一体化系统应用效果

1. 测试方法及测点布置

为得到该系统的除尘、节水效果，对相变凝聚除尘、节水及烟气余热回收一体化系统进行测试，测试期间湿式相变凝聚器的除盐水（冷却）流量为 130t/h 左右。湿式相变凝聚器监控界面见图 7-45。

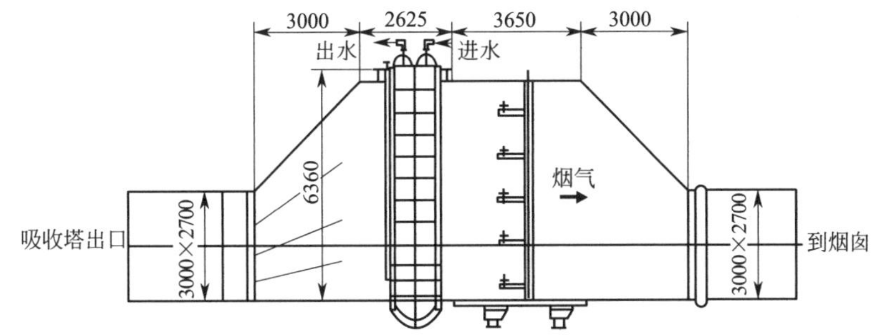

图 7-43　湿式相变凝聚器现场布置图纸

图 7-44　湿式相变凝聚器现场布置照片

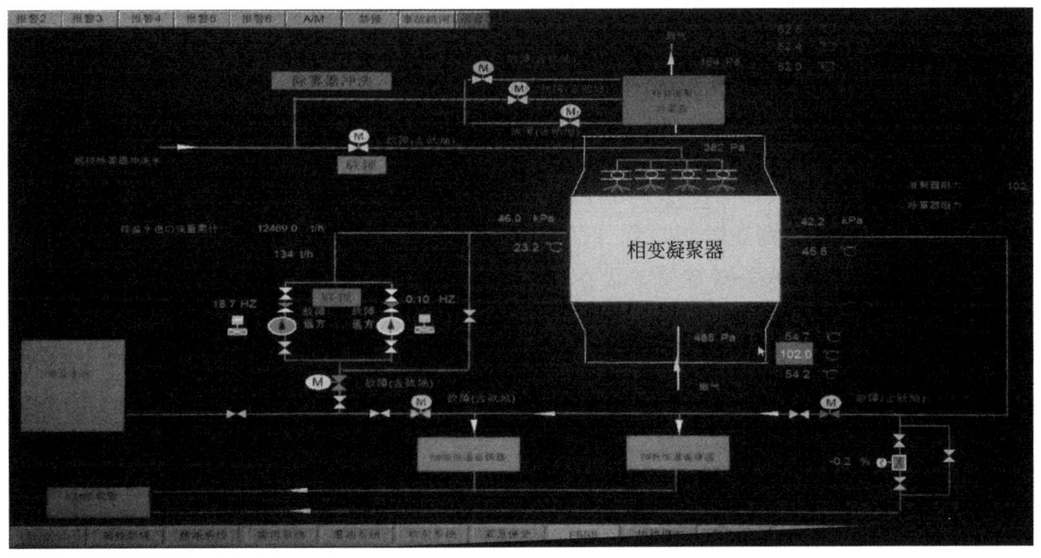

图 7-45　湿式相变凝聚器监控界面

采用低压撞击器（DLPI）采样系统进行烟气颗粒物采样，获得颗粒物粒径分布曲线；依据美国环境保护署标准 EPA Method 8，采用异丙醇吸收法进行烟气 SO_3 采样，采样系统示意如图 7-46 所示，SO_3 被吸收后，在样品溶液中以 SO_4^{2-} 的形式存在，采用滴定法测定样品溶液中的 SO_4^{2-} 浓度，结合样品溶液体积、烟气采样体积等数据，计算得采样点烟气中 SO_3 的浓度；依据《燃煤烟气脱硫设备性能测试方法》（GB/T 21508—2008）对湿法脱硫后烟气携带液滴进行采样，烟气雾滴采样的同时，对脱硫浆液进行采样，用于计算烟气携带浆液滴浓度；烟气采样同时，采集湿式相变凝聚器运行过程中回收的烟气含水样品，置于塑料试剂瓶密封保存，试验完成后进行分析。

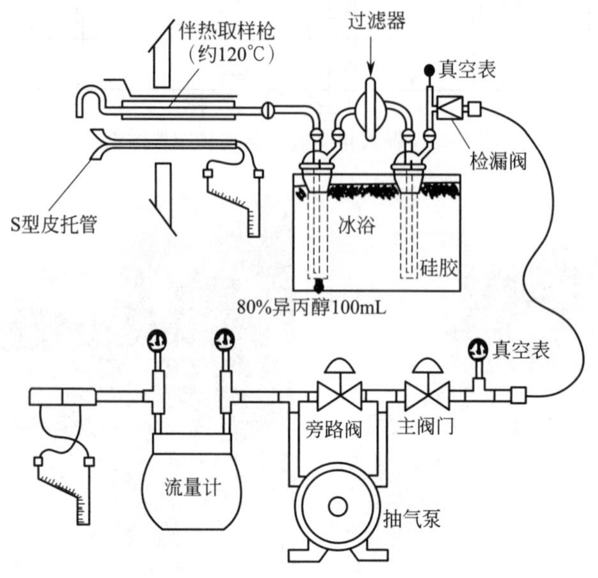

图 7-46　烟气 SO_3 采样系统示意

整个系统的测点布置情况如图 7-47 所示。

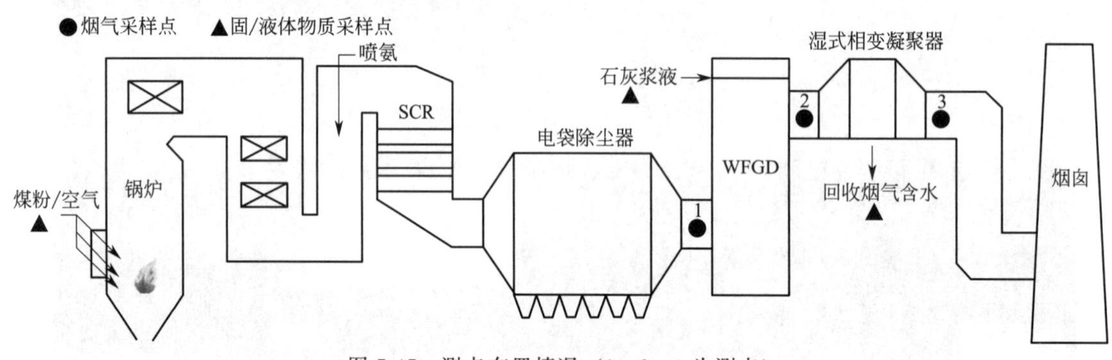

图 7-47　测点布置情况（1、2、3 为测点）

2. 系统应用效果

(1) 烟气颗粒物脱除

DLPI 采样系统在图 7-47 测点 2、3 处烟气颗粒物的现场采样分析结果如图 7-48 所示。蒸发量 260t/h、磨煤机双列运行（记为高负荷）和蒸发量 200t/h、磨煤机单列运行（记为低负荷）条件下，湿式相变凝聚器出口颗粒物质量浓度大幅度降低。

两个测试负荷下湿式相变凝聚器入口和出口的烟气颗粒物分级浓度及湿式相变凝聚器分级除尘效率如图 7-49、图 7-50 所示。湿法脱硫系统后的高湿烟气经过湿式相变凝聚器，颗粒物浓度显著降低。高负荷工况下，系统对 PM_1、$PM_{1\sim2.5}$、$PM_{2.5\sim}$ 的脱除效率分别为 43.31%、51.19%、55%；低负荷工况下，系统对 PM_1、$PM_{1\sim2.5}$、$PM_{2.5\sim}$ 的脱除效率分别为 58.65%、

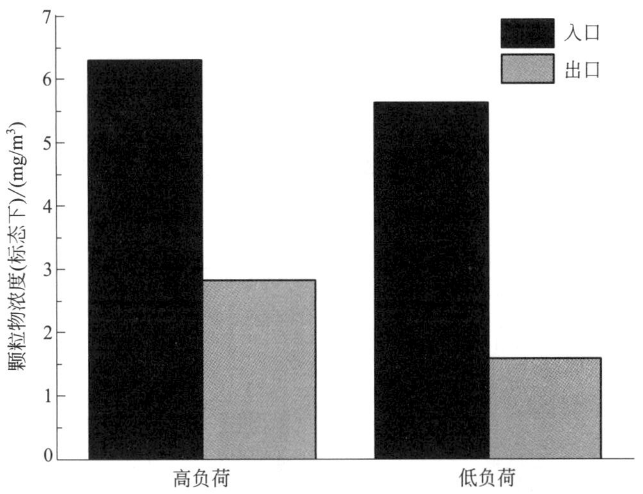

图 7-48 湿式相变凝聚器入口、出口颗粒物浓度对比

75.22%、73.44%。颗粒物排放浓度（标态）分别为 3.00mg/m^3（高负荷）、1.63mg/m^3（低负荷），均低于超低排放限值 5mg/m^3。

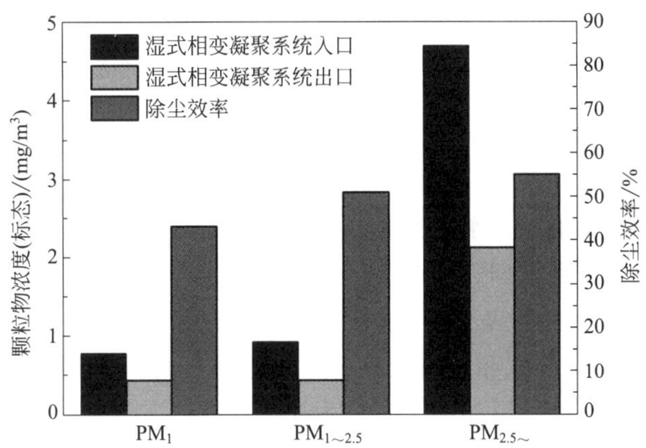

图 7-49 湿式相变凝聚器入口/出口颗粒物分级浓度及脱除效率（高负荷）

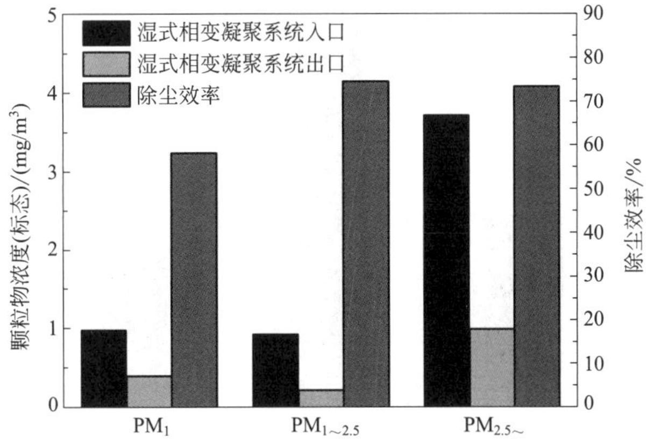

图 7-50 湿式相变凝聚器入口/出口颗粒物分级浓度及脱除效率（低负荷）

在烟气颗粒物测试的同时，对湿式相变凝聚器回收的烟气含水中的固体物质质量也进行分析，分析结果显示 DLPI 测试固体物质的质量平衡在 100%±5%的范围内，测试结果准确、可信。

(2) 湿式相变凝聚器的 SO_3 脱除性能

依据 EPA Method 测试湿式相变凝聚器入口和出口烟气 SO_3 含量。进出口含量及脱除率如图 7-51 所示。

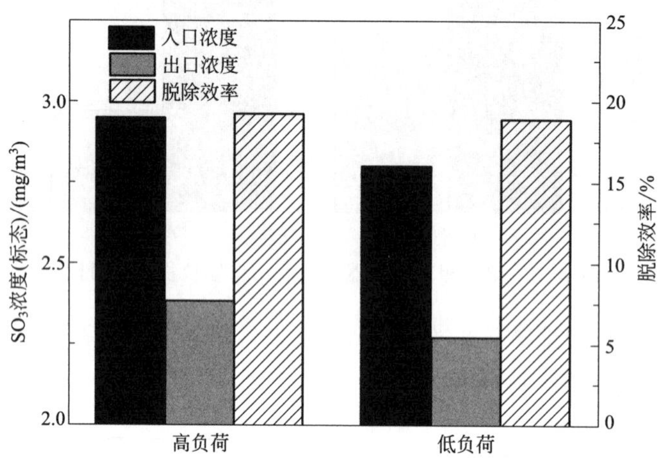

图 7-51 湿式相变凝聚器入口/出口烟气 SO_3 浓度及脱除效率

湿式相变凝聚器对 WFGD 后烟气中的 SO_3 有较好的脱除效果，SO_3 的脱除效率分别为 19.29%（高负荷）、18.87%（低负荷）。

(3) 湿式相变凝聚器对烟气含水的回收

湿式相变凝聚系统中饱和湿烟气降温，通过烟气中水蒸气冷凝促进颗粒物脱除，同时会回收大量烟气含水，使排放烟气雾滴浓度降低。高负荷条件下，对湿式相变凝聚系统三个测点（即湿式相变凝聚系统入口、湿式相变凝聚器与收水除雾器之间、湿式相变凝聚器出口）烟气所含雾滴分别进行采样。采样结果如图 7-52、表 7-23 所示。

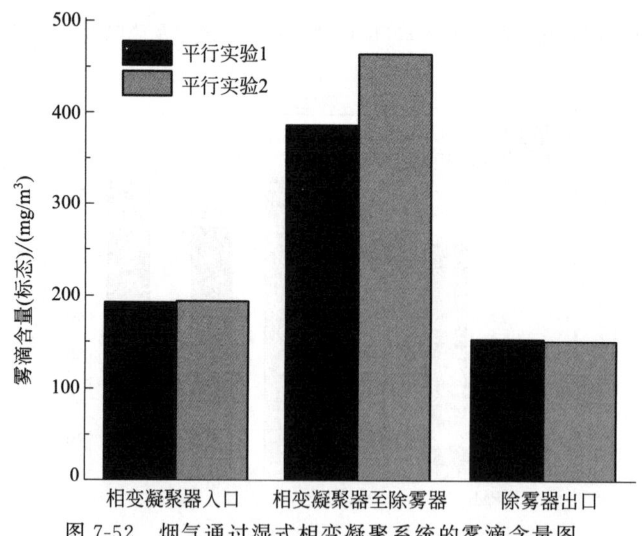

图 7-52 烟气通过湿式相变凝聚系统的雾滴含量图

表 7-23　烟气通过湿式相变凝聚系统的雾滴含量值（标态）　　单位：mg/m^3

平行实验	相变凝聚器入口	相变凝聚器至除雾器	除雾器出口
1	193.62	387.20	154.21
2	195.47	464.50	151.83

除盐水作为冷却介质，其流量是影响这一过程的主要因素。图 7-53、图 7-54 分别为高负荷、低负荷工况下系统入口/出口烟气温度随除盐水流量变化的曲线。烟气温降随除盐水流量增大而增加，高低两个负荷下，烟气温降最大值分别为 2.43℃和 2.87℃。

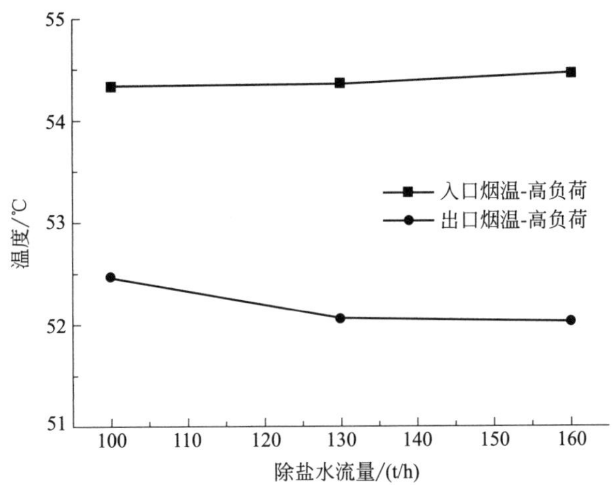

图 7-53　烟气温降随除盐水流量变化曲线（高负荷）

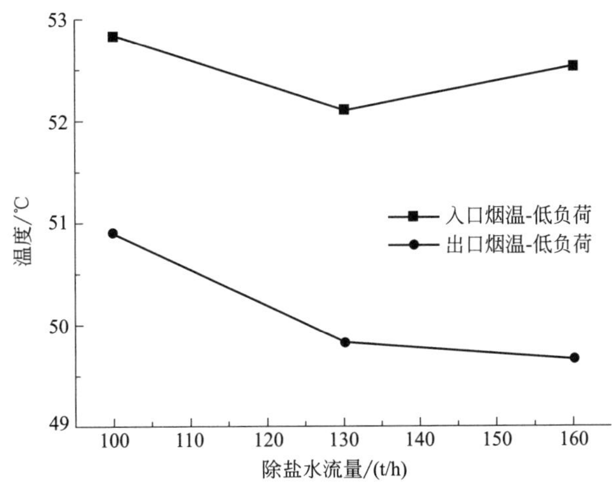

图 7-54　烟气温降随除盐水流量变化曲线（低负荷）

高负荷工况下，当湿式相变凝聚系统中除盐水流量分别为 100t/h、130t/h、160t/h 时，对应烟气含水回收量如图 7-55 所示。湿式相变凝聚系统所回收的烟气含水随除盐水流量增大而增加，测试条件下最大回收量为 4.32t/h。

湿式相变凝聚器所回收的烟气含水较为清澈，如图 7-56 所示，无色无味、无肉眼可见物，pH 值为 2.92。分别依据煤矿水、生活饮用水的检测方法，测定收水中主要阳离子（K^+、Na^+、H^+、Ca^{2+}、Mg^{2+}、Fe^{3+}、Fe^{2+}、NH_4^+）、阴离子（NO_3^-、OH^-、CO_3^{2-}、HCO_3^-、PO_4^{3-}、F^-、SO_4^{2-}、Cl^-）、有毒痕量元素 Hg 和 As 等的含量，结果如表 7-24、表 7-25 所列。

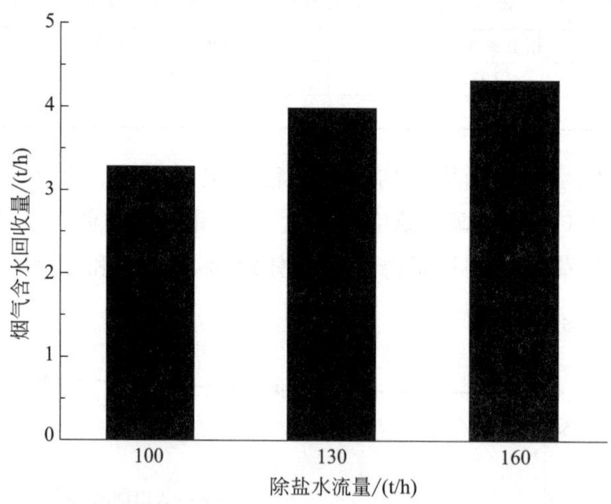

图 7-55　湿式相变凝聚系统收水量随除盐水流量变化曲线

图 7-56　湿式相变凝聚器回收的烟气含水

表 7-24　湿式相变凝聚器收水主要阳离子

项目	K^+	Na^+	H^+	Ca^{2+}	Mg^{2+}	Fe^{3+}	Fe^{2+}	NH_4^+
浓度/(mg/L)	0.20	2.80	—	24.60	3.36	0.57	0.27	0.42
摩尔百分数/%	0.30	7.18	—	72.43	16.34	1.80	0.57	1.38

表 7-25　湿式相变凝聚器收水主要阴离子

项目	NO_3^-	OH^-	CO_3^{2-}	HCO_3^-	PO_4^{3-}	F^-	SO_4^{2-}	Cl^-
浓度/(mg/L)	0.39	0	0	0	<0.05	1.20	71.20	8.36
摩尔百分数/%	0.35	0	0	0	—	3.53	82.91	13.19

烟气收水中 Hg、As 含量分别为 0.0008mg/L 和 0.00025mg/L。

(4) 湿式相变凝聚器对烟气余热的回收

湿式相变凝聚器采用除盐水作为冷却介质，烟气加热后的除盐水送入 6[#]、7[#] 炉低温省煤器作为锅炉补水，实现烟气余热的进一步利用。

图 7-57 为两个工况下除盐水流经系统前后的温度，以及水侧实际回收热量随除盐水流量变化的曲线。其中，水侧实际回收热量指依据除盐水流量和相应的温度变化计算所得，由除盐

水实际回收的烟气余热。随着除盐水流量增大，其温升呈减小趋势，当除盐水流量由100t/h增大至160t/h时，两个测试工况下除盐水温升分别由23.8℃、23.3℃降为19.3℃、18.8℃；但水侧实际回收热量是随着除盐水量流量增大而增大的，最高分别可达3.59MW和3.49MW。此外，相同除盐水流量下，高负荷时的水侧实际回收热量大于低负荷。

综上所述，湿式相变凝聚器对经过湿法脱硫系统后高湿烟气中的颗粒物和SO_3均具有较好的脱除效果。同时，湿式相变凝聚器可实现烟气含水及其气化潜热的有效回收利用：以除盐水流量160t/h，全年100%负荷和75%负荷各3500h计，每年经湿式相变凝聚器回收的热量可达83664GJ，折合标煤2855t，节约200万元；以4.3t/h收水量计，湿式相变凝聚器可每年可回收烟气含水31680t，回收水可作为脱硫塔补水，结合脱硫系统参数优化，有助于实现脱硫零水耗。为电厂创造实际经济效益。

湿式相变凝聚器投资运行成本较低，且通过收水/收热可进一步提高机组运行的经济性，与湿式电除尘器等实现超低排放的设备相比具有显著的优越性。

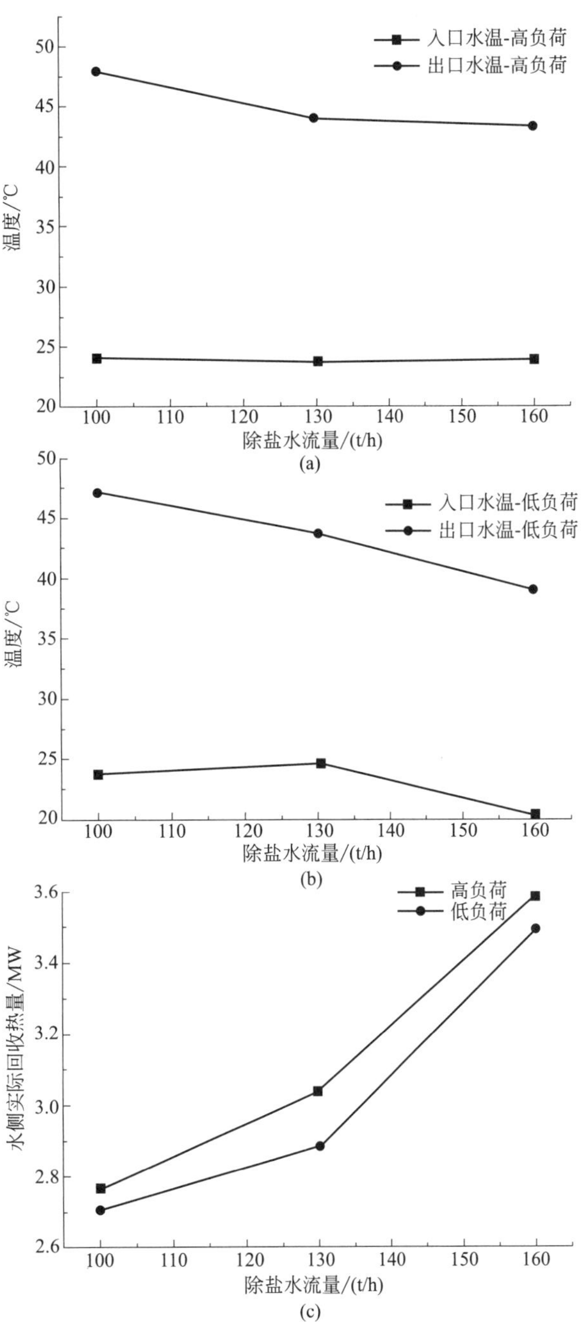

图7-57 水侧实际回收热量随除盐水流量变化曲线

二、电厂脱硫废水处理实例

1. 电厂脱硫废水处理系统

某电厂采用改进的化学沉淀法对脱硫废水进行处理，脱硫废水处理系统按照2×600MW+2×660MW机组脱硫废水排放总量设计。总废水处理量为26m^3/h，废水出水达到DL/T 997—2006和DB 44/26—2001（第二时段）的一级标准。脱硫废水处理系统设计进出水水质见表7-26。

表7-26 脱硫废水处理系统设计进出水水质

项目	COD/(mg/L)	pH值	ρ/(mg/L)					
			SS	总铬	总铅	总镉	总汞	氟化物
进水	160	5～8	25000	2	2	2	1	150
出水	≤100	6～9	≤70	1.5	1.0	0.1	0.05	30

脱硫废水处理的工艺流程见图 7-58，整体采用化学沉淀法处理，脱硫废水送至废水处理系统，采用化学加药和接触泥浆连续处理废水，沉淀出来的固体在澄清池中分离，清水排入中和箱，经过中和反应后排入中间水箱，若合格则排入出水箱，若不合格则经过过滤器过滤后再排入出水箱，通过出水箱出水泵达标排放。经澄清池浓缩的泥渣通过污泥输送泵送至污泥脱水机进行压滤脱水，压滤后的污泥外运处置。脱硫废水处理系统由进水单元、反应单元、澄清单元、中和氧化单元、过滤单元、中转单元，污泥脱水单元、加药单元共 8 大处理单元组成。

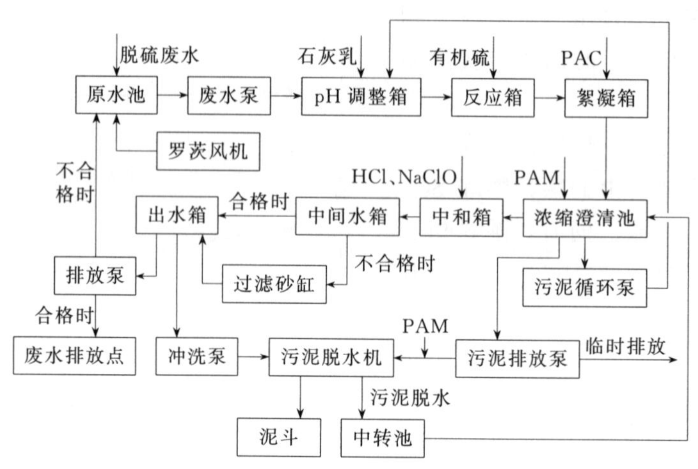

图 7-58　脱硫废水处理的工艺流程

2. 系统各部分设备

（1）进水单元

进水单元包括原水池 1 座、配套废水泵 2 台、罗茨风机 2 台、超声波液位计 1 台、电磁流量表 1 个。废水池中安装有支母管形式的曝气装置，气源由 2 台三叶型罗茨风机提供。曝气的目的，一是防止废水池产生沉泥；二是进行预氧化，以降低废水中的 COD，减少后续加氧化剂次氯酸钠药品的消耗量。超声波液位计设置 4 段液位控制（池深 4.0m，超高位，距池底 3.7m，报警；高位，距池底 3.5m；启动液位，距池底 3.0m；低位，距池底 0.5m）。2 台废水泵：高位启泵，低位停泵，超高位两台泵同时启动。在废水泵出口管道上安装有电磁流量表，显示废水处理的流量。该表同时与聚合氯化铝（PAC）、有机硫、聚丙烯酰胺（PAM）计量泵连锁控制加药量，即当流量变动时这些计量泵也通过变频器自动控制加药量。

（2）反应单元

废水泵将脱硫废水送入反应单元，反应单元由一体式三联箱（pH 调整箱、反应箱、絮凝箱）、共用 1 根排空和溢流管、3 台搅拌机组成。因池较深，搅拌器采用双层折桨式，并考虑底部固定，防止搅拌轴晃动。为了提高搅拌效果，避免搅拌死区，把三联箱设计成圆池，池壁焊有折流板防止搅拌漩涡。三联箱池内全部衬胶防腐。另外在三联箱排污管接 1 个三通，引至污泥循环泵入口，再通过污泥循环泵送入三联箱的 pH 调整箱，操作人员可以定期或一直启动污泥循环泵，使可能沉积于三联箱底部的污泥得到流动，防止发生沉积，这样的设计尽可能解决管道易堵塞问题，废水在三联箱内的停留时间为 40min。

（3）澄清单元

澄清单元包括 1 座澄清池、1 个 PAM 反应箱（包括 1 台搅拌机）、1 台刮泥机、2 台污泥回流泵、1台污泥回流泵电动阀、1台电磁流量计（污泥回流泵处）、1套斜管填料。

澄清池共接受三股进水：一股是三联箱中的絮凝箱来的废水；一股是污泥脱水站来的回水，它由废水中转池的液下泵送来；一股是往澄清池加药的流量。总量达到86.281m^3/h。但同时澄清池也通过排泥释放掉一部分流量，排泥30m^3/h，污泥回流3m^3/h，共33m^3/h。澄清池的设计水量应该是进入的总量与排走的总量之差：86.281m^3/h－33m^3/h＝53.281m^3/h。因此澄清池按53.281m^3/h容量设计；并且根据电力部设计规范，废水在澄清池内的停留时间为6h。

PAM反应箱设置在三联箱进澄清池中心导流筒管道上，加入PAM，其絮凝反应速率很快，仅几秒，因此直接往PAM反应箱加入药剂，使絮花形成更大的颗粒，然后把此废水送入澄清池沉淀。废水进入澄清池中心管后，通过中心管下沉到池底，通过刮泥机将污泥刮到池中心，上升水流通过斜管澄清器进一步得到澄清。清水沿澄清池圆周集水槽收集后进入中和氧化单元。当污泥达到设定泥位后，泥位计将自动报警，启动“污泥自动脱水程序”进行排泥（启动前提示出水箱液位高于中位）。

（4）中和氧化单元

中和氧化单元（即二联箱）包括中和箱、中间水箱、出水箱各1座，1台搅拌机，2台浮动液位计（中间水箱、出水箱），2台排放泵，1台COD检测仪，1台pH计，1台SS计，1台电磁流量计，1台回废水池电动阀F-1，1台去排放点电动阀F-4。

中和氧化单元加入盐酸中和废水，并控制pH值在6.0～9.0，同时加次氯酸钠氧化剂，以降低出水COD。氧化箱安装1台搅拌器不停地搅拌。中间水箱与出水箱之间设有联通管，系统出水水质合格时，联通管阀门处于常开状态。

经过二联箱处理后的废水排入出水箱，通过废水排放泵排入电厂指定地点。当废水多项指标不合格时，可以人工切换到废水池。通过回流，系统可以进行自循环废水处理，直到系统调整好，确定出水符合排放要求后，可以重新打开废水排放阀（F-4），关闭回流阀（F-1），并通知脱硫岛恢复废水排放。

（5）过滤单元

过滤单元包括1台过滤砂缸泵，1套过滤砂缸控制阀组，1个隔膜式电接点压力表。过滤单元在废水出水SS含量不合格时才启用。当SS含量不合格时，关闭中间水箱与出水箱的手动球阀，控制屏上手动启动砂缸过滤程序。当液位处于高液位时，启动过滤泵，液位到达低位时停止过滤泵。过滤砂缸运行一段时间后，需对其进行反洗。

（6）中转单元

中转单元包括中转池1座，液下泵2台，超声波液位计1台，电磁流量表1个，中转池底部设置曝气支母管，防中转池产生沉泥，曝气由风机提供。中转池有一个能够启动液下泵的最低液位值，平时应确保液位值高于最低启动液位，以保证液下泵能够正常启动。

（7）污泥脱水单元

污泥脱水单元包括3台污泥排放泵（压滤机进泥泵），3台带式压滤机，3台泥斗，2台冲洗泵。当澄清池显示污泥高时，超声波泥位计自动发送高位信号启动“污泥自动脱水程序”。

（8）加药单元

脱硫废水化学处理工艺中加药共有6处，按流程分别是石灰乳投加系统、有机硫加药系统、PAC加药系统、PAM加药系统、盐酸加药系统、次氯酸钠加药系统。各处加药量控制由实际运行废水参数确定。

3. 调试运行效果

根据水质情况，对加药量（尤其是有机硫和次氯酸钠）进行适当调整，处理后出水的重金属含量、悬浮物等指标可达到排放标准。半个月后出水水质完全达到 DL/T 997—2006 的要求。实际进、出水水质参数见表 7-27。

表 7-27　实际进、出水水质参数

项目	COD /(mg/L)	pH 值	ρ/(mg/L)					
			SS	总铬	总铅	总镉	总汞	氟化物
进水	157	5～6	6540	1.9	1.4	0.5	0.06	14
出水	69	6～9	55	0.9	0.5	0.06	0.02	1.28

该电厂脱硫废水处理系统在 6 个月内建成，一次投资费用 650 万元，废水运行费用 4.2 元/m^3（包括药剂费），处理出水每天回用 250m^3。

三、脱硫废水烟气余热蒸发零排放工程设计与应用

1. 电厂概况

河南焦作某电厂 2×350MW 机组采用石灰石-石膏湿法烟气脱硫工艺脱硫，脱硫废水水量为 6～10t/h，鉴于脱硫废水水质的特殊性，该电厂设置了单独的脱硫废水处理系统，即传统三联箱（中和箱、沉淀箱和絮凝箱）系统，三联箱出水水质见表 7-28。但经三联箱处理废水仍不能满足《火电厂石灰石-石膏湿法脱硫废水控制指标》（DL/T 997—2006）要求，且处理后废水氯离子浓度高，对金属设备腐蚀性较强，无法回用于其他系统。

表 7-28　脱硫废水与三联箱出水水质

项目	脱硫废水	三联箱出水
pH 值	5.6～6.5	6～9
电导率/(mS/cm)	35～41	30～40
Mg^{2+}/(g/L)	8～12	8～12
Ca^{2+}/(g/L)	0.2～0.6	0.5～1
Cl^{-}/(g/L)	7～12	7～12
SO_4^{2-}/(g/L)	30～50	30～50
悬浮物/%	3～5	0.01～0.1

为实现脱硫废水零排放，在原有三联箱系统基础上，安装了一套新型脱硫废水回收利用工艺。

2. 基于烟气余热蒸发的脱硫废水零排放工艺

该系统主要包括高效多维极相电絮凝耦合双碱法预处理模块、双膜法高盐水浓缩减量模块和烟气余热蒸发模块。

（1）高效多维极相电絮凝耦合双碱法预处理模块

预处理模块主要作用是去除大部分悬浮固体颗粒和重金属等，充分软化废水，防止后续烟气余热蒸发结晶模块喷头的堵塞与结垢。

该模块主要通过改造燃煤机组原有中和箱、沉降箱和絮凝箱实现，增强水中钙、镁等硬度离子，硫酸根离子和固体悬浮物去除效果。高效多维极相电絮凝耦合双碱法预处理流程如图 7-59 所示，脱硫废水首先进入高效多维极相电絮凝反应器，在高频脉冲电压作用下，实现废

水中污染物的氧化还原，并通过凝聚、沉淀，将污染物从水体中分离，可有效去除废水中的 CN^- 和 Zn^{2+}、Cd^{2+}、Cr^{6+}、Ni^{2+}、Cu^{2+} 等重金属离子。

经电絮凝反应后废水进入 pH 调节箱，加入石灰乳和液碱调节 pH 值为 9.5～11.0，去除水中的重金属离子、Mg^{2+}、SO_4^{2-} 等，然后经污泥箱投加新型无机多孔絮凝剂后输送至固液分离器实现固液分离。固液分离器出水进入沉降箱，沉降箱中加入 Na_2CO_3 形成碳酸钙沉淀以去除 Ca^{2+}，然后经絮凝箱（添加 PAC 进行絮凝）后溢流至澄清池。澄清池底部污泥，一部分通过循环泵返回中和箱，以提供沉淀所需晶核，获得更好的沉降；另一部分通过污泥输送泵进入板框式压滤机脱水，生成的泥饼外运。澄清池上清液经出水箱收集进入双膜系统。

经预处理后水质改善很多，澄清池上清液中的悬浮物（SS）由原来的 3%～5%降低至 0.01%～0.05%，Mg^{2+}、SO_4^{2-}、Ca^{2+} 浓度大幅度下降（表 7-29）。

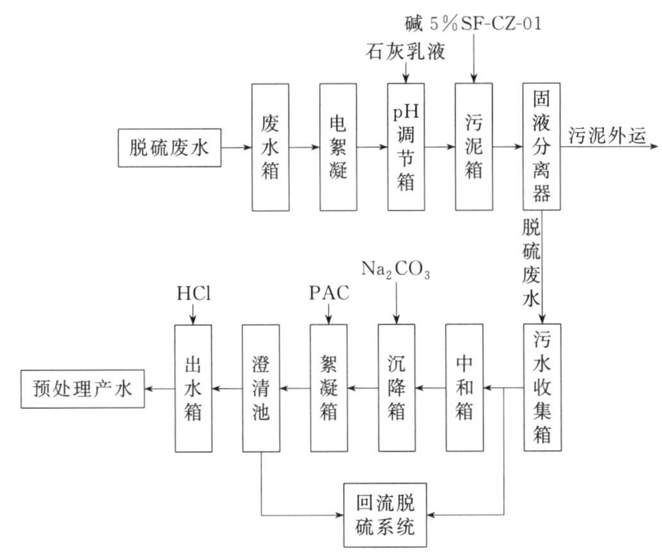

图 7-59　高效多维极相电絮凝耦合双碱法预处理流程

表 7-29　脱硫废水各模块出水水质

分析项目	固液分离出水	澄清器出水	微滤出水	反渗透淡水	反渗透浓水
pH 值	9.5～10.5	6.5～7.0	6.5～7.0	6.0～7.2	6.5～7.0
电导率/(mS/cm)	15～20	15～18	11～14	0.1～0.5	12～15
Mg^{2+}/(g/L)	0.8～1	0.3～0.5	0.3～0.5	0.01～0.02	0.6～1.0
Ca^{2+}/(g/L)	0.5～1.2	0.1～0.2	0.1～0.2	0.01～0.02	0.2～0.5
Cl^-/(g/L)	7～12	7～12	7～12	0.03～0.07	14～25
SO_4^{2-}/(g/L)	1～2	1～2	1～2	0.01～0.05	2～5
悬浮物/%	0.01～0.05	0.01～0.05	—	—	—

（2）双膜法高盐水浓缩减量模块

为减少进入烟道水量负荷，以减弱对烟道烟温、湿度、粉煤灰质量以及除尘器效率的影响，对预处理后的废水进行减量化处理，双膜法高盐水浓缩减量处理流程见图 7-60。

预处理模块出水在出水箱收集，用盐酸调整 pH 值至 7～9，输送至微滤系统。微滤膜能截留 0.1μm 以上的颗粒，水中的悬浮物、微生物、蛋白质、胶体等大分子物质被阻挡。在微滤过程中，通过调节进水压力、过滤时间、反冲时间以优化参数。经预处理及微滤处理后产水可满足反渗透膜对进水水质的要求，然后采用反渗透膜对微滤产水进行浓缩减量处理。

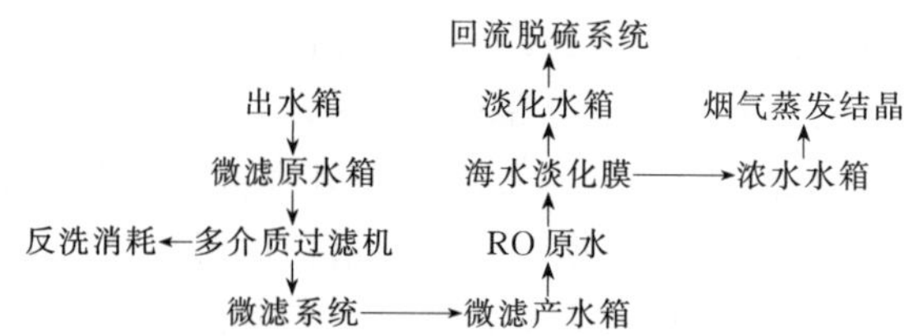

图 7-60　双膜法高盐水浓缩减量处理流程

双膜法浓缩减量系统稳定运行后，其出水水质见表 7-30。反渗透产水（淡水）可满足回用要求，直接回用于脱硫工艺，回收率达 60％以上。

表 7-30　双膜法脱硫废水处理出水水质

项目	原水	RO 浓水	RO 淡水
总汞/(mg/L)	0.216	0.00074	0.00033
总镉/(mg/L)	＜0.05	＜0.05	＜0.05
总铬/(mg/L)	2.20	＜0.01	＜0.01
六价铬/(mg/L)	＜0.004	＜0.004	＜0.004
总砷/(mg/L)	0.262	0.0066	0.0010
总铅/(mg/L)	0.4	＜0.2	＜0.2
总镍/(mg/L)	0.92	＜0.01	＜0.01
悬浮物/(mg/L)	1760	＜5	＜5
氟化物/(mg/L)	183	11.8	2.10
总铜/(mg/L)	0.58	＜0.01	＜0.01
总锌/(mg/L)	3.27	＜0.006	＜0.006
总锰/(mg/L)	15.6	0.104	＜0.001
电导率/(μS·cm)	64700	61300	584
pH 值	5.64	6.72	6.08

（3）烟气余热蒸发模块

反渗透膜所产淡水回用于脱硫工艺，浓水排入烟气余热蒸发模块，采用喷嘴将其雾化，喷入静电除尘器和空气加热器之间的烟道间隙，利用烟道内高温烟气将雾化后浓水蒸发为水蒸气，随除尘后烟气进入脱硫塔，在脱硫塔喷淋冷却作用下，水分凝结进入脱硫塔浆液循环系统，蒸发结晶物随灰尘一起进入静电除尘器随灰外排。浓水雾化喷入后烟道温度降在 5℃以内，并且喷雾后烟气湿度平均增加 0.33％，利于后续除尘效率的提高。

蒸发结晶物随粉煤灰一起在静电除尘器排出，该 2×350MW 机组产生约 65t/h 粉煤灰，经预处理后水中污染物绝大多数以氯化钠形式存在，经计算，只占粉煤灰质量的 0.056％，蒸发结晶物对粉煤灰品质的影响非常小（表 7-31）。

表 7-31　烟道浓水喷入前后粉煤灰成分变化

项目	喷洒前	喷洒后
细度(45μm 方孔筛筛余)/%	52.5	57.3
需水量比/%	113	114
烧失量/%	4.84	5.07
含水量/%	0.1	0.1
三氧化硫/%	0.06	0.06
游离氧化钙/%	0.02	0.02
安定性/mm	0.0	0.0
氯离子含量/%	0.004	0.006

该模块既可以充分利用燃煤机组外排烟气热能，又达到脱硫废水零排放目的。

3. 系统运行成本分析

该脱硫废水零排放系统运行成本分析见表 7-32，其中出水水量 $20m^3/h$，按照 24h/d、365d/a 计，水量为 $172800m^3/a$，系统占地面积 $318m^2$。蒸汽单价按照 150 元/t 计，上网电价按 0.4963 元/(kW·h) 计。

表 7-32 脱硫废水零排放运行成本

项目	数值	项目	数值
年药品消耗/(万元/a)	172.8	年总运行费用/(万元/a)	273.6
年蒸汽消耗/(万元/a)	0	折算成本/(元/m^3)	15.83
年电力消耗/(万元/a)	100.8		

四、华能某电厂废水零排放系统

1. 电厂概况

华能某电厂废水主要由脱硫废水和锅炉非经常性工业废水两部分组成，废水分两路经前期处理后混合，送入废水零排放系统进行处理。零排放系统进水水质情况见表 7-33，进水 pH 值为 6～9。

表 7-33 华能某电厂零排放系统进水水质情况 单位：mg/L

项目	悬浮物	COD	氨氮	硫化物	氟化物	Cl^-
参数	≤70	≤95	15～25	≤1.0	≤6	15000～25000
项目	SO_4^{2-}	SiO_2	Na^+	Ca^{2+}	Mg^{2+}	Fe
参数	950～1450	5～10	4500～6500	1050～1950	200～500	10～20

混合废水中 Ca^{2+}、Mg^{2+} 含量较高，存在系统结垢的风险，影响设备的正常使用。混合废水中 Cl^- 含量为 15000～25000mg/L，对金属设备管路等有较强的腐蚀性。混合废水的 COD 含量较高，而其中的挥发分不宜通过蒸发结晶的方式除去。另外还有一些悬浮物、硅及氨氮等污染物。

针对以上废水特点，电厂决定采用以 MBC 为核心的废水零排放技术对混合废水进行处理。

2. 废水零排放工艺

该电厂将 MBC 技术用于废水零排放系统，利用反渗透（RO）和正渗透（FO）组合工艺，RO 可制得并回收 70%以上的淡水（含盐量<20mg/L），FO 可将含盐量 15000～25000mg/L 的废水浓缩为含盐量超 200000mg/L 的浓水，最终由浓水去结晶干燥装置生成工业盐。该废水处理系统主要由反渗透膜子系统（一级 RO、二级 RO）、正渗透膜子系统（FO）、汲取液回收子系统、浓盐水汽提子系统（结晶器）以及辅助系统组成。

系统工艺流程见图 7-61。废水经预处理后进入软化水箱，由低压进水输送泵提升并经高压泵后，进入一级反渗透系统脱除水中的盐分等各种离子，一级 RO 产水进入一级 RO 产水箱，经二级 RO 高压泵提升进入二级 RO 装置进行精制，二级 RO 产水进入回用水箱供用户使用，而二级 RO 浓水回流到一级 RO 装置进行进一步处理；一级 RO 浓水进入 FO 进水箱经 FO 进水泵提升进入 FO 装置进一步浓缩，最终进入结晶器进水箱，作为结晶系统的原料。汲取液回收系统的产水回流至一级 RO 装置前端，与来水混合后经一级 RO、二级 RO 装置进一步回收利用。

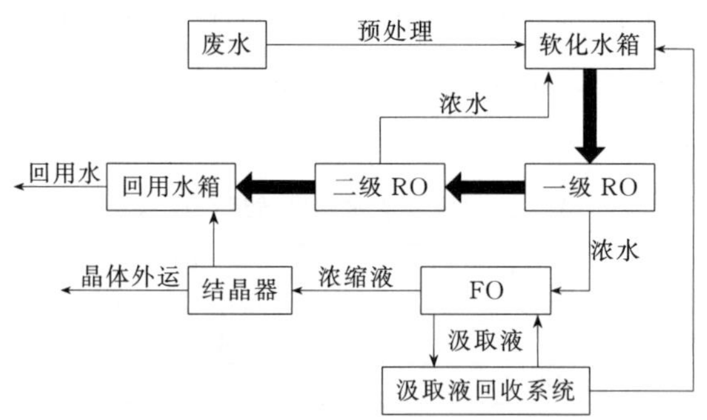

图 7-61　华能长兴电厂废水零排放系统工艺流程

3. 运行情况

经过废水零排放处理工艺后，产水中氨氮和氟化合物含量明显下降，Cl^-、Ca^{2+}、Mg^{2+}等主要离子的含量也大幅度降低（表 7-34），pH 值为 6.8～7.8，产水水质达标。

表 7-34　华能长兴电厂零排放系统产水水质情况　　单位：mg/L

项目	氨氮	氟化物	Cl^-	SO_4^{2-}	Na^+	Ca^{2+}	Mg^{2+}	TDS	TOC
参数	≤2	≤0.01	≤6	≤0.6	≤5	≤0.15	≤0.06	≤20	≤2

该系统还同时可以回收结晶盐，结晶盐的主要成分和相关参数见表 7-35。其中主要成分为氯化钠和硫酸钠，占结晶盐含量大于 95%。每吨废水的产盐量可以达到 28.2kg（结晶盐含水率＜5%），结晶盐最终打包后外售。

表 7-35　华能某电厂零排放系统结晶盐指标[22]

化学成分	每吨水的产出率/kg	纯度/%	含水率/%
氯化钠	24.540	98	5
硫酸钠	3.550	98	5
氯化钙		0	
硫酸钙	0.097	98	5
氯化镁		0	
硫酸镁		0	

该废水零排放系统也是世界上首次将 MBC 技术应用于电厂脱硫废水处理的项目。文献[22] 等对其经济性进行分析发现，在 MBC、MVR 及 MVC 三种技术中 MBC 技术的运行费用最低，经济性最佳。

五、濮阳豫能发电公司废水“零排放”项目方案

1. 电厂概况

濮阳豫能发电公司承建的 2×660MW 超超临界机组工程，是在原濮阳龙丰热电的基础上“上大压小”新建发电项目。

2×660MW 机组项目建设实施节水和水污染防治措施，做好全厂水平衡，达到废水“零排放”目标。项目初设对废水处理方案及废水回用进行了初步设计。项目初设废水“零排放”措施如下。

① 脱硫废水经“三联箱”工艺预处理后，进行膜法减量、蒸发结晶处理。

② 含煤废水经煤水沉淀装置处理后回用于输煤栈桥冲洗水系统（该系统为闭式循环，补充水取自循环水排污水）。

③ 超滤反渗透浓水、酸碱废水及其他一般经常性废水经工业废水处理系统处理后回用于脱硫系统补充水。

④ 生活污水经地埋式一体化处理装置处理后用于厂区绿化。

⑤ 机组循环水冷却水系统排污水部分回用于脱硫工艺水、循环水系统以及回流到石灰旁流系统，循环水排污水全部处理回用。

2. 电厂废水零排放技术方案

经过调研，该公司可研报告中废水零排放方案分三部分进行。

第一部分：机组运行经常性废水处理工艺及回用

燃煤机组运行过程，经常性废水有如下 5 个部分：a. 锅炉补给水处理系统的反渗透浓水；b. 锅炉补给水处理系统离子交换器再生酸碱废水；c. 凝结水精处理系统的再生废水；d. 机组冷却循环水排污水；e. 烟气石灰法脱硫废水。处理工艺流程为：机组经常性排水 a、b、c 项及非经常性排水→（废水储存箱→）废水池（罗茨风机曝气）→废水泵→pH 调节混合器→机械加速澄清池→pH 调节混合器→清净水箱→清净水回用水泵→脱硫工艺水箱回用。废水经过曝气使活性污泥在水中呈现悬浮状态，辅助投加絮凝剂、助凝剂使水中活性部分产生沉淀，清水回用，泥浆脱水压滤固化处理。该工艺目前在火电行业普遍采用，属常规配置，运行稳定，经济性较好。该系统将机组运行产生经常性废水统一收集至化学废水箱，经工业废水处理后全部回用于脱硫工艺系统。达到废水分级利用的效果。

第二部分：循环水排污水采用石灰旁流处理后再进行膜法减量处理

循环水冷却水在运行过程不断蒸发渗漏浓缩，当达到一定倍率时需要通过排污降低浓缩倍率。本系统排污水采用石灰旁流处理后再进行膜法减量处理。工艺流程为：循环水排污水→石灰混凝澄清池→双室过滤器→活性炭过滤器→超滤→反渗透。方案设计处理废水能力 466t/h，通过旁流反渗透提取纯水 269t/h，回用于循环水系统，产生 115t/h 浓水用于脱硫工艺系统用水，82t/h 冲洗水回流到石灰旁流系统。旁流反渗透系统的实施，将循环水排污水全部处理回用，通过连续向循环水补充纯水，改善了循环水水质，既提高了循环水浓缩倍率又达到了循环水零排污的目的。该技术成熟可靠，运行费用低。据了解国电汉川电厂、河北西柏坡电厂、吉林热电厂有成功应用。

第三部分：脱硫废水采用双碱法预处理＋管式膜（TUF）＋膜法减量处理＋蒸发结晶处理

参考国内脱硫废水处理技术路线的主流方向，结合国内同类机组全年实际运行负荷率不足 70％的现状，综合分析公司可研阶段按两台机组夏季满负荷运行工况最大废水量考虑，脱硫废水 34t/h，70％负荷工况下，脱硫废水量只有 22t/h，本期脱硫废水处理系统规模设计采取措施如下：脱硫废水经三联箱处理后进入调节池→双碱法预处理装置→管式微滤膜装置→（34t/h）高压反渗透膜装置（DTRO）→（10t/h）MVR 蒸发结晶装置。考虑机组运行负荷率的增长，预留一套（10t/h）MVR 蒸发结晶装置扩建位置。另外根据可研审查专家意见，二级 DTRO 高压反渗透技术推广应用，也可考虑在一级 DTRO 后增设二级 DTRO，进一步减量浓缩，控制进入蒸发结晶系统废水量在10t/h以内。

后期为实现彻底的分盐处理，在软化处理阶段增加纳滤（SCNF）装置，该阶段核心技术为膜强化软化管式膜(TUF)+纳滤（SCNF），主要去除脱硫废水中的悬浮物、Ca^{2+}、Mg^{2+}，确保后端膜浓缩系统的正常稳定运行，并完成一价离子和二价离子的分离，预处理系统设置纳滤（SCNF）装置，使得浓盐水中盐分97.5%以上为氯化钠，高纯度的浓盐水使得蒸发结晶系统的运行更加稳定可靠。

3. 废水零排放末端固废物分类处理

该项目在废水零排放技术方案的选择上充分考虑蒸发结晶单元末端结晶盐的分类处理，在蒸发结晶单元设置机械压缩蒸发系统（MVR）+结晶系统。MVR蒸发器能将膜浓缩后的水浓缩到15%～20%的总固含量，浓缩后的浓盐水送至结晶系统。其中结晶系统采用热力蒸汽压缩强制循环结晶系统，并配置结晶盐干燥打包系统。

进水中主要含有氯化钠和硫酸钠两种无机盐，根据硫酸钠、氯化钠等无机盐在不同温度下的溶解度差异，把经DTRO浓缩提纯后的浓缩液，先在高温区结晶出硫酸钠，母液再进行蒸发得到氯化钠。

分质分类结晶出来结晶盐主要指标如下。

氯化钠：0.905kg/h，纯度≥92%。

硫酸钠：0.54kg/h，纯度约95%。

氯化钠纯度相当于日晒工业盐二级品质，硫酸钠产品质量相当于GB/T 6009—2014中工业无水硫酸钠Ⅲ类一等品品质，结晶盐可广泛应用于化工企业，从而解决固废物处置难问题。

六、热电厂烟气余热热泵回收系统工程应用[34]

低温烟气余热回收系统在某热电厂进行了工程应用，该热电厂内有1台220t循环流化床锅炉和3台130t煤粉炉，其中220t/h锅炉单独配一套石灰石-石膏湿法脱硫系统，3台130t/h锅炉共用一套石灰石-石膏湿法脱硫系统。两套系统脱硫后的全部烟气进入同一座烟囱排入大气。热电厂机组的主要技术参数及运行参数见表7-36。低温烟气余热回收系统的流程及测点布置示意见图7-62。

表7-36　热电厂机组的主要技术参数及运行参数

参数	煤粉炉	CFB锅炉
锅炉容量/(t/h)	390	220
主蒸汽压力/MPa	5.2	9.4
炉膛过量空气系数	1.8	1.8
烟气体积流量/(m^3/h)	7.5×10^5	4×10^5
脱硫前烟气温度/℃	105	115
脱硫后烟气温度/℃	46	48
机组发电量/MW	71	
燃料耗量/(t/h)	84	
总共热量/MW	363.4	
热网水流量/(t/h)	8000	
一次网回水温度/℃	58	
一次网宫水温度/℃	95	
锅炉热效率	0.88	

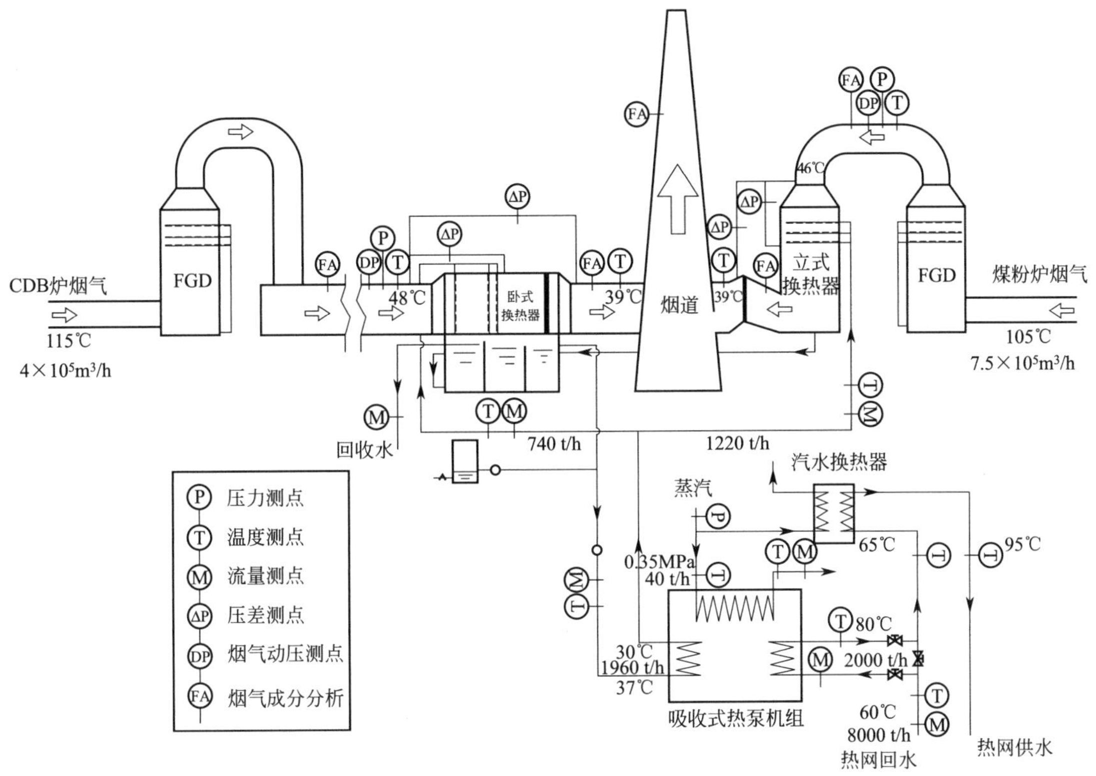

图 7-62　低温烟气余热回收系统的流程及测点布置示意

热电厂用煤煤质分析见表 7-37，电厂期望通过采用烟气余热回收系统从烟气中回收 16MW 以上的热量，同时在一定程度上减少污染物的排放。

表 7-37　热电厂用煤煤质分析

燃料类型	元素分析(收到基)/%							低拉热值/(kJ/kg)
	M	A	C	H	O	N	S	
贫煤	5.6	21.7	64.77	2.733	1.667	0.967	2.567	20363
烟煤	8.69	19.1	58.53	3.956	7.556	1.056	1.144	23129
无烟煤	6.2	24.1	63.74	2.48	2.14	0.8	0.54	23431
某热电厂用煤	6.87	25.45	53.19	3.5	9.21	1.28	0.5	21178

1. 余热回收系统设计

该热电厂承担一定的热负荷，在采暖季，一次网回水通过汽水换热器，被汽轮机抽气直接加热后提供给热用户，回收烟气余热后的部分热网回水首先进入吸收式热泵，通过热泵加热后再进入汽水换热器通过蒸汽进一步加热，由此可以减少汽水换热器的负担，从而降低采暖用蒸汽消耗，提高锅炉热效率。

余热回收系统在此基础上新增两个直接接触式换热器，根据现场条件，两个换热器一个为卧式、一个为立式。根据热电厂燃用煤质特性及机组参数，计算得到随着排烟温度降低，回收烟气余热量的变化情况。计算结果表明，烟气温度降低至 39℃，回收汽化潜热余热量在 16MW 以上，对应增加锅炉热效率 3.2%，表 7-38 给出了余热回收系统的设计参数。

表 7-38　余热回收系统设计参数

增加阻力/Pa	排烟温度/℃	回收热量/MW	循环水流量/(t/h)	低温水温度/℃	驱动蒸汽压力/MPa	耗汽量/(t/h)	热网水流量/(t/h)	热泵出口水温/℃
220/260	39	16	1800	30/37	0.7	39.3	2400	73

2. 余热回收系统的性能分析

该热电厂进行余热回收系统安装后，在 2015～2016 年采暖季期间进行了相关参数的测试，并分析了系统的运行状况。

图 7-63 为两个直接接触换热器（喷淋换热器）冷水入口和烟气出口的温差，可以看出，该温差小于 2℃，直接接触式换热器端差相较于间壁式换热器端差缩小了 60%（间壁式换热器换热端差 5℃）。直接接触式换热器中低温水雾化为平均直径为 600μm 的小液滴，显著增加了气水换热的换热面，增大了传热系数，提高了换热效率。

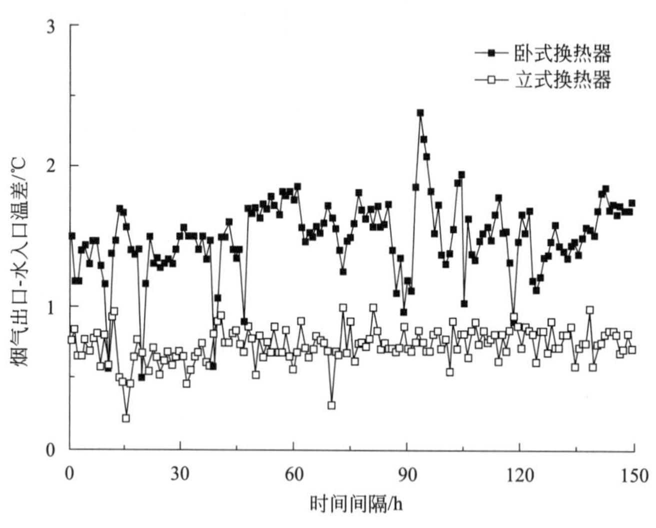

图 7-63　喷淋换热器换热端差

系统运行期间对余热回收系统回收热量与供热量以及排烟温度的变化趋势进行监测，发现测试期间平均回收余热量为 16.7MW，其中卧式换热器回收热量 5.9MW，立式换热器回收热量 10.8MW。

3. 余热回收系统的减排效果测试及分析

直接接触换热过程中，烟气中部分 SO_2、NO_x 溶解到水中，其排放浓度有所降低，图 7-64 为当地环保部门在该热电厂安装的污染物在线监测系统监测到的污染物排放浓度变化。约在第 80 小时时该余热回收系统正式投入运行，排烟中 SO_2、NO_x 均降低，SO_2 浓度（标态）降低更为明显，由 41mg/m^3 降低至 16.8mg/m^3；NO_x 浓度（标态）由 60mg/m^3 降低至 54.7mg/m^3。

4. 系统经济性分析

对该系统的经济性进行计算分析，如表 7-39 所列，该项目总投资约 2880 万元，计算年净收益约 740 万元，不到 4 年即可回收。具有良好的经济性。余热回收系统投运后，污染物排放浓度显著降低，经济效益显著，是实现燃煤锅炉超低排放的有效方法之一。

表 7-39 系统经济性分析

项目	单位	数值
工程总投资	万元	2880
新增电耗	MW·h/a	967
电价	元/(kW·h)	0.8
购电费用	万元/a	77.4
耗碱量	t/a	240
碱液价格	元/t	3000
购碱液费用	万元/a	72
回收热量	10^4GJ/a	19.1
热价	元/GJ	46
年收益	万元/a	890
年净收益	万元/a	740
静态投资回收期	a	3.9

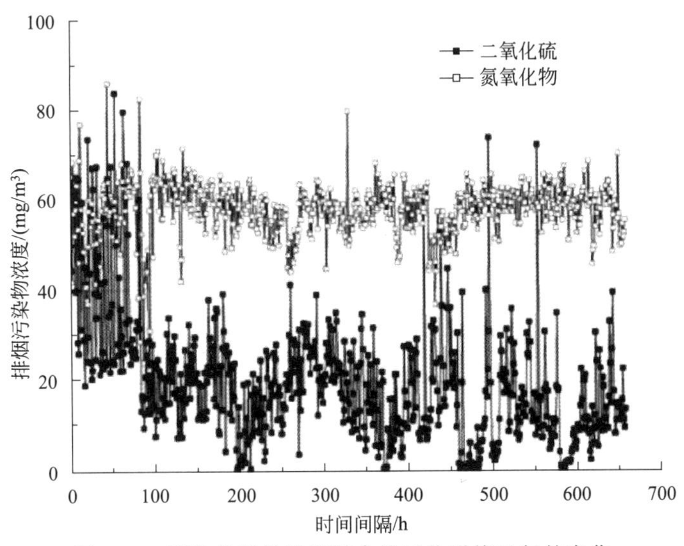

图 7-64 污染物排放浓度随余热回收系统运行的变化

七、新特能源某电厂脱硫废水自回用及零排放处理技术

目前，国内还没有形成非常成熟的脱硫废水处理技术和方法，主要的工艺路线有以下 4 种：a 脱硫废水-预处理过滤-蒸发结晶-产水回用（晶种法，产混盐）；b. 脱硫废水-双碱法软化过滤-蒸发结晶-产水回用（产混盐）；c. 脱硫废水-软化预处理-膜浓缩-蒸发结晶器-产水回用（可实现盐的分离）；d. 脱硫废水-预处理过滤-膜浓缩-烟气蒸发（无需处置固体盐）。这 4 种工艺的缺点是投资高，烟气蒸发会对静电除尘器造成低温腐蚀，影响静电除尘器的效率。蒸发结晶设备投资高、运行能耗高；预处理软化药剂费用高，预处理设备产泥量大；蒸发结晶产混盐处置费用高；分盐技术路线，使处理工艺进一步拉长，运行成本进一步上升；分盐后产出的工业氯化钠、硫酸钠等市场价值低，难以回收成本；火电厂无售盐资格，需再考虑外委处置。

由于存在以上问题，有必要提出一种新的思路，开发出脱硫废水自回用新工艺。由西安交通大学、武汉大学等国内高校联合研发的一种新型脱硫废水自回用及零排放处理技术，耦合了氯离子吸附多级除氯废水絮凝技术、电化学氧化除氯、膜处理技术、烟道蒸发技术。形成了一套相对低成本的能够有效降低脱硫废水氯离子浓度的脱硫废水自回用及零放处理技术，技术路线如图 7-65 所示。

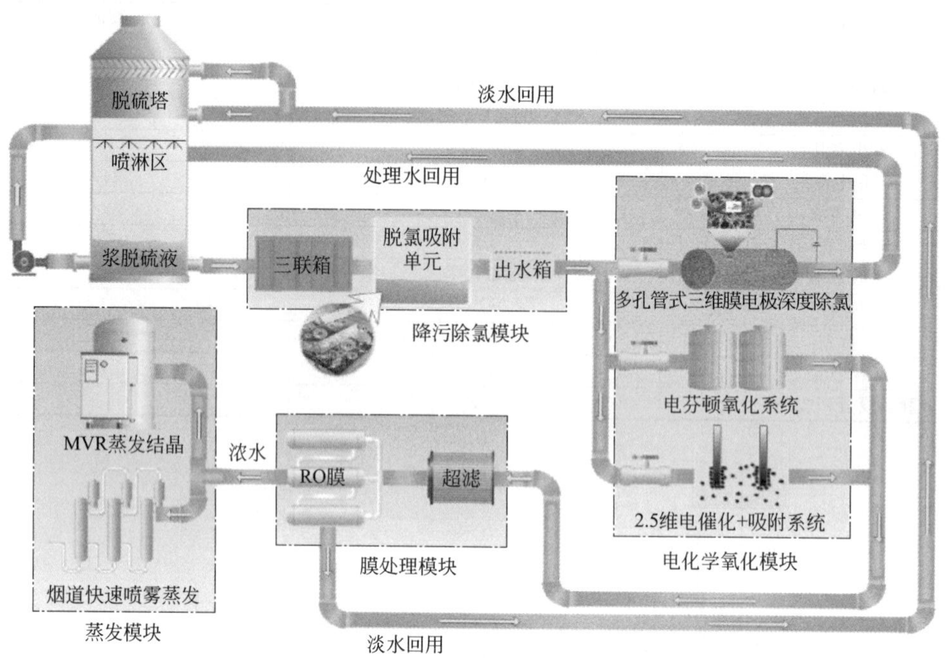

图 7-65 脱硫废水自回用及零排放处理技术路线

三联箱预处理系统将水软化，除掉大部分 Ca^{2+}、Mg^{2+}，减少阴极表面的浓缩结垢，同时去除水中的悬浮物，在三联箱直接加入研制的 Cl^- 定向吸附剂，废水中的 Cl^- 降低 30%～40%。在澄清池后增加多孔管式膜电极电化学氧化降氯装置，再次使 Cl^- 降低 50%～60%，最终使废水中 Cl^- 浓度达到回用指标，实现脱硫废水直接不外排、自回用（大于 90%）。生成的 Cl_2 通入溶液吸收池，在吸收池中与 $FeCl_2$ 反应，控制反应条件制成聚合氯化铁，可作为絮凝剂在絮凝过程中使用。经过膜处理产生的淡水可直接作为脱硫塔除雾器的冲洗水使用，所产的高盐浓度废水通过 MVR 蒸发或烟道喷雾蒸发方式处理，实现“零排放”。

1. 降污除氯模块

经三联箱处理过后的脱硫废水进入一级除氯模块——降污除氯模块，在脱氯吸附材料中的作用下，Cl^- 与吸附剂中的 OH^- 定向置换，吸附材料如图 7-66(a) 所示。吸附剂主要利用原位化学氧化法将导电高分子材料和弗氏盐复合形成导电高分子包覆的弗氏盐复合材料，用于水中 Cl^- 的定向去除；该过程可使水中 Cl^- 含量降低 30%～40%。

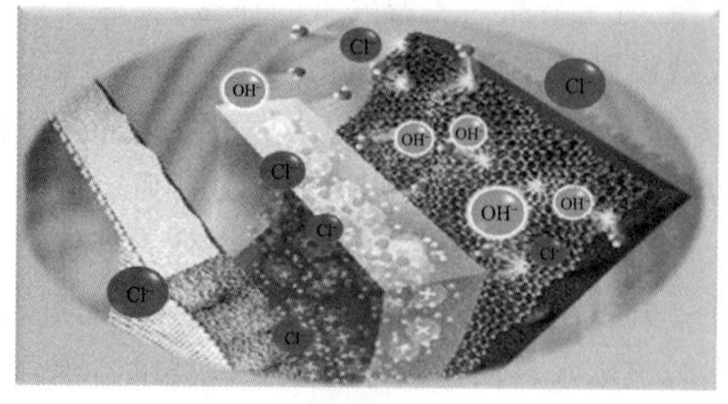

(a) 脱氯吸附材料

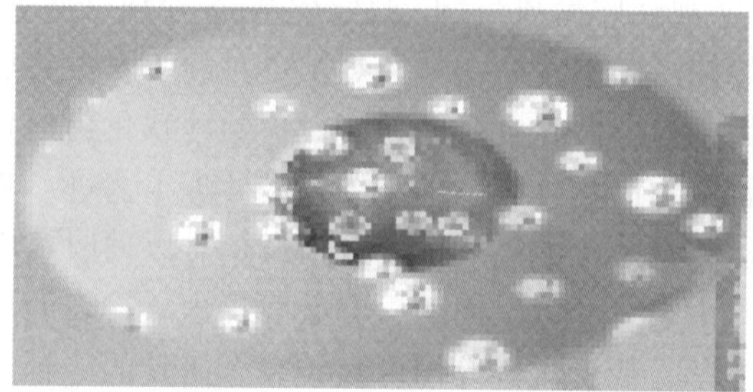

(b) 絮凝剂

图 7-66 脱氯吸附材料和絮凝剂

同时，该模块中还包含有絮凝剂，如图 7-66(b) 所示，可以去除废水中悬浮物及杂质(重金属、氯等)。

2. 电化学氧化模块

经过降污除氯处理后的脱硫废水进入电化学氧化系统，该模块用电化学氧化＋过滤组合方案或是电催化氧化技术来去除废水中的 COD 及深度除氯、除盐。该模块包括多孔管式三维膜电极的电化学氧化深度除氯工艺、电芬顿氧化除污降氯工艺、2.5 维“吸附＋电催化”耦合处理工艺。

(1) 多孔管式三维膜电极的电化学氧化深度除氯工艺

多孔管式三维膜电极具有较大比表面积，通过对二氧化钛纳米管电极、双管式膜电极、亚氧化钛/陶瓷膜材料进行修饰制备，兼具膜过滤和电化学氧化功能。脱硫废水中的 Cl^- 在三维膜电极的阳极失去电子，生成 Cl_2，通入溶液吸收池，与 $FeCl_2$ 反应生成聚合氯化铁，可作为絮凝剂回用。该工艺可降低 Cl^- 浓度 50%以上，脱硫废水经过该工艺后 Cl^- 浓度大大降低，可直接回到脱硫系统浆液池，作为脱硫浆液补充水，实现脱硫废水的自回用。

(2) 电芬顿氧化除污降氯工艺

芬顿 (Fenton) 试剂法是氧化处理难降解有机污染物的有效方法，Fenton 试剂 (Fe^{2+}/H_2O_2) 体系反应原理是 H_2O_2 在 Fe^{2+} 的催化作用下生成具有极高氧化电位的 ·OH (·OH)，·OH 氧化降解废水中的有机污染物。电芬顿法是利用电化学法产生 Fe^{2+} 和 H_2O_2 作为芬顿试剂的持续来源，两者产生后立即作用生成具有高度活性的 ·OH，使有机物得到降解。

3. 膜处理模块

电芬顿、2.5 维“吸附＋电催化”耦合处理后的废水经过多级膜处理系统，利用超滤膜完成水质优化，利用纳滤膜完成盐水分质并对二价浓盐水进行浓缩结晶，利用 RO 膜来完成废水体积减量化以及净水回收再利用。产生的淡水可以直接作为脱硫塔除雾器冲洗水使用。

4. 蒸发模块

膜处理系统产生的高浓度废水通过 MVR 蒸发、氟材料低温多效蒸发、烟道蒸发等方式进行处理，实现废水零排放。

参考文献

[1] 中国电力企业联合会．中国电力行业年度发展报告．北京：中国市场出版社，2015.

[2] 杨尚宝，韩买良．火力发电厂水资源分析及节水减排技术．北京：化学工业出版社，2011.

[3] 李青，李猷民．火电厂节能减排手册：减排与清洁生产部分．北京：中国电力出版社，2015.

[4] 王晓晖，李玉银．离子交换树脂再生废水回收和利用的模拟试验．河北冶金，2012，24-27.

[5] 邵刚．膜法水处理技术及工程实例．北京：化学工业出版社，2002.

[6] 曾庆才，刘娜，任显龙．粉末树脂覆盖过滤器在凝结水精处理中的应用．电站辅机，2013，34：40-42.

[7] Feeley Ⅲ T J，Skone T J，Stiegel Jr G J，et al. Water: A critical resource in the thermoelectric power industry. Energy，2008，33：1-11.

[8] 胡石，丁绍峰，樊兆世．燃煤电厂脱硫废水零排放工艺研究．洁净煤技术，2015（2）：129-133.

[9] 王佩璋．火力发电厂全厂废水零排放．电力科技与环保，2003，19：25-29.

[10] Shaw W A. Fundamentals of Zero Liquid Discharge System Design. Power，2011，155.

[11] Higgins T， Seibold D ， Gruen S， et al. EPRI Technical Manual Guidance for Assessing Wastewater Impacts of FGD Scrubbers. EPRI Report，2006.

[12] 张广文，孙墨杰，张蒲璇，等．燃煤火力电厂脱硫废水零排放可行性研究．东北电力大学学报，2014（5）：87-91.

[13] 周洋，许颖．燃煤电厂 FGD 系统脱硫废水零排放工艺应用现状研究．广东化工， 2016，43：140-142.

[14] 庞卫科，林文野，戴群特，等．机械蒸汽再压缩热泵技术研究进展．节能技术， 2012，30：312-315.

[15] 赵媛媛，赵磊，钱方，等．机械蒸汽再压缩（MVR）蒸发器在食品工业中的应用．中国乳品工业， 2015，43：27-28.

[16] 钱感，关洪银．燃煤电厂脱硫废水综合处理工艺．水处理技术，2017（2）：136-138.

[17] 张峰振，杨波，张鸿，等．电絮凝法进行废水处理的研究进展．工业水处理，2012，32：11-16.

[18] 刘玉玲，陆君，马晓云，等．电絮凝过程处理含铬废水的工艺及机理．环境工程学报，2014， 8：3640-3644.

[19] 祝业青，傅高健，顾兴俊．脱硫废水处理装置运行现状及优化建议．电力工程技术，2014，33：72-75.

[20] 左俊芳，宋延冬，王晶．碟管式反渗透（DTRO）技术在垃圾渗滤液处理中的应用．膜科学与技术，2011，31：110-115.

[21] 何守昭，王强．脱硫废水零排放工艺-震动膜＋烟道蒸发．2016 清洁高效燃煤发电技术交流研讨会，2016.

[22] 吴建华，张炜，秦臻．MBC 技术在华能长兴电厂废水零排放系统中的应用．上海电力学院学报，2016，32.

[23] 马双忱，于伟静，贾绍广，等．燃煤电厂脱硫废水处理技术研究与应用进展．化工进展， 2016，35：255-262.

[24] 游晓宏，吴怡卫，韩倩倩，等．脱硫废水烟道气蒸发技术电厂应用示范工程．2013 北京国际环境技术研讨会，2013.

[25] 胡斌，刘勇，杨春敏，等．脱硫废水蒸发脱除 $PM_{2.5}$ 试验研究．高校化学工程学报，2016，30：953-960.

[26] 胡斌，王晓焙，白璐，等．脱硫废水蒸发增强电除尘脱除 $PM_{2.5}$ 和 SO_3 实验研究．燃料化学学报，2017，45：889-896.

[27] Huang Y H， Peddi P K， Tang C， et al. Hybrid zero-valent iron process for removing heavy metals and nitrate from flue-gas-desulfurization wastewater. Separation & Purification Technology，2013，118：690-698.

[28] 熊英莹，王自宽，张方炜，等．零水耗烟气湿法脱硫系统试验研究．热力发电，2014，43：43-46.

[29] 梁志福，张方炜，熊英莹，等．湿法脱硫系统运行参数对水耗影响的试验研究．科学技术与工程，2013，13：3436-3439.

[30] 陈晓文，杜文智，熊英莹，等．电站烟气余热利用系统浅析．发电与空调，2014（4）：10-13.

[31] 李贵良．低品位余热回收利用技术的研发及应用．能源与节能，2010（1）：60-61.

[32] 熊英莹，谭厚章，许伟刚，等．火电厂烟气潜热和凝结水回收的试验研究．热力发电，2015，44（6）：77-81.

[33] 吴佐莲，王萌，刘小春，等．矿井水在矿区冷热联供中的梯级利用．中国煤炭，2014：127-129.

[34] 魏茂林，付林，赵玺灵，等．燃煤烟气余热回收与减排一体化系统应用研究．工程热物理学报，2017，38：1157-1165.

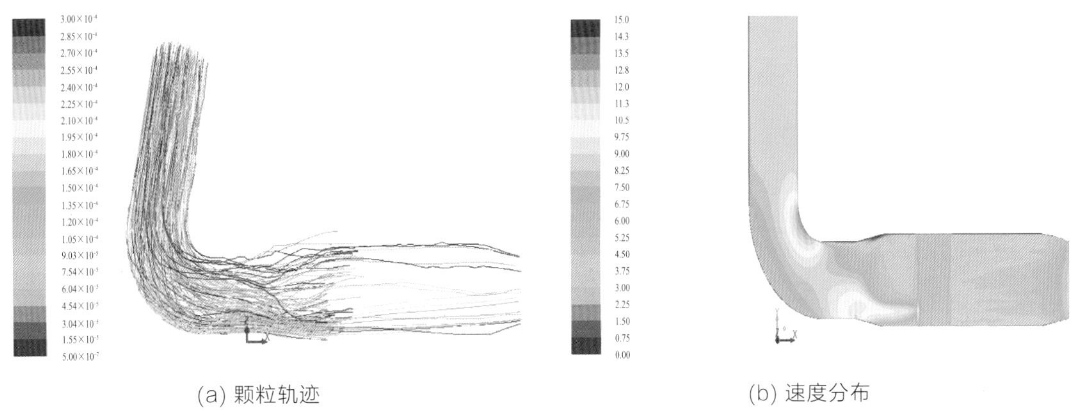
(a) 颗粒轨迹　　(b) 速度分布

彩图1 烟气流速5m/s时的计算结果

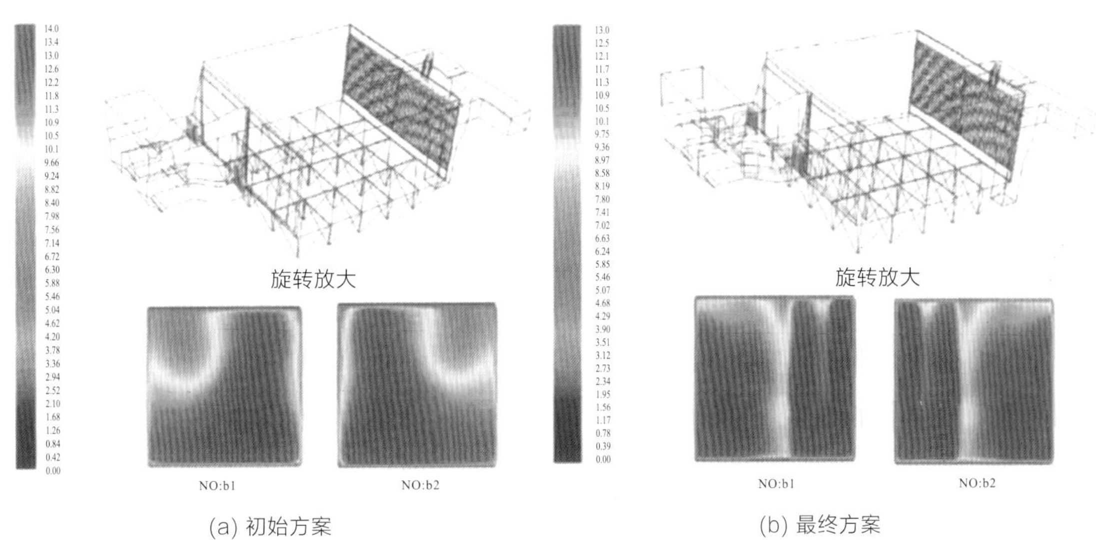

(a) 初始方案　　(b) 最终方案

彩图2 进口烟道截面速度云图

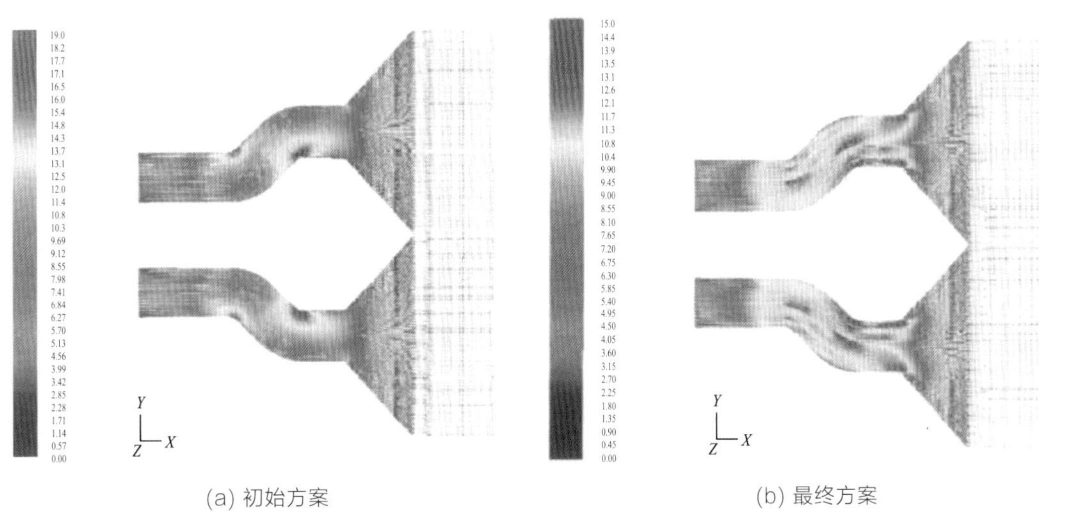
(a) 初始方案　　(b) 最终方案

彩图3 进口烟道横向截面速度矢量图

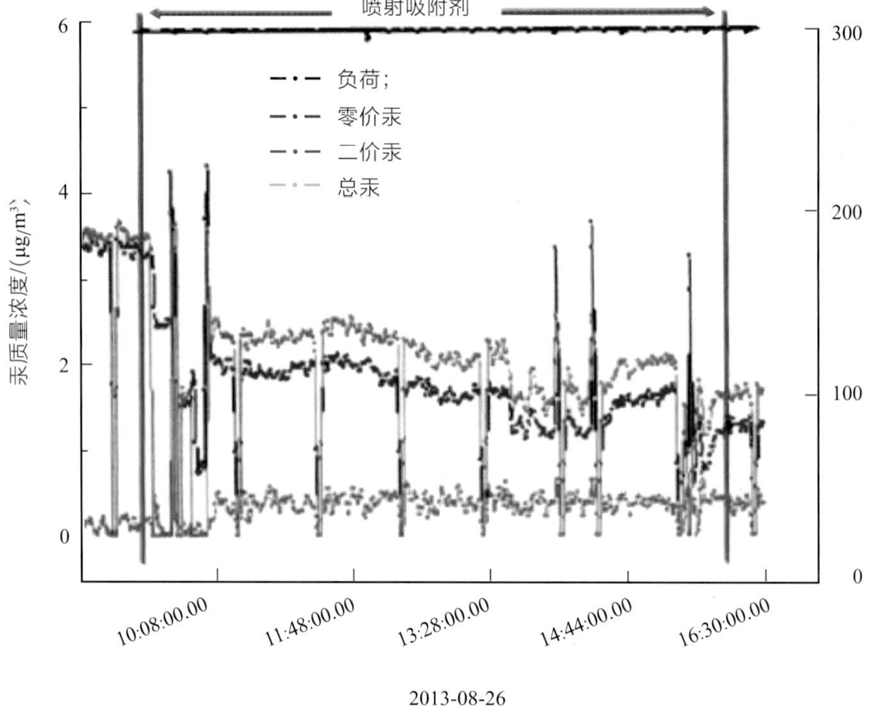

彩图4 CEM在线测试结果

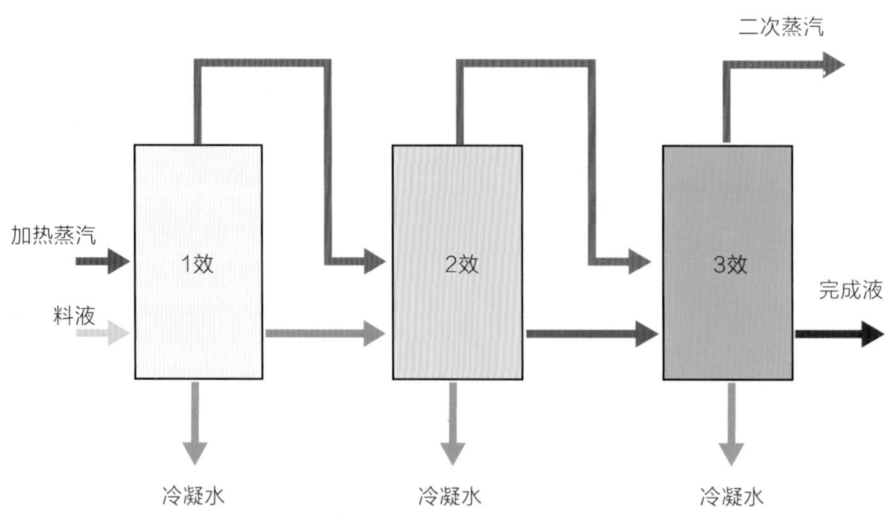

彩图5 蒸汽多效蒸发流程